física y química

sm

Savia

1 bachillerato

Entrar en Saviadigital es fácil:

1. Escribe en internet la siguiente dirección: **smsaviadigital.com**
2. Regístrate e introduce el número de licencia que encontrarás en la página anterior.
3. Como solo debes registrarte una vez, anota tu **identificador** y **contraseña**.

CONOCE TU LIBRO

Entrada

Las entradas de las unidades se abren con una **imagen motivadora** y un **texto introductorio** que presenta los contenidos que se van a desarrollar.

Los contenidos se organizan en un **índice de la unidad** que te ayuda a localizarlos.

La sección **Recuerda y reflexiona** contiene actividades resueltas sobre contenidos que debes recordar para abordar la unidad.

Epígrafes

Los contenidos se exponen de manera ordenada y concisa partiendo de un **contexto inicial** con situaciones reales y cercanas, para concluir con las **ideas principales** en un cuadro de color.

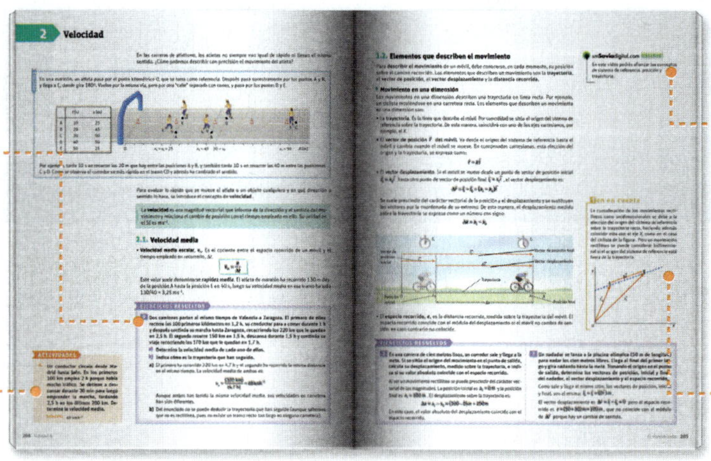

Dispones de **ejercicios resueltos** contextualizados que facilitan la comprensión de los contenidos.

Puedes resolver **ejercicios** muy variados y comprobarlos con la solución numérica.

Entra en los enlaces y encontrarás:

- Vídeos, animaciones y actividades interactivas en **Savia**digital.com.
- Páginas web de interés vinculadas a tus contenidos.

En el margen encontrarás recuadros que te **amplían** o **recuerdan** contenidos.

Ejercicios resueltos

Al finalizar los epígrafes dispones de unas páginas de **ejercicios resueltos** representativos de la unidad. Todos parten de unas **consideraciones iniciales** que debes tener en cuenta para poder resolver el ejercicio.

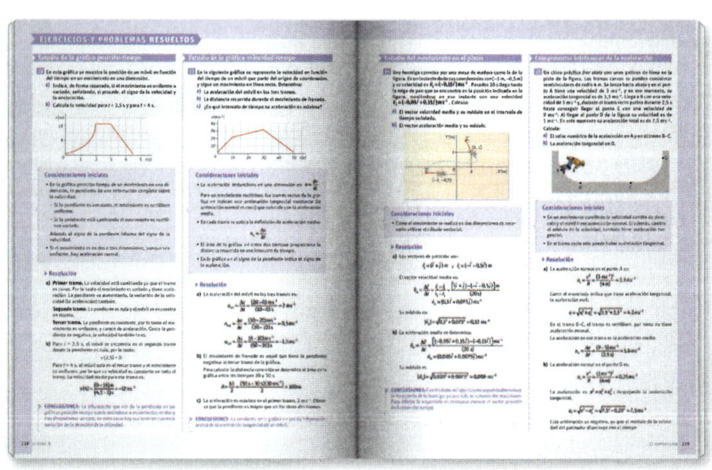

Actividades finales

Al final de la unidad dispones de cuatro páginas de **ejercicios y problemas contextualizados** que te servirán para profundizar y trabajar lo aprendido.

Los ejercicios están **clasificados** por los contenidos desarrollados y también presentan su **solución numérica**.

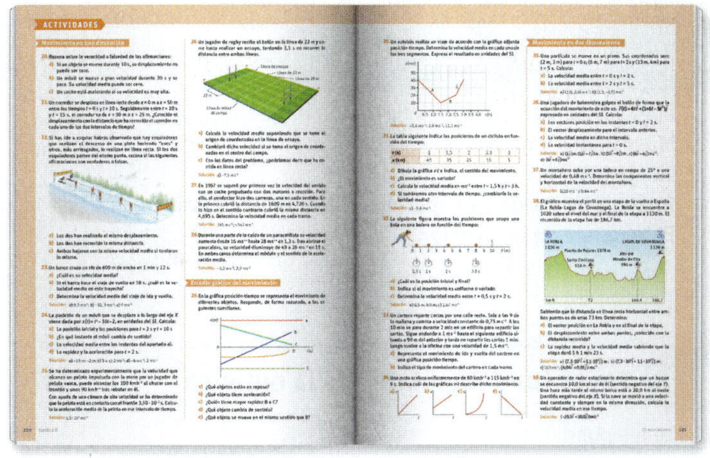

Para acercar la Física y la Química a la **tecnología** y a la **sociedad** se presenta un texto con actividades que te ayudarán a analizarlo.

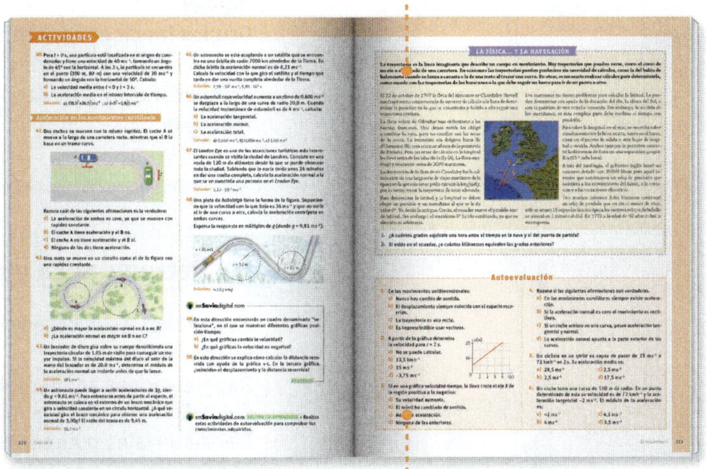

Como broche final, y con la intención de evaluar los contenidos que has adquirido, se plantea una **autoevaluación.**

CONOCE **Savia**digital

www.sm**Savia**digital.com

Saviadigital te ofrece más recursos y actividades para aprender y profundizar en los contenidos.

OBSERVA	Vídeos y animaciones para facilitarte la comprensión de los contenidos.
PRACTICA	Animaciones que te ayudan a entender el significado de algunas leyes o teorías.
RESUELVE	Actividades interactivas para resolver ejercicios de una manera diferente.
INVESTIGA	Enlaces externos para ampliar la información.
VALORA LO APRENDIDO	Autoevaluación de la unidad para que seas consciente de tu aprendizaje y prepares el examen.

Para acceder a **Savia**digital sigue los pasos que encontrarás nada más abrir este libro.

En tu libro aparecen llamadas para que sepas qué recursos hay en **Savia**digital.

sm**Savia**digital.com
OBSERVA
En este vídeo podrás afianzar los conceptos de sistema de referencia, posición y trayectoria.

Índice

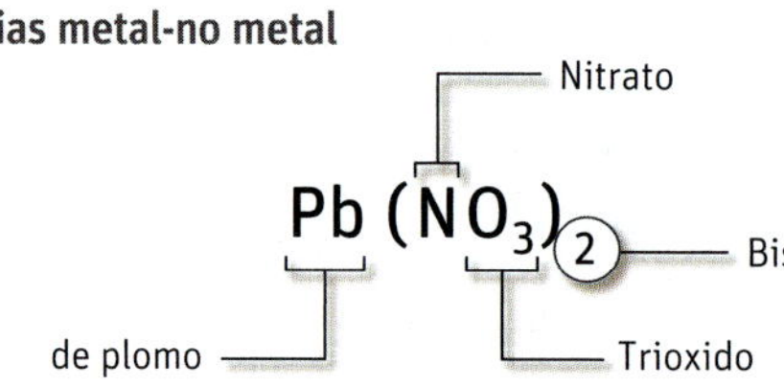

Introducción Magnitudes y unidades físicas

¿Hablamos el mismo idioma?

En 1999, la sonda espacial *Mars Climate Orbiter* iba rumbo a Marte para investigar su atmósfera. La nave se acercó al planeta en septiembre y, de repente, perdió el contacto con el personal de Tierra, y nunca se volvió a saber de ella. Las investigaciones revelaron que la *Orbiter* se había acercado a Marte a una altura mucho menor que la planeada y la nave se quemó en la atmósfera marciana o bien se estrelló en su superficie.

Posteriormente se supo que el fallo de la nave se debió a un problema de unidades. En la Lockheed Martin Astronautics, empresa que había construido la *Orbiter*, los ingenieros calcularon la información en unidades imperiales inglesas. Cuando en el Jet Propulsion Laboratory de la NASA se recibieron los datos, supusieron que estaban en unidades métricas, como se estipulaba en las especificaciones de la misión.

La lección de este desastre es clara: en la ciencia, las unidades importan. La ciencia es una actividad colectiva y debe hablar un mismo idioma. El actual sistema internacional de unidades (SI) tuvo su embrión en 1721 cuando un comité de estudios de la Academia Francesa de las Ciencias estableció un conjunto de unidades denominado Sistema Métrico que, después de varias ampliaciones, en 1960 se convertiría en el actual SI.

1 Cómo se construye la ciencia

> La **ciencia** es el conjunto de conocimientos obtenidos mediante la observación y el razonamiento, sistemáticamente estructurados y de los que se deducen principios y leyes generales.
>
> *Diccionario de la lengua española*

Hay que valorar **la ciencia** y el **trabajo científico** como fuentes de conocimiento y de comprensión de la naturaleza.

1.1. El pensamiento científico

Los seres humanos han mostrado siempre un gran interés por entender las leyes que gobiernan el mundo natural. Ahora bien, el modo de razonar y de concebir explicaciones o soluciones a los interrogantes planteados no siempre ha sido ni es científico. El pensamiento científico presenta una serie de características.

Características del pensamiento científico

- **Cuestionamiento de lo obvio** y apertura a nuevas ideas.

En contra del sentido común, Aristarco de Samos (siglo III a. C.) propuso por primera vez la teoría heliocéntrica: el Sol no gira alrededor de la Tierra; es la Tierra la que gira alrededor del Sol.

- **Necesidad de comprobar** las hipótesis o conclusiones que van surgiendo.

Galileo propuso que un cuerpo con movimiento rectilíneo y uniforme lo mantiene indefinidamente si no recibe ninguna fuerza. Para comprobar esta hipótesis, Galileo experimentó con planos de distinta inclinación.

- **Rigor y precisión** en todo el proceso científico.

La precisión de las medidas y el rigor en el trabajo de Lavoisier le llevaron a formular la ley de conservación de la masa, una de las leyes básicas de la química.

En este libro se estudian dos de las disciplinas científicas más relevantes dentro de las ciencias experimentales:

- La **Física** estudia las propiedades de la materia y de la energía, sin atender a los cambios en la estructura interna de los cuerpos.
- La **Química** estudia las propiedades y los cambios de la materia a partir de su estructura interna.

ACTIVIDADES

1. Atendiendo a los elementos del pensamiento científico estudiados anteriormente, cuestionamiento de lo obvio, comprobación de las hipótesis y rigor y precisión en su actividad, razona cuáles de las siguientes especialidades tienen un mayor carácter científico:

   psicología, microbiología, medicina, filosofía, astronomía, electrónica, sociología, política

2. La astronomía y la astrología se confunden con frecuencia. La astronomía estudia los astros (planetas, estrellas, cometas, etc.), en busca de leyes generales de movimiento. La astrología analiza los movimientos de los astros, en particular, del zodiaco, y sobre esta base, extrae conclusiones sobre el destino de los sucesos humanos y terrestres.

   Opina sobre el carácter científico de estas disciplinas.

1.2. Los métodos de la ciencia

Los científicos siguen estrategias muy diversas en su trabajo, que incluyen elementos aparentemente ajenos, como la imaginación, la creatividad e incluso la suerte. Si bien no debe entenderse como algo rígido, existe un "guión ideal", cuyos elementos o etapas suelen aparecer de un modo u otro en todo trabajo científico. Se ejemplifican con la importación más importante de Newton a la ciencia.

Etapas del método científico

1. Observación y planteamiento de un problema

Isaac Newton (1642-1727) se preguntó si dos hechos aparentemente diferentes, como la caída de una piedra (una manzana desde el árbol según la leyenda) y el giro de la Luna alrededor de la Tierra, tendrían alguna relación.

2. Observación y recopilación de datos

I. Newton realizó diversos experimentos relativos a la fuerza de la gravedad, al tiempo que realizó observaciones muy precisas sobre el movimiento de los planetas. Para esto último, Newton perfeccionó el telescopio reflector.

3. Formulación de hipótesis y predicción de resultados

Una de las hipótesis que planteó Newton fue que la Luna "caía" continuamente sobre la Tierra. Para explicar esta hipótesis, planteó la idea de un proyectil lanzado horizontalmente desde lo alto de una montaña con velocidades crecientes; llega un momento en que el proyectil, en su movimiento de caída continua, no alcanza a tocar el suelo.

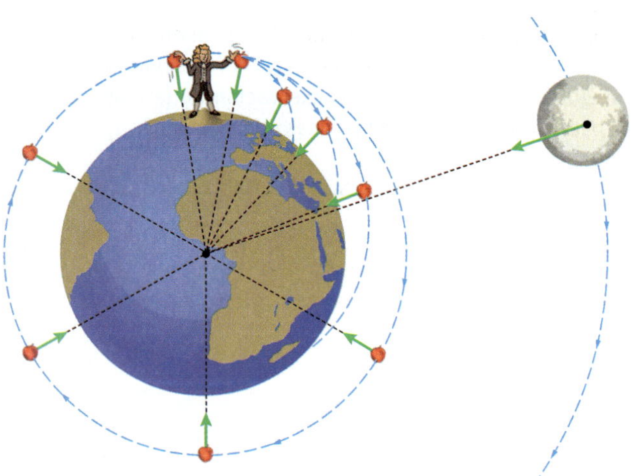

4. Comprobación experimental de los resultados

La hipótesis de la Luna que "cae" debe poder aplicarse a los planetas que giran alrededor del Sol y a sus satélites. Para comprobar experimentalmente tal hipótesis, Newton realizó nuevas mediciones y analizó multitud de datos.

5. Interpretación de los resultados y conclusión

La hipótesis de la caída continua llevó a Newton a concluir que "la ley que rige el movimiento de los planetas es la misma que la que rige la caída de los cuerpos en la superficie de la Tierra"; ambas son manifestaciones del mismo fenómeno: la gravitación universal.

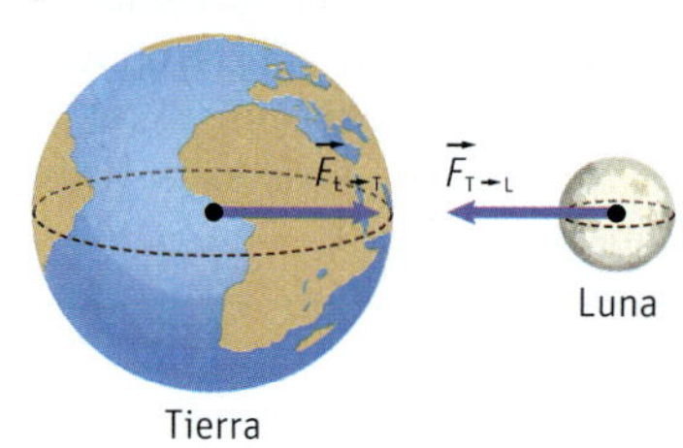

6. Generalización y elaboración de teorías

Newton realizó un formidable trabajo de generalización que le condujo a la ley de la gravitación universal:

$$F = G\frac{m_1 m_2}{r^2}$$

ACTIVIDADES

3. **Plantea una investigación para identificar los factores que influyen en el empuje sobre los cuerpos sumergidos en líquidos. Identifica las posibles etapas del trabajo.**

Los trabajos de Isaac Newton son un buen ejemplo de contribución colectiva: Newton conocía las conclusiones de **Galileo** sobre la caída de los cuerpos; conocía igualmente las **leyes de Kepler**, que a su vez había utilizado los datos de **Tycho Brahe**.

El **trabajo científico** es una **tarea colectiva**. Actualmente, gran parte de los avances científicos se produce en entornos donde la información fluye entre los investigadores dedicados a una tarea. Los medios de comunicación científica e internet han contribuido en gran manera a ello.

2 Magnitudes y unidades

Una **magnitud** es una propiedad de la naturaleza que puede ser medida con precisión y expresada numéricamente.

Para medir y expresar numéricamente cualquier magnitud, se necesita una cantidad de la misma de referencia, respecto a la cual damos el valor numérico.

Una **unidad** es un valor numérico de una magnitud, que se toma como referencia unitaria.

Por ejemplo, al decir que la estatura de una persona es de 1,75 m, se indica que mide 1,75 veces más que la unidad de longitud "metro".

2.1. El sistema internacional de unidades (SI)

El **sistema internacional de unidades (SI)** es el sistema adoptado en la actualidad por la comunidad científica internacional.

- Las **magnitudes fundamentales** son la **longitud**, la **masa**, el **tiempo**, la **intensidad de corriente eléctrica**, la **temperatura**, la **cantidad de sustancia** y la **intensidad luminosa**.
- Las **magnitudes derivadas** se obtienen a partir de las fundamentales por medio de expresiones matemáticas más o menos sencillas. Por ejemplo, el volumen de un prisma rectangular es el producto de tres longitudes: la anchura, la altura y la profundidad.

Magnitudes fundamentales		
Magnitud	**Unidad**	**Símbolo**
Longitud	Metro	m
Masa	Kilogramo	kg
Tiempo	Segundo	s
Temperatura	Kelvin	A
Intensidad eléctrica	Amperio	K
Cantidad de sustancia	Mol	mol
Intensidad luminosa	Candela	cd

Magnitudes derivadas		
Magnitud	**Unidad**	**Símbolo**
Superficie	m^2	S
Volumen	m^3	V
Velocidad	$m\,s^{-1}$	v
Aceleración	$m\,s^{-2}$	a
Densidad	$kg\,m^3$	d
Concentración	$mol\,m^{-3}$	c
Campo magnético	$A\,m^{-1}$	H

Algunas **magnitudes derivadas** tienen nombres especiales que permiten expresar cómodamente la magnitud en cuestión:

Magnitud	Unidad	Símbolo	Significado
Frecuencia	Hercio	Hz	s^{-1}
Fuerza	Newton	N	$kg\,m\,s^{-2}$
Presión	Pascal	Pa	$N\,m^{-2}$
Energía (o trabajo)	Julio	J	$kg\,m^2\,s^{-2}$
Potencia	Vatio	W	$kg\,m^2\,s^{-3}$
Carga eléctrica	Culombio	C	$A\,s$
Tensión eléctrica	Voltio	V	$kg\,m^2\,s^{-3}\,A^{-1}$

Ten en cuenta

Algunas unidades del SI, por ejemplo el metro, han tenido una existencia "real" como unidades patrón. Debido a la arbitrariedad de su construcción, las unidades patrón están siendo sustituidas por definiciones asociadas a propiedades físicas más precisas.

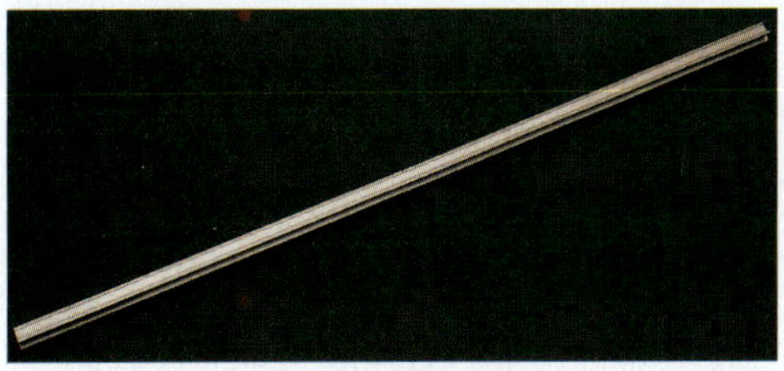

Figura 1. El metro patrón se definió como la distancia entre dos finos trazos en los extremos de una barra de platino iridiado.

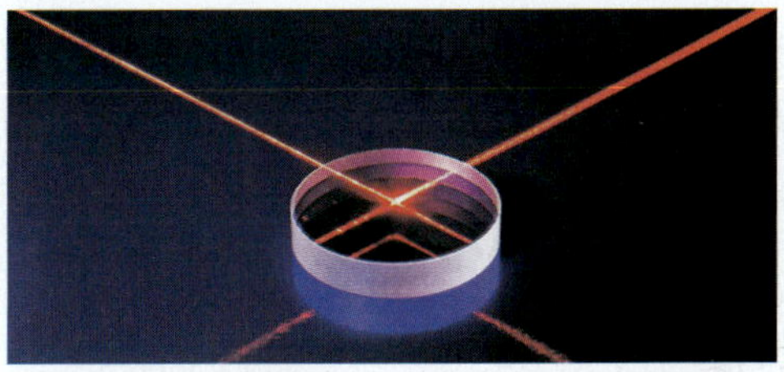

Figura 2. Actualmente el metro es la longitud recorrida por la luz en el vacío durante 1/299 792 458 de un segundo.

Figura 3. El kilogramo patrón existe, pero se está intentando definir mediante leyes o propiedades fisicoquímicas.

Múltiplos y submúltiplos

Al medir o expresar numéricamente magnitudes, con frecuencia aparecen cifras muy grandes o muy pequeñas comparadas con la unidad. En estos casos se emplean una serie de prefijos que también pertenecen al SI:

Prefijo	Abreviatura	Expresión numérica	Significado	Longitudes de este orden de magnitud
atto-	A	0,000 000 000 000 000 001	$\times 10^{-18}$	*Quark Up*
femto-	f	0,000 000 000 000 001	$\times 10^{-15}$	Protón
pico-	p	0,000 000 000 001	$\times 10^{-12}$	Longitud de onda gamma
nano-	n	0,000 000 001	$\times 10^{-9}$	Molécula de glucosa
micro-	μ	0,000 001	$\times 10^{-6}$	Bacteria
mili-	m	0,001	$\times 10^{-3}$	Insecto
centi-	c	0,01	$\times 10^{-2}$	Flor
deci-	d	0,1	$\times 10^{-1}$	Pequeño mamífero
Unidad				Persona
deca-	da	10	$\times 10$	Salón
hecto-	h	100	$\times 10^{2}$	Campo de fútbol
kilo-	k	1000	$\times 10^{3}$	Pueblo pequeño
mega-	M	1 000 000	$\times 10^{6}$	Estado
giga-	G	1 000 000 000	$\times 10^{9}$	Diámetro del Sol
tera-	T	1 000 000 000 000	$\times 10^{12}$	Diámetro de una gigante roja
peta-	P	1 000 000 000 000 000	$\times 10^{15}$	Diámetro de una nebulosa planetaria
exa-	E	1 000 000 000 000 000 000	$\times 10^{18}$	Diámetro de un cúmulo globular de estrellas

Conversión de unidades

Un **factor de conversión** es una fracción equivalente a la unidad que expresa la relación entre dos unidades de medida.

Por ejemplo, si deseamos pasar de años a segundos, debemos utilizar tres factores de conversión:

$$3\,\text{años} = (3\,\text{años}) \cdot \frac{(365{,}25\,\text{días})}{(1\,\text{año})} \cdot \frac{(24\,\text{h})}{(1\,\text{día})} \cdot \frac{(3600\,\text{s})}{(1\,\text{h})} = 94672800\,\text{s}$$

2.2. La notación científica

Para expresar magnitudes científicas se emplea muy habitualmente la denominada **notación científica**, que consiste en expresar la magnitud con una parte entera de una sola cifra, seguida de una parte decimal y de una potencia de 10. Por ejemplo:

Velocidad de la luz: 300 000 km s^{-1} = 300 000 000 m s^{-1} = $3 \cdot 10^{8}$ m s^{-1}

Masa del protón: 0,000 000 000 000 000 000 000 000 001 673 kg = $1{,}673 \cdot 10^{-27}$ kg

Frecuencia del color violeta: 750 000 000 000 000 Hz = 750 THz = $7{,}5 \cdot 10^{14}$ Hz

ACTIVIDADES

4. Copia y completa en tu cuaderno las siguientes frases con unidades del SI.

a) La densidad del agua es d = 1000 ____.

b) El volumen de un cubo de 2 m de lado es V = ___.

c) Si recorro 54 m en 9 s, mi velocidad es v = ____.

d) La aceleración de la gravedad es g = 9,8 ___.

e) Una toma de corriente suministra un voltaje V = ____.

5. Identifica las magnitudes vectoriales entre estas: presión, velocidad, aceleración, temperatura, fuerza, frecuencia.

6. Convierte al SI las siguientes cantidades y exprésalas en notación científica:

a) 1,2 g cm^{-3}

b) 0,000 14 g

c) 450 THz

d) 550 nm

e) 1 000 000 L

f) 4,24 años-luz

3 La medida

La medida de magnitudes es una parte fundamental del trabajo del científico.

Una **medida directa** se obtiene leyendo la indicación de un instrumento. Una **medida indirecta** se obtiene mediante operaciones matemáticas con medidas previas, ya sean directas o indirectas.

Por ejemplo, al medir cierta masa de harina en una balanza se realiza una medida directa; pero para determinar su densidad, hay que calcular el volumen de dicha masa y, a continuación, aplicar la expresión de la densidad, $d = m/V$, es decir, se realiza una medida indirecta.

3.1. Instrumentos de medida y cifras significativas

Siempre hay una **incertidumbre** asociada al instrumento utilizado cuando se lleva a cabo una medida. Esta incertidumbre es, al menos, la apreciación del instrumento.

Por ejemplo, las medidas de volúmenes de líquidos con una **probeta** y una **pipeta** tienen distintas incertidumbres. Las ilustraciones muestran dos volúmenes idénticos de un líquido, uno en una probeta graduada en mL, y otro en una pipeta graduada en décimas de mL.

EXPERIMENTA

Se puede estimar "a ojo" el volumen del líquido contenido en la probeta, que ronda los 18 mL. Sin embargo, el último dígito (el 8) que expresa nuestra medida experimental es incierto.

Si medimos el mismo volumen de líquido en una pipeta, podemos afinar un poco más el resultado, que es muy próximo a 18,6 cm^3, si bien el último dígito (el 6) sigue siendo incierto.

Se deduce que la "medida exacta" escapa a nuestras observaciones, ya que la última cifra de una medida experimental es incierta en, al menos, una unidad.

Se denominan **cifras significativas** a las que provienen de una medida experimental y aportan alguna información.

Cualquier medida experimental está formada por las **cifras exactas** o dígitos que se conocen con precisión, más un **último dígito incierto** que debe estimarse. Por ejemplo, al escribir que la medida de una masa es 45,23 g, se indica que:

Cifra incierto

45,23

Cifras exactas

Figura 4. Balanza que aprecia centésimas de gramo.

La incertidumbre de la medida es al menos de ±0,01 g (apreciación del instrumento).

ACTIVIDADES

7. En la sección Experimenta de esta página:
   a) Indica cuáles son las cifras significativas de las medidas de volumen realizadas.
   b) Indica también cuáles son cifras exactas y cuáles están afectadas de imprecisión.
   c) Expresa el valor de la incertidumbre de cada medida.

3.2. Identificación de las cifras significativas (c.s.) de una medida

Cifras significativas y notación científica

Valor	Número de c.s.
$3 \cdot 10^3$	1
$3{,}0 \cdot 10^3$	2
$3{,}00 \cdot 10^3$	3
$3{,}000 \cdot 10^3$	4

Reglas para determinar el número de cifras significativas

1. Los dígitos distintos de cero son siempre significativos. **Ejemplo:** 637 km tiene 3 c.s.
2. Los ceros colocados entre dígitos distintos de cero son siempre significativos. **Ejemplo:** 63,07 s tiene 4 c.s.
3. Los ceros que aparecen al comienzo de un número nunca son significativos. **Ejemplo:** 0,082 kg tiene 2 c.s.
4. Los ceros que siguen a una coma decimal son significativos. **Ejemplo:** 15,00 °C tiene 4 c.s.
5. Los ceros al final de un número sin coma decimal en general no son significativos excepto que se indique lo contrario con un punto al final. **Ejemplo:** 350 tiene 2 c.s. y 350. tiene 3 c.s.

Redondeo

El **redondeo** es un procedimiento para prescindir de las cifras no significativas.

Por ejemplo, para expresar h = 3718 m con solo 3 c.s. se prescinde de la última cifra:

h = 3718 m $\rightarrow$ h = 3720 m, redondeado a 3 c.s.

Reglas del redondeo

1. Si el primer dígito no significativo es menor que 5, se elimina y se deja el último dígito significativo.
   Ejemplo: m = 15,52 kg $\rightarrow$ m = 15,5 kg con 3 c.s.
2. Si el primer dígito no significativo es mayor que 5, o es 5 seguido de otros números de los cuales alguno es distinto de cero, se eliminan los dígitos no significativos y se aumenta en 1 el último dígito significativo.
   Ejemplo: t = 26,95 s $\rightarrow$ t = 27 s con 2 c.s.
3. Si el primer dígito no significativo es 5 seguido de ceros, se elimina el 5, mientras que el último dígito significativo se aumenta en una unidad si es impar y se deja igual si es par.
   Ejemplo: R = 2750 Ω $\rightarrow$ R = 2800 Ω con 2 c.s.
   Ejemplo: l = 345m $\rightarrow$ l = 340 m con 2 c.s.
4. Las cifras no significativas a la izquierda de la coma decimal se sustituyen por ceros. **Ejemplo:** R = 1243,6 Ω $\rightarrow$ R = 1200 Ω con 2 c.s.

Adición y sustracción

El resultado de una **suma** o una **resta** no puede tener más dígitos a la derecha de la coma decimal que los que tenga la medida con el menor número de decimales.

Por ejemplo, si se efectúa, la adición (18,58 + 20,3) m, el resultado debe redondearse a una sola cifra decimal, ya que, aunque el primer sumando tiene dos decimales, el segundo solo tiene uno; el resultado será, por tanto, 38,9 m.

Ten en cuenta

Los **números exactos** que se obtienen a partir de definiciones, o al contar objetos, tienen un número infinito de cifras significativas. Así, el número 12, que representa una docena, no tiene 2 c.s. sino infinitas.

Multiplicación y división

En las **multiplicaciones** y **divisiones**, el resultado no debe tener más cifras significativas que el operando con menos cifras significativas.

Por ejemplo, si se efectúa la multiplicación (0,082 m) · (273,2 m), el resultado debe redondearse a 2 c.s. (22 m^2) ya que el factor 0,082 solo tiene 2 c.s.

ACTIVIDADES

8. El tamaño de una pantalla de ordenador o de un televisor se establece mediante la longitud de su diagonal en pulgadas (1 pulgada = 2,54 cm).

a) Si esta diagonal se determina a partir de la anchura y la altura de la pantalla, ¿es una medida directa o indirecta?

b) Mide el tamaño de varias pantallas de ordenador y televisor. Expresa tus resultados con dos y con tres cifras significativas.

9. Indica las cifras significativas de estas constantes físicas:

a) Velocidad de la luz en el vacío, $c = 3{,}00 \cdot 10^8$ m s^{-1}

b) Masa del electrón, $m_e = 9{,}109 \cdot 10^{-31}$ kg

10. Redondea las siguientes medidas experimentales a dos cifras significativas y, después, exprésalas en notación científica:

a) v = 2755 m s^{-1}

b) l = 0,0927 m

c) V = 2640000 cm^3

d) t = 3220 s

3.3. Factores que caracterizan la medida

La presencia de una serie de factores impide una medida **sea perfecta**.

Resolución y sensibilidad de un instrumento

> Se denomina **resolución** de un instrumento a la mínima variación de la magnitud medida que da lugar a una variación perceptible en la escala del instrumento.

En un **instrumento digital**, la resolución viene dada por el valor del último dígito en la pantalla del instrumento, mientras que en uno **analógico** es la menor división de la escala de medida (o bien, media división si la distancia entre dos marcas consecutivas es suficientemente amplia).

> La **sensibilidad** de un instrumento indica su capacidad para apreciar pequeñas variaciones de la magnitud a medir.

Se evalúa mediante el cociente entre la variación en la escala del instrumento y la variación correspondiente en la magnitud medida: un instrumento será, por tanto, más sensible cuando responda de modo más perceptible a una ligerísima variación de la magnitud medida.

Exactitud y precisión de la medida

> La **exactitud** de un conjunto de medidas da al grado de proximidad entre los valores medidos y el valor verdadero o real.
>
> La **precisión** de un conjunto de medidas es el grado de proximidad de los valores obtenidos al realizar sucesivas mediciones de una misma magnitud.

Se puede realizar un símil entre los resultados obtenidos en un concurso de tiro olímpico y la exactitud y la precisión de un conjunto de medidas:

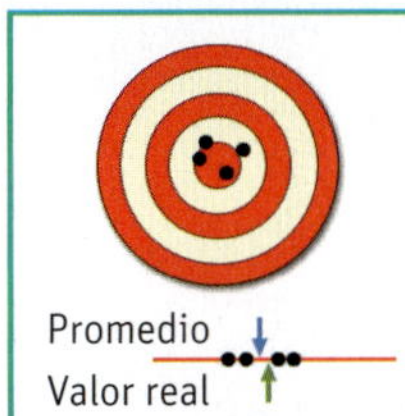	**Alta precisión:** los valores están próximos entre sí. **Alta exactitud:** los valores están próximos al valor real.		**Alta precisión:** los valores están próximos entre sí. **Baja exactitud:** los valores están alejados del valor real.
	**Baja precisión:** los valores están alejados entre sí. **Alta exactitud:** su promedio está próximo al valor real.		**Baja precisión:** los valores están alejados entre sí. **Baja exactitud:** su promedio están alejado del valor real.

Precisión y dispersión de una medida

Cuando se trabaja con grupos de datos, interesa estudiar la dispersión de las medidas, es decir, cuánto se desvían unas de otras. La expresión más utilizada es la llamada **desviación estándar**, σ, que viene dada por:

$$\sigma = \sqrt{\frac{\sum_i (x_i - \overline{x})^2}{n-1}}$$

En esta expresión, x_i es el conjunto de valores individuales medidos; $\overline{x}$ es el valor promedio de los mismos, y n es el número de medidas realizadas.

> La **desviación estándar**, σ, es una **medida cuantitativa de la precisión**: cuanto menor sea σ, mayor es la precisión.

Ten en cuenta

La resolución de la balanza es de 0,01 g, mientras que la del amperímetro es de 0,1 A.

ACTIVIDADES

11. Dos grupos A y B de alumnos han medido la caída de tensión en voltios en una resistencia y han obtenido los valores:

A: {8, 9, 7, 10, 8, 11, 10, 9}

B: {7, 7, 9, 11, 8, 11, 9, 10}

¿Qué conjunto de medidas es más preciso?

3.4. Errores en las medidas

No es posible realizar una medida libre de errores. Incluso cuando se pone el máximo cuidado, se producen errores inherentes al proceso de medida, imposibles de evitar.

Tipos de errores

- El **error de resolución** se debe a la incertidumbre en la última cifra significativa que da el instrumento de medida.

  La magnitud de este error viene dada por la resolución del instrumento. Por ejemplo, si un termómetro digital permite medir décimas de grado, la incertidumbre de la medida, es decir, el error de resolución, será ±0,1 °C.

  La incertidumbre debida a la resolución del aparato no se puede minimizar repitiendo la medida varias veces.

El error de resolución de este termómetro es de ±0,1 °C.

- El **error aleatorio** o **estadístico** resulta de la contribución de numerosos factores que desplazan de forma aleatoria el valor medido por encima o por debajo de su valor real.

  Este error es inevitable, está presente en todo experimento y afecta a la precisión de la medida.

  Se rige por las leyes de la estadística y, dado que unas veces es por exceso y otras por defecto del valor exacto de la medida, se puede reducir repitiendo muchas veces la medida y promediando los valores obtenidos.

  Cuando la medida de una magnitud se repite un gran número de veces, se acepta como error aleatorio el valor de la desviación estándar, σ.

La medida que realice el topógrafo depende de una serie de factores, algunos de ellos imprevisibles, como su estado físico o las condiciones climáticas.

- El **error sistemático** es aquel que se repite cada vez que se realiza la medida.

  Su efecto es aumentar o disminuir el valor de la medida siempre en la misma cantidad. Una vez determinado su origen, es posible eliminarlo de la medida.

  Puede deberse a distintos motivos:

  - Una calibración inadecuada del instrumento.
  - La utilización de productos impuros.
  - Los errores de cálculo implícitos en las fórmulas utilizadas o en las hipótesis asumidas.

  Este error disminuye la exactitud pero, en general, no afecta a la precisión de la medida.

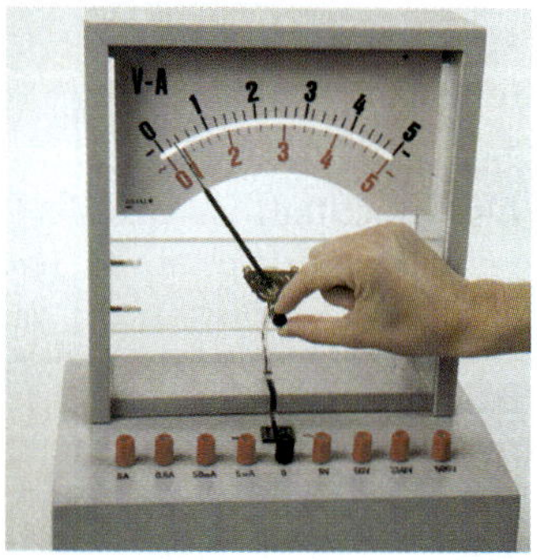

Si no calibramos bien un instrumento, las medidas que realicemos con él presentarán un error sistemático.

Medida del error

Para cuantificar la exactitud de una medida se utiliza el **error absoluto**, ε_a, que se define como el valor absoluto de la diferencia entre el valor medido, x_i, y el valor verdadero (o valor aceptado) de la magnitud medida, $\bar{x}$:

$$\varepsilon_a = |x_i - \bar{x}|$$

Cuanto menor es ε_a, más próximo está el resultado al valor verdadero y más exacto es el resultado. Para evaluar si el error cometido es aceptable, se emplea el **error relativo**, ε_r, que compara el error absoluto con el valor de la magnitud:

$$\varepsilon_r = \frac{|x_i - \bar{x}|}{\bar{x}} = \frac{\varepsilon_a}{\bar{x}}$$

Frecuentemente, el error relativo se expresa en forma de porcentaje: $\varepsilon_r(\%) = \varepsilon_r \cdot 100$.

ACTIVIDADES

12. **El valor aceptado de la aceleración de la gravedad es g = 9,81 ms^{-2}. Halla el error absoluto y el error relativo que se cometen al utilizar g = 10 ms^{-2}.**

Solución: 0,19 ms^{-2} y 1,9 %

3.5. Expresión de una medida experimental

Dado que el valor, x, obtenido al medir una magnitud no es exacto, es necesario dar un valor estimado, $\overline{x}$, y añadir una incertidumbre del mismo, $\pm\Delta x$, de modo que:

$$x = \overline{x} \pm \Delta x$$

Se acepta que el valor verdadero de la medida está comprendido entre $(\overline{x}+\Delta x)$ y $(\overline{x}-\Delta x)$.

Expresión de una medida experimental

- Cuando se realiza una **única medición** con un instrumento, se toma como valor estimado la medida realizada, y como incertidumbre, la resolución del instrumento.

  Por ejemplo, en la medición de la anchura de una tuerca con un micrómetro.

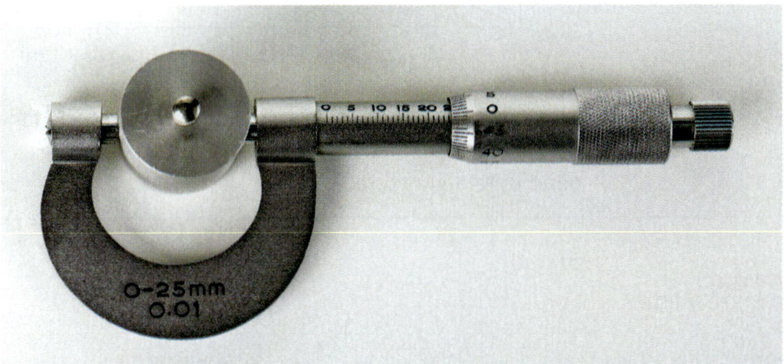

  La medida ha resultado de 24,47 mm, mientras que la resolución del aparato es 0,01 mm. Por tanto, la medida debe expresarse:

  d = (24,47 ± 0,01) mm

- Cuando se realizan **varias mediciones**, se halla su valor promedio, que será el valor estimado, y se determina la desviación estándar, que será la incertidumbre.

  Si la resolución del instrumento es mayor que la dispersión de las medidas, debe tomarse la resolución como incertidumbre.

  Por ejemplo, repitiendo varias veces la medida de la anchura de la tuerca, se han obtenido los valores: 24,44 mm; 24,48 mm; 24,48 mm; 24,46 mm; 24,48 mm, y 24,46 mm.

  Calculando el valor promedio:

$$\overline{x} = \frac{24{,}44 + 24{,}48\cdot 3 + 24{,}46\cdot 2}{6} = 24{,}47\ \text{mm}$$

  Con este valor se determina la dispersión de las medidas:

$$\sigma = \sqrt{\frac{(x_i-\overline{x})^2}{6-1}} = \sqrt{\frac{0{,}03^3 + 3\cdot 0{,}01^2 + 2\cdot 0{,}01^2}{5}} = 0{,}02$$

  Por tanto, la medida de la tuerca se puede expresar así:

  d = (24,47 ± 0,02) mm

- El valor de Δx se expresa en las unidades de x y con una sola cifra significativa.
- El valor de $\overline{x}$ debe reseñarse con la misma incertidumbre que Δx, es decir, al redondear hay que eliminar todos los dígitos cuyo orden de magnitud sea inferior al error.

> Una medida será **más precisa** cuanto menor sea el valor de Δx.

EJERCICIOS RESUELTOS

1 **El valor medio de la resistencia de un electrodoméstico es R = 3,677 Ω y la desviación estándar es $\sigma = 0{,}34$. Expresa las medidas con las cifras significativas adecuadas.**

Redondeamos el error estimado a una cifra significativa, esto es, $\sigma = 0{,}3\,\Omega$.

La incertidumbre de la medida está en las décimas de ohmio, luego, el valor promedio será R = 3,7 Ω. La medida se debe expresar, por tanto, así: $R = (3{,}7 \pm 0{,}3)\,\Omega$.

2 **Para determinar la densidad del etanol se ha medido la masa de 10 mL de etanol en seis vasos diferentes. Se han obtenido los siguientes valores:**

8,2 g; 8,1 g; 7,7 g; 7,9 g; 8,0 g, y 8,1 g

Determina la densidad del etanol y exprésala adecuadamente.

Determinamos los valores de la densidad dividiendo dicha masa por el volumen:

$$0{,}82\ \text{gcm}^3;\ 0{,}81\ \text{gcm}^3;\ 0{,}77\ \text{gcm}^3;\ 0{,}79\ \text{gcm}^3;\ 0{,}80\ \text{gcm}^3, \text{y } 0{,}81\ \text{gcm}^3$$

Calculamos el valor promedio y la desviación estándar:

$$\overline{x} = \frac{0{,}82 + 0{,}81\cdot 2 + 0{,}77 + 0{,}79 + 0{,}80}{6} = 0{,}80\ \text{gcm}^{-3}$$

$$\sigma = \sqrt{\frac{(x_i - 0{,}8)^2}{6-1}} = \sqrt{\frac{0{,}02^2 + 3\cdot 0{,}01^2 + 0{,}03^2 + 0^2}{5}} = 0{,}02$$

La medida experimental de la densidad del etanol es $d = (0{,}80 \pm 0{,}02)\ \text{gcm}^{-2}$.

ACTIVIDADES

13. **Utilizando un termómetro que aprecia grados, se han realizado seis medidas del punto de ebullición del galio, de los valores siguientes:**

{2402 °C, 2401 °C, 2406 °C, 2403 °C, 2402 °C, 2403 °C}

Expresa adecuadamente el resultado de la medida con el correspondiente error.

Solución: (2403 ± 2) °C

4 Análisis de los datos experimentales: tablas y gráficas

A la hora de analizar los datos experimentales y con el fin de descubrir las posibles relaciones entre las magnitudes, el experimentador dispone de dos herramientas: las **tablas** y las **gráficas**. Algunas tablas contienen series de datos numéricos que guardan una **relación** entre sí.

Relaciones entre datos numéricos

Relación de proporcionalidad directa

Existe proporcionalidad directa entre dos magnitudes, *x* e *y*, cuando la relación entre ambas puede escribirse así:

$$y = ax + b$$

Donde *a* y *b* son dos constantes. Si se representan gráficamente los valores experimentales de *y* frente a los de *x*, se obtendrá una serie de valores próximos a una recta, cuya pendiente es *a*. Si $b = 0$, la recta pasa por el origen.

Se dice que existe una **relación lineal** entre ambas magnitudes. Cuando $b = 0$, dichas magnitudes son **directamente proporcionales**.

Ejemplo: En unas medidas del volumen y la masa de varias piezas de aluminio se han obtenido estos resultados:

V (mL)	10	20	30	40	50
m (g)	26	55	79	109	137

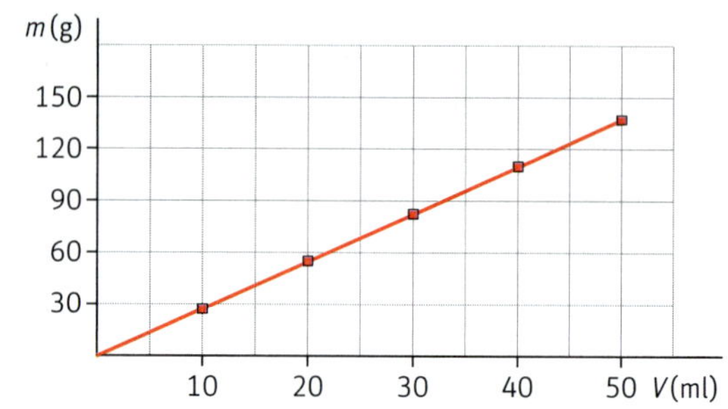

La relación entre la masa y el volumen es $m = \rho V$, donde ρ es la densidad. El valor de esta constante es la pendiente de la recta.

Relación de proporcionalidad inversa

Existe proporcionalidad inversa entre dos magnitudes, *x* e *y*, cuando la relación entre ambas puede expresarse así:

$$x \cdot y = \text{cte.} \Rightarrow y = \frac{\text{cte.}}{x}$$

Si se representan gráficamente los valores experimentales de *y* frente a los de *x*, se obtendrá una hipérbola, que es una curva abierta con dos ramas simétricas respecto de los ejes. En estos casos, se dice que ambas magnitudes son inversamente proporcionales.

Ejemplo: Se han medido el volumen y la presión de un gas contenido en un cilindro con un pistón y se han obtenido estos resultados:

p (atm)	1	1,25	1,5	1,75	2
V (mL)	2,20	1,80	1,55	1,20	1,10

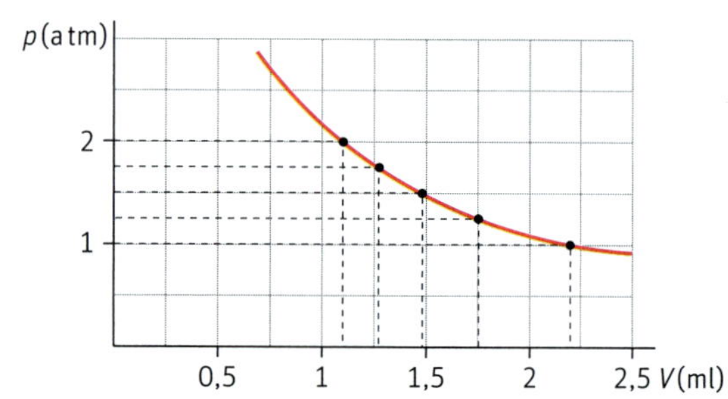

La relación entre la presión y el volumen es $pV = \text{cte}$. El valor de esta constante puede obtenerse de la curva hiperbólica.

Relación cuadrática

Existe una relación cuadrática entre dos magnitudes *x* e *y* cuando la relación entre ambas puede escribirse así:

$$y = ax^2 + bx + c$$

Donde *a*, *b* y *c* son constantes. Al representar gráficamente los valores se obtiene una parábola, cóncava hacia arriba si $a > 0$, y hacia abajo si $a < 0$.

Ejemplo: Se han medido la distancia vertical recorrida por un objeto en caída libre que parte del reposo y el tiempo empleado:

t (s)	1	1,5	2	2,5	3
y (m)	5	11	19	29	62

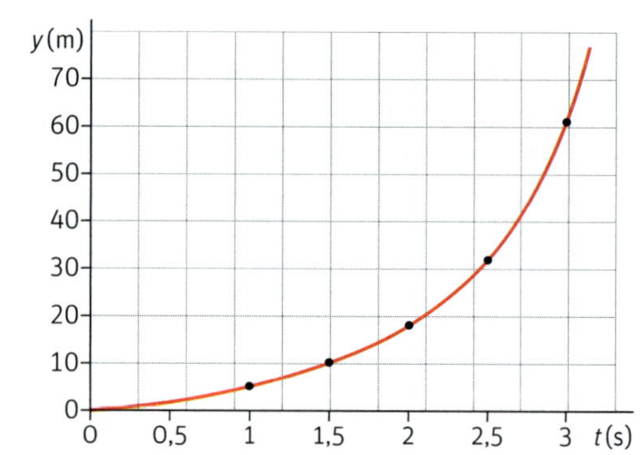

La distancia recorrida es $y = \frac{1}{2}gt^2$. Se puede obtener la aceleración de la gravedad *g* a partir de la curva parabólica.

ACTIVIDADES

14. La longitud total de un muelle fijado al techo, cuando se le cuelgan diferentes masas, está dada en la tabla:

m (kg)	10	15	20	25	30
L (cm)	3	4,6	5,9	7,7	8,9

a) Representa gráficamente los valores de la tabla.

b) ¿Qué tipo de relación existe entre la masa colgada y el alargamiento del muelle?

c) Trata de encontrar la relación matemática que existe entre ambas magnitudes.

5 El lenguaje de la ciencia

La ciencia y la técnica emplean con frecuencia el **lenguaje simbólico** para explicar procesos químicos, físicos o de otro tipo.

Un ejemplo de lenguaje simbólico es el empleado en la química para expresar los procesos y las reacciones. Así, la expresión $CaCO_3(s)$+ energía $\rightarrow$ $CaO(s)$ + $CO_2(g)$ proporciona una gran cantidad de información con muy pocos elementos:

"El compuesto carbonato de calcio, que es sólido, se descompone mediante la acción del calor en óxido de calcio (sólido) y dióxido de carbono (gas). Además indica que un mol de carbonato de calcio produce un mol de óxido de calcio y un mol de dióxido de carbono".

Toda disciplina científica, y en particular la física, hace uso del **lenguaje algebraico**, utilizando **expresiones matemáticas** para analizar datos, obtener resultados, formular hipótesis, plantear y desarrollar ecuaciones, etc.

Ten en cuenta

El inglés es la lengua vehicular de la ciencia, en especial, en lo que se refiere a las publicaciones escritas. Este idioma ha sido aceptado casi sin excepción por la comunidad científica en sus comunicaciones internacionales.

5.1. La comunicación científica

El trabajo científico es eminentemente **colaborativo**. En él resulta esencial la **comunicación** fluida y permanente entre las distintas universidades, instituciones y centros de investigación. Algunas de las herramientas de comunicación son las **publicaciones científicas**, los **premios** y las **nuevas Tecnologías de la Información y la Comunicación**.

Herramientas de comunicación científica

- Las **publicaciones científicas** constituyen vehículos de comunicación de alto nivel entre investigadores. El prestigio de algunas de estas publicaciones es tal que los centros de investigación pugnan por conseguir un espacio en ellas. Un grupo de científicos especializados selecciona las publicaciones.

- Los **premios** desempeñan también un importante papel como herramienta de comunicación científica y como motor de desarrollo de la ciencia y la divulgación científica. En ocasiones, su importancia radica en atraer la **atención pública** hacia cierto trabajo científico.

- Las **Tecnologías de la Información y la Comunicación (TIC)**, sobre todo **internet**, se han convertido en una herramienta que posibilita el intercambio inmediato de información y facilita la divulgación de los hallazgos científicos al resto de la comunidad científica y a la sociedad.

5.2. Ciencia y sociedad

Existe una relación directa entre el **nivel de desarrollo** alcanzado por una sociedad y la importancia concedida a la **investigación científica** (Fig. 5).

Sin embargo, el desarrollo científico y tecnológico también plantea cuestiones difíciles de resolver, como la utilización de la tecnología con fines bélicos, el riesgo de agravar las desigualdades entre ricos y pobres o los problemas medioambientales.

Además, algunos aspectos del desarrollo científico, en especial en el campo de la biología y la medicina, plantean interrogantes éticos igualmente complejos, como un uso indebido del genoma humano o la posible clonación de seres humanos.

En definitiva, la ciencia ha resultado ser un eficaz motor de desarrollo de la sociedad, pero no es la solución a todos los problemas e interrogantes humanos.

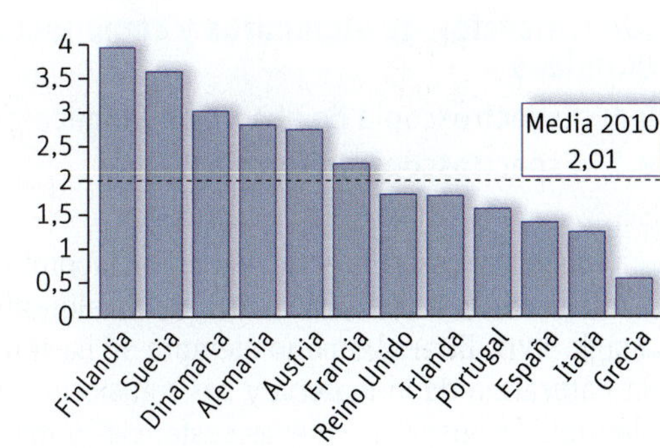

Figura 5. Gráfica del porcentaje del PIB dedicado a I+D+i en diversos países.

1 Leyes fundamentales de la química

1 Leyes ponderales
- **1.1.** Ley de conservación de la masa o de Lavoisier
- **1.2.** Ley de las proporciones definidas o de Proust
- **1.3.** Ley de las proporciones múltiples o de Dalton

2 Teoría atómica de Dalton
- **2.1.** Interpretación de las leyes ponderales
- **2.2.** Limitaciones de la teoría atómica de Dalton

3 Leyes volumétricas
- **3.1.** Ley de los volúmenes de combinación de Gay-Lussac
- **3.2.** La hipótesis de Avogadro

4 Cantidad de sustancia
- **4.1.** Masas, atómica y molecular, relativas
- **4.2.** El mol y la masa molar
- **4.3.** El volumen molar
- **4.4.** Cálculos con magnitudes atómicas y moleculares

5 Los gases
- **5.1.** Teoría cinético-molecular de los gases
- **5.2.** Leyes de los gases
- **5.3.** Ecuación de estado de los gases ideales. Gases reales
- **5.4.** Mezclas de gases

6 Cálculos con fórmulas de un compuesto
- **6.1.** Composición centesimal
- **6.2.** Determinación de fórmulas empíricas y moleculares

7 Espectrógrafo de masas e identificación de isótopos
- **7.1.** ¿Qué son los isótopos?
- **7.2.** Espectrógrafo de masas
- **7.3.** Cálculo de masas atómicas relativas de los elementos

8 Identificación de elementos y compuestos químicos
- **8.1.** Espectroscopia de absorción atómica
- **8.2.** Espectroscopia infrarroja

La imagen muestra la actividad de un laboratorio químico actual en contraste con la de un alquimista del siglo XVII. El ser humano siempre se ha interesado por la naturaleza de la materia y sus transformaciones, y los alquimistas buscaban nuevas sustancias y materiales. Pero solo a partir del siglo XIX surgieron las ideas modernas sobre la estructura de la materia, basadas en la teoría atómica de Dalton.

Figura 1.1. Cuadro de un alquimista del siglo XVII que se encuentra en el museo del Prado.

Recuerda y reflexiona

Leyes ponderales y la teoría atómica de Dalton

1. **La exactitud y la precisión en las medidas experimentales son características del trabajo en los laboratorios. ¿Qué leyes se pudieron establecer en relación a las masas de sustancias químicas cuando las medidas alcanzaron dichas características?**

   Se establecieron las leyes ponderales, es decir, unas leyes que establecían relaciones entre las masas de las sustancias medidas. Las leyes que se describen en esta unidad son la de Lavoisier, la de Proust y la de Dalton.

2. **En su momento, la teoría atómica de Dalton tuvo como principal éxito la justificación de las leyes ponderales. ¿Crees que está vigente hoy día?**

   Algunos aspectos de esta teoría continúan vigentes; por ejemplo, que los átomos de un elemento químico son iguales entre sí (actualmente se habla de igualdad de número atómico) y diferentes a los de otros elementos. También se defiende la hipótesis de que, en las reacciones químicas, los átomos se mantienen en clase y número. Por eso se suelen usar los modelos de bolas en las reacciones químicas.

Cantidad de sustancia

3. **El concepto de mol ha sido fundamental en el desarrollo de la química moderna. Su definición está ligada a la denominada constante de Avogadro de valor $6{,}022 \cdot 10^{23}$. ¿Sabrías nombrar esta cantidad? ¿Crees que existirá un número así de insectos en la Tierra?**

   El número se lee como seiscientos dos mil doscientos trillones, y es seguro que la cantidad de insectos que existe en la Tierra es mucho menor. En esta unidad calcularás el número de moléculas y de átomos que hay en diversas sustancias químicas.

La teoría cinética y las leyes de los gases

4. **Las leyes experimentales de los gases ideales describen su comportamiento respecto a las variaciones de la presión, el volumen y la temperatura. ¿Eres capaz de explicar estos comportamientos mediante la teoría cinética?**

   Según la teoría cinética la presión que ejerce un gas es consecuencia de los choques de sus partículas contra las paredes del recipiente que lo contiene.

   Si disminuye el volumen, manteniendo constante la temperatura, la frecuencia de los choques entre partículas es mayor y la presión aumenta.

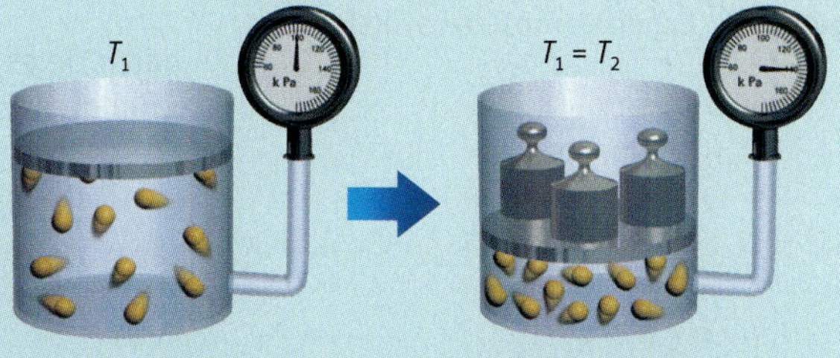

   Si aumenta la temperatura, a volumen constante, aumentan la intensidad y la frecuencia de los choques, por lo que aumenta la presión.

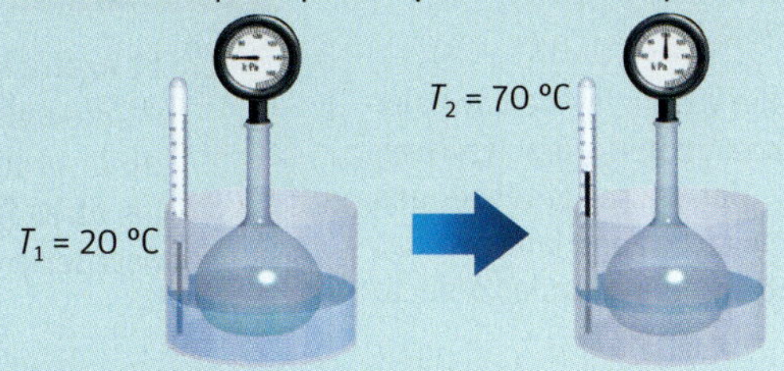

1 Leyes ponderales

Ya desde finales del siglo XVII, los primeros químicos se preocuparon de los aspectos cuantitativos de las reacciones químicas y establecieron unas leyes, denominadas **leyes ponderales**, a partir de la medida de las masas de los reactivos y los productos.

smSaviadigital.com PRACTICA

En esta aplicación puedes obtener las relaciones entre la masa de un elemento químico, los moles y el número de partículas.

1.1. Ley de conservación de la masa o de Lavoisier

La pregunta más sencilla en relación a los procesos químicos es saber si varía o no la masa total de las sustancias que intervienen. Por ejemplo, ¿qué sucede en la combustión de un papel de nitrocelulosa o de una cinta de magnesio?

OBSERVA

Al acercar una llama a un papel de nitrocelulosa se observa una rápida combustión que no deja residuos sólidos.

Aparentemente, la materia ha desaparecido, pero esto se debe a que solo se forman productos gaseosos que escapan a la atmósfera y no se ven.

Una cinta de magnesio arde emitiendo luz brillante y formando unas cenizas con mayor masa que la cinta quemada.

Aquí parece que se ha creado materia de la nada, pero es debido a que el magnesio se combina con el oxígeno del aire, aumentando la masa.

El químico francés **Antoine-Laurent de Lavoisier** observó que, durante la combustión de una vela aislada del exterior por una campana de vidrio, no se modificaba la lectura de la balanza: los hidrocarburos de la vela reaccionaban con el oxígeno del aire de la campana, originando dióxido de carbono y agua, pero la masa total era la misma antes que después de la combustión.

Figura 1.2. Experimentos de Lavoisier.

A partir de estos hechos experimentales y otros similares, Lavoisier enunció la ley de conservación de la masa en 1789.

Ley de conservación de la masa. La masa total de las sustancias que intervienen en una reacción química permanece invariable; por tanto, la masa total de las sustancias que reaccionan (**reactivos**) es igual a la masa de las sustancias que se originan (**productos**).

Ten en cuenta

Actualmente se sabe que la ley de Lavoisier no se cumple con exactitud para las reacciones nucleares, donde se produce una disminución de masa (inapreciable en las reacciones normales), denominada "defecto másico".

ACTIVIDADES

1. El azufre y el hierro se combinan originando sulfuro de hierro, según los datos de la primera fila de la tabla. Completa las otras filas de la tabla con la cantidad necesaria de sulfuro de hierro.

Azufre (g)	Hierro (g)	Sulfuro (g)
4	**7**	**11**
8	14	
2	3,5	

Solución: 22 g; 5,5 g

1.2. Ley de las proporciones definidas o de Proust

En el siglo XVIII, el cocinero del conde de Sandwich se hizo famoso por preparar un combinado formado por dos rebanadas de pan y una loncha de queso o carne, que se comía sin cubiertos. En el mismo siglo se comprobó que, de forma similar, existe una proporción establecida entre las masas de los elementos que se combinan para formar un compuesto.

RELACIONA

Al preparar sándwiches se obtuvieron estas proporciones entre el número de rebanadas de pan y las lonchas de queso utilizadas.

Rebanadas	Lonchas	Relación
24	12	2
18	9	2
12	6	2

Se deduce que, para este tipo de sándwich, la proporción de combinación entre las rebanadas de pan y las lonchas de queso es constante e igual a 2.

Al combinarse diferentes masas de magnesio y oxígeno se obtuvieron las siguientes proporciones.

Mg(g)	O(g)	Relación
24	16	1,5
12	8	1,5
6	4	1,5

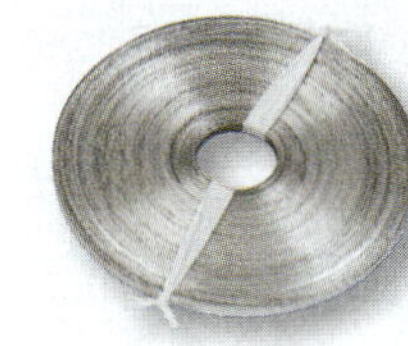

De estos datos experimentales se deduce que la proporción de combinación entre la masa del magnesio y la masa del oxígeno es constante e igual a 1,5 (3/2 = 1,5).

En 1799 el químico francés **Joseph Louis Proust** encontró en diferentes muestras de un compuesto los mismos elementos y en la misma proporción en masa.

Ley de las proporciones definidas. Cuando dos elementos se combinan para originar un compuesto determinado, lo hacen siempre en una relación en masa constante.

Como consecuencia, la composición del compuesto formado es invariable. Así:

$$\frac{\text{masa de Mg}}{\text{masa de O}} = 1{,}5$$

1.3. Ley de las proporciones múltiples o de Dalton

A veces, dos sustancias se combinan para formar más de un compuesto, en cuyo caso pueden hacerlo en más de una relación en masa; por ejemplo, el hidrógeno y el oxígeno. Midiendo estas relaciones, el químico inglés **John Dalton** (1766-1844) formuló una ley general.

Hidrógeno 2 g	Oxígeno 1 · (16 g)	Agua 18 g
Hidrógeno 2 g	Oxígeno 2 · (16 g)	Agua oxigenada 34 g

Ley de las proporciones múltiples. Cuando se combinan dos elementos para formar más de un compuesto, una masa constante de uno de ellos se combina con masas variables del otro. Estas masas variables guardan entre sí una relación sencilla de números enteros.

EJERCICIO RESUELTO

1 **El magnesio desprende luz durante su combustión. Según datos experimentales, 48 g de magnesio se combinan exactamente con 32 g de oxígeno gaseoso para originar óxido de magnesio.**

a) **Deduce la cantidad de óxido que se formará.**

b) **¿Qué cantidad de oxígeno reaccionará con 4,8 g de magnesio?**

a) Para calcular la masa total se suman las masas de los elementos que se combinan.

$$\text{masa inicial} = \text{masa final} = (48 + 32)\ \text{g} = 80\ \text{g}$$

b) La relación de combinación entre el magnesio y el oxígeno es de 48/32, constante en cualquier otra combinación entre ambos elementos. Por tanto:

$$\frac{\text{masa de Mg}}{\text{masa de O}} = \frac{48\ \text{g de Mg}}{32\ \text{g de O}} = \frac{4{,}8\ \text{g de Mg}}{x\ \text{g de O}} \Rightarrow x = 3{,}2\ \text{g de oxígeno}$$

ACTIVIDADES

2. **El plomo se combina con el oxígeno en condiciones diferentes para formar dos óxidos de plomo distintos, según los datos de la tabla:**

Plomo (g)	Oxígeno (g)
20	1,544
20	3,088

A partir de los datos, comprueba que se cumple la ley de las proporciones múltiples.

2 Teoría atómica de Dalton

Los filósofos griegos (600 a. C.) pensaron que a partir de cuatro elementos (tierra, aire, fuego y agua) se podría formar toda la materia. Esta teoría, asumida posteriormente por los alquimistas, no explicaba adecuadamente las anteriores leyes ponderales empíricas.

COMPARA

Un edificio o un ser vivo están formados por diferentes estructuras básicas, que se combinan y repiten para formar estructuras más grandes y complejas. De forma semejante, toda la materia está formada por entidades elementales muy pequeñas y casi invisibles, pero no indivisibles.

Un edificio está formado por unidades estructurales sencillas, los ladrillos, que forman estructuras más complejas y resistentes como muros, paredes o fachadas.

Los seres vivos están formados por unidades morfológicas y funcionales denominadas células. Fueron llamadas así por repetirse como celdillas de un panal.

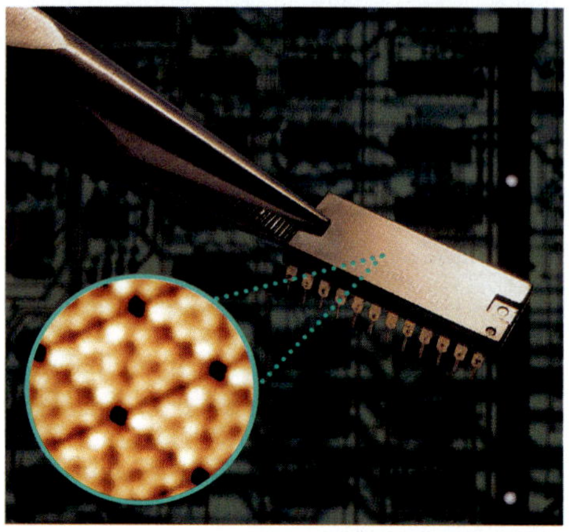

Toda la materia, está formada por unidades elementales llamadas átomos como los átomos de silicio de un componente electrónico.

A principios del siglo XIX, **Dalton**, recogiendo las ideas del griego **Demócrito**, enunció una teoría que postulaba que la materia era discontinua. También propuso una definición precisa sobre las unidades indivisibles o átomos, que forman las distintas sustancias químicas.

Teoría atómica de Dalton

1. Los elementos están formados por partículas extraordinariamente pequeñas, indivisibles e indestructibles, llamadas átomos.
2. Todos los átomos de un mismo elemento químico son idénticos: tienen tamaño, masa y propiedades iguales.
3. Los átomos de un elemento químico son diferentes a los átomos de los demás elementos, por tanto, tienen diferente masa y propiedades.
4. Los compuestos químicos están formados por átomos de más de un elemento. La relación entre el número de átomos de los diferentes elementos que forman el compuesto viene expresada por números enteros.

Átomos del elemento A

Átomos del elemento B

Compuesto formado por átomos de A y B. La relación entre átomos de A y los de B es de 2 : 1.

5. En las reacciones químicas, los átomos nunca se crean ni se destruyen, solo se recombinan de forma diferente.

Sabías que

Dalton estableció la primera lista de pesos atómicos y símbolos químicos, enunció la ley de las presiones parciales de los gases, y fue el primero en explicar la ceguera a los colores, que él mismo padecía (daltonismo).

Comprueba que no padeces daltonismo si puedes leer el número verde del interior del círculo.

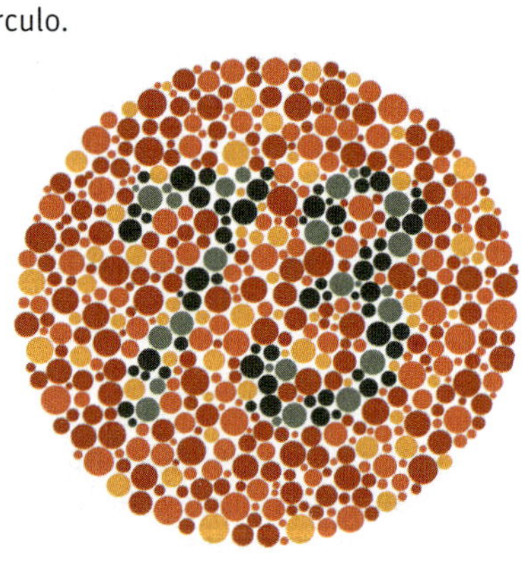

2.1. Interpretación de las leyes ponderales

El primer éxito de la teoría atómica de Dalton fue la **interpretación de las leyes ponderales**.

Justificación de las leyes ponderales con la teoría atómica de Dalton

- La **ley de conservación de la masa** es evidente si se supone que la materia está formada por átomos que no cambian en las reacciones químicas (postulado 5 de Dalton).

  Por ejemplo, en la combustión del metano, los átomos se combinan de forma diferente pero su número se conserva, por tanto, la masa total (reactivos + productos) debe permanecer contante.

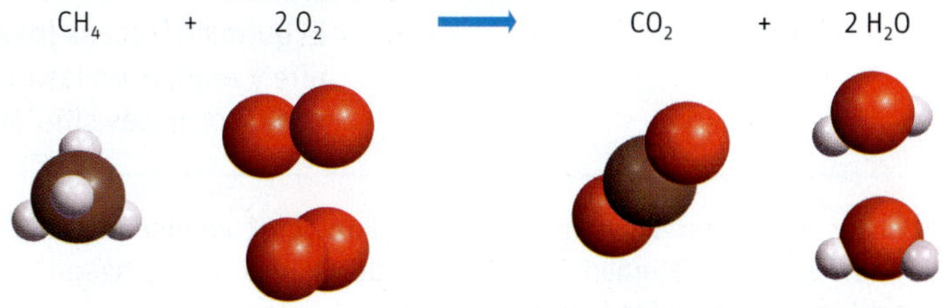

- La **ley de las proporciones definidas** se justifica al analizar diferentes muestras de un compuesto, por ejemplo, el HgO. En todas ellas se obtiene la misma proporción en masa de mercurio y oxígeno.

  Si la proporción entre las masas de los diferentes elementos de un compuesto es una cantidad fija, la proporción de los átomos de los elementos también debe ser constante.

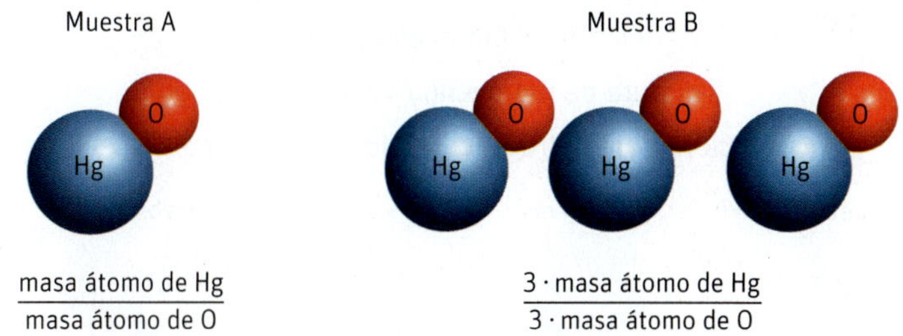

- La **ley de proporciones múltiples** se justifica de forma sencilla: distintos compuestos formados por los mismos elementos se diferencian en el número de átomos de cada clase.

  Por ejemplo, el azufre forma tres compuestos estables con el oxígeno. En ellos, un átomo de azufre se combina, respectivamente, con uno, dos o tres átomos de oxígeno. De esta manera, como el átomo de S tiene el doble de masa que el de O, la proporción en masa de oxígeno se representa por números enteros sencillos: 1 : 1, 1 : 2 o 1 : 3.

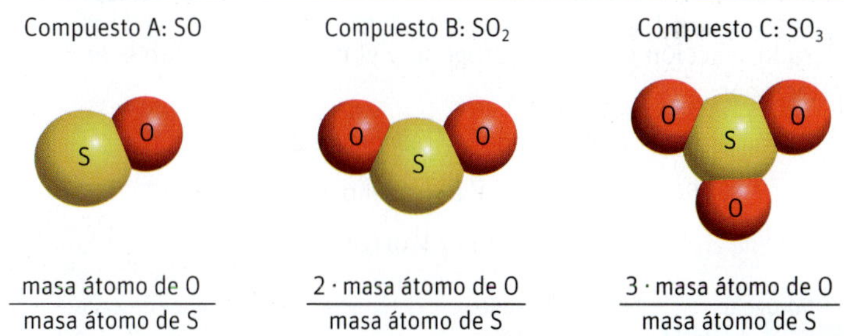

2.2. Limitaciones de la teoría atómica de Dalton

La idea de Dalton sobre el átomo es diferente a la que tenían los filósofos griegos. Ellos consideraban que los átomos de los distintos elementos estaban formados por el mismo tipo de materia, diferenciándose solo en su forma y tamaño. También es distinta de la que se tiene actualmente, ya que se ha comprobado que los átomos son divisibles en las reacciones nucleares de fisión.

Dalton descubrió que las diferencias en las propiedades de los diferentes elementos, como por ejemplo el hidrógeno y el oxígeno, se explican suponiendo que los átomos de hidrógeno son todos iguales entre sí, pero diferentes a los átomos de oxígeno (en esa época no se conocía la existencia de isótopos).

En el cuarto postulado, Dalton llamó "átomos de compuestos" a la partícula más pequeña que representa un compuesto químico. Creía, por tanto, que su composición era la más simple posible, lo que le llevó a cometer errores que subsanaron otros científicos.

Por ejemplo, supuso, de forma errónea, que el átomo de agua estaba formado por un átomo de oxígeno y uno de hidrógeno:

Es importante saber

Los **isótopos** son átomos de un mismo elemento químico, con el mismo número de protones pero diferente número de neutrones. Por tanto, tienen igual número atómico pero distinto número másico, y difieren en la masa atómica.

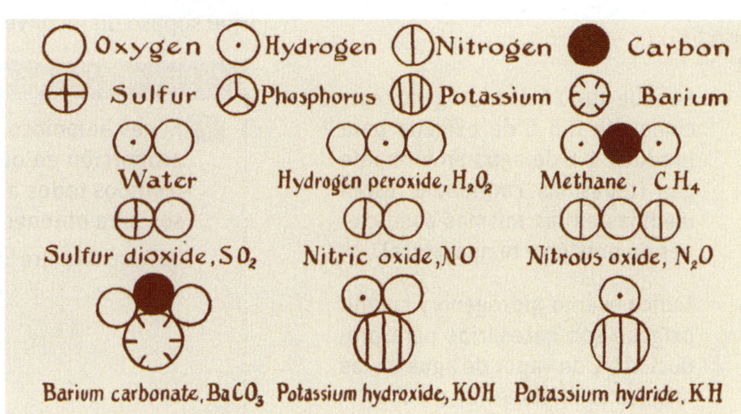

FIGURE 2-1 *Atomic symbols and molecular formulas used by John Dalton, about 1803.*

Figura 1.3. Símbolos originales de elementos y compuestos usados por Dalton.

3 Leyes volumétricas

En las reacciones químicas entre sustancias gaseosas, además de cumplirse las leyes ponderales, se cumplen otras leyes referidas a **volúmenes de gases** que no son aplicables a volúmenes de sólidos o líquidos.

3.1. Ley de los volúmenes de combinación de Gay-Lussac

El químico francés **Joseph Louis Gay-Lussac** investigó el volumen de oxígeno contenido en el aire y realizó, en las mismas condiciones de presión y temperatura, numerosos experimentos con otros gases similares a los siguientes.

REFLEXIONA

1. Al hacer reaccionar 1 volumen dado de cloro con 1 volumen igual de hidrógeno se obtienen 2 volúmenes de cloruro de hidrógeno. Las relaciones entre los volúmenes son:

V cloro / V hidrógeno = 1 / 1

V cloruro de hidrógeno / V cloro = 2 / 1

V cloruro de hidrógeno / V hidrógeno = 2 / 1

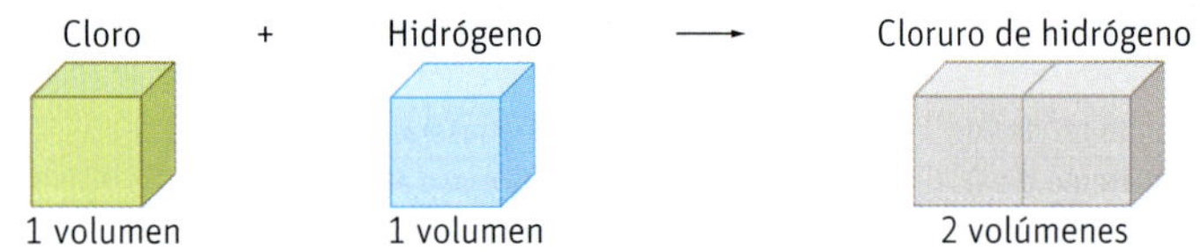

2. Cuando reacciona 1 volumen de nitrógeno con 3 volúmenes de hidrógeno se forman 2 volúmenes de amoniaco. Las relaciones que se establecen entre los volúmenes son diferentes:

V nitrógeno / V hidrógeno = 1 / 3

V amoniaco / V de nitrógeno = 2 / 1

V amoniaco / V hidrógeno = 2 / 3

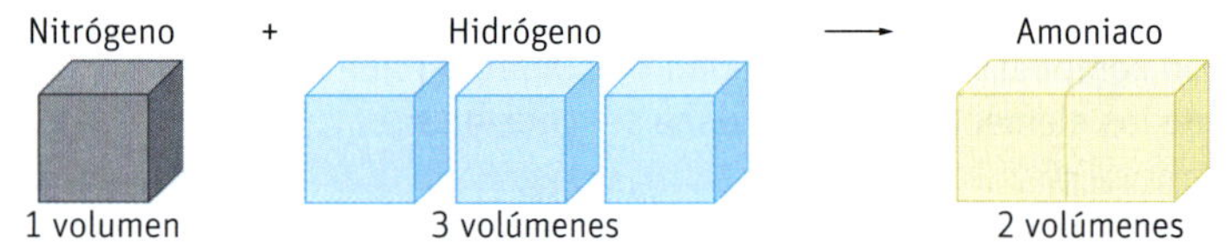

3. Para la reacción entre el hidrógeno y el oxígeno se establecen las relaciones:

V hidrógeno / V oxígeno = 2 / 1

V vapor de agua / V hidrógeno = 2 /2 = 1 / 1

V vapor de agua / V oxígeno = 2 / 1

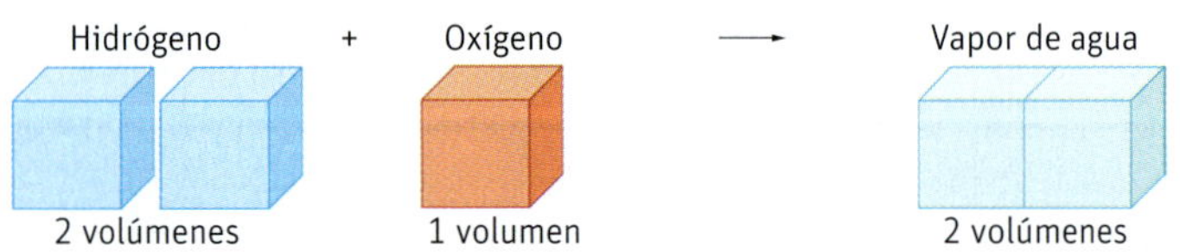

4. Para la reacción entre el monóxido de carbono y el oxígeno se establecen las reacciones:

V monóxido de carbono / V de oxígeno = 2 / 1

V dióxido de carbono / V monóxido de carbono = 1/ 1

V dióxido de carbono / V de oxígeno = 2 / 1

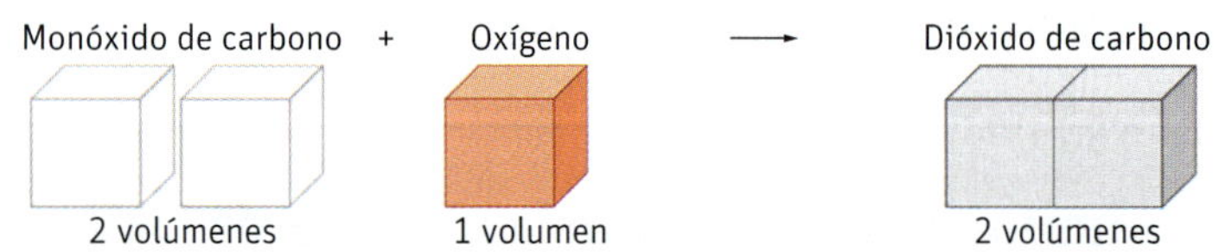

A partir de estas experiencias, Gay-Lussac enunció en 1809 una ley general para gases medidos en las mismas condiciones de presión y temperatura.

> **Ley de los volúmenes de combinación.** En las reacciones entre gases, los volúmenes de los reactivos y de los productos están en una relación constante de números enteros sencillos.

A pesar de su sencillez, esta ley no podía ser interpretada con la teoría atómica de Dalton, lo que supuso un inconveniente para la aceptación de dicha teoría.

ACTIVIDADES

3. Se sabe que 1 L de hidrógeno reacciona con 0,5 L de oxígeno para producir 1 L de agua en forma de gas (todas las cantidades están medidas en las mismas condiciones de presión y temperatura).

Indica cuánto hidrógeno y cuánto oxígeno son necesarios para producir 16 L de vapor de agua en las mismas condiciones de p y T.

Solución: 16 L y 8 L

EJERCICIOS RESUELTOS

2 El gas amoniaco, NH_3, se obtiene haciendo reaccionar hidrógeno y nitrógeno. Si la proporción en que reaccionan es 3 L de H_2 con 1 L de N_2, produciendo 2 L de NH_3, medidos todos a igual presión y temperatura, ¿cuántos litros de H_2 y N_2 serán precisos para obtener 400 mL de NH_3 en esas condiciones?

La relación entre los volúmenes se mantiene constante. Por tanto:

$$(400\ \text{mL de NH}_3)\cdot\frac{(3\ \text{L de H}_2)}{(2\ \text{L de NH}_3)}=600\ \text{mL de H}_2$$

$$(400\ \text{mL de NH}_3)\cdot\frac{(1\ \text{L de N}_2)}{(2\ \text{L de NH}_3)}=200\ \text{mL de N}_2$$

3.2. La hipótesis de Avogadro

En 1811, **Amadeo Avogadro** formuló una hipótesis que explicaba la ley experimental de los volúmenes de combinación de los gases, suponiendo que las sustancias reaccionantes estaban formadas por agrupaciones de átomos, a las que llamó **moléculas**: hidrógeno (H_2), oxígeno (O_2), cloro (Cl_2), nitrógeno (N_2), agua (H_2O), cloruro de hidrógeno (HCl) o amoniaco (NH_3).

Actualmente esta hipótesis, comprobada experimentalmente, es una ley.

Ley de Avogadro. Volúmenes iguales de diferentes gases, sometidos a las mismas condiciones de presión y temperatura, contienen siempre el mismo número de moléculas.

Por ejemplo, 1 L de oxígeno contiene el mismo número de moléculas que 1 L de hidrógeno o que 1 L de amoniaco, medidos en las mismas condiciones de presión y temperatura.

Como consecuencia, un determinado número de moléculas de cualquier gas ocupa siempre el mismo volumen, medido a igual presión y temperatura (Fig. 1.4). Por ejemplo, un millón de moléculas de oxígeno ocupan el mismo volumen que un millón de moléculas de hidrógeno, o de amoniaco.

En las siguientes reacciones entre gases, se pueden establecer relaciones entre la interpretación volumétrica y la interpretación molecular de Avogadro.

Figura 1.4. Un número igual de moléculas diferentes ocupan el mismo volumen.

INTERPRETA

Cloro + Hidrógeno ⟶ Cloruro de hidrógeno
1 molécula + 1 molécula ⟶ 2 moléculas

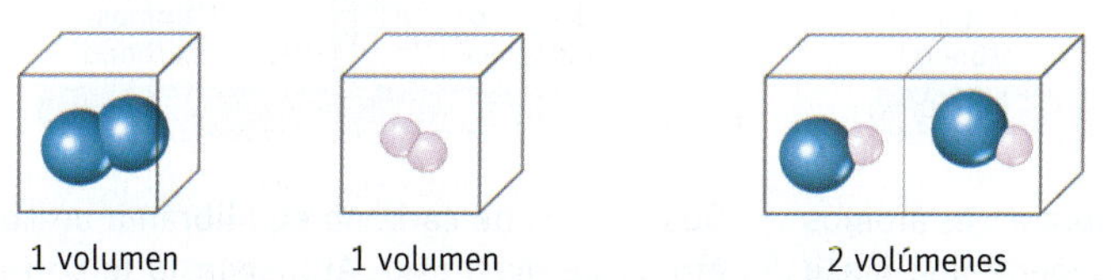

Una molécula de cloro (Cl_2) se combina con una molécula de hidrógeno (H_2) para formar dos moléculas de cloruro de hidrógeno (HCl). Lo mismo sucede con todas las moléculas contenidas en cada volumen, *V*, de reactivos.

Nitrógeno + Hidrógeno ⟶ Amoniaco
1 molécula + 3 moléculas ⟶ 2 moléculas

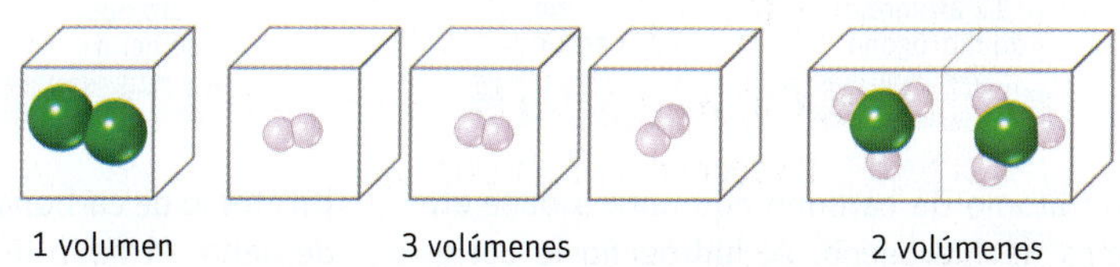

Una molécula de nitrógeno (N_2) se combina con 3 moléculas de hidrógeno (H_2) para originar dos moléculas de amoniaco (NH_3). Lo mismo sucede con todas las moléculas contenidas en cada volumen, *V*, de reactivos.

EJERCICIOS RESUELTOS

3 **En una reacción entre gases razona la relación entre el volumen de los reactivos y productos, y el número de moléculas de los mismos.**

Como en un mismo volumen de distintos gases existe el mismo número de moléculas, en las reacciones en las que intervienen gases, medidos a igual presión y temperatura, la relación entre los volúmenes de las sustancias gaseosas será la misma que la relación existente entre el número de moléculas constituyentes de las mismas sustancias.

Por ejemplo, si 2 L de Cl_2 reaccionan con 2 L de H_2 para dar 4 L de HCl, entonces reaccionan igual número de moléculas de Cl_2 y H_2 para producir el doble de moléculas de HCl.

2 L de Cl_2 + 2 L de H_2 ⟶ 4 L de HCl

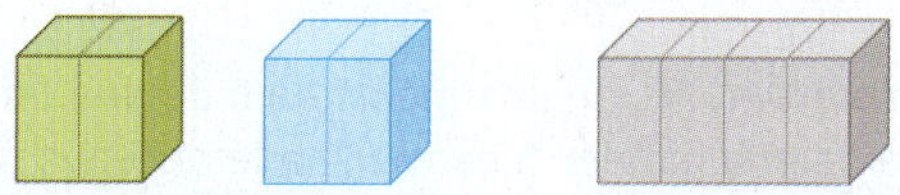

ACTIVIDADES

4. **Al reaccionar, a igual presión y temperatura, un volumen de nitrógeno con dos volúmenes de oxígeno se obtienen dos volúmenes de dióxido de nitrógeno.**

a) **Interpreta la reacción según Avogadro.**

b) **Deduce la composición de las moléculas de nitrógeno y oxígeno.**

4 Cantidad de sustancia

El tamaño de los átomos es tan pequeño que no hay balanzas tan sensibles que puedan medir la masa de un solo átomo. Sin embargo, puede determinarse experimentalmente la masa de un átomo respecto a la masa de otro.

Para ello, basta con asignar un valor a la masa de un átomo de un elemento que se utilizará como referencia, y elaborar una tabla de masas atómicas relativas.

4.1. Masas, atómica y molecular, relativas

En la actualidad, por acuerdo internacional, se elige la masa del átomo de carbono–12 (un isótopo del carbono que tiene 6 protones y 6 neutrones), a la que se le asigna el valor de 12. De esta forma, se toma como referencia la masa de un átomo de carbono–12 dividida en doce partes iguales.

REFLEXIONA

Si fuese posible colocar en el platillo de una balanza ultrasensible átomos de un elemento (H, He o Mg), frente al carbono colocado en el otro plato, obtendríamos las siguientes equivalencias.

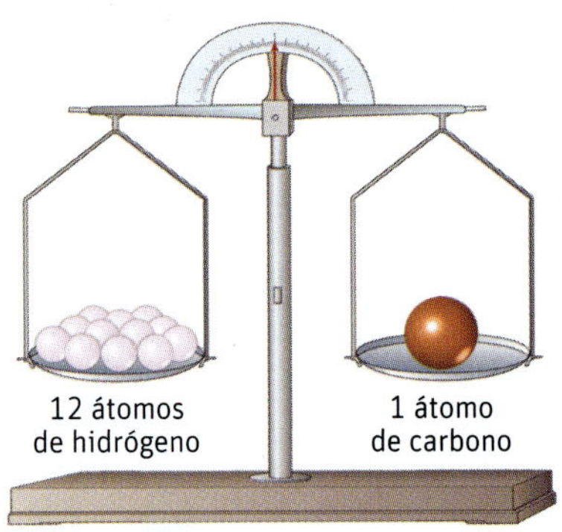

Un átomo de carbono equilibra a doce átomos de hidrógeno. Al hidrógeno le corresponde una masa atómica de 1.

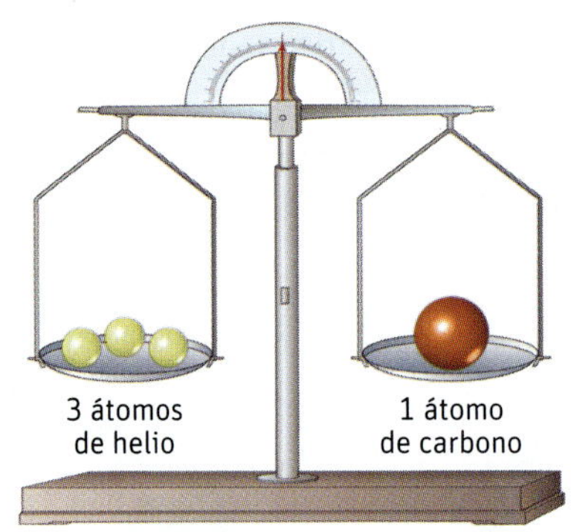

Un átomo de carbono equilibra a tres átomos de helio. Al helio le corresponde una masa atómica de 4.

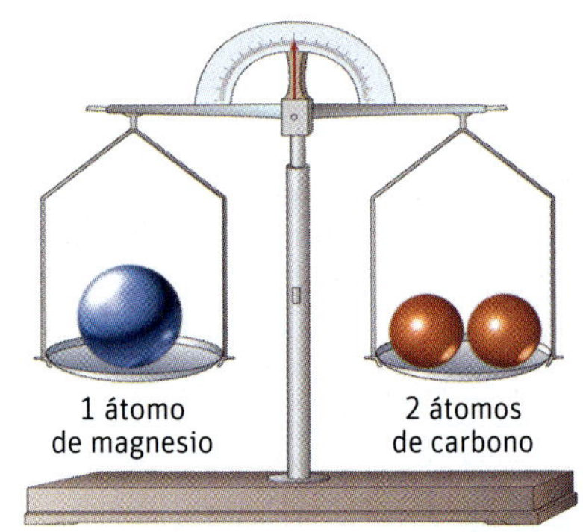

Dos átomos de carbono equilibran a un solo átomo de magnesio. Al magnesio le corresponde una masa atómica de 24.

Ten en cuenta

En la tabla periódica aparece que la masa atómica relativa del carbono no es exactamente 12, sino de 12,01.

Esto es debido a que el elemento carbono tiene dos isótopos estables con diferente abundancia en la naturaleza: el C–12, un 98,90% y el C–13 un 1,10%.

La **masa atómica relativa, A_r,** de un elemento es el número de veces que la masa de un átomo contiene a la doceava parte de la masa de un átomo de C–12. Este número carece de unidades.

Cuando se dice que la masa atómica del oxígeno es 16, se está indicando que la masa de un átomo de oxígeno es 16 veces mayor que la masa de referencia.

$$A_r(\text{O}) = \frac{\text{masa de 1 átomo de O}}{\frac{1}{12}(\text{masa de 1 átomo de C} - 12)} = 16{,}0$$

Las mediciones que realizó el químico italiano **Stanislao Canizzaro** en el siglo XIX permitieron establecer las masas atómicas relativas de los elementos. De forma análoga, para medir la masa de una molécula, se toma la misma referencia que para la masa de un átomo.

La **masa molecular relativa, M_r,** de una molécula o de una unidad fórmula es el número de veces que la masa de una molécula contiene a la doceava parte de la masa de un átomo de C–12.

Como las moléculas están formadas por átomos, la masa molecular de una sustancia es igual a la suma de las masas atómicas relativas de los átomos que la forman. Por ejemplo, la masa molecular relativa del CO_2 es:

$$M_r(\text{CO}_2) = A_r(\text{C}) + 2 \cdot A_r(\text{O}) = 12{,}0 + 2 \cdot 16{,}0 = 44{,}0$$

4.2. El mol y la masa molar

Los huevos se venden por docenas, aunque no todas las docenas de huevos son iguales.

OBSERVA

Una docena de huevos de gallina, una docena de huevos de codorniz y una docena de huevos de avestruz contienen siempre el mismo número de huevos; sin embargo, no tienen la misma masa.

Un huevo de gallina pesa el triple que un huevo de codorniz y veinte veces menos que uno de avestruz.

Una docena de huevos de gallina pesa el triple que una docena de huevos de codorniz.

Una docena de huevos de gallina pesa veinte veces menos que una docena de huevos de avestruz.

La unidad de masa atómica permite establecer una **escala relativa de masas** de los elementos químicos. Pero a diferencia del caso de los huevos, no es posible construir una balanza capaz de apreciar las pequeñas masas atómicas.

Hay que recurrir a muestras que contengan una gran cantidad de átomos: los químicos miden los átomos y moléculas en moles. En 1971, la Conferencia General de Pesos y Medidas añadió el **mol** como séptima unidad fundamental para medir la cantidad de sustancia.

Un **mol** es la cantidad de una sustancia que contiene tantas entidades elementales (átomos, moléculas, iones u otras partículas) como átomos hay exactamente en 12 g del isótopo C–12.

1 mol ⇔ $6{,}022 \cdot 10^{23}$ partículas

Esta cantidad constante, denominada **constante de Avogadro (N_A)**, permite calcular el número de átomos y moléculas que hay en una cantidad determinada de sustancia, sea cual sea su estado físico. No obstante, hay que precisar a qué entidades elementales se refiere el mol: átomos, moléculas, iones, etc.

Figura 1.5. Mol de azufre.

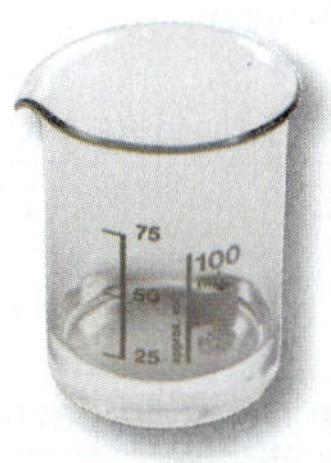

Figura 1.6. Mol de agua.

Figura 1.7. Mol de NaCl.

La constante de Avogadro relaciona un átomo de C–12 con su masa en gramos: un mol del átomo de C–12 contiene $6{,}022 \cdot 10^{23}$ átomos y tiene una masa de 12 g.

La **masa molar, *M***, de una sustancia es la masa, expresada en gramos, de un mol de unidades (átomos, moléculas, etc.) de dicha sustancia.

Como puede deducirse, el número que expresa la masa molar del C–12 en gramos y su masa atómica relativa son iguales: $A_r(C) = 12 \Rightarrow M(C) = 12$ g.

Sabías que

La Tierra está habitada por $7 \cdot 10^9$ personas. Si todos los habitantes se pusieran a contar los átomos que hay en un mol de carbono, a una velocidad de 10 átomos por segundo, ¿cuánto tiempo emplearían?

- En un segundo, entre todos podrían contar $7 \cdot 10^{10}$ átomos.
- En un año entero, podrían llegar a contar $2{,}2 \cdot 10^{18}$ átomos.
- Para contar un mol de átomos de carbono a esa velocidad, todos los habitantes del planeta tardarían 273 500 años.

4.3. El volumen molar

En los gases, se puede calcular el volumen que ocupa un mol de sustancia o **volumen molar** pero hay que especificar la presión y la temperatura a la que se mide.

El **volumen molar, V_m,** es el volumen ocupado por un mol de cualquier gas, medido a 1 atm de presión y 273 K de temperatura. Resulta ser de 22,4 L.

En consecuencia, se cumple que:

$$n = \frac{V}{V_m}$$

Donde n son los moles, y los volúmenes, V y V_m, están medidos en las mismas condiciones de presión y temperatura.

4.4. Cálculos con magnitudes atómicas y moleculares

La masa de un átomo o molécula puede expresarse con la unidad de masa atómica (u).

La **unidad de masas atómica, u,** es la doceava parte (1/12) de la masa de un átomo de carbono-12, y es la referencia para definir las masas atómicas relativas.

$$1\ \text{u} = \frac{\text{masa de 1 átomo de } ^{12}\text{C}}{12}$$

Por tanto, la masa de un átomo en u coincide numéricamente con su masa atómica relativa A_r. Esto permite establecer una **escala de masas atómicas y moleculares absolutas**. Por ejemplo, si $A_r(\text{O}) = 16{,}0 \Rightarrow A(\text{O}) = 16{,}0$ u.

- La constante de Avogadro, N_A, y masa molar, M, permiten calcular la masa, m, de un solo átomo o molécula:

$$m = \frac{M}{N_A}$$

Por ejemplo, la masa de un átomo de C–12 se calcula teniendo en cuenta que:

- 1 mol de átomos de C–12 = 12,00 g de C–12 $\Leftrightarrow$ $6{,}022 \cdot 10^{23}$ átomos de C–12

$$m(\text{C}-12) = \frac{(12{,}00\ \text{g mol}^{-1})}{(6{,}022 \cdot 10^{23}\ \text{átomo mol}^{-1})} = 1{,}993 \cdot 10^{-23}\ \text{g átomo}^{-1}$$

Este resultado se puede utilizar para determinar el equivalente en gramos de la unidad de masa atómica. Como la masa de un átomo de C–12 es 12 u:

$$1\ \text{u} = \frac{(1{,}993 \cdot 10^{-23}\ \text{g de C}-12)}{(1\ \text{átomo de C}-12)} \cdot \frac{(1\ \text{átomo de C}-12)}{(12\ \text{u})} = 1{,}66 \cdot 10^{-24}\ \text{g}$$

- La relación entre los moles, n, la masa, m, la masa molar, M, y el número de partículas es:

$$n = \frac{m}{M} = \frac{\text{n.º de partículas}}{N_A}$$

EJERCICIOS RESUELTOS

4 **Calcula el número de moléculas de agua que ingieres cuando bebes 180 mL de agua pura. Masas atómicas (u): O = 16; H = 1.**

La densidad del agua pura es 1 g mL^{-1}, por tanto, 180 mL tienen una masa de 180 g.

$$M(\text{H}_2\text{O}) = 2 \cdot 1 + 16 = 18\ \text{g mol}^{-1} \Rightarrow n = (180\ \text{g}) \cdot \frac{(1\ \text{mol de H}_2\text{O})}{(18\ \text{g})} = 10\ \text{mol de agua}$$

$$\text{n.º de moléculas} = n N_A = (10\ \text{mol}) \cdot (6{,}022 \cdot 10^{23}\ \text{moléculas mol}^{-1}) = 6{,}022 \cdot 10^{24}\ \text{moléculas}$$

Te interesa saber

La IUPAC establece como condiciones normales de presión y temperatura, 1 bar y 273,15 K. En estas condiciones, el volumen molar de cualquier gas es 22,7 L.

Recuerda

Para cualquier sustancia química, el mismo número que expresa su masa atómica o molecular medida en (u), expresa también su masa molar medida en gramos. Por ejemplo, la masa atómica del Fe es 55,85 u y su masa molar es 55,85 g, la masa atómica del S es 32,07 u y su masa molar es 32,07 g, etc.

ACTIVIDADES

5. **Si 1 mol fuese equivalente a 1 docena, en un vaso con 5 mol de agua:**

a) **¿Cuántas moléculas de agua habría?**

b) **¿Cuántos átomos de oxigeno e hidrógeno habría?**

Solución: a) 60 moléculas; b) 60 átomos de O y 120 átomos de H.

6. **Calcula los moles y el número de átomos de oro que contiene un lingote de 1 kg valorado en más de 40 000 euros. Masa atómica del oro (u): 197.**

Solución: 5 mol, $3 \cdot 10^{24}$ átomos

5.4. Mezclas de gases

OBSERVA

El aire es una mezcla de gases. Sus contaminantes se analizan tomando una muestra con unos valores de (p, V, T).

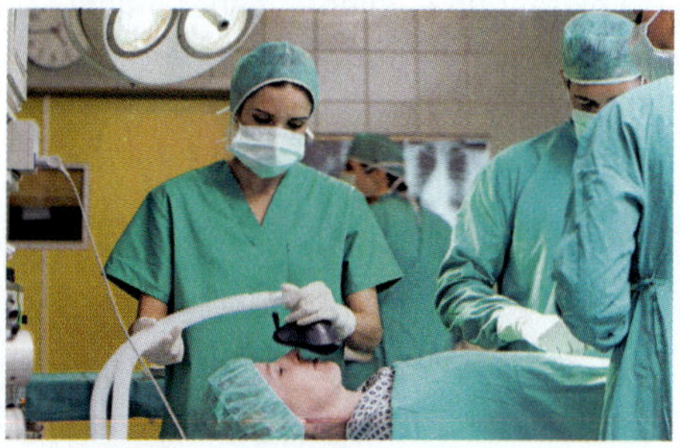

Las mezclas de gases se usan en medicina (mejora de la respiración o anestesia) y en deportes como alpinismo o submarinismo.

smSaviadigital.com OBSERVA

¿Cómo se difunden los gases? Con este vídeo podrás ampliar tus conocimientos sobre esta nueva propiedad.

La **presión parcial** es la presión que ejercería cada gas si se encontrase solo en el recipiente. Estudiando mezclas de gases, Dalton formuló, en 1808, una ley general.

Ley de las presiones parciales. La presión total de una mezcla de gases es la suma de las presiones parciales ejercidas por todos sus componentes.

$$p_T = \sum p_i = p_1 + p_2 + p_3 + ...$$

Donde p_i son las presiones parciales de los gases que componen la mezcla.

Para una mezcla de dos gases, A y B, que se encuentran en un recipiente de volumen V:

$$p_A = \frac{n_A RT}{V} \qquad p_B = \frac{n_B RT}{V}$$

Donde n_A y n_B, son los moles del gas A y B, respectivamente. La presión total es el resultado de las colisiones de las moléculas de A y de B contra las paredes del recipiente:

$$p_T = p_A + p_B = \frac{n_A RT}{V} + \frac{n_B RT}{V} = \frac{(n_A + n_B)RT}{V} = \frac{n_T RT}{V}$$

Siendo $n_T = n_A + n_B$, el número total de moles de los gases A y B. Dividiendo la presión parcial de cada gas por su presión total se obtiene su **fracción molar,** χ:

$$\frac{p_A}{p_T} = \frac{n_A}{n_T} = \chi_A \qquad \frac{p_B}{p_T} = \frac{n_B}{n_T} = \chi_B$$

La **presión parcial** de un gas es igual a su fracción molar multiplicada por la presión total de la mezcla.

$$p_A = \chi_A p_T \qquad p_B = \chi_B p_T$$

EJERCICIOS RESUELTOS

11 **Si en la botella de un buceador, de 10,0 L, hay 16,0 g de oxígeno y 56,0 g de nitrógeno a 0,00°C, ¿qué presión ejerce la mezcla gaseosa?**

Para obtener la presión total, calculamos la presión parcial de cada gas:

$$p_{O_2} = \frac{(m/M)RT}{V} = \frac{(16{,}0/32{,}0)\cdot 0{,}082\cdot 273}{10{,}0} = 1{,}12 \text{ atm}$$

$$p_{N_2} = \frac{(m/M)RT}{V} = \frac{(56{,}0/28{,}0)\cdot 0{,}082\cdot 273}{10{,}0} = 4{,}48 \text{ atm}$$

La presión total ejercida por la mezcla gaseosa es: $p_T = (1{,}12 + 4{,}48) \text{ atm} = 5{,}60 \text{ atm}$

ACTIVIDADES

13. **Calcula la presión total en una bombona de 3 m³ que transporta 5 t de CO_2 a 293 K.**

Solución: 910 atm

14. **En una bombona hay 2000 kg de argón y 100 kg de helio a 293 K. Si la presión total de la bombona es 150 atm, determina:**

a) **La presión que ejerce cada gas.**

b) **El volumen de la bombona.**

Solución: **a)** $p(Ar)$ = 100 atm, $p(He)$ = 50 atm; **b)** 12 m³

6 Cálculos con fórmulas de un compuesto

La calcopirita, la calcocita y la cuprita son algunas de las menas (minerales de los que se puede extraer un elemento, generalmente un metal) que contienen cobre. ¿Cuál de ellas tendrá más cobre por unidad de masa?

Figura 1.14. Calcopirita ($CuFeS_2$)

Figura 1.15. Calcocita (Cu_2S)

Figura 1.16. Cuprita (Cu_2O)

El porcentaje de cobre en estos minerales se calcula mediante su composición centesimal.

6.1. Composición centesimal

La **composición centesimal** es el porcentaje en masa en que cada elemento contribuye a la masa de un compuesto. Se obtiene dividiendo la masa de cada elemento en un mol de compuesto, entre la masa molar, *M*, del compuesto, y multiplicando por 100 el resultado.

$$\%\ \text{elemento} = \frac{nM_{\text{elemento}}}{M_{\text{compuesto}}} \cdot 100$$

Donde *n* son los moles del elemento en un mol del compuesto.

Por ejemplo, en los minerales de cobre citados, el más rico en cobre es la cuprita:

$$\text{Calcopirita } (CuFeS_2)\text{: } \%\,Cu = \frac{1 \cdot (63{,}6\ g)}{(183{,}5\ g)} \cdot 100 = 34{,}7\ \%$$

$$\text{Calcocita } (Cu_2S)\text{: } \%\,Cu = \frac{2 \cdot (63{,}6\ g)}{(159{,}2\ g)} \cdot 100 = 79{,}9\ \%$$

$$\text{Cuprita } (Cu_2O)\text{: } \%\,Cu = \frac{2 \cdot (63{,}6\ g)}{(143{,}1\ g)} \cdot 100 = 88{,}9\ \%$$

Conocida la fórmula, es posible calcular el porcentaje de cada elemento en la masa total de un compuesto. De esta forma, se puede deducir la **riqueza** que presenta un mineral en un metal determinado.

Además, comparando los resultados de la composición centesimal de un compuesto puro con los porcentajes obtenidos de una muestra se puede determinar su pureza.

ACTIVIDADES

15. Actualmente el litio en un metal de interés estratégico a nivel mundial. Su principal aplicación son las baterías recargables de ordenadores, teléfonos móviles o aviones. Calcula el porcentaje de litio en los siguientes compuestos.

a) Carbonato de litio, Li_2CO_3

b) Hidróxido de litio LiOH

c) Cloruro de litio LiCl

Solución: a) 18,7 %; b) 28,9 %; c) 16,3 %

EJERCICIOS RESUELTOS

12 El ácido fosfórico, H_3PO_4, se emplea como aditivo alimentario (E–338) y se añade a bebidas, como gaseosas y colas, para mejorar su sabor. Calcula la composición centesimal de este acidulante. Masas atómicas (u): P = 31,0; O = 16,0; H = 1,00

$M\,(H_3PO_4) = (3 \cdot 1{,}00 + 31{,}0 + 4 \cdot 16{,}0)\ g\ mol^{-1} = 98{,}0\ g\ mol^{-1}$

Seguidamente calculamos el porcentaje de cada elemento:

$$\%\,H = \frac{3 \cdot (1{,}0\ g)}{(98{,}0\ g)} \cdot 100 = 3{,}06\ \% \qquad \%\,P = \frac{1 \cdot (31{,}0\ g)}{(98{,}0\ g)} \cdot 100 = 31{,}63\ \%$$

$$\%\,O = \frac{4 \cdot (16{,}0\ g)}{(98{,}0\ g)} \cdot 100 = 65{,}31\ \%$$

Como comprobación, la suma de los porcentajes de los elementos componentes ha de resultar igual a 100.

6.2. Determinación de fórmulas empíricas y moleculares

Las fórmulas más utilizadas son las **empíricas** y las **moleculares**.

La **fórmula empírica** indica los átomos de los elementos que forman una sustancia química y su relación más simplificada en números enteros.

La **fórmula molecular** indica la clase y cantidad exacta de átomos de cada elemento presente en una molécula de sustancia.

Conociendo la fórmula empírica o molecular de una sustancia química se puede determinar su composición centesimal, y viceversa.

EJERCICIOS RESUELTOS

13 **Un hidrocarburo contiene un 80,0 % de carbono. Deduce su fórmula empírica a partir de sus masas atómicas.**

El procedimiento consiste en elegir 100 g de sustancia como unidad de cálculo, por ser la suma de todos los porcentajes igual a 100 %.

- Se calculan los moles de átomos de cada clase, dividiendo la masa de cada elemento entre su masa molar.
- Posteriormente, se reducen los resultados a números enteros dividiendo los resultados obtenidos entre el menor de ellos.

Elemento	%	Masa atómica	Moles	Números enteros
Carbono	80,0	12,01	80/12,01 = 6,661	6,661/ 6,661 = 1
Hidrógeno	20,0	1,008	20,0/1,008 =19,841	19,841/ 6,661 = 3

La fórmula empírica es CH_3. Dado que esta fórmula no es posible, la fórmula molecular real debe ser un múltiplo de la misma.

Como la masa molar del compuesto es un múltiplo entero de la masa molar de la fórmula empírica, este número entero se puede deducir a partir del cociente entre la masa molar del compuesto y la masa molar empírica.

$$n = \frac{\text{masa molar del compuesto}}{\text{masa molar empírica}}$$

EJERCICIOS RESUELTOS

14 **Conociendo la fórmula empírica del compuesto del ejercicio anterior, y que su masa molar es 30,0 g mol^{-1}, deduce su fórmula molecular.**

Como la fórmula empírica es CH_3, su masa molar es:

$$M_{\text{empírica}} = 12{,}01\ \text{g} + 3 \cdot 1{,}008\ \text{g} = 15{,}034\ \text{g}$$

El número de unidades de CH_3 presentes en la fórmula molecular se obtiene a partir de la relación

$$\frac{M}{M_{\text{empírica}}} = \frac{(30\ \text{g})}{(15{,}034\ \text{g})} \approx 2$$

La masa molar del compuesto es dos veces la masa molar de la fórmula empírica, es decir $(CH_3)_2$.

Como consecuencia la fórmula molecular es C_2H_6.

$CH_3 - CH_3$

Ten en cuenta

Las denominadas **fórmulas estructurales** indican cómo se sitúan los átomos en el espacio (geometría espacial).

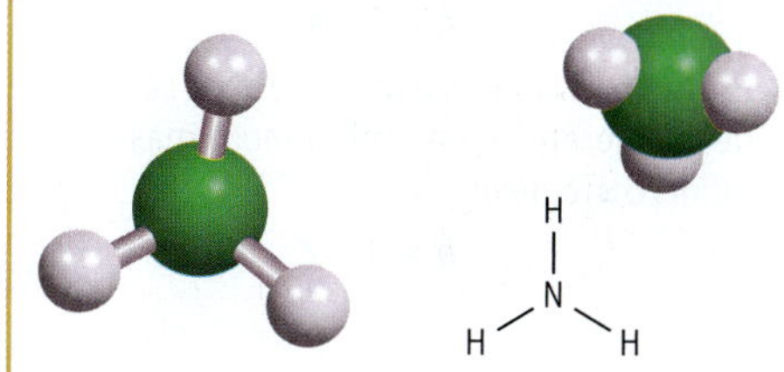

Estas tres fórmulas representan a la molécula de amoniaco.

ACTIVIDADES

16. **Una sustancia utilizada como antiséptico está formada por un 94,12 % de oxígeno y un 5,88 % de hidrógeno.**

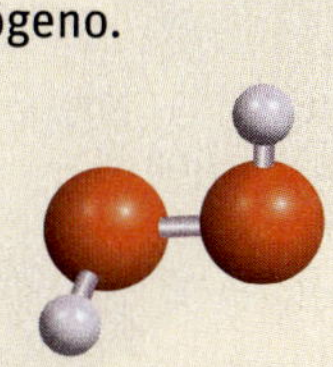

a) **Deduce su fórmula empírica.**

b) **Si su masa molar es 34 g mol^{-1}, deduce su fórmula molecular.**

Solución: a) HO; b) H_2O_2

7 Espectrógrafo de masas e identificación de isótopos

Recuerda

El número másico (A) es el número total nucleones (protones, Z, y neutrones, N) que hay en el núcleo de un átomo de un elemento.

$$A = Z + N$$

Por tanto, el número de neutrones se obtiene de la diferencia entre el número másico y el número atómico:

$$N = A - Z$$

La medida de masas atómicas mediante técnicas instrumentales de análisis muestra que no todos los átomos del mismo elemento son iguales, algunos de ellos tienen masas diferentes, y se los llama isótopos.

7.1. ¿Qué son los isótopos?

La palabra isótopo deriva de los términos griegos *isos* y *topos*, que significan 'igual' y 'lugar', respectivamente, indicando que los isótopos de un elemento químico ocupan el mismo lugar en la tabla periódica.

> Los **isótopos** son átomos del mismo elemento con los mismos protones (igual número atómico Z), pero con distinto número de neutrones (diferente número másico A).

La mayoría de los elementos químicos se presentan en la naturaleza como mezcla de dos o más isótopos, con diferentes porcentajes o abundancia. En la tabla 1.1 se indican las características de los isótopos del carbono.

	Carbono-12: $^{12}_{6}C$	Carbono-13: $^{13}_{6}C$	Carbono-14: $^{14}_{6}C$
Isótopos	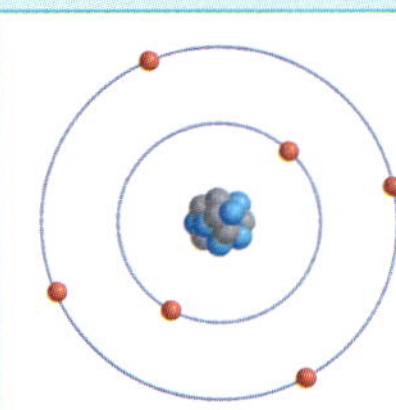	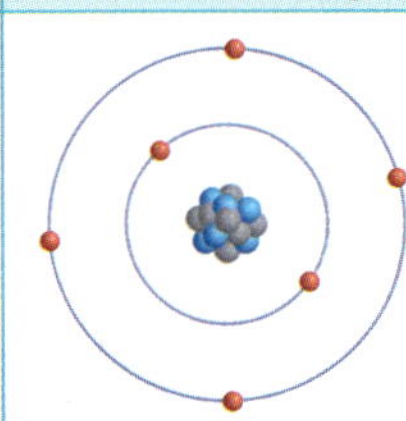	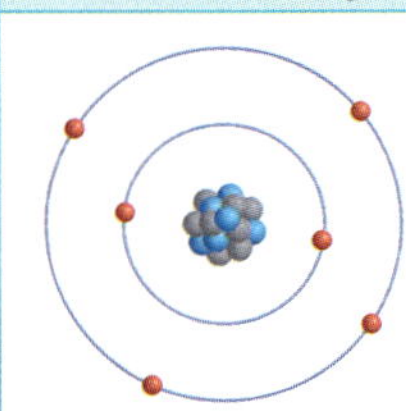
Protones	6	6	6
Neutrones	6	7	8
Electrones	6	6	6
Abundancia (%)	98,892	1,108	10^{-10} (trazas ~0)
Masa isotópica (u)	12,0000	13,0034	14,0038

Tabla 1.1. Características de los isótopos del carbono.

La **abundancia isotópica** es la cantidad relativa de un isótopo en la naturaleza, y se calcula mediante la relación:

$$\%\ \text{abundancia isotópica} = \frac{\text{n.° átomos de un isótopo del elemento}}{\text{n.° total de átomos del elemento en la muestra}} \cdot 100$$

La abundancia del isótopo C-12 es del 98,892 %, lo cual significa que de cada 100 000 átomos de carbono en la naturaleza, 98 892 son de isótopo C-12, y 1108 átomos son de C-13. Para el isótopo C-14, la proporción es de uno por cada diez mil millones (10^{10}) de **átomos de carbono.**

Las propiedades químicas de los elementos están determinadas fundamentalmente por los electrones de sus átomos (situados en la corteza). En consecuencia, los isótopos del mismo elemento tienen un comportamiento químico semejante, solo se diferencian en algunas propiedades físicas, como la estabilidad nuclear.

Algunos isótopos tienen núcleos inestables que se transforman en núcleos de otros elementos emitiendo radiación. Se los llama isótopos radiactivos y tienen numerosas aplicaciones:

- En las **centrales nucleares**, como fuente de energía (U-235, Pu-239).
- En **medicina**, como tratamiento para curar el cáncer (Co-60, Sr-90).
- En **arqueología**, para determinar la antigüedad de restos arqueológicos de seres vivos (C-14) y en la datación de rocas y minerales (U-238, Rn-222).
- En la **industria alimentaria**, para irradiar y desinfectar alimentos (Co-60, Cs-137).

Ten en cuenta

De igual forma que existen *balones medicinales* del mismo aspecto con diferentes masas, existen átomos de un mismo elemento químico que solo difieren en su masa.

7.2. Espectrógrafo de masas

Actualmente, para determinar masas atómicas y moleculares, junto con su concentración relativa, en una muestra dada, se emplea el **espectrógrafo de masas**. Esta técnica instrumental también se utiliza para identificar los isótopos de un elemento, determinando sus diferentes masas atómicas y abundancias.

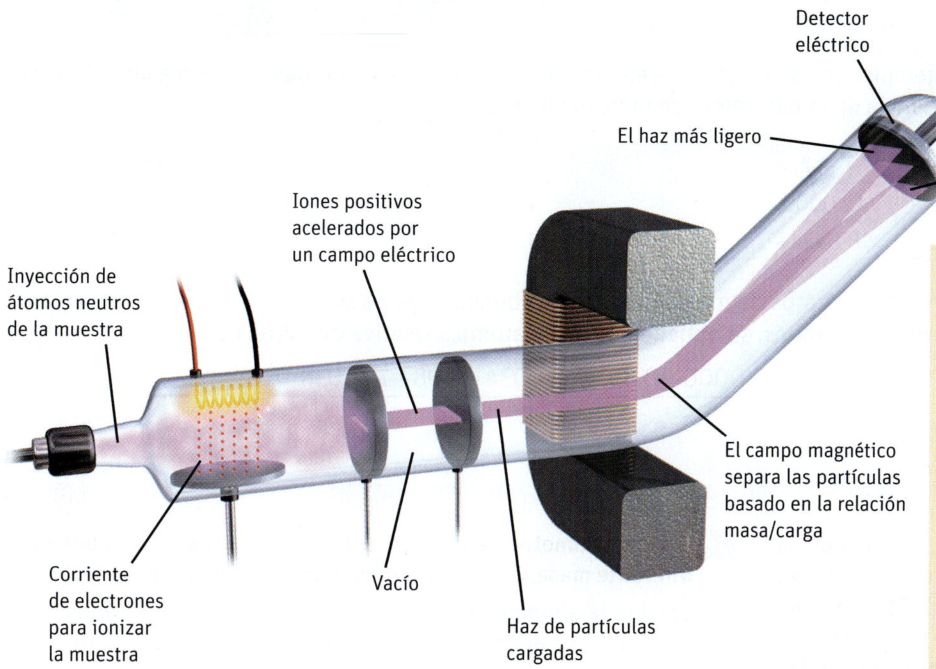

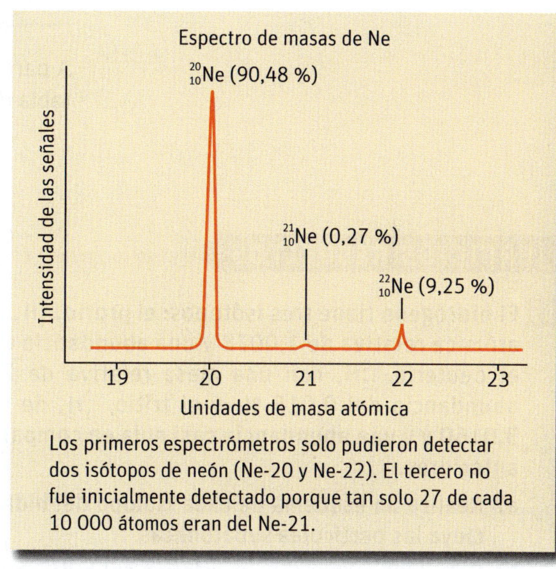

Figura 1.17. Esquema de funcionamiento de un espectrógrafo de masas. Espectro de masas del neón.

1. Una muestra en estado gaseoso del elemento que se va a analizar se bombardea con un cañón de electrones. Los choques entre los electrones y los átomos arrancan un electrón de cada átomo, formándose un haz de iones positivos.
2. Los iones positivos son acelerados al pasar por un campo eléctrico (placa aceleradora) y, a continuación, son desviados por un campo magnético (electroimán), describiendo una trayectoria circular.
3. El radio de la trayectoria circular descrita por cada ion depende del cociente entre la masa y la carga (m/q), siendo el radio directamente proporcional a la masa del ion. Debido a la inercia, los iones que entran en el campo magnético con la misma velocidad:
   - Si tienen la misma masa y la misma carga seguirán una misma trayectoria.
   - Los iones con mayor relación masa–carga describen una curva con mayor radio que los iones con menor relación carga–masa.

   De este modo se separan los iones con cargas iguales pero con diferentes masas, determinándose la masa de cada ion, y la del átomo del que procede, por la magnitud de su desviación.
4. Finalmente, los iones llegan hasta un detector eléctrico, que relaciona la cantidad de cada ion con la cantidad de corriente que generan y, de esta forma, el espectrógrafo proporciona la **abundancia relativa** de cada isótopo.
5. El espectrógrafo ofrece al científico los resultados en una gráfica denominada **espectro de masas**, que incluye las masas y los porcentajes de cada uno de los isótopos presentes, como se puede ver en la figura del espectro de masas del neón.

Ten en cuenta

Si lanzas con la misma fuerza balones medicinales de diferente masa, la parábola que describan dependerá de la masa del balón. Algo semejante sucede cuando los iones de un átomo son desviados de forma diferente, por un campo magnético, según su masa.

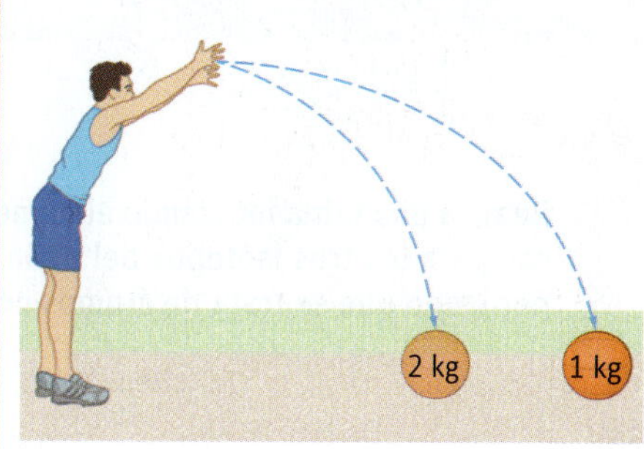

7.3. Cálculo de masas atómicas relativas de los elementos

La **masa atómica relativa de un elemento** se obtiene a partir de la media de las masas relativas de sus isótopos, ponderada con su abundancia en la naturaleza en porcentaje del total de átomos de ese elemento existentes:

$$A_r = \sum \frac{A_i \cdot \%}{100}$$

Por ejemplo, se sabe que el elemento carbono tiene tres isótopos, cuyas masas relativas y abundancia en la naturaleza se indican en la tabla:

C-12	C-13	C-14
12,0000	13,0034	14,0038
98,892 %	1,108 %	≈ 0 %

A partir de los datos de masas atómicas y abundancias de sus isótopos que se indican en la tabla de sus isótopos, se obtiene una masa atómica relativa de 12,0111:

$$A_r = \frac{12{,}0000 \cdot 98{,}892 + 13{,}0034 \cdot 1{,}108 + 14{,}0038 \cdot 0}{100} = 12{,}0111$$

EJERCICIOS **RESUELTOS**

15 **El hidrógeno tiene tres isótopos: el protio, ^1_1H, con una masa atómica relativa de 1,0078 y una abundancia del 99,985 %, el deuterio, ^2_1H, con una masa relativa de 2,0141 y una abundancia del 0,015 %, y el tritio, ^3_1H, de masa relativa 3,0160 u y una abundancia casi nula en comparación con las anteriores.**

a) **Realiza un esquema de cada isótopo del hidrógeno que incluya las partículas subatómicas.**

b) **Calcula la masa atómica relativa del hidrógeno.**

a)

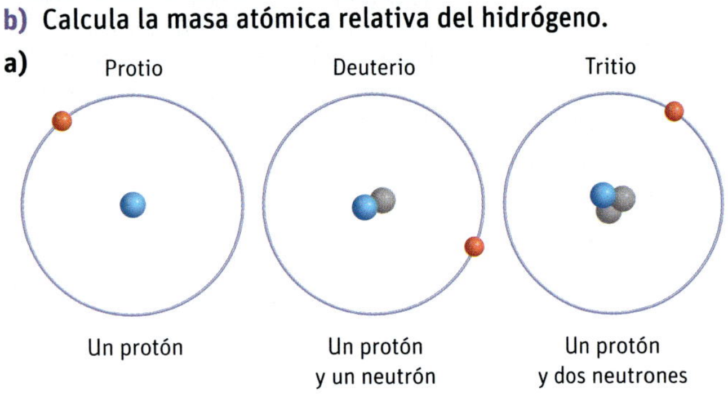

b) Sustituyendo los datos de las masas atómicas de cada isótopo del hidrógeno y su abundancia relativa, resulta:

$$A_r = \frac{1{,}0078 \cdot 99{,}985 + 2{,}0141 \cdot 0{,}015 + 3{,}0160 \cdot 0}{100} = 1{,}0080$$

16 **El espectrómetro de masas del cloro muestra dos isótopos de diferente masa. La masa atómica relativa del cloro es de 35,5 u. Calcula la abundancia natural de cada uno de los isótopos del cloro a partir de los datos del espectro de masas del cloro.**

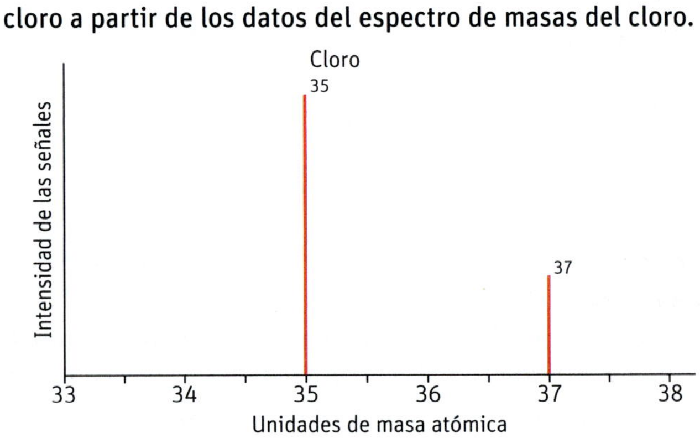

Si a la abundancia del isótopo del cloro-35 la llamamos x, la abundancia del cloro-37 será igual a $100-x$.

$$A_r = \frac{35 \cdot x + 37 \cdot (100 - x)}{100} = 35{,}5$$

$$35x + 3700 - 37x = 3550 \Rightarrow x = 75\ \%$$

Por tanto, la abundancia del cloro-35 es del 75 % y la del cloro-37, del 25 %.

ACTIVIDADES

17. **Realiza una tabla indicando el número de partículas subatómicas para los tres isótopos del neón. Calcula los electrones suponiendo que se trata de átomos neutros.**

$$^{20}_{10}Ne,\ ^{21}_{10}Ne,\ ^{22}_{10}Ne$$

18. **Calcula la masa atómica relativa del neón a partir de los resultados del espectro de masas de sus isótopos y de los datos de las masas atómicas:**

Ne-20: 19,9924 u; Ne-21: 20,9938 u; Ne-22: 21,9914 u

Solución: 20,1800 u

8 Identificación de elementos y compuestos químicos

La **espectroscopia** es una técnica basada en la interacción entre la radiación electromagnética y la materia que se utiliza para identificar las sustancias químicas (elementos o compuestos) presentes en una muestra (análisis cualitativo), así como su cantidad (análisis cuantitativo).

Los distintos tipos de espectroscopia tienen gran interés en la investigación científica: análisis químico, física de partículas, astronomía, medicina, mineralogía, etc.

8.1. Espectroscopia de absorción atómica

La **espectroscopia de absorción atómica** es una técnica instrumental capaz de detectar y determinar cuantitativamente la mayoría de elementos químicos del sistema periódico, especialmente metales y semimetales, con una alta precisión.

La muestra a analizar se disuelve y se nebuliza sobre una llama, lo que produce la evaporación del disolvente y la disociación en átomos de las pequeñas partículas sólidas que pudieran quedar en la disolución.

La absorción atómica se basa en tres principios:

- Todos los átomos pueden absorber radiación electromagnética.
- Las longitudes de onda absorbidas son específicas para cada elemento. Al analizar la luz después de su interacción, se puede identificar el elemento.
- La cantidad de radiación absorbida es proporcional a la concentración de átomos. Analizando la radiación se puede cuantificar la cantidad de átomos presente en una muestra.

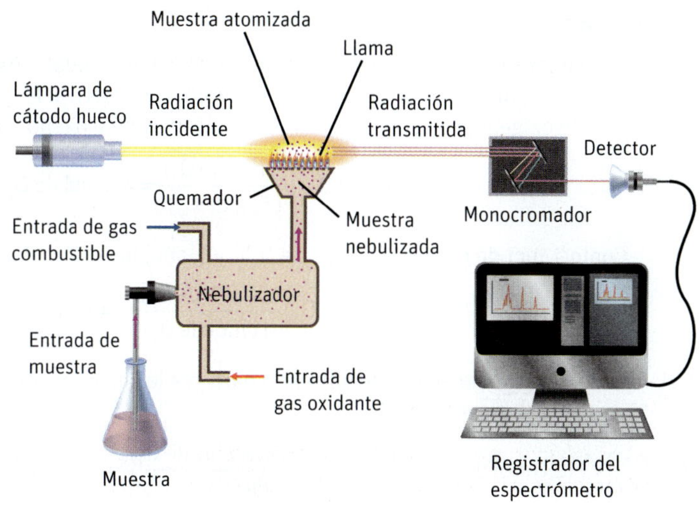

Figura 1.18. Esquema de funcionamiento de un espectroscopio de absorción atómica.

8.2. Espectroscopia infrarroja

La **espectroscopia infrarroja** es un tipo de espectroscopia de absorción que utiliza la región infrarroja del espectro electromagnético para interaccionar con la materia. Se emplea para identificar moléculas (especialmente orgánicas) a través del análisis de sus enlaces covalentes.

Esta técnica de análisis consiste en hacer pasar un haz de luz infrarroja, procedente de un foco, a través de la muestra que se quiere analizar. Si las moléculas de la muestra reciben una radiación con la misma frecuencia que la frecuencia de vibración natural de sus enlaces, la radiación es absorbida.

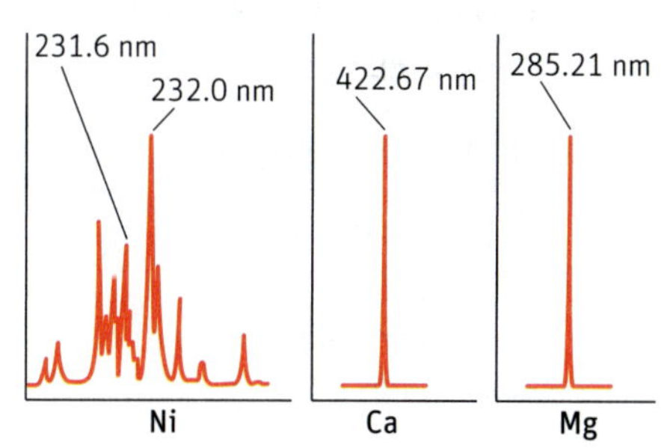

Figura 1.19. Espectros de absorción atómica.

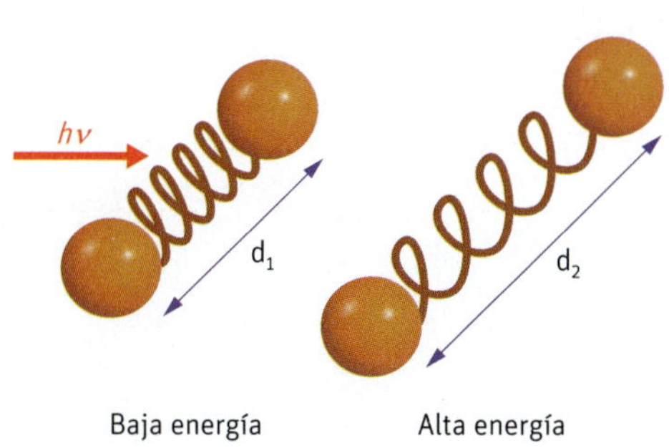

Figura 1.20. Absorción en el infrarrojo de un enlace covalente.

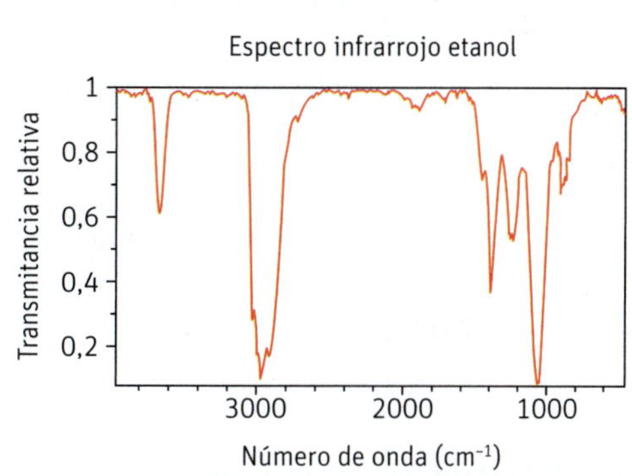

Figura 1.21. Espectro de infrarrojo del etanol.

Como cada tipo de enlace absorbe radiación infrarroja a una frecuencia distinta, analizando la energía absorbida es posible reconocer los diferentes tipos de enlace presentes y, como resultado, identificar la molécula.

ACTIVIDADES

19. Indica qué tipo de espectroscopia sería adecuada en los siguientes casos:

a) Identificación de arsénico en el análisis forense de un cadáver.

b) Análisis de restos de un polímero en el agua de beber.

c) Análisis de trazas de cianuro de potasio en una bebida.

Cantidad de sustancia: mol

17 Completa la siguiente tabla, razonando el procedimiento seguido. Utiliza los datos necesarios del SI.

Sustancia	Estado físico	Masa (g)	Moles	Volumen (L) (a 0 °C y 1 atm)	Moléculas
Oxígeno	Gas	64			
Agua	Líquido			10,0	
Amoniaco	Gas				$1{,}80 \cdot 10^{24}$

Consideraciones iniciales

- El mol es la unidad de cantidad de materia.
- La masa de cada sustancia se obtiene de la relación entre los moles y la masa molar.
- El número de moléculas se obtiene mediante los moles y la constante de Avogadro.
- Para sustancias en estado gaseoso, el volumen del gas a 0 °C y 1 atm se obtiene con los moles y el volumen molar.

Resolución

- La **primera fila** corresponde a una masa de oxígeno igual a 64 g. La masa de un mol de oxígeno se obtiene a partir de su masa molecular relativa, $M_r = 2 \cdot 16 = 32$; por tanto, un mol de oxígeno, es decir, $6{,}022 \cdot 10^{23}$ moléculas de oxígeno, equivalen a 32 g.

$$(64 \text{ g de } O_2) \cdot \frac{(1 \text{ mol de } O_2)}{(32 \text{ g de } O_2)} = 2{,}0 \text{ mol de } O_2$$

Como 1 mol de gas ocupa 22,4 L a 0 °C y 1 atm, los dos moles ocuparán:

$$(2{,}0 \text{ mol de } O_2) \cdot \frac{(22{,}4 \text{ L de } O_2)}{(1 \text{ mol de } O_2)} = 44{,}8 \text{ L de } O_2$$

El número de moléculas se obtiene a partir de la constante de Avogadro, es decir, las que se encuentran en un mol:

$$(2{,}0 \text{ mol de } O_2) \cdot \frac{(6{,}022 \cdot 10^{23} \text{ moléculas de } O_2)}{(1 \text{ mol de } O_2)} = 1{,}20 \cdot 10^{24} \text{ moléculas de } O_2$$

- En la **segunda fila**, el dato de la tabla indica que el volumen de agua es 10,0 L o $1{,}00 \cdot 10^4$ cm^3. Como la densidad del agua es de 1,00 g cm^{-3}, la masa de agua es de $1{,}00 \cdot 10^4$ g.

Conocida la masa molar del agua (18,0 g mol^{-1}), se calculan los moles contenidos en los 10,0 L de agua:

$$(1{,}00 \cdot 10^4 \text{ g de } H_2O) \cdot \frac{(1 \text{ mol de } H_2O)}{(18{,}0 \text{ g de } H_2O)} = 556 \text{ mol de } H_2O$$

El número de moléculas se calcula multiplicando los moles por la constante de Avogadro:

$$(556 \text{ mol de } H_2O) \cdot \frac{(6{,}022 \cdot 10^{23} \text{ moléculas de } H_2O)}{(1 \text{ mol de } H_2O)} = 3{,}35 \cdot 10^{26} \text{ moléculas de } H_2O$$

- En la **tercera fila**, el dato es el número de moléculas del gas amoniaco, a partir del cual calcularemos los moles:

$$(1{,}80 \cdot 10^{24} \text{ moléculas de } NH_3) \cdot \frac{(1 \text{ mol de } NH_3)}{(6{,}022 \cdot 10^{23} \text{ moléculas de } NH_3)} = 2{,}99 \text{ mol de } NH_3$$

Conocidos los moles de amoniaco y su masa molar (17g mol^{-1}), se calcula la masa de amoniaco:

$$(2{,}99 \text{ mol de } NH_3) \cdot \frac{(17{,}0 \text{ g de } NH_3)}{(1 \text{ mol de } NH_3)} = 50{,}8 \text{ g de } NH_3$$

Por último, el volumen que ocupa a 0 °C y 1 atm es:

$$(2{,}99 \text{ mol de } NH_3) \cdot \frac{(22{,}4 \text{ L de } NH_3)}{(1 \text{ mol de } NH_3)} = 67{,}0 \text{ L de } NH_3$$

El cuadro completo que relaciona las cantidades de sustancia es el siguiente:

Sustancia	Estado físico	Masa (g)	Moles	Volumen (L)	Moléculas
Oxígeno	Gas	64	2,0	44,8	$1{,}2 \cdot 10^{24}$
Agua	Líquido	$1{,}00 \cdot 10^4$	556	10,0	$3{,}35 \cdot 10^{26}$
Amoniaco	Gas	50,8	2,99	67,0	$1{,}80 \cdot 10^{24}$

Fórmulas empíricas y moleculares

18 **El compuesto orgánico más utilizado en todo el mundo, y uno de los productos más importantes en la industria química, es un hidrocarburo que contiene 85,63 % de carbono y el resto de hidrógeno. En estado gaseoso su densidad, a 0 °C y 1 atm, es de 1,258 gL^{-1}. Determina la fórmula empírica y la fórmula molecular del hidrocarburo, sabiendo que la masa atómica del carbono es 12,01 u, y la del hidrógeno, 1,01 u.**

Consideraciones iniciales

- Del enunciado se sabe que en 100 g del compuesto hay 85,63 g de carbono y por lo tanto, (100 - 85,36) g = 14,37 g de hidrógeno.
- Con los datos de los porcentajes y las masas atómicas se puede deducir la fórmula empírica.
- Para obtener la fórmula molecular es necesario conocer la masa molecular del compuesto.
- La masa molecular del hidrocarburo gaseoso se puede obtener a partir de la ecuación de los gases ideales.

▸ Resolución

- Los moles de átomos de carbono y de hidrógeno que hay en 100 g de hidrocarburo se obtienen a partir de la masa atómica:

$$(85{,}63\ \text{g de C})\cdot\frac{(1\ \text{mol de C})}{(12{,}01\ \text{g de C})}=7{,}13\ \text{mol de átomos de C}$$

$$(14{,}37\ \text{g de H})\cdot\frac{(1\ \text{mol de H})}{(1{,}01\ \text{g de H})}=14{,}2\ \text{mol de átomos de H}$$

Luego la relación entre el carbono y el hidrógeno es $\frac{7{,}130}{14{,}2}=\frac{1}{2}$. La proporción indica que por cada átomo de carbono hay dos átomos de hidrógeno, luego la fórmula empírica será CH_2.

Esta es la relación más sencilla que hay entre estos elementos, pero también cumplen esta relación las formulas: C_2H_4, C_3H_6, C_4H_8, etc. Por tanto, solo podemos afirmar que la fórmula del compuesto es $(CH_2)_n$ donde n = 1,2, 3, etc.

- Para determinar n, es necesario calcular previamente la masa molecular del hidrocarburo.

Con el dato de la densidad el gas ($d = m/V$) y la ecuación de los gases ideales podemos obtener la masa molecular:

$$pV=nRT=\frac{m}{M}RT$$

Despejando la masa molar:

$$M=\frac{m}{V}\frac{RT}{p}=\frac{dRT}{p}$$

Como el gas se encuentra a 0 °C y 1 atm, la temperatura absoluta es de 273 K. Sustituyendo todos los valores, se obtiene la masa molar del hidrocarburo:

$$M=\frac{(1{,}258\ \text{g}L^{-1})(0{,}082\ \text{atm}L^{-1}\text{mol}^{-1})(273\ \text{K})}{(1\ \text{atm})}=28{,}16\ \text{g}\,\text{mol}^{-1}$$

Una vez calculada la masa molar, podemos determinar n. Para ello calculamos el número de veces que la masa de la fórmula empírica de CH_2, (14,03 u), está contenida en la masa de la fórmula molecular, que es de 28,16 u:

$$n=\frac{28{,}16}{14{,}03}\approx 2$$

Como conclusión, la fórmula molecular del hidrocarburo es $(CH_2)_2$, que se representa por C_2H_4

> **CONCLUSIONES:** Dicha fórmula corresponde al compuesto más sencillo de la familia de los alquenos (hidrocarburos con dobles enlaces): el eteno o etileno.
>
> La molécula de etileno es utilizada como materia prima en la industria química orgánica para fabricar polímeros como el polietileno, policloruro de vinilo, etc. Estos plásticos son reciclables, ya que se pueden fundir y volver a utilizar.

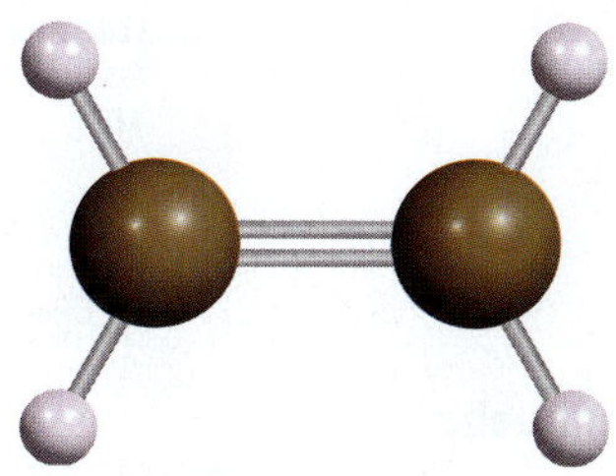

Fórmula estructural del etileno

Código de reciclaje del polietileno de alta densidad

ACTIVIDADES

Leyes ponderales y volumétricas

20. Al combinarse el carbono y el oxígeno pueden formar dióxido de carbono, si hay suficiente oxígeno, o monóxido de carbono, si el oxígeno es escaso.

En la tabla se recogen las masas de los elementos C y O y la de los productos finales CO_2 y CO en cada caso.

Masa de carbono (g)	Masa de oxígeno (g)	Masa de productos
3	8	11 g de CO_2
3	4	7 g de CO
3	10	11 g de CO_2 + 2 g de O_2
3	6	7 g de CO + 2 g de O_2

a) Indica las leyes ponderales que se cumplen a partir de los datos de la tabla y enúncialas.

b) ¿Qué problemas origina el CO_2 en la atmósfera? ¿Tienen peligro las combustiones incompletas?

21. Una caja contiene tornillos (pieza A) de 16 g cada uno, y otra caja contiene tuercas (pieza B) de 9 g cada una.

a) ¿Cuál será la masa de una pieza A-B formada por un tornillo y una tuerca?

b) ¿En qué proporción se combinan A y B? ¿Qué masa de tornillos se acoplarán a 90 g de tuercas?

c) ¿Será posible combinar 80 g de tornillos con 90 g de tuercas para formar piezas A-B?, ¿sobrará alguno de los elementos?

d) Repite los apartados anteriores cuando la pieza esté formada por 1 tornillo y 2 tuercas.

e) ¿Qué leyes ponderales relacionas con el ejemplo?

22. Para formar 10 g de cloruro de sodio se necesitan 6 g de cloro y 4 g de sodio.

a) Completa la tabla.

Masa de cloro (g)	Masa de sodio (g)	Cloruro de sodio (g)	Relación Cl/Na
		20	
3			
	20		

b) Enuncia la ley en la que te has basado.

c) ¿Qué ocurre al combinar 6 g de Cl con 6 g de Na?

23. El cromo forma cuatro óxidos cuyos porcentajes se indican en la tabla:

Óxidos de cromo	% Cromo	% Oxígeno
A	76,471	23,529
B	61,905	38,095
C	52,000	48,000

Enuncia la ley de las proporciones múltiples y comprueba que se cumple para los óxidos de cromo.

24. Los óxidos de nitrógeno son combinaciones binarias del oxígeno con el nitrógeno.

Al analizar diferentes óxidos de nitrógeno se han obtenido las siguientes composiciones centesimales:

Óxidos de nitrógeno	% Nitrógeno	% Oxígeno
A	63,636	36,364
B	46,667	53,333
C	36,842	63,158
D	30,434	69,566
E	25,926	74,074

Comprueba que se cumple la ley de las proporciones múltiples para los óxidos de nitrógeno de la tabla.

25. El amoniaco es un producto muy utilizado en la limpieza y en la desinfección del hogar. Se comercializa en disolución acuosa, aunque su estado natural a temperatura ambiente es gaseoso, ya que tiene un punto de ebullición de −33 °C.

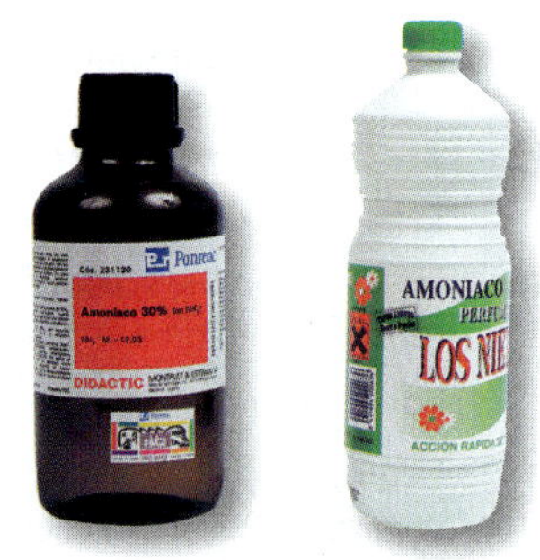

Para obtener 2 L de gas amoniaco NH_3, se hace reaccionar 1 L de nitrógeno N_2 con 3 L de hidrógeno H_2, medidos en las mismas condiciones de presión y temperatura.

a) Aplica una ley volumétrica a los datos del enunciado.

b) ¿Cuántas moléculas de amoniaco se obtendrán al reaccionar 4 moléculas de nitrógeno?

c) ¿Y si reaccionan 6 moléculas de hidrógeno?

Solución: **b)** 8 moléculas; **c)** 4 moléculas

Cantidad de materia

26. Razona si son verdaderas o falsas las afirmaciones:

a) En un mol de agua hay el mismo número de moléculas que en un mol de amoniaco.

b) En un mol de agua hay el mismo número de átomos de oxígeno que de hidrógeno.

c) Un mol de agua gaseoso ocupa el mismo volumen que un mol de oxígeno gas, medidos a 0 °C y 1 atm.

27. Completa la tabla que relaciona los moles con diferentes magnitudes de sustancias en estado gaseoso.

Sustancia	mol	Masa (g)	Moléculas	Volumen (L) (0 °C, 1 atm)
HCl	2,5			
He		20		
CH_4			$3{,}011 \cdot 10^{24}$	
Cl_2				11,2

Masas atómicas (u): H = 1; C = 12; He = 4; Cl = 35,5

28. Una de las causas de la obesidad es el excesivo consumo de productos con muchas calorías y pocos nutrientes, como las bebidas azucaradas. Para seguir una dieta saludable se recomienda reemplazar este tipo de bebidas por su versión *light* o por zumos naturales.

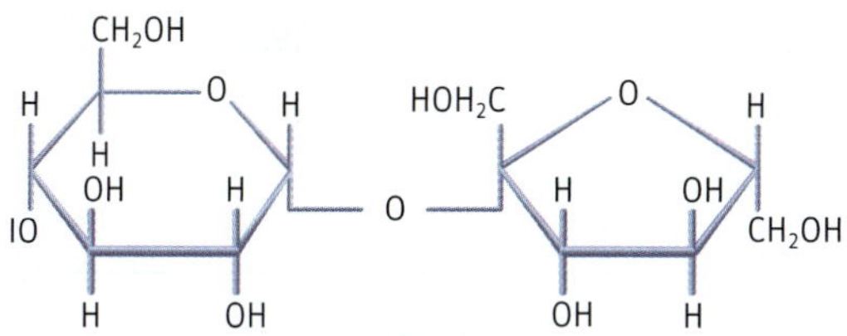

Sacarosa

Cuando bebes una lata de una bebida de cola, que contiene 35 g de azúcar (sacarosa: $C_{12}H_{22}O_{11}$), indica lo que tomas expresado como:

a) Moles de sacarosa

b) Moléculas de sacarosa

c) Átomos de carbono, oxígeno e hidrógeno

Solución: a) 0,1 mol; b) $6{,}022 \cdot 10^{22}$ moléculas; c) $7{,}226 \cdot 10^{23}$ átomos de C; $1{,}325 \cdot 10^{24}$ átomos de H; $6{,}624 \cdot 10^{23}$ átomos de O

29. Define el concepto de mol. ¿Cuál de las siguientes cantidades contiene más moles? Masa atómica (u): He = 4

a) 20 g de helio

b) $3 \cdot 10^{24}$ átomos de helio

c) 5 mol de helio

d) 120 L de He a 0 °C y 1 atm

Leyes de los gases ideales. Gases reales

30. El neumático de un coche contiene aire que se encuentra a 10 °C y 2 atm de presión.

a) Calcula qué presión ejercerá el aire si la temperatura debido al rozamiento llega a 50 °C.

b) Enuncia la ley que has utilizado.

c) ¿Por qué se aconseja medir la presión de los neumáticos a temperatura ambiente y no después de un largo trayecto?

Solución: a) 2,3 atm

31. Por su bajo punto de sublimación (–78,5 °C) el hielo seco (dióxido de carbono sólido) o nieve carbónica sublima directamente de sólido a gas sin dejar residuos.

Si se coloca una pastilla de 10 g de hielo seco en un recipiente vacío que tiene un volumen de 5 L a 25 °C, ¿cuál será la presión en el interior del recipiente después de que se haya convertido todo el hielo seco en CO_2 gaseoso?

Solución: 1,11 atm

32. El hexafluoruro de azufre (SF_6) es un gas inodoro, incoloro, no tóxico ni inflamable, con una densidad cinco veces mayor que la del aire. Entre sus aplicaciones lúdicas más asombrosas está la de colocar objetos ligeros sobre este gas. Como el empuje que experimenta el objeto es mayor que el peso, da la sensación de que los objetos flotan en el aire.

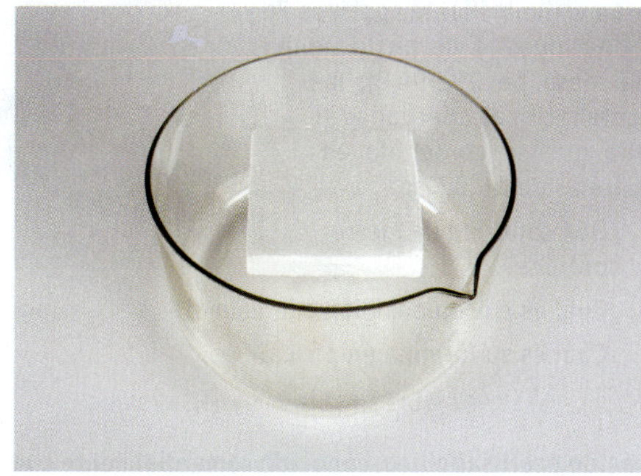

a) Calcula la presión ejercida por 2 mol de gas en un recipiente cerrado de 4 L de volumen a 27 °C.

b) Calcula su densidad a 20 °C y 1 atm de presión.

Solución: a) 12,3 atm; b) 6,1 $g L^{-1}$

33. Una mezcla de gases contiene 5 mol de oxígeno, 2 mol de hidrógeno y 3 mol de nitrógeno. Calcula la presión parcial de cada gas si la presión total es de 2 atm.

Solución: 1 atm; 0,4 atm; 0,6 atm

34. Calcula la presión que ejercen 59,5 g del gas amoniaco almacenados en un volumen de 5200 cm^3 a una temperatura de 320 K, utilizando:

a) La ecuación de los gases ideales.

b) La ecuación de Van der Waals.

Datos: $R = 0{,}082$ atm L K^{-1} mol^{-1}, $a = 4{,}17$ atm L^2 mol^{-2}, $b = 0{,}0371$ L mol^{-1}

Solución: a) 17,7 atm; b) 16,2 atm

Composición centesimal

35. ¿Qué información proporciona la composición centesimal? Calcula la composición centesimal de las siguientes moléculas e indica qué sustancia contiene mayor porcentaje en hidrógeno.

Masas atómicas (u): H =1; N = 14; C = 12; O = 16.

a) Agua.

b) Amoniaco.

c) Metano.

Solución: a) 88,89 % O y 11,11 % H; b) 82,35 % N y 17,65 % H c) 75 % C y 25 % H

36. Deduce qué sustancia tiene mayor porcentaje en nitrógeno para cada apartado:

a) El nitrato de potasio, KNO_3, o el nitrito de potasio, KNO_2

b) El nitrato de potasio, KNO_3, o el nitrito de calcio, $Ca(NO_2)_2$

ACTIVIDADES

Fórmulas empíricas y moleculares

37. Uno de los objetivos de la química analítica es deducir las fórmulas a partir de la cantidad de sus elementos que se encuentra en una mezcla. Por ejemplo la pirita, llamada "el oro de los tontos", por su aspecto de color amarillo brillante contiene Fe y S. Una muestra de pirita tiene una masa de 29,994 g, mediante técnicas adecuadas se halla que su contenido en azufre es de 16,032 g.

a) ¿Qué cantidad de hierro contiene?

b) ¿Cuál es su composición centesimal?

c) ¿Cuál es su fórmula empírica?

Solución: a) 13,962 g; b) 53,451 % de S y 46,549 % de Fe

38. El ácido acetilsalicílico, conocido comercialmente como aspirina, es un medicamento con múltiples usos: antiinflamatorio, analgésico, antipirético, etc. Está formado por carbono, hidrógeno y oxígeno.

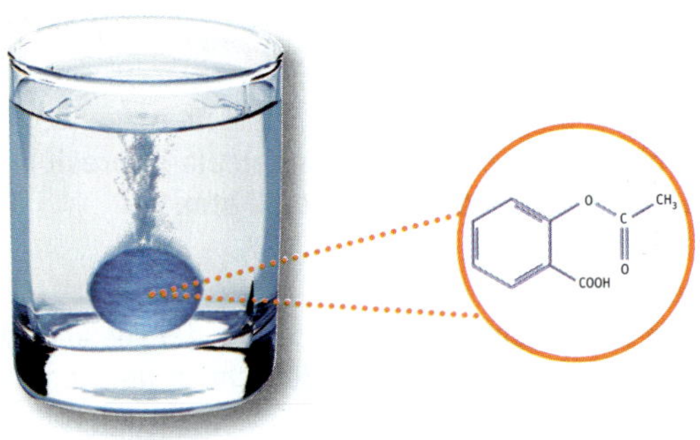

Conociendo los porcentajes de carbono (60%) y de hidrógeno (4,48%) y la masa molecular, 180 u, deduce:

a) La fórmula empírica **b)** La fórmula molecular

Masas atómicas (u): C=12, H=1, O=16

Solución: $C_9H_8O_4$, $C_9H_8O_4$ (son iguales).

Cálculo de masas atómicas relativas

39. A partir de la información de la tabla, relativa a los tres isótopos del oxígeno:

Isótopos	Masa (u)	Abundancia (%)
O-16	15,99491	99,759
O-17	16,99884	0,037
O-18	X	Y

a) Indica el número de partículas de cada isótopo del oxígeno y deduce el porcentaje de abundancia del O–18.

b) Sabiendo que la masa atómica relativa del oxígeno es 15,9994 u, calcula la masa del isótopo O-18.

Solución: a) 0,204 %; b) 18,01381 u

40. El litio, usado en las baterías de muchos dispositivos electrónicos, tiene dos isótopos en la naturaleza. Mediante un espectrógrafo de masas se ha obtenido información sobre la abundancia de estos isótopos, reflejada en el diagrama adjunto.

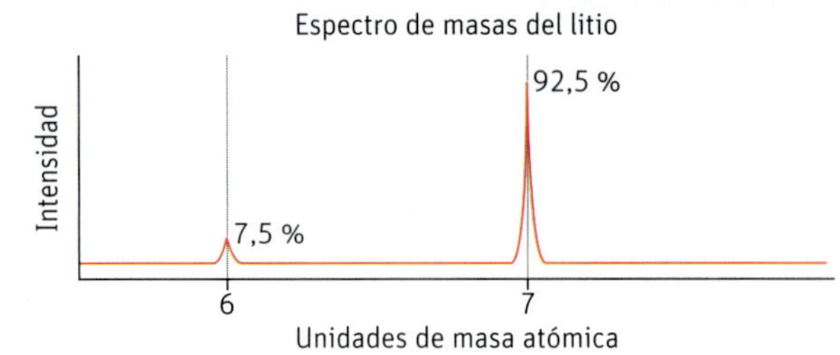

Calcula la masa atómica relativa considerando que la masa de cada isótopo coincide con el número másico y analizando el espectro de masas del litio.

Solución: 6,9 u

smSaviadigital.com

41. En esta aplicación aparece un émbolo con aire a la presión atmosférica junto a un manómetro que indica 760 mm de Hg (1 atm)

a) Mueve el émbolo para comprimir el volumen de aire que contiene. Los datos de presión y volumen se muestran en la tabla de la derecha.

b) Repite el proceso hasta obtener diez medidas diferentes de volumen y presión en la tabla.

c) Abre la opción *Gráfica* que aparece en la aplicación. ¿Qué forma tiene la gráfica *p–V*? ¿Cuál es la relación entre la presión y volumen?

d) ¿Cómo se denomina la ley deducida?

42. Entra en esta dirección para comprender mejor el concepto de isótopo, conocer los isótopos de algunos elementos y practicar el cálculo de masas atómicas medias.

En la primera pantalla, *Hacer isótopos*, abre las ventanas de *símbolos* y *abundancia en la naturaleza*:

a) Pulsa sobre el nitrógeno e indica las partículas del isótopo N-14, su abundancia en la naturaleza y su masa atómica.

b) Añade neutrones al núcleo de N–14 y anota los isótopos de nitrógeno estables, con sus partículas y masas atómicas.

Abre la pantalla *Mezclar isótopos*:

c) Pincha en el nitrógeno y selecciona *mezcla de isótopos en la naturaleza*. Abre la ventana de *masa atómica media* y comprueba que el resultado mostrado coincide con tus propios cálculos.

d) Trata de descubrir los isótopos naturales de los elementos de los períodos 1, 2 y 3.

RESUELVE

smSaviadigital.com VALORA LO APRENDIDO > Realiza estas actividades de autoevaluación para comprobar los conocimientos adquiridos.

LA QUÍMICA Y... EL SUBMARINISMO

El buceo es un deporte muy atractivo y emocionante, pero puede considerarse de riesgo si no se tienen en cuenta las leyes de los gases. Cada vez que profundizamos 10 m, la presión ejercida por el agua de mar, según la ecuación de la presión hidrostática, aumenta aproximadamente a 1 atm.

De acuerdo a una de las leyes de los gases, y supuesta constante la temperatura del agua, si un globo contuviese 1 L de aire en la superficie, donde la presión atmosférica es de 1 atm, ocuparía 1/2 L sumergido a 10 m, donde la presión es de 2 atm, y 1/3 L a una profundidad de 20 m, donde la presión alcanza las 3 atm.

En el ascenso sucede lo contrario. Si un submarinista se encontrase a 20 m de profundidad y ascendiera rápidamente a la superficie con los pulmones llenos de aire y manteniendo la respiración, la presión del aire contenido en sus pulmones disminuiría hasta 1/3 de su valor, por lo que según la misma ley de los gases, el volumen se triplicaría, pudiendo llegar a romper la membrana de los pulmones.

Pero el mayor problema es la eliminación de gases (principalmente el nitrógeno) disueltos en el organismo y acumulados durante la inmersión.

Este proceso podría ocasionar una embolia (trombo), debido a que el aire del interior de los pulmones es impulsado hacia los capilares formando pequeñas burbujas en los tejidos y en la sangre.

Estas burbujas se van juntando y aumentando de tamaño (efecto semejante al producido al descorchar una botella) pudiendo impedir la circulación de la sangre en los órganos más sensibles a la falta de oxígeno, como los pulmones, el corazón y el cerebro.

Como consecuencia de un apresurado ascenso con los pulmones llenos, el buceador podría llegar a perder el conocimiento antes de llegar a la superficie.

La terapia para tratar la embolia por aire consiste en introducir al submarinista en una cámara hiperbárica o cámara de recompresión, donde las burbujas de la sangre se vuelven a comprimir lentamente durante varias horas hasta reducirlas a un tamaño en que no sea peligroso.

1. ¿A qué ley de los gases se hace referencia en el texto?
2. ¿Cómo debe ascender un submarinista para que su organismo no sufra ningún problema?
3. Tomando como densidad del agua de mar 1,03 g cm^{-3} a 25 °C, deduce la presión a 8 m de profundidad.

Autoevaluación

1. Un clavo de hierro de 10 g se deja al aire libre y después de cierto tiempo su masa aumenta. ¿Cómo se explica?
   a) El hierro ha creado nuevos átomos.
   b) El hierro se ha convertido en gas.
   c) El hierro se ha combinado con oxígeno.
   d) La balanza no mide bien.

2. La masa atómica del oxígeno es 16 u, esto significa que:
   a) La masa de un átomo de oxígeno es de 16 g.
   b) La masa de un átomo de oxígeno es 16 veces la de un átomo de carbono.
   c) La masa del átomo de oxígeno es 16 veces mayor que la unidad de masa atómica.
   d) La unidad de masa atómica es 16 u.

3. La masa molar del agua es 18 u, podemos deducir que:
   a) Cada molécula de agua tiene una masa de 18 g.
   b) Un mol de agua contiene 18 moléculas de agua.
   c) Una molécula de agua tiene una masa 18 veces menor que la unidad de masa atómica.
   d) Un mol de agua contiene 18 g de agua.

4. Un litro de O_2 y un litro de CO_2, medidos en las mismas condiciones de presión y temperatura, contienen:
   a) La misma masa.
   b) El mismo número de moléculas.
   c) El mismo número de átomos.
   d) La misma densidad.

5. En 1 mol de amoniaco, NH_3, hay:
   a) $6{,}022 \cdot 10^{23}$ g de amoniaco
   b) $6{,}022 \cdot 10^{23}$ átomos de hidrógeno
   c) $6{,}022 \cdot 10^{23}$ átomos de nitrógeno
   d) 3 átomos de hidrógeno y 1 átomo de nitrógeno

6. Un recipiente contiene 5 L de un gas ideal a una presión de 1 atm y una temperatura de 300 K. ¿Cómo se modificará la presión si la temperatura se duplica y el volumen se reduce a la mitad?
   a) Se multiplica por dos.
   b) Permanece constante.
   c) Se multiplica por cuatro.
   d) Se reduce a la cuarta parte.

2 Disoluciones

El agua es una sustancia indispensable para disolver y transportar los nutrientes y las secreciones. Cuando el balance entre la ingesta de agua y las pérdidas es negativo, se produce la deshidratación: la pérdida de solo un 2 % del agua corporal reduce el rendimiento físico y la función mental, y una pérdida del 15 % puede causar la muerte. Por ello hay que ingerir unos 2,5 L diarios entre alimentos y bebida. Para evitar "la pájara", en las bebidas isotónicas se añaden hidratos de carbono al agua.

2.1. Composición de una bebida isotónica para stas.

Recuerda y reflexiona

Tipos de mezclas. Proceso de disolución

1. En la búsqueda de nuevos sabores, las especialidades gastronómicas más modernas utilizan combinaciones muy novedosas de productos. ¿Conoces alguna de estas mezclas?

Es corriente recurrir a las denominadas espumas, como la nata montada y otras más originales como la espuma de mango.

También se recurre a los geles. Todos ellos forman un tipo de mezclas denominadas coloides.

2. No todas las sustancias se mezclan y forman disoluciones. Por ejemplo, el alcohol se disuelve en agua pero no el aceite. Reflexiona sobre este hecho intentando dar una explicación.

Estos hechos tienen relación con las interacciones entre las partículas de las sustancias mezcladas.

Las moléculas de agua interaccionan fuertemente con las de alcohol, por eso se mezclan perfectamente. Sin embargo, no lo hacen con las de aceite, y por ello son inmiscibles.

Concentración y solubilidad

3. ¿Por qué es importante para nuestro organismo estar bien hidratado?

El agua del cuerpo es el disolvente de sales minerales. Si disminuye la cantidad de disolvente (deshidratación), aumenta la concentración y el resultado puede ser fatal. Las bebidas isotónicas tienen concentraciones estudiadas de sales minerales (Fig. 2.1).

4. Observa la etiqueta de un agua mineral. ¿Qué minerales contiene en disolución? ¿En qué unidades se expresa la concentración?

Esta botella de agua contiene bicarbonatos, cloruros, sulfato de calcio y silicio. Además contiene gases en disolución como el nitrógeno.

Todas las cantidades están referenciadas a 1 L de agua y expresadas en miligramos, por tanto, su concentración está dada en mg L^{-1}.

1 Tipos de mezclas

En la naturaleza, las sustancias químicas aparecen, en general, mezcladas o combinadas con otras. Solo algunas sustancias químicas pueden encontrarse sin mezclar o combinar, como determinadas menas o metales nativos (oro, plata, etc.).

> Las **mezclas** son sistemas materiales formados por dos o más componentes o sustancias químicas.

En muchas mezclas pueden distinguirse, una sustancia o medio, denominada fase dispersante, donde se encuentran una o más sustancias en menor proporción, denominadas fase dispersa.

EXPERIMENTA Y REFLEXIONA

Cuando se añade arena a un recipiente con agua y luego se agita, las partículas primero quedan suspendidas y poco a poco se depositan en el fondo, distinguiendo a simple vista la arena del agua. No sucede lo mismo con el azúcar añadido a un vaso de agua después de agitarlo o con la gelatina una vez formada: sus componentes no se diferencian a simple vista.

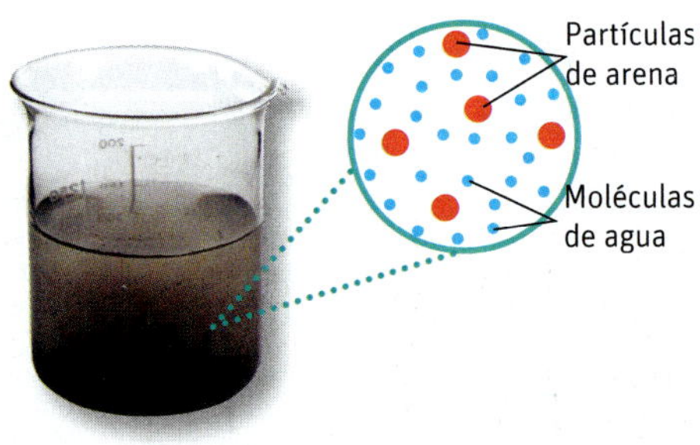

La mezcla de agua y arena es una **mezcla heterogénea** o **suspensión**, en la que el tamaño de las partículas de la fase dispersa es a veces tan grande que se vean a simple vista.

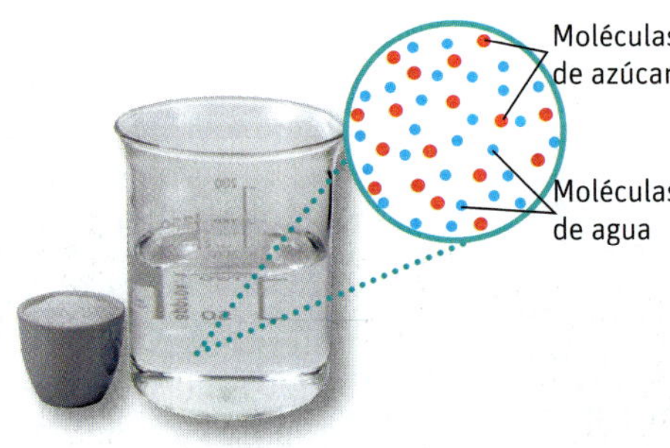

La mezcla de agua y azúcar es una **mezcla homogénea** o **disolución**, y el tamaño de las partículas de la fase dispersa es tan pequeño que no se distinguen a simple vista.

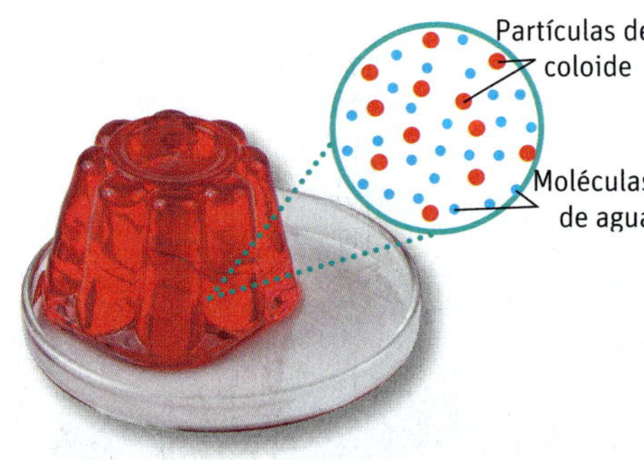

En el caso de la gelatina se trata de un **coloide** en el que el tamaño de las partículas de la fase dispersa es intermedio entre una disolución y una mezcla heterogénea.

- En una **mezcla heterogénea** o **suspensión** cada componente conserva sus propiedades físicas, por tanto, la composición y las propiedades de la mezcla no son uniformes. El tamaño de las partículas de la fase dispersa es mayor que 1000 nm.
- En una **mezcla homogénea** o **disolución** los componentes no conservan sus propiedades físicas. La composición y las propiedades de la mezcla son uniformes en todos los puntos. El tamaño de las partículas de la fase dispersa es menor que 1 nm.
- En un **coloide** su apariencia es homogénea (a veces, transparente). En este caso el tamaño de las partículas de la fase dispersa está comprendido entre 1 y 1000 nm.

Figura 2.2. La niebla está formada por la dispersión de gotitas de agua en el aire. La luz de los faros aparece ensanchada en la niebla debido a la dispersión que experimenta la luz por efecto Tyndall.

Las partículas coloidales son más grandes que las partículas de las disoluciones. Por eso, suelen presentar un aspecto turbio y pueden dispersar la luz. A este fenómeno se lo denomina **efecto Tyndall** (Fig. 2.2), en honor al físico irlandés que lo descubrió en 1869. Gracias a él se puede diferenciar las disoluciones de los coloides.

Los coloides son mezclas con gran interés comercial. Dependiendo del estado físico en el que se encuentren la fase dispersa y la fase dispersante, reciben distintas denominaciones (Tabla 2.1).

	Fase dispersa		
Fase dispersante	Gas	Líquido	Sólido
Gas	No existen.	Aerosol líquido (niebla, bruma)	Aerosol sólido (humo, polvo)
Líquido	Espuma líquida (nata montada, clara batida)	Emulsión (mayonesa, leche, cremas)	Sol (pintura, oro coloidal)
Sólido	Espuma sólida (espuma de poliestireno)	Gel (gelatina, gel de baño, aerogeles)	Sol sólido (cristal de rubí)

Tabla 2.1. Tipos de coloides.

2 Características de las disoluciones

El aire que respiramos., los refrescos, el agua del mar, la gasolina que se quema en los motores o el cuproníquel de las monedas de un euro son ejemplos de mezclas homogéneas, llamadas **disoluciones**.

En una **disolución** hay, al menos, dos componentes: la fase dispersante, que se encuentra en mayor proporción, denominada **disolvente**, y la fase dispersa, en menor proporción, denominada **soluto**.

Generalmente, en las disoluciones utilizadas en un laboratorio el disolvente utilizado es el agua (disoluciones acuosas), denominada disolvente universal.

El proceso de disolución

¿Por qué una cucharada de sal se disuelve fácilmente en un vaso de agua pero no en un vaso de aceite? Los siguientes modelos dan una explicación:

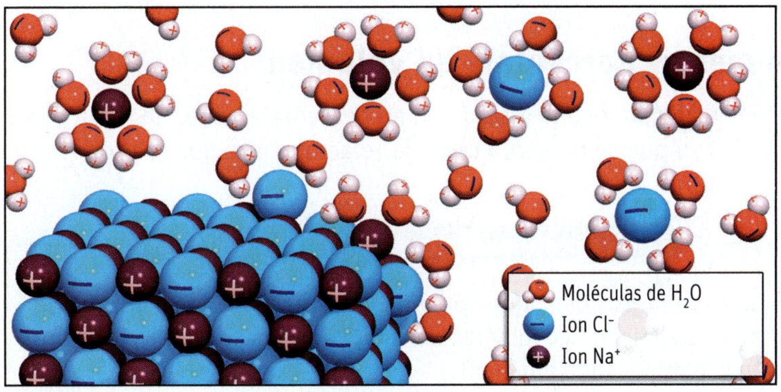

Figura 2.3. En la mezcla de agua y sal, los iones Na^+ y Cl^- del NaCl (sal común) se separan de la red que formaban por su interacción con las moléculas de agua. Por tanto, la sal se disuelve en agua.

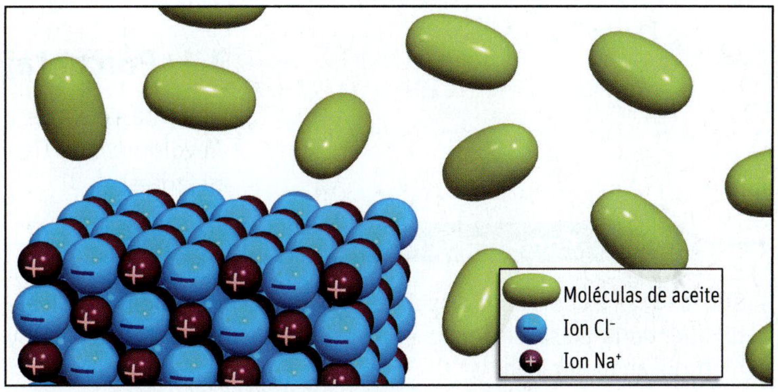

Figura 2.4. En la mezcla de aceite y sal, las moléculas de aceite no interactúan con el cloruro de sodio y los iones Na^+ y Cl^- del NaCl, que permanecen en su red. Por tanto, la sal no se disuelve en aceite.

Para que se forme una disolución el soluto debe dispersarse uniformemente en el disolvente de modo que las partículas de soluto toman posiciones al azar que estaban previamente ocupadas por las moléculas del disolvente. La facilidad con que las partículas de soluto se mezclan con las moléculas del disolvente depende de las fuerzas atractivas entre las moléculas.

En el proceso de disolución hay que considerar tres tipos de interacciones: interacción disolvente-disolvente, interacción soluto-soluto e interacción soluto-disolvente.

Para que tenga lugar el **proceso de disolución** es necesario que la atracción soluto-disolvente sea mayor que las atracciones disolvente-disolvente y soluto-soluto.

Una forma de explicar el proceso de disolución es considerar que ocurre en tres etapas como se muestra en la figura 2.5:

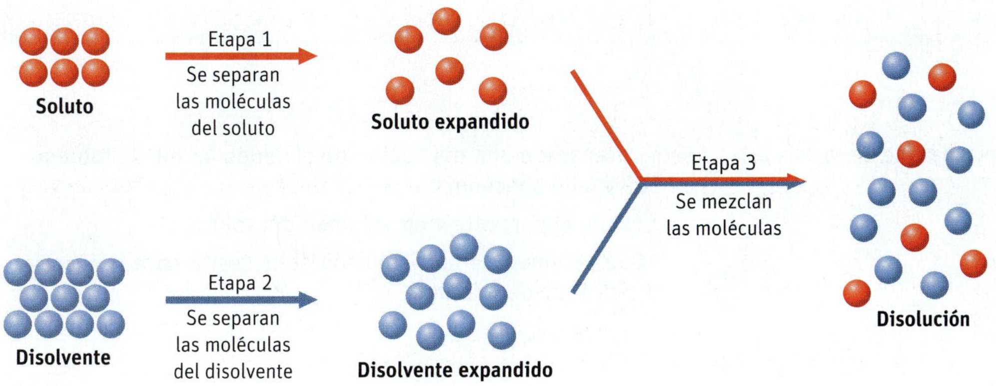

Figura 2.5. Etapas del proceso de disolución. En las dos primeras se separan las partículas del soluto y del disolvente y en la tercera se mezclan las partículas del soluto y del disolvente.

smSaviadigital.com OBSERVA

La interacción entre las partículas del soluto y del disolvente se conoce como solvatación. Cuando el disolvente es agua se denomina hidratación. En el caso de agua con sal, las moléculas de agua aíslan a los iones evitando que se atraigan y se vuelvan a combinar.

En esta animación se puede ver a escala molecular la disolución del cloruro de sodio en agua.

3 Concentración de una disolución

Figura 2.6. Los refrescos de una determinada marca tienen siempre la misma concentración de las sustancias químicas.

A los consumidores de bebidas refrescantes les gusta que su bebida preferida tenga siempre el mismo color, el mismo dulzor y la misma intensidad de sabor. Estas características están directamente relacionadas con la concentración de las sustancias químicas disueltas: colorantes, edulcorantes y saborizantes.

Al preparar una disolución la proporción entre el soluto y el disolvente o la disolución puede variar dentro de unos límites, por tanto, es necesario cuantificar la concentración o relación exacta en la que se encuentran.

La **concentración de una disolución** mide la cantidad de soluto presente en una determinada cantidad de disolución.

Para expresar la concentración de una disolución se usan diferentes unidades. Las más habituales son: porcentaje en masa, porcentaje en volumen, concentración en masa, concentración molar, concentración molal y fracción molar.

3.1. Porcentaje en masa y porcentaje en volumen

La forma de expresar la concentración de una disolución en porcentaje, tanto en masa como en volumen, no tiene unidades ya que se presenta como la relación entre dos cantidades semejantes.

Porcentaje en masa (% en masa)

Son los gramos de soluto disueltos en 100 g de disolución. Se calcula dividiendo la masa de soluto entre la masa total de la disolución y multiplicando por cien.

$$\%\ \text{en masa} = \frac{m_{\text{soluto}}}{m_{\text{disolución}}} \cdot 100$$

Una disolución de agua oxigenada que se utiliza como antiséptico tiene una concentración del 3 % en masa. Esto significa que hay 3 g de agua oxigenada y 97 g de agua en cada 100 g de disolución.

Porcentaje en volumen (% en volumen)

Son los mililitros de soluto contenidos en 100 mL de disolución. Se obtiene dividiendo el volumen de soluto entre el volumen de disolución y multiplicando por cien.

$$\%\ \text{en volumen} = \frac{V_{\text{soluto}}}{V_{\text{disolución}}} \cdot 100$$

Por ejemplo, el alcohol sanitario que se vende en las farmacias tiene una concentración del 96 % en volumen. Quiere decir que hay 96 mL de alcohol y 4 mL de agua en cada 100 mL de disolución.

EJERCICIOS RESUELTOS

1 **Una disolución azucarada contiene 22 g de azúcar (sacarosa) por cada 125 g de agua. Calcula el tanto por ciento en masa de la disolución.**

La masa de la disolución es: $m_{\text{disolución}} = 22\ \text{g} + 125\ \text{g} = 147\ \text{g}$

$$\%\ \text{en masa} = \frac{(22\ \text{g})}{(147\ \text{g})} \cdot 100 = 15\ \%$$

El resultado indica que en 100 g de disolución hay 15 g de azúcar y el resto, 85 g, de agua.

2 **Para preparar una disolución semejante al vinagre comercial se disuelven 13 mL de ácido acético puro en agua hasta obtener un volumen de 200 mL de disolución. Indica su tanto por ciento en volumen.**

$$\%\ \text{volumen} = \frac{(13\ \text{mL de soluto})}{(200\ \text{mL de disolución})} \cdot 100 = 6{,}5\ \%$$

El resultado indica que en 100 mL de disolución hay 6,5 mL de ácido acético.

ACTIVIDADES

1. **Calcula el porcentaje en masa de soluto en cada una de las siguientes disoluciones:**
   a) **15 g de H_2SO_4 en 45 g de disolución.**
   b) **5,0 g de HCl en 15 g de agua.**
   c) **20 g de KOH en 80 g de disolución.**

   Solución: a) 33 %; b) 25 %; c) 25 %

2. **Se ha preparado una disolución disolviendo 45 mL de tolueno en 160 mL de benceno.**
   a) **Calcula el porcentaje en volumen del soluto.**
   b) **¿Qué volumen de la disolución se necesita para que contenga 1 mL de tolueno?**

   Solución: a) 22 %; b) 4,5 mL

3.2. Concentración en masa y concentración molar

La unidad de volumen más utilizada, tanto en el laboratorio como en la vida cotidiana, es el litro. Por esta razón se emplean dos formas de expresar la concentración referidas a un litro de disolución: la **concentración en masa** y la **concentración molar**.

Concentración en masa (γ)

Indica los gramos de soluto contenidos en 1 L de disolución. La concentración en masa se expresa en las unidades **g L^{-1}** y se calcula dividiendo la masa de soluto entre los litros de disolución.

$$\gamma = \frac{m_{\text{soluto}}}{V_{\text{disolución}}}$$

Por ejemplo, un suero salino de concentración en masa 8,5 g L^{-1} contiene 8,5 g de cloruro de sodio NaCl en 1 L de disolución. Por tanto, si se le suministra a un paciente 0,5 L, habrá incorporado a su organismo 4,25 g de NaCl.

Concentración molar (c)

Indica los moles de soluto disueltos en 1 L de disolución. La concentración molar se expresa en **mol L^{-1}** y se calcula dividiendo los moles de soluto entre los litros de disolución.

$$c = \frac{n_{\text{soluto}}}{V_{\text{disolución}}}$$

Por ejemplo, una disolución 1 mol L^{-1} de hidróxido de sodio NaOH contiene 1 mol (40 g de NaOH) en 1 L de disolución. Por tanto, 0,5 L de esta disolución contendrán disueltos 20 g de NaOH (0,5 mol).

EJERCICIOS RESUELTOS

3 **Al preparar una disolución de nitrato de sodio se disuelven 0,50 mol de $NaNO_3$ en agua siendo el volumen final 0,50 L. Calcula la concentración en masa.**

Masas atómicas (u): Na = 23,0; N = 14,0; O = 16,0

La masa molar del nitrato de sodio es:

$$23{,}0 + 14{,}0 + 3 \cdot 16{,}0 = 85 \text{ g mol}^{-1}$$

Por tanto, 0,50 mol de nitrato de sodio equivalen a 42,5 g.

$$\gamma = \frac{(42{,}5 \text{ g de } NaNO_3)}{(0{,}50 \text{ L de disolución})} = 85 \text{ g L}^{-1}$$

El resultado de la concentración en masa muestra que en cada litro de disolución se encuentra disuelto 85 g de nitrato de sodio.

4 **En un matraz aforado de medio litro, se añaden 18 g de glucosa $C_6H_{12}O_6$ y se disuelven en agua hasta completar 0,5 L de disolución. Calcula la concentración molar de la disolución glucosada.**

Masas atómicas (u): C = 12,0; H = 1,0; O = 16,0

La masa molar de la glucosa es 180 g mol^{-1}, luego:

$$n = \frac{(18 \text{ g})}{(180 \text{ g mol}^{-1})} = 0{,}1 \text{ mol de glucosa}$$

$$c = \frac{(0{,}1 \text{ mol de glucosa})}{(0{,}5 \text{ L de disolución})} = 0{,}2 \text{ mol L}^{-1}$$

En 1 L de disolución se encuentran disueltos 0,2 mol de glucosa.

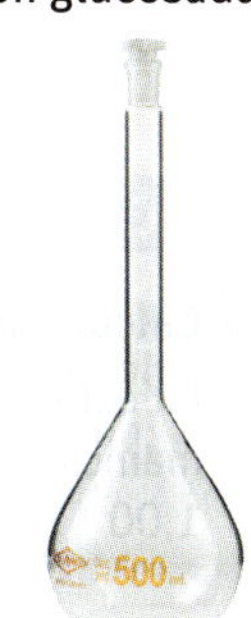

Diferencia entre concentración y densidad de una disolución

Es importante diferenciar entre la concentración de una disolución expresada en g L^{-1} y su densidad aunque ambas magnitudes se expresan en las mismas unidades.

La concentración en masa de una disolución, se refiere a la cantidad de soluto presente en la disolución, pero la densidad de una disolución indica la relación entre su masa y su volumen.

$$\text{concentración en masa: } \gamma = \frac{m_{\text{soluto}}}{V_{\text{disolución}}} \qquad \text{densidad: } d = \frac{m_{\text{disolución}}}{V_{\text{disolución}}}$$

Para pasar de porcentaje en masa a concentración en masa, hay que conocer la densidad de la disolución para establecer la equivalencia entre la masa y el volumen de disolución.

Ten en cuenta

En aplicaciones analíticas se suele denominar *molaridad* a la concentración c expresada en mol L^{-1} y se utiliza el adjetivo molar y la notación M para indicar esta unidad. Por ejemplo, una concentración de 0,5 mol L^{-1} se expresa como 0,5 M. La expresión molaridad está en desuso.

ACTIVIDADES

3. **Calcula la cantidad de hidróxido de calcio $Ca(OH)_2$ que se necesita para preparar 2 litros de disolución, de concentración:**

a) **0,5 mol L^{-1}**

b) **3,5 mol L^{-1}**

Masas atómicas (u): Ca = 40,0; O = 16,0; H = 1,0

Solución: a) 74,0 g; b) 518 g

4. **En 100 mL de una disolución acuosa de ácido sulfúrico H_2SO_4 hay 4,9 g de ácido. Determina:**

a) **La concentración en masa.**

b) **La concentración molar.**

Masas atómicas (u): S = 32,0; O = 16,0; H = 1,0

Solución: a) 49 g L^{-1}; b) 0,5 mol L^{-1}

4 Preparación de una disolución

La preparación de disoluciones es una de las operaciones más frecuentes en un laboratorio porque muchas reacciones químicas solo se producen si los reactivos se encuentran en disolución.

Preparación de una disolución a partir de un soluto sólido

Un ejemplo común es la preparación de **suero fisiológico**: una disolución salina al 0,90 % (9,0 g de NaCl por 1000 mL de disolución) se denomina suero fisiológico y se utiliza en medicina para evitar deshidrataciones, limpiar heridas, como excipiente de medicamentos, etc. Para preparar 1,0 L de suero fisiológico se siguen estos pasos:

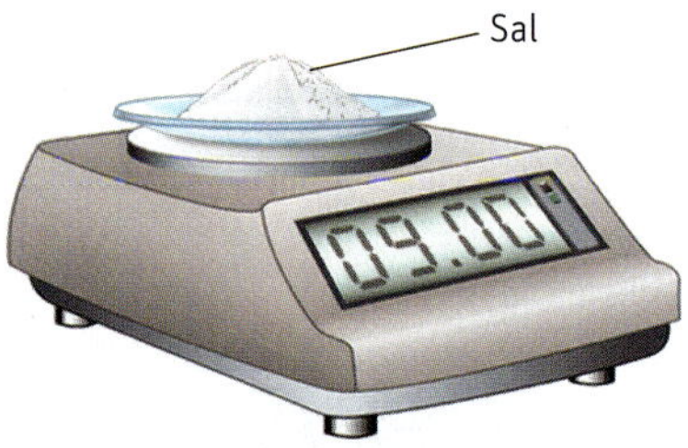

1. Se pesa la sal común en una balanza.

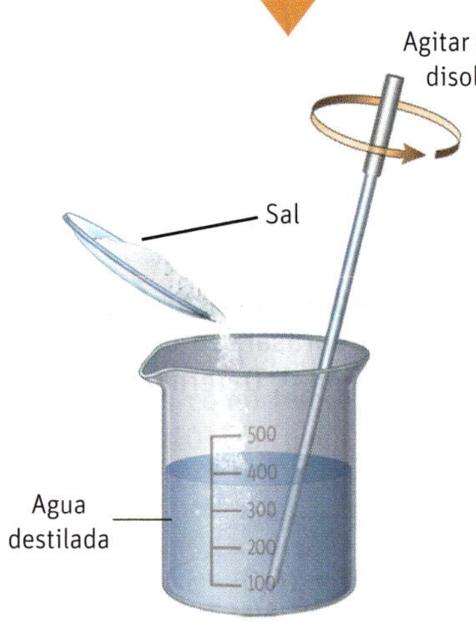

2. Se disuelve la sal en agua destilada agitando con una varilla.

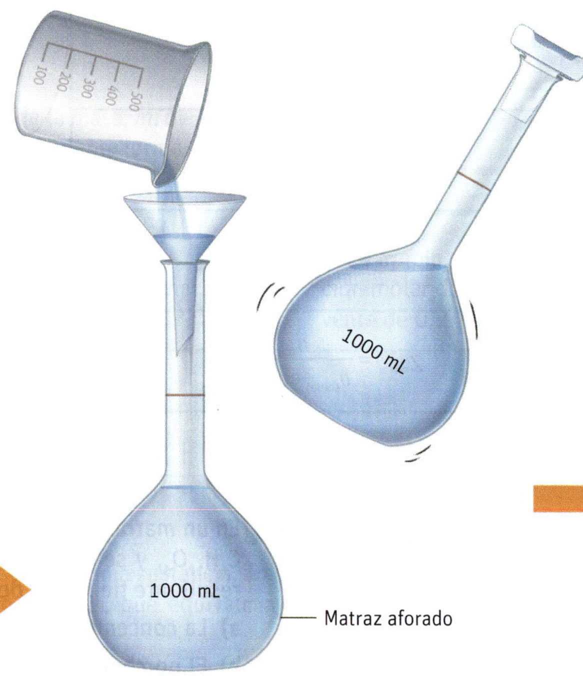

3. Con la ayuda de un embudo, se vierte la disolución al interior de un matraz aforado, en este caso, de un litro. Se lava el vaso de precipitados con agua destilada y el líquido se añade al matraz aforado. Para homogeneizar la mezcla se agita el matraz.

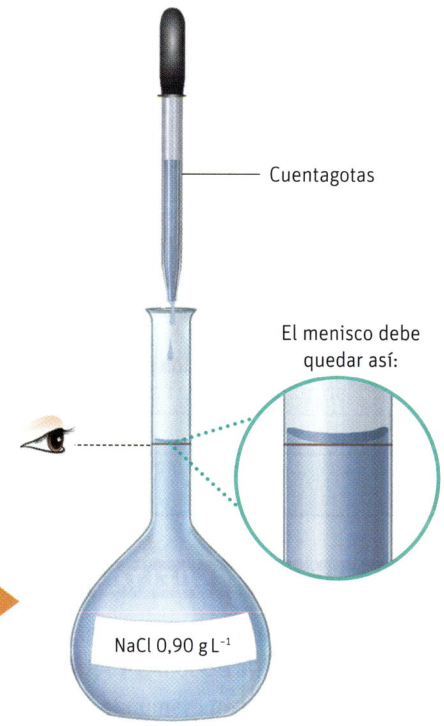

4. Se enrasa el matraz hasta el aforo, añadiendo agua con un cuentagotas. Se pone una etiqueta que indique la sustancia o fórmula (NaCl), la concentración y la fecha de preparación.

EJERCICIOS RESUELTOS

9 **En un matraz aforado de 100 mL de capacidad se añaden 10,0 g de glucosa ($C_6H_{12}O_6$) y se disuelven en agua hasta enrasar. Determina:**

a) La concentración en g L^{-1} de la disolución.

b) La concentración molar.

Dato: $M(C_6H_{12}O_6)$ = 180,0 g mol^{-1}

a) La proporción de 10 g de glucosa en 100 mL de disolución, es la misma que la relación 100 g de glucosa en 1000 mL de disolución, resultando 100 g L^{-1}.

b) Para obtener la concentración molar, primero hay que obtener los moles de glucosa y luego referirlos a un litro de disolución.

$$c = \frac{(10{,}0\ \text{g de glucosa})}{(100\ \text{mL de disolución})} \cdot \frac{(1\ \text{mol de glucosa})}{(180\ \text{g})} \cdot \frac{(1000\ \text{mL})}{(1\ \text{L de disolución})} = 0{,}556\ \text{mol}\,\text{L}^{-1}$$

La disolución preparada tiene esta concentración.

Ten en cuenta

Las masas del soluto y del disolvente siempre son aditivas, sin embargo sus volúmenes no siempre lo son. Por ejemplo, una mezcla de 20 mL de agua (de 20 g de masa), con 20 mL de etanol (de 15,8 g de masa), tiene una masa de 35,8 g pero su volumen es menor de 40 mL. Este hecho es debido a una mejor acomodación en el espacio de las moléculas de etanol y de agua, que produce una disminución del volumen ocupado por la mezcla.

Preparación de una disolución a partir de otra disolución más concentrada

Con frecuencia hay que preparar una disolución a partir de otra de mayor concentración proporcionada por los fabricantes de reactivos químicos. Este proceso se denomina **dilución**.

Por ejemplo, para preparar 0,25 L de una disolución de HCl 2,0 mol L^{-1} a partir de ácido clorhídrico comercial de 25 % en masa y densidad 1,12 g mL^{-1}, se siguen estos pasos:

1. Se calculan los moles de soluto necesarios a partir del volumen y de la concentración de la disolución a preparar:

$$n_{soluto} = (2{,}0\ \text{mol}\,L^{-1})(0{,}25\ L) = 0{,}50\ \text{mol de HCl}$$

2. A partir de la concentración y la densidad de la disolución concentrada se calcula el volumen de la misma que contendrá la cantidad buscada de soluto, 1,0 mol en este caso.

$$(0{,}50\ \text{mol HCl})\cdot\frac{(36{,}5\ \text{g HCl})}{(1{,}0\ \text{mol HCl})}\cdot\frac{(100\ \text{g disolución})}{(25\ \text{g HCl})}\cdot\frac{(1\ \text{mL disolución})}{(1{,}12\ \text{g disolución})}=65\ \text{mL disolución}$$

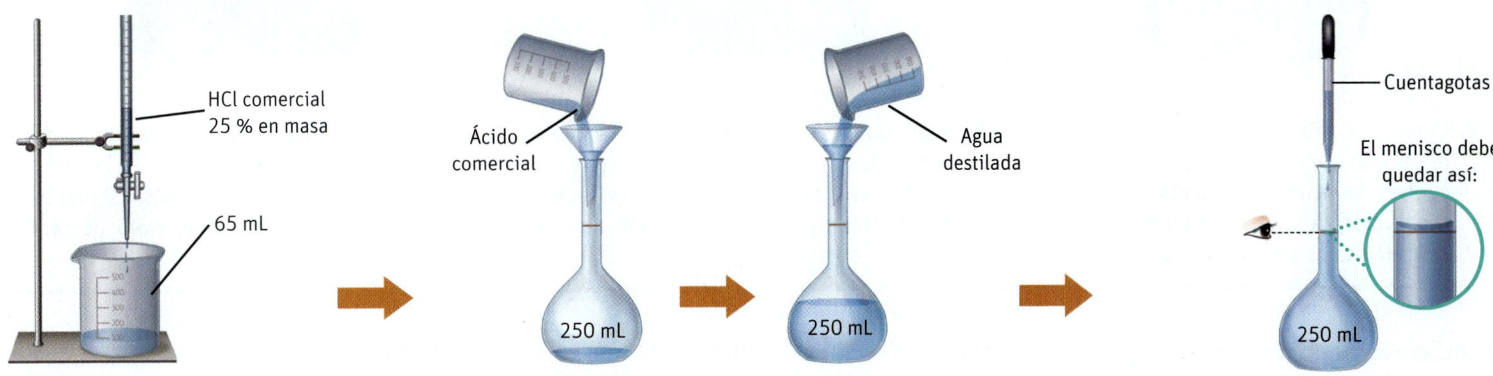

1 Se mide la cantidad necesaria de ácido comercial.

2 Se vierte en un matraz de 250 mL, se añade un poco de agua destilada y se agita.

3 Se enrasa con la ayuda de un cuentagotas añadiendo más agua destilada.

Ten en cuenta

Diluir es hacer una disolución menos concentrada, añadiendo más cantidad de disolvente. Disolver significa añadir un soluto a un disolvente. Si se disuelve más soluto la disolución será más concentrada.

En la Web

En estos dos vídeos puedes ver cómo se preparan disoluciones.

www.e-sm.net/svfq1bach02_01
www.e-sm.net/svfq1bach02_02

EJERCICIOS RESUELTOS

10 **Una botella de ácido nítrico comercial tiene una concentración del 70 % en masa y una densidad de 1,40 gmL^{-1}. Calcula:**

a) Su concentración en gL^{-1} y su concentración molar.

b) El volumen de ácido comercial necesario para preparar 125 mL de disolución de este ácido, de concentración 0,25 molL^{-1}.

Masas atómicas (u): N = 14,0; O = 16,0; H = 1,0

a) La botella contiene 70 g de HNO_3 en 100 g de disolución. Para obtener la concentración en gL^{-1} hay que relacionar la masa de la disolución con su volumen mediante la densidad, y posteriormente referirla a 1 L de disolución.

$$\gamma=\frac{(70\ \text{g de}\ HNO_3)}{(100\ \text{g de disolución})}\cdot\frac{(1{,}40\ \text{g de disolución})}{(1\ \text{mL de disolución})}\cdot\frac{(1000\ \text{mL})}{(1\ L)}=9{,}80\cdot10^2\ \text{g}L^{-1}$$

Para calcular la concentración molar, se transforman los gramos de soluto a moles, a partir de la masa molar del ácido nítrico, que es de 63 g mol^{-1}:

$$c=\frac{(9{,}80\cdot10^2\ \text{g de}\ HNO_3)}{(1\ L\ \text{de disolución})}\cdot\frac{(1\ \text{mol de}\ HNO_3)}{(63{,}0\ \text{g de}\ HNO_3)}=15{,}6\ \text{mol}L^{-1}$$

b) La disolución a preparar necesita $n=cV=(0{,}25\ \text{mol}L^{-1})(0{,}125\ L)=0{,}031\ \text{mol}$, que se obtienen del ácido comercial cogiendo un volumen V:

$$V=\frac{n}{c}=\frac{0{,}031\ \text{mol de}\ HNO_3}{15{,}6\ \text{mol}L^{-1}}=2{,}0\cdot10^{-3}\ L=2{,}0\ \text{mL de}\ HNO_3$$

Esta cantidad se diluye en agua hasta alcanzar un volumen de 125 mL.

ACTIVIDADES

9. **Indica cómo prepararías 100 mL de una disolución 0,10 mol L^{-1} de $CuSO_4$.**

10. **Un ácido sulfúrico comercial tiene una riqueza en peso del 96 % y una densidad de 1,85 g mL^{-1}.**

a) Determina su concentración molar.

b) Indica cómo preparar 225 mL de disolución 0,52 mol L^{-1} de este ácido.

Dato: $M(H_2SO_4)$ = 98,0 g mol^{-1}

Solución: a) 18,1 mol L^{-1}

5 Solubilidad

Se dice que una sustancia es soluble en agua cuando, al agitar un poco de sustancia en un recipiente con agua, se forma una disolución. Pero ¿qué cantidad se puede llegar a disolver?

EXPERIMENTA

Si a 250 mL de agua a 20 °C se le van añadiendo poco a poco cucharadas de 10 g de sulfato de cobre (II), $CuSO_4$, y agitando a la vez, la disolución pasa por diferentes grados de concentración.

1. Cuando se añade solo una cucharada de la sal y se remueve la mezcla, la sal se disuelve. En este caso hablamos de una **disolución diluida** ya que contiene poca cantidad de soluto en la disolución.

2. Al añadir tres cucharadas de sal y remover la mezcla, se observa que también la sal se disuelve. Se trata de una **disolución concentrada** ya que contiene una elevada cantidad de soluto.

3. Después de añadir cinco cucharadas de sal, la disolución ya no admite más soluto. Si se añade una cucharada más, esta no se disolverá. En este caso se trata de una **disolución saturada**.

smSaviadigital.com PRACTICA

En esta animación puedes comprobar los diferentes grados de concentración de una disolución.

Si una determinada cantidad de disolvente ya no admite más soluto disuelto, se dice que la disolución está saturada.

La **solubilidad** de un soluto en un disolvente es la concentración de la disolución saturada en unas condiciones determinadas de temperatura y presión. Es decir, es la máxima cantidad de un soluto que se puede disolver en una determinada cantidad de un disolvente a una temperatura y presión dadas.

La solubilidad de los sólidos suele expresarse en gramos de soluto/100 g de disolvente o en gramos de soluto/1 L de disolvente. Así, la solubilidad de la sal en agua es de 360 g L^{-1} a 20 °C. En el caso del azúcar la solubilidad aumenta hasta 1330 g L^{-1}.

Una disolución saturada puede ser concentrada, cuando el soluto es muy soluble en el disolvente, o diluida, cuando el soluto es muy poco soluble en el disolvente. El significado de la saturación es que no se puede disolver más cantidad de soluto.

5.1. Solubilidad de los sólidos y temperatura

La figura 2.7 muestra la variación de la solubilidad con algunos solutos en función de la temperatura. En la mayoría de casos (no en todos), la solubilidad aumenta con la temperatura.

A la temperatura de 20 °C se disuelven 360 g de NaCl en 1 L de agua, pero a 100 °C se podrán disolver hasta 400 g. Al enfriar la disolución, el exceso de sal, (400 – 360) g = 40 g, cristaliza y precipita al fondo del recipiente.

Pero si el enfriamiento es lento, puede ocurrir que la sal no precipite, formando una disolución que contiene más soluto del que corresponde a una disolución saturada a esa temperatura.

Estas disoluciones, denominadas **sobresaturadas**, son inestables y basta con una ligera agitación para que cristalice el exceso de sal.

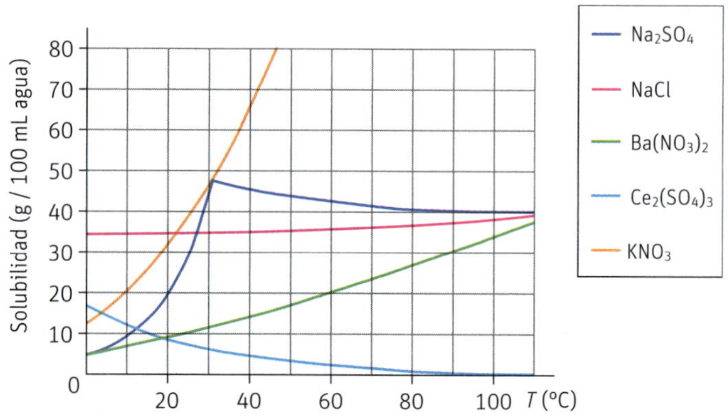

Figura 2.7. Curvas de solubilidad: la solubilidad del KNO_3 aumenta mucho con la temperatura, mientras que la del NaCl varía muy poco.

5.2. Solubilidad de los gases y temperatura

Al calentar agua en un recipiente se forman burbujas de aire que se desprenden del líquido antes de que hierva. Lo mismo sucede cuando se saca un vaso con agua fresca del frigorífico y se la deja al ambiente: las burbujas se van desprendiendo poco a poco (Fig. 2.8).

Figura 2.8. El agua tibia disuelve menos oxígeno y desprende pequeñas burbujas.

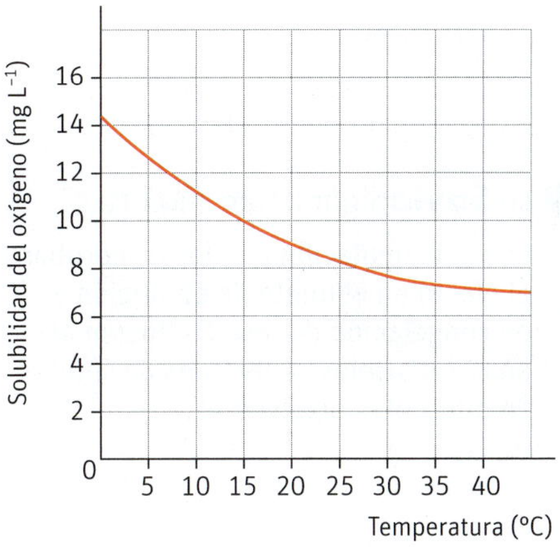

Figura 2.9. Curva de solubilidad del oxígeno. La solubilidad del oxígeno en agua disminuye al aumentar la temperatura.

El incremento de la temperatura origina un aumento en la velocidad y en la energía cinética de las moléculas del agua y del gas, por lo que las fuerzas intermoleculares se debilitan. Como consecuencia, las moléculas de gas podrán escapar con más facilidad del agua.

En las disoluciones de gases en líquidos, la **solubilidad disminuye** siempre al aumentar la temperatura.

Una consecuencia del aumento de la temperatura del agua es la disminución de la cantidad de oxígeno disuelto en ella (Fig. 2.9). Así, algunos peces que consumen mucho oxígeno, como las truchas, habitan en los cursos altos de los ríos, donde las aguas son más frías.

5.3. Solubilidad de los gases y presión

La solubilidad de sólidos y líquidos resulta poco modificada por las variaciones de la presión exterior que, sin embargo, modifican mucho la solubilidad de los gases.

OBSERVA

El exceso de gas (dióxido de carbono) disuelto a elevada presión en la bebida se escapa de la botella produciendo gran efervescencia, hasta que la presión del interior se iguala a la presión atmosférica.

La presión debida a la profundidad aumenta la solubilidad en la sangre del nitrógeno respirado por los buzos. Si ascienden deprisa, disminuye la presión, el nitrógeno es menos soluble y se forman peligrosas burbujas en su sangre.

La relación entre la solubilidad de un gas y la presión a la que se lo somete fue descrita por el químico inglés William Henry que enunció la siguiente ley.

Ley de Henry: La solubilidad de un gas en un líquido a temperatura constante es directamente proporcional a la presión parcial del gas sobre la disolución.

Así, la solubilidad de cualquier gas en un líquido aumenta notablemente al aumentar la presión.

La ley de Henry se justifica mediante la teoría cinética molecular: la cantidad de moléculas de gas que se disuelven en un disolvente depende del número de choques de las moléculas del gas con la superficie del líquido. Cuanto mayor sea la presión del gas, mayor será la frecuencia de los choques y, como consecuencia, aumentará la solubilidad.

ACTIVIDADES

11. A las botellas de una bebida carbónica se les ha colocado un globo después de ser abiertas y agitadas. ¿Cuál está a mayor temperatura?

6 Propiedades coligativas de las disoluciones

Algunas propiedades de las disoluciones dependen solo del número de partículas de soluto presentes en la disolución, de forma que cualquier soluto, en la misma cantidad, produce el mismo efecto. Se les llama **propiedades coligativas** y son la **disminución de la presión de vapor** (que produce la **disminución de la temperatura de congelación** y el **aumento de la temperatura de ebullición**) y la **presión osmótica**.

smSaviadigital.com PRACTICA

En esta simulación puedes comprobar el efecto en el punto de ebullición y de congelación de una disolución al añadir distintas cantidades de solutos en diferentes disolventes.

6.1. Presión de vapor

El agua de un recipiente abierto, a temperatura ambiente, se evapora al cabo de un cierto tiempo, aunque no se encuentre a su temperatura de ebullición. Pero si el recipiente se encuentra cerrado, las moléculas que pasan a vapor no pueden escaparse. El espacio sobre el líquido se satura con vapor de agua impidiendo que se evapore más agua.

OBSERVA

En el interior del recipiente se establece un equilibrio dinámico entre las moléculas de agua que pasan a vapor y las de vapor que regresan al estado líquido: sus números respectivos se igualan.

A mayor temperatura, la energía cinética de las moléculas aumenta y el número de moléculas con suficiente energía para pasar a vapor también, por tanto, aumenta la presión de vapor.

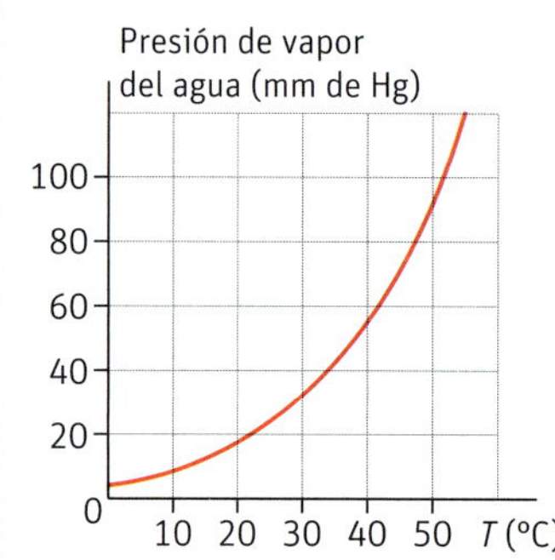

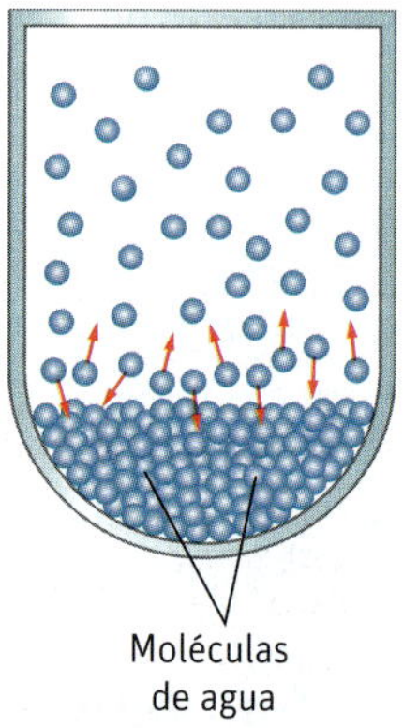

Se llama **presión de vapor** del líquido a la presión que ejercen las moléculas de vapor en presencia del líquido, con el que están en equilibrio. Depende de la temperatura.

Al disolver un soluto no volátil y que no produzca iones, como el azúcar, en un disolvente volátil, la movilidad de las moléculas del disolvente disminuye y pasarán menos moléculas al estado vapor. Por tanto, la presión de vapor del líquido disminuye. El químico francés François Raoult estudió esta disminución.

Ley de Raoult: La disminución relativa de la presión de vapor, Δp, de un líquido volátil de presión de vapor, p^0, al disolver en él un soluto no volátil que no produzca iones, es directamente proporcional a la fracción molar, de la disolución:

$$\Delta p = p^0 \chi_0$$

En disoluciones muy diluidas, la fracción molar del soluto es aproximadamente igual a la concentración molal (molalidad), m, del soluto. Por la ley de Raoult se representa como:

$$\Delta p = p^0 \mathrm{m}$$

Las disoluciones que cumplen exactamente esta ley se llaman **disoluciones ideales**.

6.2. Ascenso del punto de ebullición

Para que un líquido hierva es necesario que su presión de vapor iguale a la presión atmosférica. Por tanto, si un disolvente líquido contiene un soluto disuelto, al disminuir su presión de vapor, necesitará una mayor temperatura para hervir. El **ascenso ebulloscópico**, ΔT_e, es proporcional a la concentración molal, m, de la disolución:

$$\Delta T_e = K_e \mathrm{m}$$

Donde K_e es la constante ebulloscópica, característica de cada disolvente.

Sustancia	T (°C) de ebullición	K_e (°C kg mol^{-1})
Benceno	80,1	2,53
Alcanfor	56,2	5,95
Cloroformo	61,2	3,63
Éter dietílico	34,6	2,02
Etanol	78,4	1,22
Agua	100,0	0,52

Tabla 2.2. La K_e del agua tiene un valor de 0,52. Indica que una disolución 1 mol kg^{-1} de cualquier soluto no volátil en agua experimenta un aumento en el punto de ebullición de 0,52 °C.

6.3. Descenso del punto de congelación

La disminución de la presión de vapor en una disolución, además de aumentar la temperatura de ebullición (aumento ebulloscópico), disminuye la temperatura de congelación (descenso crioscópico).

RELACIONA

Durante el invierno, el agua de los océanos puede alcanzar temperaturas bajo cero sin llegar a congelarse.

El agua en contacto con el aire se congela porque este alcanza temperaturas muy bajas. Pero el agua por debajo sigue siendo líquida hasta −2 °C. Las sales disueltas disminuyen su punto de congelación.

El hielo que se acumula en las carreteras los días de invierno hace muy peligrosa la circulación.

Las máquinas quitanieves esparcen sales sobre las carreteras: la sal común (cloruro de sodio) disminuye la temperatura de congelación y las placas de hielo se funden. El cloruro de calcio, además, libera calor al disolverse.

En las heladas, el agua del circuito de refrigeración de los automóviles puede helarse, aumentar su volumen y reventar los conductos.

El líquido de refrigeración contiene anticongelantes (etanol, etilenglicol, glicerina) que disminuyen el punto de congelación del agua lo suficiente para evitar su congelación, protegiendo así el motor.

El descenso de la temperatura de congelación de un líquido debido a la presencia de un soluto disuelto se denomina **descenso crioscópico**, ΔT_c, y es proporcional a la concentración molal, m, de la disolución:

$$\Delta T_c = K_c \text{m}$$

Donde K_c es la constante crioscópica, característica de cada disolvente.

Disolvente	T (°C) de congelación	K_c (°C kg mol^{-1})
Ác. acético	16,7	3,9
Benceno	5,5	5,12
Alcanfor	178,4	37,7
Naftaleno	80,2	6,9
Fenol	42	7,27
Ciclohexano	6,5	20,0
Agua	0,00	1,86

Tabla 2.3. Para el agua, la K_c es 1,86. Significa que una disolución 1 mol kg^{-1} de cualquier soluto en agua tiene un descenso en el punto de congelación de 1,86 °C.

6.4. Presión osmótica

Al igual que sucede con un gas, las moléculas de soluto, que se mueven libremente por el disolvente, ejercen una presión contra las paredes del recipiente que los contiene.

Cuando se sitúan en un recipiente, una disolución diluida y otra concentrada, separadas por una membrana semipermeable (por ejemplo, papel de celofán) que solo deja pasar moléculas de disolvente, la diferente presión ejercida por el soluto a ambos lados de la membrana produce el paso del disolvente a la disolución más concentrada, hasta que se alcanza un equilibrio dinámico. Este fenómeno se denomina ósmosis.

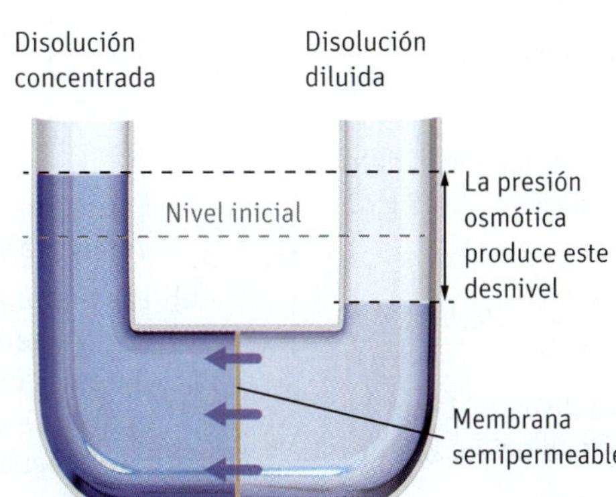

Figura 2.10. Comprobación de la ósmosis.

A la presión necesaria para detener la ósmosis se llama **presión osmótica,** π, y es directamente proporcional a la concentración molar, c, de la disolución. Para un volumen V de disolución a una temperatura T:

$$\pi V = nRT \Rightarrow \pi = \frac{n}{V}RT = cRT$$

La ecuación permite calcular c y así determinar las masas molares de sustancias disueltas.

ACTIVIDADES

12. La adición de sal o azúcar ha sido un método histórico de conservar alimentos. Justifica su fundamento científico sabiendo que las membranas de las bacterias son semipermeables.

EJERCICIOS Y PROBLEMAS **RESUELTOS**

Concentración de una disolución

11 Debes preparar 500 mL de una disolución de concentración 2 mol L^{-1} de ácido clorhídrico.

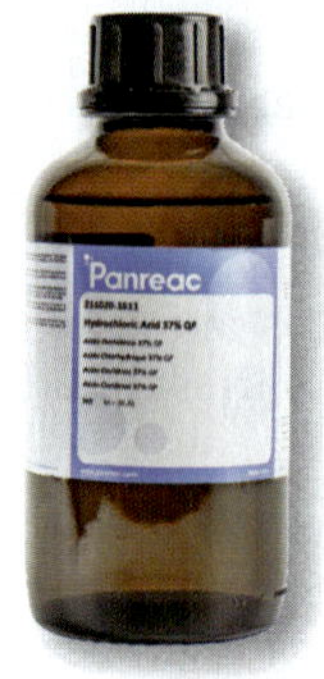

a) ¿Qué cantidad de ácido clorhídrico necesitas?

b) ¿Qué volumen de una disolución de HCl de concentración del 35 % en masa y cuya densidad es 1,18 g mL^{-1} tienes que medir para prepararla?

c) ¿Qué cantidad de agua tendrás que añadir?

Consideraciones iniciales

- La preparación de una disolución a partir de otra más concentrada (dilución) es una operación frecuente en un laboratorio de química. Primero hay que calcular los moles necesarios; a partir de este dato, se determina la masa de la disolución concentrada que los contiene.
- Con la densidad, se obtiene la equivalencia entre la masa de la disolución concentrada y el volumen que ocupa.
- Como el volumen calculado de disolución concentrada es menor que el que queremos preparar de la diluida, la diferencia se completa añadiendo agua.

▸ Resolución

a) Se calculan los moles necesarios para preparar 500 mL (0,5 L) de una disolución 2 mol L^{-1} de HCl:

$$(0{,}5\,\text{L de disolución})\cdot\frac{(2\,\text{mol de HCl})}{(1\,\text{L de disolución})}=1\,\text{mol de HCl}$$

b) Debes sacar 1 mol de HCl de la botella de ácido concentrado, por tanto, habrá que calcular la masa del ácido concentrado que contiene 1 mol de ácido.

$$M\,(\text{HCl}) = 35{,}5 + 1{,}0 = 36{,}5\ \text{g mol}^{-1}$$

$$(1\,\text{mol de HCL})\cdot\frac{(36{,}5\,\text{g de HCl})}{(1\,\text{mol de HCl})}\cdot\frac{(100\,\text{g de disolución})}{(35\,\text{g de HCl})}=104{,}3\,\text{g}$$

Como la disolución concentrada es líquida, utilizando el dato de la densidad se calcula el volumen que contiene 104,3 g de disolución:

$$(104{,}3\,\text{g de disolución})\cdot\frac{(1\,\text{mL de disolución})}{(1{,}18\,\text{g de disolución})}=88{,}4\,\text{mL}$$

c) En este volumen de 88,4 mL se encuentra disuelto 1 mol de HCl. Como hay que preparar 500 mL de disolución, la diferencia de volumen se añade de agua.

$$(500-88{,}4)\,\text{mL}=411{,}6\,\text{mL de}\,H_2O$$

CONCLUSIONES: Para preparar 0,5 L de una disolución 2 mol L^{-1} de HCl se necesita pipetear (con prepipeta) 88,4 mL de una disolución del 35 % en masa y densidad 1,18 g mL^{-1}.

A continuación se añade este volumen a un matraz aforado de 500 mL, y se completa añadiendo agua destilada hasta la marca de aforo.

Solubilidad

12 En los acuarios, el oxígeno que necesitan los peces llega al agua desde la superficie, principalmente por absorción del oxígeno presente en el aire. El principal factor que determina la concentración de oxígeno en el agua es la temperatura. En la tabla de datos se indica la solubilidad de oxígeno en agua a diferentes temperaturas.

T (°C)	O_2 (mg L^{-1})
0	14,5
5	12,8
10	11,2
15	10
20	9,1
25	8,3
30	7,6

a) Realiza una gráfica con los datos de la tabla.

b) ¿Qué tipo de relación existe entre la temperatura y la solubilidad del oxígeno en agua?

c) ¿Qué función tienen los aireadores de los acuarios?

d) ¿Cuál es la variación de solubilidad del oxígeno en agua cuando la temperatura aumenta de 5 °C a 30 °C?

e) ¿Qué opinas de la siguiente frase: "Los días de mucho calor los peces de los estanques sacan la boca fuera de la superficie del agua para respirar el oxígeno directamente del aire"?

▸ Resolución

a) Gráfica de la solubilidad del oxígeno frente a la temperatura:

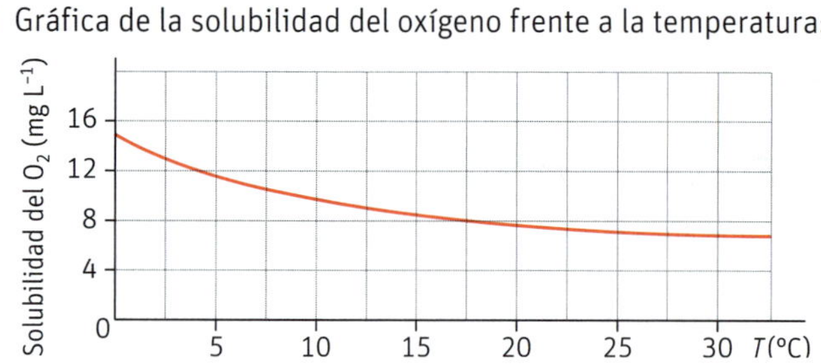

b) Existe una relación inversa: al aumentar la temperatura, disminuye la solubilidad del oxígeno en el agua.

c) Las burbujas que crean los aireadores aportan poco oxígeno directamente al agua, y lo hacen de manera indirecta: las burbujas originan ondulaciones en la superficie que aumenta el área de contacto entre el agua y el aire. Como consecuencia, el agua en movimiento de la superficie absorbe más oxígeno de la atmósfera.

d) La solubilidad a 5 °C es de 12,8 mg L^{-1} y a 30 °C baja hasta 7,6 mg L^{-1}. La disminución es de 5,2 mg L^{-1}.

e) Los días de mucho calor, la cantidad de oxígeno disuelto en los estanques disminuye y los peces respiran con dificultad. Como los peces no pueden tomar el oxígeno directamente del aire, para conseguir más oxígeno boquean cerca de la superficie con el fin de agitar el agua y así facilitar el paso del oxígeno, que toman del agua a través de las branquias.

Propiedades coligativas

13 El etilenglicol, $C_2H_6O_2$, es una sustancia química que se añade al agua del radiador de los automóviles como líquido anticongelante para evitar que solidifique el agua. Se añaden 200 g de este anticongelante a 1 L de agua.

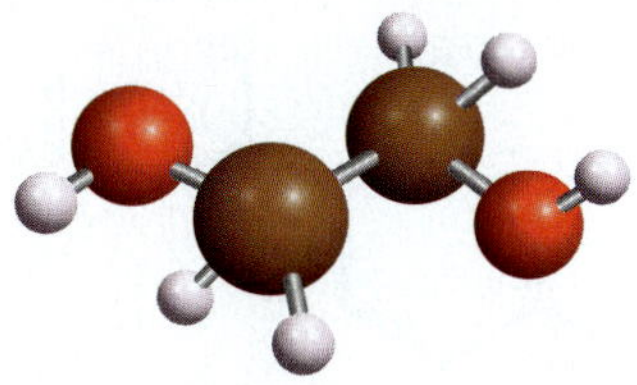

Etilenglicol

a) Calcula la variación en el punto de congelación.

b) Calcula la variación en el punto de ebullición.

c) ¿Se congelará la disolución a una temperatura de –3 °C?

d) Si se calienta la disolución a 101 °C, ¿se producirá la ebullición?

Consideraciones iniciales

- El descenso que se produce en el punto de congelación es proporcional a la concentración molal de la disolución.
- El aumento del punto de ebullición también es proporcional a la concentración molal.

▸ Resolución

a) Se calcula la concentración molal de la disolución, a partir de la masa del soluto, de su masa molar y de la masa del disolvente. Como en este caso la masa de disolvente es de 1 kg, una vez obtenidos los moles, sabemos también su concentración molal:

$$(200\text{ g de } C_2H_6O_2)\cdot\frac{(1\text{ mol de } C_2H_6O_2)}{(62\text{ g de } C_2H_6O_2)}=3{,}23\text{ mol de } C_2H_6O_2$$

Por tanto, la concentración molal es:

$$m=\frac{n_{\text{soluto}}}{m_{\text{disolvente}}}=\frac{3{,}23\text{ mol}}{1\text{ kg}}=3{,}23\text{ mol kg}^{-1}$$

El descenso crioscópico es:

$$\Delta T_c=K_c\,m=(1{,}86\text{ °C mol}^{-1}\text{ kg})(3{,}23\text{ mol kg}^{-1})=6{,}01\text{ °C}$$

b) El aumento ebulloscópico es:

$$\Delta T_e=(0{,}52\text{ °C mol}^{-1}\text{ kg})(3{,}23\text{ mol kg}^{-1})=1{,}68\text{ °C}$$

c) Como el agua pura congela a 0 °C, la disolución congelará a partir de –6 °C, por lo que a una temperatura de –3 °C no se congelará, permaneciendo en estado líquido.

d) Teniendo en cuenta que el agua pura hierve a 100,00 °C, a 1 atm, esta disolución hervirá a partir de 101,68 °C, por lo que a 101 °C no se producirá la ebullición.

> **CONCLUSIONES:** Es útil añadir etilenglicol al agua del circuito de refrigeración del motor de los automóviles, tanto en las épocas de invierno, para bajar el punto de congelación, como en las de verano, para evitar la ebullición del agua.

14 Una de las utilidades de las propiedades coligativas es que permiten obtener la masa molar de un soluto desconocido disuelto.

Conocida la presión osmótica 1,685 atm de 0,50 L de disolución que contiene 12,0 g del soluto a 25 °C:

a) Calcula la molaridad de la disolución.

b) Determina la masa molar del soluto.

c) Indica a cuál de las siguientes sustancias corresponde a la masa molar obtenida: cloruro de sodio (NaCl), glucosa ($C_6H_{12}O_6$), sacarosa ($C_{12}H_{22}O_{11}$) o glicerina ($C_3H_8O_3$).

Consideraciones iniciales

- La presión osmótica es proporcional a la concentración. Las medidas de presión osmótica se realizan a temperatura constante, luego, la concentración se expresa en mol L^{-1}.
- Matemáticamente, esta relación se expresa mediante una ecuación, semejante a la de los gases ideales:

$$\pi V=n\,RTc\ \Rightarrow\ \pi=c\,RT$$

Donde π es la presión osmótica en atmósferas, c la concentración expresada en mol L^{-1}, T la temperatura absoluta expresada en Kelvin y R la constante de los gases de valor 0,082 atm L K^{-1} mol^{-1}.

▸ Resolución

a) Despejando la concentración molar:

$$c=\frac{\pi}{RT}=\frac{(1{,}685\text{ atm})}{(0{,}082\text{ atm L K}^{-1}\text{ mol}^{-1})(298\text{ K})}=0{,}069\text{ mol L}^{-1}$$

b) A partir de la concentración molar y sabiendo el volumen de la disolución, que es 0,50 L, se obtienen los moles del soluto:

$$\frac{(0{,}069\text{ mol de soluto})}{(1\text{ L de disolución})}\cdot(0{,}50\text{ L de disolu.})=0{,}035\text{ mol de soluto}$$

Por último, a partir de los moles, y como la masa del soluto es de 12 g, se obtiene la masa molar:

$$n=\frac{m}{M}$$

$$M=\frac{m}{n}=\frac{12\text{ g}}{0{,}035\text{ mol}}=342\text{ g mol}^{-1}$$

c) El soluto tiene una masa molar de 342 g mol^{-1}. De las sustancias propuestas, la única que cumple esta condición es la sacarosa, $C_{12}H_{22}O_{11}$.

$$M=12\cdot 12{,}0+22\cdot 1{,}0+11\cdot 16{,}0=342\text{ g mol}^{-1}$$

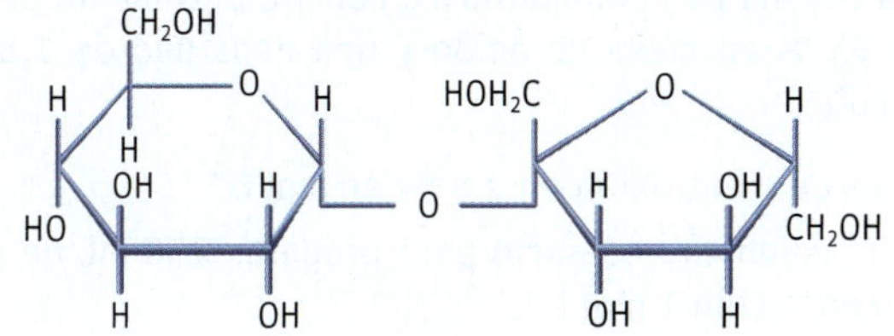

Sacarosa

ACTIVIDADES

Concentración de una disolución

13. El almíbar es una disolución concentrada de azúcar disuelta en agua. Al mezclar 60 g de azúcar en 240 g de agua:

a) ¿Cuál será el tanto por ciento en masa del almíbar?

b) ¿Qué cantidad de azúcar hay en un vaso que contiene 200 g de almíbar?

c) ¿Qué masa del almíbar contiene 25 g de azúcar?

Solución: a) 20 %; b) 40 g de azúcar; c) 125 g

14. El contenido de alcohol de una bebida se expresa en grados e indica el tanto por ciento en volumen de alcohol etílico. Las cervezas "sin alcohol", según la normativa, pueden contener alcohol por debajo de 1°. Determina:

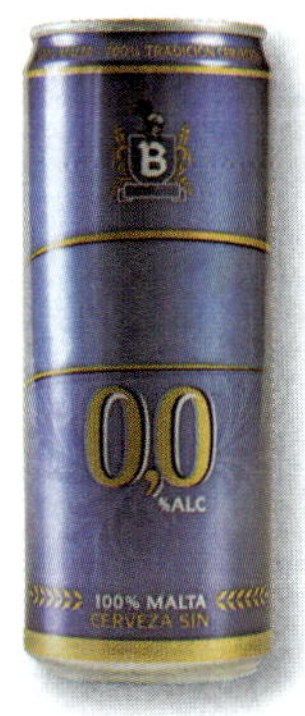

a) El volumen de alcohol que contiene 1 L de cerveza "sin alcohol" de 0,9°.

b) La masa de alcohol que contiene si la densidad del alcohol es 0,80 g mL^{-1}.

c) ¿Dónde hay más alcohol, en un 1 L de cerveza de 0,9° o en un vaso de 150 mL de cerveza de 6°?

Solución: a) 9 mL; b) 7,2 g

15. Para reponer líquidos, azúcar y sales minerales tras un día de senderismo de mucho calor, se prepara una bebida isotónica. Para ello se disuelven 500 mg de bicarbonato de sodio, $NaHCO_3$, 500 mg de cloruro de sodio, NaCl, y 50 g de glucosa, $C_6H_{12}O_6$, en 750 mL de agua. Calcula:

a) El porcentaje en masa de cada soluto.

b) La fracción molar de cada soluto.

c) La concentración de cloruro de sodio en g L^{-1}, si a la bebida anterior se le añade más agua hasta completar un litro de disolución.

Solución: a) $6{,}2 \cdot 10^{-2}$ % de $NaHCO_3$; $6{,}2 \cdot 10^{-2}$ % de NaCl; 6,2 % de $C_6H_{12}O_6$; b) $1{,}4 \cdot 10^{-4}$ de $NaHCO_3$; $2{,}0 \cdot 10^{-4}$ de NaCl; $6{,}7 \cdot 10^{-3}$ de $C_6H_{12}O_6$; c) 0,5 g L^{-1}

16. El alcohol desnaturalizado de farmacia tiene una concentración de 96° que equivale a 96 % en volumen. Contiene 1 g L^{-1} de cloruro de benzalconio, una sustancia que le da un sabor desagradable, con la finalidad de que no se utilice en la elaboración de bebidas alcohólicas. Calcula:

a) El volumen de alcohol puro y la masa de cloruro de benzalconio en una botella de 250 mL de etanol de 96°.

b) El % en volumen del alcohol si se añade agua a la botella de 250 mL hasta completar 1 L de disolución.

Solución: a) 240 mL etanol, 0,25 g; b) 24 %

17. Una botella de ácido sulfúrico comercial tiene un porcentaje del 95 % en masa de ácido y una densidad de 1,8 g mL^{-1}. Calcula:

a) La concentración en g L^{-1} y en mol L^{-1}.

b) El volumen necesario para preparar 250 mL de una concentración 1 mol L^{-1}.

c) Con los datos del enunciado, ¿podrías determinar la concentración molal de la disolución del ácido comercial?

Solución: a) 1710 g L^{-1} y 17,4 mol L^{-1}; b) 14,4 mL

18. Un laboratorio de control antidopaje ha encontrado en la orina de un deportista una sustancia prohibida: clembuterol, de fórmula $C_{12}H_{18}N_2Cl_2O$.

Este fármaco propicia un rápido desarrollo de la masa muscular y actúa como broncodilatador. La concentración detectada ha sido de 50 pg por mililitro de orina (1 pg = 10^{-12} g).

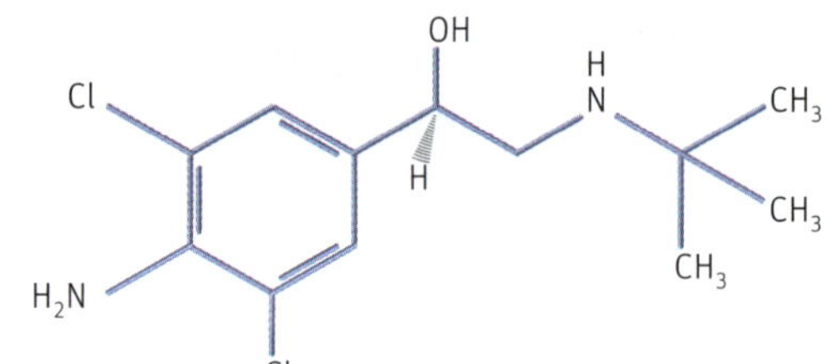

Clembuterol

a) Expresa la concentración en g L^{-1}.

b) Calcula la masa molar del clembuterol e indica su concentración molar en la orina.

Solución: a) $5 \cdot 10^{-8}$ g L^{-1}; b) 277 g mol^{-1}; $1{,}8 \cdot 10^{-10}$ mol L^{-1}

19. Indica cómo prepararías en el laboratorio 500 mL de una disolución 0,5 mol L^{-1} de ácido clorhídrico, HCl, a partir de una botella de HCl comercial del 36 % en masa y densidad 1,2 g mL^{-1}.

a) ¿Qué volumen del ácido clorhídrico concentrado hay que pipetear?

b) ¿Qué cantidad de agua hay que añadir al ácido comercial para obtener los 500 mL de ácido diluido?

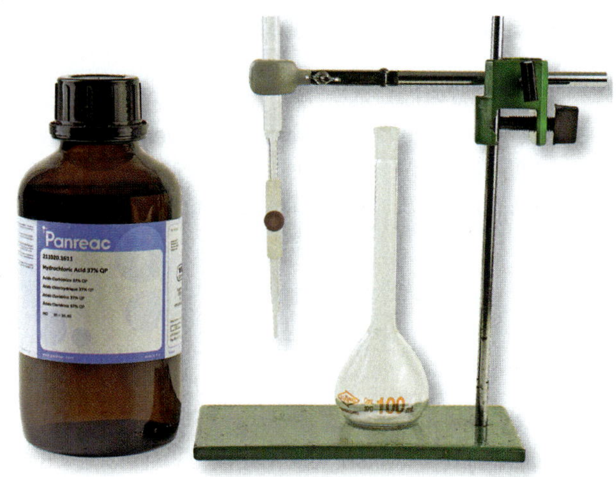

Solución: a) 21 mL de HCl; b) 479 mL de agua

20. Se dispone de una disolución de NaCl en agua con una concentración de 0,5 mol L^{-1}. ¿Cuál será la concentración, en g L^{-1} de la disolución que resulta de añadir 50 mL de agua a 1 L de la disolución anterior?

Solución: 27,9 g L^{-1}

21. En un matraz aforado de 100 mL se disuelven en agua 20,0 g de hidróxido de sodio, NaOH. La densidad de la disolución es de $1{,}10 \cdot 10^3$ kg m^{-3}.

a) Determina su concentración en g L^{-1} y en mol L^{-1}.

b) Calcula su concentración molal y la fracción molar del soluto.

Solución: a) $2{,}00 \cdot 10^2$ g L^{-1} y 5 mol L^{-1}; b) 5,6 mol kg^{-1} y 0,09

22. El ácido nítrico, HNO_3, es un reactivo muy común en el laboratorio y con múltiples aplicaciones. Por ejemplo, se utiliza para fabricar explosivos como la nitroglicerina y el trinitrotolueno (TNT) y fertilizantes (nitrato de amonio). Las botellas de 1 L de ácido nítrico, HNO_3, del laboratorio tienen un porcentaje del 96,0 % en masa y una densidad de 1,50 g mL^{-1}.

a) ¿Cuántos moles de HNO_3 contiene cada botella?

b) ¿Qué volumen del ácido concentrado contiene 1 mol de HNO_3?

c) ¿Qué volumen del ácido concentrado es necesario para preparar $2{,}00 \cdot 10^2$ mL de una disolución 1,50 mol L^{-1} de ácido nítrico?

Solución: a) 22,9 mol de HNO_3; b) 43,7 mL; c) 13,1 mL

23. El ácido clorhídrico es una disolución acuosa del gas HCl. Es el principal componente del jugo gástrico, con la función de favorecer la digestión de los alimentos. Suponiendo que se encuentra en un porcentaje del 3,00 % en masa y una densidad 1,03 g mL^{-1}:

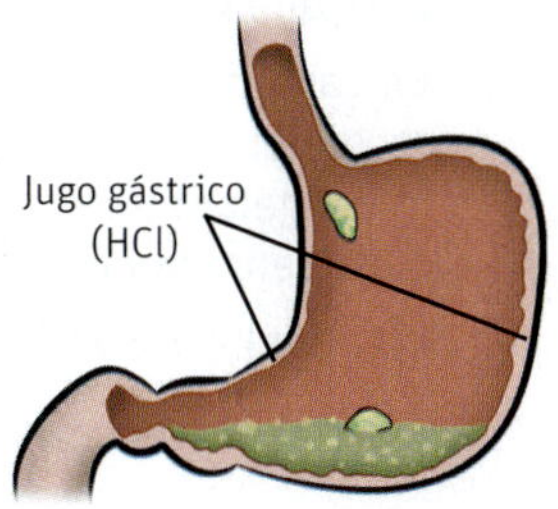

a) ¿Qué cantidad de HCl se forma en el estómago si se producen 3,00 L de jugo gástrico al día?

b) Calcula la concentración molar del jugo gástrico.

c) Se prepara una disolución disolviendo 5,00 mL de ácido concentrado del 36,0 % en masa y densidad 1,18 gmL^{-1} en agua hasta una masa final de 100,0 g. ¿Tendrá una concentración mayor o menor que la del jugo gástrico?

Solución: a) 92,7 g de HCl; b) 0,85 mol L^{-1}

24. Para elaborar un producto de limpieza que elimine manchas de cal y de óxido de hierro se necesita preparar 1,0 L de ácido clorhídrico 0,50 mol L^{-1}, comercialmente denominada Salfuman.

a) Calcula el número de moles contenidos en 1,0 L de la disolución.

b) Al añadir 0,50 L de una disolución 2,0 mol L^{-1} de HCl a la disolución anterior, ¿cuál será la nueva concentración molar?

c) Si se quiere preparar el producto de limpieza a partir de una disolución de HCl del 5,0 % en masa y de densidad 1,0 gmL^{-1} y otra disolución 0,10 mol L^{-1} de HCl, ¿qué volumen habrá que tomar de cada una?

Solución: a) 0,5 mol; b) 1,0 mol L^{-1}; c) $3{,}1 \cdot 10^2$ mL y $6{,}9 \cdot 10^2$ mL

25. En la industria alimentaria se utiliza el grado Brix (°Bx) como una medida de la concentración de azúcares en líquidos. Cada °Bx equivale a un 1 % en masa de sacarosa ($C_{12}H_{22}O_{11}$).

a) Si un mosto de uva tiene 16 °Bx, ¿cuál es su concentración equivalente de sacarosa en gramos de sacarosa por kilogramo de disolución?

b) Si mezclamos 100 g de esa disolución con 400 g de agua, ¿cuál será la molalidad de la nueva disolución?

Solución: a) 160 g kg^{-1}; b) 0,094 mol kg^{-1}

Solubilidad

26. La gran demanda de alimentos de origen vegetal hace necesaria la utilización de fertilizantes. El cloruro de potasio y el nitrato de potasio son dos fuentes de potasio, elemento fundamental para el crecimiento de las plantas. En la siguiente tabla se indica el efecto de la temperatura en la solubilidad de estas dos sales.

Sal	Solubilidad (g/100 mL agua)	
	20 °C	80 °C
Cloruro de potasio	33	50
Nitrato de potasio	33	168

a) ¿Cómo afecta la temperatura a la solubilidad de ambas sales?

b) ¿En qué sal se produce mayor variación de la solubilidad con la temperatura?

c) Se disuelve cloruro de potasio en 500 g de agua, a 80 °C, hasta saturación y posteriormente se deja enfriar hasta 20 °C, ¿qué cantidad de sal cristalizará?

d) Si la sal disuelta a saturación fuese nitrato de potasio, ¿cuánta sal cristalizaría al descender de 80 °C a 20 °C?

Solución: c) 85 g; d) 675 g

27. La gráfica muestra la solubilidad de un soluto X en un disolvente Y a diferentes temperaturas.

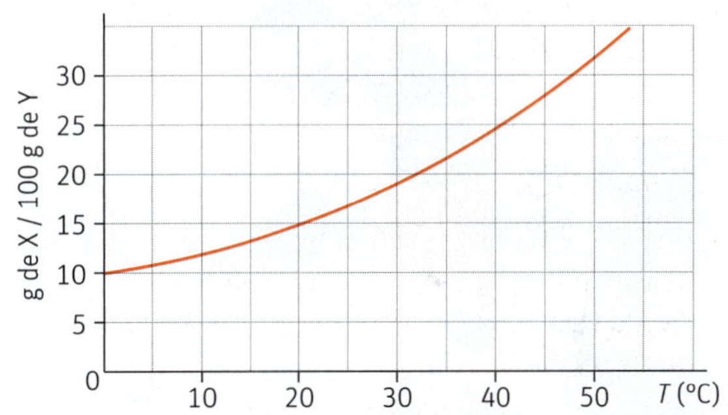

a) ¿Qué relación existe entre la solubilidad y la temperatura para dicha sustancia?

b) Indica la solubilidad del soluto a 20 °C y a 40 °C.

c) Si se mezclan 90 g de soluto X con 500 g de disolvente Y, a una temperatura de 30 °C, ¿se disolverá todo el soluto? ¿Y si se realiza a 0 °C?

d) ¿Qué sucederá si se disuelven 25 g de X en 100 g de Y a una temperatura de 40 °C y luego se deja enfriar hasta una temperatura de 0 °C?

Solución: b) 15 g de X/100 g de Y; 25 g de X/100 g de Y; d) cristalizan 15 g de X

28. Las bebidas carbónicas son disoluciones de CO_2 en líquido. Estas disoluciones siguen la ley de Henry, según la cual la concentración de un gas en un líquido es proporcional a la presión del gas sobre la disolución, $c = \lambda p$, donde λ es característico de cada pareja disolvente-soluto, y suele disminuir con la presión.

a) ¿Por qué al mirar al trasluz una botella de cerveza cerrada no se ven burbujas de gas? ¿Por qué se desprenden al destapar la botella?

b) ¿Por qué al agitar la botella se desprenden burbujas de manera violenta?

ACTIVIDADES

Propiedades coligativas

29. La urea, $CO(NH_2)_2$, es el principal producto del metabolismo de las proteínas. Si la presión de vapor del agua pura es 24 mm de Hg y la de una disolución acuosa de urea es 23 mm de Hg.

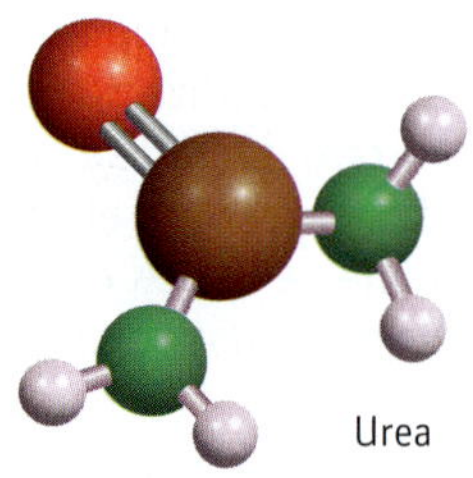

Urea

a) Calcula la fracción molar de la urea.

b) La orina humana contiene una media de 20,0 gramos por litro. Calcula la disminución de la presión de vapor de la orina suponiendo que está formada por urea y agua.

Solución: a) 0,04; b) Δp = 0,14 mm de Hg

30. Un litro de disolución contiene 1 mol de un soluto disuelto a 0 °C de temperatura.

a) Calcula la presión osmótica de la disolución.

b) ¿Qué volumen tendría que tener la disolución para que la presión osmótica fuese la mitad?

c) ¿Cuál será la presión osmótica a 27 °C?

Solución: a) 22,4 atm; b) 2 L; c) 24,6 atm

31. Cuando se pronostican fuertes nevadas, y con el fin de evitar la formación de hielo, se añade sal común en las calles y carreteras:

a) ¿Qué concentración molal de una disolución de cloruro de sodio disminuye el punto de congelación hasta −10 °C?

b) Si el soluto disuelto fuese cloruro de potasio, ¿cambiaría el punto de congelación si mantenemos la misma concentración? (Se supone que las disoluciones de los apartados a) y b) cumplen las leyes de Raoult)

K_c(agua) = 1,86 °C kg mol^{-1}

Solución: a) 5,4 mol kg^{-1}

32. Se añaden 5,00 · 10^2 g de una sustancia anticongelante de masa molar 62,0 g mol^{-1} a 2,00 · 10^3 g de agua.

a) Calcula el punto de congelación de la disolución.

b) ¿Se congelará el líquido de refrigeración del motor un día en que la temperatura sea de −5 °C? ¿Y si la temperatura es de −20 °C?

c) ¿Qué cantidad habría que añadir para que no se congelase a −20 °C?

d) Calcula el punto de ebullición de la disolución.

K_c(agua) = 1,86 °C kg mol^{-1} y K_e(agua) = 0,52 °C kg mol^{-1}

Solución: a) −7,5 °C; c) 1,34 · 10^3 g; d) 102,1 °C

33. Una disolución acuosa contiene 1,20 g de un polímero y 140 g de agua. La densidad de la disolución a 18 °C es de 1,02 g mL^{-1} y la presión osmótica es de 4,20 · 10^{-3} atm. Calcula:

a) El volumen de la disolución.

b) La concentración molar de la disolución.

c) La masa molar del polímero.

Solución: a) 138 mL; b) 1,76 · 10^{-4} mol L^{-1}; c) 4,94 · 10^4 g mol^{-1}

34. Los motores de explosión pueden utilizar como refrigerante agua. Cuando el tiempo es muy frío el agua puede congelarse, por ello se añade al agua algún anticongelante, concretamente el etanodiol o etilenglicol ($C_2H_6O_2$). Suponiendo un comportamiento ideal:

a) ¿Cuánto etilenglicol hay que añadir a 1 L de agua destilada para que la mezcla congele a −15 °C?

b) En caso de una bajada brusca de temperatura hay quien recomienda sustituir el agua por vino. ¿A qué temperatura congelará un vino que contiene 115 g dm^{-3} de alcohol y cuya densidad es 0,982 kg dm^{-3}?

K_c(agua) = 1,86 °C mol^{-1} kg^{-1}

Solución: a) 500 g; b) −5,36 °C

smSaviadigital.com

35. En esta dirección se muestra un vaso de precipitados con dos selectores a la izquierda con los que se pueden modificar las cantidades de soluto y de disolución que contiene el vaso. A la derecha se indica el valor de la concentración de la disolución.

a) Abre la ventana superior de soluto para seleccionar el permanganato de potasio. Selecciona *Mostrar los valores*. Mueve el cursor de volumen de disolución hasta 1 L. Mueve el cursor de cantidad de soluto, de 0,1 mol en 0,1 mol, hasta llegar a 1 mol de soluto. ¿Cómo varía la concentración? Razona tu respuesta

b) Selecciona 0,5 mol de permanganato de potasio y 1 L de disolución. ¿Por qué la concentración molar no aumenta si aumentas los moles de la sal?, ¿cuál es su solubilidad?

36. Entra en esta dirección y sigue estos pasos:

a) Selecciona el soluto nitrato de cobalto (II). Vacía el recipiente de agua. Pulsando en el cuentagotas, añade 200 mL del soluto en la disolución. Introduce el sensor e indica los moles de soluto añadidos.

b) Vierte agua, de 100 mL en 100 mL, hasta llegar a un litro de disolución. Indica y explica cómo se modifica la molaridad que mide el sensor. Calcula los moles finales de soluto.

c) ¿Cómo puedes modificar la concentración de la disolución sin añadir más soluto? Comprueba tu respuesta en el simulador.

RESUELVE

smSaviadigital.com VALORA LO APRENDIDO > Realiza estas actividades de autoevaluación para comprobar los conocimientos adquiridos.

LA QUÍMICA Y... LOS DEPORTISTAS

Las bebidas deportivas contienen, como ingredientes comunes, agua, hidratos de carbono y sales minerales. Es la concentración de estas sales la que permiten su clasificación.

Las bebidas para deportistas se clasifican en:

- Bebidas hipotónicas: contienen una concentración de sales minerales inferior a la del plasma sanguíneo. Por ejemplo, el agua.
- Bebidas isotónicas: contienen una concentración de sales minerales semejante a la del plasma. Ayuda a reponer líquidos y sales eliminados por el sudor durante esfuerzos prolongados.
- Bebidas hipertónicas: contienen una concentración de solutos superior a la del plasma. Recomendadas en esfuerzos prolongados a baja temperatura, donde apenas se suda pero se consumen glúcidos.

Al practicar un deporte intenso, o cuando la temperatura ambiente es elevada, se produce una elevación de la temperatura corporal. Para contrarrestar este aumento de temperatura, el organismo produce la sudoración, que refrigera el cuerpo, pero supone una pérdida de agua y de sales minerales. La pérdida de sales ocasiona una disminución del rendimiento físico y recuperaciones más lentas. Las bebidas isotónicas contienen azúcares y sales minerales, de sodio y de potasio para recuperar dichas pérdidas, a la misma presión osmótica que los líquidos de nuestro organismo. Estas bebidas pasan rápidamente al intestino a través del estómago y, posteriormente, al torrente sanguíneo, lo que favorece la rápida asimilación de sus constituyentes.

La actividad deportiva intensa también puede originar un descenso brusco en los niveles de glucosa en sangre (hipoglucemia), fenómeno conocido popularmente con el nombre de *pájara, que* ocasiona mareos y pérdida de *fuerzas.*

Para evitarla es recomendable tomar bebidas que además de sales contengan glúcidos (glucosa, sacarosa) en disolución.

No hay que confundir este tipo de bebidas con las bebidas energéticas, que incluyen elevadas dosis de cafeína, un alcaloide que elimina la sensación de fatiga. Esta sustancia es un estimulante del sistema nervioso central que puede causar daños a la salud y crear dependencia física.

1. ¿Qué es una bebida isotónica y en qué casos es recomendable su consumo?
2. Indica qué le sucede a las células del organismo si se le inyecta una disolución de mayor concentración que la del interior de las células. ¿Y qué ocurriría si la disolución tiene menor concentración que la celular?

Autoevaluación

1. ¿Qué sustancia añadirías al parabrisas de un coche para quitar el hielo que impide la visibilidad al conducir?
   a) Agua
   b) Sal común (cloruro de sodio)
   c) Alcohol etílico (etanol)
   d) Arena
2. ¿Para qué se añade líquido anticongelante al circuito de refrigeración de un motor?
   a) Para evitar que se congele la gasolina.
   b) Para aumentar la presión de vapor del agua.
   c) Para disminuir el punto de congelación del agua.
   d) Para disminuir el punto de ebullición del agua.
3. La solubilidad a 20 °C del azúcar es de 1300 g/1 L de agua. ¿Qué sucederá al mezclar 2 kg de azúcar con 1 L de agua?
   a) Se disuelven solo 1300 g de azúcar.
   b) Se disuelve todo el azúcar.
   c) Quedan sin disolver 700 g de azúcar.
   d) Quedan sin disolver 300 g de azúcar.
4. Una botella de 0,5 L de capacidad, que contiene una disolución de NaOH de concentración 3 mol L^{-1}, ¿cuánto contiene de NaOH?
   a) 3 mol
   b) 1,5 g
   c) $9 \cdot 10^{24}$ moléculas
   d) 1,5 mol
5. ¿En qué volumen de una disolución 1 mol L^{-1} de ácido clorhídrico hay los mismos moles de soluto que en 2 L de una disolución 0,5 mol L^{-1} de HCl?
   a) 500 mL
   b) 0,5 L
   c) 1 L
   d) 100 mL
6. Una disolución acuosa del 5 % en masa contiene:
   a) 5 g de soluto por cada 100 g de agua
   b) 5 g de soluto por cada 50 g de disolución
   c) 5 g de soluto por cada 95 g de disolución
   d) 5 g de soluto por cada 95 g de agua

3 Las reacciones químicas

Desde el descubrimiento del fuego por el hombre primitivo hasta los modernos fuegos artificiales que culminan celebraciones y espectáculos en todo el mundo, han pasado miles de años. Sin embargo, los principios químicos siguen siendo los mismos. Los artefactos pirotécnicos basan sus espectaculares efectos de luz, color y sonido en reacciones químicas de combustión, en las que participan sustancias como carbono, azufre, clorato de potasio, metales pulverizados, etc.

Recuerda y reflexiona

Cambios físicos y químicos

1. En la naturaleza las sustancias pueden experimentar dos tipos de cambios: físicos y químicos. ¿Conoces la diferencia entre ambos? ¿Recuerdas algunos ejemplos?

En los cambios físicos, las sustancias no modifican su composición como, por ejemplo, la congelación del agua, la disolución de azúcar en leche, etc. En cambio, en los cambios químicos las sustancias sí se modifican como, por ejemplo, una hoja de papel ardiendo.

2. En las siguientes imágenes se muestran un trozo de hierro calentado al rojo vivo y unos clavos de hierro oxidados. ¿Qué tipo de cambio experimenta el hierro en cada situación?

En la primera imagen el hierro experimenta un cambio físico porque no se generan sustancias nuevas. En la segunda, el hierro sufre un cambio químico ya que se forman sustancias nuevas, como la herrumbre de óxido que recubre los clavos oxidados.

Ecuaciones químicas y ajuste de ecuaciones

3. En el siguiente esquema se representa la formación de dos moléculas de agua, a partir de sus componentes.

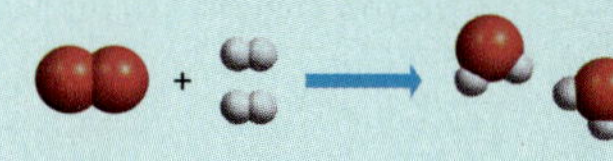

a) ¿En una reacción química hay el mismo número de átomos de cada clase en los reactivos y en los productos?

b) Escribe la ecuación química para la formación del agua.

c) Si disponemos de tres moléculas de O_2 y cuatro de H_2, ¿cuántas moléculas de agua se pueden formar?

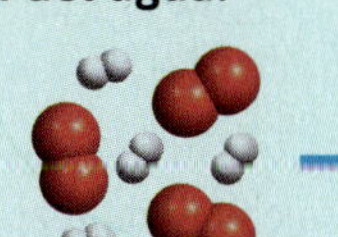

a) Hay el mismo número de átomos porque estos no aparecen ni desaparecen, solo se reagrupan de otra forma cumpliéndose la ley de Lavoisier.

b) $2\ H_2 + O_2 \rightarrow 2\ H_2O$

c) Con tres moléculas de O_2 y cuatro de H_2 se podrán formar cuatro moléculas de H_2O, y quedará una de O_2 sin reaccionar.

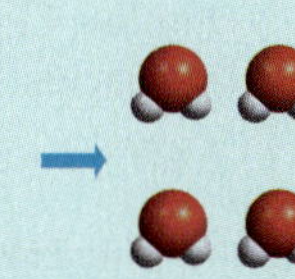

Reacciones químicas importantes

4. Una de las sustancias que se emplean en los fuegos artificiales es el magnesio, que al reaccionar con oxígeno produce una luz blanca intensa liberando mucha energía.

a) ¿Qué tipo de reacción es? ¿Qué otras reacciones químicas pertenecen a este tipo?

b) ¿La reacción es exotérmica o endotérmica? ¿Por qué?

a) Es una reacción de combustión porque interviene el oxígeno como reactivo. Otros ejemplos son la combustión del gas metano que se emplean en las calderas de calefacción, la madera ardiendo, etc.

b) La reacción es exotérmica porque desprende mucha energía calorífica.

1 Reacciones y ecuaciones químicas

Todo lo que nos rodea está en cambio permanente: la Tierra cambia continuamente de posición, en el interior de las estrellas se originan nuevos elementos químicos, nuestras células se renuevan totalmente de forma periódica, etc.

Dependiendo del cambio que experimente la materia, se dice que se trata de una transformación física o de una transformación química, llamada también **reacción química.** Por ejemplo, al frotar la cabeza de la cerilla sobre el raspador de una caja de cerillas tiene lugar un **proceso físico.** El rozamiento entre ambas superficies origina un aumento de la temperatura del fósforo contenido en el raspador. En este caso no se generan sustancias nuevas.

OBSERVA

Después de frotar la cabeza de la cerilla y calentarse por el rozamiento (**proceso físico**) hasta llegar a 260 °C arde el fósforo y tiene lugar el primer **proceso químico**. Este proceso desprende calor y lo transmite a la cabeza de la cerilla, que contiene otro combustible, el sulfuro de antimonio, y se prende la cerilla. Se forman sustancias nuevas como el óxido de fósforo (P_2O_5).

La naturaleza ofrece continuamente ejemplos de transformaciones químicas. Así sucede en la formación de minerales y rocas en el interior de la Tierra, en la fotosíntesis de las plantas, que sintetizan moléculas de glúcidos y liberan el oxígeno que respiramos, o en las reacciones metabólicas de nuestro organismo, que nos permiten crecer y vivir.

Las **reacciones químicas** son transformaciones en las que una o más sustancias (reactivos) cambian para formar una o más sustancias nuevas con distinta naturaleza (productos).

Así, por ejemplo, al quemarse el fósforo de la caja de cerillas en presencia del oxígeno del aire se produce la siguiente reacción:

$$\text{fósforo} + \text{oxígeno} \rightarrow \text{óxido de fósforo}$$

En esta reacción se obtiene un compuesto nuevo, el óxido de fósforo(V). Para representar y describir las reacciones químicas se utilizan **ecuaciones químicas**.

Una **ecuación química** es una igualdad, donde en el primer término se representan las fórmulas de las sustancias que reaccionan, o **reactivos**, y en el segundo término, las sustancias nuevas que se originan, o **productos**.

Reactivos → Productos

$$A + B \rightarrow C + D$$

Una ecuación se lee de la siguiente forma: la sustancia A reacciona (+) con la sustancia B y produce (→) la sustancia C y (+) la sustancia D. Así, por ejemplo, la ecuación química de la reacción anterior será:

$$P_4(s) + O_2(g) \rightarrow P_2O_5(s)$$

A la derecha de cada fórmula se puede indicar el estado físico de las sustancias: (s) si es sólido, (l) si es líquido, (g) si es gas, (v) si es vapor o (aq) si está en disolución acuosa.

En la ecuación anterior aparecen los mismos tipos de átomos que constituyen los compuestos antes y después de la reacción. Sin embargo, no hay el mismo número de átomos de cada clase a ambos lados de la ecuación.

Te interesa saber

Otro ejemplo de reacción es la fase luminosa de la fotosíntesis: el agua se combina con dióxido de carbono para originar glucosa y oxígeno, en presencia de la luz solar y de la clorofila. El proceso se representa mediante la ecuación:

$$6\,CO_2(g) + 6\,H_2O(l) \rightarrow C_6H_{12}O_6(s) + 6\,O_2(g)$$

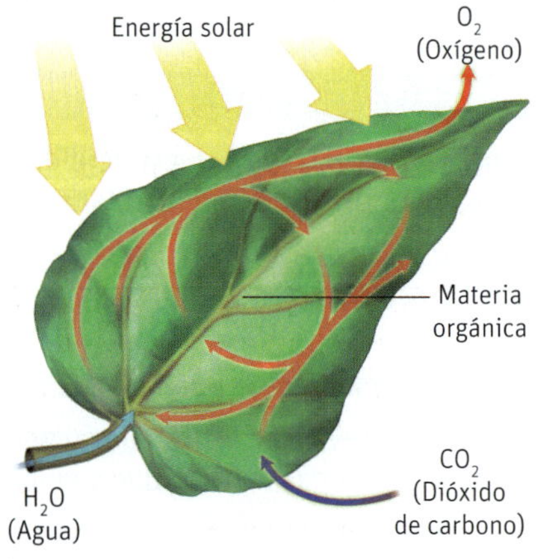

1.1. Ajuste de ecuaciones químicas

Para que una ecuación química esté ajustada se tiene que cumplir la ley de conservación de la masa de Lavoisier. Para ello, tiene que haber el mismo número de átomos de cada tipo a ambos lados de la igualdad. Esto se consigue añadiendo a la izquierda de cada fórmula de la ecuación un número llamado **coeficiente estequiométrico**. Una vez conseguida esta igualdad se dice que la ecuación está ajustada.

Para ajustar una ecuación se siguen los siguientes pasos:

Procedimiento para el ajuste de una ecuación química

Pasos	$CO_2(g) + H_2O(l) \rightarrow C_6H_{12}O_6(s) + O_2(g)$
1. Se ajustan primero los átomos que no sean ni el H ni el O.	Empezando por el carbono, hay 1 átomo en los reactivos y 6 en los productos, por lo que colocamos un 6 delante del CO_2: $6\,CO_2(g) + H_2O(l) \rightarrow C_6H_{12}O_6(s) + O_2(g)$
2. Se ajusta el resto de los átomos.	Se sigue por el H. Hay 2 átomos en los reactivos y 12 en los productos, por lo que colocamos un 6 delante de H_2O: $6\,CO_2(g) + 6\,H_2O(l) \rightarrow C_6H_{12}O_6(s) + O_2(g)$ Se termina con el oxígeno. Como hay 18 átomos en los reactivos y 6 en la glucosa de los productos, si se coloca un 6 delante de O_2 conseguimos igualar la ecuación. $6\,CO_2(g) + 6\,H_2O(l) \rightarrow C_6H_{12}O_6(s) + 6\,O_2(g)$
3. Comprobamos que la ecuación esté ajustada.	Hay 6 átomos de C, 12 de H y 12 de O a cada lado de la ecuación. La ecuación está completa. Puede ocurrir que al colocar un coeficiente se desajusten los demás; entonces, habría que volver a ajustarlos.

1.2. Interpretación de las ecuaciones químicas

Las ecuaciones químicas proporcionan una información cualitativa, indicando los reactivos y productos, y su estado físico. Pero, además, si la ecuación está bien ajustada, los coeficientes estequiométricos proporcionan información cuantitativa:

Ecuación	$6\,CO_2(g)$ +	$6\,H_2O(l)$ →	$C_6H_{12}O_6(s)$ +	$6\,O_2$
	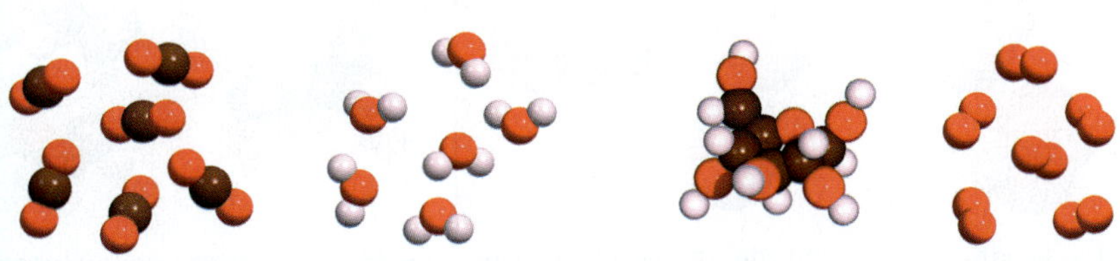			
Proporción de moléculas	6 moléculas	6 moléculas	1 molécula	6 moléculas
Proporción del número de moléculas	$6 \cdot 6{,}02 \cdot 10^{23}$ moléculas	$6 \cdot 6{,}02 \cdot 10^{23}$ moléculas	$1 \cdot 6{,}02 \cdot 10^{23}$ moléculas	$6 \cdot 6{,}02 \cdot 10^{23}$ moléculas
Cantidad de materia	6 mol de CO_2	6 mol de H_2O	1 mol de $C_6H_{12}O_6$	6 mol de O_2
Masa molar	264 g +	108 g →	180 g +	192 g

Como se observa, se verifica la ley de la conservación de la masa de Lavoisier:

$$\text{Masa reactivos} = 264\text{ g} + 108\text{ g} = 372\text{ g}$$

$$\text{Masa productos} = 180\text{ g} + 192\text{ g} = 372\text{ g}$$

smSaviadigital.com PRACTICA

Esta animación te ayudará a comprender el significado de ajustar una ecuación química.

ACTIVIDADES

1. Ajusta las siguientes ecuaciones químicas:

a) $Na + Cl_2 \rightarrow NaCl$

b) $H_2CO_3 + Na \rightarrow Na_2CO_3 + H_2$

c) $Ca(OH)_2 + HCl \rightarrow CaCl_2 + H_2O$

d) $C_5H_6 + O_2 \rightarrow CO_2 + H_2O$

e) $S_2Fe + O_2 \rightarrow Fe_2O_3 + SO_2$

f) $(NH_4)_2Cr_2O_7 \rightarrow Cr_2O_3 + N_2 + H_2O$

g) $CH_3OH + O_2 \rightarrow CO_2 + H_2O$

h) $MnO_2 + HCl \rightarrow MnCl_2 + Cl_2 + H_2O$

2. En la reacción de formación del vapor de agua:

$$2\,H_2(g) + O_2(g) \rightarrow 2\,H_2O(g)$$

a) ¿Cuántos moles de O_2 reaccionan para formar 6 mol de H_2O?

b) ¿Cuántas moléculas de O_2 reaccionan con $1{,}2 \cdot 10^{24}$ moléculas de H_2?

Solución: a) 3 mol; b) $6{,}0 \cdot 10^{23}$ moléculas

2 Tipos de reacciones químicas

Las reacciones químicas se pueden clasificar según diversos criterios, como los energéticos (exotérmicas y endotérmicas), los cinéticos (lentas y rápidas) o transferencia de partículas (reacciones ácido-base). Otro criterio atiende a la forma en que se reagrupan los átomos durante la transformación.

2.1. Reacciones de síntesis

A + B —Se combinan→ AB

Las **reacciones de síntesis** son reacciones de combinación entre dos o más sustancias sencillas (A y B) que se unen para formar un producto más complejo (AB).

Síntesis del amoniaco

$N_2(g) + 3\ H_2(g) \rightarrow 2\ NH_3(g)$

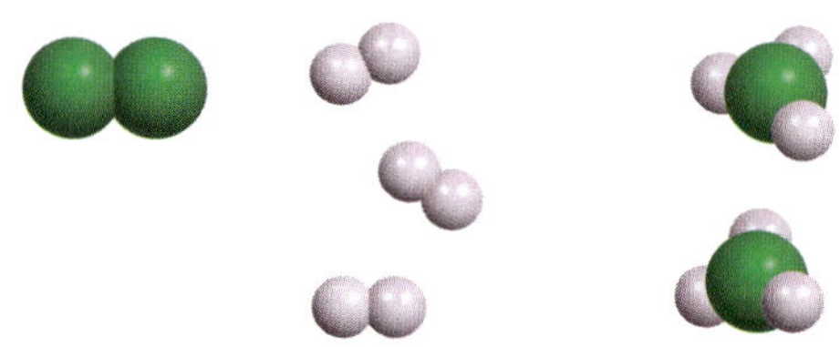

El amoniaco, NH_3, se obtiene por el método denominado **síntesis de Haber-Bosch**, que consiste en la reacción directa entre el N_2 y el H_2 gaseosos.

La obtención del NH_3 tiene gran interés industrial, tanto por sus aplicaciones directas como por ser materia prima básica en la fabricación de muchos productos: abonos, ácido nítrico, productos de limpieza, etc.

Síntesis del cloruro de sodio

$2\ Na(s) + Cl_2(g) \rightarrow 2\ NaCl(s)$

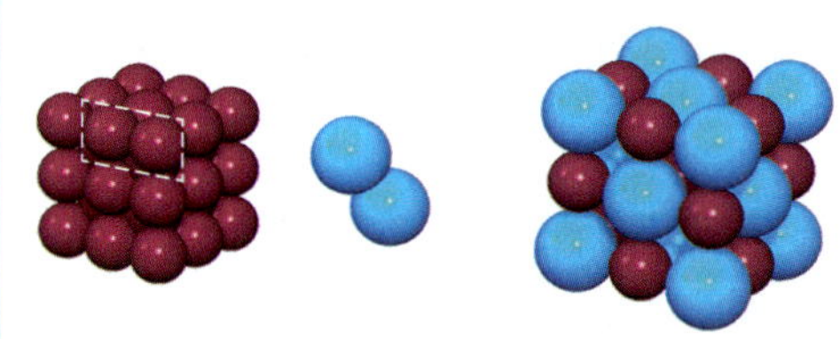

La sal común (NaCl) se obtiene normalmente por evaporación del agua del mar, pero también se puede conseguir en el laboratorio a partir de dos elementos muy peligrosos: el metal sodio (muy reactivo) y el gas cloro (muy tóxico).

La sal común es muy útil en la alimentación humana y en la conservación de alimentos, en la industria química, etc.

2.2. Reacciones de descomposición

AB —Se descompone→ A + B

Las **reacciones de descomposición** son inversas a las de síntesis. En este caso un compuesto (AB) se descompone en sustancias más sencillas (A y B).

Descomposición del agua oxigenada

$2\ H_2O_2(aq) \rightarrow 2\ H_2O(g) + O_2(g)$

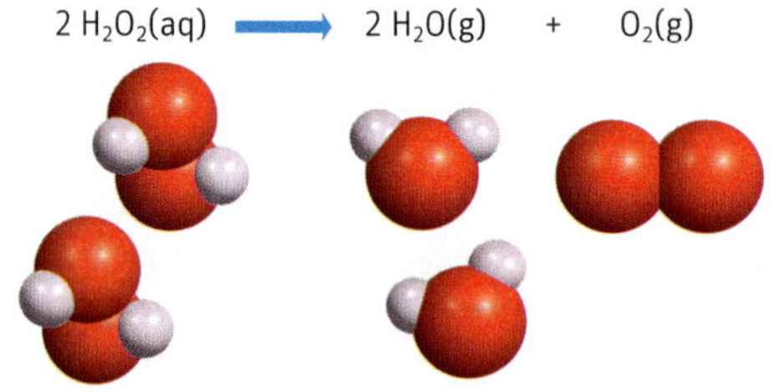

En la descomposición del agua oxigenada (H_2O_2) se produce agua y oxígeno. Es bastante inestable y libera gran cantidad de calor. En presencia de materia orgánica puede causar combustión espontánea.

El agua oxigenada se utiliza como agente antimicrobiano en los hogares y hospitales debido al oxígeno que destruye las bacterias.

Descomposición de la glucosa

$C_6H_{12}O_6(s) \rightarrow 2\ C_2H_5OH(s) + 2\ CO_2(g)$

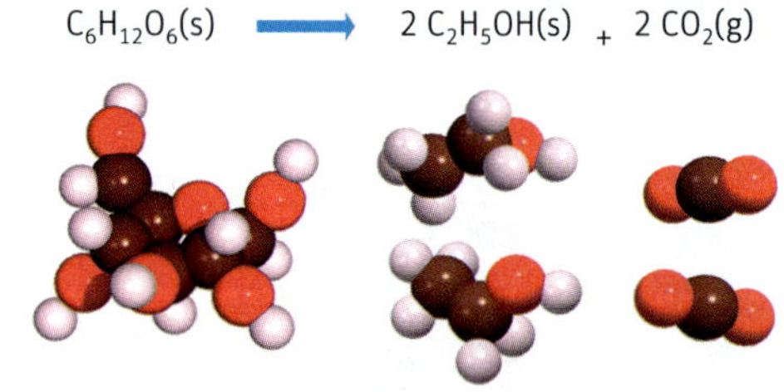

La descomposición de la glucosa genera alcohol etílico (C_2H_5OH) y desprende dióxido de carbono (CO_2). Para que se produzca el proceso son precisos ambientes pobres de oxígeno y la presencia de catalizadores.

Esta reacción, llamada fermentación alcohólica, es exotérmica y explica la presencia de alcohol en el vino a partir de azúcares como la uva.

Las reacciones de síntesis y descomposición se utilizan muy poco en el laboratorio porque generalmente requieren condiciones de presión y temperatura elevadas, junto a catalizadores (aceleradores de reacción) adecuados. En cambio, son muy utilizadas en la industria química para obtener importantes productos de gran interés técnico.

Te interesa saber

El funcionamiento del **airbag** de los automóviles está basado en la reacción de descomposición de una sustancia llamada azida de sodio (NaN_3) para desprender gas nitrógeno (N_2) que infla el dispositivo, según la reacción:

$$2\ NaN_3(s) \rightarrow 2\ Na(s) + 3\ N_2(g)$$

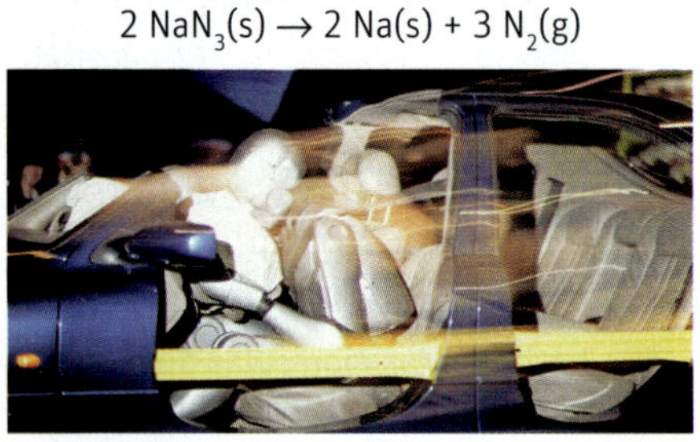

1 mol de NaN_3 (65 g) origina 33,6 L de N_2 a 0 °C y 1 atm de presión.

2.3. Reacciones de sustitución

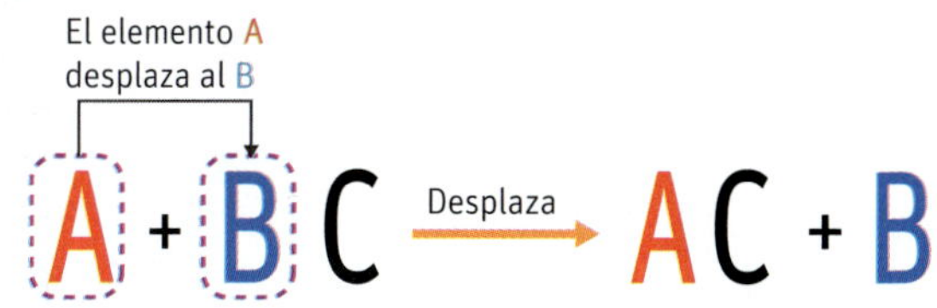

> En las **reacciones de sustitución,** un elemento o grupo de elementos que forman parte de un compuesto se sustituye por otro.

El elemento B sale desplazado del compuesto BC donde ha sido sustituido por el elemento A.

Obtención del gas hidrógeno

$Mg(s) + 2\,HCl(aq) \longrightarrow MgCl_2(aq) + H_2(g)$

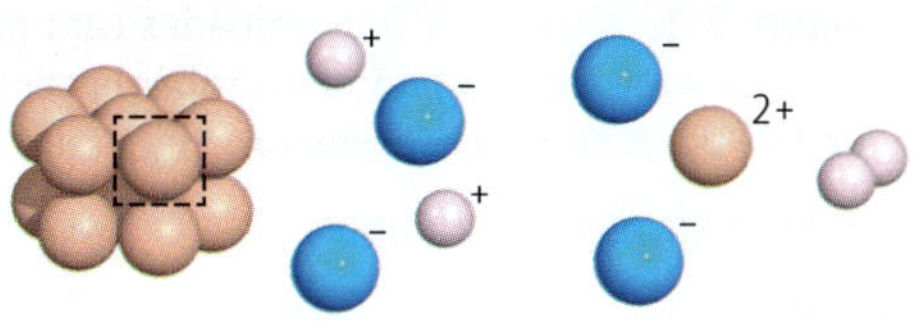

La obtención del gas hidrógeno se genera al ser desplazado del HCl por el magnesio.

El hidrógeno, que es un combustible no contaminante, al ser menos denso que el aire se utilizó en los primeros globos aerostáticos.

Obtención del cobre

$Fe(s) + CuSO_4(aq) \longrightarrow Cu(s) + FeSO_4(aq)$

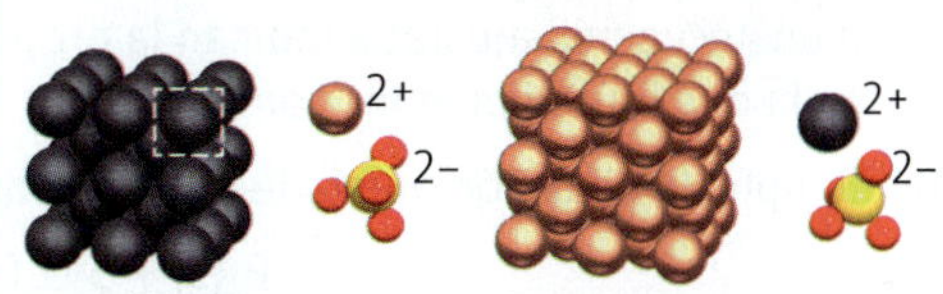

El hierro desplaza al cobre presente en el sulfato de cobre ($CuSO_4$) liberando al cobre.

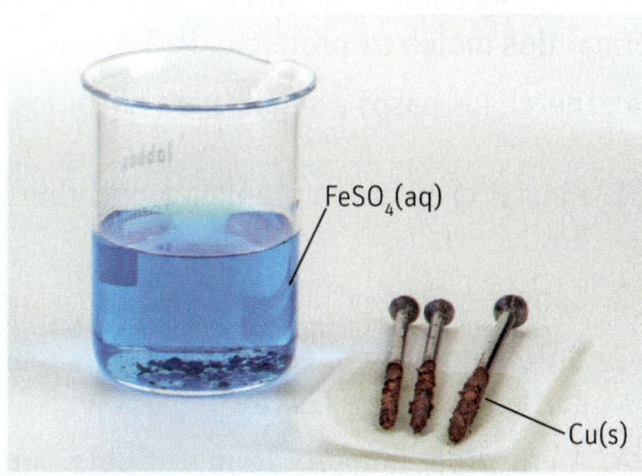

Al introducir un clavo de hierro en una disolución de $CuSO_4$ aparece un depósito de cobre en el clavo y la disolución sufre una decoloración.

Ten en cuenta

Cuando el producto de una reacción es un gas que se desprende se escribe en la ecuación química una flecha hacia arriba (↑) para indicar que el compuesto se desprende.

2.4. Reacciones de doble sustitución

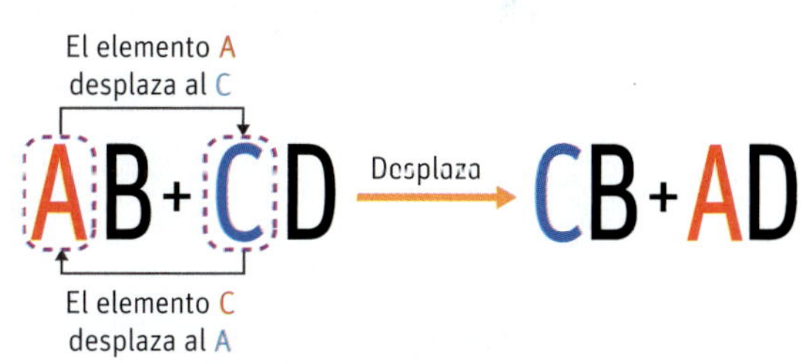

> En las **reacciones de doble sustitución se** produce un intercambio entre los elementos de las sustancias que intervienen en la reacción.

Si los compuestos son iónicos, y están en disolución acuosa, AB y CD intercambian sus iones entre sí formando CB y AD.

EXPERIMENTA

Si se añade una disolución de ácido clorhídrico (HCl) a una piedra caliza como el carbonato de calcio ($CaCO_3$) se produce la **efervescencia del dióxido de carbono, CO_2.**

En esta reacción se produce una doble sustitución entre los reactivos y se libera CO_2 y H_2O:

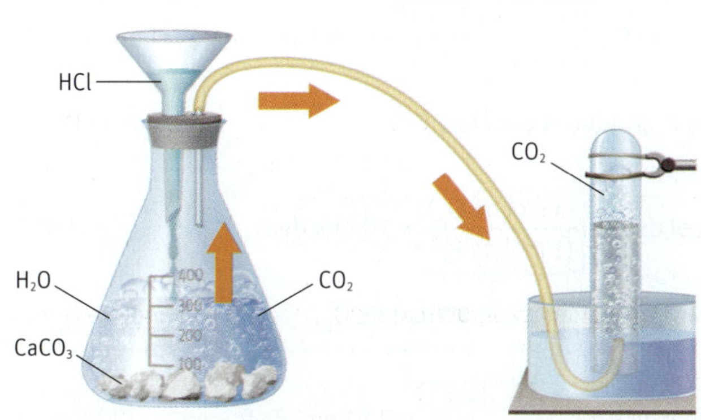

$$2\,HCl(aq) + CaCO_3(s) \rightarrow CaCl_2(aq) + CO_2(g) + H_2O(l)$$

Los geólogos utilizan esta reacción para distinguir las calizas de las dolomías y otros tipos de rocas observando si se produce efervescencia de CO_2.

ACTIVIDADES

3. Ajusta y clasifica, según la reagrupación de átomos, las siguientes ecuaciones químicas:
   - a) $AgNO_3 + Cu \rightarrow Cu(NO_3)_2 + Ag$
   - b) $CaCO_3 \rightarrow CaO + CO_2$
   - c) $Al + O_2 \rightarrow Al_2O_3$
   - d) $Fe + CuSO_4 \rightarrow FeSO_4 + Cu$
   - e) $HCl + NaOH \rightarrow NaCl + H_2O$
   - f) $HgO \rightarrow Hg + O_2$
   - g) $KClO_3 \rightarrow KCl + O_2$

3 Cálculos estequiométricos

Tanto en el laboratorio como en la industria química, con frecuencia es necesario conocer con exactitud la cantidad de producto que se obtiene a partir de cantidades específicas de reactivos (Fig. 3.1).

Para ello, hay que conocer la proporción exacta en la que intervienen todas las sustancias. Esta información la suministra la ecuación química ajustada. Los cálculos necesarios para obtener dichas cantidades se denominan **cálculos estequiométricos**. Los coeficientes estequiométricos en una ecuación ajustada indican la proporción en la que intervienen los compuestos.

Figura 3.1. A partir de determinadas cantidades de materia prima podremos saber la cantidad de productos que se genera.

Por ejemplo, la ecuación ajustada de la combustión del fósforo con oxígeno:

$$P_4(s) + 5\ O_2(g) \rightarrow 2\ P_2O_5(s)$$

$$1\ \text{mol} + 5\ \text{mol} \rightarrow 2\ \text{mol}$$

Se interpreta como: "Un **mol** de fósforo, P_4, se combina con **cinco moles** de oxígeno, O_2, para formar **dos moles** de producto, P_2O_5".

En general, los pasos a seguir para hacer los cálculos son:

1. Ajustar la ecuación química a partir de las fórmulas correctas de todos los reactivos y productos.
2. Convertir las cantidades conocidas (datos) a moles.
3. Utilizar los coeficientes estequiométricos para calcular el número de moles de las sustancias buscadas (incógnitas).
4. A partir del número de moles obtenido, y de las masas molares, convertirlos en las unidades requeridas (gramos, litros, etc.).

El sistema más eficaz para realizar los cálculos estequiométricos es utilizar los **factores de conversión**: fracciones que indican la relación entre las cantidades de los reactivos o productos que intervienen en una reacción.

Por ejemplo, para la reacción de combustión del fósforo en presencia de oxígeno:

$$P_4(s) + 5\ O_2(g) \rightarrow 2\ P_2O_5(s)$$

Se pueden establecer los siguientes factores de conversión:

Ejemplo	Factor de conversión	
Para determinar los moles de P_2O_5 a partir de *x* moles de los reactivos.	$(3\ \text{mol de } P_4)\cdot\frac{(2\ \text{mol de } P_2O_5)}{(1\ \text{mol de } P_4)} = 6\ \text{mol de } P_2O_5$ **3 mol de P_4 producen 6 mol de P_2O_5.**	$(3\ \text{mol de } O_2)\cdot\frac{(2\ \text{mol de } P_2O_5)}{(5\ \text{mol de } O_2)} = 1{,}2\ \text{mol de } P_2O_5$ **3 mol de O_2 producen 1,2 mol de P_2O_5.**
Para determinar los moles que reaccionan de un reactivo con *x* moles del otro reactivo.	$(2\ \text{mol de } P_4)\cdot\frac{(5\ \text{mol de } O_2)}{(1\ \text{mol de } P_4)} = 10\ \text{mol de } O_2$ **2 mol de P_4 reaccionan con 10 mol de O_2.**	$(3\ \text{mol de } O_2)\cdot\frac{(1\ \text{mol de } P_4)}{(5\ \text{mol de } O_2)} = 0{,}6\ \text{mol de } P_4$ **3 mol de O_2 reaccionan con 0,6 mol de P_4.**
Para determinar el número de moles de un compuesto a partir de una cierta masa *x* o incluso de un volumen.	$(324\ \text{g de } P_4)\cdot\frac{(1\ \text{mol de } P_4)}{(124\ \text{g de } P_4)} = 2{,}61\ \text{mol de } P_4$ **A partir de la masa molar del P_4 (124 g), 324 g de P_4 son 2,61 mol.**	$(30\ \text{L de } O_2)\cdot\frac{(1\ \text{mol de } O_2)}{(22{,}4\ \text{L de } O_2)} = 1{,}34\ \text{mol de O}$ **30 L de O_2 a 1 atm de presión y 0 °C de temperatura son 1,34 mol.**

3.1. Cálculos con masas

Un caso sencillo de cálculos estequiométricos es aquel en que todas las cantidades, de las sustancias implicadas en la reacción, se expresan en unidades de masa.

- Para **calcular la cantidad de masa** de una sustancia B a partir de una determinada masa de una sustancia A es de utilidad el siguiente esquema:

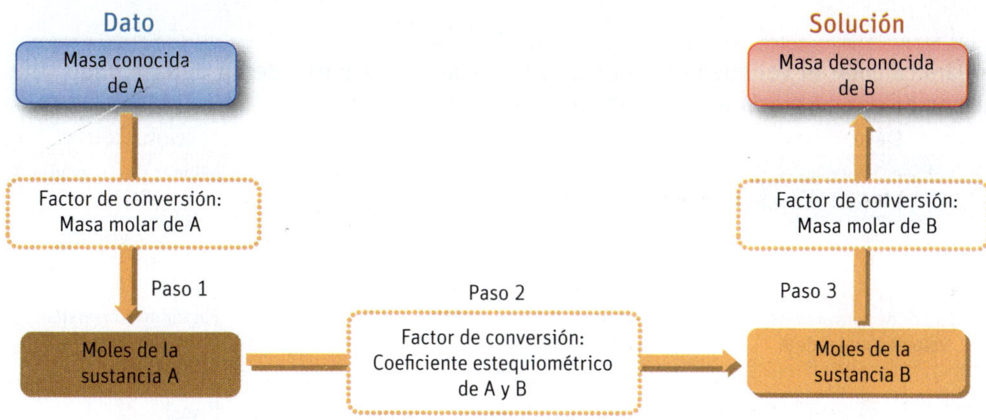

EJERCICIOS RESUELTOS

1 **El sodio es un metal alcalino que reacciona muy activamente con el agua para producir hidrógeno gaseoso y el hidróxido del metal.**

a) **¿Cuántos gramos de hidrógeno se formarán si se añaden 62 g de sodio?**

b) **¿Qué cantidad de Na hay que añadir al agua para obtener 1,5 mol de hidrógeno?**

a) Para determinar la masa de H_2 que se obtiene a partir de 62 g de Na escribimos previamente la ecuación ajustada de la reacción y seguimos los siguientes pasos:

$$2\ \text{Na(s)} + 2\ \text{H}_2\text{O(l)} \rightarrow 2\ \text{NaOH(aq)} + \text{H}_2\text{(g)}\uparrow$$

Paso 1. Utilizando la masa molar de Na como factor de conversión calculamos los moles de Na:

$$(62\ \text{g de Na})\cdot\frac{(1\ \text{mol de Na})}{(23\ \text{g de Na})} = 2{,}7\ \text{mol de Na}$$

Paso 2. Utilizando los coeficientes estequiométricos como factor de conversión que relacionan los moles de Na y los moles de H_2, obtenemos:

$$(2{,}7\ \text{mol de Na})\cdot\frac{(1\ \text{mol de H}_2)}{(2\ \text{mol de Na})} = 1{,}35\ \text{mol de H}_2$$

Paso 3. Calculamos la masa que se obtiene de H_2 utilizando como factor de conversión la masa molar de H_2:

$$(1{,}35\ \text{mol de H}_2)\cdot\frac{(2\ \text{g de H}_2)}{(1\ \text{mol de H}_2)} = 2{,}7\ \text{g de H}_2$$

Podemos calcular directamente la masa de H_2 que se forma a partir de 62 g de Na, aplicando todos los factores de conversión a la vez:

$$(62\ \text{g de Na})\cdot\frac{(1\ \text{mol de Na})}{(23\ \text{g de Na})}\cdot\frac{(1\ \text{mol de H}_2)}{(2\ \text{mol de Na})}\cdot\frac{(2\ \text{g de H}_2)}{(1\ \text{mol de H}_2)} = 2{,}7\ \text{g de H}_2$$

b) Aplicamos directamente todos los factores de conversión que precisemos para determinar la masa de Na necesaria para formar 1,5 mol de H_2:

$$(1{,}5\ \text{mol de H}_2)\cdot\frac{(2\ \text{mol de Na})}{(1\ \text{mol de H}_2)}\cdot\frac{(23\ \text{g de Na})}{(1\ \text{mol de Na})} = 69\ \text{g de Na}$$

Como el dato inicial eran los moles de H_2 no ha hecho falta el factor de conversión de la masa molar sino el inverso al utilizado en el apartado *a)*.

Te interesa saber

El **metal alcalino sodio, Na,** reacciona activamente con el agua formando hidrógeno, que se inflama debido a la temperatura alcanzada durante el proceso.

ACTIVIDADES

4. **Nuestro cuerpo obtiene la energía de sustancias químicas como la glucosa ($C_6H_{12}O_6$), que durante la oxidación celular se combina con oxígeno para formar dióxido de carbono y agua.**

a) **Escribe la reacción ajustada.**

b) **Si una persona consume una pastilla de glucosa de 18 g, ¿cuántos moles y gramos de oxígeno se consumirán?**

c) **Calcula los moles de agua formados.**

d) **¿Qué cantidad de glucosa debe tomar para producir 88 g de dióxido de carbono?**

Solución: **b)** 0,6 mol y 19 g; **c)** 0,6 mol; **d)** 1/3 mol; 60 g

Ten en cuenta

La **ecuación de los gases ideales** permite relacionar el número de moles del gas con el volumen que ocupa:

$$pV = nRT$$

$$(R = 0{,}082 \text{ atm L K}^{-1} \text{mol}^{-1})$$

A una temperatura de 0 °C y 1 atm de presión la equivalencia directa es que 1 mol de cualquier gas ocupa 22,4 L.

3.2. Cálculos con volúmenes

En las reacciones químicas en que intervienen gases, se suele indicar el volumen del gas consumido como reactivo o desprendido como producto. Cuando las condiciones de presión y temperatura son iguales, las relaciones entre los volúmenes de combinación son las mismas que las relaciones entre los moles indicados por los coeficientes estequiométricos. Por ejemplo, para la formación del agua:

$$2\ H_2(g) + O_2(g) \rightarrow 2\ H_2O(g)$$

$$2\ L \quad + \quad 1\ L \quad \rightarrow \quad 2\ L$$

- Para **calcular el volumen** obtenido de una sustancia B **a partir de un determinado volumen** de una sustancia A es de utilidad el siguiente esquema:

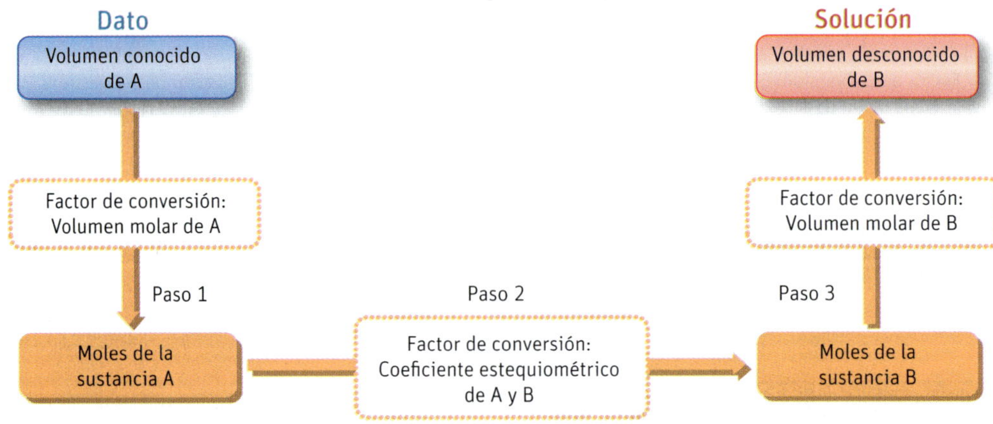

Te interesa saber

El **ácido clorhídrico, HCl**, se utiliza en las industrias minera, metalúrgica, petrolera, papelera, farmacéutica, jabonera y química en general.

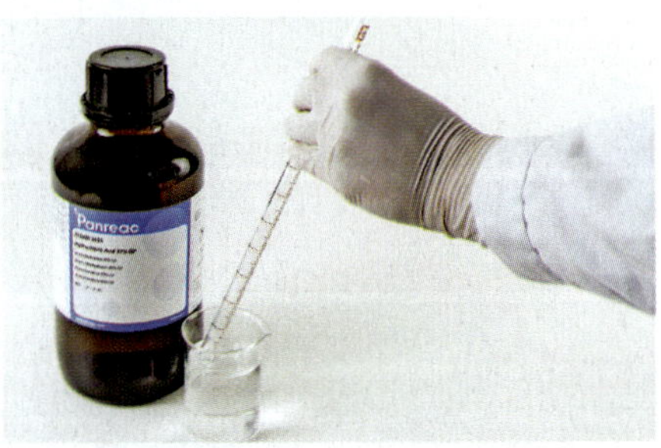

El ácido clorhídrico comercial contiene entre un 33 % y un 37 % en masa de HCl en disolución acuosa.

EJERCICIOS RESUELTOS

2 **En la industria, el ácido clorhídrico gaseoso se obtiene mediante un proceso de síntesis a partir de cloro e hidrógeno gaseoso.**

a) **Calcula el volumen que se forma de HCl al reaccionar 4,5 L de H_2 a 1 atm y 0 °C.**

b) **¿Qué volumen de Cl_2 es necesario para obtener 10 L de HCl a 1 atm y 0 °C?**

a) Para determinar el volumen de HCl que se formará escribimos previamente la ecuación ajustada de la reacción y seguimos los siguientes pasos:

$$Cl_2(g) + H_2(g) \rightarrow 2\ HCl(g)$$

Paso 1. Calculamos los moles de H_2 utilizando el factor de conversión de volumen molar a 1 atm y 0 °C (1 mol de gas ocupa 22,4 L en estas condiciones):

$$(4{,}5 \text{ L de } H_2) \cdot \frac{(1 \text{ mol de } H_2)}{(22{,}4 \text{ L de } H_2)} = 0{,}20 \text{ mol de } H_2$$

Paso 2. Utilizando los coeficientes estequiométricos como factor de conversión que relacionan los moles de H_2 y los moles de HCl, obtenemos:

$$(0{,}20 \text{ mol de } H_2) \cdot \frac{(2 \text{ mol de HCl})}{(1 \text{ mol de } H_2)} = 0{,}40 \text{ mol de HCl}$$

Paso 3. Hallamos el volumen de HCl utilizando como factor el volumen molar:

$$(0{,}40 \text{ mol de HCl}) \cdot \frac{(22{,}4 \text{ L de HCl})}{(1 \text{ mol de HCl})} = 9{,}0 \text{ L de HCl}$$

Podemos calcular directamente el volumen de HCl que se forma a partir de 4,5 L de H_2, a 1 atm y 0 °C, aplicando todos los factores de conversión a la vez:

$$(4{,}5 \text{ L de } H_2) \cdot \frac{(1 \text{ mol de } H_2)}{(22{,}4 \text{ L de } H_2)} \cdot \frac{(2 \text{ mol de HCl})}{(1 \text{ mol de } H_2)} \cdot \frac{(22{,}4 \text{ L de HCl})}{(1 \text{ mol de HCl})} = 9{,}0 \text{ L de HCl}$$

b) Podemos hacerlo directamente, estableciendo la relación en litros de la misma manera que con los moles utilizando como factor los coeficientes estequiométricos:

$$(10 \text{ L de HCl}) \cdot \frac{(1 \text{ L de } Cl_2)}{(2 \text{ L de HCl})} = 5 \text{ L de } Cl_2$$

ACTIVIDADES

5. **El metano, CH_4, combustible principal del gas natural, arde en presencia de oxígeno produciendo dióxido de carbono y agua.**

a) **Escribe la reacción ajustada.**

b) **Calcula el volumen de oxígeno necesario para quemar 10 L de metano medidos a 2 atm y 27 °C.**

c) **¿Qué volumen de agua se formará?**

d) **¿Qué volumen de metano desprenderán 30 L de dióxido de carbono en las mismas condiciones?**

Solución: **b)** 20 L; **c)** 20 L; **d)** 30 L

Cálculos masa-volumen

En ocasiones, en las reacciones químicas intervienen reactivos y productos que se encuentran en diferentes estados. Cuando cualquiera de ellos se encuentra en estado gaseoso hay que relacionar una masa con un volumen.

- Para **calcular el volumen** obtenido de una sustancia B **a partir de una determinada masa** de una sustancia A es útil el siguiente esquema:

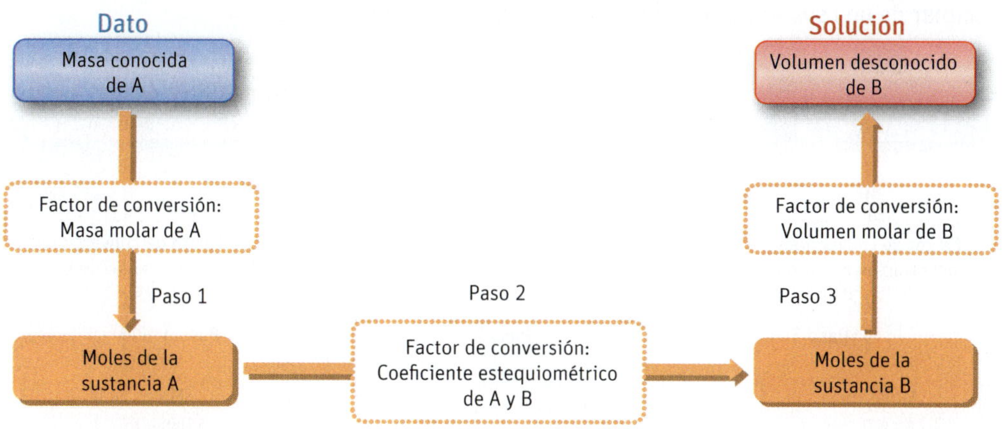

EJERCICIOS RESUELTOS

3 **El magnesio reacciona con el ácido clorhídrico para formar cloruro de magnesio y desprender hidrógeno gaseoso.**

a) **Al hacer reaccionar 7,2 g de Mg con HCl, ¿qué cantidad de H_2 se formará a 25 °C y 700 mm de Hg?**

b) **¿Qué cantidad de HCl tiene que reaccionar con el magnesio para obtener 50 L de H_2 a 1 atm y 0 °C?**

a) Para determinar el volumen de H_2 que se obtiene a partir de 7,2 g de Mg escribimos la ecuación ajustada de la reacción y seguimos los siguientes pasos:

$$\text{Mg(s)} + 2\ \text{HCl(aq)} \rightarrow \text{MgCl}_2\text{(aq)} + \text{H}_2\text{(g)}\uparrow$$

Esta reacción es de sustitución o desplazamiento.

Paso 1. Utilizando la masa molar del Mg hallamos los moles de Mg:

$$(7{,}2\ \text{g de Mg})\cdot\frac{(1\ \text{mol de Mg})}{(24\ \text{g de Mg})}=0{,}30\ \text{mol de Mg}$$

Paso 2. Utilizando los coeficientes estequiométricos como factor de conversión que relacione los moles de Mg con los de H_2, obtendremos los moles producidos de H_2:

$$(0{,}30\ \text{mol de Mg})\cdot\frac{(1\ \text{mol de H}_2)}{(1\ \text{mol de Mg})}=0{,}30\ \text{mol de H}_2$$

Cuando la relación entre los coeficientes estequiométricos es de 1:1, como en este caso, podríamos escribir directamente que 0,3 mol de Mg producen 0,3 mol de H_2.

Paso 3. Finalmente, aplicando la ecuación general de los gases ideales, se obtiene el volumen de H_2 desprendido. Primero se expresa el dato de la presión en atm:

$$\frac{(700\ \text{mm de Hg})}{(760\ \text{mm de Hgatm}^{-1})}=0{,}92\ \text{atm}$$

$$pV=nRT \Rightarrow V=\frac{nRT}{p}=\frac{(0{,}30\ \text{mol})(0{,}082\ \text{atmLK}^{-1}\text{mol}^{-1})(298\ \text{K})}{(0{,}92\ \text{atm})}=8{,}0\ \text{L de H}_2$$

b) Como conocemos que en esas condiciones 1 mol ocupa 22,4 L podemos aplicar directamente todos los factores de conversión:

$$(50\ \text{L de H}_2)\cdot\frac{(1\ \text{mol de H}_2)}{(22{,}4\ \text{L de H}_2)}\cdot\frac{(2\ \text{mol de HCl})}{(1\ \text{mol de H}_2)}\cdot\frac{(36{,}5\ \text{g de HCl})}{(1\ \text{mol de HCl})}=163\ \text{g de HCl}$$

Te interesa saber

Metales como el **magnesio, Mg**, reaccionan muy lentamente con el agua para formar hidrógeno. Sin embargo, con el ácido clorhídrico lo hacen rápidamente.

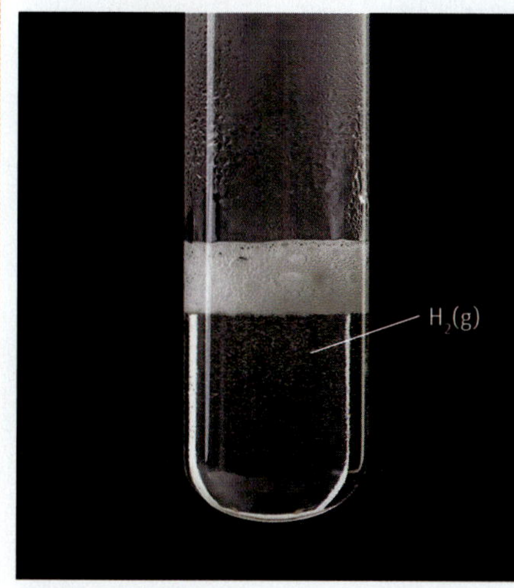

ACTIVIDADES

6. El ácido clorhídrico concentrado reacciona con el carbonato de calcio, $CaCO_3$, produciendo cloruro de calcio, $CaCl_2$, agua y desprendiendo dióxido de carbono gaseoso, CO_2.

a) Escribe la reacción ajustada.

b) Calcula la masa de carbonato necesaria para que se desprendan 132 g de dióxido de carbono.

c) Calcula el volumen de dióxido de carbono desprendido a 1 atm y 0 °C si se han obtenido 90 g de agua.

d) Repite el apartado anterior siendo las condiciones de la reacción 1,2 atm y 50 °C.

Solución: **b)** 300 g; **c)** 112 L; **d)** 110 L

3.3. Cálculos con reactivos en disolución

En muchas reacciones químicas se hace reaccionar una masa de un reactivo con un reactivo en disolución. En estas situaciones hay que relacionar los moles del reactivo cuya masa se conoce con los moles del otro reactivo que se encuentra en disolución, teniendo en cuenta su concentración molar, *c*, % en masa y % en volumen.

- Para **calcular la masa** de una sustancia B **a partir de una determinada concentración molar** de una sustancia A es de utilidad el siguiente esquema:

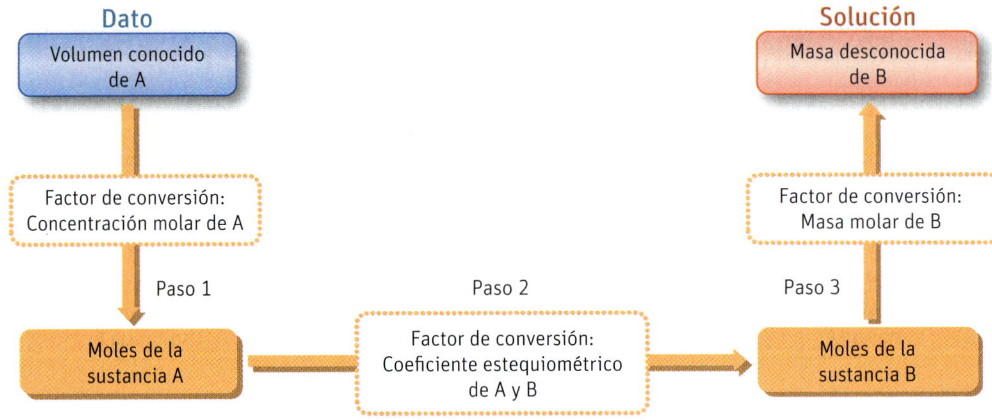

EJERCICIOS RESUELTOS

4 **El ácido sulfúrico, H_2SO_4, reacciona con el aluminio para formar sulfato de aluminio, $Al_2(SO_4)_3$, e hidrógeno.**

a) Calcula la masa de aluminio que reaccionará con 1500 mL de ácido sulfúrico de concentración 2,5 mol L^{-1}.

b) ¿Qué volumen de ácido sulfúrico 1,5 mol L^{-1} se necesita para reaccionar completamente con una muestra de 540 g de aluminio?

a) Para determinar la masa de Al escribimos la ecuación ajustada de la reacción y seguimos los siguientes pasos:

$$2\,Al(s) + 3\,H_2SO_4(aq) \rightarrow Al_2(SO_4)_3(aq) + 3\,H_2(g)$$

Esta reacción es de sustitución.

Paso 1. Calculamos los moles de H_2SO_4 utilizando el factor de conversión de la concentración molar del ácido:

$$(1{,}5\ \text{L de } H_2SO_4)\cdot\frac{(2{,}5\ \text{mol de } H_2SO_4)}{(1\ \text{L de } H_2SO_4)} = 3{,}75\ \text{mol de } H_2SO_4$$

Paso 2. Utilizando los coeficientes estequiométricos como factor de conversión que relacionan los moles de H_2SO_4 y los moles de Al, obtenemos:

$$(3{,}75\ \text{mol de } H_2SO_4)\cdot\frac{(2\ \text{mol de Al})}{(3\ \text{mol de } H_2SO_4)} = 2{,}5\ \text{mol de Al}$$

Paso 3. Hallamos la masa de Al utilizando como factor de conversión su masa molar:

$$(2{,}5\ \text{mol de Al})\cdot\frac{(27\ \text{g de Al})}{(1\ \text{mol de Al})} = 67{,}5\ \text{g de Al}$$

Podemos calcular directamente la masa de Al que se forma a partir de 1500 mL de H_2SO_4 de concentración 2,5 mol L^{-1} aplicando todos los factores de conversión a la vez:

$$(1{,}5\ \text{L de } H_2SO_4)\cdot\frac{(2{,}5\ \text{mol de } H_2SO_4)}{(1\ \text{L de } H_2SO_4)}\cdot\frac{(2\ \text{mol de Al})}{(3\ \text{mol de } H_2SO_4)}\cdot\frac{(27\ \text{g de Al})}{(1\ \text{mol de Al})} = 67{,}5\ \text{g de Al}$$

b) Aplicamos directamente todos los factores de conversión necesarios para hallar el volumen de H_2SO_4 de concentración 1,5 mol L^{-1} necesarios para reaccionar con 540 g de Al:

$$(540\ \text{g de Al})\cdot\frac{(1\ \text{mol de Al})}{(27\ \text{g de Al})}\cdot\frac{(3\ \text{mol de } H_2SO_4)}{(2\ \text{mol de Al})}\cdot\frac{(1\ \text{L de } H_2SO_4)}{(1{,}5\ \text{mol de } H_2SO_4)} = 20\ \text{L de } H_2SO_4$$

Te interesa saber

La importancia del **ácido sulfúrico, H_2SO_4,** llega hasta tal punto que su producción es utilizada como uno de los índices que revelan la fortaleza industrial de un país.

La explicación se encuentra en la amplia gama de aplicaciones que tiene este ácido: obtención de abonos y fertilizantes, obtención de otros productos químicos como el HCl y el HNO_3, fabricación de colorantes, desatascador de tuberías, blanqueador textil, etc.

El ácido sulfúrico comercial suele tener una pureza del 93 al 98 %.

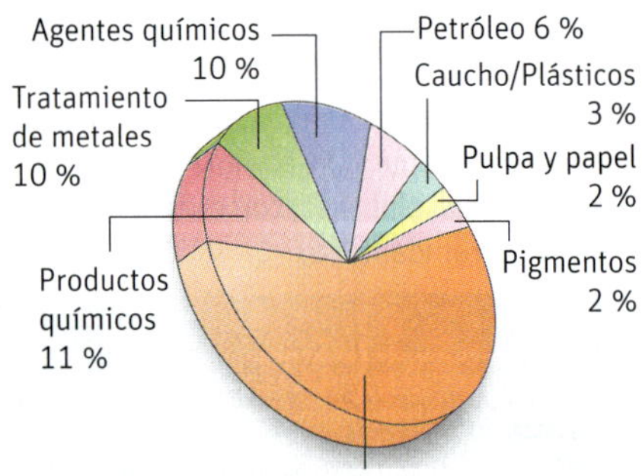

ACTIVIDADES

7. El cinc reacciona con el ácido clorhídrico para dar cloruro de cinc e hidrógeno.

a) Escribe la reacción ajustada.

b) Calcula el volumen de ácido clorhídrico 2 mol L^{-1} necesario para disolver una muestra del metal de 21,8 g.

c) ¿Qué cantidad de hidrógeno se puede formar a partir de 500 mL de ácido clorhídrico de concentración 0,8 mol L^{-1}?

Solución: b) 0,33 L; c) 0,2 mol

Cálculos con reactivos y productos en disolución

En otras situaciones, tanto los reactivos como los productos se encuentran en disolución. Es el caso de las reacciones de neutralización entre sustancias ácidas y sustancias básicas. En estos casos, la concentración del reactivo en disolución se suele dar en % en masa.

- Para **calcular la masa** de una sustancia B de concentración conocida, % en masa, **a partir de una determinada masa** de una sustancia A es de utilidad el siguiente esquema:

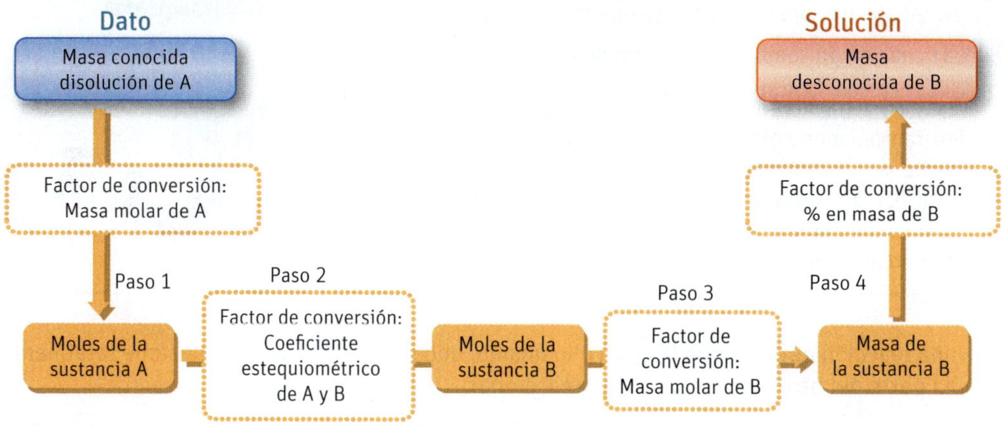

EJERCICIOS RESUELTOS

5 **El ácido clorhídrico neutraliza al hidróxido de calcio para formar una sal (cloruro de calcio) y agua.**

a) **Calcula los gramos de ácido clorhídrico de una concentración del 36 % en masa que neutralizarán una disolución que contiene 259 g de hidróxido de calcio.**

b) **Si el hidróxido de calcio disponible en el laboratorio no fuese puro, sino que estuviese en disolución con una concentración de 2 mol L^{-1}, ¿qué volumen tendríamos que tomar de esta disolución para obtener los 259 g de hidróxido de calcio?**

a) Para determinar la masa de HCl que se precisan escribimos la ecuación ajustada de la reacción y seguimos los siguientes pasos:

$$2\,HCl(aq) + Ca(OH)_2(aq) \rightarrow CaCl_2(aq) + 2\,H_2O(l)$$

Paso 1. Utilizando la masa molar de $Ca(OH)_2$ como factor de conversión calculamos sus moles:

$$(259\text{ g de }Ca(OH)_2)\cdot\frac{(1\text{ mol de }Ca(OH)_2)}{(74\text{ g de }Ca(OH)_2)} = 3{,}5\text{ mol de }Ca(OH)_2$$

Paso 2. Mediante un factor que relacione los moles de $Ca(OH)_2$ con los de HCl, obtendremos los moles que precisamos de HCl:

$$(3{,}5\text{ mol de }Ca(OH)_2)\cdot\frac{(2\text{ mol de HCl})}{(1\text{ mol de }Ca(OH)_2)} = 7{,}0\text{ mol de HCl}$$

Paso 3. A partir de la masa molar, se calculan los gramos de ácido puro necesarios:

$$(7{,}0\text{ mol de HCl})\cdot\frac{(36{,}5\text{ g de HCl})}{(1\text{ mol de HCl})} = 256\text{ g de HCl}$$

Paso 4. Como el ácido disponible no es puro, a partir de la concentración del HCl comercial (36 % en masa) se calcula la masa del ácido necesaria para neutralizar 259 g de $Ca(OH)_2$:

$$(256\text{ g de HCl})\cdot\frac{(100\text{ g de HCl})}{(36\text{ g de HCl})} = 711\text{ g de HCl}$$

b) Utilizando dos factores de conversión, la masa molar de $Ca(OH)_2$ que nos permite calcular los moles y la concentración molar *c* (mol L^{-1}), determinamos el volumen pedido:

$$(259\text{ g de }Ca(OH)_2)\cdot\frac{(1\text{ mol de }Ca(OH)_2)}{(74\text{ g de }Ca(OH)_2)}\cdot\frac{(1\text{ L de }Ca(OH)_2)}{(2\text{ mol de }Ca(OH)_2)} = 1{,}8\text{ L de }Ca(OH)_2$$

Te interesa saber

El **análisis volumétrico** es una técnica de análisis químico cuantitativo. Está basado en la reacción de productos químicos en disolución, normalmente para determinar la concentración de uno de ellos. Por ejemplo, la reacción entre un ácido y una base.

Para conocer el final de la reacción se añade un indicador (fenolftaleína) que cambia de color cuando ha reaccionado todo el ácido.

Esta técnica se utiliza mucho en la industria de los refrescos para verificar la acidez de una bebida.

ACTIVIDADES

8. **El yoduro de potasio, KI, reacciona con el nitrato de plomo(II), $Pb(NO_3)_2$, formándose nitrato de potasio, KNO_3, y precipitando el insoluble yoduro de plomo(II), PbI_2.**

a) **Escribe la reacción ajustada.**

b) **Calcula el volumen de KI, de concentración 0,5 mol L^{-1} que reaccionará con 100 mL de $Pb(NO_3)_2$, de concentración 2 mol L^{-1}.**

Solución: b) 0,8 L

3.4. Cálculos con reactivo limitante

smSaviadigital.com OBSERVA

Con este vídeo entenderás mejor el concepto de reactivo limitante.

OBSERVA Y DEDUCE

La siguiente figura muestra diez tornillos y diez tuercas. Si cada tornillo necesita dos tuercas para formar una pieza completa, ¿cuántas piezas podremos montar?

Al montar todas las piezas posibles, ¿ha sobrado alguna pieza? ¿Se ha consumido por completo alguna pieza?

La ecuación de combinación se puede representar como:

Tornillo + 2 tuercas $\rightarrow$ Pieza

Por tanto, como solo se disponen de 10 tuercas únicamente se podrán formar 5 piezas, sobrarán 5 tornillos y se utilizarán todas las tuercas. No hemos podido hacer más piezas porque no teníamos más tuercas; el número de tuercas limita la producción de más piezas.

En una reacción química puede ocurrir lo mismo, uno de los reactivos se consume totalmente y una parte del otro queda al final sin reaccionar.

El **reactivo limitante** es el reactivo que se consume totalmente en una reacción química y limita la cantidad de producto que se puede formar.

El **reactivo en exceso** es el reactivo que se encuentra en mayor cantidad de la necesaria para reaccionar con la cantidad de reactivo limitante y al final de la reacción siempre sobra. El reactivo que se utiliza para calcular la cantidad de producto es el limitante.

Para identificar al reactivo limitante hay que seguir un método adecuado:

Método A

Paso 1. Se ajusta la ecuación química correspondiente.

Paso 2. Utilizando el dato del primer reactivo, expresado en moles, se calcula la cantidad de producto que se obtendría, sin tener en cuenta al otro reactivo.

Paso 3. A partir del dato del segundo reactivo, expresado en moles, se calcula la cantidad de producto que se obtendría en este caso.

Paso 4. Se comparan las dos cantidades de producto obtenidas. Aquella que sea menor, corresponderá al reactivo limitante, y la que sea mayor, al reactivo que se encuentra en exceso.

Ten en cuenta

Como al combinar cantidades de reactivos no se sabe cuál es el reactivo limitante, primero hay que identificarlo y, a continuación, hacer los cálculos estequiométricos utilizando este reactivo.

EJERCICIOS RESUELTOS

6 **En un matraz se mezclan 6 moles de nitrógeno con 3 moles de hidrógeno para obtener amoniaco. ¿Cuántos moles de amoniaco se formarán?**

Paso 1. Primero se escribe la reacción química ajustada:

$$N_2(g) + 3\,H_2(g) \rightarrow 2\,NH_3(g)$$

Paso 2. Con el dato del primer reactivo se calculan los moles de amoniaco:

$$(6 \text{ mol de } N_2) \cdot \frac{(2 \text{ mol de } NH_3)}{(1 \text{ mol de } N_2)} = 12 \text{ mol de } NH_3$$

Paso 3. Con el dato del segundo reactivo se calculan los moles de amoniaco:

$$(3 \text{ mol de } H_2) \cdot \frac{(2 \text{ mol de } NH_3)}{(3 \text{ mol de } H_2)} = 2 \text{ mol de } NH_3$$

Paso 4. El reactivo limitante es el H_2, por ser el que origina menor cantidad de producto (2 mol de NH_3). Al final de la reacción habrá 2 moles de NH_3, 5 moles de N_2 que quedan en exceso sin reaccionar, y nada de H_2, porque se ha consumido totalmente en el proceso.

ACTIVIDADES

9. **En un matraz se combinan 3 moles de oxígeno con 4 moles de hidrógeno para formar agua.**

a) **Indica cuál es el reactivo limitante.**

b) **Calcula la cantidad de agua que se formará.**

c) **Indica la cantidad de reactivo que quedará sin reaccionar.**

Solución: b) 4 mol; c) 1 mol

Método B

Paso 1. Una vez ajustada la ecuación química se escribe la relación estequiométrica entre los reactivos que se combinan, expresada en moles.

Paso 2. A partir de los datos del problema, se escribe la relación de combinación entre los reactivos, expresada en moles, manteniendo el mismo orden que aparecen en la ecuación química (numerador/denominador).

Paso 3. Se compara la relación obtenida a partir de los datos del problema con la relación obtenida a partir de la ecuación ajustada:

- Si el valor obtenido es mayor, indica que el reactivo puesto en el numerador se encuentra en exceso y el limitante será el que se encuentra en el denominador.
- Si el valor obtenido es menor, indica que el reactivo del denominador se encuentra en exceso y el limitante es el del numerador.
- Si coinciden ambas relaciones, indica que no hay reactivo limitante, porque reaccionan en cantidades estequiométricas exactas.

EJERCICIOS RESUELTOS

7 **El cesio reacciona violentamente con el agua formando hidróxido de cesio, CsOH, e hidrógeno.**

a) Calcula la cantidad de hidrógeno que se desprenderá al añadir una muestra de 13,3 g de cesio a un vaso con 100 mL de agua.

b) Indica la cantidad del reactivo que quedará en exceso.

a) **Paso 1.** Se parte de la reacción química ajustada que tiene lugar entre el cesio y el agua para formar los productos.

$$2\ Cs(s) + 2\ H_2O(l) \rightarrow 2\ CsOH(s) + H_2(g)$$

Escribimos la relación de combinación exacta entre los dos reactivos, el cesio y el agua.

Relación estequiométrica:

$$\frac{(2 \text{ mol de Cs})}{(2 \text{ mol de } H_2O)} = 1$$

Paso 2. A continuación, indicamos la relación de combinación entre los reactivos utilizando los datos del problema (previamente conviene expresar las cantidades en moles):

$$(13{,}3 \text{ g de Cs}) \cdot \frac{(1 \text{ mol de Cs})}{(133 \text{ g de Cs})} = 0{,}1 \text{ mol de Cs}$$

$$(100 \text{ g de } H_2O) \cdot \frac{(1 \text{ mol de } H_2O)}{(18 \text{ g de } H_2O)} = 5{,}56 \text{ mol de } H_2O$$

Relación a partir de los datos:

$$\frac{(0{,}1 \text{ mol de Cs})}{(5{,}56 \text{ mol de } H_2O)} = 0{,}02$$

Paso 3. Como el valor de esta relación es menor que el valor obtenido de la relación estequiométrica ($0{,}02 < 1$), se deduce que el reactivo puesto en el numerador se encuentra en defecto, el cesio, y el agua en exceso.

Finalmente se calcula la cantidad de producto utilizando los moles del reactivo limitante:

$$(0{,}1 \text{ mol de Cs}) \cdot \frac{(1 \text{ mol de } H_2)}{(2 \text{ mol de Cs})} = 0{,}05 \text{ mol de } H_2$$

b) Para determinar la cantidad de agua que queda sin reaccionar, se resta de la cantidad de agua inicial la cantidad de agua que ha reaccionado con el cesio:

$$(5{,}56 \text{ mol de } H_2O \text{ iniciales}) - (0{,}1 \text{ mol de } H_2O \text{ reaccionan}) = 5{,}46 \text{ mol de } H_2O \text{ en exceso}$$

Te interesa saber

El **cesio** es el metal alcalino más reactivo (exceptuando al francio). Reacciona de forma vigorosa con el oxígeno y de forma explosiva con el agua.

El cesio tiene un punto de fusión de 28 °C. Si coges un tubo que contiene cesio, este se puede fundir con el calor de tu mano.

ACTIVIDADES

10. **En un proceso se combinan 100 g de hidrógeno con 100 g de oxígeno para formar agua oxigenada.**

a) Indica razonadamente cuál es el reactivo limitante.

b) Calcula la cantidad de producto que se formará.

c) Indica las cantidades de cada sustancia al final del proceso.

Solución: **b)** 3,1 mol; **c)** 3,1 mol, 46,9 mol de H_2 y 0 mol de O_2

3.5. Rendimiento de las reacciones químicas

smSaviadigital.com OBSERVA

En este vídeo puedes ver detalladamente cómo se calcula el rendimiento de una reacción química en el laboratorio.

Las cantidades de productos calculadas a partir de una ecuación química serían las **cantidades teóricas** si la reacción fuese completa.

Sin embargo, en la práctica, las **cantidades reales** de productos que se obtiene son casi siempre menores que la cantidad teórica.

Algunas razones que explican esta diferencia son:

- Los reactivos no son totalmente puros.
- Pueden existir reacciones secundarias o competitivas.
- Los productos siguen reaccionando para formar otros productos.

El **rendimiento de una reacción química, *r*,** nos indica la eficacia de un proceso químico y se calcula:

$$r(\%) = \frac{\text{cantidad real de producto}}{\text{cantidad teórica de producto}} \cdot 100$$

En la industria química interesa que el rendimiento de las reacciones se aproxime al 100 % para reducir la cantidad de materias primas usadas.

EJERCICIOS RESUELTOS

8 **La combustión de minerales de carbón (lignito, antracita, hulla), para producir energía en las centrales térmicas, emite millones de toneladas de dióxido de carbono, uno de los gases responsables del efecto invernadero. En un horno industrial se quema una masa de mineral de carbón que contiene 1,0 t de carbono.**

a) Calcula el rendimiento de la reacción si se han vertido 3,0 t de CO_2 al aire.

b) Si el rendimiento fuese del 90 %, calcula la masa y el volumen que se desprendería de CO_2 medido a 1 atm de presión y 0 °C.

a) Paso 1. Primero se escribe la reacción química ajustada:

$$C(s) + O_2(g) \rightarrow CO_2(g)$$

Paso 2. Para calcular la cantidad teórica de CO_2 a partir de la masa inicial de C seguimos el siguiente esquema:

$$m(C) \xrightarrow[\text{de C}]{\text{masa molar}} n(C) \xrightarrow[\text{de la ecuación}]{\text{coeficientes}} n(CO_2) \xrightarrow[\text{de } CO_2]{\text{masa molar}} m(CO_2)$$

$$(1{,}0 \cdot 10^6 \text{ g de C}) \cdot \frac{(1 \text{ mol de C})}{(12 \text{ g de C})} \cdot \frac{(1 \text{ mol de } CO_2)}{(1 \text{ mol de C})} \cdot \frac{(44 \text{ g de } CO_2)}{(1 \text{ mol de } CO_2)} = 3{,}7 \cdot 10^6 \text{ g de } CO_2$$

Paso 3. Con el dato teórico obtenido y el dato real que aparece en el enunciado podemos calcular el rendimiento porcentual:

$$r = \frac{\text{cantidad real de producto}}{\text{cantidad teórica de producto}} \cdot 100 = \frac{3{,}0 \cdot 10^6 \text{ g}}{3{,}7 \cdot 10^6 \text{ g}} \cdot 100 = 81{,}1 \text{ \%}$$

b) Si el rendimiento fuese del 90 %, la cantidad real de CO_2 desprendido se obtendría de la ecuación del rendimiento:

$$r = \frac{\text{cantidad real}}{\text{cantidad teórica}} \cdot 100 \Rightarrow \text{cantidad real} = \frac{r \cdot \text{cantidad teórica}}{100} = \frac{90(3{,}7 \cdot 10^6 \text{ g})}{100}$$

$$\text{cantidad real de } CO_2 = 3{,}3 \cdot 10^6 \text{ g}$$

Aplicando el factor de conversión el volumen molar podemos calcular el volumen de CO_2 que desprende en esas condiciones:

$$m_{real}(CO_2) \xrightarrow[\text{de } CO_2]{\text{masa molar}} n(CO_2) \xrightarrow[\text{a 1 atm y 273 K}]{\text{volumen molar}} V(CO_2)$$

$$(3{,}3 \cdot 10^6 \text{ g de } CO_2) \cdot \frac{(1 \text{ mol de } CO_2)}{(44 \text{ g de } CO_2)} \cdot \frac{(22{,}4 \text{ L de } CO_2)}{(1 \text{ mol de } CO_2)} = 1{,}7 \cdot 10^6 \text{ L de } CO_2 \text{ emitidos}$$

ACTIVIDADES

11. En la fermentación de la glucosa, $C_6H_{12}O_6$, se produce etanol, C_2H_5OH, y dióxido de carbono en presencia de oxígeno.

a) Escribe ajustada la reacción química.

b) Si se parte de 180 g de glucosa y se obtienen 85 g de C_2H_5OH, ¿cuál será el rendimiento del proceso?

c) Calcula la masa de etanol si el rendimiento de la reacción anterior fuese del 75 %.

d) ¿Sería posible obtener 100 g de etanol a partir de 180 g de glucosa?

Solución: b) 92 %; c) 69 g

Pureza de los reactivos

Los reactivos que se utilizan en la industria química, o en el laboratorio, contienen mayor o menor cantidad de impurezas, que limitan el rendimiento de los procesos obteniendo cantidades reales de productos menores que las teóricas.

La **pureza** o **riqueza** de una muestra de sustancia se calcula por la relación entre la masa de la sustancia pura y la masa de la muestra:

$$\text{Riqueza (\%)} = \frac{\text{masa de la sustancia pura}}{\text{masa de la muestra}} \cdot 100$$

Una vez determinada la masa de la sustancia pura, se realizan los cálculos estequiométricos correspondientes al problema siguiendo el procedimiento habitual.

EJERCICIOS RESUELTOS

9 **Una muestra de oligisto (óxido de hierro(III), Fe_2O_3, con impurezas) reacciona con el ácido clorhídrico comercial de concentración 36 % en masa y densidad 1,2 $g\,mL^{-1}$ para formar cloruro de hierro(III) y agua.**

a) Escribe y ajusta la reacción. Interpreta la ecuación.

b) Calcula la riqueza del óxido de hierro(III) si 4 g de este óxido reaccionan exactamente con 10 mL de ácido.

c) Calcula la masa de cloruro de hierro que se obtendrá.

a) La ecuación ajustada es la siguiente:

$$Fe_2O_3(s) + 6\,HCl(aq) \rightarrow 2\,FeCl_3(aq) + 3\,H_2O(l)$$

Se observa que 1 mol de óxido de hierro(III) en estado sólido reacciona con 6 mol de ácido clorhídrico en disolución acuosa para formar 2 mol de cloruro de hierro(III) en disolución y 3 mol de agua líquida.

b) Primero se calcula la masa de ácido puro que hay en los 10 mL de HCl comercial a partir de la densidad y de la concentración de la disolución:

$$V(\text{HCl}) \xrightarrow[\text{disolución de HCl}]{\text{densidad de la}} m_{\text{disolución}}(\text{HCl}) \xrightarrow[\text{\% en masa de HCl}]{\text{concentración}} m_{\text{puro}}(\text{HCl})$$

$$(10 \text{ mL de HCl}) \cdot \frac{(1{,}2 \text{ g de HCl})}{(1 \text{ mL de HCl})} \cdot \frac{(36 \text{ g de HCl})}{(100 \text{ g de HCl})} = 4{,}3 \text{ g de HCl}$$

Con la cantidad de HCl puro podemos calcular la cantidad de Fe_2O_3 puro que ha reaccionado aplicando los siguientes factores de conversión:

$$m_{\text{puro}}(\text{HCl}) \xrightarrow[\text{de HCl}]{\text{masa molar}} n(\text{HCl}) \xrightarrow[\text{de la ecuación}]{\text{coeficientes}} n(\text{Fe}_2\text{O}_3) \xrightarrow[\text{de Fe}_2\text{O}_3]{\text{masa molar}} m(\text{Fe}_2\text{O}_3)$$

$$(4{,}3 \text{ g de HCl}) \cdot \frac{(1 \text{ mol de HCl})}{(36{,}5 \text{ g de HCl})} \cdot \frac{(1 \text{ mol de Fe}_2\text{O}_3)}{(6 \text{ mol de HCl})} \cdot \frac{(159{,}6 \text{ g de Fe}_2\text{O}_3)}{(1 \text{ mol de Fe}_2\text{O}_3)} = 3{,}1 \text{ g de Fe}_2\text{O}_3$$

Teniendo en cuenta que la cantidad inicial del óxido es de 4 g, se calcula la riqueza del Fe_2O_3:

$$\text{Riqueza(\%)} = \frac{\text{masa de la sustancia pura}}{\text{masa de la muestra}} \cdot 100 = \frac{3{,}1 \text{ g}}{4 \text{ g}} \cdot 100 = 78\,\%$$

c) A partir de la masa pura de HCl que reacciona (4,3 g) calculamos la masa de $FeCl_3$ que se obtiene aplicando los siguientes factores de conversión:

$$m_{\text{puro}}(\text{HCl}) \xrightarrow[\text{de HCl}]{\text{masa molar}} n(\text{HCl}) \xrightarrow[\text{de la ecuación}]{\text{coeficientes}} n(\text{FeCl}_3) \xrightarrow[\text{de FeCl}_3]{\text{masa molar}} m(\text{FeCl}_3)$$

$$(4{,}3 \text{ g de HCl}) \cdot \frac{(1 \text{ mol de HCl})}{(36{,}5 \text{ g de HCl})} \cdot \frac{(2 \text{ mol de FeCl}_3)}{(6 \text{ mol de HCl})} \cdot \frac{(163{,}3 \text{ g de FeCl}_3)}{(1 \text{ mol de FeCl}_3)} = 6{,}4 \text{ g de FeCl}_3$$

Te interesa saber

Los **minerales** son la materia prima que utiliza la industria metalúrgica para **obtener metales.**

Algunos de los más utilizados son:

Oligisto (hematita): óxido de hierro(III), Fe_2O_3

Rutilo: óxido de titanio(IV), TiO_2

Galena: sulfuro de plomo(II), PbS

Blenda: sulfuro de cinc, ZnS

ACTIVIDADES

12. Para determinar la riqueza de una muestra de cinc se tomaron 50 g del mineral y se trataron con ácido clorhídrico del 37 % en masa y densidad 1,18 $g\,mL^{-1}$ consumiéndose 120 mL del ácido. Calcula:

a) La cantidad del ácido consumida.

b) La cantidad del cinc que ha reaccionado.

c) La riqueza del cinc en la muestra.

Solución: **a)** 1,44 mol; **b)** 47,1 g; **c)** 94 %

4 Reacciones químicas importantes

En la Web

Grabación en directo del desastre del *Hindenburg*, una aeronave de hidrógeno destruida en un espectacular incendio.

www.e-sm.net/svfq1bach03_01

En este otro vídeo, se muestra la obtención y combustión del hidrógeno en el laboratorio.

www.e-sm.net/svfq1bach03_02

Las reacciones químicas constituyen una parte muy importante de la Química. Tanto la industria química, cuyo objetivo es la obtención de productos de interés técnico y comercial, como las aplicaciones de productos químicos, se fundamentan en dichas reacciones químicas.

Algunas de las reacciones químicas más importantes son las combustiones, las reacciones ácido-base, las reacciones de óxido-reducción y las reacciones de precipitación.

4.1. Reacciones de combustión

Las reacciones de combustión son las reacciones químicas más utilizadas por el ser humano a lo largo de la historia como fuente de energía calorífica. En la actualidad es una reacción fundamental en procesos industriales, sistemas de calefacción, cocción de alimentos, etc.

Combustión del metano

$CH_4(g) + 2\,O_2(g) \longrightarrow CO_2(g) + 2\,H_2O(g)$

El principal componente del gas natural, utilizado en muchos hogares para cocinar y calentar, es el metano. En su combustión completa origina dióxido de carbono y agua.

Combustión del hierro

$2\,Fe(s) + 3\,O_2(g) \longrightarrow 2\,Fe_2O_3(s)$

El hierro puede arder formando óxido de hierro(III). Al arder se originan chispas doradas; por este efecto se emplea en bengalas y pirotecnia.

Combustión del hidrógeno

$2\,H_2(g) + O_2(g) \longrightarrow 2\,H_2O(g)$

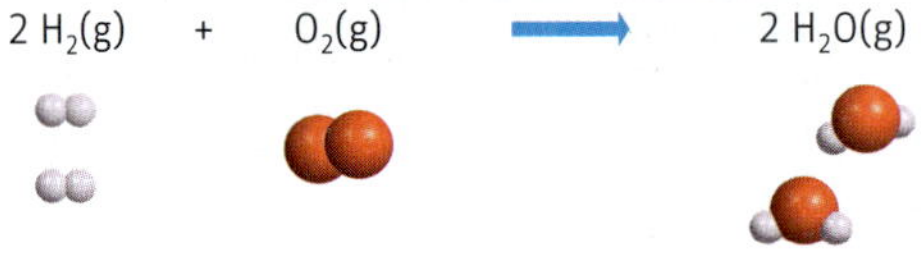

El hidrógeno se considera el combustible del futuro porque en su combustión con oxígeno desprende energía originando un producto no contaminante como es el agua.

Combustión del etanol

$CH_3CH_2OH(l) + 3\,O_2(g) \longrightarrow 2CO_2(g) + 3\,H_2O(g)$

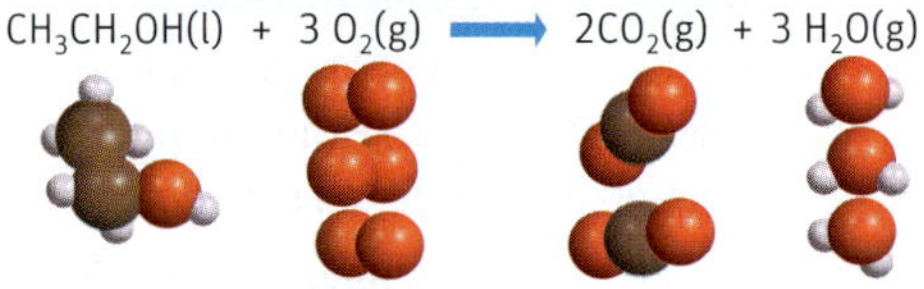

El etanol es un combustible que se emplea como sustituto de la gasolina. Cuando se obtiene a partir de plantas (maíz o caña de azúcar) se denomina bioetanol.

La **combustión** es una reacción química entre un **combustible**, sustancia que arde, y un **comburente**, generalmente el oxígeno, que se produce con gran desprendimiento de energía en forma de luz y calor. Se considera una reacción de oxidación muy rápida.

4.2. Reacciones ácido-base o de transferencia de protones

Una de las primeras clasificaciones de las sustancias fue realizada por el químico Robert Boyle en el siglo XVII. Dividió a las sustancias en **ácidos** o **bases** según sus propiedades.

Propiedades de las sustancias ácidas

- Tienen sabor agrio y son corrosivas.
- Reaccionan con metales (Mg, Zn, Fe) desprendiendo gas hidrógeno.
- Producen efervescencia al reaccionar con carbonato de calcio.
- Ejemplos de estas sustancias son el ácido acético del vinagre o el ácido láctico de la leche.

Propiedades de las sustancias básicas

- Tienen sabor amargo, son cáusticas y producen quemaduras en la piel.
- Son suaves al tacto; como los jabones.
- Sus disoluciones acuosas conducen la electricidad, al igual que los ácidos.
- Ejemplos de sustancias básicas son el NH_3 de los limpiadores o el hipoclorito de sodio de la lejía.

smSaviadigital.com OBSERVA

En esta animación encontrarás una simulación de la reacción de neutralización entre un ácido y una base a escala molecular.

Svante A. Arrhenius, en 1880, al estudiar la conductividad eléctrica de las disoluciones explicó la presencia de iones y estableció la primera definición de ácidos y bases.

Los **ácidos** son sustancias que en disolución acuosa ceden protones H^+:

$$HCl(aq) \rightarrow \mathbf{H^+}(aq) + Cl^-(aq)$$

Las **bases** son sustancias que en disolución acuosa ceden iones hidroxilo OH^-:

$$NaOH(aq) \rightarrow Na^+(aq) + \mathbf{OH^-}(aq)$$

Neutralización ácido-base

Los ácidos y las bases neutralizan sus propiedades típicas cuando reaccionan entre sí. En este tipo de reacciones se forman como productos agua y una sal. Por ejemplo, al añadir hidróxido de sodio a una disolución de ácido clorhídrico hay un doble intercambio de iones y se originan dos productos, cloruro de sodio y agua:

$$\text{Ácido} + \text{Base} \longrightarrow \text{Sal} + \text{Agua}$$

$$HCl(aq) + NaOH(aq) \longrightarrow NaCl(aq) + H_2O(l)$$

$$\left[\begin{array}{l} HCl(aq) \longrightarrow H^+ + Cl^- \\ NaOH(aq) \longrightarrow Na^+ + OH^- \end{array}\right]$$

EJERCICIOS RESUELTOS

10 **Calcula el volumen de una disolución de HCl 0,25 mol L^{-1} de concentración necesario para neutralizar 30 mL de disolución de NaOH de concentración 1 mol L^{-1}.**

La ecuación ajustada es la siguiente: $HCl(aq) + NaOH(aq) \rightarrow NaCl(aq) + H_2O(l)$

Para calcular el volumen de ácido, HCl, necesario para neutralizar la base, NaOH, a partir de un volumen inicial de NaOH seguimos el siguiente esquema:

$$V(NaOH) \xrightarrow[\text{molar de NaOH}]{\text{concentración}} n(NaOH) \xrightarrow[\text{de la ecuación}]{\text{coeficientes}} n(HCl) \xrightarrow[\text{molar de HCl}]{\text{concentración}} V(HCl)$$

$$(0{,}03\text{ L de NaOH}) \cdot \frac{(1\text{ mol de NaOH})}{(1\text{ L de NaOH})} \cdot \frac{(1\text{ mol de HCl})}{(1\text{ mol de NaOH})} \cdot \frac{(1\text{ L de HCl})}{(0{,}25\text{ mol de HCl})} = 0{,}12\text{ L de HCl}$$

Te interesa saber

La picadura de hormigas y abejas contiene ácido metanoico, cuyo efecto puede neutralizarse con una sustancia básica como el bicarbonato de sodio:

$$HCOOH + NaHCO_3 \rightarrow HCOONa + CO_2 + H_2O$$

Sin embargo, la picadura de la avispa contiene sustancias básicas, que pueden neutralizarse con un ácido, como el ácido acético contenido en el vinagre.

4.3. Reacciones redox o de transferencia de electrones

Algunos metales, como el hierro o el cobre, experimentan una transformación cuando son expuestos al aire libre. Decimos que el metal ha sufrido una **oxidación** porque se combina con el oxígeno, elemento muy activo en el proceso de atraer electrones de otros átomos.

Oxidación del hierro

El hierro de una verja, de la carrocería de un coche o de una bicicleta, cuando se expone al oxígeno y a la humedad, se corroe y pierde sus propiedades. Aparece una delgada capa rojiza que indica que el hierro se ha oxidado.

El resistente hierro se transforma en un polvo rojizo de óxido de hierro(III), Fe_2O_3, o herrumbre.

$$4\ Fe(s) + 3\ O_2(g) \rightarrow 2\ Fe_2O_3(s)$$

Oxidación del cobre

Cuando se construyó la estatua de la Libertad tenía un recubrimiento rojizo de cobre. Al estar expuesta al aire, se cubrió de una delgada capa verdosa. El cobre se oxida al estar expuesto al oxígeno y al agua.

Una de las sustancias responsables de esta pátina que recubre a la estatua es el óxido de cobre(II), CuO.

$$2\ Cu(s) + O_2(g) \rightarrow 2\ CuO(s)$$

De forma análoga a lo que sucede en las reacciones ácido-base, en las que se produce una transferencia de protones, existen otro tipo de procesos en los que se transfieren electrones. A estos procesos se los llama **reacciones de oxidación-reducción** o **redox**.

La **sustancia reductora** cede electrones y experimenta un **proceso de oxidación** (aumenta su carga positiva). El cobre cede electrones y se oxida.

$$Cu \rightarrow Cu^{2+} + 2\ e^-$$

La **sustancia oxidante** capta electrones y experimenta un **proceso de reducción** (aumenta su carga negativa o disminuye su positiva). El oxígeno capta electrones y se reduce.

$$O_2 + 4\ e^- \rightarrow 2\ O^{2-}$$

Una **reacción redox** es una reacción en la que hay una transferencia de electrones de la sustancia que se oxida a la que se reduce.

Así, en la oxidación del cobre en presencia de oxígeno:

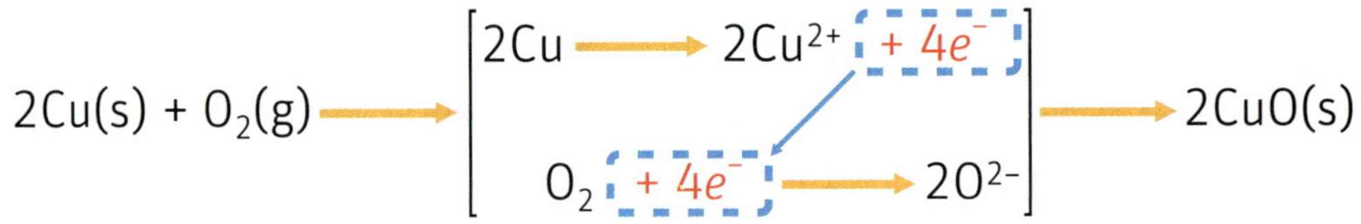

Los cuatro electrones perdidos por los dos átomos del cobre son captados por los del oxígeno. Por eso, para que una sustancia se oxide, cediendo electrones, tiene que haber otra que los capte y se reduzca. De ello se desprende que no es correcto hablar de procesos aislados e independientes ya que toda oxidación siempre va acompañada de una reducción.

Reducción del hierro

$$Fe_2O_3(s) + 3C(s) \rightarrow 2\ Fe(s) + 3\ CO(g)$$

El carbono, que es el reductor, se oxida a C^{2+}:

$$3\ C \rightarrow 3\ C^{2+} + 6\ e^-$$

El ion hierro, Fe^{3+}, que es el oxidante, capta los seis electrones y se reduce a hierro metálico:

$$2\ Fe^{3+} + 6\ e^- \rightarrow 2\ Fe$$

En la industria siderúrgica, un procedimiento para obtener hierro es la reducción de minerales de óxido de hierro (oligisto) con carbón.

Reducción del cobre

$$Zn(s) + CuSO_4(aq) \rightarrow Cu(s) + ZnSO_4(aq)$$

El cinc, Zn, que es el reductor, se oxida a Zn^{2+}:

$$Zn \rightarrow Zn^{2+} + 2\ e^-$$

El ion cobre, Cu^{2+}, que es el oxidante, capta los dos electrones y se reduce a cobre metálico:

$$Cu^{2+} + 2\ e^- \rightarrow Cu$$

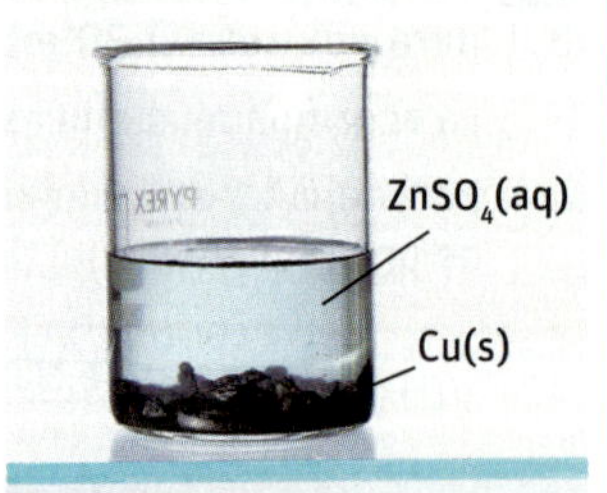

En el laboratorio, al añadir Zn a una disolución azulada de sulfato de cobre(II) esta se torna incolora mientras se deposita cobre en el fondo.

4.4. Reacciones de precipitación

En una reacción de doble desplazamiento entre reactivos puede ocurrir que alguno de los productos que se forma sea insoluble al agua y se forme un **precipitado** en el fondo.

Las **reacciones de precipitación** se originan a partir de la mezcla de sustancias iónicas que se encuentran en disolución acuosa. Se produce una recombinación de iones formándose un producto insoluble o precipitado.

Precipitación del yoduro de plomo

$Pb(NO_3)_2(aq) + 2\ KI(aq) \rightarrow PbI_2(s)\downarrow + 2\ KNO_3(aq)$

Cuando se mezcla una disolución acuosa de nitrato de plomo(II) con una disolución de yoduro de potasio se forma un precipitado amarillo de yoduro de plomo, PbI_2, como consecuencia de su baja solubilidad en agua a temperatura ambiente (Fig. 5.2).

El nitrato de potasio formado permanece disuelto.

Al calentar la disolución de PbI_2, se comprueba que a medida que aumenta la temperatura el precipitado se va disolviendo.

Si una vez disuelto todo enfriamos rápidamente la disolución, se observa cómo cristaliza el PbI_2, depositándose como una especie de fina lluvia de partículas (Fig. 5.3).

Figura 5.2

Figura 5.3

Precipitación del sulfato de sodio

$BaCl_2(aq) + Na_2SO_4(aq) \rightarrow BaSO_4(s)\downarrow + 2\ NaCl(aq)$

Al combinar una disolución acuosa de cloruro de bario, $BaCl_2$, con una disolución de sulfato de sodio, Na_2SO_4, se forma un precipitado blanco de sulfato de bario, $BaSO_4$ (Fig. 5.4). También se forma otro producto: cloruro de sodio que permanece en disolución.

Una de las aplicaciones del sulfato de bario es en el campo de la medicina. Debido a su elevada densidad, el sulfato de bario no deja pasar los rayos X. Al introducirse en el organismo, se puede observar el sistema gastrointestinal aplicando rayos X (Fig. 5.5).

Se utiliza para detectar enfermedades como úlceras, tumores, etc.

Figura 5.4

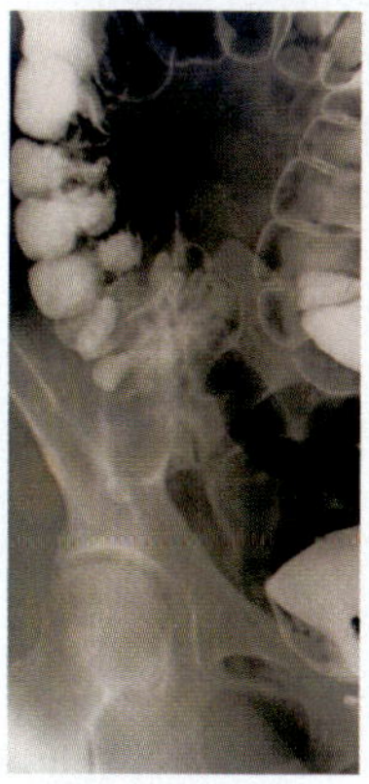

Figura 5.5

Las reacciones de precipitación se utilizan, por ejemplo, para eliminar contaminantes metálicos del agua, mediante la adición de reactivos que los transformen en formas sólidas insolubles. La mayoría de los metales precipitan en medio básico en forma de hidróxidos añadiendo la cal, $Ca(OH)_2$, como agente precipitador, ya que es muy barato.

Posteriormente, los precipitados son retirados del agua por métodos físicos: filtración, decantación o centrifugación.

Ten en cuenta

Cuando el producto de una reacción precipita se escribe en la ecuación química una flecha hacia abajo (↓) para indicar que el compuesto ha precipitado.

Te interesa saber

El **análisis gravimétrico** es un método de análisis químico cuantitativo basado en la medida de la masa mediante una balanza analítica.

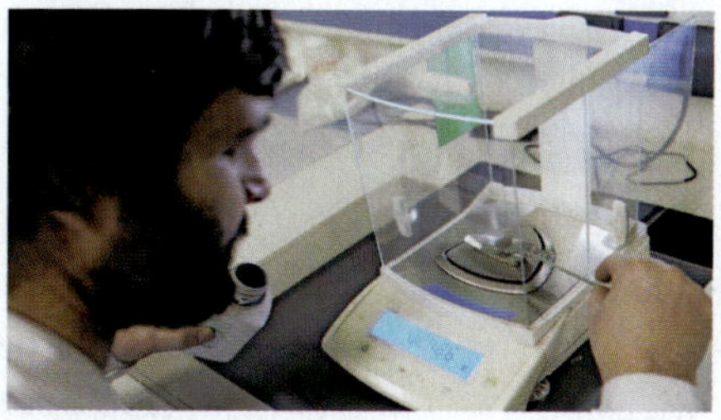

Este método está basado en la precipitación que se produce en tres pasos:

- La muestra a analizar se disuelve.
- Se hace reaccionar el elemento o ion que se analiza con un reactivo para que precipite.
- El precipitado se filtra, se seca y se pesa.

ACTIVIDADES

13. Identifica de las siguientes reacciones redox la sustancia reductora y la oxidante.

a) $4\ Fe(s) + 3\ O_2(g) \rightarrow 2\ Fe_2O_3(s)$

b) $2\ H_2O_2(aq) \rightarrow 2\ H_2O(l) + O_2(g)$

c) $CuO(s) + H_2(g) \rightarrow Cu(s) + H_2O(g)$

d) $Zn(s) + 2HCl(aq) \rightarrow ZnCl_2(aq) + H_2(g)$

EJERCICIOS Y PROBLEMAS RESUELTOS

Cálculos estequiométricos con masa y volumen

11 **El carbón es un mineral de origen orgánico formado por descomposición de restos vegetales acumulados durante millones de años. Actualmente cubre cerca del 25 % de la demanda energética mundial, siendo la segunda fuente de energía, después del petróleo.**

Una central térmica media tiene un consumo diario de 6000 t de carbón de hulla, que contiene un 20 % de impurezas de azufre. Como consecuencia de estas impurezas se emite dióxido de azufre a la atmósfera, uno de los gases responsable de la lluvia ácida.

a) **Escribe, ajusta, clasifica e interpreta la reacción del azufre con el oxígeno.**

b) **Calcula los moles de azufre contenidos en las 6000 t de hulla.**

c) **Calcula la cantidad teórica de dióxido de azufre que se formará al quemar las 6000 t de carbón.**

d) **Calcula el volumen que ocuparía dicho gas a 760 mm de Hg y 100 °C.**

e) **Si el rendimiento de la combustión fuese del 90 %, ¿qué cantidad de dióxido de carbono se desprendería?**

Consideraciones iniciales

- Los minerales de carbón utilizados en la industria contienen azufre que durante la combustión originan dióxido de azufre gaseoso. Con la masa de carbón y el porcentaje de pureza, se puede obtener la cantidad de azufre total en las 6000 t de carbón.
- A partir de la ecuación ajustada, es posible conocer la cantidad y el volumen de dióxido de azufre emitido.
- Conocida la cantidad teórica y el rendimiento del proceso, se obtiene la cantidad real del producto.
- Utilizaremos los correspondientes factores de conversión para la resolución del ejercicio.

▶ Resolución

a) La reacción que se produce es la combustión del azufre para dar dióxido de azufre:

$$S(g) + O_2(g) \rightarrow SO_2(g)$$

La ecuación ajustada indica que 1 mol de azufre reacciona con 1 mol de oxígeno para formar 1 mol de dióxido de azufre.

b) Conocida la masa inicial de hulla podemos calcular el número de moles aplicando los siguientes factores de conversión:

$$m(\text{hulla}) \xrightarrow[\text{de S}]{\text{riqueza}} m(S) \xrightarrow[\text{de S}]{\text{masa molar}} n(S)$$

$$(6 \cdot 10^9 \text{ g de hulla}) \cdot \frac{(20 \text{ g de S})}{(100 \text{ g de hulla})} \cdot \frac{(1 \text{ mol de S})}{(32 \text{ g de S})} =$$

$$= 3{,}8 \cdot 10^7 \text{ mol de S}$$

c) A partir de este resultado, y teniendo en cuenta los coeficientes estequiométricos de la reacción: por cada mol de azufre se origina un mol de dióxido de azufre, de lo cual se deduce que se emitirán a la atmósfera $3{,}8 \cdot 10^7$ moles de SO_2

d) Conocidos los moles de dióxido de azufre gaseoso y utilizando la ecuación de los gases ideales obtendremos el volumen que ocupa dicho gas:

$$pV = nRT \Rightarrow V = \frac{nRT}{p}$$

$$V = \frac{(3{,}8 \cdot 10^7 \text{ mol})(0{,}082 \text{ atm L K}^{-1} \text{mol}^{-1})(373 \text{ K})}{1 \text{ atm}} = 1{,}2 \cdot 10^9 \text{ L}$$

e) La cantidad obtenida de dióxido de azufre se ha calculado suponiendo que el rendimiento de la combustión es del 100 %.

Como el rendimiento es del 90 %, la cantidad emitida será el 90 % de la teórica. Aplicando como factor de conversión el rendimiento de la combustión, lo calculamos:

$$n_{\text{teóricos}}(SO_2) \xrightarrow[\text{de la reacción}]{\text{rendimiento}} n_{\text{reales}}(SO_2)$$

$$(3{,}8 \cdot 10^7 \text{ mol de } SO_2) \cdot \frac{(90 \text{ mol de } SO_2)}{(100 \text{ mol de } SO_2)} = 3{,}4 \cdot 10^7 \text{ mol}$$

> **CONCLUSIONES:** El dióxido de azufre emitido a la atmósfera se oxida formando trióxido de azufre, que al combinarse con el vapor de agua del aire forma el ácido sulfúrico.

Finalmente estas sustancias caen acompañando a las precipitaciones, lo cual genera la denominada lluvia ácida.

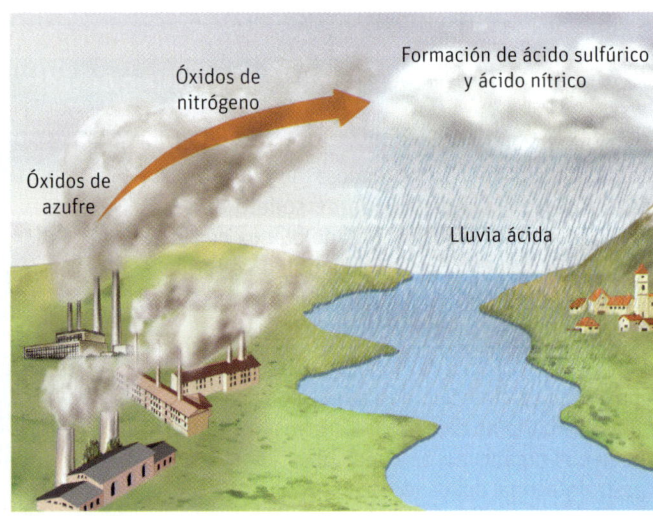

Esta contaminación produce efectos perjudiciales sobre los ecosistemas y también sobre catedrales y monumentos de piedra caliza, que se van disolviendo y degradando.

Cálculos con reactivos en disolución y con reactivo limitante

12 Durante un proceso de volumetría se añaden 20 mL de ácido clorhídrico 8 mol L^{-1} a un matraz de Erlenmeyer que contiene 100 mL de una disolución de hidróxido de sodio 1,5 mol L^{-1}.

En este proceso de volumetría se añade ácido clorhídrico, HCl, utilizando una bureta calibrada a una disolución de hidróxido de sodio, NaOH, hasta conseguir el punto final, la neutralización. En la solución que contiene el matraz hay un indicador que cambia permanentemente de color al alcanzar el punto final de la valoración.

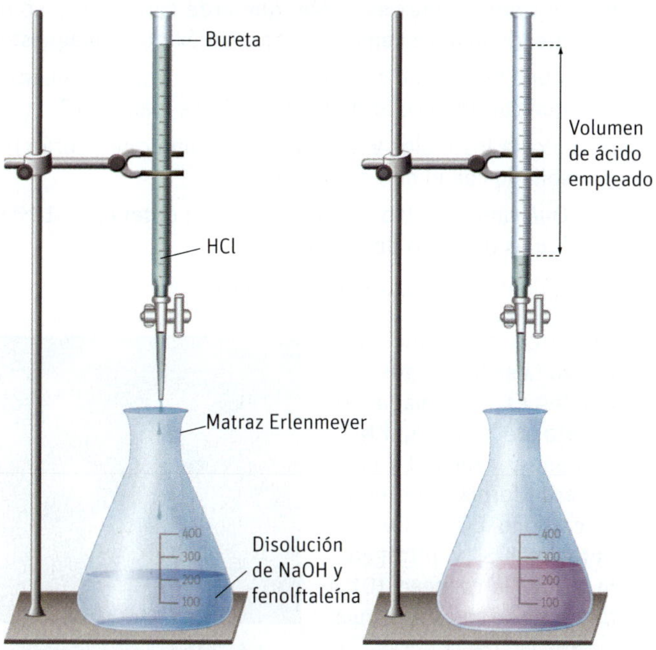

a) Escribe, ajusta, clasifica e interpreta la reacción entre el ácido y el hidróxido.

b) Deduce el reactivo limitante y el reactivo en exceso.

c) Calcula la cantidad de cloruro de sodio formada.

d) Calcula la cantidad de reactivo en exceso que queda sin reaccionar.

e) Si la disolución de hidróxido de sodio contiene el indicador fenolftaleína, que presenta una coloración violeta en disolución básica e incolora en neutra o ácida, ¿qué color tendrá la disolución al final de la reacción?

Consideraciones iniciales

- Para realizar los cálculos estequiométricos, primero hay que conocer los reactivos y los productos que intervienen en la reacción.
- A continuación, se ajusta la ecuación para obtener las cantidades estequiométricas de combinación.
- A partir de los datos de cada reactivo se calculan los moles del producto que se obtendría en cada caso.
- Se comparan las dos cantidades de producto obtenidas y se deducen el reactivo limitante y la cantidad final de producto.
- Utilizaremos los correspondientes factores de conversión para la resolución del ejercicio.

▸ Resolución

a) La reacción que se produce se puede clasificar como de neutralización o de doble sustitución:

$$HCl(aq) + NaOH(aq) \longrightarrow NaCl(aq) + H_2O(l)$$

La ecuación ajustada indica que 1 mol de ácido clorhídrico reacciona con 1 mol de hidróxido de sodio para formar 1 mol de cloruro de sodio y 1 mol de agua.

b) A partir de los datos de los dos reactivos, se calcula la cantidad de producto que se obtendría en cada caso.

El reactivo limitante es aquel reactivo que conduce a la menor cantidad de producto:

$$V(\text{HCl}) \xrightarrow[\text{molar}]{\text{concentración}} n(\text{HCl}) \xrightarrow[\text{de la ecuación}]{\text{coeficientes}} n(\text{NaCl})$$

$$(20\ \text{mL HCl})\cdot\frac{(8\ \text{mol HCl})}{(1000\ \text{mL HCl})}\cdot\frac{(1\ \text{mol NaCl})}{(1\ \text{mol HCl})}=0{,}16\ \text{mol NaCl}$$

$$V(\text{NaOH}) \xrightarrow[\text{molar}]{\text{concentración}} n(\text{NaOH}) \xrightarrow[\text{de la ecuación}]{\text{coeficientes}} n(\text{NaCl})$$

$$(100\ \text{mL NaOH})\cdot\frac{(1{,}5\ \text{mol NaOH})}{(1000\ \text{mL NaOH})}\cdot\frac{(1\ \text{mol NaCl})}{(1\ \text{mol NaOH})}=$$

$$=0{,}15\ \text{mol NaCl}$$

En este caso, el reactivo limitante es el NaOH porque produce la menor cantidad de NaCl.

c) La cantidad de producto obtenida de la reacción entre el ácido y la base es la que origina el reactivo limitante, por tanto, se obtendrán 0,15 moles de cloruro de sodio.

d) Para calcular la cantidad de reactivo en exceso del ácido clorhídrico, HCl, tendremos que restar los moles iniciales de los que se han consumido:

$$n_{\text{exceso}} = n_{\text{iniciales}} - n_{\text{consumidos}}$$

$$n_{\text{exceso}} = (0{,}16\ \text{mol}) - (0{,}15\ \text{mol}) = 0{,}01\ \text{mol de HCl}$$

$$m_{\text{exceso}} = (0{,}01\ \text{mol})(36{,}5\ \text{g}) = 0{,}365\ \text{g de HCl}$$

e) Como al final de la reacción hay exceso de ácido, la mezcla tendrá carácter ácido, ya que los productos formados son neutros.

La disolución final será incolora, ya que el indicador ácido-base (fenolftaleína) en disoluciones ácidas no presenta ninguna coloración.

> **CONCLUSIONES:** Antes de que se produzca la reacción, el matraz presenta una coloración violeta debido a la presencia del indicador en la disolución básica que contiene hidróxido de sodio.
>
> Al final de la reacción, el matraz contiene ácido, por encontrarse en exceso, junto a los productos neutros: cloruro de sodio y agua. Por esta razón la disolución es incolora.

ACTIVIDADES

Reacciones y ecuaciones químicas

14. Los trajes espaciales llevan unos depósitos de hidróxido de litio para absorber el dióxido de carbono producido en la respiración de los astronautas con el fin de que no se alcancen concentraciones peligrosas. Los productos que se forman son carbonato de litio y agua.

a) Escribe la ecuación química ajustada.

b) Interpreta la ecuación ajustada a nivel de moléculas, de moles y de gramos.

15. Para fabricar bollos y bizcochos se añade un gasificante, que contiene bicarbonato de sodio. Al hornearse, el bicarbonato, $NaHCO_3$, se descompone en carbonato de sodio, Na_2CO_3, agua y dióxido de carbono.

Este gas es el responsable de que salgan esponjosos los bollos.

a) Escribe la ecuación química ajustada.

b) Indica las posibles interpretaciones de la ecuación química ajustada.

16. La cocina de gas funciona por reacción del gas con oxígeno, dando dióxido de carbono y agua.

a) Si el gas es propano (C_3H_8), escribe la reacción y ajusta la ecuación.

b) En condiciones de combustión imperfecta se puede producir monóxido de carbono en lugar de dióxido de carbono. Escribe la reacción ajustada.

17. Ajusta e interpreta las siguientes ecuaciones:

a) $Ca + V_2O_5 \rightarrow CaO + V$

b) $C_6H_6 + O_2 \rightarrow CO_2 + H_2O$

c) $NH_3 + O_2 \rightarrow NO + H_2O$

d) $H_2SO_4 + Al(OH)_3 \rightarrow Al_2(SO_4)_3 + H_2O$

18. Escribe ajustadas las ecuaciones que representan a las siguientes reacciones:

a) La reacción de síntesis del cloruro de sodio a partir de sus elementos.

b) La reacción de descomposición del óxido de mercurio(II) en sus elementos.

c) La reacción de sustitución entre el cinc y el sulfato de cobre(II).

d) La reacción de doble sustitución, o neutralización, entre el ácido sulfúrico y el hidróxido de calcio.

19. ¿Qué productos se obtienen en las siguientes reacciones?

a) $HBr \rightarrow$ (descomposición)

b) $K + Cl_2 \rightarrow$ (síntesis)

c) $Al + CuCl_2 \rightarrow$ (sustitución)

d) $F_2S_3 \rightarrow$ (descomposición)

20. Clasifica, copia en tu cuaderno y completa las siguientes ecuaciones. Ajusta las ecuaciones químicas:

a) $H_2 + \square \rightarrow HBr$

b) $C_2H_2 + O_2 \rightarrow CO_2 + \square$

c) $Fe + CuSO_4 \rightarrow FeSO_4 + \square$

d) $H_3PO_4 + \square \rightarrow AlPO_4 + H_2O$

Cálculos con masa y volumen

21. Al añadir agua al carburo de calcio, CaC_2, se produce hidróxido de calcio, $Ca(OH)_2$, y etino o acetileno, C_2H_2.

a) Escribe y ajusta la reacción.

b) Calcula cuántos gramos de CaC_2 y de agua se necesitan para obtener 2,10 L de C_2H_2 a 27 °C y 760 mm de Hg.

Solución: b) 5,47 g de CaC_2, 3,07 de H_2O

22. Los grupos especiales de la policía utilizan dispositivos cegadores para detener a los delincuentes en sus escondites. Uno de sus componentes es el Mg, que arde con el oxígeno desprendiendo una luz cegadora y forman óxido de magnesio.

a) Si uno de estos dispositivos contiene 1,2 g de magnesio, ¿qué cantidad se formará de óxido de magnesio?

b) Calcula los moles y gramos de oxígeno que habrán reaccionado con el magnesio.

c) ¿Qué cantidad debería contener para obtener $3 \cdot 10^{23}$ moléculas de óxido de magnesio?

Solución: a) 2,0 g; b) 0,025 mol, 0,80 g; c) 0,50 mol, 12 g

23. La mezcla pirotécnica más utilizada en los fuegos artificiales es la formada por nitrato de potasio, KNO_3, carbono y azufre. La mezcla arde formando dióxido de carbono, CO_2, sulfuro de potasio, K_2S, y nitrógeno. Si la mezcla contiene 101 g de nitrato de potasio, calcula:

a) Las cantidades de azufre y carbón con las que reaccionará.

b) La masa que se obtendrá de N_2 medido a 25 °C y 1 atm.

c) El volumen que se emite de CO_2 a 20 °C y 1 atm.

Solución: a) 1,5 mol de C, 0,5 mol de S; b) 14 g; c) 36 L

24. Las estufas de terraza son calefactores que utilizan la combustión de gas butano, C_4H_{10}, para emitir calor.

a) Escribe la ecuación de combustión.

b) Si una estufa está conectada a una botella que contiene 15 kg de butano, ¿qué cantidad de oxígeno se necesita para quemar todo el butano?

c) Si el consumo de la estufa es de 0,7 $kg\,h^{-1}$, ¿en cuánto tiempo emitirá 112 L de CO_2 a 0 °C y 1 atm?

d) ¿Por qué crees que el Ayuntamiento de París ha prohibido este tipo de estufas?

Solución: b) $1,68 \cdot 10^3$ mol; c) 373 s

Cálculos con reactivos en disolución

25. El hierro reacciona con sulfato de cobre(II) para formar sulfato de hierro(II) y cobre metálico. Determina la masa de cobre que se obtiene si disponemos de 300 mL de sulfato de cobre(II) de densidad 1,04 g mL^{-1}.

Solución: 124,5 g

26. Algunos extintores aprovechan la reacción entre el bicarbonato de sodio, $NaHCO_3$, y el ácido sulfúrico. Al mezclar ambos reactivos en el interior del extintor se genera una presión, causada por la formación del gas dióxido de carbono, que impulsa hacia fuera al agua. También se produce sulfato de sodio, Na_2SO_4. Un extintor de este tipo contiene 0,750 kg de $NaHCO_3$ disuelto en 10 L de agua, junto a un recipiente de ácido sulfúrico del 70 % en masa y densidad 1,4 kg L^{-1}.

a) Escribe y ajusta la reacción que tiene lugar.

b) Calcula el volumen de ácido que reaccionará.

c) Indica la cantidad de CO_2 que se formará.

Solución: b) 0,447 L; c) 8,93 mol

27. Para que podamos beber agua potable todos los días, el agua es tratada en la potabilizadora con una sustancia química: el hipoclorito de sodio, NaClO, que actúa como desinfectante. Esta sustancia se obtiene por disolución de cloro elemental en una disolución acuosa de hidróxido de sodio. Como resultado se forma hipoclorito de sodio, cloruro de sodio y agua.

a) Calcula el volumen de gas cloro, en condiciones normales, que reacciona con 10 L de una disolución de hidróxido de sodio 4 mol L^{-1}.

b) ¿Qué cantidad se formará de NaClO?

c) Si queremos obtener 149 g de NaClO, ¿qué volumen se necesita de disolución NaOH 4 mol L^{-1}?

Solución: a) 448 L; b) 20 mol; c) 1 L

28. El hipoclorito de sodio se añade a las piscinas como desinfectante: para prevenir la presencia de bacterias y algas. Los socorristas saben que no debe mezclarse ácido clorhídrico con hipoclorito de sodio, porque se libera un gas tóxico, el cloro, junto a cloruro de sodio y agua.

a) Escribe la ecuación ajustada.

b) ¿Qué volumen de disolución de NaClO de concentración 100 g L^{-1} reaccionaría con 250 mL de HCl 4 mol L^{-1}?

c) ¿Qué volumen de gas cloro se liberaría en condiciones normales?

Solución: b) 0,37 L; c) 11,2 L

Reactivo limitante y rendimiento de una reacción

29. El cloruro de aluminio, $AlCl_3$, muy usado en la industria, se obtiene tratando limaduras de aluminio con cloro, Cl_2, según la ecuación: $2\ Al(s) + 3\ Cl_2(g) \rightarrow 2\ AlCl_3(s)$. Si se parte de 2,7 g de Al y 4,1 g de Cl_2, ¿cuál es el reactivo limitante? ¿Cuántos gramos de $AlCl_3$ se obtienen?

Solución: 5,14 g

30. Los arquitectos utilizan placas de titanio para recubrir edificios, debido a que es un metal que presenta una baja densidad, una elevada resistencia mecánica y una alta resistencia química frente a la oxidación.

Para obtener titanio se hacen reaccionar 350 kg de cloruro de titanio(IV) con 110 kg de magnesio fundido, formándose titanio y cloruro de magnesio.

a) Deduce cuál es el reactivo limitante.

b) Halla la cantidad teórica de titanio que se puede obtener.

c) Si la cantidad real obtenida de titanio es de 80 kg, calcula el rendimiento del proceso.

Solución: b) 1843 mol, 88,3 kg; c) 90,6 %

31. El óxido de titanio(IV) es una de las sustancias químicas más blancas que existen; refleja casi toda la radiación visible. Se utiliza para pintar electrodomésticos, automóviles, aparatos electrónicos, etc. Este pigmento blanco se obtiene industrialmente haciendo reaccionar el mineral ilmenita, $FeTiO_3$, con ácido sulfúrico. Además de óxido de titanio(IV), se forma sulfato de hierro(II) y agua.

a) Calcula la cantidad teórica de óxido de titanio(IV) que se puede obtener a partir de 4 t del mineral ilmenita y 5000 L de ácido sulfúrico 6 mol L^{-1}.

b) Si realmente se obtienen 2 t de óxido de titanio(IV), ¿cuál es la pureza del mineral?

Solución: a) $2{,}64 \cdot 10^4$ mol; b) 95 %

32. La nitroglicerina es una sustancia que se utiliza en medicina para tratar dolencias del corazón. Pero su aplicación más conocida es como explosivo. Es tan inestable que una ligera sacudida puede provocar su descomposición liberando de forma explosiva gran cantidad de gases, según la reacción:

$$C_3H_5N_3O_9 \rightarrow N_2 + CO_2 + O_2 + H_2O$$

a) Ajusta la ecuación química.

b) ¿Qué cantidad de nitrógeno se libera en la descomposición de 100 g de nitroglicerina?

c) Si la cantidad de oxígeno liberada fue de 3,3 g, calcula el rendimiento del proceso.

Solución: b) 0,66 mol; c) 94 %

ACTIVIDADES

Cálculos estequiométricos y laboratorio

33. La reacción de descomposición térmica del monóxido de mercurio (HgO) se puede preparar fácilmente en un laboratorio. Si calentamos el óxido se observa como al cabo de un tiempo se produce mercurio liberándose oxígeno gaseoso que recoge el globo a medida que va desapareciendo el color rojizo del HgO.

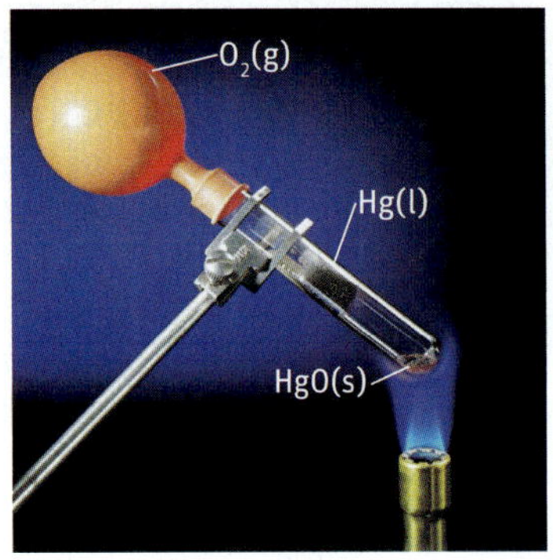

Determina qué volumen de oxígeno se produce, medidos a 27 °C y 1 atm de presión, si partimos de 4,6 g de HgO.

Solución: 0,27 L

34. El cloro se obtiene en el laboratorio según la reacción: óxido de manganeso(IV) más ácido clorhídrico para dar cloruro de manganeso(II), agua y cloro molecular. Calcula el volumen de ácido clorhídrico 0,2 mol L^{-1} que habrá que utilizar para obtener 50 L de cloro medidos a 15 °C y 720 mm de Hg.

Dato: 1 atm = 760 mm de Hg.

Solución: 40 L

35. La forma más sencilla de obtener hidrógeno en el laboratorio es mediante la reducción del ácido clorhídrico con un metal como el magnesio recogiendo el H_2 mediante una probeta, según se muestra en el dispositivo.

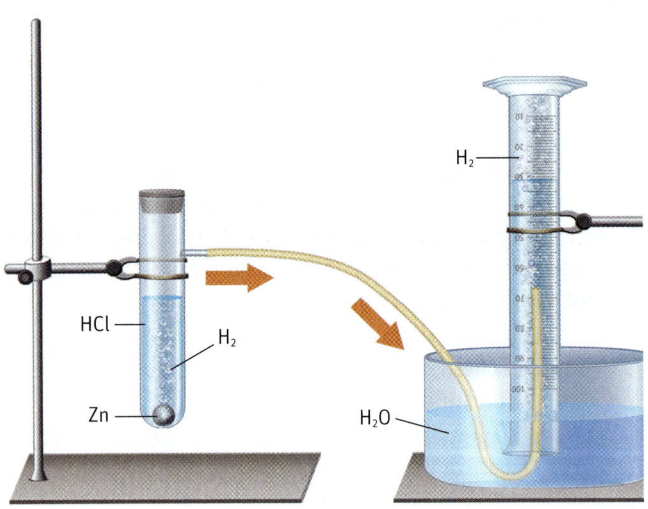

a) Escribe la reacción entre el magnesio y el ácido clorhídrico.

b) Se añaden en el tubo de ensayo un trozo de magnesio de 0,24 g y 10 mL de ácido clorhídrico de concentración 37 % en masa y densidad 1,18 g mL^{-1}. Deduce el reactivo limitante.

c) Calcula la cantidad teórica que se generará de hidrógeno gas y su volumen a 20 °C y 1 atm.

d) Se saca la probeta boca abajo con el hidrógeno en su interior. Al aproximar una llama se produce una pequeña explosión. Escribe la ecuación que representa lo que ha sucedido.

Solución: c) $9{,}9 \cdot 10^{-3}$ mol; 0,24 L

36. El vinagre es una disolución acuosa de ácido acético, CH_3COOH, que procede de la oxidación del vino. Para determinar la concentración de una muestra de vinagre se colocan 5 mL en un Erlenmeyer y se añaden unas gotas de indicador ácido–base: fenolftaleína.

Desde la bureta, se añade lentamente una disolución 0,1 mol L^{-1} de hidróxido de sodio. La neutralización se consigue cuando la fenolftaleína cambia de incolora, en disolución ácida o neutra, a violeta, en disolución básica.

a) Escribe y ajusta la reacción de neutralización que tiene lugar entre el ácido acético, CH_3COOH, y el hidróxido de sodio, NaOH.

b) La fenolftaleína torna de incolora a violeta cuando se han añadido 40 mL de hidróxido de sodio. Calcula los moles de base añadidos.

c) ¿Qué cantidad de ácido ha reaccionado exactamente con la base?

d) Calcula la concentración del vinagre en ácido acético expresada en g/100 mL.

e) ¿Qué función tiene la fenolftaleína?

Solución: b) $4 \cdot 10^{-3}$ mol; c) $4 \cdot 10^{-3}$ mol; d) 4,8 g/100 mL

smSaviadigital.com

37. Entra en esta página y resuelve.

a) Selecciona el gas metano. Ajusta la ecuación. Añade 5 mol de metano y 3 mol de oxígeno. Pulsa *Start the reaction* y observa lo que ocurre.

b) Indica el reactivo limitante y lo que queda en exceso. ¿Qué cantidades de productos se han formado?

38. En la aplicación de esta web se muestran diferentes situaciones para poner en práctica los conceptos de reactivo limitante y reactivo en exceso.

a) En la primera pantalla, selecciona la opción *Meet & Cheese Sandwich*. Crea tu propio sándwich formado por 2 trozos de pan, 1 filete y 3 lonchas de queso. Añade como reactivos 10 trozos de pan, 5 filetes y 5 lonchas de queso. Indica el reactivo limitante, los sándwiches que se pueden formar y el material excedente.

b) Entra en la segunda pantalla de *Real Reaction*. Selecciona la reacción de síntesis de amoniaco. Añade 10 moléculas de cada reactivo. Indica el reactivo limitante, las moléculas de amoniaco que se forman y las moléculas que se quedan sin reaccionar.

c) Pasa a la tercera pantalla, *Game*, que presenta tres niveles de dificultad. Prueba los tres niveles para predecir los reactivos o productos en diferentes reacciones. Comprueba tu nivel y puntuación.

RESUELVE

smSaviadigital.com VALORA LO APRENDIDO > Realiza estas actividades de autoevaluación para comprobar los conocimientos adquiridos.

LA QUÍMICA Y... LA EXTINCIÓN DE INCENDIOS

Entender las reacciones químicas que tienen lugar durante un incendio permite prevenir el fuego y mantenerlo bajo control. Para que el fuego se inicie, se necesitan tres factores: combustible, oxígeno y energía de activación (triángulo del fuego). Para que se mantenga el fuego y se propague por todas las moléculas del combustible, es necesario un cuarto factor, la reacción en cadena, que junto a los otros factores constituyen el "tetraedro del fuego". El oxígeno y el combustible se encargan de mantener la combustión, el calor lleva al combustible a su estado de ignición y la reacción entre los elementos permite que el fuego se origine. Los extintores están diseñados para apagar el fuego combatiendo a uno o más lados de este tetraedro.

El **agua** es el agente extintor más utilizado a lo largo de la historia. Actúa absorbiendo calor y disminuyendo la temperatura del combustible. Además, si se añade pulverizada o con espuma, desplaza al oxígeno y "asfixia" al fuego. Sin embargo, el agua no debe utilizarse ni en fuegos eléctricos ni en fuegos de aceite. En el caso del aceite, porque al ser inmiscible en agua, se dispersaría y el fuego se extendería y podría llegar a ocasionar graves daños personales y materiales.

El **dióxido de carbono** es un agente extintor muy eficaz para fuegos en recintos cerrados y de naturaleza eléctrica. Por un lado elimina el oxígeno y además baja la temperatura, ya que al estar almacenado a elevada presión en estado líquido cuando se libera se convierte en gas a temperatura muy baja.

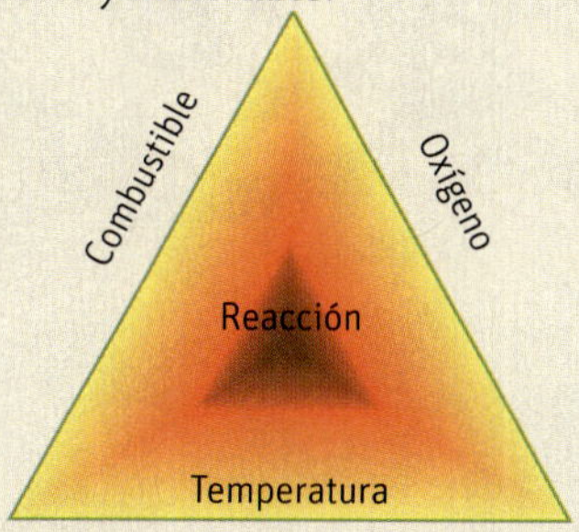

Los **agentes químicos extintores polivalentes** se utilizan para fuegos originados por todos los tipos de combustibles, ya sean sólidos, líquidos y gaseosos y tienen la gran ventaja que se pueden utilizar en presencia de corriente eléctrica.

Están formados por polvo seco de fosfato de calcio o de amonio, que absorbe energía calorífica y se descompone formando gases que a su vez desplazan al oxígeno.

Además presenta también una actuación química, ya que forman una fina capa que se interpone entre las moléculas del combustible y las del oxígeno, deteniendo la reacción en cadena necesaria para que se propague el fuego.

1. ¿Qué agente extintor utilizarías para apagar los siguientes fuegos?
   a) Aceite de una sartén en llamas. b) Un ordenador humeando por un cortocircuito. c) Una papelera ardiendo.
2. ¿Cómo se pueden prevenir los incendios forestales?
3. ¿A qué se debe la reacción en cadena que se produce en la mayoría de los fuegos?

Autoevaluación

1. En las reacciones químicas se conserva:
   a) El número de moléculas
   b) Los moles
   c) El número de átomos
   d) El volumen
2. Indica cuáles de las siguientes transformaciones son procesos químicos:
   a) La descomposición del agua oxigenada en oxígeno e hidrógeno
   b) La ebullición del agua
   c) La disolución de sal común en agua
   d) La combustión del hidrógeno para originar agua
3. Corrige las reacciones químicas incorrectas:
   a) $4\ NH_3 + 5\ O_2 \rightarrow 4\ NO_2 + 6\ H_2O$
   b) $6\ HCl + 2\ Al \rightarrow 2\ AlCl_3 + 2\ H_2$
   c) $4\ Al + 3\ O_2 \rightarrow 2\ Fe_2O_3$
   d) $C_6H_{12}O_6 \rightarrow 2\ C_2H_5OH + 3\ CO_2$
4. Indica la clasificación correcta para la reacción entre el cloruro de hidrógeno y el hidróxido de magnesio:
   $$2\ HCl + Mg(OH)_2 \rightarrow MgCl_2 + 2\ H_2O$$
   a) Síntesis y redox
   b) Descomposición y precipitación
   c) Sustitución y redox
   d) Doble sustitución y ácido–base
5. En la reacción de síntesis del agua oxigenada se combinan 128 g de oxígeno con 8 g de hidrógeno. El reactivo limitante es:
   a) El oxígeno
   b) El hidrógeno
   c) El agua oxigenada
   d) No hay reactivo limitante.
6. En la neutralización de 2 mol de ácido clorhídrico con 1500 mL de hidróxido de calcio 2 mol L^{-1}, la cantidad máxima de cloruro de calcio que se puede obtener es:
   a) 2 mol
   b) 0,5 mol
   c) 1 mol
   d) 1,5 mol

4 Química industrial

El titanio es un metal que, debido a su resistencia y baja densidad, es utilizado en técnica aeroespacial. Además, es bastante inerte, lo que lo hace biocompatible e idóneo para la construcción de prótesis humanas. En los últimos años su uso se ha extendido a la construcción y a la decoración, porque la química ha encontrado métodos más eficientes y menos costosos para su obtención a partir de sus menas. Igual ha sucedido con otros metales poco comunes.

22 47,87

Ti

Titanio

Recuerda y reflexiona

La química industrial de los elementos

1. El cadmio es un metal de color blanco azulado, que es dúctil y maleable, y suficientemente blando como para cortarlo con un cuchillo. Es un metal escaso y la mayoría del cadmio producido se emplea en la fabricación de baterías de níquel-cadmio. Es tóxico y los vertidos incontrolados se acumulan en los suelos. En las personas, se acumula en los riñones.

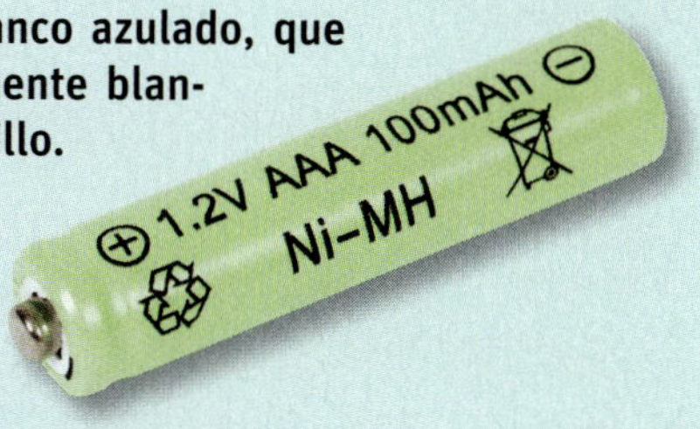

¿Cuál es la actitud a tomar respecto al reciclaje de las pilas recargables de Ni-Cd?

El cadmio cuando es liberado en el medio ambiente, contamina aguas superficiales y subterráneas, y suelos; por ello, las baterías de Ni-Cd deben ser recicladas adecuadamente. Nunca se deben abrir o arrojar al fuego, ya que pueden liberar cadmio al medio ambiente.

2. El wolframio o tungsteno es un elemento descubierto en 1783 por los españoles (hermanos) J. J. Elhúyar y F. Elhúyar. Posee la temperatura de fusión más alta de todos los metales (3422 °C); además, es dúctil, lo que permite fabricar hilos de wolframio que han sido utilizados en los filamentos de las lámparas de incandescencia.

¿Por qué se emplea cada vez menos en la fabricación de lámparas de incandescencia? ¿Qué nombre propone la IUPAC para este metal a partir de 2005?

Las lámparas de incandescencia son poco eficientes desde el punto de vista energético y están llamadas a ser sustituidas por lámparas de bajo consumo (tubos de descarga y LED). La IUPAC propuso en 2005 el nombre único de *tungsten*.

3. El permalloy es un material formado por una aleación con un 20 % de hierro y un 80 % de níquel, aunque estos porcentajes pueden variar algo. Se usa en la construcción de electroimanes, transformadores eléctricos y discos duros.

¿Qué propiedades se buscan en los materiales que forman los electroimanes?

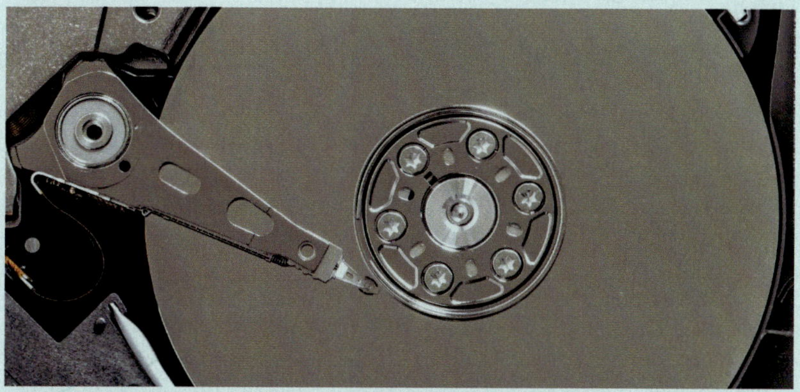

Los electroimanes constan de un material que debe pasar, rápidamente y con mucha frecuencia, de un estado de imantación, producido por una corriente eléctrica, a otro estado de desimantación, cuando esta cesa. Diversos materiales magnéticos van perdiendo eficacia cuando han experimentado varias veces este proceso (se dice que "guardan memoria"), por lo que conviene emplear aleaciones como el permalloy para evitarlo.

1 El amoniaco

EXPERIMENTA

En un espacio abierto, abre un recipiente de amoniaco de los empleados en limpieza doméstica, sitúate a unos veinte centímetros de la boca del recipiente, y con una mano acerca los vapores que salen de él a tu nariz y notarás su olor profundo y sofocante.

Si, además, acercas a la boca del recipiente una cinta de papel indicador, comprobarás que su color cambia a azulado.

El **amoniaco** o **azano**, a temperatura ambiente, es un gas incoloro de olor profundo e irritante. Su fórmula es NH_3, donde el átomo de nitrógeno forma tres enlaces covalentes con tres átomos de hidrógeno, que forman una pirámide trigonal.

- La **geometría de la molécula**, una pirámide trigonal (Fig. 4,1), hace que sea un dipolo, lo que determina algunas propiedades físicas, como la temperatura de fusión (−78 °C) o la de ebullición (−33 °C), anormalmente altas por las interacciones entre los dipolos.
- El par de electrones no compartidos del átomo de nitrógeno confiere a las disoluciones acuosas de amoniaco su **carácter básico**.
- La gran **solubilidad** del amoniaco en agua (a 0 °C se disuelven 89,9 g de amoniaco en 100 mL de agua) se debe a la formación de enlaces de hidrógeno entre las moléculas de agua y las moléculas de amoniaco (Fig. 4,1). Por eso se vende en disoluciones acuosas de amoniaco para la limpieza doméstica, que suelen ser de un 15 % en masa.

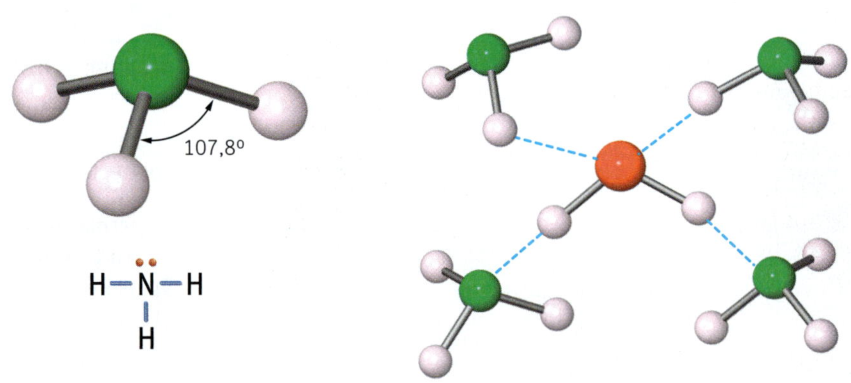

Figura 4.1. Geometría de la molécula de NH_3 y enlaces de hidrógeno entre las moléculas de amoniaco y de agua.

1.1. Obtención del amoniaco: un problema acuciante

En el siglo XIX, cuando se fueron agotando los depósitos de fertilizantes de origen animal (el guano), se planteó el reto mundial de desarrollar una forma fácil y rentable de fijar el nitrógeno atmosférico, N_2, muy abundante, y producir amoniaco, que es la base de posteriores procesos industriales, sobre todo en la industria de los fertilizantes.

Esto no es sencillo porque el nitrógeno atmosférico está en forma de N_2, con los dos átomos de nitrógeno unidos por un triple enlace, $N{\equiv}N$, muy fuerte y difícil de romper.

A comienzos del siglo XX, los químicos alemanes F. Haber y C. Bosch desarrollaron y patentaron el proceso que lleva su nombre (Fig. 4.2), que se resume con la reacción global:

$$N_2(g) + 3\ H_2(g) \rightarrow 2\ NH_3(g) + 92{,}4\ kJ\ mol^{-1}$$

Las materias primas son abundantes y baratas (el N_2 se obtiene directamente del aire y el H_2 del gas natural); sin embargo, el amoniaco producido tiene tendencia a descomponerse de nuevo en H_2 y N_2 ya que es una **reacción reversible**, y es necesario realizar el proceso a unas 300 atm de presión y unos 500 °C de temperatura. Asimismo, el proceso se acelera con un **catalizador** formado por una mezcla de Fe(+3), Mo y Al_2O_3.

Ten en cuenta

El $H_2(g)$ necesario para el proceso Haber-Bosch se consigue mezclando vapor de agua a alta temperatura (750 °C) y presión (40 atm) con metano. Se produce la reacción:

$$CH_4(g) + H_2O(g) \rightarrow CO(g) + 3\ H_2(g)$$

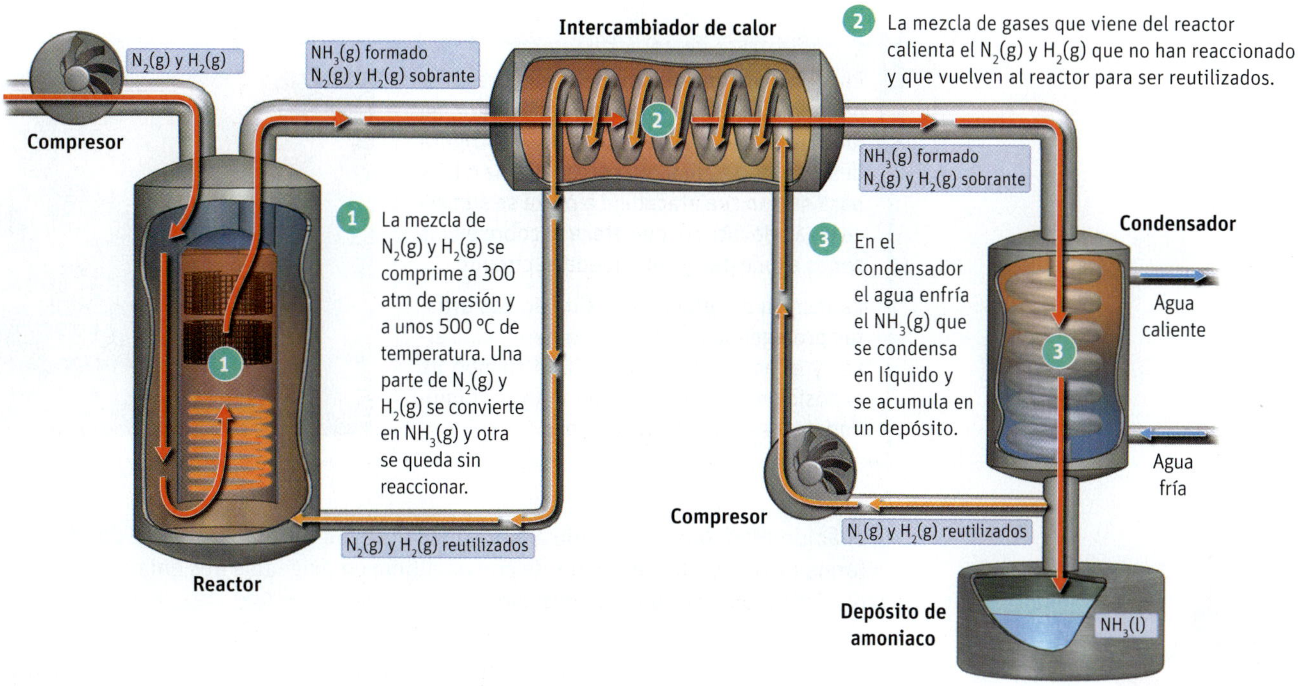

Figura 4.2. Proceso de Haber-Bosch para la producción de amoniaco.

1.2. Aplicaciones del amoniaco

Productos de limpieza y cosmética

- El amoniaco es un buen disolvente de las grasas y, por ello, sus disoluciones se emplean habitualmente como limpiadores domésticos.
- Forma parte de numerosos productos cosméticos, como los tintes.

Fabricación de fertilizantes

- El 75 % de su producción se emplea para producir nitrato de amonio y de sulfato de amonio.
- Actualmente una parte importante se emplea en la fabricación de urea, $CO(NH_2)_2$, un fertilizante con un 46 % en masa de nitrógeno.

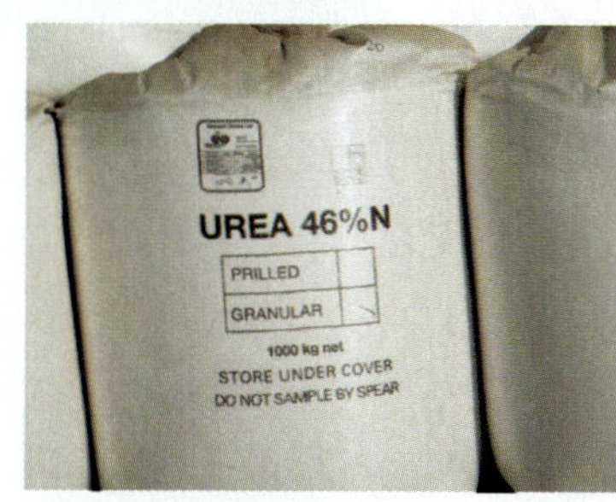

Industria alimentaria

- Sus disoluciones acuosas se emplean como aditivo en la carne para evitar infecciones alimentarias (salmonela, etc.).
- El hidrogenocarbonato de amonio, NH_4HCO_3, se emplea en panadería y repostería como levadura química, etc.

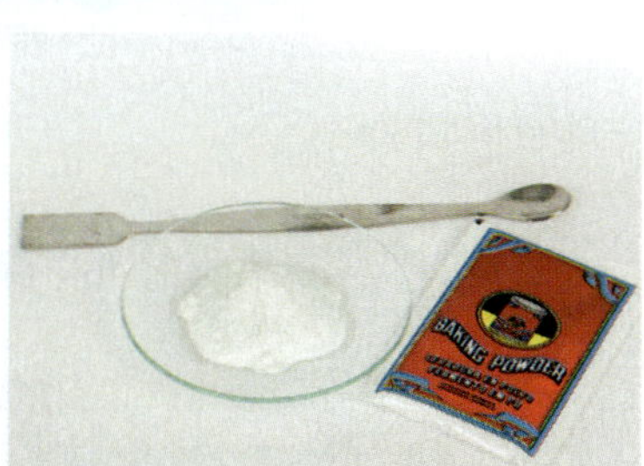

Uso como refrigerante

- Muchas instalaciones frigoríficas de la industria alimentaria usan gas amoniaco como refrigerante. Este gas, al contrario que los gases refrigerantes con cloro, no ataca a la capa de ozono.

ACTIVIDADES

1. En el proceso de Haber-Bosch, la obtención del H_2 a partir del gas natural se realiza mediante la reacción:

$$CH_4(g) + H_2O(g) \rightarrow CO(g) + 3\ H_2(g)$$

¿Cuántos moles de metano son necesarios para obtener 25 L de H_2 medido a 1 bar y 0 °C?

Solución: 0,37 mol

2. El aditivo alimentario NH_4HCO_3, conocido como E 503(II), se obtiene con la reacción:

$$CO_2 + NH_3 + H_2O \rightarrow NH_4HCO_3$$

Calcula cuánto amoniaco es necesario para obtener 245 g de E 503(II).

Solución: 53 g

2 El ácido nítrico

OBSERVA

En la imagen vemos un circuito impreso fabricado a partir de una lámina de cobre. Se fabrica dibujando sobre el cobre la figura deseada, protegiéndola con un barniz o laca para que no sea atacada. La pieza se sumerge en ácido nítrico, que ataca al cobre en las zonas expuestas y solo queda el circuito.

La técnica del grabado es similar. Los artistas protegen las partes que quieren conservar y el ácido ataca al resto. El tiempo de exposición al ácido determina la profundidad de los surcos ocasionados.

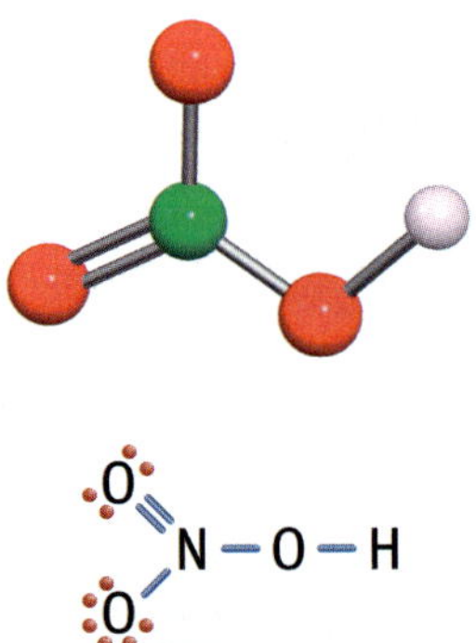

Figura 4.3. Geometría de la molécula de HNO_3.

El **ácido nítrico** es un líquido aceitoso incoloro. Su fórmula es HNO_3, donde el nitrógeno forma un doble enlace covalente con un átomo de oxígeno y dos enlaces sencillos con los otros dos, uno de ellos coordinado.

- En disolución acuosa, el hidrógeno tiene tendencia separarse como H^+, dejando al ion nitrato (NO_3^-) disuelto, y confiriendo a la disolución un **fuerte carácter ácido**.
- Una característica de este ácido es su **fuerte carácter oxidante**, lo que le confiere capacidad para atacar y disolver rápidamente metales como el cobre o el hierro:

$$Cu(s) + 4\ HNO_3(aq) \rightarrow Cu(NO_3)_2(aq) + 2\ NO_2(g) + 2\ H_2O(l)$$

$$3\ Fe(s) + 8\ HNO_3(aq) \rightarrow 3\ Fe(NO_3)_2(aq) + 2\ NO(g) + 4\ H_2O(l)$$

2.1. Obtención del ácido nítrico

En el **laboratorio** puede obtenerse calentando nitrato de potasio con ácido sulfúrico concentrado según la reacción:

$$KNO_3(aq) + H_2SO_4(aq) \rightarrow KHSO_4(aq) + HNO_3(aq)$$

Su **obtención industrial** se realiza oxidando el amoniaco con ayuda de catalizadores adecuados. La materia prima necesaria es el amoniaco. El método de Ostwald (Fig. 4.4) produce una disolución acuosa de HNO_3 de un 60 % de riqueza en masa.

1. El amoniaco se oxida a altas temperaturas con ayuda de catalizadores (Pt/Rh):

$$4NH_3(g) + 5O_2(g) \xrightarrow{Pt/Rh} 4NO(g) + 6H_2O(l)$$

2. El monóxido de nitrógeno se oxida:

$$2NO(g) + O_2(g) \rightarrow 2NO_2(g)$$

3. El dióxido de nitrógeno reacciona con el agua:

$$3NO_2(g) + H_2O(l) \rightarrow 2HNO_3(aq) + NO(g)$$

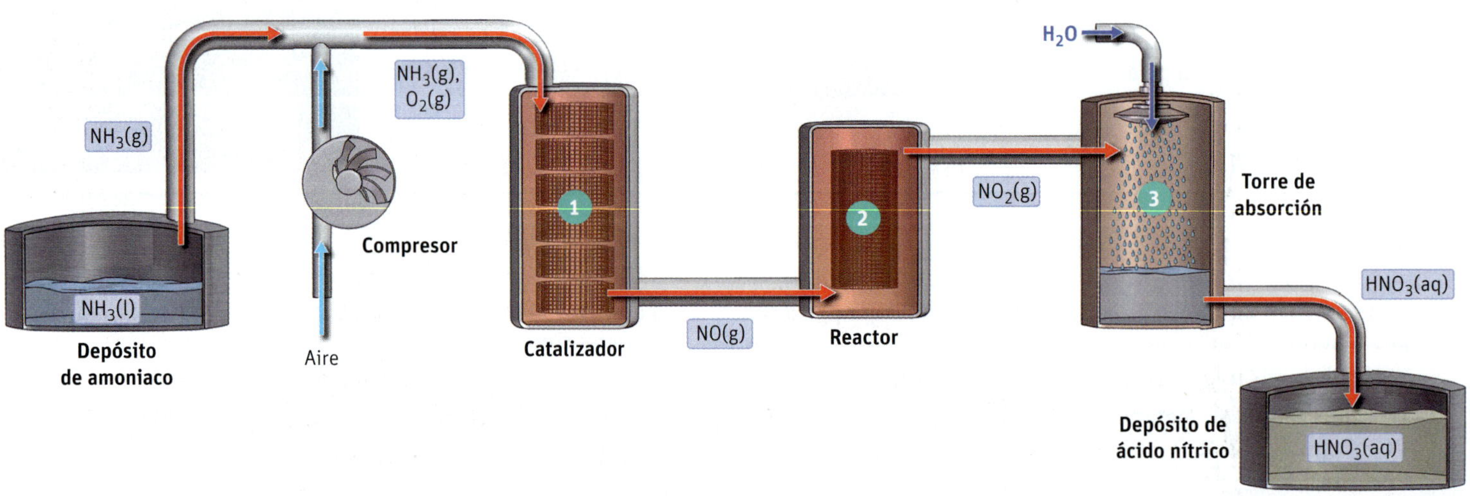

Figura 4.4. Proceso Ostwald para la producción de ácido nítrico.

2.2. Aplicaciones del ácido nítrico

El ácido nítrico mezclado con ácido clorhídrico en la proporción volumétrica de 1:3 forma una disolución denominada **agua regia** que es capaz de disolver metales como la plata o el oro (de ahí su nombre). Estos metales no se disuelven en los ácidos citados por separado.

El ácido nítrico se utiliza en grandes cantidades para la fabricación de abonos, colorantes, explosivos y en la síntesis química de diversas sales.

Abonos y fertilizantes

- Las reservas naturales de abonos, como el salitre ($NaNO_3$ + KNO_3) son insuficientes para satisfacer la demanda mundial. El nitrato de amonio, obtenido mediante la reacción:

$$NH_3 + HNO_3 \rightarrow NH_4NO_3$$

es uno de los fertilizantes sintéticos más importantes, ya que al disolverse con el agua de lluvia libera lentamente nitrógeno a las plantas.

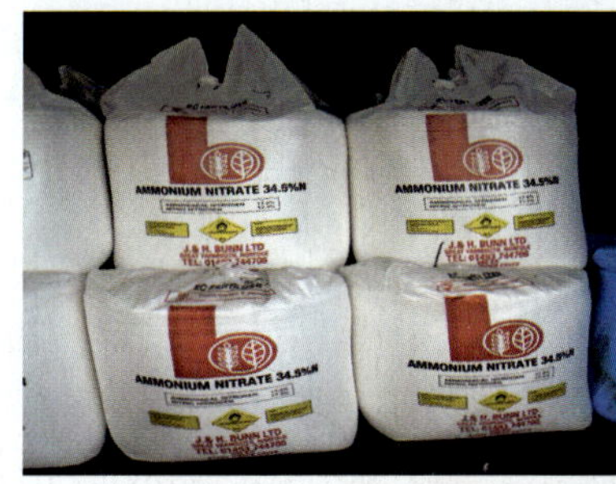

Colorantes

- Un colorante muy utilizado es la anilina ($C_6H_5 - NH_2$) que se obtiene a partir del nitrobenceno, $C_6H_5–NO_2$:

$$C_6H_5–NO_2 + H_2 \xrightarrow{Fe} C_6H_5–NH_2$$

A su vez, el nitrobenceno se obtiene con benceno, C_6H_6, y una mezcla de ácido nítrico, muy oxidante, y ácido sulfúrico:

$$C_6H_6 + HNO_3 + H_2SO_4 \rightarrow C_6H_5–NO_2$$

Medicina y explosivos

- Los explosivos modernos son derivados nitrados de compuestos orgánicos. Por ejemplo, la nitroglicerina mezclada con tierra porosa forma la dinamita y el ácido nítrico con el tolueno, $C_6H_5–CH_3$ da lugar al trinitrotolueno o TNT, $CH_3–C_6H_2–(NO_2)_3$.
- El ácido nítrico reacciona con la glicerina, $CH_2OH–CHOH–CH_2OH$, y forma la nitroglicerina, $C_3H_5(NO_3)_3$, que se emplea en el tratamiento del infarto de miocardio.

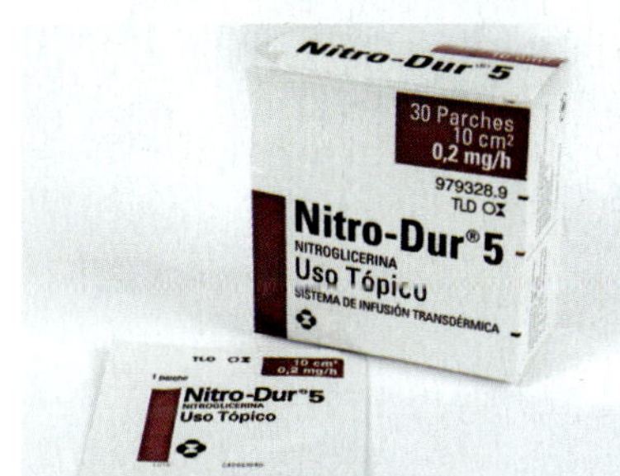

Síntesis química

- Se emplea en la obtención de sus sales y de muchos compuestos orgánicos. Sus sales más importantes son los nitratos y los nitritos, que tienen diversas aplicaciones. Por ejemplo, el KNO_3 se emplea en la pólvora negra y el $AgNO_3$ se ha empleado durante mucho tiempo en fotografía; actualmente se emplea como desinfectante y en la fabricación de espejos.

ACTIVIDADES

3. En la primera etapa del procedimiento de Ostwald para producir ácido nítrico, indica cuánto amoniaco es necesario para obtener 60 g de monóxido de nitrógeno.

Solución: 34 g

4. El nitrato de amonio es uno de los principales fertilizantes. ¿Cuánto ácido nítrico sería necesario para obtener 1 t de nitrato de amonio suponiendo un rendimiento del 100 %?

Solución: 0,8 t

3 El ácido sulfúrico

Ten en cuenta

El proceso de mezcla del ácido sulfúrico con el agua es fuertemente exotérmico, por este motivo, el ácido concentrado debe añadirse lentamente sobre el agua agitando, y no al revés.

OBSERVA

El líquido que contienen las baterías de los automóviles, denominado electrolito, es una disolución acuosa de ácido sulfúrico, en la que están inmersas unas placas de plomo.

Cuando la batería se encuentra cargada, dicho líquido tiene una densidad de 1,28 g cm^{-3}. Cuando se descarga, la disolución de ácido sulfúrico disminuye su densidad hasta 1,10 g cm^{-3}.

Una simple medida de la densidad del líquido permite establecer el estado de la carga de la batería.

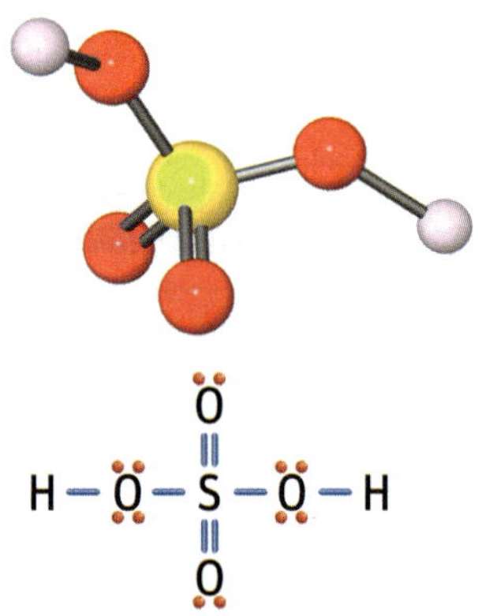

Figura 4.5. Geometría de la molécula de H_2SO_4.

El **ácido sulfúrico** es un líquido de aspecto oleoso e incoloro. Su fórmula es H_2SO_4 con el átomo de carbono formando dos dobles enlaces con sendos átomos de oxígeno y dos enlaces simples con otros dos. Su estructura es tetraédrica.

- El ácido sulfúrico comercial tiene una **riqueza en masa** del 98 % y **hierve** a 340 °C.
- Es fuertemente **corrosivo** y **ataca químicamente** a muchos materiales, por lo que debe ser manejado con precaución.
- Es un **ácido fuerte**, con un **ligero poder oxidante** que se incrementa en disoluciones concentradas y calientes, y llega a disolver al cobre:

$$2\ H_2SO_4(l) + Cu(s) \rightarrow CuSO_4(aq) + SO_2(g) + 2\ H_2O(l)$$

- Su **elevado punto de ebullición** lo hace útil para desplazar sus sales a otros ácidos que hierven a temperaturas más bajas, y se emplea en su obtención:

$$Na_2CO_3(aq) + H_2SO_4(aq) \rightarrow Na_2SO_4(aq) + H_2CO_3(aq)$$

3.1. Obtención del ácido sulfúrico

Proceso de las cámaras de plomo

El proceso de las cámaras de plomo (Fig. 4.6) es el procedimiento histórico de producción de ácido sulfúrico.

2 En las cámaras de plomo se introduce H_2O y se producen las reacciones:

$$SO_2(g) + H_2O(l) \rightarrow H_2SO_3(aq)$$

$$NO(g) + NO_2(g) + H_2O(l) \rightarrow 2\ HNO_2(aq)$$

$$H_2SO_3(aq) + HNO_2(aq) \rightarrow H_2SO_4(aq) + HNO(aq)$$

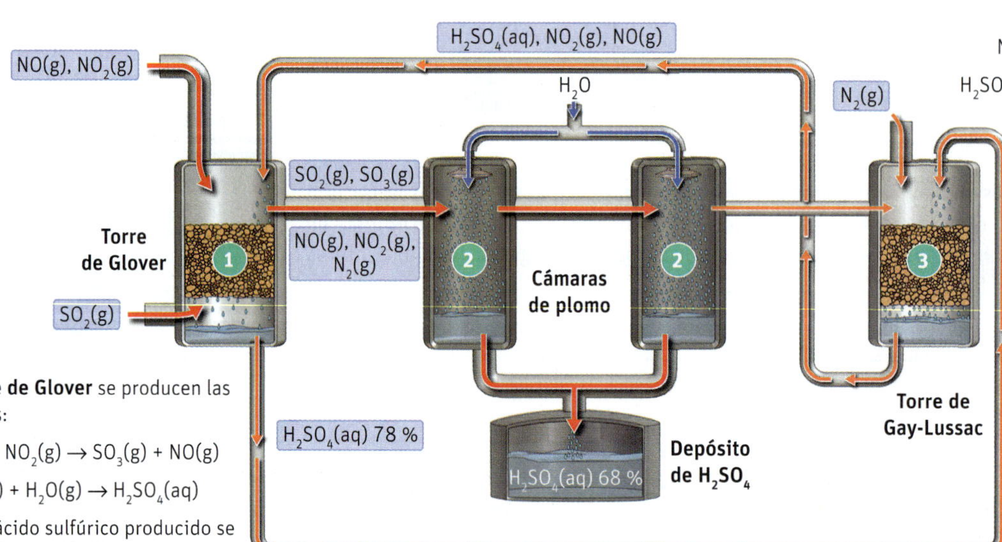

1 En la **torre de Glover** se producen las reacciones:

$$SO_2(g) + NO_2(g) \rightarrow SO_3(g) + NO(g)$$

$$SO_3(g) + H_2O(g) \rightarrow H_2SO_4(aq)$$

El escaso ácido sulfúrico producido se recicla en la torre de Gay-Lussac.

3 Los gases de azufre y nitrógeno que no han reaccionado se mezclan con $N_2(g)$ y $H_2SO_4(aq)$ y el vitriolo nitroso saliente (H_2SO_4, NO_2, NO) se recircula a la torre de Glover para catalizar la producción de $H_2SO_4(aq)$ obtenido.

Figura 4.6. Proceso de producción del ácido sulfúrico mediante las cámaras de plomo.

Proceso de contacto

El proceso de contacto de producción de ácido sulfúrico (Fig. 4.7) ha desplazado en gran parte al anterior debido al desarrollo de los catalizadores.

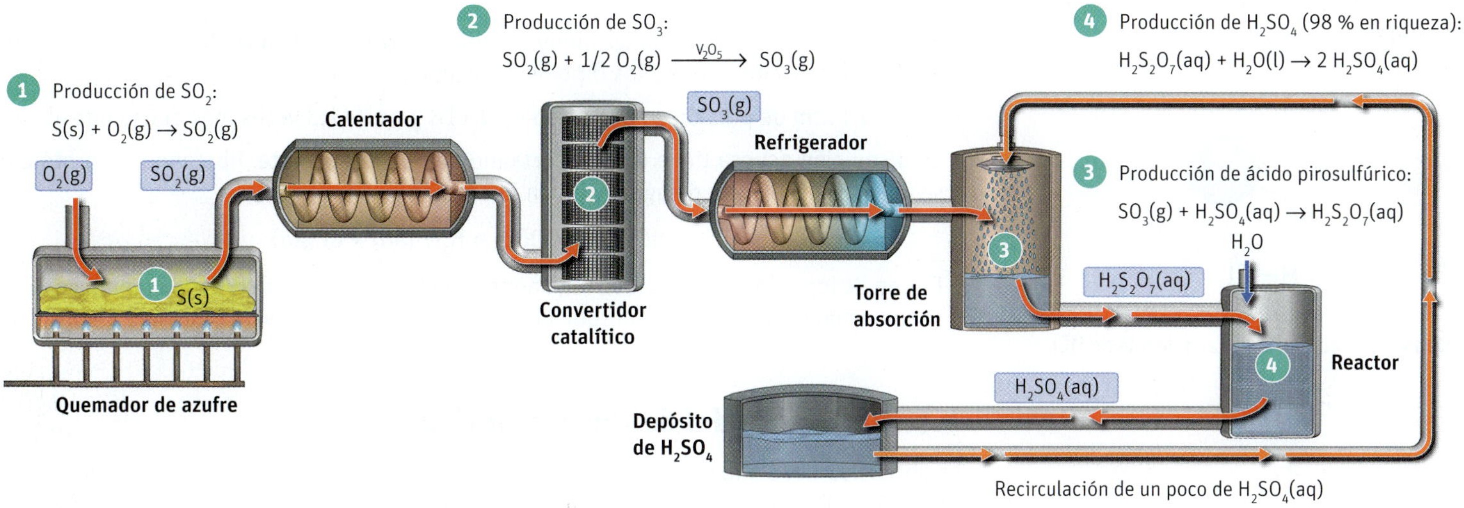

Figura 4.7. Proceso de contacto de producción del ácido sulfúrico.

3.2. Aplicaciones del ácido sulfúrico

El ácido sulfúrico se emplea en múltiples campos, siendo la sustancia química más producida y más versátil (Fig. 4.8.). Algunos sectores industriales donde se usa son:

- **Abonos y fertilizantes.** La mayor parte de la producción de ácido sulfúrico se emplea en la industria de fertilizantes. Se emplea en la producción de ácido fosfórico, necesario para fabricar abonos fosfatados. También en la producción de sulfato de amonio, uno de los fertilizantes más utilizados, según la reacción:

$$2\ NH_3(g) + H_2SO_4(aq) \rightarrow (NH_4)_2SO_4\ (aq)$$

- **Producción de acero y metales.** Se emplea como decapante en el tratamiento del acero, al que libera de su óxido mediante un baño en H_2SO_4, y en la producción de otros metales.
- **Industria petroquímica.** Se emplea como agente nitrante, sulfonante o deshidratante de moléculas orgánicas.
- **Papel y celulosa.** Se emplea para producir pulpa de papel (que utiliza sulfatos y sulfitos).
- **Potabilización y depuración de aguas residuales.** El ácido sulfúrico produce sulfato de aluminio, $Al_2(SO_4)_3$, a partir de la bauxita, $Al(OH)_3$. El sulfato de aluminio se emplea en la depuración de aguas.
- **Producción de sulfito de sodio.** Es una sustancia química muy utilizada en el blanqueo de papel, en la producción de tiosulfato de sodio y también se emplea como conservante de frutas.

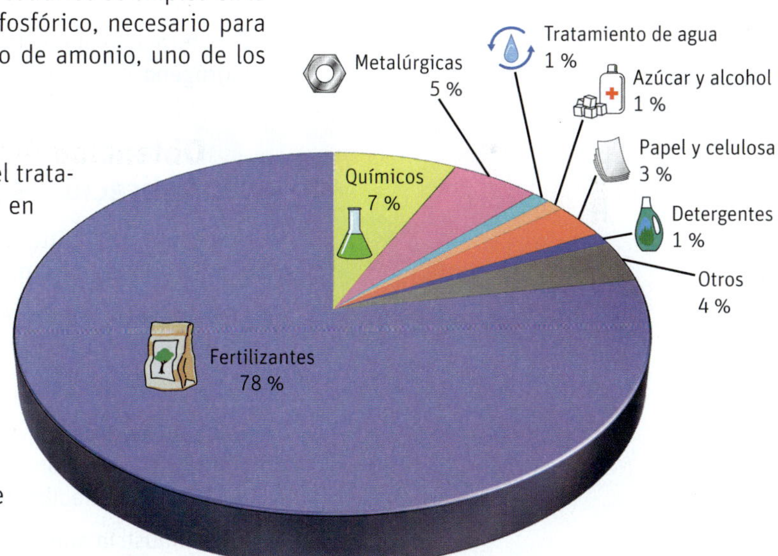

Figura 4.8. Aplicaciones más importantes del H_2SO_4.

ACTIVIDADES

5. La reacción entre el ácido sulfúrico y la bauxita es:

$$H_2SO_4(aq) + Al(OH)_3(s) \rightarrow Al_2(SO_4)_3(aq) + H_2O(l)$$

a) Ajusta la reacción.

b) Calcula la cantidad de sulfato de aluminio que se puede obtener con 75 g de bauxita.

Solución: b) $1{,}6 \cdot 10^2$ g

6. Elige entre los ácidos nítrico y sulfúrico para las siguientes aplicaciones:

Disolución de cobre, disolución de cinc, producción de anilina, producción de acero, producción de explosivos, producción de ácido fosfórico.

7. Indica por qué el ácido sulfúrico produce graves quemaduras en los seres vivos.

4 El ácido clorhídrico

Ten en cuenta

El ácido clorhídrico usado habitualmente en el laboratorio es una disolución acuosa de densidad 1,19 g cm^{-3} y de concentración 12 mol L^{-1}.

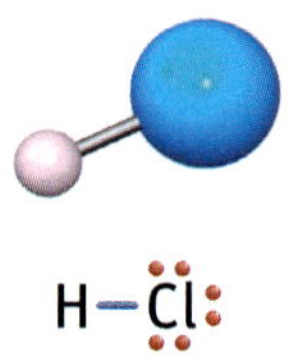

Figura 4.9. Geometría de la molécula de HCl.

El **ácido clorhídrico** es una **disolución acuosa** del cloruro de hidrógeno, HCl, un gas tóxico de olor sofocante, compuesto formado por moléculas lineales con fuerte polaridad, ya que el átomo de cloro es mucho más electronegativo que el de hidrógeno.

- El cloruro de hidrógeno es un gas **muy soluble en agua**, un disolvente también polar, debido a las interacciones entre los dipolos moleculares.
- A 0 °C y 1 atm de presión su **densidad** es 0,118 g cm^{-3} (1,3 veces más denso que el aire).
- En disolución acuosa tiene un comportamiento de **ácido fuerte**, liberando un protón, que se une a una molécula de agua, y el ion Cl^-:

$$HCl(g) + H_2O(l) \rightarrow H_3O^+(aq) + Cl^-(aq)$$

Es uno de los ácidos fuertes más utilizados en el laboratorio para crear un medio ácido, por ser un ácido poco oxidante y porque el ion Cl^- es poco reactivo y no interfiere en otras reacciones.

4.1. Obtención del ácido clorhídrico

La obtención del ácido clorhídrico puede hacerse en el laboratorio o de forma industrial:

- **En el laboratorio.** Se obtiene con la reacción entre el ácido sulfúrico y la sal común:

$$H_2SO_4\,(aq) + 2\,NaCl(s) \rightarrow Na_2SO_4(aq) + 2\,HCl(aq)$$

- **De forma industrial.** La obtención industrial del ácido clorhídrico se hace a partir del gas cloro generado en la electrolisis de cloruro de sodio fundido:

$$2\,NaCl(l) \xrightarrow{\text{electricidad}} 2\,Na(s) + Cl_2(g)$$

$$Cl_2(g) + H_2(g) \rightarrow 2\,HCl(g)$$

Otra forma de obtención industrial es mediante la reacción directa entre los gases cloro e hidrógeno:

$$Cl_2(g) + H_2(g) \rightarrow 2\,HCl(g)$$

4.2. Aplicaciones del ácido clorhídrico

Es un ácido muy utilizado y su producción anual es del orden de 20 millones de toneladas. Las aplicaciones más importantes de ácido clorhídrico son:

- Se emplea en reacciones donde es necesario atacar a metales reactivos como el Mg o el Zn. La reacción desprende hidrógeno:

$$Mg(s) + 2\,HCl(aq) \rightarrow MgCl_2(aq) + H_2(g)$$

- También se emplea para eliminar la herrumbre de superficies de hierro y acero. El ácido clorhídrico reacciona con los óxidos de hierro formándose compuestos solubles que se pueden retirar fácilmente.
- En la industria alimentaria se usa para producir gelatina, ya que ayuda a desnaturalizar las proteínas (curiosamente, el jugo gástrico contiene un 3 % de este ácido).
- El **agua fuerte** o **salfumán** es una disolución acuosa de HCl(g) con una concentración comprendida entre el 20 % y el 30 % en masa que se emplea en la limpieza doméstica, como desincrustante, para eliminar la cal o para eliminar restos de óxidos metálicos. Sin embargo, la mezcla de lejía y agua fuerte en la limpieza de estancias cerradas, como cuartos de baño, es peligrosa por el posible desprendimiento del venenoso gas cloro (Cl_2).

ACTIVIDADES

8. **Calcula la cantidad de ácido clorhídrico que se necesita para preparar 5,0 L de salfumán al 23 % en masa, si la densidad de la disolución es 1,12 g cm^{-3}.**

Solución: $1{,}3 \cdot 10^3$ g

9. **El ácido clorhídrico elimina la cal porque reacciona con el carbonato de calcio. Escribe la reacción sabiendo que se desprende dióxido de carbono.**

5 La sosa cáustica

La **sosa cáustica** es hidróxido de sodio, NaOH, un compuesto que se presenta como una red iónica formada por los iones Na^+ y OH^-.

- Sus disoluciones se comportan como una **base fuerte**, capaz de reaccionar con los ácidos, neutralizándolos. Por ejemplo:

$$\text{Na(OH)(aq)} + \text{HCl(aq)} \rightarrow \text{NaCl(aq)} + \text{H}_2\text{O(l)}$$

- Produce la **reacción de saponificación** de las grasas, lo que se aprovecha para una de sus aplicaciones más antiguas: la fabricación de jabón.

$$\underbrace{(\text{C}_{17}\text{H}_{33}\text{–COO})\text{CH}_2\text{–}(\text{C}_{17}\text{H}_{33}\text{–COO})\text{CH–}(\text{C}_{17}\text{H}_{33}\text{–COO})\text{CH}_2}_{\text{éster de ácido graso (aceite)}} + \underbrace{3\ \text{NaOH}}_{\text{sosa}} \rightarrow \underbrace{3\ \text{C}_{17}\text{H}_{32}\text{–COONa}}_{\text{jabón}} + \underbrace{\text{CH}_2\text{OH–CHOH–CH}_2\text{OH}}_{\text{glicerina}}$$

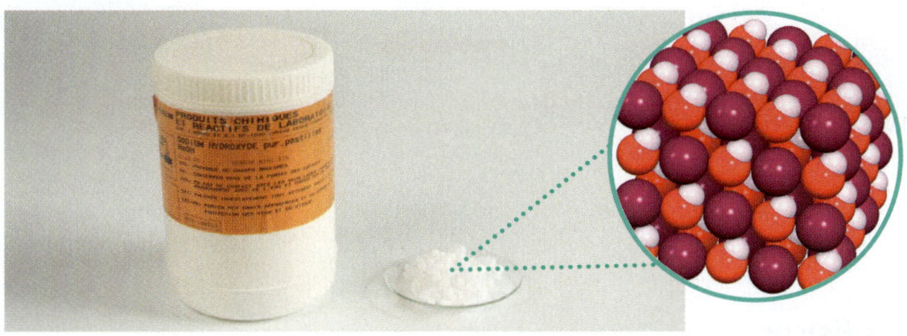

Figura 4.10. Sosa caústica.

EXPERIMENTA

Una forma casera de fabricar jabón es aprovechar el aceite usado en la cocina. Para ello se siguen estos pasos:

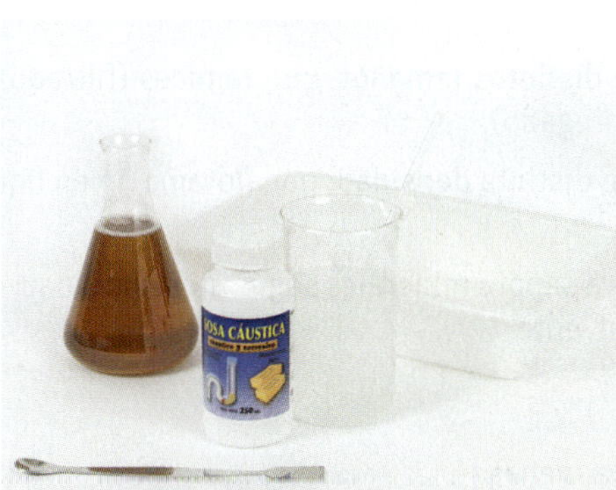

1. Disuelve 200 g de sosa cáustica en 1,8 L de agua: añade la sosa con cuidado porque la disolución de la sosa es un proceso exotérmico y puedes quemarte con las salpicaduras.

   Deja enfriar la mezcla hasta que tenga la temperatura ambiente.

2. Pon en otro recipiente unos 2 L de aceite usado. Añade sobre el aceite la disolución de sosa y remueve constantemente y en el mismo sentido con una cuchara. Sin dejar de remover, puede añadirse 20 g de colorante o 150 gotas de aroma para conseguir el olor y el color deseados.

3. Continúa removiendo hasta que la mezcla tenga una consistencia similar a la de la mayonesa y deja la mezcla reposar varios días.

   Habrás obtenido un jabón perfectamente utilizable, que puedes cortar utilizando los moldes adecuados.

5.1. Obtención y aplicaciones de la sosa cáustica

- Tradicionalmente, la sosa cáustica se ha obtenido mediante la reacción:

$$\text{Ca(OH)}_2\text{(aq)} + \text{Na}_2\text{CO}_3\text{(aq)} \rightarrow 2\ \text{NaOH(aq)} + \text{CaCO}_3\text{(s)}$$

- Se emplea, además de para producir jabón, en el blanqueo del papel y como producto de limpieza doméstico debido a su poder desincrustante (desatranco de tuberías, etc.).
- Se consume en grandes cantidades para la fabricación de explosivos, en la industria petroquímica y en la fabricación de tejidos, como decapante de pinturas y, en bajas concentraciones, para lavar la fruta y la verdura.

ACTIVIDADES

10. En la reacción de neutralización del ácido sulfúrico con sosa cáustica, determina la cantidad de sosa necesaria para neutralizar 98,0 g de ácido.

    Solución: 80,0 g

11. ¿Por qué son peligrosas las disoluciones de NaOH?

6 Metalurgia

La **metalurgia** estudia los procesos de obtención de metales y la fabricación de sus diferentes aleaciones.

Los metales se obtienen a partir de minerales localizados en **yacimientos**.

La parte aprovechable de los minerales extraídos se denomina **mena** y la no aprovechable, constituye la **ganga**.

Los minerales extraídos son sometidos a procesos químicos para extraer los metales.

Roca con minerales (por ejemplo, roca con pirita)

Mineral (por ejemplo, pirita)

Metal (por ejemplo, hierro)

Figura 4.11. El triturado y el molido son los primeros procesos físicos a los que el mineral es sometido.

Procesos físicos

Los procesos físicos **enriquecen el porcentaje de mena**. Los más comunes son:

- **Triturado y molido del mineral.** Se disminuye el tamaño de las partículas de mineral por medios mecánicos (Fig. 4.11).
- **Filtrado y centrifugado.** Separa partículas de distintos tamaños, con tamices (filtrado) o forzándolas a pasar a través de agujeros (centrifugado).
- **Decantación y flotación.** Separan minerales de distinta densidad, que flotan o no en líquidos adecuados.
- **Disolución y destilación.** La disolución selectiva separa minerales según su solubilidad. La posterior destilación separa el mineral del disolvente.

Procesos químicos

Los procesos químicos separan los metales de sus menas.

- **Reducción.** Es el procedimiento más utilizado y consiste en la obtención de metales reduciendo sus óxidos (eliminando su oxígeno con sustancias que lo capten). Se obtienen así, por ejemplo, el hierro, el cromo, el manganeso o el cinc:

$$2\ ZnO + C \rightarrow 2\ Zn + CO_2$$

- **Tostación.** Los sulfuros de algunos metales, muy abundantes en la naturaleza, se transforman previamente en óxidos para su posterior reducción. Dos minerales típicos que se tuestan son los sulfuros de hierro, cobre y de cinc (blenda):

$$2\ Cu_2S + 3\ O_2 \rightarrow 2\ Cu_2O + 2\ SO_2$$
$$2\ ZnS + 3\ O_2 \rightarrow 2\ ZnO + 2\ SO_2$$

El SO_2 producido se suele emplear para producir ácido sulfúrico.

- **Electrolisis.** Consiste en forzar una reacción química aplicando una tensión eléctrica. Se obtienen por electrolisis, entre otros metales, el aluminio, el litio, el magnesio o el sodio. Por ejemplo, mediante la electrolisis del cloruro de sodio fundido en el denominado método Downs se obtiene el sodio:

$$2\ Na^+ + 2\ Cl^- \xrightarrow{\text{electricidad}} 2\ Na + Cl_2$$

- **Cianuración.** Se ha empleado a lo largo de la historia para disolver metales nativos preciosos, como el oro o la plata y, así, separarlos de las gangas. El cianuro del metal formado se trata posteriormente para obtener el metal precioso.

smSaviadigital.com OBSERVA

En este vídeo se ve el movimiento de los iones en una electrolisis.

6.1. Obtención, propiedades y aplicaciones de los principales metales

	Obtención	Propiedades	Aplicaciones
Aluminio 	- Es el metal más abundante en la corteza terrestre, y el más producido después del hierro. - Se obtiene de la bauxita ($Al_2O_3 \cdot 2\ H_2O$) que se deshidrata previamente convirtiéndose en Al_2O_3. De forma global, el proceso Hall es: $2\ Al_2O_3 + 3\ C \xrightarrow{\text{electricidad}} 4\ Al + 3\ CO_2$ Este proceso consume mucha energía.	- Es un metal muy ligero (densidad 2,7 kg dm^{-3}). - Es resistente a la corrosión, ya que su superficie se protege por la formación de una capa de Al_2O_3. - Tiene una conductividad eléctrica y térmica grande. Sus aleaciones son resistentes.	- Se emplea en la industria aeronáutica y en la fabricación de piezas mecánicas, envases, etc. - Por su poco peso y buena conductividad, se emplea en tendidos eléctricos.
Cobre 	- Es el tercer metal más utilizado, después del hierro y el aluminio. - Se encuentra nativo en la superficie de la Tierra, aunque actualmente se extrae a partir de los sulfuros de cobre y hierro, como la calcopirita ($CuFeS_2$).	- Tiene muy buenas conductividades, eléctrica y térmica, solo inferiores a las de la plata. - Es un metal dúctil, maleable y fácil de mecanizar.	- Se emplea en conductores eléctricos y dispositivos electrónicos. - Sus aleaciones, como el bronce (cobre + estaño) o el latón (cobre + cinc), tienen usos ornamentales y en la fabricación de envases.
Oro 	- Se encuentra nativo en la superficie de la Tierra, generalmente incrustado en otras rocas y minerales. - Su búsqueda a lo largo de la historia en diversos territorios ha sido intensa y se ha utilizado históricamente como patrón de riqueza.	- Tiene gran densidad (19,3 kg dm^{-3}), color amarillo y brillo metálico. - Permanece inalterable en el aire o con la humedad. - Es el metal más dúctil (se estira en hilos) y maleable (se extiende en láminas).	- Debido a su belleza y su poca reactividad, se usa en joyería, ornamentación y acuñado de monedas. - Permite fabricar hilos para suturas y pan de oro decorativo.
Plata 	- Se encuentra nativa en la superficie terrestre, aunque también en forma de sulfuro de plata (Ag_2S). Este sulfuro se trata con cianuro de potasio: $Ag_2S + 4\ KCN \rightarrow K_2S + 2\ KAg(CN)_2$ - Posteriormente, el cianuro de potasio y plata se descompone calentándolo, produciendo plata metálica.	- Su color es el más blanco entre los metales, y es muy dúctil y maleable. - Tiene las mejores conductividades, eléctrica y térmica, conocidas entre todos los metales.	- Su aleación con cobre se emplea en acuñación de monedas y en orfebrería. - Se emplea como parte del material eléctrico y electrónico, en soldadura, en la fabricación de espejos, en medicina, etc.
Titanio 	- Es un metal muy abundante en la corteza terrestre, aunque se encuentra combinado principalmente como óxido (TiO_2). - Fue descubierto en el siglo XVIII, pero no se utilizó industrialmente hasta 1946 cuando se produjo industrialmente por el método Kroll: $TiO_2 + 2\ Cl_2 + 2\ C \rightarrow TiCl_4 + 2\ CO$ $TiCl_4 + Mg \rightarrow Ti + 2\ MgCl_2$	- Es un metal gris, poco denso (4,5 kg dm^{-3}) pero muy tenaz y resistente desde el punto de vista mecánico. - Permanece inalterable en la atmósfera y ante la humedad, debido a que su superficie se protege (se pasiva) al recubrirse por el óxido.	- Sus aleaciones compiten con el acero, por sus propiedades mecánicas. - Se emplea en la fabricación de prótesis para el cuerpo humano. - También se emplea en la industria aeroespacial, construcción, joyería, etc.

ACTIVIDADES

12. Señala dos objetos fabricados con cada uno de los siguientes metales: aluminio, cobre, oro, plata y titanio, e indica las propiedades del metal que han hecho aconsejable su uso en la fabricación.

13. ¿Cuánto Al_2O_3 es necesario para producir 25 kg de aluminio mediante el método Hall, suponiendo un rendimiento del 100 % en el proceso?

Solución: $4,7 \cdot 10^4$ g

7 Siderurgia

La **siderurgia** comprende el conjunto de técnicas de tratamiento de los distintos minerales de hierro para obtener hierro y sus distintas aleaciones.

7.1. La siderurgia en la historia

Probablemente la denominada **Edad del Hierro** comenzó hacia el siglo XII a. C. en zonas de Oriente Próximo, y sucedió a la **Edad del Bronce,** aunque de una forma gradual; durante un tiempo coexistieron ambas culturas, porque el hierro utilizado era **hierro dulce,** demasiado blando para ser utilizado en la fabricación de armas (espadas, escudos, etc.). El procedimiento de obtención del hierro a partir de sus menas no cambió demasiado en casi veinte siglos.

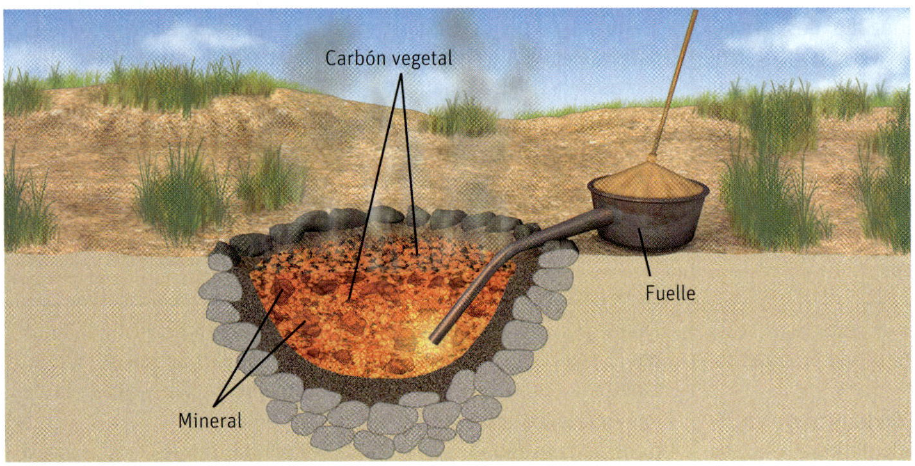

Figura 4.12. Ferrería de aire. En España, durante el siglo XVI se instalaron *ferrerías* en Asturias y en el País Vasco.

Por ejemplo, en la Edad Media las **ferrerías** se instalaban cerca de los yacimientos superficiales de mineral y cerca de bosques para abastecer de carbón al horno (Fig. 4.12).

Se utilizaban generalmente óxidos muy ricos en hierro, y su reducción se realizaba en unos hornos semienterrados de unos tres metros de altura y uno de diámetro de crisol, que se cargaban con capas alternadas de mineral y carbón vegetal, procediendo a su combustión con ayuda del aire necesario suministrado por unos fuelles.

El mineral era extraído del horno y golpeado sobre un yunque para eliminar los restos de escorias y darle la forma deseada. El hierro dulce obtenido era de muy buena calidad pero el proceso tenía un rendimiento bajo. Se producía la reacción:

$$2\ Fe_2O_3(s) + 3\ C(s) \rightarrow 4\ Fe(s) + 3\ CO_2(g)$$

7.2. La siderurgia moderna: los altos hornos

La Revolución Industrial en Europa demandó cantidades mayores de hierro y acero, y los hornos primitivos de producción de hierro fueron modernizándose, aumentando su tamaño y su rendimiento. Para ello, alrededor del horno propiamente dicho fueron agregándose diversas instalaciones auxiliares para tratar las menas y el combustible, como la **sinterización del mineral** y la **coquización del carbón,** respectivamente.

- **Sinterización del mineral.** El proceso consiste en hacer piezas de aglomerado poroso formado por partículas finas de minerales de hierro y deshechos de óxido de hierro provenientes del alto horno. Este aglomerado se forma calentando la mezcla anterior en un horno con fundente y partículas de coque. Las piezas obtenidas alimentan el alto horno.
- **Hornos de coque.** El carbón empleado en la fabricación del hierro debe estar libre de azufre y alquitranes ya que, en caso contrario, el hierro producido es de baja calidad. Para ello se expone el carbón a altas temperaturas en ausencia de oxígeno, obteniéndose el coque (Fig. 4.13), que es un carbón casi libre de azufre y alquitranes, con el que se alimenta el alto horno.

Figura 4.13. Horno de coque.

El **alto horno** consta de una **cuba** de acero de unos 60 metros de altura, con un revestimiento interior de **ladrillo refractario** (Fig. 4.14). Por la parte superior, o tragante, van entrando sucesivas capas de **mineral sinterizado, coque** y un **fundente** de caliza.

El objetivo de un alto horno es convertir el mineral en hierro fundido. La combustión del coque, ayudada con aire caliente insuflado por las **toberas,** hace que la temperatura en el interior del horno se va incrementando hacia abajo, y en la parte inferior se recoge el hierro fundido, denominado **arrabio,** así como la **escoria.**

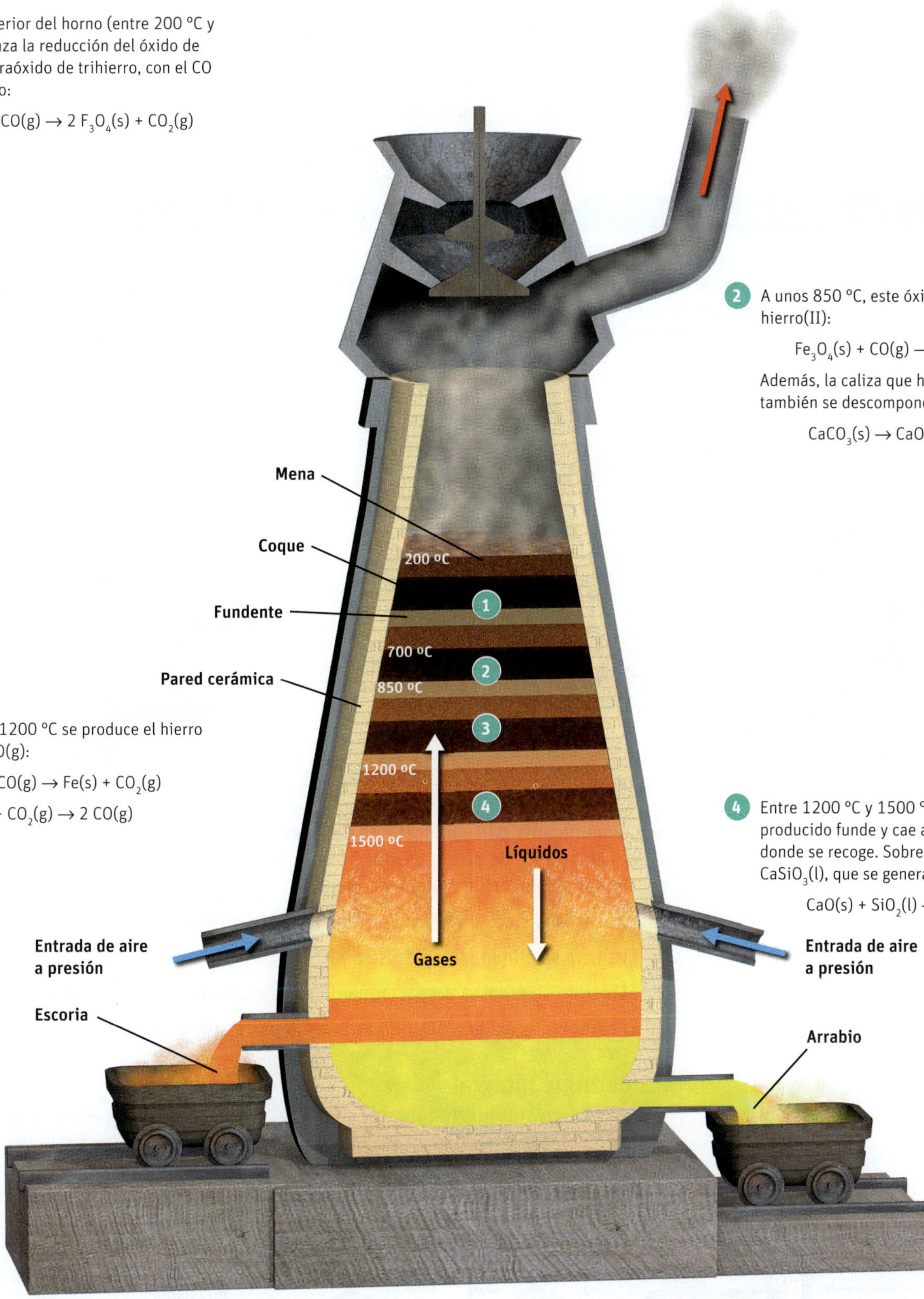

1 En la parte superior del horno (entre 200 °C y 700 °C) comienza la reducción del óxido de hierro(III) a tetraóxido de trihierro, con el CO producido abajo:

$$3\ Fe_2O_3(s) + CO(g) \rightarrow 2\ F_3O_4(s) + CO_2(g)$$

2 A unos 850 °C, este óxido se reduce a óxido de hierro(II):

$$Fe_3O_4(s) + CO(g) \rightarrow 3\ FeO(s) + CO_2(g)$$

Además, la caliza que hace de fundente también se descompone:

$$CaCO_3(s) \rightarrow CaO(s) + CO_2(g)$$

3 Entre 850 °C y 1200 °C se produce el hierro metálico y el CO(g):

$$FeO(s) + CO(g) \rightarrow Fe(s) + CO_2(g)$$

$$C(s) + CO_2(g) \rightarrow 2\ CO(g)$$

4 Entre 1200 °C y 1500 °C el hierro sólido producido funde y cae al fondo del horno, donde se recoge. Sobre él flota la escoria, $CaSiO_3(l)$, que se genera con la reacción:

$$CaO(s) + SiO_2(l) \rightarrow CaSiO_3(l)$$

Figura 4.14. Alto horno.

ACTIVIDADES

14. ¿Cuánto hierro metálico se puede producir a partir de 2,5 kg de óxido de hierro(III) por el procedimiento primitivo suponiendo un rendimiento del 100 %?

Solución: $1{,}8 \cdot 10^3$ g

15. Calcula los moles de CO necesarios para reducir 6 mol de Fe_3O_4 en un alto horno, hasta FeO. ¿Cuántos moles de dióxido de carbono se obtienen?

Solución: 6 mol de CO; 6 mol de CO_2

7.3. Las aleaciones de hierro-carbono

Las propiedades del **arrabio** obtenido en el alto horno están determinadas por su contenido de silicio, azufre, fósforo y carbono (este último puede llegar al 4,5 %). Es un material blando y poco tenaz, y no se suele utilizar directamente.

El proceso posterior realizado en un **convertidor** tiene como finalidad controlar cuidadosamente los porcentajes de impurezas para dotar al hierro de las propiedades deseadas. Una vez convertido se obtiene el **acero**. Los más usados han sido:

Convertidor Bessemer

El primitivo convertidor Bessemer, utilizado durante el siglo XIX y parte del siglo XX, insufla aire a presión por la parte inferior para eliminar casi todas estas impurezas y controlar el contenido de carbono. En un momento dado, el aire se corta para no oxidar todo el hierro. Admite entre 1 t y 8 t de arrabio.

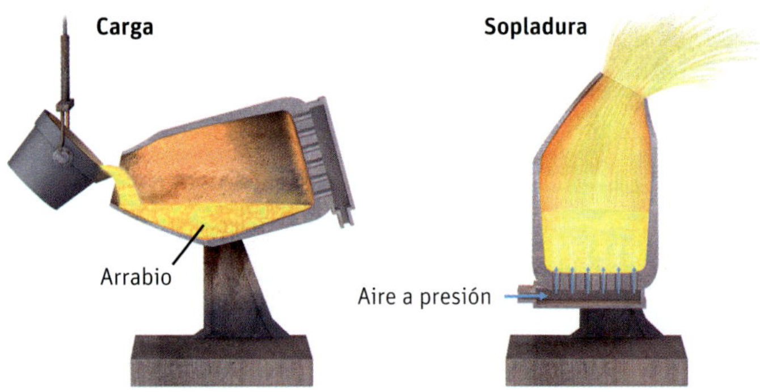

Convertidor Siemens-Martin

Son hornos forrados con piedra caliza que se llenan con unas 50 t de arrabio a 1200 °C y se insufla O_2 diluido con CO_2 en su interior.

Se evita el aire por su contenido en N_2 para no formar nitruros de hierro que harían quebradizo el material producido.

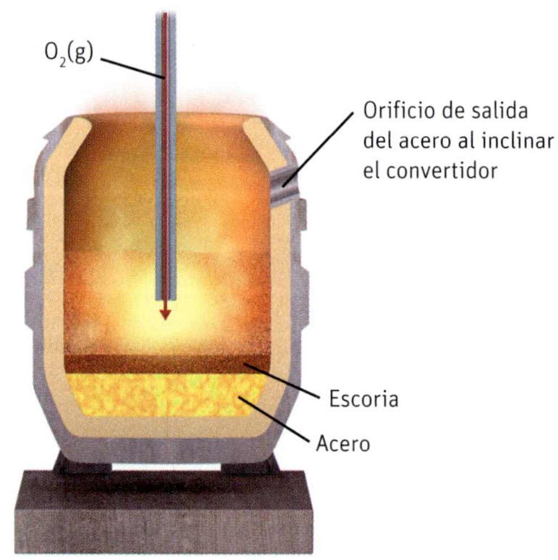

Actualmente, una parte importante del acero producido se obtiene mezclando chatarra reciclada con arrabio de nueva producción, en un proceso denominado BOF (*basic oxygen furnace*) similar al convertidor Siemens-Martin.

Los procesos básicos en el convertidor son los siguientes:

1. El silicio se elimina al oxidarse a SiO_2.
2. El fósforo se elimina al reaccionar la piedra caliza con los compuestos fósforo.
3. El carbono se oxida a CO, que arde en la parte alta para dar CO_2.

Siderurgia integral

Una **planta de siderurgia integral** contiene, organizados en un espacio determinado, todos los procesos encaminados a la producción de hierro y acero para que resulte más eficaz y económica. La planta incluye los procesos que persiguen conformar el acero obtenido de la manera más aprovechable (laminación del acero) como se ve en la imagen inferior.

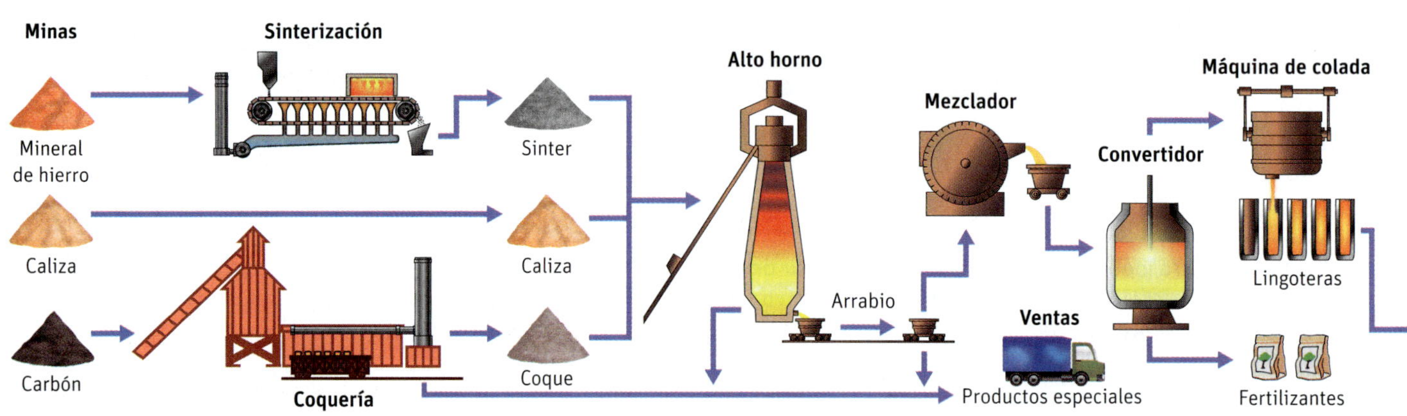

Los **aceros** son aleaciones de hierro y carbono con un contenido de carbono inferior al 2 en masa.

El carbono suele estar en forma de Fe_3C, denominado **cementita,** cuyos cristales reducen la ductilidad del hierro y le dan más dureza y más fragilidad.

Además de una cantidad máxima de carbono, la adición controlada de otros elementos produce aceros con características especiales.

Aceros especiales			
Nombre	**Composición**	**Propiedades**	**Algunas aplicaciones**
Acero inoxidable	73 % Fe, 18 % Cr, 8 % Ni	Resistente a la corrosión.	Cubiertos y útiles de cocina.
Acero al wolframio	94 % Fe, 5 % W	Dureza	Herramientas de corte.
Acero al manganeso	86 % Fe, 13 % Mn	Tenacidad	Brocas para hormigón.
Acero al cromo-vanadio	98 % Fe, 1 % Cr, 0,2 % V	Tenacidad y dureza	Piezas de motores y llaves.

Las **fundiciones** son aleaciones de hierro y carbono con un contenido de carbono comprendido entre el 2 % y el 7 % en masa.

Aceros

- Son elásticos, duros, dúctiles y maleables.
- En origen, casi todos los aceros se someten a laminación, obteniéndose chapas, rollos o láminas de acero. Posteriormente, se conformarán en las piezas deseadas o experimentarán otros tratamientos térmicos como el temple o el recocido.

Fundiciones

- No son dúctiles ni maleables, no pueden forjarse ni laminarse, y son fáciles de mecanizar.
- Las piezas de fundición (bloques de motores, estufas, etc.) son generalmente más baratas que las de acero porque se fabrican a temperaturas más bajas.

ACTIVIDADES

16. **De las siguientes piezas, indica las que se fabrican con acero y las que se fabrican con fundición.**

Vigas de construcción, carrocerías de coche, radiadores de calefacción, cucharas, resortes.

17. **Determina el porcentaje en masa de carbono que tiene la cementita, de fórmula Fe_3C.**

Solución: 6,7 %

18. **Busca información sobre las formas alotrópicas que presenta el hierro: Fe-α, Fe-β, Fe-γ y Fe-δ.**

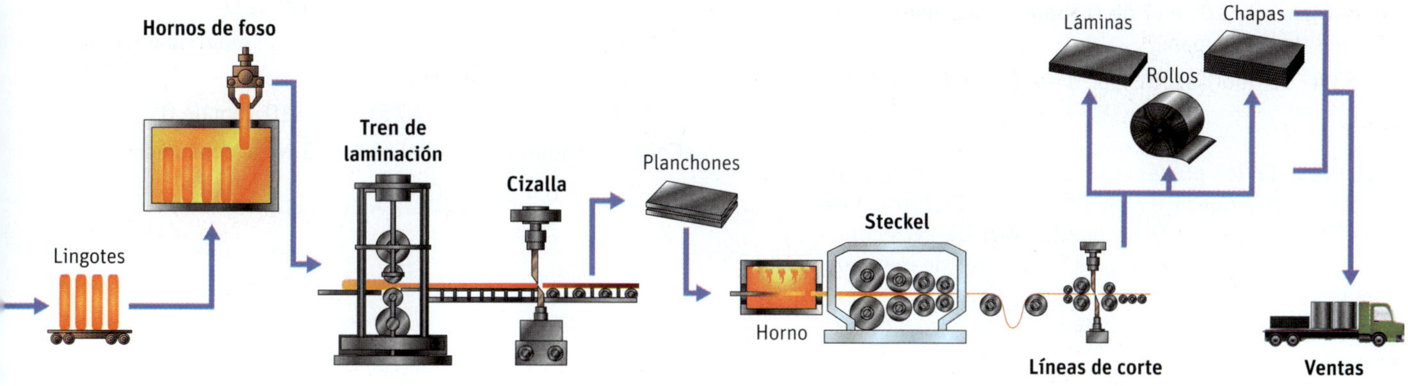

EJERCICIOS Y PROBLEMAS **RESUELTOS**

Amoniaco y ácidos fuertes

1 Antes del desarrollo del método de Haber, se habían desarrollado otros métodos de producción de amoniaco, como el método de Frank-Caro, que fijaba el nitrógeno atmosférico y producía amoniaco mediante las reacciones:

$$CaC_2(s) + N_2(g) \xrightarrow{1000\,°C} CaCN_2(s) + C(s)$$
$$CaCN_2(s) + 3\,H_2O(l) \rightarrow CaCO_3(s) + 2\,NH_3(g)$$

A su vez, el carburo de calcio se obtenía de la cal viva mediante la reacción:

$$CaO(s) + 3\,C(s) \rightarrow CaC_2(s) + CO(g)$$

a) Calcula la cantidad de amoniaco que se puede obtener a partir de 2 t de cal con este método, suponiendo que la cal tiene una riqueza del 95 % en óxido de calcio.

b) Determina el volumen de N_2 atmosférico fijado, medido a 0 °C y 1 bar.

Nota: Suponemos que todas las reacciones tienen un rendimiento del 100 %.

Consideraciones iniciales

- Se trata de un método de obtención mediante reacciones sucesivas, donde los productos de una reacción son los reactivos de la siguiente.
- Recuerda que un mol de cualquier gas medido a 1 bar de presión y 0 °C de temperatura ocupa un volumen de 22,7 L.

▶ Resolución

a) Las 2 t de cal con una riqueza del 95 % contienen:

$$(2000\,\text{kg})\cdot 0,95 = 1900\,\text{kg de CaO}$$

La masa molar del CaO es:

$$M(\text{CaO}) = 40 + 16 = 56\ \text{g mol}^{-1}$$

Luego se parte de: $\dfrac{(1\,900\,000\,\text{g})}{(56\,\text{g mol}^{-1})} = 3,4\cdot 10^4\ \text{mol de CaO}$

La proporción en moles en las reacciones sucesivas es:

1 mol de CaO : 1 mol de CaC_2 : 1 mol de $CaCN_2$: 2 mol de NH_3

Se obtienen 2 · 3,4 · 10^4 mol de NH_3 que equivalen a:

$$(6,8\cdot 10^4\ \text{mol de NH}_3)(17\ \text{g mol}^{-1}) = 1,2\cdot 10^6\ \text{g}$$

b) La estequiometría de la reacción es:

1 mol de CaO : 1 mol de CaC_2 : 1 mol de N_2

Luego se fijan 3,4 · 10^4 mol de N_2 atmosférico que, en las condiciones dadas ocupan:

$$(3,4\cdot 10^4\ \text{mol})(22,7\ \text{L mol}^{-1}) = 7,7\cdot 10^5\ \text{L}$$

> **CONCLUSIONES:** En los procesos industriales, el rendimiento del proceso y la riqueza de las menas son factores muy importantes. Un proceso químico puede dejar de ser económicamente rentable por un cambio en los precios de mercado de las sustancias que intervienen o puede volver a ser rentable por una mejora de los rendimientos en las reacciones químicas.

2 La pirita, FeS_2, además de ser un mineral usado en la obtención del hierro (previa tostación del sulfuro), se emplea también en la producción de ácido sulfúrico (ambos procesos se suelen realizar en paralelo), mediante las reacciones sucesivas:

$$4\,FeS_2 + 11\,O_2 \rightarrow 2\,Fe_2O_3 + 8\,SO_2$$
$$2\,SO_2 + O_2 \rightarrow 2\,SO_3$$
$$SO_3 + H_2O \rightarrow H_2SO_4$$

a) ¿Qué cantidad de pirita, con una riqueza del 60 %, es necesaria para obtener 250 kg de ácido sulfúrico?

b) ¿Cuántos moles de O_2 se consumen en el proceso?

Nota: El proceso tiene un rendimiento global del 75 %.

Consideraciones iniciales

- Los coeficientes estequiométricos establecen la relación en moles entre reactivos y productos. Es preferible partir de 1 mol de reactivo inicial.

▶ Resolución

a) Los 250 kg de H_2SO_4 son:

$$(250000\,\text{g})\left(\frac{1\,\text{mol}}{98\,\text{g}}\right) = 2,6\cdot 10^3\ \text{mol de H}_2\text{SO}_4$$

La estequiometría en las reacciones sucesivas es:

1 mol de FeS_2 : 2 mol de SO_2 : 2 mol de SO_3 : 2 mol de H_2SO_4

Si el rendimiento fuese del 100 %, harían falta 1,3 · 10^3 mol de pirita pura; como el rendimiento global es del 75 %, se necesitarían:

$$\frac{1,3\cdot 10^3\cdot 100}{75} = 1,7\cdot 10^3\ \text{mol de pirita pura}$$

Pero como es pirita del 60 % de riqueza, harían falta:

$$\frac{1,7\cdot 10^3\cdot 100}{60} = 2,8\cdot 10^3\ \text{mol de pirita}$$

Es decir: $(2,8\cdot 10^3\ \text{mol})(119,8\,\text{g mol}^{-1}) = 3,4\cdot 10^5\ \text{g}$

b) 1.ª reacción: 1 mol de FeS_2 consume 11/4 mol de O_2

2.ª reacción: 1 mol FeS_2 consume 1 mol de O_2

Solo la pirita pura consume O_2, luego, si el rendimiento fuese del 100 % se consumirían:

$$(1,7\cdot 10^3\ \text{mol})\cdot(1+2,75) = 6,4\cdot 10^3\ \text{mol de O}_2$$

Como el rendimiento global es del 75 %, se consumen:

$$\frac{6,4\cdot 10^3\cdot 100}{75} = 8,5\cdot 10^3\ \text{mol de O}_2$$

> **CONCLUSIONES:** Ningún proceso industrial tiene un rendimiento del 100 %.

Metalurgia y siderurgia

3 El plomo es un metal de gran importancia económica pero es uno de los elementos más tóxicos que utilizamos. Por ejemplo, se emplea en las baterías eléctricas, en fabricación de pinturas, como blindaje para la radiación y, hasta hace poco, como aditivo en las gasolinas para aumentar su poder antidetonante.

Se obtiene a partir de la galena, que es un sulfuro de plomo, por tostación y posterior reducción del óxido:

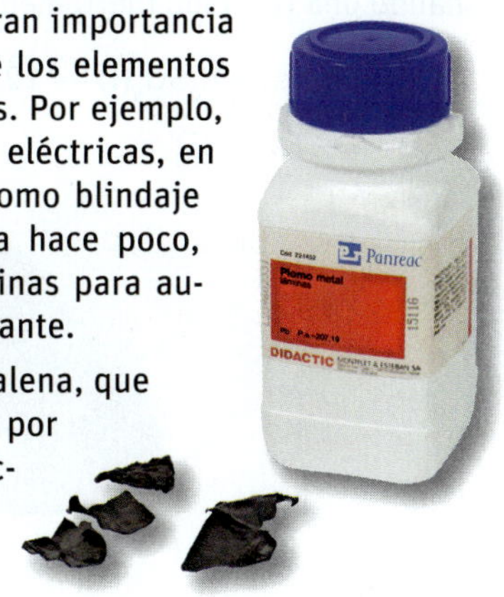

$$2\,PbS(s) + 3\,O_2(g) \xrightarrow{\text{energía}} 2\,PbO(s) + 2\,SO_2(g)$$

$$PbO(s) + C(s) \xrightarrow{\text{energía}} Pb(l) + CO(g)$$

a) Determina la cantidad de plomo que se obtendrá a partir de 2,5 t de galena suponiendo que tiene una riqueza del 95 %.

b) Señala las causas de posibles problemas ambientales en su producción.

Consideraciones iniciales

- Se trata de un método de obtención mediante reacciones sucesivas, donde los productos de una reacción son los reactivos de la siguiente.

▸ Resolución

a) Las 2,5 t de mineral contienen (2,5 t) · 0,95 = 2,4 t de sulfuro de plomo puro, que equivalen a:

$$(2{,}4 \cdot 10^6\ g)\left(\frac{1\ mol}{239{,}2\ g\,mol^{-1}}\right) = 1{,}0 \cdot 10^4\ mol$$

Conforme a los coeficientes estequiométricos:

1 mol de PbS : 1 mol de PbO : 1 mol de Pb

Por tanto, se obtendrán también $1{,}0 \cdot 10^4$ mol de Pb, que equivalen a:

$$(1{,}0 \cdot 10^4\ mol)(207{,}2\ g\,mol^{-1}) = 2{,}1 \cdot 10^6\ g = 2{,}1\ t\ de\ Pb$$

b) La emisión de SO_2 contribuye a crear lluvia ácida en los alrededores. Además, el CO producido es muy tóxico y lo mejor es oxidarlo a CO_2.

> **CONCLUSIONES:** El plomo es un metal muy utilizado en la industria, a pesar de su gran toxicidad. Puede contaminar aguas y produce en los seres humanos una enfermedad denominada saturnismo. Además, su producción tiene un impacto ambiental debido a la emisión de SO_2 y CO.

4 Los óxidos de hierro son el FeO (limonita), el Fe_2O_3 (oligisto) y el Fe_3O_4 (magnetita) y, además de servir de mena en los altos hornos para producir hierro y acero, se emplean como pigmentos para fabricar pinturas.

Por ejemplo, los colores amarillo ocre, rojo persa y marrón se han obtenido a lo largo de la historia de las tierras con menas de hierro, y todavía hoy las pinturas amarillas, rojas y negras contienen óxidos de hierro (aunque fabricados sintéticamente para controlar el tamaño de las partículas).

Determina cuál de los tres óxidos es más rico en hierro.

Consideraciones iniciales

- La composición centesimal de un compuesto indica el porcentaje de cada elemento en el compuesto y muestra la riqueza del mineral.

▸ Resolución

a) La masa molar de los tres compuestos es:

$$M(FeO) = 55{,}8 + 16{,}0 = 71{,}8\ g\,mol^{-1}$$

$$M(Fe_2O_3) = 2 \cdot 55{,}8 + 3 \cdot 16{,}0 = 159{,}6\ g\,mol^{-1}$$

$$M(Fe_3O_4) = 3 \cdot 55{,}8 + 4 \cdot 16{,}0 = 231{,}5\ g\,mol^{-1}$$

El porcentaje de hierro en cada mineral es:

$$FeO: \frac{55{,}8 \cdot 100}{71{,}8} = 77{,}7\ \%\ de\ Fe$$

$$Fe_2O_3: \frac{2 \cdot 55{,}8 \cdot 100}{159{,}6} = 69{,}9\ \%\ de\ Fe$$

$$Fe_3O_4: \frac{3 \cdot 55{,}8 \cdot 100}{231{,}5} = 72{,}3\ \%\ de\ Fe$$

El mineral más rico en hierro es FeO (limonita).

> **CONCLUSIONES:** El rendimiento de los minerales de hierro (óxidos) en un alto horno depende de su riqueza en hierro. Generalmente se usan mezclas de óxidos para la sinterización del mineral, así como desechos de óxidos de hierro que provienen del alto horno.

ACTIVIDADES

Amoniaco, sosa y ácidos fuertes

19. El hidróxido de sodio es la sexta sustancia inorgánica más producida en el mundo. Actualmente, una parte importante se prepara por electrolisis del cloruro de sodio acuoso (salmuera) con intensidades de 100000 amperios, por el método de la celda de membrana polimérica:

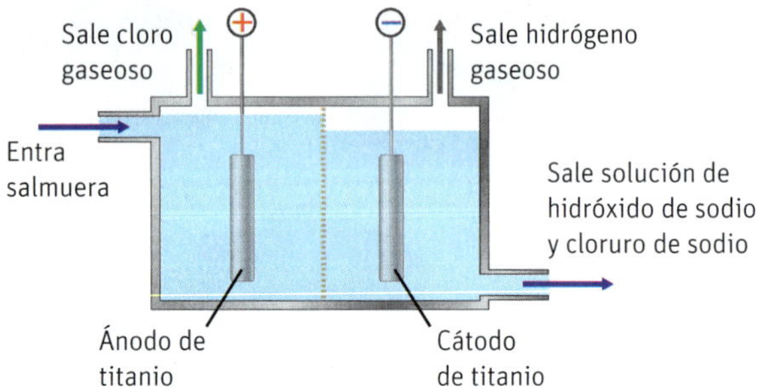

Las reacción global producida es:

$$2\ NaCl(aq) + 2\ H_2O(l) \rightarrow Cl_2(g) + 2\ NaOH\ (aq) + H_2(g)$$

Obteniéndose una disolución de NaOH del 50 % en masa.

a) Calcula qué cantidad de NaOH se puede preparar con 1,5 t de salmuera.

b) Determina los volúmenes de cloro e hidrógeno que se desprenderán, medidos a 0 °C y 1 bar.

Solución: a) 1,0 t; b) $3{,}0 \cdot 10^5$ L de H_2 y de Cl_2

20. Los *pretzels* son unas galletas horneadas, que tienen granos de sal gorda en su superficie, y son muy populares en Alemania.

Durante su fabricación, se sumerge la masa en una disolución de NaOH, que une más firmemente los cristales de sal a la superficie de la masa. Después se hornea la masa y desaparece el NaOH mediante la reacción:

$$2\ NaOH(s) + CO_2(g) \rightarrow Na_2CO_3(s) + H_2O(g)$$

El Na_2CO_3 producido es inocuo y se puede comer. Si una masa se ha recubierto con 150 mL de una disolución de NaOH 0,5 mol L^{-1}, calcula la cantidad de carbonato de sodio que se producirá.

Solución: 4,0 g

21. Las antiguas fábricas para producir ácido nítrico eran visibles de lejos por la nube naranja-amarillenta de $NO_2(g)$ que desprendían. Hoy día, los óxidos de nitrógeno sobrantes se eliminan de la atmósfera mediante la reacción:

$$NO(g) + NO_2(g) + 2\ NH_3(g) \rightarrow 2\ N_2(g) + 3\ H_2O(g)$$

Determina la cantidad de amoniaco necesaria para eliminar 550 mol de NO(g) y 550 mol de $NO_2(g)$.

Solución: $1{,}9 \cdot 10^4$ g

22. El ácido sulfúrico concentrado es un agente deshidratante tan fuerte que convierte la sacarosa en carbón y agua, originando una reacción fuertemente exotérmica:

$$C_{12}H_{22}O_{11}(s) + H_2SO_4(l) \rightarrow 12\ C(s) + 11\ H_2O(l) + H_2SO_4(aq)$$

Calcula cuánto ácido sulfúrico concentrado se necesita para eliminar 560 g de sacarosa.

Solución: $1{,}06 \cdot 10^2$ g

23. El amoniaco se puede preparar en el laboratorio mediante la reacción entre el cloruro de amonio y el hidróxido de calcio:

$$2\ NH_4Cl(s) + Ca(OH)_2 \xrightarrow{\text{energía}} CaCl_2(s) + 2\ H_2O(l) + 2\ NH_3(g)$$

Si se hacen reaccionar 255 g de cloruro de amonio con 214 g de hidróxido de calcio:

a) Indica cuál es el reactivo limitante y cuál está en exceso.

b) Determina el volumen de amoniaco que se desprende medido a 0 °C y 1 bar.

Solución: b) $1{,}08 \cdot 10^2$ L

24. Haber recibió el Premio Nobel en 1918, con la oposición de diversos científicos que le recriminaban sus investigaciones sobre gases venenosos utilizados en la Primera Guerra Mundial. Posteriormente se opuso al nazismo al negarse a despedir a sus colaboradores de origen judío (él también lo era). Murió en 1934.

En la reacción de producción de amoniaco por el procedimiento Haber-Bosch:

$$N_2(g) + 3\ H_2(g) \rightarrow 2\ NH_3(g)$$

Calcula el volumen de amoniaco producido a partir de 550 L de N_2 y 250 L de H_2 medidos todos los gases a 0 °C y 1 bar. Se supone un rendimiento del 15 % a la reacción.

Solución: 25 L

25. El amoniaco no se debe mezclar con la lejía (hipoclorito de potasio) para limpiar objetos en recintos cerrados, porque la reacción puede producir cloramina, NH_2Cl, un compuesto gaseoso tóxico.

Formula y ajusta la reacción entre el amoniaco y el hipoclorito de sodio para dar cloramina.

Metalurgia

26. El aluminio es un metal muy reactivo que, sin embargo, no lo parece. Aunque se oxida fácilmente, se recubre de Al_2O_3, un óxido que impide el posterior ataque del oxígeno ya que crea una capa impermeable de 10^{-4} mm de espesor. Esto se debe a los tamaños relativos de los iones Al^{3+} y O^{2-}: los iones Al^{3+} encajan perfectamente en los huecos dejados por los iones O^{2-} y se dice que la superficie se pasiva.

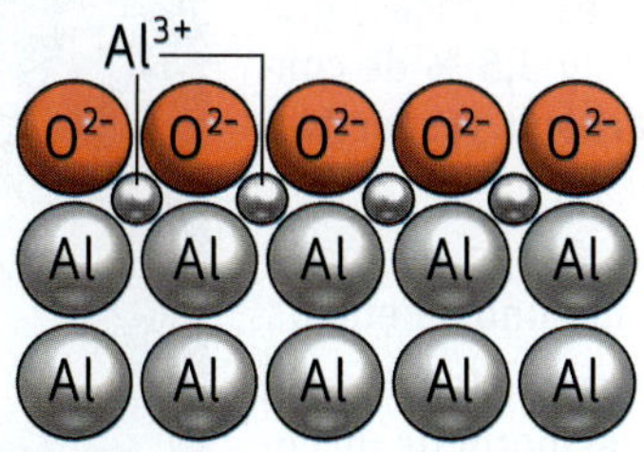

Calcula la cantidad de óxido de aluminio que recubre una chapa de 4,0 m^2 de aluminio, sabiendo que la densidad del óxido de aluminio es 3,95 g cm^{-3}.

Solución: 1,6 g

27. La densidad del litio es la mitad que la del agua, y sus aleaciones se utilizan en naves espaciales por su poco peso. Ha cobrado gran importancia por su utilización en la fabricación de baterías eléctricas.

Es tan reactivo que no existe libre en la naturaleza y debe guardarse dentro de aceite para evitar que se oxide por el contacto con el aire. Puede obtenerse por electrolisis del cloruro de litio fundido, según la reacción global:

$$LiCl(l) \xrightarrow{\text{electricidad}} Li(s) + 1/2\ Cl_2(g)$$

Calcula la cantidad de cloruro de litio necesaria para obtener 2,0 kg de litio metálico si el proceso tiene un rendimiento global del 35 %.

Solución: $3,4 \cdot 10^4$ g

28. El sodio es el metal alcalino más utilizado en la industria y, al igual que el litio, no existe libre en la naturaleza por ser muy reactivo. Se obtienen por electrolisis del cloruro de sodio fundido y una de sus aplicaciones actuales es la producción de titanio, reduciendo el tetracloruro de titanio con sodio metálico según la reacción:

$$TiCl_4(l) + 4\ Na(s) \rightarrow Ti(s) + 4\ NaCl\ (s)$$

a) Determina la cantidad de tetracloruro de titanio necesaria para producir 1,52 t de titanio metálico, suponiendo que el proceso tiene un rendimiento del 35 %.

b) Calcula la cantidad de cloruro de sodio que se obtendría también.

Solución: a) 17,2 t; b) 7,42 t

29. El cromo es un metal de transición con una variedad de números de oxidación estables (+2, +3 y +6), que le confieren un comportamiento químico diverso. Se usa principalmente en aleaciones con el acero a las que confiere resistencia a la corrosión.

También se usa para recubrir electrolíticamente diversos metales en general y evitar así su corrosión (cromados). Se puede obtener en el laboratorio por aluminotermia del óxido de cromo(III) según la reacción:

$$Cr_2O_3 + 2\ Al \rightarrow 2\ Cr + Al_2O_3$$

Determina la cantidad de óxido de cromo(III) necesaria para obtener 15 g de cromo metálico si la aluminotermia tiene un rendimiento del 75 %.

Solución: 29 g

30. El mercurio es el único metal líquido a 20 °C, debido a la debilidad del enlace metálico que forman sus átomos. Por ese mismo motivo forma fácilmente vapores, que son muy tóxicos. Se usa en dispositivos científicos y en lámparas de alumbrado, así como en la fabricación de fungicidas.

Se obtiene por tostación del cinabrio, un mineral formado por sulfuro de mercurio(II), según la reacción:

$$HgS(s) + O_2(g) \xrightarrow{\text{energía}} Hg(l) + SO_2(g)$$

¿Cuánto cinabrio de un 85 % de riqueza se necesita para obtener 25 kg de mercurio, suponiendo que el proceso tiene un rendimiento del 95 %?

Solución: 35 kg

31. El cinc es un metal menos reactivo de lo que cabría esperar porque la formación de óxido de cinc sobre su superficie que impide un posterior ataque del oxígeno al metal (pasivado). Se utiliza en baterías eléctricas y para el recubrimiento electrolítico del acero (acero galvanizado).

Se obtiene por tostación de su mineral principal, la blenda, un sulfuro de cinc de fórmula ZnS. El óxido producido se reduce con carbón coquizado:

$$2\ ZnS(s) + 3\ O_2(g) \xrightarrow{\text{energía}} 2\ ZnO(s) + 2\ SO_2(g)$$

$$ZnO(s) + C(s) \xrightarrow{\text{energía}} Zn(g) + CO(g)$$

a) Calcula qué cantidad de blenda de un 75 % de riqueza es necesaria para obtener 45 kg de cinc, suponiendo que el proceso tiene un rendimiento del 100 %.

b) ¿Cuánto carbono coquizado habría que emplear en este proceso?

Solución: a) $9,0 \cdot 10^4$ g de ZnS; b) $8,3 \cdot 10^3$ g

ACTIVIDADES

Siderurgia

32. El hierro es el segundo metal más abundante en la corteza terrestre y es el material más usado en la industria actual. En la parte inferior de un alto horno destinado a la obtención del hierro a partir de sus menas, se produce la reacción:

$$FeO(s) + CO(g) \rightarrow Fe(s) + CO_2(g)$$

a) Determina la cantidad de óxido de hierro(II) necesaria para obtener 2,5 t de hierro, suponiendo un rendimiento de la reacción del 85 %.

b) ¿Qué volumen de CO(g) se empleará, medido a 0 °C y una presión de 1 bar?

Solución: a) 3,8 t; b) $1,2 \cdot 10^6$ L

33. Un geólogo ha tomado una muestra de magnetita que contiene 76,0 % en masa de Fe_3O_4, 11,0 % de SiO_2 y un 13,0 % de otras impurezas que no contienen hierro. Determina el porcentaje de hierro en la mena.

Solución: 55,0 %

34. La hemoglobina de los glóbulos rojos de la sangre de la mayoría de los mamíferos es una molécula que contiene aproximadamente 0,33 % de hierro en masa.

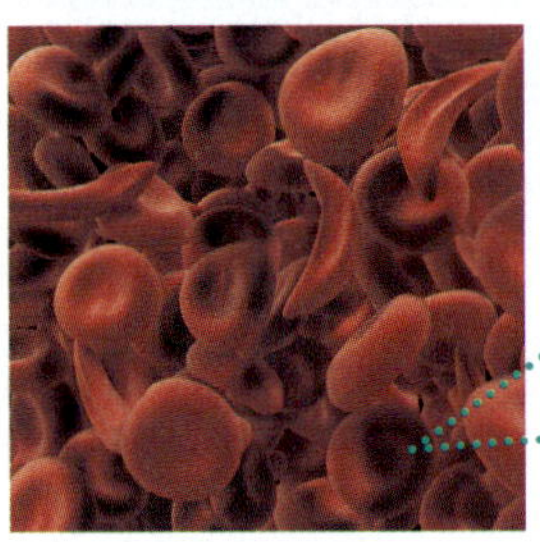

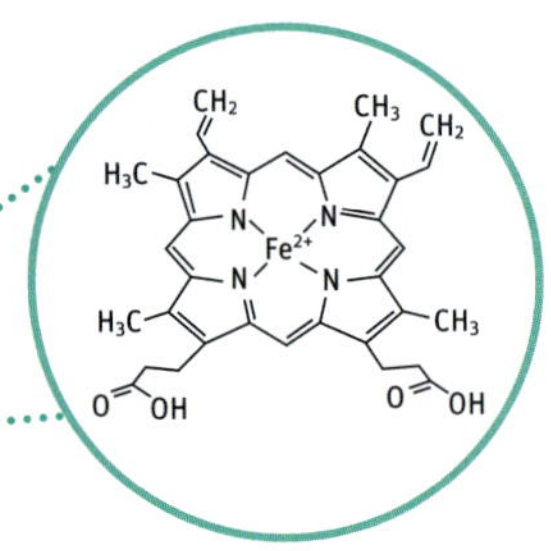

Si mediante técnicas físicas se obtiene un peso molecular para la hemoglobina de 68 000 u, ¿cuántos átomos de hierro hay en cada molécula de hemoglobina?

35. Los aceros son aleaciones de hierro y carbono con un porcentaje de carbono inferior al 2 %, que generalmente poseen otros metales incorporados. Por ejemplo, el acero al cromo-vanadio es un acero empleado en resortes elásticos, que posee un 1 % de cromo y un 0,2 % de vanadio.

Si el acero posee un 1,5 % de carbono, determina la cantidad de cada elemento que hay en 1500 kg de este acero.

Calcula la cantidad de cada elemento que hay en 1500 kg de este acero.

Solución: 22,5 kg de C, 15 kg de Cr y 3 kg de V

36. La soldadura aluminotérmica se basa en una reacción conocida como "reacción termita" que produce mucha energía:

$$2\ Al(s) + Fe_2O_3(s) \rightarrow Al_2O_3(s) + 2\ Fe(l)$$

Si partimos de 100 g de cada reactivo, determina los gramos de hierro que se pueden obtener.

Solución: 69,9 g

37. La tostación de la pirita, FeS_2, se produce en presencia de oxígeno y origina óxido de hierro(III) y dióxido de azufre.

a) Escribe la reacción ajustada.

b) ¿Cuántos kilogramos de óxido de hierro(III) se obtienen al tratar media tonelada de una pirita que tiene el 80 % de riqueza en FeS_2?

Solución: b) $2,7 \cdot 10^2$ kg

38. Un fabricante de piezas tiene dos aleaciones férricas que poseen 0,9 % y 3,5 % de contenido en carbono, respectivamente.

a) Señala qué tipo de material es cada uno de ellos.

b) Si tuvieses que fabricar un bloque del motor de un coche, indica cuál de ellas elegirías.

c) ¿Y si tuvieses que fabricar un radiador térmico de calefacción?

39. El carbono se encuentra en los aceros en forma de cementita, Fe_3C, que forma pequeños cristales que dan dureza al acero. Si un acero contiene un 0,85 % de carbono, ¿cuánta cementita habrá en 2,5 kg de ese acero?

Solución: 0,31 kg

smSaviadigital.com

40. Entra en la dirección y en la pestaña *forma de la molécula* construye la molécula de amoniaco (NH_3). Para ello, ten en cuenta que el átomo de nitrógeno forma tres enlaces covalentes y posee en su última capa un par de electrones no compartido.

a) ¿Qué tipo de geometría posee la molécula?

b) ¿Qué ángulos forman entre sí los enlaces?

41. Entra en esta dirección y pulsa en la pestaña *grandes moléculas*.

Construye la molécula de HNO_3, elige la opción de bolas y palos y pulsa 3D. Indica cómo son los enlaces que unen los átomos de la molécula.

RESUELVE

smSaviadigital.com VALORA LO APRENDIDO > Realiza estas actividades de autoevaluación para comprobar los conocimientos adquiridos.

LA QUÍMICA Y... LOS METALES DE TRANSICIÓN Y LA MEDICINA

Se denomina cáncer a un grupo de, al menos, 150 enfermedades distintas, con características comunes, como una proliferación descontrolada de algunas células. La palabra "quimioterapia" hace referencia a los tratamientos para el cáncer sobre la base de sustancias químicas que actúan sobre las células cancerosas. ¿Qué papel juegan algunos metales en estos tratamientos?

En 1965, investigadores de la Universidad del estado de Michigan comprobaron que los campos eléctricos influían en el crecimiento bacteriano de forma que, en su presencia, las bacterias crecían sin dividirse. Después de estudiar el fenómeno, llegaron a la conclusión de que la causa eran los electrodos de platino que se utilizaban para generar los campos eléctricos: aunque el platino es poco reactivo, parte de él se oxidaba y generaba unos compuestos, como el diaminodicloroplatino(II), $PtCl_2(NH_3)_2$, que eran los responsables de este comportamiento. Además, se comprobó que solo los isómeros "cis" tenían esta actividad.

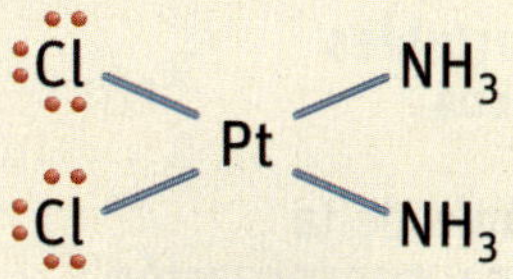

Dado que la división celular descontrolada es una característica de los tumores, las compañías farmacéuticas pronto utilizaron compuestos del platino para atacar a los tumores. Los investigadores han demostrado que el átomo de platino del cis–diaminodicloroplatino(II), conocido como cisplatino, se enlaza con uno de los átomos de nitrógeno de la guanina (una de las bases nitrogenadas del ADN) provocando una torsión anómala de la hélice del ADN que impide su replicación.

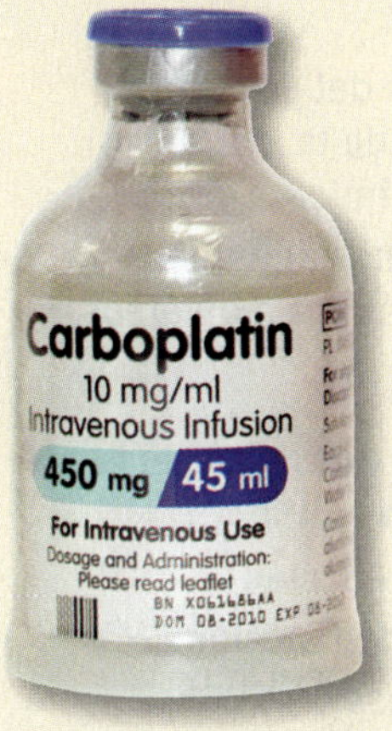

Actualmente se usan también otros compuestos del platino, como el carboplatino o el oxiplatino en el tratamiento de varios tipos de cánceres y, aunque casi todos los metales de transición han demostrado una acción antitumoral, el uso del titanio y el rutenio es prometedor en este campo.

1. En determinadas personas, la quimioterapia con cisplatino a veces pierde su eficacia al cabo de un tiempo de empleo. Busca información de las posibles causas de este fenómeno de resistencia al fármaco.
2. La quimioterapia es un gran avance en el tratamiento del cáncer, pero conlleva importantes efectos adversos para los pacientes. Busca información sobre los efectos secundarios del carboplatino.

Autoevaluación

1. Las disoluciones acuosas de amoniaco:
   a) Son ácidas.
   b) Son básicas.
   c) Son neutras.
   d) El amoniaco no se disuelve en agua.
2. El agua regia es una mezcla de ácidos:
   a) Nítrico y clorhídrico.
   b) Nítrico y sulfúrico.
   c) Solo es ácido nítrico concentrado.
   d) Solo es ácido sulfúrico concentrado.
3. El ácido sulfúrico concentrado:
   a) Es un agente fuertemente oxidante.
   b) Es un agente fuertemente reductor.
   c) Es un agente fuertemente deshidratante.
   d) Es un ácido débil.
4. El aluminio es un metal que:
   a) Se obtiene por el método Ostwald.
   b) Se obtiene por el método Hall.
   c) Tiene una baja conductividad eléctrica.
   d) Es muy denso.
5. Es peligroso mezclar dentro de espacios cerrados:
   a) Ácido sulfúrico y ácido nítrico.
   b) Ácido clorhídrico y ácido nítrico.
   c) Ácido clorhídrico y ácido sulfúrico.
   d) Ácido clorhídrico y lejía.
6. Las disoluciones de hidróxido de sodio:
   a) Son fuertemente ácidas.
   b) Son fuertemente básicas.
   c) Son neutras.
   d) Son ligeramente básicas.
7. El oro y la plata se denominan metales nobles porque:
   a) Tienen una alta reactividad.
   b) Tienen una baja reactividad.
   c) Se oxidan fácilmente.
   d) Son muy caros.
8. En un alto horno:
   a) Se producen aceros.
   b) La temperatura se incrementa hacia arriba.
   c) Se produce fundición.
   d) Se produce arrabio.

5 Termodinámica

Los cohetes Ariane de la Agencia Espacial Europea tienen, entre otros objetivos, poner en órbita satélites de comunicación. Para vencer la fuerza de atracción gravitatoria de la Tierra utilizan dos propulsores laterales de combustible sólido. A los dos minutos de despegar, a una altura próxima a los 60 km, ya se ha consumido todo el combustible. En ese momento los dos propulsores se separan y caen al mar. Después, actúa la denominada "etapa criogénica" de la propulsión, que utiliza como combustible hidrógeno líquido, y como comburente, oxígeno líquido.

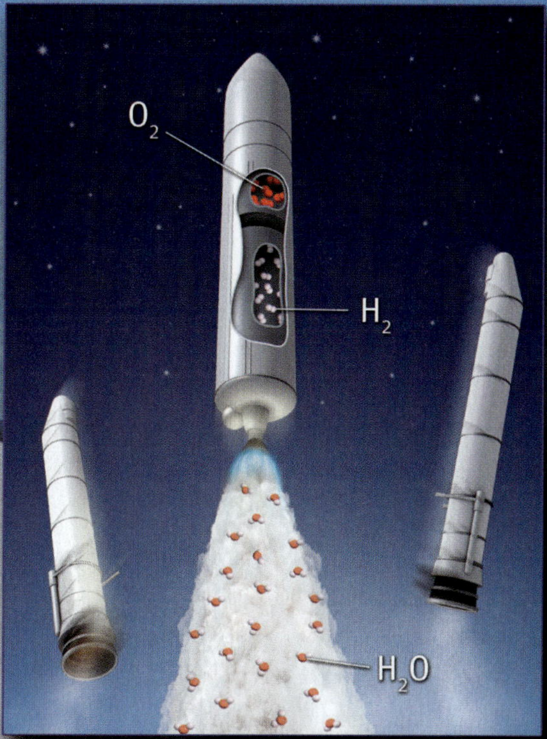

Figura 5.1. Etapa criogénica de la propulsión de un cohete Ariane.

Recuerda y reflexiona

Reacciones químicas exotérmicas y endotérmicas

1. Un aspecto muy importante de las reacciones químicas es la energía térmica intercambiada. ¿Cómo se clasifican las reacciones químicas según este criterio?

Las reacciones pueden ser exotérmicas, como la quema del combustible del cohete Ariane durante el despegue o de una cantidad de carbón, en las que se desprende energía, o endotérmicas, como la caramelización de la sacarosa de la imagen o la descomposición térmica de sustancias como el óxido de mercurio, donde se absorbe energía.

2. En la combustión de 1 mol de hidrógeno para producir $H_2O(g)$ se desprenden 242 kJ. Escribe la ecuación termoquímica. ¿Qué cantidad de energía se desprende de la combustión de 25 t de hidrógeno? Dibuja el diagrama energético del proceso.

La ecuación termoquímica correspondiente a la combustión de un mol de hidrógeno es:

$H_2(g) + 1/2\ O_2(g) \rightarrow H_2O(g) + 242$ kJ

Como 1 mol de H_2 son 2 g, las 25 t equivalen a $1{,}25 \cdot 10^7$ mol de H_2, por lo que se obtendrán $3{,}0 \cdot 10^9$ kJ.

Su diagrama energético corresponde a una reacción exotérmica donde los reactivos contienen más energía que los productos.

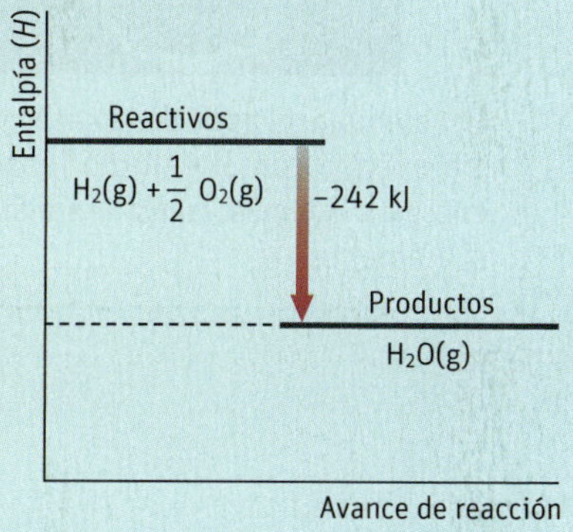

Energía y espontaneidad de una reacción

3. Los procesos físicos y químicos solo ocurren de forma espontánea en un sentido, y no pueden producirse en el sentido contrario si no cambian las condiciones. Indica qué procesos de los siguientes son espontáneos:

a) La combustión de una vela, originando gases, luz y calor.

b) Los gases generados en la explosión de un petardo se combinan para formar pólvora.

c) Un objeto de hierro se oxida y forma óxido de hierro.

Son espontáneos a) y c). No lo es b).

En los procesos espontáneos suele disminuir la energía del sistema. Por ejemplo, muchas reacciones químicas que desprenden energía (exotérmicas) son espontáneas.

1 Sistemas y variables termodinámicos

La **termodinámica** estudia los **intercambios energéticos** en los procesos físicos, químicos o biológicos. La parte que se centra en el estudio del intercambio de energía en las reacciones químicas se denomina **termoquímica**.

Para analizar los cambios de energía que se producen en un proceso se definen dos espacios, el **sistema termodinámico** o parte del universo perfectamente delimitada, sometida a estudio, y el **entorno** o parte del universo que rodea al sistema.

Los sistemas se clasifican, según el intercambio de materia y energía con su entorno, en **abiertos**, **cerrados** y **aislados**.

Sistema abierto

Puede intercambiar materia y energía con el entorno.

Por ejemplo, el agua de la cacerola intercambia energía con el entorno (absorbe y cede energía). Además, transfiere materia (vapor) al ambiente.

Sistema cerrado

Permite la transferencia de energía pero no de materia.

Por ejemplo, el agua caliente del interior de una olla a presión intercambia energía con el entorno, pero no intercambia materia con él mientras la válvula esté cerrada.

Sistema aislado

No intercambia materia ni energía con el entorno.

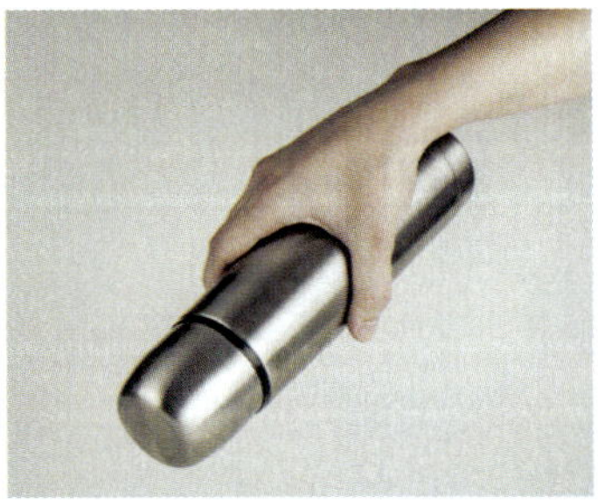

Por ejemplo, el agua de un termo no puede intercambiar materia ni tampoco energía (en realidad lo hace muy lentamente) con el entorno.

La descripción del estado de un sistema termodinámico (composición, energía, etc.) se realiza mediante unas magnitudes denominadas **variables termodinámicas**, que se clasifican en intensivas y extensivas:

- **Variables intensivas.** Son aquellas que no dependen de la cantidad de materia del sistema. Por ejemplo, la densidad, la presión o la temperatura.
- **Variables extensivas.** Son aquellas que dependen de la cantidad de materia del sistema. Por ejemplo, la masa, el volumen o la energía interna.

Se denominan **funciones de estado** a las variables termodinámicas con un valor definido para cada estado del sistema, y cuyas variaciones solo dependen del estado inicial y final del sistema termodinámico (y no del camino seguido).

Por ejemplo, son funciones de estado la temperatura, el volumen, la presión, y otras magnitudes que se describen en la unidad, como la energía interna, la entalpía, la entropía y la energía libre de Gibbs.

EJERCICIO **RESUELTO**

1 Se divide en dos partes iguales el sistema formado por 1 mol de agua a 25 °C y 1 atm, que ocupa 18 mL. Indica el valor de las magnitudes indicadas después de la división, y califica las magnitudes de intensivas o extensivas.

n = 1 mol T = 25 °C = 298 K

m = 18 g d = 18 g/18 mL = 1 g$\,$mL^{-1}

V = 18 mL c = 55,55 mol$\,$L^{-1}

p = 1 atm

El sistema dividido queda como sigue:

n = 0,5 mol T = 25 °C = 298 K

m = 9 g d = 9 g/9 mL = 1 g$\,$mL^{-1}

V = 9 mL c = 55,55 mol$\,$L^{-1}

p = 1 atm

Son variables intensivas la temperatura, la densidad, la concentración y la presión. Son variables extensivas la masa, los moles y el volumen.

2 Primer principio de la termodinámica: conservación de la energía

En el desarrollo de la termodinámica durante los siglos XVIII y XIX fue fundamental establecer los conceptos de trabajo (W) y de calor (Q).

Cálculo de la energía transferida mediante trabajo y calor

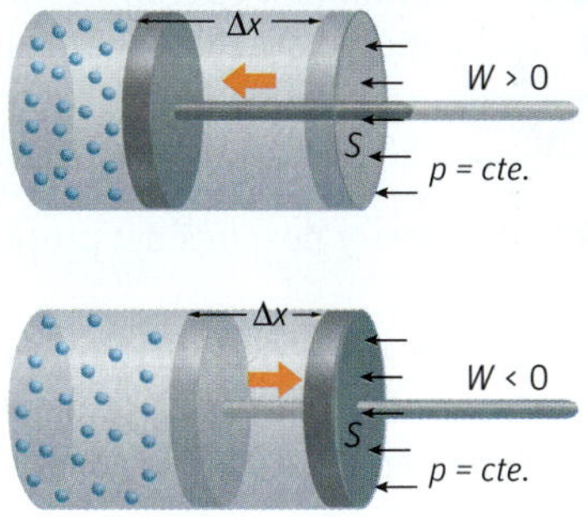

Dado un gas ideal contenido en un recipiente cilíndrico con un émbolo móvil de sección S, si este émbolo se desplaza una distancia Δx debido a una presión exterior constante, el volumen del gas variará cierta cantidad, ΔV, y el **trabajo** realizado está asociado a fuerzas y desplazamientos:

$$W = F\Delta x = pS\Delta x$$

Como $S\Delta x$ es la variación del volumen, ΔV del gas:

$$W = p\Delta V$$

Si el gas se comprime, el trabajo realizado sobre el sistema es $W > 0$, y si se expande, $W < 0$.

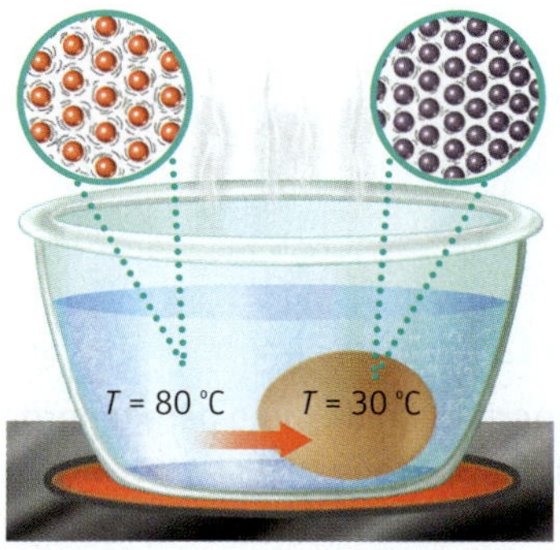

Un huevo a 30 °C inmerso en agua a 80 °C recibe energía por el solo hecho de encontrarse a diferente temperatura.

La cantidad de energía transferida mediante calor se puede evaluar con la ecuación:

$$Q = mc\Delta T$$

Donde m es la masa del sistema, ΔT, la variación de temperatura experimentada por el sistema, y c, una constante propia de cada sustancia, llamada calor específico.

El **calor**, a diferencia del trabajo, está asociado a la diferencia de temperatura, que es una medida de la agitación de los átomos y moléculas del sistema.

En el siglo XIX se comprobó que tanto el trabajo como el calor estaban relacionados con la energía y no con la materia.

> El **trabajo**, ***W***, es una forma de transferir energía entre dos sistemas físicos, que se produce como consecuencia de procesos donde intervienen fuerzas y desplazamientos.
>
> El **calor**, ***Q***, es una forma de transferir energía entre dos sistemas físicos, que se produce por el hecho de encontrarse ambos a diferente temperatura.

La relación entre ambos fue comprobada por J. P. Joule a mediados del siglo XIX con el cálculo del denominado **equivalente mecánico del calor**.

OBSERVA

Transformación de trabajo en calor en el gimnasio

Una máquina de remos lleva incorporado un depósito de agua que contiene unas palas giratorias conectadas a una cuerda, de modo que al tirar de ella, las hace rotar:

- El trabajo realizado al tirar se transforma en energía cinética de las palas, que agitan constantemente el líquido.
- La temperatura del agua aumenta ligeramente como consecuencia del calor generado.

Transformación de trabajo en calor en el laboratorio

Joule aisló un recipiente que contenía agua e introdujo una rueda de palas conectada a dos pesas elevadas:

- Al descender las pesas, las palas giran y agitan el agua, aumentando su temperatura: la energía mecánica de las pesas calienta el agua.
- Joule obtuvo el valor del equivalente mecánico del calor:

1 caloría ⇔ 4,18 julios

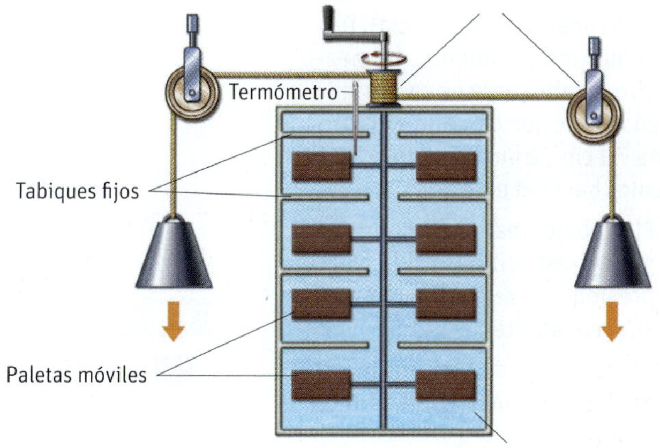

Ambos experimentos demuestran que el calor y el trabajo son dos formas de transferencia energética.

2.1. Expresión del primer principio de la termodinámica

La energía experimenta múltiples transformaciones, pero conforme a la **ley de conservación de la energía**, ni se crea ni se destruye. El primer principio de la termodinámica es una expresión de esta ley.

> **Primer principio de la termodinámica.** La energía intercambiada por un sistema durante un proceso coincide con la intercambiada por el entorno de ese sistema.
>
> $$\Delta E_{\text{sistema}} = -\Delta E_{\text{entorno}} \Rightarrow \Delta E_{\text{sistema}} + \Delta E_{\text{entorno}} = 0$$
>
> La cantidad total de energía antes y después del proceso permanece constante.

En la Web

Experimento de Joule para un proceso adiabático: equivalente mecánico del calor.

www.e-sm.net/svfq1bach05_01

Por ejemplo, la energía contenida en un combustible, como la madera, se convierte en energía térmica transferida hacia sus alrededores. La suma de los cambios de energía en la madera (sistema que la pierde) y en el entorno (que la gana) es cero.

No es fácil evaluar la energía que contiene un sistema. Para ello se define la **energía interna**, U, de un sistema como la suma de la energía de todas sus partículas. Está formada por dos componentes:

- La energía cinética debida a los movimientos de los átomos, moléculas y electrones del sistema.
- La energía potencial eléctrica debida a las interacciones, entre electrones y núcleos, y entre las diferentes moléculas.

Aunque, en general, no es posible medir por separado todas estas contribuciones a la energía interna de un sistema, sí se pueden medir experimentalmente los cambios de energía: al ser la energía interna una función de estado, se puede calcular la diferencia entre dos estados diferentes del mismo sistema:

$$\Delta U = U_2 - U_1$$

Se suele usar una expresión del primer principio aplicada a sistemas cerrados.

> **Primer principio en sistemas cerrados.** La variación de su energía interna, ΔU, de un sistema es la suma de la energía intercambiada mediante calor, $\boldsymbol{Q}$, y de la energía intercambiada mediante trabajo, $\boldsymbol{W}$, entre el sistema y el entorno:
>
> $$\boldsymbol{\Delta U = Q + W}$$

El criterio para los signos empleado se denomina **criterio termodinámico**.

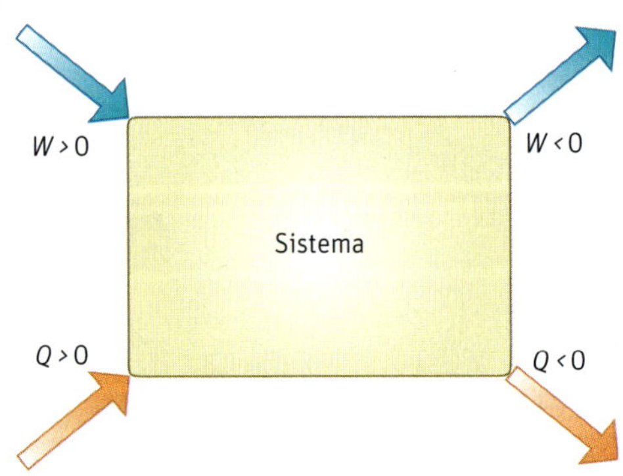

EJERCICIO RESUELTO

2 **Una máquina recibe 245 J mediante calor y realiza un trabajo de 135 J. ¿Cuál es la variación de su energía interna? ¿Qué valor tiene dicha energía?**

$$\Delta U = Q + W = 245 - 135 = 110 \text{ J}$$

No es posible averiguar el valor absoluto de la energía interna de la máquina.

ACTIVIDADES

1. El motor de un coche tiene cilindros con una capacidad de 700 cm³. Durante su funcionamiento, la mezcla aire-combustible es comprimida en el interior de cada cilindro hasta 70 cm³, transfiriéndose 20 J de calor hacia el exterior. Calcula:
   a) El trabajo realizado sobre el gas en cada cilindro si la compresión ocurre contra una presión constante de 1 atm.
   b) La variación de energía interna, interpretando el resultado.

   Dato: 1 atm L = 101,3 J

   Solución: a) $W = 63{,}8$ J; b) $\Delta U = 43{,}8$ J

2.2. Aplicaciones de la termodinámica a diversos sistemas

El primer principio de la termodinámica, representado por una única ecuación, adopta formas más simplificadas en los procesos donde se mantiene constante o se anula alguna de sus variables termodinámicas. Los procesos más comunes son los **isotérmicos**, los **isócoros**, los **isabáricos** y los **adiabáticos**.

Procesos a temperatura constante (isotérmicos): $\Delta T = 0$

Si no cambia la temperatura, tampoco hay variación en la energía interna, por tanto:

$$\Delta U = 0 \Rightarrow Q + W = 0$$

Procesos a volumen constante (isócoros): $\Delta V = 0$

Si durante el proceso no hay cambio en el volumen, el trabajo es cero, por tanto:

$$W = p\Delta V = 0 \Rightarrow \Delta U = Q_v$$

Proceso a presión constante (isobárico): $\Delta p = 0$

La mayoría de procesos físicos y químicos se producen a la presión constante de la atmósfera. Para el caso de un gas, que cambia de volumen, se cumple:

$$W = p\Delta V \Rightarrow \Delta U = Q + p\Delta V$$

Proceso aislado (adiabático): $Q = 0$

Para un sistema aislado sin intercambio de calor, la energía intercambiada mediante trabajo (absorbida o desprendida) y la variación de energía interna:

$$Q = 0 \Rightarrow \Delta U = W$$

EJERCICIOS RESUELTOS

3 **Aplica el primer principio de la termodinámica a los procesos que experimentan los siguientes sistemas:**

a) Agua hirviendo en un recipiente.

b) Cocina eléctrica calentando comida.

c) Calorímetro midiendo entalpías de reacción.

a) Es un proceso isotermo: mientras el agua hierve, la energía que recibe se transforma en trabajo para romper los enlaces de hidrógeno entre moléculas de agua y, así, vaporizarla. La energía absorbida por el sistema mediante calor se emplea en realizar trabajo:

$$Q = -W$$

b) Es un proceso isotermo: la cocina eléctrica absorbe energía (recibe trabajo eléctrico) y desprende esa energía mediante calor. Si el sistema absorbe energía mediante trabajo, desprende la misma energía mediante calor:

$$W = -Q$$

c) Casi todas las reacciones químicas se realizan a presión constante (procesos isobáricos). La energía que recibe el sistema mediante calor se emplea en aumentar la temperatura (y la energía interna) y en realizar un trabajo (de expansión). En los procesos isobáricos se define una nueva función, la entalpía (*H*):

$$H = U + pV$$

Cumpliéndose que $Q_p = \Delta H$.

4 **Aplica el primer principio de la termodinámica a los procesos que experimentan los siguientes sistemas:**

a) Medida del contenido energético de un alimento en una bomba calorimétrica.

b) Inflado rápido de un neumático.

c) Espray con aire seco limpiando una lente.

a) Para medir el contenido energético (calorías) de los alimentos y el poder calorífico de los combustibles, se emplea un dispositivo con oxígeno, a volumen constante, llamado bomba calorimétrica. El proceso es isócoro y el calor suministrado a un sistema a volumen constante se almacena como energía interna y se manifiesta como un aumento de la temperatura:

$$Q_{\text{absorbido}} = \Delta U$$

b) Al inflar un neumático con una bomba, se comprime adiabáticamente el aire, su temperatura aumenta y se calienta la bomba. La energía comunicada mediante trabajo a un sistema se emplea en aumentar su energía interna por tanto, aumenta su temperatura:

$$W = \Delta U$$

c) Cuando el gas comprimido sale, su expansión adiabática produce un trabajo a costa de disminuir su energía interna y, como resultado, se siente fresco en la mano:

$$\Delta U = W$$

3 Intercambios energéticos en las reacciones químicas

En las reacciones químicas se produce siempre un intercambio de energía, por lo general mediante calor. A veces aparecen fenómenos luminosos o eléctricos.

smSaviadigital.com OBSERVA

En este vídeo puedes ver la descomposición térmica del dicromato de amonio.

3.1. Calor de reacción

Las **ecuaciones termoquímicas** incluyen, además de las proporciones en las que intervienen las distintas sustancias, la variación energética producida. Por ejemplo:

$$C_3H_8(g) + 5\ O_2(g) \rightarrow 3\ CO_2(g) + 4\ H_2O(l) + 2218\ kJ$$

Esta expresión indica que la combustión de 1 mol de propano (44 g) desprende 2218 kJ.

El **calor de reacción**, ***Q***, es la energía que se desprende o se absorbe en una reacción química.

Pueden darse dos situaciones diferentes desde el punto de vista energético.

ANALIZA

En la reacción entre 1 mol de hidrógeno y 0,5 mol de oxígeno para formar 1 mol de agua se desprenden 242 kJ de energía:

$$H_2(g) + 1/2\ O_2(g) \rightarrow H_2O(g) + 242\ kJ$$

En esta reacción se **desprende energía**. La combustión del hidrógeno solo produce vapor de agua y su uso puede frenar en el futuro la emisión de CO_2 a la atmósfera. Sin embargo, el hidrógeno no es una fuente de energía ya que no existe libre en la naturaleza.

Para que reaccione 1 mol de nitrógeno con 1 mol de oxígeno, y formar 2 mol de óxido de nitrógeno(II), es necesario aportar 180 kJ:

$$N_2(g) + O_2(g) + 180\ kJ \rightarrow 2\ NO(g)$$

En esta reacción se **absorbe energía**. Este óxido indeseado se produce en el interior de los motores diésel y de gasolina, y en las centrales térmicas, debido a las altas temperaturas que se alcanzan. Es un contaminante atmosférico.

Ten en cuenta

El origen del intercambio energético en las reacciones es el balance entre la energía aportada para romper y la energía desprendida al formarse otros nuevos.

Las **reacciones exotérmicas** son las reacciones que se producen con desprendimiento de energía.

Las **reacciones endotérmicas** son las reacciones que requieren un aporte de energía para producirse.

EJERCICIOS RESUELTOS

5 **A partir de la reacción de combustión del propano expresada anteriormente, determina la energía que se puede obtener mediante la combustión completa de una botella de propano de uso doméstico que contiene 11 kg de propano.**

Nota: $M(C_3H_8) = 44\ g\,mol^{-1}$

Los 11 kg de propano se expresan en moles: $\frac{(11\,000\ g)}{(44\ g\,mol^{-1})} = 250\ mol$ de propano

Según la ecuación termoquímica, la combustión de 1 mol de propano produce 2218 kJ, por tanto, en total se producen:

$$(250\ mol) \cdot \frac{(2218\ kJ)}{(1\ mol)} = 5{,}5 \cdot 10^5\ kJ$$

3.2. Entalpía de reacción

Muchas reacciones químicas ocurren a presión constante, que suele ser la presión atmosférica; por ejemplo, en los laboratorios, muchos procesos se realizan en recipientes abiertos y, por tanto, a presión atmosférica.

Para medir la energía intercambiada durante un proceso a **presión constante,** se utiliza una magnitud termoquímica denominada **entalpía, *H*.** Como no se puede determinar la entalpía de una sustancia, se mide su variación entre dos estados: los reactivos y los productos.

La **variación de la entalpía**, ΔH, en una reacción química es el calor de la reacción a presión constante, Q_p:

$$\Delta H = Q_p$$

- En las **reacciones exotérmicas** se libera energía, por tanto, los productos tienen menor contenido energético que los reactivos y $\Delta H < 0$.
- En las **reacciones endotérmicas** se absorbe energía, por tanto, los productos tienen mayor contenido energético que los reactivos y $\Delta H > 0$.

La energía desprendida en un proceso exotérmico es la misma que la energía absorbida en el proceso inverso, y viceversa. Por ejemplo, para formar 1 mol de H_2O a partir de sus elementos se desprenden 242 kJ, y para descomponer 1 mol de agua, se absorben 242 kJ:

$$H_2(g) + 1/2\ O_2(g) \rightarrow H_2O(g) + 242\ \text{kJ}$$

$$H_2O(g) + 242\ \text{kJ} \rightarrow H_2(g) + 1/2\ O_2(g)$$

Los **diagramas entálpicos** representan gráficamente los cambios de entalpía (Fig. 5.1) y (Fig. 5.2).

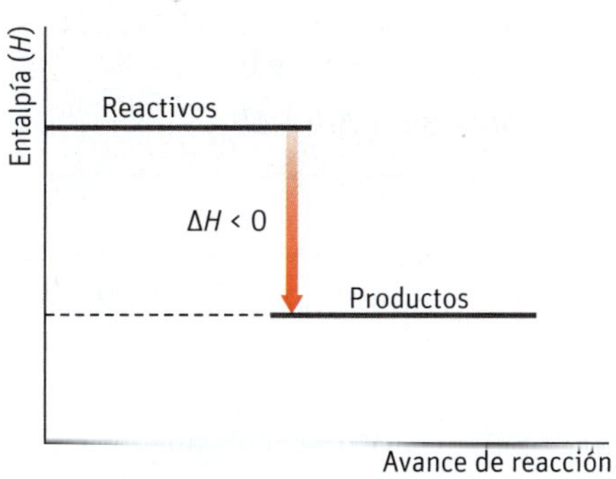

Figura 5.1. Diagrama entálpico para una reacción exotérmica.

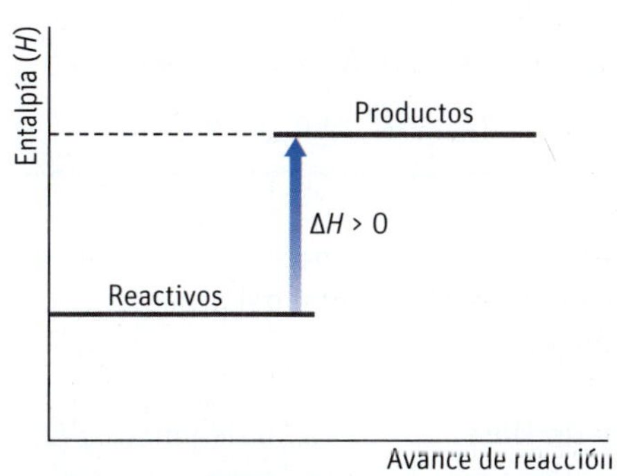

Figura 5.2. Diagrama entálpico para una reacción endotérmica.

EJERCICIOS RESUELTOS

6 **Dibuja los diagramas entálpicos de las reacciones de combustión del hidrógeno y de formación del óxido de nitrógeno(II) utilizando los datos de las ecuaciones termoquímicas dadas en la página anterior.**

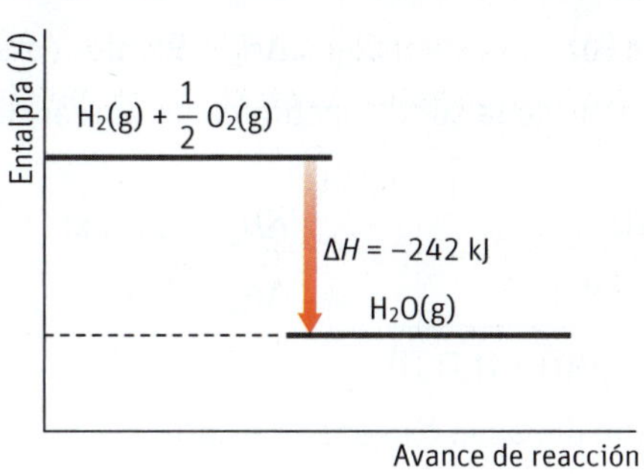

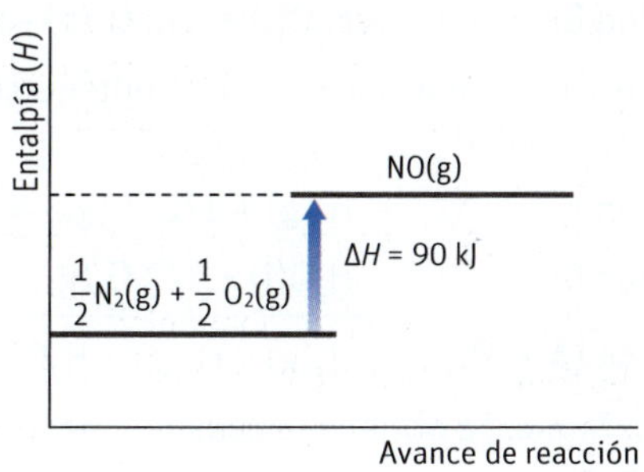

Ten en cuenta

En las reacciones químicas a presión constante, midiendo el calor de la reacción se está midiendo la variación de entalpía.

ACTIVIDADES

2. **Utilizando los datos del ejercicio resuelto, calcula la variación de entalpía en la formación de las siguientes sustancias.**

a) **180 g de agua en estado gaseoso.**

b) **300 g de óxido de nitrógeno (II) gaseoso.**

Solución: a) −2420 kJ; b) 900 kJ

3.3. Ley de Hess

A veces, la entalpía de una reacción no puede determinarse directamente, bien porque es una reacción muy lenta o bien porque inevitablemente se producen reacciones secundarias que lo impiden. Un ejemplo lo constituye la entalpía de la reacción de formación del agua oxigenada a partir de hidrógeno y oxígeno:

Ecuación: $H_2(g) + O_2(g) \rightarrow H_2O_2(l)$ ΔH = ¿?

La entalpía no se puede medir directamente porque no se puede evitar que se produzcan agua oxigenada, (H_2O_2), y agua, (H_2O), a la vez. ¿Cómo se puede determinar?

COMPARA Y REFLEXIONA

En una carrera ciclista entre las ciudades A y D, la distancia puede recorrerse en una o en varias etapas. Las reacciones químicas también pueden efectuarse en una o varias etapas, cada una de ellas con su propia entalpía.

El ciclista puede ir de A a D en una sola etapa y recorrer $d_{A\rightarrow D}$, o hacer el mismo trayecto en varias etapas: A → B → C → D

$$d_{A\rightarrow D} = d_{A\rightarrow B} + d_{B\rightarrow C} + d_{C\rightarrow D}$$

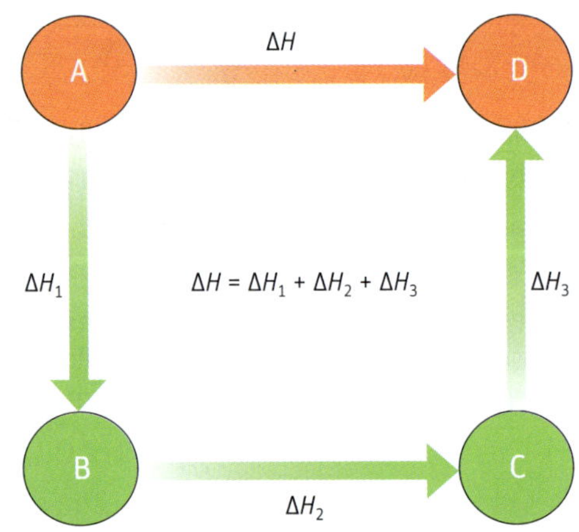

Los reactivos pueden transformarse en productos, directamente (A → D) o a través de varias etapas: A → B → C → D

$$\Delta H = \Delta H_1 + \Delta H_2 + \Delta H_3$$

Ten en cuenta

Una magnitud es una **función de estado** cuando su variación solo depende del estado inicial y del estado final, y no del camino seguido. La entalpía es una función de estado.

Es decir, si es posible medir las variaciones de entalpías intermedias, se podrá calcular la variación de entalpía total del proceso. El científico alemán **G. H. Hess** enunció en 1840 una ley general.

Ley de Hess. La variación de entalpía en una reacción química, ΔH, es la misma, independientemente de que la reacción se efectúe en una o varias etapas.

$$\Delta H = \sum \Delta H_i = \Delta H_1 + \Delta H_2 + \Delta H_3 + \ldots$$

Así, es posible medir indirectamente la variación de entalpía de formación del agua oxigenada a partir de las variaciones de entalpías de formación del agua (ecuación A) y de la formación del agua oxigenada a partir del agua y del oxígeno (ecuación B):

Ecuación A: $H_2(g) + 1/2\ O_2(g) \rightarrow H_2O(l)$ $\Delta H_A = -284$ kJ

Ecuación B: $H_2O(l) + 1/2\ O_2(g) \rightarrow H_2O_2(l)$ $\Delta H_B = 95$ kJ

Se observa que la ecuación puede obtenerse a partir de la suma algebraica de la reacción A más la reacción B:

Ecuación A: $H_2(g) + 1/2\ O_2(g) \rightarrow H_2O(l)$ $\Delta H_A = -284$ kJ

Ecuación B: $H_2O(l) + 1/2\ O_2(g) \rightarrow H_2O_2(l)$ $\Delta H_B = 95$ kJ

Ecuación (A + B): $H_2(g) + O_2(g) + \cancel{H_2O(l)} \rightarrow \cancel{H_2O(l)} + H_2O_2(l)$

De esta forma, se obtiene la ecuación de formación del agua oxigenada a partir de oxígeno e hidrógeno.

Ecuación: $H_2(g) + O_2(g) \rightarrow H_2O_2(l)$ $\Delta H = \Delta H_A + \Delta H_B = (-284 + 95)$ kJ $= -189$ kJ

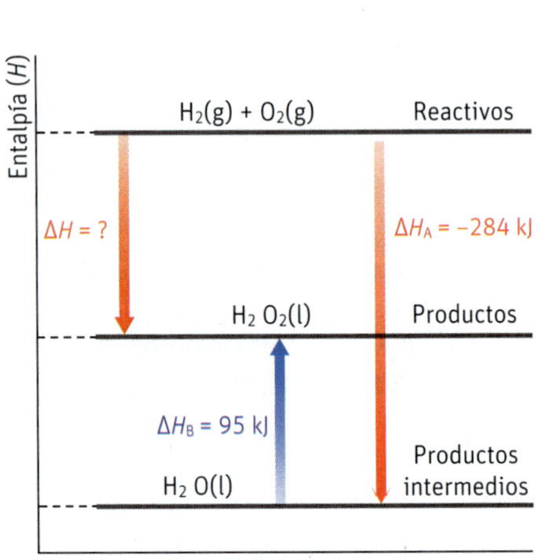

Figura 5.3. Diagrama entálpico de la reacción de formación de agua oxigenada.

Resolución de problemas con la ley de Hess

En general, la reacción global no se obtiene sumando directamente las ecuaciones que representan las etapas individuales. En estos casos es preciso multiplicar algunas o todas las ecuaciones, por los coeficientes adecuados para simplificar las sustancias que no intervienen en el proceso global y, así, lograr que en la suma solo queden las sustancias deseadas.

EJERCICIOS RESUELTOS

7 **La reacción de formación del etanol, $CH_3{-}CH_2OH$, a partir de sus elementos no puede realizarse directamente, por tanto, no es posible medir experimentalmente su variación de entalpía:**

$$\text{C(grafito)} + H_2(g) + O_2(g) \rightarrow CH_3{-}CH_2OH(l)$$

Calcula el valor de la variación de la entalpía del proceso a partir de las siguientes ecuaciones:

Ecuación A: $CH_3{-}CH_2OH(l) + 3\,O_2(g) \rightarrow 2\,CO_2(g) + 3\,H_2O(l)$ $\quad \Delta H_A = -1368$ kJ

Ecuación B: $\text{C(grafito)} + O_2(g) \rightarrow CO_2(g)$ $\quad \Delta H_B = -394$ kJ

Ecuación C: $H_2(g) + 1/2\,O_2(g) \rightarrow H_2O(l)$ $\quad \Delta H_C = -286$ kJ

En primer lugar, se escribe ajustada la ecuación de formación del etanol, cuya variación de entalpía se desea calcular:

$$2\,\text{C(grafito)} + 3\,H_2(g) + 1/2\,O_2(g) \rightarrow CH_3{-}CH_2OH(l)$$

Se deben combinar las tres ecuaciones del enunciado de forma que al sumarlas algebraicamente se obtenga:

- En los reactivos: 2 mol de carbono, 3 mol de hidrógeno y 0,5 mol de oxígeno.
- En los productos: 1 mol de etanol.

Esto se consigue multiplicando la ecuación B por 2 (así tenemos 2 mol de carbono como reactivo), la ecuación C por 3 (para tener 3 mol de hidrógeno como reactivo) y la ecuación A por −1 (para tener el etanol como producto).

2 · Ecuación B:	$2\,\text{C(grafito)} + 2\,O_2(g) \rightarrow 2\,CO_2(g)$
3 · Ecuación C:	$3\,H_2(g) + 3/2\,O_2(g) \rightarrow 3\,H_2O(l)$
(−1) · Ecuación A:	$2\,CO_2(g) + 3\,H_2O(l) \rightarrow CH_3{-}CH_2OH(l) + 3\,O_2(g)$
2B + 3C − A:	$2\,\text{C(grafito)} + 3\,H_2(g) + 1/2\,O_2(g) \rightarrow CH_3{-}CH_2OH(l)$

Al sumar las tres ecuaciones, simplificando los 2 mol de CO_2 que aparecen en reactivos y productos, se obtiene la ecuación buscada:

Aplicando la ley de Hess, la suma de las variaciones de entalpías de las tres ecuaciones debe tener el mismo valor que la variación de entalpía de la ecuación buscada:

$$\Delta H = 2\,\Delta H_B + 3\,\Delta H_C - \Delta H_A = 2(-394\text{ kJ}) + 3(-286\text{ kJ}) - (-1368\text{ kJ}) = -278\text{ kJ}$$

El resultado indica que el proceso es exotérmico ($\Delta H < 0$).

ACTIVIDADES

3. **Alguien ha propuesto fabricar diamantes a partir de la oxidación del metano, según la reacción:**

$$CH_4(g) + O_2(g) \rightarrow \text{C(diamante)} + 2\,H_2O(l)$$

Calcula la variación de entalpía del proceso conocidas las variaciones de entalpías de las siguientes reacciones:

A: $CH_4(g) + 2\,O_2(g) \rightarrow CO_2(g) + 2\,H_2O(l)$ $\quad \Delta H_A = -890$ kJ

B: $\text{C(diamante)} + O_2(g) \rightarrow CO_2(g)$ $\quad \Delta H_B = -395$ kJ

Solución: −495 kJ

4. **La variación de entalpía de la reacción de síntesis del metano no se puede calcular directamente:**

$$\text{C(grafito)} + 2\,H_2(g) \rightarrow CH_4(g)$$

Calcula su valor a partir de las siguientes reacciones:

A: $\text{C(grafito)} + O_2(g) \rightarrow CO_2(g)$ $\quad \Delta H_A = -394$ kJ

B: $2\,H_2(g) + O_2(g) \rightarrow 2\,H_2O(l)$ $\quad \Delta H_B = -572$ kJ

C: $CH_4(g) + 2\,O_2(g) \rightarrow CO_2(g) + 2\,H_2O(l)$ $\quad \Delta H_C = -890$ kJ

Solución: −76 kJ

3.4. Entalpías de formación y entalpías de enlace

La entalpía de una reacción química se puede calcular directamente a partir de la entalpía de formación de los compuestos, estableciéndose como referencia la entalpía de los elementos en su estado más estable, que se considera cero.

La **entalpía de formación**, ΔH_f, es la variación de entalpía de la reacción donde se produce un mol de compuesto a partir de sus elementos. Si se realiza en condiciones estándar (1 atm y 25 °C), se denomina **entalpía de formación estándar**, ΔH_f^0.

Los elementos químicos en su forma más estable, como O_2(g), N_2(g) o C(grafito), tienen una entalpía de referencia nula.

- En los procesos exotérmicos, tiene valor negativo ($\Delta H_f^0 < 0$):

$$C(s) + O_2(g) \rightarrow CO_2(g) \qquad \Delta H_f^0 = -393{,}5\ \text{kJmol}^{-1}$$

- En los procesos endotérmicos, tiene valor positivo ($\Delta H_f^0 > 0$):

$$N_2(g) + 2\ O_2(g) \rightarrow 2\ NO_2(g) \qquad \Delta H_f^0 = 33{,}5\ \text{kJmol}^{-1}$$

El compuesto NO_2, por tanto, es más inestable que sus elementos.

Con los datos de la entalpía de formación es posible obtener la entalpía de la mayoría de reacciones químicas (combustión, neutralización, descomposición, etc.).

La **entalpía de una reacción**, ΔH, es la diferencia entre las entalpías de formación de los productos y las de los reactivos, multiplicadas ambas por los moles que indica la estequiometría de la reacción:

$$\Delta H^0 = \Sigma(n_p\, \Delta H_{f,p}^0) - \Sigma(n_r\, \Delta H_{f,r}^0)$$

Por ejemplo, en la combustión del metano, $CH_4(g) + 2\ O_2(g) \rightarrow CO_2(g) + 2\ H_2O(l)$:

$$\Delta H^0 = \Sigma(n_p\, \Delta H_{f,p}^0) - \Sigma(n_r\, \Delta H_{f,p}^0) = (1\text{mol} \cdot \Delta H_{f,CO_2}^0 + 2\ \text{mol} \cdot \Delta H_{f,H_2O}^0) - (1\text{mol} \cdot \Delta H_{f,CH_4}^0)$$

$$\Delta H^0 = [(1\text{mol})(-393{,}5\,\text{kJmol}^{-1}) + (2\ \text{mol})(-285{,}8\,\text{kJmol}^{-1})] - [(1\text{mol})(-74{,}8\,\text{kJmol}^{-1})] = -890{,}3\ \text{kJ}$$

En ocasiones, no es posible determinar la entalpía de reacción por los métodos anteriores. En estos casos, se utiliza un **método aproximado**, basado en los enlaces que se forman y rompen dentro de la estructura molecular de cada sustancia. Así, se define una nueva magnitud, la **entalpía de enlace**.

La **entalpía o energía de enlace** es la variación de entalpía que tiene lugar cuando, en condiciones estándar y en estado gaseoso, un mol de enlaces de un determinado tipo se disocia en sus átomos. Su valor es igual, pero de signo contrario, a la variación de entalpía producida en la formación del enlace.

Como en una reacción se rompen unos enlaces y se forman otros nuevos, la entalpía de la reacción se calcula como:

$$\Delta H = \Sigma \Delta E_{\text{enlaces rotos}} - \Sigma \Delta E_{\text{enlaces formados}}$$

EJERCICIO RESUELTO

8 **Determina la entalpía de la reacción de formación del ácido clorhídrico:**

$$Cl_2(g) + H_2(g) \rightarrow 2\ HCl(g)$$

A partir de los datos de las entalpías de enlace de la tabla del margen.

En la reacción se rompen los enlaces Cl–Cl y H–H, y se forman dos enlaces H–Cl. A partir de las energías medias de enlace tabuladas:

$$\Delta H = (\Delta E_{H-H} + \Delta E_{Cl-Cl}) - (2 \cdot \Delta E_{H-Cl}) = (436 + 242{,}6)\ \text{kJ} - (2 \cdot 92{,}3)\ \text{kJ} = 494\ \text{kJ}$$

Sustancia	ΔH_f^0 (kJmol^{-1})
CO(g)	−110,4
CO_2(g)	−393,5
NO(g)	90,3
NO_2(g)	33,5
SO_2(g)	−296,9
O_2(g)	0,0
C(grafito)	0,0
C(diamante)	1,9
NH_3(g)	−46,2
HNO_3(l)	−173,2
H_2SO_4(l)	−811,3
HCl(g)	−92,3
H_2O(g)	−241,6
H_2O(l)	−285,5
H_2S(g)	−20,2
CH_4(g)	−74,8
$CaCO_3$(s)	−1210

Tabla 5.1. Entalpías de formación.

Enlace	E_{enlace}(kJ mol^{-1})
H–H	436
C–H	415
N–H	390
O–H	460
O=O	494
C–C	347
C=C	610
C≡C	830
C=O (en CO_2)	802
C=O	743
N≡N	946
Cl–Cl	244
I–I	150
H–Cl	430
Cl–Cl	244
H–S	338

Tabla 5.2. Entalpías de enlace.

ACTIVIDADES

5. **Calcula la entalpía de combustión del gas metano, cuando los productos son gases, a partir de las energías de enlace.**

Solución: −796 kJmol^{-1}

4 Segundo principio de la termodinámica: desorden y entropía

En la naturaleza, los procesos que se producen de forma espontánea son irreversibles, es decir, no pueden retornar a su estado inicial también de forma espontánea. Este hecho está relacionado con el orden y el desorden.

REFLEXIONA

Si una pieza de cerámica cae al suelo y se rompe en múltiples pedazos, aumenta el desorden con respecto a la situación inicial en la que la pieza estaba entera.

El proceso inverso, de ordenación de los pedacitos para reconstituir el plato, no se produce de forma natural o espontánea.

Al quemar un trozo de papel, se forman cenizas, dióxido de carbono y agua. También el estado final está más desordenado que el inicial, cuando el papel estaba intacto.

Es prácticamente imposible que los productos de la combustión reaccionen para recomponer el trozo de papel.

Ten en cuenta

Un sistema físico experimenta un proceso reversible si se encuentra en todo momento, en equilibrio termodinámico con el entorno, es decir, en equlibrio térmico, mecánico y químico con el entorno. Este proceso puede invertirse mediante un cambio infinitesimal en las condiciones externas. Es un modelo ideal que no existe en la naturaleza.

El primer principio de la termodinámica afirma que en todo proceso, químico o físico, la energía se transforma manteniendo constante su valor. Sin embargo, no indica nada sobre la posibilidad de que un proceso se produzca o no se produzca.

Por ejemplo, en la combustión de un hidrocarburo como el metano se produce dióxido de carbono y agua, liberándose 890 kJ de energía (Fig. 5.4). Según el primer principio, aportando 890 kJ de energía, el CO_2 y el H_2O se podrían recombinar de forma espontánea para formar CH_4. Pero esto nunca sucede porque es un proceso irreversible.

Para evaluar la posibilidad de que un proceso se produzca, se define la **entropía**.

La **entropía**, ***S***, mide el grado de desorden en que las partículas (átomos, moléculas, iones) de un sistema físico se distribuyen en un volumen determinado: cuanto mayor sea el desorden de un sistema, mayor será su entropía y viceversa.

Para cualquier sustancia, las partículas en estado sólido están más ordenadas que cuando se encuentran en estado líquido y estas, más ordenadas que en estado gaseoso, donde ocupan un volumen mucho mayor, cumpliéndose la relación:

$$S_{gas} >> S_{líquido} > S_{sólido}$$

Por ejemplo, en la sublimación de una bola de naftalina, $C_{10}H_8$, dentro de un armario, al pasar la sustancia de sólido a gas hay un aumento de desorden y, por tanto, de la entropía de la sustancia. El naftaleno gaseoso impregna a los tejidos y, como resultado, la ropa queda protegida del ataque de las polillas.

La entropía, al igual que la energía y la entalpía, es una función de estado, ya que su variación solo depende de su valor en los estados inicial y final del sistema, y no del camino seguido para pasar de uno a otro.

$$\Delta S = S_{final} - S_{inicial}$$

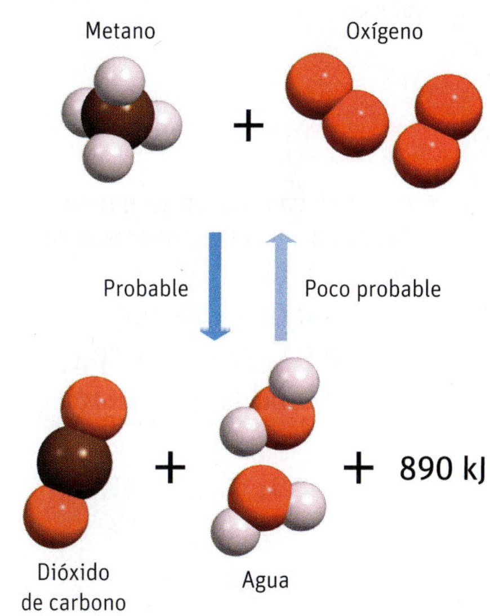

Figura 5.4. Diferente probabilidad de las reacciones directa e inversa.

Sustancia	S^0 (J mol^{-1}K^{-1})
$H_2(g)$	130,7
$O_2(g)$	205,0
$Cl_2(g)$	222,9
$I_2(g)$	260,6
$I_2(s)$	116,7
$N_2(g)$	191,5
$H_2O(g)$	188,8
$H_2O(l)$	69,9
$CO_2(g)$	213,6
$NH_3(g)$	192,5
$HCl(g)$	186,9
$NO_2(g)$	240,1
$CaO(s)$	39,7
$CaCO_3(s)$	92,9
$CH_4(g)$	186,3

Tabla 5.3. Entropías estándar.

Ten en cuenta

Dado que se ha establecido un valor de referencia nulo para las entropías de las distintas sustancias, los valores de entropía estándar tabulados, S^0, se consideran que son valores absolutos y no variaciones de la magnitud, ΔS^0.

ACTIVIDADES

6. Calcula el cambio en la entropía estándar para las siguientes reacciones a 25 °C

a) $S(g) + O_2(g) \rightarrow SO_2\ (g)$

b) $MgCO_3(s) \rightarrow MgO(s) + CO_2(g)$

Entropías estándar (J K^{-1} mol^{-1}):

$S^0_{S(g)} = 32$; $S^0_{O_2(g)} = 205$;

$S^0_{SO_2(g)} = 248{,}5$; $S^0_{MgCO_3(s)} = 65{,}7$;

$S^0_{CO_2(g)} = 213{,}6$; $S^0_{MgO(s)} = 26{,}8$

Solución: a) 11,5 J K^{-1}; b) 174,7 J K^{-1}

7. La variación de entropía estándar de la combustión del metano para formar dióxido de carbono gas y agua líquida es de −242,8 J K^{-1}.

a) Escribe la reacción ajustada.

b) Calcula la entropía del metano a partir de los datos.

Datos de entropía (J K^{-1} mol^{-1}):

$S^0_{O_2(g)} = 205$; $S^0_{H_2O(l)} = 69{,}9$;

$S^0_{CO_2(g)} = 213{,}6$

Solución: b) 186,2 J K^{-1} mol^{-1}

4.1. Entropía estándar de una reacción

La entropía de una sustancia química se determina en relación a un valor de referencia. Max Planck propuso que la entropía de una sustancia cristalina pura es cero en el cero absoluto de temperatura (T= 0 K). En consecuencia, las entropías de todas las sustancias químicas son siempre positivas.

La **entropía normal o estándar, S^0**, de una sustancia es su entropía medida a 1 atm de presión y 25 °C de temperatura.

En sustancias distintas que se encuentran en el mismo estado termodinámico, la entropía es menor en las estructuras más ordenadas y aumenta con la masa molar. Así, por ejemplo:

- El agua líquida tiene menor entropía que el vapor de agua, porque un mol de agua ocupa un volumen mucho menor cuando se encuentra en estado líquido, estando las moléculas más ordenadas al ocupar menos espacio.
- El hidrógeno y el oxígeno son gases diatómicos. En estados termodinámicos iguales, el oxígeno tiene mayor entropía porque su masa molar es mayor.

Se pueden establecer algunas reglas generales para predecir si una reacción va acompañada de un aumento o de una disminución en la entropía.

- En reacciones donde intervienen gases:
  - Si hay un aumento en los moles gaseosos, la entropía aumenta, ($\Delta S > 0$).
  - Si los moles de gases disminuyen, la entropía disminuye ($\Delta S < 0$).
  - Si no hay cambio en los moles de sustancias gaseosas, la entropía puede aumentar o disminuir dependiendo del número de moléculas totales.
- En reacciones donde intervienen líquidos y sólidos, la entropía aumenta ($\Delta S > 0$) si hay un aumento en los moles totales del sistema.

En una reacción química, la **variación de entropía estándar** es la diferencia entre las entropías de los productos y las de los reactivos, medidos a 1 atm y 25 °C.

$$\Delta S^0 = S^0_{final} - S^0_{inicial} = \Sigma(n_p\, S^0_{productos}) - \Sigma(n_r S^0_{reactivos})$$

Donde n_P y n_R son los moles de productos y de reactivos, respectivamente.

EJERCICIO RESUELTO

9 **Calcula la variación de entropía en la síntesis del amoniaco, a partir de nitrógeno e hidrógeno, a 25 °C y 1 atm e indica si favorece su espontaneidad.**

Consulta los valores de entropía estándar en la tabla.

La reacción ajustada de la síntesis del amoniaco:

$$N_2(g) + 3\ H_2(g) \rightarrow 2\ NH_3(g)$$

La variación de entropía se calcula a partir de la expresión:

$$\Delta S = \Sigma(n_p\, S^0_{productos}) - \Sigma(n_r S^0_{reactivos})$$

$$\Delta S = 2S^0_{NH_3} - (S^0_{N_2} + 3S^0_{H_2})$$

Sustituyendo los datos se obtiene la variación de entropía a 25 °C y 1 atm.

$$\Delta S^0 = (2 \cdot 192{,}5 - 191{,}5 - 3 \cdot 130{,}7)\ \text{JK}^{-1} = -198{,}6\ \text{JK}^{-1}$$

Este valor corresponde a la formación de dos moles de amoniaco. Para un solo mol, la variación de entropía será la mitad:

$$\Delta S^0 = -99{,}3\ \text{JK}^{-1}$$

Como era previsible, a partir del análisis de la ecuación química, se produce una disminución de la entropía. Al ser $\Delta S^0 < 0$, no se favorece la espontaneidad.

Entropía y segundo principio de la termodinámica

La relación entre el desorden (entropía) y la espontaneidad de un proceso viene expresada por el **segundo principio de la termodinámica**.

Segundo principio de la termodinámica. En todos los procesos espontáneos (irreversibles) la entropía total del universo aumenta:

$$\Delta S_{universo} = \Delta S_{sistema} + \Delta S_{entorno} > 0$$

No puede producirse un proceso en el que la entropía total disminuya.

La experiencia muestra que, de forma natural, los sistemas físicos tienden a desordenarse. Sin embargo, siempre hay que tener en cuenta el entorno ya que es la entropía total la que aumenta en los procesos espontáneos.

REFLEXIONA

Los seres vivos se forman aumentando el orden de sus sistemas. Por ejemplo, en la formación de un pollo a partir de un huevo, se produce una disminución de la entropía al organizarse los elementos en estructuras más ordenadas.

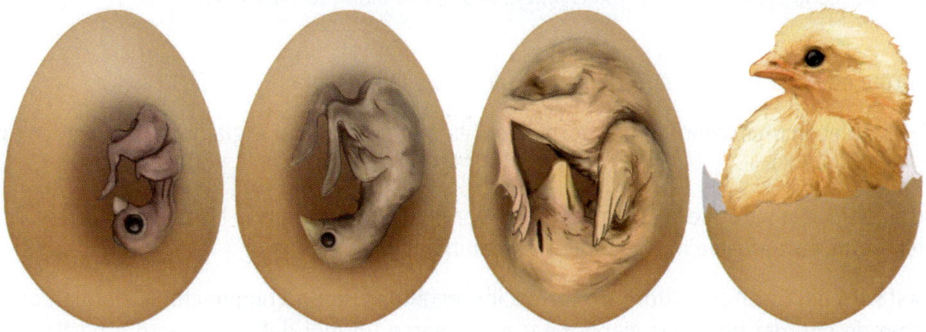

Para que se produzca un aumento de la entropía total del universo como indica el 2.º principio, el aumento de entropía en el exterior del huevo, debido a los procesos que permiten mantener una temperatura adecuada en el huevo, debe ser mayor que la disminución de entropía que se produce en el interior:

$$\Delta S_{entorno} > \Delta S_{sistema}$$

En el caso ideal de un proceso en equilibrio termodinámico (sistema reversible), la entropía del universo permanece constante:

$$\Delta S_{universo} = \Delta S_{sistema} + \Delta S_{entorno} = 0$$

En este caso, $\Delta S_{sistema}$ y $\Delta S_{entorno}$ deben ser iguales, pero de sentido contrario:

$$\Delta S_{sistema} = -\Delta S_{entorno}$$

EJERCICIO RESUELTO

10 Predice el cambio de entropía de las reacciones:

a) $2\ H_2O(l) \rightarrow 2\ H_2(g) + O_2(g)$

b) $N_2(g) + 3\ H_2(g) \rightarrow 2\ NH_3(g)$

c) $C(grafito) + 2\ H_2(g) + 1/2\ O_2(g) \rightarrow CH_3OH(l)$

a) El agua líquida se descompone para formar dos gases, luego el cambio de entropía es positivo ($\Delta S > 0$).

b) En la formación del gas amoniaco hay más moles de gas en los reactivos que en el producto, luego el cambio de entropía es negativo ($\Delta S < 0$).

c) El grafito reacciona con el hidrógeno y el oxígeno para formar etanol líquido. El número de moles gaseoso se reduce, luego el cambio de entropía es negativo ($\Delta S < 0$).

ACTIVIDADES

8. Predice razonadamente el cambio de entropía de las reacciones:

a) $I_2(s) \rightarrow I_2(g)$

b) $CaCO_3(s) \rightarrow CaO(s) + CO_2(g)$

c) $2\ Mg(s) + O_2(g) \rightarrow 2\ MgO(s)$

Solución: a) $\Delta S > 0$; b) $\Delta S > 0$; c) $\Delta S < 0$

5 Energía libre de Gibbs

Sustancia	ΔG_f^0 (kJmol^{-1})
$H_2O(l)$	−237,1
$H_2O(g)$	−228,6
HCl(g)	−95,3
CO(g)	−137,2
$CO_2(g)$	−394,4
$NH_3(g)$	−16,5
NO(g)	86,6
$CH_4(g)$	−50,8
$Br_2(g)$	3,1
$SO_2(g)$	−370,0
$O_2(g)$	0,0
NaCl(s)	−384,1
C(grafito)	0,0
C(diamante)	2,9
CaO(s)	−604,0
$CaCO_3(s)$	−1128,8

Tabla 5.4. Energía libre de Gibbs estándar.

La tendencia que tiene un proceso en general (y de las reacciones químicas en particular) a producirse de forma espontánea en la naturaleza, viene determinada por los principios de la termodinámica:

- El primer principio afirma que los sistemas tienden a evolucionar hacia estados de menor energía ($\Delta H < 0$).
- El segundo principio afirma que los sistemas tienden a evolucionar hacia estados donde la entropía aumenta ($\Delta S > 0$).

El físico estadounidense Josiah W. Gibbs introdujo una nueva función termodinámica, la energía libre de Gibbs, *G*, que engloba ambos factores, la entalpía y la entropía, para establecer más fácilmente la espontaneidad de una reacción.

La **variación de la energía libre**, ΔG, para un proceso a temperatura constante, se calcula a partir de la ecuación:

$$\Delta G = \Delta H - T\Delta S$$

Donde *T* es la temperatura en Kelvin. En el SI, *G* se expresa en kJ mol^{-1}.

De forma análoga a lo que sucede con la entalpía y la entropía:

- Se establecen unas condiciones normales o estándar para la energía libre, 1 atm de presión y 25 °C (298 K).
- Se establece el **valor cero** como valor de referencia para la energía libre de formación de los elementos en su forma más estable y en condiciones estándar.

De esta forma, la energía libre de formación estándar de un compuesto se define como el cambio de energía libre que tiene lugar al formarse un mol del compuesto a partir de sus elementos en condiciones normales.

Por ser la energía libre de Gibbs una función de estado, solo depende de los estados final e inicial. Esto permite calcular fácilmente su variación.

La **variación de la energía libre estándar** de una reacción química se puede calcular a partir de las energías libres estándar de formación de productos y reactivos, teniendo en cuenta la estequiometría de la reacción:

$$\Delta G^0 = \sum(n_p\, G^0_{productos}) - \sum(n_r\, G^0_{reactivos})$$

Donde n_p y n_r son los moles de productos y reactivos, respectivamente.

Ten en cuenta

Comprueba en la tabla que la energía libre de formación de los elementos en su forma más estable, y a 25 °C y 1 atm, es cero. Por esta razón, en algunos ejercicios no se especifica este dato.

EJERCICIO RESUELTO

11 **Una reacción química, que puede representarse mediante la ecuación química ajustada:**

$$A(g) \rightarrow B(g) + C(g)$$

presenta una variación de entalpía de 10 kJ y una variación de entropía de 25 J K^{-1}, a 1 atm y 25 °C.

Calcula la variación de la energía libre de Gibbs de la reacción a 1 atm y 25 °C.

La energía libre de Gibbs se obtiene a partir de los datos del enunciado de la variación de entalpía (expresada en julios) y de la variación de entropía.

$$\Delta G^0 = \Delta H^0 - T\Delta S^0$$

$$\Delta G^0 = (10^4\ J) - (298\ K)\ )(25\ J K^{-1}) = 12\,550\ J$$

El resultado indica que en la reacción la energía libre de Gibbs disminuye.

5.1. Espontaneidad de las reacciones químicas

La energía libre de Gibbs determina el carácter espontáneo de una reacción química.

Para que una reacción se produzca, a presión y temperatura constantes, la variación de la energía libre de Gibbs debe ser menor o igual a cero.

- Una **reacción es espontánea** cuando la energía libre del sistema disminuye, siendo su valor en los productos menor que el de los reactivos. Por tanto, en los procesos irreversibles espontáneos, **$\Delta G^0 < 0$**. Es importante observar que, aunque la reacción sea espontánea, es preciso aportar una energía inicial, denominada de **activación**, para que la reacción se produzca.

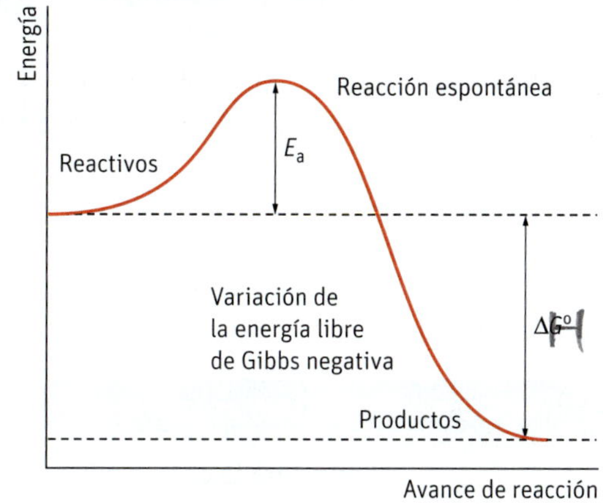

- Una **reacción no es espontánea** cuando la energía libre del sistema aumenta, debido a que hay que comunicar energía desde el exterior para que se produzca. Por tanto, en los procesos irreversibles no espontáneos, **$\Delta G^0 > 0$** (la reacción será espontánea en el sentido contrario al calculado).

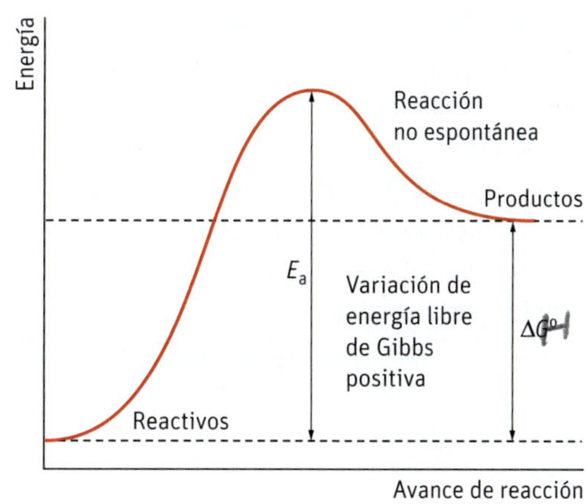

- Una **reacción está en equilibrio** cuando la variación de energía libre del sistema es igual a cero. Así, en los procesos reversibles: **$\Delta G^0 = 0$**.

EJERCICIOS RESUELTOS

12 **Calcula la variación de energía libre estándar en la combustión del metano, consultando los datos de las tablas. ¿Será un proceso espontáneo?**

La ecuación ajustada de la combustión del metano es:

$$CH_4(g) + 2\ O_2(g) \rightarrow CO_2(g) + 2\ H_2O(l)$$

Como la energía libre de Gibbs es una función de estado, se emplea la ecuación:

$$\Delta G^0 = \Sigma(n_p G_p^0) - \Sigma(n_r G_r^0)$$

$$\Delta G^0 = (G^0_{CO_2} + 2G^0_{H_2O}) - (G^0_{CH_4} + 2G^0_{O_2})$$

A partir de los datos tabulados de las energías libres estándar de los reactivos y productos, y usando los coeficientes estequiométricos, se obtiene ΔG^0:

$$\Sigma(n_p G_p^0) = (1\text{mol})(-394{,}4\ \text{kJmol}^{-1}) + (2\text{mol})\cdot(-237{,}2\ \text{kJmol}^{-1}) = -868{,}8\text{kJ}$$

$$\Sigma(n_r G_r^0) = (1\text{mol})(-50{,}8\ \text{kJmol}^{-1}) + (2\ \text{mol})(0\ \text{kJmol}^{-1}) = -50{,}8\ \text{kJ}$$

$$\Delta G^0 = [-868{,}8 - (-50{,}8)]\ \text{kJ} = -818{,}0\ \text{kJ}$$

La disminución la energía libre de Gibbs ($\Delta G^0 < 0$) indica que la combustión del metano es un proceso espontáneo (como todas las combustiones).

Sabías que

La transformación de diamante en grafito:

C (diamante) → C (grafito)

presenta una energía libre de Gibbs negativa, lo que significa que el proceso es espontáneo.

Sin embargo, es tan lento que puede durar millones de años. Así, que se podría decir que un diamante es para siempre.

ACTIVIDADES

9. **Calcula la variación en la energía libre de Gibbs para la reacción indicada. Explica si será espontánea a 25 °C.**

$2\ KCl(s) + 3\ O_2(g) \rightarrow 2\ KClO_3(g)$

Datos:

$$\Delta G^0_{KClO_3(s)} = -290\ \text{kJmol}^{-1}$$

$$\Delta G^0_{O_2(g)} = 0\ \text{kJmol}^{-1}$$

$$\Delta G^0_{KCl(s)} = -408\ \text{kJmol}^{-1}$$

Solución: $\Delta G^0 = 236\ \text{kJ}$

5.2. Factores que afectan a la espontaneidad de una reacción

El valor de la energía libre de Gibbs, $\Delta G^0 = \Delta H^0 - T\Delta S^0$, de una reacción depende de las variaciones de la entalpía y de la entropía y, en ocasiones, también de la temperatura:

Reacciones exotérmicas ($\Delta H < 0$)

Si aumenta la entropía ($\Delta S > 0$)	Si disminuye la entropía ($\Delta S < 0$) la clave es la temperatura	
La variación de la energía libre siempre tendrá signo negativo ($\Delta G < 0$) y este hecho no depende de la temperatura. Ejemplo: $2\ H_2O_2(l) \rightarrow 2\ H_2O(l) + O_2(g)$ La reacción es **espontánea a cualquier temperatura.**	Si $\|\Delta H\| > \|T\Delta S\|$, entonces $\Delta G < 0$ y la reacción es espontánea. Esto sucede cuando $T < \Delta H / \Delta S$. Ejemplo: $NH_3(g) + HCl(g) \rightarrow NH_4Cl(s)$ Es espontánea a $T < 350$ °C. La reacción es **espontánea a temperaturas suficientemente bajas.**	Si $\|\Delta H\| < \|T\Delta S\|$ entonces $\Delta G > 0$ y la reacción no es espontánea. Esto sucede cuando $T > \Delta H / \Delta S$. Ejemplo: $NH_3(g) + HCl(g) \rightarrow NH_4Cl(s)$ Es espontánea a $T > 350$ °C. La reacción es **espontánea a temperaturas suficientemente altas.**

Reacciones endotérmicas ($\Delta H > 0$)

Si disminuye la entropía ($\Delta S < 0$)	Si aumenta la entropía ($\Delta S > 0$) la clave es la temperatura	
La variación de energía libre de Gibbs siempre será positiva ($\Delta G > 0$), independientemente de la temperatura. Ejemplo: $3\ O_2(g) \rightarrow 2\ O_3(g)$ La reacción **no es espontánea.**	Si $\|\Delta H\| < \|T\Delta S\|$, entonces $\Delta G < 0$ y la reacción es espontánea. Esto sucede cuando $T > \Delta H / \Delta S$. Ejemplo: $N_2O_3(s) \rightarrow 2\ NO_2(g) + 1/2\ O_2(g)$ Es espontánea a $T > 500$ °C. La reacción es **espontánea a temperaturas suficientemente altas.**	Si $\|\Delta H\| > \|T\Delta S\|$, entonces $\Delta G > 0$ y la reacción no es espontánea. Esto sucede cuando $T < \Delta H / \Delta S$. Ejemplo: $N_2O_3(s) \rightarrow 2\ NO_2(g) + 1/2\ O_2(g)$ Es espontánea a $T < 500$ °C. La reacción es **espontánea a temperaturas suficientemente bajas.**

Ten en cuenta

La termodinámica indica si un proceso será o no espontáneo y establece la cantidad de energía implicada. Sin embargo, no dice nada sobre la velocidad a la que ocurren los procesos, La parte de la química llamada cinética química se encarga del estudio de la rapidez o velocidad con la que se produce una reacción.

EJERCICIOS RESUELTOS

13 **Razona si una reacción será espontánea a 25 °C, conociendo las variaciones de entalpía y de entropía a dicha temperatura: $\Delta H^0 = -2$ kJ; $\Delta S^0 = -3$ J K^{-1}.**

Para decidir sobre la espontaneidad de una reacción, hay que calcular la energía libre, y a continuación, analizar su signo:

$$\Delta G^0 = \Delta H^0 - T\Delta S^0 = (-2000\ \text{J}) - (298\ \text{K})(-3\ \text{JK}^{-1}) = -1106\ \text{J}$$

El signo negativo indica que la energía libre del proceso disminuye y, como consecuencia, que la reacción es espontánea.

14 **Determina la variación de energía libre estándar para la reacción de descomposición del carbonato de calcio. Indica a partir de qué temperatura será espontáneo el proceso. Datos: $\Delta H^0 = 178$ kJ; $\Delta S^0 = 161$ kJ K^{-1}**

Sustituyendo los datos del enunciado y de la temperatura estándar (298 K):

$$\Delta G^0 = \Delta H^0 - T\Delta S^0 = (178\,000\ \text{kJ}) - (298\text{K})\left(161\ \text{JK}^{-1}\right) = 130\ \text{kJ} > 0$$

El signo positivo indica que la reacción no es espontánea a la temperatura estándar (25 °C). Sin embargo, como el factor entrópico favorece la espontaneidad, aunque el factor entálpico se oponga a ello, existirá una temperatura a partir de la cual $\Delta G^0 < 0$ y el proceso sea espontáneo:

$$\Delta G = \Delta H - T\Delta S = 0 \Rightarrow T = \frac{\Delta H}{\Delta S} = \frac{178\,000\ \text{J}}{161\ \text{JK}^{-1}} = 1106\ \text{K} = 833\ ^\circ\text{C}$$

A temperaturas superiores a 833 °C, ΔG tomará valores negativos y el proceso será espontáneo. (Se ha supuesto que los valores de ΔH y ΔS no cambian con la temperatura).

ACTIVIDADES

10. **Sabiendo los valores de ΔH^0 y ΔS^0, de las reacciones A y B, razona si serán espontáneas a 25 °C. Si no lo fuesen, ¿a qué temperatura podrían serlo?**

a) **A: $\Delta H^0 = 10$ kJ, $\Delta S^0 = 18$ J K^{-1}**

b) **B: $\Delta H^0 = -2$ kJ, $\Delta S^0 = -10$ J K^{-1}**

Solución: a) Espontánea a $T > 556$ K; b) Espontánea a $T < 200$ K.

6 La química en la construcción de un futuro sostenible

El rápido crecimiento de la población mundial ha aumentado la necesidad de recursos naturales y de energía. La ciencia y la tecnología intentan satisfacer esta fuerte demanda que está produciendo un agotamiento de recursos naturales y un deterioro en el medioambiente, lo que compromete seriamente el futuro del planeta.

En 1987, la Comisión de Medio Ambiente y Desarrollo de las Naciones Unidas definió el **desarrollo sostenible** como "el desarrollo que satisface las necesidades actuales sin poner en peligro la capacidad de las generaciones futuras para atender sus propias necesidades".

El concepto de sostenibilidad plantea un gran reto a la química: continuar con el desarrollo y el crecimiento y, a la vez, tomar las medidas necesarias para proteger el medioambiente y administrar mejor los recursos no renovables.

La **química sostenible** o **"química verde"** investiga las reacciones y los procesos que tienen lugar en la industria química con la finalidad de construir un futuro sostenible para las nuevas generaciones.

La química sostenible tiene como objetivos satisfacer las demandas actuales, utilizando materias primas renovables, y diseñar procesos químicos que implican la reducción o eliminación de productos químicos peligrosos para la salud y el medioambiente. Los químicos han establecido una serie de principios para que la industria química sea más sostenible y menos agresiva con el medio:

- **Reemplazar** las materias primas extinguibles y no renovables por otras renovables, en la medida en que esto resulte viable técnica y económicamente. Por ejemplo, se están desarrollando distintas alternativas renovables para reemplazar a los combustibles fósiles no renovables (Figs. 5.5 y 5.6).

Figura 5.5. La cremación de biocombustibles, como el bioetanol obtenido mediante fermentación, libera a la atmósfera un CO_2 que, previamente, ha sido retirado por una planta verde, con un balance total casi neutro.

Figura 5.6. La pila de combustible de hidrógeno utiliza hidrógeno y oxígeno para obtener energía eléctrica. El producto final es agua. El origen del hidrógeno es crucial dado que no es una fuente disponible de energía.

- **Restringir** la emisión de todo tipo de contaminantes. Para ello se diseñan sistemas que los recuperen para formar otras sustancias de utilidad o los depuren y transformen en sustancias inocuas. Ejemplos de ello son los catalizadores de los coches y los filtros instalados en las chimeneas de las fábricas.

- **Recuperar** los productos que ya han sido utilizados, de forma que puedan ser reciclados o se degraden rápidamente. Este principio se basa en que es mejor diseñar los productos a la vez que los métodos de recuperación de los residuos. Así, los plásticos pueden ser sustituidos por materiales con buenas propiedades mecánicas o conductoras, que se degradan con facilidad; por ejemplo, los bioplásticos.

Te interesa saber

En ecología se emplea la "regla de las tres R": **reducir**, **reutilizar** y **reciclar** para desarrollar hábitos generales de consumo responsable.

En química verde, de forma análoga, se recomienda el uso de otra "regla de las tres R": **reemplazar**, **restringir** y **recuperar**.

Te interesa saber

Algunas plantas (patata, maíz, etc.) pueden ser utilizadas para obtener bioplásticos que además sean biodegradables. Si se añade algún aditivo al plástico, se puede conseguir que sea biodegradable.

ACTIVIDADES

11. Indica tres metales cuya recuperación sea muy importante desde el punto de vista del ahorro de materias primas o energético.

EJERCICIOS Y PROBLEMAS **RESUELTOS**

Ley de Hess y cálculo de entalpías de reacción

15 Dada la ecuación de formación del óxido de cinc a presión constante:

$$Zn(s) + 1/2\ O_2(g) \rightarrow ZnO(s)$$

a) Calcula su entalpía de reacción a partir de las tres ecuaciones termoquímicas:

Ecuación A: $H_2SO_4(l) + Zn(s) \rightarrow ZnSO_4(s) + H_2(g)$ $\quad \Delta H_A = -335\ kJ$

Ecuación B: $H_2SO_4(l) + ZnO(s) \rightarrow ZnSO_4(s) + H_2O(l)$ $\quad \Delta H_B = -211\ kJ$

Ecuación C: $H_2(g) + 1/2\ O_2(g) \rightarrow H_2O(l)$ $\quad \Delta H_C = -286\ kJ$

b) ¿Cuánta energía se desprenderá si se oxidan 250 g de cinc con un exceso de oxígeno, si $M(Zn) = 65,4\ g\,mol^{-1}$?

Consideraciones iniciales

- El calor de una reacción a presión constante se denomina entalpía de la reacción.
- La entalpía de una reacción depende solo de los estados inicial y final de la reacción, y no de las etapas intermedias. Esto indica que si una reacción química se puede expresar mediante una ecuación que sea la suma algebraica de otras ecuaciones químicas, su entalpía puede obtenerse como la suma algebraica de las entalpías de cada reacción.

▶ Resolución

a) Primero se ajusta la ecuación química de la formación del óxido de cinc:

$$Zn(s) + 1/2\ O_2(g) \rightarrow ZnO(s)$$

Esta reacción hay que obtenerla a partir de la suma algebraica de las ecuaciones A, B y C del enunciado, combinadas y modificadas adecuadamente:

- La ecuación A contiene un mol de Zn como reactivo, al igual que en la ecuación buscada, por lo que esta ecuación se mantiene como está.

  Ecuación A: $H_2SO_4(l) + Zn(s) \rightarrow ZnSO_4(s) + H_2(g)$ $\quad \Delta H_A = -335\ kJ$

- La ecuación B contiene el óxido de cinc como reactivo, pero en la ecuación buscada aparece como producto. Como nos interesa la ecuación inversa, multiplicamos la ecuación B por menos uno.

  $(-1) \cdot$ Ecuación B: $ZnSO_4(s) + H_2O(l) \rightarrow H_2SO_4(l) + ZnO(s)$ $\quad \Delta H_B = +211\ kJ$

- La ecuación C contiene medio mol de oxígeno como reactivo, al igual que en la ecuación buscada. Esta ecuación se deja como está.

  Ecuación C: $H_2(g) + 1/2\ O_2(g) \rightarrow H_2O(l)$ $\quad \Delta H_C = -286\ kJ$

Sumando ahora las ecuaciones:

$$H_2SO_4(l) + Zn(s) \rightarrow ZnSO_4(s) + H_2(g) \qquad \Delta H_A = -335\ kJ$$
$$ZnSO_4(s) + H_2O(l) \rightarrow H_2SO_4(l) + ZnO(s) \qquad \Delta H_B = +211\ kJ$$
$$H_2(g) + 1/2\ O_2(g) \rightarrow H_2O(l) \qquad \Delta H_C = -286\ kJ$$

$$\cancel{H_2SO_4(l)} + Zn(s) + \cancel{ZnSO_4(s)} + \cancel{H_2O(l)} + \cancel{H_2(g)} + 1/2\ O_2(g) \rightarrow \cancel{ZnSO_4(s)} + \cancel{H_2(g)} + \cancel{H_2SO_4(l)} + ZnO(s) + \cancel{H_2O(l)}$$

Simplificando las sustancias idénticas que aparecen en reactivos y productos, resulta la ecuación de formación del ZnO:

$$Zn(s) + 1/2\ O_2(g) \rightarrow ZnO(s)$$

Aplicando la ley de Hess, la entalpía de la reacción se obtiene de la suma de las entalpías de las ecuaciones:

$$\Delta H = \Delta H_A - \Delta H_B + \Delta H_C = -335\ kJ + 211\ kJ - 286\ kJ = -410\ kJ$$

b) Los 250 g son: $(250\ g\ de\ Zn) \cdot \dfrac{(1\ mol\ de\ Zn)}{(64,5\ g\ mol^{-1})} = 3,9\ mol\ de\ Zn$ que producirán:

$$(410\ kJ\,mol^{-1})(3,9\ mol) = 1600\ kJ$$

> **CONCLUSIONES:** La formación del ZnO es un proceso exotérmico, en el que se desprende energía. Su entalpía tiene un valor de $410\ kJ\,mol^{-1}$.

Entalpía de formación y de reacción

16 **Para utilizar la cal viva, CaO, en el blanqueo de muros (encalado) hay que hacerla reaccionar con agua para formar *cal apagada*, $Ca(OH)_2$, según la reacción:**

$$CaO(s) + H_2O(l) \rightarrow Ca(OH)_2(s)$$

a) Calcula la entalpía de la reacción de hidratación de la cal viva.

b) Determina el calor desprendido al apagar una tonelada de cal viva.

Datos: $\Delta H^0_{f,\,CaO(s)} = -634{,}9\ kJmol^{-1}$; $\Delta H^0_{f,\,Ca(OH)_2(s)} = -985{,}6\ kJmol^{-1}$; $\Delta H^0_{f,\,H_2O\,(l)} = -285{,}5\ kJmol^{-1}$. **Masas atómicas (u): Ca = 40, O = 16; H = 1**

▶ Resolución

a) La entalpía de la reacción se calcula a partir de la diferencia entre las entalpías de formación de los productos y los reactivos:

$$\Delta H^0 = \Sigma(n_p \cdot \Delta H^0_{f,p}) - \Sigma(n_r \cdot \Delta H^0_{f,r}) = (1mol)\cdot\Delta H^0_{f,\,Ca(OH)_2(s)} - [(1mol)\cdot\Delta H^0_{f,\,CaO\,(s)} + (1mol)\cdot\Delta H^0_{f,\,H_2O\,(l)}]$$

$$\Delta H^0 = (-985{,}6\ kJ) - [(-634{,}9\ kJ) + (-285{,}5\ kJ)] = -65{,}2\ kJ \quad \text{(Proceso exotérmico)}$$

b) $$Q_p = \Delta H^0 = \frac{(65{,}2\ kJ)}{(1mol\ de\ CaO)}\cdot\frac{(1mol\ de\ CaO)}{(56\ g\ de\ CaO)}\cdot\frac{(10^6\ g)}{(1\ t)} = 1{,}16\cdot 10^6\ kJt^{-1}$$

> **CONCLUSIONES:** La preparación de la cal apagada es un proceso bastante exotérmico.

Energía libre de Gibbs y espontaneidad

17 **El llamado "magnesio" que usan los gimnastas para secarse el sudor de las manos y aumentar su adherencia, realmente es carbonato de magnesio en polvo. Esta sustancia puede descomponerse en dióxido de carbono y óxido de magnesio. Calcula, para este proceso:**

a) La variación de la entalpía y de la entropía en condiciones estándar.

b) La variación de la energía libre de Gibbs en condiciones estándar.

Datos:

	$\Delta H^0_f (kJmol^{-1})$	$\Delta S^0 (JK^{-1}mol^{-1})$
$MgCO_3(s)$	–1113	193
$MgO(s)$	–602	27
$CO_2(g)$	–394	214

Consideraciones iniciales

La entalpía, entropía y energía libre de Gibbs, son funciones de estado, solo dependen del estado inicial (reactivos) y final (productos). Por tanto, hay que partir de la ecuación ajustada.

▶ Resolución

a) La ecuación ajustada de la descomposición de 1 mol de carbonato de magnesio es:

$$MgCO_3(s) \rightarrow MgO(s) + CO_2(g)$$

A partir de los datos de la entalpía de formación de reactivos y productos, y de la estequiometría de la reacción, se obtiene la variación de la entalpía:

$$\Delta H^0 = \Sigma(n_p \cdot \Delta H^0_{f,p}) - \Sigma(n_r \cdot \Delta H^0_{f,r}) = [(1\ mol)\cdot\Delta H^0_{f,MgO} + (1mol)\cdot\Delta H^0_{f,CO_2}] - [(1mol)\cdot\Delta H^0_{f,CaCO_3}]$$

$$\Delta H^0 = [(1mol)(-602\ kJmol^{-1}) + (1mol)(-394\ kJmol^{-1})] - [(1mol)(-1113\ kJmol^{-1})] = 117\ kJ$$

De forma semejante se obtiene la variación en la entropía de la reacción:

$$\Delta S^0 = \Sigma(n_p \cdot S^0_p) - \Sigma(n_r \cdot S^0_r) = (S_{MgO} + S^0_{CO_2}) - S^0_{CaCO_3}$$

$$\Delta S^0 = [(1\ mol)(27\ JK^{-1}mol^{-1}) + (1mol)(214\ JK^{-1}mol^{-1})] - [(1mol)(193\ JK^{-1}mol^{-1})] = 48\ JK^{-1}$$

El proceso produce un aumento de la entropía (y, por tanto, de desorden) del sistema.

b) La energía libre de Gibbs, en condiciones estándar, se obtiene a partir de los resultados obtenidos en los apartados anteriores.

$$\Delta G^0 = \Delta H^0 - T\,\Delta S^0 = 117\,000\ J - (298\ K)\cdot(48\ JK^{-1}) = 102{,}7\ kJ$$

El valor positivo de ΔG indica que este proceso no es espontáneo a 25 °C.

> **CONCLUSIONES:** El término entálpico no favorece la espontaneidad de la reacción ($\Delta H > 0$), al contrario que el término entrópico ($T\Delta S < 0$). Por tanto, aumentando la temperatura llegaría a ser espontánea. Esto sucedería a partir de 2437 K (a esa temperatura, $\Delta G^0 = 0$).

ACTIVIDADES

Trabajo, calor y primer principio de la termodinámica

12. Un gas ideal, dentro de un cilindro cerrado con un émbolo móvil, se expande desde un volumen de 500 mL hasta 1500 mL, a temperatura constante de 20 °C.

a) Indica el signo del trabajo realizado.

b) Calcula el trabajo (en julios) que realiza cuando se expande contra una presión constante de 1 atm.

c) Si se expande contra el vacío, ¿cuál será el trabajo realizado?

Dato: 1 atm L = 101,3 J

Solución: b) 101,3 J; c) $W = 0$ J

13. Durante un experimento efectuado sobre un gas encerrado en un cilindro, se realizan un trabajo de 200 J para comprimir el gas y un aporte de calor al gas de 200 calorías.

a) Indica el signo de ambas magnitudes.

b) Calcula la variación de energía interna que experimenta el gas y comenta el significado del signo de esta variación.

c) ¿Cómo tendría que ser el trabajo para que no se produjese variación en la energía interna?

Dato: 1 caloría = 4,18 J

Solución: a) $W > 0$, $Q > 0$; b) $\Delta U = 1036$ J; c) $W = -836$ J

Calor de reacción y entalpía

14. La energía que proporciona una golosina de glucosa ($C_6H_{12}O_6$) es la misma si la digerimos que si la quemamos en el aire. La diferencia es la velocidad de liberación de la energía.

a) Escribe la ecuación termoquímica de la combustión de la glucosa si la entalpía de combustión es 2800 kJ mol^{-1}.

b) Calcula la energía que proporciona una golosina con 18 g de glucosa.

Solución: b) 280 kJ

15. A escala mundial, el carbón es la fuente de energía más utilizada para obtener electricidad. En un futuro, podría reemplazarse por otros combustibles como el hidrógeno. La entalpía de combustión del carbono (grafito) es de 394 kJ mol^{-1} y la del hidrógeno, 284 kJ mol^{-1}.

a) Escribe las ecuaciones termoquímicas ajustadas de ambos combustibles.

b) Calcula la energía liberada por cada gramo de combustible quemado.

c) ¿Qué combustible libera más dióxido de carbono por gramo quemado?

Solución: b) C: 32,8 kJ; H_2: 142 kJ

Ley de Hess

16. La aluminotermia es una técnica utilizada para obtener hierro, a partir de aluminio y óxido de hierro(III), según la reacción:

$$2\,Al(s) + Fe_2O_3(s) \rightarrow 2\,Fe(s) + Al_2O_3(s)$$

a) Deduce la entalpía de dicha reacción a partir de las ecuaciones termoquímicas:

$$2\,Al(s) + 3/2\,O_2(g) \rightarrow Al_2O_3(s) \qquad \Delta H = -1600 \text{ kJ}$$
$$2\,Fe(s) + 3/2\,O_2(g) \rightarrow Fe_2O_3(s) \qquad \Delta H = -820 \text{ kJ}$$

b) Calcula el calor desprendido en la aluminotermia de 16 g de óxido de hierro(III).

c) ¿Qué cantidad de hierro se habrá formado cuando se liberan 195 kJ?

Solución: a) −780 kJ; b) 78 kJ; c) 0,5 mol de Fe

17. El clorato de potasio ($KClO_3$) se utiliza en pirotecnia y en la fabricación de cerillas por su poder oxidante. Se descompone formando cloruro de potasio y oxígeno.

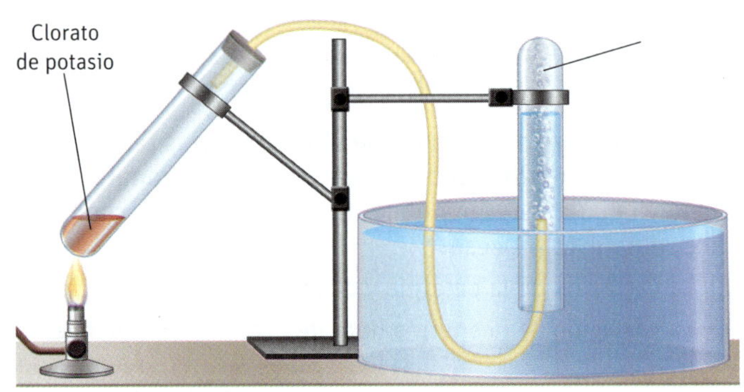

a) Deduce la entalpía de su descomposición, a partir de las ecuaciones termoquímicas:

$$K(s) + 1/2\,Cl_2(g) \rightarrow KCl(s) \qquad \Delta H = -436 \text{ kJ}$$
$$2\,K(s) + Cl_2(g) + 3O_2(g) \rightarrow 2\,KClO_3(s) \qquad \Delta H = -828 \text{ kJ}$$

b) Calcula la variación de energía que tiene lugar al descomponerse 6,13 g de clorato de potasio y la cantidad de oxígeno generado.

Solución: a) −22 kJ mol^{-1}; b) 1,1 kJ y 2,4 g

18. El metanol, CH_3OH, es un combustible alternativo que genera menos contaminación ambiental que los combustibles fósiles. El metanol arde según la ecuación:

$$CH_3OH(l) + 3/2\,O_2(g) \rightarrow CO_2(g) + 2\,H_2O(l)$$

a) Deduce su entalpía de combustión a partir de las siguientes ecuaciones:

$$C(grafito) + O_2(g) \rightarrow CO_2(g) \qquad \Delta H = -394 \text{ kJ}$$
$$H_2(g) + 1/2\,O_2(g) \rightarrow H_2O(l) \qquad \Delta H = -286 \text{ kJ}$$
$$C(grafito) + 2\,H_2(g) + 1/2\,O_2(g) \rightarrow CH_3OH(l) \qquad \Delta H = -239 \text{ kJ}$$

b) Calcula el calor liberado en la combustión de 1 L de metanol. La densidad del metanol es 791,8 kg m^{-3}.

c) Indica el volumen de oxígeno necesario para la combustión de 1 L de metanol medido a 27 °C y 2 atm.

Solución: a) 727 kJ mol^{-1}; b) $1{,}80 \cdot 10^4$ kJ; c) 456 L

Entalpía de formación y de reacción

19. Calcula la entalpía de combustión para las reacciones:

a) $CH_4(g) + O_2(g) \rightarrow CO_2(g) + H_2O(l)$

b) $2\ H_2S(g) + 3\ O_2(g) \rightarrow 2\ SO_2(g) + 2\ H_2O(l)$

Solución: a) $\Delta H = -890$ kJ mol^{-1}; b) -1124 kJ

20. Calcula la entalpía de formación de un mol de agua en estado gaseoso, según la reacción:

$$2\ H_2(g) + O_2(g) \rightarrow 2\ H_2O(g)$$

Solución: $-241,6$ kJ mol^{-1}

21. Cuando explota la dinamita, se libera una gran cantidad de energía según la reacción de ecuación:

$4\ C_3H_5(NO_3)_3(l) \rightarrow$

$12\ CO_2(g) + 10\ H_2O(g) + 6\ N_2(g) + O_2(g) + 5700$ kJ

a) Calcula la entalpía de formación estándar para un mol de nitroglicerina.

b) Calcula la energía que se desprende al explotar un cartucho de 1 kg.

c) Determina la cantidad emitida de dióxido de carbono a la atmósfera en condiciones normales.

Datos de entalpías de formación estándar:

$$\Delta H^0_{f,CO_2(g)} = -393,5\ \text{kJmol}^{-1}\ ;\ \Delta H^0_{f,H_2O(g)} = -241,8\ \text{kJmol}^{-1}$$

Solución: a) -360 kJ mol^{-1} b) 6278 kJ; c) 296 L de CO_2

Diagramas energéticos

22. El ozono, O_3, se produce en las capas altas de la atmósfera por reacción entre el oxígeno molecular y el oxígeno atómico que se ha formado por la acción catalítica de la radiación ultravioleta. Por cada mol de O_3 formado se desprenden 106 kJ.

a) Realiza el diagrama energético incluyendo reactivos, productos y la entalpía de reacción.

b) ¿A qué se llama agujero de la capa de ozono?

23. Los científicos buscan agua en la Luna o planetas como Marte, pues permitiría obtener oxígeno e hidrógeno en los viajes espaciales. A partir del diagrama energético de la descomposición del agua:

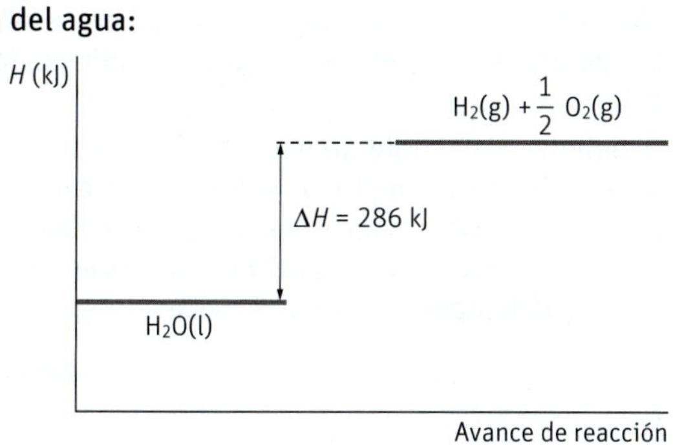

a) Indica si es exotérmica o endotérmica.

b) Indica la entalpía de la reacción para 1,5 mol de agua.

c) Calcula la energía necesaria para obtener 10 g de hidrógeno.

Solución: b) $\Delta H = 429$ kJ; c) 1430 kJ

Entropía y desorden

24. La figura representa el proceso directo que experimenta una sustancia química determinada:

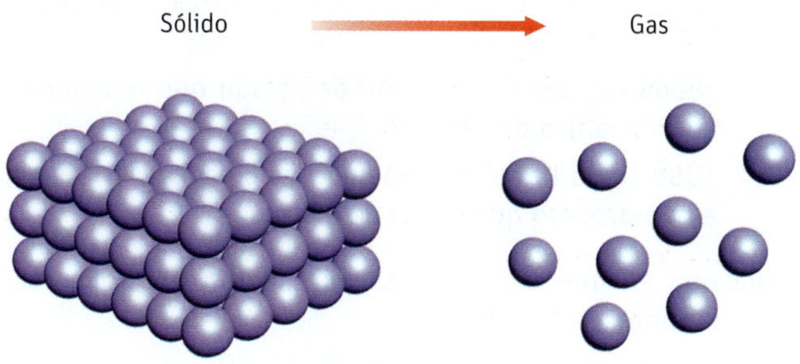

a) Indica el nombre del proceso representado.

b) ¿Cuándo tiene la sustancia más desorden, en estado sólido o en estado gaseoso?

c) ¿Cuándo tiene menos entropía?

d) ¿Cómo variará la entropía si calentamos el gas?

25. Predice razonadamente el cambio de entropía de las reacciones químicas:

a) $CO_2(s) \rightarrow CO_2(g)$

b) $CaCO_3(s) \rightarrow CaO(s) + CO_2(g)$

c) $2\ Mg(s) + O_2(g) \rightarrow 2\ MgO(s)$

d) $S(s) + H_2(g) \rightarrow H_2S(g)$

e) $C_4H_{10}(g) + 13/2\ O_2(g) \rightarrow 4\ CO_2(g) + 5\ H_2O(g)$

26. Razona el signo de la variación de la entropía en los siguientes procesos:

a) El agua hierve.

b) El agua se congela.

c) La sal se disuelve en agua.

d) La madera arde.

e) El hierro expuesto al aire se oxida y forma herrumbre.

27. Calcula la variación de entropía cuando se descompone un mol de carbonato de calcio, a 25 °C y 1 atm, según la reacción:

$$CaCO_3(s) \rightarrow CaO(s) + CO_2(g)$$

Datos de entropías estándar:

$$S^0_{CaO} = 40\ \text{JK}^{-1}\text{mol}^{-1}\ ;\ S^0_{CaCO_3} = 93\ \text{JK}^{-1}\text{mol}^{-1}\ ;\ S^0_{CO_2} = 214\ \text{JK}^{-1}\text{mol}^{-1}$$

Solución: 161 J K^{-1}

28. Determina la variación de entalpía y la variación de entropía para la combustión del etanol:

$$CH_3\text{–}CH_2OH(l) + 3\ O_2(g) \rightarrow 2\ CO_2(g) + 3\ H_2O(l)$$

Sustancias	ΔH^0_f (kJmol^{-1})	S^0 (JK^{-1}mol^{-1})
$CH_3\text{–}CH_2OH(l)$	−277,7	167,7
$O_2(g)$	0	205
$CO_2(g)$	−393,5	213,6
$H_2O(l)$	−285,8	69,9

Solución: $\Delta H^0 = -1366,7$ kJ ; $\Delta S^0 = -145,8$ JK^{-1} mol^{-1}

ACTIVIDADES

Energía libre de Gibbs y espontaneidad

29. Para ir a surfear hay que tener en cuenta algunas variables, entre ellas, el estado del mar y el estado del tiempo.

a) Para que un proceso químico se produzca, ¿qué dos variables de estado hay que tener en cuenta?

b) ¿Cómo se llama la función de estado que relaciona esas dos variables de estado?

c) ¿Qué signo tiene la variación de dicha función de estado en un proceso que sea espontáneo?

30. Razona en qué condiciones son espontáneos los procesos que se indican:

a) $\Delta H > 0, \Delta S > 0$

b) $\Delta H < 0, \Delta S < 0$

c) $\Delta H > 0, \Delta S < 0$

d) $\Delta H < 0, \Delta S > 0$

31. Completa los signos que faltan en la tabla que contiene los términos que determinan la espontaneidad de un proceso.

Signo algebraico			Espontaneidad del proceso
ΔH	$T\Delta S$	ΔG	
(–)	(+)		A cualquier temperatura.
	(–)	(–)	A baja temperatura.
(–)		(+)	En sentido contrario, a altas temperaturas.
(+)		(–)	A alta temperatura.
	(+)	(+)	En sentido contrario, a bajas temperaturas.
(+)		(+)	A ninguna temperatura. En sentido opuesto, a cualquier temperatura.

32. Interpreta los diagramas de entalpía y de energía libre de Gibbs para el proceso químico representado:

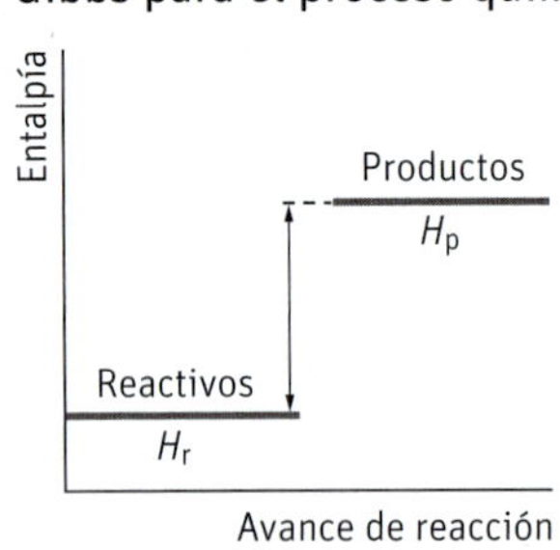

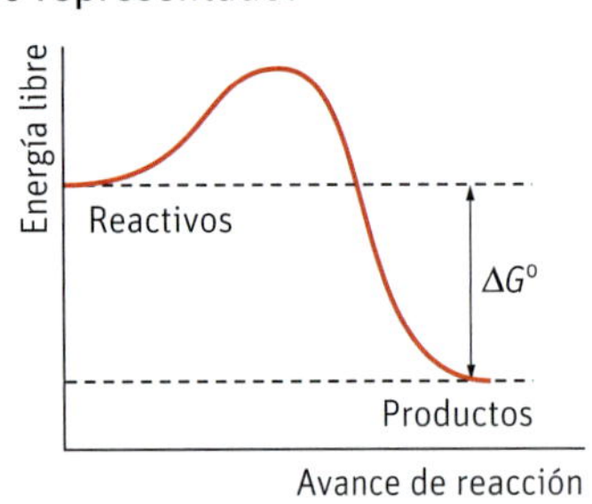

A partir de dichos diagramas, indica razonadamente cómo deberían ser la variación de entropía del proceso y la temperatura para que el proceso sea espontáneo.

33. Para la reacción de formación del dióxido de carbono:

$$C(s) + O_2(g) \rightarrow CO_2(g)$$

a) Calcula la variación de energía libre.

b) Indica si el proceso será espontáneo.

Datos: $\Delta H^0_{f,CO_2} = -394$ kJmol$^-$; $\Delta S^0_{f,CO_2} = 3$ JK^{-1}mol^{-1}

Solución: a) $\Delta G^0 = -395$ kJ

34. Dadas las siguientes reacciones, en condiciones estándar (1 atm, 25 °C).

Reacciones químicas	ΔH^0_f (kJmol^{-1})	S^0(JK^{-1}mol^{-1})
$\frac{1}{2}$ $H_2(g)$ + $\frac{1}{2}$ $I_2(s) \rightarrow HI(g)$	25,94	346,3
$2\ NO_2(g) \rightarrow N_2O_4(g)$	–58,16	–737,7
$S(s) + H_2(g) \rightarrow H_2S(g)$	–16,73	181,9

Deduce:

a) Las que son espontáneas a todas las temperaturas

b) Las que son espontáneas a bajas temperaturas y no espontáneas a altas temperaturas.

c) Las que son espontáneas a altas temperaturas y no espontáneas a bajas temperaturas.

smSaviadigital.com

35. En esta página se simula el experimento de Joule sobre el equivalente mecánico del calor.

a) Realiza una tabla de datos que incluya los valores de la masa del cuerpo que desciende (partiendo de 5 kg), del trabajo realizado y del calor generado.

b) Dejando constantes los valores de la altura y del volumen de agua, aumenta la masa hasta 10 kg. Anota los nuevos valores del trabajo y del calor. Repite el proceso aumentando la masa de 5 en 5 kg hasta llegar a 100 kg.

c) Dibuja una gráfica que represente el trabajo frente el calor. ¿Qué forma tiene la gráfica?

d) ¿Qué conclusión puedes deducir a partir de la pendiente de la gráfica?

36. En esta siguiente aplicación se pueden elegir diferentes condiciones para modificar la espontaneidad de un proceso.

La aplicación muestra una gráfica y tres espacios para los valores de ΔH, ΔS y T. Pulsando sobre los cursores se pueden modificar los valores de las variables.

a) Disminuye con el cursor el valor de ΔH, dejando constante ΔS = 300 J K^{-1} mol^{-1} y T = 300 K, ¿cómo varía ΔG? ¿Se ha favorecido la espontaneidad del proceso?, ¿a qué temperatura el sistema alcanzará la condición de equilibrio?

b) Disminuye el valor de ΔH hasta 150 kJ, dejando constante ΔS = 300 J K^{-1} mol y T = 300 K. ¿Es espontáneo el proceso en estas condiciones? ¿Podría llegar a serlo modificando la temperatura? En caso afirmativo, ¿a partir de qué temperatura el proceso sería espontáneo?

RESUELVE

smSaviadigital.com VALORA LO APRENDIDO > Realiza estas actividades de autoevaluación para comprobar los conocimientos adquiridos.

LA QUÍMICA Y... LOS SERES VIVOS

La termodinámica y sus principios pueden aplicarse a todo tipo de sistemas, incluidos los seres vivos. La energía necesaria para mantenernos con vida y realizar las actividades diarias se encuentra en los alimentos.

Cuando se pone al fuego una "nube de azúcar", el carbono del azúcar se oxida a dióxido de carbono y el hidrógeno se combina con oxígeno formando agua, produciendo un reordenamiento en los enlaces químicos de los azúcares de la golosina y del oxígeno del aire.

La reacción de combustión de la sacarosa (azúcar común) se representa por la ecuación:

$$C_{12}H_{22}O_{11}(s) + 12\ O_2(g) \rightarrow 12\ CO_2(g) + 11H_2O(l)$$

En esta reacción de combustión, $\Delta H = -5643\ kJmol^{-1}$, la diferencia de entalpía entre reactivos y productos se desprende como energía térmica. El mecanismo de conversión de reactivos en productos es rápido, relativamente directo y no incluye otros reactivos.

En general, todos los compuestos que contienen carbono, hidrógeno y oxígeno, como los hidratos de carbono y las grasas, cuando se queman completamente, originan como productos finales dióxido de carbono y agua.

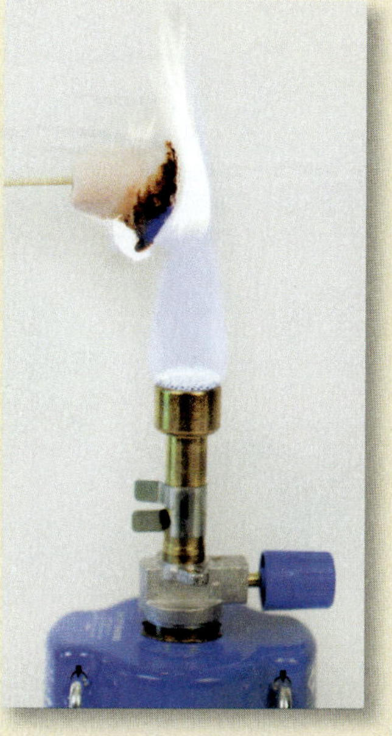

Sin embargo, los seres vivos no queman los alimentos así, aunque el resultado final sea el mismo.

En ellos la energía química de la sacarosa se desprende lentamente (hay oxidación pero no combustión). Por ejemplo, en el cuerpo humano una pequeña parte de la energía se emplea para mantener la temperatura del cuerpo a 37 °C y el resto de la energía desprendida se aprovecha en procesos metabólicos que requieren energía, para el funcionamiento y crecimiento del organismo.

Los sistemas biológicos también cumplen la ley de conservación de la energía y, consecuentemente, la primera ley de la termodinámica. Por ejemplo, los seres humanos están constantemente realizando trabajo, incluso durmiendo ($\Delta W < 0$) y a la vez desprenden calor al entorno ($\Delta Q < 0$). Por tanto, según el primer principio de la termodinámica están perdiendo continuamente energía interna ($\Delta U < 0$).

Para reponer la energía interna necesitamos tomar alimentos: no es posible sobrevivir sin comer.

Un exceso en la alimentación produce un desequilibrio entre el consumo y el aporte de energía y la energía interna aumenta. Este exceso de energía acumulada en el organismo es responsable del sobrepeso y de la obesidad.

1. Explica mediante la ley de Hess lo que sucede con la energía que proporciona un alimento, si su proceso de obtención transcurre directamente o a través de varias etapas.
2. Mediante el primer principio de la termodinámica, razona los efectos de la carencia de alimentos en un ser vivo.

Autoevaluación

1. Según el primer principio de la termodinámica, la energía interna de un sistema aumenta cuando:
   a) Cede calor y realiza trabajo.
   b) Absorbe calor y realiza trabajo.
   c) Cede calor y se realiza trabajo sobre él.
   d) Absorbe calor y se realiza trabajo sobre él.

2. Indica qué reacciones son endotérmicas:
   a) $C(grafito) \rightarrow C(diamante)\ \Delta H = 2\ kJ$
   b) $S(s) + H_2(g) \rightarrow H_2S(g)\ \Delta H = -20\ kJ$
   c) $Mg(s) + 1/2\ O_2(g) \rightarrow MgO(s) + 602\ kJ$
   d) $N_2(g) + O_2(g) + 180\ kJ \rightarrow 2\ NO(g)$

3. Indica las opciones correctas para el proceso representado:
   a) La energía de los productos es mayor que la energía de los reactivos.
   b) La reacción es exotérmica y desprende 418 kJ.
   c) La reacción inversa es endotérmica y desprende 418 kJ.
   d) La reacción inversa es endotérmica y absorbe 100 kcal.

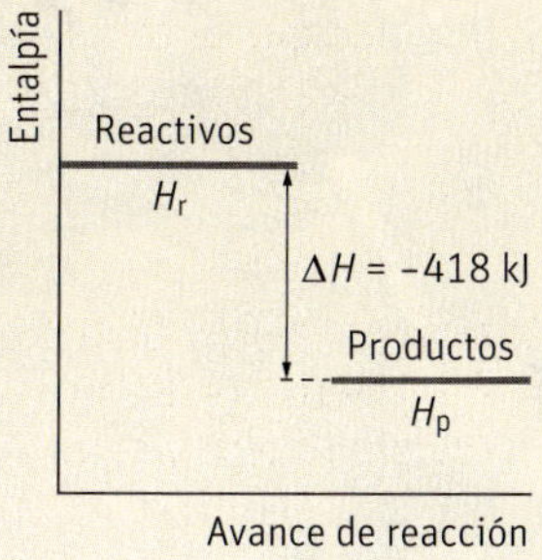

4. Deduce cuál es el valor de la entalpía de la reacción de la síntesis de 5 mol de amoniaco a partir de la siguiente reacción química:

   $$N_2(g) + 3\ H_2(g) \rightarrow 2\ NH_3(g) + 92\ kJ$$

   a) $\Delta H = -92$ kJ
   b) $\Delta H = +230$ kJ
   c) $\Delta H = -230$ kJ
   d) $\Delta H = -460$ kJ

5. Considerando el grado de desorden de los reactivos y los productos, y la molecularidad, predice el signo de la variación de entropía para las siguientes reacciones químicas:
   a) $I_2(s) \rightarrow I_2(g)$
   b) $N_2(g) + O_2(g) \rightarrow 2\ NO(g)$
   c) $2\ H_2(g) + O_2(g) \rightarrow 2\ H_2O(l)$
   d) $4\ Fe(s) + 3\ O_2(g) \rightarrow 2\ Fe_2O_3(s)$

6. Indica en qué condiciones es espontánea una reacción en la que las variaciones de entalpía y de entropía tienen valores positivos.
   a) Nunca puede ser espontánea.
   b) Solo a temperaturas elevadas.
   c) Solo a bajas temperaturas.
   d) A cualquier valor de la temperatura.

6 La química del carbono

Actualmente se han descubierto 116 elementos que están ordenados en el sistema periódico. Si excluimos al carbono, los 115 restantes se combinan entre ellos formando unos 750 000 compuestos conocidos. Estos compuestos forman parte de la denominada "química inorgánica".

Sorprendentemente, los compuestos en los que está involucrado el átomo de carbono son casi veinte veces más. Forman parte de la denominada química orgánica; muchos de ellos están muy cerca de las personas en forma de sustancias y materiales de uso común, y otros constituyen la propia esencia de la vida.

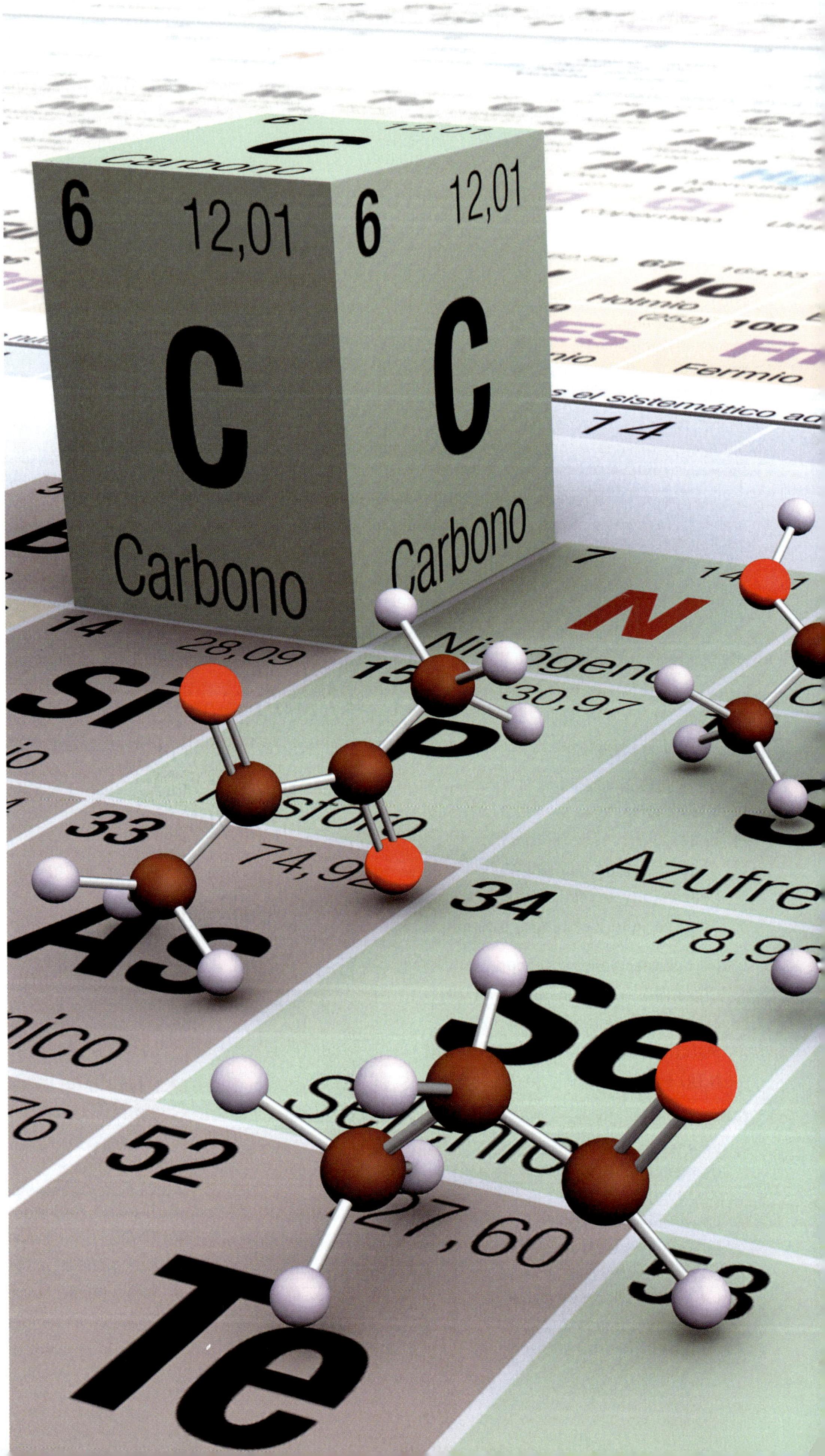

Recuerda y reflexiona

La versatilidad del carbono

1. **El carbono es un elemento muy peculiar. Observa el diagrama que indica la proporción entre los compuestos del carbono y del resto de elementos químicos. ¿Qué conclusión se puede sacar? ¿Cómo se puede explicar?**

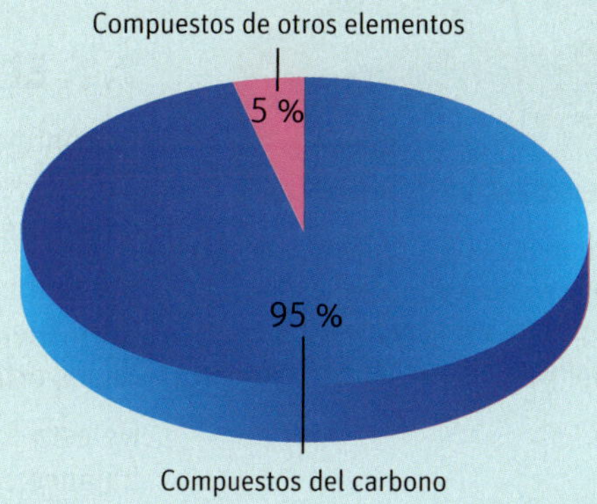

El número de compuestos formados por el carbono es muchísimo mayor que el de compuestos formados por el resto de elementos químicos. La explicación se encuentra en la particular estructura electrónica del átomo de carbono, que le permite unirse con otros átomos de carbono y así formar largas cadenas.

2. **A la química de los compuestos del carbono también se la denomina química orgánica. ¿Son los compuestos del carbono indispensables para la vida de los organismos?**

Sí, lo son. Los seres vivos estamos formados por biomoléculas cuya base principal es el carbono: glúcidos, grasas, proteínas o ácidos nucleicos.

Compuestos del carbono en la naturaleza

3. **En la naturaleza existen múltiples compuestos del carbono que forman no solo petróleo o gas natural, sino otras muchas sustancias, como zumos de frutas, vino o vinagre. Describe y explica el proceso mediante el cual la glucosa del mosto de uva puede transformarse sucesivamente en vino y en vinagre.**

El principal componente del mosto es la glucosa. Durante la fermentación del mosto, un microorganismo denominado levadura se alimenta de esta glucosa en ausencia de oxígeno, produciendo alcohol. Así, el mosto se transforma en vino.

Cuando el vino se expone prolongadamente al aire, otro microorganismo, la bacteria *Mycoderma aceti*, se alimenta de alcohol y produce ácido acético, principal componente del vinagre.

1 Introducción a la química del carbono

Figura 6.1. Alrededor del 10 % de los compuestos del carbono se encuentran en la naturaleza, formando parte de los seres vivos y de los combustibles fósiles. El resto han sido sintetizados.

Se denomina **química del carbono** o **química orgánica** a la parte de la química que se ocupa de los compuestos del carbono, y **química inorgánica** a la parte que estudia el resto de elementos.

La división podría parecer desproporcionada, pero los compuestos del carbono son mucho más numerosos que los de todos los demás elementos juntos: de los más de 15 millones de compuestos químicos conocidos, más del 95 % son del carbono.

1.1. El átomo de carbono y sus enlaces

La configuración electrónica del átomo de carbono ($Z = 6$) en su estado fundamental es $1s^2$ $2s^2$ $2p^2$, con dos electrones desapareados en el último nivel que podrían formar dos enlaces covalentes.

Sin embargo, en la práctica, el carbono forma cuatro enlaces covalentes. Para justificar la tetravalencia del carbono, uno de los electrones del orbital 2*s* debe promocionar hasta uno de los orbitales 2*p* que se encuentra vacío (Fig. 6.2).

De esta forma los 4 electrones desapareados podrían formar **cuatro enlaces covalentes**. El balance energético es muy favorable, y se forman compuestos muy estables.

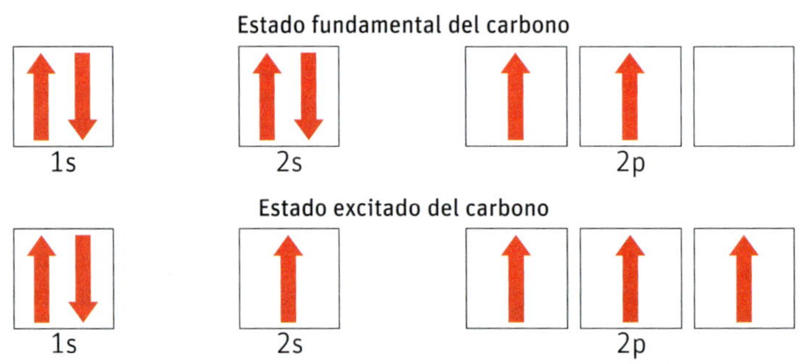

Figura 6.2. Configuraciones electrónicas del átomo de carbono.

Como consecuencia, una molécula orgánica está constituida por átomos de carbono tetravalentes unidos entre sí, y también a átomos o grupos de átomos de otros elementos, por enlaces covalentes.

Los cuatro electrones que forman los enlaces covalentes pertenecen, uno a un orbital tipo *s* y tres a orbitales tipo *p*. Así, los enlaces formados deberían tener diferente energía; sin embargo, los cuatro enlaces covalentes que forma el átomo de carbono tienen la misma energía, lo que sugiere que estos orbitales igualan su forma al formar los enlaces.

Causas de la abundancia de los compuestos del carbono

1. Los átomos de carbono forman enlaces covalentes muy fuertes entre ellos y por eso se pueden unir para formar **largas cadenas**, que pueden ser lineales, ramificadas o cerradas. Ningún otro elemento puede formar cadenas.

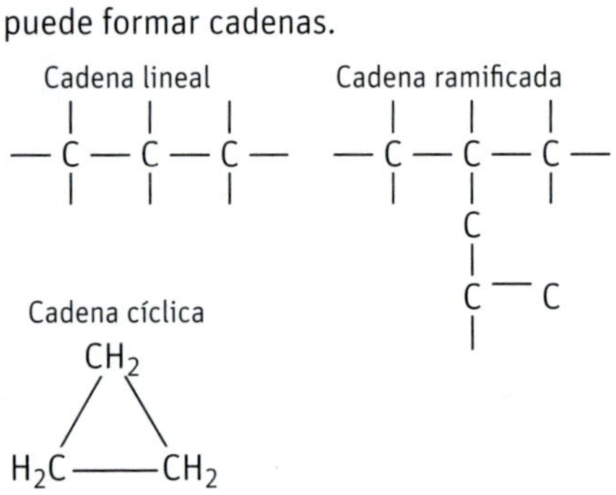

2. Los átomos de carbono pueden formar **enlaces covalentes con otros elementos**, la mayoría no metales.

   Todos los compuestos orgánicos, además del carbono, tienen al menos alguno de los elementos siguientes: H, O, N, Cl, Br, I, F, S, P.

   C—H   C—O

   C=O   C=S

   C≡N   C≡N

3. Los átomos de carbono se enlazan entre sí con tres tipos diferentes de **enlaces: sencillos, dobles** o **triples**. Cada tipo de enlace produce una disposición espacial de los átomos enlazados: tetraédrica, plana o lineal.

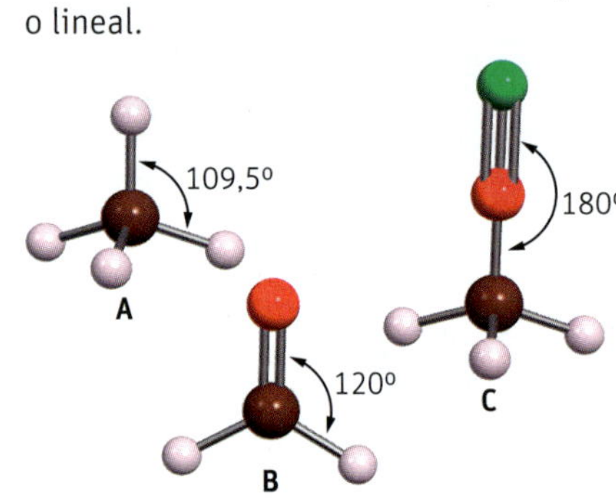

Nomenclatura de alquenos lineales

1. Se nombra la cadena principal, con la terminación ***-eno***, en lugar de *-ano*. Entre el prefijo numeral que indica el número de átomos de carbono y el sufijo *-eno* debe indicarse el número o localizador que le corresponde al primer carbono del doble enlace, que se escribirá separado por guiones siempre que sea necesario (en el eteno y el propeno no es necesario pues no hay más opciones).

Ejemplos de alquenos lineales			
Eteno (etileno)	$CH_2=CH_2$	**Hex-1-eno**	$CH_2=CH-(CH_2)_3-CH_3$
Propeno (propileno)	$CH_2=CH-CH_3$	**Hept-1-eno**	$CH_2=CH-(CH_2)_4-CH_3$
But-1-eno	$CH_2=CH-CH_2-CH_3$	**Oct-1-eno**	$CH_2=CH-(CH_2)_5-CH_3$
But-2-eno	$CH_3-CH=CH-CH_3$	**Non-1-eno**	$CH_2=CH-(CH_2)_6-CH_{3a}$
Pent-1-eno	$CH_2=CH-(CH_2)_2-CH_3$	**Dec-1-eno**	$CH_2=CH-(CH_2)_7-CH_3$

2. Si el compuesto tiene varios enlaces dobles, se numera la cadena principal de forma que les correspondan los localizadores más bajos, anteponiendo a la terminación *-eno* los prefijos numerales *di-*, *tri-*, *tetra-*, *penta-*, etc., según el número de enlaces dobles.

   En estos casos, al prefijo que indica el número de átomos de carbonos de la cadena principal se le añade la letra *a*.

Ejemplos de alquenos con varios dobles enlaces			
Buta-1,2-dieno	$CH_3-CH=C=CH_2$	**Penta-1,4-dieno**	$CH_2=CH-CH_2-CH=CH_2$
Buta-1,3-dieno	$CH_2=CH-CH=CH_2$	**Penta-1,2,4-trieno**	$CH_2=C=CH-CH=CH_2$

Nomenclatura de alquenos ramificados

1. Se elige como cadena principal la más larga entre las que incluyan obligatoriamente el doble enlace y se enumera comenzando por el extremo más próximo al doble enlace, para que le corresponda el localizador más bajo.
2. Se nombran primero los radicales, precedidos de su localizador. A continuación se nombra la cadena principal, con la terminación ***-eno***; dicha terminación generalmente irá precedida del número que le corresponde al primer carbono del doble enlace y separado por guiones.

Alquenos ramificados	
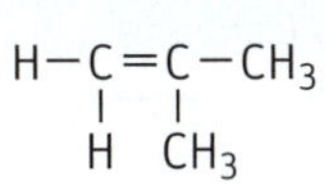 **Metilpropeno**	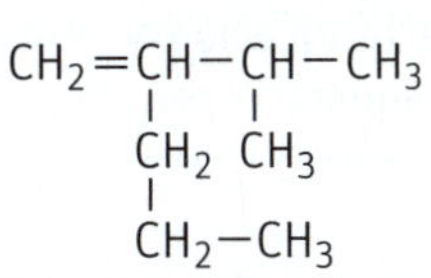 **2-isopropilhex-1-eno**
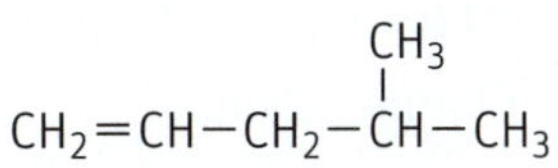 **4-metilpent-1-eno**	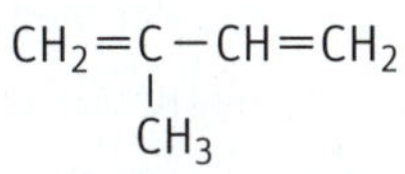 **2-metilbuta-1,3-dieno**

Figura 6.6. El etileno es el responsable de la maduración de los frutos.

Ten en cuenta

Algunos radicales etilénicos son muy usados y tienen nombres propios:

Etenilo (vinilo): $CH_2=CH-$

2-propenilo (alilo): $CH_2=CH-CH_2-$

1-propenilo (crotilo): $CH_3-CH=CH_2-$

ACTIVIDADES

3. Escribe las fórmulas semidesarrolladas de los siguientes alquenos:

a) Pent-2-eno

b) Hexa-1,5-dieno

c) 3,3-dimetilpent-1-eno

d) 4-vinilhexa-1,3,5-trieno

4. Nombra los siguientes compuestos:

a) 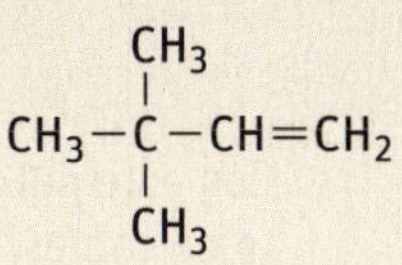

b) 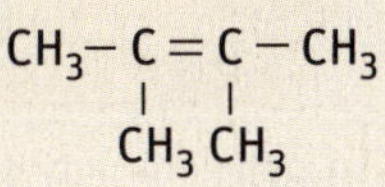

2.3. Alquinos

> Los **alquinos** son hidrocarburos que contienen al menos un triple enlace entre sus carbonos. Los de cadena abierta con solo un triple enlace tienen por fórmula general $\mathbf{C_nH_{2n-2}}$ siendo *n* el número de átomos de carbono (*n* = 2, 3, 4, ...).

El alquino más sencillo, y el único de interés industrial, es el **etino** C_2H_2, más conocido como **acetileno**. En condiciones ambientales es un gas que se obtiene a partir del petróleo o del gas natural.

Etino (HC≡CH)	Propiedades
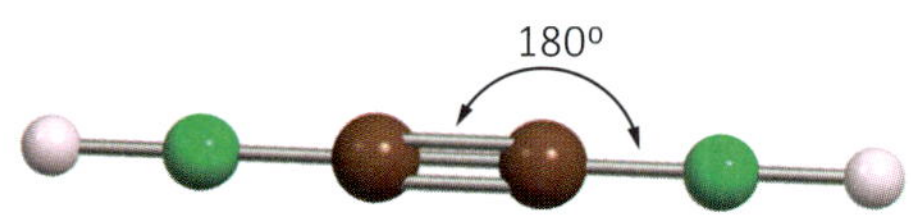 Geometría lineal Ángulos de enlace: 180°	– Gas incoloro y muy inflamable – Punto de ebullición: –57 °C – Punto de fusión: –81 °C – Densidad: 1,11 kg m^{-3} – Explosivo en mezclas con aire en el intervalo de concentración 2-80 %

El **acetileno** durante su combustión con oxígeno puro puede alcanzar los 3500 °C, una de las temperaturas de combustión más altas conocida.

$$C_2H_2 + 5/2\ O_2 \rightarrow 2\ CO_2 + H_2O + 1300\ kJ$$

OBSERVA

Una aplicación de esta reacción es el **soplete oxiacetilénico** o lanza térmica.

El equipo está formado por dos botellas: una de color negro, que contiene acetileno (disuelto en acetona), y otra roja, con oxígeno puro.

Entre sus aplicaciones industriales está el corte de metales (llega a fundir el acero, de ahí en nombre de lanza térmica) y la soldadura autógena.

El soplete oxiacetilénico es una herramienta imprescindible en la construcción de estructuras de acero para edificios y puentes, así como en la fabricación y reparación de vehículos y maquinaria pesada.

Las propiedades químicas más importantes de los alquinos se deben a la presencia del enlace triple, que origina **reacciones de adición** similares a las de los alquenos pero en dos etapas: una molécula de alquino puede adicionar una o dos moléculas de hidrógeno, halógenos, haluros de hidrógeno, etc. Por ejemplo, la adición de cloruro de hidrógeno, HCl, produce:

1.ª etapa: $HC{\equiv}CH + HCl \rightarrow H_2C{=}CH{-}Cl$ Cloruro de vinilo

2.ª etapa: $H_2C{=}CH{-}Cl + HCl \rightarrow H_3C{-}CHCl_2$ 1,1-dicloroetano

El cloruro de vinilo es la materia prima para la fabricación de plásticos y fibras sintéticas como, por ejemplo, el policloruro de vinilo, PVC. La **reacción de polimerización** es:

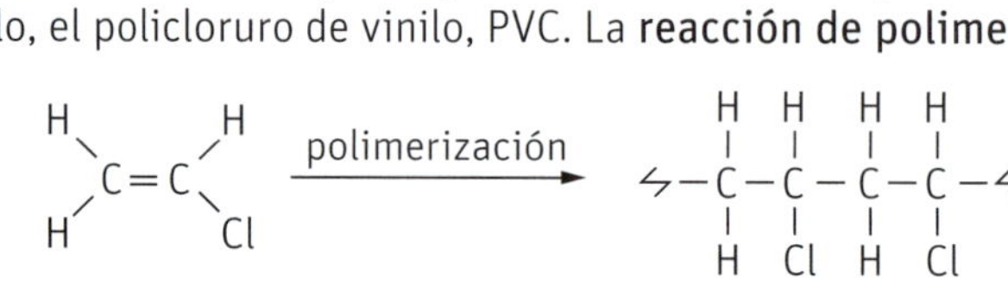

Cloruro de vinilo **Cloruro de polivinilo (PVC)**

Con este polímero se fabrican productos muy variados, como cortinas de baño, recubrimiento de cables, cubos, ventanas y puertas, mangueras, tarjetas de crédito, tuberías, etc.

En su fabricación se utiliza cloro, un gas que si escapa a la atmósfera daña la capa de ozono. Así mismo su combustión también libera cloro a la atmósfera.

Sabías que

El etino o acetileno se utiliza como fuente de luz en lámparas o carbureros que utilizan los espeleólogos para iluminarse en el interior de cuevas subterráneas. El carburero tiene dos compartimentos: el superior contiene agua, y el inferior, carburo de calcio. Al gotear el agua se produce la reacción:

$$CaC_2(s) + 2H_2O(l) \rightarrow C_2H_2(g) + Ca(OH)_2(s)$$

El acetileno formado llega por un tubo hasta una boquilla que contiene el casco, con un reflector parabólico.

Esta forma de iluminación produce una llama más brillante y de mayor visibilidad que la iluminación eléctrica con pilas.

Te interesa saber

El PVC es un polímero muy utilizado en la fabricación de muñecas, patos de goma, piscinas para niños, etc.

El PVC es un polímero muy polémico debido a su potencial peligro para la salud. En algunos países está prohibido envasar agua mineral en botellas de PVC.

Nomenclatura de alquinos lineales

La nomenclatura de los alquinos es similar a la de los alquenos, sustituyendo la terminación *-eno* por ***-ino***.

1. Se numera empezando por el extremo más próximo al enlace. Se nombra la cadena principal, con la terminación ***-ino***, precedida del número localizador del primer carbono del triple enlace.

Ejemplos de alquinos lineales			
Etino (acetileno)	$CH{\equiv}CH$	**Pent-2-ino**	$CH_3{-}C{\equiv}C{-}CH_2{-}CH_3$
Propino	$CH{\equiv}C{-}CH_3$	**Hex-1-ino**	$CH{\equiv}C{-}(CH_2)_3{-}CH_3$
But-1-ino	$CH{\equiv}CH{-}CH_2{-}CH_3$	**Hex-2-ino**	$CH_3{-}C{\equiv}C{-}CH_2{-}CH_2{-}CH_3$
But-2-ino	$CH_3{-}CH{\equiv}CH{-}CH_3$	**Hex-3-ino**	$CH_3{-}CH_2{-}C{\equiv}C{-}CH_2{-}CH_3$
Pent-1-ino	$CH{\equiv}C{-}CH_2{-}CH_2{-}CH_3$	**Oct-1-ino**	$CH{\equiv}C{-}(CH_2)_5{-}CH_3$

2. Cuando haya varios enlaces triples, se numeran, si es necesario, en orden creciente y se antepone a la terminación ***-ino*** el prefijo numeral correspondiente.

   Por ejemplo: $CH{\equiv}C{-}C{\equiv}CH$ butadiino; $CH{\equiv}C{-}C{\equiv}C{-}C{\equiv}CH$ hexa-1,3,5-triino

3. Cuando la molécula de hidrocarburo contiene dobles y triples enlaces:

   a) Al numerar la cadena, las insaturaciones deben tener los localizadores más bajos, sin distinguir si son dobles o triples enlaces.

   Ejemplo: $CH_3{-}CH_2{-}CH{=}CH{-}C{\equiv}CH$ hex-3-en-1-ino

   b) Si hay coincidencia con los números que corresponden a un doble enlace al comenzar por uno de los extremos y un triple enlace al comenzar por el otro, tiene preferencia el doble enlace frente al triple.

   Ejemplo: $CH_2{=}CH{-}CH_2{-}C{\equiv}CH$ pent-1-en-4-ino

Nomenclatura de alquinos ramificados

1. La cadena principal será la que contenga el mayor número de insaturaciones aunque no sea la de mayor longitud (y se numera asignando a las insaturaciones los números más bajos).
2. Delante del nombre de la cadena principal se nombran los radicales, precedidos, si es necesario, del número que indica su posición.

Ejemplos de alquinos ramificados	
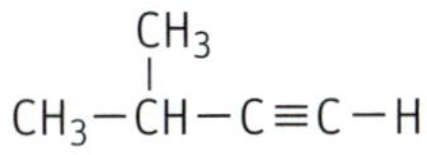 **Metilbutino**	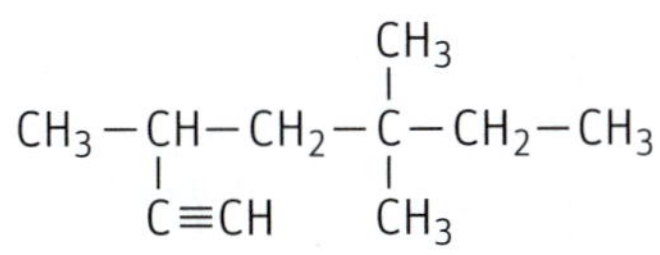 **3,5,5-trimetihept-1-ino**
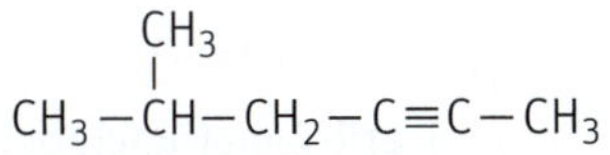 **5-metilhex-2-ino**	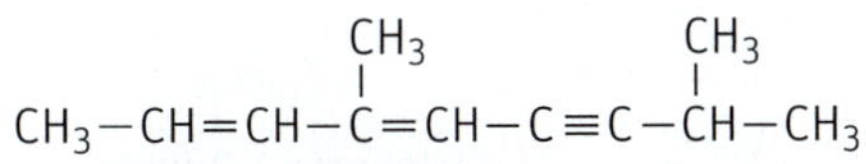 **4,8-dimetilnona-2,4-dien-6-ino**

ACTIVIDADES

5. **Escribe las fórmulas semidesarrolladas de estos alquinos:**
   a) Octa-1,7-diino
   b) 3,3-dietil-4-metilhex-1-ino
   c) 3-etil-8-isopropil-4-propildeca-1,5-dien-9-ino

6. **Nombra los siguientes compuestos:**
   a) 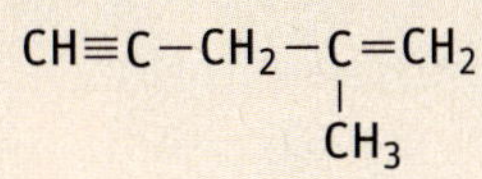
   b) 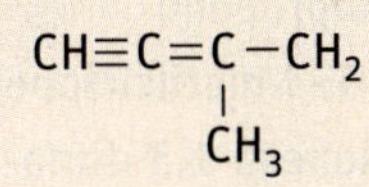

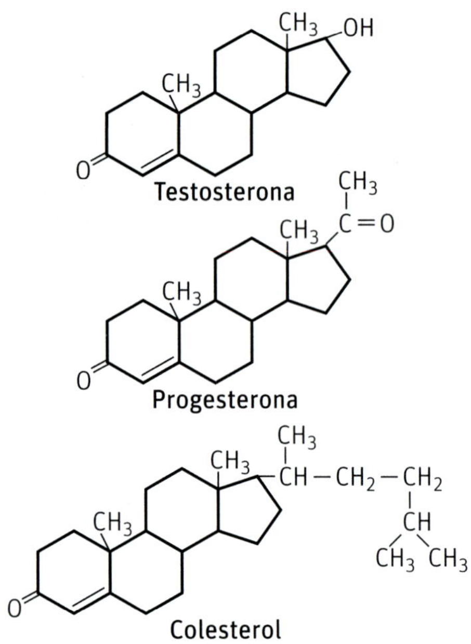

Figura 6.7. Cicloalcanos naturales.

2.4. Hidrocarburos cíclicos

Los hidrocarburos de cadena cerrada se denominan **cíclicos** y comprenden tres grupos: **cicloalcanos**, **cicloalquenos** y **cicloalquinos**. Los cicloalcanos tienen de fórmula general C_nH_{2n}, los cicloalquenos de un solo enlace doble, C_nH_{2n-2} y los alquinos con un triple enlace, C_nH_{2n-4}.

El cicloalcano más sencillo es el ciclopropano C_3H_6 que se utiliza como anestésico. El ciclopentano C_4H_8 y el ciclohexano C_5H_{10} se encuentran presentes en muchos productos naturales de importancia biológica, como el colesterol, las hormonas sexuales (testosterona, progesterona) y algunas vitaminas.

Nomenclatura de hidrocarburos cíclicos

1. Para nombrar los hidrocarburos alicíclicos se siguen las mismas reglas que para el caso de los hidrocarburos de cadena abierta, pero anteponiendo *ciclo-* al prefijo que indica el número de átomos de carbono.
2. Cuando un cicloalcano tiene un solo sustituyente (radical, átomo o grupo de átomos unidos a la cadena carbonada cíclica), no es necesario un localizador. Si hay varios sustituyentes, se numeran de forma que los localizadores sean lo más bajos posibles, y se ordenan por orden alfabético.
3. Si el cicloalcano tiene una ramificación muy larga (o hay más de un ciclo), el ciclo (o los ciclos) se nombran como sustituyentes terminados en *-il*.

Ejemplos de cicloalcanos	
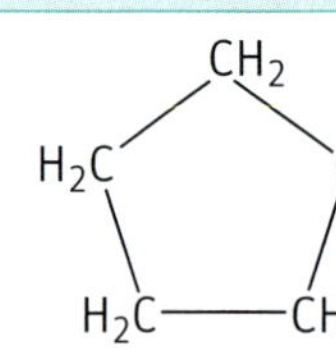 **Ciclopentano**	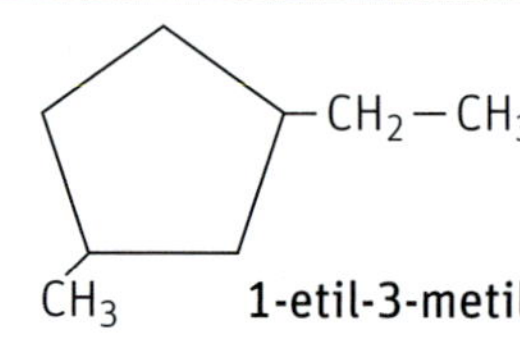 **1-etil-3-metilciclopentano**
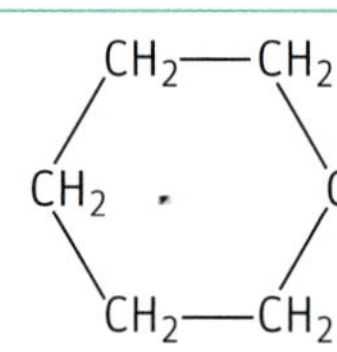 **Ciclohexano**	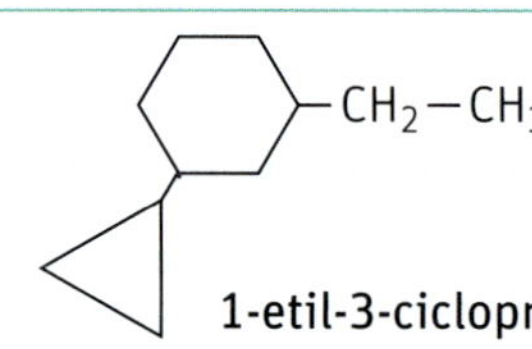 **1-etil-3-ciclopropilciclohexano**

4. En los cicloalquenos y cicloalquinos, se comienza la numeración por uno de los carbonos no saturados y se continúa en la dirección del enlace no saturado. Cuando hay varias insaturaciones, se indica su número con el prefijo correspondiente (*dieno-*, *trieno-*, *diino-*, etc.).

Ejemplos de cicloalquenos y cicloalquinos	
 Ciclobuteno	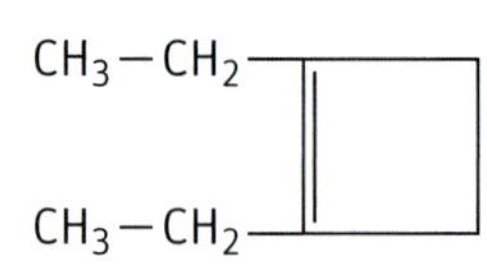 **1,2-dietilciclobuteno**
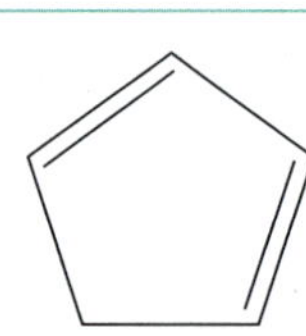 Ciclopenta-1,3-dieno	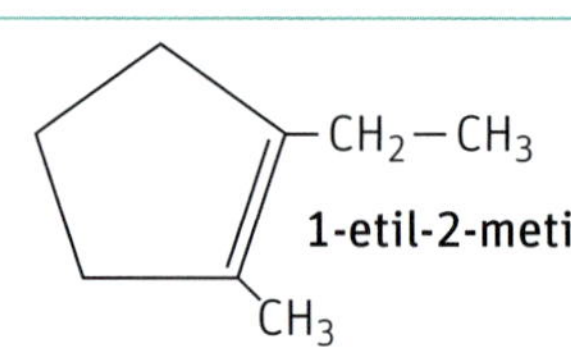 **1-etil-2-metilciclopenteno**

Ten en cuenta

Las fórmulas de los hidrocarburos cíclicos se pueden representar mediante los polígonos respectivos; en cada vértice se supone que hay un grupo $-CH_2$, $-CH$ o simplemente C, dependiendo de si hay insaturaciones o radicales.

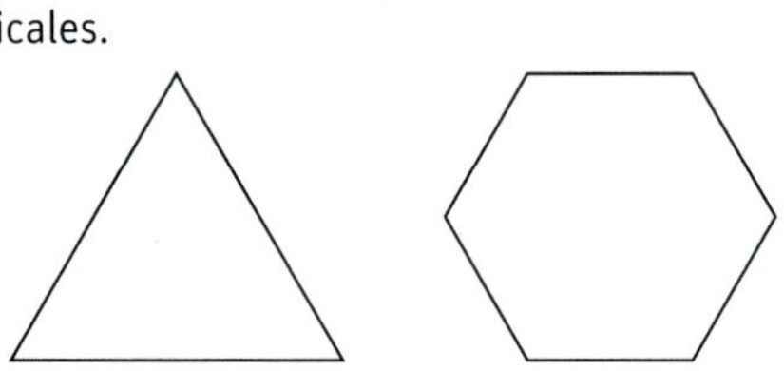

ACTIVIDADES

7. Escribe las fórmulas de los compuestos cíclicos:

a) 1,2-ciclobutilhexano
b) Ciclopropeno
c) 3-etil-3-metilciclopenteno
d) Ciclohexa-1,3-diino

8. Nombra los siguientes compuestos cíclicos:

a) 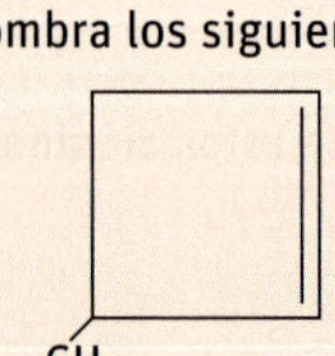

b) 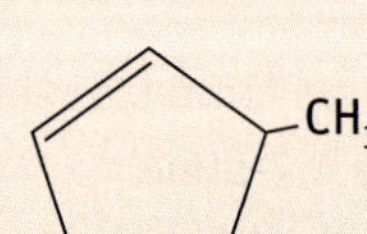

2.5. Hidrocarburos aromáticos

> Los **hidrocarburos aromáticos** son compuestos cíclicos insaturados cuyo representante más importante es el **benceno**, de fórmula empírica $\mathbf{C_6H_6}$.

Se utiliza en la fabricación de pinturas, plásticos, detergentes, productos farmacéuticos, plaguicidas y en la síntesis de numerosos compuestos orgánicos, aunque es un conocido agente cancerígeno. Está presente en el humo emitido por los cigarrillos y tubos de escape.

Benceno (C_6H_6)	Propiedades
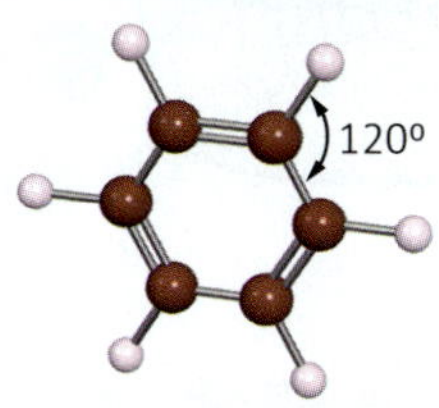	– Líquido volátil, incoloro e inflamable – Presenta olor aromático (agradable). – Punto de ebullición: 80 °C – Punto de fusión: 5,5 °C – Densidad: 877 kg m^{-3} – Solubilidad en agua 1,79 g L^{-1} a 25 °C

El anillo bencénico es muy estable y solo se rompe en condiciones muy enérgicas y con catalizadores. Sus reacciones más importantes son las de sustitución, en las que un átomo o grupo de átomos sustituye a uno de los átomos de hidrógeno.

Nomenclatura de los compuestos aromáticos

Los hidrocarburos aromáticos más sencillos pueden considerarse derivados del benceno por sustitución de uno o varios átomos de hidrógeno por radicales hidrocarbonatos.

1. Cuando el benceno lleva solo un radical, se nombra primero dicho radical seguido del nombre benceno.
2. Si tiene dos sustituyentes, se indica su posición relativa dentro del anillo, mediante los números (o prefijos) 1 y 2 (*orto*-), 1 y 3 (*meta*-) o 1 y 4 (*para*-), adjudicando el número 1 al sustituyente más importante.
3. Si hay más de dos sustituyentes, se numeran de forma que reciban los localizadores más bajos, y se ordenan por orden alfabético.

Ejemplos de hidrocarburos aromáticos mono y disustituidos	
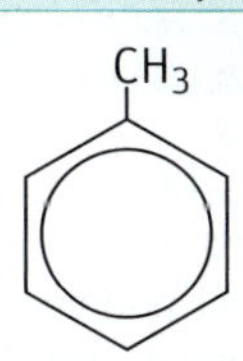 Mctilbcnceno (Tolueno)	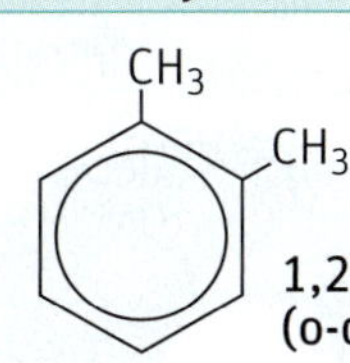 1,2-dimetilbenceno (o-dimetilbenceno)
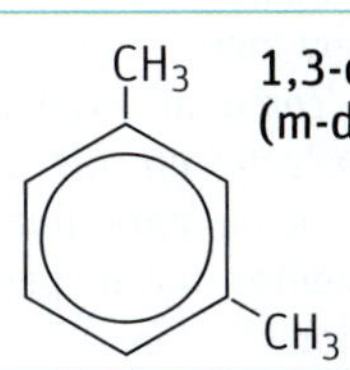 1,3-dimetilbenceno (m-dimetilbenceno)	 1,4-dimetilbenceno (p-dimetilbenceno)

4. La unión de varios núcleos bencénicos origina hidrocarburos policíclicos o condensados, como por ejemplo, el naftaleno ($C_{10}H_8$), utilizado en las bolas antipolillas de naftalina, el antraceno ($C_{14}H_{10}$) y el fenantreno ($C_{14}H_{10}$) (Fig. 6.8).

Para saber más

La molécula de benceno tiene la forma de hexágono regular, con tres dobles enlaces alternos (conjugados) y los átomos de carbono en sus vértices unidos a un hidrógeno. Atendiendo a su composición, podría pensarse que el benceno es ciclohexa-1,3,5-trieno:

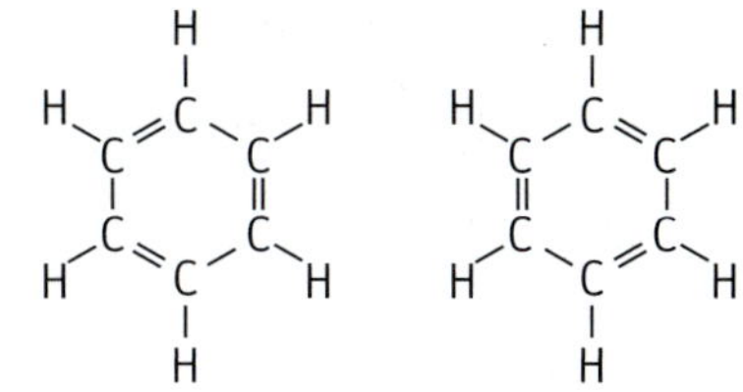

Sin embargo, su energía de hidrogenación es mucho menor que la que tendría este supuesto compuesto, lo que lleva a pensar que la molécula de benceno es un **híbrido de resonancia** entre varias formas:

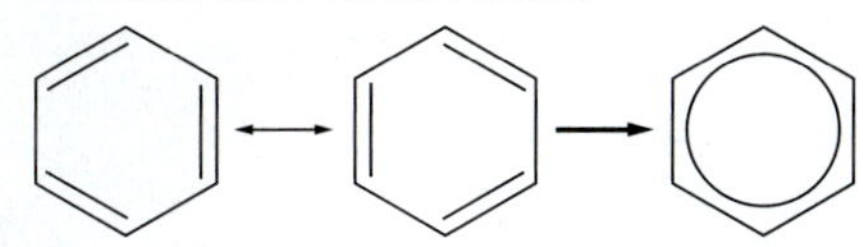

Los enlaces dobles están deslocalizados en el anillo.

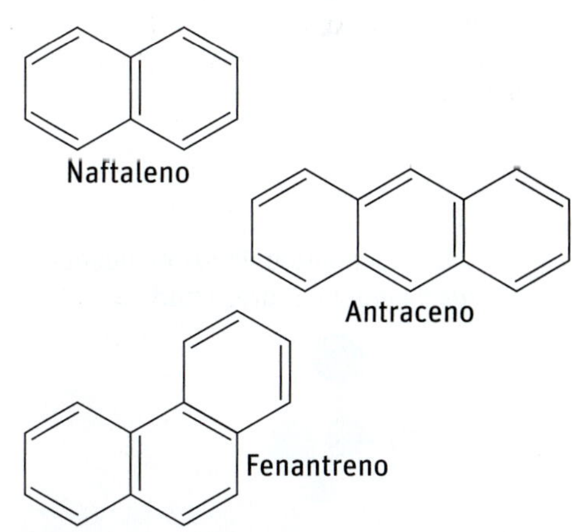

Figura 6.8. Hidrocarburos aromáticos policíclicos.

ACTIVIDADES

9. Escribe las fórmulas de estos hidrocarburos aromáticos:
   a) 1-etil-2,4-dipropilbenceno
   b) 1-butil-3-metilbenceno
   c) 2-isopropil-1,3-dimetilbenceno

10. Nombra los siguientes compuestos aromáticos:
   a) 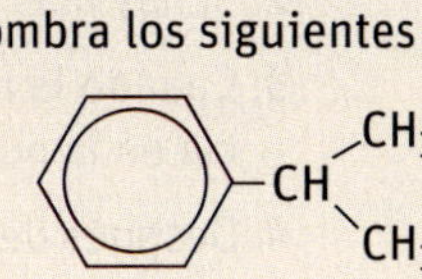
   b) 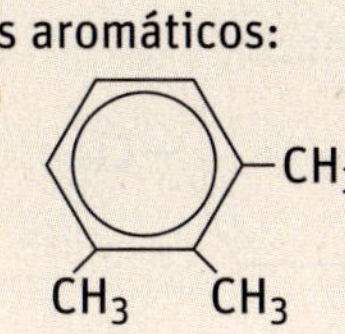

3 Halogenuros de alquilo

Figura 6.9. Algunos halogenuros de alquilo, como el DDT (diclorodifeniltricloroetano), se han empleado como plaguicidas.

Los **halogenuros de alquilo** resultan al sustituir uno o varios átomos de hidrógeno de un alcano por átomos de halógeno (flúor, cloro, bromo, yodo).

Dos de los más conocidos son el triclorometano y el tetraclorometano.

Triclorometano: $CHCl_3$ (cloroformo)	**Tetraclorometano: CCl_4 (tetracloruro de carbono)**
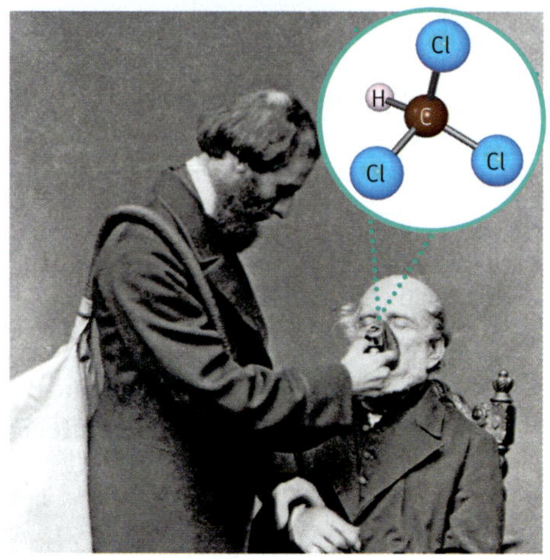	
Líquido volátil, que funde a –64 °C y hierve a 61°C, no inflamable, incoloro, de olor penetrante y característico. Fue muy utilizado como anestésico, pero actualmente ha sido reemplazado debido a su toxicidad.	Líquido que funde a –23 °C y hierve a 77 °C. Se utilizaba como quitamanchas aunque actualmente ha sido sustituido por otras sustancias menos tóxicas. Es un buen disolvente de sustancias orgánicas y del yodo.

Los halogenuros de alquilo se utilizan como producto de partida para la obtención de una gran variedad de compuestos orgánicos: alcoholes, aminas, éteres, etc.

Cuando el hidrocarburo en el que se hace la sustitución de hidrógeno contiene algún doble enlace, se obtienen los halogenuros de alquenilo, como el cloroeteno (cloruro de vinilo), CH_2=CHCl, utilizado en la elaboración del **polímero PVC**, y el tetraflúor eteno, CF_2–CF_2, utilizado para elaborar el **polímero PTFE** o **teflón**.

Tetraflúor eteno: CF_2=CF_2

El CF_2=CF_2 se usa como materia prima para obtener el polímero **teflón**, buen conductor del calor y muy inerte. El teflón se usa como material antiadherente en utensilios de cocina para que los alimentos no se peguen a ellos.

Nomenclatura de los halogenuros de alquilo

Se nombran como derivados de los hidrocarburos correspondientes:

1. Se indica el halógeno, precedido del localizador del carbono sustituido.
2. Si hay más de un halógeno, se numeran con los localizadores más bajos posibles.
3. Cuando la molécula contenga dobles o triples enlaces, las insaturaciones tienen preferencia en la numeración más baja.
4. Después del nombre y del localizador del halógeno se añade el nombre del hidrocarburo.

   Ejemplo: CH_3–CHCl–CHF–CH_2–CH_3 2-cloro-3-fluorpentano

ACTIVIDADES

11. Indica el nombre de los halogenuros de alquilo representados:

a)

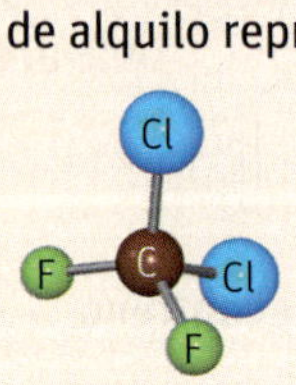

b)

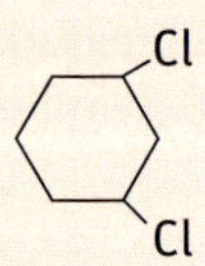

c)

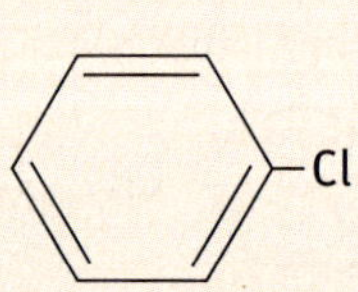

4 Grupos funcionales y series homólogas

Los compuestos orgánicos se clasifican según contengan en sus moléculas unos elementos o grupos de átomos definidos.

Un **grupo funcional** es un átomo o un grupo de átomos que confiere a una molécula orgánica unas propiedades químicas características.

Por ejemplo, el grupo formado por un átomo de oxígeno y otro de hidrógeno se denomina **alcohol** (–OH).

Una **serie homóloga** es un conjunto de compuestos con el mismo grupo funcional, que se diferencian en el número de átomos de carbono. Cada término de la serie se diferencia del anterior en un grupo $-CH_2$.

Por ejemplo, la serie homóloga de moléculas con el grupo alcohol se representa por R-OH, donde R es una cadena hidrocarbonada.

Dentro de una serie homóloga varían algunas propiedades físicas; sin embargo, las propiedades químicas de todos sus componentes son semejantes, porque están determinadas principalmente por el grupo funcional.

	Grupo funcional	Prefijo
1	Ácido carboxílico	*carboxi-*
2	Éster	*carboxilato-*
3	Amida	*carbamoil-*
4	Aldehído	*formil-*
5	Cetona	*oxo-*
6	Alcohol	*hidroxi-*
7	Amina	*amino-*
8	Éter	*oxi-*

Tabla 6.3. La tabla muestra la prioridad de los grupos funcionales y su nombre cuando son el grupo principal o un sustituyente.

Nomenclatura de los compuestos con grupos funcionales

1. Se elige como cadena principal la que contenga mayor número de átomos de carbono e incluya al grupo funcional. El número de átomos de carbono se indica mediante los prefijos numerales (*met-*, *et-*, *prop-*, *but-*, ...).
2. El grupo funcional se nombra como sufijo. Cuando sea necesario y para evitar indeterminaciones, delante del sufijo se indicará, mediante un número, la posición en que aparece el grupo funcional. Para ello, se numerará la cadena carbonada comenzando por el extremo más próximo al grupo funcional.

Serie homóloga	Fórmula	Sufijo	Ejemplos
Alcoholes	R–OH	*-ol*	CH_3OH metanol
Éteres	R–O–R'	*-eter*	$CH_3–O–CH_3$ dimetiléter
Aldehídos	R–COH	*-al*	$CH_3–CH_2–COH$ propanal
Cetonas	R–CO–R'	*-ona*	$CH_3–CO–CH_3$ propanona
Ácidos carboxílicos	R–COOH	*-oico*	$CH_3–COOH$ ácido etanoico
Ésteres	R–COO–R'	*R-ato de R'-ilo*	$CH_3–COO–CH_3$ etanoato de metilo
Aminas	$R–NH_2$	*-amina*	$CH_3–NH_2$ metilamina
Amidas	$R–CO–NH_2$	*R-ato de -amida*	$HCO–NH_2$ metanoato de amida

3. Si el compuesto presenta varios grupos funcionales idénticos, se indicarán ordenadamente sus posiciones (cuando sea necesario) seguido del prefijo numeral correspondientes (*di-*, *tri-*, *tetra-*, ...) y del sufijo característico del grupo.

   Ejemplo: $CH_2OH–CHOH–CH_3$ propano–1,2–diol
4. Cuando la molécula contenga grupos funcionales diferentes, la función principal es la que más influye en las propiedades y da nombre a la cadena mediante un sufijo. El grupo funcional principal será el primero que aparezca en la Tabla 6.3.

   Ejemplo: $CH_3–CHOH–COOH$ ácido 2–hidroxipropanoico
5. Todos los grupos funcionales distintos del principal se consideran como sustituyentes. Su presencia se indica anteponiendo al nombre del compuesto el nombre del sustituyente, precedido, cuando sea necesario, del número que indica su posición.

   Ejemplo: en el compuesto $CH_3–CH_2–CO–CH_2OH$ el grupo –CO es la función principal y el grupo –OH, un sustituyente. El compuesto se nombra como 1-hidroxibutanona.

ACTIVIDADES

12. Indica el grupo funcional que corresponde a cada fórmula.

Fórmula	Grupo funcional
H–COOH	●●●
$CH_3–CH_2OH$	●●●
$CH_3–NH–CH_3$	●●●
$CH_3–CHO$	●●●

5 Compuestos oxigenados

El grupo de compuestos oxigenados son compuestos del carbono que poseen oxígeno en su estructura. Son los **alcoholes**, **éteres**, **aldehídos**, **cetonas**, **ácidos carboxílicos** y **ésteres**.

5.1. Alcoholes

Los **alcoholes** pueden considerarse derivados de los hidrocarburos alifáticos al sustituir un átomo de hidrógeno por un **grupo hidroxilo, R-OH**.

Los alcoholes más sencillos y utilizados son el metanol y el etanol.

Metanol (alcohol metílico): CH_3OH	Etanol (alcohol etílico): CH_3-CH_2OH
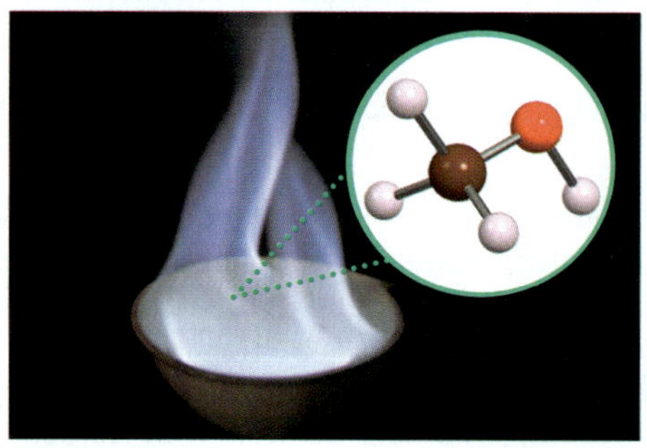	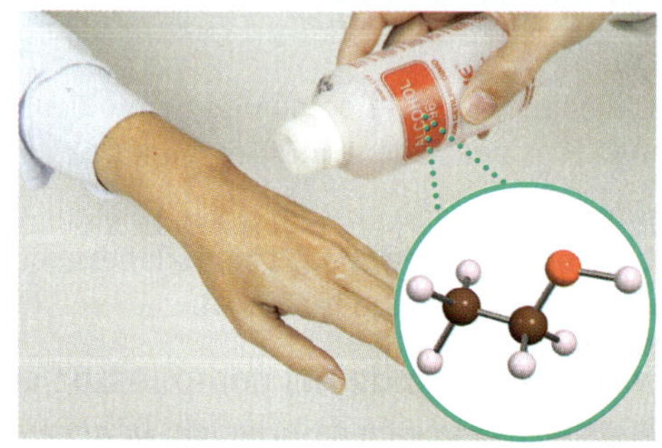
También llamado alcohol de madera, por su antigua procedencia (destilación seca de la madera), y alcohol de quemar. Es muy tóxico, y su ingestión puede causar ceguera e incluso la muerte.	Es uno de los constituyentes de las bebidas alcohólicas (cerveza, vino, etc.). Se emplea como antiséptico y forma parte del material básico de un botiquín de primeros auxilios.

Los alcoholes se utilizan como combustibles, disolventes, para síntesis orgánica, etc.

Nomenclatura de alcoholes

1. Se nombran sustituyendo por *-ol* la terminación del hidrocarburo del que derivan. La posición del grupo hidroxilo se especifica, cuando sea necesario.
2. Si hay más de un grupo OH se indica mediante el sufijo numeral (*-diol*, *-triol*).

   Ejemplos: $CH_3-CH_2-CH_2OH$ propan-1-ol; $CH_3-CHOH-CH_2OH$ propano-1,2-diol

5.2. Éteres

Los **éteres** son compuestos formados por dos radicales alquílicos unidos mediante un átomo de oxígeno, **R-O-R'**.

Son compuestos muy inflamables y mezclados con el aire pueden llegar a explotar. El más utilizado es el dietiléter, conocido con el nombre genérico de éter.

Dietiléter: $CH_3-CH_2-O-CH_2-CH_3$	Propiedades
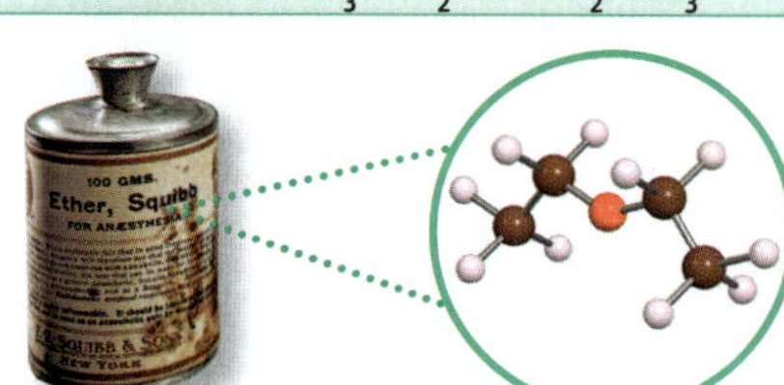	– Líquido incoloro – Muy volátil (punto de ebullición 35 °C) – Altamente inflamable – Utilizado hace unos años en medicina como anestésico (ha dejado de usarse por ser muy irritante para el sistema respiratorio).

Nomenclatura de éteres

1. En primer lugar se nombran los radicales, dispuestos en orden alfabético. Si los dos radicales son iguales, se antepone el prefijo *di-* al nombre del radical.
2. A continuación de los radicales, y seguido, se indica el sufijo *-éter*.

   Ejemplos: $CH_3-CH_2-O-CH_3$ etilmetiléter; $C_6H_5-O-CH_3$ fenilmetiléter

Ten en cuenta

Los fenoles resultan de sustituir uno o varios hidrógenos del anillo bencénico por el grupo –OH. El más importante es el hidroxibenceno o fenol:

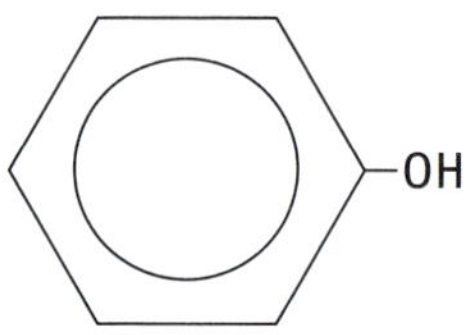

ACTIVIDADES

13. Nombra los compuestos según la nomenclatura de la IUPAC.

a) Nombre común: etilenglicol

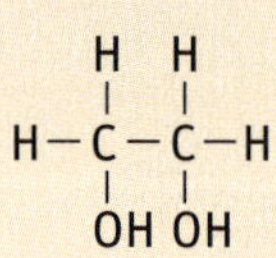

b) Nombre común: glicerina

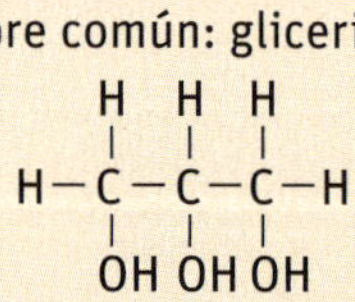

c) Nombre común: neotil

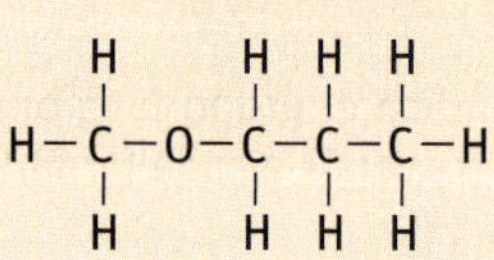

d) Nombre común: fenoxibenceno

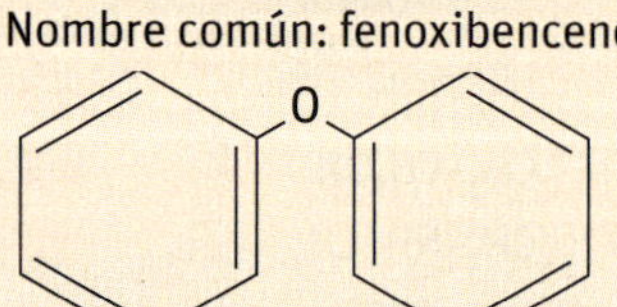

5.3. Aldehídos

> Los **aldehídos** son compuestos del carbono que contienen el **grupo carbonilo**, **C=O**, en un extremo de la cadena hidrocarbonada (se suele escribir como –CHO).

Metanal (formaldehído): H–CHO	Etanal (acetaldehído): CH_3–CHO
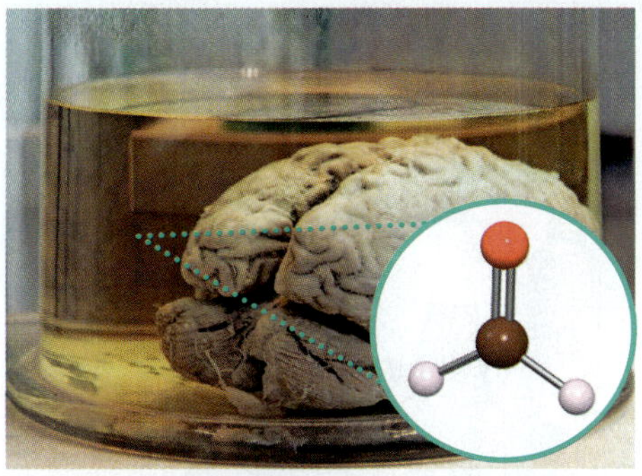	
A temperatura ambiente es un gas (punto de fusión –92 °C y de ebullición –21 °C) incoloro y de olor desagradable. Se emplea en disolución (formol) para conservar muestras biológicas.	A temperatura ambiente es un líquido volátil, incoloro (punto de fusión –123 °C y punto de ebullición 20 °C) y de olor afrutado. Es mucho más tóxico que el etanol y causa daños hepáticos.

Nomenclatura de aldehídos

1. Se nombran sustituyendo por *-al* la terminación -o del nombre del hidrocarburo correspondiente. Si hay dos grupos aldehídos se utiliza la terminación *-dial*.
2. Al carbono del grupo funcional carbonilo se le asigna la posición 1, a efectos de numerar a los posibles sustituyentes.

   Ejemplos: CH_3–CH_2– CH_2– CH_2–CHO pentanal; CHO–CH_2–CH_2–CHO butanodial

5.4. Cetonas

Las cetonas, al igual que los aldehídos, se caracterizan por tener el **grupo carbonilo**, pero en este caso se encuentra unido a dos radicales hidrocarbonados.

Propanona (acetona): CH_3–CO–CH_3	Butanodiona (diacetilo): CH_3–CO–CO–CH_3
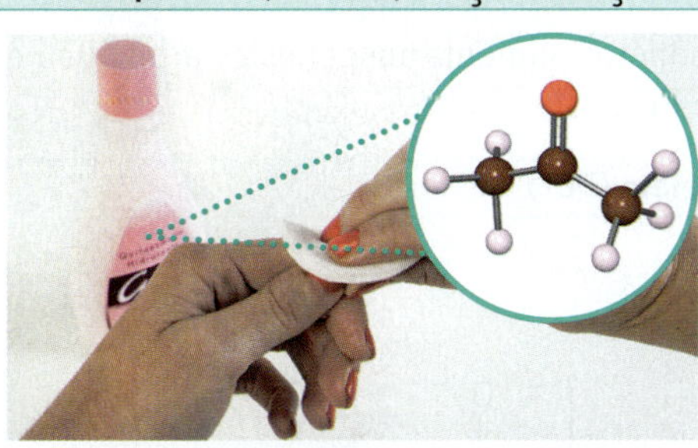	
Es un líquido incoloro de olor agradable, inflamable, muy volátil y miscible con el agua. Se emplea como disolvente (muy utilizado como quitamanchas y para quitar el esmalte de las uñas).	Es un líquido volátil y amarillento. Algunas bacterias lo forman en procesos de fermentación (es responsable del olor de la mantequilla rancia y en el sudor causa el olor corporal de los pies).

Las cetonas, al igual que los aldehídos, se pueden obtener a partir de la oxidación de los alcoholes. En los aldehídos, la oxidación puede continuar hasta formar ácidos carboxílicos.

Nomenclatura de cetonas

1. Se nombran de manera semejante a los aldehídos, cambiando la terminación *-al* por *-ona*.
2. Se indica, si es necesario, la posición del grupo cetona, con un número lo más bajo posible.

   Ejemplos: CH_3–CH_2–CO–CH_3 butanona; CH_3–CH_2–CH_2–CO–CH_3 pentan-2-ona

ACTIVIDADES

14. Nombra los siguientes aldehídos y cetonas.

a) 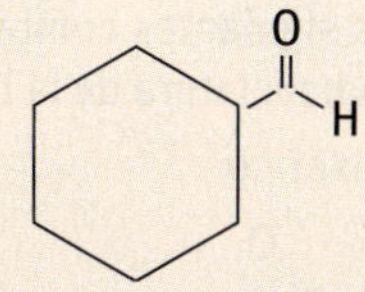

b) CH_3–CH_2–CO–CH_2–CH_3

c) 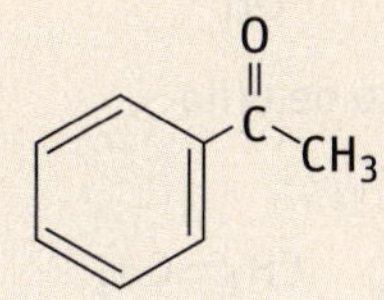

15. Formula el siguiente compuesto: butan-2-ona-al.

5.5. Ácidos carboxílicos

Los **ácidos carboxílicos** tienen en su molécula el grupo funcional **carboxilo, –COOH**.

Los ácidos carboxílicos se pueden encontrar en la naturaleza. Por ejemplo, el vinagre y el aceite de oliva contienen importantes ácidos carboxílicos.

Ácido etanoico (ácido acético): CH_3–COOH	**Ácido *cis*-octadec-9-enoico (ácido oleico):** CH_3–$(CH_2)_7$–CH=CH–$(CH_2)_7$–COOH

Líquido incoloro de fuerte e irritante olor. Se puede obtener por oxidación del etanol. El vinagre es una disolución de ácido acético en agua.	Líquido aceitoso de color verdoso presente en el aceite de oliva. Es un ácido graso no saturado. Su consumo es beneficioso para el corazón.

Nomenclatura de los ácidos carboxílicos

1. El nombre se forma anteponiendo la palabra ***ácido*** y añadiendo la terminación ***-oico*** al nombre del hidrocarburo correspondiente a la cadena más larga con el grupo carboxilo.
2. Para numerar a los sustituyentes, se comienza por el carbono del grupo COOH.

   Ejemplos: H–COOH ácido metanoico (fórmico); CH_3–CHOH–COOH ácido 2-hidroxipropanico (láctico); C_6H_5–COOH ácido benzoico

5.6. Ésteres

Los **ésteres** son derivados de los ácidos carboxílicos que resultan de sustituir el grupo hidroxilo por el grupo –OR', donde R' es un radical hidrocarbonado: **R–COOR'**.

Se utilizan como saborizantes artificiales en productos alimentarios. El éster aromático etilentereftalato se utiliza para obtener el polímero PET.

Polietilentereftalato (PET)	
	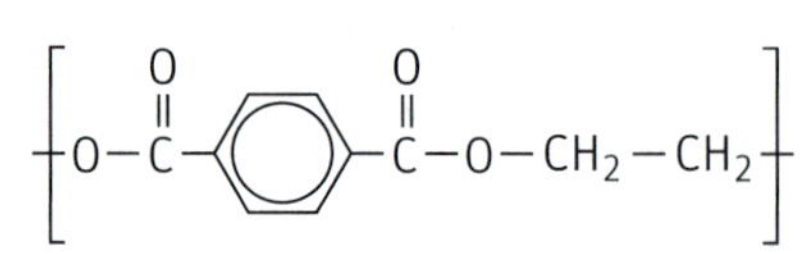
El PET ha sustituido al PVC en muchas de sus aplicaciones por ser un polímero totalmente reciclable, que no contiene cloro y no presenta problemas de toxicidad. Se utiliza para fabricar botellas de agua, zumos y refrescos. Los envases son transparentes, brillantes, muy resistentes a reactivos químicos.	

Nomenclatura de ésteres

1. Se nombran sustituyendo la terminación ***-oico*** del ácido carboxílico por ***-ato***.
2. Se añade la proposición ***de*** y el nombre del radical terminado en ***-ilo***.

   Ejemplo: propanato de metilo CH_3–CH_2–$COOCH_3$

Ten en cuenta

Los ésteres son responsables de muchos olores agradables de las frutas. Por ejemplo:

- El etanoato de 3-metilbutilo:

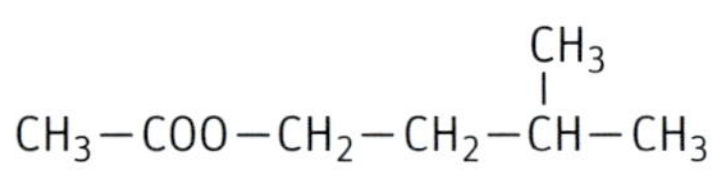

  produce el aroma del plátano.
- El butanoato de etilo:

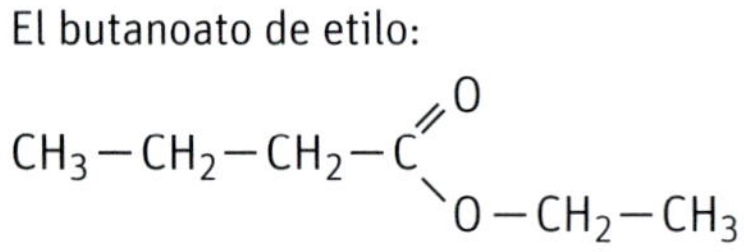

  produce el aroma de la piña.
- El etanoato de butilo: CH_3-COO-CH_2-CH_2-CH_2-CH_3 produce el aroma de la manzana.

ACTIVIDADES

16. Nombra los siguientes compuestos según la nomenclatura de la IUPAC.

a) Ácido oxálico

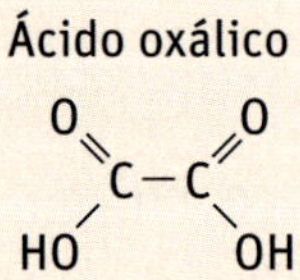

b) Acetato de etilo

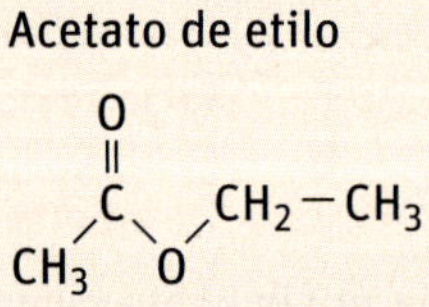

17. Formula el ácido propenoico.

6 Compuestos nitrogenados

Se estudiarán las **aminas (R–NH_2)**, consideradas como derivados del amoniaco (NH_3) y las **amidas (R–$CONH_2$)**, consideradas como derivadas de los ácidos carboxílicos (R–COOH).

6.1. Aminas

> Las **aminas** son compuestos de fórmula general **R_3N**, donde R puede ser H o un radical alquílico (pueden tener uno, dos o tres radicales unidos al nitrógeno).

Resultan así tres clases diferentes de aminas: **primarias**, **secundarias** y **terciarias**.

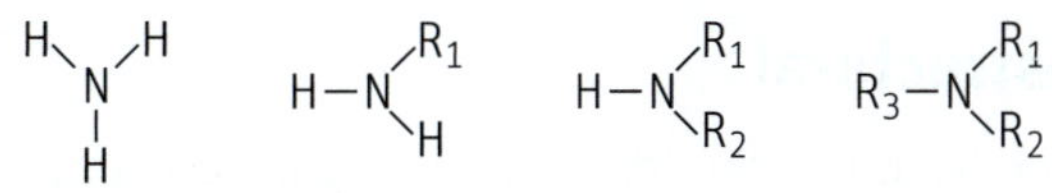

Dos aminas importantes son la metilamina (primaria) y la fenilamina (primaria).

Metilamina: CH_3–NH_2	**Anilina (fenilamina): C_6H_5–NH_2**
	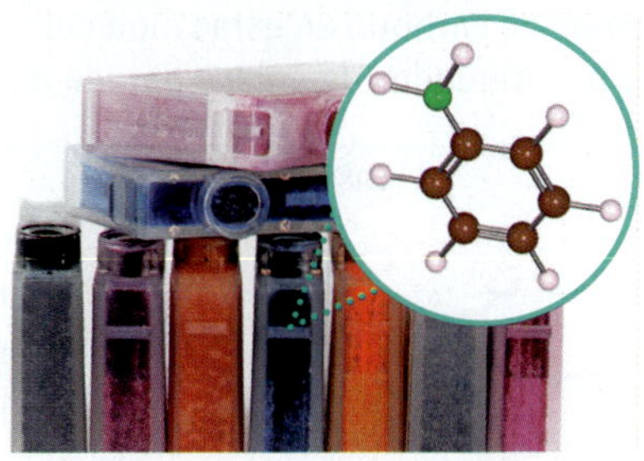
Es un gas incoloro con un punto de fusión de –94°C y de ebullición de –6 °C. Es responsable del mal olor del pescado podrido.	Es un líquido transparente utilizado como materia prima en la elaboración de colorantes, tintas de color para la impresora y para teñir madera o tejidos.

Nomenclatura de las aminas

1. En compuestos sencillos, se nombran añadiendo el sufijo *-amina* a los nombres de los radicales (alquilo o arilo).
2. En compuestos más complejos, el grupo **amino** se nombra como sustituyente.

   Ejemplos: $(CH_3)_3N$ trimetilamina; CH_3–CH_2–NH–CH_3 etilmetilamina

6.2. Amidas

Las amidas son derivados funcionales de los ácidos carboxílicos, en los que se ha sustituido el grupo OH por el grupo –NH_3. –NHR o –NRR', con lo que resultan las amidas primarias, secundarias o terciarias, respectivamente.

Entre las amidas más importantes se encuentra una diamida conocida por **urea**.

Carbonildiamida (diaminocetona) o urea: NH_2–CO–NH_2	
La urea es el resultado final del metabolismo de las proteínas en los mamíferos. Se transporta por la sangre hasta los riñones y se excreta a través de la orina. Su elevada concentración en la sangre indica un mal funcionamiento del riñón. Se utiliza en la elaboración de abonos nitrogenados y cremas hidratantes.	

Nomenclatura de las amidas

Las amidas primarias se nombran sustituyendo la terminación *-oico* del ácido del que derivan por el sufijo *-amida*.

Ejemplos: H–$CONH_2$ metanamida (formamida); C_6H_5–$CONH_2$ benzamida

Para saber más

Las **proteínas** son moléculas complejas formadas por **aminoácidos** que, a su vez, son moléculas con un grupo ácido carboxílico (R–COOH) y un grupo amino (R–NH_2). Por ejemplo:

- El ácido aminoacético, o glicina es:

  NH_2–CH_2–COOH
- El ácido 2-aminipropanoico, o alanina es:

  CH_3–CH(NH_2)–COOH

ACTIVIDADES

18. Nombra los compuestos nitrogenados.

a) 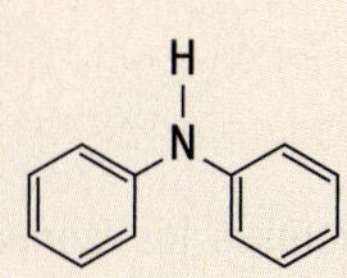

b) 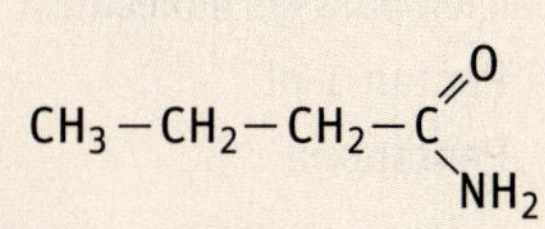

19. Formula los compuestos:

a) Fenilmetilamina

b) Acetamida

7 Isomería

Ten en cuenta

El término **isomería** viene del griego *isos*, 'igual', y *meros*, 'parte'.

El fenómeno de la isomería en química es semejante en lengua a la existencia de palabras diferentes formadas por las mismas letras.

Por ejemplo, las palabras *gato*, *gota* y *toga* tienen las mismas letras, pero forman vocablos diferentes con significados distintos.

En los compuestos inorgánicos, cada fórmula molecular corresponde generalmente a un único compuesto. Sin embargo, en los compuestos orgánicos, es frecuente que una misma fórmula molecular corresponda a varios compuestos con propiedades diferentes: a estos compuestos se les llama **isómeros**.

> Se denomina **isomería** a la propiedad de algunos compuestos de presentar la misma fórmula molecular (mismo número y tipo de átomos), pero diferentes tipos de enlace o distinta disposición espacial de los átomos en la molécula.

7.1. Isomería estructural

Los isómeros estructurales presentan idéntica fórmula molecular, pero diferentes tipos de enlace y estructura molecular. Pueden ser de **cadena**, de **posición** o de **función**.

Isomería de cadena

Las estructuras del etano y del propano son únicas porque solo hay una forma de unir los átomos de carbono en estas moléculas. Sin embargo, el alcano con cuatro carbonos presenta dos posibilidades de enlace para la misma fórmula molecular, una lineal y otra ramificada.

Butano: C_4H_{10}	Metilpropano: C_4H_{10}
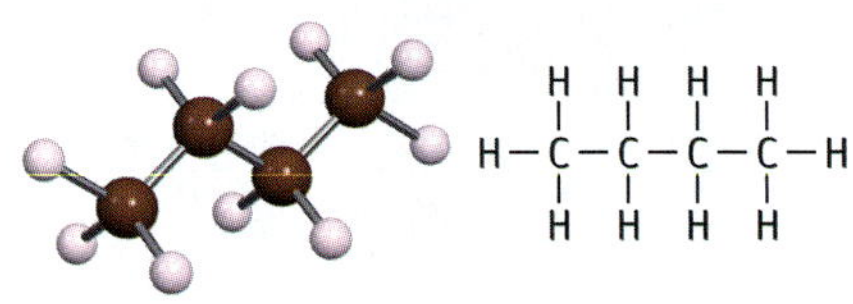	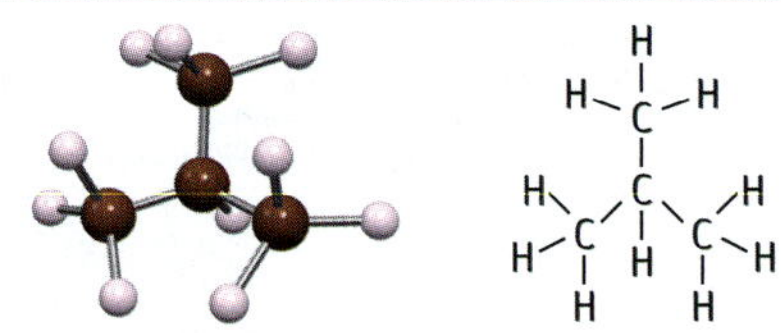
Los isómeros de cadena se diferencian en la distinta posición de los átomos de carbono en la molécula.	

Isomería de posición

La presentan compuestos con el mismo número de átomos de carbono y el mismo grupo funcional pero este último situado en posición diferente. Por ejemplo, esto no puede suceder en el metanol y etanol, pero en el propanol existen dos posibilidades.

1-propanol: C_3H_7O	2-propanol: C_3H_7O
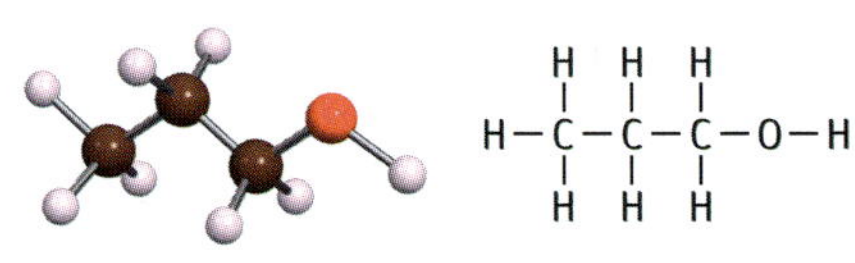	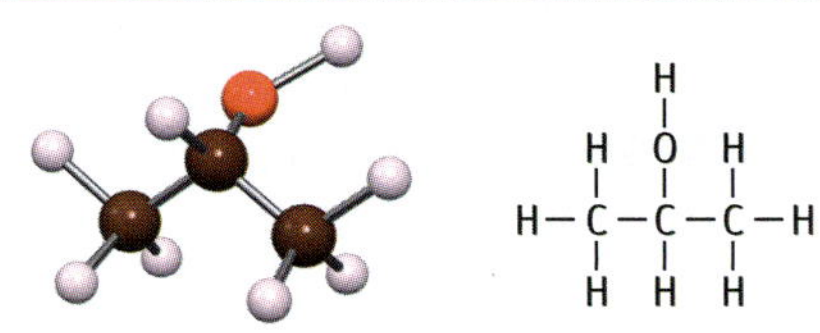
Los isómeros de posición se diferencian en la distinta colocación del grupo funcional.	

Isomería de función

La presentan compuestos de igual fórmula molecular pero distinto grupo funcional. Son isómeros de función los aldehídos y las cetonas o los éteres y los alcoholes.

Por ejemplo, con la fórmula molecular C_3H_6O existen dos compuestos, uno con el grupo carbonilo en posición terminal (un aldehído) y otro en posición intermedia (una cetona).

Propanal: C_3H_6O	Propanona: C_3H_6O
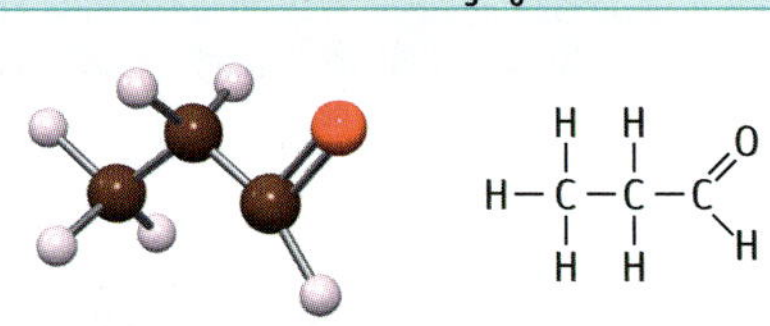	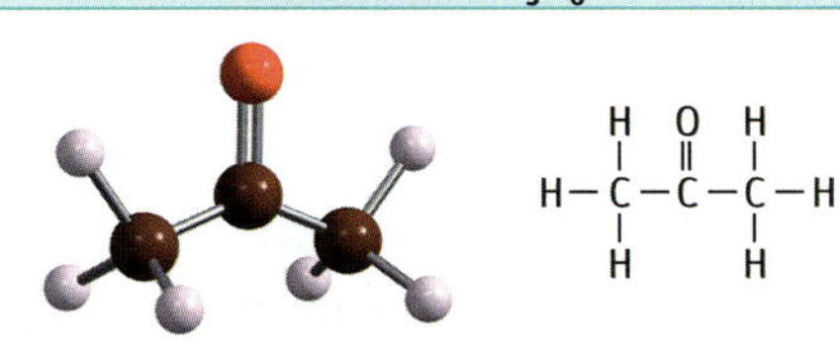
Los isómeros de función tienen distinta función orgánica en su molécula.	

ACTIVIDADES

20. Escribe y nombra todos los isómeros estructurales de fórmula molecular

a) C_5H_{12}

b) C_6H

21. Escribe y nombra los isómeros de posición para las moléculas:

a) Pentan-1-ol

b) Pentanona

22. Escribe y nombra un isómero de función para las moléculas:

a) Butan-1-ol

b) Butanal

7.2. Estereoisomería

> La **estereoisomería** diferencia los compuestos con la misma fórmula molecular y la misma estructura, pero que difieren en la distribución espacial de sus átomos.

La estereoisomería puede ser geométrica y óptica.

Isomería geométrica

En compuestos con enlace sencillo, como el etano, la rotación de los dos grupos metilo en torno al enlace sencillo entre carbonos es libre. Sin embargo, si la molécula contiene un doble enlace entre carbonos, la rotación del doble enlace respecto a un eje de simetría no es libre. Como consecuencia, moléculas que tienen dobles enlaces pueden tener isómeros geométricos.

Por ejemplo, el eteno-1,2-diol presenta dos isómeros geométricos con idéntica fórmula molecular, $C_2H_4O_2$ y diferentes propiedades físicas y químicas: el isómero **cis** y el isómero **trans**. En general, el isómero cis tiene menor punto de fusión, menor densidad y mayor reactividad que el **trans**.

cis-etano-1,2-diol ($C_2H_4O_2$)	**trans-etano-1,2-diol ($C_2H_4O_2$)**
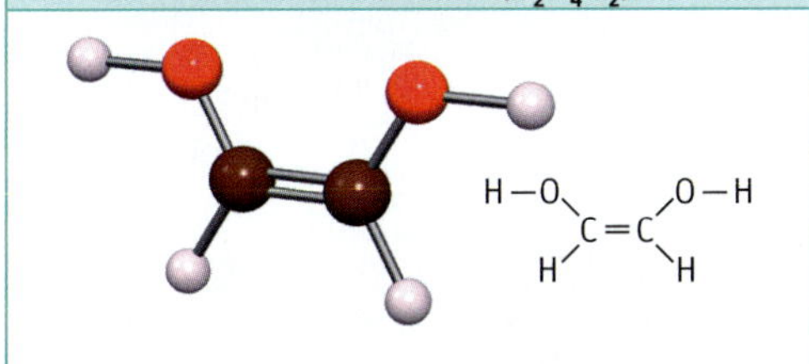	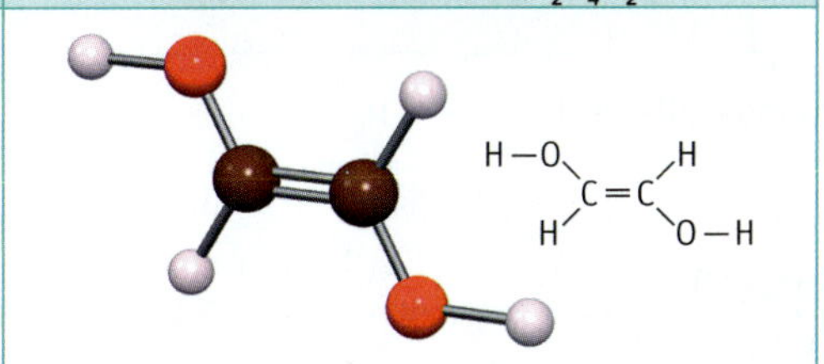
El término **cis** indica que los dos grupos OH están próximos. Se encuentran en la misma región del espacio con respecto al doble enlace.	El término **trans** significa que los dos grupos OH están en posiciones opuestas. Se encuentran en distinta región del espacio con respecto al doble enlace.

Isomería óptica

Louis Pasteur, descubridor de la penicilina, descubrió también la isomería óptica como resultado de la aplicación de la teoría del carbono tetraédrico al ácido tartárico (COOH–CHOH–CHOH–COOH), compuesto con dos grupos carboxílicos y dos grupos alcohol, presente en frutas como la uva.

La relación que guardan los isómeros ópticos es la misma que la que guardan la mano derecha y la izquierda: no se pueden superponer al poner una encima de otra, y si se coloca la mano derecha frente a un espejo, la imagen reflejada es semejante a la mano izquierda. Esta isomería es característica de compuestos que tienen un átomo de carbono con sus cuatro enlaces unidos a átomos o grupos de átomos diferentes (carbono asimétrico).

Los isómeros ópticos se distinguen por su diferente comportamiento frente a la luz polarizada (luz que vibra en un solo plano, a diferencia de la luz normal).

Ácido butanodioldioico (tartárico): COOH–CHOH–CHOH–COOH	
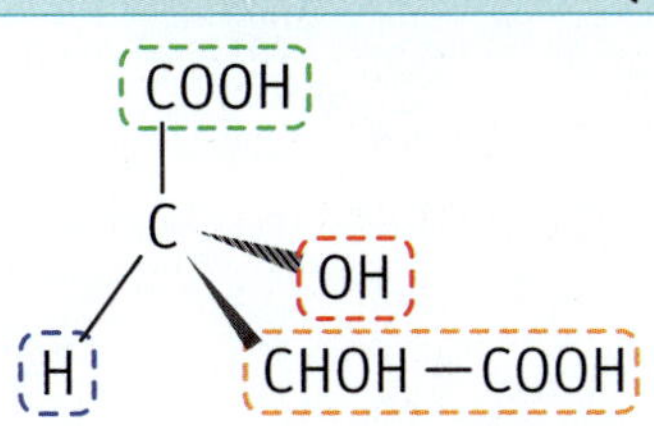	Espejo 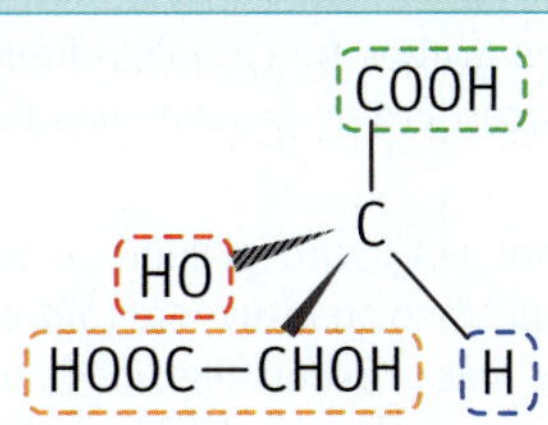
Uno de los isómeros, la forma dextrógira, desvía el plano de la luz polarizada hacia la derecha.	El otro isómero, la forma levógira, desvía el plano de la luz polarizada hacia la izquierda.

Los isómeros ópticos presentan algunos comportamientos diferentes; por ejemplo, se comportan de forma diferente en las reacciones enzimáticas de sistemas biológicos. Así, muchos medicamentos (ibuprofeno, metadona, tiroxina, etc.) presentan esta isomería y solo uno de los dos isómeros (el levógiro) es activo bioquímicamente.

En la Web

En esta dirección puedes ver ejemplos en 3D de los diferentes tipos de isomería.

www.e-sm.net/svfq1bach06_02

Ten en cuenta

Se dice que los isómeros ópticos son quirales (del griego *kéir*, 'mano') porque, al igual que las manos, las moleculas quirales no se pueden superponer.

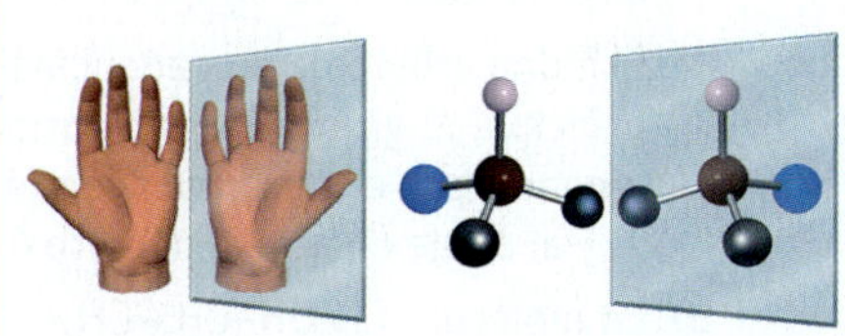

ACTIVIDADES

23. Indica si presentan isomería geométrica las moléculas:

a) Buteno

b) 1,2-dicloroetano

24. Escribe la fórmula y el nombre del alcano más sencillo con isomería óptica.

EJERCICIOS Y PROBLEMAS RESUELTOS

Determinación de fórmulas

1 La combustión de 2,000 g de un cierto hidrocarburo produce 6,286 g de CO_2(g) y 2,571 g de H_2O(g). Se sabe que esos 2 g de hidrocarburo en estado de vapor ocupan 919,5 mL medidos a 20 °C y 0,934 atm. Determina su fórmula molecular.

Dato: R = 0,082 atm L K^{-1} mol^{-1}

Consideraciones iniciales

- Es preciso averiguar primero las cantidades de C y H en los 2 g de hidrocarburo para determinar su fórmula empírica.
- Mediante la ecuación de los gases ideales se puede obtener la masa molar del hidrocarburo, con la que se obtiene la fórmula molecular.

Resolución

Los 6,286 g de CO_2 contienen $(6{,}286\,\text{g de}\,CO_2)\dfrac{(12\,\text{g de C})}{(44\,\text{g de}\,CO_2)} = 1{,}714\,\text{g de C}$. Esta cantidad de carbono proviene de los 2 g de hidrocarburo, luego el resto: (2,000 − 1,714) g = 0,286 g es el hidrógeno del hidrocarburo.

	Relación en masa (g)	Masa de 1 mol	Relación atómica	Relación sencilla
C	1,714	12	$\dfrac{1{,}714}{12} = 0{,}143$	1
H	0,286	1	$\dfrac{0{,}286}{1} = 0{,}286$	2

La fórmula empírica es CH_2, luego, la fórmula molecular es $(CH_2)_n = C_nH_{2n}$.

De la ecuación de los gases ideales se obtiene:

$$pV = \frac{m}{M}RT \Rightarrow M = \frac{mRT}{pV} = \frac{(2{,}000\,\text{g})(0{,}082\,\text{atm L K}^{-1})(293\,\text{K})}{(0{,}934\,\text{atm})(0{,}9195\,\text{L})} = 56\,\text{g mol}^{-1}$$

Se cumple: $12n + 2n = 56 \Rightarrow n = 4$. Luego, la fórmula molecular es C_4H_8.

Nomenclatura de compuestos del carbono

2 Escribe el nombre de los siguientes compuestos orgánicos oxigenados:

a) CH_2=CH–CH_2–CHOH– CH_3

b) CH_2OH–CH_2–CH_2–CH_2–CO–CH_3

c)

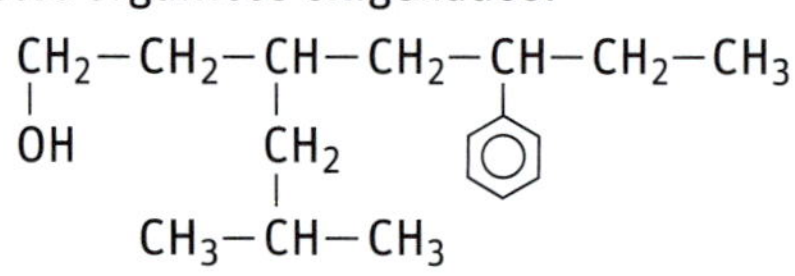

Consideraciones iniciales

- Para nombrar a un compuesto orgánico primero hay que identificar el grupo funcional correspondiente. En este ejercicio, los compuestos oxigenados son alcoholes, éteres y cetonas.
- Se elige y nombra la cadena principal, que es la que contiene al grupo funcional y al mayor número de átomos de carbono.
- Si hay radicales, se nombran delante de la cadena principal.

Resolución

a) El compuesto CH_2=CH–CH_2–CHOH–CH_3 contiene un doble enlace (alqueno) y un grupo alcohol (OH).

El hidrocarburo de procedencia tiene 5 átomos de carbono (*pent*). Al numerar la cadena principal el grupo OH tiene prioridad sobre el doble enlace, por lo que se empieza a nombrar por el extremo más próximo al OH, correspondiéndole el localizador número 2, y al doble enlace, el número 4. El nombre del compuesto es pent-4-en-2-ol.

b) La molécula CH_2OH–CH_2–CH_2–CH_2–CO–CH_3 contiene dos grupos funcionales diferentes: un grupo alcohol (OH) y otro carbonilo (CO). El hidrocarburo de procedencia tiene seis átomos de carbono (*hex*).

El grupo carbonilo tiene preferencia sobre el grupo alcohol, por lo que el compuesto se nombra como una cetona (terminado en *-ona*), y el alcohol como sustituyente (*hidroxi*). La cadena principal se numera empezando por el extremo más próximo al grupo funcional principal, por lo que el número 2 le corresponde al grupo carbonilo (CO) y el número 6 al grupo alcohol (OH): es el 6-hidroxihexan-2-ona.

c) En la molécula hay un grupo funcional alcohol (OH) y dos radicales: isobutil y fenil. La cadena principal debe contener al grupo OH (se encuentra en posición 1) y el mayor número de átomos de carbono (*hept*). A los radicales les corresponden los localizadores 5 (*fenil*) y 3 (*isobutil*), por orden alfabético. El nombre que corresponde a la molécula es 5-fenil-3-isobutilheptan-1-ol.

Isomería geométrica y estereoisomería

3 Escribe la fórmula y el nombre de isómeros estructurales y estereoisómeros para los siguientes compuestos.

a) 2-butanol **b)** 2-buteno **c)** Butanal **d)** 4-metil-2-hexeno **e)** Triclorometano (cloroformo)

Consideraciones iniciales

- La isomería estructural es la que permite diferenciar compuestos con la misma fórmula molecular pero diferentes uniones entre los átomos. Puede ser de cadena, de posición y de función.
- La isomería espacial distingue a los compuestos que tienen diferente distribución espacial de sus enlaces en las tres dimensiones. Puede ser geométrica o cis-trans y óptica.

Resolución

a) El 2-butanol presenta los siguientes isómeros:

- Un isómero de cadena, el metil-2-propanol
- Un isómero de posición, el 1-butanol
- Dos isómeros de función, el dietiléter y el metilpropiléter
- Existen dos isómeros ópticos, ya que el segundo carbono es asimétrico y tiene los cuatro enlaces saturados por sustituyentes diferentes. Los dos estereoisómeros, dextro y levo, son los de la figura.
- No tiene isómeros geométricos, al no poseer un doble enlace en su molécula.

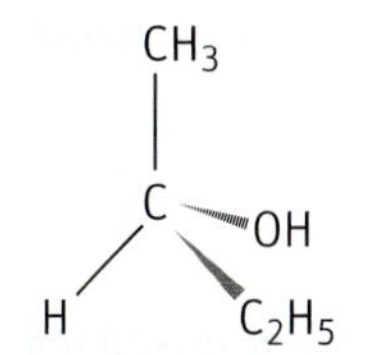

R (-)-Butan-2-ol

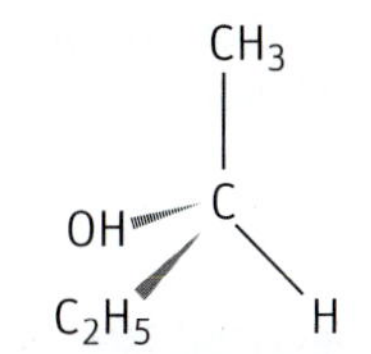

S (+)-Butan-2-ol

b) El 2-buteno tiene isómeros estructurales y estereoisómeros:

- Un isómero de posición, el 1-buteno
- Un isómero de función, el ciclobutano
- Un isómero de cadena, el metilpropeno
- Un isómero cis, cuando los dos grupos metilo ($-CH_3$) están en el mismo lado del plano, y un isómero trans, cuando los dos grupos metilo se encuentran en lados opuestos.

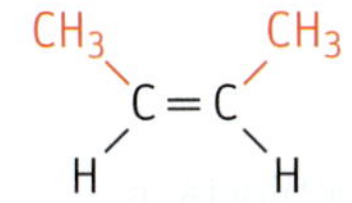

Z-but-2-eno (cis-but-2-eno)

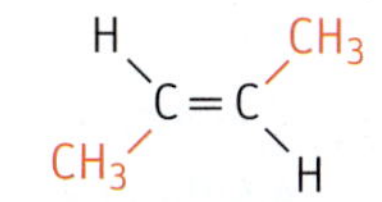

E-but-2-eno (trans-but-2-eno)

c) El butanal presenta solamente isomería estructural:

- Un isómero de cadena, metilpropanal
- Un isómero de función, la butanona, que no hay que confundir con un isómero de posición.
- No tiene estereoisómeros, ya que no cumple las condiciones para tener estereoisomería.

d) El 4-metil-2-hexeno tiene varios isómeros estructurales y cuatro estereoisómeros que se indican a continuación.

- Dos isómeros geométricos cis y trans, debido al doble enlace que posee la molécula.
- Dos isómeros ópticos, ya que el cuarto átomo de carbono de la cadena es asimétrico.

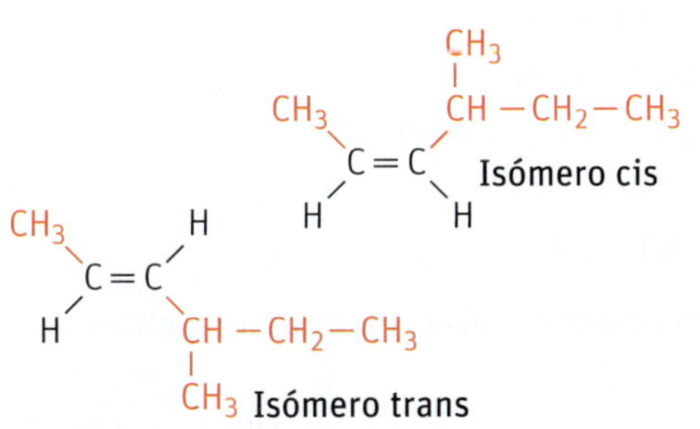

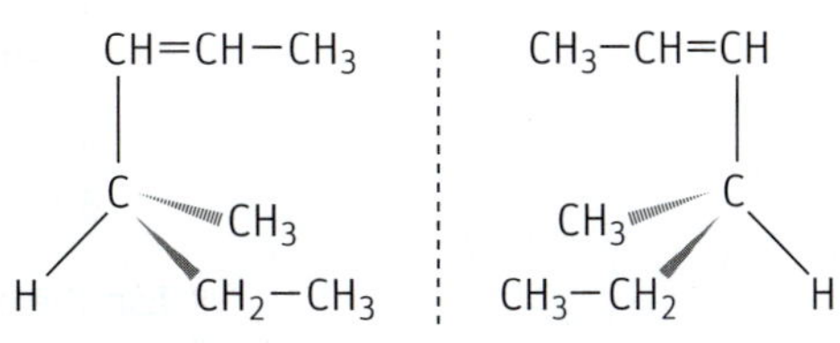

e) El triclorometano $CHCl_3$ no presenta ni isomería estructural ni isomería espacial.

CONCLUSIONES: A medida que aumenta el número de átomos de carbono se incrementa el número de isómeros estructurales. El alcano de fórmula $C_{30}H_{62}$ tiene más de 400 millones de isómeros.

Una molécula puede tener estereoisómeros si contiene, por ejemplo, un doble enlace (isomería cis-trans) o un carbono asimétrico (isomería óptica).

ACTIVIDADES

Hidrocarburos

25. Algunas gasolineras suministran un combustible alternativo denominado GLP (gases licuados del petróleo), formado por una mezcla de butano y propano. Actualmente hay vehículos que pueden circular, bien con gasolina o bien con GLP.

a) Formula y ajusta las reacciones de combustión de cada componente de la mezcla GLP.

b) ¿Qué masa de dióxido de carbono se emite por gramo consumido de cada uno de los combustibles?

c) ¿Cuál de los combustibles de la mezcla libera más energía por cada gramo?

Datos: ΔH (propano) = −2219 kJ mol^{-1}; ΔH (butano) = −2876 kJ mol^{-1}

Solución: b) Propano: 2,999 g CO_2; butano: 3,034 g CO_2; c) Propano: 50,4 kJ; butano: 49,6 kJ

26. Escribe la fórmula semidesarrollada de los siguientes alcanos:

a) Dimetilpropano

b) 3-etil-2-metilpentano

c) 3-isopropilheptano

d) 2,3-dimetilbutano

e) 4,4-dietil-2,2-dimetiloctano

27. Escribe el nombre de los hidrocarburos:

a) 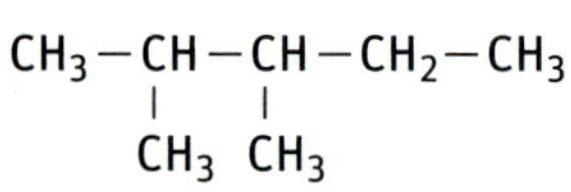

b) 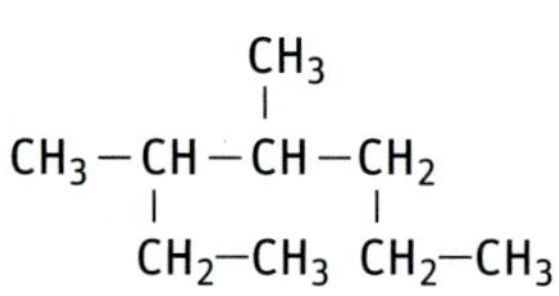

c) 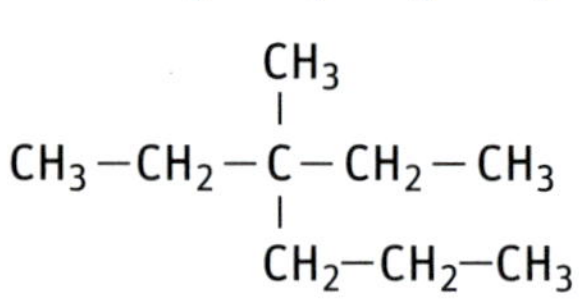

d) 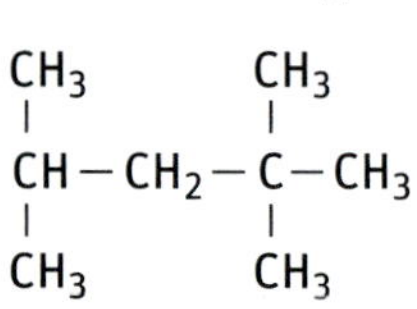

28. Escribe las fórmulas semidesarrolladas de los siguientes hidrocarburos insaturados:

a) 3,4-dimetilhex-3-eno

b) 3-isopropilpenta-1,4-dieno

c) 3,3-dimetilbut-1-ino

d) 3-butilhexa-1,5-diino

e) Hexa-1,3-dien-5-ino

29. Escribe el nombre de los hidrocarburos insaturados:

a) 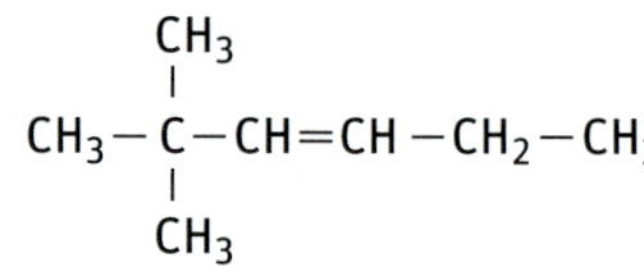

b) 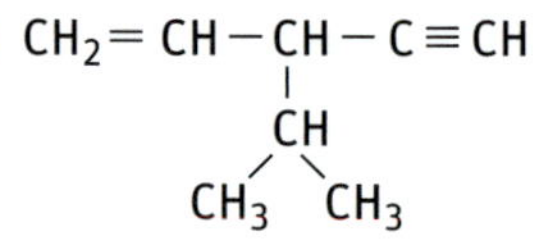

c) 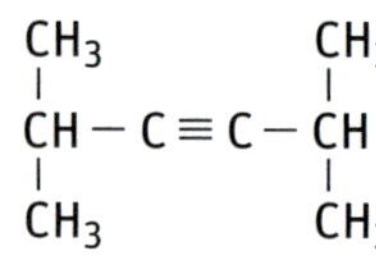

30. Escribe la fórmula semidesarrollada de los hidrocarburos cíclicos:

a) Ciclohexano

b) Isobutilciclopentano

c) 1-etil-2-metil-3-propilciclobutano

d) 2-metilciclohexa-1,3-dieno

e) Ciclopenta-1-eno-3-ino

31. Escribe el nombre de los hidrocarburos alicíclicos:

a) 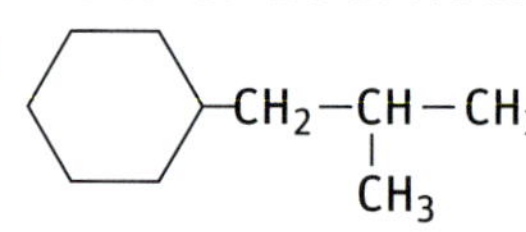

b) 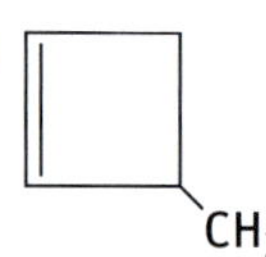

c) 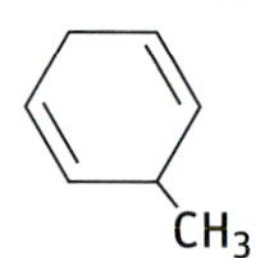

d) 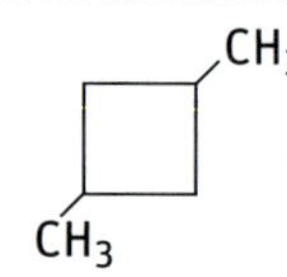

e) 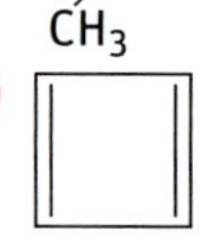

f) 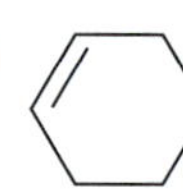

32. Escribe la fórmula semidesarrollada de los siguientes hidrocarburos aromáticos.

a) Ciclohexa-1,3,5-trieno

b) 1,3,5-triclorobenceno

c) 1-etil-2-metil-4-propilbenceno

d) p-etiltolueno

e) 3-fenilbut-1-ino

33. Escribe el nombre de los compuestos aromáticos:

a) 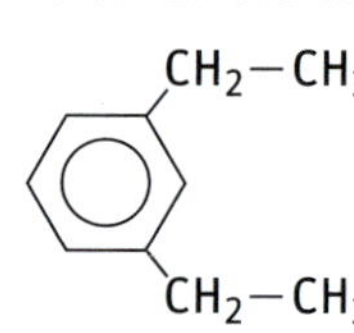

b) 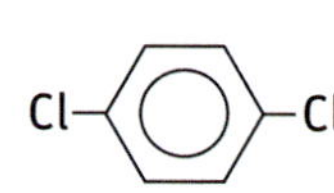

c) 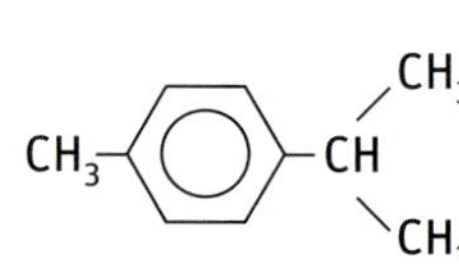

d) 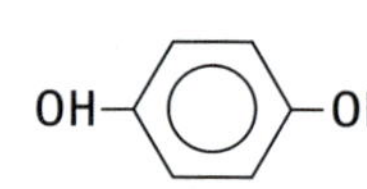

e) 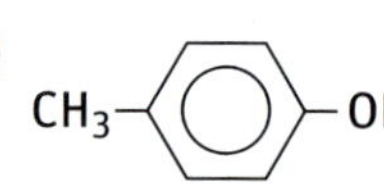

f) 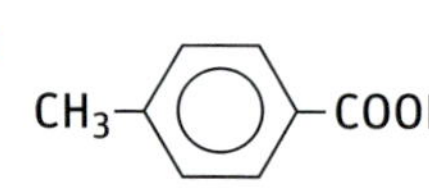

Grupos funcionales

34. La 2-feniletilamina (FEA) es un neurotransmisor relacionado con el amor. Los científicos creen que es una sustancia responsable de las sensaciones que experimentan las personas cuando se enamoran.

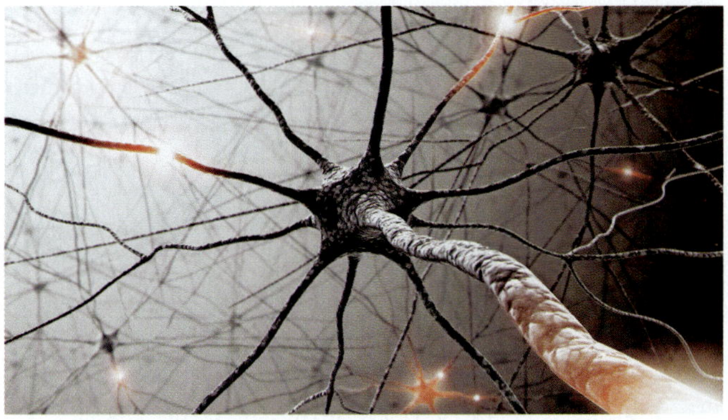

a) Identifica los grupos funcionales que contiene.
b) Escribe la fórmula molecular del compuesto.
c) Indica su fórmula empírica.
d) Escribe la fórmula semidesarrollada.
e) Calcula su composición centesimal.

35. Identifica los grupos funcionales presentes en cada compuesto y el nombre de cada molécula.

a) CH_3–CHOH–CH_2–CH_2OH
b) CH_3–O–CH_2–CH_2OH
c) CH_3–CHOH–COOH
d) CH_3–CH_2–CHO
e) CH_3–CH_2–NH–CH_3
f) CH_3–CO–CH_2CONH_2

36. Escribe la fórmula estructural de los compuestos oxigenados y nitrogenados.

a) 2,3-dimetilbutano-2,3-diol
b) Diisopropiléter
c) Pent-2-enodial
d) Ácido hexa-2,4-dienodioico
e) Ciclobutilamina

37. Indica si pertenecen a la misma serie homóloga las moléculas oxigenadas de cada apartado. Escribe el nombre de cada una de las moléculas.

a) CH_3–CH_2OH y CH_3–CH_2–CHOH–CH_3
b) CH_3–CH_2–CHOH–CH_3 y CH_3–CH_2–CH_2–CH_2–CHO
c) CH_3–CH_2–CO–CH_2–CH_3 y CH_3–COH
d) CH_3–COOH y CH_3–COO–CH_2–CH_3
e) CH_3–CH_2–CHOH–CH_3 y CH_3–CH_2–O–CH_2–CH_2–CH_3

38. Escribe la fórmula de los compuestos polifuncionales.

a) 4-hidroxibutanal
b) 1,4-hidroxibutanona
c) 3-hidroxi-5-oxohexanal
d) Ácido 3-oxopentanoico

Isomería

39. Escribe las fórmulas y el nombre de:

a) Tres isómeros de cadena del pentano
b) Tres isómeros de posición del pentan-1-ol
c) Un isómero de función del pentanal
d) Un isómero de función del pent-1-ol

40. Escribe los nombres y las fórmulas de los isómeros que tengan como fórmula molecular la indicada en cada apartado.

a) C_6H_{14}
b) C_4H_8
c) C_4H_9O
d) CHFClBr

41. Escribe la fórmula e indica el tipo de isomería que presenta cada par de compuestos.

a) Butanal y butanona
b) Butan-1-ol y butan-2-ol
c) Butan-2-ol y dietiléter
d) Propilamina y etielmetilamina
e) Ácido pentanoico y ácido 2,2-dimetilpropanoico

42. Indica razonadamente los compuestos que pueden presentar isomería geométrica. Escribe las fórmulas de los isómeros cis-trans posibles.

a) Propeno
b) 1,1-dicloroeteno
c) Ácido but-2-enodioico
d) 1,4-diclorobut-2-ino

43. Nombra el compuesto de la figura e indica si el compuesto presenta isomería óptica.

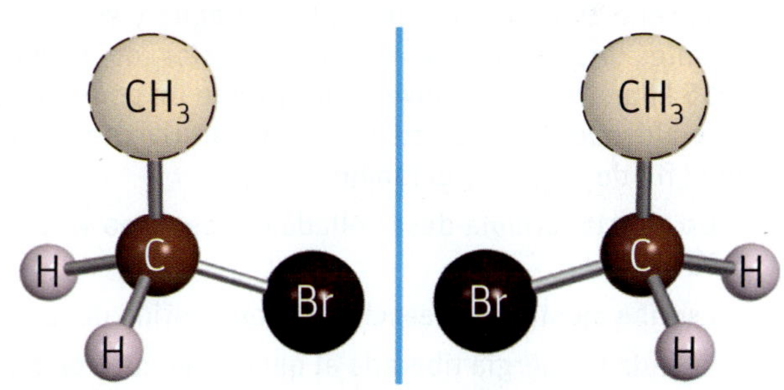

En caso negativo, propón alguna modificación en la molécula para que pueda tener isomería óptica.

44. Durante mucho tiempo se pensó que pequeños cristales de ácido láctico (ácido 2-hidroxipropanoico) eran responsables de las agujetas que se sienten después de un ejercicio intenso. Hoy se cree que las agujetas pueden deberse a microrroturas de las fibras musculares.

a) Escribe la formula semidesarrollada del ácido láctico e indica si tienen algún carbono asimétrico.
b) En caso de presentar isomería óptica representa las imágenes especulares de sus isómeros.

Identificación de compuestos orgánicos

45. Cuando se queman 11,5 g de un compuesto orgánico oxigenado en un tubo con corriente de oxígeno a 800 °C, como el de la figura, se forma dióxido de carbono y agua. Ambos productos son recogidos por tubos que absorben el CO_2 y el H_2O, respectivamente, sistema conocido como método de Liebig.

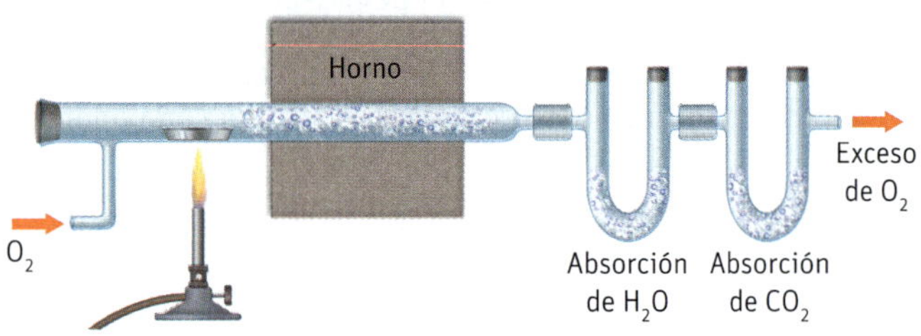

Las masas de dióxido de carbono y de agua, determinadas midiendo el incremento en la masa de los tubos de absorción, son de 22,0 g de CO_2 y 13,5 g de H_2O.

a) Calcula la masa de carbono y de hidrógeno del compuesto orgánico.

b) Determina la masa de oxígeno del compuesto.

c) Calcula los moles de cada uno de los elementos anteriores.

d) Escribe la fórmula empírica del compuesto.

e) Mediante la técnica de crioscopía (basada en el descenso del punto de congelación) se determinó la masa molar del compuesto orgánico, que resultó ser de 46 gmol^{-1}. Indica su fórmula molecular.

f) Escribe la fórmula semidesarrollada y el nombre del compuesto sabiendo que se utiliza como combustible para motores y como antiséptico en las heridas.

g) Escribe un isómero de función del compuesto anterior.

Solución: a) 6,00 g de C; 1,50 g de H; b) 4,0 g; c) 0,50 mol de C; 1,50 mol de H; 0,25 mol de O

46. El benceno es un líquido insoluble en agua y soluble en disolventes orgánicos. Tiene un alto calor de combustión (2955 kJ mol^{-1}), arde suavemente y tiene un poder antidetonante elevado (ha sido utilizado como aditivo de la gasolina con el fin de elevar su octanaje).

a) Escribe la fórmula desarrollada del benceno y el nombre IUPAC.

b) Escribe ajustada la reacción de combustión del benceno.

c) Calcula la energía liberada al quemar un litro de benceno puro, sabiendo que su densidad es de 889 kg m^{-3}.

Solución: c) $3{,}37 \cdot 10^4$ kJ

47. Una primera oxidación del etanol produce etanal (acetaldehído), y una oxidación más intensa produce ácido etanoico (acético), principal componente del vinagre.

a) Escribe las reacciones descritas en el enunciado

b) Si un vino tiene un 138 g L^{-1} de etanol, ¿qué concentración máxima en g dm^{-3} tendrá el vinagre producido a partir de este vino? Supón que el volumen de la disolución no varía con las reacciones químicas.

Solución: b) 180 g dm^{-3}

48. El acetileno es un gas utilizado como combustible en la soldadura oxiacetilénica y en espeleología. En el laboratorio se puede obtener mediante la reacción entre el carburo de calcio y el agua, recogiéndose en una probeta graduada invertida llena de agua salada:

$$C_2Ca(s) + 2\ H_2O(l) \rightarrow C_2H_2(g) + Ca(OH)_2(aq)$$

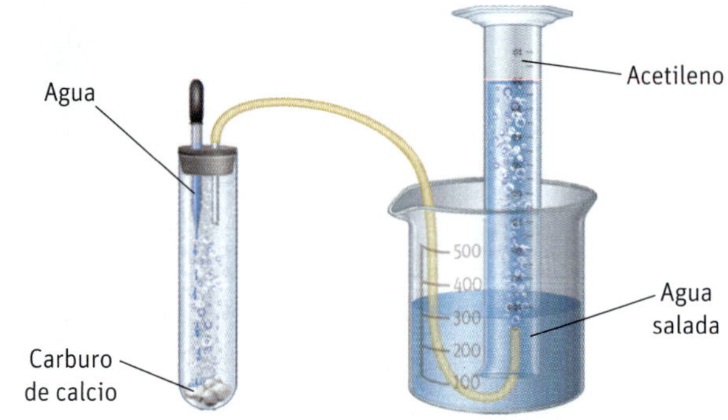

a) Se ha recogido 1 L de acetileno medido a 0 °C y 1 atm. ¿Qué masa de C_2Ca se ha utilizada como reactivo?

b) Escribe ajustada la reacción de combustión del acetileno.

c) ¿Qué energía produce la combustión del C_2Ca recogido?

d) ¿Qué volumen de dióxido de carbono se emite durante dicha combustión, medida a 27 °C y 1 atm de presión?

e) Si se parte de 1,3 kg de carburo de calcio con una pureza del 80 %, calcula la energía que se podría obtener durante su combustión.

Dato: Entalpía de combustión C_2H_2 = −1300 kJ mol^{-1}

Solución: a) 2,9 g de C_2Ca; c) 58 kJ; d) 2,2 L de CO_2; e) 52 000 kJ

smSaviadigital.com

49. En esta página hay una aplicación para construir moléculas. Haz clic en la tercera pestaña superior (*Larger Molecules*). En la parte inferior se muestran diferentes *kits* de cestos con átomos de distintos elementos, que puedes ir combinando para formar moléculas de carbono. Una vez formada la molécula, si haces clic sobre el icono *3D* de la pantalla se muestra la molécula en tres dimensiones.

Utilizando los *kits* números 1 y 2, construye las moléculas que se indican. Escribe su nombre, la fórmula estructural y la fórmula en 3D (modelo de bolas y varillas).

a) Un alquino de 2 átomos de carbono

b) Un dialcohol de 2 átomos de C

c) Un aldehído de 3 átomos de C

d) Un éter de 4 átomos de C

e) Una amida ramificada de 4 átomos de C

f) Un ácido carboxílico y alcohol de 3 átomos de C

RESUELVE

smSaviadigital.com VALORA LO APRENDIDO > Realiza estas actividades de autoevaluación para comprobar los conocimientos adquiridos.

LA QUÍMICA Y... EL ÁTOMO DE CARBONO-14

Un paleontólogo ha encontrado un resto de un ser vivo, trata de identificarlo y clasificarlo como un ejemplar único o como parte de otros hallazgos si se ha encontrado en un yacimiento antiguo. Pero queda la prueba definitiva de que lo que ha encontrado tiene la antigüedad supuesta. Los científicos disponen de una herramienta definitiva: la datación mediante el carbono catorce.

¿Qué es el carbono–14? En la naturaleza se pueden encontrar tres isótopos diferentes del elemento carbono:

- El carbono–12, cuyos átomos tienen 6 neutrones, es el isótopo más abundante en la naturaleza, donde forma el 98,89 % de todos los átomos de carbono existentes; estos átomos son estables y perduran inmutables en el tiempo.
- El carbono–13, cuyos átomos tienen 7 neutrones, constituye el 1,11 % de los átomos de carbono existentes, y también es estable.
- El carbono–14, cuyos átomos tienen 8 neutrones; solo hay trazas (muy pequeñas cantidades) de él en la naturaleza. Es un isótopo radiactivo, cuyos átomos se desintegran, de forma que los que existen en cualquier muestra se reducen a la mitad en 5730 años (período de semidesintegración).

En los seres vivos, la ingesta de alimentos (todos lo contienen) renueva su presencia y, a pesar de su continua desintegración, se mantiene un nivel aproximadamente constante de él. Cuando mueren, la falta de renovación hace que el nivel de carbono–14 vaya disminuyendo.

Así, si un hueso hallado contiene la mitad de carbono–14 de la que debería tener, su antigüedad es 5730 años; si contiene la mitad de la mitad (es decir, la cuarta parte), su antigüedad es de 5730 + 5730 = 11 460 años, etc.

Este sistema de datación es fiable hasta unos 40 000 años; entonces, la cantidad de carbono–14 que queda en un resto de un ser vivo es tan pequeña que hace difícil su detección.

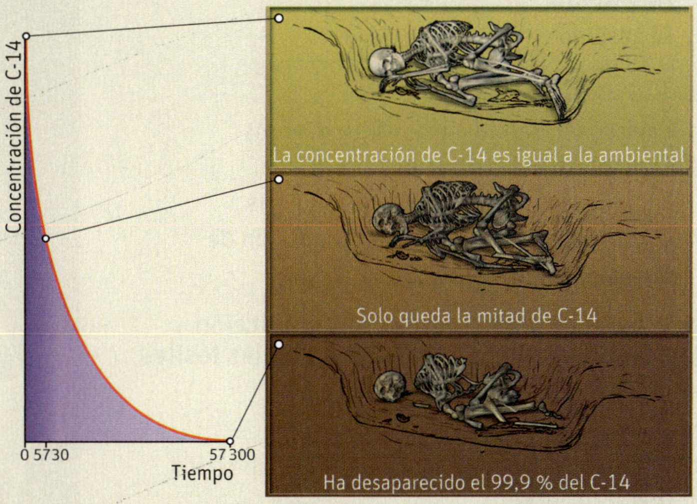

En la estimación de la edad de restos más antiguos (de animales o rocas) se emplean radioisótopos de períodos de semidesintegración más largos, como el uranio–235, con un período de semidesintegración de 4, 07 · 10^8 años, o el potasio–40, con un período de semidesintegración de 1,27 · 10^9 años. Este último permite datar rocas de entre diez mil años y varios miles de millones de años.

1. Calcula la edad de un hueso humano que contiene 1/16 de la cantidad media de carbono–14 que existe en un ser vivo.
2. Indica la cantidad de protones, neutrones y electrones de cada uno de los tres isótopos del carbono.

Autoevaluación

1. El átomo de carbono se caracteriza por:
   a) Tener dos electrones de valencia.
   b) Poder formar más de 4 enlaces.
   c) Ser tetravalente.
   d) Combinarse solo con átomos de C y H.
2. La fórmula molecular indica:
   a) El tipo de enlaces entre átomos
   b) La geometría de la molécula
   c) La composición centesimal
   d) El número de átomos totales
3. Dos compuestos tienen de fórmula molecular C_2H_2 y C_6H_6. Razona la veracidad de las afirmaciones referidas a ambos compuestos:
   a) Tienen la misma fórmula empírica.
   b) Tienen diferente composición centesimal.
   c) Tienen la misma masa molecular.
   d) Emiten la misma cantidad de CO_2 durante su combustión.
4. Identifica los nombres incorrectos y corrígelos.
   a) 1-etil-2-metilbutano
   b) Cicloeteno
   c) 4-pentino
   d) Metanona
5. Indica cuál de los siguientes pares de moléculas presentan isomería e indica el tipo de isomería.
   a) Metilpropano y butano
   b) Etanal y etanol
   c) Pent-1-eno y pent-2-eno
   d) But-2-eno y but-1-ino
6. Identifica las fórmulas incorrectas, corrígelas y nombra todos los compuestos según las normas de la IUPAC:
   a) CH≡CH–CH≡CH
   b) CH_2OH–CHOH–CH_2OH
   c) COOH–CH–CH=COOH
   d) COH–CH_2–CH_2–COH

7 Petroquímica y nuevos materiales

Aunque el petróleo ya era conocido en la antigüedad, fue durante el siglo XIX cuando su búsqueda, su extracción y sus aplicaciones crecieron sin freno. En el siglo XX el petróleo desplazó al carbón como primera fuente de energía y se convirtió en la base del desarrollo industrial.

La industria petroquímica ha convertido al petróleo en una fuente de materias primas de incalculable valor, tan útiles y necesarias que resulta lamentable quemar el petróleo para obtener solo energía.

Recuerda y reflexiona

Productos derivados del petróleo

1. Una sociedad sin petróleo sería completamente diferente a la actual. Del petróleo se obtienen numerosos productos utilizados diariamente.

a) Indica algunos productos derivados del petróleo.

b) La gasolina y el gasoil son dos combustibles derivados del petróleo. Observa el diagrama que muestra la composición de una gasolina normal. ¿Qué clase de sustancias contiene?

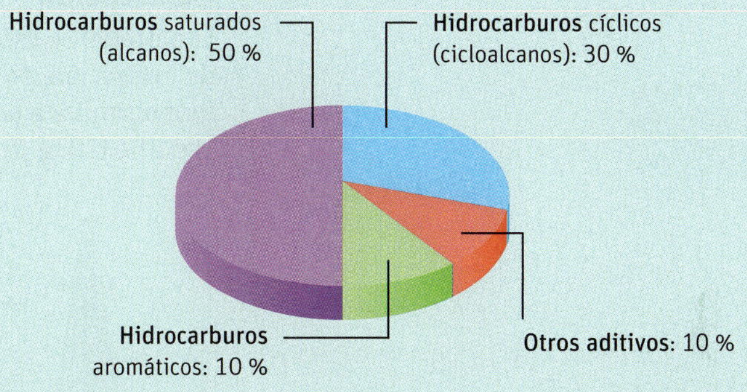

a) Plásticos, fibras sintéticas, detergentes, medicinas o lubricantes.

b) La gasolina está formada por una mezcla de hidrocarburos (compuestos que solo contienen átomos de carbono e hidrógeno). Los más importantes son: alcanos (de 4 a 10 átomos de C), alcanos cíclicos (de cadena cerrada) y compuestos aromáticos, como el benceno.

Formas alotrópicas del carbono

2. Los diamantes están formados por carbono puro cristalizado. Su peso (y el de otras piedras preciosas) suele expresarse en quilates, siendo 1 quilate = 0,200 g. ¿Qué tamaño tienen los mayores diamantes encontrados a lo largo de la historia?

El mayor diamante jamás encontrado fue el de Cullinan, hallado en Sudáfrica, con un peso en bruto de más de 3000 quilates (unos 600 gramos). Fue dividido en tres partes para su posterior talla, que son propiedad de la corona británica.

El diamante Golden Jubilee de 545 quilates, también encontrado en Sudáfrica, es el diamante tallado más grande que existe en la actualidad.

1 El petróleo y sus derivados

En la Web

Infografía sobre la formación, la extracción y el refinado del petróleo.

www.e-sm.net/svfq1bach07_01

Las materias primas más utilizadas en la obtención industrial de los hidrocarburos y de la mayoría de compuestos de carbono son el carbón, el gas natural y el petróleo. Estas sustancias se denominan **combustibles fósiles** porque se formaron como resultado de millones de años de calor y presión actuando sobre restos de plantas y animales descompuestos por bacterias anaerobias.

1.1. El petróleo

El **petróleo** es un producto generado durante millones de años por el enterramiento y la descomposición de pequeños animales marinos, como el plancton.

Extracción

El petróleo se extrae de espacios porosos entre las vetas de rocas muy profundas. La técnica de extracción, en general, consiste en realizar una **perforación,** que se llena de petróleo, de forma similar a como se llena de agua un pozo. El petróleo es bombeado posteriormente a la superficie (Fig. 7.1).

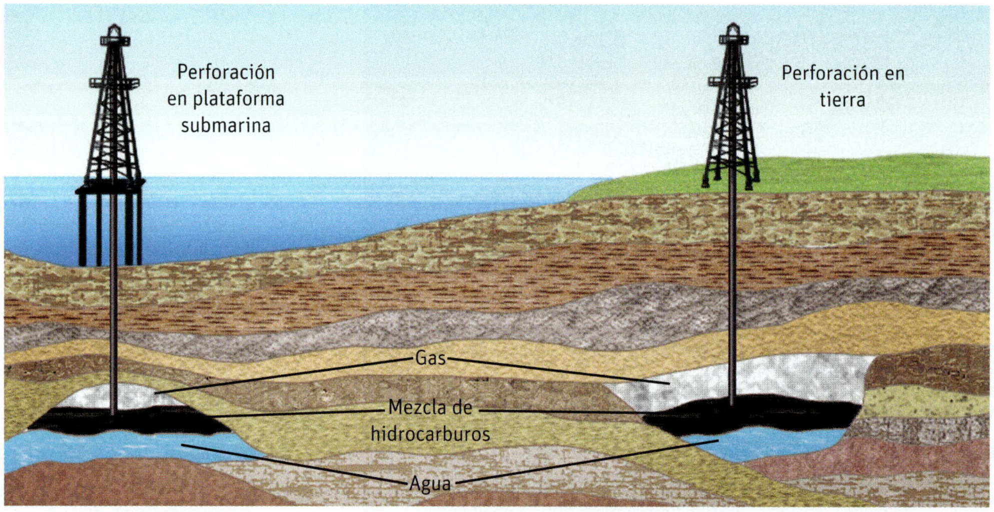

Figura 7.1. Situación del petróleo en el subsuelo.

Al contrario de lo que se piensa comúnmente, el petróleo rara vez se encuentra formando bolsas líquidas en el subsuelo. Cuando esto sucede, si además está sometido a una presión alta, el petróleo brota hasta la superficie espontáneamente. Los pozos donde esto sucede se denominan **pozos surgentes** y en ellos no es necesario gastar energía para la extracción del crudo.

El producto extraído se denomina **petróleo crudo** y es un líquido pardo y viscoso, menos denso que el agua, formado por una mezcla de hidrocarburos (alifáticos y aromáticos).

La producción de crudo se ha ido incrementando, con algunos altibajos, a lo largo del siglo XX y comienzos del siglo XXI, tratando de satisfacer la demanda creciente. Dado que las reservas son limitadas, se investigan nuevas formas de explotar mejor los pozos existentes.

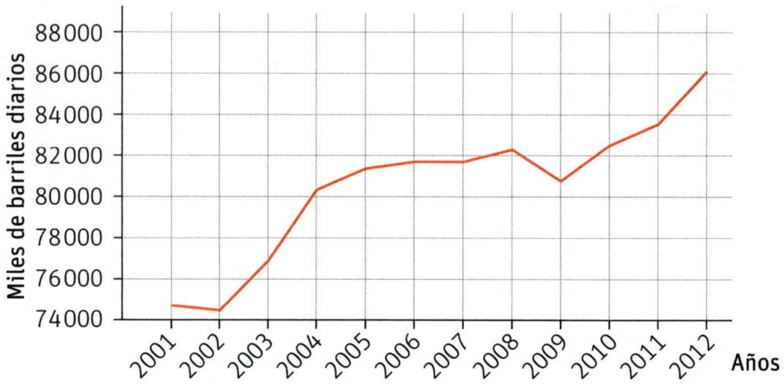

Figura 7.2. Evolución de la producción mundial de petróleo en los últimos años.

ACTIVIDADES

1. En un pozo petrolífero, la relación entre la energía obtenida de un barril de petróleo (159 L) y la energía gastada en su extracción se denomina tasa de retorno energético.

En el año 1900 esta tasa era de 100:1, pero actualmente oscila entre 10:1 y 30:1. Razona si el precio del crudo influye en esta tasa de retorno.

Destilación fraccionada (refino)

El petróleo crudo debe refinarse para que sus componentes tengan utilidad industrial. Para ello se transporta hasta una **refinería** (Fig. 7.3) donde recibe distintos tratamientos, siendo el más relevante la **destilación fraccionada**.

La destilación fraccionada es un **procedimiento físico** donde se separan y purifican las diferentes fracciones o grupos de hidrocarburos con distintos puntos de ebullición.

La separación de la mezcla se realiza en una **torre de fraccionamiento.**

El petróleo crudo se introduce en la base de la torre y se calienta a una temperatura de alrededor de 400 °C.

Cuando el crudo hierve, el vapor de petróleo asciende por la columna, las diferentes fracciones se van enfriando y condensando en platos recolectores que están a diferentes temperaturas y en distintas alturas de la columna (Fig. 7.4).

Figura 7.3. Refinería petrolífera.

En la Web

Vídeo explicativo de la destilación fraccionada del petróleo y los productos que se obtienen.

www.e-sm.net/svfq1bach07_02

Figura 7.4. Destilación fraccionada del petróleo.

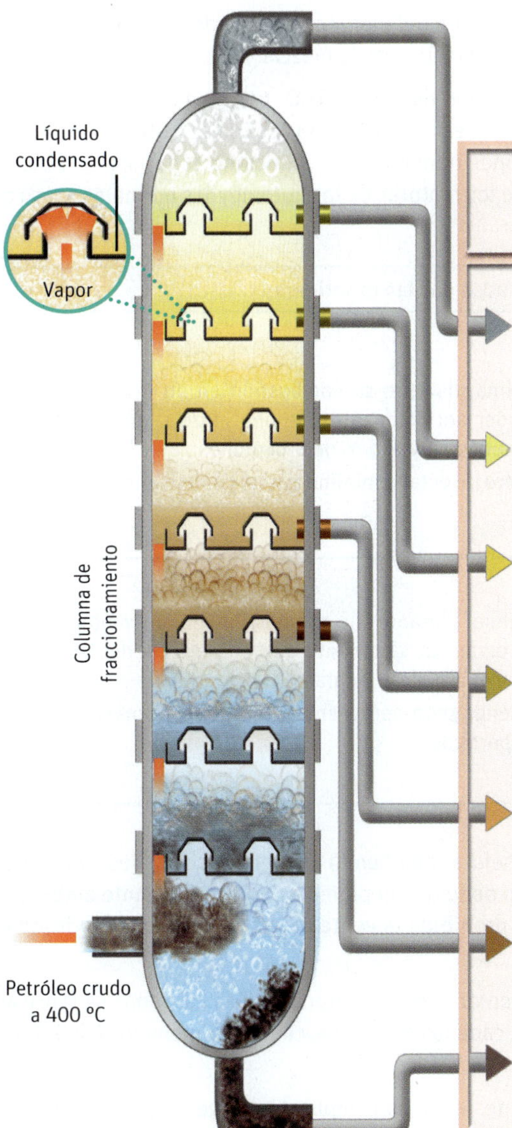

Fracción	Intervalo de ebullición (°C)	Número de carbonos	Principales aplicaciones
Gas	< 20	$C_1 - C_4$	Combustible
Éter de petróleo y ligroína	20 - 90	$C_5 - C_7$	Disolventes
Gasolina	40 - 180	$C_8 - C_{12}$	Automóviles
Queroseno	175 - 275	$C_{13} - C_{14}$	Aviación, calefacción
Gasóleo (diesel) y fuel	250 - 375	$C_{15} - C_{25}$	Camiones, calefacción
Aceite lubricante	> 300	$C_{26} - C_{39}$	Lubricantes
Asfalto	No volátil	C_{40} - ...	Carreteras, techos

Sabías que

Los motores de gasolina poseen una cámara de combustión en el interior de los cilindros, donde se inyecta la mezcla gasolina-aire, que detona mediante una chispa eléctrica e impulsa el coche. Si la mezcla explota por compresión antes de que salte la chispa, el motor "pica bielas" y se deteriora rápidamente.

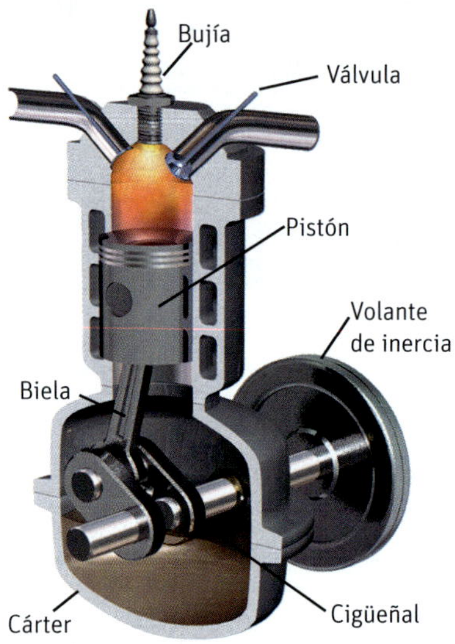

1.2. La gasolina

Todos los productos o subproductos derivados del petróleo tienen aplicaciones pero, sin duda, uno de los más importantes es la **gasolina**. La que se obtiene a partir del refinado del petróleo es una mezcla de hidrocarburos volátiles formada por alcanos (lineales y ramificados hasta 10 carbonos), cicloalcanos (ciclopentano y ciclohexano) e hidrocarburos aromáticos (benceno, tolueno y xileno).

Las gasolinas se clasifican según una **escala arbitraria** denominada **número de octano**, que mide su capacidad para evitar detonaciones o explosiones a destiempo cuando se usan como combustible en los motores.

En esta escala se asigna el número de 100 octanos al alcano ramificado 2,2,4-trimetilpentano (isooctano), con gran resistencia a la detonación y el número 0 octanos al hidrocarburo lineal n-heptano, hidrocarburo que detona fácilmente.

$$CH_3-CH_2-CH_2-CH_2-CH_2-CH_2-CH_3$$

n-heptano

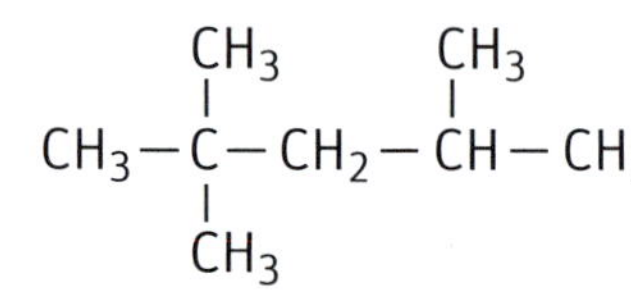

Isoctano

> El **número de octano** es el porcentaje en volumen de isooctano en una mezcla de isooctano y n–heptano.

Con el nivel de octanaje adecuado para la compresión del motor se evita la detonación a destiempo y se consigue una combustión más uniforme y efectiva de la mezcla.

Algunos hidrocarburos tienen un índice de octanos mayor de 100; por ejemplo, el compuesto aromático benceno tiene un índice de 106 y el tolueno, de 120. La gasolina que utilizan los motores de los coches de competición y de los aviones tienen índices de octano superiores a 110, ya que necesitan generar mucha más potencia que los motores de los automóviles normales, y eso se consigue con relaciones de compresión altas.

Gasolinas suministradas por las gasolineras	
 Gasolina sin plomo 95	Esta gasolina, durante su combustión en un motor, tiene el mismo poder antidetonante que una mezcla formada por el 95 % de isooctano y el 5 % de n-heptano. Es el número de octano mínimo que se comercializa en Europa.
 Gasolina sin plomo 98	Esta gasolina, durante su combustión en un motor, tiene el mismo poder antidetonante que una mezcla del 98 % de isooctano y el 2 % de n–heptano. Se recomienda para aprovechar al máximo la potencia de los coches deportivos.

El índice de octano de las gasolinas se puede mejorar añadiendo pequeñas cantidades de agentes antidetonantes, como el tetrametil plomo. Pero dado que el plomo es un contaminante ambiental tóxico para la salud, en la Unión Europea está prohibida la venta de gasolina con plomo desde el año 2000.

Para aumentar el índice de octanos (y así aumentar el poder detonante) las gasolinas se fabrican con una mayor proporción de hidrocarburos de cadena ramificada, como, por ejemplo, 2,2,3,3–tetrametilbutano o el metilterbutiléter.

También se añaden como agentes antidetonantes algunos compuestos oxigenados, como el etanol, con un índice de octanos de 108, o el metilterbutileter (MTBE), con un octanaje de 116.

ACTIVIDADES

2. Escribe las fórmulas semidesarrolladas de las sustancias antidetonantes:

a) Tetrametilplomo

b) 2,2,3,3–tetrametilbutano

c) Metilterbutileter

El *cracking*

La demanda mundial de gasolina es superior a la producción procedente directamente de la destilación fraccionada, y hace necesaria la producción de gasolinas por otros procedimientos, como el *cracking* o **craqueo**.

> El **craqueo** es un proceso químico que utiliza altas temperaturas y presiones (craqueo térmico) o catalizadores (craqueo catalítico) para romper las largas cadenas carbonadas de las fracciones del petróleo con temperaturas de ebullición más altas (queroseno, fuel).

El craqueo entraña la ruptura de fuertes enlaces covalentes entre átomos de carbono; las largas moléculas de los alcanos se rompen fragmentos, uno de ellos insaturado:

$$CH_3{-}(CH_2)_7{-}CH_3 \xrightarrow{\text{catalizador}} CH_3{-}CH_2{-}CH_2{-}CH_2{-}CH_2{-}CH_3 + CH_3{-}CH{=}CH_2$$

Las gasolinas producidas por craqueo son de mejor calidad que las generadas directamente por destilación fraccionada. La gasolina que se vende es una mezcla de gasolinas con ambos orígenes.

1.3. El gasóleo

El **gasóleo** proviene de una fracción del petróleo que destila a más temperatura que las gasolinas. Es un líquido ligeramente más denso que las gasolinas, formado principalmente por una mezcla de hidrocarburos saturados como componentes mayoritarios e hidrocarburos aromáticos.

Se emplea como combustible para calderas de calefacción y para los motores diésel. El perfeccionamiento de estos motores ha hecho que su uso en automoción haya aumentado mucho. En estos motores, la mezcla de gasóleo y aire se incendia por compresión y no mediante una chispa eléctrica, como sucede con las gasolinas.

De forma análoga a lo que sucede con las gasolinas, la medida de la capacidad de un gasóleo para efectuar una combustión adecuada en un motor se realiza comparándolo con una escala arbitraria denominada **número de cetano**. Se establece tomando como referencia los siguientes hidrocarburos:

- El **n–hexadecano** (también llamado **cetano**), con un período corto de ignición, al que se asigna un número de cetano 100. Es lo deseable.
- El **alfa-metilnaftaleno**, con un período largo de ignición, al que se le asigna un número de cetano 0. Es lo que hay que evitar.

> El **número de cetano** es el porcentaje en volumen de cetano en una mezcla de cetano y alfa-metilnaftaleno.

La adición de diversos compuestos químicos puede aumentar el número de cetano.

Gasóleos suministrados en las gasolineras	
 Gasoil	Es una mezcla de hidrocarburos saturados (sobre el 75 %) y aromáticos (sobre el 25 %). En la UE se utilizan gasóleos de número de cetano superior a 50. Un gasóleo de número de cetano 55 se comporta como una mezcla de cetano y alfa-metilnaftaleno que tiene un 55 % en volumen del primero. Se utiliza en motores diésel.
 Biodiésel	Es un combustible obtenido a partir de aceites vegetales o grasas animales que se mezcla con el gasóleo en diferentes proporciones. Cuando la mezcla contiene un 20 % de biodiésel se indica como **biodiésel 20** o **B20**.

Sabías que

En los motores diésel la mezcla de gasóleo y aire se incendia sin necesidad de chispa eléctrica, debido a la alta presión a la que está sometida.

El uso en los motores diésel de un gasóleo con un número de cetano bajo ocasiona una inadecuada ignición del combustible. Esto contribuye a un rápido deterioro de los motores.

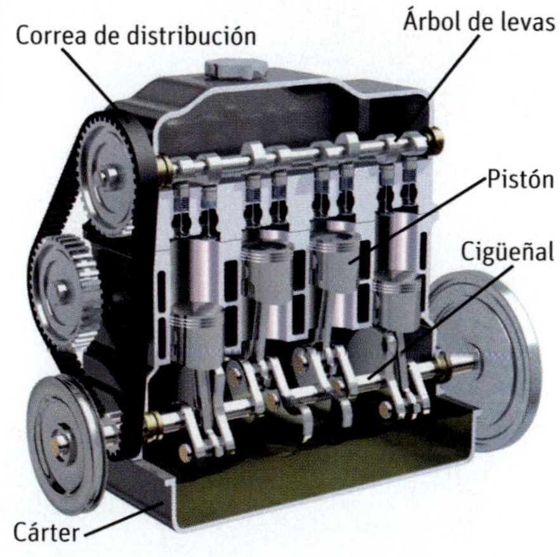

ACTIVIDADES

3. En el craqueo de un hidrocarburo saturado de fórmula $C_{14}H_{30}$ se ha obtenido el hidrocarburo saturado C_7H_{16}.
Escribe la fórmula del otro producto sabiendo que es un alqueno lineal.

2 El gas natural

Te interesa saber

El gas natural preprocesado, a veces, es almacenado de nuevo en almacenes geológicos subterráneos para su posterior procesamiento y distribución.

Estos almacenes geológicos de gas deben ser cuidadosamente elegidos porque la inyección de gas en el subsuelo puede ocasionar fracturas y fallas en las rocas que se traducen en pequeños movimientos sísmicos.

La formación del gas natural ha sido similar a la del petróleo: sucesivas capas de materia orgánica fueron depositándose entre los sedimentos del fondo de mares y lagos, en un ambiente pobre en oxígeno. La mezcla a altas presiones y temperaturas de sedimentos orgánicos con partículas arenosas y arcillosas formó el gas natural.

El **gas natural** es una mezcla de hidrocarburos gaseosos donde destaca por su importancia el metano (CH_4) que constituye más del 90 % en volumen.

También contiene nitrógeno (N_2), etano (C_2H_6), butano (C_4H_{10}), agua, gases ácidos como CO_2 y SH_2, y trazas de hidrocarburos más pesados (condensados).

Figura 7.5. Extracción y refino del gas natural.

2.1. Extracción, refino y otros tratamientos

Los yacimientos de gas natural suelen estar asociados a yacimientos de petróleo o de carbón. El gas rellena las fisuras de las rocas, y ha migrado desde las rocas donde se generó hasta rocas donde se almacena. Estos yacimientos se denominan **convencionales** y, en general, al perforar hasta estas rocas, el gas sale y a partir de ahí el proceso es el siguiente:

1. Una vez sacado de su depósito subterráneo, el gas natural crudo se transporta a un punto de recogida donde se realiza un pretratamiento, que elimina el agua y los condensados.
2. A continuación, es canalizado a una planta de procesamiento, donde se eliminan los gases ácidos, el agua que queda, el mercurio (si lo hay) y el nitrógeno. El resultado es el "gas natural" que se utiliza para cocinar y calentar en los hogares.
3. Parte del gas obtenido en la planta de procesamiento se licua (GNL) para su posterior transporte en barcos.

2.2. Transporte y distribución

El gas natural se transporta de dos formas posibles:

- **Mediante gasoductos.** Forman una extensa red de tuberías de acero por las que circula el gas natural a alta presión (unos 70 bar) entre los puntos de producción y procesamiento y las zonas de consumo. A veces miden miles de kilómetros y disponen de estaciones de presurización distribuidas a lo largo del trazado.
- **Mediante barcos butaneros.** Transportan **gas natural licuado** (GNL) obtenido en una planta licuadora. Cuando llegan a su destino, se obtiene de nuevo el gas en una planta regasificadora.

Figura 7.6. Red de gasoductos en España.

Figura 7.7. Obtención y transporte de GNL.

2.3. Yacimientos no convencionales de gas

Un yacimiento de gas se denomina **no convencional** cuando la roca donde se genera el gas y la roca donde se almacena son la misma. Suelen ser rocas poco permeables.

En el caso de los yacimientos no convencionales, el gas, producido de forma similar al de los yacimientos convencionales, permanece en la roca donde se generó (roca generadora) y no migra a otro tipo de roca reservorio.

Estos yacimientos se explotan mediante una técnica llamada *fracking* que consiste en "expulsar" el gas de la roca generadora, fracturándola mediante la inyección de agua a presión mezclada con unos productos químicos que dependen del tipo de roca (Fig. 7.8). Para ello se han desarrollado nuevas tecnologías de perforación en horizontal.

Entre los yacimientos no convencionales hay que citar por su importancia el denominado **gas de esquisto** (en inglés, *shale gas*) producido en rocas de esquisto y el **gas de pizarras** producido en este tipo de rocas. La composición de estos gases es similar a la del gas natural proveniente de yacimientos convencionales.

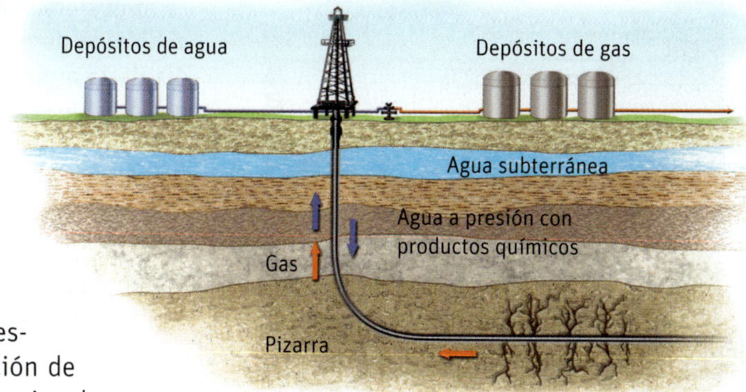

Figura 7.8. *Fracking* de rocas para obtener gas pizarra

2.4. El uso del gas natural en la producción de energía

El gas natural tiene un poder calorífico que oscila, según su composición, entre 48 MJ kg^{-1} y 53 MJ kg^{-1}, ligeramente superior al gasóleo (entre 42 MJ kg^{-1} y 46 MJ kg^{-1}) y bastante superior al carbón más energético, la antracita (entre 33 MJ kg^{-1} y 34 MJ kg^{-1}).

Debido a su gran poder calorífico, y a que los productos de su combustión están libres de partículas sólidas, es un combustible muy utilizado para calefacción y para generar energía eléctrica en centrales térmicas de ciclo combinado, en las que se consigue aprovechar al máximo la energía del gas para obtener energía eléctrica (Fig. 7.9).

Ten en cuenta

El poder calorífico de un combustible es la cantidad de energía que se puede extraer de la unidad de masa de este. Se expresa en J kg^{-1}.

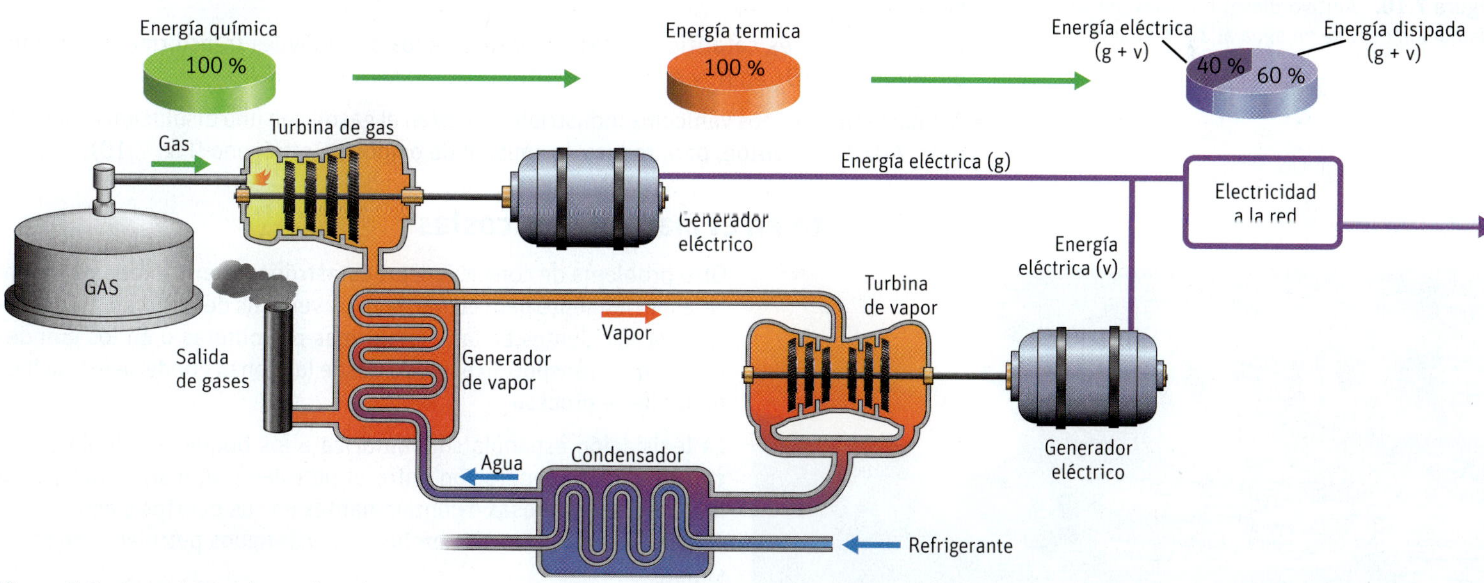

Figura 7.9. Central de ciclo combinado.

ACTIVIDADES

4. La densidad del GNL es 450 kg m^{-3} y ocupa unas 600 veces menos volumen que el gas natural. Si un buque metanero transporta 50 000 m^3 de GNL, determina qué masa de gas llega y qué volumen ocupará ese gas (medido a 1 atm) una vez regasificado.

   Solución: $2{,}25 \cdot 10^7$ kg y $3{,}00 \cdot 10^7$ m^3

5. smSaviadigital.com INVESTIGA

   En esta infografía puedes ver el método del *fracking* para la explotación de yacimientos no convencionales de gas.

   Señala alguna técnica desarrollada para esta explotación.

3 Repercusiones ambientales de la extracción y del uso del petróleo y otros combustibles fósiles

Sabías que

En las grandes ciudades se implantan sistemas para medir y controlar los niveles de sustancias contaminantes en el aire (dióxido de azufre, monóxido de carbono, dióxido de nitrógeno, benceno, etc.).

La Tierra es el único planeta del sistema solar con una hidrosfera plena de agua y con una atmósfera rica en oxígeno, ambas sustancias necesarias para el desarrollo y el mantenimiento de la vida.

3.1. Impacto atmosférico

La atmósfera contiene, además de oxígeno y nitrógeno, otros gases como el vapor de agua y el dióxido de carbono, causantes del efecto invernadero, que mantienen la temperatura media de la atmósfera en torno a unos 15 °C (en vez de los –18 °C que corresponderían a la posición de la Tierra en el sistema solar).

Efectos negativos del consumo de combustibles fósiles

El consumo de combustibles fósiles conlleva algunas de estas consecuencias:

- Aumenta de forma inevitable la concentración de CO_2 en la atmósfera, ya que es uno de los productos de la combustión:

  combustible fósil + oxígeno ⟶ dióxido de carbono + agua + energía

  El CO_2 emitido a la atmósfera (36 000 millones de toneladas en 2013) acentúa el efecto invernadero contribuyendo al **calentamiento global** del planeta.
- La combustión de hidrocarburos en los motores de los automóviles produce la emisión de óxidos de nitrógeno (NO y NO_2) y de azufre (SO_2), que contribuyen a la formación de la **lluvia ácida**, con efectos negativos sobre la vegetación y sobre la fauna de ríos y lagos.

Medidas para reducir los efectos negativos

Para reducir estos efectos se han tomado diversas medidas:

- La normativa europea obliga al uso de **combustibles con "azufre cero"**, que llevan menos de 10 mg kg^{-1}, y de **catalizadores**, que reducen los gases nocivos emitidos por los tubos de escape.
- Los **convertidores catalíticos** o **catalizadores** de los automóviles transforman los óxidos de nitrógeno, NO_x, en N_2 y en O_2.
- Actualmente, algunos vehículos industriales mezclan el gasoil con una disolución acuosa de urea, **AUS32** o **AdBlue**, para reducir la emisión de óxidos de nitrógeno (Fig. 7.10).

Figura 7.10. Aditivo diésel formado por una disolución de urea en agua al 32 % en masa.

3.2. Impacto en el mar y en las costas

Figura 7.11. Efectos de las mareas negras sobre las aves.

Otro problema de consecuencias catastróficas para el medioambiente, especialmente para el mar, son los vertidos de petróleo. Se producen por accidentes en las plataformas petrolíferas o en los grandes barcos que transportan el crudo desde las zonas donde se extrae hasta donde se procesa.

La legislación española solo autoriza a los buques de doble casco, con barrera de separación entre el petróleo y el mar, a transportar mercancías peligrosas o contaminantes en sus puertos y aguas territoriales. De esta forma se excluye a los antiguos petroleros de casco simple.

El derrame de grandes cantidades de petróleo, un producto menos denso que el agua del mar (su densidad varía entre unos 800 y 900 kg m^{-3}), forma una lámina negra que flota sobre el agua, originando la llamada **marea negra** con graves consecuencias sobre la flora, la fauna y las costas próximas (Fig. 7.11).

Los científicos investigan un método eficaz para retirar y extraer rápidamente el petróleo del agua del mar. Actualmente, para contrarrestar su propagación y sus efectos se utilizan medios mecánicos, como barreras flotantes, y medios químicos y biológicos, como detergentes y microorganismos modificados genéticamente, que retiran o degradan los compuestos del petróleo.

3.3. Impacto de las nuevas técnicas de extracción de hidrocarburos

La explotación de yacimientos no convencionales de petróleo y de gas natural mediante la técnica de *fracking* está incrementando la producción de estos recursos energéticos. Muchos yacimientos que se daban por agotados se han reactivado y diversos yacimientos no convencionales se han puesto en explotación.

Sin embargo, las técnicas de extracción que utilizan el *fracking* de las rocas tienen sus riesgos ambientales y un importante coste económico (Fig. 7.12):

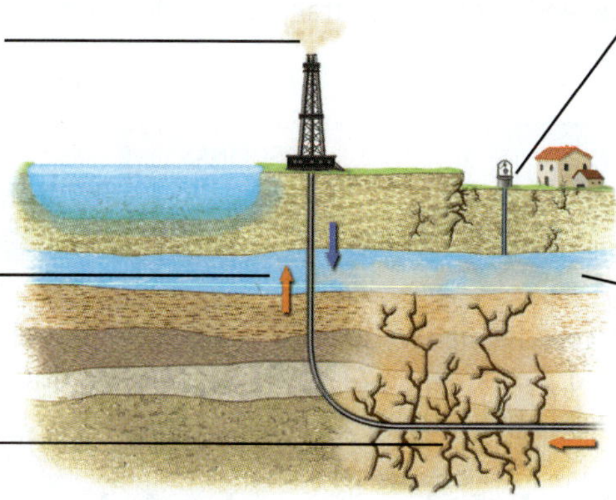

Figura 7.12. Riesgos del *fracking*.

3.4. Impacto paisajístico y ocupación del territorio

La **minería del carbón a cielo abierto** (Fig. 7.13) es, tal vez, la actividad con mayor impacto paisajístico y de ocupación del territorio. El movimiento de tierras es grande y el carbón extraído se acumula en zonas cercanas, donde hay riesgo de contaminación de ríos, lagos y acuíferos. Las **explotaciones petrolíferas** (Fig. 7.14) también tienen un fuerte impacto paisajístico y ocupan grandes zonas del territorio.

Figura 7.13. Minería de carbón a cielo abierto.

Figura 7.14. Explotación petrolífera.

ACTIVIDADES

6. En los últimos cincuenta años se han producido accidentes importantes en barcos petroleros y en plataformas de extracción petrolífera, que han ocasionado vertidos de crudo al mar. Busca información sobre estos hechos y da tu opinión sobre posibles medidas de prevención.

7. Como se observa en la imagen superior es evidente el gran impacto paisajístico que produce una explotación de carbón a cielo abierto. Sin embargo, existe un riesgo muy importante de contaminación de aguas. Busca información para saber cuál es el agente de la contaminación de las aguas.

4 Los materiales poliméricos

Ten en cuenta

La denominación de "plástico" hace referencia a la capacidad de los materiales para mantener la forma que adoptan cuando se les aplican fuerzas, y se considera lo contrario de "elástico".

Los **materiales poliméricos,** denominados genéricamente plásticos, son materiales sintéticos formados por largas cadenas de átomos de carbono unidos entre sí.

Se obtienen con materias primas de origen natural o con productos derivados del petróleo y de otros combustibles fósiles. La denominación genérica de *plásticos* hace referencia a sus propiedades físicas, aunque estas son, hoy día, muy variadas.

La industria petroquímica es la principal suministradora de materias primas para la fabricación de polímeros. Se utilizan principalmente las naftas que son la fracción más volátil de las gasolinas en la destilación fraccionada del crudo, y solo el 6 % del crudo extraído se emplea en fabricar plásticos:

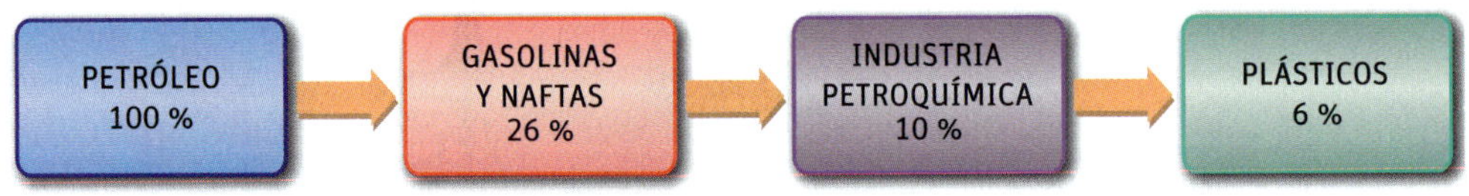

Por su procedencia, pueden ser **naturales** y **sintéticos**. Los naturales se encuentran en la naturaleza, por ejemplo la celulosa, y los sintéticos se obtienen solo mediante síntesis en laboratorio, por ejemplo, el teflón.

Figura 7.15. Los objetos de plástico pueden ser muy ligeros.

4.1. Propiedades generales de los materiales poliméricos

Las siguientes propiedades son comunes a casi todos los materiales poliméricos:

- **Ligereza**. Son materiales con una densidad ligeramente superior a la del agua. Esta propiedad hace que las piezas fabricadas con ellos sean mucho más ligeras que las metálicas.
- **Facilidad de modelado**. Las piezas hechas de plástico son fáciles de fabricar y pueden adoptar múltiples formas. Como se realizan a poca temperatura, sus costes se abaratan.
- **Resistencia química**. Son muy inertes ante la oxidación y los ataques con ácidos y otras sustancias químicas.
- **Resistencia mecánica**. Aunque no es comparable a la de los metales, suele ser suficiente para muchas aplicaciones.
- **Capacidad aislante**. Los plásticos son buenos aislantes térmicos y eléctricos, una propiedad que está en el origen de muchos de sus usos.

Figura 7.16. Los plásticos no se oxidan ni son atacados por ácidos.

Figura 7.17. La resistencia mecánica de los plásticos es aceptable.

4.2. Tipos de plásticos

Aunque es posible realizar clasificaciones de los plásticos atendiendo a criterios como su estructura o el tipo de reacciones de obtención, el comportamiento de un plástico frente al calor permite clasificarlo como **termoplástico** o **termoestable**. Además, existe otro grupo importante de plásticos denominados **elastómeros,** caracterizados por su gran elasticidad frente a las deformaciones.

▸ Termoplásticos

> Los **termoplásticos** son materiales poliméricos caracterizados por su capacidad para experimentar sucesivos moldeados calentándolos adecuadamente.

Esto es posible debido a su estructura formada por cadenas poliméricas generalmente entrelazadas pero libres entre sí (Fig. 7.18). Algunos de ellos tienen propiedades mecánicas, ópticas, eléctricas o térmicas especiales y se denominan termoplásticos con propiedades específicas.

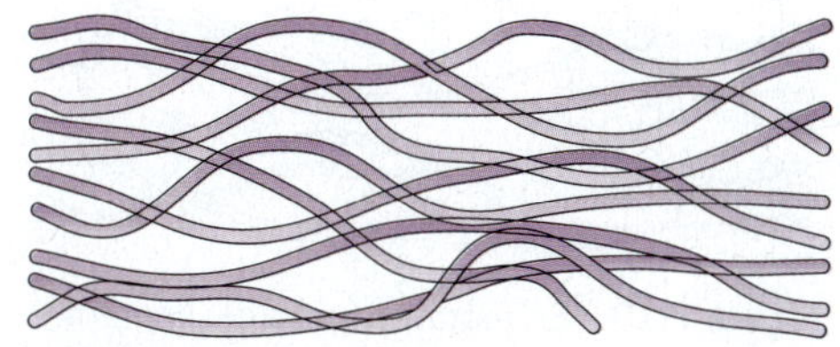

Figura 7.18. Estructura típica de un termoplástico.

	POLÍMERO	USOS	
TERMOPLÁSTICOS DE USO GENERAL	**Polietileno.** Se obtiene a partir del eteno. Se fabrican de baja densidad (**PELD**) y de alta densidad (**PEHD**) y es un material polimérico muy usado.	Bolsas, recipientes, plástico para envolver, tuberías, juguetes, etc.	
	Poliésteres saturados. Se obtienen a partir de ésteres. El más conocido es el polietilentereftalato (**PET**).	Envases alimentarios, botellas para bebidas.	
	Polivinilos. Se obtienen a partir del cloroeteno. El más empleado es el policloruro de vinilo (**PVC**).	Carpintería, canalizaciones, discos de música, aislantes eléctricos.	
	Poliestirenos. Se obtienen a partir del estireno. Se pueden fabricar rígidos (**PS**) o expandidos (**EPS**).	Embalajes, planchas aislantes, reglas, bolígrafos, etc.	
	Polipropilenos (PP). Se obtienen a partir del propeno. Muchas de sus aplicaciones son las mismas que el PVC.	Asientos para espectáculos, contenedores, tuberías, ropa interior térmica, cuerdas, envases de comida reutilizables, etc.	
TERMOPLÁSTICOS CON PROPIEDADES ESPECÍFICAS	**Poliamidas (PA).** Se obtienen a partir del fenol y diversas amidas. La más conocida es el nailon. Es un sustitutivo de la seda natural.	Cuerdas de paracaídas, medias, tejidos impermeables, piezas de maquinaria, etc.	
	Policarbonatos (PC). Poseen grupos carbonato en cadenas poliméricas. Son resistentes a los golpes y transparentes.	Cristales de seguridad, recubrimientos de piscina, biberones, parabrisas, etc.	
	Metacrilatos. Resisten temperaturas elevadas e impactos, y son muy inertes desde el punto de vista químico, y muy transparentes.	Ventanas, muebles, parabrisas, films para alimentos, etc.	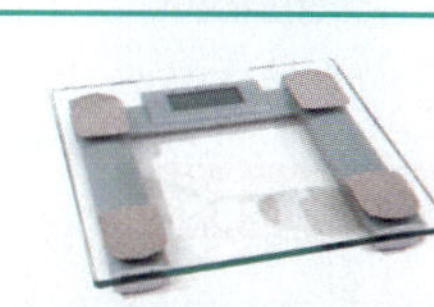
	Teflón. Se obtiene a partir del tetrafluoreteno. Resistente a los ataques químicos y a las altas temperaturas.	Aislante eléctrico, recubrimiento de sartenes, planchas, etc.	

▶ Termoestables

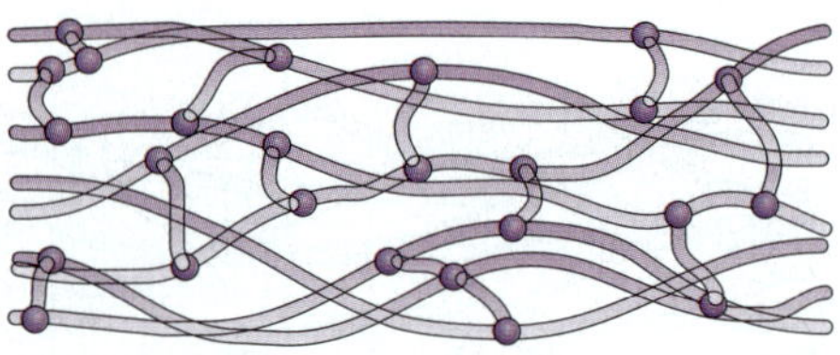

Figura 7.19. Estructura típica de un termoestable.

> Los **termoestables** son materiales poliméricos que se deforman con el calor solo una vez: cuando se fabrican y se les da la forma deseada.

Después, su estructura interna les impide nuevas deformaciones, ya que sus cadenas poliméricas se entrecruzan formando una malla que impide posteriores deformaciones (Fig. 7.19). Estos plásticos resisten altas temperaturas, son rígidos, bastante duros y muy estables desde el punto de vista químico.

	POLÍMERO	USOS	
TERMOESTABLES	**Polifenoles (PF).** El compuesto más conocido es la baquelita, obtenida con fenol y formaldehído. Arden poco y se sueldan mal.	Aislantes eléctricos, interruptores, asas y mangos aislantes, etc.	
	Poliaminas. Se obtienen con formaldehído y aminas como la urea. Carecen de olor.	Espuma para aislamientos térmicos y acústicos, vajillas, etc.	
	Resinas de poliésteres (UP). Mezclados con fibra de vidrio resisten temperaturas que oscilan entre 100 °C y 200 °C.	Cascos de barcos, piscinas, cascos de motociclismo, etc.	

▶ Elastómeros

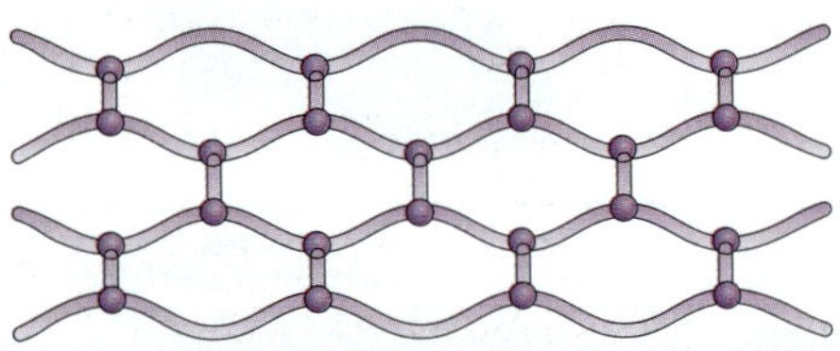

Figura 7.20. Estructura típica de un elastómero.

> Los **elastómeros** son materiales poliméricos que se caracterizan por su gran elasticidad, es decir, su tendencia a recuperar la forma primitiva una vez deformados.

Esto es debido a la disposición de sus fibras, que comparten algunos enlaces originando una estructura de malla (Fig. 7.20).

	POLÍMERO	USOS	
ELASTÓMEROS	**Cauchos**. Con un origen natural o sintético (polibutadieno) son muy elásticos e inflamables.	Neumáticos, mangueras, juntas de estanqueidad, botas de seguridad, etc.	
	Neoprenos. Se fabrican con policloropreno. Tiene una elasticidad similar al caucho y es aislante térmico y eléctrico.	Trajes de submarinismo, guantes, calcetines, etc.	
	Poliuretanos. Se obtienen con un poliéster y derivados del benceno. Muchos son materiales esponjosos.	Aislantes térmicos para la construcción, estropajos y esponjas, etc.	

ACTIVIDADES

8. Indica razonadamente qué tipo de plástico utilizarías para la fabricación de los siguientes objetos:

Pilotos luminosos de vehículos, secador de pelo, envase de crema corporal, junta estanca de fontanería, barco de recreo, plato de picnic, guante de motorista.

9. smSaviadigital.com APLICA

Entra en esta dirección, y enumera y describe brevemente distintos procesos empleados en la fabricación industrial de piezas de plástico.

4.3. Repercusiones ambientales del uso de los plásticos

La estabilidad química de los plásticos tiene su cara y su cruz: es una de sus propiedades más útiles cuando se buscan materiales que van a utilizarse en ambientes corrosivos o a la intemperie.

Sin embargo, en esta estabilidad se encuentra el origen de los problemas ambientales ocasionados por el uso de estos materiales, ya que permanecen sin degradarse en la naturaleza durante mucho tiempo, a veces cientos de años.

Figura 7.21. Los materiales plásticos que llegan a los océanos forman autenticas "islas de plástico" de más de un millón de kilómetros cuadrados que permanecen así por tiempo indefinido. También contaminan lagos y playas.

Reciclaje de plásticos

En este tipo de materiales se hacen más acuciantes las acciones de **reducir** la cantidad de plásticos utilizados, **reciclar** en lo posible estos materiales y **reutilizar** al máximo los objetos fabricados con ellos.

El reciclado de los plásticos es una tarea difícil aunque se están dando pasos importantes. Algunas etapas de reciclado son:

- **Identificar y clasificar los plásticos.** Para ello se utiliza el código de identificación de plásticos o PIC que asocia unos iconos a cada tipo de plástico. Los materiales plásticos tienen distinta facilidad de reciclaje.
- **Tratamientos físicos.** Por ejemplo, el triturado o la separación por flotación.
- **Tratamientos químicos.** Como la pirolisis, quimiolisis y metanólisis.
  - **Pirolisis.** Es el craqueo de las moléculas por calentamiento en el vacío. Este proceso genera hidrocarburos líquidos o sólidos que pueden ser luego procesados en refinerías.
  - **Quimiolisis.** Se aplica a poliésteres, poliuretanos, poliacetales y poliamidas. Consiste en la aplicación de procesos para reciclarlos y transformarlos nuevamente en sus monómeros básicos.
  - **Metanólisis.** Es un avanzado proceso de reciclado del PET con metanol, que consigue descomponer el polímero en sus moléculas básicas.

La fabricación de los **plásticos biodegradables** puede suponer un cambio de tendencia en la lucha contra la contaminación por plásticos.

Polietileno — 1 PET
Al limpiarse desprende productos tóxicos. Fácil reciclaje.
NO REUTILIZAR

Polietileno de baja densidad — 4 LDPE
Se considera menos tóxico que otros. Fácil reciclaje.
REUTILIZABLE

Polietileno de alta densidad — 2 HDPE
Se considera seguro. Tarda cientos de años en degradarse.
REUTILIZABLE

Polipropileno — 5 PP
Se considera menos tóxico que otros. Fácil reciclaje.
REUTILIZABLE

Polivinilo — 3 PVC
Produce toxinas en su fabricación. Evitar su uso en microondas.
EVITAR SU USO

Poliestireno — 6 PS
Puede desprender sustancias tóxicas. No es fácil de reciclar.
EVITAR SU USO

Otros — 7
Normalmente referido a mezclas. Pueden resultar peligrosos.
NO REUTILIZAR

ACTIVIDADES

10. **Si una pieza se puede fabricar indistintamente con polipropileno o con policloruro de vinilo, razona si el coste debería ser determinante en tu decisión de utilizar uno u otro plástico.**

11. smSaviadigital.com INVESTIGA
Entra en esta dirección y enumera algunas ventajas de utilizar plásticos biodegradables en la fabricación de bolsas.

5 El carbono: formas alotrópicas y nuevos materiales

Un conocimiento más profundo de la estructura de la materia y el desarrollo de la nanotecnología durante la segunda mitad del siglo XX y el comienzo del siglo XXI han llevado a la obtención de nuevos materiales relacionados con el carbono, con características y propiedades sorprendentes.

A las ya conocidas formas alotrópicas del carbono, el **grafito** y el **diamante**, se han añadido otras estructuras como los **fullerenos**, los **nanotubos de carbono** o el **grafeno**.

5.1. El grafito y el diamante

El grafito y el diamante son sustancias formadas por átomos de carbono, cada uno con cuatro electrones en la capa de valencia. Sin embargo, tienen propiedades muy diferentes debido a su estructura.

Estructura y propiedades

En el **grafito** cada átomo de carbono forma tres enlaces covalentes con otros tres átomos de carbono, todos en el mismo plano, formando extensas capas bidimensionales de átomos de carbono unidos.

Estas capas están débilmente unidas entre ellas por enlaces formados por el cuarto electrón que puede moverse por el material.

- El grafito es un **material blando** (entre 1 y 2 en la escala de Mohs) porque las capas bidimensionales de átomos unidos se separan fácilmente o se desplazan una sobre otra.
- Es **conductor de la corriente eléctrica** en la dirección paralela a las capas debido a que los electrones que participan en los enlaces entre capas bidimensionales se mueven fácilmente por el material. Sin embargo, en dirección perpendicular a las capas es poco conductor.
- Su **densidad** es 2,3 g cm^{-3} porque la distancia entre los átomos de dos capas contiguas (3,35 Å) es mayor que la distancia entre dos átomos de la misma capa (1,42 Å).

En el **diamante** cada átomo de carbono forma cuatro enlaces covalentes con otros cuatro átomos de carbono. Estos enlaces, que forman unos 109° entre sí, constituyen una red tridimensional de átomos unidos.

Ahora no quedan electrones libre que puedan moverse por la red, originando un material de propiedades completamente diferentes.

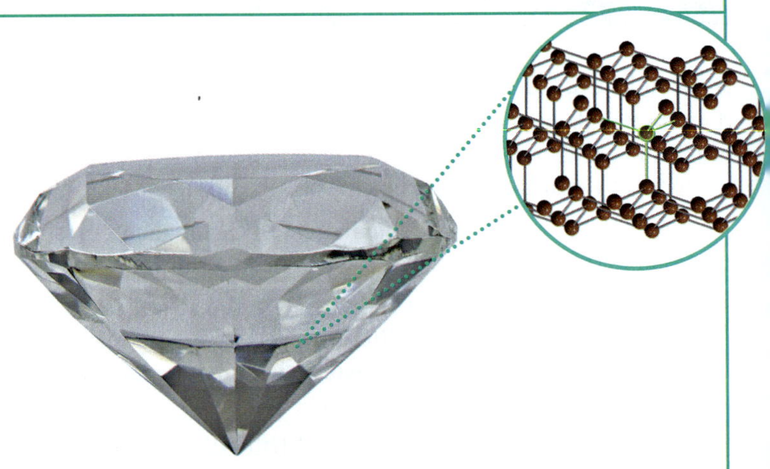

- Es el **material más duro** que se conoce (10 en la escala de Mohs) debido a la fortaleza de los enlaces covalentes que unen los átomos de carbono.
- **No es conductor eléctrico** debido a que los átomos de carbono tienen todos sus electrones de la capa de valencia formando enlaces covalentes y carecen de electrones libres que puedan contribuir a la corriente eléctrica.
- Su **densidad** es 3,5 g cm^{-3} debido a que las distancias entre todos los átomos del materia es la misma, y están empaquetados de forma más eficiente que en el grafito.

ACTIVIDADES

12. smSaviadigital.com INVESTIGA

El color del grafito es negro y carece de uso en joyería. Sin embargo, el diamante tiene unas propiedades ópticas que lo hace muy apreciado. Busca información en este enlace sobre las causas del color de los diamantes.

13. smSaviadigital.com OBSERVA

Este vídeo muestra la fabricación de diamantes sintéticos.

Indica qué característica física de los diamantes se muestra en él.

5.2. Los fullerenos

Fueron descubiertos en 1985 por los científicos estadounidenses R. Curl y R. Smalley y el inglés H. Kroto en la fase gaseosa creada al hacer incidir un láser sobre grafito.

Los **fullerenos** son estructuras cerradas formadas por átomos de carbono unidos entre sí. La primera molécula detectada fue un agregado de 60 átomos de carbono, C_{60}.

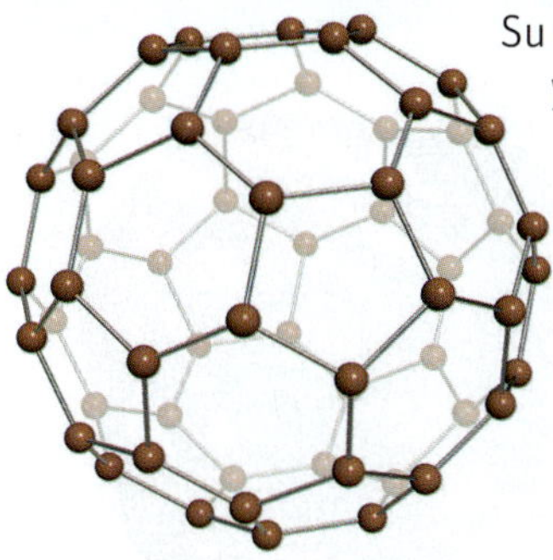

Figura 7.22. Fullereno de 60 átomos de carbono.

Su estructura está formada por 20 anillos bencénicos fusionados y combados sobre sí mismos hasta adoptar una estructura esférica, y con las valencias sobrantes formando 12 pentágonos.

El resultado es una especie de icosaedro truncado de 60 vértices equivalentes (Fig. 7.22).

El análisis espectroscópico de la molécula demuestra que todos sus átomos de carbono son equivalentes, y que sus enlaces forman entre sí ángulos iguales (aunque no son ángulos planos).

Los anillos bencénicos están tensionados y tienen algo más de energía que los enlaces en el grafito. Es la forma alotrópica del carbono más estable después del diamante y el grafito.

Actualmente se han aislado otros agregados de carbono, designados con el nombre genérico de "fullerenos", como, por ejemplo, el C_{20} que es el más pequeño de todos, con una estructura formada solo por 12 pentágonos (Fig. 7.23), el C_{70}, de estructura parecida a una pelota de rugby, el C_{76} y otros mucho mayores como el C_{540} (Fig. 7.24).

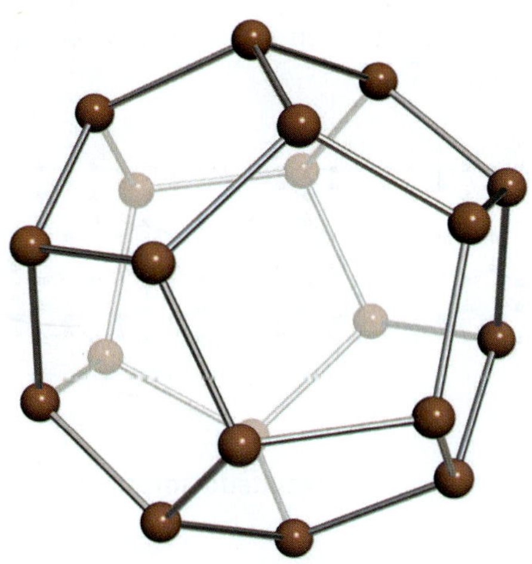

Figura 7.23. Fullereno de 20 átomos de carbono.

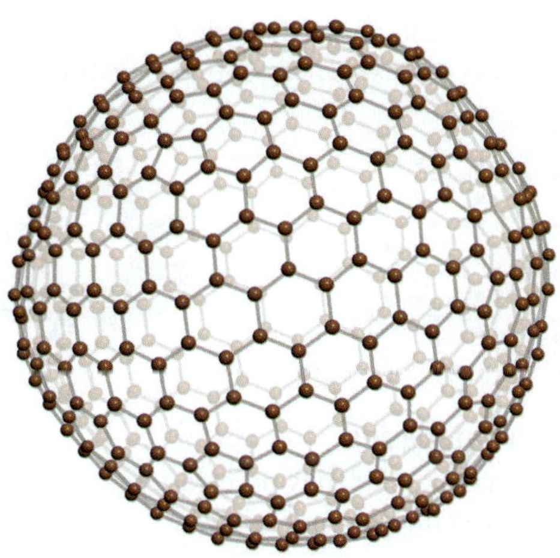

Figura 7.24. Fullereno de 540 átomos de carbono.

Los fullerenos son la única forma alotrópica del carbono soluble (son solubles en tolueno, formando disoluciones de color púrpura).

Aplicaciones

- Entre las aplicaciones de los fullerenos está el poder atrapar en su interior átomos de diversos elementos, como el He o átomos metálicos (Fig. 7.25).
- También se han sintetizado sales de fullerenos, como Cs_3C_{60} que se comporta como un superconductor a 40 K.
- Los fullerenos se asocian espontáneamente formando agregados de varias moléculas que alcanzan tamaños desde 10 nm hasta varias micras. Suelen formar un polvo negro muy fino que se puede usar como lubricante industrial.

Sus aplicaciones electrónicas no han llegado todavía a los dispositivos de consumo aunque su uso parece tener un gran potencial.

Ten en cuenta

La denominación de fullerenos se estableció en honor a Richard Buckminster Fuller, un arquitecto estadounidense que construyó diversos domos o cúpulas geodésicas a lo largo de su vida. El primer fullereno recibió en nombre de buckminsterfullereno C_{60}.

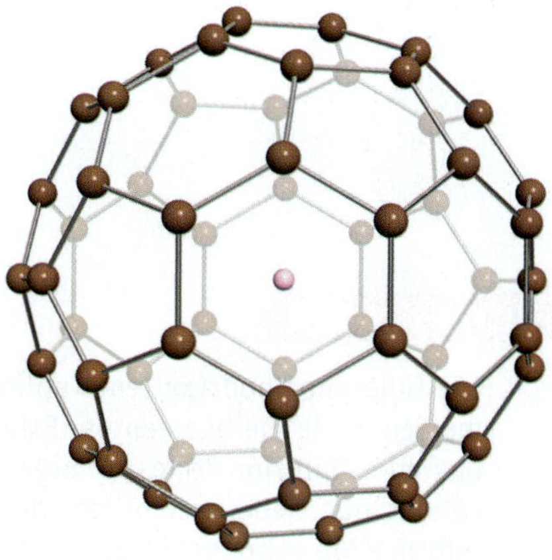

Figura 7.25. Átomo de helio enclaustrado en un fullereno.

5.3. Los nanotubos de carbono

En 1991, el físico japonés Sumio Iijima, mientras obtenía fullerenos vaporizando grafito, observó la formación de agujas de hasta 1 mm. Comprobó que dichas agujas estaban formadas por varias capas cilíndricas concéntricas, de estructura similar a las del grafito pero curvadas. En 1993 se consiguieron los primeros **nanotubos de carbono** de pared sencilla, una nueva forma alotrópica del carbono.

> Los **nanotubos de carbono** son estructuras cilíndricas formadas por una o varias capas de grafito cerradas sobre sí mismas, (igual que una hoja de papel forma un cilindro).

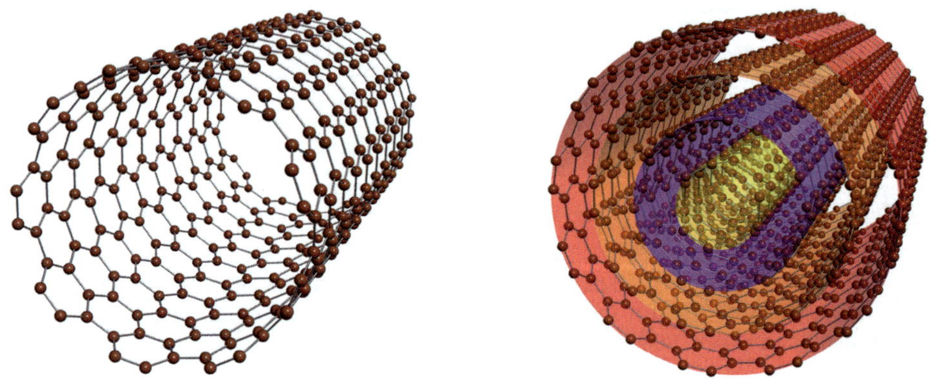

Figura 7.26. Nanotubos de carbono de paredes sencilla y múltiple.

El diámetro de estos nanotubos es de algunos nanómetros (1 nm = 10^{-9} m), de ahí su denominación. Se han conseguido nanotubos de carbono de varios centímetros de longitud y pueden tener uno de sus extremos cerrado.

La forma en la que se cierra la lámina de grafito determina que una generatriz imaginaria del cilindro pase por un lado de dos hexágonos alternos (estructura en zigzag) o pase por dos vértices de hexágonos contiguos (estructura de silla) (Fig. 7.27).

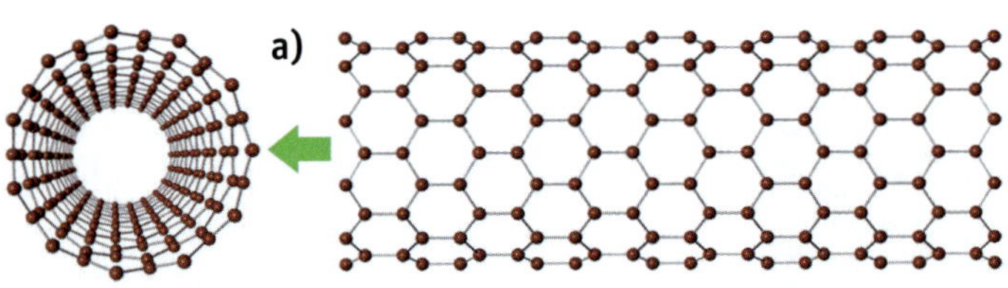

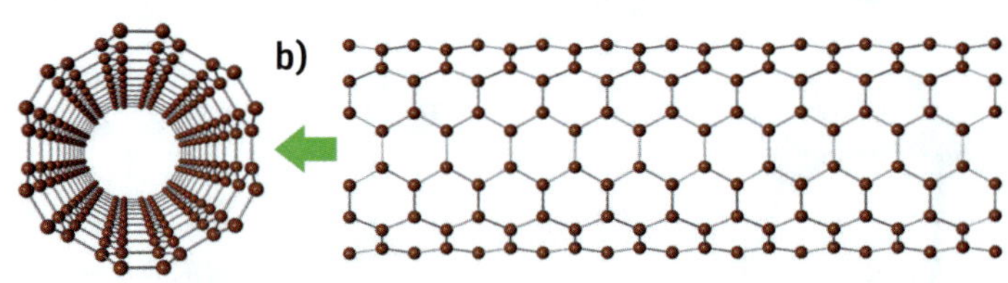

Figura 7.27. Nanotubos con estructura en zigzag (a) y silla (b).

Propiedades

Algunas propiedades de esta forma alotrópica del carbono han resultado sorprendentes y predicen futuras aplicaciones:

- Tienen una resistencia a la tracción unas veinte veces superior a los mejores aceros, con solo la quinta parte de su peso. Probablemente los nanotubos puedan sustituir a las fibras poliméricas de carbono en la formación de materiales compuestos, como las fibras de carbono.
- Dependiendo de su diámetro y de la forma en la que se ha cerrado la lámina de grafito, pueden comportarse como conductores, semiconductores, superconductores o aislantes. Las aplicaciones en el campo de la electrónica parecen próximas.

ACTIVIDADES

14. Los fullerenos podrían tener aplicaciones en el transporte de moléculas de medicamentos. Estas moléculas serían confinadas en el interior de los fullerenos y transportadas hasta las células que deben recibirlos, donde serían liberadas. Busca información sobre este tipo de aplicaciones y sus dificultades.

15. Se calcula que la tensión máxima que podría soportar una cuerda construida con haces de nanotubos de carbono sería de unos 150 GN por m^2. Calcula la sección que debería tener una cuerda así fabricada para sostener un cuerpo de 2 t. Suponemos que la tensión soportada es proporcional a la sección.

Solución: 0,13 μm^2

5.4. El grafeno

La descripción teórica de una lámina bidimensional de átomos de carbono unidos formando hexágonos, unidos a su vez entre sí, es antigua pero se pensaba que, a temperatura ambiente, la agitación térmica de los átomos la destruiría.

En 2004 Andre Geim y Konstantin Novoselov en la Universidad de Manchester aislaron las primeras muestras de grafeno a partir de grafito, utilizando una cinta adhesiva que les permitió extraer una lámina de un solo átomo de carbono de espesor.

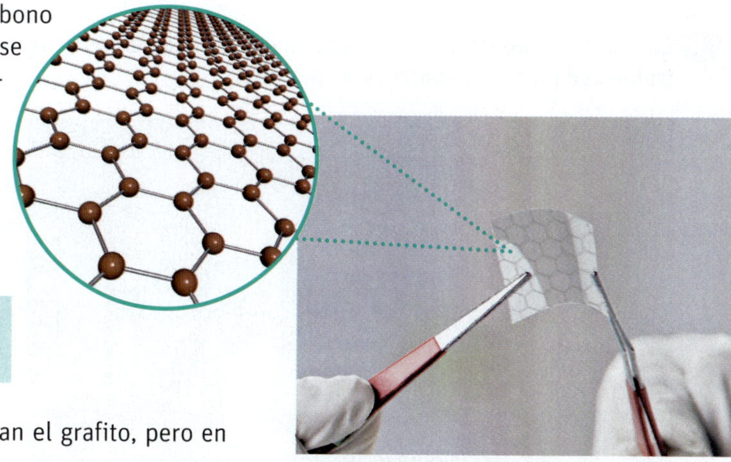

Figura 7.28. La flexibilidad es una de las características de este material.

> El **grafeno** es una forma alotrópica del carbono formado por una estructura bidimensional de una sola capa de átomos de carbono.

Se puede considerar al grafeno como cada una de las capas que forman el grafito, pero en estado individualizado.

Propiedades

Algunas propiedades más relevantes del grafeno son:

- **Fortaleza mecánica**. Es cien veces más resistente a la tracción que el acero: una hamaca de 1 m^2 de grafeno, con un peso de 0,77 mg, soportaría un peso de 4 kg encima. Además es más duro (resistencia a ser rayado) que el diamante y es flexible.
- **Conductividad eléctrica**. La amplia gama de propiedades eléctricas y magnéticas lo hace idóneo para construir dispositivos óptico-electrónicos. Se piensa que podría desplazar en parte al silicio como material principal en electrónica. En los próximos años se utilizará en:
  - La construcción de pantallas táctiles flexibles.
  - Cables de alta velocidad para mejorar las comunicaciones.
  - Sensores fotográficos mucho más sensibles que los actuales.

5.5. Esquema de las formas alotrópicas del carbono

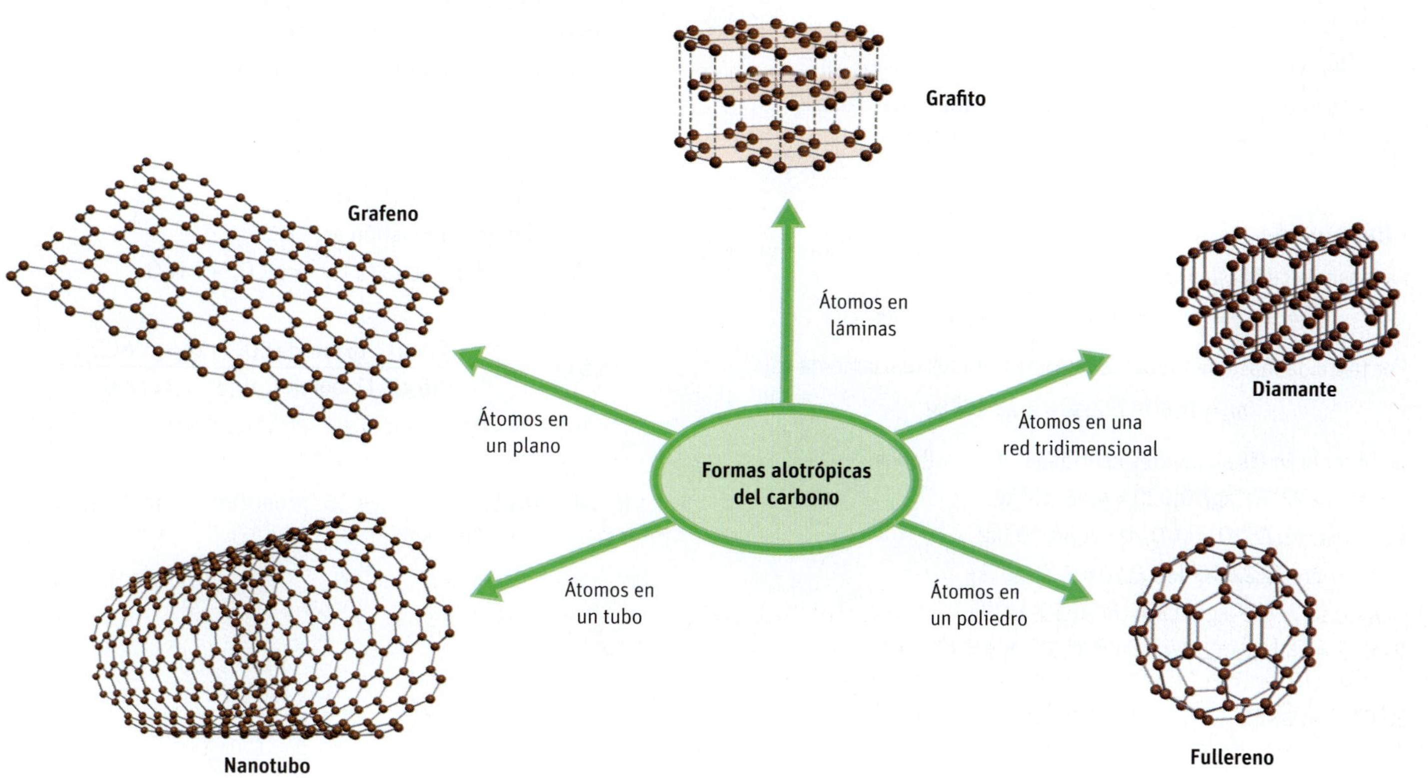

Petróleo y gas natural

1 **En una torre de destilación fraccionada de una refinería se tratan cada día 1680 barriles de petróleo.**

Se sabe que los porcentajes en masa de cada producto obtenido en la destilación del crudo son los siguientes:

Átomos de carbono	% en masa de material	Tipo de producto
1-5	2,0 %	Gases
5-12	20,0 %	Gasolina
12-15	10,0 %	Queroseno
15-25	30,0 %	Gasoil
> 25	38,0 %	Residuos sólidos

Determina la cantidad diaria de cada producto de destilación que se obtiene sabiendo que 1 barril equivale a 159 L y el crudo tiene una densidad de 0,830 g cm^{-3}.

Consideraciones iniciales

- Los porcentajes se refieren a la masa de cada barril dedicada a la obtención de cada destilado.

Resolución

La masa de cada barril es:

$$m = V\,d = (159\,\text{dm}^3)(0{,}830\,\text{kg dm}^{-3}) = 132\,\text{kg}$$

Por tanto, la masa de todos los barriles tratados diariamente es:

$$m_T = 1680 \cdot (132\,\text{kg}) = 2{,}22 \cdot 10^5\,\text{kg}$$

Se obtendrán las siguientes cantidades de destilados:

Gases: $(2{,}22 \cdot 10^5\,\text{kg}) \cdot 0{,}020 = 4{,}44 \cdot 10^3\,\text{kg}$

Gasolina: $(2{,}22 \cdot 10^5\,\text{kg}) \cdot 0{,}20 = 4{,}44 \cdot 10^4\,\text{kg}$

Queroseno: $(2{,}22 \cdot 10^5\,\text{kg}) \cdot 0{,}10 = 2{,}22 \cdot 10^4\,\text{kg}$

Gasoil: $(2{,}22 \cdot 10^5\,\text{kg}) \cdot 0{,}30 = 6{,}66 \cdot 10^4\,\text{kg}$

Residuos sólidos: $(2{,}22 \cdot 10^5\,\text{kg}) \cdot 0{,}38 = 8{,}44 \cdot 10^4\,\text{kg}$

> **CONCLUSIONES:** La destilación fraccionada es el proceso físico más importante de las petroquímicas.

Uso de combustibles fósiles

2 **Cuando arden 8,6 g de un hidrocarburo saturado se forman 12,6 g de agua.**

a) **Determina la fórmula empírica del hidrocarburo sabiendo que la masa molar del hidrocarburo es 86 g mol^{-1}.**

b) **Calcula también la cantidad de CO_2 que se ha producido.**

Consideraciones iniciales

- En la combustión de cualquier hidrocarburo solo se forma dióxido de carbono y agua y todo el hidrógeno que estaba en el hidrocarburo pasa a estar en el agua producida.

Resolución

a) Como la masa molar del agua es 18 g mol^{-1}, el porcentaje de H_2 en el H_2O es:

$$\frac{2 \cdot 100}{18} = 11\%$$

Por tanto, los 12,6 g de agua contienen:

$$(12{,}6\,\text{g}) \cdot \frac{11}{100} = 1{,}4\,\text{g de H}$$

Luego, el hidrocarburo estará formado por:

1,4 g de H y (8,6 – 1,4) g = 7,2 g de carbono

La relación en moles de estas sustancias en el hidrocarburo serán:

$$\text{H}: \frac{(1{,}4\,\text{g})}{(1{,}0\,\text{g}\text{mol}^{-1})} = 1{,}4\,\text{mol}$$

$$\text{C}: \frac{(7{,}2\,\text{g})}{(12\,\text{g}\text{mol}^{-1})} = 0{,}6\,\text{mol}$$

La fórmula empírica del hidrocarburo es $C_{0,6}H_{1,4}$ que transformada en números enteros es C_3H_7.

La fórmula molecular es $(C_3H_7)_n$, luego:

$$n \cdot 3 \cdot 12 + n \cdot 7 \cdot 1 = 86$$
$$n = 2$$

La fórmula molecular es C_6H_{14}.

b) La reacción de combustión es:

$$C_6H_{14} + 19/2\ O_2 \rightarrow 6\ CO_2 + 7\ H_2O$$

Se producen:

$$(8{,}6\,\text{g de}\,C_6H_{14}) \cdot \frac{(1\,\text{mol})}{(86\,\text{g})} \cdot \frac{(6\,\text{mol de}\,CO_2)}{(1\,\text{mol de}\,C_6H_{14})} \cdot \frac{(44\,\text{g de}\,CO_2)}{(1\,\text{mol})} =$$
$$= 26{,}4\,\text{g de}\,CO_2$$

> **CONCLUSIONES:** La masa del CO_2 producido es mayor que la del hidrocarburo quemado.

Materiales poliméricos

3 En la fabricación de automóviles se emplean cada vez más materiales poliméricos. Investiga sobre el uso de algunos de ellos, describe sus propiedades y la causa de su elección para un cometido determinado.

Consideraciones iniciales

- La utilización de materiales poliméricos en los automóviles está sujeta a criterios no solo técnicos sino también de rentabilidad económica.

▶ Resolución

Los plásticos más comunes que pueden encontrarse son:

- Paragolpes. Se busca un buen comportamiento ante pequeños impactos y poco peso. En general son termoplásticos aunque también hay materiales compuestos, y han sustituido al acero.
- Tapacubos. Cubren la parte exterior de las llantas. Su labor es decorativa y son termoplásticos.
- Ruedas. Se busca elasticidad, durabilidad y agarre al pavimento. Son elastómeros (caucho natural y elastómeros sintéticos vulcanizados).
- Manguitos. Conducen fluidos a distintas temperaturas (agua, aceite, etc.) y se busca su flexibilidad y resistencia. Son elastómeros (caucho, neoprenos, etc.).
- Techo e interior de puertas. Se busca que sea esponjoso y aislante. Se usa el poliuretano.
- Recubrimiento de cableado eléctrico. Se busca que sean aislantes. Suelen ser termoplásticos como PVC o PE.
- Pilotos luminosos. Deben ser resistentes a golpes y fácilmente coloreables. Son termoplásticos (metacrilatos).
- Salpicadero. Suele contener plásticos de distinta dureza, con diversos cometidos (decorativos o funcionales). Debe proteger de pequeños impactos. Se emplean termoplásticos, termoestables y elastómeros.
- Carrocerías completas. Se busca ligereza y absorción de impactos. Suelen ser materiales compuestos de fibra de carbono (poliacrilonitrilo + resinas termoestables).

> **CONCLUSIONES:** La tendencia a utilizar cada vez más materiales plásticos en la automoción es imparable. Estos materiales aportan ligereza y versatilidad.

Formas alotrópicas del carbono

4 Estima aproximadamente el número de celdas hexagonales elementales que habrá en una lámina de grafeno de 0,15 m^2 sabiendo que el lado del hexágono que forma la celda unidad de este material es 0,14 nm.

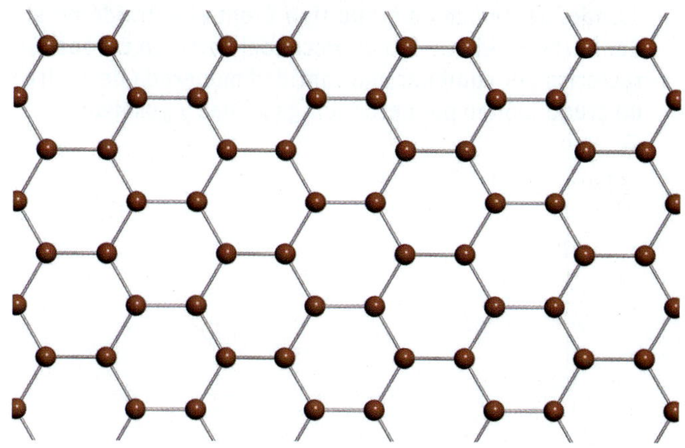

A continuación, sabiendo que cada átomo de carbono está compartido por tres hexágonos (menos en el borde de la lámina), estima el número de átomos de carbono que tendrá la lámina, despreciando el efecto del borde.

Consideraciones iniciales

- En un hexágono regular, el lado es igual a la distancia entre sus vértices y su centro. El área de un hexágono regular es la mitad del producto de su perímetro por su apotema.
- Una superficie cualquiera de grafeno estará formada por múltiples hexágonos, excepto en los bordes, donde se supone que terminará en átomos de carbono unidos a un sólo hexágono.

▶ Resolución

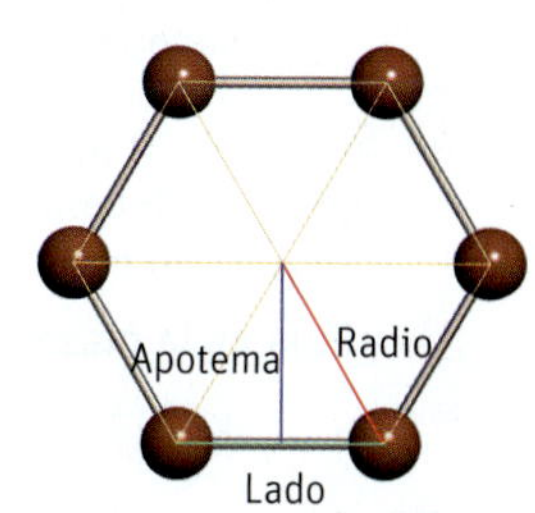

El perímetro de un hexágono unidad es:

$$P = 6 \cdot 0{,}14 = 0{,}84 \text{ nm}$$

La apotema de ese hexágono es:

$$a = \sqrt{0{,}14^2 - 0{,}07^2} = 0{,}12 \text{ nm}$$

El área de un hexágono unidad será:

$$A = \frac{P \cdot a}{2} = \frac{(0{,}84 \text{ nm})(0{,}12 \text{ nm})}{2} = 0{,}050 \text{ nm}^2$$

En la superficie dada, el número, n, de hexágonos será:

$$n = (0{,}15 \text{ m}^2) \cdot \frac{(1 \text{ hexágono})}{(5{,}0 \cdot 10^{-20} \text{ m}^2)} = 3{,}0 \cdot 10^{18} \text{ hexágonos}$$

Cada átomo de carbono comparte tres hexágonos; luego, habrá aproximadamente 10^{18} átomos de carbono.

> **CONCLUSIONES:** No se han contabilizado los átomos de carbono que permanecen unidos al perímetro de los hexágonos, pero estos serán muchos menos que los contabilizados.

ACTIVIDADES

Química del petróleo y del gas natural

16. Indica cuál es el origen más probable del petróleo y razona si se trata de una fuente de energía renovable o no renovable.

17. Existen importantes diferencias de composición entre los distintos petróleos crudos extraídos en diferentes partes del mundo. Se denomina crudo tipo Brent al extraído en el mar del Norte; es el que fija el precio del barril en Europa. Se caracteriza por contener una cantidad moderada de azufre y es un crudo idóneo para producir gasolinas y gasóleos.

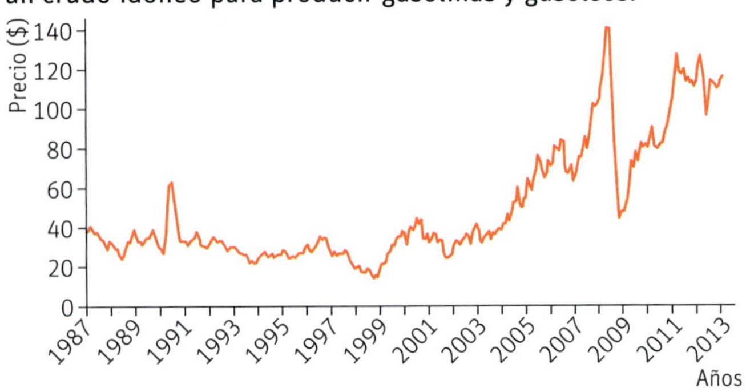

a) Relaciona los picos de variación del precio del Brent con acontecimientos relevantes a escala mundial.

b) Si de este crudo se puede obtener aproximadamente un 40 % de gasolina, calcula los litros de gasolina que se pueden obtener de un barril de Brent.

Solución: b) 63,6 L

18. Uno de los criterios de clasificación de los crudos es su densidad:

Aceite crudo	Densidad (g cm^{-3})
Extrapesado	> 1,0
Pesado	1,0 – 0,92
Mediano	0,92 – 0,87
Ligero	0,87 – 0,83
Superligero	< 0,83

a) Si un barco petrolero transporta 155 000 t de un crudo ligero de densidad 0,85 g cm^{-3}, calcula el volumen de sus tanques en m^3.

b) ¿Cuál es la masa de un barril de este tipo de crudo?

Solución: a) $1{,}8 \cdot 10^5$ m^3; b) 135 kg

19. Si la tasa de retorno energético de un yacimiento de petróleo es 8:1, calcula la energía gastada para extraer 15 000 barriles de crudo, si cada barril proporciona 1700 kW h de energía.

Solución: $3{,}3 \cdot 10^6$ kW h

20. Indica si son verdaderas o falsas las siguientes afirmaciones sobre la destilación fraccionada del petróleo:

a) El fuel destila antes (a más baja temperatura) que el queroseno.

b) Las gasolinas destilan antes que los gasóleos.

c) Las fracciones de menos masa molecular son la que más tardan en destilar.

d) El asfalto no destila.

21. La gasolina tiene una densidad media de 0,76 g cm^{-3} y una densidad energética de $3{,}2 \cdot 10^7$ J dm^{-3}. Determina la energía que se puede obtener de 1 kg de gasolina.

Solución: $4{,}2 \cdot 10^7$ J

22. En el siguiente esquema se pueden ver los porcentajes y cantidades medias en litros de diversos productos, obtenidas de un determinado barril de crudo:

RENDIMIENTO PROMEDIO DE UN BARRIL DE PETRÓLEO

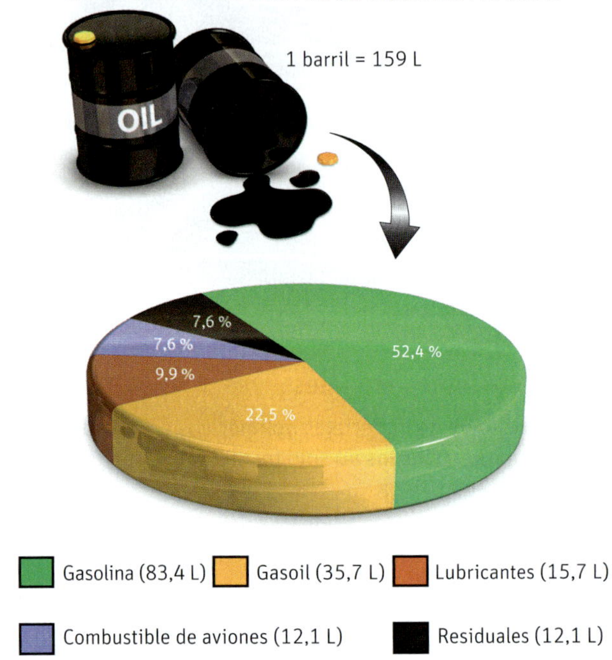

Suponiendo que las densidades medias de la gasolina y el gasoil son 0,76 g cm^{-3} y 0,83 g cm^{-3}, respectivamente, determina las masas de estos productos obtenidos de cada barril.

Solución: gasolina: 63,4 kg, gasoil: 29,6 kg

23. En 1920, un barril de crudo producía de media 41,5 L de gasolina, 20 L de queroseno, 77 L de gasoil y 20 L de destilados más pesados. Hoy día, un barril de crudo produce de media, 79,5 L de gasolina, 11,5 L de queroseno, 34 L de gasoil, 15 L de lubricantes y 11,5 L de residuos más pesados.

El incremento de la cantidad de gasolina producida y las variaciones en el resto de productos responden a la demanda mundial:

a) ¿En qué porcentaje se ha incrementado la producción de gasolinas?

b) Indica las técnicas que han permitido estos incrementos.

Solución: a) 92 %

24. Mediante la técnica del craqueo, un n-decano se rompe en dos moléculas siendo una de ellas el but-2-eno. Formula y nombra el otro componente sabiendo que es un hidrocarburo saturado lineal.

25. Se sabe que 1 m^3 de gas natural posee aproximadamente el mismo poder calorífico que 0,97 L de fuel:

a) Busca información sobre los precios de mercado de ambos combustibles y razona sobre la rentabilidad económica de ambos combustibles.

b) ¿Qué otras razones podrían decantar la decisión de utilizar para calefacción uno u otro combustible?

Los materiales poliméricos

26. Clasifica los siguientes materiales poliméricos en naturales o sintéticos:

Caucho, madera, PVC, polietileno, neopreno, almidón, quitina, poliuretano.

27. El polietileno (PEL) es un plástico de estructura sencilla, formado por la repetición de unidades $-(CH_2-CH_2)n-$.

En su fabricación se utiliza como materia prima el eteno, obtenido de la destilación del crudo.

Realiza una estimación del número de átomos de carbono que componen una fibra de polietileno de masa molecular es 3 500 000 u.

Solución: $2{,}5 \cdot 10^5$ átomos

28. La composición centesimal en masa de un material polimérico ha dado como resultado que posee un 38,43 % de C, un 56,77 % de cloro y un 4,80 % de hidrógeno.

Halla la fórmula empírica de cada unidad repetitiva de este material.

29. El policloruro de vinilo o PVC es un plástico estable, inerte y muy resistente, utilizado en la fabricación de tuberías, puertas y ventanas.

Sin embargo su uso está siendo cuestionado debido a la posible liberación de cloro a la atmósfera durante su fabricación o su reciclado químico. Este cloro favorece la destrucción de la capa de ozono y la transformación del ozono estratosférico en oxígeno.

Si la unidad estructural del PVC es $-(CH_2-CHCl)_n-$ determina la cantidad de cloro que contiene aproximadamente 1 kg de PVC.

Solución: 568 g

30. smSaviadigital.com OBSERVA

Actualmente se están estudiando materiales poliméricos capaces de regenerarse cuando han sufrido pequeños desperfectos. Observa el vídeo en la dirección y señala posibles aplicaciones de este tipo de materiales.

31. El Kevlar es un material polimérico formado por una poliamida (PA), que contiene carbono, oxígeno, nitrógeno e hidrógeno. Se caracteriza por una gran rigidez y mayor resistencia a la tracción que el acero. Entre otros usos, se emplea en la fabricación de velas para windsurf.

Busca aplicaciones de este material relacionadas con la protección de las fuerzas armadas y policiales.

32. Casi todos los materiales poliméricos son aislantes, es decir, conducen poco la corriente eléctrica. Sin embargo, existen polímeros que se comportan como conductores y emiten luz cuando se les aplica corrientes eléctricas.

a) Investiga la relación entre la conductividad de los plásticos y la presencia de anillos bencénicos o dobles enlaces en su estructura.

b) ¿Qué son los diodos OLED? ¿Cuáles pueden ser sus aplicaciones?

33. La industria ha buscado alternativas a los plásticos tradicionales que proceden del petróleo. Este es el caso del bioplástico denominado ácido poliláctico (PLA), polímero del ácido láctico o ácido 2-hidroxipropanoico, que se obtiene de productos vegetales como el maíz.

Es transparente, brillante, resistente, con propiedades semejantes a los plásticos derivados del petróleo, pero es biodegradable y procede de recursos renovables como el almidón.

Describe diversas aplicaciones de este polímero.

ACTIVIDADES

Las formas alotrópicas del carbono

34. Observa el diagrama de fases del carbono y sugiere algún procedimiento para transformar el grafito en diamante:

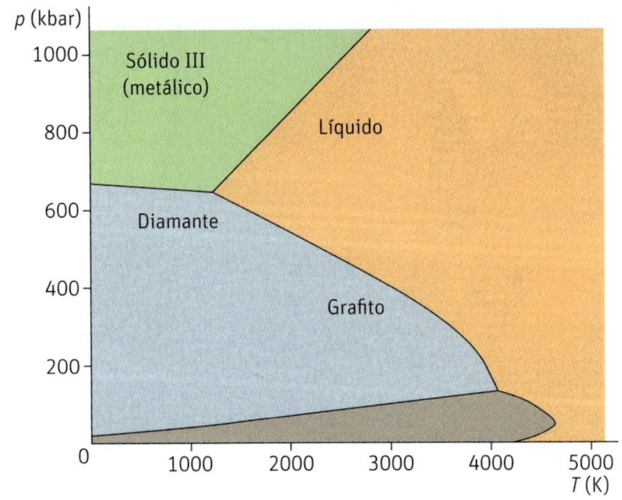

a) ¿Qué problemas reales tendrá esta transformación?

b) Desde el punto de vista energético, la transformación del diamante en grafito está energéticamente favorecida. ¿Por qué no ocurre?

35. El diamante posee una estructura cristalina, donde es necesario aportar una energía de 5,5 eV, o más, para romper un enlace covalente y que un electrón pueda moverse por el cristal, mientras la luz visible tiene un máximo de energía de 3,1 eV. Razona por qué el diamante puro es incoloro.

36. Uno de los mayores diamantes tallados que existe es el Golden Jubilee de 545,67 quilates, descubierto en 1985 en una mina de Sudáfrica, y propiedad actual del rey de Tailandia. Calcula el número de átomos de carbono que contiene.

Solución: $5 \cdot 10^{24}$ átomos

37. El grafito es negro, lo que indica que absorbe luz de cualquier longitud de onda, dentro del espectro visible. Justifica esa propiedad sabiendo que los electrones de los débiles enlaces que unen sus capas son fáciles de excitar a niveles energéticos superiores.

38. La resistividad de los nanotubos de carbono puede llegar a ser del orden de 10^{-8} Ω m. Compárala con la resistividad de los mejores metales conductores, la plata y el cobre, y saca conclusiones sobre su capacidad de conducir la corriente eléctrica.

39. El "ascensor espacial" es un diseño teórico que podría basarse en las fibras de carbono, y cuyo cometido sería poner en órbita alrededor de la Tierra diversas cargas, utilizando relativamente poca energía.

Un cable poco pesado y muy resistente descendería desde una plataforma en órbita geoestacionaria sobre el ecuador, hasta la superficie terrestre.

Razona sobre el origen de las tensiones que soportaría el cable y si podría ser fabricado de nanotubos de carbono.

40. Una de las primeras aplicaciones del grafeno que llegará a productos de consumo, incluso antes que las aplicaciones electrónicas, será su uso en prendas de vestir. ¿Qué tipo de propiedades crees que añadirá el grafeno a las fibras sintéticas?

41. Busca información y describe las posibles futuras aplicaciones del grafeno en los siguientes campos:

a) Pantallas táctiles y flexibles

b) Sensores

c) Transistores

d) Células solares

e) Fibra óptica

smSaviadigital.com

42. Entra en esta dirección y observa una infografía sobre la formación del petróleo y el gas natural y su posterior explotación. Después contesta a las siguientes cuestiones:

a) ¿Cómo se forman las bolsas de petróleo?

b) ¿Qué es un trépano? ¿Cómo se extraen los fragmentos de roca desprendidos en una perforación?

c) ¿Cómo se transporta el petróleo crudo?

d) ¿Qué operaciones tienen lugar en una refinería?

RESUELVE

smSaviadigital.com VALORA LO APRENDIDO > Realiza estas actividades de autoevaluación para comprobar los conocimientos adquiridos.

LA QUÍMICA Y... LOS NUEVOS MATERIALES

El principal material utilizado en la construcción de un coche de Fórmula I es la *fibra de carbono*: chasis, alerones, suspensiones, volante, asientos, etc. se fabrican con él.

La vida de los pilotos de coches de fibra de carbono está mejor protegida que con otros materiales porque mucha de la energía transferida en impactos a más de 300 km h^{-1} es absorbida por esta fibra, que salta en mil pedazos en vez de arrugarse como los metales. Así, el piloto queda protegido y la mayor parte de la energía no llega hasta su cuerpo. Entre sus propiedades también destacan su baja densidad y su alta resistencia mecánica, química y al fuego.

La fibra de carbono está formada por tres componentes:

- Hilos de carbono, que proceden de una mezcla de polímeros derivados del petróleo (el más utilizado es el poliacrilonitrilo o PAN); aportan flexibilidad y resistencia.
- Resina termoestable, actúa uniendo las fibras y protegiéndolas.
- Un catalizador, que endurece la resina.

El resultado es un material igual de resistente que el acero, pero varias veces más flexible y ligero.

Las poliamidas son polímeros con el grupo funcional amida. Estas fibras pueden ser naturales, como la lana y seda, o sintéticas, como el *nailon* y las *aramidas*. Las aramidas, como el *Kevlar* y el *Nomex* (nombres comerciales), contienen grupos amidas y aromáticos.

El **Nomex** (polimetafenileno tereftalamida) es una fibra muy resistente al calor y al fuego. Los bomberos y los pilotos de coches y aviones utilizan trajes, monos y prendas ignífugas (capuchas, ropa y zapatos) fabricadas con Nomex para protegerse en caso de fuego.

El **Kevlar** es una poliamida (poliparafenileno tereftalamida) que se caracteriza por una gran rigidez estructural y dureza, alta resistencia química, elevada resistencia al corte y a la rotura, baja resistencia eléctrica, etc.

Debido a la orientación de las cadenas moleculares y a los numerosos puentes de hidrógeno entre los grupos amida, presenta una resistencia tan alta como el acero, pero mucho más ligero. Estas propiedades lo hacen muy útil para ser utilizado en chalecos antibalas, cascos, esquís, kayaks, neumáticos...

1. El 90 % de un monoplaza está construido por fibra de carbono. ¿Qué ventajas tiene este material frente a los tradicionales fabricados con metales?
2. Busca otras aplicaciones del Nomex y del Kevlar.

Autoevaluación

1. El petróleo y el gas natural son:
   a) Compuestos químicos
   b) Mezclas de sustancias químicas
   c) Polímeros
   d) Formas alotrópicas del carbono
2. En la destilación fraccionada del petróleo:
   a) El asfalto es una fracción no volátil.
   b) El queroseno es la fracción que primero destila.
   c) El gasóleo es el producto obtenido mayoritariamente.
   d) Los aceites lubricantes forman la fracción que primero destila.
3. La técnica denominada *fracking*:
   a) Solo permite explotar yacimientos casi agotados de gas.
   b) Carece de riesgos ambientales.
   c) Consume poca agua.
   d) Ha desarrollado nuevas técnicas de perforación.
4. Los convertidores catalíticos o catalizadores de los automóviles:
   a) Eliminan el CO_2 de los gases de escape.
   b) Eliminan los óxidos de nitrógeno de los gases de escape.
   c) Eliminan el plomo de los gases de escape.
   d) Eliminan el azufre de los gases de escape.
5. El metacrilato:
   a) Es un elastómero.
   b) Es un termoestable.
   c) Es un termoplástico.
   d) No es un material polimérico.
6. El grafeno:
   a) Es un tipo de grafito.
   b) Es un tipo de diamante.
   c) Es una forma alotrópica del carbono.
   d) Es un plástico.

PRÁCTICA DE LABORATORIO

Estimación del volumen de una molécula y de la constante de Avogadro

Situación a resolver

Se trata de estimar el volumen de la molécula de una sustancia líquida, tratando de formar una película monomolecular del líquido sobre agua. El espesor de la película coincidirá con la longitud de una molécula.

Posteriormente se emitirán suposiciones sobre el volumen de la molécula y se estimará la constante de Avogadro.

Análisis del problema

¿Cómo se determina el espesor de la película?

Sabiendo el volumen V del líquido vertido y midiendo la superficie, S, de la película monomolecular formada, se calcula el espesor de la película a través de la relación:

$$h = \frac{V}{S}$$

- Suponiendo que las moléculas son cúbicas, se puede estimar el volumen de una molécula a través de la fórmula:

$$V_{\text{molécula}} = h^3$$

- Una mejora es suponer que se asemeja a un paralelepípedo de base cuadrada con una altura unas diez veces superior al lado de la base. Con esta suposición, el volumen de una molécula sería:

$$V_{\text{molécula}} = S_{\text{base}}\, h = \left(\frac{h}{10}\right)^2 h = \frac{h^3}{100}$$

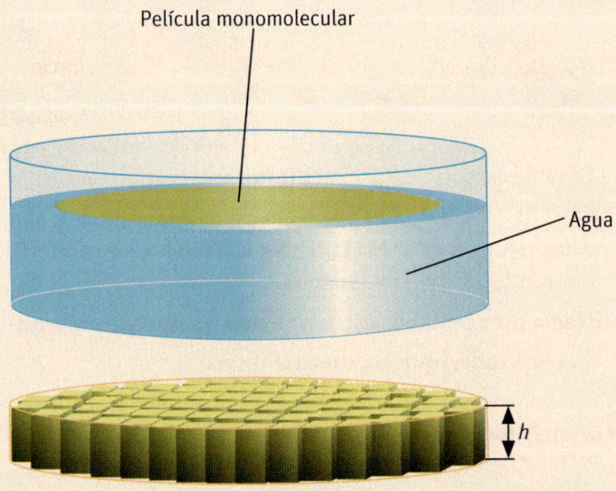

¿Cómo se puede calcular la constante de Avogadro?

- El volumen molar del líquido se calcula con la relación $V_m = M/d$, en la que M es la masa molar y d, la densidad.
- Si se conoce el volumen molar del líquido, V_m, la constante de Avogadro se puede estimar con la relación:

$$N_A = \frac{V_{\text{molar}}}{V_{\text{molécula}}}$$

¿Qué materiales y datos se necesitan, y qué precauciones hay que tomar?

- El líquido debe ser menos denso que el agua y, a la vez, insoluble (un líquido orgánico es lo más adecuado).
- Para que se forme una capa monomolecular es conveniente que la molécula tenga una parte liófoba (apolar) y una parte liófila (polar), que será atraída por las moléculas polares del agua. Así, sus moléculas se colocarán paralelas con la parte liófila sumergida en el agua.
- Un ácido orgánico como el ácido oleico (d = 0,89 g$\,$cm^{-3} y M = 282,5 g$\,$mol^{-1}) reúne las anteriores condiciones.
- Para comprobar que la capa que se forma es monomolecular, la película formada no debe tocar los bordes del recipiente, para lo cual hay que verter una cantidad muy pequeña de ácido oleico. Se consigue preparando una disolución muy diluida, por ejemplo, de concentración 1 cm^3 ácido oleico/1000 cm^3 disolución, o sea de 0,89 g$\,$L^{-1} y utilizando un disolvente que se disuelva en agua y que sea volátil (este disolvente puede ser etanol).
- El contorno de la película formada al caer la gota se visualiza mejor recubriendo la superficie de agua con polvos de talco espolvoreados sobre una fina tela. Así, la película formada retirará las partículas de talco y su límite será fácilmente visible, sobre todo si se coloca una cartulina negra debajo del cristalizador para mejorar el contraste.

Desarrollo experimental

PASO 1 Mide el volumen de una gota de disolución. Para ello vierte 50 gotas en una probeta de 10 mL, y divide el volumen total entre 50.

PASO 2 Ahora calcula el volumen de ácido oleico en esta gota de disolución:

$$V_{\text{ácido oléico}} = \frac{1}{1000} V_{\text{gota disol.}}$$

PASO 3 Espolvorea el talco sobre la superficie del agua y deja caer una gota. Se forma una película de forma estrellada.

PASO 4 La superficie de la película formada se mide dibujando con un rotulador de punta fina el contorno de la película sobre una lámina de plástico transparente colocada sobre el cristalizador.

PASO 5 Traslada el dibujo a una hoja de papel milimetrado y mide su superficie contando los cuadritos de 1 mm^2 que contiene.

PASO 6 Calcula el espesor de la película: $h = \frac{V}{S}$ =................ m.

PASO 7 Calcula el volumen de la molécula eligiendo alguna de estas suposiciones sobre su forma:

a) $V_{\text{molécula}} = h^3$ = ... m^3

b) $V_{\text{molécula}} = \frac{h^3}{100}$ = ... m^3

PASO 8 Determina el volumen molar del ácido oleico:

$$V_{\text{molar}} = \frac{M}{d} = \text{ .... } m^3 mol^{-1}$$

PASO 9 Estima la constante de Avogadro: $N_A = \frac{V_{\text{molar}}}{V_{\text{molécula}}}$ = ...

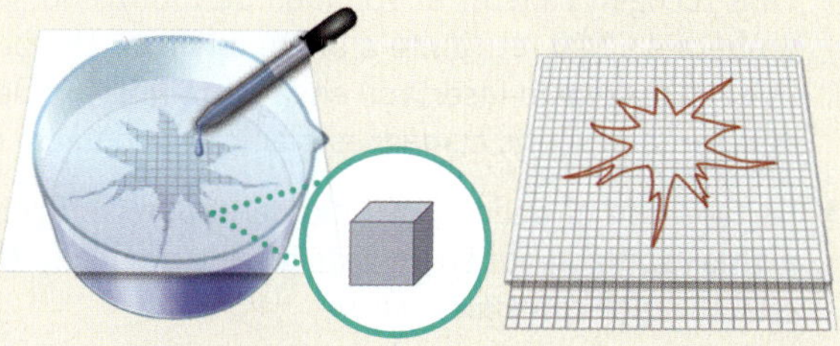

smSaviadigital.com OBSERVA

Aquí puedes ver la realización de esta práctica.

Evaluación del resultado

- Compara el valor obtenido para el valor de una molécula y el de la constante de Avogadro con los valores alcanzados por otros grupos de trabajo de tu clase.
- Como el valor real de la constante de Avogadro es de $6{,}02 \cdot 10^{23}$ moléculas mol^{-1}. Calcula el error relativo que hayas cometido y piensa cuáles pueden ser las causas de este error.
- Propón alguna técnica para mejorar la exactitud del valor obtenido.

PRÁCTICA DE LABORATORIO

Determinación de la masa molar del magnesio

Situación a resolver

Se trata de determinar la masa molar del magnesio, a partir de la reacción de una masa conocida del metal con el ácido clorhídrico. La medida del volumen de hidrógeno generado en la reacción permite dicha determinación mediante cálculos sencillos.

Análisis del problema

¿Qué materiales y datos se necesitan, y qué precauciones hay que tomar?

- La cinta de magnesio (de unos 4 cm de longitud) debe lijarse previamente, para eliminar restos de óxido superficial, y pesarse posteriormente en una balanza que aprecie centésimas de gramo.
- El ácido clorhídrico comercial de concentración del 37 % en masa y con una densidad de 1,19 $g\,mL^{-1}$ debe manejarse con mucho cuidado por ser un reactivo muy corrosivo.
- En la práctica se va a utilizar una disolución diluida de ácido clorhídrico, de concentración 1 $mol\,L^{-1}$ (si no dispones de ella debes prepararla conforme a las indicaciones dadas en la unidad 2).

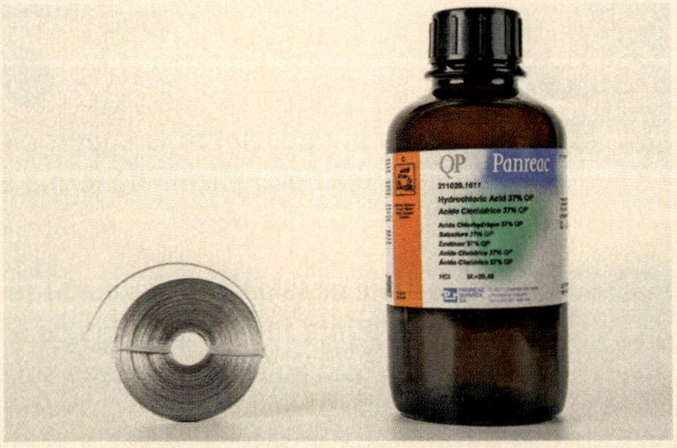

¿Qué reacción química se produce entre el ácido y el magnesio?

- El magnesio reacciona con ácido clorhídrico para originar hidrógeno gas y cloruro de magnesio que permanece en disolución.

$$Mg(s) + 2\,HCl(aq) \rightarrow MgCl_2(aq) + H_2(g)\uparrow$$

¿Cómo medir la cantidad de hidrógeno obtenido?

- Para recoger y medir el volumen de hidrógeno se utiliza una probeta de 100 mL, junto a un tapón de corcho perforado que tiene el magnesio insertado en la parte inferior. De esta forma, al tapar la probeta, el magnesio entra en contacto con el ácido.
- Se tapa con el dedo el orificio del tapón, se invierte y se sumerge rápidamente en un vaso grande de precipitados o en un cristalizador con agua.
- El hidrógeno burbujea en el interior de la probeta invertida, pudiéndose medir su volumen de forma directa. El tapón agujereado mantiene la presión de este hidrógeno prácticamente igual a la atmosférica.

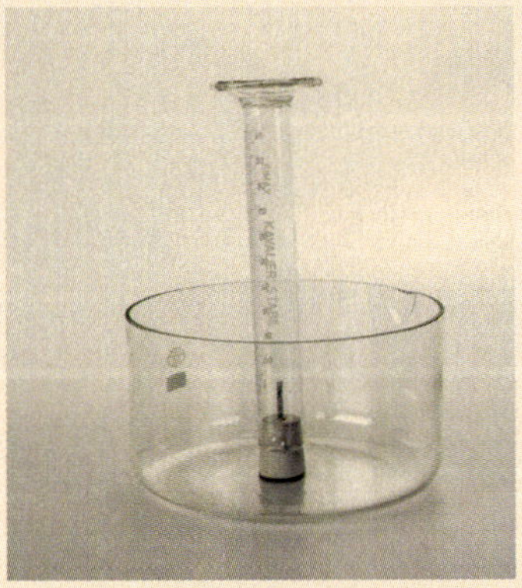

¿Cómo se determina la masa molar del magnesio?

- Una vez medido el volumen de hidrógeno desprendido, a partir de la ecuación de los gases ideales (donde p es la presión, V el volumen del gas, T la temperatura, R la constante de los gases y n los moles del gas), se despeja y se calculan los moles de hidrógeno:

$$pV = nRT \Rightarrow n = \frac{pV}{RT}$$

- De la estequiometría de la reacción (moles Mg = moles H_2) se obtienen los moles de magnesio y como se ha medido la masa de magnesio que reacciona, se deduce finalmente su masa molar, M_{Mg}:

$$n_{Mg} = \frac{m_{Mg}}{M_{Mg}} \Rightarrow M_{Mg} = \frac{m_{Mg}}{n_{Mg}}$$

Desarrollo experimental

PASO 1 Corta 4 cm de cinta de magnesio y mide su masa utilizando una balanza de precisión (con una apreciación de 0,01 g).

PASO 2 Inserta la cinta en la parte inferior de un tapón de corcho con un orificio central. El magnesio se puede poner en ese orificio.

PASO 3 Llena hasta el mismo borde una probeta de 100 mL con la disolución de ácido clorhídrico diluida preparada, de 1 mol L^{-1} (aunque el HCl diluido no es muy corrosivo, debes utilizar guantes protectores en todo el proceso).

PASO 4 Cierra con un dedo el orificio del tapón, tapa la probeta e inviértela rápidamente sobre un cristalizador con agua. Procura que no quede aire en el interior de la probeta.

PASO 5 Retira el dedo del tapón y sujeta la probeta con la mano mientras tiene lugar la reacción.

PASO 6 Cuando termine el burbujeo del gas, mide el volumen de agua desplazada en el interior de la probeta a causa del hidrógeno generado. Procura que el nivel del agua en el interior de la probeta coincida con el nivel del agua del cristalizador exterior, para que la presión en ambos sea la presión atmosférica. Se desprecia la presión de vapor del agua para simplificar el procedimiento.

PASO 7 Lee la presión atmosférica en un barómetro y la temperatura del agua con un termómetro (se la supone aproximadamente igual a la del hidrógeno) y calcula los moles de hidrógeno:

$$n_{Mg} = \frac{pV}{RT} = \text{........ mol}$$

Dato: R = 0,082 atm L K^{-1} mol^{-1}

PASO 8 Deduce los moles de Mg que han reaccionado y calcula su masa molar:

$$M_{Mg} = \frac{m_{Mg}}{n_{Mg}} = \text{.............. g mol}^{-1}$$

PASO 9 Comprueba que el hidrógeno es un gas combustible. Para ello saca la probeta del agua, ponla vertical, quita el tapón y acerca la llama de la cerilla al extremo abierto para producir la combustión del hidrógeno.

$$H_2(g) + ½\,O_2(g) \rightarrow H_2O(l) + 286\ kJ$$

La entalpía de combustión del hidrógeno es 286 kJ mol^{-1}. Con este dato, y conocidos los moles de hidrógeno producidos, se puede determinar la energía que desprende.

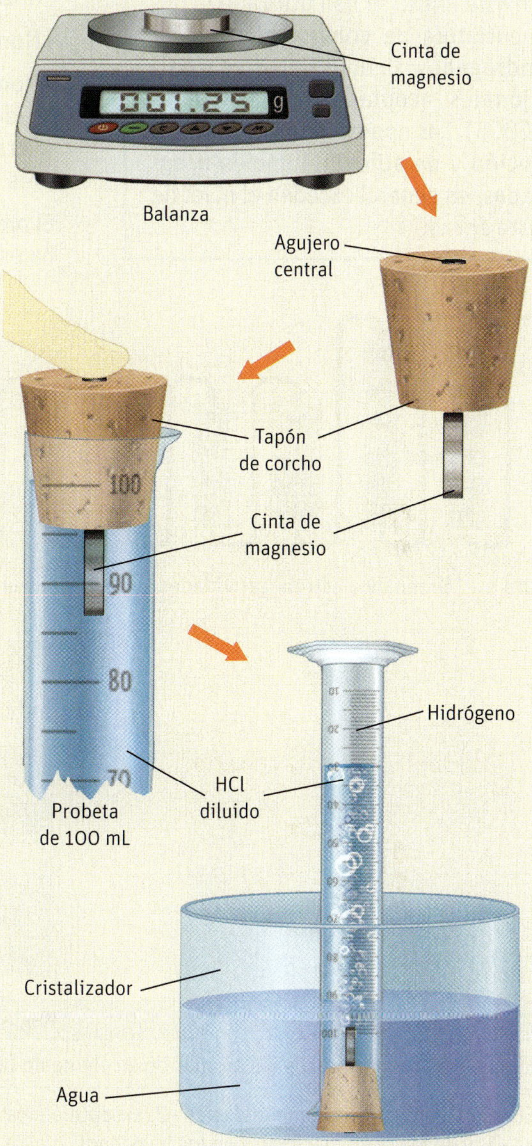

smSaviadigital.com OBSERVA

Aquí puedes ver la realización de esta práctica.

Cuestiones

- ¿Qué sucedería si empleamos ácido clorhídrico concentrado en lugar del diluido?
- Una vez que la probeta invertida y sin tapón se encuentra fuera del vaso de precipitados, ¿por qué el hidrógeno no se escapa?
- Observa las paredes de la probeta después de la combustión del hidrógeno, ¿qué producto se ha formado?

Evaluación del resultado

- Compara el valor obtenido de la masa atómica del magnesio con el valor que aparece en la tabla periódica.
- Calcula el error relativo porcentual de la medida (cociente entre el error absoluto y el valor exacto, multiplicado por 100).
- Indica algunas causas responsables del error cometido en la experiencia.

FORMULACIÓN QUÍMICA

1 Conceptos previos de formulación y nomenclatura

LAS NORMAS IUPAC 2005

En este anexo se han utilizado la nomenclatura de **composición**, la de **hidrógeno** y algunos **nombres tradicionales aceptados** por la IUPAC (2005). Las nomenclaturas de **sustitución** y de **adición**, también aceptadas, en general exceden el nivel de este anexo.

Las **fórmulas** proporcionan un medio simple y claro para identificar especies químicas. Si bien la composición química de una sustancia es única, su nombre no lo es. En este anexo utilizaremos las siguientes **nomenclaturas**:

- **Nomenclatura tradicional**. Incluye nombres vulgares aceptados por la IUPAC.
- **Nomenclatura de composición**. Está recomendada por la **IUPAC**. Es sistemática y está basada en la composición del compuesto, haciendo uso de los prefijos ***mono-, di-, tri-, tetra-...*** Otra opción muy empleada en la nomenclatura de compuestos binarios es indicar en números romanos el número de oxidación de uno de los elementos del compuesto.

El orden de los componentes se establece con el orden de electronegatividades que la IUPAC ha **establecido por convenio** en 2005, según la siguiente tabla:

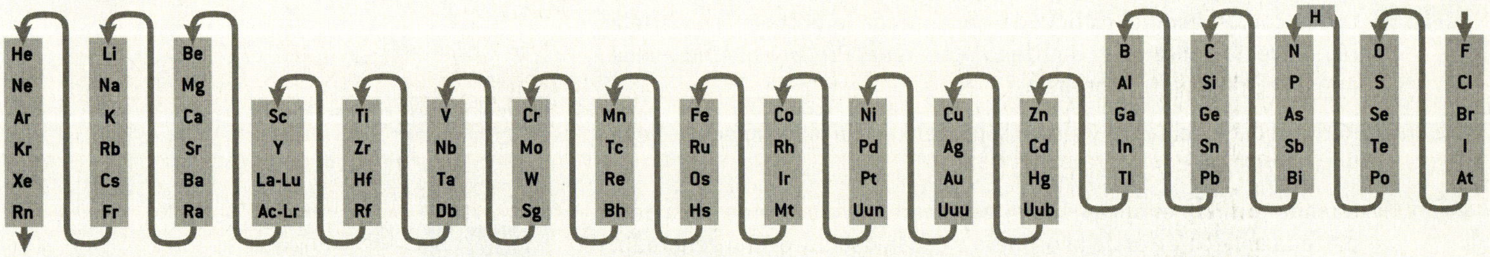

Figura 1. Orden de electronegatividades según el convenio IUPAC (2005).

1.1. Valencia y número de oxidación

Indican la capacidad de combinación entre los átomos de los distintos elementos.

La **valencia** es el número de electrones perdidos (valencia positiva), ganados (valencia negativa) o compartidos al combinarse con otro.

El **número de oxidación** de un átomo en un compuesto indica el número de electrones que el átomo habría perdido o ganado si el compuesto fuera perfectamente iónico. Siempre tiene signo (positivo o negativo).

Reglas para determinar el número de oxidación	
• El número de oxidación de los átomos de un elemento libre es 0.	• El número de oxidación de los metales siempre es positivo.
• El del oxígeno en sus compuestos es −2, excepto en los peróxidos, donde es −1, y en las combinaciones con los halógenos, donde es +2.	• El número de oxidación de cualquier ion monoatómico es igual a la carga del ion.
• El número de oxidación del hidrógeno es +1, salvo en sus combinaciones con metales, donde es −1.	• La suma de los números de oxidación de los átomos en un compuesto neutro es siempre 0; si se trata de un ion, dicha suma será igual a la carga del ion.

1	2	5	6	7	8	9	10	11	12	13	14	15	16	17
Li +1	**Be** +2				**H** +1, −1					**B** +3, −3	**C** −4, +2, +4	**N** −3, +1, +2, +3, +4, +5	**O** −2	**F** −1
Na +1	**Mg** +2									**Al** +3	**Si** +2, +4	**P** −3, +3, +5	**S** −2, +2, +4, +6	**Cl** −1 +1, +3, +5, +7
K +1	**Ca** +2	**V** +2, +3, +4, +5	**Cr** +2, +3, +6	**Mn** +2, +3, +4, +5, +6, +7	**Fe** +2, +3	**Co** +2, +3	**Ni** +2, +3	**Cu** +1, +2	**Zn** +2	**Ga** +3	**Ge** +2, +4	**As** −3, +3, +5	**Se** −2, +2, +4, +6	**Br** −1, +1, +3, +5, +7
Rb +1	**Sr** +2						**Pd** +2, +3	**Ag** +1	**Cd** +2	**In** +3	**Sn** +2, +4	**Sb** −3, +3, +5	**Te** −2, +2, +4, +6	**I** −1, +1, +3, +5, +7
Cs +1	**Ba** +2						**Pt** +2, +4	**Au** +1, +3	**Hg** +1, +2	**Tl** +3	**Pb** +2, +4	**Bi** +3, +5	**Po** +2, +4	**At** −1, +1, +3, +5, +7
Fr +1	**Ra** +2													

2 Óxidos

Los **óxidos** son la combinación binaria del oxígeno con un elemento que no sea del grupo 17. El número de oxidación del oxígeno es **–2**. Pueden dividirse en dos grandes grupos: los **óxidos metálicos** y los **óxidos no metálicos**.

- **Óxidos metálicos**. Son compuestos de carácter iónico. La mayoría son **óxidos básicos**, ya que en disolución acuosa tienen un comportamiento básico. Por ejemplo: Na_2O.
- **Óxidos no metálicos** (excluimos de esta categoría las combinaciones del oxígeno con los halógenos). Son compuestos de carácter covalente. La mayoría son **óxidos ácidos**, ya que sus disoluciones acuosas tienen, en general, un carácter ácido. Por ejemplo: N_2O_3.

Todos se **formulan** colocando el símbolo del elemento y, a continuación, el oxígeno y se intercambian los números de oxidación, simplificando si es posible. Se nombran mediante la nomenclatura de **composición**. Dos de sus formas son:

	Con prefijos multiplicadores	Con números romanos
	Se escribe la palabra *óxido*, seguida del nombre del otro elemento. Las proporciones de los constituyentes se indican con los prefijos *mono-*, *di-*, *tri-*, *tetra-*, etc.	Se escriben las palabras *óxido de* seguidas del nombre del otro elemento. Si tiene más de un número de oxidación se indica en números romanos.
Ni_2O_3	Trióxido de diníquel	Óxido de níquel(III)
Li_2O	Óxido de dilitio	Óxido de litio

Sustancias simples

Se denominan **sustancias simples** las formadas por átomos de un mismo elemento. Estas sustancias no se pueden descomponer en otras más sencillas.

- Los **metales** se representan mediante su símbolo: Ni, Co, Pb, etc.
- Los **gases nobles** son monoatómicos: He, Ne, Ar, Kr, Xe y Rn.
- Algunos no metales son **diatómicos**: N_2, O_2, H_2, F_2, Cl_2, Br_2, I_2.
- Existen no metales que forman otras **agrupaciones**: P_4, S_8, O_3, etc.

2.1. Haluros de oxígeno

Los **haluros** de oxígeno son las combinaciones binarias de un halógeno con el oxígeno.

Según las normas de la IUPAC dictadas en 2005, se deben nombrar como **haluros de oxígeno** y no como óxidos. Se **formulan** colocando primero el oxígeno y, luego, el halógeno.

Fórmula	Con prefijos multiplicadores	Fórmula	Con prefijos multiplicadores
OF_2	Difluoruro de oxígeno	O_3Cl_2	Dicloruro de trioxígeno
OCl_2	Dicloruro de oxígeno	O_5I_2	Diyoduro de pentaoxígeno

Sustancias de interés

Un peróxido muy común es el peróxido de hidrógeno (H_2O_2), conocido por su nombre tradicional como **agua oxigenada**.

3 Peróxidos

Los **peróxidos** son combinaciones binarias de oxígeno que contienen el grupo peróxido (O_2^{2-}). El número de oxidación del oxígeno en este caso es –1.

Se **formulan** considerando en bloque el O_2 con carga 2–. Los subíndices se simplifican, teniendo en cuenta que el oxígeno debe quedar con subíndice par.

Fórmula	Con prefijos multiplicadores	Con números romanos
Na_2O_2	Dióxido de disodio	Peróxido de sodio
CuO_2	Dióxido de cobre	Peróxido de cobre(II)

ACTIVIDADES

1. Nombra los siguientes compuestos:
   a) PbO
   b) SO_2
   c) O_5Br_2
   d) Cu_2O

2. Formula los siguientes compuestos:
   a) Trióxido de dialuminio
   b) Óxido de oro(III)
   c) Dióxido de nitrógeno
   d) Dicloruro de trioxígeno

4 Hidruros

Los **hidruros** son combinaciones binarias del hidrógeno con otro elemento. Pueden ser hidruros metálicos e hidruros no metálicos.

Todos se **formulan** colocando primero el elemento y después el hidrógeno.

Hidruros metálicos. Resultan de la unión de un metal con el hidrógeno. El hidrógeno aquí tiene siempre número de oxidación **−1**.

	Con prefijos multiplicadores	Con números romanos
	Se escribe la palabra ***hidruro*** seguida del nombre del metal. Las proporciones se indican mediante los prefijos *mono-*, *di-*, *tri-*, *tetra-*, etc.	Se escribe la palabra ***hidruro***, seguida del nombre del metal, indicando, en ***números romanos*** y entre paréntesis, su número de oxidación.
AuH_3	Trihidruro de oro	Hidruro de oro(III)
AgH	Hidruro de plata	Hidruro de plata

- **Hidruros no metálicos o hidruros progenitores**. Resultan de la unión de elementos de los grupos 13 al 17 con hidrógeno. El hidrógeno aquí tiene número de oxidación **+1**. Para estos compuestos se emplean la nomenclatura de **composición** y la de **sustitución**.

Fórmula	Nomenclatura de composición	Nomenclatura sustitución
BH_3	Trihidruro de boro	Borano
CH_4	Tetrahidruro de carbono	Metano
SiH_4	Tetrahidruro de silicio	Silano
NH_3	Trihidruro de nitrógeno	Azano
PH_3	Trihidruro de fósforo	Fosfano
AsH_3	Trihidruro de arsénico	Arsano
SbH_3	Trihidruro de antimonio	Estibano
H_2O		Oxidano

Se admiten los nombres vulgares de agua para el H_2O y amoniaco para NH_3.

5 Haluros y anfigenuros de hidrógeno

Los **haluros y anfigenuros de hidrógeno** son combinaciones del hidrógeno con los elementos de los grupos 16 y 17 (O, S, Se, Te, F, Cl, Br, I y At). En estos compuestos, el hidrógeno tiene número de oxidación **+1**.

Se **formulan** colocando primero el hidrógeno y luego el no metal e intercambiando sus números de oxidación. Sus disoluciones acuosas tienen carácter ácido y se denominan **hidrácidos**.

	Nomenclatura de composición	Nombre en disolución acuosa
	Se escribe el nombre del *haluro* y, a continuación, ***de hidrógeno***, ambos con el prefijo correspondiente (*mono-*, *di-*, *tri-*, *tetra-*, etc.).	Se escribe la palabra ácido y el nombre del no metal correspondiente, terminado en el sufijo *-hídrico*.
HCl	Cloruro de hidrógeno	Ácido clorhídrico
H_2S	Sulfuro de dihidrógeno	Ácido sulfhídrico

ACTIVIDADES

3. Nombra los siguientes compuestos:

a) HBr
b) AsH_3
c) H_2Se
d) PH_3
e) FeH_3
f) H_2Te

4. Formula los siguientes compuestos:

a) Tetrahidruro de carbono
b) Ácido bromhídrico
c) Hidruro de platino(II)
d) Ácido selenhídrico

6 Combinaciones binarias no metal-no metal

Las **combinaciones no metal-no metal** son compuestos binarios formados por la unión de dos elementos de la siguiente lista:

B, Si, C, Sb, As, P, N, H, Te, Se, S, At, O, I, Br, Cl, F

Se **formulan** colocando en primer lugar el elemento que aparece primero en la lista. A continuación se intercambian los números de oxidación.

	Con prefijos multiplicadores	**Con números romanos**
	Se hace terminar en *-uro* el elemento que está más a la derecha en la lista anterior, utilizando los prefijos *mono-, di-, tri-, tetra-*, etc.	Se hace terminar en *-uro* el elemento que está más a la derecha en la lista y se escribe el número de oxidación del segundo elemento en números romanos.
BCl_3	Tricloruro de boro	Cloruro de boro
N_2S_5	Pentasulfuro de dinitrógeno	Sulfuro de nitrógeno(V)

7 Combinaciones binarias metal-no metal

Las **combinaciones binarias metal-no metal**, también llamadas **sales binarias**, son compuestos binarios formados por la unión de un metal y de un no metal. Son compuestos generalmente iónicos cristalinos y sólidos a temperatura ambiente.

Se **formulan** poniendo en primer lugar el metal y después el no metal; a continuación, se intercambian los números de oxidación.

Fórmula	Con prefijos multiplicadores	Con números romanos
$CaBr_2$	Dibromuro de calcio	Bromuro de calcio
Cu_2S	Sulfuro de dicobre	Sulfuro de cobre(I)

8 Hidróxidos

Los **hidróxidos** son compuestos formados por la combinación de un metal con el ion OH^-, llamado hidróxido, al que se asigna carga **1−**.

Se **formulan** poniendo primero el metal, seguido del **grupo OH**.

	Con prefijos multiplicadores	**Con números romanos**
	Se escribe primero la palabra *hidróxido*, seguida del nombre del metal. Se usan los prefijos *mono-, di-, tri-, tetra-*, etc.	Se escribe la palabra *hidróxido* y el nombre del metal, indicando si es preciso su número de oxidación con números romanos.
$Au(OH)_3$	Trihidróxido de oro	Hidróxido de oro(III)
NaOH	Hidróxido de sodio	Hidróxido de sodio

ACTIVIDADES

5. Nombra los siguientes compuestos:

a) Sb_2S_3
b) BrF_3
c) CrS_3
d) $Sr(OH)_2$

6. Formula los siguientes compuestos:

a) Hexafluoruro de selenio
b) Yoduro de potasio
c) Dihidróxido de magnesio
d) Bromuro de oro(I)

9 Oxoácidos

Los **oxoácidos** son compuestos formados por hidrógeno, oxígeno y un no metal. Algunos metales de transición como el manganeso o el cromo también originan estos ácidos.

Responden a la fórmula general $H_xM_yO_z$.

- El hidrógeno utiliza el número de oxidación +1.
- El oxígeno, el número de oxidación −2.
- El tercer elemento utiliza un número de oxidación positivo.
- La suma algebraica de los números de oxidación de cada elemento multiplicados por sus subíndices es cero.

Con esta última regla podemos determinar el número de oxidación del tercer elemento. Por ejemplo, en el ácido de fórmula H_3PO_4, el fósforo actúa con número de oxidación +5, pues:

$$3 \cdot (+1) + 1 \cdot x + 4 \cdot (-2) = 0 \Rightarrow x = +5$$

9.1. Oxoácidos de no metales

Se utiliza la nomenclatura de hidrógeno ya algunos nombres vulgares aceptados.

	Nombres vulgares (aceptados por la IUPAC)	Nomenclatura de hidrógeno (IUPAC 2005)
	Se escribe la palabra *ácido*, seguida del nombre del tercer elemento, con los prefijos *hipo-* y *per-* y los sufijos *-oso* e *-ico* correspondientes.	Se escribe la palabra *hidrogeno*, seguida de la palabra *oxido* (ambas sin tilde) y el tercer elemento terminado en *-ato*. Se usan los prefijos adecuados (*mono-*, *di-*, *tri-*, etc.).
$HClO$	Ácido hipocloroso	Hidrogeno(oxidoclorato)
$HClO_2$	Ácido cloroso	Hidrogeno(dioxidoclorato)
$HClO_3$	Ácido clórico	Hidrogeno(trioxidoclorato)
$HClO_4$	Ácido perclórico	Hidrogeno(tetraoxidoclorato)
$HBrO$	Ácido hipobromoso	Hidrogeno(oxidobromato)
$HBrO_2$	Ácido bromoso	Hidrogeno(dioxidobromato)
$HBrO_3$	Ácido brómico	Hidrogeno(trioxidobromato)
$HBrO_4$	Ácido perbrómico	Hidrogeno(tetraoxidobromato)
HIO	Ácido hipoyodoso	Hidrogeno(oxidoyodato)
HIO_3	Ácido yódico	Hidrogeno(trioxidoyodato)
HIO_4	Ácido peryódico	Hidrogeno(tetraoxidoyodato)
H_2SO_3	Ácido sulfuroso	Dihidrogeno(trioxidosulfato)
H_2SO_4	Ácido sulfúrico	Dihidrogeno(tetraoxidosulfato)
HNO_2	Ácido nitroso	Hidrogeno(dioxidonitrato)
HNO_3	Ácido nítrico	Hidrogeno(trioxidonitrato)
HPO_3		Hidrogeno(trioxidofosfato)
H_3PO_4	Ácido fosfórico	Trihidrogeno(tetraoxidofosfato)
H_3AsO_4	Ácido arsénico	Trihidrogeno(tetraoxidoarseniato)
H_2CO_2		Dihidrogeno(dioxidocarbonato)
H_2CO_3	Ácido carbónico	Dihidrogeno(trioxidocarbonato)
H_2SiO_3		Dihidrogeno(trioxidosilicato)
H_4SiO_4	Ácido silícico	Dihidrogeno(tetraoxidosilicato)
HBO_2		Hidrogeno(dioxidoborato)
H_3BO_3	Ácido bórico	Trihidrogeno(trioxidoborato)

ACTIVIDADES

7. Indica el número de oxidación del no metal en los siguientes oxoácidos: H_2SO_4, H_4SiO_4 y H_3BO_3.

8. Escribe la fórmula de los ácidos, selenioso y selénico. A continuación, nómbralos con la nomenclatura de hidrógeno.

9.2. Oxoácidos de metales

Los óxidos de algunos metales, sobre todo cuando presentan números de oxidación elevados, tienen un carácter ácido, debido al marcado carácter covalente que toman sus enlaces, de forma que sus disoluciones acuosas son oxoácidos.

Esto sucede especialmente con el **cromo**, el **manganeso** y el **vanadio**, aunque otros metales, como el molibdeno, el wolframio, el tecnecio y el renio, también dan oxoácidos.

Se formulan y se nombran siguiendo los criterios ya vistos:

Fórmula	Nomenclatura de hidrógeno (IUPAC 2005)
H_2CrO_4	Dihidrogeno(tetraoxidocromato)
$H_2Cr_2O_7$	Dihidrogeno(heptaoxidodicromato)
H_2MnO_4	Dihidrogeno(tetraoxidomanganato)
$HMnO_4$	Hidrogeno(tetraoxidomanganato)
HVO_3	Hidrogeno(trioxidovanadato)
H_3VO_4	Trihidrogeno(tetraoxidovanadato)
H_2MoO_4	Dihidrogeno(tetraoxidomolibdato)
H_2WO_4	Dihidrogeno(tetraoxidowolframato)
H_2TcO_4	Dihidrogeno(tetraoxidotecnetato)
H_2ReO_4	Dihidrogeno(tetraoxidorenato)

Nota. Tradicionalmente, para designar los diversos oxoácidos de algunos elementos como el P, As, Sb, B o Si, se ha hecho uso de los prefijos *meta-*, *di-* o *piro-* y *orto-*, según si la fórmula del ácido se podía obtener formalmente mediante la adición de una, dos o tres moléculas de agua al óxido correspondiente.

La IUPAC desaconseja en general la utilización de dichos prefijos (aunque se acepta en algún caso, como el ácido ortotelúrico, H_6TeO_6), por lo que es preferible emplear la nomenclatura de hidrógeno.

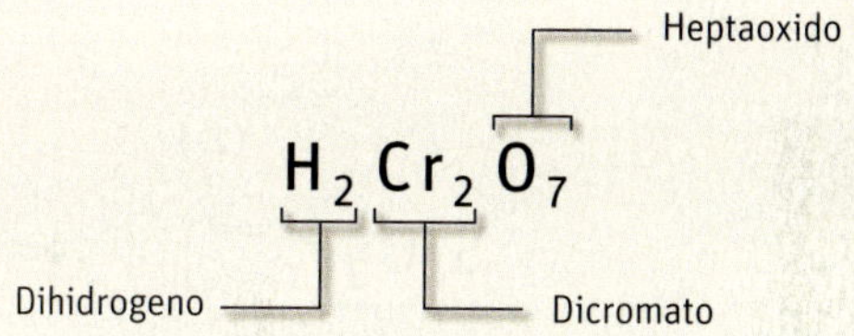

Dihidrogeno(heptaoxidodicromato)

Figura 2. Nomenclatura de hidrógeno de oxoácidos.

9.3. Otros tipos de oxoácidos

Aunque exceden del propósito de este apéndice, existen oxoácidos especiales como:

- Los **tioácidos**, cuya fórmula se obtiene formalmente al sustituir un átomo de oxígeno de un ácido por un átomo de azufre. El más conocido es el $H_2S_2O_3$, ácido tiosulfúrico o dihidrogeno(trioxidodisulfato), que proviene del H_2SO_4.
- Los **peroxoácidos**, cuya fórmula se obtiene formalmente al sustituir un átomo de oxígeno de un ácido por el grupo peroxi, O_2^{2-}. Un ejemplo es el HNO_4, ácido peroxinítrico o hidrogeno(tetraoxidonitrato), que proviene del HNO_3.

ACTIVIDADES

9. Indica con qué número de oxidación actúa el elemento central en los oxoácidos de la siguiente tabla:

a) Ácido hipobromoso
b) Ácido bromoso
c) Ácido brómico
d) Ácido perbrómico
e) Ácido sulfuroso
f) Ácido sulfúrico
g) Ácido fosfórico
h) Ácido nitroso
i) Ácido arsénico
j) Ácido carbónico
k) Ácido bórico
l) Ácido silícico

10. Escribe la fórmula de los siguientes oxoácidos:

a) Hidrogeno(trioxidofosfato)
b) Hidrogeno(dioxidoborato)
c) Hidrogeno(tetraoxidomanganato)
d) Tetrahidrogeno(heptaoxidodifosfato)
e) Dihidrogeno(pentaoxidodisulfato)
f) Trihidrogeno(tetraoxidoantimoniato)
g) Dihidrogeno(trioxidocarbonato)

10 Iones

> Los **iones** son átomos o grupos de átomos que han perdido o ganado electrones y, además, tienen carga eléctrica neta.

Muchos iones se obtienen de la disolución en agua de compuestos iónicos. La disolución contiene iones positivos o **cationes** e iones negativos o **aniones**.

Los hidróxidos, los ácidos y las sales (binarias y oxisales), disueltos en agua, originan estos iones que pueden ser **monoatómicos** (como el Cl^-) o **poliatómicos** (como el SO_4^{2-}).

10.1. Iones monoatómicos

- **Cationes**. Se **formulan** poniendo el símbolo del elemento con un exponente igual a su número de oxidación (carga positiva). Por ejemplo, Cu^{2+} es el ion cobre(2+), Li^+ es el ion litio(1+).
- **Aniones**. Se **formulan** poniendo el símbolo del elemento con un exponente igual a su número de oxidación (carga negativa). Por ejemplo, S^{2-} es el ion sulfuro(2−) o ion sulfuro.

10.2. Iones poliatómicos

- **Cationes**. Algunos poseen **nombres vulgares aceptados**.

Fórmula	Nombre	Fórmula	Nombre
NH_4^+	Ion amonio	H_3O^+	Ion oxonio
PH_4^+	Ion fosfanio	Hg_2^{2+}	Ion dimercurio(2+)

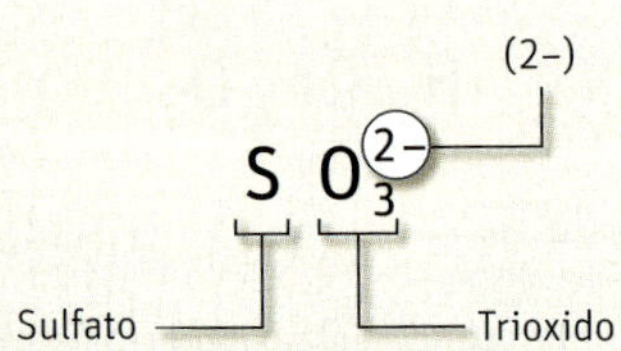

Trioxidosulfato(2−)

Figura 3. Nomenclatura de aniones poliatómicos.

- **Aniones**. El exponente negativo (carga del ion) afecta a todo el grupo de átomos. Para nombrar estos aniones, se sigue utilizando frecuentemente la **nomenclatura tradicional,** en la cual el nombre del ion deriva del ácido correspondiente:
  - Los prefijos se mantienen.
  - El sufijo *-oso* se transforma en *-ito*, y el sufijo *-ico* se transforma en *-ato*.

En la tabla siguiente se formulan y se nombran algunos aniones poliatómicos según las nomenclaturas, **tradicional** (aceptada en estos casos) y de **composición**.

Fórmula	Nomenclatura tradicional	Nomenclatura de composición
BrO^-	Ion hipobromito	Oxidobromato(1−)
BrO_2^-	Ion bromito	Dioxidobromato(1−)
BrO_3^-	Ion bromato	Trioxidobromato(1−)
BrO_4^-	Ion perbromato	Tetraoxidobromato(1−)
NO_2^-	Ion nitrito	Dioxidonitrato(1−)
SO_4^{2-}	Ion sulfato	Tetraoxidosulfato(2−)
MnO_4^-	Ion permanganato	Tetraoxidomanganato(1−)
$Cr_2O_7^{2-}$	Ion dicromato	Heptaoxidodicromato(2−)

ACTIVIDADES

11. Formula los siguientes iones:

a) Ion hierro(3+)

b) Ion perclorato

c) Ion bromuro

d) Ion dioxidoyodato(1−)

12. Nombre mediante algún sistema válido los siguientes iones:

a) CO_3^{2-}

b) K^+

c) SeO_4^{2-}

d) Sr^{2+}

11 Oxisales neutras

Las **oxisales neutras** son compuestos ternarios constituidos por un metal, un átomo central (que puede ser un no metal, manganeso, cromo, vanadio, etc.) y oxígeno. Formalmente proceden de la sustitución de los hidrógenos de un ácido por metales.

Responden a la fórmula general $M_x(m_yO_z)_n$.

Se **formulan** escribiendo primero el metal y, a continuación, el anión correspondiente, que dispone de tantas cargas negativas como hidrógenos eliminados.

Por ejemplo, el ion fosfato, PO_4^{3-} procede del H_3PO_4 y actúa con número de oxidación −3. Si el cobre actúa con número de oxidación +2, resulta la sal $Cu_3(PO_4)_2$.

Se **nombran** considerando estas sales como una combinación binaria de un anión poliatómico con un catión (metálico o poliatómico).

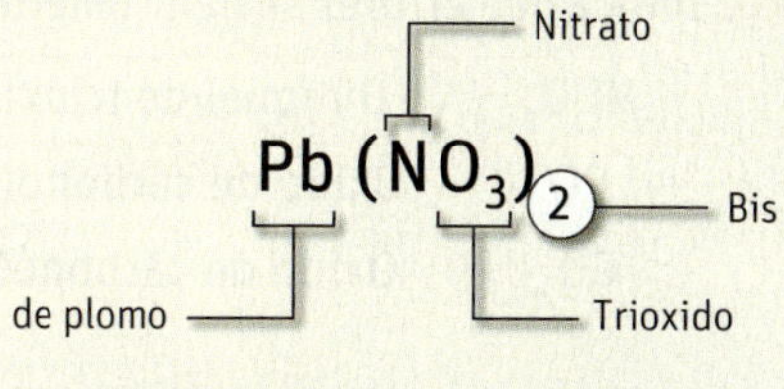

Bis(trioxidonitrato) de plomo

Figura 4. Nomenclatura de composición de oxisales neutras.

	Nomenclatura tradicional	Nomenclatura de composición
	Se nombra el **anión poliatómico** y el nombre del **metal** con su número de oxidación en números romanos, si es necesario.	Se nombra el anión y se usan los prefijos ***bis-***, ***tris-***, ***tetraquis-***, etc., si es necesario. Después el nombre del metal con su prefijo.
$KClO_4$	Perclorato de potasio	Tetraoxidoclorato de potasio
K_2SO_3	Sulfito de potasio	Trioxidosulfato de dipotasio
$Ca(NO_3)_2$	Nitrato de calcio	Bis(trioxidonitrato) de calcio
$Fe_2(SO_4)_3$	Sulfato de hierro(III)	Tris(tetraoxidosulfato) de dihierro
$CuClO_3$	Clorato de cobre(I)	Trioxidoclorato de cobre
$Cu_3(PO_4)_2$	Fosfato de cobre(II)	Bis(tetraoxidofosfato) de tricobre
$Pb(NO_3)_2$	Nitrato de plomo(II)	Bis(trioxidonitrato) de plomo

12 Oxisales ácidas

Las **oxisales ácidas** son compuestos cuaternarios que resultan de sustituir alguno de los hidrógenos del ácido correspondiente por un metal. Por tanto, están constituidas por un metal, hidrógeno, un átomo central (generalmente no metálico) y oxígeno.

Se **formulan** escribiendo primero el metal y, posteriormente, el anión formado por el resto del ácido correspondiente. Dicho anión tendrá tantas cargas negativas como hidrógenos del ácido primitivo se hayan eliminado.

Ten en cuenta

Los ácidos hidrácidos H_2S, H_2Se y H_2Te también pueden dar lugar a sales ácidas. Un ejemplo es la sal $Fe(HS)_2$, que se puede nombrar hidrogenosulfuro de hierro(II) o bis[hidrogeno(sulfuro)] de hierro.

	Nomenclatura tradicional	Nomenclatura de hidrógeno
	Se nombran como las oxisales neutras, con el término **hidrogeno** delante del nombre del anión, precedido del prefijo correspondiente.	Se nombran como las oxisales neutras, con el término **hidrogeno** delante del nombre del anión, precedido del prefijo correspondiente.
$NaHCO_3$	Hidrogenocarbonato de sodio	Hidrogeno(trioxidocarbonato) de sodio
$KHSO_4$	Hidrogenosulfato de potasio	Hidrogeno(tetraoxidosulfato) de potasio
$Al(H_2PO_4)_3$	Dihidrogenofosfato de aluminio	Tris[dihidrogeno(tetraoxidofosfato)] de aluminio
$Cu(H_2PO_4)_2$	Dihidrogenofosfato de cobre(II)	Bis[dihidrogeno(tetraoxidofosfato)] de cobre

ACTIVIDADES

13. Nombra las siguientes sales por algún sistema válido:

a) $Cu(NO_3)_2$
b) $MgCO_3$
c) $PbSO_4$
d) $Sn(HSO_4)_2$

14. Formula las siguientes sales:

a) Nitrito de cobalto(III)
b) Sulfito de sodio
c) Hidrogenocarbonato de magnesio
d) Bis(trioxidonitrato) de plomo

EJERCICIOS PROPUESTOS

15. Indica los errores que se han cometido al formular estos compuestos. Escribe en tu cuaderno las fórmulas correctas:

Óxido de aluminio	Al_3O_2	Dióxido de carbono	CO_4
Diyoduro de pentaoxígeno	I_5O_2	Óxido de oro(III)	AuO_3
Dióxido de azufre	S_2O	Dibromuro de oxígeno	O_3Br

16. Indica qué errores se han cometido al nombrar estos óxidos. Escribe en tu cuaderno los nombres correctos:

Ni_2O_3	Diníquel de trióxido	Na_2O	Óxido de sodio(II)
CO	Óxido de carbono(IV)	TeO_3	Óxido de teluro(III)
CO_2	Óxido de carbono(II)	O_2I_5	Yoduro de oxígeno

17. Indica qué errores se han cometido al formular estos hidruros. Escribe en tu cuaderno las fórmulas correctas.

Hidruro de plata	AgH_2	Trihidruro de oro	Au_3H
Hidruro de estaño(IV)	SnH_2	Fosfano	PH_2
Telururo de dihidrógeno	TeH	Hidruro de calcio	H_2Ca

18. Indica qué errores se han cometido al nombrar estos hidruros. Escribe en tu cuaderno los nombres correctos:

HgH_2	Hidruro de dimercurio	KH	Hidruro de potasio(II)
CdH_2	Hidruro de cadmio(II)	LiH	Hidruro de lítio(I)
AsH_3	Arsina	SnH_2	Dihidruro de estaño(II)

19. Formula en tu cuaderno los siguientes compuestos binarios:

a) Óxido de plomo(IV)
b) Sulfuro de carbono(IV)
c) Hidruro de oro(III)
d) Dicloruro de pentaoxígeno
e) Trihidruro de boro
f) Peróxido de bario
g) Silano
h) Óxido de mercurio(II)
i) Amoniaco
j) Cloruro de hidrógeno
k) Óxido de selenio(VI)
l) Trisulfuro de diníquel
m) Dicloruro de trioxígeno
n) Metano
o) Yoduro de hidrógeno

20. Nombra en tu cuaderno los siguientes compuestos binarios:

a) H_2O
b) Cu_2O
c) SnH_2
d) AlH_3
e) Na_2O_2
f) ZnH_2
g) Li_2O_2
h) IF_7
i) H_2S
j) N_2O_3
k) BrF_3
l) CaO_2
m) Co_2Se_3
n) Na_2O
o) $TeBr_2$

21. Indica los errores que se han cometido al formular o nombrar los siguientes hidróxidos:

a) Tridróxido de cobalto: $Co(HO)_3$
b) Dihidróxido de calcio: $Ca_2(OH)$
c) Trihidróxido de hierro(III): $Fe(OH)_3$
d) Hidróxido de cesio(III): $Cs(OH)_2$

22. Relaciona en tu cuaderno cada nombre con su fórmula:

Tetrahidróxido de plomo	$Ni(OH)_2$
Hidróxido de níquel(II)	$Pb(OH)_4$
Hidróxido de potasio	$Mg(OH)_2$
Dihidróxido de magnesio	KOH
Hidróxido de cobre(I)	RbOH
Trihidróxido de aluminio	CuOH
Hidróxido de oro(III)	$Al(OH)_3$
Hidróxido de rubidio	$Au(OH)_3$

23. Nombra en tu cuaderno los siguientes oxoácidos por algún sistema válido:

a) H_2SO_4
b) $HClO$
c) H_2CO_3
d) HNO_3
e) H_3PO_4
f) $HBrO$
g) H_4SiO_4
h) HNO_2
i) H_2MnO_4

24. Formula en tu cuaderno los siguientes oxoácidos:

a) Ácido fosfórico
b) Ácido sulfuroso
c) Ácido bromoso
d) Hidrogeno(tetraoxidomanganato)
e) Trihidrogeno(trioxidoborato)
f) Dihidrogeno(tetraoxidocromato)
g) Trihidrogeno(tetraoxidovanadato)
h) Ácido yódico
i) Ácido nitroso

25. Escribe en tu cuaderno el anión y el catión de las siguientes sales. Nombra los iones y la sal:

a) $CaTe$
b) Ni_2Se_3
c) $CuSiO_3$
d) $Fe(NO_3)_3$
e) Ag_2S
f) $Au(ClO_3)_3$
g) $FeBr_3$
h) $FeSO_4$
i) $Ca(HCO_3)_2$

26. Nombra en tu cuaderno las siguientes oxisales por algún sistema válido:

a) Na_2CO_3
b) $Ca(ClO_2)_2$
c) $Mg(NO_3)_2$
d) $RbNO_2$
e) $CuSiO_3$
f) $KClO_2$
g) $Au(ClO_3)_3$
h) $CuHS$
i) $Fe(HCO_3)_3$
j) $FeSO_3$
k) CuH_2PO_4
l) $Ga_2(SO_4)_3$

27. Formula en tu cuaderno las siguientes sales:

a) Sulfito de rubidio
b) Sulfato de hierro(II)
c) Nitrito de plomo(II)
d) Bromato de oro(III)
e) Hipoclorito de calcio
f) Trioxidocarbonato de calcio
g) Dioxidonitrato de sodio
h) Selenato de plata
i) Yodato de potasio
j) Carbonato de cinc
k) Hidrogenosulfato de sodio
l) Hidrogenoselenuro de cinc

28. Indica qué errores se han cometido al formular estos compuestos. Escribe en tu cuaderno las fórmulas correctas.

Ácido sulfuroso	H_2SO_4	Carbonato de sodio	$NaHCO_3$
Ácido perclórico	$HClO_3$	Hidrogenosulfato de calcio	$CaSO_4$
Sulfato de sodio	$NaSO_4$	Yodato de berilio	$B(IO_3)_2$

29. Indica qué errores se han cometido al nombrar estos compuestos. Escribe en tu cuaderno los nombres correctos:

H_2CO_3	Hidrógeno(trioxidocarbonato)	$Ni(IO_4)_3$	Yodato de níquel(III)
HCl	Ácido clórico	$Co(ClO_4)_2$	Tetraoxidoclorato de cobalto(II)
Au_3PO_4	Fosfato de oro	$FeHPO_4$	Hidrogenofosfato de hierro(III)

30. Formula en tu cuaderno los siguientes compuestos:

a) Ácido brómico
b) Carburo de silicio
c) Óxido de magnesio
d) Arsenuro de cadmio
e) Ion plomo(II)
f) Ácido bórico
g) Bromuro de plomo(II)
h) Carbonato de sodio
i) Ácido sulfuroso
j) Cloruro de níquel(II)
k) Peróxido de sodio
l) Sulfuro de cinc
m) Fosfano
n) Hidróxido de cromo(III)
o) Ion amonio
p) Peróxido de potasio
q) Hidrogenocarbonato de calcio
r) Hidróxido de magnesio

31. Nombra en tu cuaderno los siguientes compuestos por algún sistema válido:

a) Al_2O_3
b) $Al(OH)_3$
c) $Al_2(SO_3)_3$
d) Al_4C_3
e) Au_2S
f) BaO_2
g) Li_2SO_4
h) $Ba(OH)_2$
i) $LiMnO_4$
j) $CsNO_2$
k) $HClO_4$
l) FeI_3
m) $CaCl_2$
n) H_2O_2
o) HIO_2

8 El movimiento

Figura 8.1. Circuito de Montmeló. Longitud del circuito: 4655 m. Número de vueltas: 66.

En muchos circuitos, la salida de un gran premio de Fórmula 1 es el momento más decisivo de la prueba. Los pilotos deben maniobrar para evitar chocar y adelantar a sus rivales. De esta manera alcanzarán la mejor posición en la primera curva para mejorar sus posibilidades de ganar la carrera. Esto lo consiguen controlando el desplazamiento, la velocidad y la aceleración de sus monoplazas, tres conceptos claves en el estudio del movimiento.

Gran Premio de España

1	Fernando Alonso	FERRARI	1:39:16.598
2	Kimi Räikkönen	LOTUS F1 TEAM	1:39:25.594
3	Felipe Massa	FERRARI	1:39:42.645
4	Sebastian Vettel	RED BULL	1:39:54.869
5	Mark Webber	RED BULL	1:40:04.559
6	Nico Rosberg	MERCEDES GP	1:40:24.616

Recuerda y reflexiona

Trayectoria y espacio recorrido

1. En los circuitos como el de la figura 8.1, el punto de salida sirve de referencia para medir el espacio recorrido y la posición de los coches en el circuito. ¿Qué tipo de trayectoria siguen los coches y cómo se puede determinar el espacio total recorrido en la prueba?

La trayectoria es en general curvilínea, aunque los circuitos tienen tramos rectos (como la recta de salida). Para calcular el espacio recorrido basta con multiplicar el número de vueltas por la longitud del circuito: 307,23 km.

Velocidad y aceleración

2. Observa la gráfica que representa la velocidad del coche desde la salida hasta la primera curva:

a) Indica en qué tramos hay cambio de velocidad.

b) ¿En algún momento el coche no tiene aceleración?

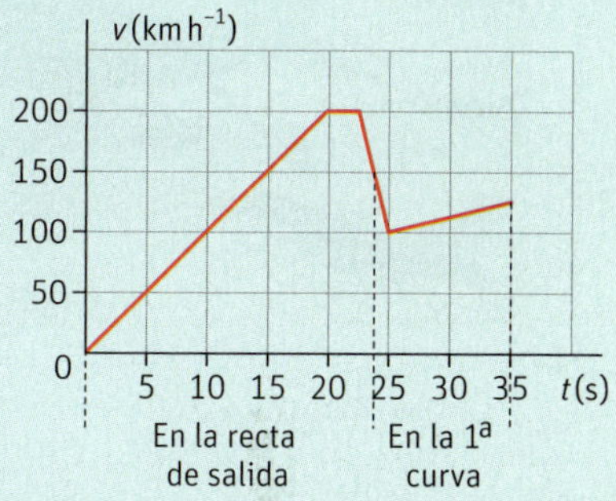

a) Existen tres tramos donde varía la velocidad y, por tanto, el coche tiene aceleración, ya que la recta de la gráfica presenta una pendiente.

En la recta de salida, el coche varía su velocidad hasta los 200 km h^{-1}; tiene aceleración positiva. Luego disminuye su velocidad hasta los 100 km h^{-1}; está frenando, por lo que tiene aceleración negativa. Por último, antes de salir de la curva, aumenta su velocidad hasta los 125 km h^{-1}; tiene aceleración positiva.

b) Hay un pequeño tramo, a los 20 s en la recta de salida, en el que el coche mantiene la velocidad a 200 km h^{-1} y, por lo tanto, no tiene aceleración.

Valores medios e instantáneos

3. Al terminar la carrera, los medios de comunicación suelen dar el tiempo total que ha tardado el ganador en dar todas las vueltas al circuito.

a) Con ese dato y la longitud del circuito ¿podrías calcular la velocidad del coche en la recta? Si no es así, ¿qué velocidad podrías calcular?

b) Determina la velocidad media del primer clasificado si ha empleado 1,68 h en completar las 66 vueltas y compárala con las velocidades instantáneas que aparecen en el circuito. (Fig. 8.1)

a) Con el tiempo total empleado y el espacio recorrido no se puede calcular la velocidad en la recta principal. Solo podríamos calcular su velocidad media.

b) Como el circuito tiene 307,23 km y mirando el tiempo de la tabla, la velocidad media será: v_m = (307,23 km)/(1,68 h) = 187,34 km h^{-1}. No obstante, hay tramos, como la recta de salida y las curvas en los que el piloto alcanza una velocidad diferente a la media.

Carácter vectorial de las magnitudes

4. Algunas curvas se suelen tomar con un valor de velocidad constante. ¿Los coches tienen aceleración en ese momento?

Si te fijas en lo que indica el velocímetro, podría parecer que no tiene aceleración. Sin embargo, la velocidad, representada por un vector, cambia de dirección constantemente en una curva, por lo que sí que existe una aceleración, denominada aceleración normal.

1 El movimiento y su descripción

La **cinemática** es la parte de la Física que describe el movimiento de un objeto sin ocuparse de las causas que lo producen. Utiliza modelos simplificados; por ejemplo, a los objetos móviles, cuando su tamaño es irrelevante, se les considera como puntos materiales.

smSaviadigital.com OBSERVA

Para entender la relatividad del movimiento, en este vídeo se presenta cómo abastecer de combustible a un avión en pleno vuelo.

1.1. Sistema de referencia y movimiento

Una misma situación de reposo o movimiento puede ser descrita de forma muy diferente por distintos observadores. Si el observador carece de referencias, no podrá determinar el movimiento del objeto.

OBSERVA

El movimiento de los pasajeros de un tren o el de dos aviones en el aire se describe de forma diferente dependiendo de los observadores.

1. Los pasajeros del tren, cuando este se encuentra en movimiento, están en reposo uno respecto al otro, pero ambos se mueven respecto al andén.

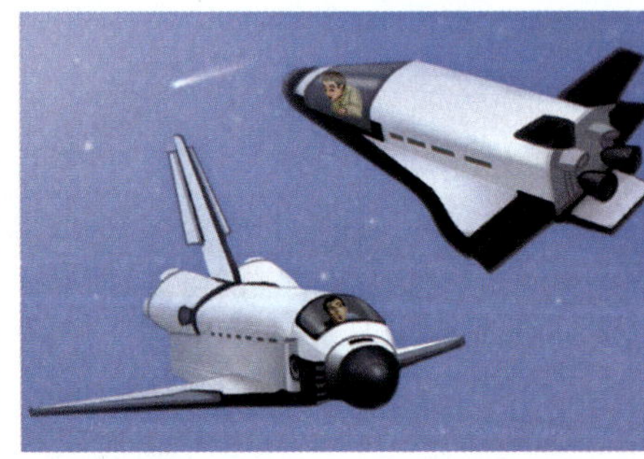

2. Los tripulantes de las naves se están moviendo en el espacio pero no pueden saber con certeza si están en reposo o en movimiento.

Como se observa en los ejemplos, es necesario establecer un **sistema de referencia**, para describir el movimiento (Fig. 8.2).

Un **sistema de referencia** está formado por un punto que se considerará fijo (origen) y unos ejes cartesianos que se cortan en dicho punto.

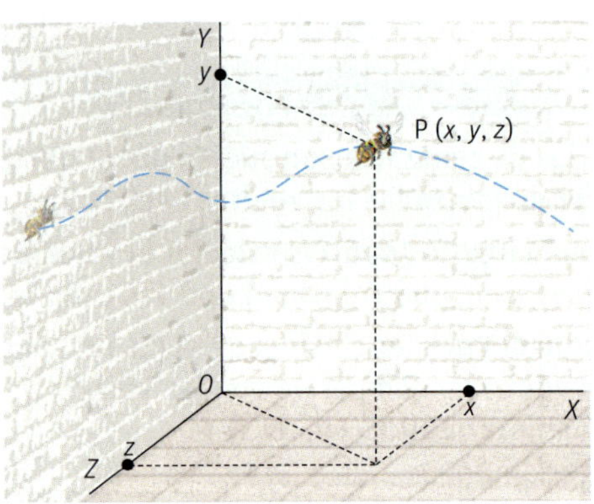

Figura 8.2. Sistema de referencia formado por tres ejes de coordenadas para determinar la posición de un móvil (una abeja) en el espacio.

Una vez establecido el sistema de referencia se puede definir el **movimiento**.

Un objeto está en **movimiento** cuando su distancia cambia con el tiempo respecto a un punto de observación u origen establecido (sistema de referencia).

Si el sistema de referencia se encuentra en reposo, se dice que el movimiento es **absoluto**, y si no lo está, el movimiento se denomina **relativo**. En realidad, no existen sistemas de referencia absolutos, ya que todo cuerpo está en movimiento, pero se suele considerar a la Tierra como un sistema de referencia absoluto para movimientos de duración muy inferior a un día y para desplazamientos mucho menores que su radio.

EJERCICIOS RESUELTOS

1 **Analiza las siguientes situaciones y explica, escogiendo el sistema de referencia adecuado, si se mueven o no los siguientes cuerpos.**

a) **El piloto y copiloto de un avión cuando este se dirige a la pista de despegue.**

b) **Dos personas que se encuentran en movimiento en la misma dirección sobre una cinta transportadora.**

a) Respecto a su compañero, el piloto está en reposo. Si se elige el sistema de referencia en la pista, ambos se mueven.

b) Si cada persona se elige a sí misma como sistema de referencia, ambos dirán que la otra está en reposo. Si se elige como sistema de referencia una persona sentada que mira desde fuera de la cinta, esta observará que ambos se mueven.

1.2. Elementos que describen el movimiento

Para **describir el movimiento** de un móvil, debe conocerse, en cada momento, su posición sobre el camino recorrido. Los elementos que describen un movimiento son la **trayectoria**, el **vector de posición**, el **vector desplazamiento** y la **distancia recorrida**.

Movimiento en una dimensión

Los movimientos en una dimensión describen una trayectoria en línea recta. Por ejemplo, un ciclista moviéndose en una carretera recta. Los elementos que describen un movimiento en una dimensión son:

- La **trayectoria**. Es la línea que describe el móvil. Por comodidad se sitúa el origen del sistema de referencia sobre la trayectoria. De esta manera, coincidirá con uno de los ejes cartesianos, por ejemplo, el *X*.
- El **vector de posición** $\vec{r}$ **del móvil**. Va desde el origen del sistema de referencia hasta el móvil y cambia cuando el móvil se mueve. En coordenadas cartesianas, esta elección del origen y la trayectoria, se expresa como:

$$\vec{r} = x\vec{i}$$

- El **vector desplazamiento**. Si el móvil se mueve desde un punto de vector de posición inicial $\vec{r}_0 = x_0\vec{i}$ hasta otro punto de vector de posición final $\vec{r}_f = x_f\vec{i}$, el vector desplazamiento es:

$$\Delta\vec{r} = \vec{r}_f - \vec{r}_0 = (x_f - x_0)\vec{i}$$

Se suele prescindir del carácter vectorial de la posición y el desplazamiento y se sustituyen los vectores por la coordenada de su extremo. De esta manera, el desplazamiento medido sobre la trayectoria se expresa como un número con signo:

$$\Delta x = x_f - x_0$$

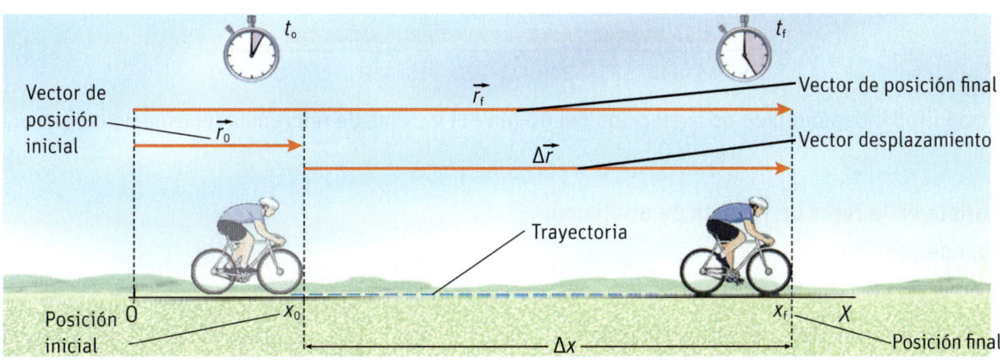

- El **espacio recorrido, *e***, es la distancia recorrida, medida sobre la trayectoria del móvil. El espacio recorrido coincide con el módulo del desplazamiento si el móvil no cambia de sentido; en caso contrario no coincide.

smSaviadigital.com OBSERVA

En este vídeo podrás afianzar los conceptos de sistema de referencia, posición y trayectoria.

Ten en cuenta

La consideración de los movimientos rectilíneos como unidimensionales se debe a la elección del origen del sistema de referencia sobre la trayectoria recta, haciendo además coincidir esta con el eje *X*, como en el caso del ciclista de la figura . Pero un movimiento rectilíneo se puede considerar bidimensional si el origen del sistema de referencia está fuera de la trayectoria.

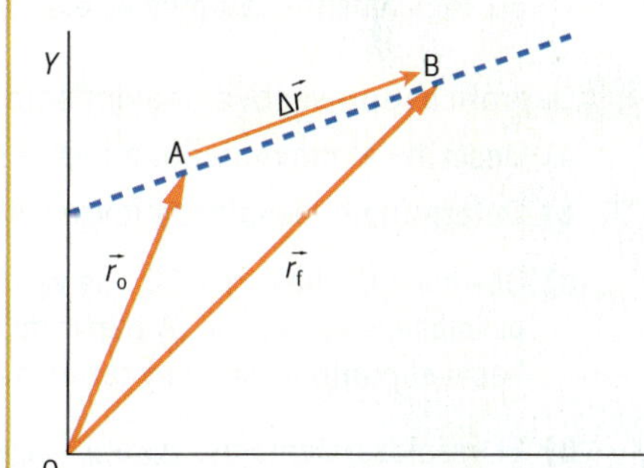

EJERCICIOS RESUELTOS

2 **En una carrera de cien metros lisos, un corredor sale y llega a la meta. Si se sitúa el origen del movimiento en el punto de salida, calcula su desplazamiento, medido sobre la trayectoria, e indica si su valor absoluto coincide con el espacio recorrido.**

Al ser un movimiento rectilíneo se puede prescindir del carácter vectorial de las magnitudes. La posición inicial es $x_0 = 0$ m y la posición final es $x_f = 100$ m. El desplazamiento sobre la trayectoria es:

$$\Delta x = x_f - x_0 = (100 - 0)\,\text{m} = 100\,\text{m}$$

En este caso, el valor absoluto del desplazamiento coincide con el espacio recorrido.

3 **Un nadador se lanza a la piscina olímpica (50 m de longitud) para nadar los cien metros libres. Llega al final del primer largo y gira nadando hasta la meta. Tomando el origen en el punto de salida, determina los vectores de posición, inicial y final, del nadador, el vector desplazamiento y el espacio recorrido.**

Como sale y llega al mismo sitio, los vectores de posición, inicial y final, son el mismo: $\vec{r}_0 = \vec{r}_f = (0\vec{i})\,\text{m}$.

El vector desplazamiento es $\Delta\vec{r} = \vec{r}_f - \vec{r}_0 = 0$ pero el espacio recorrido es $e = (50 + 50)\,\text{m} = 100\,\text{m}$, que no coincide con el módulo de $\Delta\vec{r}$ porque hay un cambio de sentido.

EJERCICIOS RESUELTOS

4 **La figura muestra las distintas posiciones de una nadadora durante el entrenamiento que realiza en una piscina. La tabla muestra los valores numéricos de su posición. El origen, O, se ha situado en el centro de la piscina.**

	Tiempo (s)	Posición (m)
A	0	−25
B	10	−5
C	30	25
D	40	10
E	60	−15

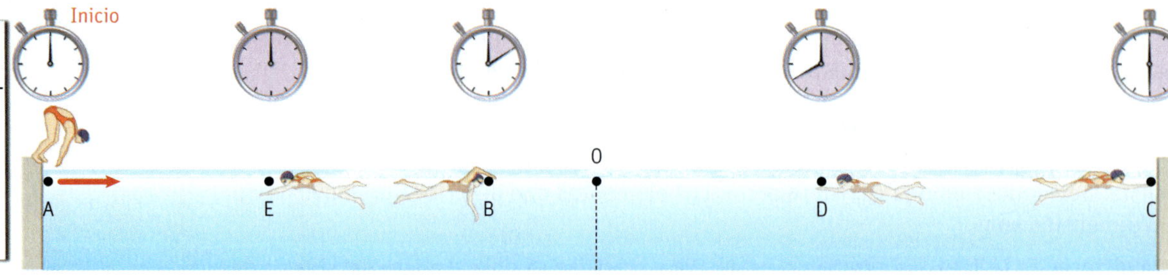

Describe el movimiento que realiza y calcula su desplazamiento. Calcula también el espacio recorrido entre A y E.

Inicialmente, la nadadora se encuentra en el borde de salida, es decir el punto A (x = −25 m). Se lanza a la piscina y en el instante t = 10 s llega al punto B (x = −5 m). En t = 30 s llega al otro borde de la piscina, el punto C (x = 25 m) y da la vuelta. En t = 40 s se encuentra en el punto D (x = 10 m), todavía a la derecha del origen, y en t = 60 s llega al punto E (x = −15 m).

El desplazamiento entre A y E es: $\Delta x = x_E - x_A = [-15-(-25)]\,\text{m} = 10\,\text{m}$

El espacio recorrido es: $e = (50+40)\,\text{m} = 90\,\text{m}$ (no coincide con el valor absoluto del desplazamiento porque la nadadora ha cambiado de sentido).

5 **Determina el desplazamiento que ha realizado la nadadora entre las posiciones A y E, así como el espacio recorrido.**

a) **Si el origen se encuentra en el borde derecho de la piscina.**

b) **Si el origen se encuentra en el borde izquierdo de la piscina.**

a) Si el origen está en el borde izquierdo:

$x_A = 0\,\text{m}$ y $x_f = 10\,\text{m}$; $\Delta x = x_E - x_A = (10-0)\,\text{m} = 10\,\text{m}$

El espacio recorrido también es el mismo, 90 m.

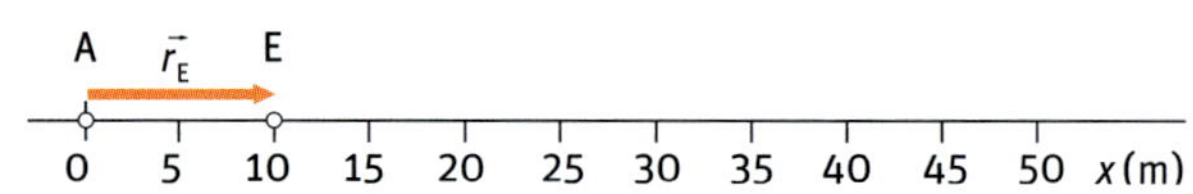

b) Si el origen está en el borde derecho:

$x_A = -50\,\text{m}$ y $x_E = -40\,\text{m}$

$\Delta x = x_E - x_A = [-40-(-50)]\,\text{m} = 10\,\text{m}$

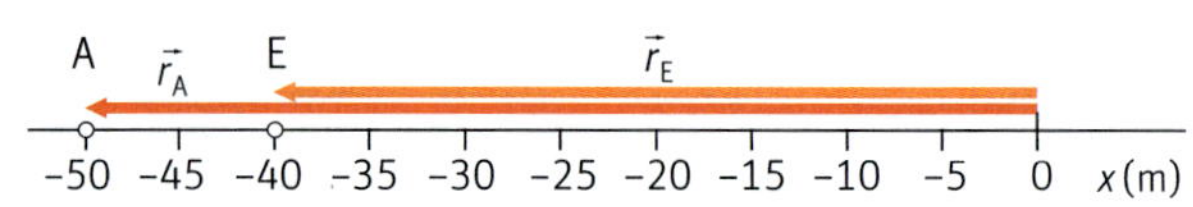

Se observa que el desplazamiento es una magnitud independiente de la elección del origen del sistema de referencia (el espacio recorrido, lógicamente, también es el mismo).

6 **La gráfica representa el movimiento de un atleta en la recta de la pista de atletismo.**

a) **Describe el movimiento e indica si cambia de sentido.**

b) **Determina el desplazamiento y el espacio recorrido.**

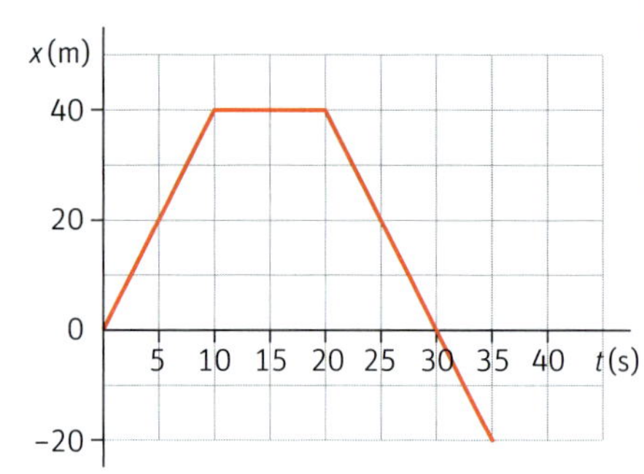

a) Desde t = 0 s hasta t = 10 s se va alejando en sentido positivo. Desde t = 10 s hasta los 20 s permanece en reposo. A partir de ese instante, invierte el sentido del movimiento, vuelve hacia el punto de salida y termina a 20 m a la izquierda de dicho punto.

b) El desplazamiento es: $\Delta x = x_f - x_0 = (-20-0)\,\text{m} = -20\,\text{m}$

Para calcular el espacio recorrido hay que tener en cuenta que el atleta cambia de sentido. Entre t = 0 s y t = 10 s, recorre 40 m; después se detiene durante 10 s y, posteriormente recorre 60 m en sentido contrario.

El espacio total es 40 + 60 = 100 m.

ACTIVIDADES

1. **La posición de un móvil viene dada por $x(t) = 4t - 10$, en unidades del SI. Determina la posición para t = 2 s y t = 3 s, el desplazamiento y el espacio recorrido en ese tiempo.**

Solución: $x = -2$ m, $x = 2$ m, $\Delta x = 4$ m, $e = 4$ m

2. **Dibuja la gráfica x–t para el movimiento unidimensional de una persona que realiza el siguiente recorrido: sale de su casa y recorre 50 m en 20 s; se para durante 2 s, y vuelve a su casa a buscar el teléfono móvil en 22 s.**

Movimiento en dos dimensiones

El movimiento de una salamandra sobre una pared o el de un jugador sobre el campo de fútbol son ejemplos de movimientos en dos dimensiones.

Los **elementos que describen el movimiento en dos dimensiones** son (Fig. 8.3):

- La **trayectoria**. Es una curva contenida en un plano.
- El **vector posición** en coordenadas cartesianas es: $\vec{r} = x\vec{i} + y\vec{j}$

  Y el módulo de $\vec{r}$ es la distancia del cuerpo al origen: $|\vec{r}| = \sqrt{x^2 + y^2}$

  Si se unen mediante una línea los extremos de los sucesivos vectores posición del móvil, queda dibujada la trayectoria.
- El **vector desplazamiento**, que tiene su origen en la posición inicial del intervalo de tiempo y su extremo en la posición final: $\Delta\vec{r} = \vec{r}_f - \vec{r}_0$. En coordenadas cartesianas:

  $$\Delta\vec{r} = (x_f - x_0)\vec{i} + (y_f - y_0)\vec{j}$$

  Y el módulo de $\Delta\vec{r}$ es la distancia entre la posición inicial y la final: $|\Delta\vec{r}| = \sqrt{(x_f - x_0)^2 + (y_f - y_0)^2}$
- El **espacio recorrido, *e***, sobre la trayectoria, que no coincide necesariamente con el módulo del vector desplazamiento, como se observa en el caso de la salamandra (Fig. 8.3).

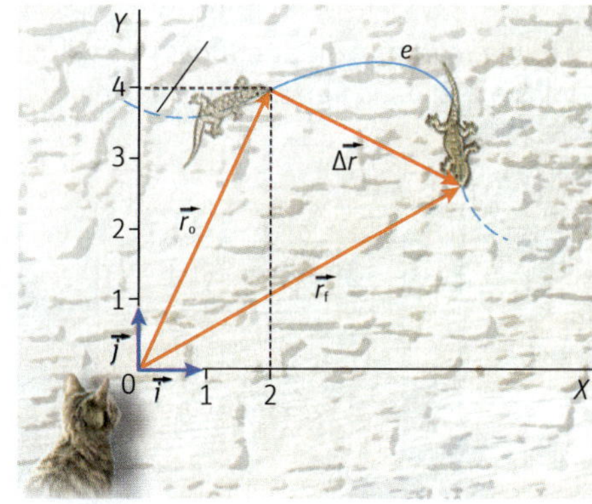

Figura 8.3. Elementos que describen un movimiento en dos dimensiones. El vector posición inicial en este caso es $\vec{r}_0 = 2\vec{i} + 4\vec{j}$.

EJERCICIOS RESUELTOS

7 **Unos excursionistas se desplazan en un teleférico entre dos posiciones denominadas A y B, por encima del pie de la montaña como se muestra en la gráfica.**

a) Determina el vector desplazamiento entre las posiciones A y B.

b) Calcula el valor del desplazamiento.

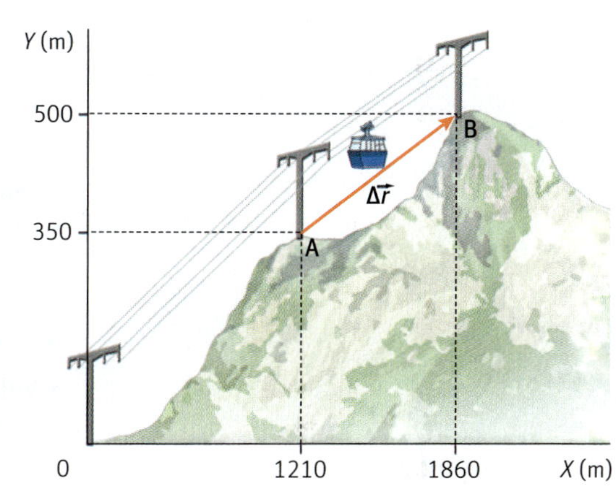

a) Primero se calculan los vectores posición de ambas posiciones:

$\vec{r}_B = (1860\vec{i} + 550\vec{j})$ m y $\vec{r}_A = (1210\vec{i} + 350\vec{j})$ m

$\Delta\vec{r} = \vec{r}_B - \vec{r}_A = (1860 - 1210)\vec{i} + (550 - 350)\vec{j} = (650\vec{i} + 200\vec{j})$ m

b) El módulo del vector desplazamiento es: $|\Delta\vec{r}| = \sqrt{x^2 + y^2} = \sqrt{650^2 + 200^2} = 680$ m

8 **El vector posición de una lancha motora que navega por un río varía con el tiempo según la expresión $\vec{r} = (3t - 2)\vec{i} + 2t\vec{j}$, donde todas las magnitudes vienen expresadas en el SI.**

a) Determina el vector posición para *t* = 0 s y *t* = 3 s.

b) Calcula el desplazamiento entre los instantes anteriores.

a) Sustituyendo en el vector posición para los instantes de tiempo *t* = 0 s y *t* = 3 s:

Para *t* = 0 s: $\vec{r}(0) = (3 \cdot 0 - 2)\vec{i} + 2 \cdot 0\vec{j} = (-2\vec{i})$ m

Para *t* = 3 s: $\vec{r}(3) = (3 \cdot 3 - 2)\vec{i} + 2 \cdot 3\vec{j} = (7\vec{i} + 6\vec{j})$ m

b) El vector desplazamiento es: $\Delta\vec{r} = \vec{r}_f - \vec{r}_0 = (7\vec{i} + 6\vec{j}) - (-2\vec{i}) = (9\vec{i} + 6\vec{j})$ m

ACTIVIDADES

3. Las coordenadas de dos posiciones sucesivas de un móvil son A(−1, 3) y B(2, 5), expresadas en metros.

a) Halla el vector desplazamiento y su módulo.

b) Con estos datos, ¿puedes indicar el tipo de trayectoria?

Solución: a) $\Delta\vec{r} = (3\vec{i} + 2\vec{j})$ m ; $|\Delta\vec{r}| = \sqrt{13}$ m

4. Estudiando el movimiento de una pelota, se determina que su ecuación es $\vec{r}(t) = 2\vec{i} + t\vec{j}$ en unidades del SI.

a) Representa la trayectoria.

b) Calcula el desplazamiento para el intervalo *t* = 1 s y *t* = 4 s.

Solución: b) $\Delta\vec{r} = (+3\vec{j})$ m

5. Un atleta recorre una pista aproximadamente circular, de 60 m de radio en el sentido de las agujas del reloj.

Si comienza a moverse en el punto (0 m, 60 m), y el centro de la circunferencia está en el (0 m, 0 m), calcula el espacio recorrido y el desplazamiento en los siguientes casos:

a) Cuando el atleta ha recorrido un cuarto de vuelta.

b) Cuando ha recorrido media vuelta.

c) Cuando ha dado una vuelta completa.

Solución: a) 94,2 m; $\Delta\vec{r} = (60\vec{i} - 60\vec{j})$ m ; b) 188,4 m; c) 376,8 m; $\Delta\vec{r} = 0$

2 Velocidad

En las carreras de atletismo, los atletas no siempre van igual de rápido ni llevan el mismo sentido. ¿Cómo podemos describir con precisión el movimiento del atleta?

OBSERVA

En una maratón, un atleta pasa por el punto kilométrico 0, que se toma como referencia. Después pasa sucesivamente por los puntos A y B, y llega a C, donde gira 180º. Vuelve por la misma vía, pero por otra "calle" separada con conos, y pasa por los puntos D y E.

	t (s)	x (m)
A	10	25
B	20	45
C	30	90
D	40	50
E	50	25

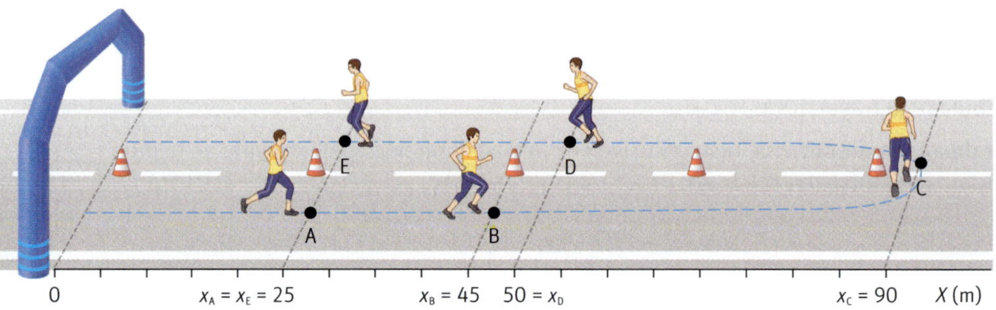

Por ejemplo, tarda 10 s en recorrer los 20 m que hay entre las posiciones A y B, y también tarda 10 s en recorrer los 40 m entre las posiciones C y D. Como se observa el corredor va más rápido en el tramo CD y además ha cambiado el sentido.

Para evaluar lo rápido que se mueve el atleta o un objeto cualquiera y en qué dirección o sentido lo hace, se introduce el concepto de **velocidad**.

La **velocidad** es una magnitud vectorial que informa de la dirección y el sentido del movimiento y relaciona el cambio de posición con el tiempo empleado en ello. Su unidad en el SI es **m s^{-1}**.

2.1. Velocidad media

- **Velocidad media escalar, v_m.** Es el cociente entre el espacio recorrido de un móvil y el tiempo empleado en recorrerlo, Δt.

$$v_m = \frac{e}{\Delta t}$$

Este valor suele denominarse **rapidez media**. El atleta de maratón ha recorrido 130 m desde la posición A hasta la posición E en 40 s, luego su velocidad media en ese tramo ha sido 130/40 = 3,25 m s^{-1}.

EJERCICIOS RESUELTOS

9 **Dos camiones parten al mismo tiempo de Valencia a Zaragoza. El primero de ellos recorre los 100 primeros kilómetros en 1,2 h, su conductor para a comer durante 1 h y después continúa su marcha hasta Zaragoza, recorriendo los 220 km que le quedan en 2,5 h. El segundo recorre 150 km en 1,5 h, descansa durante 1,5 h y continúa su viaje recorriendo los 170 km que le quedan en 1,7 h.**

a) Determina la velocidad media de cada uno de ellos.

b) Indica cómo es la trayectoria que han seguido.

a) El primero ha recorrido 320 km en 4,7 h y el segundo ha recorrido la misma distancia en el mismo tiempo. La velocidad media de ambos es:

$$v_m = \frac{(320 \text{ km})}{(4,7 \text{ h})} = 68 \text{ km h}^{-1}$$

Aunque ambos han tenido la misma velocidad media, sus velocidades en carretera han sido diferentes.

b) Del enunciado no se puede deducir la trayectoria que han seguido (aunque sabemos que no es rectilínea, pues no existe un tramo recto tan largo en ninguna carretera).

ACTIVIDADES

6. **Un conductor circula desde Madrid hasta Jaén. En los primeros 100 km emplea 2 h porque había mucho tráfico. Se detiene a descansar durante 30 min para luego emprender la marcha, tardando 2,5 h en los últimos 200 km. Determina la velocidad media.**

Solución: 60 km h^{-1}

- **Vector velocidad media.** Para poder deducir la dirección del movimiento se define el vector velocidad media, que hace referencia al cambio de posición del móvil.

Movimiento en una dimensión

- La expresión del **vector velocidad media** en un movimiento en una dimensión es:

$$\vec{v}_{m,x} = \frac{\Delta\vec{x}}{\Delta t} = \frac{(x_f - x_0)\vec{i}}{t_f - t_0}$$

Si se utilizan coordenadas cartesianas, se puede prescindir del carácter vectorial.

$$v_{m,x} = \frac{x_f - x_0}{t_f - t_0}$$

- El **sentido** del vector $\vec{v}_{m,x}$ de un cuerpo que se mueve en una dimensión se indica por su signo (positivo o negativo).
- El **módulo** del vector velocidad media, $|\vec{v}_{m,x}|$, es su rapidez media si el móvil no cambia de sentido.

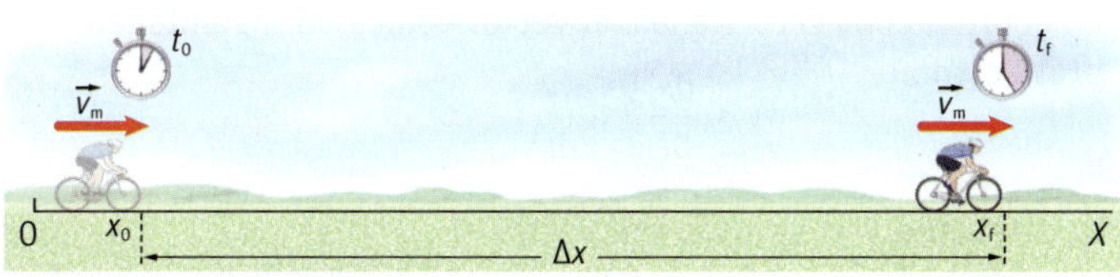

Movimiento en dos dimensiones

- La expresión del **vector velocidad media** en un movimiento en dos dimensiones es:

$$\vec{v}_m = \frac{\Delta\vec{r}}{\Delta t} = \frac{\vec{r}_f - \vec{r}_0}{t_f - t_0}$$

En coordenadas cartesianas, la velocidad media se expresa como:

$$\vec{v}_m = \frac{x_f - x_0}{t_f - t_0}\vec{i} + \frac{y_f - y_0}{t_f - t_0}\vec{j} = v_{m,x}\vec{i} + v_{m,y}\vec{j}$$

- La **dirección** y el **sentido** del vector $\vec{v}_m$ coinciden con los del vector desplazamiento.
- El **módulo**, $|\vec{v}_m|$, se calcula a partir de sus componentes:

$$|\vec{v}_m| = \sqrt{v_{m,x}^2 + v_{m,y}^2}$$

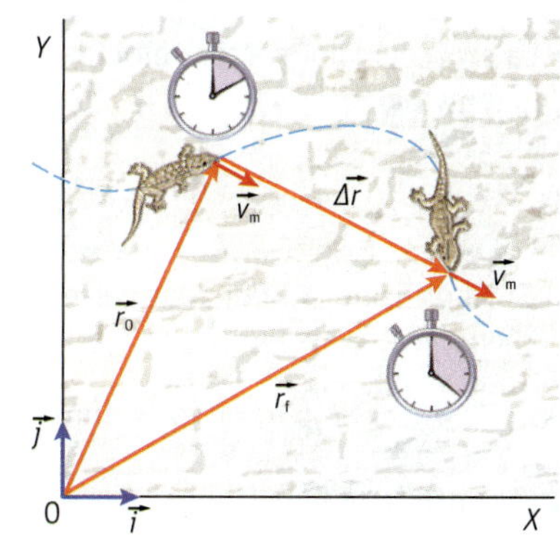

EJERCICIOS RESUELTOS

10 **En el ejemplo de la carrera de la página anterior, calcula:**

a) **El vector velocidad media del corredor en A–B, C–D y A–E.**

b) **Su rapidez media entre dichos tramos.**

a) Tramo A–B: $\vec{v}_m = \frac{\Delta\vec{x}}{\Delta t} = \frac{(45\vec{i} - 25\vec{i})\,m}{(20-10)\,s} = (2\vec{i})\,ms^{-1}$

Tramo C–D: $\vec{v}_m = \frac{(50\vec{i} - 90\vec{i})\,m}{(40-30)\,s} = (-4\vec{i})\,ms^{-1}$

Tramo A–E: $\vec{v}_m = 0$ porque la posición final e inicial coinciden.

b) La rapidez se determina dividiendo la distancia recorrida entre el tiempo empleado:

Tramo A–B: $v_m = 2\ ms^{-1}$

Tramo C–D: $v_m = 4\ ms^{-1}$

Tramo A–E: $v_m = \frac{(65+65)\,m}{(40\,s)} = 3{,}3\,ms^{-1}$. Fíjate que no coincide con el módulo del vector velocidad media en este tramo.

11 **Un móvil parte del origen y al cabo de 10 s se encuentra en la posición $\vec{r} = (12\vec{i} - 6\vec{j})\,m$. Calcula:**

a) **El vector desplazamiento producido en ese tiempo y su módulo.**

b) **El vector velocidad media y su módulo.**

a) Como parte del origen, el vector desplazamiento coincide con el vector de posición final:

$$\Delta\vec{r} = \vec{r}_f - \vec{r}_0 = \vec{r}_f - 0 = (12\vec{i} - 6\vec{j})\,m$$

Su módulo es: $|\Delta\vec{r}| = \sqrt{12^2 + (-6)^2} = 13{,}4\,m$

b) Como en este caso el vector desplazamiento coincide con el vector posición:

$$\vec{v}_m = \frac{\Delta\vec{r}}{\Delta t} = \frac{(12\vec{i} - 6\vec{j})\,m}{(10-0)\,s} = (1{,}2\vec{i} - 0{,}6\vec{j})\,ms^{-1}$$

Su módulo es: $|\vec{v}_m| = \sqrt{1{,}2^2 + 0{,}6^2} = 1{,}34\,ms^{-1}$

ACTIVIDADES

7. **La posición de un móvil sobre una trayectoria rectilínea viene dada por la ecuación: $s(t) = 5 - 2t$, donde s está expresada en metros y t en segundos. Calcula:**

a) **La velocidad media entre $t = 1$ s y $t = 4$ s.**

b) **¿En qué sentido se produce el movimiento?**

Solución: a) $2\ ms^{-1}$

8. **Un nadador se lanza a cruzar un río. Su vector posición en función del tiempo, es $\vec{r} = (1{,}2t\vec{i} + 4\vec{j})\,m$. Calcula:**

a) **El vector desplazamiento entre $t = 1$ s y $t = 3$ s.**

b) **El vector velocidad media.**

Solución: a) $(2{,}4\vec{i})\,m$; b) $(1{,}2\vec{i})\,ms^{-1}$

2.2. Velocidad instantánea

Figura 8.4. El velocímetro de un coche nos indica la velocidad instantánea del mismo.

En un viaje por carretera, la velocidad del coche en cada punto del recorrido es su velocidad instantánea (Fig. 8.4).

- **Velocidad instantánea escalar.** Es el valor que tiene la velocidad del móvil en un intervalo de tiempo muy breve ($\Delta t \to 0$):

$$v = \lim_{\Delta t \to 0} \frac{\Delta s}{\Delta t} = \lim_{\Delta t \to 0} v_m$$

siendo s la posición del móvil sobre la trayectoria.

- **Vector velocidad instantánea.** Para tener información sobre la dirección y el sentido del movimiento es necesario definir el vector velocidad instantánea.

Movimiento en una dimensión

- La expresión del **vector velocidad instantánea** en un movimiento a lo largo del eje X es:

$$\vec{v}_x = \lim_{\Delta t \to 0} \vec{v}_{m,x} = \lim_{\Delta t \to 0} \frac{\Delta \vec{x}}{\Delta t} = \frac{d\vec{x}}{dt}$$

Si se utilizan coordenadas cartesianas, se puede prescindir del carácter vectorial.

$$v_x = \lim_{\Delta t \to 0} \frac{\Delta x}{\Delta t} = \frac{dx}{dt}$$

- El **sentido** de la velocidad instantánea de un cuerpo que se mueve en una dimensión se indica por su signo (positivo o negativo).
- El **módulo** $|\vec{v}_x|$ (o v_x) es la rapidez del movimiento.

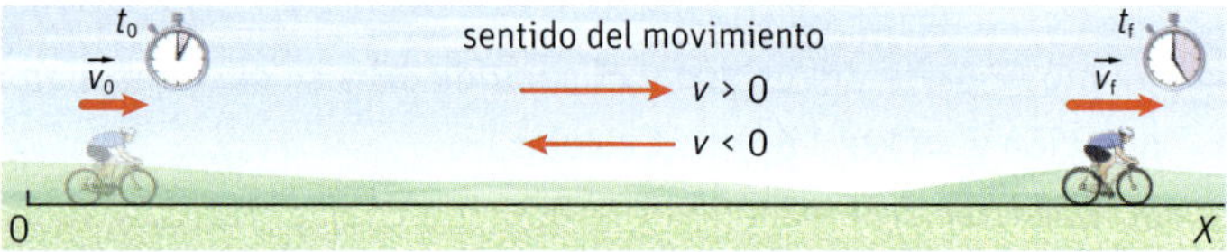

Movimiento en dos dimensiones

- La expresión del **vector velocidad instantánea** en un movimiento en dos dimensiones es:

$$\vec{v} = \lim_{\Delta t \to 0} \vec{v}_m = \lim_{\Delta t \to 0} \frac{\Delta \vec{r}}{\Delta t} = \frac{d\vec{r}}{dt}$$

En coordenadas cartesianas, el vector velocidad instantánea se expresa como:

$$\vec{v} = \frac{dx}{dt}\vec{i} + \frac{dy}{dt}\vec{j}$$

- La **dirección** y el **sentido** del vector velocidad son los del vector desplazamiento cuando el intervalo de tiempo tiende a cero. La dirección coincide con la **tangente a la trayectoria** en el punto donde se encuentra el móvil.
- El **módulo** $|\vec{v}| = \sqrt{v_x^2 + v_y^2}$ es la rapidez del movimiento.

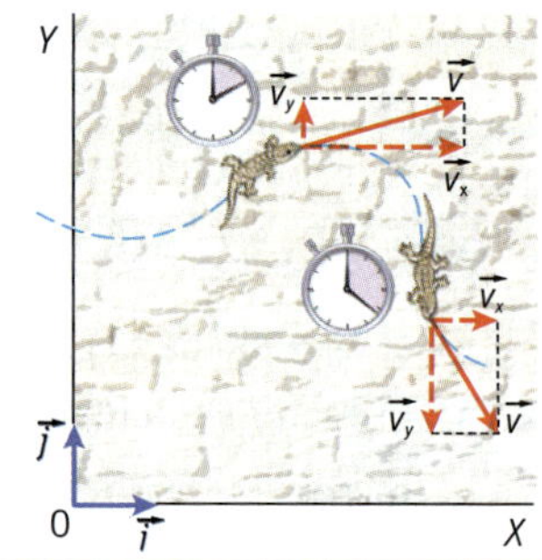

EJERCICIOS RESUELTOS

12 **Un jugador de balonvolea se mueve en línea recta durante un segundo para recibir una pelota según la ecuación $x = 3 + 4t^2$, con x expresada en metros y t en segundos. Determina su velocidad instantánea en $t = 0,8$ s.**

La velocidad es la derivada de la función de posición. Por lo tanto, si derivamos la ecuación:

$$v(t) = \frac{dx}{dt} = \frac{d(3+4t^2)}{dt} = 8t$$

En $t = 0,8$ s, la velocidad es:

$$v(0,8) = 8 \cdot 0,8 = 6,4 \text{ ms}^{-1}$$

13 **Para un móvil, $\vec{r} = (2 - 0,25t^2)\vec{i} + (t + 0,025t^3)\vec{j}$ en unidades del SI. Determina el vector velocidad instantánea y la rapidez en el instante $t = 2$ s.**

La velocidad instantánea es:

$$\vec{v} = \frac{d\vec{r}}{dt} = \frac{dx}{dt}\vec{i} + \frac{dy}{dt}\vec{j} = \left[-0,5t\,\vec{i} + (1 + 0,075t^2)\vec{j}\right] \text{ms}^{-1}$$

Para $t = 2$ s:

$$\vec{v}(2) = \left[-0,5 \cdot 2\vec{i} + (1 + 0,075 \cdot 2^2)\vec{j}\right] \text{ms}^{-1} = (-\vec{i} + 1,3\vec{j}) \text{ ms}^{-1}$$

Su rapidez es: $v(2) = \sqrt{(-1)^2 + 1,3^2} = 1,6 \text{ ms}^{-1}$

ACTIVIDADES

9. **La posición de un elevador neumático con movimiento rectilíneo viene dada por la ecuación: $y = 8t^2 + t$, con y expresada en metros y t en segundos.**

Calcula su velocidad instantánea en $t = 0$ s y $t = 2$ s.

Solución: 1 ms^{-1}; 33 ms^{-1}

10. **Un diseñador web crea una animación en la que un punto en la pantalla de su ordenador tiene como vector de posición $\vec{r} = \left[(4 + 2,5t^2)\vec{i} + (4 + 5t)\vec{j}\right]$ cm, (t expresada en segundos). Calcula el vector velocidad instantánea y la rapidez del punto en $t = 2$ s.**

Solución: $\vec{v} = (10\vec{i} + 5\vec{j}) \text{ cms}^{-1}$; $|\vec{v}| = 11,2 \text{ cms}^{-1}$

2.3. Análisis de la velocidad a partir de las gráficas *s-t*

En la figura 8.5 se representa la gráfica posición-tiempo (*s-t*) de un móvil.

- Los **tramos rectilíneos** tienen una pendiente constante y, por tanto, el valor numérico de la velocidad también es constante (movimientos uniformes). Cuanto mayor es la pendiente, mayor es la velocidad de un movimiento.
- Los **tramos curvilíneos** indican una pendiente variable y, por tanto, el valor numérico de la velocidad también es variable (movimientos variados).
- Los **tramos ascendentes** (pendiente positiva) indican que el móvil se desplaza hacia la derecha ($v > 0$). En los **tramos descendentes** (pendiente negativa) el móvil se desplaza hacia la izquierda ($v < 0$). Los tramos horizontales indican que el móvil está en reposo.

En las gráficas posición-tiempo (*s-t*), el valor absoluto de la pendiente de la gráfica en un intervalo de tiempo, Δt, representa la velocidad media en dicho intervalo.

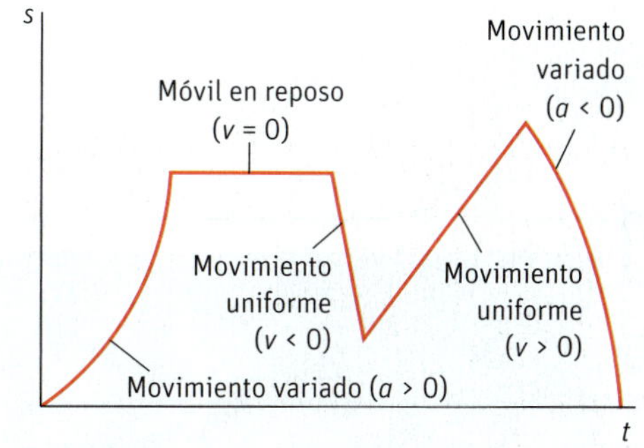

Figura 8.5. Gráfica *s-t*. A partir de una gráfica *s-t* no se puede determinar la trayectoria del móvil.

EJERCICIOS RESUELTOS

14 **En la siguiente gráfica *s-t* se representa el movimiento de un corredor.**

a) **En el instante $t = 2$ s, ¿ha cambiado el sentido del movimiento? ¿Y en $t = 14$ s?**

b) **Calcula la velocidad media en el tercer tramo. ¿Coincide con el primer tramo?**

c) **Con los datos de la gráfica, ¿puedes deducir si el movimiento es rectilíneo?**

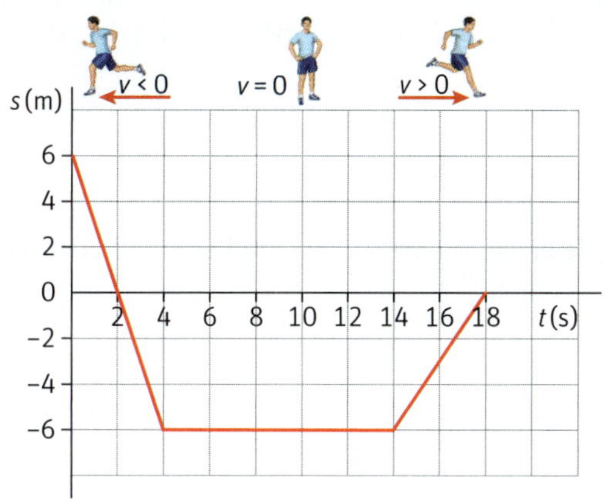

a) En $t = 2$ s el corredor se encuentra en el origen del sistema de referencia. El corredor se mueve desde $t = 0$ s hasta $t = 4$ s, siempre en el mismo sentido, hacia la izquierda ($v < 0$). En $t = 4$ s el corredor se para, de ahí que la gráfica sea constante. Se encuentra detenido hasta $t = 14$ s. A partir de ese instante el corredor cambia de sentido. Como se puede observar en la gráfica, la pendiente pasa a ser positiva.

b) Se pide la v_m en el intervalo que va de $t = 14$ s a $t = 18$ s:

$$v_m = \frac{[0-(-6)]\text{ m}}{(18-14)\text{ s}} = 1{,}5\text{ ms}^{-1}$$

Cómo puedes observar, la velocidad media es positiva, aunque la gráfica se encuentra por debajo del eje *X*.

La velocidad media en el primer tramo es:

$$v_m = \frac{(-6-6)\text{ m}}{(4-0)\text{ s}} = -3\text{ ms}^{-1}$$

Ambas velocidades son distintas.

c) No. La gráfica solo indica la posición sobre la trayectoria en función del tiempo. El hecho de que las líneas de la gráfica *s-t* sean rectas, indica que el movimiento es uniforme, no que sea rectilíneo (no confundas la posición *s* sobre una trayectoria genérica con la posición *x* sobre una trayectoria rectilínea).

ACTIVIDADES

11. **En la siguiente imagen se muestran las sucesivas posiciones que ocupa un atleta en su entrenamiento.**

a) **Teniendo en cuenta que en los 5 segundos posteriores el atleta descansa, dibuja la gráfica *x-t*.**

b) **Calcula la pendiente de la gráfica en cada tramo y extrae una conclusión del resultado.**

12. **Observa la siguiente gráfica *x-t* y responde a las cuestiones:**

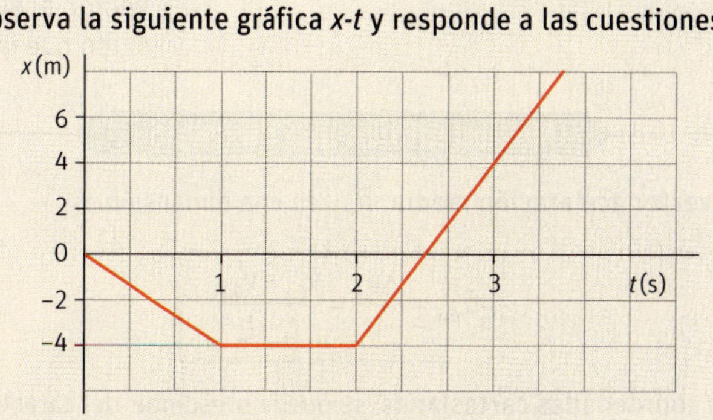

a) **Calcula la pendiente en cada tramo de la gráfica *x-t* adjunta y describe el movimiento.**

b) **Describe el movimiento en una dimensión.**

Solución: a) -4 ms^{-1}; 0 ms^{-1}; 8 ms^{-1}

3 Aceleración

Hay movimientos donde la velocidad cambia de módulo, otros donde cambia de dirección, movimientos donde cambia de sentido, y otros donde cambian a la vez varias de estas características de la velocidad.

OBSERVA

El esquiador que desciende en línea recta aumenta el valor numérico de su velocidad sin cambiar su dirección.

Cuando pasa la puerta del eslalon, el esquiador cambia la dirección de su velocidad sin variar su valor numérico.

Al impactar con el suelo, la pelota cambia el sentido de su velocidad sin apenas variar su valor numérico.

Para describir el cambio en la velocidad de un móvil se introduce el concepto **aceleración**.

> Un móvil posee **aceleración** cuando experimenta un cambio en el tiempo de, al menos, una característica de su vector velocidad, ya sea el módulo, la dirección o el sentido. Su unidad en el SI es el **m s⁻²**.

Ten en cuenta

Un móvil posee una aceleración de 1 $m\,s^{-2}$ si su velocidad varía 1 $m\,s^{-1}$ cada segundo.

3.1. Aceleración media

- **Aceleración media escalar.** Mide el cambio de la velocidad en un intervalo de tiempo, Δt.

$$a_m = \frac{\Delta v}{\Delta t}$$

Así, por ejemplo, en una moto de competición que pasa en 3 s de 0 a 100 $km\,h^{-1}$ su aceleración media se calcula, transformando previamente los $km\,h^{-1}$ en $m\,s^{-1}$, de la siguiente forma:

$$100\,kmh^{-1} = \frac{(100\,km)}{(1\,h)} \cdot \frac{(1000\,m)}{(1\,km)} \cdot \frac{(1\,h)}{(3600\,s)} = 27{,}8\,ms^{-1}$$

$$a_m = \frac{v_f - v_0}{\Delta t} = \frac{(27{,}8 - 0)\,ms^{-1}}{3\,s} = 9{,}3\,ms^{-2}$$

- **Vector aceleración media.** La aceleración media es una magnitud vectorial. Del mismo modo que la velocidad, se define en una o dos dimensiones.

Movimiento en una dimensión

- El **vector aceleración media**, $\vec{a}_{m,x}$ en una dimensión es:

$$\vec{a}_{m,x} = \frac{\Delta \vec{v}_x}{\Delta t} = \frac{\vec{v}_{f,x} - \vec{v}_{0,x}}{t_f - t_0}$$

En **coordenadas cartesianas**, se puede prescindir del carácter vectorial:

$$a_{m,x} = \frac{\Delta v_x}{\Delta t} = \frac{v_{x,f} - v_{x,o}}{t_f - t_0}$$

- La aceleración media de un móvil puede ser **positiva** o **negativa**, según el signo de la variación de la velocidad.

Movimiento en dos dimensiones

- La expresión del **vector aceleración media** en un movimiento en dos dimensiones es:

$$\vec{a}_m = \frac{\Delta \vec{v}}{\Delta t} = \frac{\vec{v}_f - \vec{v}_0}{t_f - t_0}$$

En **coordenadas cartesianas** la aceleración media se expresa como:

$$\vec{a}_m = \frac{\Delta v_x}{\Delta t}\vec{i} + \frac{\Delta v_y}{\Delta t}\vec{j} = v_{m,x}\vec{i} + v_{m,y}\vec{j}$$

- La **dirección** de $\vec{a}_m$ es la del vector $\Delta \vec{v}$.

EJERCICIOS RESUELTOS

15 **Un coche teledirigido se mueve sobre una pista de cemento plana. Si se toma una esquina como origen, la velocidad inicial del coche es $\vec{v}_0 = (4\vec{i} + 3\vec{j})\,\text{ms}^{-1}$ y, al cabo de 10 s, la velocidad es $\vec{v}_f = (9\vec{i} - 6\vec{j})\,\text{ms}^{-1}$.**

a) **Determina el vector $\vec{a}_m$.**

b) **Indica la dirección de este vector.**

a) $\vec{a}_m = \dfrac{\vec{v}_f - \vec{v}_0}{t_f - t_0} = \dfrac{[(9-4)\vec{i} + (-6-3)\vec{j}]\,\text{ms}^{-1}}{10\text{ s}}$

$\vec{a}_m = (0{,}5\vec{i} - 0{,}9\vec{j})\,\text{ms}^{-2}$

b) El vector $\Delta\vec{v}$ es la resta gráfica de los vectores $\vec{v}_0$ y $\vec{v}_f$; $\Delta\vec{v} = \vec{v}_f - \vec{v}_0$. La dirección de $\vec{a}$ es la misma que la de $\Delta\vec{v}$.

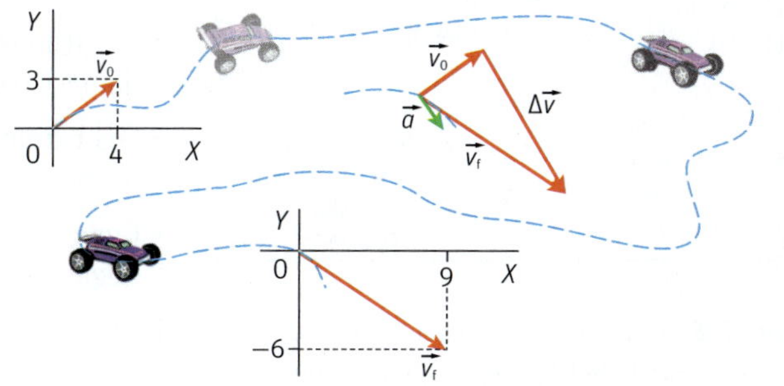

3.2. Aceleración instantánea

- **Aceleración instantánea escalar.** Mide el cambio de la velocidad en un instante dado:

$$a = \lim_{\Delta t \to 0} \frac{\Delta v}{\Delta t} = \frac{dv}{dt}$$

- **Vector aceleración instantánea.** La aceleración instantánea es una magnitud vectorial como sucedía con la velocidad instantánea.

Movimiento en una dimensión

- El **vector aceleración instantánea**, $\vec{a}_x$ en una dimensión es:

$$\vec{a}_x = \lim_{\Delta t \to 0} \vec{a}_{m,x} = \lim_{\Delta t \to 0} \frac{\Delta \vec{v}_x}{\Delta t} = \frac{d\vec{v}_x}{dt}$$

- El vector $\vec{a}_x$ tiene la **dirección** del eje *X*.
- En **coordenadas cartesianas** se puede prescindir de su carácter vectorial.

$$a_x = \lim_{\Delta t \to 0} a_{m,x} = \lim_{\Delta t \to 0} \frac{\Delta v_x}{\Delta t} = \frac{dv_x}{dt}$$

- La aceleración se expresa con un número con signo (+ o −).

Movimiento en dos dimensiones

- La expresión del **vector aceleración instantánea** en un movimiento en dos dimensiones es:

$$\vec{a} = \lim_{\Delta t \to 0} \vec{a}_m = \lim_{\Delta t \to 0} \frac{\Delta \vec{v}}{\Delta t} = \frac{d\vec{v}}{dt}$$

- En **coordenadas cartesianas**, la aceleración se escribe así:

$$\vec{a} = \frac{dv_x}{dt}\vec{i} + \frac{dv_y}{dt}\vec{j} = a_x\vec{i} + a_y\vec{j}$$

- La **dirección** de $\vec{a}$ puede ser cualquier recta del plano.

EJERCICIOS RESUELTOS

16 **La velocidad de un móvil viene determinada por la siguiente función: $\vec{v} = (3t^2\vec{i})\,\text{ms}^{-1}$. Calcula:**

a) **La aceleración media entre t = 1 s y t = 2 s.**

b) **La aceleración en cualquier instante y su valor en t = 2 s.**

a) En t = 1 s, la velocidad es $\vec{v}(1) = (3\vec{i})\,\text{ms}^{-1}$ y en t = 2 s, $\vec{v}(2) = (12\vec{i})\,\text{ms}^{-1}$. Por tanto:

$$\vec{a}_m = \frac{\Delta\vec{v}}{\Delta t} = \frac{\vec{v}_2 - \vec{v}_1}{t_2 - t_1} = \frac{(12\vec{i} - 3\vec{i})\,\text{ms}^{-1}}{(2-1)\text{ s}} = (9\vec{i})\,\text{ms}^{-2}$$

b) La aceleración instantánea es la derivada del vector velocidad:

$\vec{a} = \dfrac{d\vec{v}}{dt} = (6t\vec{i})\,\text{ms}^{-2}$ y su valor en t = 2 s es: $\vec{a}(2) = (12\vec{i})\,\text{ms}^{-2}$

17 **La ecuación del movimiento de un móvil, expresadas las magnitudes en unidades del SI, es: $\vec{r} = (3t - 7)\vec{i} + 2t^2\vec{j}$. Calcula:**

a) **La velocidad en cualquier instante y para t = 1 s.**

b) **La aceleración y su módulo.**

a) La velocidad instantánea es:

$$\vec{v} = \frac{d\vec{r}}{dt} = (3\vec{i} + 4t\vec{j})\,\text{ms}^{-1}$$

Para t = 1 s, $\vec{v} = (3\vec{i} + 4\vec{j})\,\text{ms}^{-1}$

b) La aceleración instantánea es: $\vec{a} = \dfrac{d\vec{v}}{dt} = (4\vec{j})\,\text{ms}^{-2}$

El módulo de la aceleración es: $a = 4\,\text{ms}^{-2}$

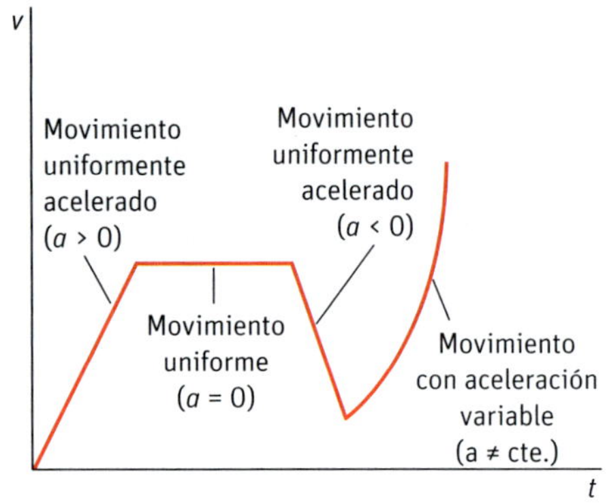

Figura 8.6. Gráfica *v-t*. Representa el módulo del vector velocidad frente al tiempo y no informa de la dirección de la velocidad.

3.3. Análisis de la aceleración a partir de las gráficas *v-t*

En los **movimientos en una dimensión**, la pendiente de la gráfica *v–t* en un intervalo de tiempo, Δt, representa la aceleración media en dicho intervalo. Si el intervalo tiende a cero ($\Delta t \rightarrow 0$), la pendiente de la tangente a la curva es la aceleración instantánea (Fig. 8.6).

- Los **tramos rectilíneos** de la gráfica tienen una pendiente constante y, por tanto, el valor numérico de la aceleración también es constante (movimientos uniformemente acelerados).
- Los **tramos curvilíneos** de la gráfica indican una pendiente variable y, por tanto, el valor numérico de la aceleración también es variable (movimientos variados).
- Cuanto mayor es la **pendiente**, mayor es la aceleración de un movimiento. Las pendientes negativas indican valores negativos de la aceleración.

En los **movimientos curvilíneos**, como el circular, existe aceleración incluso en los tramos horizontales de las gráficas *v–t*, ya que la velocidad cambia de dirección.

EJERCICIOS RESUELTOS

18 **La gráfica muestra a una moto moviéndose en el eje *X*. Sabiendo que para t = 0 s, x_0 = 0 m, calcula la velocidad y la aceleración de la moto para t = 0,5 s, t = 2 s y t = 4 s.**

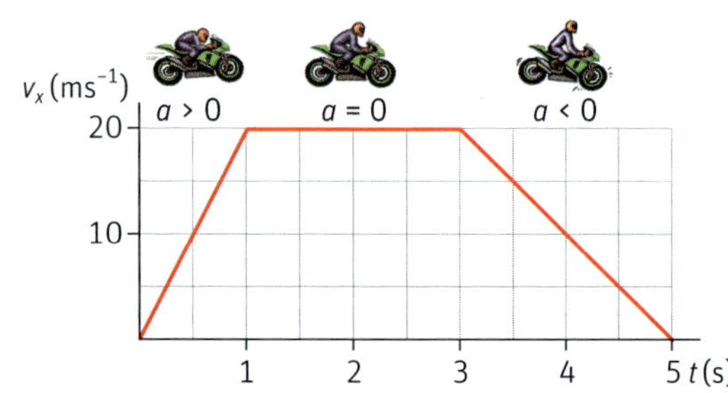

Para t = 0,5 s, la velocidad es 10 ms^{-1}. La aceleración media es:

$$a_m = \frac{v_f - v_0}{t_f - t_0} = \frac{(10-0)\,\text{ms}^{-1}}{(0{,}5-0)\,\text{s}} = 20\,\text{ms}^{-2}$$

Para t = 2 s, la velocidad es 20 ms^{-1} y su aceleración es cero, ya que la velocidad entre t = 1 s y t = 3 s es cte.

Para t = 4 s, la velocidad es 10 ms^{-1}. La aceleración media es:

$$a_m = \frac{v_f - v_0}{t_f - t_0} = \frac{(10-20)\,\text{ms}^{-1}}{(4-3)\,\text{s}} = -10\,\text{ms}^{-2} \text{ (va frenando).}$$

Ten en cuenta

En la gráfica *v-t* del ejercicio resuelto 18, el espacio recorrido por la moto puede calcularse hallando el área bajo la gráfica entre 0 s y 5 s. Tenemos dos triángulos y un rectángulo:

$$A_1 = \frac{bh}{2} = \frac{1 \cdot 20}{2} = 10 \quad A_2 = 2 \cdot 20 = 40$$

$$A_3 = \frac{Bh}{2} = \frac{2 \cdot 20}{2} = 20$$

Por tanto, el espacio recorrido será la suma de las tres áreas: 70 m.

ACTIVIDADES

13. **Una moto de nieve se mueve de acuerdo con la gráfica *v-t* que se muestra en la figura. ¿Cuál es la aceleración media de la moto en cada uno de los segmentos A, B y C?**

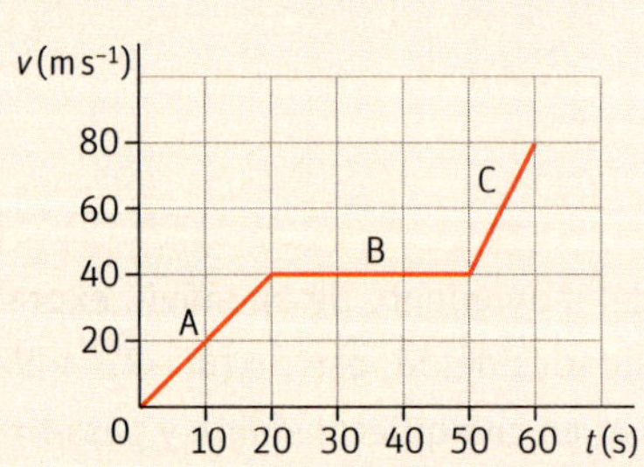

Solución: 2 ms^{-2}; 0 ms^{-2}; 4 ms^{-2}

14. **Un cuerpo se mueve según el vector de posición (en unidades del SI), $\vec{r} = (3t^2 - t)\vec{i} + 2t^2\vec{j}$. Calcula:**

a) La velocidad media entre t = 0 s y t = 3 s.

b) La velocidad instantánea para t = 3 s.

c) La aceleración para t = 0 s

Solución: **a)** (8, 6) ms^{-1}; **b)** (17, 12) ms^{-1}; **c)** (6, 4) ms^{-2}

15. **Observa las siguientes gráficas:**

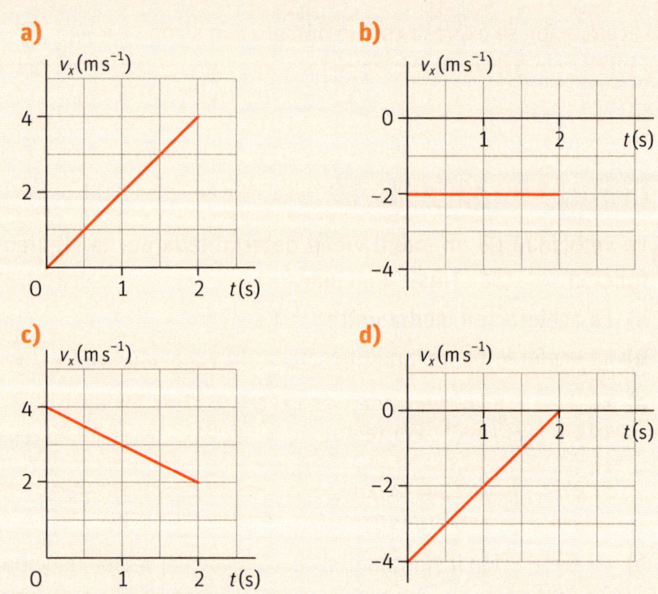

Indica razonadamente si el móvil posee o no aceleración.

4 Componentes intrínsecas de la aceleración

En los movimientos en una dimensión, la aceleración solo puede deberse al cambio en el módulo del vector velocidad. Sin embargo, en los movimientos en dos dimensiones, la aceleración puede deberse tanto a los cambios del módulo como de la dirección de la velocidad.

OBSERVA

Los deportistas de distintas disciplinas experimentan aceleraciones en sus movimientos debidas a diversos cambios en la velocidad:

En la salida de una carrera de cien metros lisos, los atletas aumentan el valor numérico de su velocidad, es decir, modifican el módulo de $\vec{v}$.

En el trazado curvo del velódromo, los ciclistas de persecución en pista mantienen su rapidez, pero modifican la dirección del vector velocidad, $\vec{v}$.

Cuando descienden los corredores de *bobsleigh*, aumenta el valor numérico de la velocidad y también cambia la dirección de esta.

En un sistema de referencia con origen en el móvil, con un eje tangente a la trayectoria y el otro normal al anterior, pueden separarse las componentes de la aceleración, una debida a la variación del módulo y la otra debida al cambio en la dirección de la velocidad. Para ello se emplean dos ejes, uno de los cuales es tangente a la trayectoria, mientras que el otro tiene dirección normal al anterior (Fig. 8.7).

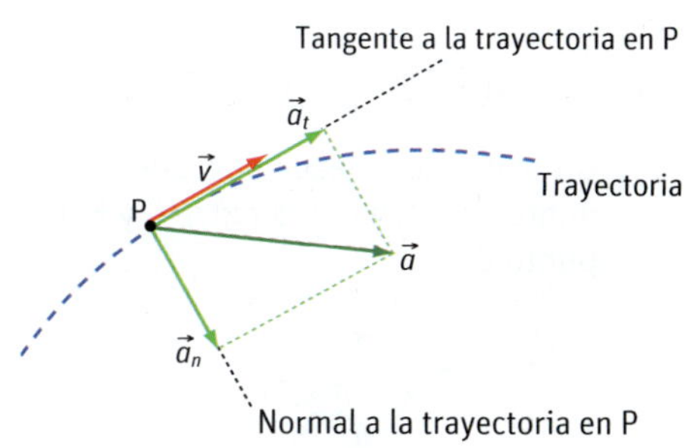

Figura 8.7. Componentes intrínsecas de la aceleración. La componente tangencial es siempre tangente a la trayectoria, mientras la normal apunta hacia la parte cóncava.

Las **componentes intrínsecas de la aceleración**, $\vec{a}_t$ y $\vec{a}$ son las proyecciones del vector aceleración $\vec{a}$ sobre estos ejes.

4.1. Aceleración tangencial

Los atletas de cien metros lisos cambian el valor de su velocidad, pero no pueden salir de su calle y, por tanto, no varía la dirección de la misma.

La **aceleración tangencial**, $\vec{a}_t$, es debida a la variación del módulo de la velocidad. Su dirección es tangente a la trayectoria y su valor es:

$$a_t = \lim_{\Delta t \to 0} \frac{\Delta v}{\Delta t} = \frac{dv}{dt}$$

EJERCICIOS RESUELTOS

19 **Calcula la aceleración tangencial en $t = 1$ s para el móvil del ejercicio resuelto 17 de ecuación $\vec{r} = (3t-7)\vec{i} + 2t^2\vec{j}$ (expresadas las magnitudes en unidades del SI).**

Calculamos primero el módulo de la velocidad a partir del vector velocidad instantánea:

$$\vec{v} = \frac{d\vec{r}}{dt} = (3\vec{i} + 4t\vec{j})\,\mathrm{ms^{-1}} \Rightarrow |\vec{v}| = \sqrt{3^2 + (4t)^2} = \sqrt{9 + 16t^2}\,\mathrm{ms^{-1}}$$

La aceleración tangencial es: $a_t = \dfrac{d|\vec{v}|}{dt} = \dfrac{d\sqrt{9+16t^2}}{dt} = \dfrac{32t}{2\sqrt{9+16t^2}}$

En $t = 1$ s, $a_t = 3{,}2\,\mathrm{ms^{-2}}$

ACTIVIDADES

16. El vector de posición de un cuerpo es $\vec{r} = \left[(3t-1)\vec{i} + 2t^3\vec{j}\right]$ m.

a) Calcula el vector $\vec{v}$ y su módulo en cualquier instante.

b) Determina el vector $\vec{a}$ y el valor de a_t en $t = 1$ s.

Solución:

a) $\vec{v} = (3\vec{i} + 6t^2\vec{j})\,\mathrm{ms^{-1}}$; $|\vec{v}| = \sqrt{9 + 36t^4}\,\mathrm{ms^{-1}}$

b) $\vec{a} = (12t\,\vec{j})\,\mathrm{ms^{-2}}$; $a_t = 10{,}7\,\mathrm{ms^{-}}$

4.2. Aceleración normal

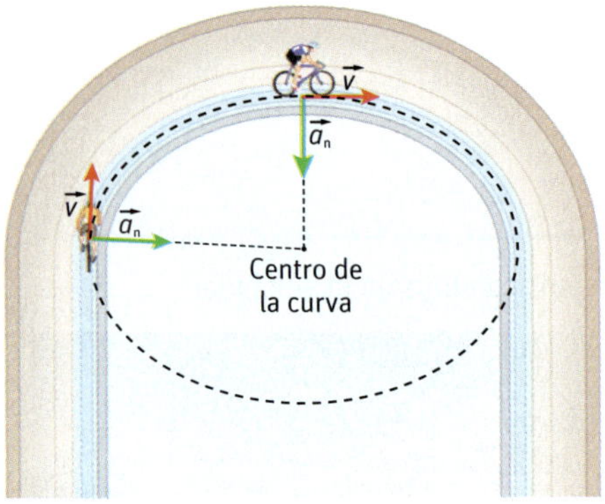

Figura 8.8. Vector aceleración normal en una trayectoria curva. El sentido del vector aceleración normal es hacia el centro de curvatura.

Cuando mantienen constante el módulo de su velocidad, los ciclistas de persecución en pista carecen de aceleración tangencial pero su dirección cambia continuamente en la curva y, por tanto, experimentan una aceleración, denominada aceleración normal (Fig. 8.8).

La **aceleración normal** de un móvil es un vector cuya dirección es perpendicular a la velocidad instantánea en el punto de la trayectoria donde está el móvil, mientras que su sentido es hacia el interior de la trayectoria curva.

Como caso particular, en una trayectoria circular la aceleración normal tiene la dirección del radio (R) y se denomina **aceleración radial** o **centrípeta**. Su valor es:

$$a_n = \frac{v^2}{R}$$

smSaviadigital.com PRACTICA

En esta animación puedes observar la variación de la aceleración del esquiador y sus componentes intrínsecas.

4.3. Aceleración en un movimiento curvilíneo

Cuando el coche de *bobsleigh* desciende, su velocidad aumenta (tiene $\vec{a}_t$) y demás va cambiando continuamente de dirección (tiene $\vec{a}_n$). La composición vectorial de ambas aceleraciones permite obtener la **aceleración total**, cuya expresión es:

$$\vec{a} = \vec{a}_t + \vec{a}_n$$

Ambas componentes forman un ángulo recto, luego el módulo de la aceleración es:

$$|\vec{a}| = \sqrt{a_t^2 + a_n^2}$$

EJERCICIOS RESUELTOS

20 **Un esquiador desciende por una pista que es recta entre los puntos A y C y curva entre C y F. La velocidad es máxima en el punto E.**

a) Señala la dirección del vector aceleración en los puntos B, D, E y F.

b) Calcula su aceleración normal y su aceleración total en el punto D, sabiendo que en dicho punto su velocidad es de 10,0 m s^{-1}, que el radio de la curva, supuesta circular, es R = 20,0 m y que su aceleración tangencial es 1,5 m s^{-2}.

a) En el punto B la trayectoria es rectilínea y el móvil solo tiene aceleración tangencial. En el punto D la trayectoria es curvilínea; por lo tanto, tiene aceleración tangencial y normal. En el punto F ocurrirá lo mismo, pero en este caso, como la velocidad disminuye, la aceleración tangencial tiene sentido contrario a la velocidad. En el punto E la aceleración tangencial es nula, ya que su velocidad es máxima y no aumenta, luego el móvil solo tiene aceleración normal.

b) La aceleración normal en el punto D es:

$$a_n = \frac{v^2}{R} = \frac{(10{,}0\,\text{m s}^{-1})^2}{(20{,}0\,\text{m})} = 5{,}0\,\text{m s}^{-2}$$

$$a = \sqrt{a_t^2 + a_n^2} = \sqrt{1{,}5^2 + 5{,}0^2} = 5{,}2\ \text{m s}^{-2}$$

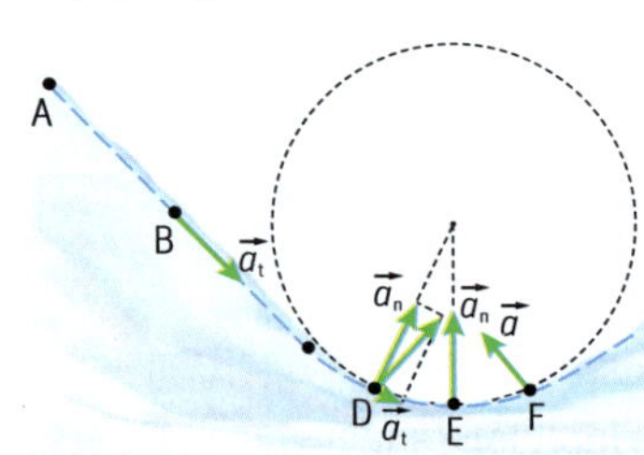

ACTIVIDADES

17. Indica el valor de la aceleración centrípeta de un cochecito de tiovivo si gira con un radio de 3,0 m y la velocidad del cochecito es 2,0 m s^{-1}.

Solución: 1,3 m s^{-2}

18. Indica el valor de la aceleración normal de un móvil en un punto de una trayectoria curvilínea si el valor de a_t es 3,0 m s^{-2} y la aceleración total vale a = 5,0 m s^{-2}.

Solución: 4,0 m s^{-2}

4.4. Clasificación de los movimientos según la aceleración

Se puede realizar una clasificación de los movimientos utilizando como criterio el valor de las componentes intrínsecas de la aceleración.

Movimiento rectilíneo $\vec{a}_n = 0$

Si $\vec{a}_n = 0$ y además $\vec{a}_t = 0$ el movimiento es **rectilíneo uniforme**. Por ejemplo, el movimiento de la piedra sobre el hielo.

Si $\vec{a}_n = 0$ y $\vec{a}_t = \text{cte.}$ el movimiento es **rectilíneo uniformemente acelerado**. Por ejemplo, el movimiento de aceleración del avión.

Si $\vec{a}_n = 0$ y $\vec{a}_t \neq \text{cte.}$ el movimiento es **rectilíneo variado**. Por ejemplo, el movimiento recilíneo variado de algunos vehículos.

Movimiento curvilíneo $\vec{a}_n \neq 0$

Si $\vec{a}_n \neq 0$ y además $a_t = 0$ el movimiento es **curvilíneo uniforme**. Por ejemplo, el del giro con $|\vec{v}|$ constante de las sillas voladoras.

Si $\vec{a}_n \neq 0$ y $a_t = \text{cte.}$ el movimiento es **curvilíneo uniformemente acelerado**. Por ejemplo, los coches acelerando en una curva.

Si $\vec{a}_n \neq 0$ y $a_t \neq \text{cte.}$ el movimiento es **curvilíneo variado**. Por ejemplo, el que tiene el patinador en la curva inclinada.

EJERCICIOS RESUELTOS

21 **Un coche tiene una aceleración tangencial constante de 0,30 ms^{-2}. En un momento determinado, pasa por una elevación que tiene forma de círculo de radio 200 m. Sabiendo que en la parte superior del tramo su velocidad tangencial es de 6,0 ms^{-1}, calcula la aceleración total del coche:**

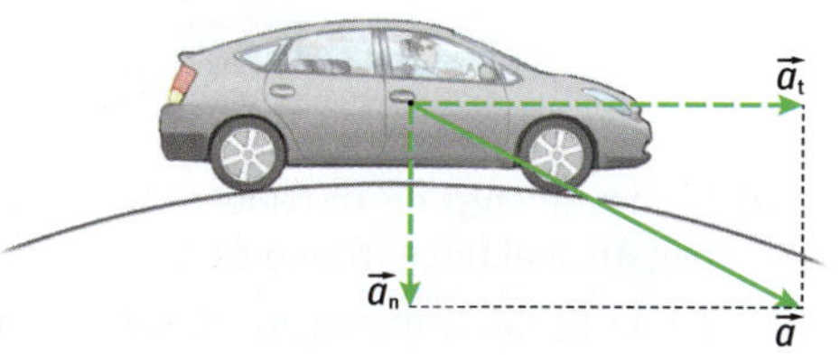

El coche tiene aceleración tangencial (0,30 ms^{-2}) y aceleración normal, ya que describe una curva. La aceleración normal es:

$$a_n = \frac{v^2}{R} = \frac{(6{,}0\,\text{ms}^{-1})^2}{(200\,\text{m})} = 0{,}18\,\text{ms}^{-2}$$

El módulo de la aceleración total es:

$$a = \sqrt{a_t^2 + a_n^2} = \sqrt{0{,}30^2 + 0{,}18^2} = 0{,}35\,\text{ms}^{-2}$$

ACTIVIDADES

19. Indica si existe aceleración en los siguientes casos, indicando sus posibles componentes intrínsecas.

a) Un tren eléctrico cuando gira en una pista circular de 2 m de radio a 3 kmh^{-1}.

b) Un automóvil al iniciar su marcha, cuando el semáforo ha cambiado de rojo a verde.

c) Un ciclista que toma la primera curva al bajar un puerto.

d) Un coche de Fórmula 1 cuando lleva una velocidad constante de 250 kmh^{-1} en la recta de llegada.

EJERCICIOS Y PROBLEMAS RESUELTOS

Estudio de la gráfica posición-tiempo

22 En esta gráfica se muestra la posición de un móvil en función del tiempo en un movimiento en una dimensión.

a) Indica, de forma razonada, si el movimiento es uniforme o variado, señalando, si procede, el signo de la velocidad y la aceleración.

b) Calcula la velocidad para t = 2,5 s y para t = 4 s.

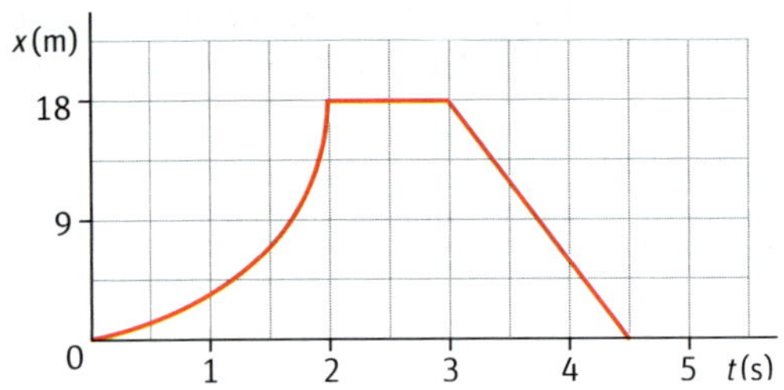

Consideraciones iniciales

- En la gráfica posición-tiempo de un movimiento en una dimensión, la pendiente da una información completa sobre la velocidad:
  - Si la pendiente es constante, el movimiento es rectilíneo uniforme.
  - Si la pendiente está cambiando el movimiento es rectilíneo variado.

  Además el signo de la pendiente informa del signo de la velocidad.
- Si el movimiento es en dos o tres dimensiones, aunque sea uniforme, hay aceleración normal.

▸ Resolución

a) **Primer tramo.** La velocidad está cambiando ya que el tramo es curvo. Por lo tanto el movimiento es variado y tiene aceleración. La pendiente va aumentando, la variación de la velocidad (la aceleración) también.

Segundo tramo. La pendiente es nula y el móvil se encuentra en reposo.

Tercer tramo. La pendiente es constante, por lo tanto el movimiento es uniforme, y carece de aceleración. Como la pendiente es negativa, la velocidad también lo es.

b) Para t = 2,5 s, el móvil se encuentra en el segundo tramo donde la pendiente es nula, por lo tanto:

$$v(2{,}5) = 0$$

Para t = 4 s, el móvil está en el tercer tramo y el movimiento es uniforme, por lo que su velocidad es constante en todo el tramo. La velocidad media para ese tramo es:

$$v(4)=\frac{(0-18)\,\text{m}}{(4{,}5-3)\,\text{s}}=-12\,\text{m}\,\text{s}^{-1}$$

> **CONCLUSIONES:** La información que nos da la pendiente en las gráficas posición-tiempo puede extenderse a movimientos en dos y tres dimensiones, aunque, en estos casos hay que tener en cuenta la variación de la dirección de la velocidad.

Estudio de la gráfica velocidad-tiempo

23 En la siguiente gráfica se representa la velocidad en función del tiempo de un móvil que parte del origen de coordenadas y sigue un movimiento en línea recta. Determina:

a) La aceleración del móvil en los tres tramos.

b) La distancia recorrida durante el movimiento de frenada.

c) ¿En qué intervalo de tiempo su aceleración es máxima?

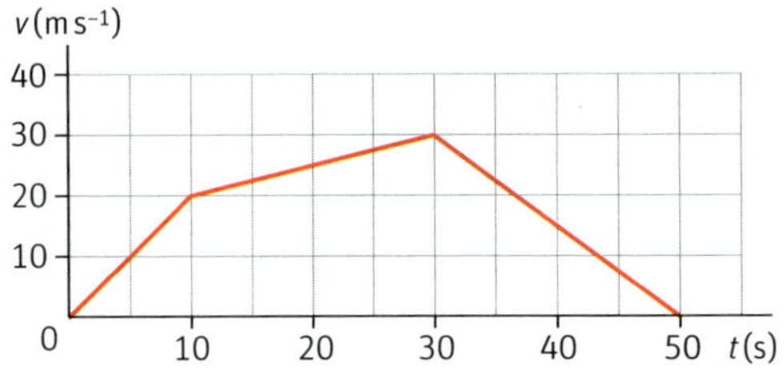

Consideraciones iniciales

- La aceleración instantánea en una dimensión es: $a=\dfrac{dv}{dt}$.

  Para un movimiento rectilíneo, los tramos rectos de la gráfica v-t indican una aceleración tangencial constante (la aceleración normal es cero) que coincide con la aceleración media.
- En cada tramo se aplica la definición de aceleración media:

$$a_m=\frac{\Delta v}{\Delta t}$$

- El área de la gráfica v-t entre dos tiempos proporciona la distancia recorrida en ese intervalo de tiempo.
- En la gráfica v-t el signo de la pendiente indica el signo de la aceleración.

▸ Resolución

a) La aceleración del móvil en los tres tramos es:

$$a_{m,1}=\frac{\Delta v}{\Delta t}=\frac{(20-0)\,\text{m}\,\text{s}^{-1}}{(10-0)\,\text{s}}=2\,\text{m}\,\text{s}^{-2}$$

$$a_{m,2}=\frac{\Delta v}{\Delta t}=\frac{(30-20)\,\text{m}\,\text{s}^{-1}}{(30-10)\,\text{s}}=0{,}5\,\text{m}\,\text{s}^{-2}$$

$$a_{m,3}=\frac{\Delta v}{\Delta t}=\frac{(0-30)\,\text{m}\,\text{s}^{-1}}{(50-30)\,\text{s}}=-1{,}5\,\text{m}\,\text{s}^{-2}$$

b) El movimiento de frenado es aquel que tiene la pendiente negativa: el tercer tramo de la gráfica.

Para calcular la distancia recorrida se determina el área de la gráfica entre los tiempos 30 y 50 s.

$$A=\frac{bh}{2}=\frac{(50\,\text{s}-30\,\text{s})(30\,\text{m}\,\text{s}^{-1})}{2}=300\,\text{m}$$

c) La aceleración es máxima en el primer tramo, 2 m s^{-2}. Observa que la pendiente es mayor que en los otros dos tramos.

> **CONCLUSIONES:** La pendiente de la gráfica v-t nos da información acerca de la aceleración tangencial de un móvil.

Estudio del movimiento en el plano

24 Una hormiga corretea por una mesa de madera como la de la figura. En un instante dado sus coordenadas son (−1 m, −0,5 m) y su velocidad es $\vec{v}_1 = (-0{,}15\vec{i})\ \text{ms}^{-1}$. Pasados 20 s llega hasta la miga de pan que se encuentra en la posición indicada en la figura, moviéndose en ese instante con una velocidad $\vec{v}_2 = (-0{,}05\vec{i} + 0{,}15\vec{j})\ \text{ms}^{-1}$. Calcula:

a) El vector velocidad media y su módulo en el intervalo de tiempo señalado.

b) El vector aceleración media y su módulo.

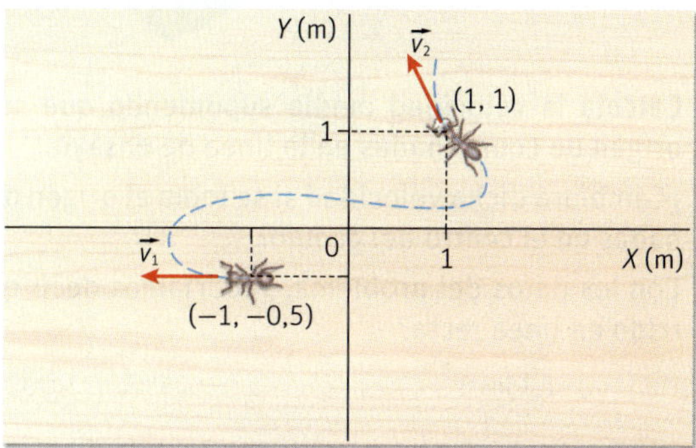

Consideraciones iniciales

- Como el movimiento se realiza en dos dimensiones es necesario utilizar el cálculo vectorial.

▸ Resolución

a) Los vectores de posición son:

$$\vec{r}_2 = (\vec{i} + \vec{j})\ \text{m} \quad \text{y} \quad \vec{r}_1 = (-\vec{i} - 0{,}5\vec{j})\ \text{m}$$

El vector velocidad media es:

$$\vec{v}_m = \frac{\Delta\vec{r}}{\Delta t} = \frac{\vec{r}_2 - \vec{r}_1}{t_2 - t_1} = \frac{\left[(\vec{i} + \vec{j}) - (-\vec{i} - 0{,}5\vec{j})\right]\text{m}}{(20\ \text{s})}$$

$$\vec{v}_m = (0{,}1\vec{i} + 0{,}075\vec{j})\ \text{ms}^{-1}$$

Su módulo es:

$$|\vec{v}_m| = \sqrt{0{,}1^2 + 0{,}075^2} = 0{,}13\ \text{ms}^{-1}$$

b) La aceleración media se determina:

$$\vec{a}_m = \frac{\Delta\vec{v}}{\Delta t} = \frac{\left[(-0{,}05\vec{i} + 0{,}15\vec{j}) - (-0{,}15\vec{i})\right]\text{ms}^{-1}}{(20\ \text{s})}$$

$$\vec{a}_m = (0{,}005\vec{i} + 0{,}0075\vec{j})\ \text{ms}^{-2}$$

Su módulo es:

$$|\vec{a}_m| = \sqrt{0{,}005^2 + 0{,}0075^2} = 0{,}009\ \text{ms}^{-2}$$

> **CONCLUSIONES:** Con los datos del ejercicio no se podría determinar la trayectoria de la hormiga, ya que solo se conocen dos posiciones. Para dibujar la trayectoria es necesario conocer el vector posición en función del tiempo.

Componentes intrínsecas de la aceleración

25 Un chico práctica *free skate* con unos patines de línea en la pista de la figura. Los tramos curvos se pueden considerar semicirculares de radio 4 m. Se lanza hacia abajo y en el punto A tiene una velocidad de 3 ms^{-1}, y en ese momento, su aceleración tangencial es de 3,5 ms^{-2}. Llega a B con una velocidad de 5 ms^{-1} y, durante el tramo recto patina durante 2,5 s hasta conseguir llegar al punto C con una velocidad de 9 ms^{-1}. Al llegar al punto D de la figura su velocidad es de 1 ms^{-1}. En este momento su aceleración total es de 7,5 ms^{-2}. Calcula:

a) El valor numérico de la aceleración en A y en el tramo B–C.

b) La aceleración tangencial en D.

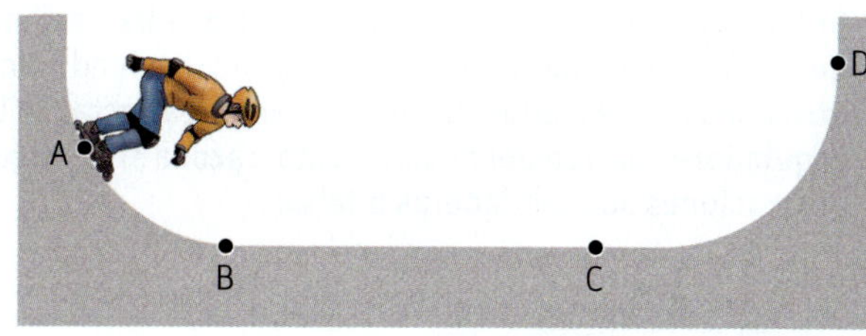

Consideraciones iniciales

- En un movimiento curvilíneo la velocidad cambia de dirección y el móvil tiene aceleración normal. Si además, cambia el módulo de la velocidad, también tiene aceleración tangencial.
- En el tramo recto sólo puede haber aceleración tangencial.

▸ Resolución

a) La aceleración normal en el punto A es:

$$a_n = \frac{v^2}{R} = \frac{(3\ \text{ms}^{-1})^2}{(4\ \text{m})} = 2{,}3\ \text{ms}^{-2}$$

Como el enunciado indica que tiene aceleración tangencial, la aceleración será.

$$a = \sqrt{a_t^2 + a_n^2} = \sqrt{3{,}5^2 + 2{,}3^2} = 4{,}2\ \text{ms}^{-2}$$

En el tramo B-C, el tramo es rectilíneo, por tanto no tiene aceleración normal.

La aceleración en ese tramo es la aceleración media:

$$a_m = \frac{\Delta v}{\Delta t} = \frac{(9-5)\ \text{ms}^{-1}}{(2{,}5\ \text{s})} = 1{,}6\ \text{ms}^{-2}$$

b) La aceleración normal en el punto D es:

$$a_n = \frac{v^2}{R} = \frac{(1\ \text{ms}^{-1})^2}{(4\ \text{m})} = 0{,}25\ \text{ms}^{-2}$$

La aceleración es $a^2 = a_t^2 + a_n^2$; despejando la aceleración tangencial:

$$a_t = \sqrt{a^2 - a_n^2} = \sqrt{7{,}5^2 - 0{,}25^2} = 7{,}5\ \text{ms}^{-2}$$

Esta aceleración es negativa, ya que el módulo de la velocidad del patinador disminuye con el tiempo.

ACTIVIDADES

Movimiento en una dimensión

20. Razona sobre la veracidad o falsedad de las afirmaciones:

a) Si un objeto se mueve durante 10 s, su desplazamiento no puede ser cero.

b) Un móvil se mueve a gran velocidad durante 30 s y se para. Su velocidad media puede ser cero.

c) Un coche está acelerando si su velocidad es muy alta.

21. Un corredor se desplaza en línea recta desde $x = 0$ m a $x = 50$ m entre los tiempos $t = 0$ s y $t = 10$ s. Seguidamente entre $t = 10$ s y $t = 15$ s, el corredor va de $x = 50$ m a $x = 25$ m. ¿Coincide el desplazamiento con la distancia que ha recorrido el corredor en cada uno de los dos intervalos de tiempo?

22. Si has ido a esquiar habrás observado que hay esquiadores que realizan el descenso de una pista haciendo "eses" y otros, más arriesgados, lo realizan en línea recta. Si los dos esquiadores parten del mismo punto, razona si las siguientes afirmaciones son verdaderas o falsas.

a) Los dos han realizado el mismo desplazamiento.

b) Los dos han recorrido la misma distancia.

c) Ambos bajaron con la misma velocidad media si tardaron lo mismo.

23. Un barco cruza un río de 600 m de ancho en 1 min y 12 s.

a) ¿Cuál es su velocidad media?

b) Si el barco hace el viaje de vuelta en 58 s, ¿cuál es la velocidad media en este trayecto?

c) Determina la velocidad media del viaje de ida y vuelta.

Solución: a) 8,3 $m\,s^{-1}$; b) −10, 3 $m\,s^{-1}$; c) 0 $m\,s^{-1}$

24. La posición de un móvil que se desplaza a lo largo del eje X viene dada por $x(t) = t^2 - 10t - 2$, en unidades del SI. Calcula:

a) La posición inicial y las posiciones para $t = 2$ s y $t = 10$ s

b) ¿En qué instante el móvil cambia de sentido?

c) La velocidad media entre los instantes del apartado a).

d) La rapidez y la aceleración para $t = 2$ s.

Solución: a) −18 m; −2 m; b) 5 s; c) 2 $m\,s^{-1}$; d) −6 $m\,s^{-1}$; 2 $m\,s^{-2}$

25. Se ha determinado experimentalmente que la velocidad que alcanza una pelota impulsada con la mano por un jugador de pelota vasca, puede alcanzar los 100 $km\,h^{-1}$ al chocar con el frontón y unos 90 $km\,h^{-1}$ tras rebotar en él.

Con ayuda de una cámara de alta velocidad se ha determinado que la pelota está en contacto con el frontón $3{,}50 \cdot 10^{-2}$ s. Calcula la aceleración media de la pelota en ese intervalo de tiempo.

Solución: $1{,}5 \cdot 10^3\ m\,s^{-2}$

26. Un jugador de rugby recibe el balón en la línea de 22 m y corre hasta realizar un ensayo, tardando 3,1 s en recorrer la distancia entre ambas líneas.

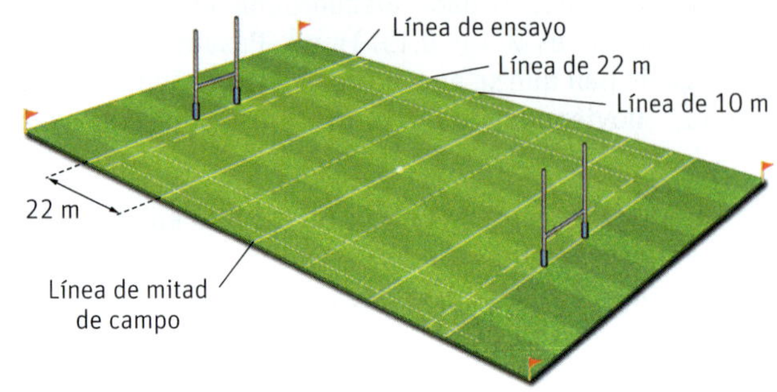

a) Calcula la velocidad media suponiendo que se tome el origen de coordenadas en la línea de ensayo.

b) ¿Cambiará dicha velocidad si se toma el origen de coordenadas en el centro del campo?

c) Con los datos del problema, ¿podríamos decir que ha corrido en línea recta?

Solución: a) −7,1 $m\,s^{-1}$

27. En 1997 se superó por primera vez la velocidad del sonido con un coche propulsado con dos motores a reacción. Para ello, el conductor hizo dos carreras, una en cada sentido. En la primera cubrió la distancia de 1609 m en 4,720 s. Cuando lo hizo en el sentido contrario cubrió la misma distancia en 4,695 s. Determina la velocidad media en cada tramo.

Solución: 341 $m\,s^{-1}$; −343 $m\,s^{-1}$

28. Durante una parte de la caída de un paracaidista su velocidad aumenta desde 16 $m\,s^{-1}$ hasta 28 $m\,s^{-1}$ en 1,3 s. Tras abrirse el paracaídas, su velocidad disminuye de 48 a 26 $m\,s^{-1}$ en 11 s. En ambos casos determina el módulo y el sentido de la aceleración media.

Solución: −9,2 $m\,s^{-2}$; 2,0 $m\,s^{-2}$

Estudio gráfico del movimiento

29. En la gráfica posición-tiempo se representa el movimiento de diferentes objetos. Responde, de forma razonada, a las siguientes cuestiones.

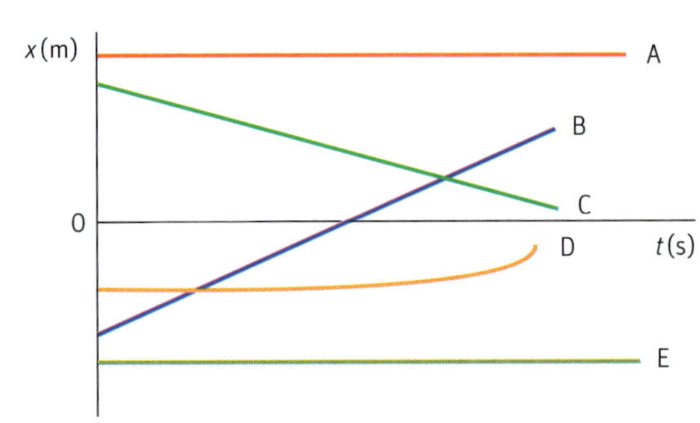

a) ¿Qué objetos están en reposo?

b) ¿Qué objeto tiene aceleración?

c) ¿Quién tiene mayor rapidez B o C?

d) ¿Qué objeto cambia de sentido?

e) ¿Qué objeto se mueve en el mismo sentido que B?

30. Un autobús realiza un viaje de acuerdo con la gráfica adjunta posición-tiempo. Determina la velocidad media en cada uno de los tres segmentos. Expresa el resultado en unidades del SI.

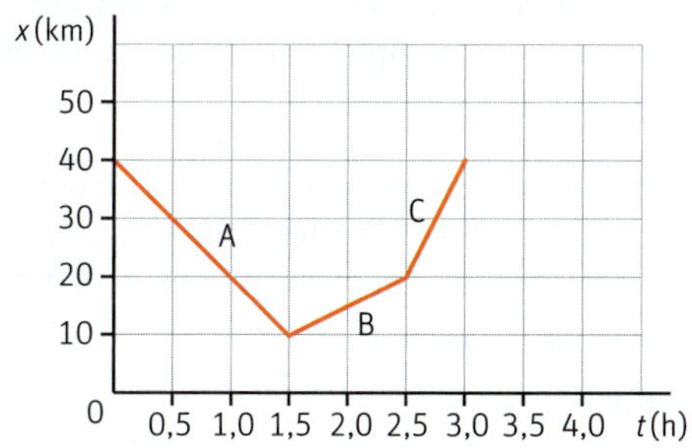

Solución: $-5,6\ ms^{-1}$; $2,8\ ms^{-1}$; $11,1\ ms^{-1}$

31. La tabla siguiente indica las posiciones de un ciclista en función del tiempo:

t (h)	1	1,5	2	2,5	3
x (km)	45	35	25	15	5

a) Dibuja la gráfica *x-t* e indica, el sentido del movimiento.

b) ¿El movimiento es variado?

c) Calcula la velocidad media en ms^{-1} entre $t = 1,5$ h y $t = 3$ h.

d) Si tomáramos otro intervalo de tiempo, ¿cambiaría la velocidad media?

Solución: c) $-5,6\ ms^{-1}$

32. La siguiente figura muestra las posiciones que ocupa una bola en una bolera en función del tiempo:

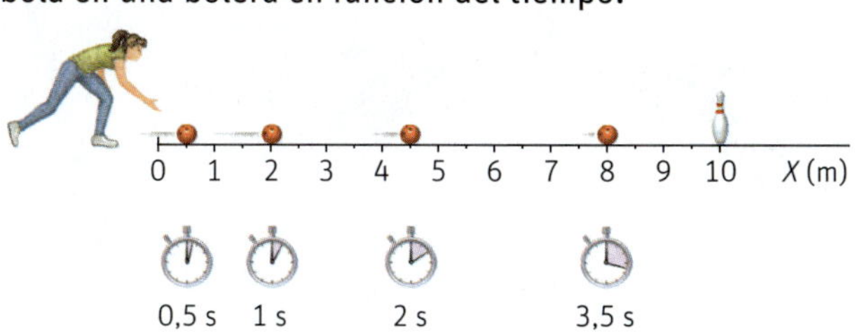

a) ¿Cuál es la posición inicial y final?

b) Indica si el movimiento es uniforme o variado.

c) Determina la velocidad media entre $t = 0,5$ s y $t = 2$ s.

Solución: a) 0,5 m; 8,0 m; c) $2,7\ ms^{-1}$

33. Un cartero reparte cartas por una calle recta. Sale a las 9 de la mañana y camina a velocidad constante de $0,75\ ms^{-1}$. A los 10 min se para durante 2 min en un edificio para repartir las cartas. Sigue andando a $1\ ms^{-1}$ hasta el siguiente edificio situado a 90 m del anterior y tarda en repartir las cartas 1 min. Luego vuelve a la oficina con una velocidad de $1,5\ ms^{-1}$.

a) Representa el movimiento de ida y vuelta del cartero en una gráfica posición-tiempo.

b) Indica el tipo de movimiento del cartero en cada tramo.

34. Una moto acelera uniformemente de $80\ kmh^{-1}$ a $115\ kmh^{-1}$ en 9 s. Indica cuál de las gráficas *v-t* describe dicho movimiento.

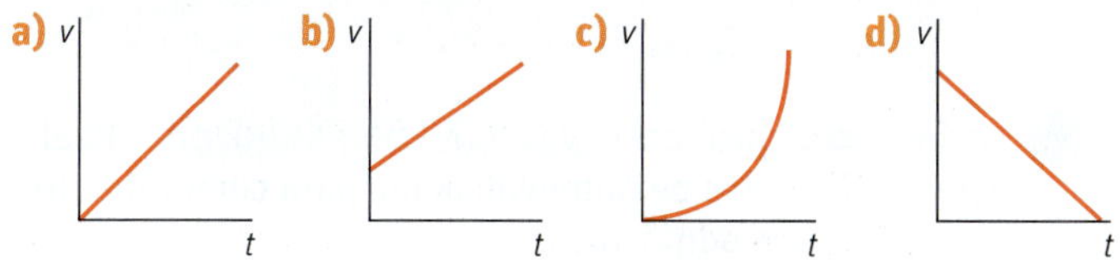

Movimiento en dos dimensiones

35. Una partícula se mueve en un plano. Sus coordenadas son: (2 m, 3 m) para $t = 0$ s; (6 m, 7 m) para $t = 2$ s y (13 m, 4 m) para $t = 5$ s. Calcula:

a) La velocidad media entre $t = 0$ s y $t = 2$ s.

b) La velocidad media entre $t = 2$ s y $t = 5$ s.

Solución: a) $(2,0,\ 2,0)\ ms^{-1}$; b) $(2,3,\ -1,0)\ ms^{-1}$

36. Una jugadora de balonvolea golpea el balón de forma que la ecuación del movimiento de este es: $\vec{r}(t) = 6t\vec{i} + (1 + 6t - 5t^2)\vec{j}$ expresado en unidades del SI. Calcula:

a) Los vectores posición en los instantes $t = 0$ y $t = 2$ s.

b) El vector desplazamiento para el intervalo anterior.

c) La velocidad media en dicho intervalo.

d) La velocidad instantánea para $t = 0$ s.

Solución: a) $(1\vec{j})$ m; $(12\vec{i} - 7\vec{j})$ m; b) $(12\vec{i} - 8\vec{j})$ m; c) $(6\vec{i} - 4\vec{j})\ ms^{-1}$; d) $(6\vec{i} + 6\vec{j})\ ms^{-1}$

37. Un montañero sube por una ladera en rampa de 25° a una velocidad de $0,48\ ms^{-1}$. Determina las componentes vertical y horizontal de la velocidad del montañero.

Solución: $0,20\ ms^{-1}$ y $0,44\ ms^{-1}$

38. El gráfico muestra el perfil de una etapa de la vuelta a España (La Robla-Lagos de Covadonga). La Robla se encuentra a 1020 sobre el nivel del mar y el final de la etapa a 1130 m. El recorrido de la etapa fue de 186,7 km.

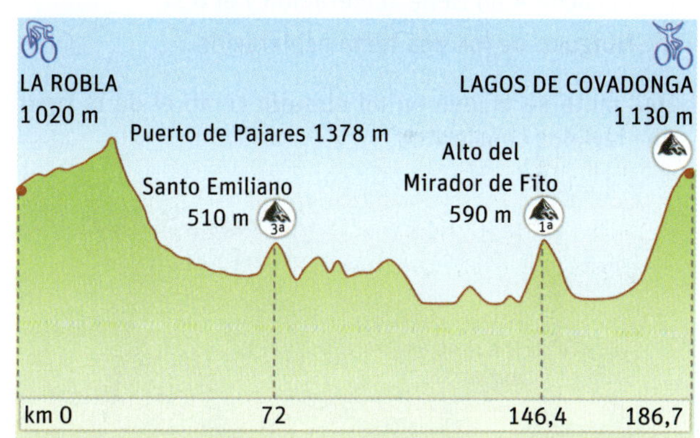

Sabiendo que la distancia en línea recta horizontal entre ambos puntos es de 73 km, determina:

a) El vector posición en La Robla y en el final de la etapa.

b) El desplazamiento entre ambos puntos, ¿coincide con la distancia recorrida?

c) La rapidez media y la velocidad media sabiendo que la etapa duró 5 h 1 min 23 s.

Solución: a) $(1020\,\vec{j})$ m; $(7,3 \cdot 10^4\vec{i} + 1,13 \cdot 10^3\vec{j})$ m; b) $(7,3 \cdot 10^4\vec{i} + 1,10 \cdot 10^2\vec{j})$ m; c) $10,3\ ms^{-1}$; $(4,04\vec{i} + 0,01\vec{j})\ ms^{-1}$

39. Un operador de radar estacionario determina que un buque se encuentra 10,0 km al sur de él (sentido negativo del eje *Y*). Una hora más tarde el mismo barco está a 20,0 km al oeste (sentido negativo del eje *X*). Si la nave se movió a una velocidad constante y siempre en la misma dirección, calcula la velocidad media en ese tiempo.

Solución: $(-20,0\vec{i} + 10,0\vec{j})\ kmh^{-1}$

ACTIVIDADES

40. Para $t = 0$ s, una partícula está localizada en el origen de coordenadas y tiene una velocidad de 40 $m s^{-1}$, formando un ángulo de 45° con la horizontal. A los 3 s, la partícula se encuentra en el punto (100 m, 80 m) con una velocidad de 30 $m s^{-1}$ y formando un ángulo con la horizontal de 50°. Calcula:

a) La velocidad media entre $t = 0$ y $t = 3$ s.

b) La aceleración media en el mismo intervalo de tiempo.

Solución: a) $(33{,}3\vec{i} + 26{,}7\vec{j})\,m s^{-1}$; b) $(-3\vec{i} - 1{,}8\vec{j})\,m s^{-2}$

Aceleración en los movimientos curvilíneos

41. Dos coches se mueven con la misma rapidez. El coche A se mueve a lo largo de una carretera recta, mientras que el B lo hace en un tramo curvo.

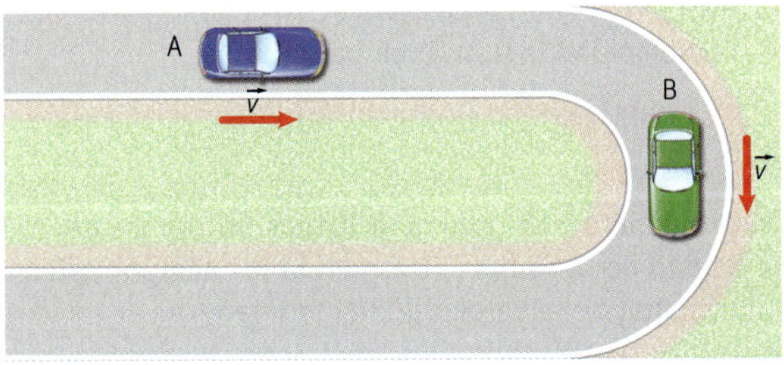

Razona cuál de las siguientes afirmaciones es la verdadera:

a) La aceleración de ambos es cero, ya que se mueven con rapidez constante.

b) El coche A tiene aceleración y el B no.

c) El coche A no tiene aceleración y el B sí.

d) Ninguno de los dos tiene aceleración.

42. Una moto se mueve en un circuito como el de la figura con una rapidez constante.

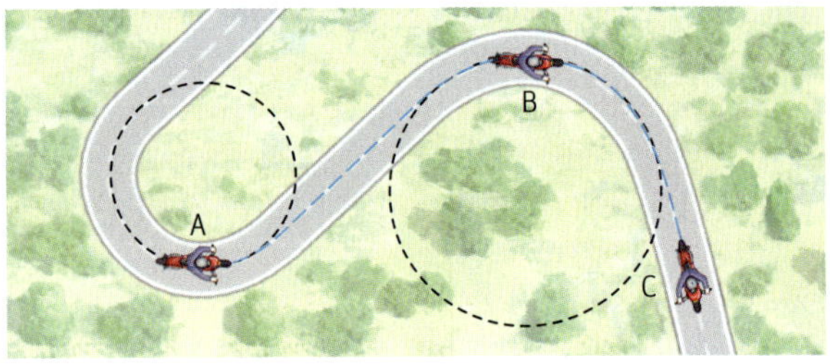

a) ¿Dónde es mayor la aceleración normal en A o en B?

b) ¿La aceleración normal es mayor en B o en C?

43. Un lanzador de disco gira sobre su cuerpo describiendo una trayectoria circular de 1,05 m de radio para conseguir un mayor impulso. Si la velocidad máxima del disco al salir de la mano del lanzador es de 20,0 $m s^{-1}$, determina el módulo de la aceleración normal un instante antes de que lo lance.

Solución: 381 $m s^{-2}$

44. Un astronauta puede llegar a sentir aceleraciones de $3g$, siendo $g = 9{,}81$ $m s^{-2}$. Para entrenarse antes de partir al espacio, el astronauta se coloca en el extremo de un brazo mecánico que gira a velocidad constante en un círculo horizontal. ¿A qué velocidad gira el brazo mecánico para obtener una aceleración normal de $3{,}00g$? El radio del brazo es de 9,45 m.

Solución: 16,7 $m s^{-1}$

45. Un astronauta se está acoplando a un satélite que se encuentra en una órbita de radio 7000 km alrededor de la Tierra. En dicha órbita la aceleración normal es de 8,21 $m s^{-2}$.
Calcula la velocidad con la que gira el satélite y el tiempo que tarda en dar una vuelta completa alrededor de la Tierra.

Solución: $7{,}58 \cdot 10^3$ $m s^{-1}$; $5{,}80 \cdot 10^3$ s

46. Un automóvil cuya velocidad aumenta a un ritmo de 0,600 $m s^{-2}$ se desplaza a lo largo de una curva de radio 20,0 m. Cuando la velocidad instantánea del automóvil es de 4 $m s^{-1}$, calcula:

a) La aceleración tangencial.

b) La aceleración normal.

c) La aceleración total.

Solución: a) 0,600 $m s^{-2}$; b) 0,800 $m s^{-2}$; c) 1,00 $m s^{-2}$

47. El *London Eye* es una de las atracciones turísticas más interesantes cuando se visita la ciudad de Londres. Consiste en una noria de 120 m de diámetro desde la que se puede observar toda la ciudad. Sabiendo que la noria tarda unos 24 minutos en dar una vuelta completa, calcula la aceleración normal a la que se ve sometida una persona en el *London Eye*.

Solución: $1{,}13 \cdot 10^{-3}$ $m s^{-2}$

48. Una pista de *bobsleigh* tiene la forma de la figura. Suponiendo que la velocidad con la que baja es 36 $m s^{-1}$ y que no varíe al ir de una curva a otra, calcula la aceleración centrípeta en ambas curvas.

Expresa la respuesta en múltiplos de g (donde $g = 9{,}81$ $m s^{-2}$).

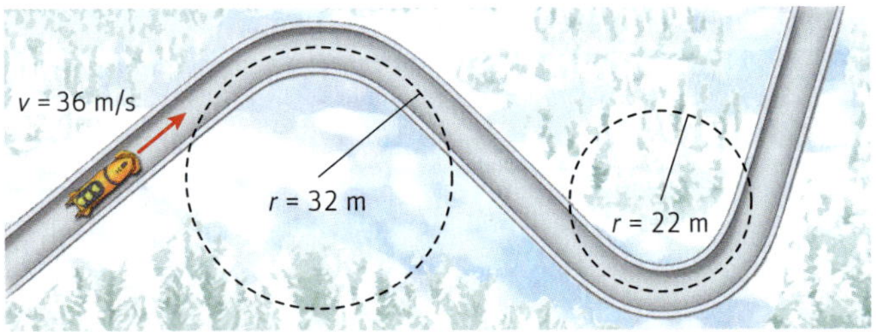

Solución: $4{,}13g$ y $6{,}00g$

smSaviadigital.com

49. En esta dirección encontrarás un cuadro denominado “selecciona”, en el que se muestran diferentes gráficas posición-tiempo:

a) ¿En qué gráficas cambia la velocidad?

b) ¿En qué gráficas la velocidad es negativa?

50. En esta dirección se explica cómo calcular la distancia recorrida con ayuda de la gráfica *v-t*. En la tercera gráfica, ¿coinciden el desplazamiento y la distancia recorrida?

RESUELVE

smSaviadigital.com VALORA LO APRENDIDO > Realiza estas actividades de autoevaluación para comprobar los conocimientos adquiridos.

LA FÍSICA… Y LA NAVEGACIÓN

La trayectoria es la línea imaginaria que describe un cuerpo en movimiento. Hay trayectorias que pueden verse, como el curso de un río o el trazado de una carretera. En ocasiones las trayectorias pueden predecirse sin necesidad de cálculos, como la del balón de baloncesto cuando se lanza a canasta o la de una moto al trazar una curva. En otras, es necesario realizar cálculos para determinarla, como sucede con las trayectorias de los huracanes o la que debe seguir un barco para ir de un punto a otro.

El 22 de octubre de 1707 la flota del almirante *sir* Clowdisley Shovell naufragó como consecuencia de un error de cálculo a la hora de determinar la posición en la que se encontraba y debido a ello seguir una trayectoria errónea.

La flota volvía de Gibraltar tras enfrentarse a las fuerzas francesas. Una densa niebla les obligó a cambiar la ruta, para no encallar con las rocas de la costa. La intención era dirigirse hacia Ile d'Ouessant (B), una isla mar afuera de la península de Bretaña. Pero un error de cálculo en la longitud les llevó cerca de las islas de Scilly (A). La flota naufragó y murieron cerca de 2000 marineros.

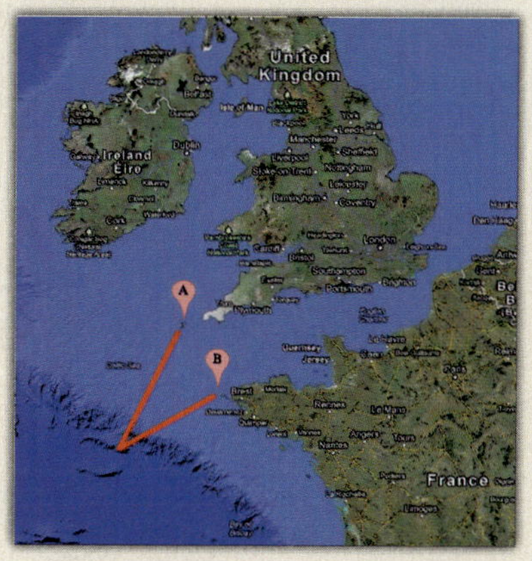

La destrucción de la flota de *sir* Shovell fue la culminación de una larga serie de viajes marítimos de la época en la que aún no se podía calcular la longitud y, por lo tanto, trazar la trayectoria (la ruta) adecuada.

Para determinar la latitud y la longitud se deben elegir un paralelo y un meridiano al que se le da valor 0°. Ya desde la antigua Grecia, el ecuador marcó el paralelo cero de latitud. Sin embargo, el meridiano 0° ha ido cambiando, ya que su elección es arbitraria.

Los marineros no tienen problemas para calcular la latitud. La pueden determinar con ayuda de la duración del día, la altura del Sol, o con la posición de una estrella conocida. Sin embargo, la medida de los meridianos, es más compleja pues debe medirse el tiempo con precisión.

Para saber la longitud en el mar, se necesita saber simultáneamente la hora exacta, tanto en el barco, como en el puerto de salida u otro lugar de longitud conocida. Ambos tiempos le permiten convertir la diferencia de hora en una separación geográfica (15 ° cada hora).

A raíz del naufragio, el gobierno inglés lanzó un concurso dotado con 20 000 libras para aquel inventor que construyera un reloj de precisión que resistiera a los movimientos del barco, a la corrosión y a las variaciones climáticas.

Tras muchos intentos John Harrison construyó un reloj de péndulo que en cinco meses de viaje, sólo se atrasó 15 segundos (en esa época los mejores relojes de bolsillo se atrasaban 1 minuto al día). En 1773 a la edad de 80 años cobró la recompensa.

1. ¿A cuántos grados equivale una hora entre el tiempo en la nave y el del puerto de partida?
2. Si estás en el ecuador, ¿a cuántos kilómetros equivalen los grados anteriores?

Autoevaluación

1. En los movimientos unidimensionales:
   a) Nunca hay cambio de sentido.
   b) El desplazamiento siempre coincide con el espacio recorrido.
   c) La trayectoria es una recta.
   d) Es imprescindible usar vectores.

2. A partir de la gráfica determina la velocidad para $t = 2$ s.
   a) No se puede calcular.
   b) 13,5 kmh^{-1}
   c) 15 ms^{-1}
   d) −3,75 ms^{-1}

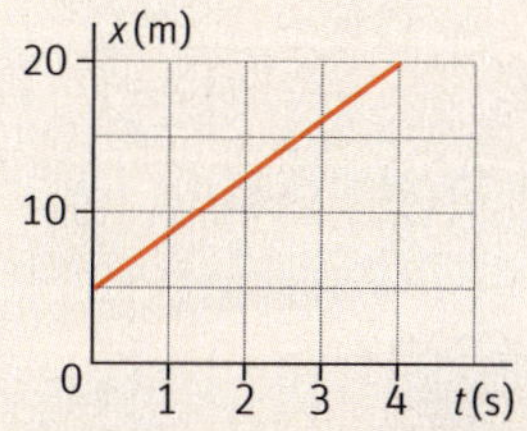

3. Si en una gráfica velocidad-tiempo, la línea cruza el eje X de la región positiva a la negativa:
   a) Su velocidad aumenta.
   b) El móvil ha cambiado de sentido.
   c) No tiene aceleración.
   d) Ninguna de las anteriores.

4. Razona si las siguientes afirmaciones son verdaderas.
   a) En los movimientos curvilíneos siempre existe aceleración.
   b) Si la aceleración normal es cero el movimiento es rectilíneo.
   c) Si un coche acelera en una curva, posee aceleración tangencial y normal.
   d) La aceleración normal apunta a la parte exterior de las curvas.

5. Un ciclista en un *sprint* es capaz de pasar de 15 ms^{-1} a 72 kmh^{-1} en 2 s. Su aceleración media es:
   a) 28,5 ms^{-2}
   b) 2,5 ms^{-1}
   c) 2,5 ms^{-2}
   d) 17,5 ms^{-2}

6. Un coche toma una curva de 100 m de radio. En un punto determinado de esta su velocidad es de 72 kmh^{-1} y la aceleración tangencial −2 ms^{-2}. El módulo de la aceleración es:
   a) −2 ms^{-2}
   b) 4 ms^{-2}
   c) 4,5 ms^{-2}
   d) 3,5 ms^{-2}

9 Estudio de los movimientos

El movimiento de una atleta de los 110 m vallas entre valla y valla es rectilíneo (en una dimensión); sin embargo, al saltar la valla su movimiento es parabólico (se produce en un plano). El estudio de este último caso se realiza como composición de dos movimientos más sencillos: uno horizontal y otro vertical. Esta idea ya era conocida por Galileo Galilei y se conoce como principio de superposición.

Recuerda y reflexiona

Movimientos rectilíneos, uniforme y acelerado

1. En los tramos entre valla y valla, ¿posee aceleración el atleta? En caso de tenerla, ¿la aceleración será tangencial o normal?

El movimiento es rectilíneo, por tanto, de existir aceleración, esta será tangencial. Cuando el atleta sale de los tacos, aumenta su velocidad, luego, tiene aceleración tangencial. Después, es posible que entre las vallas de la parte central del recorrido su movimiento sea prácticamente uniforme.

2. La figura siguiente es una representación de la famosa carrera de los Juegos Olímpicos de Pekín 2008 donde Usain Bolt ganó la medalla de oro. ¿El atleta que tuvo mejor salida fue el ganador?, ¿podrías calificar el movimiento de los atletas como uniforme o acelerado?

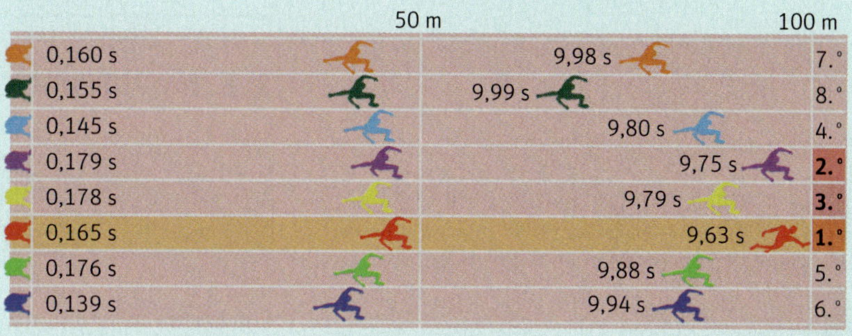

No, el menor tiempo de reacción fue el del sexto clasificado. Los atletas tienen un movimiento acelerado al principio pero después mantienen la velocidad e incluso frenan algo. Del ganador solo se puede decir que es el que ha tenido mayor velocidad media.

Lanzamientos, horizontal y oblicuo

3. Al saltar la valla el atleta avanza en la dirección horizontal y se eleva en la dirección vertical. ¿Se ve sometido a algún tipo de aceleración en alguna de las dos direcciones?

Solo existe aceleración en la dirección vertical: la de la gravedad. El salto de la valla es un movimiento en caída libre. En la unidad se verá que todos los lanzamientos son movimientos en caída libre.

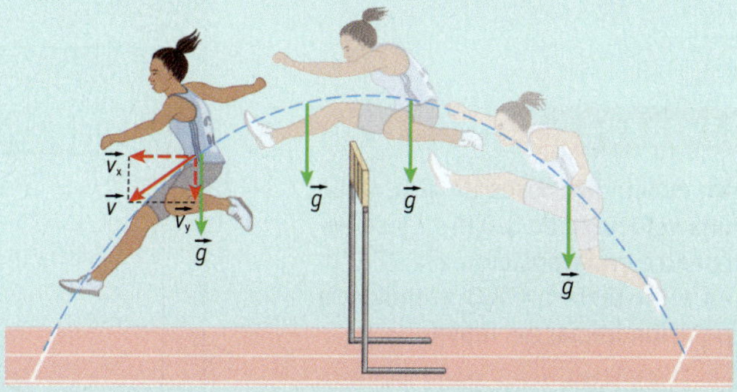

Movimientos circulares

4. En los JJ. OO. y en los campeonatos mundiales de atletismo también se corren los 400 m vallas. Cuando el atleta toma la curva de la pista, ¿qué tipo de movimiento describe? ¿Posee aceleración normal? ¿Y tangencial?

La curva es una semicircunferencia y el movimiento del atleta es circular. Aunque el valor numérico de su velocidad sea constante, posee aceleración normal debida al cambio constante de dirección. Si además aumentara de velocidad, tendría aceleración tangencial.

1 Movimientos rectilíneos

Los **movimientos rectilíneos** se caracterizan porque su trayectoria es una línea recta (la velocidad no cambia de dirección, por tanto, la componente normal de la aceleración, $\vec{a}_n$, es nula). Pueden ser **uniformes** ($\vec{a}_t = 0$) y **variados** ($\vec{a}_t \neq 0$).

OBSERVA

La ilustración muestra la posición de dos caballos con movimiento rectilíneo a intervalos de tiempo constantes.

El movimiento del caballo de la parte superior es **uniforme** mientras que el de la parte inferior es rectilíneo **variado**, ya que el módulo de su velocidad varía.

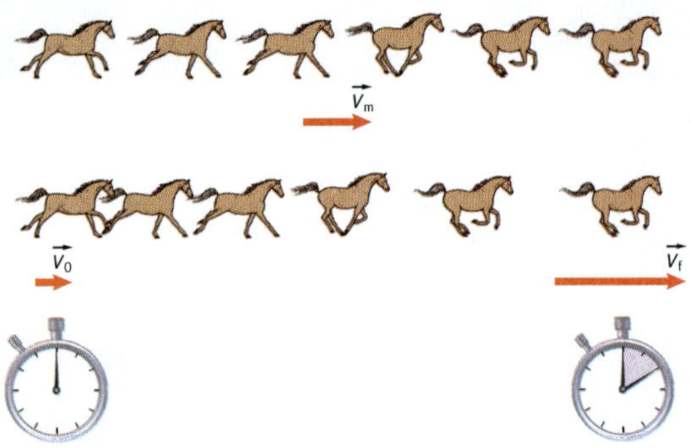

1.1. Movimiento rectilíneo uniforme (*mru*)

Un móvil posee un **movimiento rectilíneo uniforme (*mru*)** si la trayectoria es una línea recta y el valor numérico de su velocidad y el sentido del movimiento no cambian (recorre espacios iguales en tiempos iguales).

Ten en cuenta

La ecuación del *mru* solo se puede utilizar cuando la velocidad sea constante y el movimiento tenga lugar en una dimensión.

Por ser un movimiento uniforme, la gráfica que representa la posición frente al tiempo, *x-t*, es una línea recta, cuya pendiente coincide con el valor de la velocidad (Fig. 9.1). Considerando un movimiento en el eje *X*:

$$v_m \equiv v = \frac{\Delta x}{\Delta t} = \frac{x - x_0}{t - t_0}$$

Despejando la posición *x*, y suponiendo que $t_0 = 0$:

$$\boxed{x = x_0 + vt}$$

La expresión anterior se conoce como **ecuación del *mru*** e indica cómo varía la posición de un móvil con el tiempo.

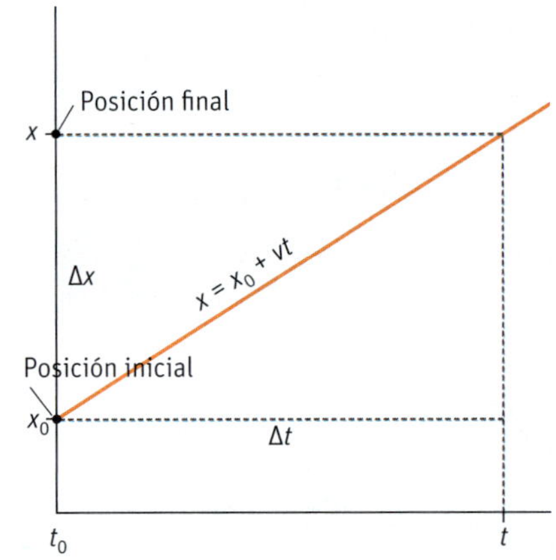

Figura 9.1. Gráfica *x-t* del *mru*.

Gráficas del *mru*

Gráficas *x-t*	Gráficas *v-t*
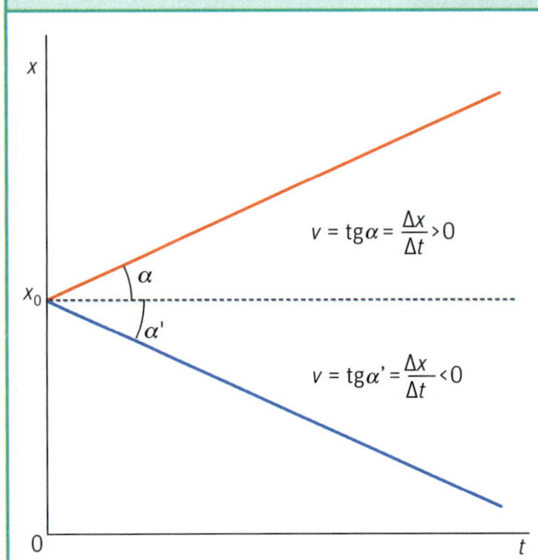	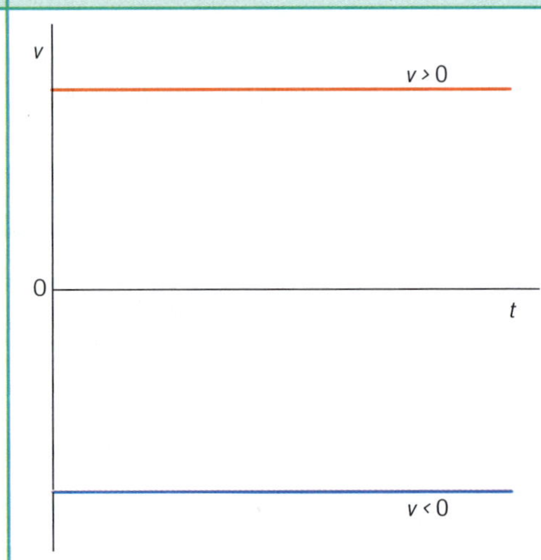

ACTIVIDADES

1. Un móvil, que posee un *mru*, tiene una velocidad de 3,0 m s^{-1} y se encuentra en la posición *x* = 27,0 m en el instante *t* = 8,0 s. Indica la posición inicial del móvil.

   Solución: 3,0 m

2. Razona sobre la veracidad o falsedad de estas afirmaciones.
   a) Un móvil con movimiento uniforme no puede tener aceleración.
   b) Un móvil con movimiento rectilíneo uniforme no puede tener aceleración.

Resolución de problemas utilizando las ecuaciones del *mru*

Es frecuente encontrar problemas donde dos móviles con sentidos contrarios van hacia su encuentro, o bien donde un móvil persigue al otro hasta alcanzarlo. Generalmente hay que calcular el punto de encuentro y el tiempo empleado.

Móviles que van al encuentro

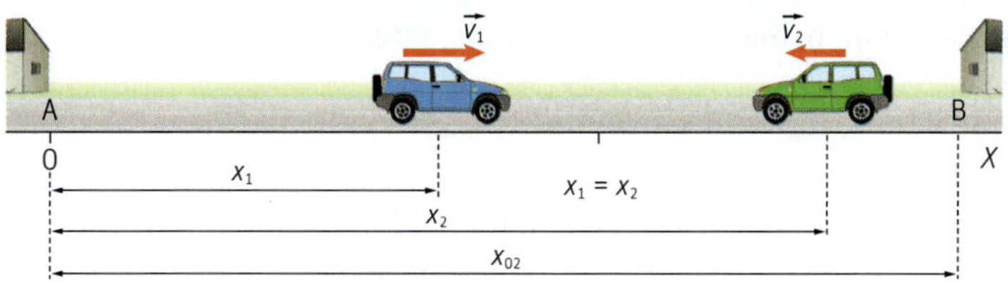

Del dibujo se deducen las ecuaciones:

$$\begin{cases} x_1 = v_1 t \\ x_2 = x_{02} + v_2 t \end{cases}$$

Se encuentran cuando $x_1 = x_2$. Con esta expresión se determinan el tiempo que tardan en encontrarse y, posteriormente, el punto de encuentro.

Persecución de móviles

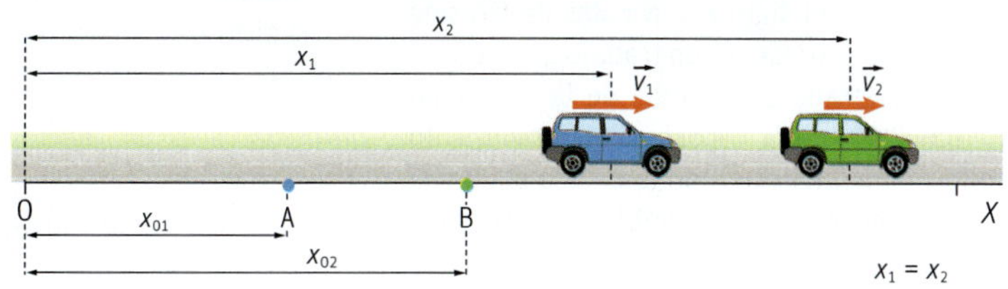

Ahora ambos móviles no tienen la misma posición inicial y, además, no llevan el mismo tiempo en movimiento:

$$\begin{cases} x_1 = x_{01} + v_1(t - t_{01}) \\ x_2 = x_{02} + v_2(t - t_{02}) \end{cases}$$

Uno alcanza al otro cuando $x_1 = x_2$. A partir de aquí se determinan el tiempo que tardan en encontrarse y el punto de encuentro.

EJERCICIOS RESUELTOS

1 **Dos coches salen a la vez de dos ciudades, A y B, separadas 70,0 km por una carretera recta y van al encuentro. La velocidad del que sale de A es 20,0 m s^{-1} y la del que sale de B es 30,0 m s^{-1}. Determina el punto de encuentro medido desde A y el tiempo utilizado para ello.**

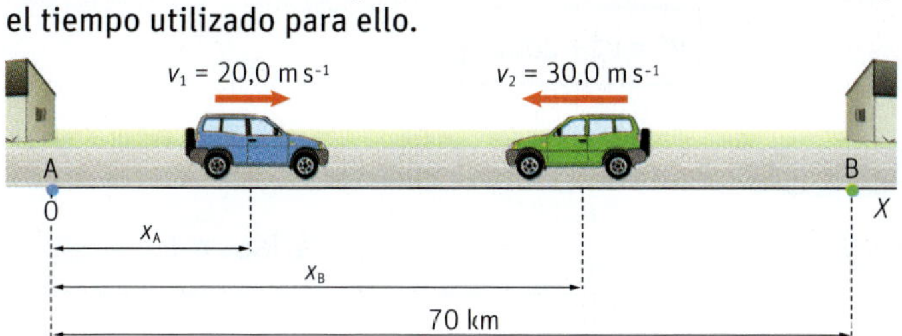

Si el origen es A, las ecuaciones del movimiento son:

$$\left.\begin{array}{l} x_A = 0 + 20{,}0t \\ x_B = 7{,}00 \cdot 10^4 - 30{,}0t \end{array}\right\} 20{,}0t = 7{,}00 \cdot 10^4 - 30{,}0t \Rightarrow t = 1{,}40 \cdot 10^3 \text{ s}$$

El punto de encuentro es:

$$x_A = (20{,}0 \text{ ms}^{-1})(1{,}40 \cdot 10^3 \text{ s}) = 2{,}80 \cdot 10^4 \text{ m}$$

Se encuentran a 28 km de A.

2 **Los dos coches anteriores salen ambos de A hacia B. El primero, a una velocidad de 20,0 m s^{-1}, y 15,0 min después sale el otro a 30,0 m s^{-1}. Indica si el segundo alcanzará al primero antes de llegar a B.**

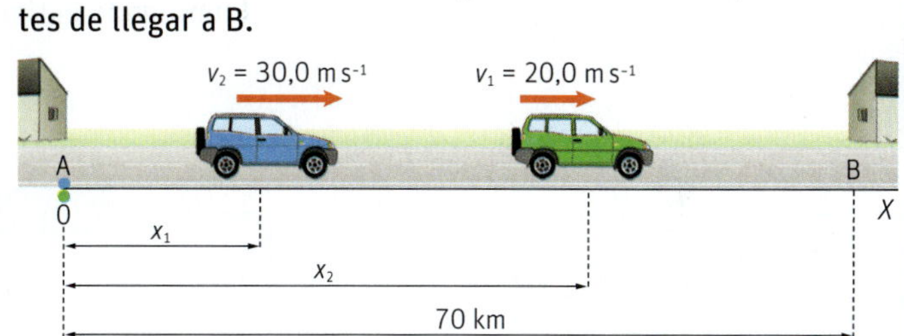

Sabiendo que el segundo coche sale 900 s más tarde, las ecuaciones del movimiento son:

$$\left.\begin{array}{l} x_A = 0 + 20{,}0t \\ x_B = 0 + 30{,}0(t - 900) \end{array}\right\} 20{,}0t = 30{,}0(t - 900) \Rightarrow t = 2{,}70 \cdot 10^3 \text{ s}$$

En ese instante, la posición del primer móvil es:

$$x_A = (20{,}0 \text{ ms}^{-1})(2{,}70 \cdot 10^3 \text{ s}) = 5{,}40 \cdot 10^4 \text{ m} = 54{,}0 \text{ km}$$

El perseguidor alcanza al primero antes de llegar a B.

ACTIVIDADES

3. Una persona camina por la playa con los pies descalzos y nota que la arena está muy caliente. En ese momento se genera un impulso nervioso en el pie que viaja a través del sistema nervioso a una velocidad promedio de 110 m s^{-1}. ¿Cuánto tiempo tarda el impulso en llegar a la médula si recorre una distancia de 1,0 m?

Solución: $9{,}1 \cdot 10^{-3}$ s

4. La siguiente gráfica muestra las ecuaciones de dos móviles con *mru* de sentidos contrarios. Deduce cuándo se encuentran los móviles y el punto de encuentro.

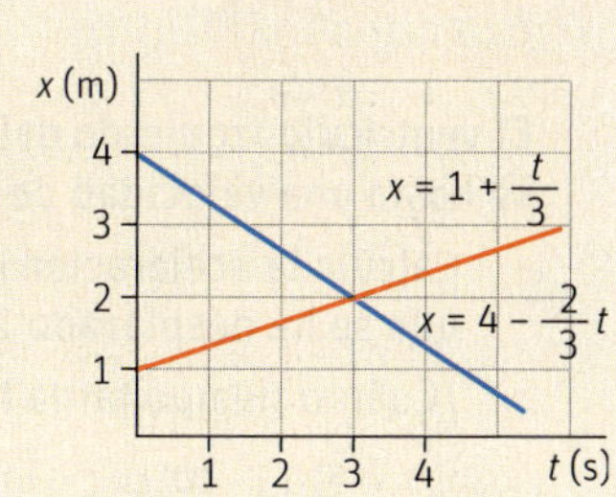

Solución: 2 m; 3 s

1.2. Movimiento rectilíneo uniformemente acelerado (*mrua*)

Un móvil posee un **movimiento rectilíneo uniformemente acelerado (*mrua*)** si su trayectoria es una línea recta y su aceleración es constante, es decir, si su velocidad experimenta cambios iguales en tiempos iguales.

Al ser un movimiento rectilíneo la **aceleración es tangencial** y todos los vectores tienen la misma dirección. Por tanto, sus ecuaciones se pueden expresar en forma escalar. Si la aceleración es constante, la aceleración media coincide con la instantánea:

$$a_m = a = \frac{\Delta v}{\Delta t} = \frac{v - v_0}{t - t_0}$$

De la expresión anterior, se obtiene la **ecuación de la velocidad** (tomando $t_0 = 0$):

$$v = v_0 + at$$

La **ecuación de la posición** se obtiene a partir de la expresión de la velocidad media (considerando $t_0 = 0$):

$$v_m = \frac{x - x_0}{t} \Rightarrow x = x_0 + v_m t$$

Como la aceleración es constante, la velocidad media coincide con la media de la velocidad inicial, v_0, y la velocidad final, v, del móvil:

$$v_m = \frac{v_0 + v}{2} \Rightarrow x = x_0 + \left(\frac{v_0 + v}{2}\right)t = x_0 + \left(\frac{v_0 + v_0 + at}{2}\right)t$$

$$x = x_0 + v_0 t + \frac{1}{2}at^2$$

Eliminando el tiempo en ambas ecuaciones se obtiene la expresión:

$$v^2 = v_0^2 + 2a\Delta x$$

Amplía

A mediados del siglo XIV, Nicolás de Oresme (1320-1382) presentó un trabajo geométrico que demostraba el teorema de la velocidad media: "Un móvil recorre con movimiento uniformemente acelerado la misma distancia que habría recorrido si hubiera conservado una velocidad constante igual a la media de su velocidad inicial y su velocidad final".

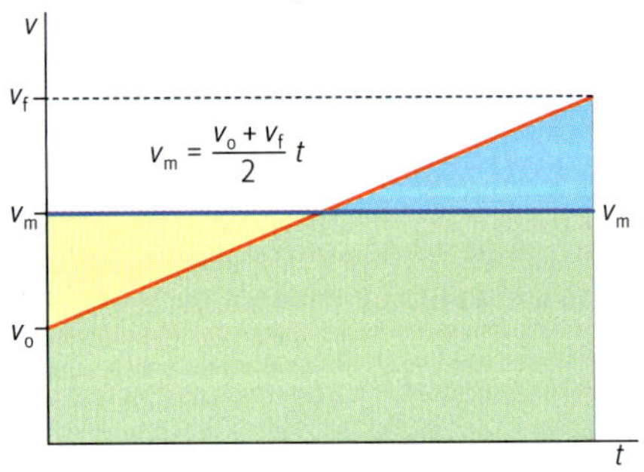

Gráficas del *mrua*

Gráficas *x-t*	Gráficas *v-t*	Gráficas *a-t*
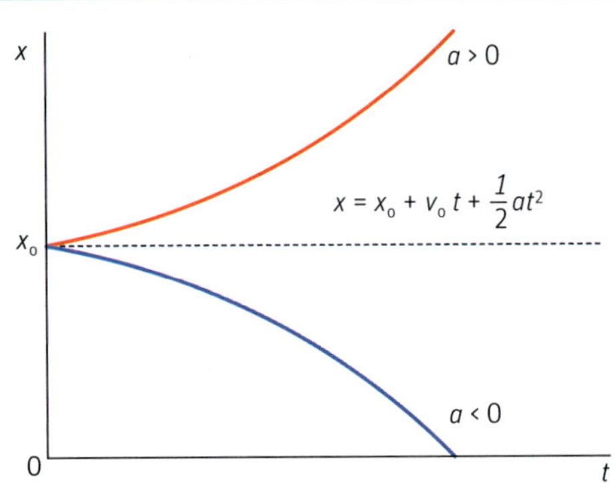	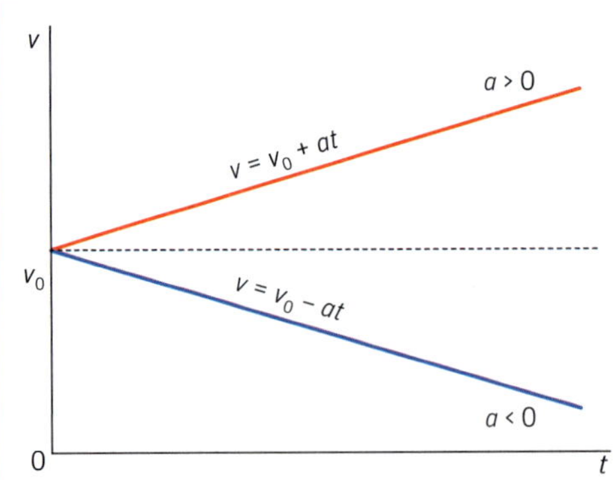	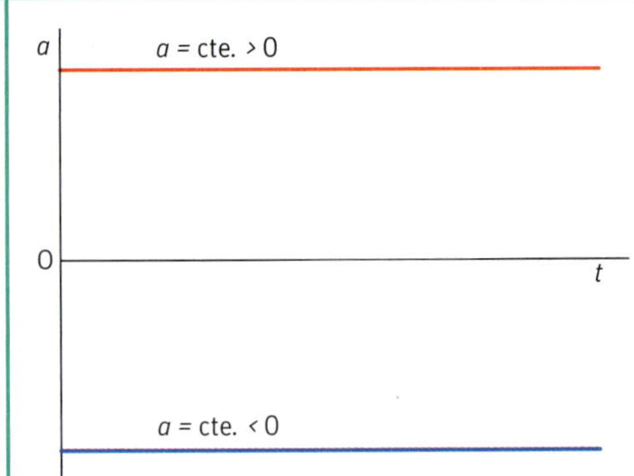

ACTIVIDADES

5. El ventrículo izquierdo del corazón lleva sangre desde el reposo hasta una velocidad de 26,0 cm s^{-1}.

a) Calcula la aceleración que experimenta la sangre sabiendo que se ha desplazado 2,0 cm.

b) ¿Cuánto tiempo tarda la sangre en alcanzar esa velocidad?

Solución: a) $1{,}7 \cdot 10^2$ cm s^{-2}; b) 0,15 s

6. Dos móviles, A y B, cubren 460 m de distancia en línea recta en 210 s. El móvil A hace el recorrido a velocidad constante mientras que el B parte del reposo y mantiene una aceleración constante.

a) Determina la velocidad del móvil A.

b) Calcula la velocidad final y la aceleración de B.

Solución: a) 2,2 m s^{-1}; b) 4,4 m s^{-1}; 0,021 m s^{-2}

▸ Resolución de problemas utilizando las ecuaciones del *mrua*

Las ecuaciones que describen la velocidad y la posición en un *mrua* son:

$$v = v_0 + at$$

$$x = x_0 + v_0 t + \frac{1}{2}at^2$$

Este sistema de dos ecuaciones tiene seis incógnitas; luego, el problema debe suministrar directa o indirectamente cuatro datos. En muchas situaciones es muy útil utilizar la ecuación:

$$v^2 = v_0^2 + 2a\Delta x$$

EJERCICIOS RESUELTOS

3 **Un conductor se aproxima a un semáforo en verde con una velocidad de 30,0 m s⁻¹. Ve que la luz del semáforo cambia a amarillo y frena con una aceleración de 8,0 m s⁻².**

a) **Calcula el tiempo que tarda en frenar.**

b) **¿Cuál es la distancia que recorre durante el proceso de frenado?**

a) El siguiente esquema describe la situación física.

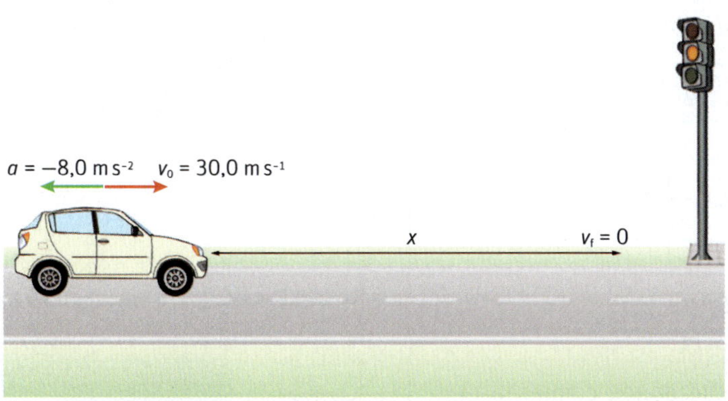

Antes de llegar al semáforo el coche debe parar, por tanto, su velocidad final debe ser cero. Como en la ecuación de la velocidad, $v = v_0 + at$, se conocen tres de las variables, se despeja directamente el tiempo:

$$t = \frac{v - v_0}{a} = \frac{(0 \quad 30{,}0)\,\text{m s}^{-1}}{(-8{,}0\,\text{m s}^{-2})} = 3{,}8\,\text{s}$$

b) Con la ecuación de la posición, se obtiene la distancia recorrida:

$$\Delta x = x - x_0 = v_0 t + \frac{1}{2}at^2 = 30{,}0 \cdot 3{,}8 + \frac{1}{2}(-8{,}0) \cdot 3{,}8^2 = 56\,\text{m}$$

La distancia recorrida también podría calcularse utilizando la expresión $v^2 = v_0^2 + 2a\Delta x$:

$$\Delta x = \frac{v^2 - v_0^2}{2a} = \frac{0 - (30{,}0\,\text{m s}^{-1})^2}{2(-8{,}0\,\text{m s}^{-2})} = 56\,\text{m}$$

4 **Una moto lleva una velocidad de 25 m s⁻¹ por una zona escolar. Un coche de policía que está parado, controlando la velocidad de los vehículos, sale de detrás de la moto con una aceleración de 5,0 m s⁻² cuando esta pasa a su lado.**

a) **¿Cuánto tiempo tarda el coche de policía en llegar a la altura de la moto?**

b) **¿Qué velocidad llevará el coche en ese instante?**

a) La moto describe un *mru* y el coche de policía un *mrua* con velocidad inicial nula. Los dos móviles se encontrarán en un tiempo determinado en la misma posición.

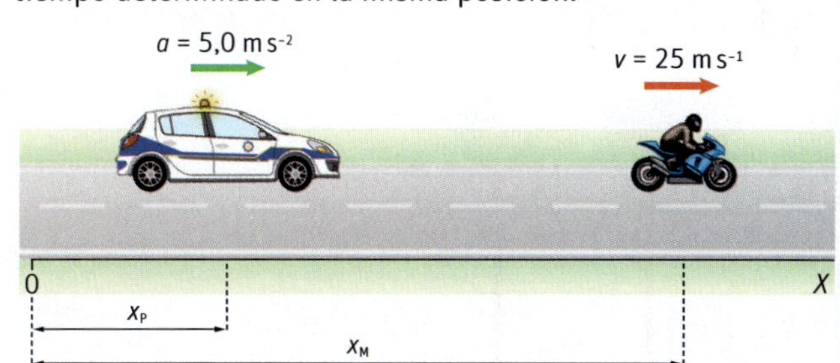

Se expresa la posición de cada móvil:

$$\left.\begin{aligned} x_m &= x_{0m} + v_m t = 25t \\ x_p &= x_{0p} + v_0 t + \frac{1}{2}at^2 = 0{,}5 \cdot 5{,}0 \cdot t^2 \end{aligned}\right\}$$

Ambos móviles se juntan cuando:

$$x_m = x_p$$

$$25t = 2{,}5t^2 \Rightarrow t = 10\,\text{s}$$

b) La velocidad del coche de policía será:

$$v = v_0 + at = 0 + (5{,}0\,\text{m s}^{-2})(10\,\text{s}) = 50\,\text{m s}^{-1}$$

Observación: En zona escolar la limitación de velocidad suele ser de 30 km h⁻¹, unos 8,3 m s⁻¹. El motorista la incumple claramente.

ACTIVIDADES

7. **Un móvil que parte con velocidad inicial de 2,0 m s⁻¹ y una aceleración constante de 4,0 m s⁻², recorre 325 m.**

a) **Calcula la velocidad final que alcanza.**

b) **Determina el tiempo empleado en alcanzarla.**

Solución: **a)** 51 m s⁻¹; **b)** 12 s

8. **Un tren, inicialmente en reposo en una estación, se pone en marcha con aceleración constante de 1,0 m s⁻².**

a) **¿En cuánto tiempo alcanza una velocidad de 32 m s⁻¹?**

b) **¿Qué distancia recorre en ese tiempo?**

Solución: **a)** 32 s; **b)** 512 m

Recuerda

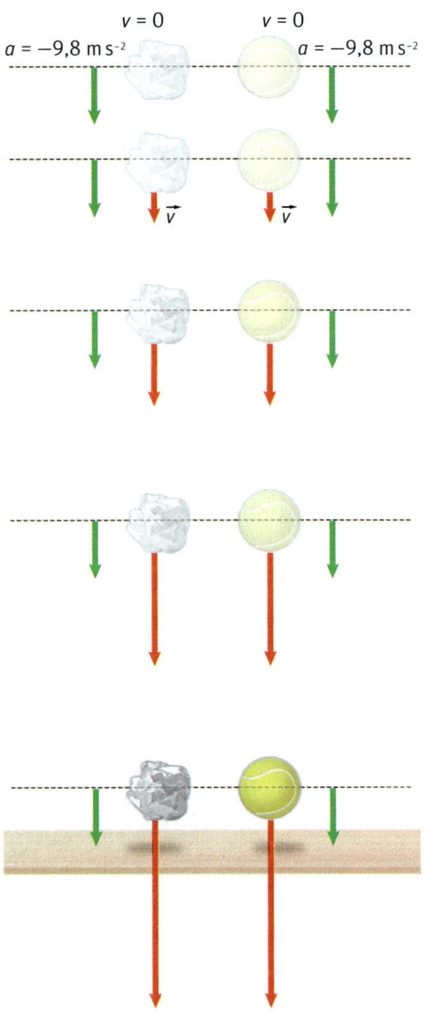

Prescindiendo de la resistencia del aire, todos los cuerpos caen con la misma aceleración (la aceleración de la gravedad), independientemente de su masa. La bola de papel y la pelota de tenis, llegarán a la vez al suelo si se soltaron desde la misma altura.

1.3. Movimiento vertical en caída libre

Un ejemplo especialmente importante de movimiento con aceleración constante es el de un cuerpo bajo la única influencia de la atracción gravitatoria. Este tipo genérico de movimientos se conoce como **caída libre**.

La altura que es capaz de superar la saltadora solo depende de la velocidad inicial hacia arriba que pueda alcanzar y su tipo de movimiento es prácticamente un lanzamiento vertical: una vez que se ha impulsado y deja de tocar el suelo, se encuentra en caída libre ya que la única influencia que experimenta es la de la gravedad (Fig. 9.2).

El movimiento es rectilíneo uniformemente acelerado. Su aceleración dirigida hacia abajo (sentido negativo del eje Y) tiene un valor constante en la superficie terrestre de: $a = -g = -9{,}8\ \mathrm{m\,s^{-2}}$ y se denomina **aceleración de la gravedad**.

Para un observador situado en el suelo, y considerando el movimiento en el eje Y:

$$v = v_0 - gt$$

$$y = y_0 + v_0 t - \frac{1}{2} g t^2$$

$$v^2 = v_0^2 - 2g(y - y_0)$$

Siendo y_0 el punto desde donde comienza el movimiento y v_0 su velocidad inicial.

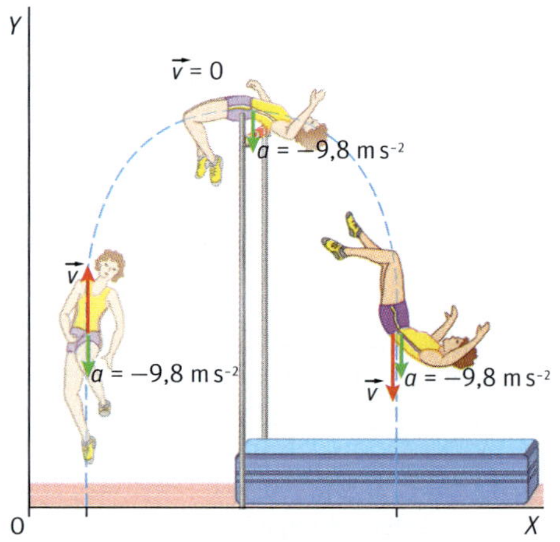

Figura 9.2. Movimiento de caída libre de una saltadora de altura.

El **movimiento vertical en caída libre** es una caída libre donde la velocidad inicial es nula o tiene la misma dirección que la aceleración.

ACTIVIDADES

9. Una manzana se desprende de un árbol y tarda 0,70 s en llegar al suelo. ¿A qué altura se encontraba la manzana? ¿Con qué velocidad llegará al suelo?

Solución: 2,4 m; −6,9 m s⁻¹

10. Analiza la veracidad o falsedad de las siguientes afirmaciones.

a) Si se lanzan dos objetos desde una cierta altura con igual velocidad, uno hacia arriba y otro hacia abajo, los dos llegan al suelo con la misma velocidad.

b) En la caída libre el móvil recorre espacios iguales en tiempos iguales.

c) Un objeto lanzado hacia arriba y otro lanzado hacia abajo experimentan distinta aceleración que un objeto que se deja caer desde el reposo.

11. Interpreta las gráficas siguientes, emparejando una gráfica posición-tiempo con la gráfica velocidad-tiempo correspondiente.

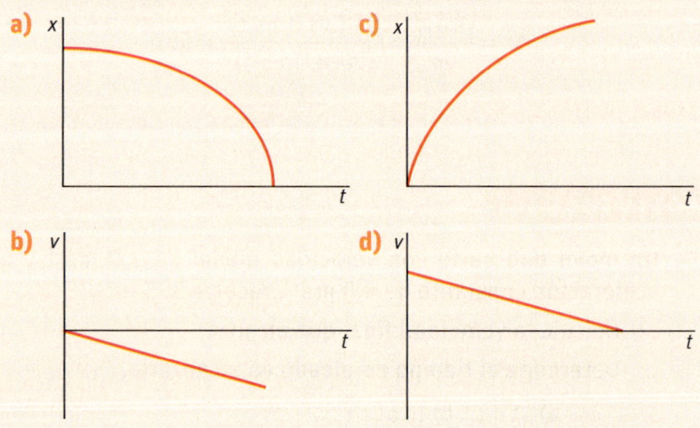

▸ Resolución de problemas de movimiento vertical en caída libre

Se pueden dar tres situaciones: movimiento de un cuerpo con **velocidad inicial nula, lanzamiento vertical hacia arriba** y **lanzamiento vertical hacia abajo.**

EJERCICIOS RESUELTOS

5 **Una leyenda dice que Galileo dejó caer dos objetos de diferente masa desde la torre de Pisa y que ambos tardaron el mismo tiempo en llegar al suelo (la torre inclinada de Pisa tiene una altura de 55,8 m). Supón que repites la experiencia y dejas caer un objeto desde esa altura.**

a) Calcula su posición respecto del suelo para t_1 = 1,0 s, t_2 = 2,0 s y t_3 = 3,0 s.

b) Determina el tiempo que tarda en llegar al suelo y la velocidad con la que llega.

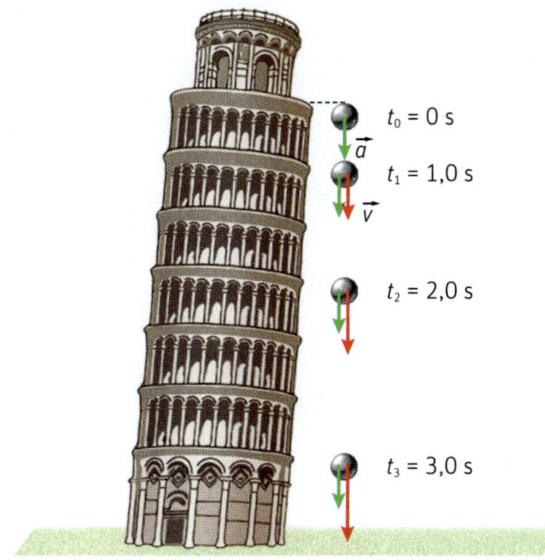

a) Se trata de la caída de un móvil con velocidad inicial nula.

$$y = y_0 - \frac{1}{2}gt^2 \Rightarrow \begin{cases} y_1 = (55{,}8\,\text{m}) - \frac{1}{2}(9{,}8\,\text{ms}^{-2})(1{,}0\,\text{s})^2 = 51\,\text{m} \\ y_2 = (55{,}8\,\text{m}) - \frac{1}{2}(9{,}8\,\text{ms}^{-2})(2{,}0\,\text{s})^2 = 36\,\text{m} \\ y_3 = (55{,}8\,\text{m}) - \frac{1}{2}(9{,}8\,\text{ms}^{-2})(3{,}0\,\text{s})^2 = 12\,\text{m} \end{cases}$$

b) Cuando llega al suelo, $y = 0$.

$$0 = 55{,}8 - \frac{1}{2}9{,}8t^2 \Rightarrow t = \sqrt{\frac{2(55{,}8\,\text{m})}{(9{,}8\,\text{ms}^{-2})}} = 3{,}4\,\text{s}$$

$$v = v_0 - 9{,}8t = (-9{,}8\,\text{ms}^{-2})(3{,}4\,\text{s}) = -33\,\text{ms}^{-1}$$

6 **En un partido de fútbol el árbitro lanza la moneda con una velocidad de 4,5 m s⁻¹.**

a) Calcula la altura máxima, sobre la mano, que alcanza la moneda.

b) Determina el tiempo que tarda la moneda en llegar al suelo, sabiendo que cuando el árbitro lanza la moneda, esta se encuentra a 1,0 m del suelo.

c) Averigua la velocidad de la moneda cuando se encuentra 0,60 m por encima de la mano.

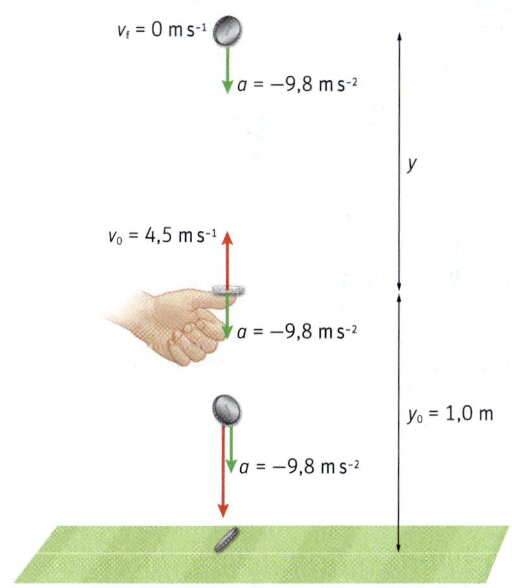

a) Cuando la moneda alcanza la altura máxima, su velocidad es cero:

$$v_f = v_0 - gt \Rightarrow t = \frac{v_f - v_0}{-g} = \frac{(0-4{,}5)\,\text{ms}^{-1}}{(-9{,}8\,\text{ms}^{-2})} = 0{,}46\,s$$

$$y = v_0t - \frac{1}{2}gt^2 = (4{,}5\,\text{ms}^{-1})(0{,}46\,\text{s}) - \frac{1}{2}(9{,}8\,\text{ms}^{-2})(0{,}46\,\text{s})^2 = 1{,}0\,\text{m sobre la mano}$$

b) En este caso y_0 = 1,0 m, y = 0 m; $y = y_0 + v_0t - \frac{1}{2}gt^2$; $0 = 1{,}0 + 4{,}5t - \frac{1}{2}9{,}8t^2 \Rightarrow t = 1{,}1\,s$

c) La velocidad de la moneda en este caso es:

$$v_f^2 = v_0^2 - 2gy \Rightarrow v_f = \sqrt{(4{,}5\,\text{ms}^{-1})^2 - 2\,(9{,}8\,\text{ms}^{-2})\,(0{,}60\,\text{m})} = \pm\ 2{,}9\,\text{ms}^{-1}$$

El signo (+) corresponde a la velocidad de la moneda cuando sube y el (–) cuando baja.

7 **Desde una ventana situada a 12 m del suelo, una persona lanza hacia abajo unas llaves con una velocidad inicial de 2,0 m s⁻¹.**

a) Calcula el tiempo que tardan las llaves en llegar a la mano de la persona que las va a coger, si la mano está a 1,2 m sobre el suelo.

b) Averigua la velocidad con la que las llaves impactan en la mano.

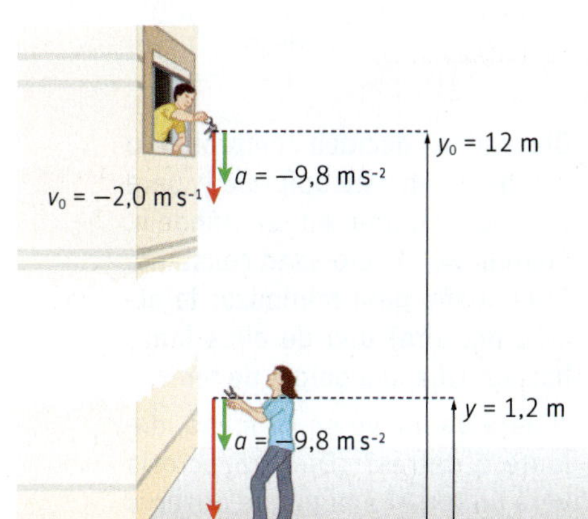

a) La posición de lanzamiento es y_0 = 12 m y la de recogida y = 1,2 m.

$$y = y_0 + v_0t - \frac{1}{2}gt^2;\ 1{,}2 = 12 - 2{,}0t - \frac{1}{2}9{,}8t^2$$

$$4{,}9t^2 + 2{,}0t - 10{,}8 = 0 \Rightarrow t = 1{,}3\,\text{s}$$

b) La velocidad de las llaves en este caso es:

$$v_f = v_0 - gt = (-2{,}0\,\text{ms}^{-1}) - (9{,}8\,\text{ms}^{-2})(1{,}3\,\text{s}) = -15\,\text{ms}^{-1}$$

2 Composición de movimientos

smSaviadigital.com **OBSERVA**

Este vídeo te ayudará a entender mejor la composición de movimientos.

Un movimiento es **compuesto** cuando es el resultado de la suma de dos o más movimientos simples. Para estudiar estos movimientos hay que describir los diferentes movimientos simples y, para ello, fijar el sistema de referencia utilizado.

REFLEXIONA

Una pasajera deja caer una pelota dentro de un tren que se mueve con un *mru*.

1. Una pasajera ve que la pelota cae en línea recta con un movimiento vertical en caída libre.

2. Para un observador en el andén, la pelota experimenta dos movimientos, una caída libre vertical y un *mru* horizontal, y ve una trayectoria parabólica.

smSaviadigital.com **OBSERVA**

Hechos como la caída libre de un objeto del mástil de un barco en movimiento o el regreso al mismo punto de un objeto lanzado verticalmente hacia arriba fueron estudiados por Galileo Galilei para explicar que la Tierra se movía y romper así con el modelo aristotélico de una Tierra en reposo.

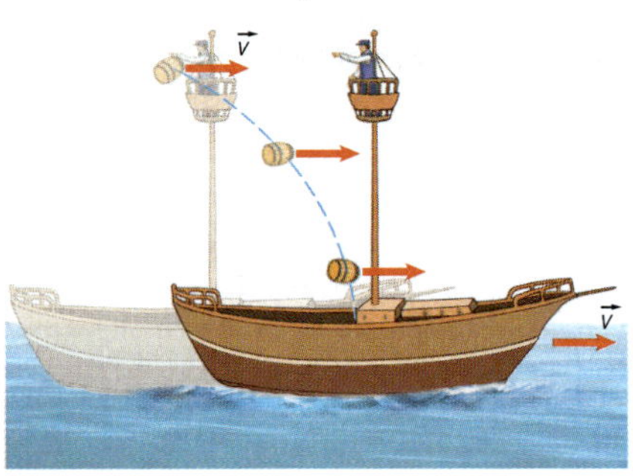

Los movimientos compuestos se describen con el **principio de superposición**.

Principio de superposición. Si un objeto está sometido simultáneamente a varios movimientos elementales independientes, el movimiento resultante se obtiene sumando vectorialmente sus magnitudes cinemáticas:

$$\vec{r} = \vec{r}_1 + \vec{r}_2 + \vec{r}_3 + \dots \qquad \vec{a} = \vec{a}_1 + \vec{a}_2 + \vec{a}_3 + \dots \qquad \vec{v} = \vec{v}_1 + \vec{v}_2 + \vec{v}_3 + \dots$$

El principio de superposición permite la descripción por separado de los movimientos, lo que se conoce como **principio de independencia**.

Principio de independencia. Si un cuerpo está dotado de dos movimientos simultáneos, su cambio de posición es independiente de que los dos movimientos actúen sucesiva o simultáneamente.

EJERCICIOS RESUELTOS

8 **Un niño hace rodar una pelota por el suelo de un tren. La pelota se mueve a 1,0 m s^{-1} y el tren avanza con una velocidad de 60,0 m s^{-1} en la misma dirección y sentido.**

a) **Determina, desde el punto de vista del niño, la distancia recorrida por la pelota después de 5,00 s.**

b) **¿Qué distancia mediría en ese tiempo una persona que ve pasar el tren?**

a) El niño se encuentra en reposo respecto del tren, por tanto, observa que la pelota describe un movimiento uniforme. La distancia recorrida es:

$$x = vt = (1{,}0\,\text{m s}^{-1})(5{,}00\,\text{s}) = 5{,}0\,\text{m}$$

b) El observador exterior ve que el tren se mueve y la pelota se mueve dentro de él; así, la velocidad medida para la pelota será:

$$v = v_P + v_T = (1{,}0 + 60{,}0)\,\text{m s}^{-1} = 61{,}0\,\text{m s}^{-1}$$

Distancia medida:

$$x = (61{,}0\,\text{m s}^{-1})(5{,}00\,\text{s}) = 305\,\text{m}$$

ACTIVIDADES

12. Dos amigos deciden comprobar lo estudiado en este epígrafe y, para ello, se montan en un tándem. Cuando van a velocidad constante (y pequeña para minimizar la acción del aire) uno de ellos lanza hacia arriba una pelota de tenis.

¿Caerá de nuevo en su mano, delante o detrás? ¿Qué trayectoria verá un tercer amigo que observa en reposo el experimento?

2.1. Composición de dos *mru* en la misma dirección

La composición de dos ***mru*** **en la misma dirección** origina otro *mru* en esa dirección.

Si los dos movimientos tienen el **mismo sentido**, el movimiento resultante tendrá el mismo sentido. Si los dos movimientos tienen **sentido contrario**, el sentido resultante vendrá dado por el movimiento que tenga más rapidez. Se puede prescindir del carácter vectorial haciendo coincidir la trayectoria con uno de los ejes de coordenadas.

EJERCICIOS RESUELTOS

9 **Una persona está sobre la cinta transportadora de una terminal de un aeropuerto, que se mueve a 1,4 m s^{-1}. La cinta comienza a 3,0 m de la oficina de información.**

a) **Calcula la posición de la persona respecto de la oficina a los 5,0 s, si está en reposo sobre la cinta.**

b) **Establece su posición en t = 5,0 s respecto a la oficina, si al entrar en la cinta empieza a moverse a 1,5 m s^{-1} en el sentido del movimiento de la cinta.**

a) El subíndice 1 indica la posición de un punto de la cinta y su velocidad respecto al suelo: $x_1 = x_{0,1} + v_1 t$

La posición de la persona en reposo sobre ella será:

$$x_1 = (3{,}0\,\text{m}) + (1{,}4\,\text{m s}^{-1})(5{,}0\,\text{s}) = 10\,\text{m}$$

b) El subíndice C indica la posición de la persona caminando por la cinta y su velocidad respecto a ella. En t = 0 s, está al inicio de la cinta, luego su posición inicial respecto de ella, $x_{0,C}$, es cero. La posición del pasajero en el sistema de referencia solidario con la cinta es:

$$x_C = x_{0,C} + v_2 t = 0 + (1{,}5\,\text{m s}^{-1})(5{,}0\,\text{s}) = 7{,}5\,\text{m}$$

La composición de ambos movimientos dará la posición del pasajero respecto de la oficina de información:

$$x_2 = x_1 + x_C = (10 + 7{,}5)\,\text{m} = 17{,}5\,\text{m}$$

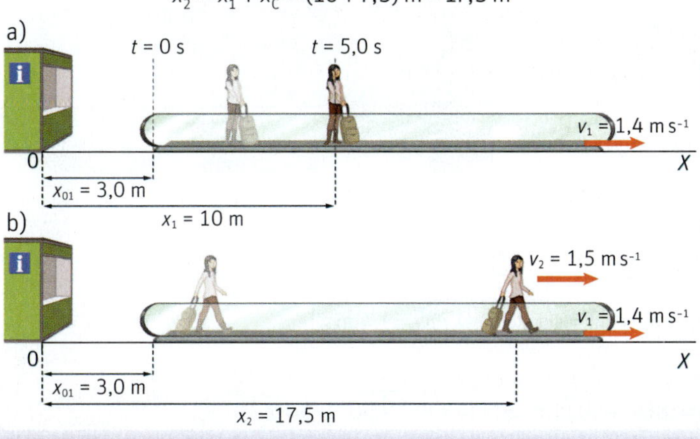

10 **Una persona corre por los vagones del metro, en sentido contrario al movimiento del metro, con una velocidad de 0,50 m s^{-1}. El metro se mueve con una velocidad de 12 m s^{-1}.**

a) **Determina la velocidad de la persona que corre, medida por un pasajero que está sentado en el metro.**

b) **¿Qué velocidad mediría una persona que observa la escena desde el andén?**

a) Como el observador se mueve con el metro, verá que la persona corre en sentido contrario al movimiento del metro, así la velocidad que medirá será: v = −0,50 m s^{-1}.

b) En este caso, la velocidad del pasajero respecto del metro es $v_{P,M}$ = −0,50 m s^{-1} y la velocidad del metro respecto del andén es $v_{M,A}$ = 12 m s^{-1}.

Por tanto, aplicando el principio de superposición, la velocidad del pasajero respecto al andén será:

$$v_{P,A} = v_{P,T} + v_{T,A} = (-0{,}50 + 12)\,\text{m s}^{-1} = 11{,}5\,\text{m s}^{-1}$$

ACTIVIDADES

13. Una maleta descansa sobre la cinta transportadora de un aeropuerto. Describe cómo ve su movimiento:

a) Un pasajero parado en la misma cinta.

b) Un pasajero en una cinta paralela que se mueve en sentido contrario.

c) Un pasajero fuera de la cinta.

14. Dos amigos que caminan con velocidad de 1,5 m s^{-1} llegan al inicio de una cinta transportadora. Uno sigue caminando por el pasillo y el otro entra en la cinta y comienza a caminar con una velocidad de 0,50 m s^{-1}. ¿A qué velocidad debe moverse la cinta para que ambos puedan seguir hablando?

Solución: 1,0 m s^{-1}

2.2. Composición de dos *mru* perpendiculares

Una lancha que cruza un río o un avión que soporta vientos laterales son ejemplos de cuerpos sometidos simultáneamente a dos *mru* **en direcciones perpendiculares.**

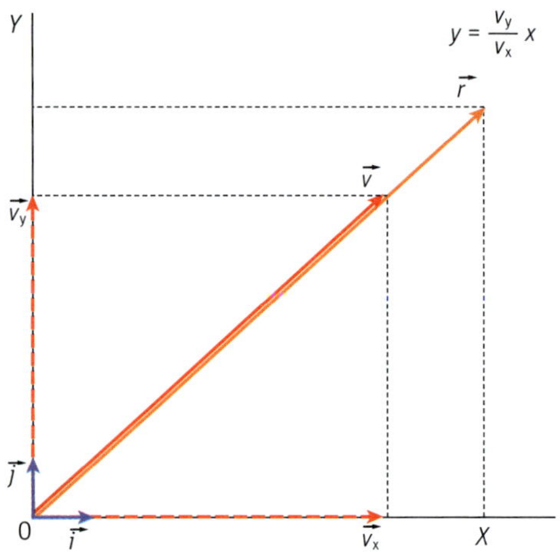

Figura 9.3. Para describir la composición de dos *mru* perpendiculares se hace coincidir las direcciones de los movimientos con los ejes de coordenadas y se aplica el principio de superposición.

- La **velocidad resultante** es constante porque el móvil sale de un punto sometido simultáneamente a dos velocidades constantes, v_x y v_y:

$$\vec{v} = v_x\vec{i} + v_y\vec{j}$$

Su módulo $|\vec{v}| = \sqrt{v_x^2 + v_y^2}$ es el valor numérico de la velocidad resultante.

La dirección del móvil viene dada por: $\operatorname{tg}\alpha = \frac{v_y}{v_x}$

- El **vector posición** es la suma de los vectores de posición de cada movimiento:

$$\vec{r} = x\vec{i} + y\vec{j}$$

Tomando como origen del sistema de referencia el punto O de salida:

$$\vec{r} = v_x t\vec{i} + v_y t\vec{j}$$

- La **ecuación de la trayectoria** se obtiene despejando el tiempo en las ecuaciones de la posición de los movimientos simples:

$$x = v_x t \Rightarrow t = \frac{x}{v_x} \qquad y = v_y t \Rightarrow t = \frac{y}{v_y}$$

Al igualar se obtiene $y = \frac{v_y}{v_x}x$ que es la ecuación de una **recta del plano**.

EJERCICIOS RESUELTOS

11 **Un barquero rema perpendicularmente a la orilla de un río de 50,0 m de ancho, con una velocidad de 0,75 m s⁻¹. La corriente tiene una velocidad de 1,20 m s⁻¹.**

a) Calcula el tiempo que la barca tarda en cruzar el río.

b) Determina la distancia que es arrastrada la barca río abajo.

c) Averigua la velocidad total de la barca y la distancia que recorre hasta la orilla.

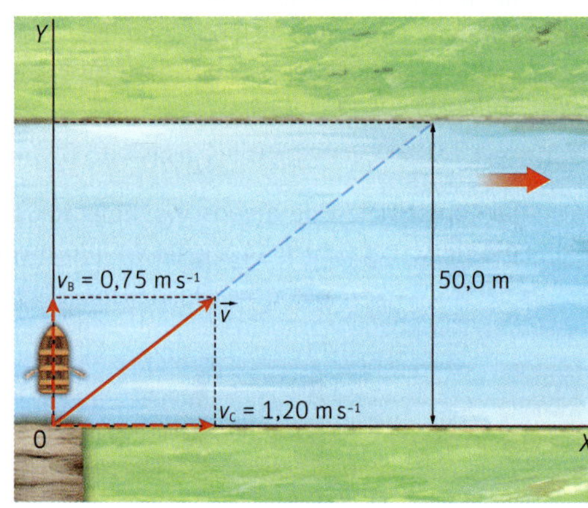

a) La barca experimenta simultáneamente dos movimientos, uno en el sentido de la corriente, de ecuación $x = 1{,}20\,t$ y otro perpendicular a la corriente, de ecuación $y = 0{,}75\,t$. El tiempo en cruzar el río es independiente de que exista corriente o no:

$$t = \frac{e}{v} = \frac{(50{,}0\,\text{m})}{(0{,}75\,\text{ms}^{-1})} = 67\,s$$

b) Si no remara, durante el tiempo anterior la corriente arrastraría la barca aguas abajo (dirección del eje *X*):

$$x = v_x t = (1{,}20\,\text{ms}^{-1})(67\,\text{s}) = 80\,\text{m}$$

c) La velocidad de la barca respecto de la orilla es la suma de las velocidades:

$$\vec{v} = (1{,}20\vec{i} + 0{,}75\vec{j})\,\text{ms}^{-1} \text{ y su valor numérico es } |\vec{v}| = \sqrt{1{,}20^2 + 0{,}75^2} = 1{,}4\,\text{ms}^{-1}$$

La distancia recorrida coincide con el módulo del vector posición:

$$\vec{r} = v_x t\vec{i} + v_y t\vec{j} = (1{,}20\cdot 67)\vec{i} + (0{,}75\cdot 67)\vec{j} = (80\vec{i} + 50\vec{j})\,\text{m} \Rightarrow |\vec{r}| = \sqrt{80^2 + 50^2} = 94\,\text{m}$$

ACTIVIDADES

15. Una nadadora quiere cruzar un río de 100 m de anchura en dirección perpendicular a la corriente, pero llega a un punto de la orilla opuesta 20,0 m aguas abajo. Calcula la velocidad de la corriente si ella va a 2,0 m s⁻¹.

Solución: 0,40 m s⁻¹

16. Un avión ultraligero vuela a 80,0 km h⁻¹ respecto del viento. ¿Cuál es su velocidad respecto al suelo?

a) Si hay un viento de frente de 20,0 km h⁻¹.

b) Si hay un viento lateral (perpendicular) de 35,5 km h⁻¹.

Solución: **a)** 60,0 km h⁻¹; **b)** 87,5 km h⁻¹

2.3. Lanzamiento horizontal

Dentro de los movimientos en caída libre, tienen gran importancia los movimientos de objetos que **describen un vuelo** después de ser lanzados.

Por ejemplo, una canica que rueda sobre una mesa y se acerca al borde, cuando abandona la mesa describe un vuelo en el aire y cae al suelo en un punto alejado de la base de la mesa.

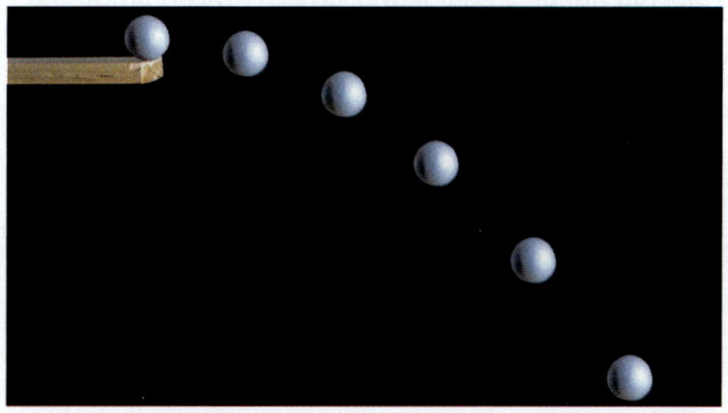

Figura 9.4. La técnica estroboscópica permite "ver" la trayectoria parabólica del lanzamiento horizontal.

Otros objetos describen un vuelo similar: un paquete humanitario soltado desde un avión en vuelo horizontal, el agua que sale de una gárgola durante un día de lluvia, un proyectil lanzado desde lo alto de un acantilado en dirección paralela al mar, etc.

Sobre el objeto que experimenta un lanzamiento horizontal, solo actúa la aceleración de la gravedad, pero su velocidad inicial es perpendicular a esta aceleración.

> El **lanzamiento horizontal** es un movimiento en **caída libre** en dos dimensiones, donde un objeto es lanzado con una velocidad inicial horizontal y la única aceleración que actúa sobre él es la aceleración de la gravedad.

El objeto se mueve con una velocidad horizontal constante y una aceleración vertical hacia abajo. Las componentes, vertical y horizontal, del movimiento se pueden estudiar por separado según el principio de independencia.

- Las **ecuaciones que describen el movimiento** en cada eje se obtienen situando el origen del sistema de referencia en el suelo, bajo la vertical de salida del objeto, que tiene una velocidad inicial v_0 en la dirección del eje X:

$$\text{Eje } X\,(mru) \longrightarrow x = x_0 + v_0 t$$
$$\text{Eje } Y\,(mrua) \longrightarrow y = y_0 - \frac{1}{2} g t^2$$

- El **vector posición** del móvil es:

$$\vec{r} = x\vec{i} + y\vec{j} = (x_0 + v_0 t)\vec{i} + \left(y_0 - \frac{1}{2} g t^2\right)\vec{j}$$

- Las **componentes de la velocidad** son:

$$\text{Eje } X\,(mru) \longrightarrow v_x = v_0$$
$$\text{Eje } Y\,(mrua) \longrightarrow v_y = -gt$$

- El **vector velocidad** es:

$$\vec{v} = v_x\vec{i} + v_y\vec{j} = v_0\vec{i} - gt\vec{j}$$

Siendo su módulo $|\vec{v}| = \sqrt{v_x^2 + v_y^2}$.

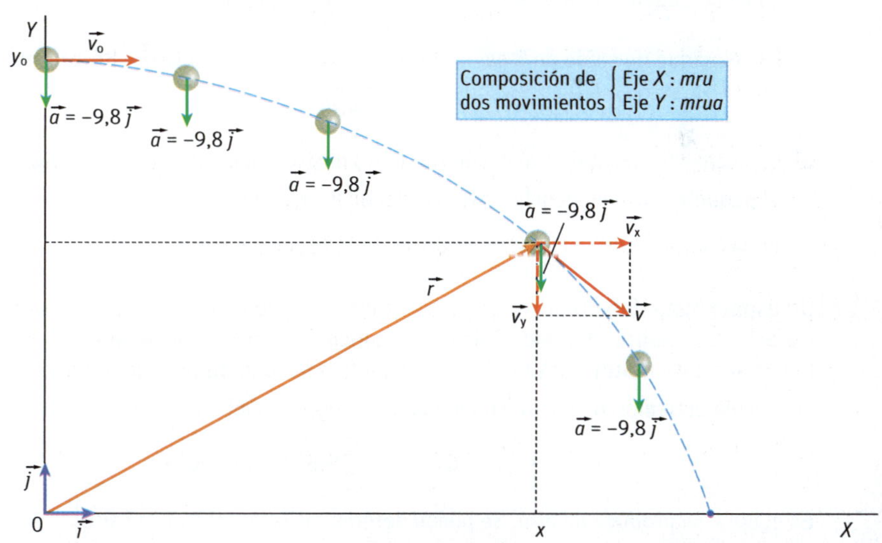

Figura 9.5. Vectores en el lanzamiento horizontal.

- La **aceleración** corresponde a un movimiento de caída libre en el eje Y:

$$\vec{a} = (-9{,}8\vec{j})\,\text{ms}^{-2}$$

- La **trayectoria** seguida por un objeto lanzado horizontalmente puede considerarse como la composición de dos movimientos: un *mru* horizontal a lo largo del eje X, de velocidad constante, v_0, y otro vertical de caída libre desde una altura y_0 a lo largo del eje Y. Eliminado el tiempo en las ecuaciones del movimiento se obtiene la ecuación de la trayectoria:

$$y = y_0 - \frac{4{,}9}{v_0} x^2$$

Lo cual corresponde a una **parábola** en el plano, cóncava hacia abajo.

Ten en cuenta

La aceleración de la gravedad produce una caída libre en la dirección de Y (un *mrua*)

Si no existiese la aceleración de la gravedad, el objeto se movería con un *mru* en el eje X.

El movimiento real del objeto es la composición de los dos movimientos anteriores, siendo su trayectoria parabólica.

▶ Resolución de problemas de lanzamiento horizontal

Las cuestiones a considerar en estos problemas son la posición del sistema de referencia en tierra y el principio de independencia de los movimientos en los ejes.

EJERCICIOS RESUELTOS

12 **Desde un globo aerostático en reposo se deja caer un paquete A. En el mismo instante se lanza desde el globo un segundo paquete B con una velocidad horizontal de 4,00 m s^{-1}. El globo está situado a 382 m de suelo. Si a = −9,81 m s^{-2} determina:**

a) **La distancia de cada paquete, respecto del suelo, 5,00 s después.**

b) **La velocidad de ambos paquetes a los 5,00 s. Dibuja en ambos el vector velocidad.**

c) **El tiempo que tardan en llegar al suelo y la velocidad con la que llegan.**

d) **El alcance horizontal de ambos paquetes.**

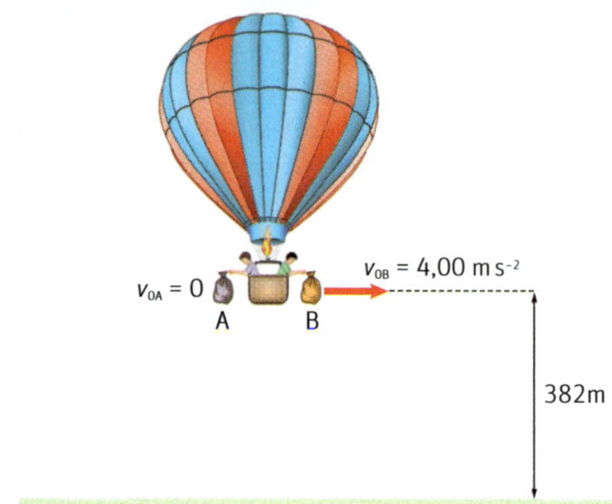

a) En el caso del paquete en caída libre vertical, se sabe que:

$$y = y_0 - \frac{1}{2}gt^2 = (382\,\text{m}) - \frac{1}{2}(9{,}81\,\text{ms}^{-2})(5{,}00\,\text{s})^2 = 259\,\text{m}$$

El segundo paquete se encontrará desplazado en el eje X, pero a la misma distancia del suelo, ya que en la dirección Y la ecuación del movimiento es la misma.

b) Para los dos paquetes: $v_y = -gt = -(9{,}81\,\text{ms}^{-2})(5{,}00\,\text{s}) = -49{,}1\,\text{ms}^{-1}$

Según se observa en la figura, la velocidad del paquete B es la suma vectorial de la velocidad horizontal (la del lanzamiento) y la velocidad vertical.

$$\vec{v} = v_x\vec{i} + v_y\vec{j} = v_0\vec{i} - gt\,\vec{j} = (4{,}00\vec{i} - 49{,}1\vec{j})\,\text{ms}^{-1} \Rightarrow v = \sqrt{4{,}00^2 + (-49{,}1)^2} = 49{,}3\,\text{ms}^{-1}$$

c) Ambos paquetes tardan el mismo tiempo en llegar al suelo:

$$y = y_0 - \frac{1}{2}gt^2;\ 0 = 382 - \frac{1}{2}9{,}81t^2 \Rightarrow t = 8{,}82\,\text{s}$$

La velocidad de caída de A es: $v_A = -(9{,}81\,\text{ms}^{-2})(8{,}82\,\text{s}) = -86{,}5\,\text{ms}^{-1}$

La velocidad de caída de B es: $\vec{v}_B = v_x\vec{i} + v_y\vec{j} = v_0\vec{i} - gt\,\vec{j} = (4{,}00\vec{i} - 86{,}5\vec{j})\,\text{ms}^{-1}$

$$v_B = \sqrt{4{,}0^2 + 86{,}5^2} = 86{,}6\,\text{ms}^{-1}$$

d) El alcance horizontal es el desplazamiento horizontal en el tiempo de vuelo.

El paquete A cae en el origen de coordenadas: x_A = 0 m

En la coordenada X: $x_B = v_0t = (4{,}00\,\text{ms}^{-1})(8{,}82\,\text{s}) = 35{,}3\,\text{m}$

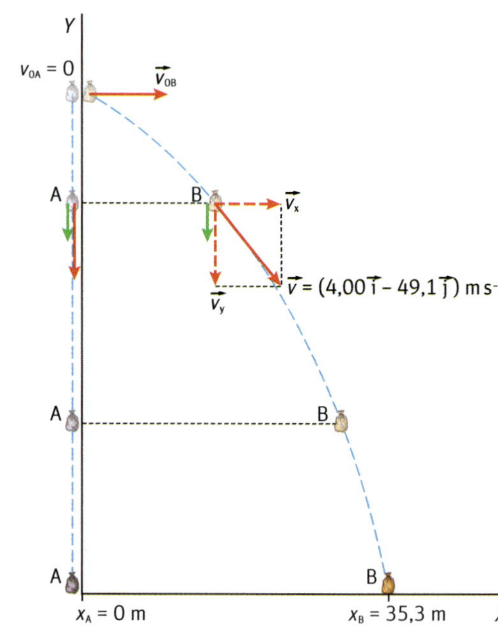

13 **Un especialista debe realizar un salto en moto desde un acantilado que se encuentra a 50,0 m sobre el suelo. Calcula la velocidad con la que tiene que saltar para llegar al punto donde está la cámara, situado a 90,0 m de la base del acantilado.**

Se calcula el tiempo de vuelo (cuando la moto llega al suelo, y = 0 m):

$$y = y_0 - \frac{1}{2}gt^2;\ 0 = 50{,}0 - \frac{1}{2}9{,}81\,t^2 \Rightarrow t = 3{,}19\,\text{s}$$

En el eje X se produce un *mru*. Se puede determinar la velocidad de salto:

$$x = v_0t \Rightarrow v_0 = \frac{x}{t} = \frac{(90{,}0\,\text{m})}{(3{,}19\,\text{s})} = 28{,}2\,\text{ms}^{-1}$$

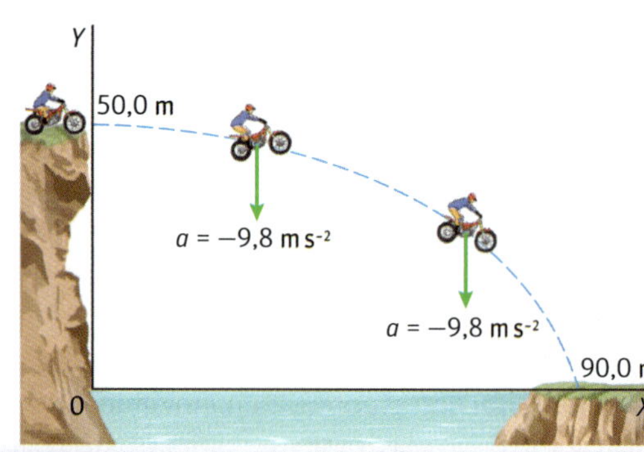

ACTIVIDADES

17. **El copiloto de un descapotable, que se mueve con velocidad constante, lanza verticalmente hacia arriba una pelota.**

Indica razonadamente si caerá detrás, delante o de nuevo en su mano.

Nota: Se prescinde del rozamiento con el aire.

18. **Una canica rueda con una velocidad de 1,5 m s^{-1} por una mesa de 2,0 m de longitud y 0,8 m de altura, y al llegar al borde cae al suelo. Sabiendo que se mide desde que empieza a rodar.**

a) **¿Cuánto tarda desde el borde hasta el suelo?**

b) **¿Cuál es la coordenada X del punto de impacto?**

Solución: **a)** 0,40 s; **b)** 2,6 m

2.4. Lanzamiento oblicuo

Son ejemplos de **lanzamientos oblicuos** el movimiento de un balón de fútbol después de ser golpeado, el de un balón de baloncesto en un tiro libre o el de la jabalina en su vuelo.

smSaviadigital.com PRACTICA

Aquí puedes modificar los valores de las variables del lanzamiento oblicuo y ver el resultado.

El **lanzamiento oblicuo** es un movimiento en caída libre en dos dimensiones, donde la velocidad inicial del objeto forma un ángulo, α, con la horizontal.

- La **velocidad**, $\vec{v}_0$, se descompone en las direcciones de los ejes:

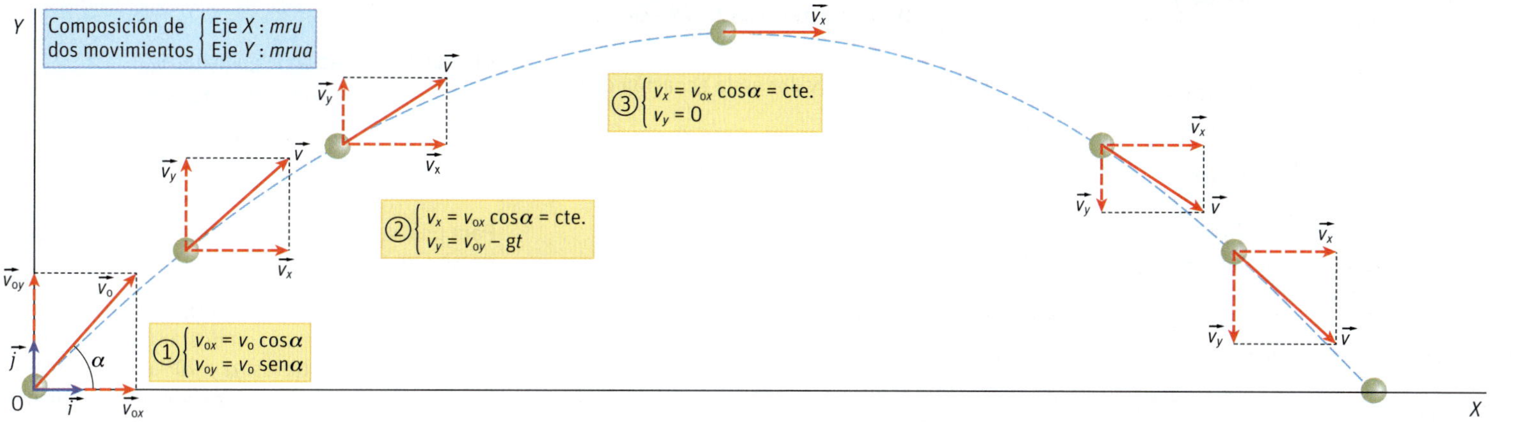

Figura 9.6. Trayectoria y vector velocidad del lanzamiento oblicuo

- La **posición** del móvil está dada por su **vector de posición**, $\vec{r}$. Si la posición inicial del móvil es el origen de coordenadas, entonces $x_0 = y_0 = 0$, y las ecuaciones de las componentes en los ejes de coordenadas X e Y, son:

$$x = v_0 t \cos\alpha \qquad y = v_0 t \operatorname{sen}\alpha - \frac{1}{2} g t^2$$

- El **vector posición** de móvil en cada instante es:

$$\vec{r} = x\vec{i} + y\vec{j} = (v_0 \cos\alpha)\vec{i} + \left(v_0 t \operatorname{sen}\alpha - \frac{1}{2} g t^2\right)\vec{j}$$

- La **ecuación de la trayectoria** se obtiene eliminando el tiempo entre las ecuaciones de las componentes x e y:

$$y = \operatorname{tg}\alpha\, x - \frac{g}{2 v_0^2 \cos^2\alpha} x^2$$

Que se corresponde con una **parábola** cóncava hacia abajo.

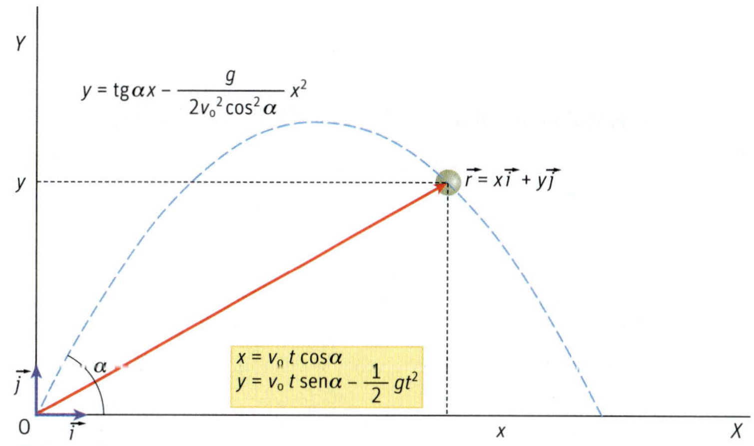

Figura 9.7. Componentes del vector de posición del lanzamiento oblicuo.

EJERCICIOS RESUELTOS

14 Un futbolista lanza un balón con una velocidad inicial de 20,0 m s⁻¹ que forma 40,0° con el suelo. Calcula:

a) Las componentes de la velocidad para $t = 0$ s.

b) La velocidad del balón y su posición a los 0,50 s.

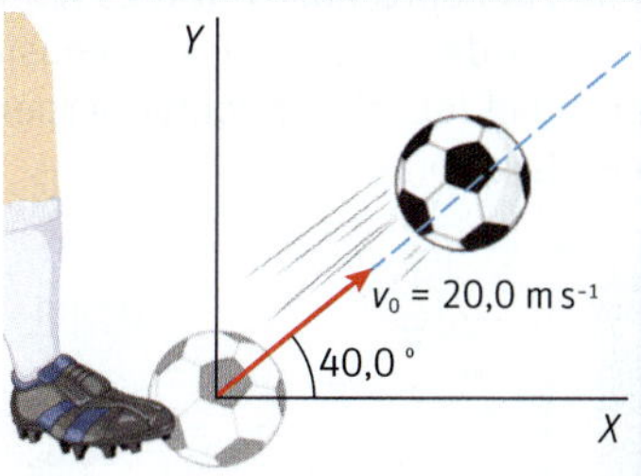

a) $v_{0x} = v_0 \cos\alpha = 20{,}0 \cos 40{,}0° = 15{,}3\ \text{m s}^{-1}$

$v_{0y} = v_0 \operatorname{sen}\alpha = 20{,}0 \operatorname{sen} 40{,}0° = 12{,}9\ \text{m s}^{-1}$

b) $v_x = v_0 \cos\alpha = 20{,}0 \cos 40{,}0° = 15{,}3\ \text{m s}^{-1}$

$v_y = v_0 \operatorname{sen}\alpha - gt = 20{,}0 \operatorname{sen} 40{,}0° - 9{,}81 \cdot 0{,}50 = 8{,}0\ \text{m s}^{-1}$ $\Rightarrow \vec{v} = (15{,}3\vec{i} + 8{,}0\vec{j})\ \text{m s}^{-1}$

$x = v_x t = v_0 t \cos\alpha = 20{,}0 \cdot 0{,}50 \cos 40{,}0° = 7{,}66\ \text{m}$

$y = v_y t = v_0 t \operatorname{sen}\alpha - \frac{1}{2} g t^2 = 20{,}0 \cdot 0{,}50 \cdot \operatorname{sen} 40{,}0° - \frac{1}{2} \cdot 9{,}81 \cdot 0{,}50^2 = 5{,}20\ \text{m}$ $\Rightarrow$

$\vec{r} = (7{,}66\vec{i} + 5{,}20\vec{j})\ \text{m}$

ACTIVIDADES

19. Razona sobre la veracidad o falsedad de las siguientes afirmaciones.

a) En un lanzamiento oblicuo el vector aceleración siempre es perpendicular al vector velocidad.

b) En un lanzamiento oblicuo la componente y de la velocidad siempre es positiva.

Características del lanzamiento oblicuo

En los lanzamientos oblicuos hay tres parámetros característicos: el **tiempo de vuelo**, la **altura máxima** y el **alcance horizontal**.

Tiempo de vuelo

El **tiempo de vuelo** es el tiempo total que el móvil permanece en movimiento. Para calcularlo se tiene en cuenta que el móvil llega al suelo cuando la coordenada *Y* es cero. El tiempo transcurrido hasta ese momento es:

$$0 = v_{0y}t - \frac{1}{2}gt^2 \Rightarrow t = \frac{2v_{0y}}{g}$$

$$t = \frac{2v_0 \operatorname{sen}\alpha}{g}$$

Si el móvil choca con un obstáculo antes de completar su trayectoria, lógicamente el tiempo de vuelo será distinto. Lo mismo sucede si el móvil es lanzado desde un punto elevado.

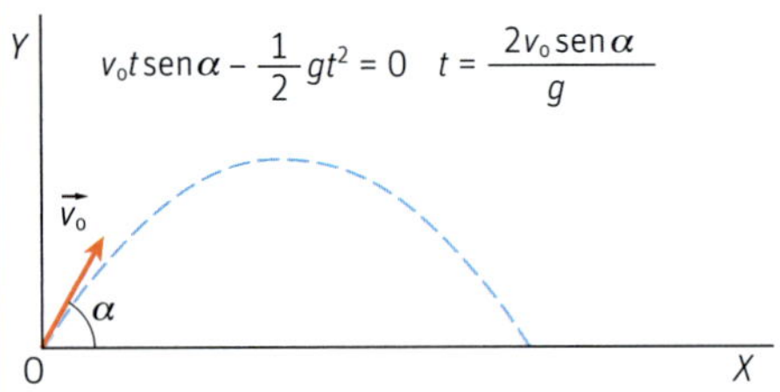

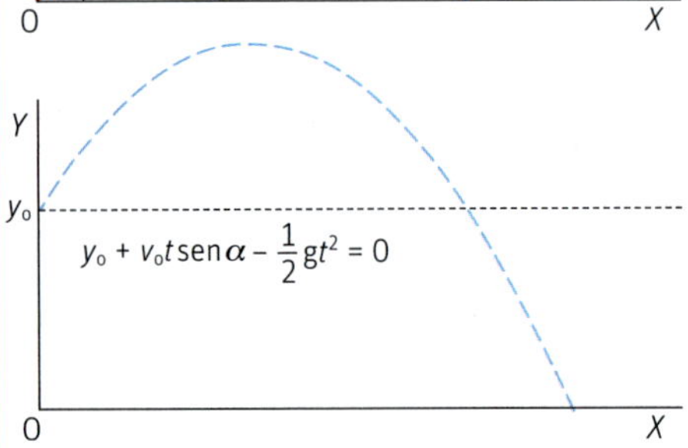

Altura máxima

La **altura máxima** corresponde a la del punto donde el móvil deja de subir para empezar a bajar. En ese punto la velocidad vertical es cero: $v_y = 0$.

$$v_y = 0 = v_0 \operatorname{sen}\alpha - gt \Rightarrow t = \frac{v_0 \operatorname{sen}\alpha}{g}$$

Sustituyendo este valor en la ecuación de la coordenada *Y*:

$$y = v_0 t \operatorname{sen}\alpha - \frac{1}{2}gt^2$$

$$y_{máx.} = \frac{v_0^2 \operatorname{sen}^2\alpha}{g} - \frac{v_0^2 \operatorname{sen}^2\alpha}{2g}$$

$$y_{máx.} = \frac{v_0^2 \operatorname{sen}^2\alpha}{2g}$$

Se observa que el móvil alcanza la altura máxima justo a la mitad del tiempo de vuelo.

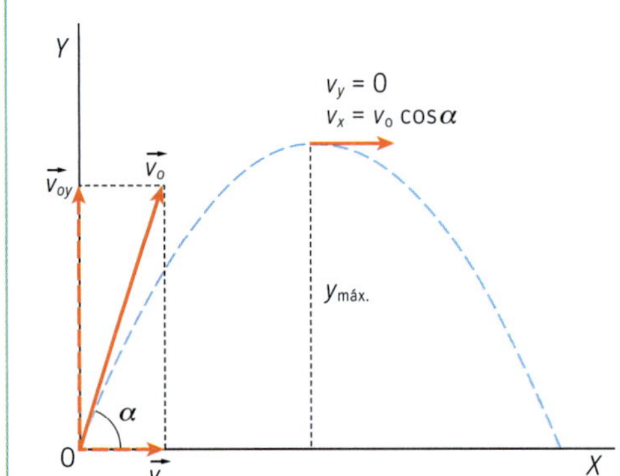

Alcance horizontal

Como el tiempo de vuelo es: $t = \frac{2v_0 \operatorname{sen}\alpha}{g}$, se obtiene:

$$x_{máx.} = v_0 t \cos\alpha = \frac{2v_0^2 \operatorname{sen}\alpha \cos\alpha}{g}$$

Utilizando la relación trigonométrica:

$$\operatorname{sen}2\alpha = 2\operatorname{sen}\alpha\cos\alpha$$

$$x_{máx.} = \frac{v_0^2 \operatorname{sen}2\alpha}{g}$$

Para una v_0, el alcance máximo se produce cuando $\operatorname{sen}2\alpha = 1 \Rightarrow \alpha = 45^\circ$.

Como $\operatorname{sen}2\alpha = \operatorname{sen}(180^\circ - 2\alpha)$, se puede conseguir el mismo alcance con dos ángulos de lanzamiento complementarios: α y $90^\circ - \alpha$. Si $\alpha < 45^\circ$ el lanzamiento es rasante y si $\alpha > 45^\circ$, el lanzamiento es por elevación.

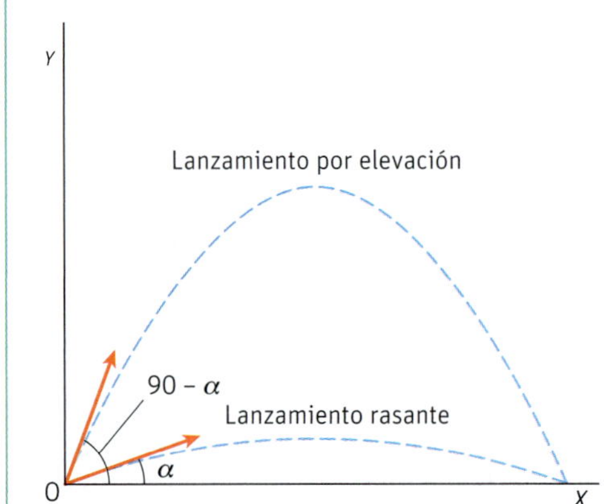

El lanzamiento vertical, el lanzamiento horizontal y el lanzamiento oblicuo son todos movimientos en caída libre.

Caída libre

El **lanzamiento vertical** es un movimiento de **caída libre** en una dimensión, con velocidad inicial en la misma dirección que la aceleración.

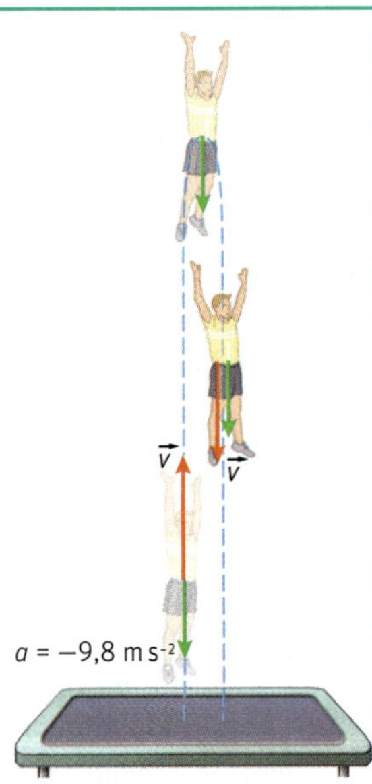

El **lanzamiento horizontal** es un movimiento en **caída libre** en dos dimensiones, con velocidad inicial horizontal perpendicular a la aceleración.

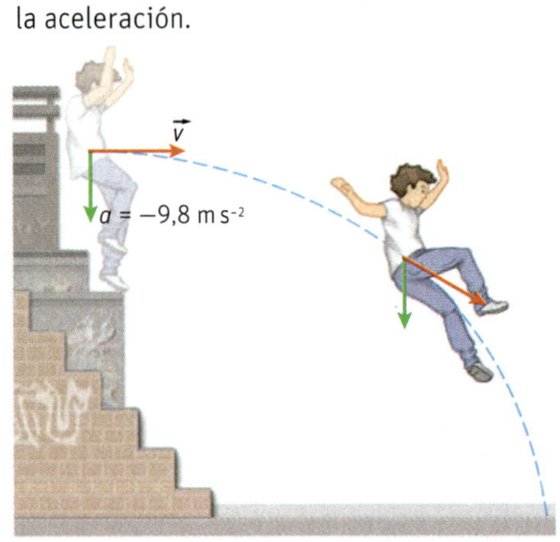

El **lanzamiento oblicuo** es un movimiento en **caída libre** en dos dimensiones con velocidad inicial que forma un ángulo con la horizontal.

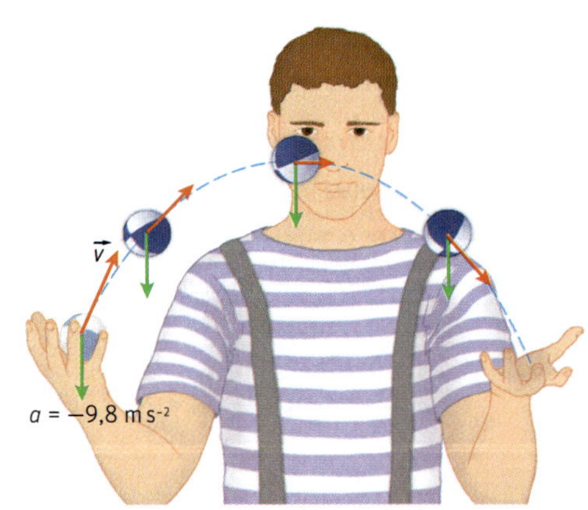

Resolución de problemas de lanzamiento oblicuo

En estos problemas, el sistema de referencia siempre se pone en el suelo (el punto de lanzamiento puede tener unas coordenadas iniciales x_0 e y_0).

EJERCICIOS RESUELTOS

15 En los Campeonatos Mundiales de Atletismo de Tokio 1991, Mike Powell saltó 8,95 m, batiendo la mítica plusmarca de 8,90 m, que poseía Bob Beamon desde los Juegos Olímpicos de México (1968). Se supone que Mike Powell inició el salto con una velocidad de 9,90 m s^{-1}.

a) Determina el ángulo con el que inició el salto.

b) Calcula el tiempo que permaneció en el aire.

c) Calcula la altura máxima que alcanzó en el salto.

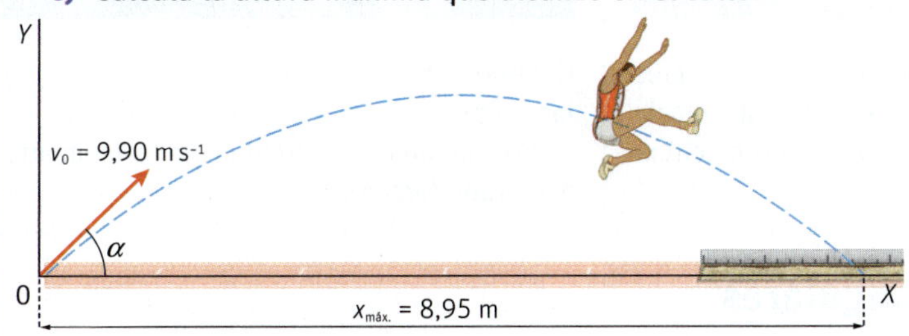

a) Se establecen las ecuaciones del movimiento sabiendo que $x_{máx.}$ = 8,95 m:

$$\left.\begin{array}{l} y = v_0 t\,\text{sen}\alpha - \frac{1}{2}gt^2 \\ x = v_0 t\cos\alpha \end{array}\right\} \Rightarrow \left.\begin{array}{l} 0 = 9{,}90t\,\text{sen}\alpha - \frac{1}{2}\cdot 9{,}81t^2 \\ 8{,}95 = 9{,}90t\cos\alpha \end{array}\right\}$$

Eliminando el tiempo entre las dos ecuaciones:

$$8{,}95 = \frac{9{,}90^2\,\text{sen}2\alpha}{9{,}81} \Rightarrow \text{sen}2\alpha = 0{,}896 \Rightarrow \alpha = 31{,}8^\circ$$

b) Conocido el ángulo de salto, se sustituye en la ecuación de la posición en el eje *X*:

$$t = \frac{(8{,}95\,\text{m})}{(9{,}90\,\text{m s}^{-1})\cos 31{,}8^\circ} = 1{,}06\,\text{s}$$

c) La altura máxima se obtiene utilizando la ecuación de la posición en la coordenada *Y*, sabiendo que el tiempo que tarda desde que comienza el salto hasta que alcanza la altura máxima es la mitad del tiempo de vuelo, es decir, 0,53 s:

$$y = (9{,}90\,\text{m s}^{-1})(0{,}53\,\text{s})\text{sen}31{,}8^\circ - \frac{1}{2}(9{,}81\,\text{m s}^{-1})(0{,}53\,\text{s})^2 = 1{,}39\,\text{m}$$

16 Desde lo alto de una torre de 45,0 m de altura se lanza hacia arriba una piedra con una velocidad inicial de 20,0 m s^{-1}, formando un ángulo con la horizontal de 30,0°.

a) Calcula el tiempo de vuelo.

b) Determina el alcance máximo.

c) ¿Cuál es el módulo de la velocidad cuando la piedra impacta con el suelo?

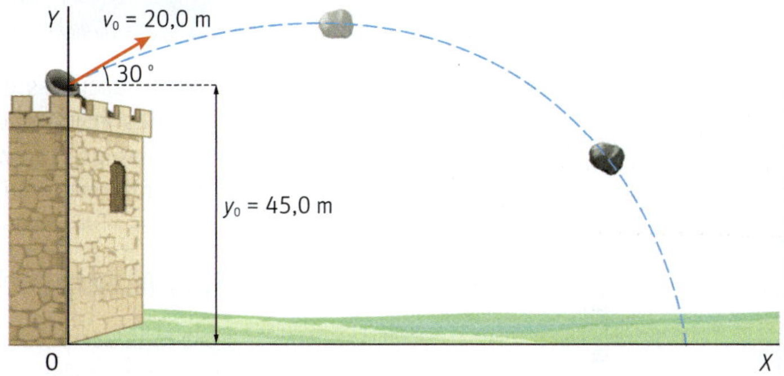

a) Las componentes de la velocidad en el lanzamiento son:

$$v_{0x} = v_0\cos\alpha = (20{,}0\,\text{m s}^{-1})\cos 30{,}0^\circ = 17{,}3\,\text{m s}^{-1}$$
$$v_{0y} = v_0\,\text{sen}\alpha = (20{,}0\,\text{m s}^{-1})\text{sen}30{,}0^\circ = 10{,}0\,\text{m s}^{-1}$$

Para calcular el tiempo de vuelo, se impone la condición de que y = 0. Además, se lanza la piedra desde una altura y_0 = 45,0 m:

$$y = y_0 + v_{0y}t - \frac{1}{2}gt^2;\quad 0 = 45{,}0 + 10{,}0\,t - \frac{1}{2}9{,}81t^2 \Rightarrow t = 4{,}22\,s$$

b) Para calcular el alcance máximo se sustituye en la ecuación de la posición en la coordenada *X*:

$$x_{máx.} = v_{0x}t\cos\alpha = (17{,}3\,\text{m s}^{-1})(4{,}22\,\text{s})\cos 30^\circ = 63{,}2\,\text{m}$$

c) El módulo de la velocidad es:

$$\left.\begin{array}{l} v_x = v_{0x} = 17{,}3\,\text{m s}^{-1} \\ v_y = v_{0y} - gt = (10{,}0\,\text{m s}^{-1}) - (9{,}81\,\text{m s}^{-2})(4{,}22\text{s}) = -31{,}4\,\text{m s}^{-1} \end{array}\right\} \Rightarrow$$

$$|\vec{v}| = \sqrt{17{,}3^2 + (-31{,}4)^2} = 35{,}9\,\text{m s}^{-1}$$

ACTIVIDADES

20. Desde la terraza de un edificio de 25,0 m de altura se lanza horizontalmente una piedra con una velocidad inicial de 50,0 m s^{-1}. Determina el vector velocidad y su vector posición en función del tiempo y calcula a qué distancia del edificio chocará contra el suelo.

Solución: 113 m

21. Determina la velocidad con la que debe comenzar a subir un saltador de pértiga, si el listón se encuentra a 5,42 m e inicia el salto formando un ángulo de 45° con la horizontal.

Solución: 14,6 m s^{-1}

22. Un saltador de altura quiere superar el listón situado a 2,26 m de altura. Para ello bate con una velocidad de 5,0 m s^{-1} y un ángulo de 74,5°.

Si su centro de gravedad se encuentra a 1,12 m del suelo, ¿logrará saltar dicha altura?

23. Una persona desde un acantilado lanza dos piedras con la misma velocidad inicial, una hacia abajo con un ángulo α con la horizontal y la otra hacia arriba con el mismo ángulo.

Calcula la relación entre sus velocidades cuando golpean el agua.

3 Movimientos circulares

Un **movimiento circular** es aquel cuya trayectoria es una circunferencia.

OBSERVA

Las atracciones de niños recorren espacios iguales en tiempos iguales con trayectoria circular, por tanto, su movimiento es **circular uniforme** (*mcu*).

Cuando el helicóptero arranca, un punto de las hélices tiene un movimiento que es aproximadamente **circular uniformemente acelerado** (*mcua*).

3.1. Magnitudes angulares

Para la descripción de los movimientos circulares mediante magnitudes angulares se sitúa el sistema de referencia en el centro de la circunferencia.

- La **posición angular** del móvil sobre la circunferencia se especifica con el **ángulo**, φ, que forma el vector posición con el eje X positivo. Se expresa en radianes (rad).
- La **velocidad angular media**, ω_m, es el cociente entre el ángulo girado por el vector posición y el tiempo transcurrido. Se expresa en **rad s⁻¹**:

$$\omega_m = \frac{\Delta\varphi}{\Delta t} = \frac{\varphi - \varphi_0}{t - t_0}$$

- La **aceleración angular media**, α_m, es el cociente entre la variación de la velocidad angular y el tiempo transcurrido. Se expresa en **rad s⁻²**:

$$\alpha_m = \frac{\Delta\omega}{\Delta t} = \frac{\omega - \omega_0}{t - t_0}$$

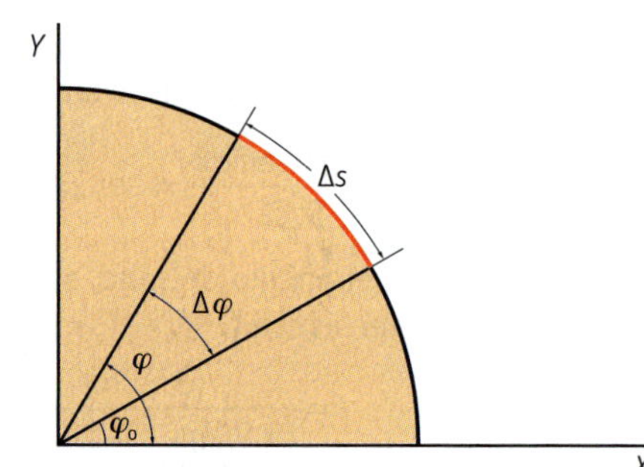

Figura 9.8. Magnitudes angulares.

Relación entre magnitudes lineales y angulares

Dado un arco de circunferencia y su ángulo correspondiente expresado en radianes:

$$\boxed{\Delta s = R\,\Delta\varphi}$$

Si se sustituye esta expresión en la de la velocidad media se obtiene la relación:

$$v_m = \frac{\Delta s}{\Delta t} = \frac{\Delta\varphi}{\Delta t}R \Rightarrow \boxed{v_m = \omega_m R}$$

La relación entre la aceleración angular y la aceleración tangencial es:

$$a_t = \frac{\Delta v}{\Delta t} = \frac{\Delta(\omega_m R)}{\Delta t} = \frac{\Delta\omega_m}{\Delta t}R \Rightarrow \boxed{a_t = \alpha_m R}$$

Recuerda

Un **radián** es el ángulo cuyo arco de circunferencia tiene la misma longitud que el radio. El arco de una circunferencia completa medido con su radio es:

$$\frac{2\pi R}{R} = 2\pi \text{ rad}$$

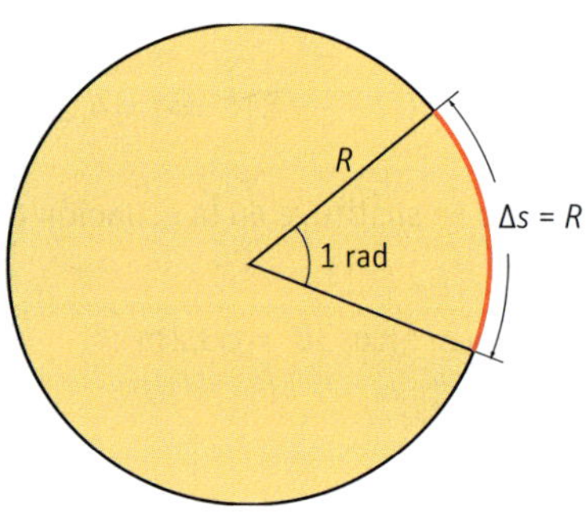

ACTIVIDADES

24. Un hámster recorre un laberinto circular. Cuando se encuentra en una parte cuyo radio es 1,20 m, describe un ángulo de 90,0° en 2,20 s.

Determina las velocidades, lineal y angular, del ratón.

Solución: 0,857 m s⁻¹ ; 0,714 rad s⁻¹

EJERCICIOS RESUELTOS

17 **El plato de un tocadiscos gira a 33,0 revoluciones por minuto (*rpm*). Calcula las velocidades, angular y lineal, de un punto situado a 10,0 cm del eje de giro.**

$$\frac{(33\text{ rev})}{(1\text{ min})}\cdot\frac{(2\cdot\pi\text{ rad})}{(1\text{ rev})}\cdot\frac{(1\text{ min})}{(60\text{ s})} = 3{,}5\text{ rad s}^{-1} \Rightarrow \quad v = \omega R = (3{,}5\text{ rad s}^{-1})(0{,}100\text{ m}) = 0{,}35\text{ m s}^{-1}$$

Lanzamiento oblicuo

24 Un jugador de rugby patea un balón hacia los palos. La velocidad de salida del balón es 105 km h^{-1} y el ángulo de lanzamiento es de 30,0°. La portería se encuentra a 65 m del punto de lanzamiento y el palo transversal está elevado 3,0 m sobre el césped.

a) Determina la velocidad del balón al cabo de 5 s del lanzamiento.

b) Calcula el tiempo de vuelo, el alcance máximo y la altura máxima del lanzamiento.

c) Indica razonadamente si marcará el tanto.

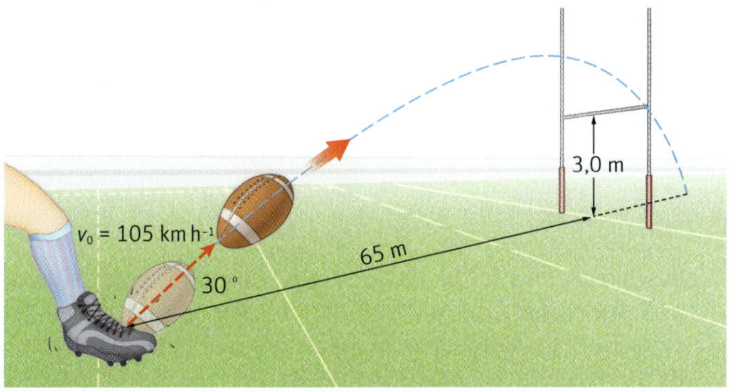

Consideraciones iniciales

- En un lanzamiento parabólico la componente v_x permanece constante y la componente v_y de la velocidad cambia constantemente.

▸ Resolución

a) Las componentes de la velocidad al cabo de 5 s son:

$$\left.\begin{array}{l} v_x = v_0 \cos\alpha \\ v_y = v_0 \operatorname{sen}\alpha - gt \end{array}\right\}$$

$$\left.\begin{array}{l} v_x = (29{,}2\,\text{ms}^{-1})\cos 30{,}0° = 25{,}3\,\text{ms}^{-1} \\ v_y = (29{,}2\,\text{ms}^{-1})\operatorname{sen} 30{,}0° - (9{,}81\,\text{ms}^{-2})(5{,}00\,s) = -34{,}5\,\text{ms}^{-1} \end{array}\right\}$$

b) El balón está en el aire hasta que y = 0. Por tanto, el tiempo de vuelo es:

$$0 = v_0 t \operatorname{sen}\alpha - \frac{1}{2}gt^2$$

$$t = \frac{2v_0 \operatorname{sen}\alpha}{g} = \frac{2(29{,}2\ \text{ms}^{-1})\operatorname{sen}30{,}0°}{(9{,}81\,\text{ms}^{-2})} = 2{,}98\,\text{s}$$

El alcance máximo y la altura máxima son, respectivamente:

$$x_{\text{máx.}} = \frac{v_0^2 \operatorname{sen}2\alpha}{g} = \frac{(29{,}2\,\text{ms}^{-1})^2 \operatorname{sen}2\cdot 30{,}0°}{(9{,}81\,\text{ms}^{-2})} = 75{,}3\ \text{m}$$

$$y_{\text{máx.}} = \frac{v_0^2 \operatorname{sen}^2\alpha}{2g} = \frac{(29{,}2\,\text{ms}^{-1})^2 \operatorname{sen}^2 30{,}0°}{2\cdot(9{,}81\,\text{ms}^{-2})} = 10{,}9\,\text{m}$$

c) Marcará el tanto ya que si x = 65 m:

$$t = \frac{x}{v_0\cos\alpha} = \frac{(65\,\text{m})}{(29{,}2\,\text{ms}^{-1})\cos 30{,}0°} = 2{,}6\,\text{s}$$

$$y = v_0 t \operatorname{sen}\alpha - \frac{1}{2}gt^2 = 29{,}2\cdot 2{,}6\cdot \operatorname{sen}30{,}0° - \frac{1}{2}\cdot 9{,}81\cdot 2{,}6^2 = 4{,}8\,\text{m} > 3{,}0\,\text{m}$$

Movimiento circular uniformemente acelerado

25 Dos chicos están agarrados a una cuerda atada a un poste fijo que actúa de eje de giro. La cuerda se mantiene tensa. Uno de los chicos está situado a 3,0 m del poste y el otro, a 5,0 m. Empiezan a girar aumentando la velocidad uniformemente de modo que, a los 9,0 s, han dado 3,0 vueltas.

a) Determina la velocidad angular con la que giran al cabo de los 9,0 s.

b) ¿Se mueven los dos chicos con la misma velocidad lineal en ese momento?

c) ¿Qué aceleración experimenta el chico que se encuentra más alejado en ese momento?

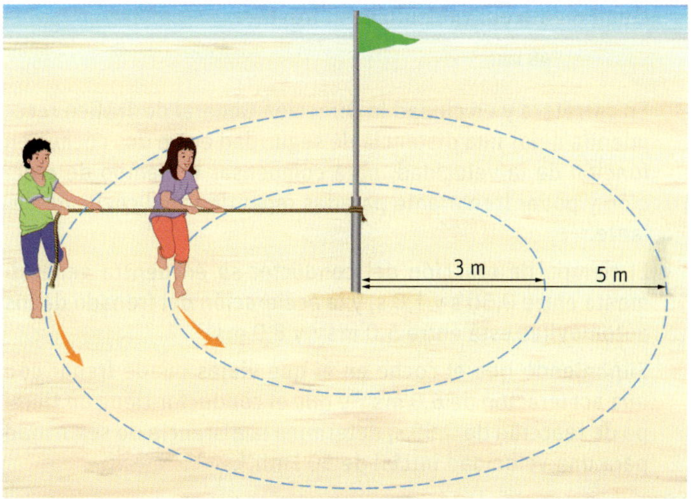

Consideraciones iniciales

- En un *mcua* el móvil tiene aceleración normal y aceleración tangencial.

▸ Resolución

a) Se escriben las ecuaciones del movimiento:

$$\begin{cases} \varphi = \varphi_0 + \omega_0 t + \frac{1}{2}\alpha t^2;\ (2\pi\cdot 3{,}0) = \frac{1}{2}\alpha(9{,}0)^2 \Rightarrow \alpha = 0{,}47\ \text{rads}^{-2} \\ \omega = \omega_0 + \alpha t = 0 + (0{,}47\ \text{rad s}^{-2})(3{,}0\ \text{s}) = 1{,}4\ \text{rads}^{-1} \end{cases}$$

b) La velocidad de la chica situada a 3 m es:

$$v = (1{,}4\,\text{rads}^{-1})(3{,}0\,\text{m}) = 4{,}2\,\text{ms}^{-1}$$

La velocidad del chico situado a 5 m es:

$$v = (1{,}4\,\text{rads}^{-1})(5{,}0\,\text{m}) = 7{,}0\,\text{ms}^{-1}$$

Los dos chicos no tienen la misma velocidad.

c) $$\vec{a} = \vec{a}_n + \vec{a}_t \Rightarrow \begin{cases} a_n = \frac{v^2}{R} = \frac{(7{,}0\ \text{ms}^{-1})^2}{(5{,}0\ \text{m})} = 9{,}8\ \text{ms}^{-2} \\ a_t = \alpha R = (0{,}47\ \text{rads}^{-2})(5{,}0\ \text{m}) = 2{,}4\ \text{ms}^{-2} \end{cases}$$

$$|\vec{a}| = \sqrt{9{,}8^2 + 2{,}4^2} = 10\ \text{ms}^{-2}$$

> **CONCLUSIONES:** Si dos objetos están unidos al mismo eje de giro, el más alejado tendrá una velocidad lineal mayor.

ACTIVIDADES

Movimientos rectilíneos

28. Un chico que va en su bicicleta con una velocidad constante de 14 $km\,h^{-1}$ en una calle rectilínea sigue a otro compañero, que corre en el mismo sentido, a 5,0 $km\,h^{-1}$, también con velocidad constante. Si inicialmente estaban separados por una distancia de 100 m, calcula:

a) El tiempo que tardan en encontrarse.

b) La distancia que recorrió cada uno.

Solución: a) 40 s; b) 156 m y 56 m

29. Un vehículo recorre la distancia entre la ciudad A y la ciudad B con un *mru* de velocidad 60 $km\,h^{-1}$ y vuelve desde B hasta la ciudad A con otro *mru* de velocidad 40 $km\,h^{-1}$. Calcula la velocidad media del vehículo en el trayecto.

Solución: 48 $km\,h^{-1}$

30. En carretera y en ciudad la Dirección General de Tráfico recomienda dejar una distancia de seguridad entre dos coches en función de la velocidad, para compensar el tiempo de reacción y poder frenar ante paradas repentinas del coche de delante.

El tiempo de reacción del conductor se encuentra generalmente entre 0,30 s y 1,0 s, y la aceleración del frenado de los automóviles está entre 5,0 $m\,s^{-2}$ y 8,0 $m\,s^{-2}$.

Suponiendo que el coche en el que viajas puede frenar con una aceleración de 6,0 $m\,s^{-2}$ y que el conductor tiene un tiempo de reacción de 0,50 s, determina la distancia de seguridad para una velocidad inicial de 50 $km\,h^{-1}$.

Solución: 23 m

31. Los camaleones son capaces de extender su lengua a grandes distancias con rapidez para atrapar mosquitos. En un ataque típico, la lengua acelera a 269 $m\,s^{-2}$ durante 20 ms y luego viaja a una velocidad constante durante otros 30 ms. ¿Qué distancia alcanza la lengua?

Solución: 0,22 m

32. Un atleta de 10 000 m necesita realizar una marca por debajo de 30,0 min para clasificarse para un campeonato del mundo. Cuando lleva 27,0 min le quedan por correr 1100 m. El corredor puede acelerar a 0,22 $m\,s^{-2}$. ¿Durante cuántos segundos debe aplicar esta aceleración para poder conseguir la marca buscada?

Solución: 3,1 s

33. En una prueba en un laboratorio donde testan vehículos, lanzan un vehículo a 108 $km\,h^{-1}$ frontalmente contra un obstáculo. Si el coche se comprime 1,0 m, calcula la aceleración a la que se ve sometido el vehículo y en qué tiempo como máximo debería inflarse el airbag.

Solución: −450 $m\,s^{-2}$; 0,067 s

34. Un automóvil viaja en línea recta por una carretera a una velocidad de 79,2 $km\,h^{-1}$. En el instante en que rebasa un aviso de stop, comienza a frenar con una aceleración de módulo 2,90 $m\,s^{-2}$.

a) ¿Cuál es el módulo de la velocidad del automóvil 30,0 m después del aviso?

b) Si el automóvil continua frenando, determina si ha cometido o no una imprudencia grave, sabiendo que el aviso de stop se encuentra a 70 m de la señal.

Solución: a) 17,6 $m\,s^{-1}$

35. Al entrar en un pueblo se observa que existe una limitación de velocidad de 70,0 $km\,h^{-1}$. En el pueblo se ha instalado una cámara que toma 32 imágenes por segundo, con la finalidad de determinar la velocidad de los vehículos. Si un automóvil de longitud 2,50 m aparece en cinco imágenes de la cámara, ¿infringe la ley?

Caída libre

36. Los *bushbabies* o "bebés arbustos" son unos pequeños primates africanos de unos 15 cm de tamaño que tienen gran capacidad de salto vertical, debido a que acumulan el 25 % de su masa en los músculos de las piernas. Son capaces de saltar en vertical hasta una altura de 2,3 m. Para conseguirlo aceleran estirando rápidamente sus piernas 0,15 m. Calcula la aceleración que imprimen con sus piernas.

Solución: $1{,}5 \cdot 10^2$ $m\,s^{-2}$

37. Desde la boca de un pozo profundo se suelta una piedra que cae libremente. El ruido que produce al llegar al fondo se escucha exactamente 4,7 s después de haberla soltado. Sabiendo que el sonido viaja a una velocidad constante de 340 $m\,s^{-1}$, halla la profundidad del pozo.

Solución: 95 m

38. Un globo aerostático es una aeronave no propulsada que se sirve del principio de Arquímedes para volar. Consta de una bolsa que encierra un gas más ligero que el aire y de una barquilla sujeta a la misma. Un globo sube verticalmente con una velocidad de 5,1 $m\,s^{-1}$ y se suelta el objeto cuando el globo está a 22 m del suelo.

a) Calcula la posición y velocidad del objeto al cabo de 0,25 s y de 2,0 s. Interpreta el resultado.

b) Determina el tiempo que tarda en llegar al suelo y la velocidad en ese instante.

Solución: a) 23 m y 2,7 $m\,s^{-1}$; 12,6 m y −14,5 $m\,s^{-1}$; b) 2,7 s y −21 $m\,s^{-1}$

39. Desde un punto del acueducto de Segovia se lanza, verticalmente hacia arriba, con una velocidad de 10 ms^{-1}, una pelota que tarda 3,6 s en llegar al suelo. Calcula:

a) La velocidad de la pelota a los 2,2 s.

b) La altura máxima que alcanza la pelota.

c) La altura del acueducto en dicho punto.

d) La velocidad de la pelota al llegar al suelo.

Solución: a) –11,6 ms^{-1}; b) 33 m; c) 28 m; d) –25 ms^{-1}

40. La torre Eiffel consta de una base, de tres plantas situadas a diferentes alturas y una antena.

Desde el suelo de la tercera planta cae un objeto. Una persona mide el tiempo que tarda en pasar entre la segunda y la primera planta.

Sabiendo que este tiempo es de 0,97 s y que la segunda planta se encuentra 58,4 m por encima de la primera, determina la distancia entre ambas plantas.

Solución: 159 m

Composición de movimientos

41. Una paloma se eleva desde el suelo verticalmente hacia arriba, con una velocidad de 6,5 ms^{-1}. El viento sopla horizontalmente a 8,2 ms^{-1}. Calcula:

a) La velocidad de la paloma respecto al suelo.

b) El tiempo en desplazarse verticalmente 256 m.

c) La distancia que recorre la paloma en ese tiempo.

Solución: a) $\vec{v} = (8,2\vec{i} + 6,5\vec{j})$ ms^{-1}; b) 39 s; c) $4,1 \cdot 10^2$ m

42. Huckleberry Finn, el famoso personaje de Mark Twain, huye de su padre montado en una balsa por el río Misisipi. La balsa se mueve perpendicularmente a la orilla con una velocidad de 0,65 ms^{-1}. La velocidad del agua del río es de 3,5 ms^{-1}.

a) Calcula la velocidad que lleva la balsa respecto a la orilla.

b) Si en ese tramo el río tiene una anchura de 85 m, ¿cuánto tiempo tardará en llegar a la otra orilla? ¿Qué distancia habrá sido arrastrado aguas abajo?

c) ¿Cuál es su vector posición en ese momento?

d) En otro momento de su huida, con la ayuda de Jim, intenta remontar el río. Lo hacen por una zona de aguas tranquilas en la que la corriente baja a una velocidad de 0,45 m s^{-1}. ¿Con qué velocidad deben impulsar la balsa para recorrer 112 m en 41 s?

Solución: a) $\vec{v} = (3,5\vec{i} + 0,65\vec{j})ms^{-1}$; b) $1,3 \cdot 10^2$ s y $4,6 \cdot 10^2$ m; c) $\vec{r} = (4,6 \cdot 10^2\vec{i} + 85\vec{j})$m ; d) 3,2 m s^{-1}

43. Un avión vuela de un punto A a otro B, situado a 1200 km al norte del primero, a 600 kmh^{-1} respecto al aire en reposo. El piloto pone rumbo norte pero el viento, que sopla en dirección este a 100 kmh^{-1}, lo desvía de su ruta. Calcula la distancia recorrida por el avión después de 2 h de vuelo y también la velocidad y la dirección en la que debería haber volado para llegar a su destino en 2 h.

Solución: a) 1216 km; b) 608 kmh^{-1} y $\alpha = -80,5°$

Lanzamientos horizontales

44. Un jugador de balonmano lanza horizontalmente un balón con una velocidad de 20,0 ms^{-1} desde una altura que dista 2,0 m del suelo. Otro jugador está a 14 m en línea recta del lanzador. ¿Alcanzará bien la pelota sin moverse?

45. En la película *Dos hombres y un destino* los protagonistas, Butch Cassidy y Sundance Kid, huyen de sus perseguidores y llegan a un acantilado de 96 m de altura. Deciden saltar y lo hacen horizontalmente con una velocidad de 1,2 ms^{-1}.

a) ¿Con qué velocidad llegan al agua y a qué distancia de la base del acantilado caen?

b) Realmente la escena se rueda con especialistas, pero los actores, Robert Redford y Paul Newman, para simular la escena, saltaron con igual velocidad sobre un colchón de 3,4 m de largo. ¿Desde qué altura saltaron si cayeron en el centro del colchón?

Solución: a) $\vec{v} = (1,2\vec{i} - 43\vec{j})ms^{-1}$; 5,3 m b) 9,6 m

46. Un jugador de tenis realiza un saque golpeando horizontalmente la bola. Con los datos de la figura, calcula la velocidad mínima de golpeo para que la pelota pase rozando la red e impacte en el cuadro del servicio.

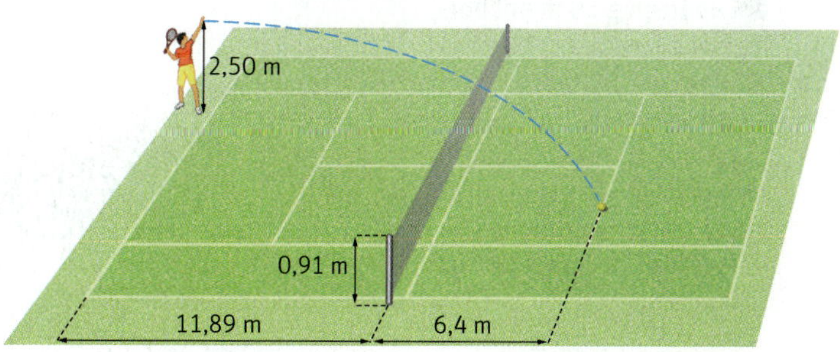

Solución: 21 ms^{-1}

47. Una avioneta transporta ayuda humanitaria y vuela horizontalmente a 1500 m de altura. Lanza los paquetes a una distancia de 520 m sobre la vertical.

a) Calcula la velocidad que debe llevar la avioneta para que caiga en el punto indicado.

b) Determina la velocidad con la que llega el paquete a tierra.

c) Si el avión no cambia de dirección ni de velocidad, ¿dónde se encontrará cuando la ayuda lleve 3,0 s por el aire? ¿Cuál es el vector posición de la ayuda, para ese instante, medido desde el suelo?

Solución: a) 30 m s^{-1}; b) $\vec{v} = (30\vec{i} - 172\vec{j})ms^{-1}$; c) $\vec{r} = (90\vec{i} + 1456\vec{j})$m

ACTIVIDADES

Lanzamientos oblicuos

48. En la película *Speed* un grupo de personas van en un autobús que lleva una bomba que explotará si el autobús lleva una velocidad inferior a 80,0 $km\,h^{-1}$. El autobús tiene que cruzar un puente en obras que tiene un agujero de 16 m. Al llegar a él deciden saltar con el autobús. La inclinación del puente es de 5,0°. Al iniciar el salto el velocímetro marca 108 $km\,h^{-1}$. El autobús consigue saltar y las personas sobreviven.

¿Crees que el guionista ideó esta secuencia pensando que esta situación era correcta desde el punto de vista de la Física?

49. Jan Zelezny está considerado el mejor lanzador de jabalina de todos los tiempos. Ostenta el récord del mundo con 98,48 m. Cuando lanzó la jabalina esta se encontraba a 1,89 m del suelo y realizó el lanzamiento con un ángulo de 40° sobre la horizontal.

a) Calcula la velocidad con la que la lanzó.

b) Indica el valor numérico de la velocidad cuando la jabalina llegó al suelo.

c) ¿Cuál fue la altura máxima que alcanzó?

Solución: a) 30,9 $m\,s^{-1}$; b) 31,9 $m\,s^{-1}$; c) 22,1 m

50. Un gran peñasco descansa sobre un barranco, por encima de un pueblo. Se encuentra en una posición tal que si rodase saldría despedido con una velocidad de 20 $m\,s^{-1}$, a 80 m de altura como se indica en la figura.

Las casas del pueblo se encuentran a 50 m del borde del barranco. ¿Tiene la población motivos para sentirse insegura? Si el peñasco cayera, ¿cuánto tiempo estaría en el aire? ¿Cuál es el módulo de la velocidad al impactar en el suelo?

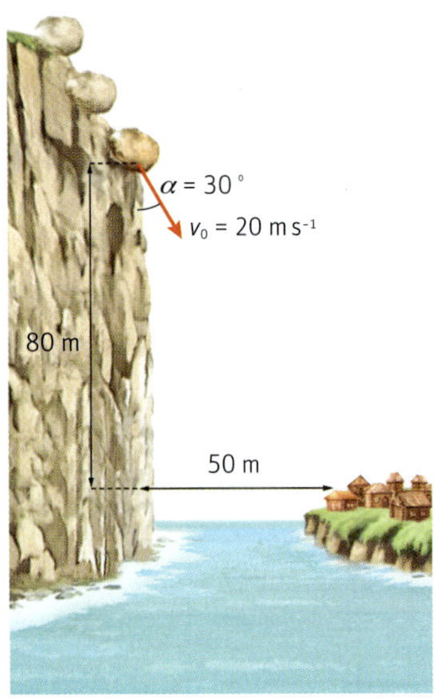

Solución: 2,7 s; 44 $m\,s^{-1}$

51. Un portero de fútbol golpea la pelota con una velocidad de 15 $m\,s^{-1}$ y un ángulo de lanzamiento de 60°. Halla los instantes en que el vector velocidad forma ángulos de 45° y −45° con la horizontal. Escribe las coordenadas de las posiciones de la pelota en esos instantes.

Solución: 0,56 s y $\vec{r}_1 = (4{,}2\vec{i} + 5{,}7\vec{j})$ m ; 2,1 s y $\vec{r}_2 = (16\vec{i} + 5{,}7\vec{j})$ m

52. Un jugador de baloncesto lanza a canasta desde 2,00 m de altura, con una velocidad de 10,7 $m\,s^{-1}$ y un ángulo de 40°. La pelota tarda 1,22 s en llegar a la canasta.

a) Calcula la altura máxima que alcanza la pelota.

b) Determina la velocidad de la pelota a los 0,72 s.

Solución: a) 4,41 m; b) $\vec{v} = (8{,}2\vec{i} - 0{,}18\vec{j})\,m\,s^{-1}$

Movimiento circular

53. El *Dragon Khan* de Port Aventura tiene un bucle de 38,0 m. Tras una caída de 49 m de pendiente, el tren alcanza una velocidad de 30,6 $m\,s^{-1}$ en el punto A, velocidad con la que comienza el bucle. En el punto más alto, B, la velocidad es de 13,8 $m\,s^{-1}$.

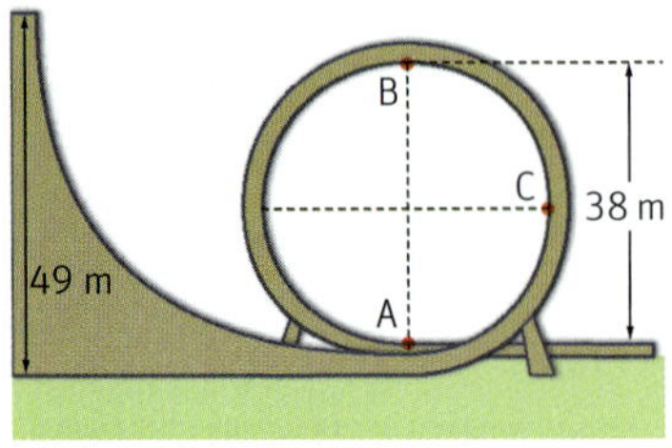

a) Calcula la aceleración normal en ambos puntos.

b) Calcula la aceleración tangencial en C (en medio del trayecto entre A y B) y la aceleración angular.

Solución: a) 49,3 $m\,s^{-2}$ y 10,0 $m\,s^{-2}$; b) 9,81 $m\,s^{-2}$ y 0,516 $rad\,s^{-2}$

54. En una marcha cicloturística, un ciclista mantiene una velocidad constante de 26,2 $m\,s^{-1}$. Se sabe además que el diámetro de la rueda es de 559 mm.

a) ¿Cuántas vueltas habrán dado sus ruedas en 15,2 min?

b) ¿Qué velocidad angular llevan?

Solución: a) $1{,}36 \cdot 10^4$ vueltas; b) 93,7 $rad\,s^{-1}$

55. Una rueda, puesta en movimiento por un motor, ha girado 0,50 rad durante el primer segundo.

a) ¿Cuántas vueltas dará la rueda en los 10,0 primeros segundos si suponemos que la aceleración angular es constante durante ese tiempo?

b) ¿Cuál será la velocidad lineal de un punto de la llanta en ese momento si el radio de la rueda es de 50,0 cm?

c) Calcula la aceleración angular de frenado si el motor deja de funcionar cuando la rueda gira a 120 *rpm* y esta tarda 6 min en pararse.

Solución: a) 7,96 vueltas; b) 5,0 $m\,s^{-1}$; c) $-3{,}49 \cdot 10^{-2}$ $rad\,s^{-2}$

smSaviadigital.com

56. En esta dirección encontrarás la animación de una moto de agua cruzando un río. Si la corriente tiene una velocidad de 3 $m\,s^{-1}$ y la moto de 5 $m\,s^{-1}$, con un ángulo de la proa de 89°, la moto tarda en cruzar 22,2 s.

a) ¿Qué distancia ha arrastrado la corriente al río?

b) ¿Cuál es la anchura del río?

c) ¿Depende el tiempo que tarda en cruzar el río de la velocidad de la corriente?

57. En esta animación puedes experimentar con lanzamientos oblicuos.

a) Para un ángulo de 30° y una v_0 de 18 $m\,s^{-1}$, calcula el alcance máximo con ayuda de la regla incorporada.

b) Observa cómo varía el alcance si vas cambiando el tipo de objeto que lanzas. Explica el hecho.

RESUELVE

smSaviadigital.com VALORA LO APRENDIDO > Realiza estas actividades de autoevaluación para comprobar los conocimientos adquiridos.

LA FÍSICA Y... EL BALONCESTO

En algunas retransmisiones deportivas explican que el tiro en suspensión en el baloncesto consta de tres fases: saltar en vertical; "quedarse o permanecer en el aire", que es el instante en el que se llega a la máxima altura cuando debe efectuarse el lanzamiento; y tirar a canasta. ¿Se puede permanecer quieto en el aire? ¿Cuánto tiempo está un jugador de baloncesto en el aire?

Mucha gente piensa que un jugador de baloncesto permanece en el aire 2 o 3 s y también cree que realizar movimientos en el aire, como agitar las piernas o los brazos, modifica el tiempo de permanencia. Como se ha estudiado en esta unidad todo lanzamiento vertical es un *mrua* con una aceleración de $-9{,}81\ \text{m s}^{-2}$. Esta aceleración, junto al impulso de las piernas, marcará el tiempo que está en el aire.

Sabemos que el salto comienza con una velocidad inicial. Mientras nuestro cuerpo se eleva, esta velocidad va disminuyendo, de tal manera que en la altura máxima la velocidad es cero, y a partir de ese momento comenzamos a caer. Entonces, nuestra velocidad va aumentando en módulo hasta llegar al suelo con la misma velocidad (cambiada de signo) con la que iniciamos el salto. Por tanto, en el tiro en suspensión, ningún jugador permanece quieto en el aire para tirar; lo que ocurre es que el jugador arma su brazo para hacerlo justo en el punto más alto, instante en el cual su velocidad es nula. Se genera así en nuestro cerebro el efecto óptico de que todo el proceso de lanzamiento lo ha realizado en dicho instante.

Ahora calculemos el tiempo de permanencia en el aire. Pocas personas saltan desde parado y en vertical más de 60 cm; esta altura supone un tiempo de caída:

$$t=\sqrt{\frac{2y}{g}}=\sqrt{\frac{2(0{,}6\ \text{m})}{(9{,}8\ \text{ms}^{-2})}}=0{,}35\ \text{s}$$

Como el tiempo de subida es el mismo, el tiempo de permanencia total en el aire es de unos 0,70 s. ¡Seguro que es mucho menos de lo que te imaginabas!

En 1986 Spud Webb, jugador de baloncesto de la NBA, consiguió dar un salto en vertical de pie de 1,25 m, es decir, elevó su centro de gravedad esa distancia (este jugador de 1,68 m de altura se convirtió en 1986 en el jugador más bajo en ganar el concurso de mates de la NBA). Si se procede de la misma manera que antes, el tiempo de subida es 0,505 s, con un tiempo de permanencia de 1,01 s. ¡Una persona no permanece en el aire más de 1 s!

¿Qué ocurre con los saltos en carrera? El tiempo en el aire solo depende de la velocidad vertical del saltador al despegarse del suelo. Mientras está en el aire su velocidad horizontal no varía, pero la vertical sí lo hace, ya que "también" está sometida a la aceleración de la gravedad. Si miras el ejercicio resuelto 15 observarás que, a pesar de los 8,90 m del salto, la altura máxima que alcanza es 1,39 m y su tiempo de permanencia en el aire es 1,06 s.

1. Marca en una pared una señal con tu brazo estirado, salta en vertical y en lo más alto haz otra marca, mide la distancia entre ambas. Calcula tu tiempo de permanencia en el aire.
2. Un jugador de 1,90 m realiza un mate elevándose en vertical 0,83 m. Otro jugador de 2,04 m realiza el mismo mate, pero elevándose 0,74 m. ¿Cuál de los dos permanece más tiempo en el aire?

Autoevaluación

1. En un lanzamiento horizontal, el objeto:
   a) No está en caída libre.
   b) Está en caída libre.
   c) No se puede saber si está en caída libre.
   d) Solo está en caída libre si $v_0 = 0$.
2. En un lanzamiento oblicuo:
   a) La $y_{\text{máx.}}$ se alcanza en la mitad del tiempo de vuelo.
   b) La $y_{\text{máx.}}$ se alcanza al final del tiempo de vuelo.
   c) La $x_{\text{máx.}}$ no depende de la velocidad inicial.
   d) La $x_{\text{máx.}}$ no depende del ángulo de lanzamiento.
3. Los lanzamientos rasantes y por elevación con igual alcance:
   a) Tienen distinta velocidad inicial.
   b) Tienen distinto ángulo de lanzamiento.
   c) Tienen igual altura máxima.
   d) Tienen igual tiempo de vuelo.
4. Indica, de forma razonada, la afirmación correcta para un avión en vuelo horizontal que deja caer un objeto.
   a) Un observador situado en el avión observa que el objeto describe una trayectoria parabólica.
   b) El objeto se mantiene durante su caída en la misma vertical que el avión.
   c) Un observador situado en el avión observa que el objeto cae con un *mru*.
   d) Un observador que cae junto con el objeto observa que este cae con *mrua*.
5. Un tubo de ensayo en una centrifugadora que frena:
   a) Solo tiene a_n. c) Tiene a_n y a_t.
   b) Solo tiene a_t. d) No tiene aceleración.
6. Una canica se introduce por un tubo circular de 76 cm de diámetro, apoyado en una mesa, con $v = 2{,}5\ \text{m s}^{-1}$. Su aceleración 1,0 cm después de salir del tubo es:
   a) $8{,}2\ \text{ms}^{-2}$ b) $16{,}4\ \text{ms}^{-2}$ c) 0 d) $0{,}082\ \text{ms}^{-2}$

10 Leyes de la dinámica

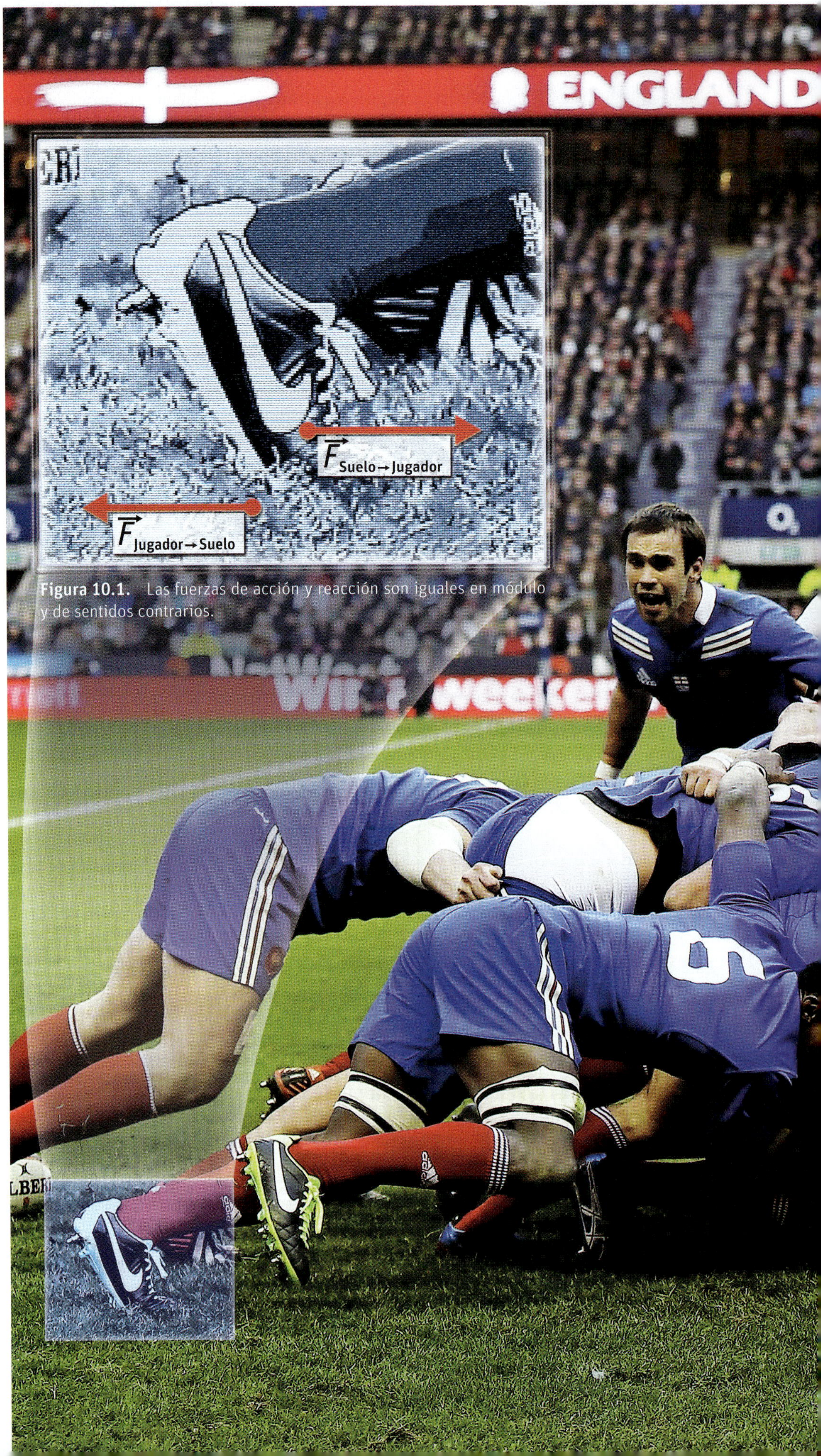

Figura 10.1. Las fuerzas de acción y reacción son iguales en módulo y de sentidos contrarios.

Cuando se forma una melé en un partido de *rugby*, las primeras líneas de jugadores de cada equipo chocan una contra otra; un jugador impulsa el balón dentro de la misma y, en ese momento, los jugadores de ambos equipos ejercen fuerzas unos contra otros. A veces, la melé permanece en reposo, otras veces gira y, casi siempre, uno de los equipos es capaz de desplazar al otro.

Recuerda y reflexiona

Naturaleza de las fuerzas y equilibrio

1. Cuando la melé está formada y permanece en reposo, ¿actúa alguna fuerza sobre los jugadores? ¿De qué tipo?

Todos los jugadores reciben fuerzas, pero la suma de todas ellas es cero: el grupo de jugadores está en reposo y, además, está en equilibrio. Sin embargo, no se deben equiparar los conceptos de reposo y equilibrio, como se verá en esta unidad.

2. Si los dos equipos empujan con la misma fuerza, pero la melé gira, ¿a qué crees que se deberá este efecto?

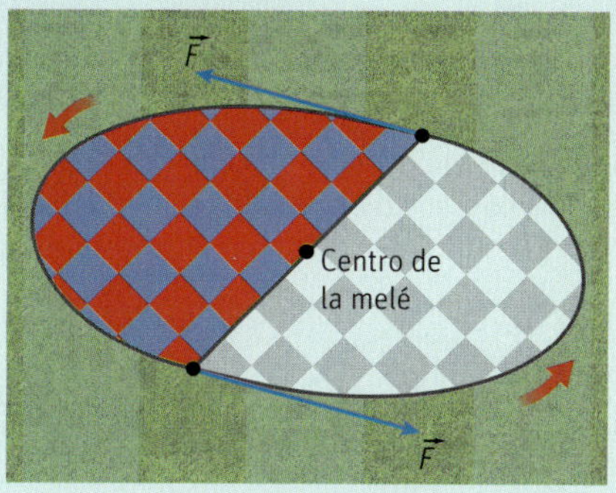

Lo más probable es que los jugadores que ocupan el centro empujen por igual, pero que se produzca un par de fuerzas momentáneo o permanente, debido a las fuerzas que ejercen los jugadores de los extremos de la melé. Este par ocasionará el giro de la misma. En la unidad se estudia la capacidad de las fuerzas para producir giros.

Fuerzas y movimientos

3. Un balón de *rugby* tiene una masa de entre 400 y 450 g. En un golpeo de transformación, ¿qué le pasaría a la velocidad del balón si su masa fuese el doble?

La velocidad del balón disminuiría, ya que existe una relación constante entre la fuerza recibida por un cuerpo y el cambio de velocidad por unidad de tiempo que experimenta.

Esta relación está descrita por el segundo principio de la dinámica.

4. ¿Qué entiendes por impulsar un balón?

El concepto físico de impulso se corresponde con el concepto popular de empujar un objeto: debe haber una fuerza que actúe durante un cierto tiempo sobre el objeto. El resultado es que el cuerpo se acelera.

La fuerza como interacción

5. ¿Por qué los jugadores clavan fuertemente las botas en el suelo cuando empujan?

Es una prueba de que las fuerzas aparecen como pares de acción y reacción: el jugador empuja al suelo hacia atrás (de forma casi tangencial) para que el suelo le empuje a él hacia delante y así empujar más en la melé (Fig. 10.1).

1 Concepto de fuerza

Las **fuerzas** son la causa de los cambios en la velocidad de los cuerpos o en su forma. Tienen carácter vectorial.

Figura 10.2. La pelota de tenis recibe una fuerza de la raqueta y, como consecuencia, cambia su velocidad.

Figura 10.3. Ni la mano ni la pared cambian su velocidad, pero ambas se deforman (la mano más que la pared).

Figura 10.4. Las fuerzas se ejercen en una determinada dirección y con un sentido. Esto les da un carácter vectorial.

La masa de un cuerpo es una propiedad que depende solo del propio cuerpo, pero las fuerzas no existen aisladas dentro de los cuerpos, siempre se reciben de otros cuerpos. Son el resultado de la **interacción** con algún otro cuerpo.

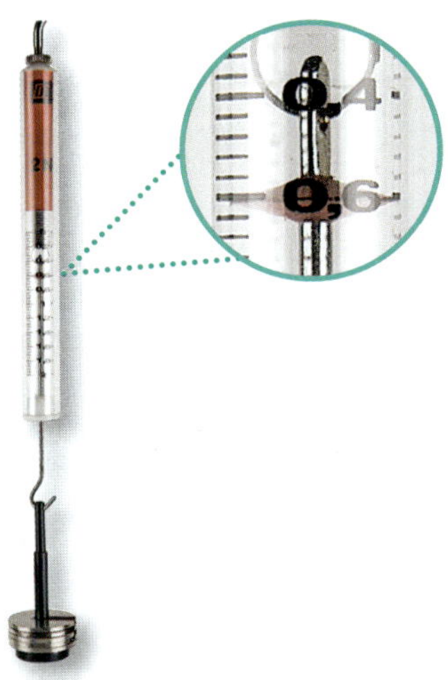

Figura 10.5. Un dinamómetro consta de un muelle y un puntero solidario que indica el alargamiento o compresión del muelle, con ayuda de una escala graduada.

1.1. Medida de las fuerzas

El tipo de deformación que las fuerzas producen en algunos cuerpos resulta útil para determinar su intensidad: los resortes de acero experimentan deformaciones proporcionales a las fuerzas recibidas y se usan en la construcción de **dinamómetros** (Fig. 10.5).

La intensidad de la fuerza medida está determinada por la **ley de Hooke**.

Ley de Hooke. La deformación experimentada por un muelle es directamente proporcional a la fuerza aplicada.

$$F = k(L - L_0) = k\Delta L$$

Donde k es una característica del muelle, llamada **constante elástica** y ΔL el **alargamiento**. Para medir una fuerza se compara el alargamiento que produce en un muelle con el producido por otra fuerza que se toma como unidad. En el SI, la unidad es el **newton (N)**.

EJERCICIOS RESUELTOS

1 Se quiere construir un dinamómetro con un muelle de 0,20 m de longitud. Para ello, se han colgado diferentes masas y se han determinado los alargamientos que se indican en la tabla.

m (g)	ΔL(cm)
40,0	2,4
60,0	3,6
80,0	4,8
100,0	5,9

a) Construye la gráfica *F*-ΔL y calcula la constante del muelle (considera $g = 10{,}00$ m s^{-2}).

b) ¿Cuál será la longitud del muelle al estirarlo con una fuerza de 0,75 N?

a) La fuerza que experimenta el muelle es el peso de las masas.

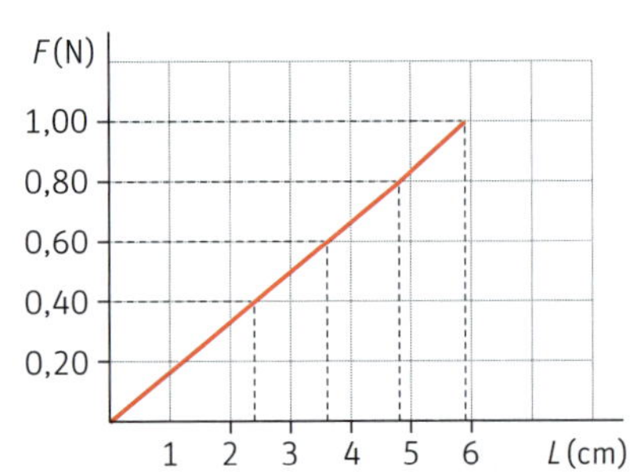

F (N)	ΔL(cm)
0,40	2,4
0,60	3,6
0,80	4,8
1,0	5,9

La constante del muelle es la pendiente de la gráfica.

$$\text{Pendiente}\,(k) = \frac{(1{,}0 - 0{,}40)\,\text{N}}{(5{,}9 - 2{,}4)\,\text{cm}} = 0{,}17\,\text{N cm}^{-1}$$

b) $F = k\Delta L \Rightarrow \Delta L = \dfrac{F}{k} = \dfrac{(0{,}75\,\text{N})}{(0{,}17\,\text{Ncm}^{-1})} = 4{,}4\,\text{cm}$

$L = (20 + 4{,}4)\,\text{cm} = 24{,}4\,\text{cm}$

1.2. Carácter vectorial de las fuerzas

Un jugador de billar puede golpear la bola suavemente o de forma brusca, por la izquierda o por la derecha, más arriba o más abajo. Para cuantificar el golpe hay que especificar tanto la magnitud de la fuerza como su dirección y sentido, y una forma de hacerlo es describir las fuerzas mediante **vectores** (Fig. 10.6).

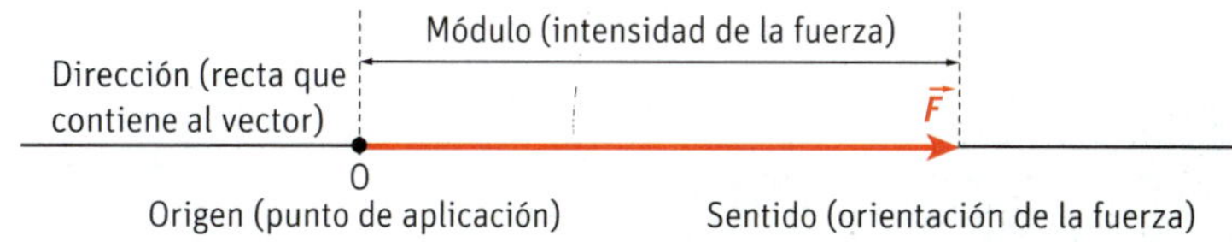

Figura 10.6. Representación de fuerzas mediante vectores.

1.3. Composición de fuerzas concurrentes

Si un cuerpo recibe a la vez las fuerzas $\vec{F}_1, \vec{F}_2, \vec{F}_3 ...$, aplicadas en el mismo punto del cuerpo (fuerzas concurrentes), el efecto producido por todas ellas es equivalente al de una sola fuerza, aplicada en ese punto, denominada **fuerza resultante,** $\vec{R}$.

La **fuerza resultante**, $\vec{R}$, de las fuerzas que actúan en un punto de un cuerpo (fuerzas concurrentes) es la suma vectorial de todas las fuerzas que recibe.

$$\vec{R} = \vec{F}_1 + \vec{F}_2 + ... + \vec{F}_n = \sum \vec{F}_i$$

Composición de fuerzas concurrentes

Si las fuerzas actúan en la **misma dirección** la resultante tiene la misma dirección, y se restan si tienen sentido contrario o se suman si tienen el mismo sentido.

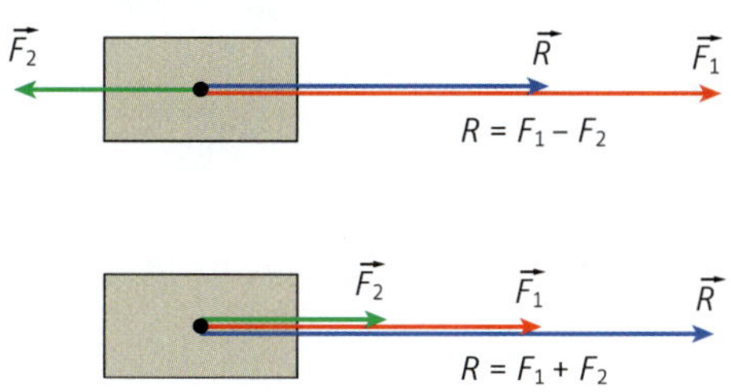

Si las direcciones de las fuerzas aplicadas son **perpendiculares**, el módulo de la resultante se calcula mediante el teorema de Pitágoras.

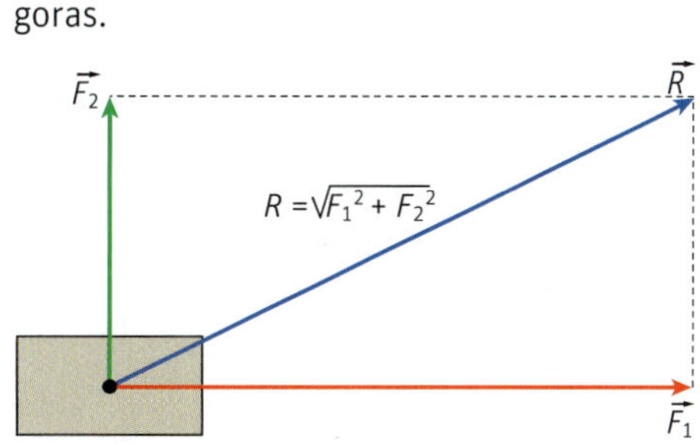

Si el cuerpo recibe **más de dos fuerzas**, la resultante se obtiene sumando sucesivamente las fuerzas por parejas, mediante la regla del paralelogramo.

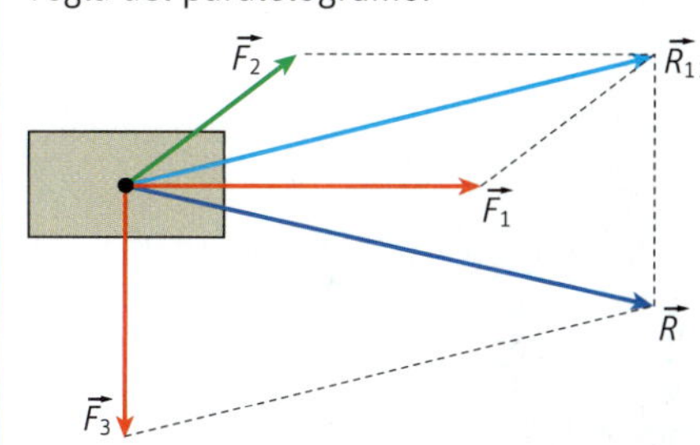

EJERCICIOS RESUELTOS

2 **Dos operarios de una mudanza tiran de los extremos de una cuerda atada a una caja con fuerzas de 3,0 · 10² N y 3,5 · 10² N. Calcula la fuerza resultante en estos casos:**

a) Los dos tiran en la misma dirección, pero en sentido contrario.

b) Una fuerza forma 30° con la horizontal y la otra –30°.

a) Las dos fuerzas tienen la misma dirección. En este caso la resultante tendrá la misma dirección y su sentido será el de la mayor:

$$R = (3{,}5 \cdot 10^2 - 3{,}0 \cdot 10^2)\,\text{N} = 50\,\text{N}$$

b) Ahora se calculan las componentes de cada fuerza en las direcciones de los ejes *X* e *Y*:

$$\vec{R} = [3{,}0 \cdot 10^2 \cos 30° + 3{,}5 \cdot 10^2 \cos(-30°)]\vec{i} + [3{,}0 \cdot 10^2 \,\text{sen}\, 30° + 3{,}5 \cdot 10^2 \,\text{sen}(-30°)]\vec{j}$$

$$\vec{R} = (5{,}6 \cdot 10^2 \vec{i} - 25\vec{j})\,\text{N}$$

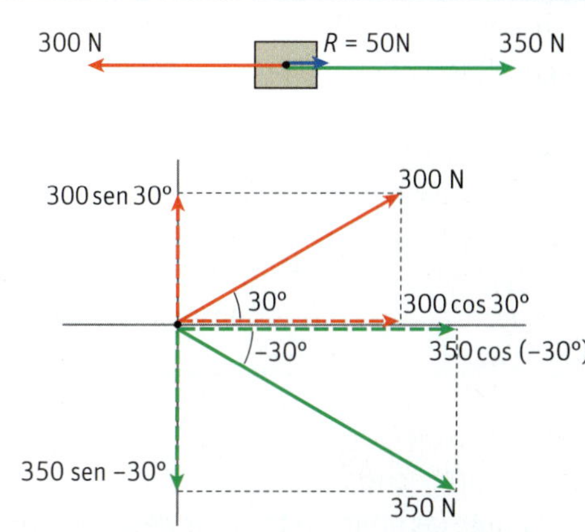

ACTIVIDADES

1. Calcula el módulo de la resultante de las fuerzas concurrentes:

$$\vec{F}_1 = (10\vec{i} - 2\vec{j})\,\text{N} \quad \text{y} \quad \vec{F}_2 = (8\vec{i} + 4\vec{j})\,\text{N}$$

Solución: 18 N

2. ¿Es posible que la suma de dos fuerzas de 8 N cada una sea cero? ¿Es posible que la suma sea mayor de 16 N? ¿Qué tiene que pasar para que la suma sea 16 N?

1.4. Equilibrio de cuerpos puntuales

Los conceptos de **reposo** y **equilibrio** suelen confundirse. Un cuerpo está en reposo cuando su velocidad es cero pero, desde el punto de vista de la Física, la palabra "equilibrio" hace referencia a la ausencia de cambio en la velocidad de un cuerpo: si la velocidad no cambia, el cuerpo no posee aceleración.

Reposo y equilibrio

Si un cuerpo está en reposo también se encuentra en un estado de equilibrio denominado **equilibrio estático**. Por ejemplo, cuando el gimnasta hace "el Cristo" se encuentra en reposo y en equilibrio estático.

Un cuerpo puede estar en equilibrio y no estar en reposo: si posee un movimiento rectilíneo y uniforme está en **equilibrio dinámico**, por ejemplo, la piedra moviéndose con velocidad constante en línea recta.

Un cuerpo puntual está en **equilibrio** si la suma de las fuerzas que recibe es cero.

$$\sum \vec{F}_i = 0$$

Si las fuerzas se encuentran en el plano *XY*, se debe cumplir que sus componentes rectangulares se anulen: $\sum F_{ix} = 0$ y $\sum F_{iy} = 0$.

EJERCICIOS RESUELTOS

3 Con los datos del dibujo, calcula la fuerza que ejerce cada cuerda, si el semáforo tiene una masa de 12,0 kg.

El peso del semáforo es: $P = (12{,}0\,\text{kg})(9{,}81\,\text{ms}^{-2}) = 118\,\text{N}$

El semáforo se encuentra en equilibrio, por tanto: $\sum F_{ix} = 0$ y $\sum F_{iy} = 0$

$$\left.\begin{array}{l}\sum F_{ix} = F_1 \cos 55^\circ - F_2 \cos 35^\circ = 0 \\ \sum F_{iy} = F_1 \,\text{sen}\, 55^\circ + F_2 \,\text{sen}\, 35^\circ - 118 = 0\end{array}\right\} \Rightarrow F_1 = F_2 \frac{\cos 35^\circ}{\cos 55^\circ} = 1{,}43 F_2$$

$$1{,}43 F_2 \cdot 0{,}819 + F_2 \cdot 0{,}574 = 118 \Rightarrow F_2 = 67{,}8\,\text{N}$$

$$F_1 = 1{,}43 \cdot F_2 = 1{,}43 \cdot 67{,}8 = 97{,}0\,\text{N}$$

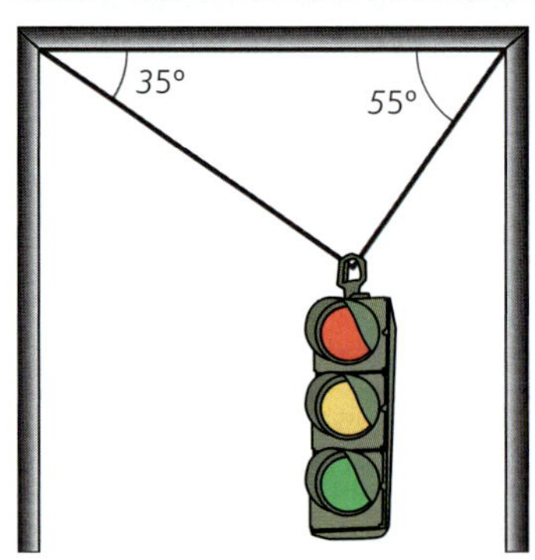

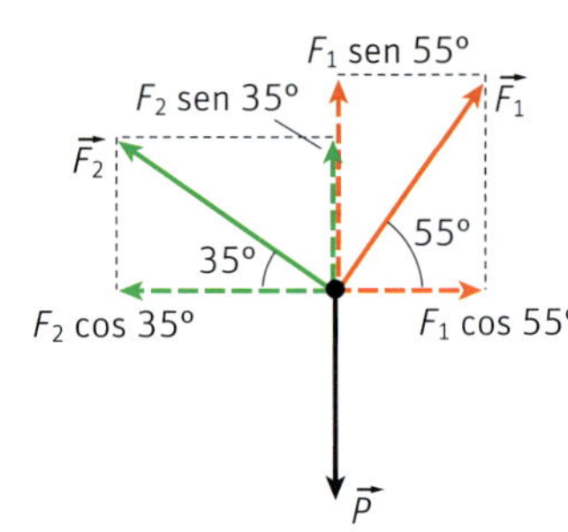

ACTIVIDADES

3. Durante las últimas etapas de descenso, un paracaidista se acerca al suelo con una velocidad constante y sin viento que lo lleve de lado a lado. ¿Cuál de las siguientes afirmaciones es verdadera?
   a) El paracaidista no está en equilibrio.
   b) El paracaidista está en equilibrio porque no hay fuerzas actuando sobre él.
   c) El paracaidista está en equilibrio porque las fuerzas que actúan sobre él, el peso y la resistencia con el aire, se anulan.

4. En el aula de Física cuelga un cartel de 3,5 kg mediante un cable diagonal y una barra rígida horizontal que apoya en la pared.

   Determina la fuerza que soporta el cable diagonal.

   Solución: 69 N

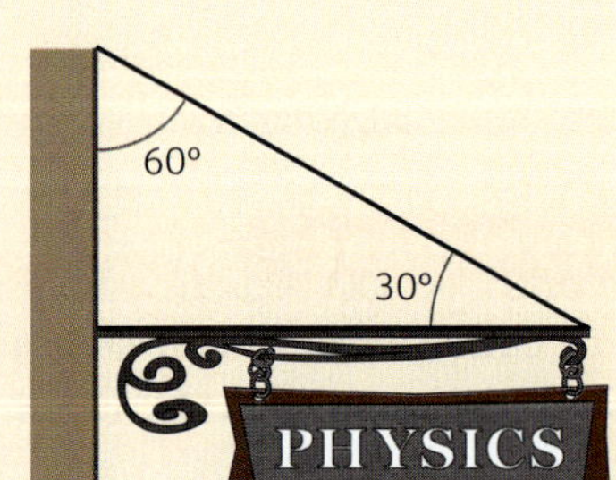

1.5. Momento de una fuerza. Equilibrio de cuerpos extensos

Existen estructuras, como puentes o edificios, que soportan grandes fuerzas y que permanecen en equilibrio. Estos sistemas son cuerpos extensos ya que las fuerzas no se aplican en su centro de gravedad y no pueden ser considerados como puntos materiales.

El efecto que produce una fuerza aplicada a un cuerpo, fuera de su centro de gravedad, es un giro. La capacidad para producir el giro se describe mediante el **momento de la fuerza**.

El **momento**, $\vec{M}$, de una fuerza, $\vec{F}$, respecto a un punto, P, es un vector perpendicular al plano formado por los vectores $\vec{r}$ y $\vec{F}$, cuyo módulo es:

$$M = rF\,\text{sen}\,\alpha$$

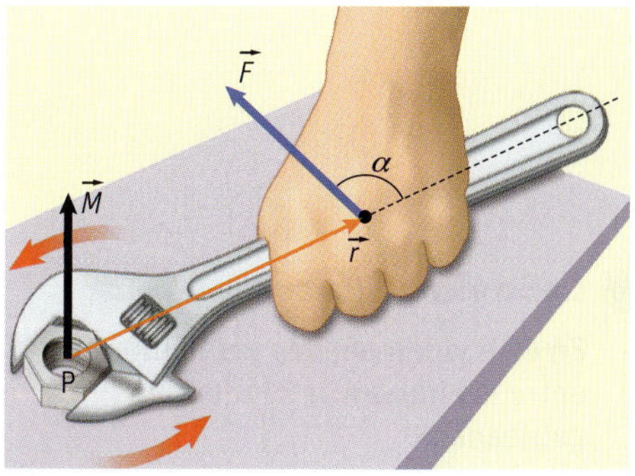

Figura 10.7. Momento ejercido por una fuerza.

Siendo α el ángulo que forman el vector posición de la fuerza (brazo de la fuerza), $\vec{r}$, y el vector fuerza $\vec{F}$. Su unidad en el SI es el N m.

Si el giro se produce en sentido contrario al de las agujas del reloj, el **momento es positivo**; en caso contrario, el **momento es negativo**.

Condición de equilibrio para un cuerpo extenso

Para que un cuerpo extenso se encuentre en **equilibrio** deben cumplirse dos condiciones:

- La **suma de las fuerzas** que recibe el cuerpo debe ser cero: $\sum \vec{F}_i = 0$
- La **suma de los momentos** de las fuerzas respecto a cualquier punto del cuerpo debe ser cero: $\sum \vec{M}_i = 0$

Figura 10.8. Giro producido por un par de fuerzas.

Un sistema de dos fuerzas paralelas de la misma intensidad y de sentido contrario, que no están aplicadas sobre la misma recta, se denomina **par de fuerzas**. El efecto de un par de fuerzas sobre un cuerpo es un giro; por ejemplo, el producido al girar un volante con las dos manos (Fig. 10.8).

EJERCICIOS RESUELTOS

4 **Con ayuda de una llave inglesa, una persona quiere apretar una tuerca; para ello realiza una fuerza perpendicular a la llave de 95,0 N. La persona duda entre coger la llave a 25,0 cm del centro de la tuerca o a 15,0 cm. ¿En qué punto la fuerza realizará un momento mayor? Calcula ambos momentos.**

El momento será mayor si la fuerza se aplica a mayor distancia del eje de giro.

$$M_1 = r_1 F\,\text{sen}90° = (0{,}250\text{ m})(95{,}0\text{ N}) = 23{,}8\text{ Nm}$$

$$M_2 = r_2 F\,\text{sen}90^0 = (0{,}150\text{ m})(95{,}0\text{ N}) = 14{,}3\text{ Nm}$$

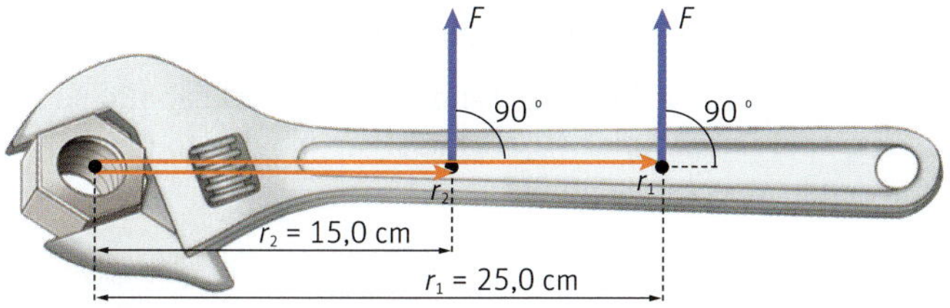

5 **Una persona sujeta una bola de 118 N de acuerdo con la figura. Calcula la fuerza, F_A, que soporta el tendón y la fuerza, F_B, que ejerce el codo en los huesos del antebrazo, si el antebrazo está en equilibrio (el conjunto gira en el codo).**

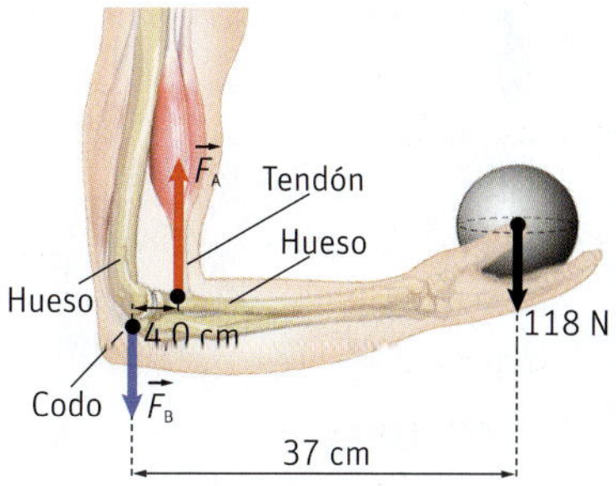

Se hace un esquema gráfico con las fuerzas y se aplican las condiciones de equilibrio.

$$\left.\begin{aligned} \sum F_i &= F_A - F_B - 118 = 0 \\ \sum M_i &= (4{,}0\text{ cm})F_A - (37\text{ cm})(118\text{ N}) = 0 \end{aligned}\right\}$$

$$F_A = 1{,}1\cdot 10^3\text{ N}$$

$$F_B = (1{,}1\cdot 10^3 - 118)\text{ N} = 9{,}8\cdot 10^2\text{ N}$$

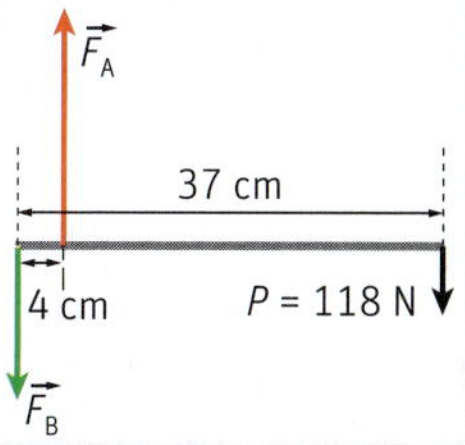

ACTIVIDADES

5. **Calcula el momento de una fuerza de 35 N aplicada sobre un cuerpo, a 0,25 m de su eje de giro. El ángulo entre la dirección de la fuerza y su brazo es 45°. ¿Con qué ángulo el momento sería nulo?**

Solución: 6,2 N m; 0° o 180°

6. **Dos ganaderos de igual altura llevan un ternero de 550 N de peso sujeto de las patas y colgando de una barra de 3,0 m. Determina el punto del que cuelga el ternero si un ganadero soporta 2,5 veces más peso que el otro.**

Solución: A 86 cm del que soporta mayor peso.

2 Primer principio de la dinámica

La **dinámica** describe la relación entre fuerzas y movimientos. La noción de fuerza y su relación con el movimiento evolucionó durante siglos.

smSaviadigital.com OBSERVA

En este vídeo puedes ver la diferencia entre las ideas aristotélicas y galileanas.

2.1. Ideas aristotélicas y galileanas sobre las fuerzas

Aristóteles (siglo IV a. C.) estableció una teoría del movimiento que no era el resultado de la experimentación, y parecía de acuerdo con el sentido común: para Aristóteles, el estado natural de un cuerpo era el reposo y el movimiento era un cambio del reposo que exigía siempre una causa. Así, un cuerpo se movería de forma natural (la piedra cae, el humo asciende, etc.) o forzada, en contra de su tendencia natural (empujar un objeto, tirar de un carro, etc.). **Galileo**, más de dos mil años después, puso en duda las ideas aristotélicas.

REFLEXIONA

Galileo dejó caer un objeto por un doble plano inclinado para estudiar su comportamiento y tratar de deducir leyes generales.

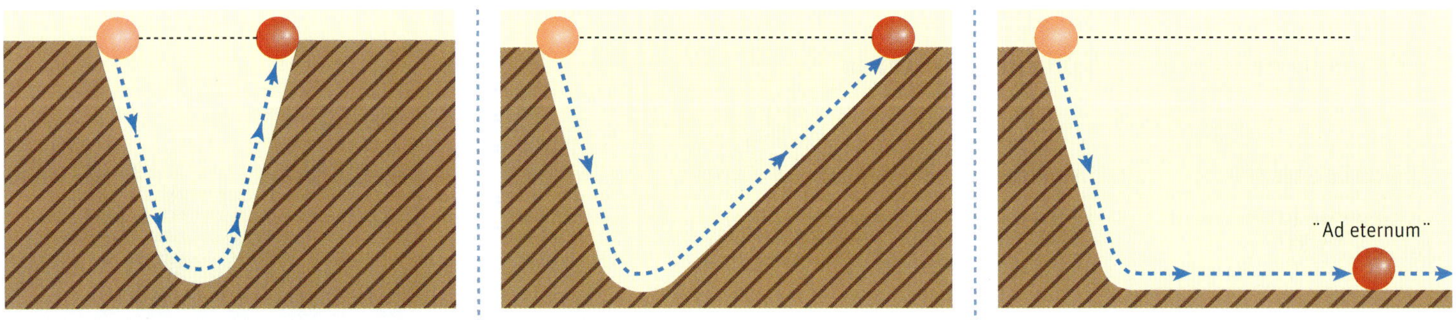

Si ambos planos tenían la misma inclinación, el objeto recorría la misma distancia en ellos (al alcanzar la misma altura).

Al disminuir la pendiente del segundo plano, Galileo observó que el objeto recorría cada vez distancias mayores sobre él.

Si el segundo plano fuese horizontal, en ausencia de rozamientos, el objeto se movería una distancia infinita.

Figura 10.9. Caída de un jinete al detenerse bruscamente su caballo.

Según Aristóteles, solo el estado de reposo perduraba en el tiempo, y para que un cuerpo se moviera era necesario aplicar una fuerza constante.

Con ayuda de experiencias como la de los planos inclinados, Galileo estableció la necesidad de ejercer una fuerza para poner un cuerpo en movimiento partiendo del reposo, pero también que, en ausencia de rozamiento, un objeto lanzado horizontalmente seguiría siempre con velocidad constante, sin necesidad de que reciba una fuerza.

Por ejemplo, Aristóteles y Galileo explicarían de forma diferente la caída de un jinete al detenerse bruscamente su caballo (Fig. 10.9).

- Según Aristóteles, al detenerse el caballo, el jinete sería impulsado por una fuerza que le llevaría a continuar su movimiento un tiempo y caer por delante del caballo, ya que es necesaria la acción de una fuerza para que un cuerpo se mueva.
- Según Galileo, un instante antes de que el caballo frene, el jinete y el caballo se mueven a la misma velocidad. Después, si el jinete no se sujeta, se sigue moviendo con la misma velocidad y caerá por encima de la cabeza del caballo.

ACTIVIDADES

7. Razona sobre la veracidad o falsedad de las siguientes afirmaciones:

a) En ausencia de rozamiento un disco de hockey no necesita una fuerza para comenzar a moverse.

b) Una bola que rueda por el suelo se para debido a que su estado natural es el reposo.

c) Un cuerpo solamente se puede mantener en movimiento si sobre él actúa una fuerza.

8. Una persona empuja horizontalmente una caja con una fuerza de manera que la caja se desliza por el suelo con velocidad constante. Si la persona deja de empujar la caja, señala la afirmación correcta:

a) La caja se para instantáneamente.

b) La caja sigue moviéndose con velocidad constante.

c) Inmediatamente disminuye su velocidad hasta pararse al cabo de un cierto tiempo.

2.2. Concepto de inercia y formulación actual del primer principio

El físico inglés **Isaac Newton** completó los trabajos de Galileo sobre la relación entre fuerza y movimiento: los cuerpos tienden a conservar su estado de movimiento, y solo para modificarlo se necesita que reciban una fuerza.

> La **inercia** es la tendencia natural de un cuerpo a permanecer en reposo o en movimiento rectilíneo uniforme. Es una propiedad inherente a la materia; todos los cuerpos la poseen.

La existencia de la inercia está en el origen de la relación entre las fuerzas y los movimientos.

> **Primer principio de la dinámica.** Un cuerpo permanece en su estado, de reposo o de movimiento rectilíneo y uniforme, si no actúa ninguna fuerza neta sobre él (la resultante de las fuerzas que actúan es cero).
>
> $$\sum \vec{F}_i = 0 \Leftrightarrow \vec{v} = \text{cte.}$$

La misma fuerza, aplicada a una bicicleta o a un coche, produce distintos cambios en su velocidad: el coche, que posee mayor masa, tiene una tendencia mucho mayor a permanecer en reposo que la bicicleta, es decir, tiene más inercia que la bicicleta. La masa de un objeto es, por tanto, una medida cuantitativa de su inercia.

EJERCICIOS RESUELTOS

6 **La DGT ordena que las sillas de bebés de los grupos 0 (hasta 10 kg y menores de 12 meses) y 0+ (hasta 13 kg y 18 meses) deben colocarse en sentido contrario a la marcha. Justifica esta normativa y explica por qué la lesión más frecuente de un bebé, en caso de accidente, se produce en el cuello.**

El niño se mueve a la velocidad del coche. En caso de choque, el vehículo para en breves instantes, pero el bebé mantiene su estado de movimiento y saldría despedido hacia delante. Con esa posición, la silla se lo impide. Además, el tamaño de la cabeza de los bebés es proporcionalmente mayor que el del resto del cuerpo (tiene más inercia) y su columna vertebral es muy frágil, por tanto, el cuello experimenta mayores esfuerzos.

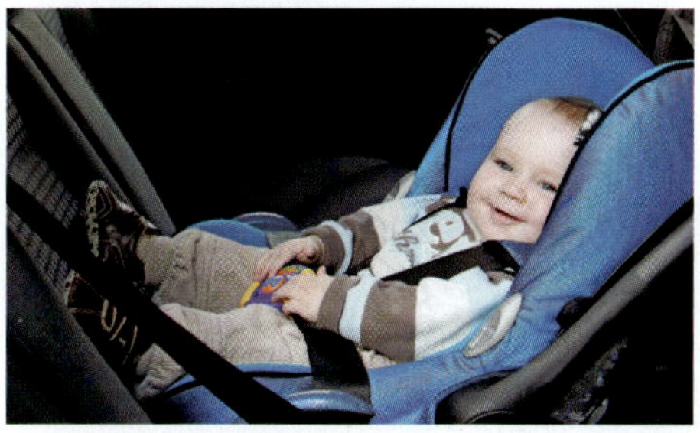

El primer principio de la dinámica y los sistemas de referencia

El principio de relatividad de Galileo establece la equivalencia mecánica entre sistemas de referencia en reposo y aquellos que se mueven uno respecto a otro con movimiento rectilíneo y uniforme.

> **Principio de relatividad de Galileo.** No es posible distinguir entre un sistema de referencia en reposo y otro que se mueve con movimiento rectilíneo uniforme. A todos ellos se los denomina **sistemas de referencia inerciales**.

Por ejemplo, dos observadores, uno en reposo y otro con un *mru*, medirán las mismas fuerzas en cualquier sistema físico (Fig. 10.10).

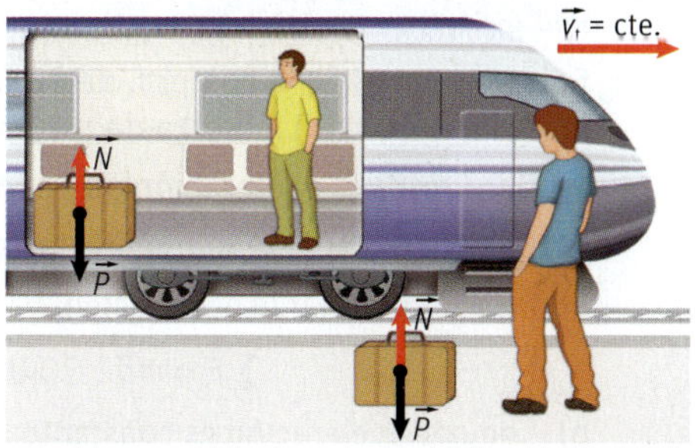

Figura 10.10. El observador del exterior y el del interior del vagón medirán las mismas fuerzas.

ACTIVIDADES

9. Responde a las siguientes cuestiones:

a) ¿Es posible que un objeto siga una trayectoria curva si la fuerza resultante sobre él es cero?

b) Un autobús escolar frena bruscamente en una señal de stop. Las mochilas apoyadas en el suelo se mueven hacia delante. ¿Existe una fuerza que mueva las mochilas?

10. Una persona sostiene un globo de helio en el interior de un coche con las ventanillas cerradas. Indica si el coche tiene aceleración en los siguientes casos.

a) El globo permanece vertical.

b) El globo se inclina hacia delante.

c) El globo se inclina hacia un lado.

3 Segundo principio de la dinámica

El **segundo principio** describe el comportamiento de los cuerpos cuando reciben una fuerza.

EXPERIMENTA

Sopla con una pajita horizontalmente, con diferentes intensidades, sobre una bola de porexpán que se encuentra en reposo a unos a 20 cm de distancia y observa el efecto producido.

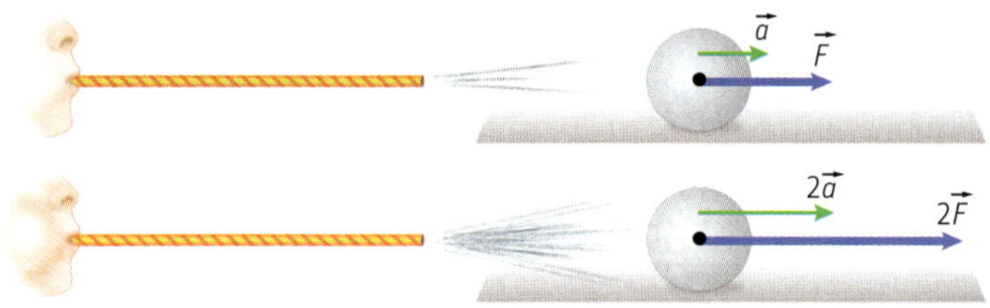

Al aplicar una fuerza neta, su estado de movimiento cambia. En el diagrama puntual se observa que si la fuerza es doble, la aceleración producida también será el doble.

Sopla ahora con la misma intensidad sobre tres bolas de diferente masa, una de porexpán, otra de madera y otra de acero, y observa de nuevo el efecto producido.

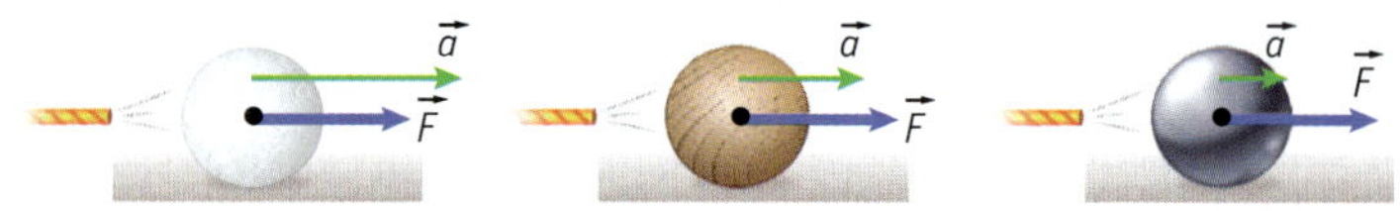

Bola de porexpán — Bola de madera — Bola de acero

Una misma fuerza aplicada a tres cuerpos con masa diferente produce aceleraciones distintas: cuanta más masa tiene el cuerpo menos aceleración experimenta.

Newton comprobó la relación entre las fuerzas aplicadas a un mismo cuerpo y las aceleraciones producidas y la plasmó en el segundo principio de la dinámica.

Segundo principio de la dinámica. Existe una relación constante entre las fuerzas aplicadas a un mismo cuerpo y las aceleraciones producidas:

$$\frac{\vec{F}_1}{\vec{a}_1} = \frac{\vec{F}_2}{\vec{a}_2} = \frac{\vec{F}_3}{\vec{a}_3} = \ldots = \frac{\vec{F}_n}{\vec{a}_n} = m$$

La constante de proporcionalidad se denomina **masa inercial**, *m*, del cuerpo.

Si *m* es pequeña, una fuerza aplicada producirá una gran aceleración al cuerpo y si es grande, sucederá lo contrario: la masa inercial de un cuerpo es una medida de la resistencia a cambiar de velocidad cuando se le aplican fuerzas.

La expresión más general del segundo principio es la **ecuación fundamental de la dinámica**:

$$\sum \vec{F}_i = m\vec{a}$$

EJERCICIOS RESUELTOS

7 **Sobre un carro de la compra, de 20,0 kg de masa, inicialmente en reposo, se aplica una fuerza de 30,0 N. La fuerza de rozamiento que se opone al movimiento es 10,0 N.**

a) Determina la aceleración que experimenta el carro.

b) Calcula el espacio que recorre y su velocidad final después de 4,0 s.

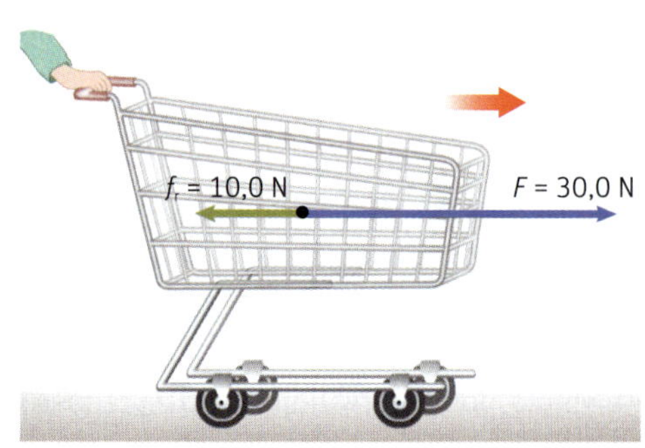

a) Para determinar la aceleración, hay que calcular la fuerza resultante sobre el carro:

$$\sum \vec{F}_i = m\vec{a}\ ;\ 30{,}0 - 10{,}0 = 20{,}0\, a \Rightarrow a = 1{,}00\ \text{ms}^{-2}$$

b) Como la aceleración es constante, el carro tendrá un *mrua*:

$$v = v_0 + at = 0 + (1{,}00\,\text{ms}^{-2})(4{,}0\,\text{s}) = 4{,}0\,\text{ms}^{-1}\ ;\ \Delta x = \frac{1}{2}at^2 = 0{,}5\cdot(1{,}00\,\text{ms}^{-2})(4{,}0\,\text{s})^2 = 8{,}0\,\text{m}$$

ACTIVIDADES

11. Sobre un objeto de masa m_1 se aplica una fuerza y esta adquiere una aceleración de 4,0 ms^{-2}. Si se aplica la misma fuerza sobre una caja de masa m_2, esta adquiere una aceleración de 12 ms^{-2}. Si la masa m_1 es 1,5 kg, calcula el valor de la fuerza aplicada y la masa m_2.

Solución: 6,0 N y 0,50 kg

12. Una patinadora está en reposo sobre una pista de hielo. Una compañera la empuja con una fuerza constante durante 4,0 s. Si la patinadora se ha desplazado 3,0 m, determina el valor de la fuerza aplicada, sabiendo que la masa de la patinadora es de 60,0 kg.

Solución: 23 N

3.1. Momento lineal

En los cuerpos en reposo, la resistencia al cambio de velocidad se asocia a la masa inercial pero en los cuerpos en movimiento intervienen otros factores.

Figura 10.11. Un ciclista de unos 80 kg que viaja a 10 m s^{-1}, al apretar los frenos se detiene en pocos metros.

Figura 10.12. Un barco de unas 200 000 t, aunque viaje a 10 m s^{-1}, tiene que parar sus motores mucho antes de llegar a puerto.

La resistencia a cambiar de estado de movimiento de un cuerpo depende, además de su masa inercial, de la velocidad con que se mueve el cuerpo inicialmente.

El **momento lineal** o **cantidad de movimiento**, $\vec{p}$, de un cuerpo es la magnitud que mide su resistencia a cambiar de velocidad. También mide su capacidad para comunicar movimiento a otros. Su valor es el producto de su masa por su velocidad:

$$\vec{p} = m\vec{v}$$

El momento lineal es una magnitud vectorial que se expresa en kg m s^{-1}. Su significado físico se pone de manifiesto cuando la ecuación fundamental de la dinámica se escribe:

$$\Sigma \vec{F}_i = m\vec{a} = m\frac{\Delta \vec{v}}{\Delta t} = \frac{m\vec{v}_f - m\vec{v}_0}{\Delta t} = \frac{\vec{p}_f - \vec{p}_0}{\Delta t} \Rightarrow \Sigma \vec{F}_i = \frac{\Delta \vec{p}}{\Delta t}$$

Nueva formulación del segundo principio de la dinámica. La fuerza neta que actúa sobre un cuerpo durante un cierto tiempo produce una variación de su momento lineal.

Ten en cuenta

Los cuerpos no poseen fuerza, siempre la reciben de otros cuerpos. Sin embargo, cuando tienen velocidad sí poseen momento lineal (la masa es inherente a todos los cuerpos).

EJERCICIOS RESUELTOS

8 El conductor de un tranvía de 25 300 kg, que viaja a 18,0 m s^{-1} con un movimiento rectilíneo frena durante 5,0 s, hasta una velocidad de 15,0 m s^{-1}. Calcula:

a) La variación del momento lineal que experimenta el tranvía.

b) La fuerza media que experimenta debido a los frenos.

a) Momento lineal inicial: $p_1 = mv_1 = (25300\,\text{kg})\,(18{,}0\,\text{ms}^{-1}) = 4{,}55\cdot 10^5\ \text{kgms}^{-1}$

Momento lineal final: $p_2 = mv_2 = (25300\,\text{kg})\,(15{,}0\,\text{ms}^{-1}) = 3{,}80\cdot 10^5\ \text{kgms}^{-1}$

$$\Delta p = p_2 - p_1 = (3{,}80 - 4{,}55)\cdot 10^5\ \text{kgms}^{-1} = -7{,}50\cdot 10^4\ \text{kgms}^{-1}$$

b) Aplicando el segundo principio se calcula la fuerza media:

$$F = \frac{\Delta p}{\Delta t} = \frac{(-7{,}50\cdot 10^4\ \text{kgms}^{-1})}{(5{,}0\,\text{s})} = -1{,}50\cdot 10^4\ \text{N}$$

ACTIVIDADES

13. Una moto de 200 kg (incluido el piloto) se mueve por la recta de tribuna de un gran premio con una velocidad de 300 km h^{-1}. Halla la velocidad de una segunda moto de 210 kg en la misma recta si ambas tienen la misma cantidad de movimiento.

Solución: 79 m s^{-1}

14. Razona sobre la veracidad o falsedad de estas afirmaciones:

a) En un *mcu* el momento lineal no varía.

b) Si una pelota de 0,12 kg que se mueve horizontalmente a 4,0 m s^{-1}, choca con una pared y rebota con la misma velocidad, su momento lineal varía.

3.2. Impulso mecánico

El tiempo que está actuando una fuerza sobre un cuerpo determina el efecto producido.

COMPARA

Cuando una jugadora de vóleibol golpea el balón, contacta con él durante un intervalo de tiempo muy breve y modifica la velocidad del balón y, por tanto, su momento lineal.

En el jugador de balonmano el tiempo durante el que actúa la fuerza sobre el balón es mayor y, por tanto, modifica más la velocidad del balón y el momento lineal cambia más.

El impulso recibido por un cuerpo se asocia a una magnitud física: el **impulso mecánico**.

El **impulso mecánico**, $\vec{I}$, recibido por un cuerpo es el producto de la fuerza recibida (suponiendo que esta es constante) por el tiempo que actúa. Se expresa en (N s).

$$\vec{I} = \vec{F}\Delta t$$

Teorema del impulso mecánico

En los ejemplos anteriores el impulso recibido por el cuerpo (el balón) ha variado su momento lineal. Considerando la fuerza resultante, $\vec{F}$, que actúa sobre un cuerpo:

$$\vec{F} = \frac{\Delta\vec{p}}{\Delta t} \Rightarrow \vec{F}\Delta t = \Delta\vec{p}$$

El **impulso de la fuerza resultante** recibida varía el momento lineal del cuerpo.

$$\vec{I} = \Delta\vec{p}$$

EJERCICIOS **RESUELTOS**

9 **Una bola de béisbol de 250 g de masa se dirige hacia el bateador con una velocidad de 22 m s^{-1}. Después de ser golpeada, es impulsada en sentido contrario a una velocidad de 45 m s^{-1}. Suponiendo que el bate ha estado en contacto con la bola 0,10 s, determina la fuerza media que recibe la bola de béisbol.**

Como todos los movimientos se efectúan en una línea recta, prescindimos del carácter vectorial de las magnitudes, considerando positivas las que van hacia la derecha del dibujo y negativas si van al contrario:

$$F\Delta t = mv_2 - mv_1 \Rightarrow F = \frac{mv_2 - mv_1}{\Delta t} = \frac{(0{,}25\,\text{kg})(45\,\text{m s}^{-1}) - (0{,}25\,\text{kg})(-22\,\text{m s}^{-1})}{(0{,}10\,\text{s})} = 1{,}7 \cdot 10^2\ \text{N}$$

ACTIVIDADES

15. **Una pelota al rebotar en el suelo experimenta la fuerza de la figura. Calcula el impulso en el intervalo de tiempo señalado.**

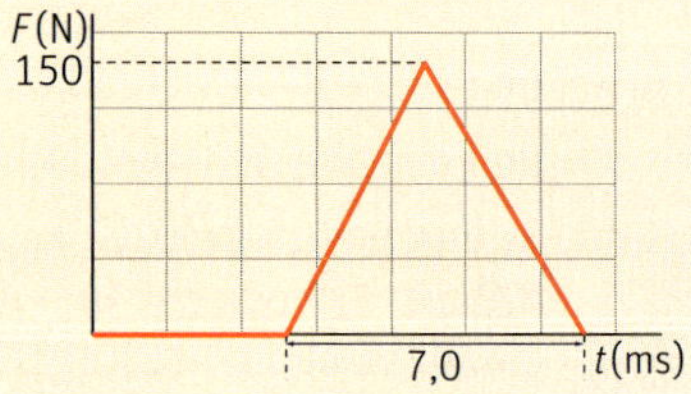

Solución: 0,53 N s

16. **Una chica de 55 kg de masa se impulsa con sus piernas hacia arriba adquiriendo una velocidad, al iniciar el salto, de 2,5 m s^{-1}.**
Calcula el impulso y determina la fuerza que han ejercido sus piernas sobre el suelo, si el impulso ha durado 0,25 s.

Solución: 1,4 · 10^2 kg m s^{-1} y 5,6 · 10^2 N

EJERCICIOS **RESUELTOS**

10 **Un coche eléctrico de $1{,}2 \cdot 10^3$ kg de masa circula con un *mru* a 72 km h^{-1} de forma que el motor ejerce sobre el coche una fuerza constante de $5{,}0 \cdot 10^3$ N. En un momento dado, el conductor acelera y el motor pasa a comunicar una fuerza constante de $7{,}4 \cdot 10^3$ N durante 5,0 s.**

a) Calcula la fuerza de rozamiento que recibe el coche.

b) ¿Qué fuerza resultante recibe el coche durante los 5,0 s y qué aceleración experimenta?

c) Determina el valor del impulso mecánico recibido por el coche en los 5,0 s.

d) ¿Qué momento lineal tiene antes y después de la aceleración?

e) Determina la velocidad final del vehículo.

a) Como el vehículo no posee aceleración, además de la fuerza del motor, deben existir otras fuerzas no indicadas en el enunciado (las de rozamiento), de modo que la suma de todas las fuerzas que recibe sea cero:

$$\sum \vec{F}_i = m\vec{a} = 0, \text{ por tanto, } 5{,}0 \cdot 10^3 + f_r = 0 \Rightarrow f_r = -5{,}0 \cdot 10^3 \text{ N}$$

b) Si ahora el motor empuja con una fuerza de $7{,}4 \cdot 10^3$ N, suponiendo que la influencia del rozamiento no varía, la fuerza resultante sobre el coche será:

$$\sum \vec{F}_i = (7{,}4 \cdot 10^3 \text{ N}) - (5{,}0 \cdot 10^3 \text{ N}) = 2{,}4 \cdot 10^3 \text{ N}$$

$$\sum \vec{F}_i = m\vec{a} \Rightarrow a = \frac{\sum F_i}{m} = \frac{(2{,}4 \cdot 10^3 \text{ N})}{(1{,}2 \cdot 10^3 \text{ kg})} = 2{,}0 \text{ ms}^{-2}$$

c) El impulso mecánico recibido por el coche es:

$$I = Ft = (2{,}4 \cdot 10^3 \text{ N})(5{,}0 \text{ s}) = 1{,}2 \cdot 10^4 \text{ Ns}$$

d) El momento lineal inicial del vehículo es:

$$p_1 = mv_1 = (1{,}2 \cdot 10^3 \text{ kg})(20 \text{ ms}^{-1}) = 2{,}4 \cdot 10^4 \text{ kgms}^{-1}$$

Aplicando el teorema del impulso, $I = \Delta p = p_2 - p_1$:

$$1{,}2 \cdot 10^4 = p_2 - 2{,}4 \cdot 10^4$$

$$p_2 = (1{,}2 \cdot 10^4 + 2{,}4 \cdot 10^4) \text{ kgms}^{-1} = 3{,}6 \cdot 10^4 \text{ kgms}^{-1}$$

e) $p_2 = mv_2 \Rightarrow v_2 = \dfrac{p_2}{m} = \dfrac{(3{,}6 \cdot 10^4 \text{ kgms}^{-1})}{(1{,}2 \cdot 10^3 \text{ kg})} = 30 \text{ ms}^{-1}$

11 **Razona si son verdaderas o falsas las siguientes afirmaciones:**

a) Cuerpos de distinta masa que experimentan la misma fuerza se mueven con la misma aceleración.

b) Una fuerza instantánea comunica un impulso a cualquier cuerpo.

a) Es imposible, ya que $\vec{a} = \dfrac{\vec{F}}{m}$ y si tienen distinta masa no pueden experimentar la misma aceleración.

b) Si el tiempo de actuación fuese cero, no habría impulso. En realidad las fuerzas instantáneas no existen, siempre actúan durante algún tiempo, aunque sea breve.

12 **La siguiente gráfica corresponde a un coche de 1250 kg con movimiento rectilíneo.**

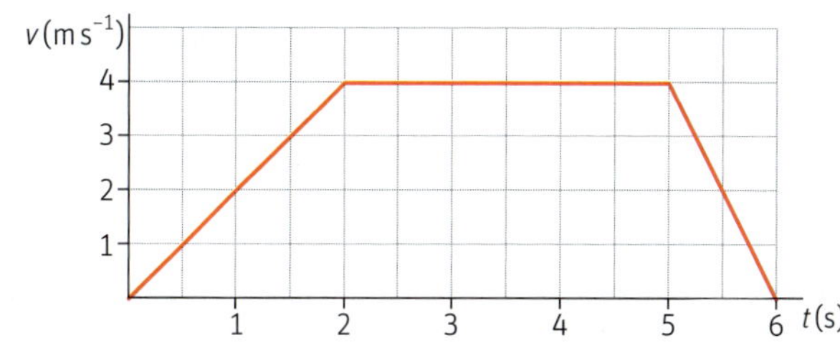

a) Indica en qué momentos existe fuerza resultante sobre el coche y calcula el valor de dicha fuerza.

b) Determina el impulso sobre el coche en cada tramo.

a) En los dos primeros segundos posee un *mrua*:

$$a = \frac{v_f - v_0}{t} = \frac{4-0}{2} = 2 \text{ ms}^{-2}$$

$$F = ma = (1250 \text{ kg})(2 \text{ ms}^{-2}) = 2500 \text{ N}$$

Entre t = 2 s y t = 5 s la velocidad es constante, luego, la aceleración y la fuerza neta sobre el coche son nulas.

Entre t = 5 s y t = 6 s, posee otro *mrua*:

$$a = \frac{v_f - v_0}{t} = \frac{0-4}{1} = -4 \text{ ms}^{-2}$$

$$F = ma = (1250 \text{ kg})(-4 \text{ ms}^{-2}) = -5000 \text{ N}$$

b) Entre t = 0 s y t = 2 s, el impulso es:

$$I_1 = Ft = (2500 \text{ N})(2 \text{ s}) = 5000 \text{ Ns}$$

Entre t = 2 s y t = 5 s, la fuerza neta es nula y, por tanto, también lo es el impulso.

Entre t = 5 s y t = 6 s, el impulso es:

$I_2 = Ft = (-5000 \text{ N})(1 \text{ s}) = -5000 \text{ Ns}$ (se opone a la velocidad).

ACTIVIDADES

17. **La siguiente gráfica corresponde a un movimiento rectilíneo:**

a) Indica cuándo existe fuerza resultante y deduce su sentido.

b) Si m es 2,5 kg, calcula la variación del momento lineal en el primer y segundo tramo.

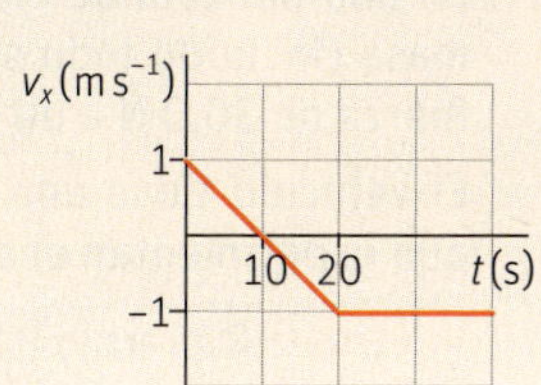

Solución: b) -5 kg m s^{-1} y 0 kg m s^{-1}

18. **Dos objetos diferentes experimentan aceleraciones de 1,5 m s^{-2} y 3,0 m s^{-2} cuando reciben la misma fuerza.**

a) ¿Qué relación tienen las masas de los dos objetos?

b) Si los dos objetos se unen entre sí, ¿qué aceleración producirá la fuerza?

c) ¿Puedes calcular la fuerza?

Solución: a) $m_1/m_2 = 2$; b) 1,0 m s^{-2}

4 Tercer principio de la dinámica

smSaviadigital.com OBSERVA

En este vídeo puedes ver una demostración práctica de los tres principios de la dinámica.

El **tercer principio** describe las fuerzas como interacciones. Así, un cuerpo aislado no puede cambiar por sí mismo su estado de movimiento, para ello es necesaria la interacción con otros cuerpos.

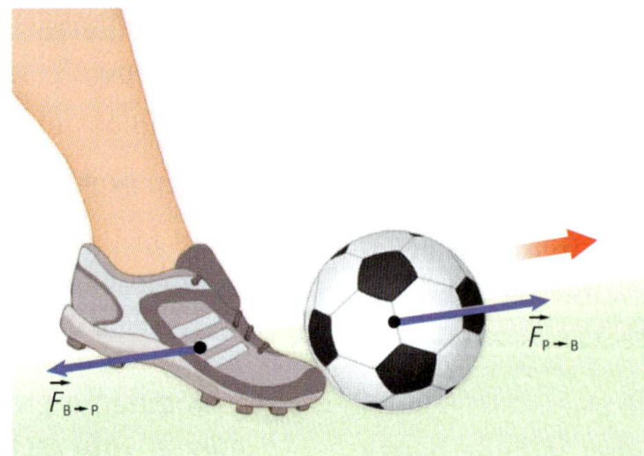

Figura 10.13. El balón recibe una fuerza del pie, y este recibe una fuerza del balón.

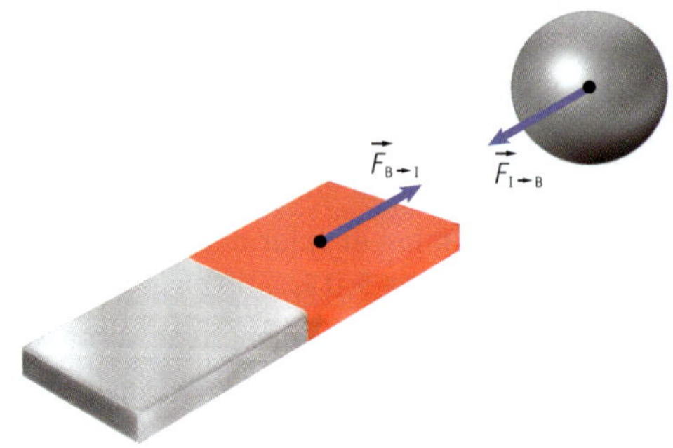

Figura 10.14. El imán atrae a la bolita de acero, pero la bolita también atrae al imán.

Newton comprendió que las fuerzas aparecen por pares. Para describir este hecho propuso el **principio de acción y reacción**, llamado tercer principio de la dinámica.

Tercer principio de la dinámica. Si un cuerpo A ejerce sobre otro B una fuerza (acción), $\vec{F}_{A\to B}$, este a su vez ejerce simultáneamente sobre A otra fuerza (reacción), $\vec{F}_{B\to A}$, con el mismo módulo, igual dirección y sentido contrario. Se cumple:

$$\vec{F}_{A\to B} = -\vec{F}_{B\to A}$$

Las fuerzas de acción y reacción son iguales en magnitud y de sentido contrario, pero no se anulan porque se ejercen sobre cuerpos diferentes.

El ejemplo de un tractor que tira de un remolque muestra una aparente contradicción: la fuerza del tractor sobre el remolque, $\vec{F}_{T\to R}$, es anulada por la fuerza del remolque sobre el tractor, $\vec{F}_{R\to T}$, sin embargo, el conjunto avanza (Fig. 10.15). La contradicción desaparece al identificar todas las fuerzas que actúan sobre el conjunto tractor-remolque:

- La rueda motriz del tractor realiza una fuerza sobre el suelo, $\vec{F}_{T\to S}$, hacia atrás.
- El suelo realiza una fuerza sobre el tractor, $\vec{F}_{S\to T}$, hacia delante que no está equilibrada y mueve el conjunto.

Si se considera solo el tractor, este avanza porque $\vec{F}_{S\to T}$ es mayor que $\vec{F}_{R\to T}$.

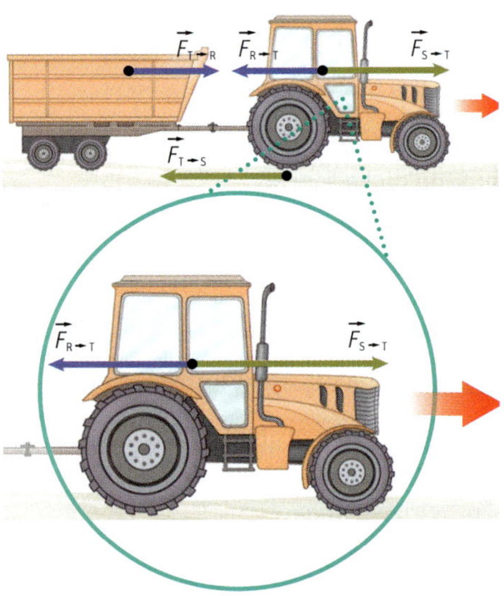

Figura 10.15. Las fuerzas de acción y reacción no impiden el movimiento.

EJERCICIOS RESUELTOS

13 **Identifica el par de fuerzas de acción y reacción y sus efectos cuando golpeas una bola de tenis con una raqueta, si sus cuerdas se rompen y la bola sale hacia delante.**

Acción: fuerza que ejerce la raqueta sobre la bola; reacción: fuerza que ejerce la bola sobre la raqueta. La bola sale hacia delante debido a la fuerza que recibe de la raqueta y las cuerdas se rompen, como consecuencia de la fuerza que reciben de la bola.

ACTIVIDADES

19. Una pulga común tiene una masa de 0,0080 g y puede realizar un salto vertical de 18 cm sobre la cabeza de un perro, impulsándose durante 80 ms.

a) La fuerza que impulsa a la pulga, ¿es la que ella hace sobre el perro o la que el perro realiza sobre ella?

b) Calcula ambas fuerzas.

Solución: b) $-1{,}9 \cdot 10^{-4}$ N y $1{,}9 \cdot 10^{-4}$ N

20. En una película de ciencia ficción, un astronauta de 85 kg de masa (incluido todo su equipo) empuja en el espacio con una fuerza de 30,0 N a un vehículo espacial averiado.

El vehículo tiene una masa de 250 kg. Calcula la aceleración que experimentan el astronauta y el vehículo espacial.

Solución: $-0{,}35$ m s^{-2} y $0{,}12$ m s^{-2}

4.1. Acción y reacción sobre masas distintas

Aunque las parejas de fuerzas de acción-reacción son idénticas en magnitud, las aceleraciones que producen dependen de las masas de los cuerpos sobre los que actúan.

Así, si dos patinadores de distinta masa se empujan el uno contra el otro en una pista de hielo, ambos se alejan del punto en el que se encontraban, pero el de menor masa se desplaza más que el de mayor masa, porque, aunque reciben fuerzas de igual intensidad, sus masas son diferentes.

$$\vec{F}_{B\to A} = -\vec{F}_{B\to A} \Rightarrow m_A\vec{a}_A = -m_B\vec{a}_B$$

$$m_A > m_B \Rightarrow |\vec{a}_A| < |\vec{a}_B|$$

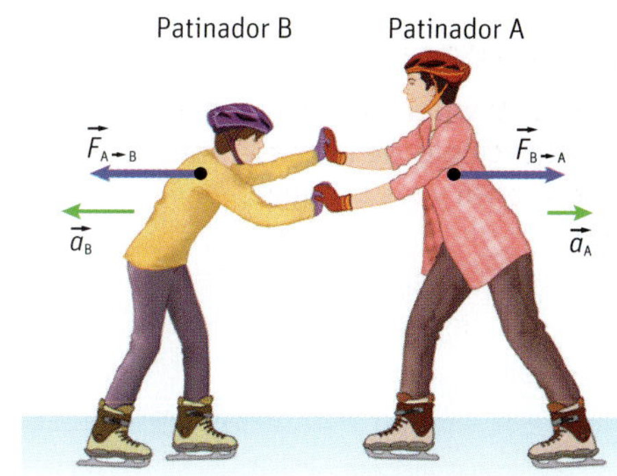

Figura 10.16. Frente a fuerzas iguales los patinadores experimentan aceleraciones distintas.

EJERCICIOS RESUELTOS

14 **Un deportista se coloca un arnés en el cuerpo para arrastrar una piedra mediante una cuerda. Dibuja los pares acción-reacción, señalando quién realiza la fuerza y sobre qué se realiza.**

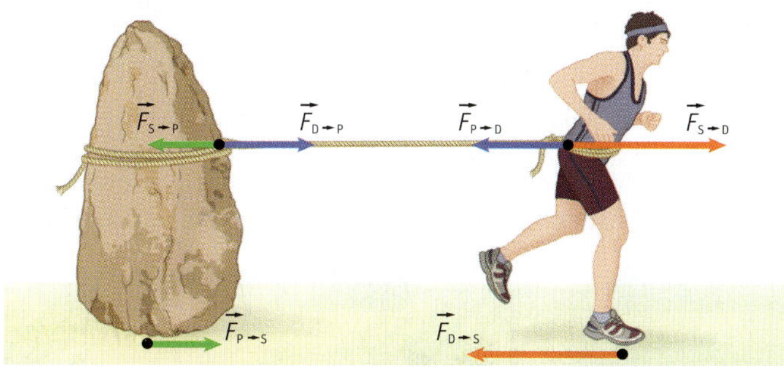

Fuerza	Ejercida por...	Sobre...	Interacción
$\vec{F}_{D\to P}$	el deportista	la piedra	Deportista-piedra
$\vec{F}_{P\to D}$	la piedra	el deportista	
$\vec{F}_{D\to S}$	el deportista	el suelo	Deportista-suelo
$\vec{F}_{S\to D}$	el suelo	el deportista	
$\vec{F}_{P\to S}$	la piedra	el suelo	Piedra-suelo
$\vec{F}_{S\to P}$	el suelo	la piedra	

15 **Un espectador comenta que el deportista anterior no va a mover la piedra, ya que esta siempre va a realizar una fuerza igual y de sentido contrario y, por tanto, no se moverá. Señala dónde está el error en su comentario e indica qué tiene que ocurrir para que el deportista o la piedra se muevan.**

Para ver si el deportista se mueve, nos debemos fijar en las fuerzas que actúan sobre él, que son: $\vec{F}_{P\to D}$ y $\vec{F}_{S\to D}$. Si la segunda es mayor que la primera el deportista tendrá aceleración (segundo principio). Por otro lado, la piedra acelerará cuando $\vec{F}_{D\to P}$ sea mayor que $\vec{F}_{S\to P}$.

16 **Un insecto impacta contra el parabrisas de un coche que se mueve a 100 km h^{-1}.**

a) **Compara la fuerza que el insecto ejerce sobre el parabrisas con la que ejerce el parabrisas sobre él.**

b) **Compara las aceleraciones que experimentan el coche y el insecto debidas al impacto.**

a) Conforme al tercer principio de la dinámica, los módulos de ambas fuerzas son iguales.

b) Las aceleraciones son distintas, ya que las masas del vehículo y del insecto también lo son. Como $\vec{a} = \frac{\vec{F}}{m}$, el coche que tiene una masa mucho más grande, experimenta una desaceleración inapreciable. Sin embargo, el insecto experimenta una deceleración enorme y muere.

Los principios de la dinámica

El **primer principio** describe el comportamiento de los cuerpos cuando no hay fuerza resultante sobre ellos:

$$\sum \vec{F}_i = 0 \Leftrightarrow \vec{v} = \text{cte.}$$

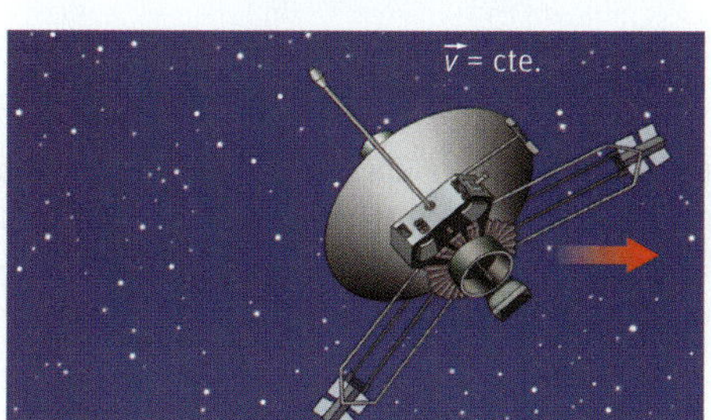

El **segundo principio** permite calcular la fuerza neta que actúa sobre un cuerpo, conociendo su masa y su aceleración.

$$\sum \vec{F}_i = m\vec{a}$$

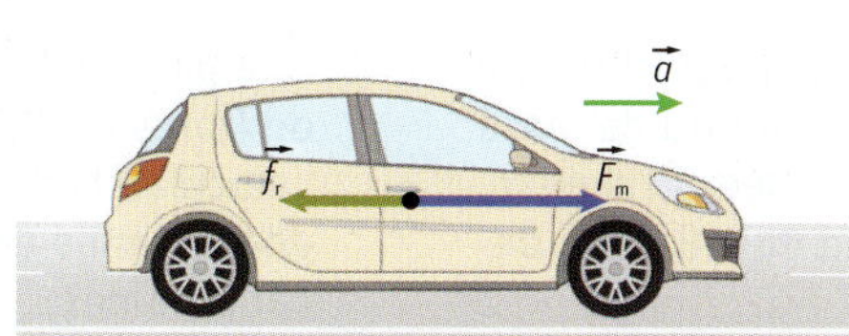

El **tercer principio** indica que cualquier fuerza que actúa sobre un cuerpo es el resultado de la interacción con otro.

$$\vec{F}_{A\to B} = -\vec{F}_{B\to A}$$

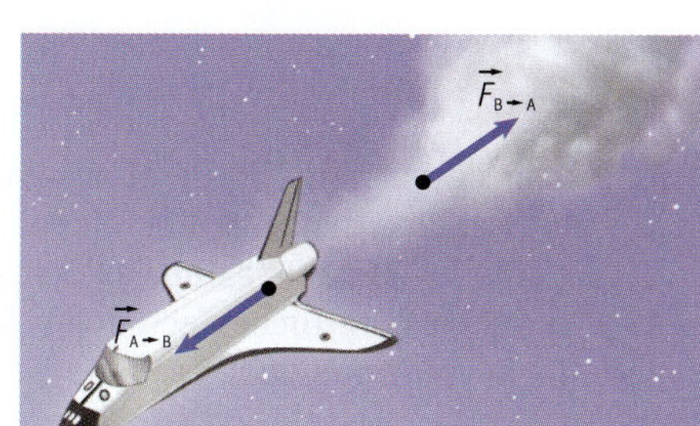

5 Conservación del momento lineal

smSaviadigital.com OBSERVA

En este vídeo puedes ver distintas aplicaciones de la conservación del momento y los choques.

Te interesa saber

La propulsión de un cohete se debe a que la cantidad de movimiento de los gases que expulsa al exterior es igual a la cantidad de movimiento del cohete en sentido contrario.

El segundo principio de la dinámica indica que para cambiar el estado de movimiento de un objeto es necesario aplicarle una fuerza neta:

$$\sum \vec{F}_i = m\vec{a} = \frac{\Delta \vec{p}}{\Delta t} \Rightarrow \sum \vec{F}_i \Delta t = \Delta \vec{p}$$

Para dos cuerpos aislados (que solo interaccionan entre ellos, sin fuerzas exteriores), el tercer principio indica que se ejercen fuerzas iguales y de sentidos contrarios:

$$\vec{F}_{B \to A} = -\vec{F}_{A \to B}$$

Aplicando la segunda ley de Newton y operando:

$$\vec{F}_{B \to A} + \vec{F}_{A \to B} = \frac{\Delta \vec{p}_A}{\Delta t} + \frac{\Delta \vec{p}_B}{\Delta t} = 0$$

$$\Delta(\vec{p}_A + \vec{p}_B) = 0 \Rightarrow \vec{p}_A + \vec{p}_B = \text{cte.}$$

Teorema de conservación del momento lineal. Cuando no actúa ninguna fuerza exterior sobre un cuerpo o sistema físico, su momento lineal se mantiene constante:

$$\sum \vec{F}_i = 0 \Rightarrow \vec{p} = \text{cte.}$$

5.1. Choques

En un choque, dos o más partículas interaccionan durante un corto período de tiempo. Como no hay fuerzas externas sobre el sistema (sistema aislado), se conserva el momento lineal.

Choque elástico

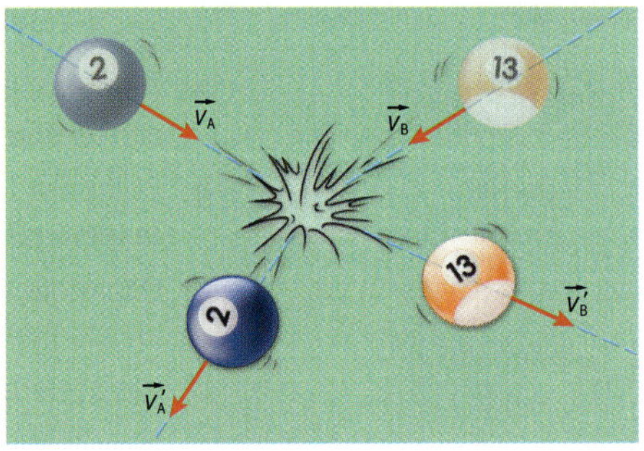

El choque de dos bolas de billar (azul y amarilla) se denomina **choque elástico**. No existen deformaciones apreciables. Se cumple:

$$m_A\vec{v}_A + m_B\vec{v}_B = m_A\vec{v}'_A + m_B\vec{v}'_B$$

Choque inelástico

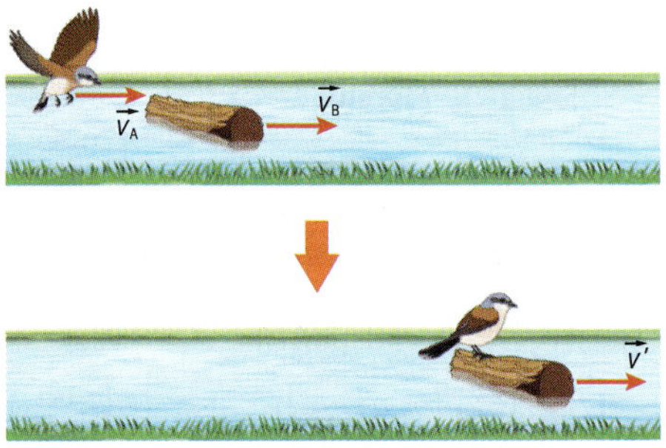

Si los objetos (tronco y ave) permanecen juntos después de la colisión se dice que el choque es perfectamente **inelástico**. Se cumple:

$$m_A\vec{v}_A + m_B\vec{v}_B = (m_A + m_B)\vec{v}'$$

- En los **choques elásticos** (sin deformaciones apreciables) se conservan el momento lineal y la energía cinética.
- En los **choques inelásticos** (con deformaciones y, en consecuencia, variación de la energía mecánica) se conserva el momento lineal pero no se conserva la energía cinética.

ACTIVIDADES

21. Una bola de masa 0,125 kg se mueve con una velocidad de 2,1 m s^{-1}, en una mesa de aire. La bola golpea a otra de masa 1,0 kg que inicialmente estaba en reposo. Después del choque, la primera masa retrocede con una velocidad de 1,8 m s^{-1}. Determina la velocidad de la segunda masa.

Solución: 0,49 m s^{-1}

22. Una patinadora sobre hielo de 45 kg de masa atrapa un ramo de flores de 0,75 kg que le arrojaron y que le llega con una velocidad horizontal de 4,2 m s^{-1}. Si al coger el ramo la patinadora termina en reposo, ¿qué velocidad llevaba antes de atrapar el ramo?

Solución: $7{,}0 \cdot 10^{-2}$ m s^{-1}

5.2. Explosiones

En una explosión, un mecanismo interno actúa para lanzar hacia el exterior partes de un objeto. Estas pueden salir en una única dirección o en varias direcciones diferentes. En ambos casos, como las fuerzas que actúan son internas, se conserva el momento lineal.

Se pueden considerar explosiones: la desintegración de un núcleo atómico, el disparo de una escopeta de tiro olímpico o la máquina (apoyada sobre una superficie lisa) que lanza pelotas de tenis o de béisbol en un entrenamiento.

EJERCICIOS RESUELTOS

17 **Una bola de 0,10 kg de masa choca con una velocidad de 5,0 m s^{-1}, contra otra bola de masa 0,30 kg que se encuentra en reposo. Suponiendo que el choque es elástico y que se produce en una dimensión, calcula la velocidad que tienen ambas bolas después del choque.**

El choque es unidimensional y elástico, por tanto, se conservan el momento lineal y la energía cinética:

$$m_1 v_1 + m_2 v_2 = m_1 v_1' + m_2 v_2'$$

$$\frac{1}{2} m_1 v_1^2 + \frac{1}{2} m_2 v_2^2 = \frac{1}{2} m_1 v_1'^2 + \frac{1}{2} m_2 v_2'^2$$

Sustituyendo los datos en ambas expresiones:

$$\left.\begin{array}{l} 0{,}10 \cdot 5{,}0 + 0 = 0{,}10 v_1' + 0{,}30 v_2' \\ 0{,}10 \cdot 5{,}0^2 + 0 = 0{,}10 v_1'^2 + 0{,}30 v_2'^2 \end{array}\right\} \Rightarrow v_1' = -2{,}5 \text{ m s}^{-1} \; y \; v_2' = 2{,}5 \text{ m s}^{-1}$$

18 **Un niño está patinando con su padre. En un momento dado, la velocidad del padre es 1,6 m s^{-1} mientras el hijo se le acerca a 3,5 m s^{-1} en su misma dirección y sentido. Al llegar a la altura de su padre se sujeta por detrás a su anorak. Si la masa del padre es de 71 kg y la del hijo de 45 kg, calcula la velocidad, v', con la que se mueven los dos unidos.**

El choque puede considerarse totalmente inelástico y en una dimensión, ya que no actúan fuerzas externas sobre el sistema padre-hijo (el rozamiento con el suelo se considera despreciable); por tanto, se conserva el momento lineal:

$$\vec{p}_0 = \vec{p}_f \Rightarrow m_P v_P + m_H v_H = (m_P + m_H) v'$$

$$v' = \frac{m_P v_P + m_H v_H}{m_P + m_H} = \frac{(71 \text{ kg})(1{,}6 \text{ m s}^{-1}) + (45 \text{ kg})(3{,}5 \text{ m s}^{-1})}{(71 + 45) \text{ kg}} = 2{,}3 \text{ m s}^{-1}$$

19 **En una pista de tenis se dispone de un pequeño cañón de 1,35 kg de masa. El cañón, inicialmente en reposo, lanza una pelota de tenis de 57,5 g. Mediante un dispositivo fotoeléctrónico se determina que el cañón retrocede 5,80 cm en 0,0312 s con un *mru*. Determina la velocidad del cañón y la de la pelota de tenis después del lanzamiento.**

Antes del disparo el momento lineal del conjunto, $\vec{p}_0$, es igual a cero; por tanto, después del disparo, el momento lineal del conjunto, $\vec{p}_f$, también lo será: $\vec{p}_0 = \vec{p}_f = 0$.

La explosión es unidimensional, luego se puede prescindir del carácter vectorial de las magnitudes.

La velocidad de retroceso del cañón es:

$$v = \frac{e}{t} = \frac{(5{,}80 \cdot 10^{-2} \text{ m})}{(0{,}0312 \text{ s})} = 1{,}86 \text{ m s}^{-1}$$

Para calcular la velocidad de la pelota de tenis, hay que tener en cuenta que el signo de la velocidad del cañón es opuesto al de la velocidad de la pelota:

$$\vec{p}_0 = \vec{p}_f \Rightarrow 0 = m_P v_P + m_C v_C = m_P v_P' + m_C v_C'$$

$$0 = 57{,}5 \cdot 10^{-3} v_P + 1{,}35(-1{,}86) \Rightarrow v_P = 43{,}7 \text{ m s}^{-1}$$

ACTIVIDADES

23. Una bola de 1,0 kg de masa está sometida a la fuerza que se indica en la gráfica.

a) Si en t = 0 estaba en reposo, calcula la velocidad en t = 4,0 s.

b) Si en ese instante choca contra otra bola de la misma masa que se dirige hacia ella a 2,5 m s^{-1}, calcula la velocidad con la que se mueven las dos bolas si después del choque permanecen unidas.

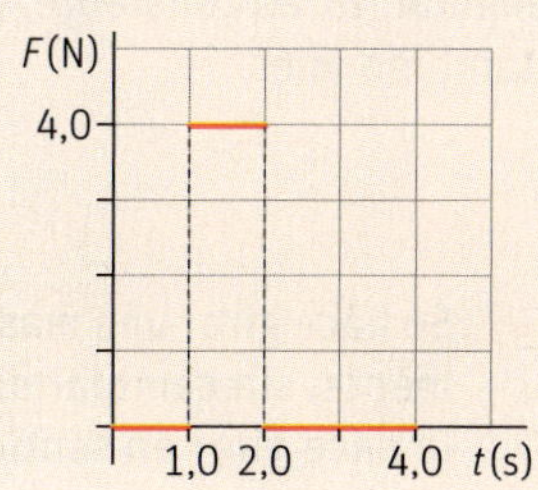

Solución: a) 4,0 m s^{-1}; b) 0,75 m s^{-1}

24. Una bola de billar se mueve con una velocidad de 3,2 m s^{-1} en la dirección del eje Y y choca con otra bola de la misma masa que estaba en reposo. Las dos bolas salen formando un ángulo de 45° en relación al eje Y.

Calcula la velocidad de las dos bolas después de la colisión.

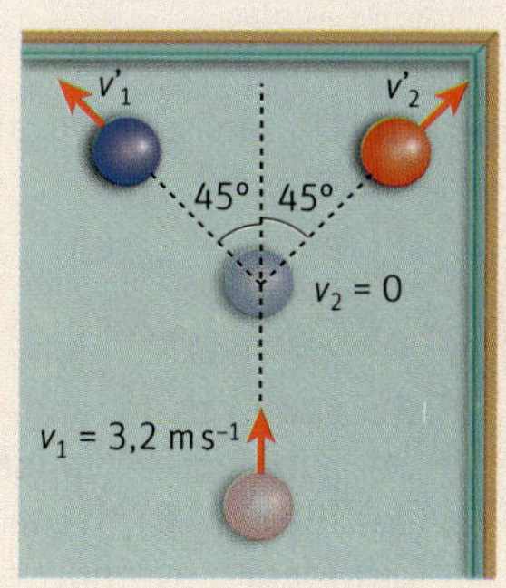

Solución: $v_1 = v_2 = 2{,}3$ m s^{-1}

6 Momento angular de una partícula

Cuando se golpea una bola de billar, esta continúa en línea recta con velocidad constante, mientras no reciba fuerzas exteriores; es decir, conserva su momento lineal. Pero ¿qué ocurre con los objetos en rotación?

OBSERVA

Para comprobar si algo impide el giro de la rueda, el mecánico aplica una fuerza para que aquella comience a girar. El momento de esta fuerza hace que la rueda cambie su estado de movimiento, pasando del reposo al giro.

Si nada roza, la rueda continúa girando, ya que no hay fuerzas externas que ejerzan momentos sobre la rueda. Existe una magnitud, similar al momento lineal, pero relacionada con el movimiento de rotación que describe este hecho.

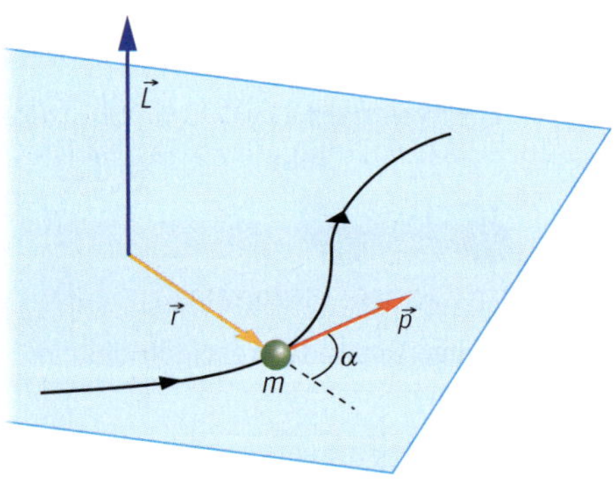

Figura 10.17. Momento angular.

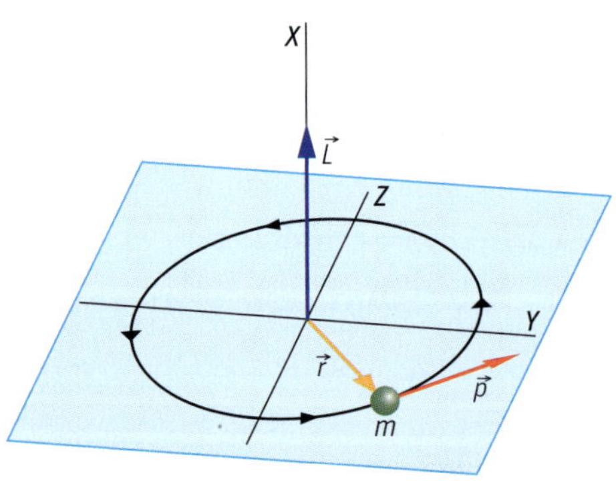

Figura 10.18. Momento angular en un movimiento circular uniforme.

En una partícula de masa *m* en rotación respecto a un punto O, su momento lineal, $\vec{p}$, cambia a medida que lo hace la dirección del movimiento. Su estudio se hace introduciendo una magnitud, denominada momento angular, que depende del momento lineal y de la posición, $\vec{r}$, de la partícula respecto de un punto.

El **momento angular,** $\vec{L}$, de una partícula de masa *m* y velocidad $\vec{v}$ respecto a un punto O es el momento de su momento lineal, $\vec{p} = m\vec{v}$:

$$\vec{L} = \vec{r} \times \vec{p}$$

La dirección de $\vec{L}$ es perpendicular al plano formado por $\vec{r}$ y $\vec{v}$. El sentido viene dado por la regla del tornillo o de la mano derecha. Su módulo es igual a:

$$L = rmv \operatorname{sen}\alpha$$

El ángulo α es el que forman el vector posición de la partícula, $\vec{r}$, y el vector momento lineal, $\vec{p}$. En el SI se expresa en kg m^2 s^{-1}.

Cualquier objeto girando, como los planetas alrededor del Sol o los electrones alrededor del núcleo, poseen momento angular. Un caso importante y relativamente simple es el de una partícula con movimiento circular uniforme de radio *R*. En este caso el vector velocidad, $\vec{v}$, y el vector posición, $\vec{r}$, son siempre perpendiculares. El módulo del momento angular respecto del centro de la circunferencia es:

$$L = rmv = rm\omega r = \omega mr^2$$

En el *mcu* la velocidad angular, ω, es constante, por tanto, el momento angular respecto del centro de la trayectoria también lo es.

ACTIVIDADES

25. Razona si es verdad que una partícula de 2 kg de masa que describe un movimiento circular de radio 2 m con una velocidad de 2 $m s^{-1}$, tiene menor momento angular que la misma partícula moviéndose en un circulo de radio 1 m a una velocidad de 4 $m s^{-1}$.

26. Se hace girar una masa con una onda en un sentido y posteriormente, sin cambiar ni su masa, ni su radio, ni su velocidad, se la hace girar en sentido contrario.

Indica cómo afecta este hecho al momento angular de la masa respecto del centro de giro.

6.1. Teorema de conservación del momento angular

Al empujar tangencialmente un carrusel en reposo, la fuerza ejercida produce un "momento de fuerza". El carrusel deja de estar en equilibrio y gira cada vez con mayor velocidad angular, de forma que el momento angular respecto del centro varía. Por tanto, cuando un objeto recibe el momento de una fuerza externa, cambia su momento angular.

El segundo principio de la dinámica describe el movimiento de traslación de una partícula que recibe una fuerza neta $\vec{F}$ mediante la expresión:

$$\vec{F} = \frac{d\vec{p}}{dt}$$

En el movimiento de rotación, una expresión análoga relaciona el momento de fuerza neto recibido por una partícula con la variación de su momento angular:

$$\vec{M} = \frac{d\vec{L}}{dt}$$

Se ha estudiado que para cambiar el momento lineal de un objeto es necesario aplicar una fuerza externa y en ausencia de fuerzas externas el momento lineal se conserva. De forma análoga se estudia la conservación del momento angular.

Teorema de conservación del momento angular. Si una partícula no recibe ningún momento neto externo respecto de un punto, su momento angular respecto de dicho punto permanecerá constante.

$$\vec{M} = \frac{d\vec{L}}{dt} = 0 \Rightarrow \vec{L} = \text{cte.}$$

En la naturaleza existen múltiples situaciones donde se conserva el momento angular de partículas o de cuerpos extensos y sus consecuencias. Por ejemplo, la conservación del momento angular explica la formación del sistema solar y su resultado con los planetas girando alrededor del Sol en el plano de la eclíptica o fenómenos más cercanos como la distinta velocidad angular de un patinador que aleja o acerca sus brazos a su eje de giro.

Amplía

La variación con el tiempo del momento angular está descrita por su derivada:

$$\frac{d\vec{L}}{dt} = \frac{d(\vec{r} \times \vec{p})}{dt} = \vec{r} \times \frac{d\vec{p}}{dt} + \frac{d\vec{r}}{dt} \times \vec{p}$$

Como $\frac{d\vec{r}}{dt} = \vec{v}$ y los vectores $\vec{v}$ y $\vec{p}$ tienen la misma dirección, el segundo sumando es nulo. En el primer sumando:

$$\frac{d\vec{p}}{dt} = \vec{F} \text{ y } \vec{r} \times \vec{F} = \vec{M}$$

Por tanto, aparece la expresión:

$$\vec{M} = \frac{d\vec{L}}{dt}$$

Denominada "ecuación fundamental de la dinámica de la rotación".

EJERCICIOS RESUELTOS

20 **Si pudieras mirar el sistema solar desde la estrella polar, verías cómo la Tierra viaja alrededor del Sol en sentido contrario al de las agujas del reloj. Suponiendo que la órbita de la Tierra alrededor del Sol es circular, determina el módulo del momento angular de la Tierra respecto al Sol, en su movimiento alrededor de este (se supone que la órbita es circular).**

Datos: Masa de la Tierra = $6{,}0 \cdot 10^{24}$ kg; distancia Tierra-Sol = $1{,}5 \cdot 10^{11}$ m

La Tierra tarda 365 días en dar una vuelta (2π radianes) alrededor del Sol; sustituyendo en la expresión del momento angular:

$$L = \omega m R^2 = \frac{(2\pi \text{ rad})}{(3{,}2 \cdot 10^7 \text{ s})}(6{,}0 \cdot 10^{24} \text{ kg})(1{,}5 \cdot 10^{11} \text{ m})^2 = 2{,}7 \cdot 10^{40} \text{ kgm}^2 \text{s}^{-1}$$

ACTIVIDADES

27. Al aplicar una fuerza sobre un cuerpo, razona en qué condiciones no varía su momento angular.

28. La Tierra tiene un movimiento de rotación. Razona por qué la duración de los días permanece razonablemente contante a lo largo del tiempo.

29. En el modelo atómico de Bohr para el átomo de hidrógeno, el electrón gira en una órbita circular alrededor del núcleo.

Razona si el momento angular del electrón respecto al núcleo permanece constante. ¿Cuál sería el momento angular del electrón respecto a un punto de su órbita?

EJERCICIOS Y PROBLEMAS **RESUELTOS**

Equilibrio en cuerpos extensos

21 **Sobre dos básculas iguales separadas 90,0 cm se coloca un listón de peso despreciable, y sobre el mismo, a 60,0 cm de una de las básculas y 30,0 cm de la otra, se sitúa un objeto de 450 N de peso, tal como se indica en la figura.**

a) **¿Qué peso registrará cada una de las básculas?**

b) **¿Cuánto registrarían si no se despreciara el peso del listón y este fuera de 20,0 N?**

c) **¿En qué posición se aplicará ahora la resultante de las fuerzas?**

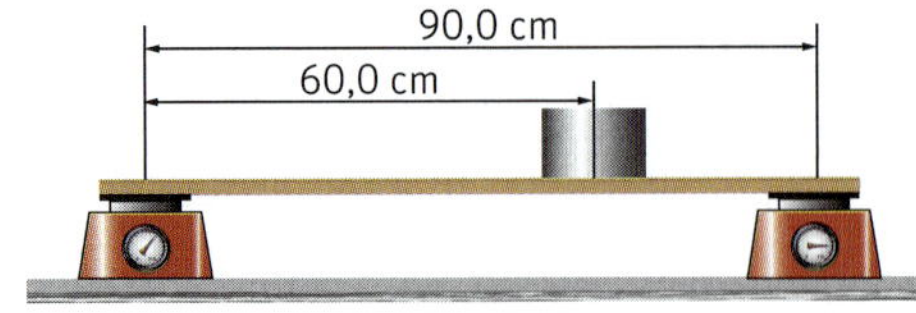

Consideraciones iniciales

- El sistema se encuentra en equilibrio, por tanto, debe cumplirse: $\sum\vec{F}_i = 0$ y $\sum\vec{M}_i = 0$

Resolución

a) Las balanzas miden dos fuerzas, F_1 y F_2, cuya suma es el peso del objeto. Se toman momentos respecto al punto de aplicación de la resultante y se aplican las condiciones de equilibrio:

$$\left.\begin{array}{l} F_1 + F_2 = 450 \\ 60{,}0 \cdot F_1 = 30{,}0 \cdot F_2 \end{array}\right\} \Rightarrow F_1 = 150\,\text{N};\ F_2 = 300\,\text{N}$$

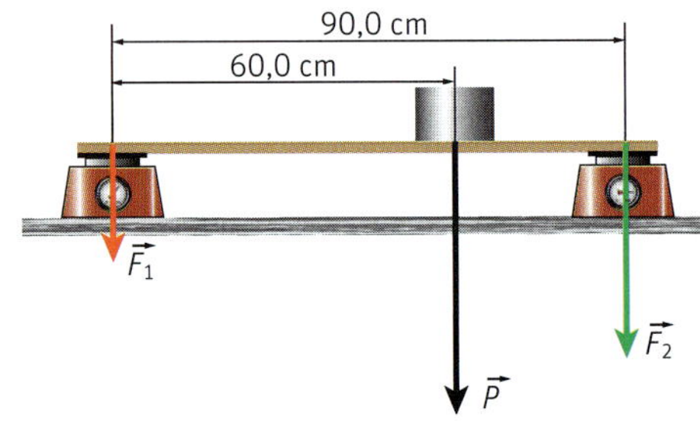

b) El peso de la tabla se ejerce en el punto medio del tablero (su centro de gravedad) y de este modo, se distribuye por igual entre ambas balanzas, que registran 10,0 N más:

$$F_1 = (150 + 10)\,\text{N} = 160\,\text{N}$$
$$F_2 = (300 + 10)\,\text{N} = 310\,\text{N}$$

c) Si la distancia de la resultante a la báscula de la izquierda (que registra F_1) es x, tomando momentos respecto al punto de aplicación de la resultante:

$$160x = 310(90{,}0 - x) \Rightarrow x = 59{,}4\,\text{cm}$$

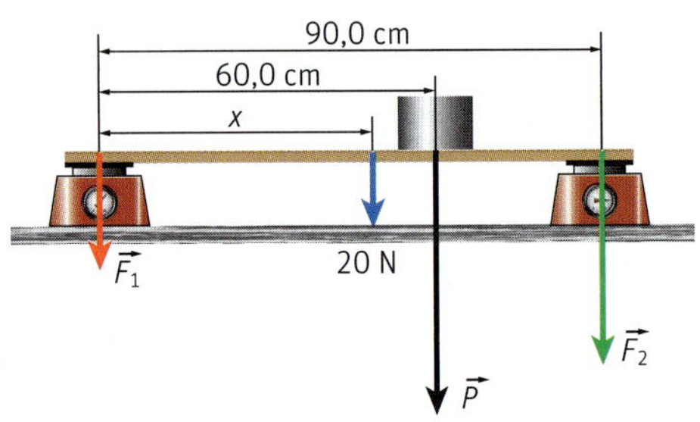

> **CONCLUSIONES:** En el apartado a, la báscula más cercana al objeto medirá un peso mayor.

Conservación del momento lineal en dos dimensiones

22 **En una exhibición pirotécnica lanzan un cohete que en el momento de estallar lleva una velocidad de 30 m s^{-1}. El cohete se divide en tres fragmentos iguales: un fragmento sigue hacia arriba con una velocidad de 45 m s^{-1}, mientras el segundo tiene una velocidad de 24 m s^{-1} y se mueve en una dirección perpendicular al primer fragmento y hacia la derecha. Calcula:**

a) **La velocidad del tercer fragmento.**

b) **La altura a la que subirá el primer fragmento, medida desde el punto de la explosión.**

Consideraciones iniciales

- Las fuerzas de la explosión son internas al sistema, luego el momento lineal total permanece constante: $\vec{p}_0 = \vec{p}_f$
- La explosión ocurre en dos dimensiones, luego es necesario asignar carácter vectorial al momento lineal.

Resolución

a) Antes de la explosión el cohete está subiendo: $\vec{p}_0 = (3m \cdot 30\vec{j})$

Después de la explosión: $\vec{p}_f = (m \cdot 45\vec{j} + m \cdot 24\vec{i} + m\vec{v})$

Igualando estas dos expresiones se obtiene el vector velocidad:

$\vec{v} = (-24\vec{i} + 45\vec{j})\,\text{m s}^{-1}$. Su módulo es: $|\vec{v}| = \sqrt{45^2 + 24^2} = 51\,\text{m s}^{-1}$

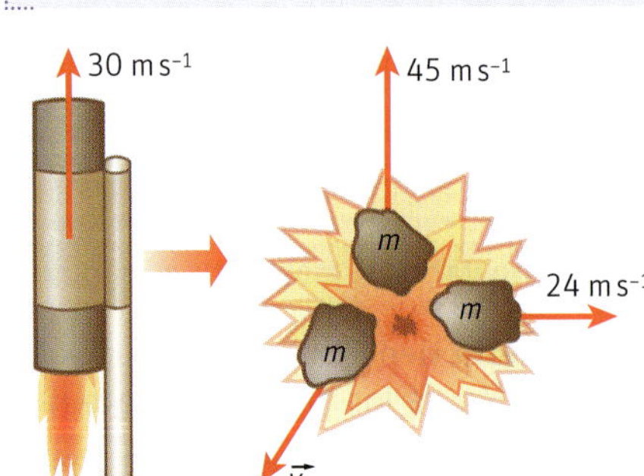

b) El primer fragmento describe un *mrua*. En el punto de altura máxima su velocidad será cero, así:

$$v_f^2 - v_0^2 = 2a\Delta y \Rightarrow \Delta y = \frac{v_f^2 - v_0^2}{2a} = \frac{0 - (45\,\text{m s}^{-1})^2}{2(-9{,}8\,\text{m s}^{-2})} = 1{,}0 \cdot 10^2\,\text{m}$$

23 Un ascensor tiene en el suelo una báscula electrónica (graduada en newtons) sobre la que está situada una persona de 60 kg. Empieza a subir con una aceleración de 3,0 ms^{-2} y transcurridos 5,0 s, alcanza una velocidad constante.

a) ¿Cuál será la indicación de la báscula (peso aparente) antes y después de los 5,0 s?

b) Si el ascensor parte del reposo, comienza a bajar con una aceleración constante de 3,0 ms^{-2} y al cabo de 5,0 segundos alcanza una velocidad constante, ¿qué indicará ahora la báscula antes y después de los 5,0 s?

Consideraciones iniciales

- La indicación de la báscula es la fuerza que la persona hace sobre ella (la misma que haría sobre el suelo del ascensor). Conviene centrar la atención sobre el objeto de estudio, que no es el ascensor ni la báscula, sino la persona.
- La tercera ley de Newton indica que la fuerza que ejerce la persona sobre la báscula es igual en magnitud y de sentido opuesto a la fuerza que la persona recibe de la báscula (fuerza normal, *N*); luego, si conocemos (*N*), sabremos la indicación de la báscula.
- En cada caso se aplica la segunda ley de Newton. Las fuerzas sobre la persona son la fuerza peso, ejercida por la Tierra, y la fuerza normal ejercida por la báscula. Las magnitudes que van hacia arriba son positivas y las que van hacia abajo, negativas.

Resolución

a) Al **empezar a subir** la persona experimenta una aceleración hacia arriba igual a la del ascensor: la fuerza resultante va hacia arriba. Según el segundo principio:

$$N - P = ma \Rightarrow N = P + ma$$

$$N = (60\ \text{kg})[(9{,}8 + 3{,}0)\ \text{ms}^{-2}] = 768\ \text{N}$$

La fuerza que la persona ejerce sobre la báscula será la fuerza de reacción a esta, es decir, una fuerza de 768 N hacia abajo.

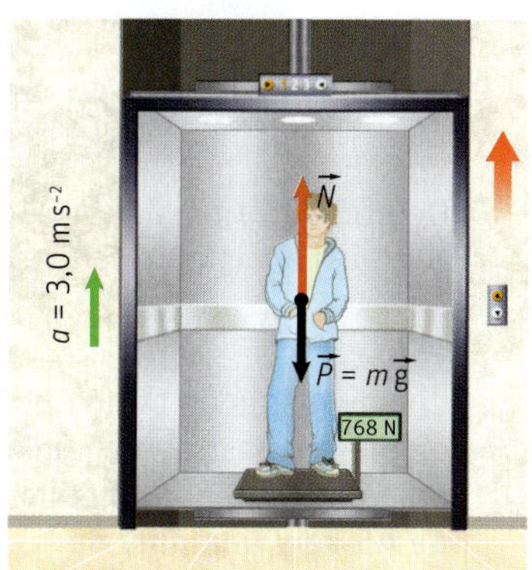

Transcurridos los cinco segundos el ascensor mantiene constante su velocidad, por lo que la aceleración es nula. Aplicando el segundo principio:

$$N - P = 0 \Rightarrow N = P$$

$$N = (60\ \text{kg})(9{,}8\ \text{ms}^{-2}) = 588\ \text{N}$$

La fuerza que la persona ejerce sobre la báscula será la fuerza de reacción a esta, es decir, una fuerza de 588 N hacia abajo.

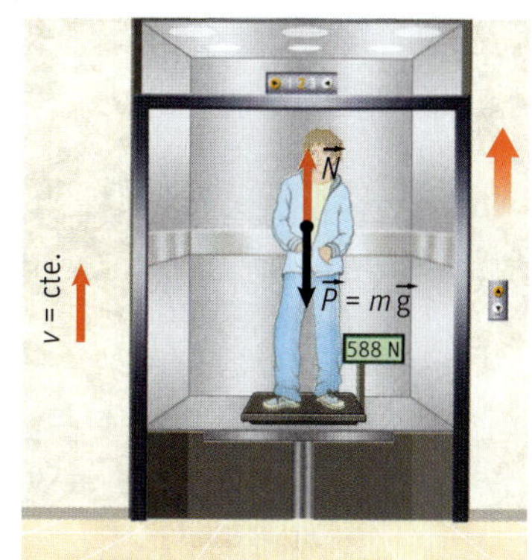

b) Al **empezar a bajar,** la persona experimenta una aceleración hacia abajo igual a la del ascensor y la fuerza resultante va hacia abajo. Según el segundo principio:

$$N - P = -ma \Rightarrow N = P - ma$$

$$N = (60\ \text{kg})[(9{,}8 - 3{,}0)\ \text{ms}^{-2}] = 408\ \text{N}$$

La fuerza que la persona ejerce sobre la báscula será la fuerza de reacción a esta, es decir, una fuerza de 408 N hacia abajo.

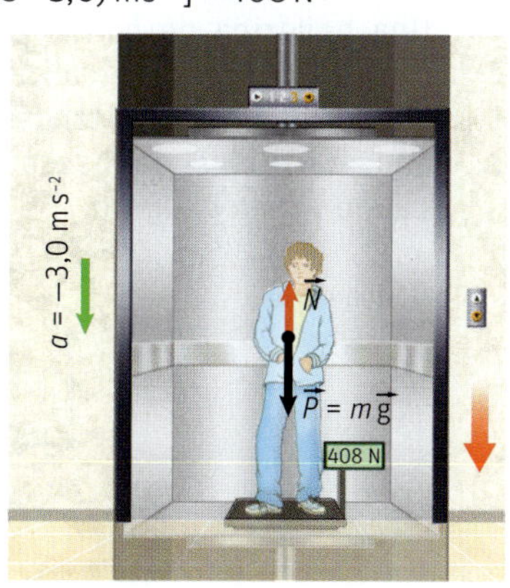

Transcurridos los 5,0 segundos el ascensor mantiene constante su velocidad, por lo que la aceleración es nula. Según el segundo principio:

$$N - P = 0 \Rightarrow N = P$$

$$N = (60\ \text{kg})(9{,}8\ \text{ms}^{-2}) = 588\ \text{N}$$

La fuerza que la persona ejerce sobre el suelo será la fuerza de reacción a esta, es decir, una fuerza de 588 N hacia abajo.

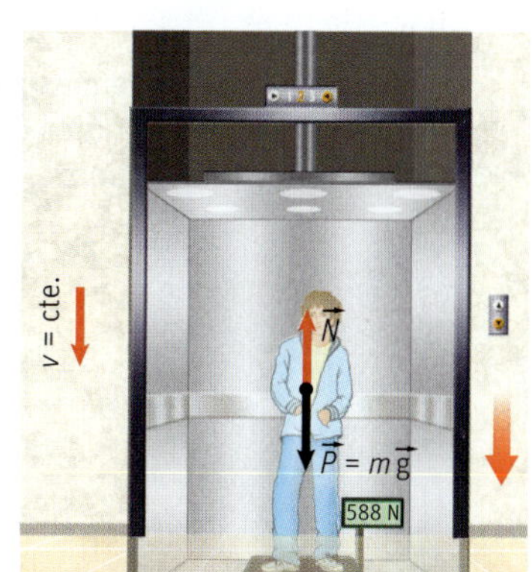

CONCLUSIONES: Al subir acelerando en un ascensor (o bajar frenando) el peso aparente de la persona aumenta (de 588 a 768 N) y al bajar acelerando (o subir frenando), el peso aparente de la persona disminuye (de 588 a 408 N). En el caso de subir o bajar con movimiento uniforme el peso aparente de la persona no varía.

ACTIVIDADES

Concepto de fuerza: medida, equilibrio y momento

30. Razona sobre la veracidad o falsedad de estas afirmaciones:

a) Si solo actúa una fuerza sobre un cuerpo, la fuerza resultante no puede ser cero.

b) Al rematar de cabeza un balón, si su velocidad mantiene la misma dirección y el mismo módulo que traía pero cambia de sentido, el balón no recibe ninguna fuerza.

31. En un muelle se produce un alargamiento de 6,0 cm cuando se aplica una fuerza de 18 N.

a) Calcula el valor de constante recuperadora del muelle.

b) ¿Cuánto se alarga el muelle si recibe una fuerza de 30 N?

c) ¿Qué fuerza hay que aplicarle para producir un alargamiento de 2,5 cm?

Solución: a) $3{,}0 \cdot 10^2$ N m^{-1}; b) 0,10 m; c) 7,5 N

32. El muelle de la figura está sujeto en el suelo. Se tira de él hacia arriba con una fuerza y se mide el alargamiento. En la gráfica se muestra la fuerza en función de la longitud del muelle.

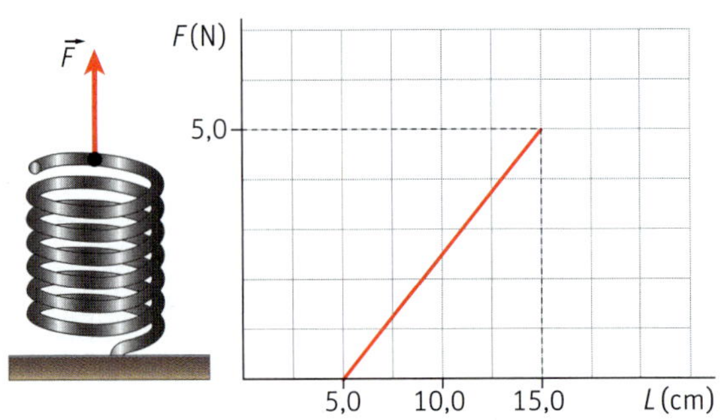

a) ¿Cumple el muelle la ley de Hooke?

b) Si es así, determina la constante recuperadora del muelle.

Solución: b) 50 N m^{-1}

33. Dos personas tiran de una barca en un canal, ejerciendo fuerzas de 250 y 320 N, respectivamente. Sabiendo que ambas fuerzas forman un ángulo de 45°, calcula el módulo de la fuerza resultante.

Solución: $|\vec{F}| = 5{,}3 \cdot 10^2$ N

34. Un chico de 42,0 kg de masa se cuelga de una cuerda atada a dos postes, según se indica en la figura. Determina la tensión en cada sector de la cuerda.

Solución: $1{,}42 \cdot 10^3$ N y $1{,}43 \cdot 10^3$ N

35. En un día de viento fuerte se deja caer un balón de baloncesto de masa 0,61 kg. El viento ejerce una fuerza horizontal de 4,2 N. Determina el módulo de la fuerza resultante y el ángulo que forma la fuerza con la horizontal.

Solución: 7,3 N y −55°

36. Para colocar un diente en su posición, el dentista coloca un alambre tal como se indica en la figura (sujeto al diente). Sabiendo que la fuerza resultante que actúa sobre el diente es 2,2 N, calcula el valor de cada una de las fuerzas, $\vec{F}_T$.

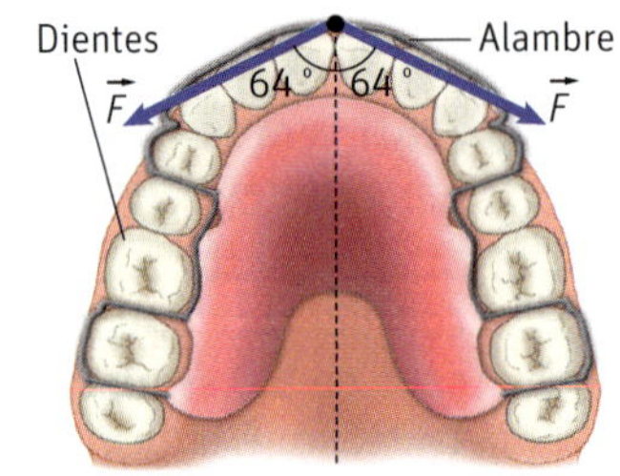

Solución: 2,5 N

37. Una bola de demolición de 280 kg está sujeta a la grúa con dos cables. Uno está enganchado a la punta de la grúa y forma 22° con la vertical; el otro, es un cable horizontal que asegura la bola antes de ser lanzada.

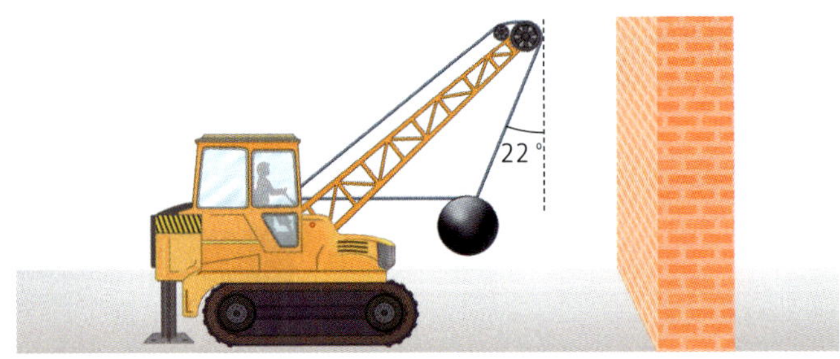

Determina la tensión a la que se ve sometido el cable horizontal si el sistema está en equilibrio.

Solución: $1{,}1 \cdot 10^3$ N

38. Con ayuda de un tablón de 5,0 m de longitud y masa despreciable se construye un balancín, sujetando el tablón a un soporte por su punto medio. En el balancín se sientan un niño de 45 kg y una niña de 35 kg. La niña se sienta a 1,5 m del punto de apoyo.

a) Calcula la fuerza ejercida sobre el tablón por el soporte (el tablón tiene su centro de gravedad sobre el soporte).

b) ¿Dónde debe sentarse el niño para que esté en equilibrio?

Solución: a) $7{,}8 \cdot 10^2$ N; b) 1,2 m

39. Una bailarina de *ballet* realiza un apoyo con un solo pie. Cuando una persona realiza dicho apoyo, se ejerce una fuerza, $\vec{F}_T$, hacia arriba en el tendón de Aquiles y otra $\vec{F}_H$, hacia abajo en la parte final del hueso de la pierna (tibia), tal y como se puede ver en la figura.

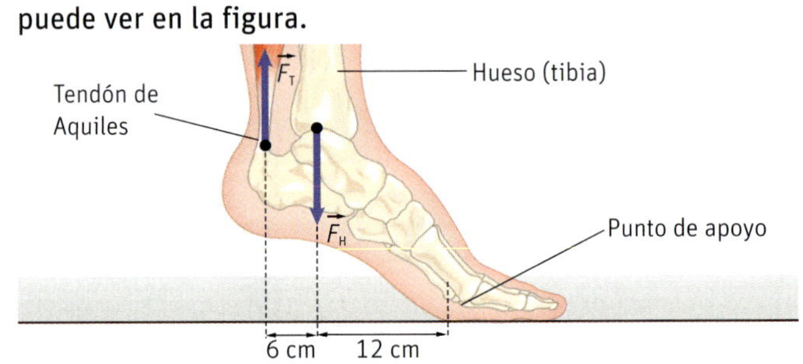

Si la masa de la chica es de 47 kg y suponiendo que todo el peso recae sobre el punto de apoyo, calcula F_T y F_H.

Solución: $9{,}2 \cdot 10^2$ N; $1{,}4 \cdot 10^3$ N

Principios de la dinámica

40. Da una explicación a los siguientes hechos:

a) Una canica se encuentra apoyada en el piso horizontal de un remolque de juguete, en reposo. Cuando se tira del remolque, la canica rueda hacia la parte de atrás.

b) Un automóvil está parado ante una señal de stop cuando otro vehículo lo golpea por detrás. Las personas del primer automóvil sufren una lesión en las cervicales llamada "latigazo cervical" (ver figura).

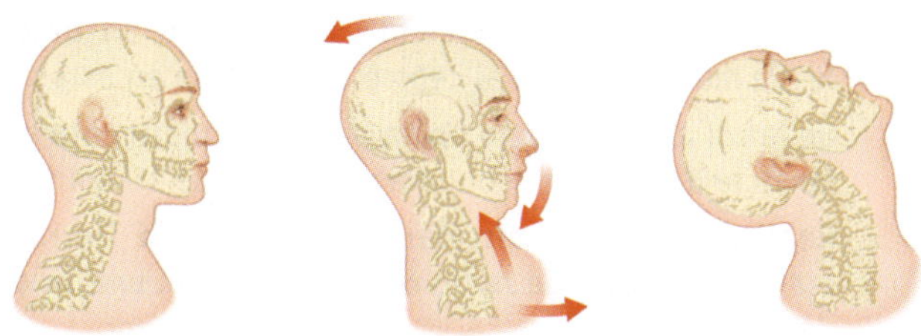

41. La velocidad de un bombero de 84 kg de masa bajando por la barra fija de salida está descrita la siguiente gráfica *v-t*.

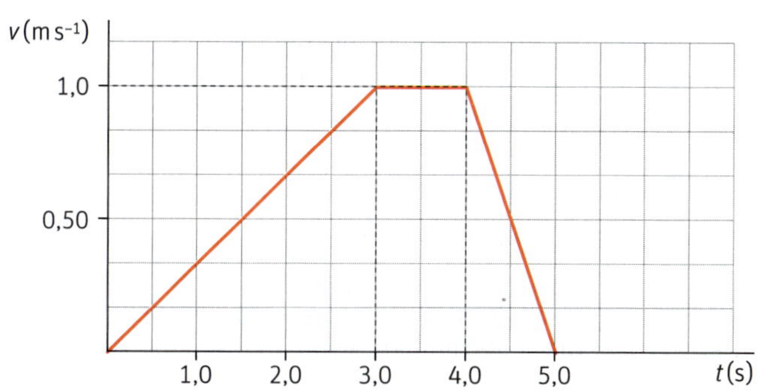

Determina la magnitud de la fuerza ejercida por el bombero en las distintas etapas del movimiento.

Solución: $8,0 \cdot 10^2$ N; $8,2 \cdot 10^2$ N; $9,1 \cdot 10^2$ N

42. En la siguiente gráfica *F-t* se representa el movimiento de un objeto de 1,2 kg de masa.

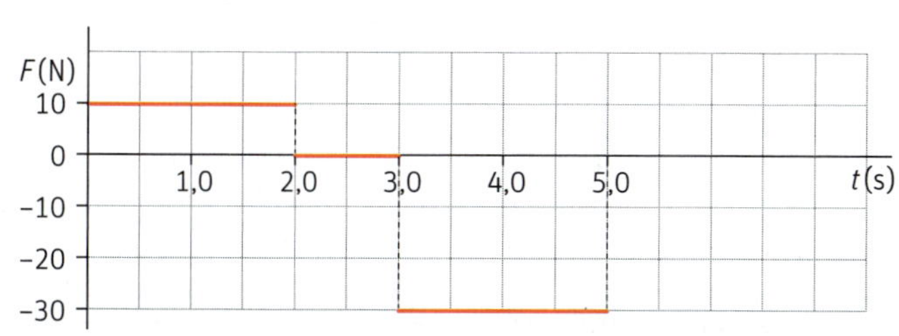

Si el objeto partió del reposo, calcula:

a) La velocidad del mismo a los 1,5 s, 2,5 s y 5,0 s.

b) Representa las gráficas *a-t* y *v-t*.

Solución: 12 m s^{-1}; 17 m s^{-1}; −33 m s^{-1}

43. Un pescador, al tirar verticalmente de un pez con una aceleración de 1,75 m s^{-2}, rompe el hilo de la caña de pescar. Calcula la masa del pez, sabiendo que la tensión máxima que aguanta el hilo es de 25 N.

Solución: 2,2 kg

44. Si un arquero ejerce una fuerza de 360 N cuando las semicuerdas forman un ángulo de 110° y la flecha tiene una masa de 300 g, calcula:

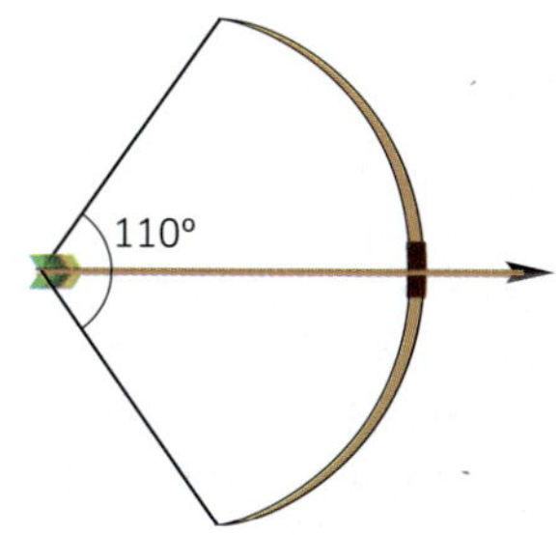

a) La fuerza que transmite cada semicuerda.

b) La aceleración inicial de la flecha.

Solución: a) $3,1 \cdot 10^2$ N; b) $1,2 \cdot 10^3$ m s^{-2}

45. Identifica las fuerzas que actúan en cada situación y razona si hay fuerza resultante o no.

a) Un perro arrastra un trineo sobre un suelo helado.

b) Un coche con el motor funcionando, avanza por una carretera rectilínea a velocidad constante.

c) Una moto toma una curva sin peralte sin que varíe la indicación de su velocímetro.

d) Una persona empuja un mueble sobre el suelo de una habitación, moviéndolo cada vez más deprisa.

e) Una sonda espacial se mueve por el espacio exterior a velocidad constante.

46. Un hombre cuya masa es de 70 kg se encuentra sobre una báscula electrónica en un ascensor. ¿Cuánto indicará la báscula en los siguientes casos?

a) El ascensor sube con velocidad constante de 3,0 m s^{-1}.

b) El ascensor baja con velocidad constante de 3,0 m s^{-1}.

c) El ascensor empieza a subir aumentando su velocidad a razón de 2,0 m s^{-1} por segundo.

d) El ascensor sube frenando a 2,0 m s^{-2}.

e) El ascensor baja acelerando a 2,0 m s^{-2}.

f) El ascensor baja frenando a 2,0 m s^{-2}.

g) Se rompe el cable de sujeción del ascensor.

Solución: a) y b) 686 N; c) y f) 827 N; d) y e) 547 N; g) 0 N

47. Resuelve las siguientes cuestiones, indicando la pareja de fuerzas de acción-reacción:

a) En un número de circo, un perro de 12 kg de masa salta horizontalmente con una aceleración de 2,5 m s^{-2} a los brazos de un payaso de 82 kg que se encuentra en reposo sobre unos patines. Calcula la aceleración del payaso.

b) En una salida desde los tacos de una carrera de 100 m, un atleta de 71 kg es capaz de generar una fuerza con los músculos de la pierna de 250 N. Calcula la aceleración en ese instante del atleta.

Solución: a) 0,37 m s^{-2}; b) 3,5 m s^{-2}

48. La velocidad de una cámara de televisión de 15 kg, instalada en la banda de un campo de futbol, varía según la gráfica adjunta. Calcula la fuerza resultante sobre ella en cada tramo.

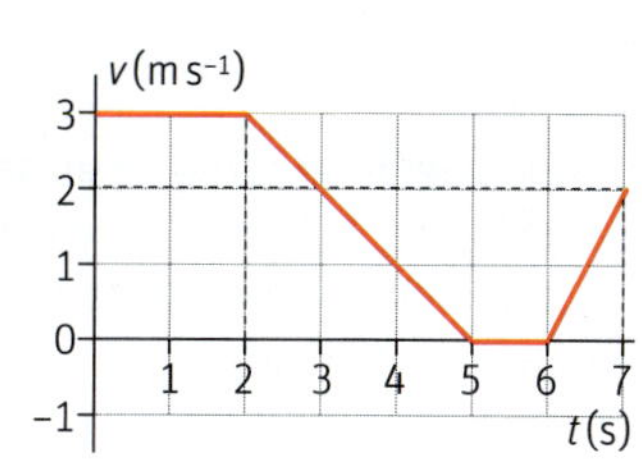

Solución: 0 N, −15 N, 0 N, 30 N

ACTIVIDADES

Impulso y conservación del momento lineal y angular

49. Un jugador de tenis, tras golpear con la raqueta a la pelota en un saque, puede conseguir que esta salga con una velocidad superior a 200 km h^{-1}. Si la masa de la pelota es de 0,060 kg y el tiempo de contacto de la raqueta con la pelota es de 5,0 ms, calcula la fuerza media sobre la pelota, en uno de los saques más rápido medidos a Rafa Nadal: 217 km h^{-1}.

Solución: $7{,}2 \cdot 10^2$ N

50. Sobre un objeto en reposo de masa *m* se aplica una fuerza de 2,5 N durante 3,0 s. Sobre otro objeto de masa 2*m*, se aplica una fuerza de 3,0 N durante 3,5 s. ¿Cuál de los dos tendrá mayor velocidad al final?

51. En un banco de aire (no hay rozamiento) se impulsa primero un carrito de masa *m*, y posteriormente otro de masa 3*m*, con la misma fuerza y durante el mismo instante de tiempo. Ambos recorren 0,80 m.

a) ¿Qué carrito tardará más tiempo en recorrer dicha distancia?

b) ¿Qué carrito recibirá mayor impulso al final?

52. La imagen muestra un test de resistencia de un vehículo a una velocidad de 65 km h^{-1}.

a) Suponiendo que el coche tiene una masa de 1350 kg, calcula la fuerza media y el impulso medio que se ejerce sobre el coche en la colisión, si el tiempo de impacto es de 0,15 s.

b) Realiza los mismos cálculos, pero suponiendo que el coche rebota con una velocidad de 9,5 m s^{-1}.

Solución: a) $-1{,}6 \cdot 10^5$ N y $-2{,}4 \cdot 10^4$ N s; b) $-2{,}5 \cdot 10^5$ N y $-3{,}7 \cdot 10^4$ N s

53. Una persona está en una barca y lanza un paquete de 5,5 kg a una velocidad de 9,0 m s^{-1}. Calcula la velocidad de la barca inmediatamente después de lanzar el objeto, suponiendo que se encontraba en reposo. La masa del chico es de 45 kg y la de la barca de 80 kg (ignora el rozamiento con el agua).

Solución: $-0{,}40$ m s^{-1}

54. Un vagón de carga de masa $55 \cdot 10^3$ kg se mueve con una velocidad de 1,75 m s^{-1} y se acopla a otro vagón de la misma masa que tiene una velocidad de 0,75 m s^{-1} en la misma dirección y sentido. Calcula la velocidad que tendrán ambos vagones después de acoplarse.

Solución: 1,25 m s^{-1}

55. Por una carretera circulan un coche A de 2000 kg de masa a 108 km h^{-1} y una camioneta B de 3500 kg de masa a 90 km h^{-1}. Tras colisionar, ambos vehículos quedan unidos.

a) ¿Qué magnitud física se conservará y con qué velocidad se moverán después de la colisión si los vehículos chocan frontalmente?

b) ¿Y si el coche alcanza por detrás a la camioneta?

c) Realiza los mismos cálculos suponiendo que ambos coches vienen por carreteras perpendiculares.

Solución: a) $-5{,}0$ m s^{-1}; b) 27 m s^{-1}; c) 19 m s^{-1}

56. Calcula el módulo del momento angular de un objeto de 10^3 kg de masa respecto al centro de la Tierra en estos casos:

a) Se lanza desde el polo norte perpendicularmente a la superficie de la Tierra con una velocidad de 10 km s^{-1}.

b) Realiza una órbita circular alrededor de la Tierra en un plano ecuatorial de radio $6{,}97 \cdot 10^6$ m con una velocidad de $7{,}6 \cdot 10^3$ m s^{-1}.

Solución: a) 0 kg m^2 s^{-1}; b) $5{,}3 \cdot 10^{13}$ kg m^2 s^{-1}

57. Razona sobre la veracidad o falsedad de las siguientes afirmaciones:

a) Cuando un objeto gira respecto de un punto describiendo un movimiento circular uniforme se conservan el momento lineal y el momento angular.

b) El momento de una fuerza y el momento angular son magnitudes vectoriales. El impulso mecánico y el momento lineal son magnitudes escalares.

58. Un objeto de 3,0 kg de masa es lanzado verticalmente hacia arriba con una determinada velocidad inicial. A los tres segundos de iniciado su movimiento explota, dividiéndose en tres fragmentos iguales, tal como se indica en la figura. Determina la velocidad con la que se lanzó el objeto.

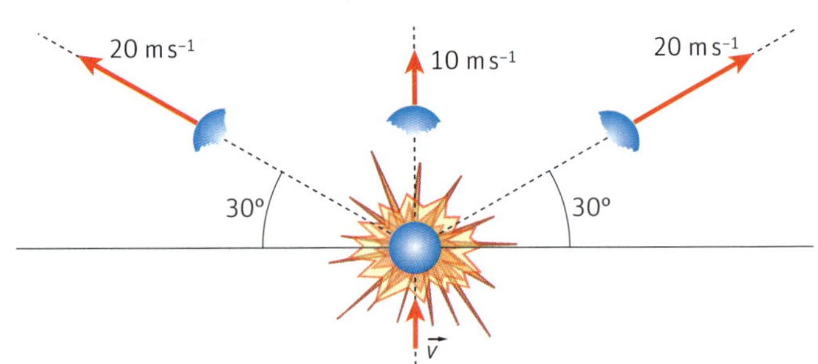

Solución: 39 m s^{-1}

smSaviadigital.com

59. En esta dirección encontrarás una animación sobre choques elásticos e inelásticos. Estudia qué ocurre cuando dos masas iguales chocan en una dimensión y cuando lo hacen en dos dimensiones. Realiza la experiencia con un choque elástico y con otro inelástico.

RESUELVE

smSaviadigital.com VALORA LO APRENDIDO > Realiza estas actividades de autoevaluación para comprobar los conocimientos adquiridos.

LA FÍSICA... EN LOS PARQUES DE ATRACCIONES

Un parque de atracciones es un sitio ideal para experimentar con los principios de la dinámica. En las distintas atracciones experimentamos y ejercemos fuerzas, nos movemos con movimiento inercial, describimos trayectorias rectas y curvas, y soportamos aceleraciones y frenazos. Un típico ejemplo es la atracción denominada "Lanzadera".

Los pasajeros se suben a los asientos y ascienden mediante un movimiento rectilíneo uniforme. Durante este trayecto cualquier persona experimenta la fuerza de atracción de la Tierra (el peso) y la reacción del asiento (la normal). Estas dos fuerzas se anulan y no hay fuerza neta sobre la persona, que está en equilibrio (aunque no en reposo).

Pero lo que los viajeros esperan es lo que sigue a continuación: "el suelo de desploma bajo sus pies" y comienza una vertiginosa caída libre que produce una sensación de vacío en sus estómagos. Durante un breve tiempo no están sentados en su butaca y, por tanto, no reciben una fuerza de reacción normal. La única fuerza que experimentan es su peso, que les acelera a razón de 9,8 $m s^{-2}$. Cualquier objeto que sitúen sobre la palma de la mano, por ejemplo, un chicle, cae a su misma velocidad, flotando ante sus ojos. Solo los dispositivos de seguridad los mantienen sujetos.

Pero esta sensación no dura mucho, ya que el trayecto es limitado, y llega el momento de frenar. De nuevo aparece una fuerte sensación en el estómago y, ahora, se aprietan fuertemente contra el asiento (en realidad es el asiento el que se está parando), recibiendo una reacción normal mayor que se opone a su peso; su velocidad disminuye hasta hacerse nula. Pero, cuidado, esta disminución no puede ser muy rápida pues el cuerpo humano no soporta aceleraciones positivas o negativas demasiado grandes.

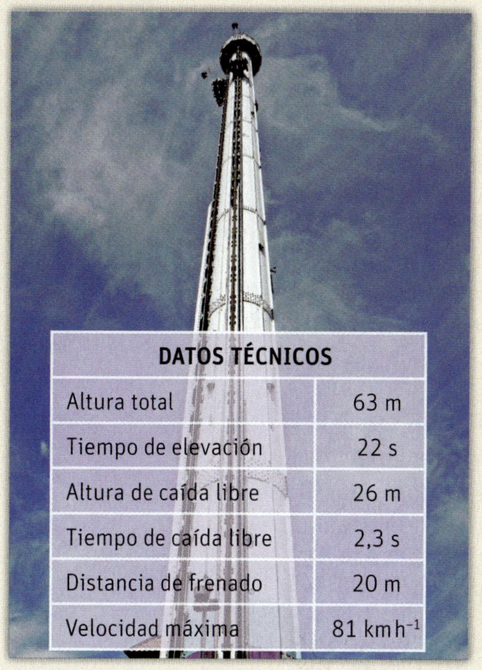

DATOS TÉCNICOS	
Altura total	63 m
Tiempo de elevación	22 s
Altura de caída libre	26 m
Tiempo de caída libre	2,3 s
Distancia de frenado	20 m
Velocidad máxima	81 $km h^{-1}$

1. En la lectura anterior, identifica situaciones donde se cumplan el primer principio de la dinámica, el segundo principio y el tercer principio.
2. ¿Por qué los viajeros se aprietan contra el asiento cuando este comienza a frenar? ¿Qué principio de la dinámica explica este hecho?
3. Con los datos técnicos, calcula la aceleración de frenado (supón que es constante) y la fuerza neta que experimenta la persona en ese tiempo. ¿Hacia dónde va dirigida?
4. Suponiendo que el cuerpo humano puede soportar una aceleración máxima de 3 $g\,m s^{-2}$, ¿cuál sería la distancia mínima de frenado para no sobrepasar ese valor?

Autoevaluación

1. Se aplica la misma fuerza a dos muelles, A y B, cuyas constantes elásticas son k_A = 10 $N m^{-1}$ y k_B = 20 $N m^{-1}$.
   a) A se estira el doble que B.
   b) B se estira el doble que A.
   c) Ambos se estiran igual.
   d) Faltan datos para responder.

2. Dos personas llevan una pértiga de 2,4 m apoyada sobre sus hombros. De ella cuelga un caldero con agua, de tal manera que una de las personas recibe el doble de peso que la otra. ¿A qué distancia de la persona que lleva menos peso se encuentra el caldero?
   a) 1,6 m b) 0,80 m c) 0,40 m d) 1,2 m

3. Sobre un objeto de 4,0 kg de masa se aplica una fuerza y este adquiere una aceleración de 0,4 $m s^{-2}$. Si sobre un segundo objeto se aplica la misma fuerza, la aceleración es de 0,2 $m s^{-2}$. ¿Cuál es la masa del segundo objeto?
   a) 4,0 kg b) 2,0 kg c) 8,0 kg d) 6,0 kg

4. Un objeto de 4 kg de masa que lleva una velocidad de 3 $m s^{-1}$, recibe una fuerza de 6 N durante 2 s. Su velocidad final:
   a) Puede ser 0 $m s^{-1}$.
   b) Puede ser 7 $m s^{-1}$.
   c) Puede ser 12 $m s^{-1}$.
   d) No puede ser 3 $m s^{-1}$.

5. Indica si estas afirmaciones son verdaderas o falsas.
   a) Sobre un objeto que se mueve con velocidad constante no actúa ninguna fuerza.
   b) Un balón de baloncesto en movimiento posee momento lineal y fuerza.
   c) Un satélite ambiental, en su órbita circular alrededor de la Tierra, varía su momento angular respecto al centro de la misma.
   d) Un pez nada hacia otro más pequeño que se encuentra en reposo. Si se lo come, su velocidad disminuye.

6. Un chico de 66 kg y una chica de 44 kg están de pie juntos en una pista de hielo. Después de empujarse el uno al otro, el chico se aleja con una velocidad de 0,60 $m s^{-1}$ respecto al suelo. Después de 4,0 s ambos se encuentran a:
   a) 3,6 m b) 2,4 m c) 1,2 m d) 6,0 m

11 Estudio de situaciones dinámicas

El descenso por una pista de esquí permite estudiar la relación entre las fuerzas que actúan sobre un cuerpo y su movimiento. La masa del esquiador y sus huellas en la nieve informan acerca del peso y de la fricción que ejerce la nieve sobre las tablas de esquí; la inclinación de la pendiente es un factor importante para el cálculo de la aceleración, y la postura del esquiador da una idea de si está bajando con un movimiento rectilíneo o si describe una curva.

Recuerda y reflexiona

Primer principio de la dinámica

1. En ocasiones los esquiadores suben al inicio de una pista con la ayuda de un cable que tira de ellos con velocidad constante.

a) ¿Por qué, si hay una fuerza que actúa sobre el esquiador, la velocidad es constante?

b) ¿Qué nombre recibe la fuerza que realiza el cable?

a) Para que la velocidad sea constante, la fuerza resultante sobre el objeto en movimiento debe ser cero (primer principio de la dinámica). La fuerza que el esquiador recibe del cable compensa la suma de la componente horizontal del peso y de la fuerza de fricción entre la nieve y los esquís.

b) A la fuerza que una cuerda o un cable ejercen sobre un objeto se la denomina tensión.

Relación matemática entre fuerza y aceleración

2. Un esquiador desciende en línea recta por una pendiente nevada.

a) Indica qué fuerza le hace descender.

b) ¿Qué tendría que ocurrir para que bajara a velocidad constante?

c) Indica el tipo de aceleración que tendrá.

a) La fuerza que le hace descender es su propio peso (al estar sobre un plano inclinado, en realidad es la componente de dicho peso en la dirección de este plano).

b) Que la resultante de todas las fuerzas que actúan sobre él sea cero. En este caso, la fuerza de rozamiento debería compensar a la componente del peso en la dirección del plano horizontal.

c) Al llevar una trayectoria rectilínea, su única aceleración posible es tangencial.

Tercer principio de la dinámica

3. Describe cómo se impulsa un esquiador en una pista plana.

Generalmente lo hace impulsándose con los bastones y deslizando primero un esquí y luego, el otro. El esquiador interacciona con la pista de forma que el bastón ejerce una fuerza sobre la nieve hacia atrás y la nieve ejerce sobre el esquiador otra fuerza igual y de sentido contrario hacia delante.

1 Leyes de Kepler sobre el movimiento planetario

Primera ley de Kepler: $r_1 + r_2$ = cte.

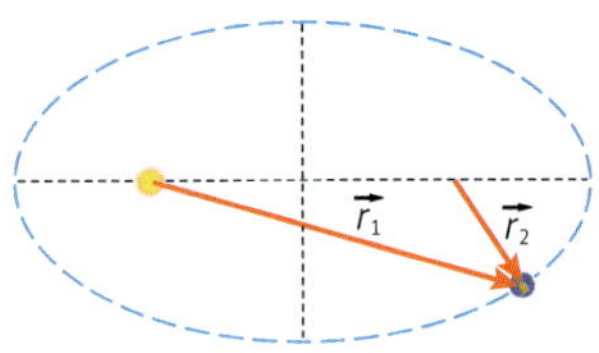

Segunda ley de Kepler: velocidad areolar constante

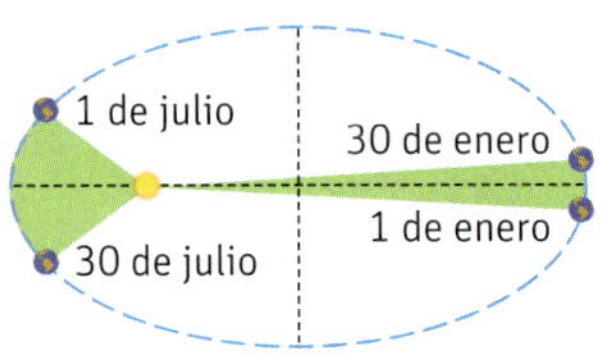

Figura 11.1. La primera y segunda leyes de Kepler sobre el movimiento planetario describen la forma de las órbitas y la velocidad de los planetas.

Hasta mediados del siglo XVI mucha gente creía que la Tierra era el centro del universo. En 1543 el astrónomo polaco Nicolás Copérnico sugirió que la Tierra y los demás planetas giraban en órbitas circulares alrededor del Sol.

A finales del siglo XVI el astrónomo danés Tycho Brahe midió, con gran precisión, la posición de los planetas durante más de veinte años y su discípulo, Johannes Kepler, fue capaz de resumir los datos de Brahe en tres leyes que describen matemáticamente el movimiento de los planetas:

Primera ley de Kepler o ley de las órbitas (1609). Los planetas describen órbitas elípticas alrededor del Sol, encontrándose este en uno de sus focos.

Kepler también comprobó que los planetas no giran en torno al Sol con rapidez constante, sino que se mueven con mayor rapidez cuando están más cerca del Sol.

Segunda ley de Kepler o ley de las áreas (1609). El radio vector que une el Sol y un planeta (con origen en el Sol y extremo en el planeta) barre áreas iguales en tiempos iguales.

Diez años después, Kepler encontró una relación entre el tiempo que tarda un planeta en describir una órbita alrededor del Sol y la distancia respecto de este.

Tercera ley de Kepler o ley de los períodos (1619). El cuadrado del período de revolución, T, de un planeta es proporcional al cubo de la distancia media que lo separa del Sol:

$$\frac{T^2}{r^3} = k$$

EJERCICIOS RESUELTOS

1 El período orbital de la Tierra alrededor del Sol es de un año (365,25 días).

a) Calcula La distancia media entre el Sol y la Tierra, denominada unidad astronómica (UA).

b) Si la distancia media de la órbita de Marte es $2{,}28 \cdot 10^{11}$ m, obtén el período orbital de Marte en años.

Dato: Constante de Kepler, $k = 2{,}97 \cdot 10^{-19}\ \text{s}^2\text{m}^{-3}$

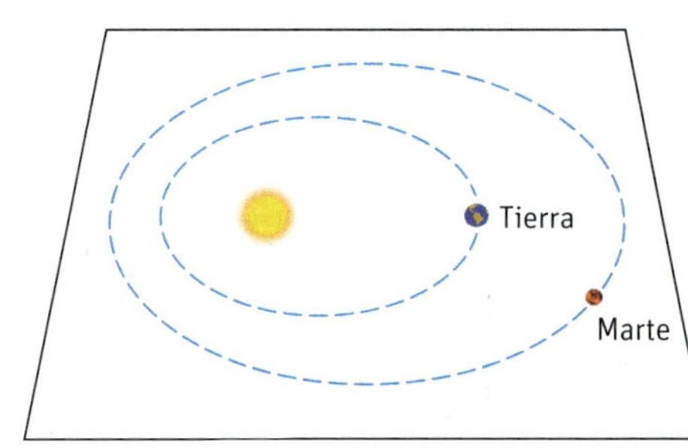

a) Se aplica la tercera ley de Kepler y se despeja la distancia media:

$$\frac{T^2}{r^3} = k \Rightarrow r = \sqrt[3]{\frac{T^2}{k}} = \sqrt[3]{\frac{\left[(365{,}25\ \text{día})(86\,400\ \text{s día}^{-1})\right]^2}{(2{,}97 \cdot 10^{-19}\ \text{s}^2\text{m}^{-3})}} = 1{,}50 \cdot 10^{11}\ \text{m}$$

b) Aplicando la tercera ley a la Tierra y a Marte y dividiendo miembro a miembro las expresiones:

$$\frac{T_T^2}{r_T^3} = \frac{T_M^2}{r_M^3} \Rightarrow T_M = T_T\sqrt{\frac{r_M^3}{r_T^3}} = (1\ \text{año})\sqrt{\left(\frac{2{,}28 \cdot 10^{11}\ \text{m}}{1{,}50 \cdot 10^{11}\ \text{m}}\right)^3} = 1{,}87\ \text{años}$$

ACTIVIDADES

1. En la siguiente tabla se muestran los datos del período de algunos planetas y la distancia media al Sol en unidades astronómicas. Representa gráficamente T^2-r^3.

Planeta	Período (años terrestres)	Distancia media (UA)
Marte	1,88	1,53
Júpiter	11,8	5,20
Saturno	29,5	9,54
Urano	84,0	19,18

2. Razona sobre la veracidad o falsedad de las afirmaciones.

a) Si un planeta A se encuentra dos veces más alejado del Sol que el planeta B, el período orbital de A es ocho veces mayor que el de B.

b) El período orbital de Ganímedes, una luna de Júpiter, es de 7,1664 días y su distancia media a Júpiter es $1{,}07 \cdot 10^7$ m. La constante k de las lunas de Júpiter es distinta a la de los planetas del sistema solar.

1.1. La conservación del momento angular y las leyes de Kepler

Las leyes de Kepler no dicen nada acerca de las causas que provocan el movimiento de los planetas. Medio siglo después, Isaac Newton consideró que los planetas eran atraídos por el Sol mediante una fuerza que está dirigida constantemente hacia él: una **fuerza central**.

Una fuerza ejercida sobre un objeto es **central** cuando el vector posición del objeto es paralelo a la fuerza. Por ejemplo, las fuerzas gravitatorias sobre los planetas.

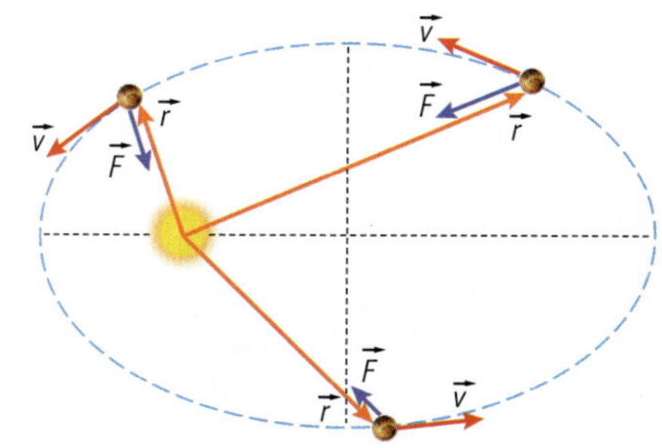

Figura 11.2. Cualquier objeto sometido a una fuerza central tiene una trayectoria plana.

En las fuerzas centrales y, por tanto, en las gravitatorias, se cumple que el momento de esta fuerza, $\vec{M} = \vec{r} \times \vec{F}$, con respecto al Sol es cero (por ser $\vec{r}$ paralelo a $\vec{F}$). Además, el momento de la fuerza se puede expresar como la variación con respecto al tiempo del momento angular:

$$\vec{M} = \frac{d\vec{L}}{dt} = 0 \Rightarrow \vec{L} = \vec{r} \times m\vec{v} = \text{cte.}$$

El momento angular, $\vec{L}$, del planeta con respecto al Sol permanece constante. Al ser una magnitud vectorial, no cambia ni en módulo, ni en dirección, ni en sentido:

- Al no variar la dirección de $\vec{L}$, el movimiento del planeta tiene lugar en un plano.
- Como $\vec{L}$ mantiene el sentido constante, el planeta recorre la elipse siempre en el mismo sentido.
- La conservación del módulo del momento angular es coherente con el comportamiento descrito en la segunda ley de Kepler:

$$|\vec{L}| = rmv\,\text{sen}\,\alpha = \text{cte.}$$

Figura 11.3. Los planetas se mueven en su órbita alrededor del Sol, siempre en el mismo plano (plano de la eclíptica).

En el caso de dos puntos particulares, el perihelio (punto más cercano al Sol) y el afelio (punto más alejado del Sol), donde $\alpha = 90°$ y $\text{sen}\,\alpha = 1$, se cumple:

$$|\vec{L}_P| = |\vec{L}_A| \Rightarrow r_P v_P = r_A v_A$$

Cuando la distancia del planeta al Sol disminuye, su velocidad aumenta.

EJERCICIOS RESUELTOS

2 **El apogeo es el punto de la órbita de la Luna o de un satélite artificial en el que su distancia con respecto al centro de la Tierra es mayor, y el perigeo es el punto de la órbita donde esta distancia es menor. Si la velocidad de la Luna en el apogeo es 3499 km s⁻¹, calcula la distancia al apogeo sabiendo que en el perigeo de la Luna se encuentra a 3,56 · 10³ km y su velocidad es 3978 km s⁻¹.**

Como la fuerza que actúa sobre la Luna es central, se conserva su momento angular, por tanto se cumple: $r_P v_P = r_A v_A$. Despejando:

$$r_A = \frac{(3{,}56 \cdot 10^3\ \text{km})(3978\ \text{km s}^{-1})}{(3499\ \text{km s}^{-1})} = 4{,}05 \cdot 10^3\ \text{km}$$

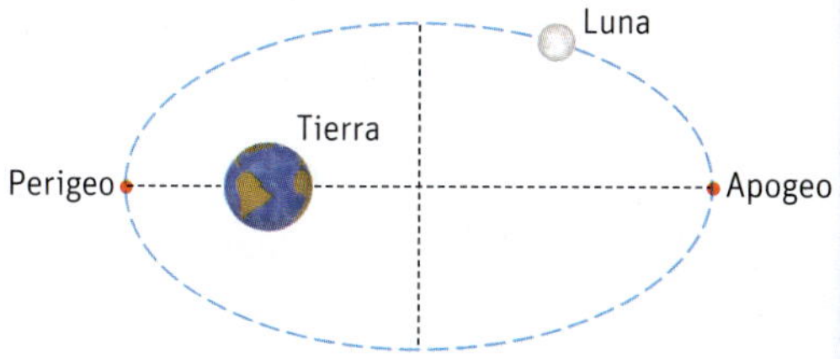

ACTIVIDADES

3. En diciembre la Tierra está más cerca del Sol. Usa la segunda ley de Kepler para demostrar que, en ese mes, la Tierra se mueve más rápido en su órbita que en junio, cuando la Tierra está más alejada del Sol.

4. Con ayuda de la tercera ley de Kepler y suponiendo una órbita circular, demuestra que un planeta más cercano al Sol tiene mayor velocidad de traslación sobre su órbita que un planeta más alejado.

5. La estación espacial internacional (EEI) tiene una órbita casi circular, con una distancia media a la superficie terrestre de 415 km y una masa de unas 450 t.

Determina el valor de su momento angular respecto al centro de la Tierra.

Dato. Radio medio de la Tierra: $6{,}37 \cdot 10^6$ m.

Solución: $2{,}34 \cdot 10^{16}$ kg m² s⁻¹

2 La interacción gravitatoria

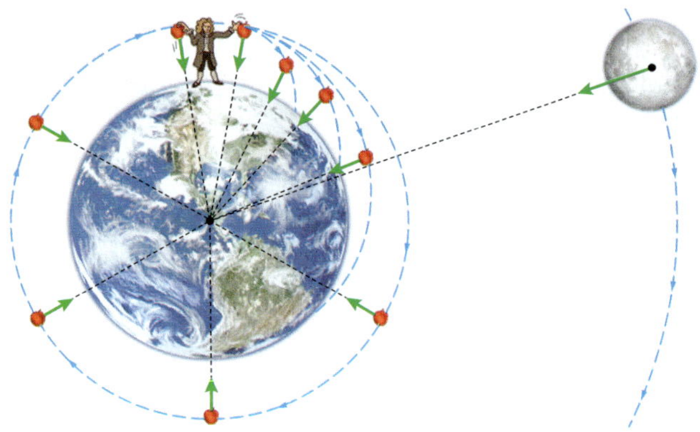

Figura 11.4. Newton comprendió que la fuerza entre la Tierra y la manzana era la misma que la que la Tierra ejercía sobre la Luna: la fuerza gravitatoria..

Hasta bien entrado el siglo XVII se creía que los planetas y la Luna se movían describiendo movimientos circulares, sin necesidad de que sobre dichos cuerpos actuaran fuerzas. El modelo heliocéntrico de Copérnico, los trabajos de Galileo y los estudios de Kepler sobre el movimiento de los planetas en torno al Sol llevaron a Newton a identificar las fuerzas de interacción entre los cuerpos celestes.

2.1. La ley de la gravitación universal

Utilizando una única expresión matemática, Newton describió a la vez el movimiento de los cuerpos sobre la superficie terrestre y el de los cuerpos celestes (Fig. 11.4).

Ley de la gravitación universal. Dos cuerpos de masas m_1 y m_2, separados por una distancia, r, ejercen fuerzas de atracción mutuas, $\vec{F}_{1\to2}$ y $\vec{F}_{2\to1}$, cuyo módulo es directamente proporcional al producto de las masas e inversamente proporcional al cuadrado de la distancia entre ellas (Fig. 11.5).

$$|\vec{F}_{1\to2}| = |\vec{F}_{2\to1}| = G\frac{m_1 m_2}{r^2}$$

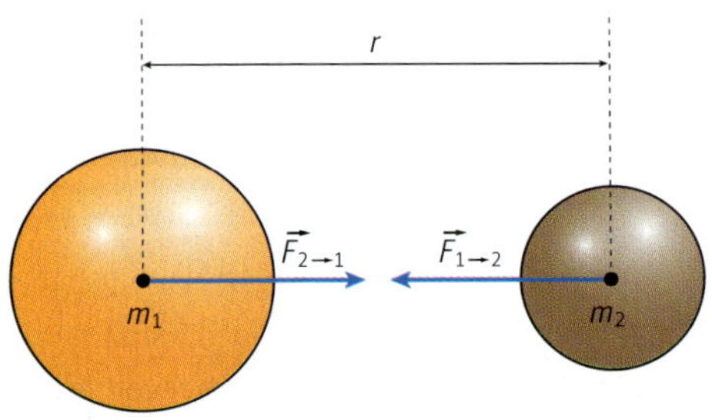

Figura 11.5. Las dos fuerzas tienen el mismo módulo y direcciones opuestas. Actúan sobre cuerpos distintos haciendo que ambos cuerpos se atraigan.

$$\vec{F}_{1\to2} = -\vec{F}_{2\to1}$$

La constante de proporcionalidad, G, se llama **constante de gravitación universal**, ya que tiene el mismo valor para todos los pares de masas en cualquier parte del universo. Su valor, determinado experimentalmente en 1798 por el físico inglés **Henry Cavendish**, es:

$$G = 6{,}67 \cdot 10^{-11}\ \mathrm{N\,m^2\,kg^{-2}}$$

La interacción gravitatoria entre dos masas tiene la dirección de la recta que las une y es atractiva. Fijando el origen en la masa m_1, el vector $\vec{r}$ termina en m_2. El vector $\vec{u}_r$ es un vector unitario en la dirección de $\vec{r}$, paralelo (y de sentido contrario) a $\vec{F}$. Por tanto, la fuerza gravitatoria es una **fuerza central**.

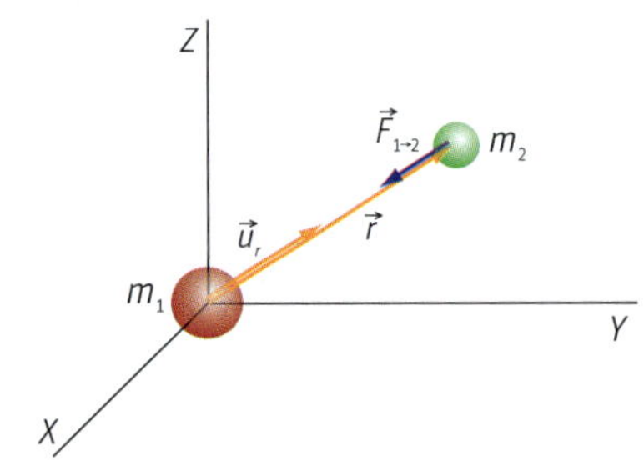

EJERCICIOS RESUELTOS

3 La distancia entre dos alumnos en un aula es de 0,60 m.

a) Calcula la fuerza gravitatoria entre ambos, sabiendo que sus masas son de 65 kg y 70 kg.

b) Explica por qué el valor obtenido es tan pequeño.

a) Para hallar la fuerza gravitatoria, se aplica la ley de gravitación universal:

$$F = G\frac{m_1 m_2}{r^2} = (6{,}67 \cdot 10^{-11}\ \mathrm{N\,m^2\,kg^{-2}}) \cdot \frac{(65\ \mathrm{kg})(70\ \mathrm{kg})}{(0{,}60\ \mathrm{m})^2} = 8{,}4 \cdot 10^{-7}\ \mathrm{N}$$

b) El hecho de que el valor de G sea tan pequeño hace que la fuerza gravitatoria sea de escasa intensidad cuando las masas son relativamente pequeñas y por eso no se sienten o quedan enmascaradas por otras. Si se sustituyera la masa de uno de los alumnos por la masa de la Tierra, la fuerza aumentaría considerablemente.

ACTIVIDADES

6. Se sabe que la fuerza gravitatoria entre dos cuerpos separados 1,50 m es $3{,}16 \cdot 10^{-7}$ N. Sabiendo que uno de ellos tiene una masa de 71,5 kg, calcula la masa del otro cuerpo.

Solución: 149 kg

7. Si un coche golpea por alcance a otro cuando ambos se mueven por una superficie horizontal, razona si el de atrás puede alegar en su descargo que la responsable del accidente ha sido la gravitación universal.

2.2. El campo gravitatorio

Las fuerzas a distancia entre dos masas, *m* y *m'*, se explican suponiendo que una masa, *m*, modifica el espacio que la rodea, creando a su alrededor un **campo gravitatorio**, responsable de la fuerza que experimenta otra masa, *m'*, situada a una distancia *r*. El campo gravitatorio se representa mediante un vector denominado **intensidad de campo gravitatorio**.

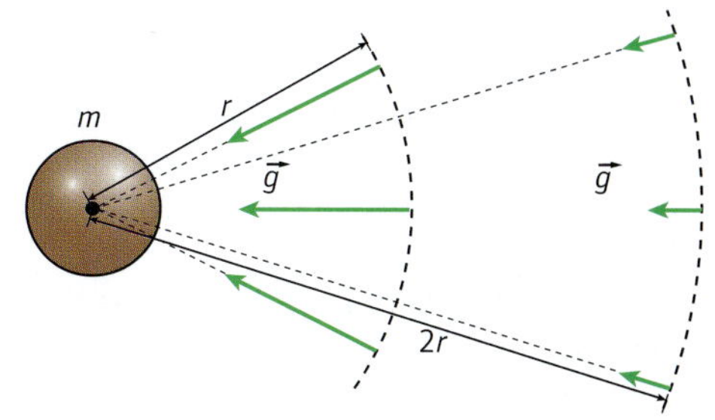

Figura 11.6. El valor de $\vec{g}$ disminuye al aumentar la distancia, *r*, a la masa *m* que crea el campo: si *r* se duplica, $|\vec{g}|$ se divide por cuatro.

La **intensidad del campo gravitatorio**, $\vec{g}$, en un punto del espacio que rodea a una masa *m* es la fuerza gravitatoria que actúa sobre la unidad de masa *m'*, situada en dicho punto.

$$\vec{g} = \frac{\vec{F}}{m'}$$

Se expresa en ($N\,kg^{-1}$) o en ($m\,s^{-2}$). El valor numérico del vector campo gravitatorio, $\vec{g}$, creado por una masa *m* en un punto que dista *r* de la masa es:

$$g = \frac{F}{m'} = \frac{G\frac{mm'}{r^2}}{m'} = G\frac{m}{r^2}$$

EJERCICIOS RESUELTOS

4 El telescopio espacial Hubble gira alrededor de la Tierra en una órbita que dista del centro de la Tierra $6{,}98 \cdot 10^6$ m.

a) Calcula el valor del campo gravitatorio terrestre en la posición del *Hubble*.

b) Determina la fuerza que ejerce la Tierra sobre el telescopio, de masa $1{,}16 \cdot 10^4$ kg.

Dato: $M_T = 5{,}98 \cdot 10^{24}$ kg

a) El campo gravitatorio creado por la Tierra en la posición del *Hubble* es:

$$g = G\frac{M_T}{r^2} = (6{,}67 \cdot 10^{-11}\ Nm^2kg^{-2})\frac{(5{,}98 \cdot 10^{24}\ kg)}{(6{,}98 \cdot 10^6\ m)^2} = 8{,}19\ Nkg^{-1}$$

b) $F = mg = (1{,}16 \cdot 10^4\ kg)(8{,}19\ ms^{-2}) = 9{,}50 \cdot 10^4\ N$

5 Un astronauta de 82 kg está en la Estación Espacial Internacional (EEI) que gira a un órbita cuyo radio medio es $6{,}74 \cdot 10^6$ m.

a) Calcula el valor del campo gravitatorio que experimenta el astronauta.

b) En televisión se observa cómo flotan los astronautas. Explica este hecho.

a) El campo gravitatorio terrestre en la posición de la EEI es:

$$g = G\frac{M_T}{r^2} = (6{,}67 \cdot 10^{-11}\ Nm^2kg^{-2}) \cdot \frac{(5{,}98 \cdot 10^{24}\ kg)}{(6{,}74 \cdot 10^6\ m)^2} = 8{,}78\ Nkg^{-1}$$ (un valor próximo al que tiene en la superficie terrestre, $9{,}81\ N\,kg^{-1}$).

b) La fuerza gravitatoria sobre los astronautas es solo un poco menor a la que actuaría si el astronauta estuviese situado en la superficie terrestre. Los astronautas "flotan" pero no porque la Tierra no los atraiga, sino porque, al igual que la Estación Espacial, están en caída libre: los astronautas están en reposo respecto a la Estación y parece que flotaran.

ACTIVIDADES

8. Calcula la fuerza gravitatoria que ejerce la Tierra:

a) Sobre un persona de 75,0 kg situada en la superficie de la Tierra.

b) Sobre un satélite artificial de 75,0 kg situado a 250 km sobre la superficie terrestre.

Datos: $M_T = 5{,}98 \cdot 10^{24}$ kg; $R_T = 6{,}37 \cdot 10^6$ m

Solución: a) 737 N; b) 683 N

9. El valor del campo producido por una masa de 110 kg en la posición de otra masa de 15 kg es de $0{,}054\ N\,kg^{-1}$.

a) ¿A qué distancia se encuentran ambas masas?

b) ¿Qué fuerza recibe la masa de 15 kg?

c) ¿Qué fuerza ejerce la masa de 15 kg sobre la de 110 kg?

Solución: a) $3{,}7 \cdot 10^{-4}$ m; b) 0,81 N; c) 0,81 N

Ten en cuenta

La masa es una característica inherente a todo cuerpo material, con independencia de que exista o no un campo gravitatorio. Sin embargo, solo es posible hablar del peso de un cuerpo en presencia de un campo gravitatorio.

La masa del astronauta es la misma en la Tierra que en la Luna; sin embargo, su peso es diferente al ser distinto el valor de la gravedad.

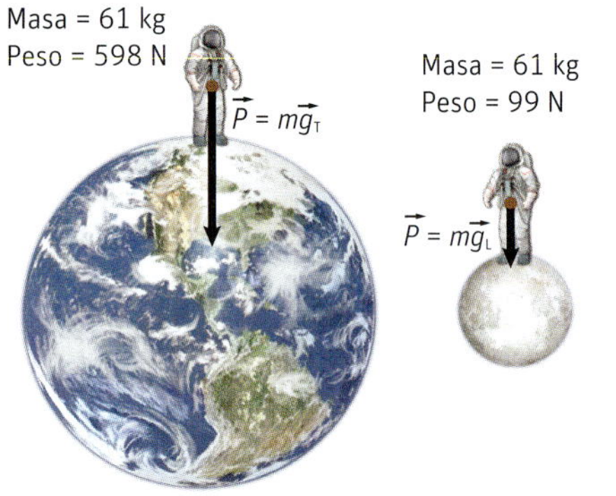

2.3. El peso de los cuerpos

Una de las fuerzas más cercanas a la experiencia es el peso de un cuerpo: su cálculo es una aplicación particular de la ley de la gravitación universal.

> El **peso** de un cuerpo situado sobre la superficie terrestre es la fuerza con que es atraído por la Tierra.

Si el cuerpo está sobre la Luna o sobre cualquier otro cuerpo celeste, su peso sería la fuerza con la que es atraído. El peso, como cualquier fuerza, se expresa en **newtons (N)**.

En la Tierra, de masa M_T = 5,98 · 10^{24} kg y de radio medio R_T = 6,37 · 10^6 m, el valor de la fuerza gravitatoria sobre un objeto en su superficie es:

$$P = G\frac{M_T m}{R_T^2}$$

Pero el valor de la intensidad del campo gravitatorio en la superficie terrestre es:

$$g = G\frac{M_T}{R_T^2} = (6{,}67 \cdot 10^{-11}\ \text{Nm}^2\,\text{kg}^{-2})\frac{(5{,}98 \cdot 10^{24}\ \text{kg})}{(6{,}37 \cdot 10^6\ \text{m})^2} = 9{,}81\ \text{Nkg}^{-1} = 9{,}81\ \text{ms}^{-2}$$

Este valor se conoce como **aceleración de la gravedad**. Por tanto, la fuerza gravitatoria sobre un objeto en su superficie, o peso, es:

$$\vec{P} = m\vec{g}$$

El peso, como cualquier fuerza, es una magnitud vectorial. Su dirección es radial, su sentido es hacia el centro de la Tierra y se aplica en el centro de gravedad del cuerpo.

EJERCICIOS RESUELTOS

6 **Una astronauta en la Tierra tiene un peso de 685 N. ¿Cuál será su peso en Marte si el valor de la aceleración de la gravedad en el "planeta rojo" es de 3,76 m s^{-2}? Toma como dato g = 9,81 m s^{-2}.**

El peso en la Tierra es $P_T = mg_T$, luego, la masa del astronauta será: $m = \frac{P_T}{g_T}$.

Como la masa es la misma en Marte, su peso en Marte será:

$$P_M = mg_M = \frac{P_T}{g_T}g_M = \frac{(685\,\text{N})}{(9{,}81\,\text{ms}^{-2})}\cdot(3{,}76\,\text{ms}^{-2}) = 263\,\text{N}$$

7 **El vehículo lunar *Roving* fue utilizado para desplazarse por la Luna en las misiones *Apolo* 15, 16 y 17.**

a) Sabiendo que el valor de la gravedad en la superficie de la Luna es aproximadamente 1/6 del valor en la superficie terrestre, calcula la fuerza que tendría que aplicar el motor del vehículo en la Luna para que alcanzase una aceleración de 1,00 m s^{-2}, sabiendo que en la Tierra necesitó una fuerza de 255 N.

b) Calcula el peso del vehículo en la Luna.

a) Según la segunda ley de Newton $F = ma$, la aceleración que alcanza un objeto de masa m es independiente del valor de la gravedad, por tanto, la fuerza que tendrá que realizar el motor en la Luna, será la misma que en la Tierra.

b) Despejando la masa: $m = \frac{F}{a} = \frac{(255\,\text{N})}{(1{,}00\,\text{ms}^{-2})} = 255\,\text{kg}$, el peso del vehículo en la Luna es: $P = mg_L = (255\,\text{kg})\left(\frac{9{,}81}{6}\,\text{ms}^{-2}\right) = 417\,\text{N}$

ACTIVIDADES

10. Razona dónde será mayor el peso de un destornillador, ¿en la superficie de la Tierra o en la Estación Espacial Internacional? ¿Y su masa?

11. Razona sobre la veracidad o falsedad de estas afirmaciones:

a) La masa de un objeto depende de su posición.

b) El peso de un objeto depende de su posición.

Cuerpos apoyados sobre una superficie

Las personas no perciben su propio peso directamente; la sensación de peso se debe al hecho de que hay fuerzas presionando contra su cuerpo. Así, cuando una persona permanece de pie, siente la reacción normal del suelo empujando contra sus pies.

OBSERVA

1. Un saco sobre una báscula, dentro de un montacargas en reposo, recibe dos fuerzas: el peso, $\vec{P}$, ejercido por la Tierra, y la normal, $\vec{N}$, ejercida por la báscula. El saco ejerce sobre la báscula otra fuerza, reacción de la normal, que es la medida:

$$N = P$$

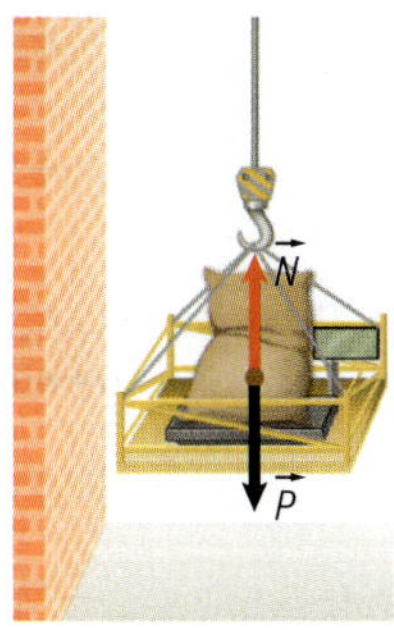

2. Si el montacargas acelera, el saco que se sitúa sobre la báscula también acelera. Se observa que la medida cambia: los sensores de la báscula se comprimen más e indicarán un "peso aparente" mayor:

$$N = P + ma$$

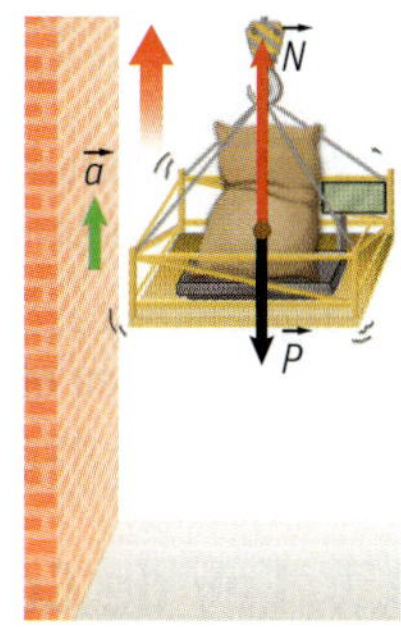

3. Si se rompe el cable del montacargas, la fuerza gravitatoria sigue actuando (por eso el cuerpo cae), pero la indicación de la báscula es cero porque no hay fuerza normal. La fuerza gravitatoria no se siente como peso, porque no hay normal:

$$N = 0 \text{ (aunque } P = mg\text{)}$$

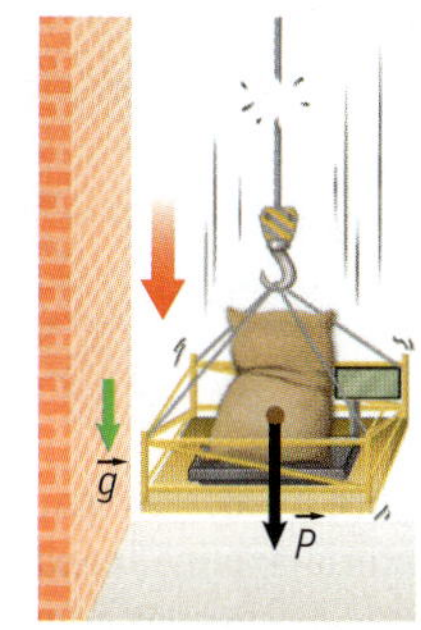

Cuando un cuerpo está apoyado sobre una superficie, ejerce una fuerza sobre ella que es perpendicular a esta. De acuerdo con el tercer principio de la dinámica, la superficie debe ejercer sobre el cuerpo una fuerza de la misma intensidad y de sentido contrario. Esta fuerza se denomina **reacción normal** o simplemente, **normal**.

Es importante destacar que la normal no es la reacción al peso. Por ejemplo, si sobre los libros de la figura 11.7 se hace una fuerza hacia abajo con la mano, la fuerza normal aumentará, ya que será la suma del peso y de la fuerza realizada.

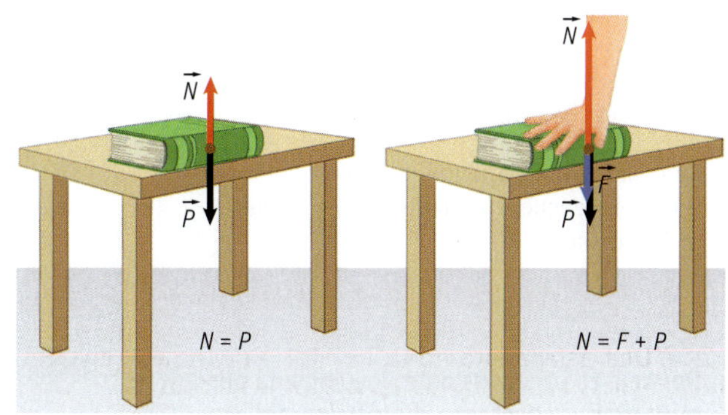

Figura 11.7. La normal no es la reacción al peso

EJERCICIOS RESUELTOS

8 **Calcula el peso aparente de una persona de 65 kg que cae en la lanzadera de un parque de atracciones con una aceleración de 0,90*g*. Compáralo con su peso en el suelo.**

La figura muestra las fuerzas que actúan sobre la persona. El valor de la normal es el peso aparente de la persona. Aplicando el segundo principio de la dinámica:

$$mg - N = ma \Rightarrow N = m(g - 0{,}90g)$$

$$N = (65\,\text{kg})(0{,}10 \cdot 9{,}81\,\text{m s}^{-2}) = 64\,\text{N}$$

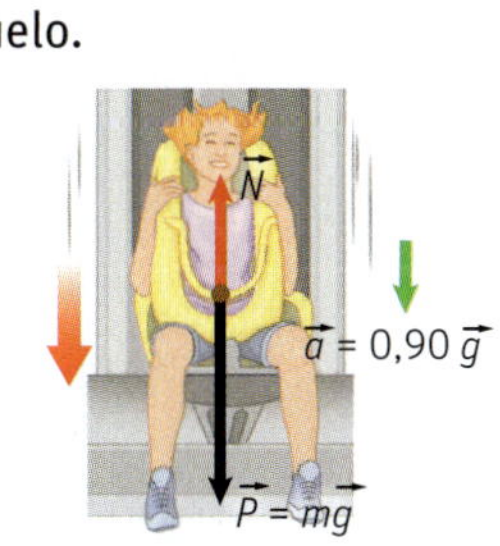

El peso en el suelo es: $(65\text{ kg})(9{,}81\text{ m s}^{-2}) = 638\text{ N}$

9 **Dibuja y calcula la fuerza normal para un libro de 1,50 kg apoyado sobre una mesa horizontal, cuando se presiona sobre él con una fuerza de 12,0 N.**

El peso del libro es: $P = mg = (1{,}50\text{ kg})(9{,}81\text{ m s}^{-2}) = 14{,}7\text{ N}$

Aplicando la segunda ley de Newton, y teniendo en cuenta que el libro está en reposo:

$$\Sigma\vec{F} = m\vec{a} = 0 \Rightarrow N - (F + P) = 0$$

$$N = P + F = (14{,}7 + 12{,}0)\text{ N} = 26{,}7\text{ N}$$

Si no se presionase sobre el libro, la normal sería igual a su peso.

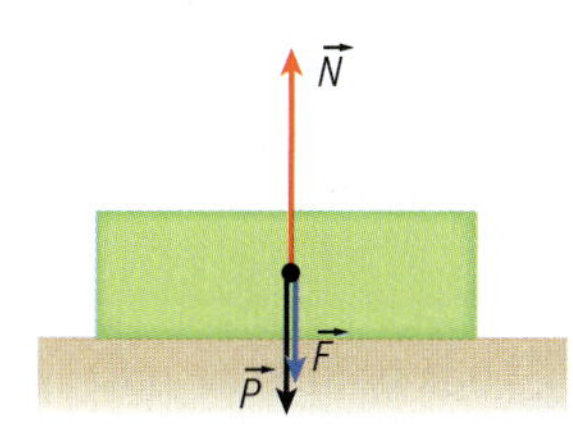

ACTIVIDADES

12. El ascensor de un rascacielos tarda 3,5 s en alcanzar la velocidad de 10 m s^{-1}.

a) Calcula el peso aparente de una persona de 60 kg, cuando está empezando a subir (con un *mrua*).

b) ¿Cuál es su peso aparente cuando la velocidad del ascensor es constante?

Solución: a) $7{,}6 \cdot 10^2$ N; b) $5{,}9 \cdot 10^2$ N

13. Una caja de 10,0 kg de masa está situada sobre una superficie horizontal. Una persona ata una cuerda y tira hacia arriba con una fuerza de 45,0 N. Calcula la normal.

Solución: 53,1 N

14. Una ardilla de 250 g se encuentra en una rama que forma 30° con la horizontal. Calcula su peso y la normal sobre la ardilla.

Solución: 2,5 N; 2,1 N

3 La interacción electrostática

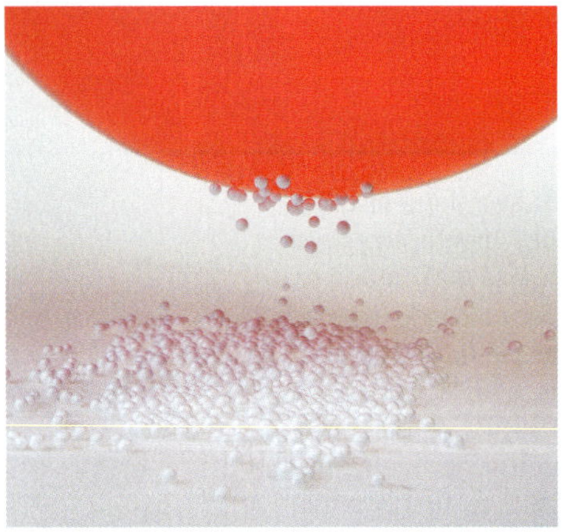

Figura 11.8. La naturaleza eléctrica de la materia explica la existencia de la carga eléctrica: los cuerpos adquieren cargas negativas o positivas cuando ganan o pierden electrones, respectivamente.

Hay muchos experimentos que demuestran la existencia de las cargas y las fuerzas eléctricas: un globo atrae bolitas de porexpán tras ser frotado con un jersey (Fig. 11.8); al andar por una alfombra y tocar el pomo metálico de una puerta se oyen ligeros chispazos, etc.

Cuando los materiales se comportan de esta manera se dice que poseen **carga eléctrica**.

> La **carga eléctrica** es la propiedad de un cuerpo que le permite ejercer y recibir fuerzas eléctricas.

La carga no se crea al frotar o al caminar por la alfombra, sino que se transfiere de un objeto a otro: un cuerpo gana carga y otro la pierde.

La carga eléctrica, q, de un cuerpo siempre es un múltiplo de la carga, e, de un electrón ($q = ne$). En el SI se utiliza el **culombio (C)**, equivalente a 6,3 trillones de electrones. Así, el valor absoluto de la carga de un electrón es $1{,}6 \cdot 10^{-19}$ C.

3.1. Ley de Coulomb

Experimentalmente se comprueba que dos cuerpos con cargas eléctricas del mismo signo se repelen, y si las cargas son de signo contrario, los cuerpos se atraen. Esta interacción se denomina **interacción eléctrica**.

En, 1785, el físico francés Charles de Coulomb midió de forma cuantitativa las fuerzas de interacción eléctrica y enunció la ley que lleva su nombre.

> **Ley de Coulomb.** La fuerza de atracción o repulsión que se ejercen mutuamente dos cargas eléctricas puntuales, q y q', es directamente proporcional al valor de las cargas e inversamente proporcional al cuadrado de la distancia, r que las separa.
>
> $$\vec{F} = K\frac{qq'}{r^2}\vec{u}_r$$

Ten en cuenta

La constante K depende del medio material donde se encuentran las cargas y suele expresar como:

$$K = \frac{1}{4\pi\varepsilon}$$

Donde ε es otra constante denominada **permitividad** o **constante dieléctrica del medio**. La permitividad del vacío es:

$$\varepsilon_0 = 8{,}85 \cdot 10^{-12}\ \text{C}^2\ \text{N}^{-1}\ \text{m}^{-2}$$

La constante de proporcionalidad en el vacío vale $K = 9 \cdot 10^9$ N m^2 C^{-2}.

La fuerza electrostática es una magnitud vectorial, cuya dirección es la de la recta que une las cargas y su sentido está determinado por el signo de ambas cargas. Se trata de una **fuerza central**.

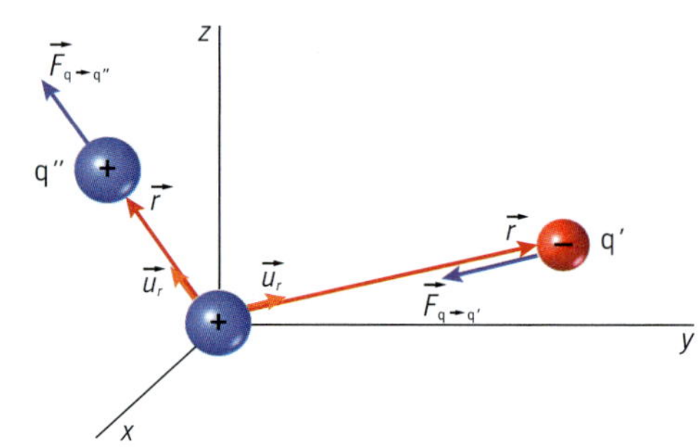

Figura 11.9. Dirección y sentido de las fuerzas eléctricas.

EJERCICIOS RESUELTOS

10 **Dos bolitas de porexpán se han cargado por frotamiento con +25,0 nC y −40,0 nC, respectivamente, y cuelgan de sendos hilos unidos en un punto. Calcula los electrones que ha cedido o ha ganado cada una y halla la fuerza eléctrica entre las dos bolitas si se sitúan a 10,0 cm de distancia en el vacío, indicando si es de atracción o de repulsión.**

La bolita de +25 nC ha cedido electrones y la de −40,0 nC los ha ganado.

$$(25{,}0 \cdot 10^{-9}\ \text{C})\left(\frac{1\ \text{e}}{1{,}6 \cdot 10^{-19}\ \text{C}}\right) = 1{,}6 \cdot 10^{11}\ \text{electrones}$$

$$(40{,}0 \cdot 10^{-9}\ \text{C})\left(\frac{1\ \text{e}}{1{,}6 \cdot 10^{-19}\ \text{C}}\right) = 2{,}5 \cdot 10^{11}\ \text{electrones}$$

Por la ley de Coulomb: $F = k\frac{qq'}{r^2} = (9 \cdot 10^9\ \text{Nm}^2\ \text{C}^{-2})\frac{(25{,}0 \cdot 10^{-9}\ \text{C})(-40{,}0 \cdot 10^{-9}\ \text{C})}{(10{,}0 \cdot 10^{-2}\ \text{m})^2} = -9{,}0 \cdot 10^{-4}$ N

Como las cargas son de distinto signo, la fuerza que ejercen es de atracción.

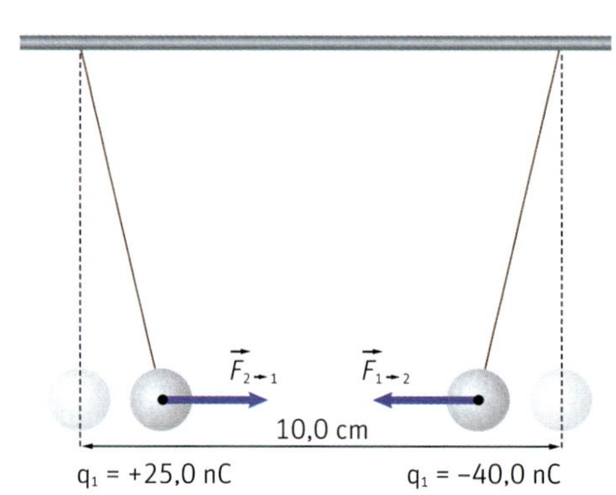

3.2. Diferencias y similitudes entre la interacción electrostática y la gravitatoria

Las interacciones electrostática y gravitatoria son consecuencia de la existencia de propiedades inherentes a la materia: la carga y la masa.

Interacción electrostática	Interacción gravitatoria
• Todo cuerpo que posea carga eléctrica es sensible a la interacción electrostática.	• Todo cuerpo, por el hecho de poseer masa, es sensible a la interacción gravitatoria.
• La fuerza electrostática es directamente proporcional a las cargas e inversamente proporcional a la distancia que las separa. 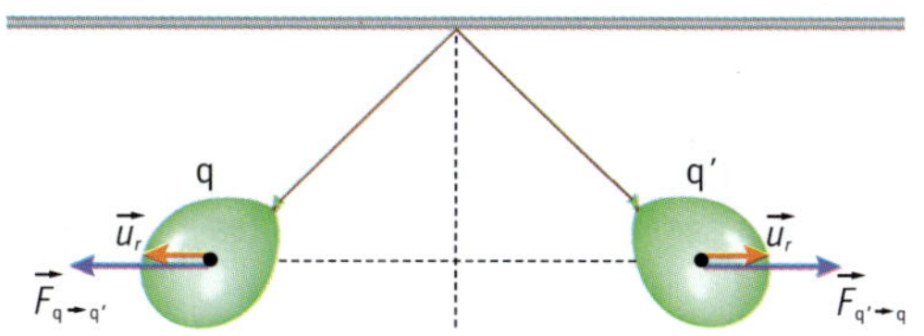 $\vec{F}_C = K\dfrac{qq'}{r^2}\vec{u}_r$	• La fuerza gravitatoria es directamente proporcional a las masas e inversamente proporcional a la distancia que las separa. 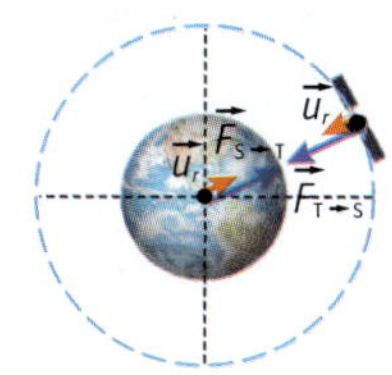 $\vec{F}_N = -G\dfrac{m_1 m_2}{r^2}\vec{u}_r$
• La fuerza electrostática es central ya que va en la dirección del punto donde se encuentra la carga que crea la interacción.	• La fuerza gravitatoria es central ya que va en la dirección del punto donde se encuentra la masa que crea la interacción.
• La interacción electrostática puede ser atractiva o repulsiva.	• La interacción gravitatoria es siempre atractiva.
• La interacción electrostática está influida por el medio donde están inmersas las cargas eléctricas través de la constante K.	• La interacción gravitatoria no depende del medio en el que se encuentren inmersas las masas (G es universal).
• El gran valor de la constante de la ley de Coulomb ($K = 9\cdot10^9$ N m^2 C^{-2} y valores similares para otros medios) hace que la interacción electrostática sea fuerte, incluso con cargas eléctricas muy pequeñas. Esta interacción es la dominante en la escala de átomos y moléculas.	• El pequeño valor de la constante de gravitación universal ($G = 6{,}67\cdot10^{-11}$ N m^2 kg^{-2}) hace que la interacción gravitatoria sea débil (excepto que las masas implicadas sean muy grandes). Esta interacción domina en la escala cosmológica.

EJERCICIOS RESUELTOS

11 **Un electrón y un protón del átomo de hidrógeno están separados por una distancia de $5{,}3\cdot10^{-11}$ m. Calcula la magnitud de la fuerza eléctrica y de la fuerza gravitatoria entre las dos partículas y compáralas.**

Masa del protón, $m_p = 1{,}67\cdot10^{-27}$ kg; masa del electrón, $m_e = 9{,}11\cdot10^{-31}$ kg

$$\left.\begin{aligned} F_C &= K\frac{qq'}{r^2} = (9\cdot10^9\ \text{Nm}^2\text{C}^{-2})\frac{(1{,}6\cdot10^{-19}\ \text{C})^2}{(5{,}3\cdot10^{-11}\ \text{m})^2} = 8{,}2\cdot10^{-8}\ \text{N} \\ F_N &= G\frac{mm'}{r^2} = (6{,}67\cdot10^{-11}\ \text{Nm}^2\text{kg}^{-2})\frac{(1{,}67\cdot10^{-27}\ \text{kg})(9{,}11\cdot10^{-31}\ \text{kg})}{(5{,}3\cdot10^{-11}\ \text{m})^2} = 3{,}6\cdot10^{-47}\ N \end{aligned}\right\} \Rightarrow \frac{F_C}{F_N} \approx 10^{39}$$

La fuerza gravitatoria entre partículas atómicas cargadas es despreciable comparada con la fuerza eléctrica.

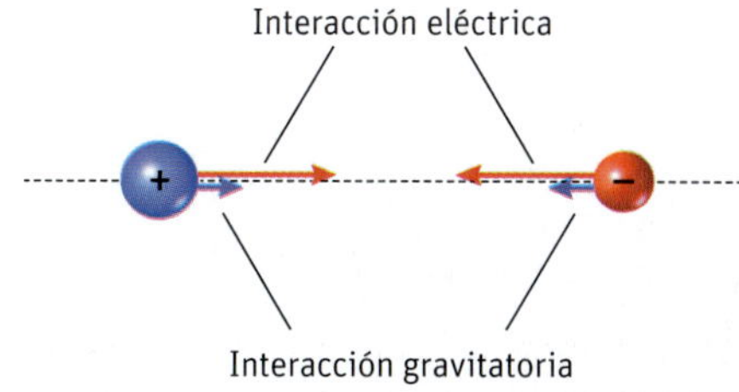

Las dos interacciones decrecen rápidamente al aumentar la distancia entre las partículas.

ACTIVIDADES

15. **Dos cargas eléctricas, q y $2q$, situadas en el vacío a una distancia de 3 m, se repelen con una fuerza de $2\cdot10^{-9}$ N. Calcula el valor de las cargas.**

Solución: 10^{-9} C y $2\cdot10^{-9}$ C

16. **¿A qué distancia se encuentran dos cargas de +5,0 μC y +3,0 μC, si la fuerza que ejerce la primera sobre la segunda es de 13,5 N? Realiza un esquema representativo.**

Solución: 0,10 m

4 Fuerzas de rozamiento

Sabías que

La fricción es esencial para muchas actividades: para caminar por superficies rugosas, para permanecer sentados sin deslizarse en una silla, para que haya adherencia entre la carretera y las ruedas de un vehículo, etc. Sin embargo, en otras ocasiones, la fricción es un hecho negativo que se intenta minimizar; por ejemplo, entre los engranajes de un vehículo.

Coeficientes de rozamiento		
Superficie	**Estático (μ_e)**	**Cinético (μ_c)**
Madera sobre madera	0,4	0,2
Hielo sobre hielo	0,1	0,03
Acero sobre acero	0,7	0,6
Caucho sobre hormigón seco	1,0	0,8
Rodamiento lubricado	< 0,01	0,01

Cuando las superficies de los objetos se deslizan friccionando una contra otra, sus irregularidades hacen que los objetos, después de un tiempo, se detengan.

Cuando un objeto se mueve o intenta moverse sobre una superficie, sobre él actúan, además de la fuerza normal y el peso, otra fuerza de contacto paralela a la superficie, denominada **fuerza de rozamiento**.

La **fuerza de rozamiento**, $\vec{f}_r$, es la fuerza ejercida por una superficie sobre un objeto que se mueve o intenta moverse sobre ella. Su valor es proporcional a la reacción normal, N.

$$f_r = \mu N$$

OBSERVA

El operario está empujando la nevera pero esta no se mueve. Por ello, la fuerza que realiza debe estar equilibrada con otra fuerza (de rozamiento), dirigida en sentido contrario. Si la fuerza aplicada aumenta suficientemente, la nevera comenzará a moverse. En este caso también existe fuerza de rozamiento, porque al cesar de empujar, la nevera se para.

Al aumentar la fuerza que realiza el operario, la fuerza de rozamiento aumentará hasta un valor máximo que mueve la nevera:

$$f_{r,\text{máx.}} = \mu_e N$$

La constante de proporcionalidad es el **coeficiente de rozamiento estático**, μ_e.

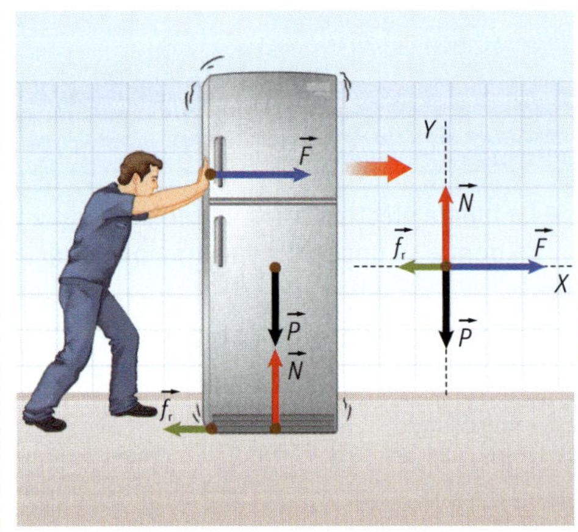

Cuando la nevera se mueve, la fuerza de rozamiento también es proporcional a la reacción normal:

$$f_r = \mu_c N$$

La constante de proporcionalidad es el **coeficiente de rozamiento cinético**, μ_c.

La fuerza de rozamiento depende del tipo de superficies en contacto (de qué material están hechas y de su rugosidad) y no depende del tamaño de la superficie.

El coeficiente de rozamiento estático es mayor que el cinético, $\mu_e > \mu_c$. Esto se puede entender si se tiene en cuenta que cuesta más empezar a mover un objeto que mantenerlo en movimiento. Es decir, la fuerza que hay que vencer (fuerza de rozamiento) es mayor en el primer caso que en el segundo.

ACTIVIDADES

17. Para comenzar a mover una caja de 6,0 kg por un suelo horizontal es necesario realizar una fuerza de 42 N.

a) Calcula el coeficiente estático de rozamiento.

b) Si la fuerza anterior continúa aplicándose sobre la caja, esta adquiere una aceleración de 0,67 ms^{-2}. ¿Cuál es el coeficiente de rozamiento cinético?

Solución: **a)** 0,71; **b)** 0,65

18. Si, para una superficie, el coeficiente de rozamiento estático es 1,2 veces el coeficiente de rozamiento cinético, razona sobre la veracidad o falsedad de estas afirmaciones.

a) La fuerza de rozamiento estático es siempre 1,2 veces la cinética.

b) El máximo de la fuerza de rozamiento estático es 1,2 veces la fuerza de rozamiento cinético.

Sentido de la fuerza de rozamiento

Cuando un objeto se desliza o intenta deslizarse sobre un plano, el sentido de la fuerza de rozamiento sobre el objeto es contrario al sentido del movimiento real o posible.

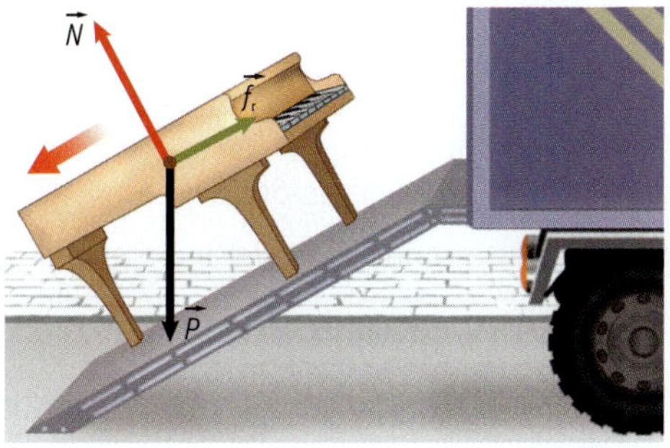

Figura 11.10. El piano desciende con velocidad constante por la pendiente. La fuerza de rozamiento tiene sentido contrario al movimiento.

Figura 11.11. La fuerza de rozamiento impide que el gato se deslice hacia abajo por la acción de su peso.

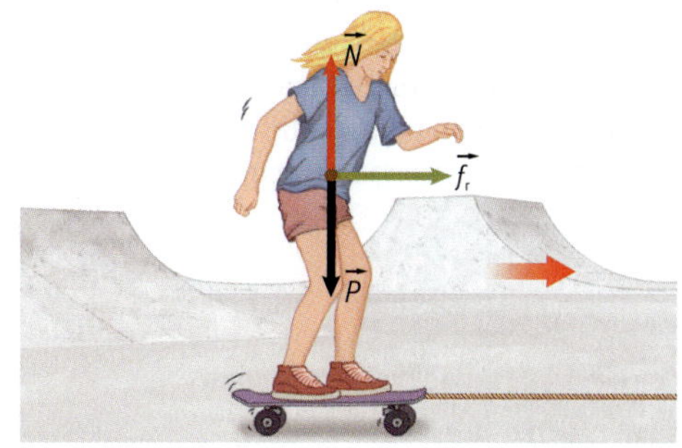

Figura 11.12. Cuando el monopatín acelera, la chica no se queda atrás debido a la fuerza de rozamiento entre sus zapatos y el monopatín.

EJERCICIOS RESUELTOS

12 **Hasta hace unos años, algunos padres sujetaban al manillar de los triciclos infantiles una cuerda para tirar de él. En los triciclos actuales se ha introducido un soporte para que los padres puedan empujarlo. Suponiendo que el ángulo de inclinación es el mismo en los dos casos, ¿en qué situación es más efectiva la fuerza aplicada, al empujar o al tirar?**

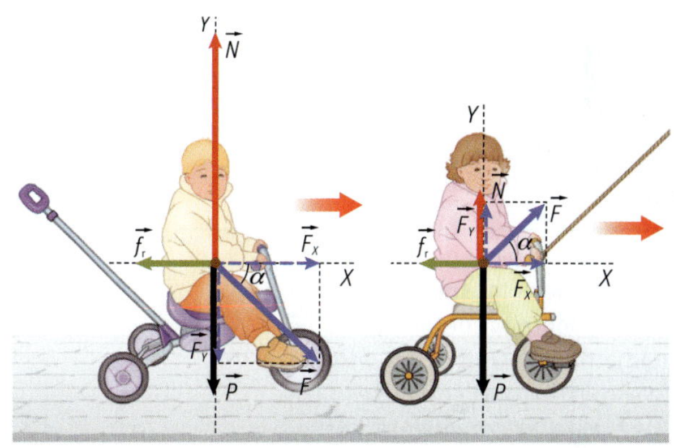

Para que el triciclo se mueva hay que realizar una fuerza, cuya componente horizontal sea mayor que la fuerza de rozamiento que, como sabemos, es proporcional a la normal. Se hará menos fuerza cuando la normal sea menor.

La normal es mayor en el primer caso que en el segundo, ya que al empujar el triciclo existe una componente vertical de la fuerza en el mismo sentido que el peso, mientras que, cuando se tira, la componente de la fuerza se dirige hacia arriba en el sentido de la normal. Por tanto, es más efectivo tirar que empujar.

13 **Una caja de 9,2 kg de masa está apoyada en una superficie horizontal con coeficientes de rozamiento estático y dinámico de 0,30 y 0,20, respectivamente. Calcula la fuerza de rozamiento e indica si se moverá al aplicársele por separado las siguientes fuerzas, paralelas al plano horizontal: 10 N, 27 N y 30 N.**

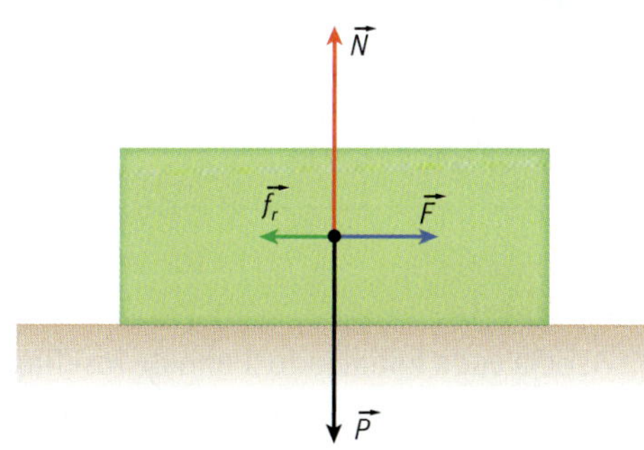

La fuerza de rozamiento estático máxima es:

$$\sum F_y = 0;\ N - P = 0 \Rightarrow N = P = mg\ ;\ f_r = \mu_e N = \mu_e mg = 0{,}30 \cdot (9{,}2\,\text{kg})(9{,}81\,\text{ms}^{-2}) = 27\,\text{N}$$

- La fuerza aplicada (10 N) es menor que la fuerza de rozamiento estático, por tanto, no se mueve. La fuerza de rozamiento vale en ese momento 10 N.
- La fuerza aplicada (27 N) y la de rozamiento son iguales, por tanto, la caja permanece en reposo. La fuerza de rozamiento será en ese momento 27 N.
- La fuerza aplicada (30 N) es mayor que el máximo rozamiento estático y la caja se moverá. Cuando se está moviendo:

$$f_r = \mu_c mg = 0{,}20 \cdot (9{,}2\,\text{kg})(9{,}81\,\text{ms}^{-2}) = 18\,\text{N}$$

ACTIVIDADES

19. Una caja de 33 kg está en reposo sobre un plano horizontal. Calcula la fuerza paralela al plano necesaria para que la caja comience a deslizarse si el coeficiente de rozamiento estático es μ_e = 0,30. ¿Qué aceleración tendrá la caja cuando empiece a moverse si μ_c = 0,25?

Solución: 97 N; 0,49 ms^{-2}

20. Si la caja del ejercicio anterior no recibe ninguna fuerza paralela al plano horizontal, ¿existe fuerza de rozamiento?

21. Aunque a veces se dice que la fuerza de rozamiento "se opone al movimiento", indica alguna situación donde la fuerza de rozamiento permita el movimiento de objetos.

5 Movimientos rectilíneos bajo la acción de fuerzas constantes

Ten en cuenta

Si la dirección de la fuerza resultante no coincide con la de la velocidad, la fuerza modifica el módulo o la dirección de la velocidad, y el movimiento producido es curvilíneo. Por ejemplo, el movimiento de un satélite artificial alrededor de la Tierra o el de un coche tomando una curva.

Son muchas las situaciones donde los cuerpos se mueven describiendo un movimiento rectilíneo como consecuencia de una fuerza resultante constante. Si la fuerza coincide con la dirección de la velocidad del cuerpo, esta aumentará o disminuirá según el sentido de la fuerza. Por ejemplo, un vehículo que acelera o frena en línea recta por la acción del motor o de los frenos, respectivamente.

La **mecánica newtoniana** puede resumirse en dos pasos:

- La fuerza resultante que actúa sobre un objeto determina su aceleración: $\vec{a} = \dfrac{\vec{F}}{m}$
- Las magnitudes características del movimiento se hallan usando la aceleración en las ecuaciones de la cinemática.

Se va a estudiar el movimiento de un cuerpo sobre un plano horizontal con rozamiento por la acción de una fuerza.

Esquema general de resolución de problemas de dinámica

1. Se realiza un esquema de la situación planteada, identificando el cuerpo que va a ser motivo de estudio.

Por ejemplo, se va a estudiar el movimiento de un cuerpo por un plano horizontal, debido a la acción de una fuerza.

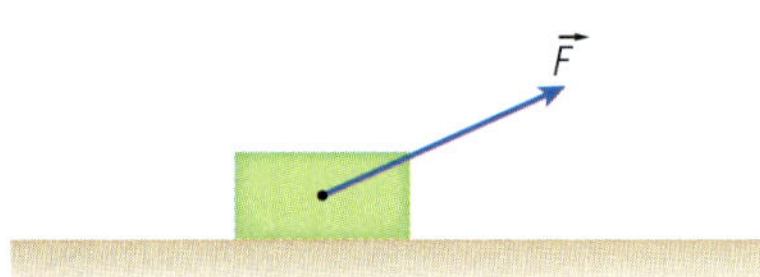

2. Se establecen unos ejes de coordenadas de coordenadas. En este caso, uno de ellos paralelo al plano horizontal y otro perpendicular, y se descompone la fuerza aplicada respecto a estos ejes.

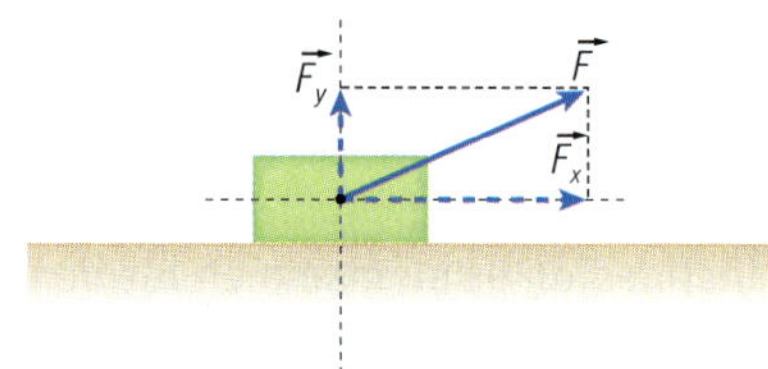

3. Se representan en un mismo punto todas las fuerzas aplicadas sobre el cuerpo que es objeto de estudio. En este caso, la fuerzas son el peso, la fuerza de rozamiento y la reacción normal del plano (se observa que la reacción normal es la resultante de las fuerzas en el eje perpendicular al plano).

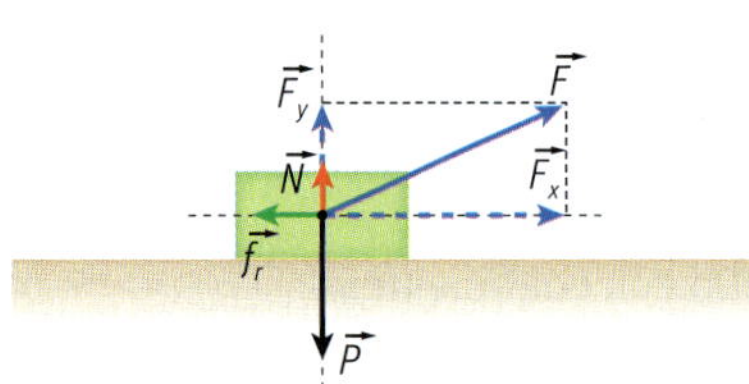

4. Se aplica el segundo principio de la dinámica en ambos ejes y se utilizan las relaciones cinemáticas si el problema lo demanda.

En este ejemplo:

$$\text{Eje } X\text{: } \vec{F}_x - \vec{f}_r = m\vec{a}_x$$

$$\text{Eje } Y\text{: } \vec{F}_y + \vec{N} - \vec{P} = m\vec{a}_y$$

De ambas ecuaciones se obtienen las posibles aceleraciones en las direcciones de los ejes.

Se observa que si F_y es mayor que P, no existe N, ya que $N = P - F_y$, y habrá aceleración en el eje Y.

ACTIVIDADES

22. Asocia cada enunciado a uno de los diagramas de fuerzas.

a) Un operario sube un coche a velocidad constante encima de una grúa por un plano inclinado con ayuda de un mecanismo que tira mediante un cable.

b) Una empresa de mudanzas baja una caja mediante una cinta transportadora inclinada con velocidad constante.

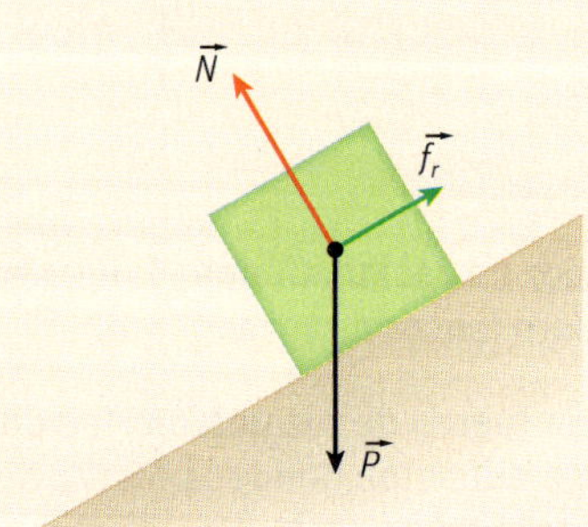

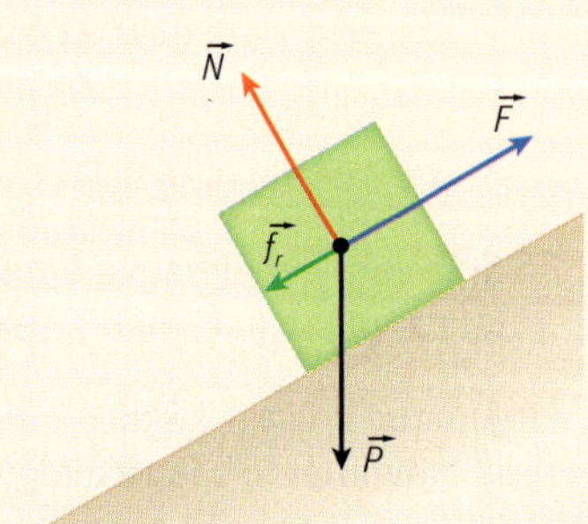

23. En cada una de las situaciones siguientes hay una fuerza que no está correctamente aplicada sobre el objeto que se indica. Averigua qué fuerza es y aplícala donde corresponda.

a) Un niño está sobre un trineo, y el conjunto es arrastrado por su madre.

b) Un minero empujando hacia arriba una vagoneta por una vía ligeramente inclinada.

5.1. Movimientos sobre planos horizontales

Si un cuerpo está en reposo, para que se mueva será necesario que sobre él actúe una fuerza cuya componente horizontal sea mayor que la fuerza de rozamiento máxima. Si el cuerpo inicialmente está moviéndose, podrá detenerse, cambiar de sentido o de dirección dependiendo de las fuerzas que actúen sobre él.

EJERCICIOS RESUELTOS

14 **Un jugador de golf golpea una bola de 46 g de masa situada en el *green*, que sale con una velocidad de 3,2 m s⁻¹. Sabiendo que la fuerza de rozamiento que ejerce el suelo sobre la bola es de 0,030 N, calcula si la bola alcanzará el hoyo si este está situado a 7,5 m del punto de lanzamiento.**

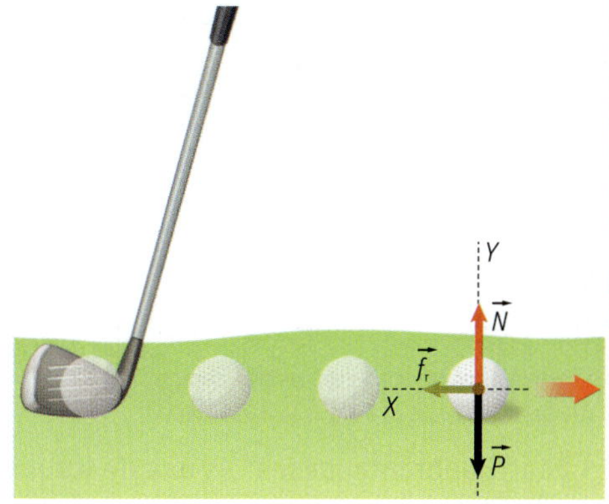

La bola se mueve en la dirección del eje X y la única fuerza que actúa en dicha dirección, una vez golpeada la bola, es la de rozamiento. Aplicando el segundo principio en los dos ejes:

$$\sum F_y = 0;\ N - P = 0 \Rightarrow N = mg = 0{,}45\,\text{N}$$

$$\sum F_x = ma_x;\ -f_r = ma_x \Rightarrow a_x = \frac{(-0{,}030\,\text{N})}{(0{,}046\,\text{kg})} = -0{,}65\,\text{m s}^{-2}$$

Utilizamos las ecuaciones de la cinemática para calcular la distancia que recorre la bola:

$v_f^2 - v_0^2 = 2a_x\Delta x;\ 0 - 3{,}2^2 = 2\cdot(-0{,}65)\Delta x \Rightarrow \Delta x = 7{,}9\,\text{m}$ (luego alcanza el hoyo).

15 **Un padre va con su hijo a la nieve, a jugar con un trineo. El padre tira del trineo con el niño montado, con una fuerza de 68 N que forma un ángulo con la horizontal de 30°.**

a) Determina si se moverá el trineo, sabiendo que el coeficiente de rozamiento estático es 0,20 y que el niño tiene una masa de 31 kg y el trineo, una de 4,5 kg.

b) ¿Qué aceleración adquirirá el trineo si el padre tira con una fuerza de 82 N y el coeficiente cinético de rozamiento es de 0,12?

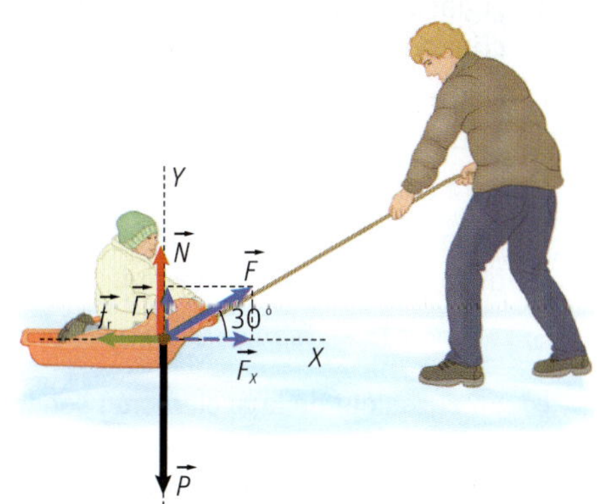

a) Vemos si la fuerza que ejerce el padre es mayor que la fuerza de rozamiento estática:

$$\sum F_y = 0;\ N + F\,\text{sen}30^\circ - mg = 0 \Rightarrow N = mg - F\,\text{sen}30^\circ$$

La componente x de la fuerza es:

$$F\cos 30^\circ = (68\,\text{N})\cdot 0{,}87 = 59\,\text{N}$$

La fuerza de rozamiento estático es:

$$f_r = \mu_e N = \mu_e(mg - F\,\text{sen}30^\circ) = 0{,}20\,[(35{,}5\,\text{kg})(9{,}81\,\text{m s}^{-2}) - (68\,\text{N})\cdot 0{,}50] = 63\,\text{N}$$

Como $f_r > F\cos 30^\circ$, el trineo no se mueve.

b) En este caso, la fuerza que ejerce el padre es $F\cos 30^\circ = (82\text{ N})\cdot 0{,}87 = 71\text{ N} > f_r$ estática, por tanto, el trineo tendrá aceleración en la dirección del eje X. Aplicando el segundo principio, y teniendo en cuenta la expresión de la normal:

$$N = mg - F\,\text{sen}\,30^\circ$$

$$F\cos 30^\circ - f_r = ma_x \Rightarrow a_x = \frac{F\cos 30^\circ - f_r}{m} = \frac{(71\text{ N}) - 0{,}12[(35{,}5\,\text{kg})(9{,}81\,\text{m s}^{-2}) - (82\,\text{N})\cdot 0{,}50]}{35{,}5\text{kg}} = 0{,}96\,\text{m s}^{-2}$$

ACTIVIDADES

24. **Razona sobre la veracidad o falsedad de estas afirmaciones:**

a) **Si un cuerpo que se desliza por una superficie plana llega a una zona donde el coeficiente de rozamiento se reduce a la mitad, el valor absoluto de su aceleración también se reducirá a la mitad.**

b) **Si un cuerpo de masa *m* se desliza por un plano horizontal con rozamiento y se coloca sobre él otra masa igual, la fuerza de rozamiento será el doble.**

25. **Se tira de un objeto de 11 kg de masa, situado sobre un plano horizontal, con una fuerza *F* desconocida, que le produce una aceleración de 1,0 m s⁻². Posteriormente se tira con una fuerza de 2*F* y la aceleración pasa a ser de 8,0 m s⁻².**

Calcula el valor de la fuerza aplicada, *F*, y el valor del coeficiente de rozamiento, sabiendo que la superficie es horizontal.

Solución: 77 N; 0,61

5.2. Movimientos sobre planos inclinados

Un **plano inclinado** es una superficie plana que forma un ángulo agudo con el suelo. Se lo suele calificar como "máquina simple" porque permite subir cuerpos a una cierta altura o bajarlos realizando una fuerza menor que la que se emplearía si se levantara el cuerpo verticalmente.

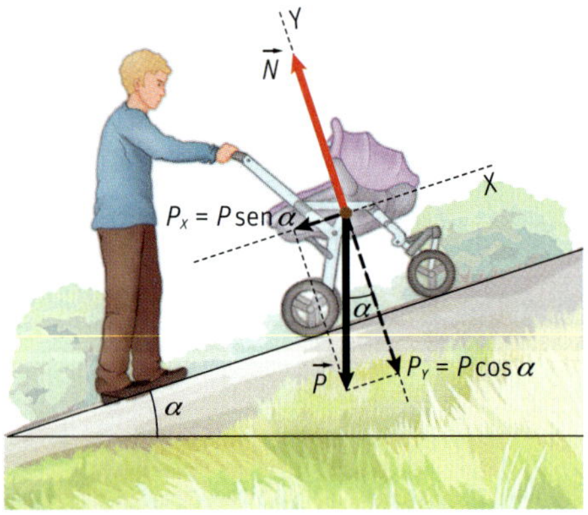

Figura 11.13. Descomposición del peso en un plano inclinado.

Sobre los objetos situados en planos inclinados siempre actúan al menos dos fuerzas: su peso $\vec{P}$ y la reacción normal del plano, $\vec{N}$.

- La **fuerza normal** no actúa en la dirección del peso, sino en una dirección perpendicular a la superficie sobre la que se apoya el cuerpo.
- El **peso** se descompone en dos componentes perpendiculares, una paralela a la superficie inclinada, de valor $P_x = P$ sen α, y la otra perpendicular a dicha superficie, de valor $P_y = P$ sen α (Fig. 11.12). La componente perpendicular del peso tiene la misma dirección, pero sentido opuesto a la normal. En ausencia de otro tipo de fuerza, ambas se anulan. Sin embargo, si la componente paralela del peso no está equilibrada por otra fuerza, el cuerpo poseerá una aceleración hacia abajo.

EJERCICIOS RESUELTOS

16 **La "Quebrantahuesos" es una de las pistas con más pendiente de la estación de esquí de Cerler. Aunque se trata de una pista corta (unos 350 m de longitud), la "Quebrantahuesos" tiene una pendiente media del 44 % y llega a alcanzar una pendiente máxima del 77 %.**

a) ¿Qué aceleración alcanzará un esquiador que baje por dicha pista, suponiendo que la inclinación es del 44 % y en el caso ideal de que no exista rozamiento?

b) ¿Influye la masa del esquiador en el valor de la aceleración?

c) Suponiendo que toda la pista tenga un porcentaje del 44 %, determina la velocidad con la que llegará al final de la misma si partió del reposo.

d) ¿Cuál sería la aceleración si la pista fuera horizontal? ¿Y si el ángulo del plano inclinado fuera de 90°?

Dato: Un porcentaje del 44 % significa que se salvan 44 m de desnivel por cada 100 m de avance en horizontal.

a) Para una inclinación del 44 % el ángulo del plano será $\text{tg}\,\alpha = \frac{44}{100} \Rightarrow \alpha = 24°$

En la dirección del movimiento (eje *X*) solo actúa la componente del peso *P* sen α. Aplicando la segunda ley de Newton:

$$mg\,\text{sen}\,\alpha = ma_x \Rightarrow a_x = g\,\text{sen}\,\alpha = (9{,}81\ \text{m s}^{-2})\,\text{sen}\,24° = 4{,}0\ \text{m s}^{-2}$$

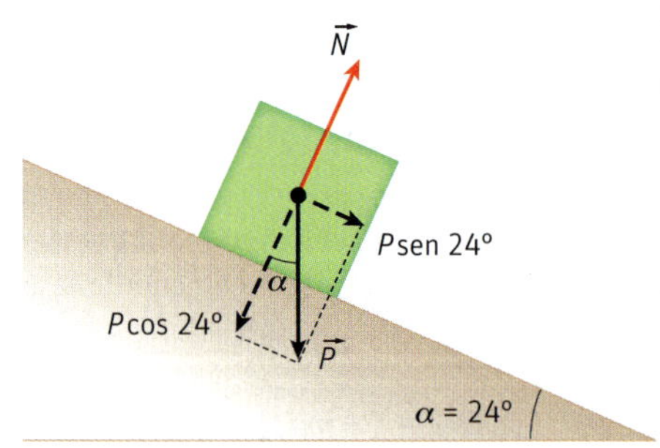

b) En el cálculo de la aceleración con las condiciones del problema ($a_x = g$ sen α) se observa que es independiente de la masa del esquiador.

c) Como se conoce la longitud de la pista y la pendiente no varía, la velocidad se obtiene:

$$v_f^2 - v_0^2 = 2a_x\Delta x \Rightarrow v_f = \sqrt{2a_x\Delta x} = \sqrt{2\cdot(4{,}0\ \text{m s}^{-2})(350\,\text{m})} = 53\ \text{m s}^{-1}$$

Como se observa la velocidad es muy elevada. Los esquiadores no bajan una pista en línea recta, sino que hacen zigzag para ir clavando los esquís y aminorar su velocidad.

d) Como $a_x = g$ sen α, si la pista es horizontal (α = 0°), la aceleración es cero. Si el plano tiene una inclinación de 90°, estamos en caída libre y la aceleración es 9,81 m s^{-2}.

ACTIVIDADES

26. **Dos objetos de 25 kg y 35 kg de masa están situados en la parte superior de un plano inclinado, sin rozamiento, de 7,0 m de largo y 30° de inclinación. ¿Cuál llega antes al pie del plano si se sueltan a la vez? ¿Cuánto tiempo tardará?**

Solución: 1,7 s

27. **Se lanza hacia arriba por un plano inclinado de 60° de inclinación, un objeto con una velocidad de 9,0 m s^{-1}. Calcula la distancia que recorrerá sobre el plano si no existe rozamiento.**

Solución: 4,8 m

▸ Resolución de problemas de movimientos por planos inclinados

Además del peso, $\vec{P}$, y la normal, $\vec{N}$, en los planos inclinados suele haber fuerzas de rozamiento y otras fuerzas aplicadas. Para resolver los problemas, puede ser útil transformar mentalmente un plano inclinado en uno horizontal para ver el eje X en la posición habitual (Fig. 11.13).

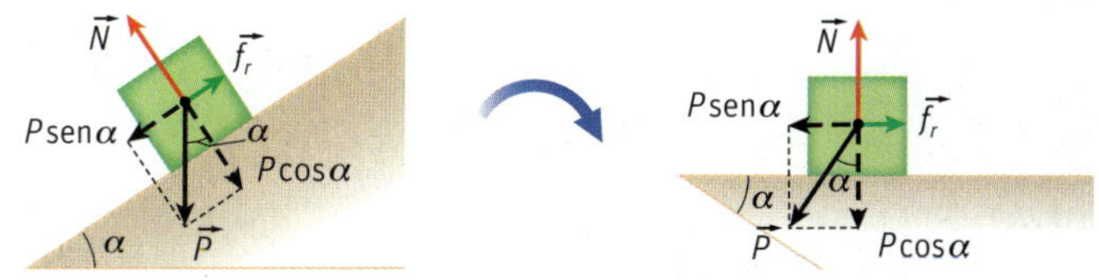

Figura 11.14. Paso de un plano inclinado a horizontal.

EJERCICIOS RESUELTOS

17 Un cuerpo de 12 kg sube por un plano inclinado de 30° debido a una fuerza de 105 N en la dirección del desplazamiento. Si el coeficiente de rozamiento es μ = 0,22:

a) ¿Con qué aceleración asciende el cuerpo?

b) ¿Qué fuerza habría que aplicar en la dirección del desplazamiento para que el cuerpo suba con una velocidad constante?

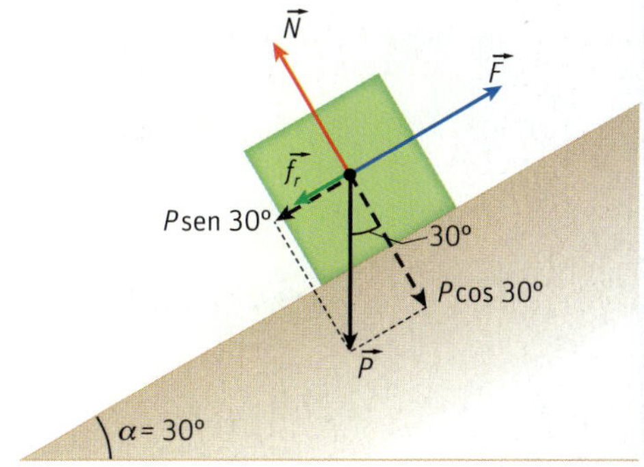

a) Aplicando las leyes de Newton en ambos ejes:

$$\sum F_y = 0;\ N - P\cos\alpha = 0 \Rightarrow N = mg\cos\alpha$$

$$\sum F_x = ma_x;\ F - f_r - P\,\text{sen}\alpha = ma_x \Rightarrow a_x = \frac{F - \mu mg\cos\alpha - mg\,\text{sen}\alpha}{m}$$

$$a_x = \frac{(105\,\text{N}) - 0{,}22\cdot(12\,\text{kg})(9{,}81\,\text{ms}^{-2})\cos 30^\circ - (12\,\text{kg})(9{,}81\,\text{ms}^{-2})\text{sen}30^\circ}{(12\,\text{kg})} = 2{,}0\,\text{ms}^{-2}$$

b) Para que suba con velocidad constante la fuerza resultante en la dirección del movimiento tiene que ser cero:

$$F = f_r + mg\,\text{sen}\,\alpha = mg(\mu\cos\alpha + \text{sen}\,\alpha) = (12\text{ kg})(9{,}81\text{ ms}^{-2})(0{,}22\cos 30° + \text{sen } 30°) = 81\text{ N}$$

18 Un tractor ejerce una fuerza constante sobre una caja de masa 110 kg, inicialmente en reposo, de forma que sube acelerando desde el reposo los 12 m de una rampa de 45° en 8,0 s. El coeficiente de rozamiento entre la caja y el suelo de la rampa es μ = 0,41.

a) Calcula el valor de la fuerza aplicada por el tractor.

b) Cuando la caja se encuentra en la parte más alta del plano, se suelta del tractor. Determina la velocidad con la que llegará la caja al final del mismo.

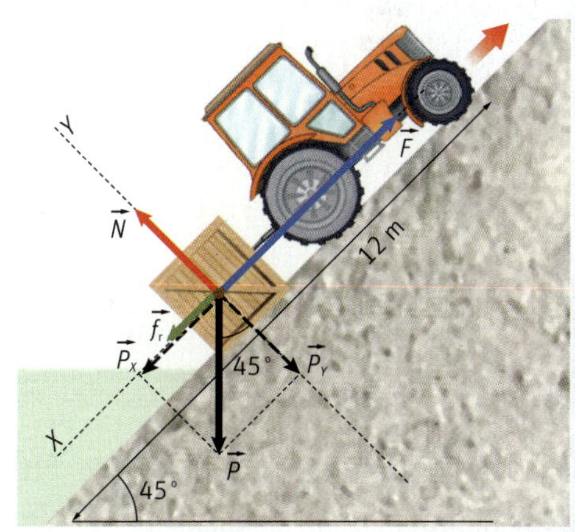

a) Se sabe que la caja tiene un *mrua*:

$$\Delta x = v_0 t + \frac{1}{2}a_x t^2 \Rightarrow a_x = \frac{2\Delta x}{t^2} = \frac{2\cdot(12\,\text{m})}{(8{,}0\,\text{s})^2} = 0{,}38\,\text{ms}^{-2}$$

$$\sum F_y = 0;\ N - P\cos\alpha = 0 \Rightarrow N = P\cos\alpha = mg\cos\alpha$$

$$\sum F_x = ma_x;\ F - f_r - P\,\text{sen}\alpha = ma_x \Rightarrow F = ma_x + f_r + P\,\text{sen}\alpha$$

$$F = ma_x + \mu mg\cos\alpha + mg\,\text{sen}\alpha = ma_x + mg(\mu\cos\alpha + \text{sen}\alpha)$$

$$F = (110\,\text{kg})(0{,}38\,\text{ms}^{-2}) + (110\,\text{kg})(9{,}81\,\text{ms}^{-2})(0{,}41\cos 45^\circ + \text{sen}45^\circ) = 1{,}1\cdot 10^3\,\text{N}$$

b) Cuando la caja cae, la fuerza de rozamiento cambia su sentido.

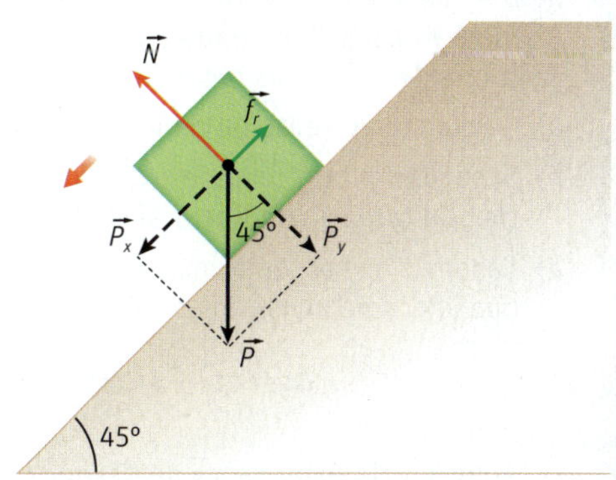

$$\sum F_x = ma_x;\ P\,\text{sen}\alpha - f_r = ma_x;\ mg\,\text{sen}\alpha - \mu mg\cos\alpha = ma_x \Rightarrow a_x = g(\text{sen}\alpha - \mu\cos\alpha)$$

$$a_x = (9{,}81\,\text{ms}^{-2})(\text{sen}45^\circ - 0{,}41\cos 45^\circ) = 4{,}1\,\text{ms}^{-2}$$

$$v_f^2 - v_0^2 = 2a_x\Delta x \Rightarrow v_f = \sqrt{2a_x\Delta x} = \sqrt{2\cdot(4{,}1\,\text{ms}^{-2})(12\,\text{m})} = 9{,}9\,\text{ms}^{-1}$$

ACTIVIDADES

28. Dibuja un diagrama de fuerzas que represente las situaciones que se indican a continuación:

a) Un chico al salir de clase lanza una mochila hacia arriba por un tobogán que tiene rozamiento.

b) Un ciclista está descendiendo un puerto sin dar pedales en una zona que no hay curvas. Existe rozamiento entre las ruedas y el pavimento.

29. Con la ayuda de una fuerza de 14 N se sube un objeto de 2,0 kg de masa por un plano inclinado de 25°. Calcula la aceleración con la que sube el objeto:

a) Si no hay rozamiento entre el plano y el objeto.

b) Si existe rozamiento, μ_c = 0,17.

Solución: **a)** 2,9 ms^{-2}; **b)** 1,3 ms^{-2}

6 Cálculo de tensiones

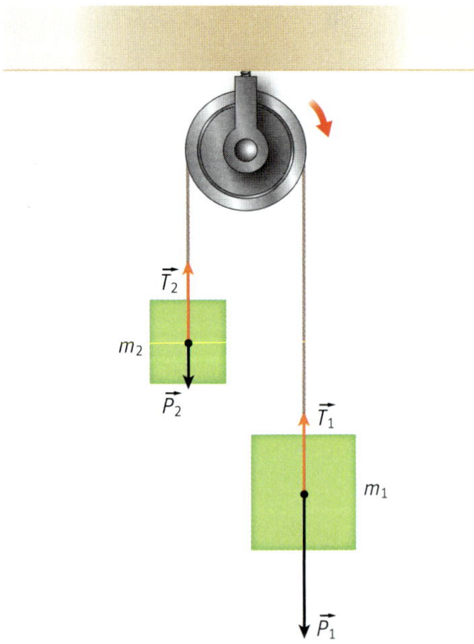

Figura 11.15. Máquina de Atwood.

Es frecuente aplicar fuerzas sobre un cuerpo mediante cuerdas o cables que tiran de él. Cuando se tira de un cuerpo con ayuda de una cuerda, recibe una fuerza que se transmite a lo largo de la misma, denominada **tensión**, T, de la cuerda.

> La **tensión** de una cuerda es la fuerza que marcaría un dinamómetro intercalado en ella.

Se supone que la cuerda no tiene masa (es una cuerda ideal); así, el valor de la tensión es único en toda la cuerda.

Cuerpos suspendidos

El caso más sencillo es el de la máquina de Atwood, un dispositivo diseñado en 1784 por el físico inglés **G. Atwood** con la finalidad de confirmar experimentalmente las leyes de la dinámica. De forma simplificada consiste en un sistema formado por dos masas m_1 y m_2, ligeramente diferentes, unidas por una cuerda que pasa por una polea cuya masa se considera despreciable y sin rozamiento.

Al ser las masas diferentes, se pondrán en movimiento. Las fuerzas que actúan sobre cada masa son su **peso** y la **tensión** de la cuerda (Fig. 11.14). Al aplicar la segunda ley de la dinámica, y teniendo en cuenta que la aceleración con que se mueven ambas masas es la misma en módulo y dirección, pero de sentido contrario, se tiene;

$$m_1 g - T_1 = m_1 a$$

$$T_2 - m_2 g = m_2 a$$

La fuerza aplicada en un extremo de una cuerda es única en toda la cuerda (incluso cuando esta se dobla alrededor de una polea), por tanto, $T_1 = T_2$; sustituyendo en las ecuaciones anteriores y sumando se obtiene:

$$a = \frac{m_1 - m_2}{m_1 + m_2} g$$

Los cuerpos unidos por cuerdas tienen un movimiento solidario, es decir, su velocidad y su aceleración tienen el mismo módulo, y recorren el mismo espacio.

EJERCICIOS RESUELTOS

19 **Paul Atreides, un personaje de la saga de novelas Dune, se ve obligado a viajar al planeta Arrakis. Para determinar la gravedad en el planeta se pudo llevar una máquina de Atwood. Al colgar de la polea dos masas de 0,200 kg y 0,100 kg, Atreides observó que cada una de las masas recorría 1,77 m en 1,10 s.**

a) Calcula la aceleración de la gravedad en Arrakis y la tensión de la cuerda.

b) Si se dejara caer un objeto desde 35 m de altura en este planeta imaginario, ¿cuánto tiempo tardaría en llegar al suelo?

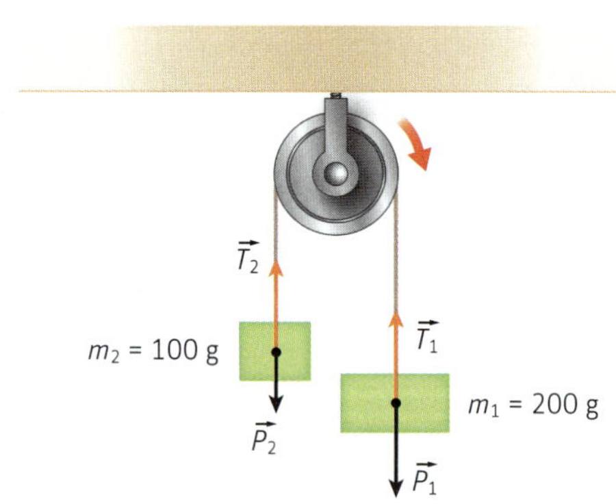

a) Sabemos que al ser las masas diferentes el sistema tendrá aceleración. Es un *mrua* en el que inicialmente las dos masas se encuentran en reposo ($v_0 = 0$):

$$\Delta x = v_0 t + \frac{1}{2} a t^2 \Rightarrow a = \frac{2\Delta x}{t^2} = \frac{2 \cdot (1{,}77\ \text{m})}{(1{,}10\ \text{s})^2} = 2{,}93\ \text{ms}^{-2}$$

Aplicando la segunda ley de Newton sobre cada masa:

Sobre m_1: $0{,}200g - T = 0{,}200 \cdot 2{,}93$

Sobre m_2: $T - 0{,}100g = 0{,}100 \cdot 2{,}93$

Sumando: $0{,}100g = 0{,}879 \Rightarrow g = 8{,}79\ \text{ms}^{-2}$

Sustituyendo en cualquiera de las ecuaciones (por ejemplo, la segunda):

$$T = (0{,}100\ \text{kg})(2{,}93\ \text{ms}^{-2}) + (0{,}100\ \text{kg})(8{,}79\ \text{ms}^{-2}) = 1{,}17\ \text{N}$$

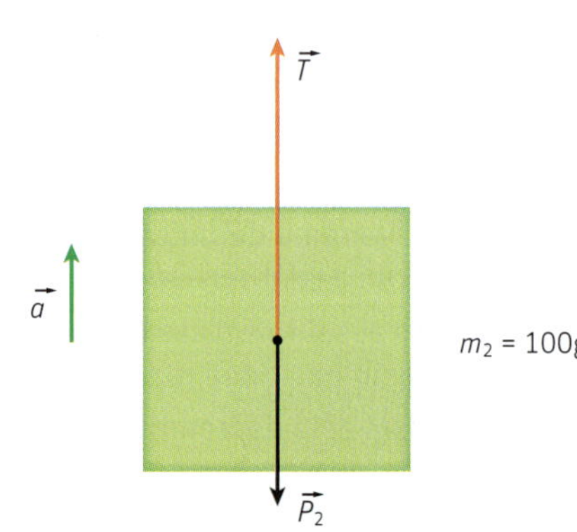

b) Es una caída libre, con $v_0 = 0$, por tanto:

$$y = y_0 - \frac{1}{2} g t^2;\ 0 = 35 - \frac{1}{2} \cdot 8{,}79 \cdot t^2 \Rightarrow t = \sqrt{\frac{2 \cdot (35\ \text{m})}{(8{,}79\ \text{ms}^{-2})}} = 2{,}8\ \text{s}$$

Cuerpos enlazados en los que al menos uno se apoya en un plano

Sobre los cuerpos apoyados en el plano actúan el peso, la normal, la tensión de la cuerda y, si hay fricción, la fuerza de rozamiento. A veces, hay una fuerza externa que tira del conjunto.

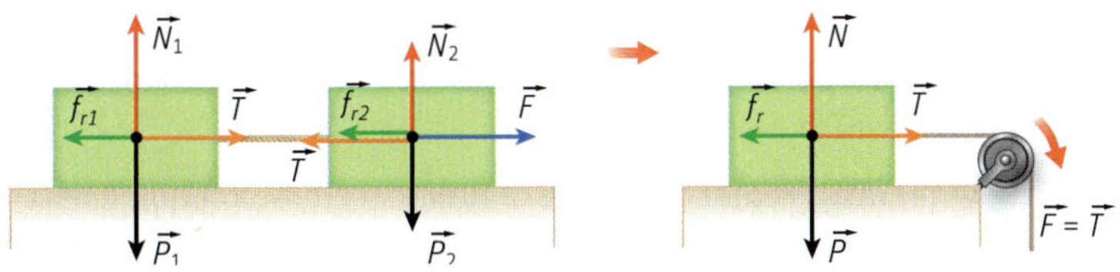

Figura 11.16. Ejemplos de cuerpos enlazados.

Ten en cuenta

- Si se tira del extremo de una cuerda fija por el otro, su tensión es la magnitud de la fuerza.
- Si dos objetos están conectados por una cuerda, el valor de la tensión es único.
- Si la cuerda pasa por una polea y no se considera el rozamiento, la tensión en la cuerda no cambia.

EJERCICIOS RESUELTOS

20 **Tres chicos de 60,0 kg de masa cada uno juegan sobre un lago helado. Dos de ellos se quedan en una zona del lago donde el rozamiento es prácticamente cero. Para salir de allí, el tercer compañero, sujetado a un árbol cortado, les lanza una cuerda y tira de ella consiguiendo que sus amigos se muevan con una aceleración de 1,00 m s^{-2}.**

a) Calcula el valor de la fuerza aplicada.

b) Determina la tensión de la cuerda entre los dos chicos que están en el hielo.

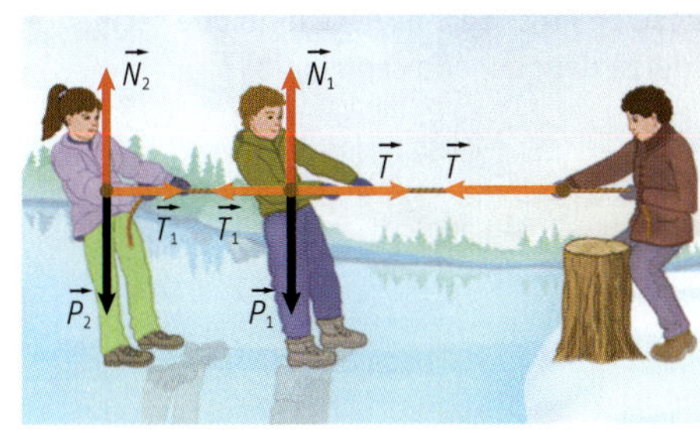

a) Se aplica el segundo principio de la dinámica. El tercer compañero tira con una fuerza T y la cuerda que une a los dos del lago soporta una tensión T_1:

Masa m_1: $\begin{cases} \sum F_y = 0;\ N_1 - P_1 = 0 \Rightarrow N_1 = P_1 = m_1 g \\ \sum F_x = m_1 a_x \Rightarrow T - T_1 = m_1 a_x \end{cases}$

Masa m_2: $\begin{cases} \sum F_y = 0;\ N_2 - P_2 = 0 \Rightarrow N_2 = P_2 = m_2 g \\ \sum F_x = m_2 a_x \Rightarrow T_1 = m_2 a_x \end{cases}$

Sustituyendo en m_1: $T - m_2 a_x = m_1 a_x \Rightarrow T = 2 m_1 a_x = 2 \cdot (60\ \text{kg})(1{,}00\ \text{m s}^{-2}) = 120\ \text{N}$

b) $T_1 = m_2 a_x = m_1 a_x = (60{,}0\ \text{kg})(1{,}00\ \text{m s}^{-2}) = 60\ \text{N}$

21 **Un cuerpo de masa m_1 = 2,0 kg se halla sobre un plano inclinado de 35° y está unido, mediante una cuerda que pasa por una polea, a otro cuerpo de masa m_2 = 4,5 kg que cuelga verticalmente. Si el coeficiente de rozamiento entre el plano y el cuerpo es 0,15, calcula la aceleración del sistema y la tensión de la cuerda que une los dos cuerpos.**

Se asigna un sentido arbitrario (por ejemplo, el de las agujas del reloj) y luego se comprueba si coincide con el signo obtenido de la aceleración:

Masa m_1: $\begin{cases} \sum F_y = 0;\ N - P_1 \cos 35° = 0 \Rightarrow N = m_1 g \cos 35° \\ \sum F_x = m a_x;\ T - f_r - P_1\, \text{sen}\, 45° = m_1 a_x \end{cases}$

Masa m_2: $\sum F_x = m_2 a_x;\ P_2 - T = m_2 a_x$

Sumando las dos ecuaciones del eje X para eliminar la tensión:

$$P_2 - f_r - P_1\, \text{sen}\, 45° = (m_1 + m_2) a_x \Rightarrow a_x = \frac{P_2 - f_r - P_1\, \text{sen}\, 35°}{m_1 + m_2} = \frac{m_2 g - \mu m_1 g \cos 35° - m_1 g\, \text{sen}\, 35°}{m_1 + m_2}$$

$$a_x = \frac{(4{,}5\ \text{kg})(9{,}81\ \text{m s}^{-2}) - (2{,}0\ \text{kg})(9{,}81\ \text{m s}^{-2})(0{,}15 \cdot 0{,}82 + 0{,}57)}{(4{,}5 + 2{,}0)\ \text{kg}} = 4{,}7\ \text{m s}^{-2}$$

$$T = m_2 (g - a_x) = (4{,}5\ \text{kg})[(9{,}81\ \text{m s}^{-2}) - (4{,}7\ \text{m s}^{-2})] = 23\ \text{N}$$

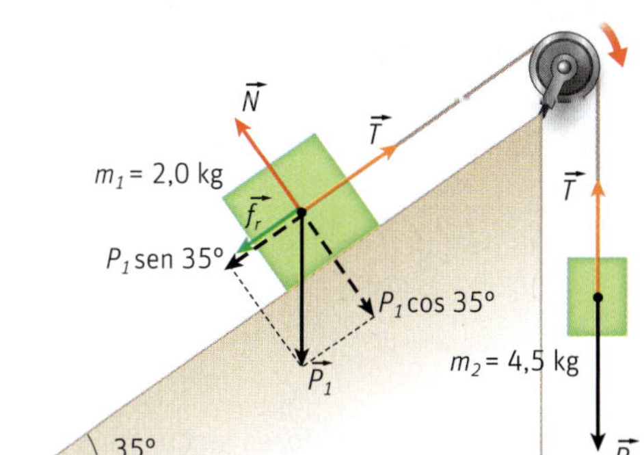

ACTIVIDADES

30. En la figura, ¿qué fuerza horizontal sobre el primer cuerpo hace que, partiendo del reposo, avance 5,0 m en 3,5 s? ¿Qué tensión tendrá la cuerda?

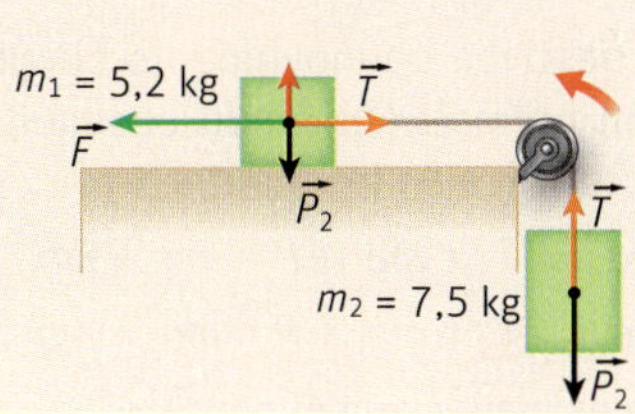

Solución: 84 N; 80 N

31. Dos cuerpos de 1,0 kg y 3,0 kg descansan sobre un plano horizontal y uno inclinado 30°, respectivamente, unidos por una cuerda. Suponiendo que el coeficiente de rozamiento cinético para ambos planos vale 0,10, halla la aceleración del sistema y la tensión de la cuerda.

Solución: 2,8 m s^{-2}; 3,8 N

7 Dinámica del movimiento circular

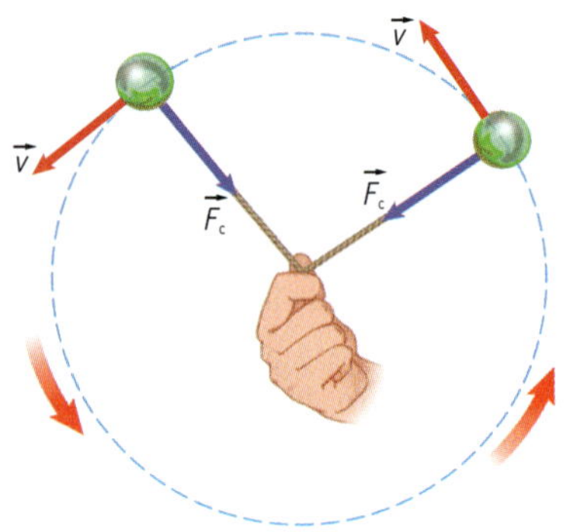

Figura 11.17. Para mantener un objeto moviéndose en un círculo es necesario que reciba una fuerza denominada centrípeta, $\vec{F}_c$.

El movimiento circular es frecuente en el mundo natural y en dispositivos mecánicos diversos. Por ejemplo, muchos satélites artificiales giran alrededor de la Tierra con una órbita casi circular; el movimiento de las ruedas de los coches o el movimiento que realiza el lanzador de martillo son circulares.

Cuando un cuerpo describe una trayectoria circular, la dirección de su velocidad cambia y, por tanto, el cuerpo poseerá una aceleración, denominada **aceleración centrípeta**, $\vec{a}_c$, dirigida hacia el centro de la trayectoria.

En el movimiento circular uniforme la única aceleración que existe es la centrípeta. Según la segunda ley de Newton, un objeto en movimiento circular uniforme debe recibir una fuerza resultante en el sentido de la aceleración, es decir, hacia el centro de la circunferencia. Esta fuerza recibe el nombre de **fuerza centrípeta** (Fig. 11.16).

La **fuerza centrípeta**, $\vec{F}_c$, es la fuerza resultante que origina la aceleración centrípeta, $\vec{a}_c$:

$$F_c = ma_c = m\frac{v^2}{R}$$

La fuerza centrípeta no es un nuevo tipo de fuerza sino la fuerza resultante dirigida hacia el centro del movimiento circular.

OBSERVA

La fuerza centrípeta puede ser una fuerza a distancia, como en el caso de la atracción gravitatoria entre la Tierra y la Luna.

La fuerza centrípeta puede ser una fuerza de contacto, como la fuerza de rozamiento estática entre los neumáticos y el asfalto.

En el lanzamiento de martillo, la fuerza centrípeta es la tensión de la cuerda o cable que sujeta el martillo.

Si varían, la dirección de la velocidad y su módulo, además de la aceleración centrípeta existe una aceleración tangencial debida a una fuerza tangencial. En este caso, la fuerza resultante sobre el objeto es la suma vectorial de esta fuerza tangencial y la centrípeta, y no tiene dirección radial.

ACTIVIDADES

32. Un grupo de patinadores se cogen de las manos y forman una línea recta. El grupo trata de patinar para que la línea gire alrededor del patinador situado en un extremo, que actúa como pivote.

El patinador más alejado del pivote tiene una masa de 75,0 kg y se encuentra a 5,80 m del pivote y patina a una velocidad de 4,50 m s^{-1}. Calcula la fuerza centrípeta que actúa sobre él.

Solución: 262 N

EJERCICIOS RESUELTOS

22 Con una pelota atada a una cuerda se realiza un movimiento circular en un plano vertical, con velocidad constante.

a) Dibuja las fuerzas que actúan sobre la pelota en el punto más alto, B, y en el punto más bajo, A, de la trayectoria.

b) Calcula la tensión de la cuerda en B y en A.

a) Sobre la pelota siempre actúan la tensión de la cuerda y el peso.

b) Como la pelota describe un movimiento circular tiene aceleración normal. Aplicando el segundo principio de la dinámica en los puntos B y A:

En B: $T_B + P = ma_c \Rightarrow T_B = ma_c - P = ma_c - mg$

En A: $T_A - P = ma_c \Rightarrow T_A = ma_c + P = ma_c + mg$

(en A, la tensión es mayor que el peso).

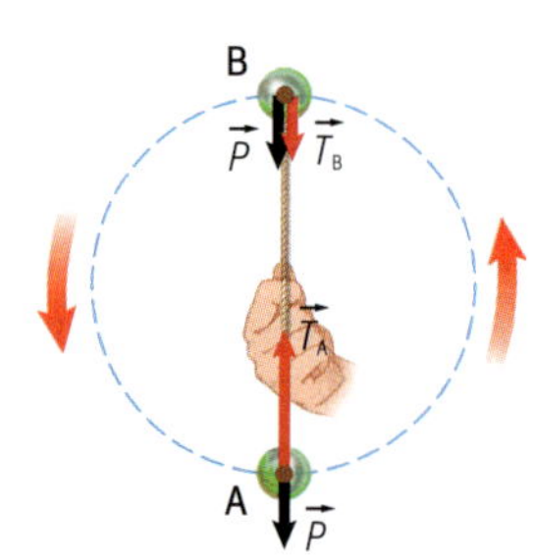

7.1. Cálculo de la fuerza centrípeta en distintas situaciones

El procedimiento para resolver situaciones dinámicas en las que el objeto describe un movimiento circular es similar al usado para resolver situaciones dinámicas en planos horizontales e inclinados:

1. Se dibuja un diagrama de la situación con las fuerzas que actúan sobre el objeto que se esté estudiando.
2. Se identifican las fuerzas o componentes de las mismas que originan la aceleración centrípeta (las que van dirigidas hacia el centro de la trayectoria).
3. Se eligen convenientemente los ejes de coordenadas (preferiblemente se elige un eje en la dirección de la aceleración).
4. Se aplica la segunda ley de Newton en dicha dirección.

EJERCICIOS RESUELTOS

23 **En el lanzamiento de martillo la bola debe pesar, en el caso de los hombres, al menos 7,260 kg y la distancia total desde el asa hasta el final de la bola debe ser de, al menos, 117 cm. Un atleta que tiene un brazo de 0,970 m realiza un entrenamiento de martillo; para ello, da tres vueltas con el martillo en un plano horizontal en 2,50 segundos. Determina la fuerza centrípeta justo antes de lanzar el martillo.**

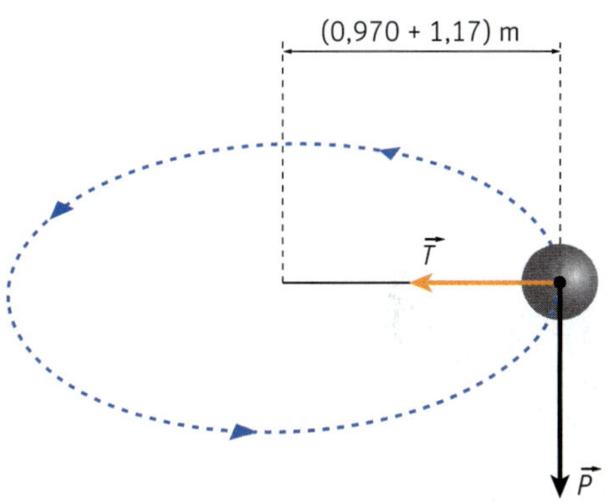

Según se observa en el diagrama, la única fuerza que actúa sobre el martillo en la dirección radial es la tensión, por tanto, esta fuerza corresponde a la fuerza centrípeta. Se determina la velocidad de giro y se aplica el segundo principio:

La velocidad angular de la bola es: $\omega = 3 \cdot \dfrac{(2\pi \text{ rad})}{(2{,}50 \text{ s})} = 7{,}54 \text{ rad s}^{-1}$

La velocidad lineal es: $v = \omega R = (7{,}54 \text{ rad s}^{-1})(0{,}970 \text{ m} + 1{,}17 \text{ m}) = 16{,}1 \text{ m s}^{-1}$

Aplicando la segunda ley de Newton en la dirección radial:

$$\sum F_x = ma_c \Rightarrow T = ma_c = m\frac{v^2}{R} = (7{,}260 \text{ kg})\frac{(16{,}1 \text{ m s}^{-1})^2}{(2{,}14 \text{ m})} = 879 \text{ N}$$

24 **Una chica realiza malabares con unas cariocas que tienen una longitud de 65 cm y una masa de 67 g, tal como se observa en la figura. En un momento determinado realiza con una de las cariocas un círculo vertical.**

a) Calcula la mínima velocidad que debe tener la carioca en el punto más alto para que continúe moviéndose en un círculo.

b) Calcula la tensión de la cuerda en el punto más bajo de la trayectoria suponiendo que la velocidad en ese punto es el doble que la calculada en el apartado *a*.

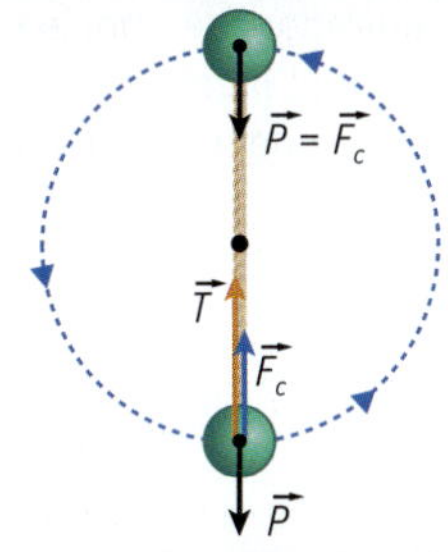

a) Las fuerzas que actúan sobre la carioca son su peso y la tensión. Si la velocidad es inferior a un valor mínimo, la carioca no hará el giro y no habrá tensión. Por tanto, la condición de giro es que la tensión en la parte superior sea cero (solo actuará el peso):

$$P = ma_c;\ mg = ma_c = m\frac{v^2}{R} \Rightarrow v = \sqrt{Rg} = \sqrt{(0{,}65 \text{ m})(9{,}81 \text{ m s}^{-2})} = 2{,}5 \text{ m s}^{-1}$$

b) Aplicando la segunda ley de Newton, como la velocidad en esta posición es $5{,}0 \text{ m s}^{-1}$:

$$T - mg = m\frac{v^2}{R} \Rightarrow T = m\left(g + \frac{v^2}{R}\right) = (0{,}067 \text{ kg})\left[(9{,}81 \text{ m s}^{-2}) + \frac{(5{,}0 \text{ m s}^{-1})^2}{(0{,}65 \text{ m})}\right] = 3{,}2 \text{ N}$$

ACTIVIDADES

33. **Un automóvil de 1250 kg entra en una curva plana de radio 34,0 m, con una determinada velocidad. Calcula la velocidad máxima con la que puede tomar la curva si el coeficiente de rozamiento estático en seco vale 0,450.**

Solución: $12{,}3 \text{ m s}^{-1}$

34. **Un satélite artificial de 120 kg de masa gira alrededor de la Tierra en una órbita de radio $6{,}87 \cdot 10^6$ m. Conocidas las constantes de gravitación universal y de la masa de la Tierra, calcula la fuerza centrípeta que recibe el satélite y su velocidad.**

Solución: $1{,}01 \cdot 10^3$ N; $7{,}6 \cdot 10^3 \text{ m s}^{-1}$

8 Fuerzas elásticas

Existen cuerpos, como una goma elástica, una cuerda para hacer *puenting* o un muelle, que se deforman cuando reciben una fuerza pero recuperan su forma original cuando la fuerza deja de actuar. Se denominan **cuerpos elásticos**.

RELACIONA

Tanto los zancos saltadores como los amortiguadores de un coche están constituidos por cuerpos elásticos. Si se comprime o estira el zanco o el amortiguador, aparece una fuerza que intenta restaurar la posición de equilibrio. A este tipo de fuerzas se las denomina **restauradoras** o **recuperadoras**.

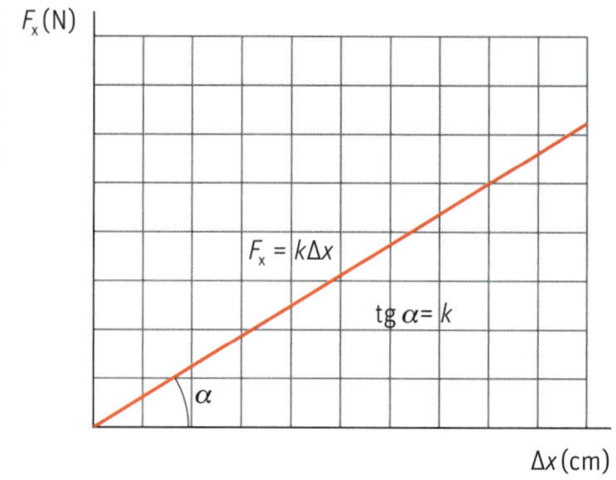

Experimentalmente se comprueba que para pequeños desplazamientos la fuerza requerida para estirar o comprimir un muelle es directamente proporcional a la deformación realizada.

Un muelle debe recibir una fuerza de un cuerpo para estirarse o comprimirse. De acuerdo con la tercera ley de la dinámica, el muelle ejercerá una fuerza igual y de sentido contrario sobre el cuerpo que viene determinada por la **ley de Hooke:**

Ley de Hooke: La fuerza recuperadora o elástica que ejerce un muelle es proporcional a la deformación producida y tiene sentido contrario a dicha deformación.

$$F_x = -k\Delta x$$

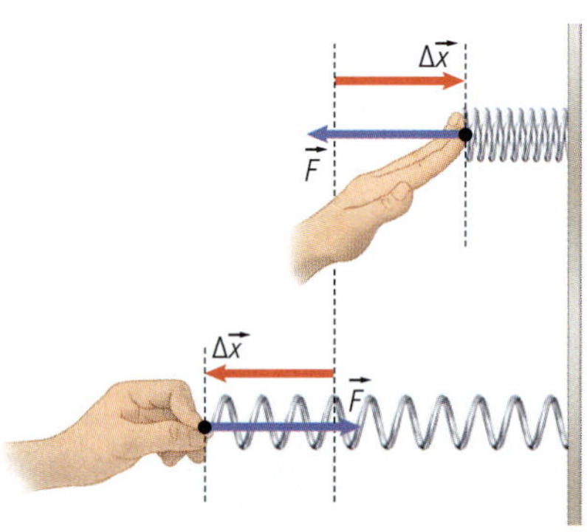

Figura 11.18. Cuando se comprime un muelle la fuerza restauradora se opone a la deformación. Al estirarse el muelle, la fuerza recuperadora también se opone a la deformación.

Donde k es la constante elástica del muelle y se mide en ($N\,m^{-1}$). Esta constante es característica de cada muelle: cuanto mayor sea la rigidez de un muelle mayor será su constante y mayor será la fuerza ejercida por el muelle sobre un objeto unido a él.

La fuerza elástica es una fuerza de contacto y variable, ya que depende del alargamiento o compresión del muelle (la aceleración que produce sobre el cuerpo también es variable):

$$F_x = -k\Delta x = ma_x \Rightarrow a_x = -\frac{k}{m}\Delta x$$

El movimiento que realiza el cuerpo unido al muelle por la acción de fuerzas elásticas se denomina **movimiento armónico simple.** Es un movimiento de vaivén, de velocidad y aceleración variables (no es uniformemente acelerado) cuyos valores se repiten de forma periódica con un período:

$$T = 2\pi\sqrt{\frac{m}{k}}$$

Al cuerpo sometido a este tipo de movimiento se lo denomina **oscilador armónico.**

ACTIVIDADES

35. Un muelle de 25 cm de longitud tiene una constante elástica de 5,0 $N\,m^{-1}$.

a) ¿Qué fuerza duplicará su longitud inicial?

b) ¿Qué alargamiento produce una fuerza de 0,80 N?

Solución: a) 1,3 N; b) 0,16 m

36. Un muelle ejerce una fuerza de 10,0 N si se estira 1,00 cm desde su posición de equilibrio. ¿Cuánto aumentará la fuerza del muelle si este se estira de la posición 3,00 cm a la posición 4,00 cm?

Solución: 10,0 N

Resolución de problemas donde intervienen muelles

La fuerza elástica es una fuerza de contacto que contribuye como otra fuerza cualquiera a la hora de determinar la fuerza resultante sobre un cuerpo.

EJERCICIOS **RESUELTOS**

25 **Un jugador de baloncesto realiza un mate como el de la figura. Antes de caer al suelo se queda colgado un instante sobre el aro, desviándolo de su posición de equilibrio 13,0 cm. Sabiendo que la masa del jugador es de 114 kg y asumiendo que el aro se comporta como un muelle elástico, determina la constante elástica del aro.**

Como el jugador está momentáneamente en reposo, su aceleración es cero, por tanto, la suma de todas las fuerzas que actúan sobre el jugador es cero. Sobre él actúan dos fuerzas, el peso y la fuerza elástica; así:

$$\sum F_y = 0;\ F - mg = 0;\ k\Delta y = mg \Rightarrow k = \frac{mg}{\Delta y} = \frac{(114\,\text{kg})(9{,}81\,\text{ms}^{-2})}{(0{,}130\,\text{m})} = 8{,}60 \cdot 10^3\ \text{Nm}^{-1}$$

26 **Un coche transporta un remolque de 105 kg unido al vehículo con un muelle de constante elástica $k = 1{,}60 \cdot 10^3$ N m^{-1}. El coche comienza a moverse con una velocidad constante de 1,5 m s^{-1}. El coeficiente de rozamiento estático entre el suelo y las ruedas del remolque es de 0,60 y el muelle está en equilibrio cuando el coche empieza a moverse.**

Calcula el alargamiento que se ha producido en el muelle antes de que el remolque comience a moverse.

Se aísla el remolque y se dibujan todas las fuerzas que actúan sobre él. Cuando la fuerza elástica sea mayor que la fuerza de rozamiento estático que actúa sobre el remolque, este comenzará a moverse. Aplicando el segundo principio de la dinámica:

$$\sum F_y = 0 \Rightarrow N = mg$$

$$\sum F_x = 0 \Rightarrow f_r = F_e$$

Sustituyendo: $f_r = \mu mg = k\Delta x \Rightarrow \Delta x = \dfrac{\mu mg}{k} = \dfrac{0{,}60 \cdot (105\,\text{kg})(9{,}81\,\text{ms}^{-2})}{(1{,}60 \cdot 10^3\,\text{Nm}^{-1})} = 0{,}39\,\text{m}$

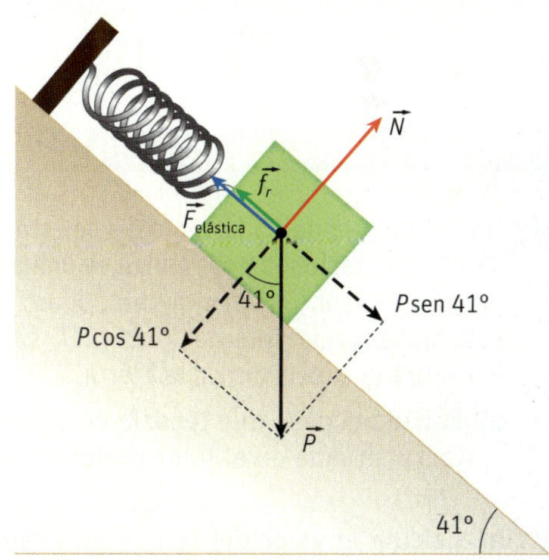

27 **Un cuerpo de 4,0 kg de masa se encuentra en reposo sobre un plano inclinado de 41°. Está sujeto al extremo superior del plano inclinado mediante un muelle de constante elástica 12 N m^{-1}. Sabiendo que el coeficiente de rozamiento estático entre el suelo y el plano es 0,50, calcula cuánto se alargará el muelle.**

Como el cuerpo se encuentra en reposo, las fuerzas que actúan en cada eje se anulan:

$$\sum F_y = 0;\ N - mg\cos\alpha = 0 \Rightarrow N = mg\cos\alpha$$

$$\sum F_x = 0;\ P\,\text{sen}\alpha - f_r - F_e = 0 \Rightarrow F_e = mg\,\text{sen}\alpha - f_r = mg(\text{sen}\alpha - \mu\cos\alpha)$$

$$F_e = (4{,}0\,\text{kg})(9{,}81\,\text{ms}^{-2})(\text{sen}\,41° - 0{,}50\cos 41°) = 11\,\text{N}$$

Con ayuda de la ley de Hooke se obtiene el alargamiento:

$$F_e = k\Delta x \Rightarrow \Delta x = \frac{F_{\text{muelle}}}{k} = \frac{(11\,\text{N})}{(12\,\text{Nm}^{-1})} = 0{,}92\,\text{m}$$

ACTIVIDADES

37. Una persona, al subirse sobre una balanza de resorte, pesa 670 N; el muelle se comprime 0,78 cm.

a) ¿Cuál es la constante del muelle?

b) ¿Cuánto pesa otra persona que comprime el muelle 0,32 cm?

Solución: a) $8{,}6 \cdot 10^2$ N cm^{-1}; b) 275 N

38. En una feria hay un juego que consiste en golpear sobre un muelle acolchado. Una persona de 87,0 kg puede golpear con una fuerza que es igual a la mitad de su peso; si la constante elástica del muelle vale $k = 2{,}70 \cdot 10^4$ N m^{-1}, calcula cuánto se comprimirá el muelle.

Solución: $1{,}58 \cdot 10^{-2}$ m

EJERCICIOS Y PROBLEMAS RESUELTOS

Fuerza gravitatoria y campo gravitatorio

28 Arthur C. Clarke, autor de la famosa novela de ciencia ficción *2001: Una odisea espacial,* predijo en 1945 que un día las comunicaciones de todo el mundo se cursarían por una red de tres satélites geoestacionarios ubicados a intervalos fijos alrededor del ecuador terrestre. Un satélite geoestacionario permanece siempre en la misma vertical sobre la Tierra, es decir, está siempre encima del mismo punto porque da una vuelta completa a su órbita alrededor de la Tierra en un día.

a) Calcula el radio de la órbita de un satélite geoestacionario.

b) ¿Cuál es el valor de la intensidad del campo gravitatorio en dicha órbita?

Datos: $G = 6{,}67 \cdot 10^{-11}\ \text{N m}^2\text{kg}^{-2}$; masa de la Tierra, $M_T = 5{,}98 \cdot 10^{24}$ kg

Consideraciones iniciales

- La fuerza gravitatoria sobre el satélite es centrípeta y hace que el satélite describa una órbita circular.
- El período de rotación del satélite geoestacionario es el mismo que el de la Tierra, 24 horas.

Resolución

a) Las siguientes ecuaciones corresponden al segundo principio de la dinámica aplicado al satélite y a la velocidad de un movimiento circular:

$$\left.\begin{array}{l} F_c = ma_c;\ \dfrac{GM_Tm}{r^2} = m\dfrac{v^2}{r} \Rightarrow v = \sqrt{\dfrac{GM_T}{r}} \\ v = \dfrac{2\pi r}{T} \end{array}\right\} \Rightarrow \frac{4\pi^2 r^2}{T^2} = \frac{GM_T}{r}$$

$$r = \sqrt[3]{\frac{GM_TT^2}{4\pi^2}} = \sqrt[3]{\frac{(6{,}67\cdot 10^{-11}\ \text{Nm}^2\text{kg}^{-2})(5{,}98\cdot 10^{24}\ \text{kg})(24\cdot 3600\ \text{s})^2}{4\pi^2}} = 4{,}2\cdot 10^7\ \text{m}$$

b) De la definición de intensidad de campo:

$$g = \frac{GM_T}{r^2} = \frac{(6{,}67\cdot 10^{-11}\ \text{Nm}^2\text{kg}^{-2})(5{,}98\cdot 10^{24}\ \text{kg})}{(4{,}2\cdot 10^7\ \text{m})^2} = 0{,}23\ \text{ms}^{-2}$$

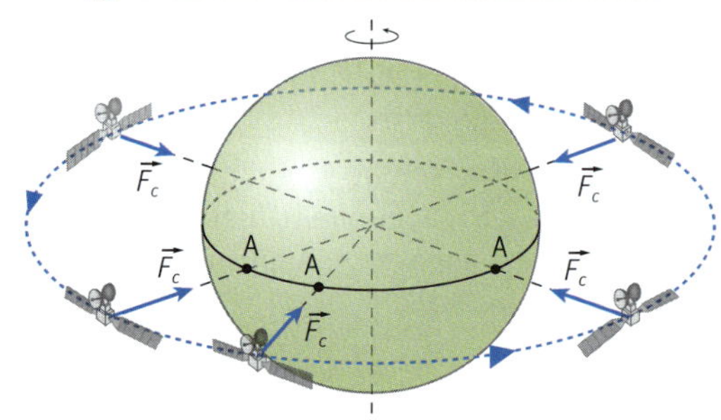

CONCLUSIONES: Los satélites geoestacionarios están a igual distancia del centro de la Tierra y permanecen "fijos" sobre un lugar del ecuador.

Peso aparente e "ingravidez"

29 Un astronauta de 75 kg de masa se está entrenando; una de las simulaciones que realiza es una caída libre dentro de un ascensor. Posteriormente, el astronauta viaja a la estación espacial internacional (EEI) situada a unos 400 km sobre la superficie de la Tierra.

a) Calcula el peso que tendría el astronauta en una balanza situada en el interior del ascensor en caída libre.

b) Calcula el valor del campo gravitatorio en la EEI y determina el peso del astronauta en dicha estación.

Datos: $G = 6{,}67 \cdot 10^{-11}\ \text{N m}^2\text{kg}^{-2}$; $M_T = 5{,}98 \cdot 10^{24}$ kg; $R_T = 6{,}37 \cdot 10^6$ m

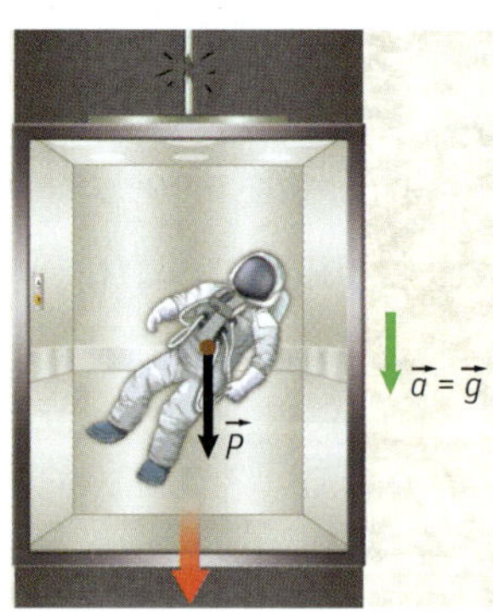

Consideraciones iniciales

- La balanza determina el peso aparente.

Resolución

a) Aplicando la segunda ley de Newton: $P - N = mg \Rightarrow N = P - mg = 0$ N

Luego, el peso aparente en el ascensor es cero.

b) El valor del campo en la EEI es: $g = \dfrac{GM_T}{r^2} = \dfrac{(6{,}67\cdot 10^{-11}\ \text{Nm}^2\text{kg}^{-2})(5{,}98\cdot 10^{24}\ \text{kg})}{(6{,}37\cdot 10^6\ \text{m} + 4{,}0\cdot 10^5\ \text{m})^2} = 8{,}7\ \text{ms}^{-2}$

Luego, su peso sería $P = mg = (75\ \text{kg})(8{,}7\ \text{ms}^{-2}) = 6{,}5 \cdot 10^2$ N. La persona sobre la balanza en la EEI se encuentra en "caída" libre y su peso aparente en la balanza es cero.

CONCLUSIONES: En la Estación Espacial Internacional, al igual que en el ascensor, el astronauta tiene un peso aparente igual a cero, pero en ambos casos es atraído por la fuerza gravitatoria, por tanto, no está en estado de ingravidez.

Interacción electrostática

30 **Dos péndulos electrostáticos de 12 cm de longitud y 0,025 g de masa, que cuelgan del mismo punto, están separados por una distancia de 12 cm.**

a) **Calcula la fuerza eléctrica que actúa sobre cada una de las bolitas.**

b) **Determina el número de electrones que han añadido los péndulos.**

Consideraciones iniciales

- Una bolita de porexpán, recubierta con una pintura que lleve plomo y colgando de un hilo, constituye un péndulo electrostático.
- Cada bolita está en equilibrio por la acción de las fuerzas que recibe.

Resolución

a) En el dibujo se deduce que $\alpha = 30°$. Aplicando el segundo principio de la dinámica a los ejes *X* e *Y*:

$$\left.\begin{array}{l}\text{Eje } X: F_C = T\,\text{sen}30° \\ \text{Eje } Y: F_N = T\cos 30°\end{array}\right\} \Rightarrow \frac{F_C}{F_N} = tg\,30°$$

La fuerza de Coulomb es: $F_C = F_N\,\text{tg}30° = (2{,}5\cdot 10^{-5}\ \text{kg})(9{,}8\ \text{m s}^{-1})\cdot \text{tg}30° = 1{,}4\cdot 10^{-4}\ \text{N}$.

b) De la expresión de la fuerza eléctrica se deduce la carga de las bolitas:

$$F_C = 9\cdot 10^9\,\frac{q^2}{0{,}06^2} = 1{,}4\cdot 10^{-4} \Rightarrow q = 7{,}5\cdot 10^{-9}\ \text{C} \Leftrightarrow \frac{(7{,}5\cdot 10^{-9}\ \text{C})}{(1{,}6\cdot 10^{-19}\ \text{C e}^{-1})} = 4{,}7\cdot 10^{10}\ \text{electrones}$$

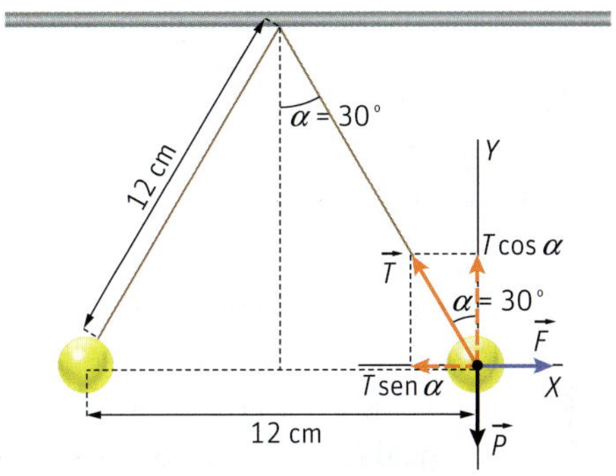

> **CONCLUSIONES:** La carga del electrón es muy pequeña, solo miles de millones de electrones pueden ocasionar pequeñas fuerzas medibles.

Movimientos bajo fuerzas constantes

31 **Una chica se desliza por una pista de esquí sobre una tabla de *snowboard*. En un momento determinado comienza a subir una pendiente que forma 60° con la horizontal, con una velocidad inicial de 9,0 m s⁻¹. La nieve no está en muy buen estado, por ello los coeficientes de rozamiento estático y cinético son elevados, μ_c = 0,45 y μ_e = 0,60.**

a) **Calcula la distancia que recorre por la pendiente antes de detenerse.**

b) **Determina si, después de detenerse, se desliza hacia atrás y, en caso afirmativo, calcula el tiempo que tarda en caer de nuevo.**

Consideraciones iniciales

- La chica termina deteniéndose por la acción de la componente del peso paralela al plano y de la fuerza de rozamiento.
- Para que se deslice hacia atrás la componente paralela del peso tendrá que ser mayor que la fuerza de rozamiento.

Resolución

a) Aplicando el segundo principio de la dinámica se determina la aceleración:

$$\sum F_y = 0;\ N - mg\cos\alpha = 0 \Rightarrow N = mg\cos\alpha$$

$$\sum F_x = ma_x;\ -P\,\text{sen}\alpha - f_r = ma_x \Rightarrow a_x = \frac{-\mu_c mg\cos\alpha - mg\,\text{sen}\alpha}{m}$$

$$a_x = -g(\mu_c\cos\alpha + \text{sen}\alpha) = -(9{,}81\ \text{m s}^{-2})(0{,}45\cos 60° + \text{sen}60°) = -11\ \text{m s}^{-2}$$

Una vez calculada la aceleración, sabiendo que la velocidad final es cero:

$$v_f^2 - v_0^2 = 2a_x\Delta x \Rightarrow \Delta x = -\frac{v_0^2}{2a_x} = -\frac{(9{,}0\ \text{m s}^{-1})^2}{2\cdot(-11\ \text{m s}^{-2})} = 3{,}7\ \text{m}$$

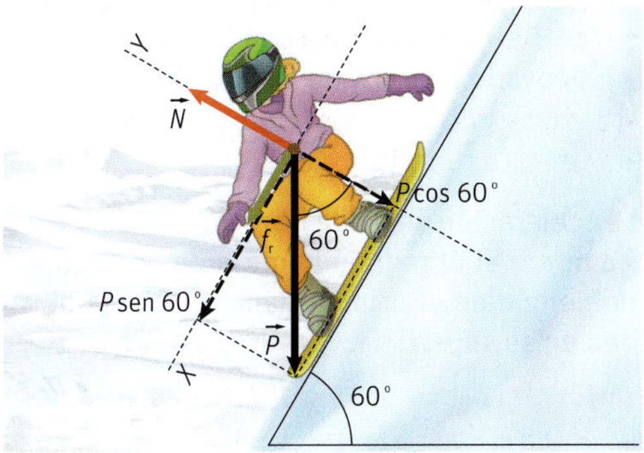

b) La componente paralela del peso es $mg\,\text{sen}\,\alpha$ y la fuerza de rozamiento estática es $\mu_e mg\cos\,\alpha$. Para que deslice hacia atrás:

$$mg\,\text{sen}\alpha > \mu_e mg\cos\alpha \Rightarrow \text{tg}\alpha > \mu_e$$

Como tg α = 1,73 > μ_e = 0,60, se deslizará con un *mrua*:

$$\sum F_x = ma_x;\ mg\,\text{sen}\alpha - \mu_c mg\cos\alpha = ma_x \Rightarrow a_x = g(\text{sen}\alpha - \mu_c\cos\alpha)$$

$$a_x = (9{,}81\ \text{m s}^{-2})(\text{sen}60° - 0{,}45\cos 60°) = 6{,}3\ \text{m s}^{-2}$$

Para calcular el tiempo utilizaremos las ecuaciones del *mrua* sabiendo que v_0 = 0 m s⁻¹ y que la distancia que recorre es 3,7 m:

$$\Delta x = v_0 t + \frac{1}{2}at^2 \Rightarrow t = \sqrt{\frac{2\Delta x}{a_x}} = \sqrt{\frac{2\cdot(3{,}7\ \text{m})}{(6{,}3\ \text{m s}^{-2})}} = 1{,}1\ \text{s}$$

ACTIVIDADES

Interacciones gravitatoria y eléctrica

39. Responde a las siguientes cuestiones:

a) ¿Qué fuerzas actúan sobre el transbordador espacial que gira en órbita en torno a la Tierra?

b) Indica dónde se aplica la reacción a estas fuerzas.

c) ¿Tienen el mismo significado fuerza gravitatoria que intensidad del campo gravitatorio? Razona tu respuesta.

d) Indica de qué factores depende el valor de la gravedad en la superficie de la Tierra y en qué unidad se expresa.

40. Se sabe que el valor de la gravedad en la superficie de Júpiter es 25,1 $m s^{-2}$. Una sonda espacial tiene un peso en la Tierra de 725 N. Determina la masa y el peso de la sonda espacial si esta pudiera llegar a la superficie de Júpiter.

Dato: $g_T = 9,81$ $m s^{-2}$

Solución: 73,9 kg; $1,85 \cdot 10^3$ N

41. Si el radio medio de la órbita de la Luna en torno a la Tierra es $3,84 \cdot 10^5$ km, aproximadamente, calcula:

a) La fuerza gravitatoria de la Tierra sobre la Luna.

b) La velocidad de la Luna alrededor de la Tierra.

Datos: $M_T = 5,98 \cdot 10^{24}$ kg; $M_L = 7,35 \cdot 10^{22}$ kg; $G = 6,67 \cdot 10^{-11}$ N m^2 kg^{-2}

Solución: a) $1,98 \cdot 10^{20}$ N; b) $1,02 \cdot 10^3$ $m s^{-1}$

42. La Tierra tarda en dar una vuelta alrededor del Sol un tiempo de $3,156 \cdot 10^7$ s. Sabiendo que la distancia de la Tierra al Sol es $1,496 \cdot 10^{11}$ m, calcula la masa del Sol.

Solución: $1,99 \cdot 10^{30}$ kg

43. Marte tiene dos satélites, Deimos y Fobos. Deimos es el más pequeño de los dos, tiene un radio de 6,3 km y una masa de $2,24 \cdot 10^{15}$ kg.

a) Calcula el valor de la gravedad en la superficie de Deimos.

b) ¿Cuál sería la reacción normal sobre un objeto apoyado en Deimos si la reacción normal sobre el mismo objeto apoyado en la Tierra es 98,1 N?

Solución: a) $3,76 \cdot 10^{-3}$ m s^{-2}; b) $3,76 \cdot 10^{-2}$ N

44. La aceleración de caída libre en la superficie de un planeta es 22 m s^{-2}. Si el radio y la masa de un segundo planeta son el doble que en el primer planeta, calcula el valor de la gravedad en su superficie.

Solución: 11 m s^{-2}

45. Razona sobre la veracidad o falsedad de las afirmaciones:

a) Un cuerpo cualquiera puede adquirir una carga negativa de $4 \cdot 10^{-19}$ C.

b) Si dos cargas eléctricas iguales se alejan, la fuerza eléctrica entre ellas disminuye.

46. Dos cargas de +10 μC están separadas 2,0 cm. Calcula la fuerza neta que estas cargas ejercen sobre otra carga de −1,0 μC, situada entre las dos cargas y a 0,50 cm de una de ellas.

Solución: $3,2 \cdot 10^3$ N

Movimiento por la acción de fuerzas constantes

47. Un camión tiene que descargar una viga de 150 kg. Para ello comienza a levantar su caja poco a poco. Cuando la caja forma un ángulo de 40° con la horizontal, la viga comienza a deslizarse.

Determina el valor del coeficiente de rozamiento estático entre la viga y la caja.

Solución: 0,84

48. Una persona empuja un cortacésped de 12,5 kg de masa con una fuerza de 85,5 N, tal como se indica en la figura. El cortacésped se mueve con velocidad constante. Calcula:

a) La fuerza de rozamiento y la fuerza normal.

b) La fuerza con la que tendría que empujarse el cortacésped para que, partiendo del reposo, adquiriera una velocidad de 1,25 $m s^{-1}$ en 1,32 s, sabiendo que la fuerza de rozamiento es la calculada en el apartado *a*.

Solución: a) 60,5 N; 183 N; b) 102 N

49. Se lanza un objeto, con una velocidad inicial hacia arriba, por un plano inclinado. Analiza la veracidad o falsedad de las siguientes afirmaciones:

a) Si no hay rozamiento en el plano inclinado, el tiempo de ascenso es igual al de descenso.

b) Si en el plano inclinado no hay rozamiento, la velocidad en la base del plano inclinado es la misma cuando sube que cuando baja.

c) Si hay rozamiento en el plano inclinado, el tiempo de ascenso es igual al de descenso.

d) Si hay rozamiento, dependerá de los valores de los coeficientes de rozamiento estático y dinámico que el cuerpo pueda o no bajar.

50. El profesor de Física y Química empuja un borrador de 95 g de masa contra la pizarra.

Calcula la fuerza mínima con la que debe empujarlo para que no caiga, sabiendo que el coeficiente estático es $\mu_e = 0,40$.

Solución: 2,3 N

51. Un jugador de hockey sobre hielo quiere golpear el disco para que se pare justo al final de la pista, de longitud 68,0 m.

Calcula la velocidad con la que ha de impulsar el disco si el coeficiente de rozamiento es 0,115.

Solución: 12,4 $m s^{-1}$

52. Una persona quiere mover con velocidad constante una caja de 9,0 kg que está apoyada sobre el piso de un vagón de tren que, a su vez, se mueve con velocidad constante. Para ello necesita hacer una fuerza de 78 N. En un momento dado, el vagón acelera y la persona tiene que aplicar una fuerza de 56 N para mover la caja con velocidad constante. Calcula el coeficiente de rozamiento y la aceleración del vagón.

Solución: 0,88; $-2,4\ \text{m s}^{-2}$

53. Un esquiador se desliza por una pendiente de 12° con velocidad constante. ¿Con qué aceleración se deslizará por una pendiente de 23°? Supón que la nieve se encuentra en el mismo estado en ambas pendientes.

Solución: $1,9\ \text{m s}^{-2}$

54. Un *skater* se lanza por una barandilla que forma 25° con la horizontal. Al llegar al final de ella la altura sobre el suelo es de 1,5 m y debe caer a 2,0 m del final de la barandilla.

¿Qué distancia debe recorrer por la barandilla para que caiga a esa distancia? (el coeficiente de rozamiento entre el monopatín y la barandilla es $\mu = 0,08$).

Solución: 6,2 m

Movimiento de cuerpos enlazados

55. En un montaje teatral, una actriz de 52,0 kg de masa tiene que caer en vertical una distancia de 4,20 m en 2,50 s, a velocidad constante. Entre bastidores hay una superficie inclinada de 52,0° que soporta un contrapeso de masa *m*, según se indica en la figura. Ayuda al director del montaje calculando la masa del contrapeso y el valor de la tensión de la cuerda.

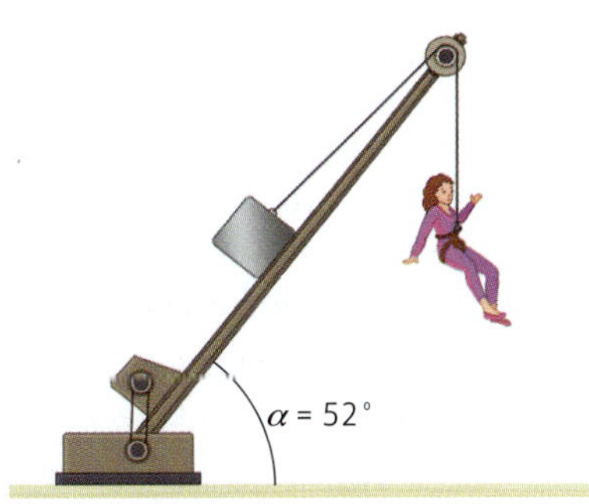

Solución: 48,5 kg; 440 N

56. En los siguientes sistemas determina la aceleración y la tensión de la cuerda.

a)

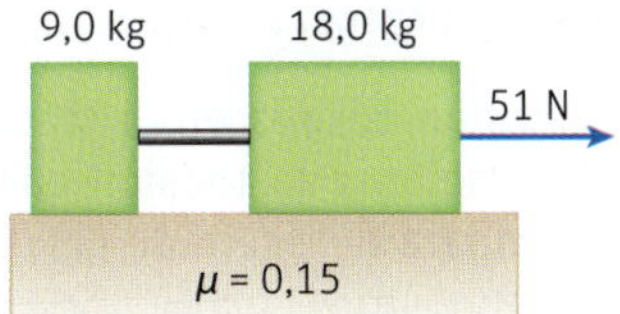

b)

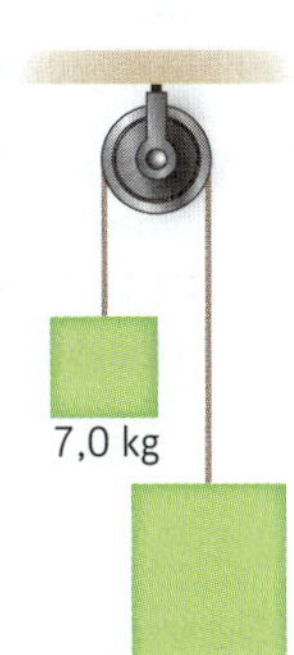

Solución: a) $0,42\ \text{m s}^{-2}$; 17 N; b) $4,3\ \text{m s}^{-2}$; 99 N

57. En muchas películas de acción el protagonista está agarrando la cuerda que sostiene una lámpara pesada. Cuando se corta la cuerda que está atada al suelo, la lámpara cae y el protagonista sube hasta una ventana. La lámpara tiene una masa de 165 kg.

a) Calcula la aceleración que adquiere nuestro protagonista, de 74 kg de masa, cuando corta la cuerda.

b) Determina la tensión de la cuerda mientras sube.

c) Si la ventana está a 5,2 m del suelo, ¿cuánto tiempo tarda en subir?

Solución: a) $3,7\ \text{m s}^{-2}$; b) $1,0 \cdot 10^3$ N; c) 1,7 s

58. El limpiacristales de la figura se eleva a sí mismo mediante una fuerza *F*. Su masa es de 68 kg y la plataforma, de un material muy ligero, tiene una masa de 16 kg.

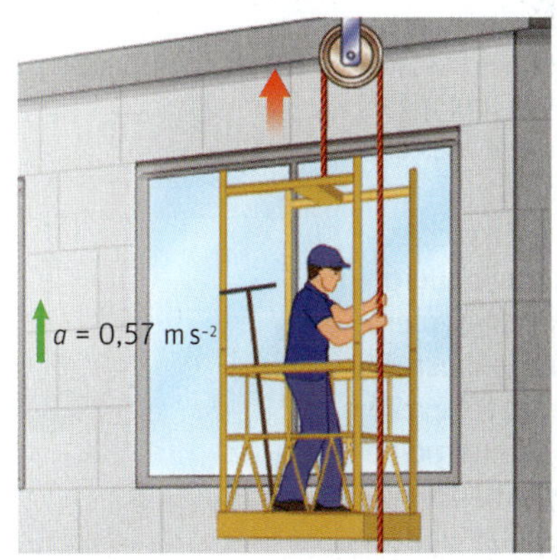

a) Calcula el valor de dicha fuerza si él quiere subir con una aceleración de $0,57\ \text{m s}^{-2}$.

b) ¿Qué fuerza tendría que realizar para subir con velocidad constante?

Solución: a) 872 N; b) 824 N

59. Un bloque de madera, de masa 12,0 kg, permanece en reposo apoyado en un plano inclinado de 30,0° con rozamiento. Al atarle una masa con ruedas de 4,50 kg, para la que puede despreciarse el rozamiento, ambos descienden con una aceleración de $1,75\ \text{m s}^{-2}$.

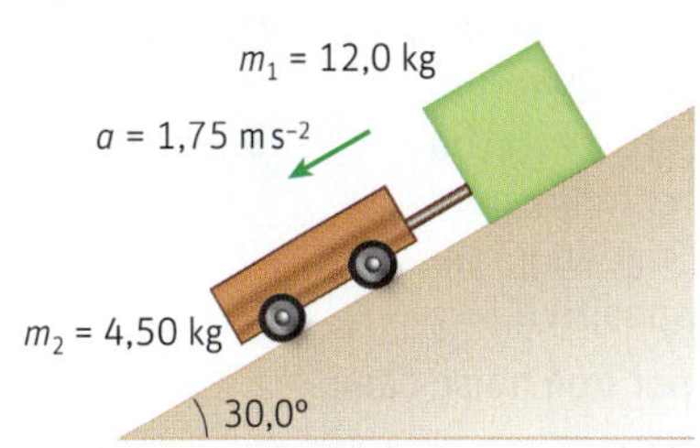

a) Calcula la fuerza de rozamiento entre el bloque y el plano antes de unir la segunda masa.

b) Determina el valor mínimo del coeficiente de rozamiento estático.

c) Calcula el coeficiente de rozamiento cinético.

Solución: a) 58,9 N; b) 0,58; c) 0,51

ACTIVIDADES

Dinámica del movimiento circular

60. En la figura se ve cómo un piloto de Moto GP se inclina para tomar una curva.

a) Indica las fuerzas que actúan sobre el piloto.

b) Calcula la máxima velocidad con la que puede tomar la curva sabiendo que el radio de la misma es de 32 m, el ángulo máximo que puede inclinar la moto es 41° y que la marca de neumáticos ha conseguido un caucho con un coeficiente de rozamiento estático 0,88.

c) ¿Cómo afectará el desgaste de la rueda en la velocidad máxima?

Solución: 17 ms^{-1}

61. Una masa m_1 = 1,0 kg que está sobre una mesa sin rozamiento, se encuentra unida a una masa m_2 = 4,0 kg colgada mediante una cuerda que pasa por un agujero practicado en la mesa. El cuerpo de masa m_2 está en reposo, y el cuerpo de masa m_1 describe un movimiento circular uniforme de radio 0,10 m.

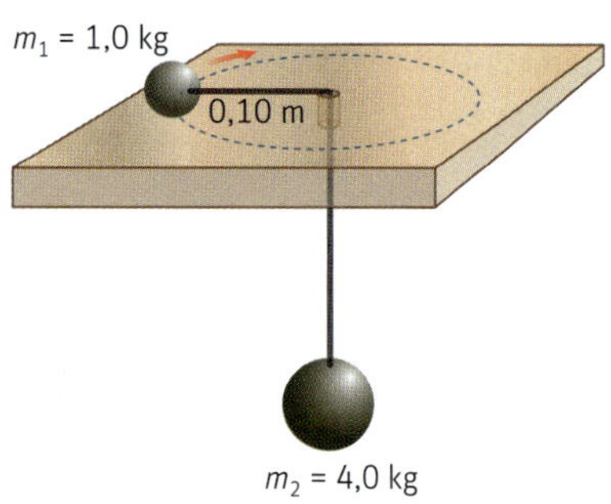

a) Dibuja las fuerzas que actúan sobre ambas masas y determina la velocidad del cuerpo de masa m_1.

b) Calcula la aceleración normal y tangencial de m_1.

Solución: a) 2,0 ms^{-1}; b) 40 ms^{-2}; 0 ms^{-2}

62. En algunas ferias hay una atracción que consiste en un cilindro que gira en torno a su eje. Los viajeros se colocan con la espalda contra la pared del cilindro. En un determinado momento se retira la base del cilindro pero los viajeros siguen girando con el dispositivo.

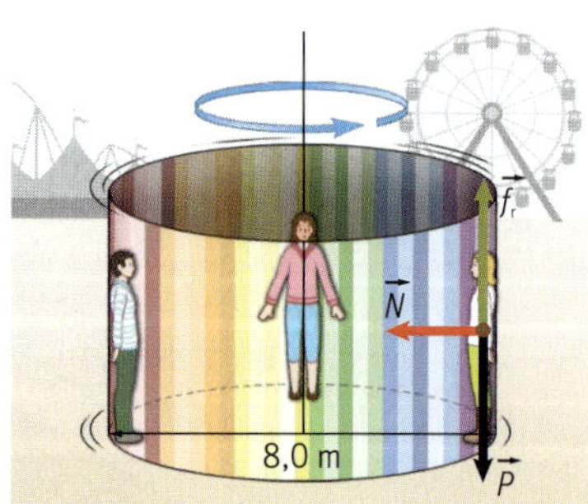

a) Explica por qué no se caen.

b) Si el cilindro tiene un diámetro de 8,0 m y el coeficiente de rozamiento de la pared es μ = 0,80, ¿a qué velocidad angular mínima debe girar para que un viajero de 70 kg siga pegado? Exprésala en rpm.

c) ¿Influye la masa de cada viajero en esta velocidad?

Solución: b) 17 rpm

Fuerzas elásticas

63. Un muelle de constante k = 162 N m^{-1} está suspendido del techo de un ascensor. Del otro extremo cuelga un cuerpo de 2,50 kg. Calcula la deformación producida cuando el ascensor sube con velocidad constante y cuando arranca con una aceleración de 1,20 m s^{-2}.

Solución: 0,151 m; 0,170 m

64. En una polea se cuelgan dos masas de 4,20 kg y 6,50 kg. La masa de 4,20 kg está unida al suelo mediante un muelle.

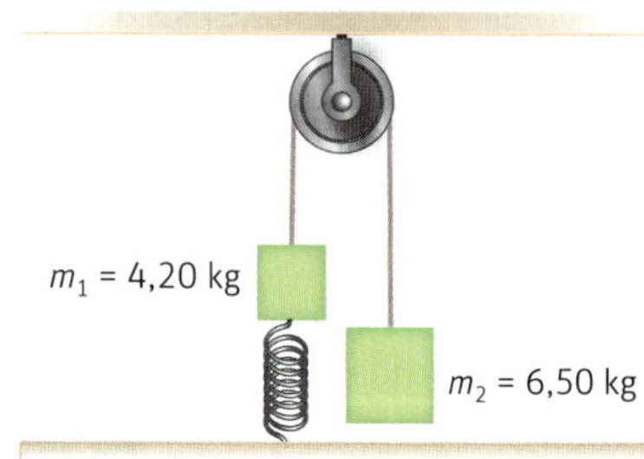

a) Calcula la fuerza del muelle sobre la masa de 4,20 kg.

b) Si se corta la cuerda que une ambas masas, ¿con qué aceleración comenzará a moverse la masa de 4,20 kg, justo en ese instante?

Solución: a) 22,6 N; b) –15,2 ms^{-2}

65. En una carpintería guardan los clavos en una caja. Para calcular la cantidad de clavos que tienen, cuelgan al principio del día la caja de un muelle y observan que este se alarga 0,50 m. Al final del día vuelven a colgarla otra vez y observan que el muelle se alarga 0,20 m. ¿Qué porcentaje de clavos quedan en la caja?

Solución: 40 %

66. Un vehículo deportivo tiene una masa en vacío de 1615 kg y su suspensión se basa en cuatro muelles helicoidales. Suponiendo que el peso del vehículo se distribuye uniformemente entre los cuatro muelles y que con el coche vacío estos están comprimidos 10,0 cm, contesta a estas preguntas.

a) ¿Cuánto vale la constante elástica de estos resortes?

b) ¿Cuánto se comprimirán los muelles si el coche lleva cuatro adultos de 70,0 kg y 200,0 kg de maletas?

Solución: a) $3{,}96 \cdot 10^4$ Nm^{-1}; b) 0,130 m

smSaviadigital.com

67. En esta dirección encontrarás una animación en la que puedes practicar con planos inclinados. Empuja el archivador con una fuerza de 420 N, primero sobre el plano horizontal y después sobre un plano inclinado de 12°. Calcula la aceleración en ambos casos.

68. Aquí encontrarás una animación basada en la máquina de Atwood. Calcula la aceleración y la tensión cuando m_1 = 13 kg y m_2 = 16 kg. Compara tu resultado con el de la animación.

RESUELVE

smSaviadigital.com VALORA LO APRENDIDO > Realiza estas actividades de autoevaluación para comprobar los conocimientos adquiridos.

LA FÍSICA Y... LAS FUERZAS FUNDAMENTALES

El Gran Colisionador de Hadrones (LHC, por sus siglas en inglés) es el mayor acelerador de partículas del mundo. Se encuentra en la Organización Europea para la Investigación Nuclear (CERN, por sus siglas en inglés). En él se hacen chocar entre sí partículas subatómicas en puntos seleccionados donde se ubican grandes detectores. Como resultado de las colisiones, se estudian los componentes de la materia y sus interacciones.

El LHC, situado en la frontera franco-suiza, cerca de Ginebra, es un anillo de 27 km de circunferencia ubicado a 100 m bajo tierra. En sus experimentos hacen girar haces de partículas, a velocidades cercanas a las de la luz, para que colisionen.

El 4 de julio de 2012, el CERN anunció la observación de una nueva partícula. Meses después, el 14 de marzo de 2013, se confirmó que se trataba del bosón de Higgs. Esta partícula, se cree, tiene un papel fundamental en el mecanismo por el que se origina la masa de las partículas elementales. Y era la última pieza que faltaba para completar el modelo estándar de física de partículas, que describe las partículas elementales que componen el universo y la forma en que interaccionan entre ellas.

Para entender el universo debemos conocer cuáles son las **fuerzas fundamentales de la naturaleza**, y cuáles son los componentes últimos de la materia. Con la ley de la gravitación universal, Isaac Newton consiguió describir un tipo de fuerza fundamental, la **fuerza gravitatoria**, una fuerza atractiva y universal que se ejerce entre todos los objetos del universo por el hecho de tener masa.

Las fuerzas, eléctrica y magnética, son manifestaciones de otra fuerza fundamental, la **fuerza electromagnética** que se ejerce entre cargas eléctricas en reposo o en movimiento. Pueden ser atractivas o repulsivas y son de mayor intensidad que las gravitatorias. Las fuerzas de fricción, la tensión, las fuerzas en los muelles o la viscosidad son manifestaciones macroscópicas de esta interacción.

Las otras dos fuerzas fundamentales actúan en el interior del núcleo y son la **nuclear fuerte**, responsable de mantener unidos los protones y neutrones dentro del núcleo, y la **nuclear débil**, que se pone de manifiesto en la explosión violenta de grandes estrellas o en la desintegración de isótopos radiactivos. Ambas son de corto alcance.

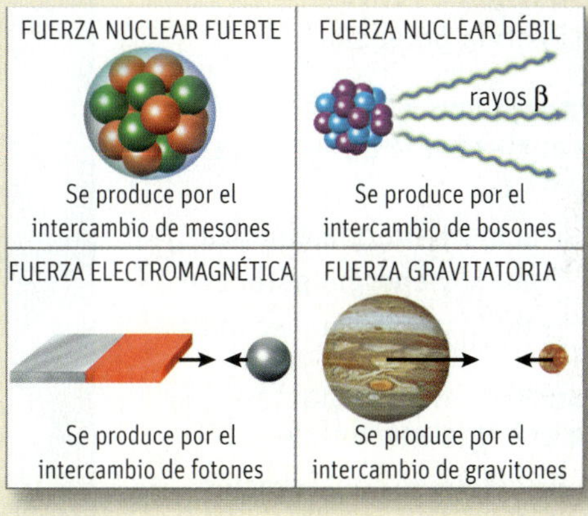

1. smSaviadigital.com **INVESTIGA** › Busca información sobre el modelo estándar.
2. La materia oscura y la energía oscura son enigmas recientes de la física. Busca información sobre ello.

Autoevaluación

1. Un astronauta en la Estación Espacial Internacional "flota" en la cabina porque:
   - a) Su peso es cero.
   - b) Está en ingravidez.
   - c) Está en caída libre.
   - d) Está muy lejos de la Tierra.

2. Una esfera de metal tiene una carga de +9,0 μC. Si se le añaden $6{,}0 \cdot 10^{13}$ electrones, su carga neta será:
   - a) 19 μC
   - b) −0,60 μC
   - c) −9,6 μC
   - d) 0 μC

3. Un alpinista de masa 65 kg cayó en una grieta de un glaciar, tal como se indica en la figura. Sin contar el rozamiento, ¿cuál debe ser la masa mínima de un compañero para que este sea capaz de sujetarlo en el aire?

   - a) 75 kg
   - b) 65 kg
   - c) 130 kg
   - d) 135 kg

4. Un cuerpo se desliza por un plano inclinado de 15° con velocidad constante. ¿Cuánto valdrá la aceleración (en m s^{-2}) si se desliza sobre el mismo plano inclinado cuando forma un ángulo de 25° con la horizontal?
   - a) 3,7
   - b) 1,7
   - c) 2,5
   - d) Ninguna de las anteriores

5. Una furgoneta que se desplaza en sentido negativo del eje *X* lleva un péndulo sujeto al techo. Cuando la aceleración del vehículo es 5,66 m s^{-2}, el ángulo que forma el péndulo con la horizontal es:
   - a) 60°
   - b) −30°
   - c) 30°
   - d) −60°

6. "El globo de la muerte" es una estructura de acero de unos 5,0 m de diámetro donde un motorista describe circunferencias. La velocidad mínima que debe llevar un motorista en la parte superior de un círculo vertical para que no caiga es:

   - a) 5,0 ms^{-1}
   - b) 7,0 ms^{-1}
   - c) 4,0 ms^{-1}
   - d) 6,0 ms^{-1}

12 Energía mecánica y trabajo

La disciplina de salto de gran altura en modo de competición llamada *High Diving* se estrenó en los Campeonatos Mundiales de Natación de Barcelona 2013. Esta disciplina ya se celebraba antes, en las World Series, patrocinada por una compañía de bebidas energéticas que organiza eventos deportivos de riesgo. Cuando el atleta está en la plataforma, a 27 metros de altura, toda la energía que posee es energía potencial o de posición. Gracias a esta energía almacenada se puede iniciar un descenso en caída libre espectacular hasta el agua.

$E_{p_1} = 19000\ J$

$E_{c_1} = 0\ J$

$E_{M_1} = 19000\ J$

$E_{p_2} = 9500\ J$

$E_{c_2} = 9500\ J$

$E_{M_2} = 19000\ J$

$E_{p_3} = 0\ J$

$E_{c_3} = 19000\ J$

$E_{M_3} = 19000\ J$

Recuerda y reflexiona

Energía cinética y potencial

1. Fíjate en la persona que se está tirando desde la plataforma.

a) ¿En cuál de las situaciones indicadas tiene mayor energía potencial? ¿En cuál tiene mayor energía cinética?

La persona en el momento de lanzarse es cuando más energía potencial tiene por encontrarse a mayor altura ($E_p = mgh$). Al llegar a la superficie del agua es cuando más energía cinética tiene porque ha alcanzado la mayor velocidad ($E_c = \frac{1}{2}mv^2$).

b) ¿Por qué existen estas diferencias de energías?

Porque la mayor parte de la energía potencial se transforma en energía cinética a medida que pierde altura y gana velocidad.

c) Recuerda el concepto de energía mecánica.

La energía mecánica es la suma de las energías cinética y potencial de un cuerpo.

Conservación de la energía mecánica

2. En el proceso de caída libre, ¿se conserva la energía mecánica? ¿Por qué?

Si despreciamos la fuerza de rozamiento por la fricción con el aire sí se conserva la energía mecánica. Sin embargo, en realidad debido a esa fricción no toda la energía potencial se transforma en cinética sino que una pequeña parte se disipa en forma de calor.

3. En ausencia de rozamiento, ¿se podría calcular a qué velocidad llega la persona a la superficie del agua en la piscina?

Por el principio de la conservación de la energía mecánica, para las posiciones 1 y 3, tendremos:

$$E_{M_1} = E_{M_3} \Rightarrow E_{p_1} + E_{c_1} = E_{p_3} + E_{c_3} \Rightarrow E_{p_1} + 0 = 0 + E_{c_3}$$

$$mgh_1 = \frac{1}{2}mv_3^2 \Rightarrow v_3 = \sqrt{2gh_1} = \sqrt{2\cdot(9{,}8\ \text{ms}^{-2})(27\ \text{m})} = 23\ \text{ms}^{-1} = 83\ \text{kmh}^{-1}$$

Concepto de trabajo

4. Las siguientes imágenes muestran a una persona levantando unas pesas una distancia *s* y a la misma persona sujetando las pesas. ¿En cuál de las dos situaciones se realiza más trabajo? Calcula el trabajo con los datos indicados.

a)

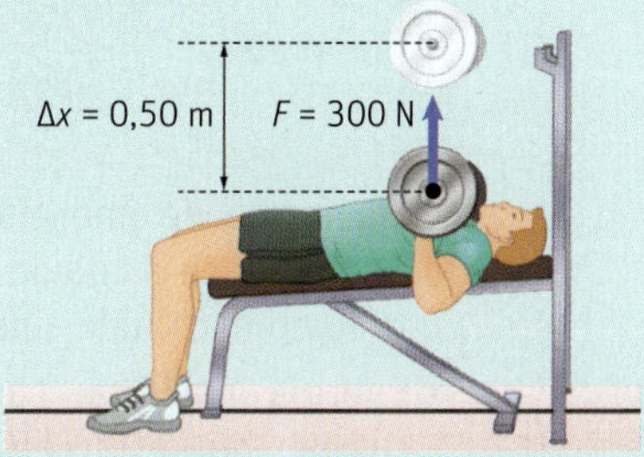

El atleta levanta las pesas una cierta altura (0,50 m) aplicando una fuerza *F* (300 N), por lo que realiza un trabajo:

$$W = F\Delta x \cos 0° = (300\ \text{N})(0{,}50\ \text{m}) = 150\ \text{J}$$

b)

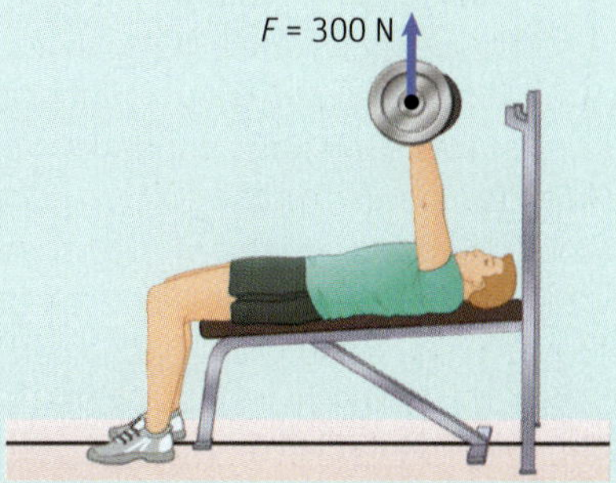

El atleta mantiene las pesas levantadas pero no las desplaza, por lo que el trabajo es cero a pesar de que ejerce una fuerza:

$$W = F\Delta x \cos 0° = (300\ \text{N})(0\ \text{m}) = 0\ \text{J}$$

1 Energía

Cualquier proceso físico, químico o biológico presente en la naturaleza necesita **energía**.

OBSERVA

La saltadora se eleva porque la **energía elástica** de la pértiga se transforma en **energía potencial** mediante un proceso físico.

El agua de la olla se calienta porque la **energía química** del gas se transforma en **energía térmica** que es la que calienta el agua.

El ciclista sube porque transforma la **energía química** de los alimentos en **energía cinética** y **potencial** mediante un proceso biológico.

El salto de un atleta con la pértiga, el calentamiento del agua en una olla o la ascensión del ciclista por una pendiente necesitan un intercambio energético. Cualquier tipo de actividad necesita una **transferencia de energía de un sistema a otro**.

1.1. Formas de energía

La energía que se transfiere de un sistema a otro recibe diversos nombres relacionados, a veces, con propiedades de los sistemas físicos:

Forma de energía	Descripción
Energía térmica	Es la energía intercambiada entre cuerpos a **diferente temperatura**, como la que adquiere el agua al calentarse en la olla.
Energía química	Es la energía contenida en las **sustancias químicas**, por ejemplo, la que contiene la gasolina usada como combustible o la que poseen los alimentos.
Energía eléctrica	Es la energía que tiene la **corriente eléctrica**, como la proporcionada por la batería de un automóvil.
Energía radiante	Es la energía que poseen las **radiaciones electromagnéticas**. Por ejemplo, la que llega a la Tierra procedente del Sol.
Energía nuclear	Es la energía potencial contenida **en los núcleos atómicos**, que se libera en las centrales nucleares y en el Sol.

La **energía** es una propiedad de los sistemas físicos que les permite experimentar cambios o producirlos en su entorno. Se presenta en diversas formas y cambia de unas formas a otras.

Cada **forma de energía** en última instancias pertenece a uno de estos dos tipos o a una combinación de ambos:

- **Energía cinética**. La tienen todos los cuerpos que están en movimiento, como la que tiene el vagón de una montaña rusa que se mueve con una cierta velocidad, *v*.
- **Energía potencial.** La tienen los cuerpos por la posición que ocupan. Por ejemplo la del vagón de la montaña rusa que está a una altura *h* por encima del suelo.

1.2. Fuentes de energía

Los seres humanos siempre han necesitado energía para poder desarrollar sus actividades y mejorar sus condiciones de vida. Para ello, han utilizado los recursos naturales o las **fuentes de energía** para obtener energía o transformarla en otro tipo y así aprovecharla.

OBSERVA

Un coche se mueve al quemar gasolina, uno de los derivados del petróleo, cuyas reservas mundiales van disminuyendo rápidamente, ya que es una **fuente no renovable**.

Un aerogenerador produce energía eléctrica a partir de la energía eólica o energía cinética del viento, que es inagotable, por lo que es una **fuente renovable**.

Las fuentes de energía se pueden clasificar en renovables y no renovables:

	Fuentes no renovables	Fuentes renovables
Definición	Las **fuentes de energía no renovables** son aquellas que hay en cantidades limitadas y no se pueden renovar porque se consumen a un ritmo mayor al que se renuevan. Los combustibles fósiles (carbón, petróleo y gas natural) y el uranio son ejemplos de este tipo.	Las **fuentes de energía renovable** son aquellas que se consumen a un ritmo menor del que se renueva en la naturaleza. El Sol, el viento, el agua embalsada, el mar y la biomasa son ejemplos de este tipo de fuentes.
Ventajas	• La energía obtenida es relativamente barata y fácil de conseguir. • La tecnología necesaria para obtener energía está muy desarrollada.	• Las reservas son prácticamente inagotables. • Su impacto ambiental es mucho menor que el de las no renovables, y además la energía se produce cerca de donde se consume.
Inconvenientes	• Las reservas de combustibles fósiles se agotan. • La quema de los combustibles fósiles genera gases contaminantes y, sobre todo, CO_2, el principal gas que produce el efecto invernadero. • Los reactores nucleares producen residuos radiactivos muy contaminantes y difíciles de almacenar.	• Suponen un porcentaje pequeño del consumo total de energía, ya que la tecnología necesaria está poco desarrollada en algunas de ellas. • La unidad de energía obtenida es, en general, más cara que la que se obtiene mediante fuentes no renovables.

EJERCICIOS RESUELTOS

1 **La gráfica contiene la distribución de fuentes de energía del consumo energético en España en el año 2011 (Fuente: IDAE). Indica qué porcentaje de consumo provenía de:**

a) Combustibles fósiles **b)** Fuentes no renovables

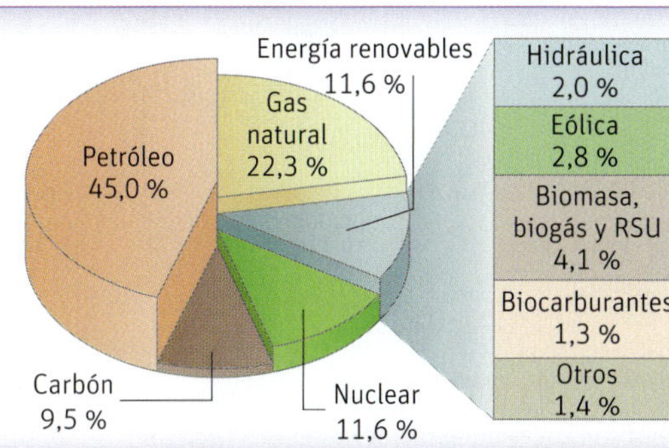

a) La energía proveniente de combustibles fósiles es:

9,5 % (carbón) + 45,0 % (petróleo) + 22,3 % (gas natural) = 76,8 % del total

b) La energía proveniente de fuentes no renovables es igual a la proveniente de combustibles fósiles más la del uranio:

76,8 % (combustibles fósiles) + 11,6 % (uranio) = 88,4 % del total

ACTIVIDADES

1. **Indica qué porcentaje del consumo energético en España en 2011 provenía de la energía renovable.**

   Solución: 11,6 %

2. **Enumera tres fuentes de energía que no generen gases de efecto invernadero.**

2 Trabajo

En el lenguaje cotidiano, el concepto de **trabajo** está asociado a la actividad y el esfuerzo. Sin embargo, el concepto científico de trabajo es más preciso: está asociado a la actuación de una fuerza a lo largo de un recorrido.

OBSERVA

Observa las siguientes situaciones en las que una deportista de halterofilia levanta unas pesas hasta la posición más alta para quedarse sosteniendo las pesas un cierto tiempo. ¿En cuál de las dos situaciones realiza un trabajo sobre las pesas?

La atleta ejerce una fuerza sobre la barra de las pesas para elevarlas desde el suelo hasta la máxima altura. Realiza un trabajo sobre ellas.

Mientras la atleta sostiene en alto las pesas, está haciendo un esfuerzo pero no realiza ningún trabajo sobre ellas ni les transfiere energía.

2.1. Cálculo del trabajo

Se considera que se realiza un trabajo sobre un cuerpo cuando una fuerza aplicada sobre el objeto desplaza su punto de aplicación entre dos posiciones.

El **trabajo**, ***W***, realizado sobre un cuerpo por una **fuerza** $\vec{F}$ **constante** que actúa sobre él y lo mueve un **desplazamiento** $\Delta\vec{r}$, es igual al producto escalar:

$$W = \vec{F} \cdot \Delta\vec{r} = F\,\Delta r \cos\alpha$$

El trabajo es una magnitud escalar. Su unidad es el **julio (J)**. El trabajo y la energía se expresan en las mismas unidades.

Ten en cuenta

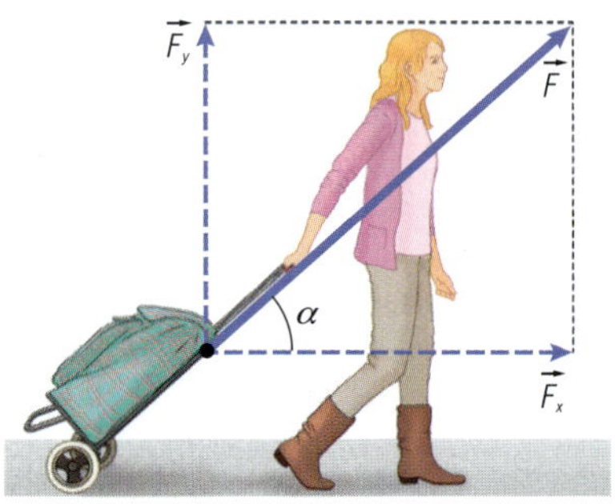

Solo realiza trabajo la componente de la fuerza que actúa en la dirección del desplazamiento, $F_x = F\cos\alpha$.

EJERCICIOS RESUELTOS

2 **Una persona tira de una caja de 40 kg mediante una cuerda que forma un ángulo de 30° con el suelo, ejerciendo una fuerza constante de $1{,}5 \cdot 10^2$ N a lo largo de una distancia de 8,0 m. Calcula el trabajo realizado:**

a) **Por la fuerza de $1{,}5 \cdot 10^2$ N.**

b) **Por la fuerza peso de la caja.**

a) De la fuerza de $1{,}5 \cdot 10^2$ N solo realiza trabajo la componente que actúa en la dirección del desplazamiento:

$$W = \vec{F} \cdot \Delta\vec{r} = F\,\Delta r \cos\alpha = (1{,}5 \cdot 10^2\ \text{N})(8{,}0\ \text{m}) \cdot \cos 30^\circ = 1{,}0 \cdot 10^3\ \text{J}$$

b) El trabajo realizado por la fuerza peso es: $W = P\,\Delta r \cos\alpha = (3{,}9 \cdot 10^2)(8{,}0) \cdot \cos 270^\circ = 0\ \text{J}$

La fuerza peso y el desplazamiento son perpendiculares, ya que el ángulo α es de 270° y, por tanto, $\cos 270^\circ = 0$.

ACTIVIDADES

3. **Un albañil necesita subir una carga de ladrillos de $3{,}0 \cdot 10^2$ kg mediante una polea eléctrica a velocidad constante desde el suelo hasta una altura de 12 m. Calcula:**

a) **La fuerza ejercida por la cuerda de la polea sobre la carga.**

b) **El trabajo realizado por la polea.**

Solución: **a)** $2{,}9 \cdot 10^3$ N; **b)** $3{,}5 \cdot 10^4$ J

4. **Óscar Figueroa consiguió la medalla de plata en los Juegos Olímpicos de 2012 por levantar una barra de $1{,}77 \cdot 10^2$ kg desde el suelo hasta una altura aproximada de 2,0 m. Calcula:**

a) **La fuerza ejercida por el deportista sobre la barra.**

b) **El trabajo realizado.**

Solución: **a)** $1{,}7 \cdot 10^3$ N; **b)** $3{,}5 \cdot 10^3$ J

2.2. Interpretación gráfica del trabajo

Si se representa una fuerza constante F, que actúa en la dirección del eje X, en el eje de ordenadas, frente al desplazamiento $\Delta x = x_f - x_0$, en el eje de abscisas, se observa que el área comprendida bajo la gráfica es el producto $F\Delta x$, es decir, un valor igual al del trabajo realizado por la fuerza. Este resultado es válido aunque la fuerza no sea constante.

Fuerza constante

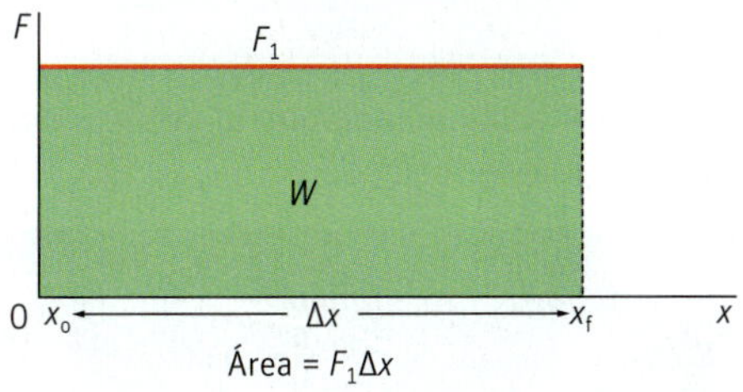

El valor del trabajo realizado por una fuerza constante equivale al área del rectángulo.

Fuerza variable

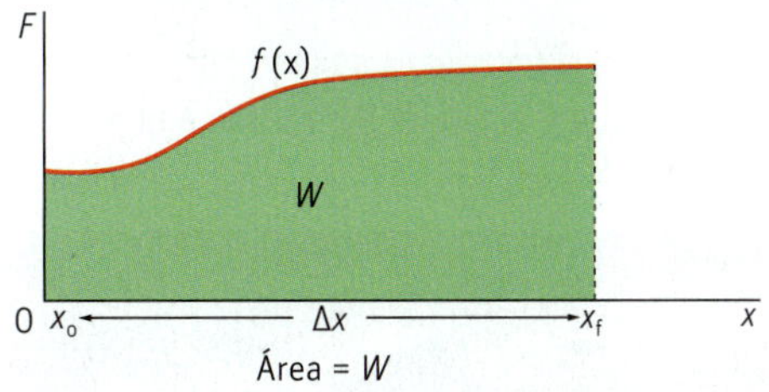

El valor del trabajo realizado por una fuerza variable coincide con el área bajo la curva.

EJERCICIOS RESUELTOS

3 Una fuerza elástica, como la ejercida por un muelle, se expresa por $F = k\,\Delta x$, siendo k una constante y Δx, el desplazamiento del punto de aplicación de la fuerza.

a) Representa gráficamente la fuerza elástica en función de Δx.

b) Calcula el valor del trabajo realizado por la fuerza elástica a lo largo del desplazamiento Δx.

c) Un muelle ($k = 6{,}0 \cdot 10^2$ Nm^{-1}) se comprime 3,0 cm y 6,0 cm. Halla el trabajo que se debe realizar para ambos casos.

a)

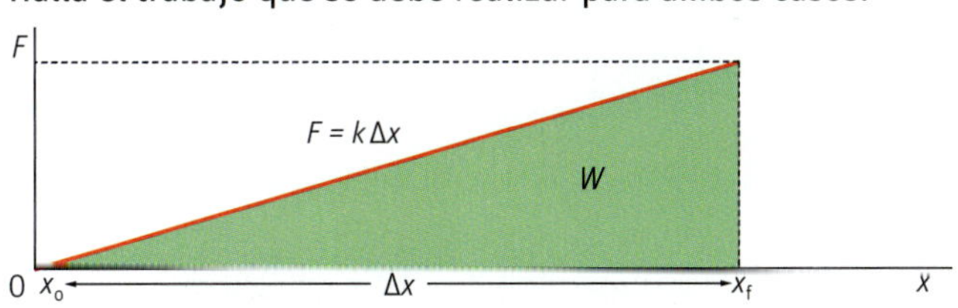

b) En la representación gráfica se ha obtenido un triángulo cuya base es Δx y cuya altura es $F = k\,\Delta x$. El valor del trabajo es igual al área de este triángulo:

$$W = \frac{1}{2}\Delta x \cdot k\Delta x = \frac{1}{2}k(\Delta x)^2$$

c) Cuando $\Delta x = 0{,}03$ m, el trabajo realizado es:

$$W = \frac{1}{2}k(\Delta x)^2 = 0{,}50 \cdot (6{,}0 \cdot 10^2\ \text{Nm}^{-1})(0{,}03\ \text{m})^2 = 0{,}27\ \text{J}$$

Cuando $\Delta x = 0{,}06$ m, el trabajo realizado es:

$$W = \frac{1}{2}k(\Delta x)^2 = 0{,}50 \cdot (6{,}0 \cdot 10^2\ \text{Nm}^{-1})(0{,}06\ \text{m})^2 = 1{,}1\ \text{J}$$

4 Un esquiador de 70 kg desciende por un plano inclinado de 5,0 m de longitud y 30° con respecto a la horizontal.

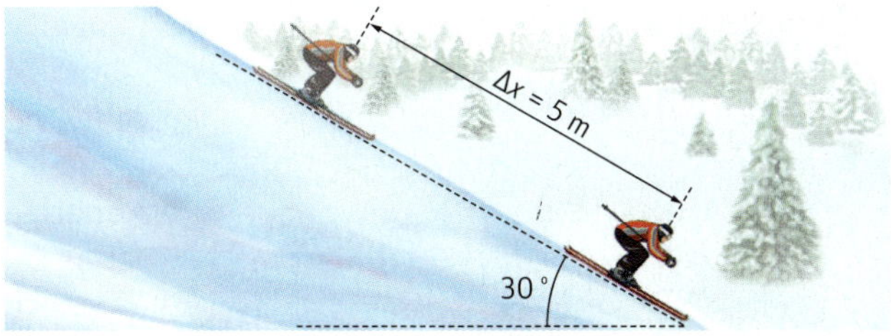

a) Calcula el trabajo de la fuerza peso y de la normal.

b) Calcula el trabajo de la fuerza de rozamiento si el coeficiente de rozamiento es de 0,20.

a) El trabajo realizado por la fuerza peso es la que realiza la componente P_x que va en la dirección del desplazamiento:

$$W = P_x \Delta x \cos 0° = P_x \Delta x$$

Como $P_x = mg \operatorname{sen} \alpha = (70\ \text{kg})(9{,}8\ \text{m s}^{-2}) \cdot \operatorname{sen} 30° = 3{,}4 \cdot 10^2$ N

$$W = P_x \Delta x = (3{,}4 \cdot 10^2\ \text{N})(5{,}0\ \text{m}) = 1{,}7 \cdot 10^3\ \text{J}$$

El trabajo realizado por la normal es:

$$W = N\Delta x \cos 90° = 0$$

b) El trabajo realizado por la fuerza de rozamiento es:

$$W = f_r \Delta x \cos 180° = f_r \Delta x \cdot (-1) = -f_r \Delta x$$

$$f_r = \mu(mg)\cos 30° = 0{,}20 \cdot (70\ \text{kg})(9{,}8\ \text{m s}^{-2})\cos 30° = 1{,}2 \cdot 10^2\ \text{N}$$

El trabajo realizado por la fuerza de rozamiento es:

$$W = -f_r \Delta x = -(1{,}2 \cdot 10^2\ \text{N})(5{,}0\ \text{m}) = -6{,}0 \cdot 10^2\ \text{J}$$

ACTIVIDADES

5. Un muelle tiene una longitud de 20 cm y una constante elástica de $7{,}5 \cdot 10^2$ Nm^{-1}. Calcula qué trabajo hay que realizar sobre él para estirarlo hasta una longitud de 22 cm.

Solución: 0,15 J

6. Una persona tira de una caja de 40 kg con una cuerda horizontal ejerciendo una fuerza constante de $1{,}2 \cdot 10^2$ N en una distancia de 8,0 m. Calcula de modo gráfico el trabajo realizado.

Solución: $9{,}6 \cdot 10^2$ J

3 Energía mecánica

Te interesa saber

La **Mecánica** (*mechanica*, en latín, significa 'arte de fabricar máquinas') es la parte de la física que estudia el equilibrio y el movimiento de cuerpos sometidos a la acción de fuerzas. La Mecánica comprende dos campos: la **estática** que estudia las fuerzas en los cuerpos en reposo (por ejemplo, las fuerzas en puentes), y la **dinámica** que estudia los cuerpos en movimiento, por ejemplo, las fuerzas sobre vehículos o naves espaciales.

La **energía mecánica** es la que tiene un cuerpo (considerado en su conjunto, no como suma de partículas) debido a su velocidad (**energía cinética**) y a su posición (**energía potencial**).

3.1. Energía cinética

Todos los cuerpos que poseen una velocidad tienen **energía cinética**, por tanto, este tipo de energía está asociado al **movimiento**. Por ejemplo, una bola rodando en la pista de una bolera, un vehículo circulando a una velocidad determinada, el agua de un río o el viento poseen, en mayor o menor cantidad, energía cinética.

OBSERVA

El camión A y el coche B circulan a la misma velocidad.

Cuando circulan a la misma velocidad, la energía de movimiento del camión es mayor que la del coche porque su masa es mayor.

El coche A está adelantando al coche B porque va a más velocidad.

En el caso de dos coches de igual masa, tiene mayor energía de movimiento el que se mueve a una velocidad mayor.

Por lo tanto, la energía cinética aumenta con su **masa** y su **velocidad**.

La **energía cinética**, E_c, es la forma de energía mecánica asociada al movimiento de un cuerpo. La expresión matemática de la energía cinética de un cuerpo de masa *m* que lleva una velocidad *v* es:

$$E_c = \frac{1}{2} m v^2$$

EJERCICIOS RESUELTOS

5 **Se lanzan tres objetos de diferente masa y velocidades, obteniéndose los resultados de la tabla. Compara los objetos 1 y 2, ¿en qué proporción ha variado la E_c? Y si comparas los objetos 1 y 3, ¿en qué proporción ha variado ahora la E_c?**

	m	*v*
1	10	5
2	20	5
3	10	10

Los objetos 1 y 2, llevan la misma velocidad pero uno tiene el doble de masa que el otro, por tanto, la energía cinética del objeto 2 será el doble que la del 1. Los objetos 1 y 3, tienen la misma masa pero uno lleva el doble de velocidad que el otro, por tanto, la energía cinética del objeto 3 será cuatro veces la del objeto 1. Se verifica entonces que $E_c \propto mv^2$.

6 **Un automóvil que circula inicialmente a 40 km h^{-1} aumenta su velocidad hasta conseguir circular a $1{,}2 \cdot 10^2$ km h^{-1}. Determina la relación de las energías cinéticas del vehículo a ambas velocidades.**

Para calcular la relación entre las dos energías cinéticas utilizamos la expresión de la energía cinética para cada situación:

$$\frac{E_{c_2}}{E_{c_1}} = \frac{\frac{1}{2} m (1{,}2 \cdot 10^2 \text{ kmh}^{-1})^2}{\frac{1}{2} m (40 \text{ kmh}^{-1})^2} = \frac{(1{,}2 \cdot 10^2 \text{ kmh}^{-1})^2}{(40 \text{ kmh}^{-1})^2} = 9{,}0$$

La energía cinética del automóvil es 9 veces mayor a $1{,}2 \cdot 10^2$ km h^{-1} que a 40 km h^{-1}.

ACTIVIDADES

7. **Calcula cuánto disminuye la energía cinética de un automóvil de $8{,}0 \cdot 10^2$ kg cuando pasa de $1{,}0 \cdot 10^2$ km h^{-1} a 60 km h^{-1}.**

Solución: $2{,}0 \cdot 10^5$ J

8. **Calcula qué energía cinética tiene un atleta de 90 kg que mantiene una velocidad constante de 20 km h^{-1}.**

Solución: $1{,}4 \cdot 10^3$ J

3.2. Energía potencial

La **energía potencial** es la energía asociada a la **posición** de un cuerpo.

OBSERVA

El arco flexionado posee energía potencial que se aprovecha para transferir energía cinética a la flecha y ponerla en movimiento.

El agua embalsada en un pantano posee energía potencial que puede aprovecharse para mover las turbinas y producir energía eléctrica.

Dependiendo de cuál sea la fuerza implicada existen distintas **formas de energía mecánica potencial**:

Energía potencial elástica

El arco tensado tiene energía potencial que puede transferir al recuperar su forma inicial. Una varilla metálica flexionada o un muelle comprimido también almacenan energía.

Esta energía que adquiere un cuerpo al deformar su forma natural se denomina **energía potencial elástica.**

Energía potencial gravitatoria

El agua almacenada en un embalse posee energía potencial debido a su posición, al estar situada a una cierta altura. Un libro sobre una estantería tiene también esta energía.

Esta energía, debida a la posición de los cuerpos respecto al centro de la Tierra, se denomina **energía potencial gravitatoria.**

La **energía potencial elástica** depende del **alargamiento**, Δx, que experimente el cuerpo y de la **constante**, k, **de recuperación**. La expresión de la energía potencial elástica de un cuerpo en función del alargamiento se expresa:

$$E_p = \frac{1}{2}k(\Delta x)^2$$

La **energía potencial gravitatoria** depende de la **masa del cuerpo**, m, y de su **altura**, h, con respecto al suelo. La expresión de la energía potencial gravitatoria de un cuerpo se expresa por:

$$E_p = mgh$$

Recuerda

Por convenio se considera que la energía potencial gravitatoria de un cuerpo es cero al nivel del mar, sin embargo, en la mayoría de las situaciones tomaremos el suelo como referencia siendo $E_{p,\, h=0} = 0$.

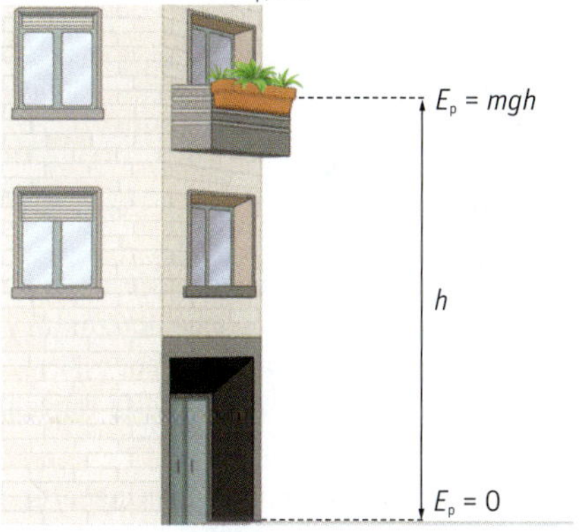

La maceta tiene una energía potencial almacenada que se manifiesta cuando cae al suelo desde la terraza.

ACTIVIDADES

9. Describe las transformaciones energéticas que tienen lugar cuando:

a) El agua de una presa se aprovecha para mover una rueda hidráulica que se utiliza para elevar un fardo.

b) Una polea eléctrica eleva una caja hasta una cierta altura.

c) Una persona trepa por una cuerda hasta una cierta altura y luego se deja caer.

10. Representa gráficamente la variación de la energía cinética de un cuerpo con la velocidad a la que se mueve. ¿Puede tener la energía cinética valores negativos? Justifica la respuesta.

11. Representa gráficamente la variación de la energía potencial de un cuerpo con la altura a la que se encuentra. ¿Puede tener la energía potencia gravitatoria valores negativos? Justifica la respuesta.

4 El trabajo como forma de transferencia de energía mecánica

El trabajo **no es una forma de energía**, sino un procedimiento para **transferir energía** mecánica entre los cuerpos o sistemas físicos.

4.1. Trabajo y energía cinética

OBSERVA

Para lanzar el balón, una jugadora de balonmano ejerce una fuerza sobre la pelota a lo largo de una distancia. El trabajo realizado por la fuerza de la jugadora **aumenta la energía cinética del balón**.

Al acercarse a un semáforo en rojo, el automovilista acciona los frenos para detener el vehículo. El trabajo realizado por los frenos del automóvil **disminuye la energía cinética del coche**.

Cuando las fuerzas aplicadas **cambian el estado de movimiento** de los cuerpos, se produce una variación de la energía cinética del cuerpo.

Si un cuerpo se mueve en la dirección del eje *X* y actúa sobre él una fuerza F_x constante, el trabajo realizado por F_x cuando el cuerpo se desplaza una distancia, Δx, es:

$$W = F_x \Delta x \cos 0° = F_x \Delta x$$

Aplicando la segunda ley de Newton ($F_x = ma_x$), el trabajo se puede expresar como:

$$W = F_x \Delta x = ma_x \Delta x$$

Como el cuerpo experimenta un *mrua*, entonces $v_f^2 - v_0^2 = 2a_x \Delta x$, por tanto, el trabajo realizado será:

$$a_x = \frac{v_f^2 - v_0^2}{2\Delta x} \Rightarrow W = m\frac{v_f^2 - v_0^2}{2} = \frac{1}{2}mv_f^2 - \frac{1}{2}mv_0^2 = E_{c_f} - E_{c_0} = \Delta E_c$$

El trabajo realizado por la fuerza aplicada sobre un cuerpo es igual a la **variación de la energía cinética** de dicho cuerpo. Esto se conoce como teorema de la energía cinética.

Teorema de la energía cinética (teorema de las "fuerzas vivas"). El trabajo realizado por la fuerza resultante que actúa sobre un cuerpo se emplea en variar la energía cinética de dicho cuerpo.

$$W = \Delta E_c$$

Aplicando el teorema de la energía cinética, podemos calcular el trabajo que realiza un automóvil de 750 kg que acelera desde el reposo hasta 72 km h⁻¹ (20 m s⁻¹):

$$W = \Delta E_c = \frac{1}{2}m(v_f^2 - v_0^2) = \frac{1}{2}(7{,}5 \cdot 10^2\ \text{kg})[(20\ \text{m s}^{-1})^2 - 0] = 1{,}5 \cdot 10^5\ \text{J}$$

Te interesa saber

Es habitual encontrar en un puerto de montaña la señal que indica la **pendiente** en %.

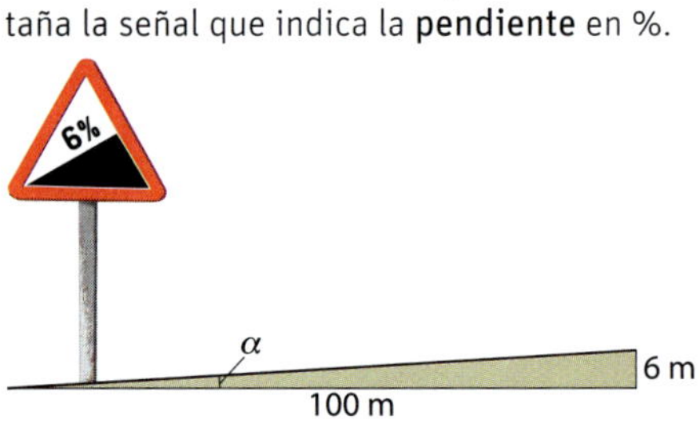

El 6 % indica que ascendemos 6 m de altura por cada 100 m de avance horizontal y el ángulo α se determina calculando la razón entre esos dos datos mediante la tangente: tg $\alpha = 6/100 \Rightarrow \alpha = 3{,}4°$

Sin embargo, para inclinaciones menores del 10 %, es prácticamente igual si utilizamos el seno: sen $\alpha = 6/100 \Rightarrow \alpha = 3{,}4°$ (ahora los 100 m se miden sobre la carretera)

Ten en cuenta

Hasta 1856 los científicos denominaban **fuerza viva** a la energía asociada al movimiento. Para ellos, la fuerza viva era la fuerza resultante (ya restadas las fuerzas de rozamiento).

ACTIVIDADES

12. Calcula el trabajo necesario para acelerar un camión de 10 t desde 60 km h⁻¹ hasta 90 km h⁻¹. ¿Se puede calcular la distancia que recorre para ello?

Solución: $1{,}7 \cdot 10^6$ J

13. Calcula el trabajo que debe realizar la fuerza de los frenos de un coche de $9{,}0 \cdot 10^2$ kg que se mueve a $1{,}2 \cdot 10^2$ km h⁻¹ para reducir su velocidad a 60 km h⁻¹.

Solución: $-3{,}7 \cdot 10^5$ J

EJERCICIOS RESUELTOS

7 **Una persona pretende arrastrar una piedra de 40 kg por un suelo liso (sin rozamiento) mediante una cuerda que forma un ángulo de 30° con la horizontal. La persona aplica una fuerza de $1{,}0 \cdot 10^2$ N a lo largo de 5,0 m partiendo del reposo.**

a) **Describe las fuerzas que actúan sobre la piedra y dibuja un esquema de las mismas.**

b) **Calcula el trabajo sobre la piedra de la fuerza aplicada.**

c) **Determina el trabajo de la fuerza peso.**

d) **Establece el trabajo total sobre la piedra.**

e) **Averigua la variación de su energía cinética.**

f) **Halla la velocidad final de la piedra.**

a) Sobre la piedra actúan tres fuerzas: la fuerza $\vec{F}$ de $1{,}0 \cdot 10^2$ N que forma 30° con la horizontal, la fuerza peso $\vec{P}$ y la fuerza $\vec{N}$ del suelo sobre la piedra, ambas perpendiculares al suelo.

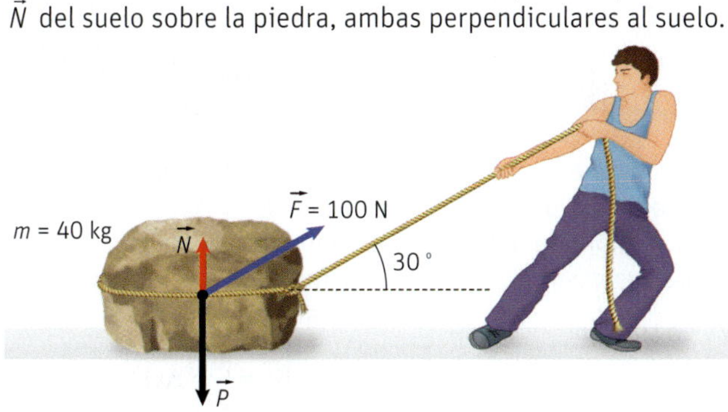

b) El trabajo realizado por la fuerza de $1{,}0 \cdot 10^2$ N es:

$$W_{\vec{F}} = F\Delta x \cos\alpha = (1{,}0 \cdot 10^2 \text{N})(5{,}0 \text{ m})\cos 30° = 4{,}3 \cdot 10^2 \text{ J}$$

c) El trabajo realizado por la fuerza peso es nulo porque su dirección es perpendicular al desplazamiento:

$$W_{\vec{P}} = P\Delta x \cos\alpha = mg(5{,}0 \text{ m})\cos 270° = 0 \text{ J}$$

d) La fuerza $\vec{N}$ también es perpendicular al desplazamiento y, por tanto, el trabajo realizado por ella sobre la piedra es nulo.

El trabajo total es:

$$W = W_{\vec{F}} + W_{\vec{P}} + W_{\vec{N}} = (4{,}3 \cdot 10^2 \text{ J}) + 0 + 0 = 4{,}3 \cdot 10^2 \text{ J}$$

e) Se calcula aplicando el teorema de la energía cinética:

$$W = \Delta E_c \Rightarrow \Delta E_c = 4{,}3 \cdot 10^2 \text{ J}$$

f) Con el dato anterior se calcula la velocidad final de la piedra:

$$\Delta E_c = \frac{1}{2}m(v_f^2 - v_0^2) \Rightarrow (4{,}3 \cdot 10^2 \text{ J}) = \frac{1}{2}(40 \text{ kg})(v_f^2 - 0)$$

$$v_f = 4{,}6 \text{ ms}^{-1}$$

8 **Un automóvil de $9{,}0 \cdot 10^2$ kg desciende una pendiente de 2,0 km con una inclinación del 5,0 % a velocidad constante de 60 km h^{-1} sin accionar los frenos.**

a) **Describe y dibuja las fuerzas que actúan sobre el vehículo.**

b) **Indica cuál es el trabajo total realizado sobre el coche.**

c) **Calcula el trabajo realizado por cada una de las fuerzas que actúan e interpreta el signo del trabajo en cada caso.**

a) Sobre el coche actúan las siguientes fuerzas:

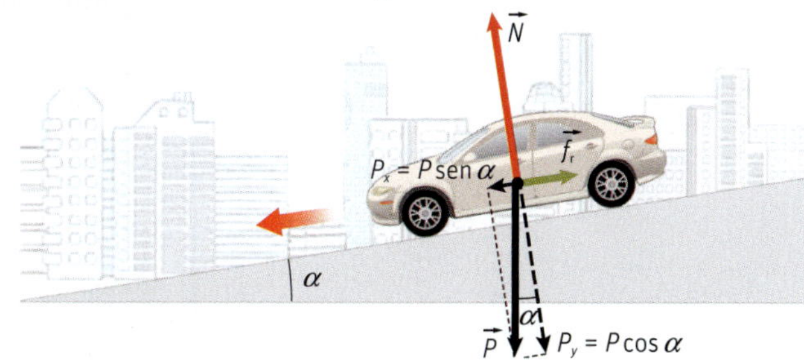

La fuerza peso $\vec{P}$, vertical hacia abajo, que se descompone en dos: $\vec{P}_y$, perpendicular a la dirección del desplazamiento, y $\vec{P}_x$ paralela a la dirección del desplazamiento.

La fuerza $\vec{N}$ de la carretera sobre el vehículo, con la misma dirección pero de sentido opuesto a $\vec{P}_y$.

La fuerza de rozamiento $\vec{f}_r$ entre la carretera y el coche.

b) El coche se mueve con v = cte., por lo que la energía cinética no varía. Por tanto, según el teorema de la energía cinética, el trabajo total sobre el vehículo es nulo: $W = \Delta E_c = 0$

c) Como las fuerzas $\vec{P}_y$ y $\vec{N}$ son perpendiculares a Δx, el trabajo que realizan estas fuerzas sobre el coche es nulo.

$$P_x = mg \cdot \frac{5{,}0}{1{,}0 \cdot 10^2} = (9{,}0 \cdot 10^2 \text{ kg})(9{,}8 \text{ ms}^{-2}) \cdot 0{,}050 = 4{,}4 \cdot 10^2 \text{ N}$$

Donde sen $\alpha \approx$ tg α para inclinaciones pequeñas.

El trabajo realizado por esta fuerza es $W_{\vec{P}_x} = P_x \Delta x \cos 0°$:

$$W_{\vec{P}_x} = (4{,}4 \cdot 10^2 \text{ N})(2{,}0 \cdot 10^3 \text{ m}) \cdot 1 = 8{,}8 \cdot 10^5 \text{ J}$$

El signo positivo indica que es un trabajo motor que incrementa la energía del cuerpo. El trabajo realizado por $\vec{f}_r$ se calcula a partir del trabajo total; $W = W_{\vec{P}_x} + W_{\vec{P}_y} + W_{\vec{f}_r} + W_{\vec{N}}$:

$$0 = (8{,}8 \cdot 10^5 \text{ J}) + 0 + W_{\vec{f}_r} + 0 \Rightarrow W_{\vec{f}_r} = -8{,}8 \cdot 10^5 \text{ J}$$

El signo negativo indica que se trata de un trabajo resistente que disminuye la energía del cuerpo.

ACTIVIDADES

14. **Halla el valor de la fuerza de rozamiento correspondiente a la situación del ejercicio resuelto 8.**

Solución: $4{,}4 \cdot 10^2$ N

15. **Un autobús de 6,0 t de masa se mueve a 30 km h^{-1}. ¿Qué trabajo se necesita para duplicar su velocidad?**

Solución: $6{,}3 \cdot 10^5$ J

16. **Un coche de $8{,}0 \cdot 10^2$ kg que circula a $1{,}0 \cdot 10^2$ km h^{-1} se encuentra a 50 m de una señal que limita la velocidad a 40 km h^{-1}. Si frena gradualmente hasta conseguir reducir la velocidad justo a la altura de la señal:**

a) **Calcula el trabajo realizado sobre el coche.**

b) **Determina la fuerza resultante que ha actuado sobre él.**

Solución: a) $-2{,}6 \cdot 10^5$ J; b) $5{,}2 \cdot 10^3$ N

4.2. Trabajo y energía potencial

El trabajo realizado por una fuerza aplicada sobre un cuerpo puede producir en él un **cambio en la posición o en la forma**.

Cambio en la posición

Un ascensor se mueve a velocidad constante bajo la acción de la fuerza que ejerce el cable sobre él. El trabajo realizado produce una variación de la energía potencial gravitatoria del ascensor.

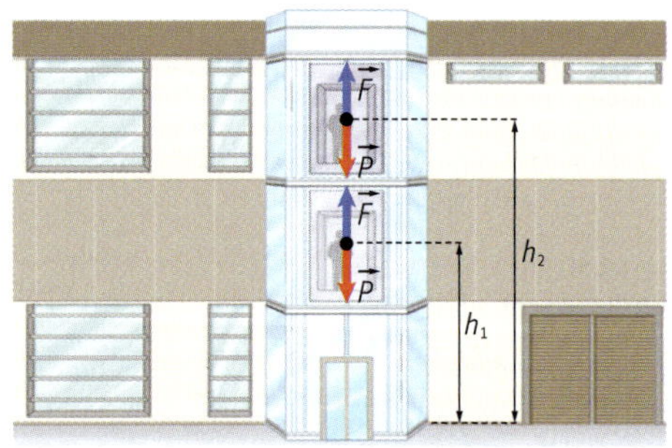

El ascensor se eleva desde la altura h_1 hasta una altura h_2. La fuerza, $\vec{F}$, ejercida por el cable hacia arriba es de igual valor a la del peso, $\vec{P}$, que actúa hacia abajo.

La fuerza aplicada realiza un trabajo:

$$W_{\vec{F}} = F\Delta h = mg\Delta h = E_{p_2} - E_{p_1} = \Delta E_p$$

La fuerza aplicada **incrementa la energía potencial del ascensor**.

Cambio en la forma

Si se estira un muelle colocado horizontalmente mediante una fuerza aplicada en su extremo libre, el trabajo realizado produce una variación de la energía potencial elástica del muelle.

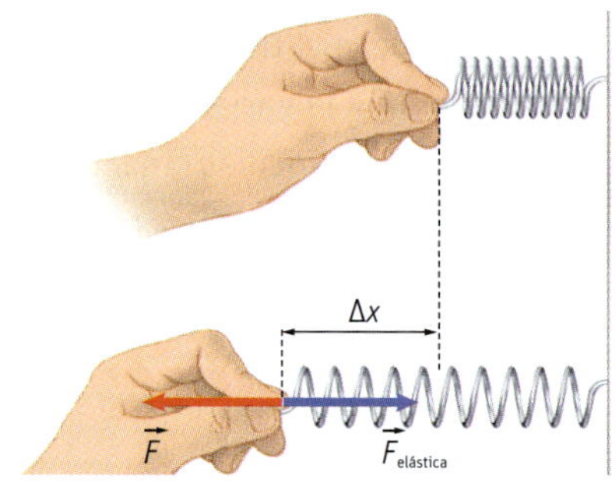

La fuerza $\vec{F}$ aplicada es variable y responde a la ecuación $F = k\,\Delta x$, siendo k la constante recuperadora propia del muelle. Al estirarlo una longitud Δx, a velocidad constante, el trabajo realizado es:

$$W_{\vec{F}} = \frac{1}{2}k(\Delta x)^2$$

La fuerza aplicada **incrementa la energía potencial del muelle**.

- La fuerza resultante sobre el ascensor es $\vec{F}_R = \vec{F} + \vec{P} = 0$, ya que no hay variación de la velocidad. El trabajo total sobre el ascensor es $W_{\vec{F}_R} = W_{\vec{F}} + W_{\vec{P}} = 0$, por tanto: $W_{\vec{P}} = -\Delta E_p$

El **trabajo realizado por la fuerza gravitatoria** (peso) sobre un cuerpo a velocidad constante coincide con la variación de su energía potencial gravitatoria cambiada de signo.

$$W_{\vec{P}} = -\Delta E_p$$

- La fuerza resultante sobre el muelle es $\vec{F}_R = \vec{F} + \vec{F}_{\text{elástica}} = 0$, ya que no hay variación de la velocidad. El trabajo total sobre el muelle es $W_{\vec{F}_R} = W_{\vec{F}} + W_{\vec{F}_{\text{elástica}}} = 0$, por tanto: $W_{\vec{F}_{\text{elástica}}} = -\Delta E_p$

El **trabajo realizado por una fuerza elástica** sobre un cuerpo coincide con la variación de su energía potencial cambiada de signo.

$$W_{\vec{F}_{\text{elástica}}} = -\Delta E_p$$

EJERCICIOS RESUELTOS

9 ¿Qué trabajo realiza el motor de un ascensor con una carga de $3{,}0 \cdot 10^2$ kg para subir tres pisos de 2,5 m de altura cada uno?

El trabajo que realiza el motor es la variación de la energía potencial gravitatoria:

$$W = \Delta E_p = mg\Delta h = (3{,}0 \cdot 10^2\ \text{kg})(9{,}8\ \text{ms}^{-2})(7{,}5\ \text{m}) = 2{,}2 \cdot 10^4\ \text{J}$$

10 ¿Qué trabajo se necesita realizar sobre un muelle ($k = 2{,}0 \cdot 10^2$ N m^{-1}) para comprimirlo desde L_0 = 40 cm hasta L = 30 cm?

El trabajo que se necesita realizar sobre el muelle es la variación de la energía potencial elástica:

$$W = \Delta E_p = \frac{1}{2}k(\Delta x)^2 = \frac{1}{2}(2{,}0 \cdot 10^2\,\text{Nm}^{-1})[(0{,}40\,\text{m}) - (0{,}30\,\text{m})]^2 = 1{,}0\ \text{J}$$

Fuerzas conservativas

REFLEXIONA

Dos excursionistas, que tienen la misma masa, salen del punto A y se dirigen hasta el punto B a la misma velocidad por caminos diferentes, como puedes ver en la figura.

Uno de ellos toma un camino con menor pendiente (camino azul) y el otro con mayor pendiente y más corto que el anterior (camino rojo) hasta llegar al mismo punto.

Si no se tienen en cuenta las fuerzas de rozamiento sobre los excursionistas, ¿cuál de los dos excursionistas ha realizado más trabajo en caminar desde el punto A hasta el punto B?

Existe un tipo de fuerzas llamadas **fuerzas conservativas** en la que el trabajo realizado por ellas solo depende de las posiciones inicial y final del cuerpo y es independiente de la trayectoria seguida. El peso y las fuerzas elásticas son ejemplos de ellas. Por tanto, el trabajo realizado para desplazarse desde el pie de una montaña hasta la cima es el mismo, cualquiera que sea el camino seguido: directamente ascendiendo por la máxima pendiente, serpenteando para caminar por pendientes más suaves, etc.

Esto se debe a que para este tipo de fuerzas el trabajo para desplazar un cuerpo desde la posición A hasta B se puede expresar como la variación negativa de la energía potencial:

$$W_{A\to B} = E_{p_A} - E_{p_B} = -\Delta E_p$$

Así, el trabajo de la fuerza peso de los dos montañeros será:

$$W_{A\to B} == -\Delta E_p = mgh_A - mgh_B = mg(h_A - h_B)$$

Las **fuerzas conservativas** están asociadas a una energía potencial. El peso y las fuerzas elásticas son ejemplos de fuerzas conservativas. Las fuerzas de rozamiento y las fuerzas magnéticas son fuerzas no conservativas.

EJERCICIOS RESUELTOS

11 **Una persona levanta una caja de 25 kg desde el suelo hasta la plataforma de un camión situada a 1,6 m de altura.**

a) ¿Cuál es el incremento de energía potencial de la caja?

b) ¿Qué trabajo realiza la persona si eleva la caja directamente?

c) ¿Qué trabajo realiza si desplaza la caja mediante una rampa de 4,0 m de longitud apoyada en el suelo y en la plataforma?

d) ¿Qué fuerza necesita aplicar en cada caso despreciando los rozamientos?

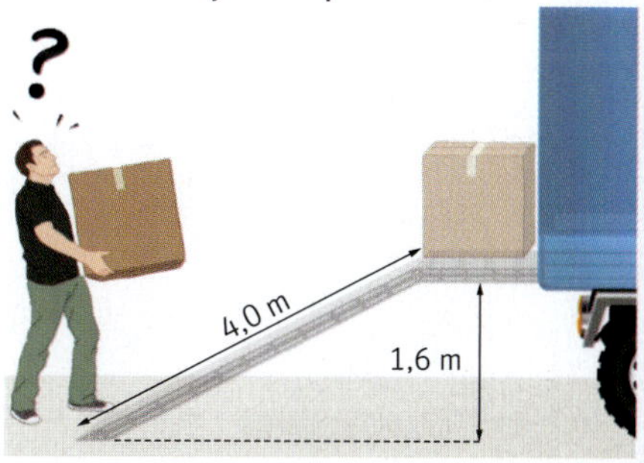

a) $\Delta E_p = mg\Delta h = (25\ \text{kg})(9{,}8\ \text{m s}^{-2})(1{,}6\ \text{m}) = 3{,}9\cdot 10^2\ \text{J}$

b) y c) En ambos casos, el trabajo es: $W = \Delta E_p = 3{,}9\cdot 10^2\ \text{J}$

d) Si la eleva directamente, el desplazamiento es 1,60 m:

$W = F\Delta x \Rightarrow 3{,}9\cdot 10^2\ \text{J} = F(1{,}60\ \text{m}) \Rightarrow F = 2{,}4\cdot 10^2\ \text{N}$

Si la eleva mediante la rampa, el desplazamiento es 4,0 m:

$W = F'\Delta x' \Rightarrow 3{,}9\cdot 10^2\ \text{J} = F'(4{,}0\ \text{m}) \Rightarrow F' = 98\ \text{N}$

De las dos formas se realiza el mismo trabajo, pero mediante la rampa se necesita aplicar una fuerza menor (a cambio debe actuar a lo largo de un recorrido mayor).

ACTIVIDADES

17. Un ascensor tiene una masa de $6{,}0\cdot 10^2$ kg. Calcula el trabajo que debe realizar el motor a velocidad constante para elevarlo del cuarto piso al décimo si la altura de cada piso es de 2,9 m. ¿Cuál es el incremento de energía potencial del ascensor?

Solución: $1{,}0\cdot 10^5$ J; $1{,}0\cdot 10^5$ J

18. Un muelle tiene una constante recuperadora de $5{,}0\cdot 10^3\ \text{N m}^{-1}$. ¿Qué longitud hay que estirarlo desde su posición natural para que almacene una energía elástica de 10 J? ¿Qué trabajo debe realizarse sobre el muelle para conseguirlo?

Solución: $6{,}3\cdot 10^{-2}$ m; 10 J

Recuerda

La **energía mecánica** de un cuerpo es la suma de su energía cinética y de su energía potencial:

$$E_M = E_c + E_p$$

Ten en cuenta

No tiene sentido hablar del trabajo que tiene un cuerpo; el trabajo es siempre una medida de la energía que se transfiere.

4.3. Trabajo y energía mecánica

Una fuerza aplicada sobre un cuerpo puede hacer cambiar su velocidad o su posición, y en otros casos, ambas a la vez.

OBSERVA

Cuando un motorista acelera subiendo una pendiente, aumentan la energía cinética y la energía potencial del vehículo porque se incrementan su velocidad y su altura.

El trabajo realizado por el motor ha incrementado la energía mecánica del vehículo.

En el instante de lanzar la pelota, la baloncestista transfiere energía cinética y energía potencial al balón porque se incrementan su velocidad y su altura.

El trabajo realizado por la jugadora ha incrementado la energía mecánica del balón.

Si se realiza trabajo sobre un cuerpo, este trabajo se invierte en **incrementar la energía mecánica del cuerpo**. El trabajo es una forma de transferir energía de un sistema a otro; al aplicar una fuerza a un cuerpo a lo largo de una distancia se consigue variar su energía potencial o su energía cinética o ambas a la vez.

En ausencia de rozamientos, el trabajo realizado por una fuerza $\vec{F}$ aplicada a un cuerpo es una medida de la **variación de su energía mecánica**.

$$W_F = \Delta E_M = \Delta E_c + \Delta E_p$$

EJERCICIOS RESUELTOS

12 **Un motorista lleva una velocidad de 36 km h^{-1} al iniciar una pendiente de $8{,}0 \cdot 10^2$ m de longitud y 2,0 % de inclinación. Acelera uniformemente hasta alcanzar una velocidad de 72 km h^{-1} al llegar al punto más alto de la cuesta. Calcula:**

a) El incremento de energía cinética si la masa total es $1{,}8 \cdot 10^2$ kg.

b) El incremento de energía potencial.

c) El incremento de energía mecánica.

d) El trabajo necesario para ese incremento de la energía mecánica.

a) Velocidades inicial y final de la motocicleta: $v_0 = 10\,\text{m s}^{-1}$; $v_f = 20\,\text{m s}^{-1}$

Energías cinéticas inicial y final:

$$E_{c_0} = \frac{1}{2} m v_0^2 = \frac{1}{2} \cdot (1{,}8 \cdot 10^2\,\text{kg})(10\,\text{m s}^{-1})^2 = 9{,}0 \cdot 10^3\,\text{J}$$

$$E_{c_f} = \frac{1}{2} \cdot (1{,}8 \cdot 10^2\,\text{kg})(20\,\text{m s}^{-1})^2 = 3{,}6 \cdot 10^4\,\text{J}$$

$$\Delta E_c = E_{c_f} - E_{c_0} = (3{,}6 \cdot 10^4 - 9{,}0 \cdot 10^3)\,\text{J} = 2{,}7 \cdot 10^4\,\text{J}$$

b) La altura que ha ascendido la motocicleta es: $\Delta h = (8{,}0 \cdot 10^2\,\text{m}) \cdot \dfrac{2}{1{,}0 \cdot 10^2} = 16\,\text{m}$

El incremento de energía potencial:

$$\Delta E_p = mg\Delta h = (1{,}8 \cdot 10^2\,\text{kg})(9{,}8\,\text{m s}^{-2})(16\,\text{m}) = 2{,}8 \cdot 10^4\,\text{J}$$

c) Incremento de energía mecánica: $\Delta E_M = \Delta E_c + \Delta E_p = (2{,}7 \cdot 10^4 + 2{,}8 \cdot 10^4)\,\text{J} = 5{,}5 \cdot 10^4\,\text{J}$

d) El W necesario para este incremento de la energía mecánica es: $W_F = \Delta E_M = 5{,}5 \cdot 10^4\,\text{J}$

Cómo resolver problemas de energía y movimiento

El movimiento de un cuerpo se puede describir en términos de fuerza aplicando los principios de la dinámica o se puede estudiar en términos de energía aplicando el concepto de trabajo y energía.

- Aplicando el concepto de **trabajo** y **variación de la energía mecánica**:

$$W = \Delta E_M = \Delta E_c + \Delta E_p$$

Donde la variación de la energía cinética, ΔE_c, de un cuerpo es igual al trabajo realizado por la fuerza resultante aplicada sobre él.

Y la variación de la energía potencial, ΔE_p, es igual al trabajo cambiado de signo de las fuerzas conservativas que actúan sobre él.

- Aplicando los **principios de la dinámica**:

$$\sum F_{ext} = ma$$

EJERCICIOS RESUELTOS

13 **Un automóvil de $1{,}0 \cdot 10^3$ kg de masa, que circula a una velocidad de 36 km h^{-1}, inicia la subida de una pendiente con una inclinación del 6,0 % y $8{,}0 \cdot 10^2$ m de longitud. El motor del vehículo aplica una fuerza constante durante la subida de $1{,}2 \cdot 10^3$ N. Suponiendo que se puede prescindir del rozamiento, calcula la velocidad del coche al final de la cuesta aplicando los conceptos de trabajo y energía, y los principios de la dinámica:**

OPCIÓN A. Aplicando el concepto de trabajo y energía

Primero calculamos la variación de la energía potencial que experimenta el coche en la subida, $\Delta E_p = mg\Delta h$.

Para ello debemos calcular previamente, con los datos del problema, la altura Δh:

$$\Delta h = \frac{(6\text{ m})}{(1{,}0 \cdot 10^2\text{ m})} \cdot (8{,}0 \cdot 10^2\text{ m}) = 48\text{ m}$$

$$\Delta E_p = mg\Delta h = (1{,}0 \cdot 10^3\text{ kg})(9{,}8\text{ m s}^{-2})(48\text{ m}) = 4{,}7 \cdot 10^5\text{ J}$$

El trabajo realizado por el motor es:

$$W = F_{motor} \cdot \Delta x = (1{,}2 \cdot 10^3\text{ N})(8{,}0 \cdot 10^2\text{ N}) = 9{,}6 \cdot 10^5\text{ J}$$

La variación de la energía cinética del automóvil la calculamos con la expresión:

$$W = \Delta E_c + \Delta E_p \Rightarrow \Delta E_c = W - \Delta E_p = (9{,}6 \cdot 10^5 - 4{,}7 \cdot 10^5)\text{ J}$$

$$\Delta E_c = 4{,}9 \cdot 10^5\text{ J}$$

Ya podemos calcular la velocidad del coche al final de la cuesta:

$$\Delta E_c = \frac{1}{2}mv^2 - \frac{1}{2}mv_0^2$$

$$4{,}9 \cdot 10^5\text{ J} = \frac{1}{2} \cdot (1{,}0 \cdot 10^3\text{ kg})v^2 - \frac{1}{2} \cdot (1{,}0 \cdot 10^3\text{ kg})(10\text{ ms}^{-1})^2$$

$$v = 33\text{ ms}^{-1} \Rightarrow v = 1{,}2 \cdot 10^2\text{ km h}^{-1}$$

OPCIÓN B. Aplicando los principios de la dinámica

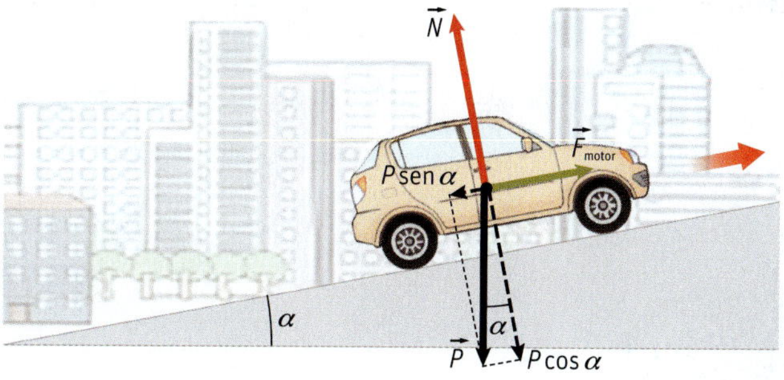

Componente del peso paralela a la carretera:

$$P_x = mg\,\text{sen}\,\alpha = (1{,}0 \cdot 10^3\text{ kg})(9{,}8\text{ ms}^{-2}) \cdot \frac{(6\text{ m})}{(1{,}0 \cdot 10^2\text{ m})} = 5{,}9 \cdot 10^2\text{ N}$$

Fuerza resultante sobre el coche:

$$F = F_{motor} - P_x = (1{,}2 \cdot 10^3 - 5{,}9 \cdot 10^2)\text{ N} = 6{,}1 \cdot 10^2\text{ N}$$

Aceleración del vehículo:

$$a = \frac{F}{m} = \frac{(6{,}1 \cdot 10^2\text{ N})}{(1{,}0 \cdot 10^3\text{ kg})} = 0{,}61\text{ ms}^{-2}$$

$$v^2 - v_0^2 = 2aL$$

$$v^2 - (10\text{ ms}^{-1})^2 = 2 \cdot (0{,}61\text{ ms}^{-2})(8{,}0 \cdot 10^2\text{ m})$$

$$v = 33\text{ ms}^{-1} \Rightarrow v = 1{,}2 \cdot 10^2\text{ km h}^{-1}$$

ACTIVIDADES

19. **En el caso del ejercicio resuelto anterior, comprueba que se cumple el teorema de la energía cinética: la variación de energía cinética del vehículo es igual al trabajo realizado por la fuerza resultante sobre el coche.**

20. **Comprueba igualmente, en el ejercicio resuelto anterior, que la variación de la energía potencial cambiada de signo es igual al trabajo realizado por la fuerza conservativa, que en este caso es el peso del coche.**

5 Conservación y disipación de la energía mecánica

Se ha visto que cuando se realiza un trabajo mecánico sobre un cuerpo, este adquiere energía mecánica, bien sea cinética o potencial o ambas.

5.1. Principio de conservación de la energía mecánica

Si sobre un cuerpo actúan únicamente fuerzas conservativas, y se desplaza desde un punto A hasta B, entonces por el teorema de la energía cinética tenemos que $W_{A\to B} = \Delta E_c$.

Por otro lado, como las fuerzas que actúan sobre el mismo cuerpo son conservativas se cumple también que $W_{A\to B} = -\Delta E_p$. Igualando ambas expresiones:

$$\Delta E_c = -\Delta E_p \Rightarrow \Delta E_c + \Delta E_p = 0 \Rightarrow \Delta(E_c + E_p) = 0 \Rightarrow \Delta(E_M) = 0$$

Por ello, para este caso en el que las **fuerzas son conservativas**, la energía mecánica se conserva, tal como establece el principio de conservación de la energía mecánica.

Principio de la conservación de la energía mecánica. Si sobre un cuerpo solo actúan fuerzas conservativas, la energía mecánica del sistema se conserva:

$$E_M = E_c + E_p = \text{constante} \qquad E_{M,\,\text{inicial}} = E_{M,\,\text{final}}$$

OBSERVA

Observa en la imagen la caída de las personas por un tobogán acuático. Si no se tiene en cuenta la fricción con el aire y el rozamiento con el tobogán solo actúan fuerzas conservativas (fuerza gravitatoria).

Cuando una persona se sitúa en la parte superior a punto de lanzarse, toda su energía mecánica es energía potencial o de posición. Gracias a esta energía puede iniciar el descenso.

Sin embargo, a medida que va perdiendo altura se va transformando la energía potencial en energía cinética hasta llegar a la base del tobogán en donde ha transformado prácticamente la mayor parte de su energía potencial en energía cinética:

$$E_{M,\,\text{inicial}} = E_{M,\,\text{final}} \Rightarrow E_{po} = E_{cf}$$

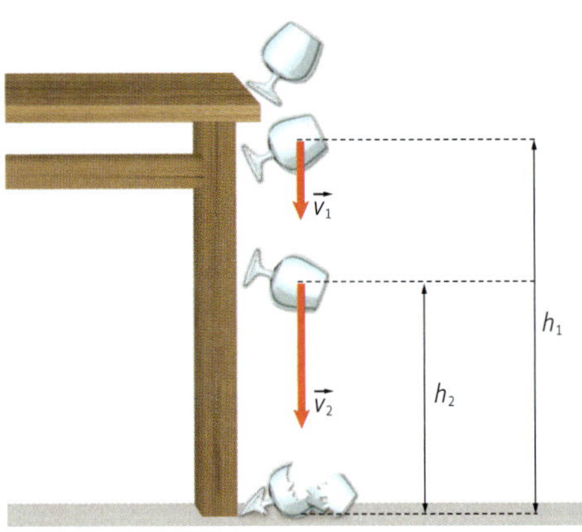

Figura 12.1. Caída libre de un objeto.

EJERCICIOS RESUELTOS

14 **Comprueba que la energía mecánica de un cuerpo en caída libre, como el vaso de la figura 12.1, se conserva.**

Si un cuerpo cae en el vacío, la única fuerza que actúa sobre él es el peso, que es una fuerza conservativa.

Si tiene la velocidad v_1 en un punto de altura h_1 y la velocidad v_2 en un punto de altura h_2, mediante las ecuaciones del movimiento de caída libre se cumple:

$$v_2^2 - v_1^2 = 2g(h_1 - h_2) \Rightarrow v_1^2 + 2gh_1 = v_2^2 + 2gh_2$$

Multiplicando por $\frac{1}{2}m$ en los dos miembros de la ecuación, siendo m la masa del cuerpo:

$$\frac{1}{2}mv_1^2 + mgh_1 = \frac{1}{2}mv_2^2 + mgh_2 \Rightarrow E_{c_1} + E_{p_1} = E_{c_2} + E_{p_2} \Rightarrow E_{M_1} = E_{M_2}$$

ACTIVIDADES

21. ¿La velocidad que adquiere en un descenso una vagoneta de una montaña rusa depende de la masa de la vagoneta? ¿O depende del número de personas que la ocupan? ¿Por qué?

22. Un cuerpo en caída libre tiene una velocidad de 10 m s^{-1} cuando se encuentra a 30 m del suelo. Calcula qué velocidad tendrá cuando esté a 5,0 m del suelo.

Solución: 24 m s^{-1}

5.2. ¿Se conserva o no se conserva la energía mecánica?

Se ha visto que la energía mecánica se conserva. Sin embargo, en la vida cotidiana se nos presentan situaciones en las que no se verifica esta conservación.

OBSERVA

Si un tren de una montaña rusa parte del punto A, que tiene una altura h_1, teóricamente llegaría hasta el punto C, que está situado a la misma altura que el punto A, si se conserva la energía mecánica después de descender. Sin embargo, el tren solo subiría hasta el punto B de altura h_2 menor que la anterior. ¿A qué crees que se debe esto?

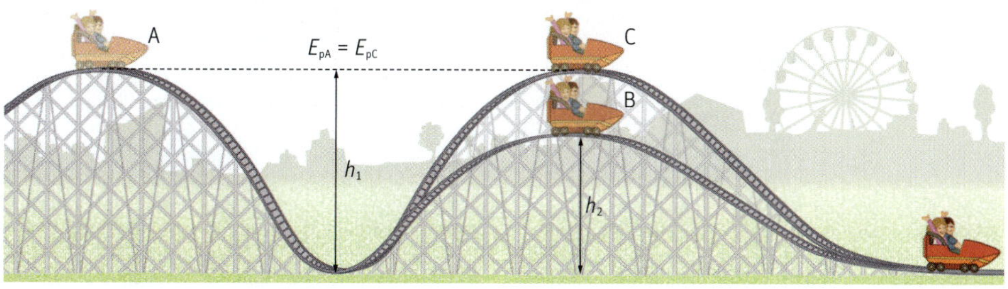

El rozamiento de las ruedas del tren con los raíles y el del tren con el aire disipan parte de la energía mecánica del vehículo, transformándola en energía termica.

Amplía

El hecho de que la pelota bote cada vez menos indica que la energía mecánica no se conserva, pues parte de ella se transforma en calor.

Esto es debido a la presencia de fuerzas no conservativas, como las fuerzas de rozamiento, que hacen que la energía mecánica no se conserve. Por efecto del rozamiento se transfiere energía mecánica mediante calor al entorno, que lo acumula como energía térmica. Puesto que la energía térmica es una forma menos útil de energía, se dice que, debido al rozamiento, la energía mecánica se disipa o degrada.

En valores absolutos, la energía mecánica inicial, E_{M0}, será igual a la suma de la energía mecánica final, E_{Mf}, y la **energía disipada** por el trabajo de las fuerzas de rozamiento:

$$E_{M_0} = E_{M_f} + W_{\bar{f}_r}$$

Las fuerzas de rozamiento se oponen al movimiento y producen, por tanto, un trabajo negativo que se emplea en disminuir o disipar la energía mecánica. Esto origina inevitablemente una pérdida de energía mecánica, ΔE_M, tal que:

$$\Delta E_M = \Delta E_p + \Delta E_c = W_{\bar{f}_r}$$

Recuerda

La energía ni se crea ni se destruye, solo se **transforma** de unas formas a otras. Así, la energía total en el universo se mantiene constante.

EJERCICIOS RESUELTOS

15 **Un automóvil de 6,0·10² kg se queda sin gasolina cuando su velocímetro indica 90 km h⁻¹. Tras accionar los frenos recorre aún 40 m por una carretera horizontal hasta detenerse. Determina:**

a) **La energía mecánica disipada.**

b) **El trabajo de las fuerzas de rozamiento.**

a) La velocidad inicial del vehículo es: v_0 = 90 km h^{-1} = 25 m s^{-1}.

La variación de la energía mecánica es igual a la variación de la energía cinética ya que, al no variar la altura, la energía potencial se mantiene constante.

$$\Delta E_M = 0 + \Delta E_c = \Delta E_c = \frac{1}{2}mv_f^2 - \frac{1}{2}mv_0^2$$

$$\Delta E_c = 0 - \frac{1}{2}(6{,}0 \cdot 10^2 \text{ kg})(25 \text{ ms}^{-1})^2 = -1{,}9 \cdot 10^5 \text{ J}$$

b) El trabajo de las fuerzas de rozamiento es igual a la disipación de energía mecánica:

$$\Delta E_M = W_{\bar{f}_r} = -1{,}9 \cdot 10^5 \text{ J}$$

Este trabajo es negativo.

ACTIVIDADES

23. Calcula el valor de la fuerza de rozamiento que actúa sobre el automóvil del ejercicio resuelto anterior.

Solución: $4{,}7 \cdot 10^3$ N

24. ¿Qué significado tiene el signo negativo obtenido al calcular el trabajo realizado por las fuerzas de rozamiento del ejercicio resuelto anterior?

5.3. Rendimiento

Las **máquinas** proporcionan energía mecánica a partir de la energía que se les suministra.

INTERPRETA

El motor de un carretilla elevadora transforma la energía eléctrica en energía mecánica. El trabajo realizado por el motor se invierte en subir un peso, el cual incrementa su energía potencial. Si la energía eléctrica suministrada por el montacargas durante el tiempo que sube la carga es de 1320 J, calcula la energía potencial que adquiere la carga después de subirla y compara el dato con la energía suministrada. ¿A qué crees que se debe esta diferencia?

Como $\Delta E_p = mgh = (100\ \text{kg})(9{,}8\ \text{m s}^{-2})(1\ \text{m}) = 980\ \text{J}$, es menor que la energía eléctrica suministrada al motor, $E_e = 1320\ \text{J}$, una parte de esta se ha disipado caloríficamente al entorno.

Recuerda

El **flujo de energía** en una máquina se establece de la siguiente forma:

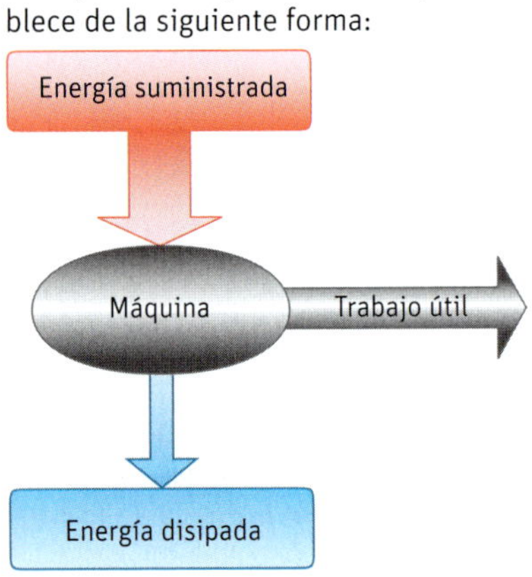

En cualquier transformación de energía mecánica, debido a las fuerzas disipativas como la fuerza de rozamiento, se obtiene un trabajo útil menor que la energía suministrada:

Trabajo útil < Energía suministrada

Esto se debe a que parte de la energía inicial que se le suministra se disipa caloríficamente y por eso las máquinas no transforman íntegramente la energía inicial en trabajo útil:

Energía inicial = Trabajo útil + Energía disipada

Para conocer la proporción de energía disipada se utiliza el concepto de **rendimiento**.

El **rendimiento**, ***r***, de una máquina es la relación porcentual entre el trabajo útil que proporciona la máquina y la energía que se le ha suministrado.

$$r(\%) = \frac{\text{Trabajo útil}}{\text{Energía suministrada}} \cdot 100$$

El rendimiento de la carretilla elevadora del ejemplo anterior al subir la carga será:

$$r(\%) = \frac{\text{Trabajo útil}}{\text{Energía suministrada}} \cdot 100 = \frac{980\ \text{J}}{1320\ \text{J}} \cdot 100 = 74\ \%$$

ACTIVIDADES

25. Una polea consume $4{,}5 \cdot 10^3$ J para subir una caja de 50 kg hasta una altura de 6,0 m. Calcula:

a) El trabajo útil realizado por la polea.

b) Su rendimiento energético.

Solución: a) $2{,}9 \cdot 10^3$ J; b) 65 %

26. El motor y los mecanismos de una grúa tienen un rendimiento del 55,0 %. Calcula qué energía debe suministrarse al motor para subir una caja de $1{,}25 \cdot 10^3$ kg a una altura de 20,0 m.

Solución: $4{,}45 \cdot 10^5$ J

EJERCICIOS RESUELTOS

16 Para la construcción de un piso se necesita subir un palé de ladrillos a una altura de 15 m sobre el suelo. Para ello se utiliza una grúa que consume $5{,}0 \cdot 10^4$ J para subir el palé. Si el palé de ladrillos pesa $2{,}0 \cdot 10^2$ kg, determina:

a) El rendimiento de la grúa. **b)** La energía disipada por la máquina.

a) El incremento de la energía potencial de la caja es el trabajo útil:

$$\Delta E_p = mg\Delta h = (2{,}0 \cdot 10^2\ \text{kg})(9{,}8\ \text{m s}^{-2})(15\ \text{m}) = 2{,}9 \cdot 10^4\ \text{J}$$

Por tanto, el rendimiento de la grúa es:

$$r(\%) = \frac{\text{Trabajo útil}}{\text{Energía suministrada}} \cdot 100 = \frac{(2{,}9 \cdot 10^4\ \text{J})}{(5{,}0 \cdot 10^4\ \text{J})} \cdot 100 = 58\ \%$$

b) La energía disipada será la diferencia entre la energía suministrada y la útil:

$$(5{,}0 \cdot 10^4\ \text{J}) - (2{,}9 \cdot 10^4\ \text{J}) = 2{,}1 \cdot 10^4\ \text{J}$$

EJERCICIOS RESUELTOS

17 **Una persona sobre un trineo inicia el descenso desde un punto de una pendiente de 30° y 30 m de longitud. La masa conjunta de la persona y el trineo es 90 kg. El coeficiente de rozamiento entre el trineo y la nieve es 0,12. Calcula al llegar la persona al punto más bajo de la pendiente:**

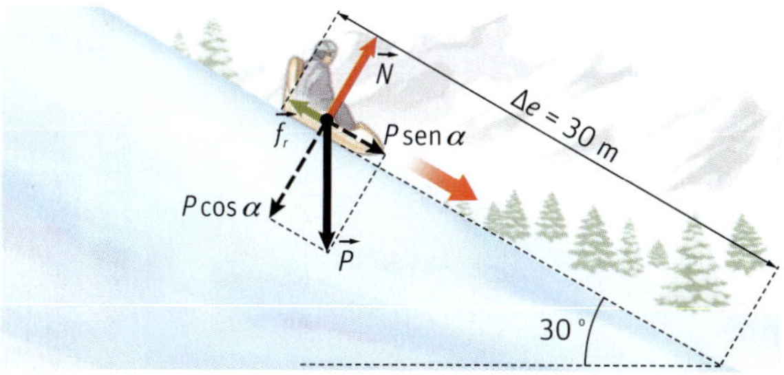

a) **La energía mecánica disipada.**

b) **La variación de energía cinética.**

c) **La velocidad del trineo al final de la pendiente.**

a) La fuerza de rozamiento es:

$f_r = \mu(mg\cos\alpha) = 0{,}12\cdot(90\text{ kg})(9{,}8\text{ m s}^{-2})\cos 30° = 92\text{ N}$.

El trabajo debido a la fuerza de rozamiento es: $W_{\vec{f}} = f_r\,\Delta e\cos 180° = -(92\text{ N})(30\text{ m}) = -2{,}8\cdot 10^3\text{ J}$

La energía mecánica disipada es igual al trabajo debido al rozamiento: $\Delta E_M = W_{\vec{f}_r} = -2{,}8\cdot 10^3\text{ J}$

b) El cuerpo desciende desde una altura: $h = \Delta e$ sen 30° = (30 m) sen 30° = 15 m

La variación de energía potencial es: $\Delta E_p = mg\Delta h = (90\text{ kg})(9{,}8\text{ m s}^{-2})(-15\text{ m}) = -1{,}3\cdot 10^4\text{ J}$

$$\Delta E_M = \Delta E_p + \Delta E_c = W_{\vec{f}_r} \Rightarrow (-1{,}3\cdot 10^4\text{ J}) + \Delta E_c = -2{,}8\cdot 10^3\text{ J} \Rightarrow \Delta E_c = 1{,}0\cdot 10^4\text{ J}$$

La energía cinética ha aumentado $1{,}0\cdot 10^4$ J.

c) $\Delta E_c = \frac{1}{2}m\left(v_f^2 - v_o^2\right) \Rightarrow (1{,}0\cdot 10^4\text{ J}) = \frac{1}{2}(90\text{ kg})(v_f^2 - 0) \Rightarrow v_f = 15\text{ ms}^{-1}$

18 **Al llegar al punto más bajo de la pendiente, el mismo trineo del ejercicio anterior se sigue deslizando por una pista horizontal hasta que se para. Halla:**

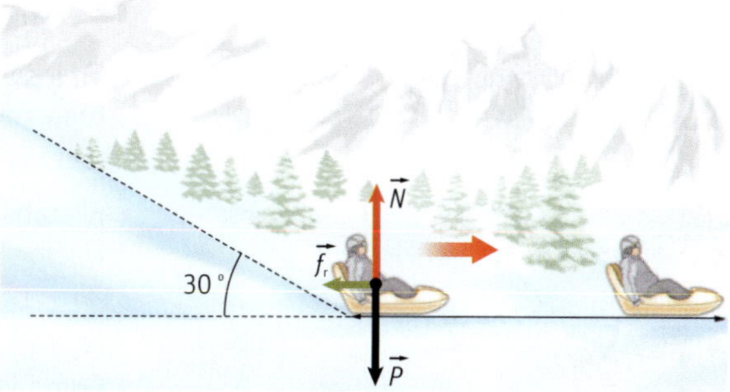

a) **La distancia horizontal que recorre hasta detenerse.**

b) **La energía mecánica disipada en la pista horizontal.**

a) En la pista horizontal no hay variación de la energía potencial; la energía disipada, que es el trabajo de la fuerza de rozamiento, es igual a la disminución de la energía cinética. La fuerza de rozamiento en la pista horizontal es:

$$f_r = \mu(mg) = 0{,}12\cdot(90\text{ kg})(9{,}8\text{ ms}^{-2}) = 106\text{ N}$$

$$\Delta E_M = \Delta E_p + \Delta E_c = W_{\vec{f}_r} \Rightarrow \Delta E_c = W_{\vec{f}_r} \Rightarrow (0 - 1{,}0\cdot 10^4)\text{ J} = -f_r\Delta e' \Rightarrow 1{,}0\cdot 10^4\text{ J} = (106\text{ N})\Delta e' \Rightarrow \Delta e' = 94\text{ m}$$

b) Teniendo en cuenta que en la pista horizontal la variación de la energía potencial es cero:

$$\Delta E_M = 0 + \Delta E_c = W_{\vec{f}_r} \Rightarrow \Delta E_M = \Delta E_c = 1{,}0\cdot 10^4\text{ J}$$

19 **Una persona sube una caja de $1{,}5\cdot 10^2$ kg a un camión mediante una tabla de 3,0 m de longitud; uno de sus extremos lo ha apoyado en el suelo y el otro, en la plataforma del camión situada a $1{,}4\cdot 10^2$ cm de altura. Ha aplicado una fuerza de $1{,}2\cdot 10^3$ N paralela a la tabla para subir la caja a velocidad constante. Calcula el rendimiento obtenido.**

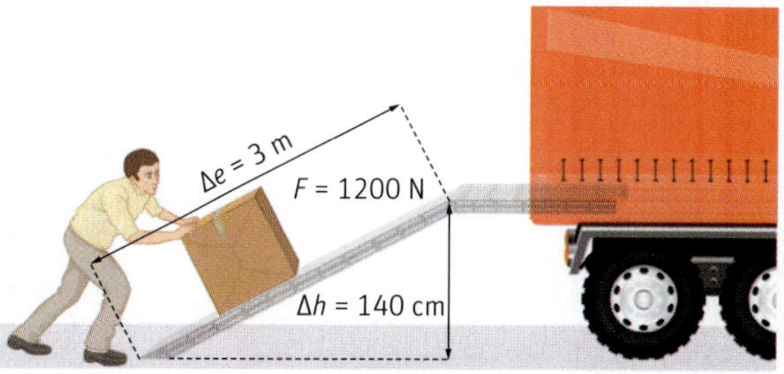

$$W = \Delta E_p = mg\,\Delta h = (1{,}5\cdot 10^2\text{ kg})(9{,}8\text{ ms}^{-2})(1{,}4\text{ m}) = 2{,}1\cdot 10^3\text{ J}$$

La energía suministrada equivale al trabajo que la persona ha realizado sobre la caja: $W = F\,\Delta e\cos 0° = (1{,}2\cdot 10^3\text{ N})(3{,}0\text{ m}) = 3{,}6\cdot 10^3\text{ J}$

El rendimiento es:

$$r(\%) = \frac{\text{Trabajo útil}}{\text{Energía suministrada}}\cdot 100 = \frac{(2{,}1\cdot 10^3\text{ J})}{(3{,}6\cdot 10^3\text{ J})}\cdot 100 = 58\,\%$$

ACTIVIDADES

27. En el caso del ejercicio resuelto anterior:

a) Calcula la energía mecánica disipada.

b) Averigua la fuerza de rozamiento entre la caja y la tabla.

c) Si se hubiera usado una tabla más larga, ¿se habría disipado más o menos energía mecánica?

Solución: a) $1{,}5\cdot 10^3$ J; b) $5{,}0\cdot 10^2$ N

28. Un péndulo que tiene 25 cm de longitud y $1{,}5\cdot 10^2$ g de masa cae desde una posición inicial horizontal. Calcula la velocidad del péndulo:

a) En el punto más bajo de su recorrido.

b) Cuando la cuerda forma un ángulo de 30° con la horizontal.

Solución: a) 2,2 ms^{-1}; b) 1,6 ms^{-1}

6 Sistemas conservativos. Concepto de potencial

Un sistema físico se denomina **conservativo** si mantiene constante su energía mecánica.

OBSERVA

En la caída de una bola por una pendiente helada, la energía mecánica se conserva (prescindiendo de los mínimos rozamientos). Es un ejemplo de sistema conservativo.

La bola lanzada por un jugador de petanca se detiene por el rozamiento con el suelo. Su energía mecánica se disipa al entorno mediante calor. Es un sistema no conservativo.

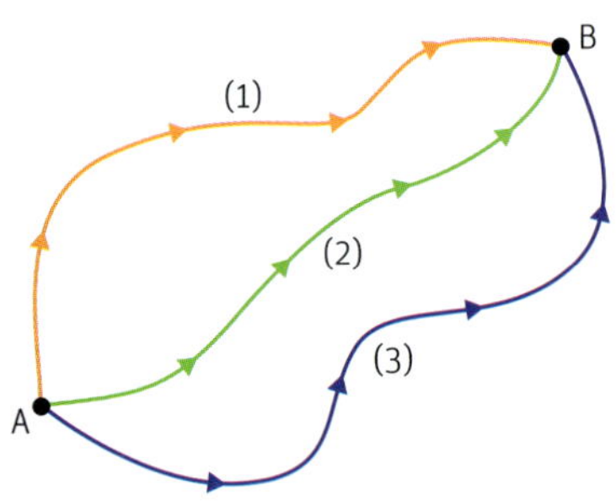

$W_{A \to B}(1) = W_{A \to B}(2) = W_{A \to B}(3)$

Figura 12.2. En un sistema conservativo, el trabajo realizado por una fuerza entre las posiciones A y B no depende de la trayectoria seguida.

En los sistemas conservativos la cantidad total de energía se mantiene constante porque actúan solo **fuerzas conservativas,** como la fuerza gravitatoria o la fuerza electrostática. Las fuerzas conservativas están asociadas a una **energía potencial.**

El trabajo para desplazar un cuerpo desde la posición A hasta la posición B es igual a la variación de la energía potencial cambiada de signo:

$$W = -\Delta E_p = E_{pA} - E_{pB}$$

Como la energía potencial solo depende de la posición, el trabajo realizado por una fuerza para desplazar un cuerpo desde la posición A hasta la posición B en un sistema conservativo dependerá únicamente de las posiciones, inicial y final, y no de la trayectoria seguida. Son ejemplos de sistemas conservativos los **campos gravitatorios,** creados por las masas, y los **campos eléctricos,** creados por las cargas eléctricas.

En los sistemas no conservativos, la energía mecánica no se conserva porque actúan fuerzas no conservativas como, por ejemplo, las fuerzas de rozamiento. Como no se puede asociar una energía potencial a las fuerzas no conservativas, el trabajo necesario para desplazar un cuerpo desde la posición A hasta la posición B es distinto según sea la trayectoria seguida por el cuerpo entre A y B.

6.1. Potencial

En un sistema conservativo, la energía potencial de un cuerpo depende de sus propiedades: la energía potencial de un cuerpo dentro de un campo gravitatorio depende de su masa; la energía potencial de una carga eléctrica dentro de un campo eléctrico depende del valor de la carga.

Interesa definir una magnitud cuyo valor no dependa de la masa o la carga eléctrica situadas en una determinada posición. Esta magnitud se denomina **potencial.**

Aunque el concepto es más general, los potenciales, **gravitatorio** y **eléctrico** son los más empleados.

ACTIVIDADES

29. Explica si el sistema formado por una montaña rusa y sus vagonetas es conservativo o no lo es. ¿Qué fuerzas conservativas y no conservativas intervienen?

30. Enumera fuerzas conservativas y no conservativas que actúan en diversas situaciones cotidianas. ¿Por qué es difícil encontrar ejemplos de sistemas conservativos?

▸ Potencial gravitatorio

El **potencial gravitatorio,** V_G, en un punto de un campo gravitatorio es la energía potencial de la unidad de masa situada en ese punto.

$$V_G = \frac{E_p}{m} \Rightarrow E_p = mV_G$$

Su unidad en el SI es el julio por kilogramo (J kg^{-1}).

▸ Potencial eléctrico

El **potencial eléctrico,** V, en un punto de un campo eléctrico, es la energía potencial eléctrica de la unidad de carga positiva situada en ese punto.

$$V = \frac{E_p}{q} \Rightarrow E_p = qE_p$$

Su unidad en el SI es el julio por culombio (J C^{-1}), denominado voltio (V).

El trabajo realizado para desplazar una carga entre dos puntos A y B es la variación negativa de la energía potencial:

$$W_{A \to B} = -\Delta E_p = E_{pA} - E_{pB}$$

En los campos eléctricos es habitual utilizar el concepto de **diferencia de potencial** entre dos puntos, $V_A - V_B$ (la definición en los campos gravitatorios es similar). La definición del potencial en un punto relaciona el trabajo con los valores del potencial en los puntos A y B:

$$W_{A \to B} = qV_A - qV_B = q(V_A - V_B)$$

La **diferencia de potencial** (*ddp*), $V_A - V_B$, entre dos puntos A y B de un campo eléctrico es el trabajo realizado al transportar la unidad de carga positiva desde A hasta B.

Ten en cuenta

Tanto la energía potencial como el potencial son magnitudes escalares, cuyo valor se expresa mediante un número con signo.

- Los potenciales eléctricos creados por cargas positivas son positivos, y los creados por cargas negativas son negativos.
- Los potenciales gravitatorios siempre son negativos, debido a que la energía potencial gravitatoria siempre es negativa. Sin embargo, asignando el valor cero a la energía potencial de los cuerpos sobre la superficie terrestre, cualquier cuerpo en un punto elevado una altura h sobre la superficie tendrá una energía potencial positiva, y un potencial positivo.

EJERCICIOS RESUELTOS

20 **La energía potencial de una bola de 200 g situada a una cierta altura es 30 J. Calcula el valor del potencial gravitatorio en el punto en el que está situada la bola.**

Como el potencial es la energía potencial por unidad de masa, se calcula así:

$$V_G = \frac{E_p}{m} = \frac{(30\ \text{J})}{(0{,}200\ \text{kg})} = 150\ \text{Jkg}^{-1}$$

21 **Calcula el trabajo realizado al trasladar una carga de +2 mC desde un punto A de potencial V_A = 50 kV hasta el punto B de potencial V_B = 30 kV.**

Como el trabajo se emplea en variar la energía potencial, se determina así:

$$W_{A \to B} = E_{pA} - E_{pB} = q(V_A - V_B)$$

$$W_{A \to B} = (2 \cdot 10^{-3}\ \text{C}) \cdot (5 \cdot 10^4\ \text{V} - 3 \cdot 10^4\ \text{V}) = 40\ \text{J}$$

ACTIVIDADES

31. Calcula el valor del potencial gravitatorio en un punto de un campo gravitatorio donde una pequeña esfera de 10 g tiene una energía potencial de 2 J.

Solución 200 J kg^{-1}

32. Calcula la diferencia de potencial entre dos puntos si se realiza un trabajo de $2 \cdot 10^{-3}$ J para transportar una carga de +4 μC desde el uno hasta el otro.

Solución: 500 V

7 Potencia mecánica

Algunas veces interesa conocer, al realizar un mismo trabajo, qué sistema será más eficaz.

REFLEXIONA

Una persona sube una carga compuesta por 24 *tetra briks* de leche hasta una altura de 1 m. Para ello los va subiendo de uno en uno.

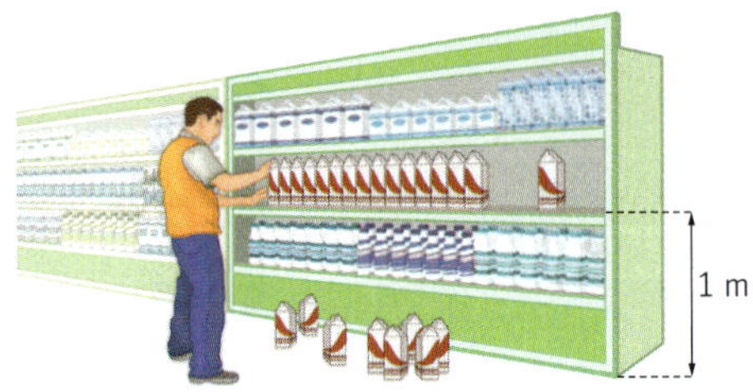

Una carretilla elevadora sube la misma carga de 24 *tetra briks* de leche hasta la misma altura de 1 m.

¿Han realizado el mismo trabajo la persona y la máquina? ¿Cuál de las dos formas es más eficaz o se ha realizado con más potencia?

Para saber qué sistema ha sido más eficaz utilizamos el concepto de **potencia mecánica** que mide la rapidez con que se transfiere la energía de un sistema a otro. En este ejemplo, la carretilla realiza el mismo trabajo en menos tiempo que la persona, por lo que desarrolla más potencia.

La **potencia media**, P_m, se define como el trabajo realizado por unidad de tiempo:

$$P_m = \frac{W}{\Delta t}$$

Te interesa saber

Si planchas 2 h con una plancha de 1000 W de potencia, la energía consumida es 2 kW h. Esto nos supone un gasto de 0,336 € si el coste de 1 kW h es de 0,168 €.

Unidades de potencia y energía

En el SI la unidad de potencia es el **vatio (W)**, que equivale a un julio por segundo. Se utilizan con mucha frecuencia:

kilovatio: 1 kW = 10^3 W megavatio: 1 MW = 10^6 W caballo de vapor: 1 CV = 735 W

El **kilovatio-hora** (kWh) es una unidad de energía y de trabajo, no de potencia. Equivale a la energía consumida o suministrada en 1 h por un dispositivo de 1 kW de potencia. Su equivalencia en julios es: 1 kW h = (1 kW)(1 h) = $(1000\ \text{J s}^{-1})(3600\ \text{s}) = 3{,}6 \cdot 10^6$ J

EJERCICIOS RESUELTOS

22 **Un atleta de 90 kg sube a velocidad constante por una cuerda vertical de 6,0 m de longitud en un tiempo de 12 s. Calcula:**

a) El trabajo realizado.

b) La potencia media desarrollada por el atleta.

a) El trabajo es igual al incremento de energía potencial:

$$W = \Delta E_p = mg\Delta h = (90\ \text{kg})(9{,}8\ \text{ms}^{-2})(6{,}0\ \text{m}) = 5{,}3 \cdot 10^3\ \text{J}$$

b) La potencia desarrollada por el atleta en los 12 s de subida es:

$$P_m = \frac{W}{\Delta t} = \frac{5{,}3 \cdot 10^3\ \text{J}}{12\ \text{s}} = 4{,}4 \cdot 10^2\ \text{W}$$

23 **Una persona eleva un fardo de 25 kg hasta una altura de 6,0 m en 30 s utilizando una polea. Una grúa tarda 1,0 s en hacerlo. Halla:**

a) El trabajo realizado por la persona y por la grúa.

b) La potencia que ha aplicado cada una.

a) El trabajo realizado es el incremento de la energía potencial:

$$W = \Delta E_p = mg\Delta h = (25\ \text{kg})(9{,}8\ \text{ms}^{-2})(6{,}0\ \text{m}) = 1{,}5 \cdot 10^3\ \text{J}$$

b) La potencia desarrollada por la persona y de la grúa es:

$$P_m = \frac{W}{\Delta t} = \frac{1{,}5 \cdot 10^3\ \text{J}}{30\ \text{s}} = 50\ \text{W}\ ;\ P_m = \frac{W}{\Delta t} = \frac{1{,}5 \cdot 10^3\ \text{J}}{1\ \text{s}} = 1{,}5\ \text{kW}$$

ACTIVIDADES

33. Un bombero de 90 kg sube en 15 s hasta una altura de 20 m. Halla la potencia que ha desarrollado expresada en kW y en CV.

Solución: a) 1,2 kW; 1,6 CV

34. El motor de una excavadora lleva la indicación $4 \cdot 10^2$ CV. Halla qué trabajo realiza la máquina cada hora de funcionamiento.

Solución: $1{,}1 \cdot 10^9$ J

Potencia instantánea

Hay situaciones en las que para desarrollar un determinado nivel de potencia necesitemos incrementar la velocidad a costa de la fuerza, o al revés porque resulte más conveniente.

OBSERVA

En un tractor de 200 CV interesa emplear la potencia en aumentar más la fuerza que la velocidad.

En un coche de Fórmula 1 de 200 CV se busca emplear la potencia en aumentar más la velocidad que la fuerza.

El trabajo realizado por una fuerza constante, $\vec{F}$, que actúa sobre un cuerpo en la misma dirección que el desplazamiento que produce, $\Delta\vec{r}$, es:

$$W = F\Delta r \cos 0^\circ = F\Delta r$$

La **potencia media** se puede expresar en función de la velocidad media, v_m, del móvil:

$$\text{P}_m = \frac{W}{\Delta t} = \frac{F\Delta r}{\Delta t} = Fv_m$$

La **potencia instantánea** se obtiene considerando un intervalo de tiempo muy pequeño ($\Delta t \to 0$) y es igual al producto de la fuerza aplicada por la velocidad:

$$\boxed{\text{P} = Fv}$$

Ten en cuenta

Un ciclista debe disminuir su velocidad para subir una cuesta porque la fuerza que debe vencer es mayor.

EJERCICIOS RESUELTOS

24 **Una polea eléctrica eleva una caja de 60 kg desde el suelo hasta una altura de 18 m a una velocidad constante de 1,2 m s^{-1}. Calcula:**

a) **La potencia desarrollada por la polea (en kW y en CV).**

b) **El trabajo realizado.**

a) La fuerza de la polea sobre la caja es igual al peso de esta pero de sentido contrario. La potencia aplicada es: $\text{P} = Fv = (mg)v = (60\,\text{kg})(9{,}8\,\text{ms}^{-2})(1{,}2\,\text{ms}^{-1}) = 7{,}1\cdot10^2\ \text{W}$

La potencia en las unidades indicadas es:

$$\text{P} = (7{,}1\cdot10^2\ \text{W})\cdot\frac{(10^{-3}\ \text{kW})}{(1\ \text{W})} = 0{,}71\,\text{kW};\ \text{P} = (7{,}1\cdot10^2\ \text{W})\cdot\frac{(1\ \text{CV})}{(735\ \text{W})} = 0{,}97\ \text{CV}$$

b) El tiempo que tarda la polea en elevar la caja es: $\Delta t = \frac{\Delta e}{v} = \frac{18\,\text{m}}{1{,}2\,\text{ms}^{-1}} = 15\,\text{s}$

El trabajo realizado es: $W = \text{P}\Delta t = (7{,}1\cdot10^2\ \text{W})(15\,\text{s}) = 1{,}1\cdot10^4\ \text{J}$

ACTIVIDADES

35. Comprueba en el ejercicio resuelto anterior que el trabajo realizado por la polea eléctrica es igual al incremento de la energía potencial de la caja. ¿Cuánto vale el trabajo realizado por el peso de la caja?

Solución: $-1{,}1\cdot10^4$ J

36. Un coche emplea una potencia de $1{,}2\cdot10^2$ CV de potencia cuando se desplaza por una carretera horizontal con una velocidad constante de 80 km h^{-1}. Calcula la fuerza aplicada por el motor del coche.

Solución: $4{,}0\cdot10^3$ N

EJERCICIOS Y PROBLEMAS **RESUELTOS**

Interpretación gráfica del trabajo

25 Un bloque de 0,25 kg se encuentra en reposo en el origen de coordenadas. Se aplica sobre él una fuerza que actúa en la dirección del eje X y cuyo valor en función de la posición se representa en la gráfica.

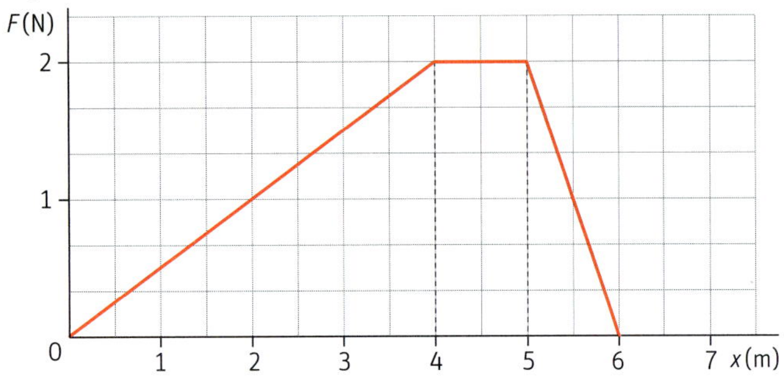

Calcula la velocidad del bloque en las posiciones x = 4,0 m, x = 5,0 m y x = 6,0 m. Se considera que no hay rozamientos.

Consideraciones iniciales

- En el caso de fuerzas variables, el trabajo se puede calcular gráficamente si se conoce cómo varía la fuerza con la posición.
- Si no hay rozamientos, el trabajo realizado sobre un cuerpo se invierte en incrementar su energía mecánica.

Resolución

El bloque no varía su energía potencial a lo largo del recorrido. Por tanto, el trabajo realizado por la fuerza aplicada se invierte en incrementar su energía cinética.

Entre las posiciones x = 0 y x = 4,0 m, el trabajo es igual al área correspondiente:

$$W_{0\to 4} = \frac{1}{2}(2{,}0\cdot 4{,}0) = 4{,}0\ \text{J}$$

Por tanto:

$$W_{0\to 4} = \Delta E_{c,0\to 4} = E_{c,4} - E_{c,0}$$

$$4{,}0\ \text{J} = \frac{1}{2}\cdot(0{,}25\ \text{kg})v_4^2 \Rightarrow v_4 = 5{,}7\ \text{ms}^{-1}$$

Entre las posiciones x = 0 y x = 5 m, el trabajo es:

$$W_{0\to 5} = W_{0\to 4} + W_{4\to 5} = 4{,}0 + 1{,}0\cdot 2{,}0 = 6{,}0\ \text{J}$$

Por tanto:

$$W_{0\to 5} = \Delta E_{c,0\to 5} = E_{c,5} - E_{c,0}$$

$$6{,}0\ \text{J} = \frac{1}{2}\cdot(0{,}25\ \text{kg})v_5^2 \Rightarrow v_5 = 6{,}9\ \text{ms}^{-1}$$

Entre las posiciones x = 0 y x = 6,0 m, el trabajo es:

$$W_{0\to 6} = W_{0\to 5} + W_{5\to 6} = 6{,}0 + \frac{1}{2}(1{,}0\cdot 2{,}0) = 7{,}0\ \text{J}$$

Por tanto:

$$W_{0\to 6} = \Delta E_{c,0\to 6} = E_{c,6} - E_{c,0}$$

$$7{,}0\ \text{J} = \frac{1}{2}\cdot(0{,}25\ \text{kg})v_6^2 \Rightarrow v_6 = 7{,}5\ \text{ms}^{-1}$$

Potencia mecánica y rendimiento

26 Una grúa eleva un fardo de $1{,}00\cdot 10^2$ kg desde el suelo hasta una altura de 2,50 metros durante 2,00 s a una velocidad constante. Calcula:

a) La potencia que desarrolla la grúa expresada en kW y en CV.

b) El trabajo realizado.

c) El rendimiento de la grúa si ha consumido $4{,}00\cdot 10^3$ J.

Consideraciones iniciales

- Si se conocen la velocidad y la fuerza, se puede calcular la potencia instantánea.
- Con los datos del trabajo útil de elevar el fardo los 2,50 m de altura y la energía consumida por la grúa, podemos calcular el rendimiento de la máquina.

Resolución

a) La velocidad a la que sube el fardo es:

$$v = \frac{\Delta h}{\Delta t} = \frac{(2{,}50\ \text{m})}{(2{,}00\ \text{s})} = 1{,}25\ \text{ms}^{-1}$$

La fuerza F que aplica la grúa al fardo es igual al peso de este pero de sentido contrario. Por tanto, la potencia es:

$$\text{P} = Fv = (1{,}00\cdot 10^2\ \text{kg})(9{,}81\ \text{ms}^{-2})(1{,}25\ \text{ms}^{-1}) = 1{,}23\cdot 10^3\ \text{W}$$
$$\text{P} = 1{,}23\ \text{kW}$$

Convertimos las unidades a CV:

$$\text{P} = 1{,}23\cdot 10^3\ \text{W} = (1{,}23\cdot 10^3\ \text{W})\cdot\frac{(1{,}00\ \text{CV})}{(7{,}35\cdot 10^2\ \text{W})} = 1{,}67\ \text{CV}$$

b) El trabajo que realiza la grúa en subir el fardo lo calculamos mediante la expresión:

$$\text{P} = \frac{W}{\Delta t} \Rightarrow W = \text{P}\Delta t = (1{,}23\cdot 10^3\ \text{W})(2{,}00\ \text{s}) = 2{,}46\cdot 10^3\ \text{J}$$

c) Con el dato anterior de trabajo útil y el dato de energía suministrada del enunciado:

$$r(\%) = \frac{\text{Trabajo útil}}{\text{Energía suministrada}}\cdot 100 = \frac{2{,}46\cdot 10^3\ \text{J}}{4{,}00\cdot 10^3\ \text{J}}\cdot 100 = 61{,}5\ \%$$

CONCLUSIONES: No toda la energía suministrada se convierte en trabajo útil ya que se disipa caloríficamente.

Conservación y disipación de la energía mecánica

27 Una niña de 30,0 kg inicia su descenso desde el punto más alto de un tobogán de 3,00 m de longitud y 45,0° de inclinación respecto al suelo horizontal. El coeficiente de rozamiento cinético es 0,30. Cuando la niña llega al suelo, calcula:

a) El trabajo realizado por la fuerza de rozamiento.

b) La energía mecánica disipada.

c) La variación de la energía cinética.

d) La velocidad de la niña.

Consideraciones iniciales

- Si existen rozamientos, la energía mecánica no se conserva: la energía disipada es igual al trabajo de la fuerza de rozamiento.

Resolución

a) La fuerza de rozamiento es:

$f_r = \mu(mg)\cos\alpha = 0{,}30\cdot(30{,}0)(9{,}81)\cdot\cos 45{,}0° = 62{,}4\ \text{N}$

El trabajo debido al rozamiento es:

$W = f_r\,\Delta e\cos 180° = -(62{,}4\ \text{N})(3{,}00\ \text{m}) = -187\ \text{J}$

b) Por tanto, la energía mecánica disipada es −187 J.

c) La niña desciende una altura: $h = 3{,}00\,\text{sen}\,45{,}0° = 2{,}12$ m. Por tanto, la variación de energía potencial es:

$\Delta E_p = mg\Delta h = (30\ \text{kg})(9{,}81\ \text{m s}^{-2})[(0-2{,}12)\ \text{m}] = -624\ \text{J}$

Con esto se puede calcular la variación de energía cinética:

$$\Delta E_M = \Delta E_p + \Delta E_c = W_{\vec{f}_r}$$

$$\Delta E_c = W_{\vec{f}_r} - \Delta E_p = -(187\ \text{J}) - (-624\ \text{J}) = 437\ \text{J}$$

d) La velocidad final de la niña es:

$$E_c = \frac{1}{2}mv^2 \Rightarrow v = \sqrt{\frac{2E_c}{m}} = \sqrt{\frac{2\cdot(437\ \text{J})}{30{,}0\ \text{kg}}} = 5{,}40\ \text{m s}^{-1}$$

> **CONCLUSIONES:** Las fuerzas no conservativas realizan un trabajo que se encargan en disminuir o disipar la energía mecánica del sistema, por eso no se transforma toda la energía potencial del sistema en energía cinética durante el descenso.

28 En la atracción llamada "Lanzadera", en una primera fase, el elevador sube con velocidad uniforme hasta la cumbre. Una vez arriba se detiene unos instantes y se deja caer libremente hasta que actúa el sistema de frenado que lo detiene por completo.

Supón que te subes en una de estas atracciones con una altura real de 45,0 m y una caída libre de 25,0 m.

El elevador tiene una masa de $1{,}50\cdot10^3$ kg y en él caben cuatro personas de masa media 70,0 kg.

a) Cuando se encuentra a 35,0 m del suelo, ¿cuál es la energía mecánica total si sube a una velocidad de 2,10 m s^{-1}?

b) ¿Qué energías cinética y potencial tiene el elevador en el punto más alto?

c) ¿Cuáles son estas energías cuando se encuentra a 35,0 m del suelo? ¿Es la misma que cuando sube? ¿Por qué?

d) ¿Qué energía disipa el sistema de frenado?

Consideraciones iniciales

- En muchos casos, la resolución de un problema mediante la aplicación de los principios de la dinámica es muy compleja; en cambio, es fácil si se sigue un procedimiento energético.

Resolución

a) La energía potencial cuando está la lanzadera a esa altura respecto al suelo es:

$E_p = mgh = [(1{,}50\cdot10^3 + 4\cdot70{,}0)](9{,}81)(35{,}0) = 6{,}11\cdot10^5\ \text{J}$

La energía cinética en ese punto es:

$$E_c = \frac{1}{2}mv^2 = \frac{1}{2}(1{,}78\cdot10^3\ \text{kg})(2{,}10\ \text{m s}^{-1})^2 = 3{,}92\cdot10^3\ \text{J}$$

La energía mecánica total es:

$$E_T = E_c + E_p = (6{,}11\cdot10^5 + 3{,}92\cdot10^3)\ \text{J} = 6{,}15\cdot10^5\ \text{J}$$

b) La energía potencial en el punto más alto es:

$E_p = mgh = [(1{,}78\cdot10^3\ \text{kg})](9{,}81\ \text{m s}^{-2})(45{,}0\ \text{m}) = 7{,}86\cdot10^5\ \text{J}$

La energía cinética en ese punto es:

$$E_c = \frac{1}{2}mv^2 = \frac{1}{2}(1{,}78\cdot10^3\ \text{kg})(0\ \text{m s}^{-1})^2 = 0\ \text{J}$$

c) Cuando se encuentra a 35,0 m del suelo ha caído 10,0 m:

$$v = \sqrt{2g\Delta h} = \sqrt{2(9{,}81\ \text{m s}^{-2})(10{,}0\ \text{m})} = 14{,}0\ \text{m s}^{-1}$$

La energía potencial es la misma que cuando subía, ya que está a la misma altura. Sin embargo, la E_c ahora es:

$$E_c = \frac{1}{2}mv^2 = \frac{1}{2}(1{,}78\cdot10^3\ \text{kg})(14{,}0\ \text{m s}^{-1})^2 = 1{,}75\cdot10^5\ \text{J}$$

Evidentemente no coincide con la que llevaba al subir porque sobre el elevador actuaba el motor, no solo el campo gravitatorio.

Por tanto, no tiene por qué verificarse el teorema de conservación de la energía mecánica.

d) La energía total del elevador es:

$E_T = E_c + E_p = (6{,}11\cdot10^5 + 1{,}75\cdot10^5)\ \text{J} = 7{,}86\cdot10^5\ \text{J}$

Debe disipar la energía total del elevador, $7{,}86\cdot10^5$ J.

ACTIVIDADES

Trabajo y energía

37. Razona sobre la veracidad o falsedad de las siguientes afirmaciones:

a) La energía potencial de un objeto situado sobre el suelo es cero.

b) Si un móvil se mueve con velocidad constante, su energía potencial gravitatoria no varía.

c) La fuerza centrípeta realiza un trabajo nulo sobre un móvil con movimiento circular uniforme.

d) La energía cinética de un cuerpo depende de su masa.

e) Si sobre un cuerpo solo actúan fuerzas conservativas, su energía cinética se mantiene constante.

f) El kWh se utiliza como unidad de potencia mecánica.

38. Un automóvil circula a velocidad constante de $1{,}2 \cdot 10^2$ km h^{-1}. Calcula a qué altura sobre el suelo habría que situarlo para que su energía potencial fuese igual a la energía cinética que tiene a esa velocidad. ¿Equivale el impacto del coche contra un muro a esa velocidad al impacto contra el suelo si cayera desde esta altura?

Solución: 57 m

39. Una vagoneta de $2{,}0 \cdot 10^2$ kg de masa se mueve prácticamente sin fricción sobre unos raíles horizontales a 20 km h^{-1}. Calcula el trabajo necesario para:

a) Duplicar su velocidad.

b) Mantener su velocidad constante.

c) Detenerla completamente.

Solución: a) $9{,}3 \cdot 10^3$ J; b) 0 J; c) $-3{,}1 \cdot 10^3$ J

40. Calcula cuánto se incrementa la energía potencial gravitatoria de una persona de 80 kg que sube seis pisos de un edificio si la altura de cada piso es 2,8 m. ¿Es esa la energía que consume en la subida?

Solución: $1{,}3 \cdot 10^4$ J

41. Una esfera de 0,20 kg de masa se desplaza en la dirección del eje *X*. Al pasar por la posición $x = 0$ m lleva una velocidad de 2,0 m s^{-1} y comienza a actuar sobre ella una fuerza variable con la posición, según se indica en la gráfica.

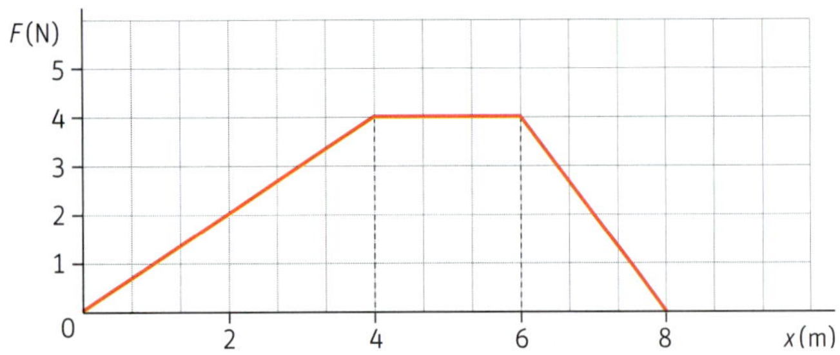

Calcula:

a) El trabajo realizado por la fuerza.

b) La energía cinética de la esfera en la posición $x = 8{,}0$ m.

c) Su velocidad en esa posición.

d) La variación de energía potencial entre las posiciones $x = 0$ m y $x = 8{,}0$ m.

Solución: a) 20 J; b) 20,4 J; c) 14 m s^{-1}; d) 0 J

42. Un muelle se alarga 5,0 cm al colgar de su extremo un peso de $5{,}0 \cdot 10^2$ g. Calcula:

a) La constante recuperadora del muelle.

b) La energía potencial elástica almacenada en esa posición.

Solución: a) 98 N m^{-1}; b) 0,12 J

43. El cable de una polea eléctrica aplica una fuerza vertical hacia arriba de $3{,}0 \cdot 10^2$ N sobre un fardo de 20 kg de masa, inicialmente en reposo, para elevarlo una altura de 15 m como puedes ver en la imagen. Determina:

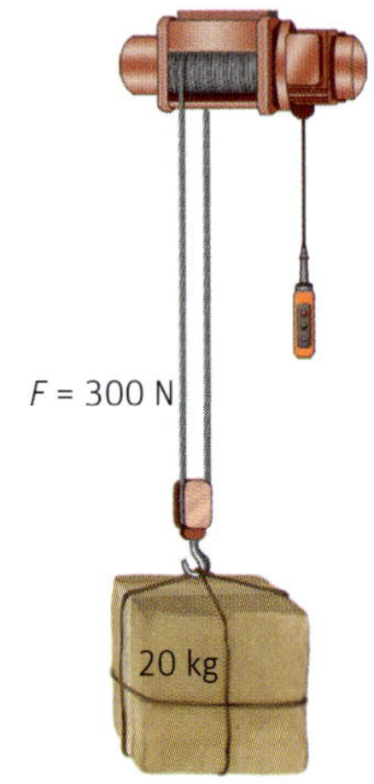

a) El trabajo realizado por la fuerza aplicada.

b) El trabajo realizado por el peso.

c) La energía cinética que adquiere el fardo.

d) Su velocidad cuando se encuentra a 15 m de altura.

Solución: a) $4{,}5 \cdot 10^3$ J; b) $-2{,}9 \cdot 10^3$ J; c) $1{,}5 \cdot 10^3$ J; d) 12 m s^{-1}

44. Un cuerpo de 5,0 kg comprime 6,0 cm un resorte de constante recuperadora $8{,}0 \cdot 10^2$ N m^{-1}. Cuando se libera el resorte impulsa el cuerpo por una mesa horizontal sin rozamiento.

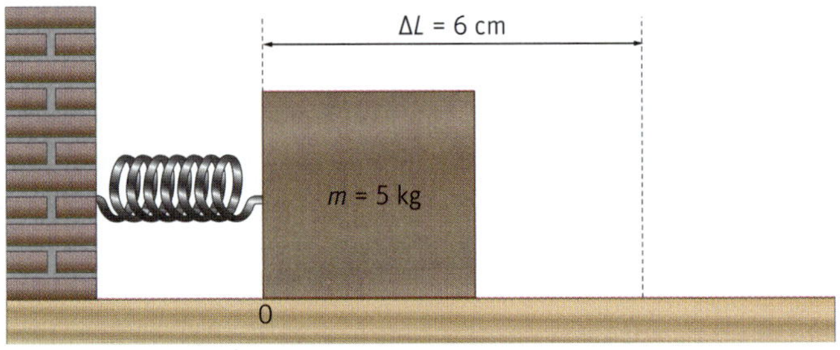

Calcula la velocidad final del cuerpo.

Solución: 0,76 m s^{-1}

45. Un tenista ejerce una fuerza de 740 N a lo largo de un recorrido de 10 cm. La pelota tiene una masa de 58 g. Calcula:

a) El trabajo realizado sobre la pelota.

b) La variación de energía mecánica de la pelota.

c) La variación de su energía cinética si no ha habido variación de altura de la pelota tras aplicar la fuerza.

d) La velocidad final de la pelota, en km h^{-1}.

Solución: a) 74 J; b) 74 J; c) 74 J; d) $1{,}8 \cdot 10^2$ km h^{-1}

Trabajo y potencia

46. Calcula qué trabajo, expresado en kWh, puede realizar una excavadora de $6{,}0 \cdot 10^2$ CV cada minuto de funcionamiento.

Solución: 7,4 kWh

47. Se utiliza un montacargas para elevar una caja de $1{,}0 \cdot 10^2$ kg hasta una altura de 20 m en 15 s. ¿Cuál es la potencia mínima que debe tener el motor que mueve el montacargas?

Solución: $1{,}3 \cdot 10^3$ W

48. Una persona arrastra mediante una cuerda horizontal una caja por un suelo rugoso a lo largo de 20 m a velocidad constante de 2,0 $m s^{-1}$. La fuerza aplicada es de 6,0 N. Calcula:

a) La potencia aplicada por la persona.

b) El trabajo realizado por la persona.

c) El trabajo debido al rozamiento.

Solución: a) 12 W; b) 120 J; c) −120 J

49. Un telesilla sube a 50 esquiadores, que tienen una masa media de 70 kg, por una pendiente de $4{,}0 \cdot 10^2$ m de longitud y 25 % de inclinación a una velocidad constante de 10 $km h^{-1}$. La potencia del motor del telesilla es 30 kW.

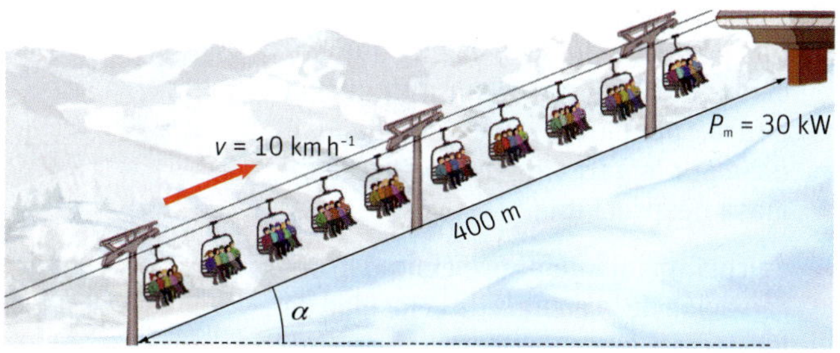

Calcula:

a) La fuerza aplicada al telesilla.

b) El trabajo realizado por el motor.

c) Los valores de la fuerza de rozamiento y del trabajo debido al rozamiento.

Solución: a) $1{,}1 \cdot 10^4$ N; b) $4{,}3 \cdot 10^6$ J; c) $2{,}2 \cdot 10^3$ N; $-8{,}9 \cdot 10^5$ J

50. Un ciclista de 90 kg (incluida la bicicleta) circula por una pista horizontal a velocidad constante de 20 $km h^{-1}$. El coeficiente de rozamiento entre las ruedas y el suelo es 0,10. Halla:

a) La fuerza impulsa la bicicleta.

b) La potencia que debe desarrollar el ciclista.

c) La potencia que debería desarrollar si inicia la subida de pendiente 5,0 % manteniendo la misma velocidad.

Solución: a) 88 N; b) $4{,}9 \cdot 10^2$ W; c) $7{,}3 \cdot 10^2$ W

51. El motor de un automóvil de $1{,}5 \cdot 10^3$ kg tiene que aplicar una potencia de 50 CV para circular por una carretera horizontal a una velocidad constante de $1{,}0 \cdot 10^2$ $km h^{-1}$.

a) ¿Cuál es el valor de la fuerza de rozamiento entre las ruedas y el suelo?

b) ¿Qué potencia en CV debe aplicar el motor para subir una pendiente del 10 % manteniendo esa velocidad?

c) ¿Y para descender por ella a la misma velocidad?

Solución: a) $1{,}3 \cdot 10^3$ N; b) $1{,}1 \cdot 10^2$ CV; c) 6,1 CV

52. El agua de un embalse cae desde 20 m de altura sobre los álabes de una turbina con un caudal de $4{,}0 \cdot 10^2$ $L s^{-1}$. Calcula el rendimiento de la turbina si su potencia útil es 60 CV.

Solución: 56 %

53. La potencia de una tuneladora es 6,0 MW.

a) ¿Cuál es el valor de la potencia expresada en CV?

b) ¿Qué trabajo realiza la tuneladora en un día de funcionamiento continuo?

Solución: a) $8{,}2 \cdot 10^3$ CV; b) $5{,}2 \cdot 10^{11}$ J

Conservación y disipación de la energía mecánica

54. Una pelota de 25,0 g se deja caer desde una altura de 1,20 m y rebota hasta una altura de 1,05 m.

a) ¿Cuál es la energía cinética de la pelota al impactar contra el suelo?

b) ¿Qué porcentaje de la energía mecánica de la pelota se ha disipado en el bote?

c) ¿Qué altura alcanzará tras el segundo bote?

Solución: a) 0,29 J; b) 12,5 %; c) 0,92 m

55. Se deja caer una bola de acero de 5,0 kg de masa desde una altura de 3,0 m sobre arena húmeda. La bola se introduce 20 cm en la arena. Calcula:

a) La disminución de energía mecánica de la bola.

b) La fuerza de resistencia ejercida por la arena.

Solución: a) $1{,}6 \cdot 10^2$ J; b) $8{,}0 \cdot 10^2$ N

56. Un automóvil de $1{,}2 \cdot 10^3$ kg, que se mueve con una velocidad constante de 60 $km h^{-1}$ por una carretera horizontal, aplica los frenos al ver un obstáculo y consigue frenar en 60 m. Determina:

a) La disminución de la energía cinética del automóvil a consecuencia del frenado.

b) El trabajo realizado por la fuerza de rozamiento.

c) El valor del coeficiente de rozamiento entre las ruedas y el suelo durante el frenado.

d) La potencia desarrollada por el motor del automóvil expresada en CV.

Solución: a) $1{,}7 \cdot 10^5$ J; b) $-1{,}7 \cdot 10^5$ J; c) 0,24; d) 65 CV

57. La vagoneta de una montaña rusa tiene una masa total de $3{,}0 \cdot 10^2$ kg. En el punto (A) más alto de una pendiente tiene velocidad prácticamente nula. Al llegar al punto (B) más bajo de la pendiente inicia un bucle vertical de 8,0 m de diámetro.

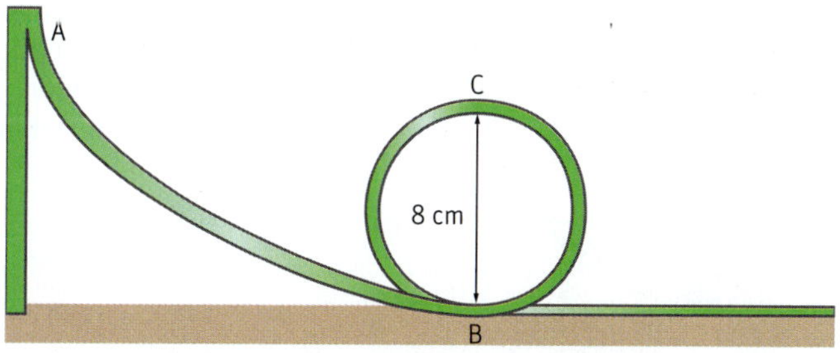

a) ¿Qué velocidad debe llevar la vagoneta en el punto más alto del bucle (C) para dar el giro vertical completo?

b) Para esa velocidad, halla la energía cinética, la energía potencial y la energía mecánica de la vagoneta en el punto C (se considera como nivel cero de energías potenciales el punto B).

c) ¿Cuál debe ser la velocidad de la vagoneta en el punto B?

d) ¿A qué altura sobre el punto B debe encontrarse el punto A?

e) ¿Tiene influencia la inclinación de la pendiente? ¿Por qué?

Solución: a) 6,3 $m s^{-1}$; b) $5{,}9 \cdot 10^3$ J; $2{,}4 \cdot 10^4$ J; $3{,}0 \cdot 10^4$ J; c) 14 $m s^{-1}$; d) 10 m

ACTIVIDADES

58. Un tren de $2{,}5 \cdot 10^2$ t, sube una pendiente del 1,2 % de inclinación y 2,0 km de longitud a velocidad constante de 50 $km\,h^{-1}$. La fuerza de rozamiento es el 1,0 % del peso del tren. Halla:

a) La variación de energía mecánica del tren.

b) El trabajo realizado por la fuerza de rozamiento.

c) El trabajo realizado por la locomotora y su potencia.

Solución: a) $5{,}9 \cdot 10^7$ J; b) $-4{,}9 \cdot 10^7$ J; c) $1{,}1 \cdot 10^8$ J; $7{,}9 \cdot 10^5$ W

59. Un niño de 20 kg cae con su monopatín desde el punto más alto de un plano inclinado de 30° y 3,0 m de longitud. Luego se desliza 5,0 m por un plano horizontal hasta detenerse. El coeficiente de rozamiento es el mismo en ambos planos.

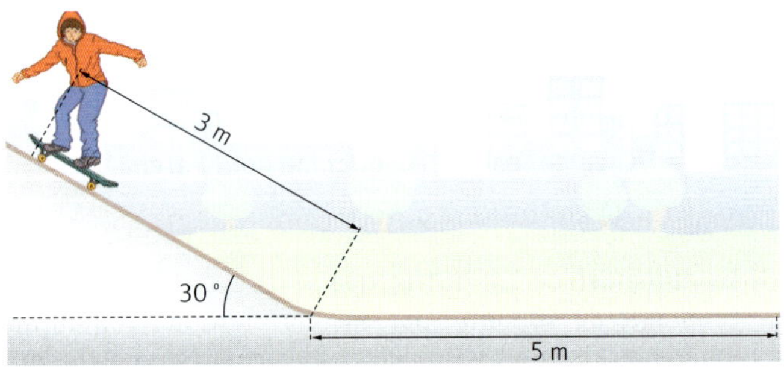

a) ¿Cuál ha sido el trabajo de la fuerzas de rozamiento?

b) ¿Qué cantidad de E_M se ha disipado en los dos planos?

c) ¿Qué velocidad llevaba al final del plano inclinado?

d) ¿Cuál es el valor del coeficiente de rozamiento?

Solución: a) $-2{,}9 \cdot 10^2$ J; b) $-1{,}0 \cdot 10^2$ J, $-1{,}9 \cdot 10^2$ J; c) 4,4 $m\,s^{-1}$; d) 0,20

60. Un proyectil de 40 g de masa impacta contra un bloque de madera con una velocidad de $3{,}0 \cdot 10^2$ $m\,s^{-1}$ y penetra en él una distancia de 9,0 cm. Calcula:

a) El trabajo de la fuerza de resistencia de la madera y la energía mecánica disipada.

b) La resistencia que ofrece la madera al proyectil.

Solución: a) $-1{,}8 \cdot 10^3$ J; $1{,}8 \cdot 10^3$ J; b) $2{,}0 \cdot 10^4$ N

61. Un bloque de 2,0 kg comprime 10 cm un muelle. Cuando se libera el muelle ($k = 8{,}0 \cdot 10^2$ $N\,m^{-1}$), impulsa al cuerpo por un plano horizontal de 80 cm de longitud y, a continuación, por un plano inclinado 30° ($\mu = 0{,}10$ en ambos planos). Halla:

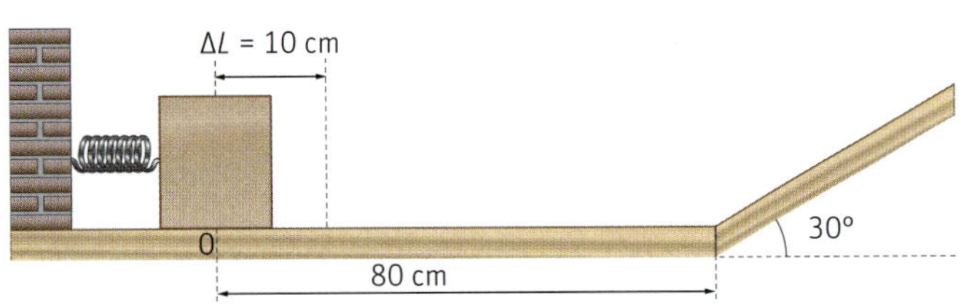

a) La E_p elástica almacenada por el muelle comprimido.

b) El trabajo debido a f_r en el plano horizontal.

c) La velocidad del bloque al iniciar la subida del plano inclinado.

d) La distancia que recorre por el plano inclinado

e) El trabajo debido a la fuerza de rozamiento en el plano inclinado durante la subida del bloque.

f) La velocidad del bloque cuando llega de nuevo a la base del plano inclinado tras descender por él.

Solución: a) 4,0 J; b) −1,6 J; c) 1,6 $m\,s^{-1}$; d) 0,21 m; e) −0,36 J; f) 1,3 $m\,s^{-1}$

62. Una vivienda se abastece de agua de un pozo. Mediante una pequeña bomba de $4{,}5 \cdot 10^2$ W de potencia nominal se sube el agua desde el pozo al depósito, cuya entrada está situada a una altura de 20 m sobre el nivel del pozo. Cada día, la bomba funciona durante 10 min y trasvasa 9,0 $dL\,s^{-1}$ de agua.

a) ¿Qué masa de agua pasa del pozo al depósito cada día?

b) ¿Cuál es el incremento de energía potencial de esa masa de agua?

c) ¿Qué cantidad de energía eléctrica consume diariamente la bomba?

d) ¿Cuál es el rendimiento de la bomba?

Solución: a) 540 kg; b) $1{,}1 \cdot 10^5$ J; c) $2{,}7 \cdot 10^5$ J; d) 41 %

63. Dos pesas de 0,8 kg y 1,2 kg que inicialmente se encuentran a la misma altura, penden de una cuerda que pasa por la garganta de una polea de masa despreciable.

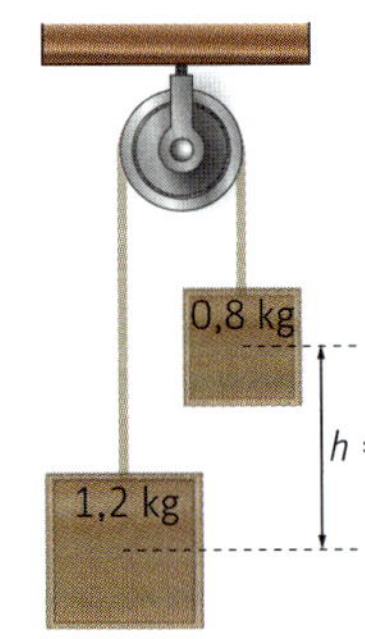

Calcula, mediante el principio de conservación de la energía, la velocidad de las pesas cuando su diferencia de alturas sea 90 cm.

Solución: 1,3 $m\,s^{-1}$

64. Una bola de 0,1 kg se deja caer desde $1{,}6 \cdot 10^2$ cm de altura sobre un muelle situado verticalmente cuya constante recuperadora es $1{,}2 \cdot 10^3$ $N\,m^{-1}$. Calcula:

a) La velocidad de la bola al impactar contra el muelle.

b) La longitud que se comprime el muelle.

c) La energía elástica del muelle comprimido.

d) La variación de la energía mecánica de la bola desde su posición inicial hasta que queda momentáneamente en reposo junto al muelle.

Solución: a) 5,6 $m\,s^{-1}$; b) $5{,}2 \cdot 10^{-2}$ m; c) 1,6 J; d) −1,6 J

smSaviadigital.com

65. En esta dirección encontrarás información sobre la energía geotérmica.

a) ¿Cuál es el origen de la energía geotérmica?

b) ¿Qué es el gradiente geotérmico? ¿Cuál es su valor?

66. Aquí encontrarás información general sobre las energías renovables, y en particular, sobre las marinas.

a) ¿Qué es la energía undimotriz?

b) ¿Cuándo se patentó el primer convertidor de esta energía?

c) ¿Qué es la energía eólica marina? ¿Qué ventajas presenta frente a la eólica terrestre?

d) ¿Hay proyectos en España sobre energía undimotriz y sobre energía eólica marina?

RESUELVE

smSaviadigital.com **VALORA LO APRENDIDO** > Realiza estas actividades de autoevaluación para comprobar los conocimientos adquiridos.

LA FÍSICA Y... UN CONSUMO SOSTENIBLE DE LA ENERGÍA

Las sociedades actuales utilizan la energía para todas sus actividades. La mejora de la calidad de vida y el incremento del desarrollo económico requieren un consumo energético creciente, pero la energía es cara y escasa, lo que ha originado un problema energético. Las reservas de fuentes no renovables (combustibles fósiles y uranio) son limitadas, su extracción será cada vez más costosa y estarán concentradas en zonas determinadas. La energía procedente de fuentes renovables supone aún una fracción limitada del consumo energético global. Se plantea así la cuestión de la sostenibilidad del consumo de energía.

El actual modelo de desarrollo económico, basado en el uso de fuentes no renovables de energía, ha tenido un impacto ambiental negativo: contaminación atmosférica, efecto invernadero y almacenamiento de residuos radiactivos de larga duración.

La Comisión Mundial sobre el Medio Ambiente y el Desarrollo determinó en 1987 que el desarrollo sostenible es aquel que satisface las necesidades de la generación actual sin comprometer la capacidad de futuras generaciones para satisfacer sus propias necesidades. Un futuro sostenible requiere compatibilizar la demanda creciente de energía para el desarrollo económico y el progreso social con el cuidado del medioambiente y con el consumo racional y responsable de la energía.

Las medidas necesarias para un desarrollo energético sostenible son:

- Adoptar medidas de ahorro energético colectivas e individuales.
- Diversificar las fuentes de energía para lograr un uso equilibrado de las mismas.
- Impulsar las energías renovables, menos contaminantes y prácticamente inagotables.
- Reducir la dependencia energética respecto a otros países mediante el desarrollo de energías autóctonas.
- Cuidar el medioambiente para disminuir el impacto negativo del consumo energético.

La ciencia contribuye al desarrollo de una energía sostenible por varios caminos: desarrollo de nuevas energías, mejora de la tecnología energética, investigaciones para disminuir el impacto ambiental, etc.

Figura 12.3. Central termosolar de Daggett que produce energía eléctrica a partir de la radiación solar.

1. Enumera algunas medidas de ahorro energético que puedan adoptarse fácilmente en el hogar.
2. ¿Por qué la sostenibilidad debe abordarse desde una perspectiva global y no es suficiente alcanzarla en cada país?

Autoevaluación

1. Una persona levanta un peso hasta una cierta altura utilizando planos inclinados de diferente longitud y por tanto, inclinación. Sin considerar el rozamiento, en cuál de ellos realiza mayor trabajo si los ángulos de inclinación son:
   a) 10° **b)** 60° **c)** 40° **d)** 35°
2. Razona cuál de las siguientes afirmaciones es la verdadera:
   a) El kilovatio-hora se puede utilizar como unidad de trabajo.
   b) La E_p elástica es una fuerza no conservativa.
   c) La energía cinética de un cuerpo es directamente proporcional a su velocidad.
   d) La energía procedente de fuentes renovables es más barata que la procedente de fuentes no renovables.
3. Una persona arrastra una caja de 30,0 kg por un suelo liso que no presenta rozamiento, mediante una cuerda que forma un ángulo de 30,0° con la horizontal. Aplica una fuerza de 80,0 N a lo largo de 6,00 m partiendo del reposo. La velocidad final de la caja es:
   a) 1,33 $m s^{-1}$ **b)** 2,45 $m s^{-1}$ **c)** 5,26 $m s^{-1}$ **d)** 8,77 $m s^{-1}$
4. Determina a partir de la gráfica el trabajo que realiza una fuerza F que actúa en la dirección del eje X:
   a) 9,50 J
   b) 19,5 J
   c) 15,0 J
   d) 24,0 J

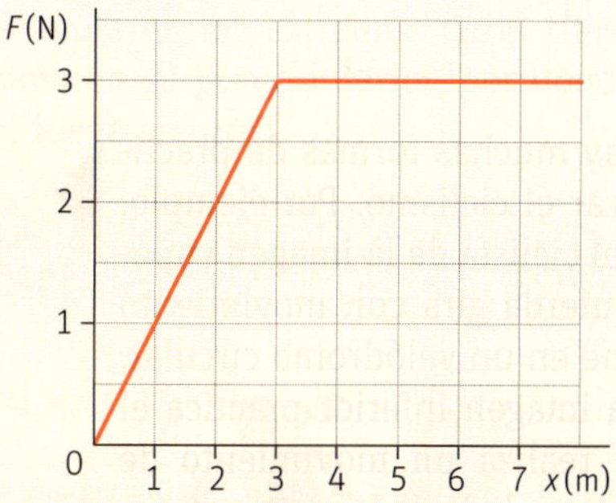

5. Una persona de 60 kg sube hasta una altura de 12 m utilizando una escala en 12 s. La potencia desarrollada es:
   a) 0,4 CV **b)** 0,8 CV **c)** 1,2 CV **d)** 1,6 CV
6. Razona cuál de las siguientes afirmaciones es la verdadera:
   a) Las fuerzas de rozamiento son fuerzas conservativas.
   b) La E_p elástica de un muelle depende de su masa.
   c) El W que contiene un cuerpo es igual a la E_M que almacena.
   d) Las fuerzas conservativas están asociadas a la E_p.

1 El movimiento armónico simple (*mas*)

1.1. Movimientos periódicos, oscilatorios y vibratorios

OBSERVA

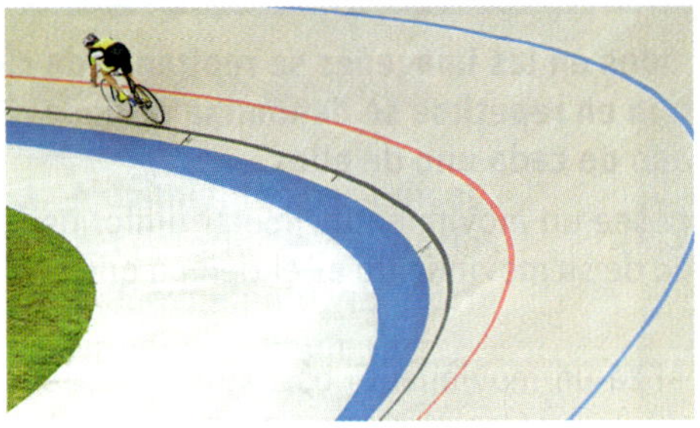

El ciclista se mueve por el velódromo con un movimiento circular uniforme. Cada cierto tiempo, su posición, su velocidad y su aceleración se repiten.

El niño del columpio posee un movimiento de vaivén en torno a una posición de equilibrio. Cada cierto tiempo su posición, su velocidad y su aceleración se repiten.

El martillo perforador de asfalto sube y baja. Cada cierto tiempo vuelve a la misma posición, con la misma velocidad y con la misma aceleración.

Un **movimiento periódico** repite el valor de sus magnitudes cinemáticas (posición, velocidad y aceleración) cada cierto tiempo. Los movimientos anteriores son periódicos.

- **Período,** T. Es el tiempo que tardan en repetirse las magnitudes cinemáticas de un movimiento periódico. Se mide en segundos (s). Cuanto más corto es el período de un movimiento, antes regresa a una posición establecida, y más veces realiza el movimiento en un intervalo de tiempo.
- **Frecuencia,** ν. En un movimiento periódico es el número de veces que una misma situación cinemática se repite por segundo. Se mide en s^{-1}, unidad conocida como hercio (Hz). Se cumple que:

$$\nu = \frac{1}{T}$$

Un **movimiento oscilatorio** es aquel donde el móvil "oscila" o se mueve de un lado a otro respecto de una posición de equilibrio. Es el caso del columpio y del martillo perforador.

No todos los movimientos periódicos son oscilatorios, ni todos los movimientos oscilatorios son periódicos. Por ejemplo, el movimiento circular uniforme del ciclista es periódico pero no oscilatorio, y el movimiento del pistón de un motor de un coche que acelera es oscilatorio pero no es periódico.

Un **movimiento vibratorio** es un movimiento oscilatorio con trayectoria rectilínea. Por ejemplo, el movimiento del martillo perforador es vibratorio, ya que oscila en torno a una posición de equilibrio y su trayectoria es recta.

EJERCICIOS RESUELTOS

1 **El motor de una moto gira a 12 000 rpm. Describe y clasifica el movimiento de un pistón de su motor y calcula su período y su frecuencia.**

El pistón del motor realiza un movimiento periódico, oscilatorio y rectilíneo, por tanto, es un movimiento vibratorio. Un sistema biela-manivela transforma este movimiento vibratorio en un movimiento circular, que se transmite a la rueda.

La velocidad angular de giro es: $\omega = \dfrac{12000 \cdot 2\pi}{60} = 400\pi \text{ rad s}^{-1}$

El período es: $T = \dfrac{2\pi}{\omega} = \dfrac{(2\pi \text{ rad})}{(400\pi \text{ rad s}^{-1})} = 5{,}0 \cdot 10^{-3} \text{ s} \Rightarrow \nu = \dfrac{1}{T} = \dfrac{1}{5{,}0 \cdot 10^{-3} \text{ s}} = 200 \text{ Hz}$

Sabías que

Los primeros movimientos periódicos estudiados de forma científica fueron los de los planetas alrededor del Sol (la palabra *período* significa 'camino redondo') y se utilizó para indicar el tiempo que tardaba un planeta en dar una vuelta alrededor del Sol.

ACTIVIDADES

1. **Calcula el período y la frecuencia del movimiento circular uniforme de una rueda que gira a razón 160 vueltas en 3 minutos.**

   Solución: 1,1 s y 0,91 Hz

2. **Un diapasón para afinar instrumentos de música vibra con una frecuencia de 440 Hz (correspondiente a la nota musical la). Determina el tiempo que tarda en realizar una vibración completa.**

   Solución: $2{,}3 \cdot 10^{-3}$ s

1.2. El movimiento vibratorio armónico simple (*mas*)

Un muelle de acero tiene un comportamiento frente a las fuerzas aplicadas descrito por la ley de Hooke. El alargamiento o acortamiento (x) producido en el muelle es proporcional a la fuerza aplicada (F):

$$F = -kx$$

La fuerza que realiza el muelle se opone a su variación de longitud y k es la constante elástica del muelle.

¿Qué ocurre si se sujeta un cuerpo al muelle, se estira el muelle y se suelta? El cuerpo realiza un movimiento oscilatorio rectilíneo en torno a la posición de equilibrio que es producido por la fuerza recuperadora del muelle (F) (Fig. 13.1).

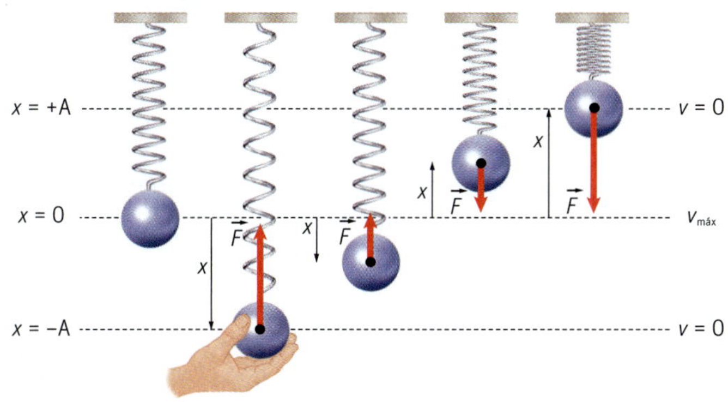

Figura 13.1. Movimiento vibratorio armónico simple.

Conforme al segundo principio de la dinñamica, $F = ma = -kx \Rightarrow a = -\dfrac{k}{m}x = -\text{cte}\cdot x$. Este tipo de movimiento de denomina **movimiento vibratorio armónico simple**.

> El **movimiento vibratorio armónico simple** es un movimiento oscilatorio, periódico y rectilíneo, donde el sentido de la aceleración del móvil es contrario en todo momento al sentido de su desplazamiento y proporcional a este:
>
> $$a = -\text{cte}\cdot x$$

Al ser un movimiento rectilíneo, se prescinde del carácter vectorial de las magnitudes. La constante de proporcionalidad se suele expresa como ω^2, siendo ω otra constante denominada **frecuencia angular** o **pulsación** del movimiento que se expresa en s^{-1}.

En la naturaleza existen diversos movimientos de este tipo:

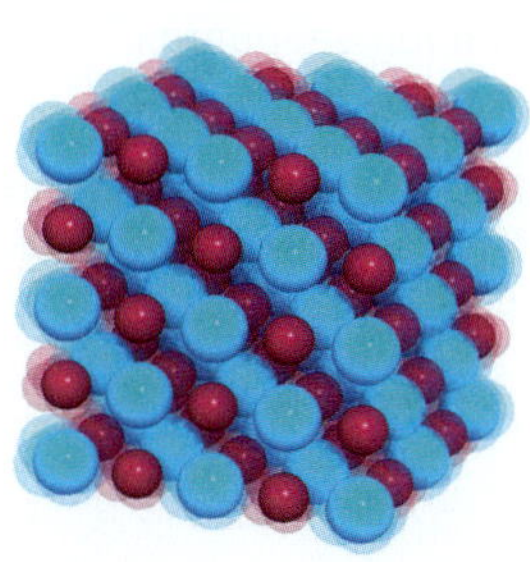

Figura 13.2. A escala microscópica, los átomos de un cristal vibran con este movimiento.

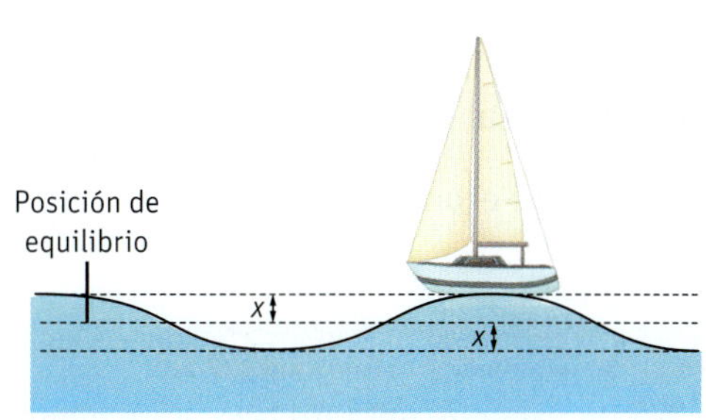

Figura 13.3. La barca a merced de las olas en el lago efectúa un movimiento armónico simple.

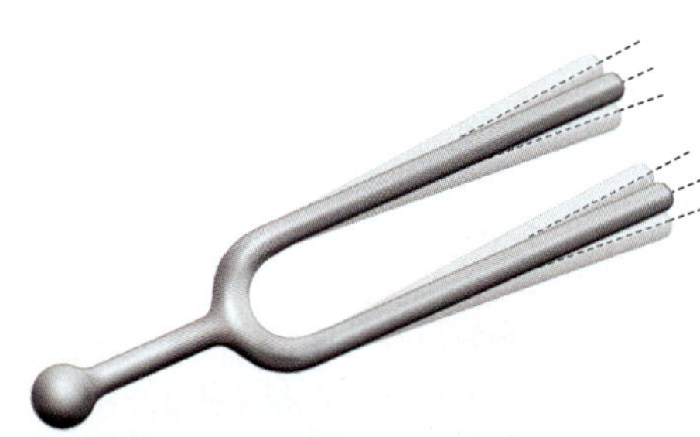

Figura 13.4. El extremo del diapasón vibrando efectúa un movimiento armónico simple.

ACTIVIDADES

3. Calcula cuánto se estira un muelle cuya constante elástica tiene un valor $k = 25$ N m^{-1}, cuando se cuelga del muelle una masa de 4,5 kg.

   Solución: 1,8 m

4. Si al anterior muelle con la masa colgada adquiere un *mas* calcula su frecuencia angular. ¿Dependerá dicha frecuencia de la amplitud de la oscilación?

   Solución: 2,4 s^{-1}

2 Cinemática del *mas*

Puede simularse la obtención de la ecuación de movimiento armónico con un cuerpo situado en el extremo del muelle, que oscile con un *mas*. Si un papel se mueve hacia la izquierda con un *mru*, sobre él se dibuja la gráfica de una función seno o una función coseno.

Cualquiera de ellas es adecuada para representar un *mas* (por eso se denominan funciones armónicas).

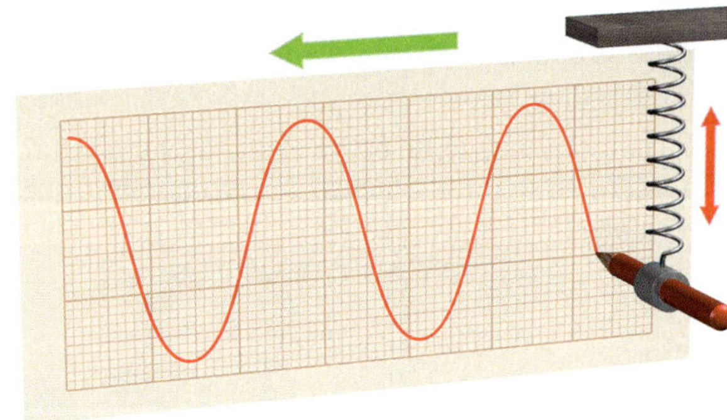

La ecuación que describe a un movimiento armónico simple puede deducirse mediante las proyecciones de un punto, *P*, que recorre una circunferencia de radio *A*, con una velocidad angular constante, ω (Fig. 13.5). Sus proyecciones o "sombras" sobre los ejes de coordenadas describen dos *mas*.

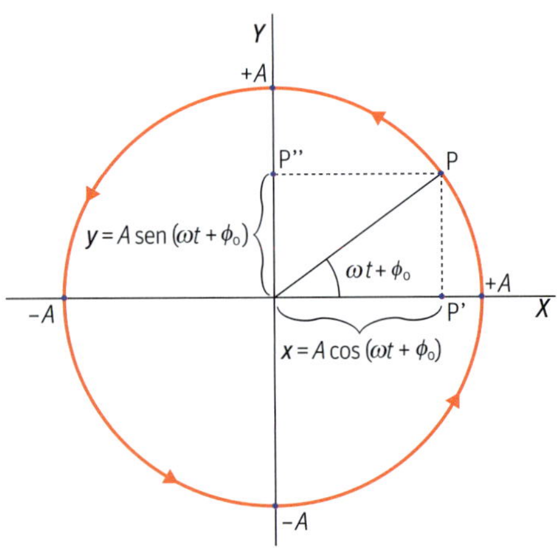

Figura 13.5. Simulación de un movimiento vibratorio armónico simple.

La proyección de *P* sobre el diámetro del eje *X*, *P'*, describe un movimiento rectilíneo de vaivén entre los puntos −*A* y +*A*, con la misma frecuencia que el *mcu* de ecuación:

$$x = A\cos(\omega t + \phi_0)$$

Dado que $\mathrm{sen}(\omega t+\phi_0) = \cos\left(\omega t + \phi_0 - \frac{\pi}{2}\right)$, la ecuación del *mas* se puede expresar también como:

$$x = A\,\mathrm{sen}(\omega t + \phi_0')$$

Los distintos términos que aparecen en la ecuación son:

- La **elongación (*x*)** es la distancia desde el punto móvil al punto central *O*.
- La **amplitud (*A*)** es la elongación máxima del movimiento, es decir, los límites a ambos lados de la posición central, entre los que se mueve el punto móvil.
- La **frecuencia angular o pulsación (ω)** indica el número de veces que el ciclo completo se repite en 2π segundos (no es una velocidad angular). Es evidente que el tiempo que tarda en una vibración completa es: $T = \frac{2\pi}{\omega}$ segundos.
- La **fase** $(\omega t + \phi_0)$ es una magnitud que informa sobre la situación del punto *P'* en referencia al ciclo completo. Se expresa en radianes.
- La **fase inicial** (ϕ_0) informa sobre la situación x_0 de *P'* cuando se empezó a contar el tiempo (t = 0 s). Se expresa en radianes: $x_0 = A\cos\phi_0 \Rightarrow \phi_0 = arc\cos\left(\frac{x_0}{A}\right)$

ACTIVIDADES

5. La frecuencia de un *mas* es 2,0 Hz y su amplitud es 0,10 m. Establece su ecuación en función del seno y del coseno sabiendo que en el instante inicial (t = 0 s) el móvil se encuentra en x = −0,10 m.

6. La ecuación de un *mas* es $x = 3\cos(5\pi t - \pi)$. Calcula la frecuencia del movimiento y escribe la ecuación en función del seno.

Solución: υ = 2,5 Hz

EJERCICIOS RESUELTOS

2 Un vaquero agita un lazo, y un punto de la cuerda oscila con un *mas* de ecuación $x = 0{,}4\mathrm{sen}(2\pi t + 0{,}25\pi)$ donde todas las unidades están en el SI:

a) Determina su posición en el instante t = 4 s.

b) Calcula el período y la frecuencia del movimiento.

c) Escribe la ecuación en función del coseno.

a) En t = 4 s, $x = 0{,}4\mathrm{sen}(2\pi \cdot 4 + 0{,}25\pi) = 0{,}28$ m

b) $\omega = \frac{2\pi}{T} \Rightarrow T = \frac{2\pi}{\omega} = \frac{2\pi}{(2\pi\,\mathrm{s}^{-1})} = 1\,\mathrm{s}\ ;\ \upsilon = \frac{1}{T} = \frac{1}{(1\,\mathrm{s})} = 1\,\mathrm{Hz}$

c) $x = 0{,}4\cos(2\pi t + 0{,}25\pi - 0{,}5\pi) = 0{,}4\cos(2\pi t - 0{,}25\pi)$

2.1. La velocidad en el *mas*

Partiendo de la posición de un *mas* en función del seno, la expresión de la **velocidad** se obtiene derivando la ecuación de la posición:

$$v=\frac{dx}{dt}=\frac{d\left[A\text{sen}(\omega t+\phi_0)\right]}{dt}$$

$$\boxed{v=\omega A\cos(\omega t+\phi_0)}$$

La velocidad de un *mas* presenta las siguientes características:

- Es **nula** en los extremos de la trayectoria ($x = \pm A$). En estos puntos su fase es:

$$\cos(\omega t+\phi_0)=0 \Rightarrow \omega t+\phi_0=\pm\frac{\pi}{2}+n\pi\,;\; n = 0,\, 1,\, 2,\, 3...$$

- Es **máxima** en valor absoluto, en el punto central de la trayectoria ($x = 0$). En ese punto su fase será:

$$\cos(\omega t+\phi_0) = \pm 1 \Rightarrow (\omega t+\phi_0)=\pm n\pi\,;\; n = 0,\, 1,\, 2,\, 3...$$

  Por tanto, en $x = 0$ el valor de la velocidad es $v_{\text{máx}}=\omega A$ cuando el móvil pasa moviéndose hacia la derecha, y es $v_{\text{mín}}=-\omega A$ cuando el móvil pasa moviéndose hacia la izquierda.

- La gráfica de la velocidad se encuentra desplazada en el tiempo $\pi/2$ respecto a la gráfica de la elongación, y multiplicada por el valor de la frecuencia angular, ω.

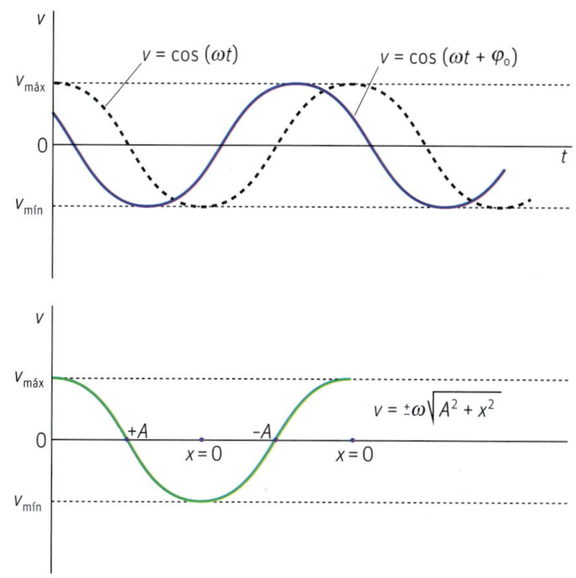

Figura 13.6. La velocidad en función del tiempo y en función de la posición, en un *mas*.

▸ Relación entre la posición y la velocidad en un *mas*

Esta relación directa resulta muy útil en la resolución de diversos problemas. De la relación trigonométrica $\text{sen}^2(\omega t+\phi_0)+\cos^2(\omega t+\phi_0)=1$ se deduce:

$$\cos(\omega t+\phi_0)=\pm\sqrt{1-\text{sen}^2(\omega t+\phi_0)}$$

De la ecuación $x=A\text{sen}(\omega t+\phi_0)$ se deduce que $\text{sen}(\omega t+\phi_0)=\frac{x}{A}$, luego se cumple:

$$\cos(\omega t+\phi_0)=\pm\sqrt{1-\left(\frac{x}{A}\right)^2}=\pm\sqrt{\frac{A^2-x^2}{A^2}}=\pm\frac{1}{A}\sqrt{A^2-x^2}$$

Por tanto:

$$v=\omega A\cos(\omega t+\phi_0)=\omega A\left(\pm\frac{1}{A}\sqrt{A^2-x^2}\right)$$

$$v=\pm\omega\sqrt{A^2-x^2}$$

EJERCICIOS RESUELTOS

3 **La lengüeta de una armónica es un fleje de acero que vibra 180 veces en 1 minuto, con un *mas* de 0,2 cm de amplitud. En $t = 0$ s está en $x = -0{,}1$ cm y se mueve hacia la derecha.**

a) Establece la ecuación de su movimiento en función del coseno y del seno.

b) Calcula su velocidad en $t = 0$ s.

a) La frecuencia del movimiento es $\upsilon=\frac{180}{(60\text{ s})}=3\text{ Hz}\Rightarrow\omega=2\pi\upsilon=6\pi\text{ rads}^{-1}$

La ecuación del movimiento será: $x=0{,}002\cos(6\pi t+\phi_0)$

Para determinar la fase inicial hay que tener en cuenta las condiciones iniciales:

Si $t = 0$ s, $-0{,}001=0{,}002\cos\phi_0;\,\cos\phi_0=-0{,}5\Rightarrow\phi_0=\cos^{-1}(-0{,}5)=\pm\frac{2\pi}{3}$

Para dilucidar la fase inicial correcta, hay que tener en cuenta el signo de la velocidad en $t = 0$ s, positivo en este caso, ya que la partícula se mueve hacia la derecha.

Como $v=-\omega A\text{sen}\phi_0$ debe ser positiva, $\text{sen}\phi_0<0$ y eso sucede con $-2\pi/3$, por tanto:

$x=0{,}002\cos(6\pi t-2\pi/3)$ o $x=0{,}002\text{sen}(6\pi t-2\pi/3+\pi/2)=0{,}002\text{sen}(6\pi t-\pi/6)$

b) $v=-0{,}012\pi\,\text{sen}(6\pi t-2\pi/3)$, por tanto, en $t = 0$ s:
$v=-0{,}012\pi\,\text{sen}(-2\pi/3)=3{,}26\cdot10^{-2}\text{ms}^{-1}$

ACTIVIDADES

7. **Una barca es alcanzada por las olas y efectúa un *mas* de 0,20 m de amplitud. Si el tiempo en realizar una vibración completa es 3,0 s, determina:**

a) La velocidad máxima que adquiere la barca.

b) Su velocidad cuando se encuentra en x =0,15 m.

Solución: a) 0,42 m s^{-1}; b) 0,28 m s^{-1}

2.2. La aceleración en el *mas*

La ecuación de la aceleración se obtiene derivando la ecuación de la velocidad:

$$a = \frac{dv}{dt} = \frac{d[A\omega \cos(\omega t + \phi_0)]}{dt} \Rightarrow \boxed{a = -A\omega^2 \operatorname{sen}(\omega t + \phi_0)}$$

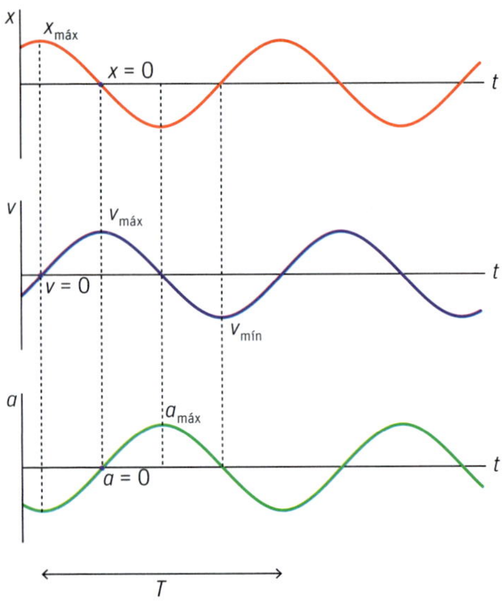

Figura 13.8. Las magnitudes, posición, velocidad y aceleración de un *mas* son funciones armónicas (seno o coseno).

Como la posición de la partícula está dada mediante la expresión $x = A\operatorname{sen}(\omega t + \phi_0)$, se puede escribir:

$$a = -\omega^2 x$$

La proporcionalidad entre la aceleración y la posición es la característica de cualquier *mas*. Del análisis de la expresión anterior se deduce que:

- La aceleración tiene siempre signo contrario a la posición.
- La aceleración máxima en valor absoluto, $a_{máx} = \omega^2 A$, se da en los extremos de la trayectoria, con $x = \pm A$.
- En su punto central, con $x = 0$, la aceleración de la partícula es cero.

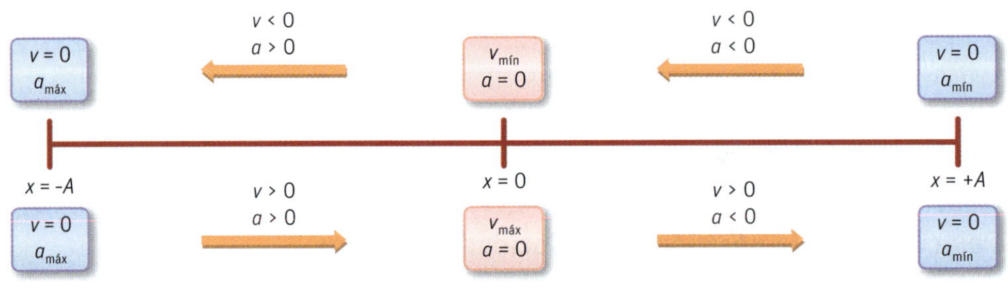

Figura 13.7. Valores de las magnitudes de un *mas*.

EJERCICIOS RESUELTOS

4 **El pistón del motor de un automóvil se mueve dentro de un cilindro con un *mas* y tiene una carrera de 110 mm. Cuando el motor gira a 3600 rpm calcula:**

a) **Los valores absolutos de la velocidad y la aceleración máximas del pistón.**

b) **La aceleración cuando se encuentra en la posición $x = -0{,}04$ m.**

a) La carrera del pistón es el doble de la amplitud del *mas*. La biela y el cigüeñal forman un sistema biela-manivela de transmisión del movimiento, donde la velocidad de giro del motor coincide con la frecuencia angular del *mas* del pistón:

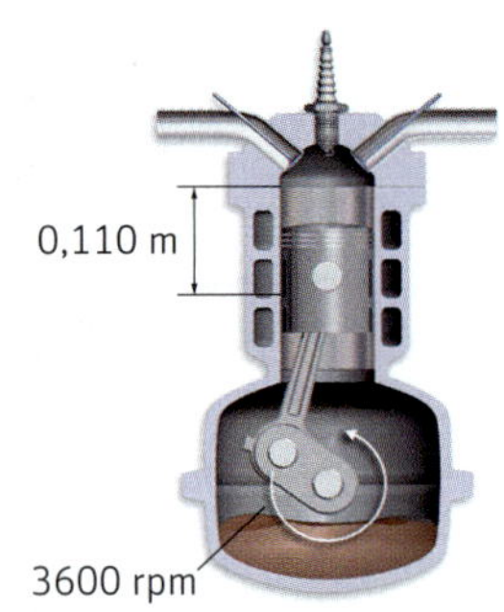

$$\omega = \frac{(3600 \cdot 2\pi \text{ rad})}{(60 \text{ s})} = 120\pi \text{ rad s}^{-1}$$

En $x = 0$, el valor absoluto de la velocidad es máximo:

$$v_{máx.} = \omega A = (120\pi \text{ rad s}^{-1})(0{,}055 \text{m}) = 21 \text{ m s}^{-1}$$

En $x = \pm A$, el valor absoluto de la aceleración es máximo:

$$a_{máx.} = \omega^2 A = (120\pi \text{ rad s}^{-1})^2 (0{,}055 \text{ m}) = 7{,}8 \cdot 10^3 \text{ m s}^{-2}$$

b) Si $x = -0{,}04$ m, $a = -\omega^2 x = -(120\pi \text{ rad s}^{-1})^2(-0{,}04 \text{ m}) = 5{,}7 \cdot 10^3 \text{ m s}^{-2}$

ACTIVIDADES

8. Un móvil con un *mas* posee una aceleración máxima de $6\pi^2$ m s^{-2} y una velocidad máxima de 3π m s^{-1}. Determina:

a) Su frecuencia angular.

b) Su amplitud.

Solución: a) 2π rad s^{-1}; b) 1,5 m

9. Indica si las siguientes afirmaciones son verdaderas:

a) La aceleración es negativa y decrece en valor absoluto cuando el móvil va desde $x = -A$ a $x = 0$.

b) La velocidad es positiva y decrece cuando el móvil va desde $x = 0$ hasta $x = +A$.

c) Cuando $x = 0$, $a = 0$ y $v = 0$.

EJERCICIOS **RESUELTOS**

5 **El extremo de un fleje de acero realiza un movimiento armónico simple con una amplitud de 1,5 cm y un período de 0,2 s. En el instante $t = 0$ se encuentra en la posición $x = 0$ cm y se dirige hacia la derecha.**

a) Escribe la ecuación del movimiento y represéntala gráficamente.

b) Representa $v(t)$ y calcula su velocidad cuando la partícula vuelve al origen.

c) Calcula su aceleración en ese mismo instante.

a) Vamos a determinar una ecuación del tipo $x = A\text{sen}(\omega t + \phi_0)$. Calculamos las magnitudes que intervienen en la ecuación:

$$\omega = \frac{2\pi}{T} = \frac{2\pi}{0{,}2} = 10\pi \text{ rad s}^{-1};\ A = 0{,}015 \text{m}$$

Para calcular la fase inicial ϕ_0 se tienen en cuenta las condiciones iniciales:

$$\text{En } t = 0 \text{ s}, x = 0 \text{ m}; 0 = 0{,}015\text{sen}\phi_0 \Rightarrow \phi_0 = \text{arcsen}0 = \begin{cases} 0 \text{ rad} \\ \pi \text{ rad} \end{cases}$$

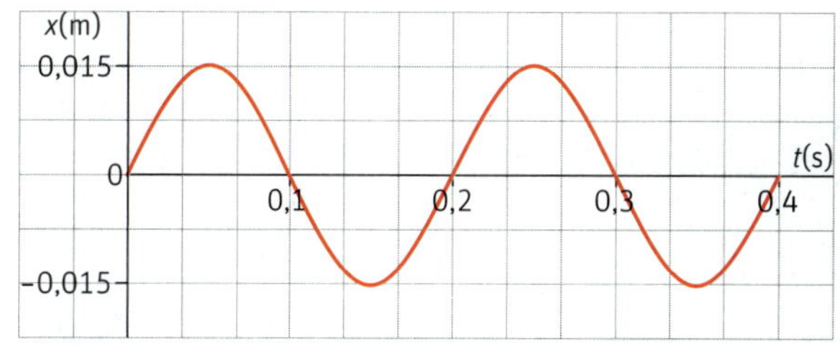

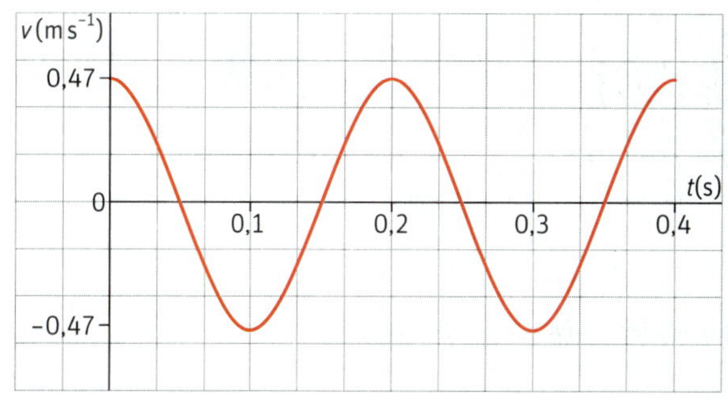

Como se mueve hacia la derecha, su velocidad es positiva. De la expresión $v = \omega A\cos(\omega t + \phi_0)$ se deduce que, para que v sea positiva, $\cos\phi_0 > 0$, luego se debe cumplir que $\phi_0 = 0$ rad. La ecuación queda:

$$x(t) = 0{,}015\text{sen}10\pi t$$

b) Escribimos la ecuación de la velocidad: $v(t) = \frac{\text{d}x(t)}{\text{d}t} = 10\pi \cdot 0{,}015\cos 10\pi t$

Cuando la partícula vuelve a pasar por el origen, el móvil va hacia la izquierda, luego la velocidad es negativa y su valor absoluto es máximo:

$$v = \omega A = 10\pi \cdot 0{,}015 = 0{,}15\pi \text{ ms}^{-1}$$

c) En un movimiento vibratorio armónico simple la aceleración es proporcional a la posición. En $x = 0$, $a = -\omega^2 x = 0 \text{ ms}^{-2}$.

6 **El extremo de la biela de una locomotora se mueve con un *mas* cuya ecuación es:**

$$x = 0{,}5\text{sen}(2\pi t + 0{,}2\pi)$$

a) Represéntala gráficamente y calcula su período y su frecuencia.

b) Calcula su posición inicial y el valor absoluto de su velocidad máxima.

c) ¿En qué posiciones coinciden los valores numéricos de la velocidad y la aceleración?

a) $\omega = 2\pi \text{ rads}^{-1} \Rightarrow T = \frac{2\pi}{\omega} = \frac{(2\pi \text{ rad})}{(2\pi \text{ rads}^{-1})} = 1 \text{ s};\ \upsilon = \frac{1}{T} = \frac{1}{1} = 1 \text{ Hz}$

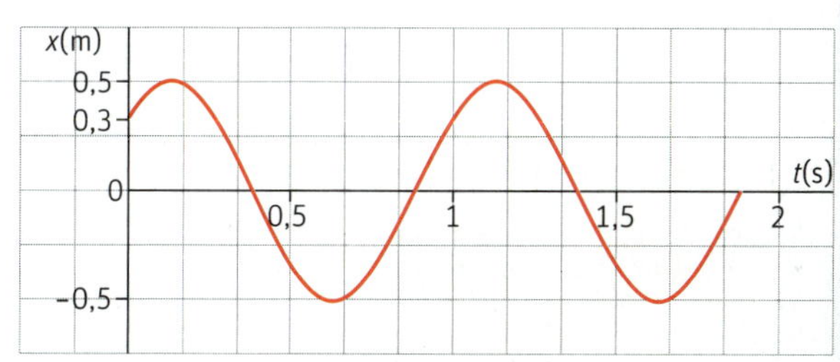

b) En $t = 0$ s,

$$x = 0{,}5\text{sen}0{,}2\pi = 0{,}3 \text{ m};$$

$$|v_{\text{máx.}}| = \omega A = (2\pi \text{ rads}^{-1})(0{,}5 \text{ m}) = \pi \text{ ms}^{-1}$$

c) Se cumple:

$$|v| = |a|; \omega\sqrt{A^2 - x^2} = \omega^2 x \Rightarrow x = \pm\frac{A}{\sqrt{\omega^2 + 1}} = \pm\frac{0{,}5}{\sqrt{(2\pi)^2 + 1}} = \pm 0{,}08 \text{ m}$$

ACTIVIDADES

10. **Un niño se monta de un salto en el caballito de un parque, que está apoyado sobre un muelle, y efectúa 30 oscilaciones en un minuto, de 20 cm de recorrido cada una, con un *mas*.**

Establece la ecuación de su movimiento sabiendo que en el instante inicial el muelle se encuentra completamente estirado.

11. **En el ejercicio anterior, calcula:**

a) La posición y la velocidad del niño al cabo de 0,2 s.

b) La máxima velocidad que adquiere el niño.

c) La aceleración del niño cuando su velocidad es nula y cuando su velocidad es máxima.

Solución: **a)** $-0{,}081$ m y $-0{,}25$ ms^{-1}; **b)** $0{,}1\pi$ ms^{-1}; **c)** $0{,}99$ ms^{-2} y 0 ms^{-2}

3 Dinámica del *mas*: el oscilador armónico

Las fuerzas que producen un movimiento armónico simple son las fuerzas elásticas que cumple la ley de Hooke.

Un **oscilador armónico** está constituido por un cuerpo de masa *m* unido a un resorte de constante elástica *k*, que efectúa un *mas*.

El cuerpo puede estar colgado del muelle o sujeto al muelle y situado sobre una mesa horizontal sin rozamiento. En ambos casos, si se aplica una fuerza *F* que le desplace una distancia *x* de su posición de equilibrio y se le suelta, comienza a moverse con un *mas*.

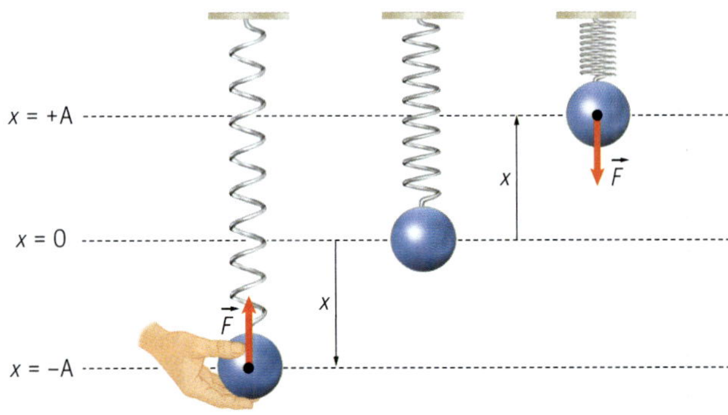

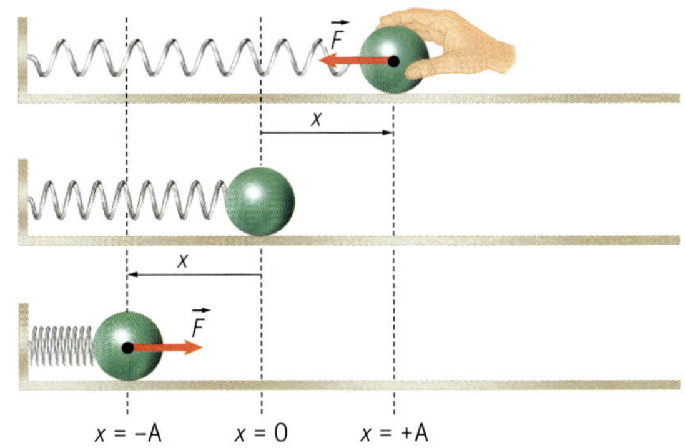

Figura 13.9. Los osciladores armónicos pueden estar en cualquier posición.

En todo momento, el cuerpo recibe una fuerza del muelle que es proporcional al alargamiento y contraria a este. Aplicando la segunda ley de la dinámica:

$$\sum F_i = ma$$

$$-kx = ma \Rightarrow a = -\frac{k}{m}x$$

Esta expresión de esta aceleración es similar a la expresión $a = -\omega^2 x$, característica del *mas*, sin mas que identificar:

$$\omega^2 = \frac{k}{m} \Rightarrow \omega = \sqrt{\frac{k}{m}}$$

EJERCICIOS **RESUELTOS**

7 **Un oscilador armónico consta de una masa de 12 kg que pende de un muelle, que tienen una constante elástica de 48 N m⁻¹. Se comprime el muelle separando el cuerpo 5,0 cm de su posición de equilibrio y se lo suelta, dejándolo oscilar libremente.**

a) Establece la ecuación del oscilador armónico en función del tiempo.

b) Calcula el valor numérico de la fuerza máxima que recibe el oscilador del muelle. ¿En qué posición la fuerza es máxima en valor absoluto?

a) La frecuencia angular del oscilador es:

$$\omega = \sqrt{\frac{k}{m}} = \sqrt{\frac{(48\,\text{Nm}^{-1})}{(12\,\text{kg})}} = 2\,\text{rads}^{-1}$$

Por tanto, su ecuación es:

$$x = A\text{sen}(\omega t + \phi_0) = 5{,}0 \cdot 10^{-2}\,\text{sen}(2t + \phi_0)$$

Como en t = 0 m, $x = 5{,}0 \cdot 10^{-2}$ m se cumple que:

$$5{,}0 \cdot 10^{-2} = 5{,}0 \cdot 10^{-2}\text{sen}\phi_0 \Rightarrow \phi_0 = \pi/2$$

La ecuación del *mas* es: $x = 5{,}0 \cdot 10^{-2}\,\text{sen}(2t + \pi/2)$

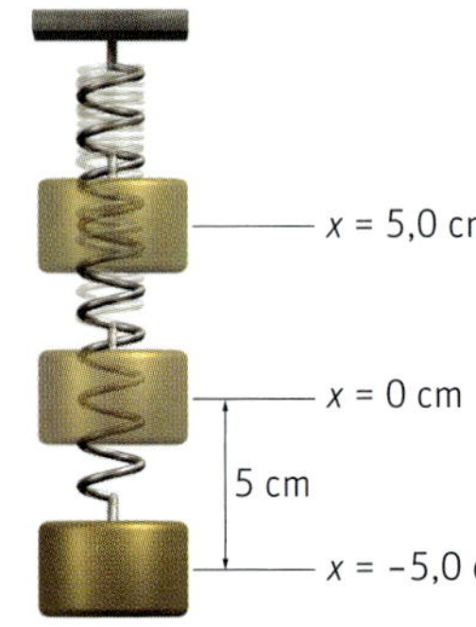

b) En $x = \pm A = \pm 5{,}0 \cdot 10^{-2}$ m :

$$F_{\text{máx.}} = \pm kA = \pm(48\,\text{Nm}^{-1})(5{,}0 \cdot 10^{-2}\text{m}) = \pm 2{,}4\,\text{N}$$

3.1. Período de un oscilador armónico

EXPERIMENTA

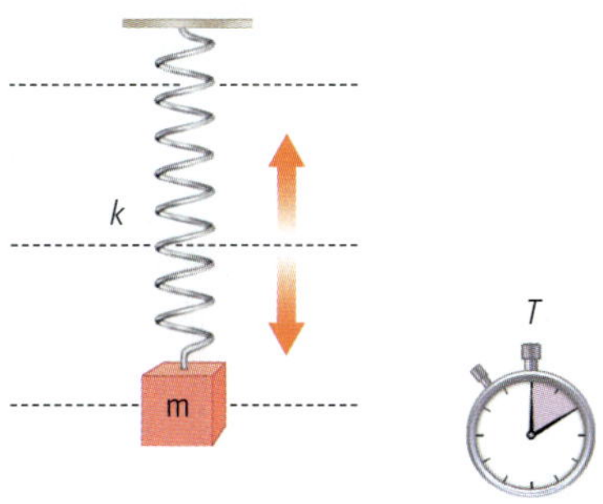

1. Pon a vibrar un oscilador armónico de masa m unido a un muelle de constante k. Mide lo que tarda en hacer diez vibraciones y calcula su período dividiendo entre diez (así minimizarás el error).

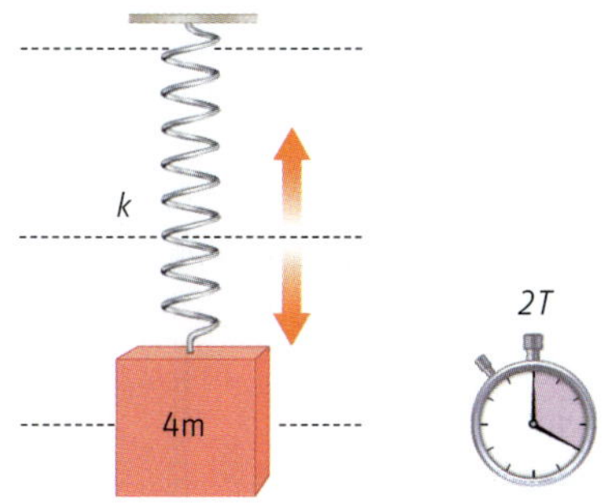

2. Sustituye la masa del anterior oscilador por otra $m' = 4m$, manteniendo el mismo muelle. Mide su nuevo período con el mismo método y comprobarás que el período se ha duplicado.

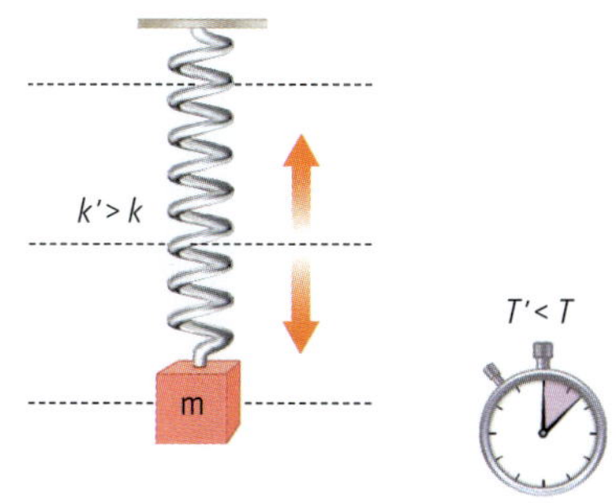

3. Vuelve a colgar la masa primitiva, m, y sustituye el muelle por otro de mayor constante elástica (será más difícil de estirar). Mide su período y comprobarás que ha disminuido.

Se comprueba que el período de un oscilador armónico aumenta cuando aumenta la masa del oscilador, y disminuye cuando aumenta la constante elástica del resorte. De las expresiones $\omega = \sqrt{\frac{k}{m}}$ y $T = \frac{2\pi}{\omega}$ se deduce el período del oscilador armónico.

El **período** de un oscilador armónico depende de su masa y de su constante elástica, según la expresión:

$$T = 2\pi\sqrt{\frac{m}{k}}$$

La frecuencia, ν, de cualquier oscilador es, por tanto: $\upsilon = \frac{1}{2\pi}\sqrt{\frac{k}{m}}$

EJERCICIOS RESUELTOS

8 **Se cuelga una masa de 25 kg de un muelle de constante k = 100 N m^{-1}. Determina la frecuencia de oscilación del conjunto cuando se separa la masa de su posición de equilibrio estirando un poco el muelle. ¿Cambiará esta frecuencia si se separa inicialmente la masa más distancia de su posición de equilibrio?**

Se trata de un oscilador armónico de período:

$$T = 2\pi\sqrt{\frac{m}{K}} = 2\pi\sqrt{\frac{(25\text{ kg})}{(100\,\text{Nm}^{-1})}} = \pi\text{ s}$$

Por tanto, su frecuencia es: $\upsilon = \frac{1}{T} = \frac{1}{\pi}\text{Hz}$

Si se separa inicialmente más la masa, aumentará la amplitud del movimiento pero el período de un oscilador armónico no depende de la amplitud de movimiento.

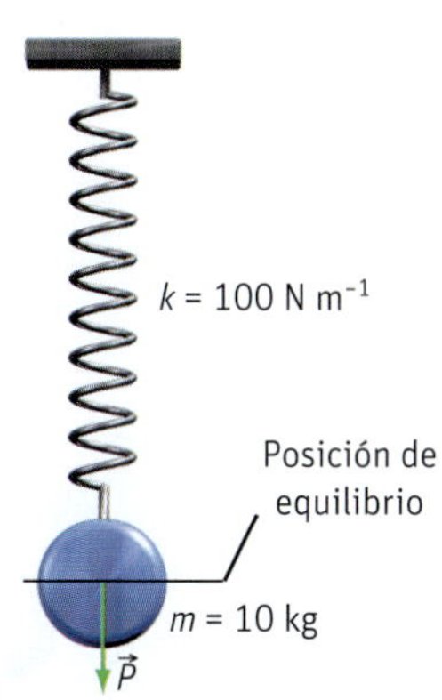

ACTIVIDADES

12. **Razona cómo varía el período de un oscilador armónico si su masa se duplica.**

13. **¿Cuál es la constante elástica de un oscilador armónico de 25 kg de masa y 3,5 s de período?**

Solución: 81 N m^{-1}

3.2. El péndulo simple como ejemplo de oscilador armónico

El **péndulo simple** está formado por un cuerpo de masa *m* que cuelga de una cuerda inextensible, de longitud *L*. El sistema funciona como un oscilador armónico cuando se separa hacia un lado un ángulo menor de 11° y se deja oscilar libremente.

EXPERIMENTA

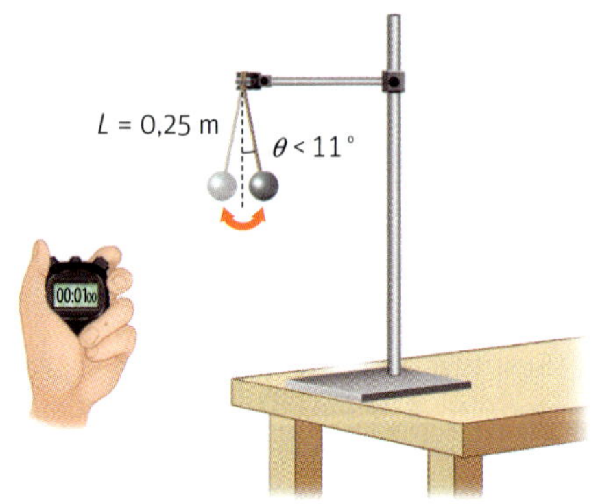

1. Construye un péndulo simple de 0,25 m de longitud, sepáralo de su posición de equilibrio menos de 11° y déjalo oscilar libremente. Mide su período y comprueba que es 1 s.

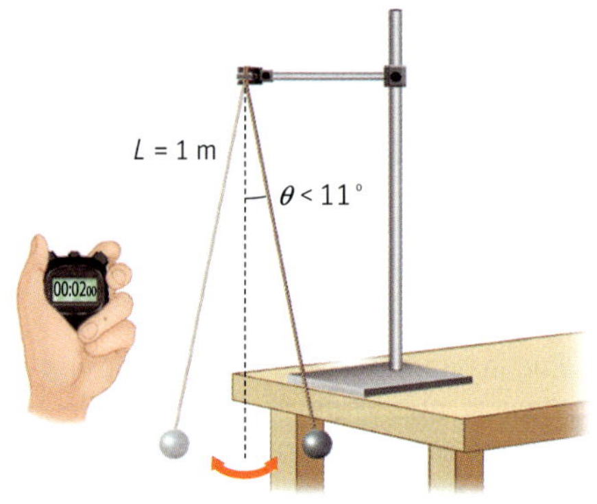

2. Alarga la longitud del péndulo hasta 1,0 m y comprueba que su período es 2 s. Este péndulo, en cada paso de un extremo a otro, tarda un segundo y puede usarse para medir el tiempo de duración de un suceso.

Se comprueba que el péndulo tiene un período determinado, que solo depende de su longitud. Por eso, instrumentos basados en él han sido utilizados para medir el tiempo.

Aplicando la segunda ley de la dinámica a un péndulo de masa *m* y longitud *L*, en movimiento, como el de la figura 13.10, se cumple:

$$\sum \vec{F}_i = m\vec{a}$$

Situado unos ejes solidarios con el péndulo, de forma que el eje *Y* coincida con su longitud, la anterior ecuación se puede escribir como:

$$\left.\begin{array}{l} \text{Eje } X \rightarrow -mg\,\text{sen}\,\theta = ma_x \\ \text{Eje } Y \rightarrow T - mg\cos\theta = 0 \end{array}\right\}$$

Como solo hay movimiento hacia el eje *X*, $a_x = -g\,\text{sen}\,\theta$, para ángulos menores de unos 11°, la diferencia entre el valor de un ángulo, θ, medido en radianes, y el valor de $\text{sen}\,\theta$ es menor de un 10 % de dicho valor y puede aproximarse un valor por otro:

$$a_x = -g\,\text{sen}\,\theta \approx -g\theta = -g\frac{s}{L}$$

El movimiento de un péndulo **se efectúa en un plano** y es **oscilatorio**, pero no es vibratorio ya que su trayectoria es curvilínea (un arco de circunferencia de radio *L*). A pesar de ello, para estos ángulos pequeños, la trayectoria puede aproximarse a una recta ($s \approx x$) y el movimiento puede considerarse armónico simple, de aceleración:

$$a_x = -\frac{g}{L}x$$

Comparando dicha aceleración con la aceleración de un *mas*, $a = -\omega^2 x$:

$$\omega^2 = \frac{g}{L} \Rightarrow \omega = \sqrt{\frac{g}{L}};\ T = \frac{2\pi}{\omega} \Rightarrow \boxed{T = 2\pi\sqrt{\frac{L}{g}}}$$

El **período de oscilación** de un péndulo simple depende solo de la longitud del péndulo y de la aceleración de la gravedad del lugar donde oscila.

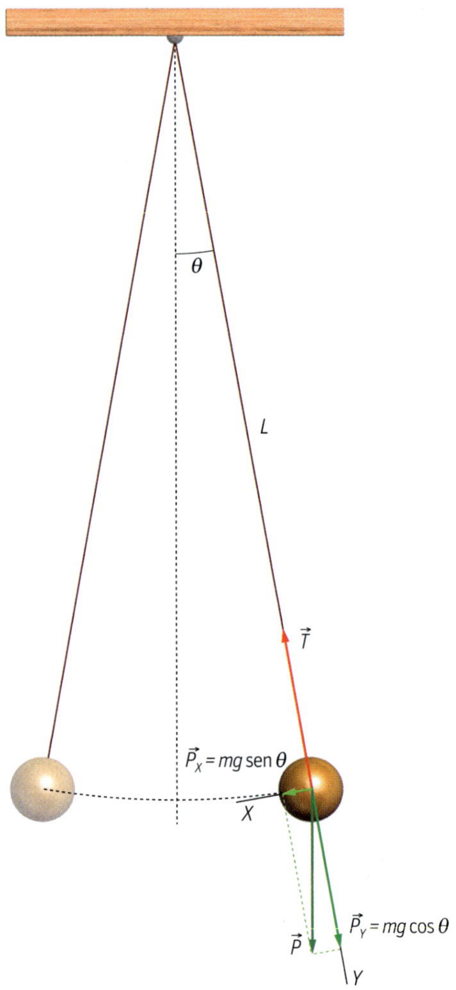

Figura 13.10. La fuerza recuperadora en el péndulo simple es la componente del peso en el eje *X*.

EJERCICIOS **RESUELTOS**

9 Un oscilador armónico consta de una masa de 5,0 kg unida a un muelle con una constante elástica k = 45 N m^{-1}, que está situada sobre una mesa horizontal por la que se puede mover sin rozamiento. Se separa el oscilador de su posición de equilibrio comprimiendo el muelle y se suelta. Cuando pasa por primera vez por el punto de equilibrio tiene una velocidad de 0,15 m s^{-1}. En ese momento se pone en marcha el cronómetro.

a) Escribe la ecuación del movimiento.

b) Calcula el período y la frecuencia del oscilador.

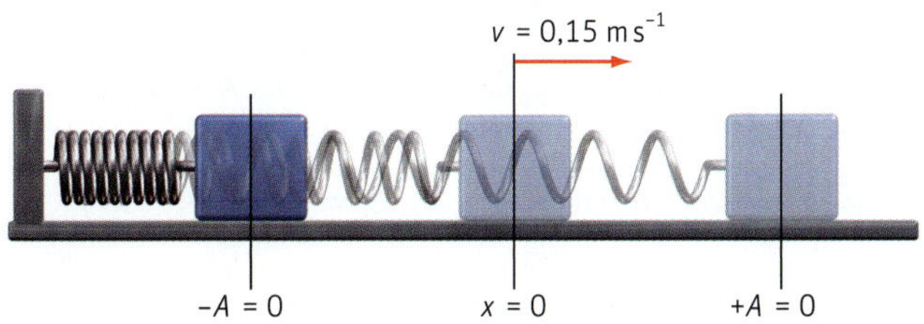

a) Determinamos una ecuación del tipo

$$x = A\cos(\omega t + \phi_0)$$

Para ello, calculamos las magnitudes que intervienen en la ecuación:

$$\omega = \sqrt{\frac{k}{m}} = \sqrt{\frac{(45\,\text{Nm}^{-1})}{(5{,}0\,\text{kg})}} = 3{,}0\,\text{rads}^{-1}$$

Cuando pasa por primera vez por x = 0 m, va hacia la derecha con velocidad máxima:

$$v_{\text{máx.}} = \omega A \Rightarrow A = \frac{v_{\text{máx.}}}{\omega} = \frac{(0{,}15\,\text{ms}^{-1})}{(3{,}0\,\text{rads}^{-1})} = 0{,}050\,\text{m}$$

La ecuación del movimiento es $x = 0{,}050\cos(3{,}0t + \phi_0)$. Calculamos la fase inicial ϕ_0 con las condiciones iniciales (t = 0 s y x = 0 m):

$$0 = 0{,}050\cos\phi_0 \Rightarrow \phi_0 = \arccos 0^\circ = \pm 0{,}5\pi\,\text{rad}$$

Como se mueve hacia la derecha, su velocidad es positiva. De la expresión: $v = -\omega A\text{sen}(\omega t + \phi_0)$ se deduce que en t = 0 s, $\text{sen}\phi_0 < 0$, luego ϕ_0 =−0,5π rad. La ecuación queda:

$$x(t) = 0{,}050\cos(10\pi t - 0{,}5\pi)$$

b) El período de oscilación de este muelle es:

$$T = 2\pi\sqrt{\frac{m}{k}} = 2\pi\sqrt{\frac{(5{,}0\,\text{kg})}{(45\,\text{Nm}^{-1})}} = 2{,}1\,\text{s}$$

$$\upsilon = \frac{1}{T} = \frac{1}{2{,}1\,\text{s}} = 0{,}48\,\text{Hz}$$

10 El péndulo de Foucault de la Ciudad de las Artes y las Ciencias de Valencia tiene 30,0 m de longitud y su masa es de 130 kg. Prácticamente oscila en el mismo plano.

a) Determina su período de oscilación.

b) Explica por qué se utiliza para comprobar la rotación de la Tierra.

c) Si se hace oscilar este péndulo en la Luna, con una aceleración de la gravedad g_L = 1,61 m s^{-2}, calcula su nuevo período de oscilación.

d) ¿Cuál debería ser la masa de un oscilador armónico cuya constante elástica es k = 12,0 N m^{-1} para que oscilase con el mismo período que el péndulo?

a) El período de oscilación de este péndulo es:

$$T = 2\pi\sqrt{\frac{L}{g}} = 2\pi\sqrt{\frac{(30{,}0\,\text{m})}{(9{,}81\,\text{ms}^{-1})}} = 11{,}0\,\text{s}$$

b) El péndulo lleva un vástago en su parte inferior que va derribando pequeños cilindros situados en círculo sobre el suelo. Dado que el péndulo oscila siempre en el mismo plano, debe ser el suelo el que gira.

c) En la Luna su período será:

$$T - 2\pi\sqrt{\frac{L}{g}} - 2\pi\sqrt{\frac{(30{,}0\,\text{m})}{(1{,}61\,\text{ms}^{-1})}} - 27{,}1\,\text{s}$$

El péndulo oscila más lentamente en la Luna.

d) Si ambos períodos deben ser iguales, se cumplirá que:

$$T = 2\pi\sqrt{\frac{m}{k}} = 2\pi\sqrt{\frac{L}{g}} \Rightarrow \frac{m}{k} = \frac{L}{g}$$

Por tanto, la masa del oscilador armónico debería ser:

$$m = \frac{kL}{g}$$

$$m = \frac{(12{,}0\,\text{Nm}^{-1})(30{,}0\,\text{m})}{(9{,}81\,\text{ms}^{-2})} = 36{,}7\,\text{kg}$$

ACTIVIDADES

14. Indica cómo variará el período de un oscilador armónico si se mide en el planeta Marte, con una aceleración de la gravedad de 3,7 m s^{-2}. ¿Cuál será el período de un péndulo de 1 m de longitud?

15. Explica cómo se podría medir la aceleración de la gravedad de un lugar utilizando un péndulo. ¿Cómo se podría saber la longitud de un péndulo sin medirla?

4 Aspectos energéticos de un oscilador armónico

Tanto el péndulo que oscila, como el martillo neumático o los átomos vibrando tienen energía mecánica y esa energía se conserva (siempre que no se produzcan rozamientos o cualquier otra interacción con su entorno).

4.1. Energía cinética de un oscilador armónico

Cualquier masa m en movimiento con una velocidad v posee energía cinética:

$$E_c = \frac{1}{2}mv^2$$

En el caso del oscilador armónico, la velocidad puede expresarse en función de la posición del oscilador o en función del tiempo. Si $x = A\text{sen}(\omega t + \phi_0)$:

$$v = \omega A\cos(\omega t + \phi_0) \Rightarrow E_c = \frac{1}{2}m[\omega A\cos(\omega t + \phi_0)]^2 \Rightarrow E_c = \frac{1}{2}m\omega^2 A^2\cos^2(\omega t + \phi_0)$$

$$v = \pm\omega\sqrt{A^2 - x^2} \Rightarrow E_c = \frac{1}{2}m\left(\pm\omega\sqrt{A^2 - x^2}\right)^2 \Rightarrow E_c = \frac{1}{2}m\omega^2(A^2 - x^2)$$

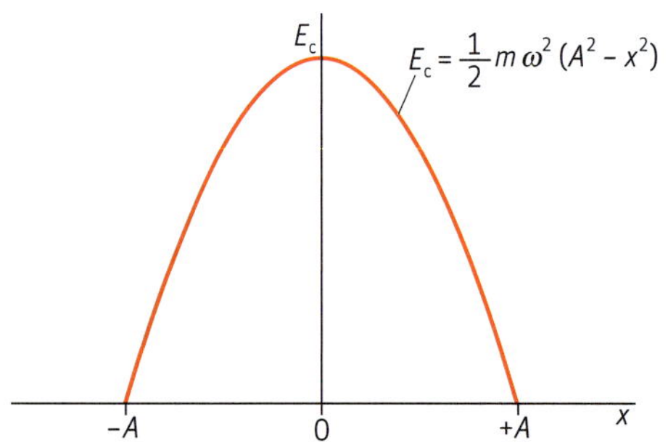

Figura 13.11. La energía cinética es máxima cuando la velocidad es máxima, es decir, cuando $x = 0$, y es nula si $x = \pm A$.

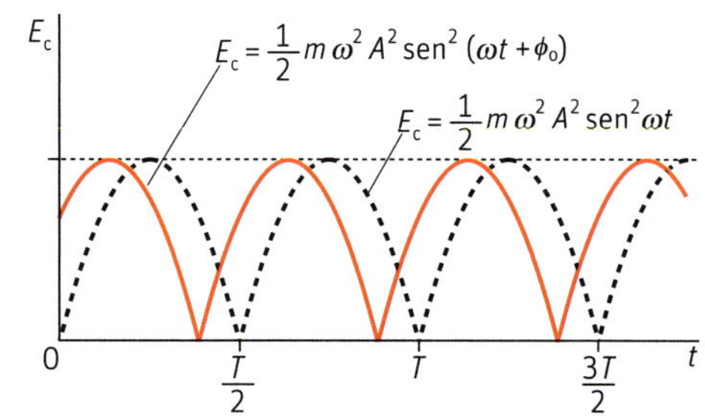

Figura 13.12. Los valores de la energía cinética de un oscilador se repiten cada período del movimiento.

4.2. Energía potencial de un oscilador armónico

Un muelle de constante elástica k, comprimido o estirado una distancia x, tiene una energía potencial elástica de valor:

$$E_p = \frac{1}{2}kx^2 = \frac{1}{2}m\omega^2 x^2$$

En el caso del oscilador armónico, la posición puede expresarse en función del tiempo: $x = A\text{sen}(\omega t + \phi_0)$ y la constante elástica, k, en función de la frecuencia angular, ω, y la masa, A:

$$k = m\omega^2 \Rightarrow E_p = \frac{1}{2}m\omega^2 A^2\text{sen}^2(\omega t + \phi_0)$$

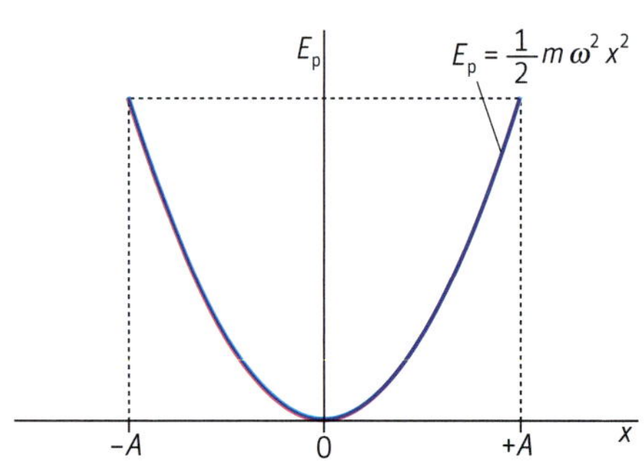

Figura 13.13. La energía potencial es nula cuando $x = 0$, y es máxima si $x = \pm A$.

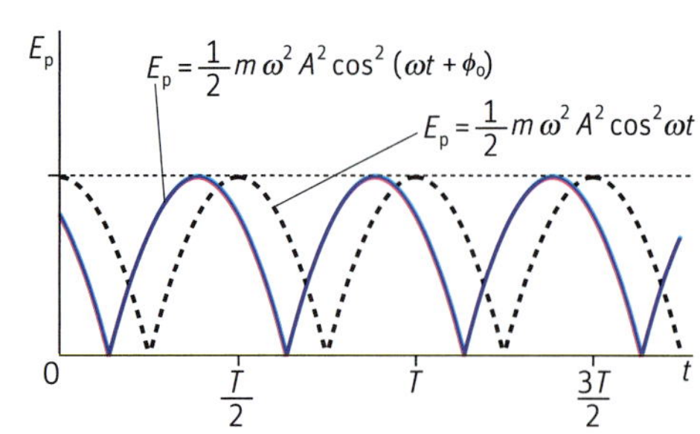

Figura 13.14. Los valores de la energía potencial de un oscilador se repiten cada período.

ACTIVIDADES

16. Determina la energía cinética y la energía potencial en la posición $x = 0,06$ m, de un oscilador armónico de 6,5 kg de masa y 0,15 m de amplitud si su período de oscilación es de 2 s.

Solución: $E_c = 0,61$ J; $E_p = 0,12$ J

4.3. Energía mecánica de un oscilador armónico

La energía mecánica es la suma de la energía cinética y la energía potencial. En el caso del oscilador armónico:

$$E_M = E_c + E_p = \frac{1}{2}m\omega^2(A^2 - x^2) + \frac{1}{2}m\omega^2 x^2 = \frac{1}{2}m\omega^2 A^2 = \text{cte.}$$

Representando sobre la misma gráfica la energía cinética, la energía potencial y la energía mecánica, se puede comprobar que esta última se mantiene constante.

La **energía mecánica** de un oscilador armónico se mantiene constante, convirtiendo constantemente energía cinética en potencial y viceversa.

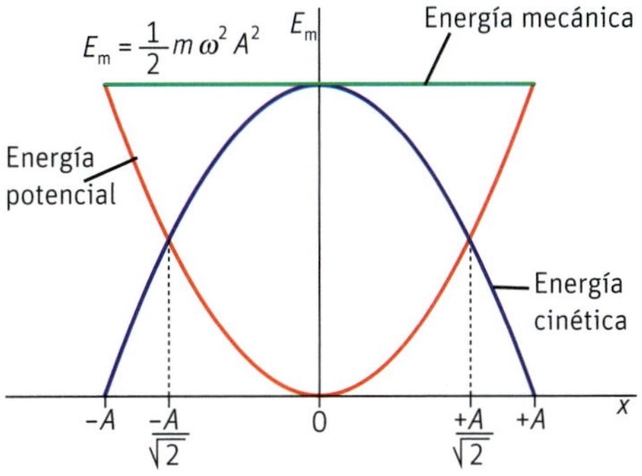

Figura 13.15. Se comprueba que, aunque las energías cinética y potencial del oscilador armónico cambian, la energía mecánica se mantiene constante.

Sabías que

En el mundo real los osciladores van perdiendo energía mecánica debido a los rozamientos y amortiguan su movimiento, llegando al reposo en un tiempo más o menos largo. Se observa una pérdida de amplitud del movimiento a lo largo del tiempo: si pones a oscilar un péndulo o una masa que cuelga de un muelle, al cabo de un tiempo se detiene.

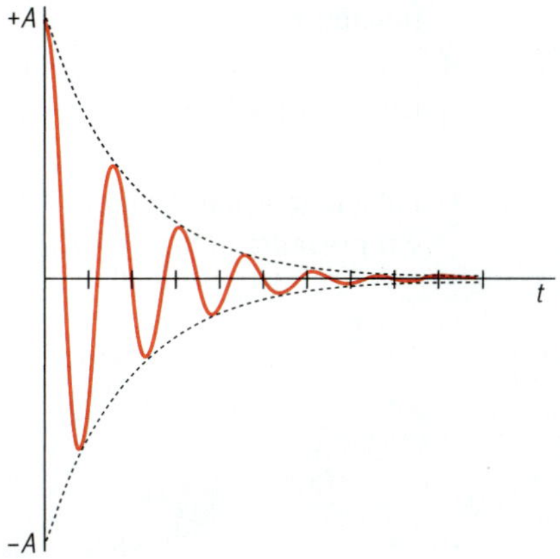

EJERCICIOS **RESUELTOS**

11 **Una barca de 350 kg de masa realiza un movimiento armónico simple al vaivén de las olas. La barca realiza 15 oscilaciones de 22 cm de amplitud por minuto.**

a) **Determina el valor numérico de la velocidad máxima que alcanza la barca.**

b) **Si comenzamos a medir el tiempo cuando la barca se encuentra en su punto más alto, establece la ecuación de su movimiento.**

c) **Calcula las energías, cinética, potencial y mecánica, de la barca en x = 0,060 m.**

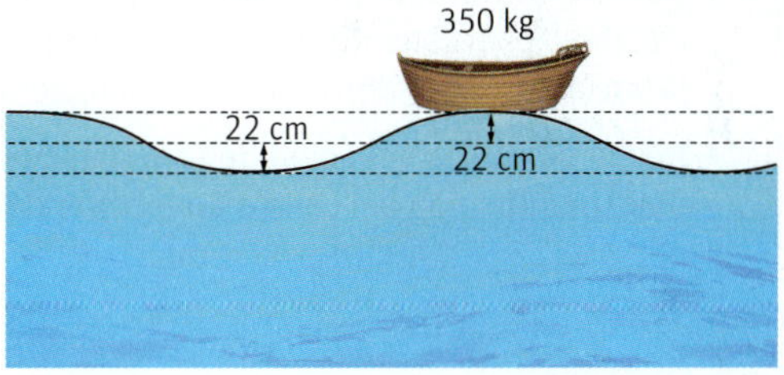

a) La frecuencia angular del movimiento es: $\omega = 2\pi\upsilon = 2\pi \cdot 15 = 30\pi \text{ rad s}^{-1}$

El valor numérico de dicha velocidad es: $v_{máx} = A\omega = (0{,}22\text{ m})(30\pi \text{ rad s}^{-1}) = 21\text{ m s}^{-1}$

b) Para una ecuación del tipo $x = A\text{sen}(\omega t + \phi_0) = 0{,}22\text{sen}(30\pi t + \phi_0)$ aplicamos las condiciones iniciales.

En t = 0 s, x = 0,22 m; $\text{sen}\phi_0 = 1 \Rightarrow \phi_0 = 0{,}5\pi \text{ rad}$

La ecuación queda así: $x = A\text{sen}(\omega t + \phi_0) = 0{,}22\text{sen}(30\pi t + 0{,}5\pi) = 0{,}22\cos 30\pi t$

c) Si x = 0,060 m, $E_p = \frac{1}{2}m\omega^2 x^2 = 0{,}5 \cdot (350\text{ kg})(30\pi \text{ rad s}^{-1})^2(0{,}060\text{ m})^2 = 5{,}6 \cdot 10^3\text{ J}$

$$E_c = \frac{1}{2}m\omega^2(A^2 - x^2) = 0{,}5 \cdot (350\text{ kg})(30\pi \text{ rad s}^{-1})^2[(0{,}22\text{ m})^2 - (0{,}060\text{ m})^2] = 7{,}0 \cdot 10^4\text{ J}$$

$$E_M = E_c + E_p = (7{,}0 \cdot 10^4 + 5{,}6 \cdot 10^3)\text{ J} = 7{,}6 \cdot 10^4\text{ J}$$

ACTIVIDADES

17. Un oscilador armónico está formado por un muelle de constante elástica k = 1,40 · 10^4 N m^{-1} y una masa de 5,00 kg. Calcula:

a) El trabajo empleado en comprimir el muelle 5,00 cm.

b) Si se suelta el muelle, calcula su energía mecánica.

Solución: **a)** 17,5 J; **b)** 17,5 J

18. La energía mecánica de un oscilador armónico es de 0,020 J y la fuerza máxima que actúa es de 3,0 N.

Escribe la ecuación del movimiento sabiendo que el período de vibración es de 0,50 s y que en t = 0 s se encuentra en su máxima elongación positiva.

Cinemática del *mas*

12 Un avión entra en una zona de turbulencias y, como consecuencia, el extremo de su ala realiza un movimiento armónico simple desplazándose un total de 50 cm. El ala realiza 30 oscilaciones completas en 1 minuto.

a) Determina la frecuencia angular y el período del *mas* realizado.

b) Establece la ecuación del movimiento suponiendo que se empieza a contar el tiempo cuando la punta del ala se encuentra en su máxima elongación negativa. Expresa esta ecuación en función del seno y del coseno y representa la función $x(t)$.

c) ¿Qué velocidad tendrá la punta del ala cuando se encuentre en la posición de equilibrio? ¿Y cuando se encuentre en x = 0,10 m?

d) Calcula la ecuación de la velocidad en función del tiempo y representa la función $v(t)$.

Consideraciones iniciales

- Aunque se trate de un movimiento armónico simple vertical, que generalmente coincide con el eje *Y*, puedes utilizar la variable *x* para representar su elongación.
- Recuerda que la ecuación de la elongación la puedes establecer en función del seno o en función del coseno.

▸ Resolución

a) La frecuencia del movimiento representa las oscilaciones que realiza por segundo:

$$\upsilon = \frac{30}{(60\,\text{s})} = 0{,}5\,\text{Hz}$$

El período es igual a la inversa de la frecuencia del movimiento:

$$T = \frac{1}{\upsilon} = \frac{1}{(0{,}5\,\text{s}^{-1})} = 2\,\text{s}$$

La frecuencia angular es:

$$\omega = \frac{2\pi}{T} = \frac{(2\pi\,\text{rad})}{(2\,\text{s})} = \pi\,\text{rad}\,\text{s}^{-1}$$

b) La amplitud del movimiento es la mitad del desplazamiento del ala (A = 0,25 m). Vamos a utilizar, por ejemplo, la ecuación de la posición en función del seno:

$$x = A\,\text{sen}(\omega t + \phi_0) = 0{,}25\,\text{sen}(\pi t + \phi_0)$$

La fase inicial del movimiento se determina con las condiciones iniciales:

$$\text{Si } t = 0\,\text{s};\ x = -0{,}25\,\text{m} \Rightarrow -0{,}25 = 0{,}25\,\text{sen}\phi_0$$

$$\text{sen}\phi_0 = -1 \Rightarrow \phi_0 = -0{,}5\pi\,\text{rad}$$

Las ecuaciones en función del seno y del coseno son:

$$x = A\,\text{sen}(\omega t + \phi_0) = 0{,}25\,\text{sen}(\pi t - 0{,}5\pi)$$

$$x = 0{,}25\cos(\pi t - 0{,}5\pi - 0{,}5\pi) \Rightarrow x = 0{,}25\cos(\pi t - \pi)$$

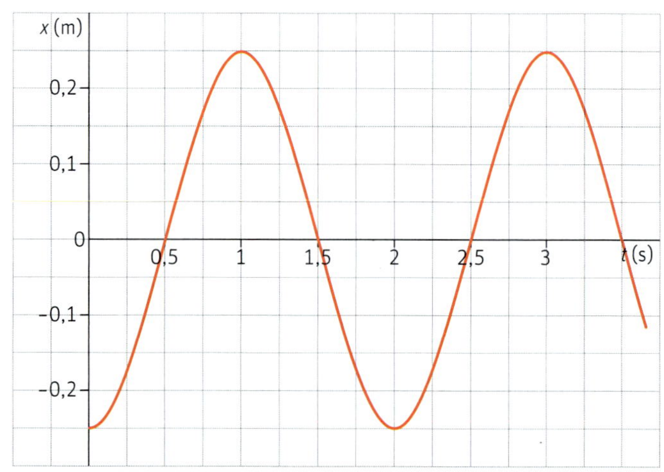

c) En x = 0 m, el valor absoluto de la velocidad es máximo:

$$v = \pm\omega A = \pm 0{,}25\pi\,\text{m}\,\text{s}^{-1}$$

En x = 0,10 m:

$$v = \pm\omega\sqrt{A^2 - x^2} = \pm\pi\sqrt{0{,}25^2 - 0{,}10^2} = \pm 0{,}23\pi\,\text{m}\,\text{s}^{-1}$$

Los signos ± indican que el móvil pasa por los puntos con la velocidad calculada, una vez hacia arriba y otra vez hacia abajo.

d) $v = \dfrac{dx(t)}{dt} = \dfrac{d[0{,}25\,\text{sen}(\pi t - 0{,}5\pi)]}{dt} = 0{,}25\pi\cos(\pi t - 0{,}5\pi)$

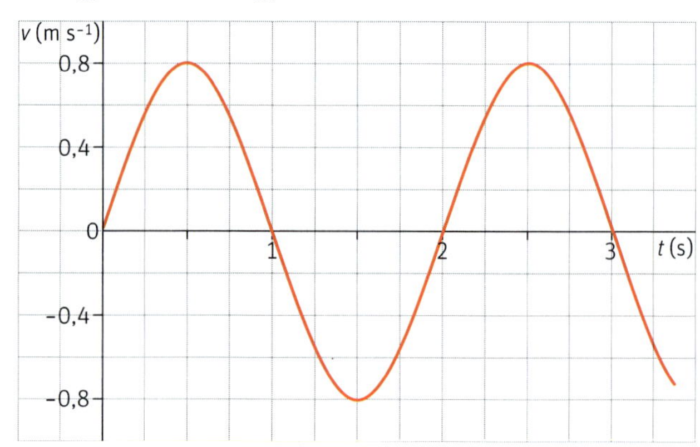

CONCLUSIONES: Las gráficas de $x(t)$ expresadas en función del seno y en función del coseno son iguales.

La gráfica de $v(t)$ está desfasada $\pi/2$ respecto a la $x(t)$.

Aspectos dinámicos y energéticos del *mas*

13 En una fábrica de muelles es muy importante calcular con precisión la constante elástica de los muelles fabricados. En vez de utilizar la ley de Hooke para determinar las constantes elásticas, emplean los muelles como parte de osciladores armónicos y miden sus períodos.

Para un muelle concreto, le cuelgan una masa de 35,5 kg, lo separan 0,150 m de su posición de equilibrio comprimiendo el muelle y el oscilador armónico presenta un período de 2,35 s.

a) Determina la constante elástica del muelle y la fuerza para comprimirlo.

b) Calcula las energías, potencial y cinética, del oscilador cuando x = 0,075 m.

Consideraciones iniciales

- El período del oscilador armónico no depende de la amplitud del movimiento.

▸ Resolución

a) El período de un oscilador de masa m y constante elástica k es:

$$T = 2\pi\sqrt{\frac{m}{k}} \Rightarrow k = \frac{4\pi^2 m}{T^2} = \frac{4\pi^2 \cdot 35{,}5}{2{,}35^2} = 254\ \text{N}\,\text{m}^{-1}$$

Según la ley de Hooke, la fuerza que hay que aplicar para comprimir el muelle una distancia x es:

$$F = kx = (254\ \text{N}\,\text{m}^{-1})(0{,}150\ \text{m}) = 38{,}1\ \text{N}$$

b) $$E_p = \frac{1}{2}kx^2 = 0{,}5 \cdot 254 \cdot 0{,}0750^2 = 0{,}714\ \text{J}$$

$$E_c = \frac{1}{2}k(A^2 - x^2) = 0{,}5 \cdot 254 \cdot (0{,}150^2 - 0{,}0750^2) = 2{,}14\ \text{J}$$

> **CONCLUSIONES:** En el período del oscilador influyen la constante elástica (k) y su masa (m). Por tanto, si se conoce m, el período puede ser utilizado para determinar k, y si se conoce k, puede ser utilizado para determinar m (se podría pesar un objeto en ausencia de gravedad).

El péndulo simple

14 Varios alumnos desean medir la aceleración de la gravedad en el laboratorio del instituto y van a utilizar un péndulo simple de 0,800 m de longitud. Determinan su período de oscilación para pequeñas amplitudes con un cronómetro que aprecia milésimas de segundo.

Para ello, cada uno mide el tiempo en realizar diez oscilaciones, y divide este resultado entre diez. Los alumnos han obtenido los resultados siguientes:

Alumno	1	2	3	4	5	6	7
T (s)	1,790	1,799	1,805	1,810	1,802	1,793	1,806

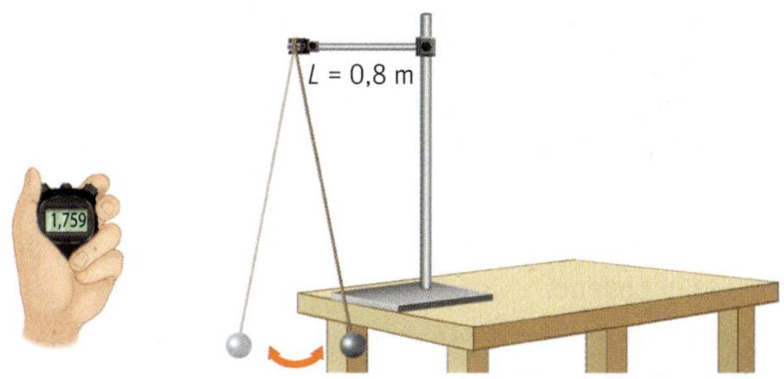

Consideraciones iniciales

- El período del péndulo no depende de la amplitud del movimiento siempre que esta sea pequeña.

▸ Resolución

El período, T, para pequeñas oscilaciones, de un péndulo de longitud L vale:

$$T = 2\pi\sqrt{\frac{L}{g}}$$

Donde g es aceleración de la gravedad en la superficie terrestre.

Midiendo el período y la longitud del péndulo, estimamos la aceleración de la gravedad:

$$g = \frac{4\pi^2 L}{T^2}$$

En nuestro experimento se ha medido 7 veces el período obteniendo los valores:

T = {1,790; 1,799; 1,805; 1,810; 1,802; 1,793; 1,806}

Sustituyendo las siete medidas del período en la expresión de la aceleración de gravedad obtenemos 7 valores para g:

g = {9,86; 9,76; 9,69; 9,64; 9,73; 9,82; 9,69}

El promedio de los siete valores es g = 9,74 m s^{-2}.

> **CONCLUSIONES:** El péndulo simple es un dispositivo muy adecuado para calcular la aceleración de la gravedad en un determinado sitio.

ACTIVIDADES

Cinemática del movimiento armónico simple

19. Razona sobre la veracidad o falsedad de estas afirmaciones:

a) Todos los movimientos oscilatorios son vibratorios.

b) Todos los movimientos vibratorios son oscilatorios.

c) Todos los movimientos armónicos simples son periódicos.

d) Todos los movimientos periódicos son armónicos simples.

20. Las gomas elásticas se alargan cuando se les aplica una fuerza, pero ese alargamiento no cumple la ley de Hooke. Razona si el movimiento producido al colgar un objeto de una goma elástica y separarlo ligeramente de su posición de equilibrio es un movimiento armónico simple. En cualquier caso califica el movimiento producido.

21. El extremo de la biela de una máquina describe un movimiento armónico simple horizontal entre los puntos $x = -2{,}0$ m y $x = 2{,}0$ m y tarda 0,50 s en recorrer la distancia entre ambos puntos.

Sabiendo que en $t = 0$ s la partícula se encuentra en $x = 0$ y se dirige hacia la derecha:

a) Escribe la ecuación de su posición en función del seno y del coseno.

b) Escribe la ecuación de su velocidad en función del seno y en función del coseno.

c) Escribe la ecuación de su aceleración en función del seno y en función del coseno.

22. La gráfica de la figura representa la elongación de un movimiento armónico simple en función del tiempo.

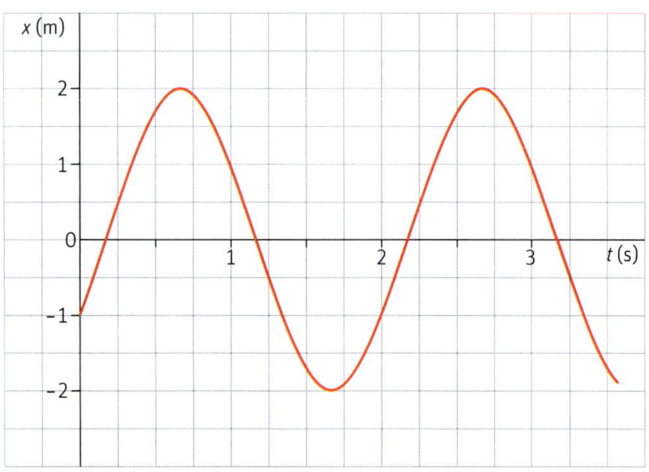

a) Deduce de la gráfica el valor de la amplitud y la pulsación del movimiento.

b) Escribe la ecuación del movimiento en función del seno y en función del coseno.

Solución: a) 2 m, π s^{-1}

23. La biela de un sistema biela-manivela oscila en torno al origen de coordenadas en la dirección del eje *X*, según la expresión:

$$x = 2\,\text{sen}\left(\frac{\pi}{4}t + \frac{\pi}{2}\right)$$

Donde *x* está expresado en cm y *t* en *s*. Determina:

a) El período de oscilación de la biela.

b) La expresión de su velocidad de oscilación en función del tiempo y el valor de dicha velocidad en $t = 20$ s.

Solución: a) 8 s; b) 0 m s^{-1}

24. La membrana del tímpano de una persona vibra con un *mas* cuando recibe un sonido. Calcula su período de vibración cuando recibe sonidos en los extremos de las frecuencias audibles: 20 Hz y 20 000 Hz.

Solución: 0,05 s y $5 \cdot 10^{-5}$ s

25. Una motocicleta describe un movimiento circular uniforme en una pista de pruebas circular de 50,0 m de radio, situada en un plano horizontal, con una velocidad constante de 12,0 m s^{-1}. Un potente foco lateral ilumina al motorista, de forma que su sombra describe un mas sobre un muro tangente con el velódromo.

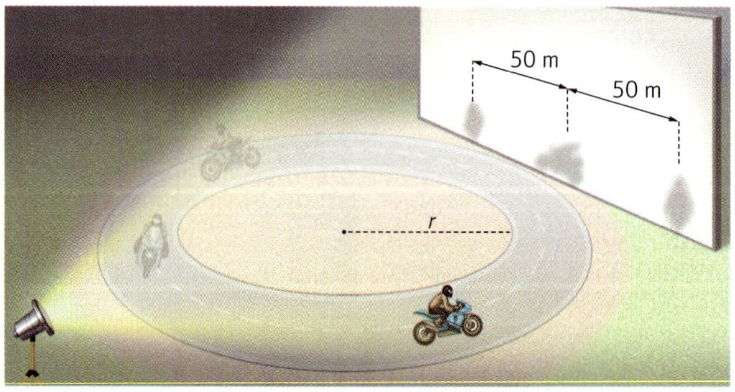

Establece la ecuación del *mas* de la sombra en función del coseno, considerando una fase inicial nula.

26. La hoja de una sierra de calar mide 8,0 cm de longitud, y realiza un movimiento armónico simple en dirección vertical (eje *Y*), con un período de 0,20 s y una amplitud de 12 mm. Se toma como origen de coordenada el centro de oscilación del punto central de la hoja de sierra, y se consideran positivas las posiciones que quedan más arriba que el origen de coordenadas y se mueve hacia arriba. En $t = 0$ s, la sierra comienza a moverse hacia arriba.

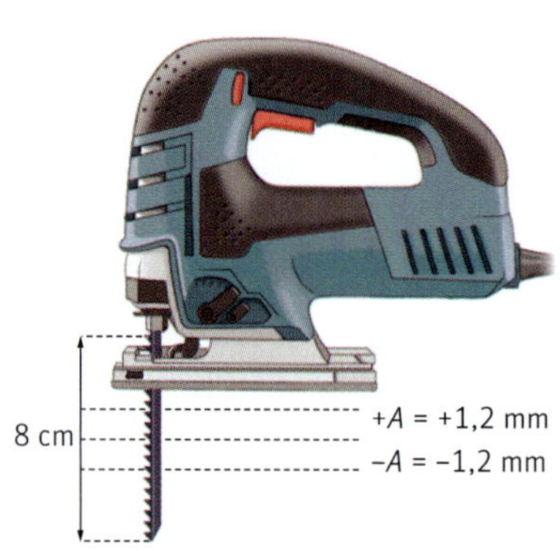

a) Escribe la ecuación del movimiento del punto central de la hoja de sierra.

b) Escribe la ecuación del movimiento del punto superior de la hoja de sierra.

c) Calcula el tiempo que tarda el punto central de la hoja en moverse desde el origen hasta un punto cuya posición es $y = 6{,}0$ mm.

d) Calcula el tiempo que tarda el punto central de la hoja en moverse desde $y = 6{,}0$ mm hasta $y = 12$ mm.

Solución: c) 1/60 s; d) 1/30 s

Dinámica del movimiento armónico simple

27. Un muelle de 12,0 cm de longitud, de masa despreciable, tiene uno de sus extremos fijo en la pared vertical mientras que otro está unido a una masa que descansa en una superficie horizontal sin rozamiento.

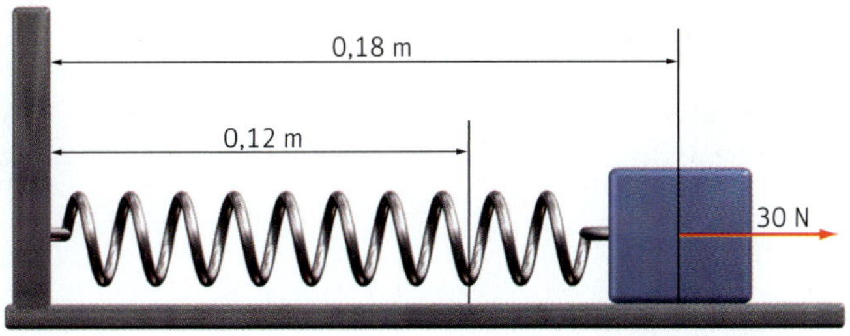

Si recibe una fuerza de 30,0 N, se estira hasta una longitud de 18,0 cm. En esta posición se suelta para que oscile libremente con una frecuencia angular de π rad s^{-1}. Calcula:

a) La constante recuperadora del resorte.

b) La masa que oscila.

c) La ecuación del *mas* resultante.

Solución: a) $5{,}0 \cdot 10^2$ N m^{-1}; b) 50,7 kg

28. Un muelle de masa despreciable, suspendido de su extremo superior, mide 11,5 cm. Al colgar una masa de 300 g en el extremo libre, el muelle se estira hasta una posición de equilibrio en la cual su nueva longitud es de 23,5 cm.

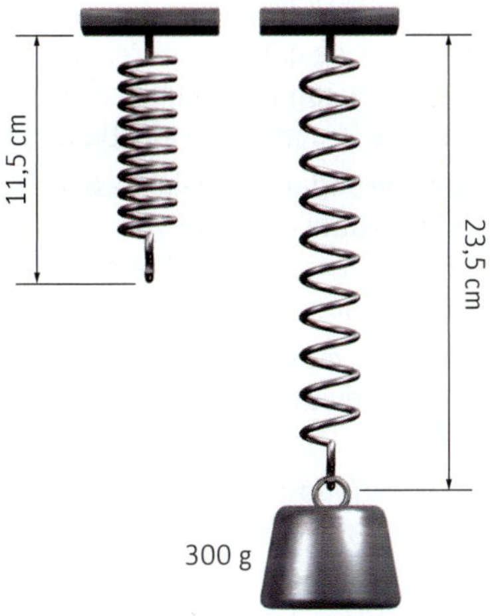

a) Calcula la constante elástica del muelle a partir de la deformación descrita.

b) Empujamos la masa 5,0 cm hacia arriba comprimiendo el muelle, y la soltamos. Medimos 10 oscilaciones en 7,0 s. Determina la expresión para la posición de la masa en función del tiempo.

c) Calcula de nuevo la constante del muelle a partir del valor del período de oscilación.

Solución: a) 24,2 N m^{-1}

29. Un péndulo simple tiene un período de oscilación de 455 ms en un punto donde la aceleración de la gravedad vale 9,81 m s^{-2}.

a) Determina la longitud del péndulo.

b) ¿Cuál debería ser la nueva longitud del péndulo para que oscile con el doble de frecuencia?

Solución: a) 5,14 cm; b) 1,29 cm

30. Un columpio realiza oscilaciones pequeñas con una frecuencia de 0,25 Hz.

a) Considerando que se puede asimilar a un péndulo simple y que existe una aceleración de la gravedad de 9,8 m s^{-2}, determina la longitud del columpio.

b) Indica cuál sería su nueva frecuencia de oscilación en Marte, con una aceleración de la gravedad de 3,7 m s^{-2}.

Solución: a) 4,0 m; b) 0,15 Hz

31. Un oscilador armónico consta de una masa de 2,0 kg sujeta al extremo de un muelle y situada sobre una mesa horizontal sin rozamiento. La constante del muelle es k = 4,0 N m^{-1} y el oscilador se separa de la posición de equilibrio un máximo de 0,20 m. En el instante t = 0 s el oscilador se encuentra en la posición x = −0,20 m.

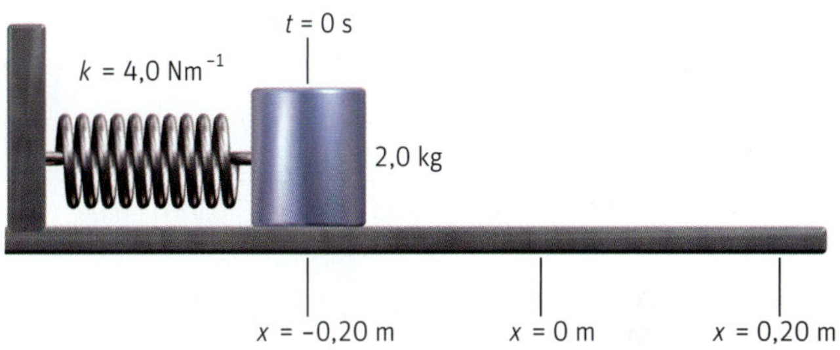

a) Indica el signo de su velocidad y su aceleración en los distintos tramos del movimiento.

b) Determina la ecuación del movimiento del oscilador en función del seno y del coseno.

c) Calcula su velocidad y su aceleración cuando su posición es x = 0 m.

Solución: c) v = ±0,28 m s^{-1}, a = 0 m s^{-2}

32. Determina la ecuación de un *mas* sabiendo que corresponde a un oscilador armónico de 2 kg de masa, sujeto al extremo de un muelle de constante k = 2 N m^{-1} y situado sobre una mesa horizontal sin rozamiento.

La masa se ha separado 0,20 m de la posición de equilibrio y se ha soltado. Se ha empezado a contar el tiempo cuando el oscilador se encuentra en la posición x = 0,10 m y se mueve hacia la derecha.

33. Se sabe que el peso de un cuerpo depende de la gravedad del lugar, y que en caída libre no es práctico ponerse sobre una báscula (porque indicaría cero). Razona cómo podría medir su masa un astronauta en órbita.

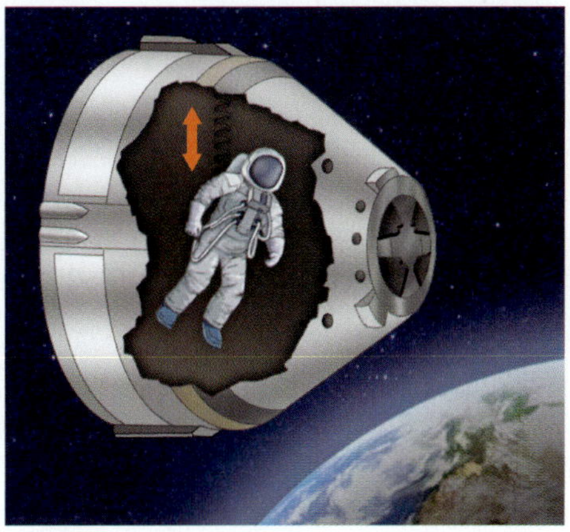

ACTIVIDADES

Energía del oscilador armónico

34. Una masa de 0,500 kg unida al extremo de un muelle de masa despreciable y situada sobre una superficie horizontal sin rozamiento, describe varios movimientos armónicos. En la gráfica siguiente se relaciona el valor de la energía mecánica del muelle con el cuadrado de la amplitud de oscilación de los distintos movimientos armónicos.

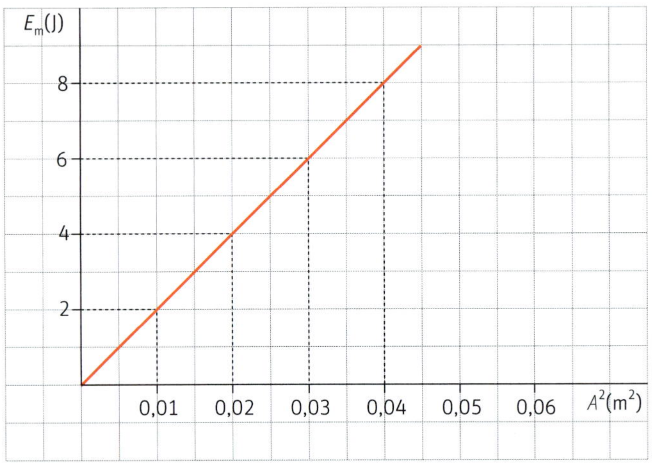

a) Calcula el valor de la frecuencia de oscilación.

b) El valor de la velocidad máxima de la masa cuando la amplitud de la oscilación del movimiento es 0,1414 m.

Solución: a) 28,3 s^{-1}; b) 4,00 m s^{-1}

35. Un cuerpo de masa 250 g unido a un muelle realiza un movimiento armónico simple con una frecuencia de 5,0 Hz. La energía total de este oscilador armónico es 10,0 J.

a) ¿Cuál es la constante elástica del muelle?

b) ¿Cuál es la amplitud del movimiento?

Solución: a) 247 N m^{-1}; b) 0,285 m

36. Un martillo neumático de 25 kg efectúa un *mas* con una frecuencia de 30 Hz y una amplitud de 4 cm.

a) Calcula sus energías cinética, potencial y mecánica en:

$$x = 2 \text{ cm}$$

b) Determina la aceleración máxima que experimentan las manos del operario y da tu opinión sobre las posibles repercusiones en su salud.

Solución: a) 533 J, 178 J y 711 J; b) $1{,}4 \cdot 10^3$ m s^{-2}

37. En un movimiento armónico simple, determina los puntos de su trayectoria en los que:

a) Su energía cinética es cero.

b) Su energía potencial es cero.

c) Su energía cinética es igual a su energía potencial.

Solución: c) $x = \pm A/1{,}41$

38. Sobre un oscilador armónico de 0,50 kg actúa una fuerza máxima de 0,30 N y su energía total es 0,60 J. Determina:

a) La amplitud del oscilador.

b) El período de oscilación.

c) Sus energías cinética y potencial cuando el oscilador se encuentra en x = 2,0 m.

Solución: a) 4,0 m; b) 16 s; c) E_c = 0,45 J, E_p = 0,15 J

39. Un cuerpo de masa m = 0,10 kg oscila armónicamente a lo largo del eje X. En la figura se representa su velocidad en función del tiempo.

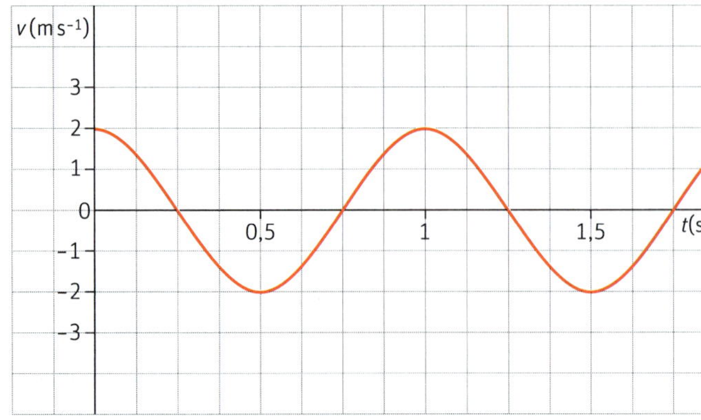

a) Determina y representa gráficamente la posición (elongación) de la partícula en función del tiempo.

b) Calcula las energías cinética y potencial de la partícula en el instante t = 0,050 s.

c) ¿Qué energías, cinética y potencial, posee la partícula en la posición x = 0,020 m?

Solución: b) E_c = 0,18 J y E_p = 0,02 J; c) E_c = 0,12 J y E_p = 0,079 J

smSaviadigital.com

40. Entra en esta dirección, realiza la simulación y responde a las siguientes cuestiones:

a) Sitúa una masa de 50 g en el resorte 3, con fricción nula y el resorte con la máxima suavidad. Del alargamiento deduce la constante elástica, k, del resorte.

b) A continuación separa 3 cm la masa de su posición de equilibrio, suéltala y con el reloj mide el tiempo en realizar 10 oscilaciones. Divide por 10 y obtén el período de oscilación.

c) Separa ahora la masa 6 cm de su posición de equilibrio y vuelve a medir el período. Indica si es mayor o menor.

d) Compara el período obtenido en la simulación con el obtenido mediante la fórmula:

$$T = 2\pi\sqrt{\frac{m}{k}}$$

e) Sitúa ahora una masa de 100 g y realiza lo indicado en el apartado b).

f) Con la masa de 100 g en el resorte 3, pon la suavidad del resorte en nivel medio. Vuelve a calcular la constante k y calcula ahora el período de forma experimental y mediante la fórmula anterior.

RESUELVE

smSaviadigital.com VALORA LO APRENDIDO > Realiza estas actividades de autoevaluación para comprobar los conocimientos adquiridos.

LA FÍSICA... Y LA AMORTIGUACIÓN DE LOS VEHÍCULOS

En las carreras de Fórmula 1 y de motociclismo, tan importantes como la potencia o elasticidad de los motores son otros factores como la aerodinámica de los coches y motos o la amortiguación de estos. La amortiguación también es muy importante en los vehículos de serie; pero, ¿en qué consiste la amortiguación y cómo funcionan los amortiguadores?

Para que los pasajeros de un vehículo "sientan" menos las irregularidades del terreno, se instalan cuatro muelles elásticos (uno cerca de cada rueda) que aíslan el movimiento del chasis del que experimentan los ejes de las ruedas debido a desniveles del suelo que pisan (también el neumático contribuye a ello). Así, un coche en marcha, por la acción de su propio peso y de las fuerzas de inercia, se comportaría aproximadamente como sería un oscilador armónico simple, con un *mas*.

Sin embargo, si los vehículos solo llevaran muelles, el movimiento de su carrocería presentaría otros problemas: las irregularidades o baches del terreno incrementaría el balanceo que llegaría a ser excesivo y afectaría a su estabilidad, incrementando las inercias en las curvas. Es decir, la carrocería debe oscilar pero no demasiado. Para ello hay que amortiguar el movimiento armónico simple generado, mediante unos dispositivos denominados amortiguadores, que se instalan en el interior de los muelles y que contienen elementos viscosos en su interior para disipar energía cinética por rozamiento interno. Estos elementos generan fuerzas que se oponen tanto a la compresión como a la expansión del amortiguador.

Si los amortiguadores disipan mucha energía, se dice que son "duros", disminuyen el confort del pasajero, pero aumentan la estabilidad del vehículo ya que evitan balanceos. Si disipan poca energía, se dice que son "blandos" y aumentan el confort de los pasajeros a costa de una estabilidad más reducida debido a los balanceos de la carrocería.

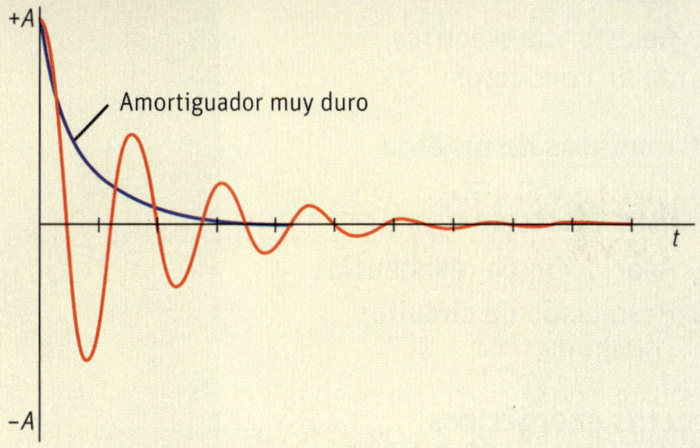

1. Describe el comportamiento de los amortiguadores delanteros de una motocicleta cuando esta frena con una trayectoria rectilínea.
2. ¿Qué sucede en un vehículo cuando los amortiguadores pierden eficacia al cabo del tiempo? ¿Cómo lo nota el conductor?
3. Existen amortiguadores que, en lugar de aceites, contienen gas en su interior. Explica cómo es posible que el gas genere fuerzas al igual que otros fluidos más viscosos.
4. Señala algunos otros usos de los amortiguadores al margen de la automoción.

Autoevaluación

1. El movimiento de un objeto colgado de una goma elástica que se ha separado de su posición de equilibrio es:
   a) Armónico simple
   b) No periódico
   c) Vibratorio
   d) No oscilatorio

2. Para un *mas* cuya pulsación es $\pi\,s^{-1}$:
   a) La aceleración vale siempre π^2 m s^{-2}.
   b) La velocidad vale siempre π m s^{-1}.
   c) La aceleración vale $\pi^2 A$ en $x = -A$.
   d) La velocidad vale π en $x = -A$.

3. Si la masa de un oscilador armónico se duplica:
   a) Su período se duplica.
   b) Su período no cambia.
   c) Su período se multiplica por $\sqrt{2}$.
   d) Su período se divide por $\sqrt{2}$.

4. El péndulo simple:
   a) Describe un *mas* siempre.
   b) Describe un *mas* solo para oscilaciones grandes.
   c) Tiene un período que no depende de su longitud.
   d) Se mueve en un plano.

5. En un oscilador armónico:
   a) La energía mecánica no depende de la amplitud.
   b) El período no depende de la amplitud.
   c) La energía cinética no depende de la posición.
   d) La energía potencial no depende de la posición.

6. En un oscilador armónico:
   a) La energía mecánica es nula en $x = 0$.
   b) La energía potencial es nula en $x = 0$.
   c) La energía cinética es nula en $x = 0$.
   d) La pulsación es nula en $x = 0$.

14 Corriente eléctrica

Las manifestaciones de los fenómenos electrostáticos son conocidas desde épocas remotas, pero hasta el siglo XVIII no se comprendió que dichos fenómenos, como los rayos y los relámpagos, son sucesos eléctricos naturales. Actualmente la electricidad es la forma de energía que tiene una mayor incidencia en la vida cotidiana, la más versátil, la más cómoda y la más utilizada porque puede transportarse fácilmente mediante la corriente eléctrica.

Recuerda y reflexiona

Conductores y aislantes

1. **Si tocas con una regla de plástico cargada el extremo de una aguja metálica unida por el otro extremo a un electroscopio, las láminas de este se separan, pero si haces lo mismo sustituyendo la aguja metálica por un bolígrafo de plástico, no sucede lo mismo. Explica estos hechos.**

   La carga eléctrica de la regla se desplaza por la aguja y llega al electroscopio, cuyas láminas se cargan con cargas del mismo signo y se repelen. La aguja es conductora. Sin embargo, el bolígrafo es aislante.

Generadores eléctricos

2. **Las pilas electroquímicas son los generadores eléctricos más usados en dispositivos pequeños. Indica la diferencia entre una pila y una batería.**

   Ambos son generadores capaces de suministrar energía eléctrica a dispositivos. La pila deja de hacerlo cuando terminan las reacciones químicas que producen su *fem* y es necesario desecharla y reciclarla; sin embargo, la batería puede ser recargada conectándola a una fuente eléctrica que invierte el sentido de las reacciones que produce la *fem* y vuelve a cargar la pila.

Circuitos eléctricos

3. **Explica por qué cuando se funde una bombilla en el circuito (1) deja de funcionar la otra y por el contrario, si se funde una bombilla en el circuito (2), la otra bombilla sigue funcionando.**

   Las bombillas del circuito (1) están conectadas en serie; si se funde una de ellas, se interrumpe el paso de corriente eléctrica para la otra bombilla y esta deja de lucir. Por el contrario, las bombillas del circuito (2) están conectadas en paralelo, por lo que si se funde una, la otra sigue funcionando.

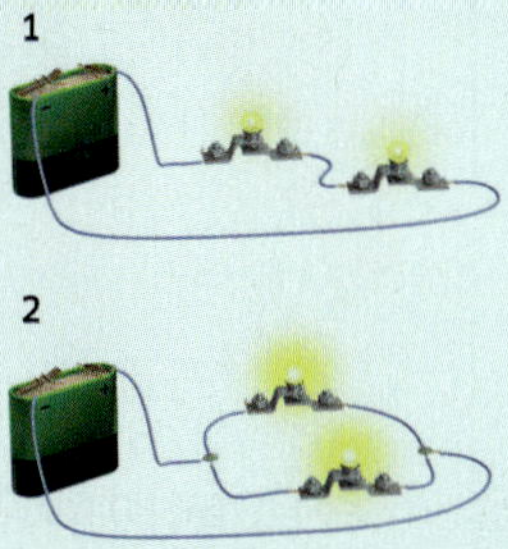

Potencia y energía eléctrica

4. **Un frigorífico lleva la indicación "200 W, 220 V" y un secador de pelo, "2000 W, 220 V". Explica por qué el frigorífico es el electrodoméstico que más energía consume en el hogar, incluso mucho más que el secador de pelo que tiene una potencia mucho mayor.**

   El frigorífico consume una potencia eléctrica de 200 W (0,2 kW) y una energía de 0,2 kW h cada hora. El secador de pelo consume una potencia eléctrica de 2000 W (2 kW) y una energía de 2 kW h cada hora. Sin embargo, el uso continuado del frigorífico de día y de noche hace que consuma mucha más energía eléctrica que el secador.

1 Conductores y aislantes

Como sabemos, ciertos materiales transmiten con facilidad la electricidad y tocarlos puede resultar peligroso, algo que no sucede con otros materiales.

OBSERVA

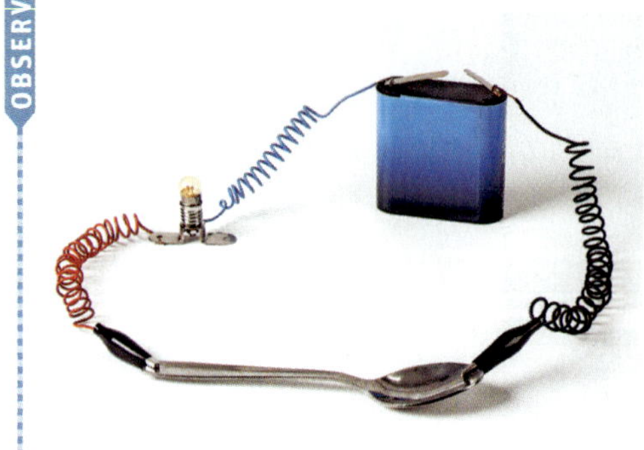

La cuchara metálica sí permite el paso de las cargas eléctricas. El metal es **conductor**.

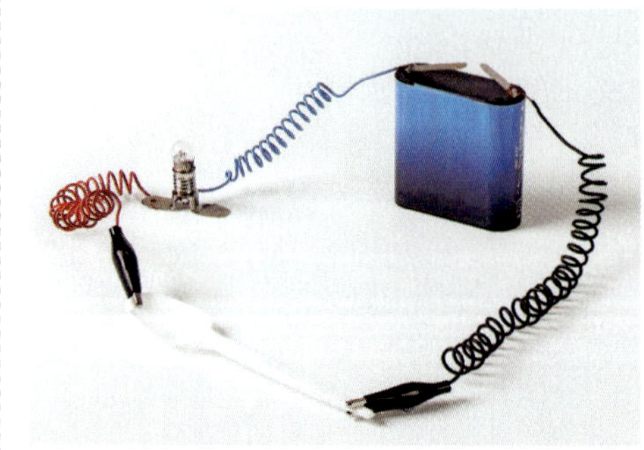

La cuchara de plástico no permite el paso de las cargas eléctricas. El plástico es **aislante**.

El comportamiento de las cargas eléctricas es, por tanto, muy diferente según los materiales sean conductores o aislantes.

> Los **materiales aislantes**, como la madera o el vidrio, no permiten el movimiento de cargas eléctricas en su interior.
>
> Los **materiales conductores,** como el cobre u otros metales, permiten el movimiento de cargas eléctricas en su interior.

Distribución de cargas eléctricas en los materiales

El bolígrafo está compuesto por plástico, un material aislante que no permite el paso de la corriente eléctrica; sin embargo es capaz de atraer trocitos de papel después de la fricción. ¿A qué se debe esto?

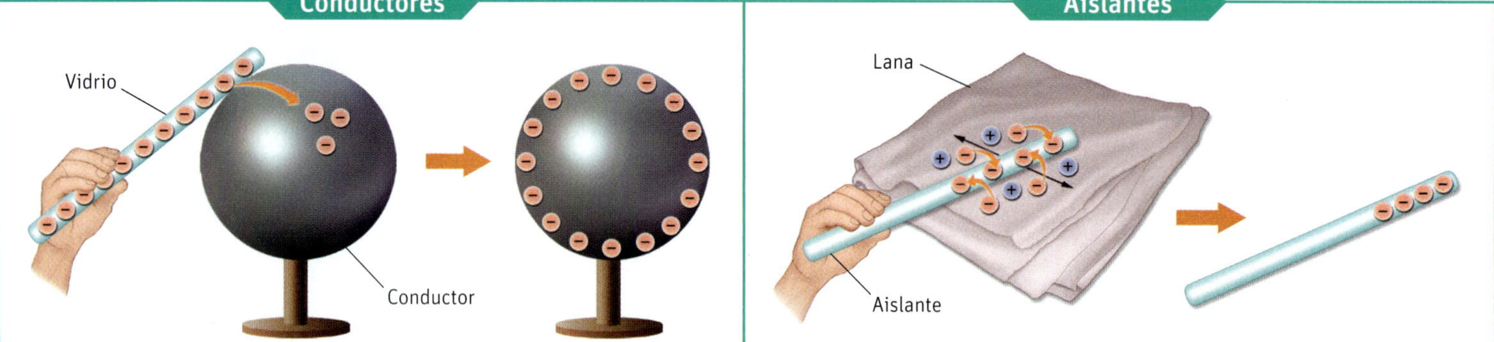

Al electrizar un **conductor** por contacto se produce un exceso de cargas del mismo signo, éstas se repelen separándose tanto como puedan. Como consecuencia de ello, se sitúan por toda la superficie.

Si se electriza un **aislante**, las cargas permanecen inmóviles en el punto en que han aparecido. Se sitúan en un lugar determinado de la superficie ya que no pueden desplazarse.

ACTIVIDADES

1. Clasifica en conductoras o aislantes a las siguientes sustancias:

   metacrilato, porcelana, grafito

   Cita al menos otras cinco sustancias conductoras de la corriente eléctrica y otras cinco que sean aislantes.

EJERCICIOS RESUELTOS

1 Explica mediante el modelo atómico-molecular el carácter conductor y aislante de los materiales.

Los materiales conductores tienen los electrones de su capa de valencia deslocalizados por todo el material y conducen fácilmente la electricidad. En cambio, los materiales aislantes son sustancias covalentes cuya capa de valencia tiene los electrones fuertemente localizados y ligados a los núcleos, lo que impide su desplazamiento.

2 Corriente eléctrica

La carga eléctrica de un cuerpo cargado puede fluir a otro cuerpo con el que entre en contacto. Este movimiento de cargas se llama **corriente eléctrica** y se debe a la existencia de una diferencia de potencial entre ambos cuerpos.

Esto ocurre al conectar los aparatos eléctricos. Por ejemplo, para que una estufa disipe energía calorífica debe circular corriente eléctrica por la resistencia del aparato correspondiente (Fig. 14.1).

Se ha aplicado una diferencia de potencial entre los extremos de la resistencia, de forma que las cargas eléctricas se ponen en movimiento.

Figura 14.1. En una estufa la corriente circula por la resistencia.

OBSERVA

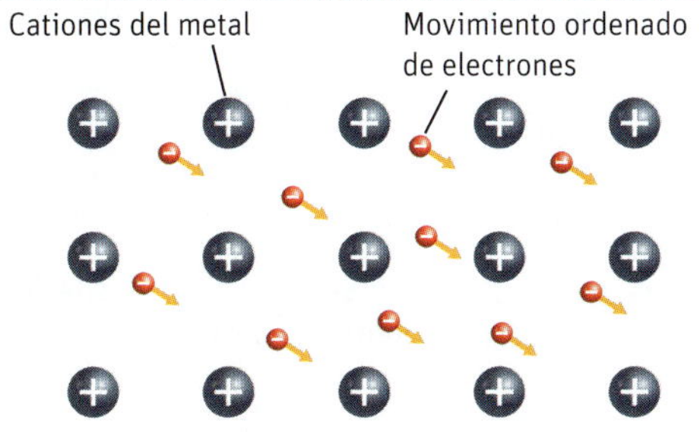

Los **metales** están formados por una red cristalina de iones positivos entre los que se encuentran electrones libres. Al aplicar una diferencia de potencial entre los extremos de un conductor metálico, se establece un movimiento ordenado de electrones, que constituye la corriente eléctrica.

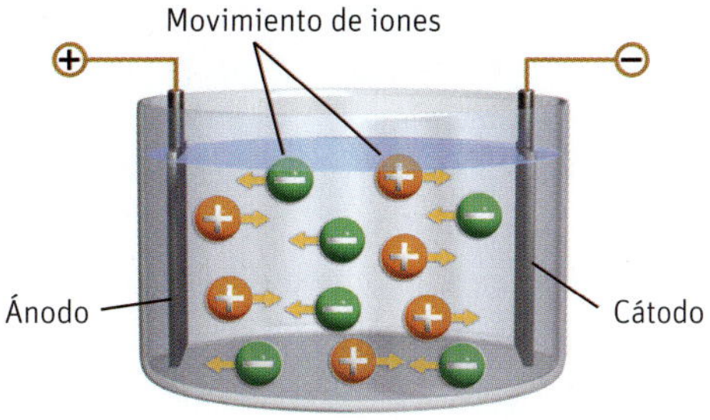

El flujo de cargas en los **electrolitos** tiene dos sentidos: los iones positivos se mueven hacia los potenciales decrecientes y los negativos, hacia los potenciales crecientes. Ambas corrientes se suman para obtener la carga neta transportada a través de la sección transversal del conductor.

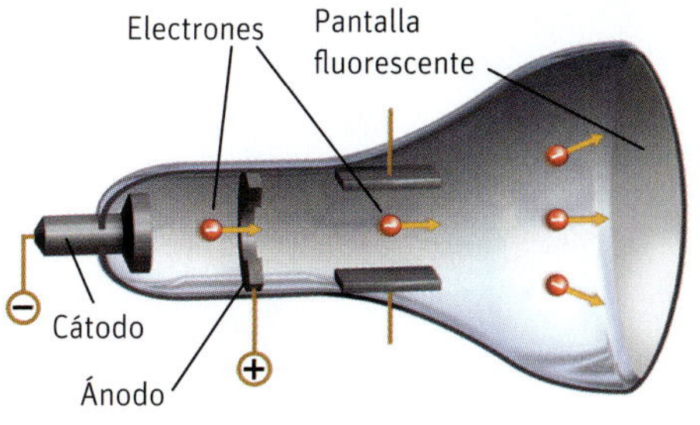

En los **gases ionizados** se mueven tanto iones positivos como negativos. Al aplicar un campo eléctrico externo, los iones positivos se mueven hacia valores de potencial más bajos y los negativos, hacia valores de potencial más altos. Esto ocurre en el interior de un tubo de rayos catódicos.

La **corriente eléctrica** es el movimiento de cargas eléctricas cuando se establece una diferencia de potencial entre dos puntos del material conductor.

2.1. Intensidad de la corriente eléctrica

Para contabilizar el número de cargas que se desplazan por el conductor se define la magnitud denominada intensidad de la corriente eléctrica (Fig. 14.2).

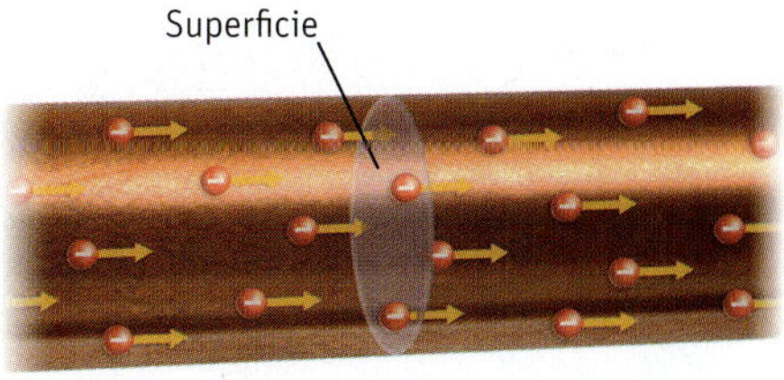

Figura 14.2. El número de cargas que atraviesan una cierta superficie en un determinado tiempo determina la intensidad de corriente.

La **intensidad de corriente**, I, que circula por un conductor es la carga eléctrica q que atraviesa una sección transversal del conductor por unidad de tiempo t.

$$I = \frac{q}{t}$$

I: intensidad de corriente (A)
q: carga eléctrica (C)
t: tiempo (s)

La unidad de intensidad de corriente en el SI es el **amperio (A)**: 1 A = 1 C s^{-1}.

EJERCICIOS RESUELTOS

2 **Se produce una derivación de corriente durante 1 s por la mano de una persona. Si la intensidad de corriente es de 0,050 A, ¿cuántos electrones han pasado?**

$$I = \frac{q}{t} \Rightarrow q = It = (5{,}0 \cdot 10^{-2}\ \text{A})(1{,}0\ \text{s}) = 5{,}0 \cdot 10^{-2}\ \text{C}$$

Con la carga eléctrica ya podemos determinar el número de electrones que circulan teniendo en cuenta que la carga del electrón es: $e = -1{,}6 \cdot 10^{-19}$ C:

$$n = \frac{q}{e} = \frac{(5{,}0 \cdot 10^{-2}\ \text{C})}{(1{,}6 \cdot 10^{-19}\ \text{C electrón}^{-1})} = 3{,}1 \cdot 10^{17}\ \text{electrones}$$

ACTIVIDADES

2. **Por la sección transversal de un conductor de una resistencia eléctrica pasan 6,0 · 10^{20} electrones cada minuto. Calcula:**

a) **Cuántos culombios pasan por la sección en ese tiempo.**

b) **El valor de la intensidad de la corriente eléctrica.**

Solución: a) 96 C; b) 1,6 A

3 Generadores y receptores de corriente eléctrica

3.1. Generadores eléctricos

Para que la corriente fluya se necesita que exista una diferencia de potencial entre dos puntos.

COMPARA

Fíjate en los siguientes ejemplos en los que se necesita que exista una diferencia de temperatura y de potencial en cada caso para que se produzca transferencia de energía en forma de calor en el primero y de corriente eléctrica en el segundo.

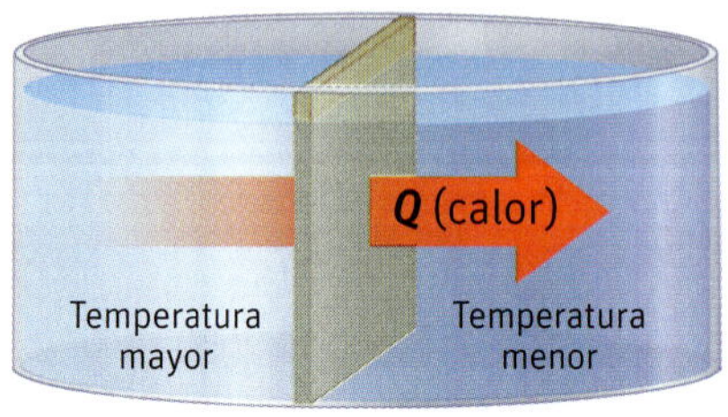

La energía se transmite desde el cuerpo con mayor temperatura al de menor.

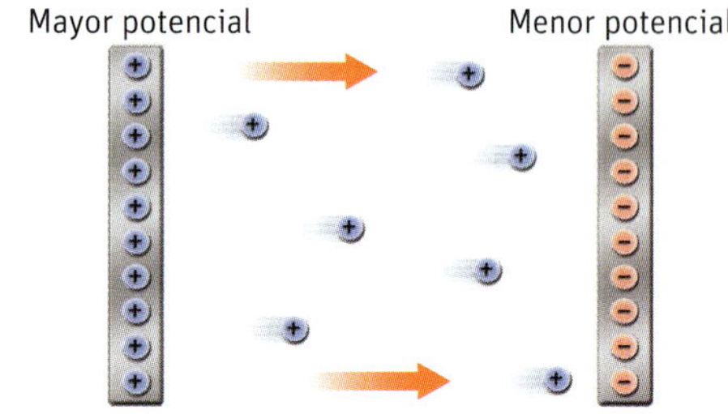

Las cargas positivas se desplazan desde las zonas de mayor potencial a las de menor.

Sin embargo, al cabo de un tiempo se llega al equilibrio en las dos situaciones al igualarse las temperaturas o el potencial. Pero ¿cómo podemos mantener el flujo de forma indefinida?

Ten en cuenta

Los **generadores eléctricos** transforman diversos tipos de energía en energía eléctrica:

$E_{\text{química}} \rightarrow E_{\text{eléctrica}}$ (pilas o baterías)

$E_{\text{mecánica}} \rightarrow E_{\text{eléctrica}}$ (alternadores)

$E_{\text{solar}} \rightarrow E_{\text{eléctrica}}$ (paneles fotovoltaicos)

Si se quiere mantener de forma indefinida la corriente, hay que mantener la diferencia de potencial; para ello se utilizan los **generadores de corriente eléctrica**, que establecen y mantienen una diferencia de potencial entre dos puntos de un circuito. Para medir la capacidad de un generador de suministrar energía eléctrica, se utiliza una magnitud denominada **fuerza electromotriz**, o *fem*.

La **fuerza electromotriz (*fem*)**, ε, de un generador es la energía E, que suministra un generador a la unidad de carga eléctrica que pasa por él.

$$\varepsilon = \frac{E}{q} = \frac{E}{It}$$

ε: *fem* (V) — E: energía (J)

I: intensidad de corriente (A) — t: tiempo (s)

En un tiempo t, el generador ha transferido una energía E a las cargas que pasan por él.

EJERCICIOS RESUELTOS

3 **Por una linterna que lleva conectada una pila de 1,5 V circula una I = 30 mA. Calcula la energía suministrada por el generador a la linterna cada minuto y la carga que pasa por la pila en ese tiempo.**

Aplicamos la ecuación que relaciona la energía con la *fem*:

$$E = \varepsilon q = \varepsilon It = (1{,}5\ \text{V})(30 \cdot 10^{-3}\ \text{A})(60\ \text{s}) = 2{,}7\ \text{J}\ ;\ q = \frac{E}{\varepsilon} = \frac{(2{,}7\ \text{J})}{(1{,}5\ \text{V})} = 1{,}8\ \text{C}$$

4 **La fuerza electromotriz de un generador es 225 V. Determina la energía que es capaz de suministrar a un circuito durante 5,0 minutos si la corriente que lo recorre es de 4,5 A. ¿Cuántos electrones lo atraviesan en ese tiempo?**

La *fem* es energía suministrada a la unidad de carga que atraviesa el generador, por tanto:

$$\varepsilon = \frac{E}{q} = \frac{E}{It} \Rightarrow E = \varepsilon It = (225\ \text{V})(4{,}5\ \text{A})(3{,}0 \cdot 10^{2}\ \text{s}) = 3{,}0 \cdot 10^{5}\ \text{J}$$

La carga eléctrica es:

$$q = It = (4{,}5\ \text{A})(3{,}0 \cdot 10^{2}\ \text{s}) = 1{,}4 \cdot 10^{3}\ \text{C} \Leftrightarrow (1{,}4 \cdot 10^{3}\ \text{C})\left(\frac{6{,}3 \cdot 10^{18}\ \text{e}}{1\ \text{C}}\right) = 8{,}8 \cdot 10^{21}\ \text{e}$$

ACTIVIDADES

3. **Cuando se conecta un conductor a una batería de 6,0 V de *fem*, circula por él una intensidad de corriente de 5,0 mA. Calcula la carga que pasa por la sección del conductor cada minuto y la energía suministrada por la batería en ese tiempo.**

   Solución: 0,30 C; 1,8 J

▸ Tipos de generadores eléctricos

Existen diversos tipos de dispositivos capaces de proporcionar energía a las cargas eléctricas que los atraviesan. En todos ellos hay una transformación energética que mantiene una ddp entre sus puntos, llamados bornes.

Generadores electroquímicos

Las pilas y baterías son **generadores electroquímicos** que transforman energía química en energía eléctrica.

Al unir sus bornes mediante un conductor, producen una corriente que fluye constantemente en un sentido (desde el borne positivo al negativo), denominada **corriente continua**.

Generadores electromecánicos

Los alternadores y dinamos son **generadores electromecánicos** que transforman energía mecánica en eléctrica.

Al conectar un alternador a un circuito, la corriente eléctrica producida cambia de sentido constantemente (50 veces por segundo en las instalaciones eléctricas de Europa) y se denomina **corriente alterna**.

Generadores fotovoltaicos

Los paneles solares son **generadores fotovoltaicos** que transforman la energía radiante de la luz en energía eléctrica.

Los fotones que llegan a las células solares comunican energía a algunos electrones de la red cristalina. Así, aparece una ddp entre dos zonas del panel y puede producir una corriente continua en un circuito conectado.

3.2. Receptores eléctricos

Los receptores eléctricos son dispositivos que transforman la energía eléctrica en otro tipo de energía. Son ejemplos de receptores las resistencias eléctricas (transforman energía eléctrica en térmica), los zumbadores y altavoces (transforman energía eléctrica en ondas sonoras), los motores (transforman energía eléctrica en mecánica), etc.

En los **motores eléctricos** (Fig. 14.3) se transforma parte de la energía eléctrica en energía mecánica de movimiento del rotor.

Figura 14.3. Motor eléctrico.

Los motores eléctricos se caracterizan por su **fuerza contraelectromotriz** (*fcem*), ε', que es la energía transformada en movimiento por cada unidad de carga que lo atraviesa.

$$\varepsilon' = \frac{E}{q} = \frac{E}{It}$$

ε': fuerza contraelectromotriz (V)

EJERCICIOS RESUELTOS

5 **Un motor de un coche de juguete tiene una *fcem* de 4,0 V y una resistencia interna inapreciable, está recorrido por una corriente eléctrica de valor 0,10 A. Calcula la energía eléctrica que absorbe el motor cada hora.**

La energía eléctrica, *E*, absorbida por el motor en una hora (1 h = 3600 s) es:

$$\varepsilon' = \frac{E}{q} = \frac{E}{It}$$

$$(4{,}0\ \text{V}) = \frac{E}{(0{,}10\ \text{A})(3{,}6 \cdot 10^3\ \text{s})}$$

$$E = (4{,}0\ \text{V})(0{,}10\ \text{A})(3{,}6 \cdot 10^3\ \text{s}) = 1{,}4 \cdot 10^3\ \text{J}$$

ACTIVIDADES

4. **Identifica qué tipo de corriente circula por los siguientes aparatos o circuitos: una linterna con pilas, una lámpara de incandescencia y un calentador eléctrico.**

5. **Determina la fuerza contraelectromotriz de un motor eléctrico que recibe energía eléctrica y transforma en movimiento 350 J cada segundo. La corriente que circula por el motor es 6,0 A.**

   Solución: 58 V

4 Ley de Ohm y resistencia eléctrica

El físico alemán **Georg Simon Ohm**, profesor de Secundaria, estableció en 1826 una relación entre la *ddp* o tensión y la intensidad de corriente que circula por un circuito.

OBSERVA

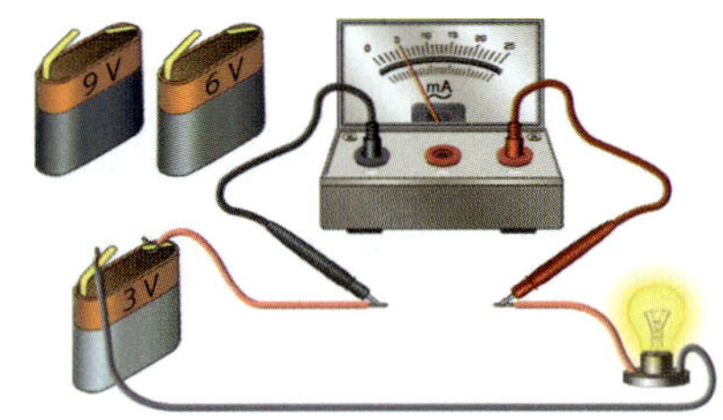

1. Montamos el circuito e intercambiamos las pilas aplicando distintas diferencias de potencial al circuito (0 V, 3 V, 6 V y 9 V).

V – V' (V)	***I* (mA)**
0	0
3	5
6	10
9	15

2. Medimos la intensidad de corriente para cada tensión aplicada. Anotamos los resultados obtenidos en una tabla.

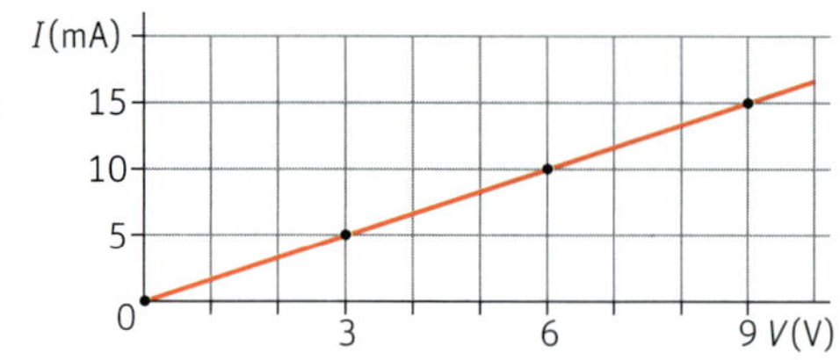

3. Al representar los datos, se observa una proporcionalidad directa entre ambas magnitudes.

Cuando se aplica una diferencia de potencial entre los extremos de un conductor, la intensidad de corriente que circula por él depende de la tensión aplicada.

Ley de Ohm. Existe una relación constante entre la diferencia de potencial, $V - V'$, aplicada a los extremos del conductor y la intensidad de corriente I que se establece entre ellos.

$$\frac{V - V'}{I} = \text{constante}$$

Te interesa saber

La ley de Ohm no se cumple en todos los conductores. Los que sí la cumplen se denominan **conductores óhmicos**. Por ejemplo, un hilo metálico es un conductor óhmico, pero si se calienta en exceso, deja de serlo.

4.1. Resistencia eléctrica de un conductor

Esta constante de proporcionalidad se denomina **resistencia eléctrica**, R, del conductor:

$$\frac{V - V'}{I} = R \qquad \frac{(1\ \text{V})}{(1\ \text{A})} = 1\ \Omega$$

La resistencia de los conductores metálicos se explica por su estructura: entre los iones fijos que forman la red del metal se mueven electrones que sufren colisiones que dificultan su movimiento; esta oposición a la circulación de las cargas es lo que origina la resistencia.

Ten en cuenta

La unidad de resistencia eléctrica es el **ohmio** (Ω). Un conductor tiene una resistencia de 1 Ω cuando al conectar a sus extremos una *ddp* de 1 V, circula por él una corriente de 1 A.

▸ Resistividad

Dependiendo de factores como el tipo de red y el tamaño de los iones, las cargas encuentran distinta dificultad para moverse en cada metal. Esta dificultad característica de cada conductor se denomina **resistividad** del material (ρ). Se mide en **Ω m**. Experimentalmente se comprueba la dependencia de la resistencia R con la longitud L y la sección S del conductor:

$$R = \rho \frac{L}{S}$$

Dependiendo del valor de la resistividad (Ω m) los materiales se clasifican en:

ACTIVIDADES

6. Los cables de cobre son los más utilizados como conductores en el campo de las telecomunicaciones por tener una resistencia eléctrica muy baja. Establecida una *ddp* de 1,5 V entre los extremos de un hilo de cobre ($\rho = 1{,}7 \cdot 10^{-8}\ \Omega$ m) de 20 m de longitud y 1,0 mm de diámetro, calcula la intensidad que circula por él.

Solución: 3,5 A

EJERCICIOS RESUELTOS

6 Queremos construir un circuito utilizando un hilo de aluminio como conductor. Si se aplica una tensión de 3,0 V entre los extremos del hilo ($\rho = 2{,}7 \cdot 10^{-8}\ \Omega$m) de 30 m de longitud y 2,0 mm de diámetro, calcula la intensidad que circula por él.

$$R = \rho \frac{L}{S} = (2{,}7 \cdot 10^{-8}\ \Omega\text{m}) \frac{(30\ \text{m})}{\pi (1{,}0 \cdot 10^{-3}\ \text{m})^2} = 0{,}26\ \Omega \qquad I = \frac{V - V'}{R} = \frac{3{,}0\ \text{V}}{0{,}26\ \Omega} = 11{,}5\ \text{A}$$

5 Instrumentos de medida

Con frecuencia necesitamos conocer la intensidad de corriente, la *ddp* u otras magnitudes eléctricas. Por ejemplo, cuando se quiere conectar un equipo de música necesitamos asegurarnos de que la intensidad de corriente no sea superior a la que necesite el equipo, o para conocer el estado de la batería de un coche necesitamos saber la diferencia de potencial en sus bornes. Para ello se hace uso de distintos **instrumentos de medida**.

Los instrumentos clásicos de medida se basan en el **galvanómetro** (Fig. 14.4), un dispositivo que detecta el paso de la corriente eléctrica. Su funcionamiento se basa en la fuerza que ejerce un campo magnético sobre la corriente.

Consta de una bobina de hilo conductor situada entre los polos de un imán. Cuando circula corriente por la bobina, esta gira, tanto más cuanto mayor es la intensidad de la corriente que circula por ella.

Los instrumentos de medida que se utilizan son el **amperímetro** y el **voltímetro**, usados para medir la intensidad de corriente y el voltaje (*ddp*), respectivamente.

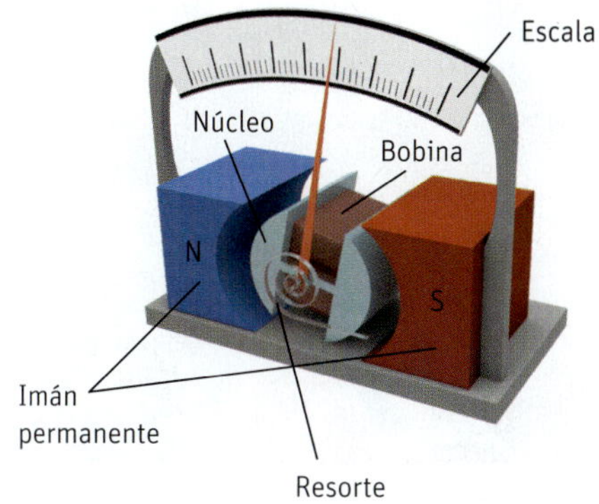

Figura 14.4. Esquema de un galvanómetro.

Amperímetro

Un **amperímetro** mide intensidades de corriente. Se conecta **en serie** con el conductor que lleva la corriente para que pase por él toda la corriente que se quiere medir.

Con el fin de no alterar el valor de la intensidad de la corriente, la resistencia interna de un amperímetro debe ser mucho menor que la de los otros componentes del circuito.

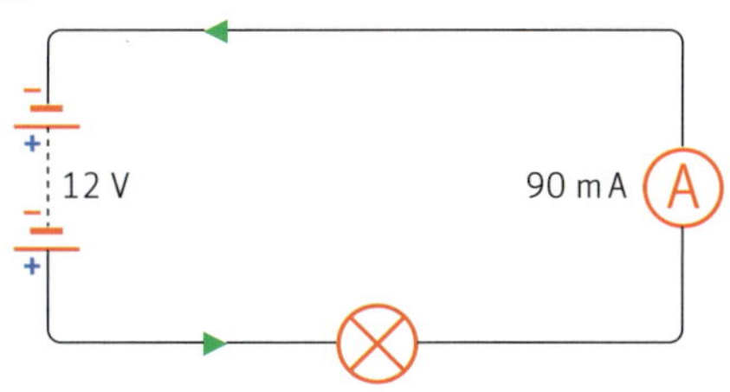

Voltímetro

Un **voltímetro** mide diferencias de potencial. Se conecta **en paralelo** con los puntos del circuito cuya tensión o diferencia de potencial se quiere medir.

Un voltímetro es un galvanómetro con una resistencia en serie de valor muy elevado. De este modo, pasa muy poca corriente por el instrumento y las condiciones del circuito no se alteran.

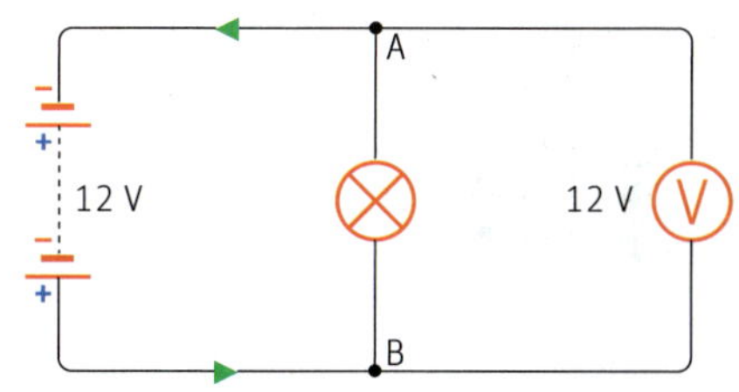

Un **polímetro** es un dispositivo que, mediante diversas conexiones, puede funcionar como amperímetro y como voltímetro. También puede medir resistencias eléctricas de receptores (ohmímetro).

EXPERIMENTA

Con la ayuda de un polímetro vamos a medir la intensidad de corriente, el voltaje y la resistencia de una bombilla.

Medida de la intensidad = A

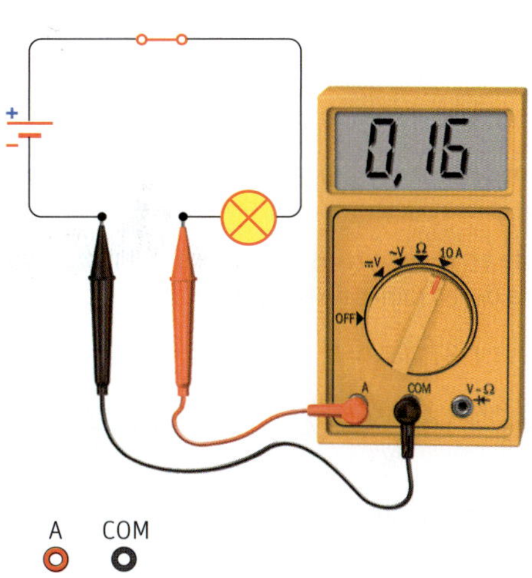

Medida de la intensidad de corriente.
El polímetro se conecta en serie de forma que un cable del circuito (el del lado del polo negativo de la pila) irá al terminal COM mediante un cable del polímetro y el otro cable del circuito al conector A del polímetro. Ajustamos el selector a la posición A y aparece en la pantalla el valor de la intensidad: 0,16 A.

Medida de la resistencia = Ω

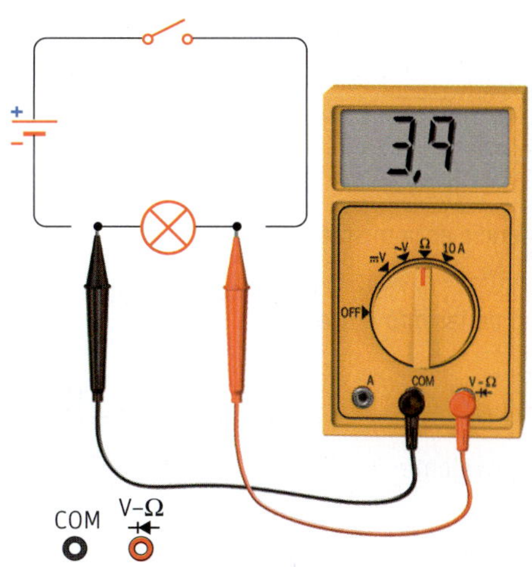

Medida de la resistencia de la bombilla.
La bombilla no debe estar conectada a la pila. El polímetro se conecta en paralelo a los bornes de la bombilla de forma que un cable del circuito irá al terminal COM y el otro cable al V-Ω. Ajustamos el selector a la posición Ω y nos aparece en la pantalla el valor de la resistencia: 3,9 Ω.

Medida de la *ddp* = V

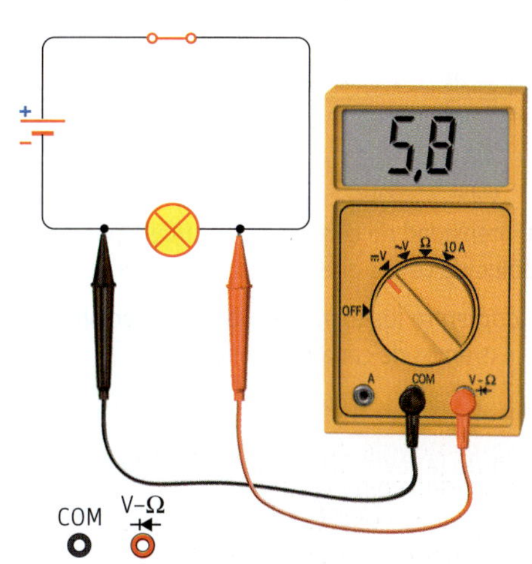

Medida de la diferencia de potencial.
El polímetro se conecta en paralelo a los bornes de la bombilla de forma que un cable del circuito (el del lado del polo negativo de la pila) irá al terminal COM y el otro cable al del polímetro V-Ω. Ajustando el selector a la posición V nos aparece en la pantalla el valor de la diferencia de potencial de la bombilla: 5,8 V.

6 Circuitos eléctricos

Figura 14.5. El circuito eléctrico de una licuadora consta de un generador o fuente de tensión, varios elementos de conexión y un dispositivo que consume energía eléctrica que es el motor de la licuadora.

Los circuitos eléctricos forman parte de muchos dispositivos habituales que utilizamos en la vida cotidiana (Fig. 14.5).

> Un **circuito eléctrico** es un conjunto de dispositivos donde se puede establecer una corriente eléctrica. Consiste en distintos elementos interconectados entre sí.

Elementos de control. Se utilizan para interrumpir o dirigir la corriente eléctrica. Ejemplos: interruptores, conmutadores, etc.

Generadores. Suministran la energía eléctrica para que las cargas se muevan. Ejemplos: pilas, baterías, fuentes de alimentación, etc.

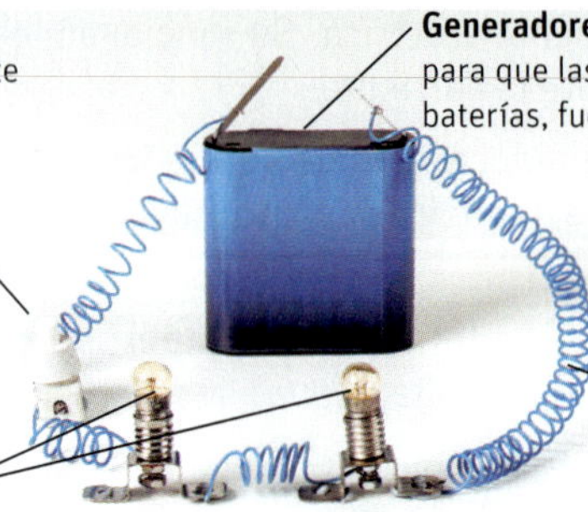

Receptores. Dispositivos que consumen energía eléctrica y la transforman en otro tipo que nos resulte útil. Ejemplos: bombillas, motores, timbres, etc.

Elementos de conexión. Conectan los distintos componentes. Ejemplo: cable eléctrico.

6.1. Asociación de resistencias

En los circuitos eléctricos, las resistencias se pueden conectar de dos formas: en **serie** y en **paralelo**. Es conveniente calcular la resistencia equivalente al conjunto de resistencias asociadas, es decir, el valor de la resistencia única que puede sustituir a su conjunto.

Resistencias en serie

Las resistencias se encuentran en **serie** en un circuito cuando aparece una a continuación de otras en el mismo conductor.

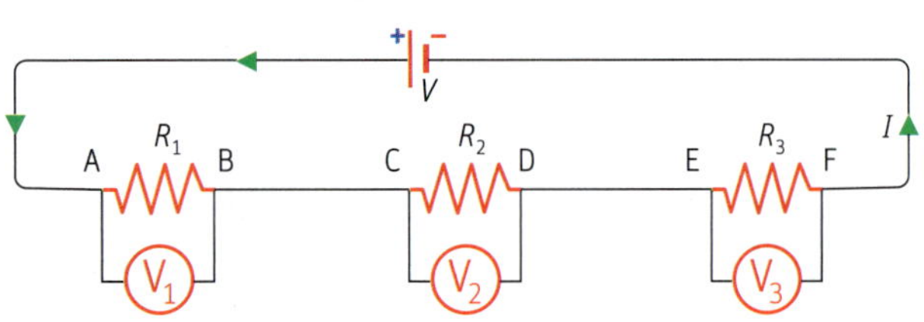

- La intensidad de corriente que circula por cada resistencia es la misma y coincide con la que circula por el conductor que las une.
- La *ddp* entre los extremos de la asociación es la suma de las *ddp* entre los extremos de cada resistencia:

$$V_A - V_F = (V_A - V_B) + (V_C - V_D) + (V_E - V_F) = V_1 + V_2 + V_3$$

Utilizando la ley de Ohm, se obtiene la resistencia equivalente:

$$R_E I = R_1 I + R_2 I + R_3 I \Rightarrow R_E = R_1 + R_2 + R_3$$

De manera similar, si la asociación se compone de un número cualquiera de resistencias, se llega a:

$$\boxed{R_E = R_1 + R_2 + R_3 + ... = \sum R_i}$$

> La **resistencia equivalente** a una asociación de resistencias en **serie** es igual a la suma de las resistencias asociadas.

Resistencias en paralelo

Las resistencias se encuentran en **paralelo** cuando se sitúan en tres ramas distintas que proceden y llegan a puntos comunes.

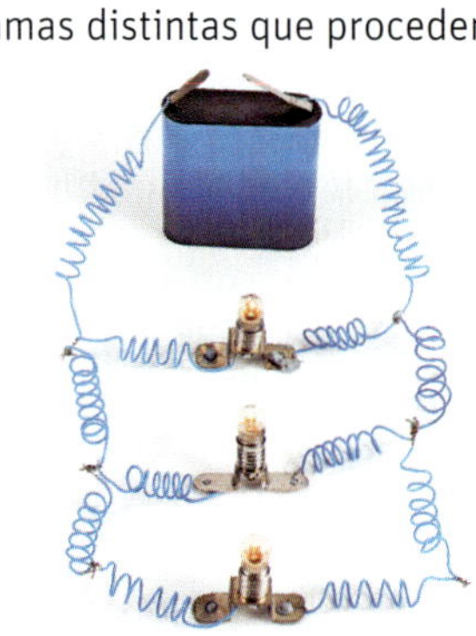

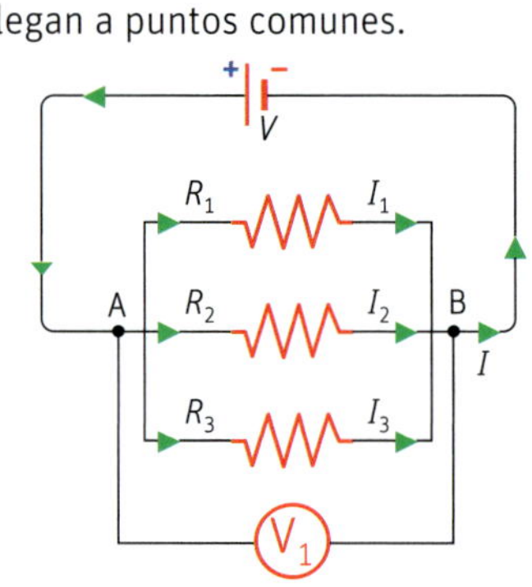

- La *ddp* entre los extremos de ambas es la misma y coincide con la que existe en los extremos de la asociación.
- La intensidad de corriente en el circuito es la suma de las intensidades que circulan por cada una de las ramas de la asociación:

$$I = I_1 + I_2 + I_3$$

$$\frac{V_A - V_B}{R_E} = \frac{V_A - V_B}{R_1} + \frac{V_A - V_B}{R_2} + \frac{V_A - V_B}{R_3} = (V_A - V_B)\left(\frac{1}{R_1} + \frac{1}{R_2} + \frac{1}{R_3}\right)$$

Si la asociación se compone de un número cualquiera de resistencias:

$$\boxed{\frac{1}{R_E} = \frac{1}{R_1} + \frac{1}{R_2} + \frac{1}{R_3} + ... = \sum \frac{1}{R_i}}$$

> La **inversa de la resistencia equivalente** a una asociación de resistencias en **paralelo** es igual a la suma de las inversas de las resistencias asociadas.

EJERCICIOS RESUELTOS

7 **Un circuito está formado por dos bombillas de resistencias de valor, R_1 = 6,0 Ω y R_2 = 9,0 Ω, conectadas en serie a una pila de 1,5 V. Calcula la diferencia de potencial en los extremos de cada resistencia. Si se conectan en paralelo, ¿lucirán más las bombillas?**

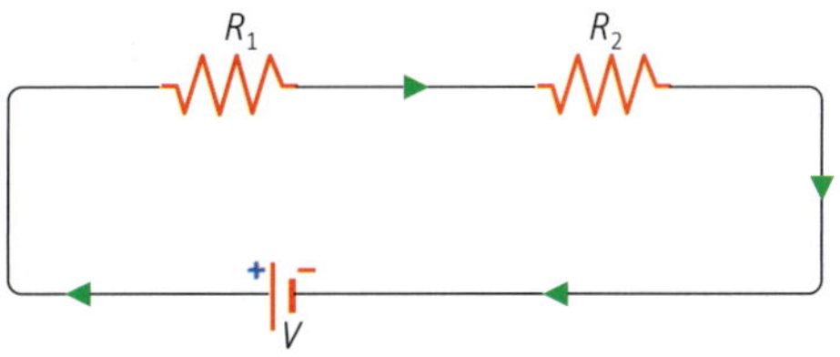

Calculamos la resistencia equivalente: $R_E = R_1 + R_2 = (6,0 + 9,0)\ \Omega = 15\ \Omega$

Aplicamos la ley de Ohm:

$$I = \frac{V}{R} = \frac{1,5\ \text{V}}{15\ \Omega} = 0,10\ \text{A}$$

La *ddp* en los extremos de cada resistencia es:

$$V_1 = R_1 I = (6,0\ \Omega)(0,10\ \text{A}) = 0,60\ \text{V} \qquad V_2 = R_2 I = (9,0\ \Omega)(0,10\ \text{A}) = 0,90\ \text{V}$$

Si se conectan en paralelo, la resistencia equivalente del circuito es:

$$\frac{1}{R_E} = \frac{1}{R_1} + \frac{1}{R_2} = \frac{1}{6} + \frac{1}{9} = \frac{15}{54} \Rightarrow R_E = 3,6\ \Omega$$

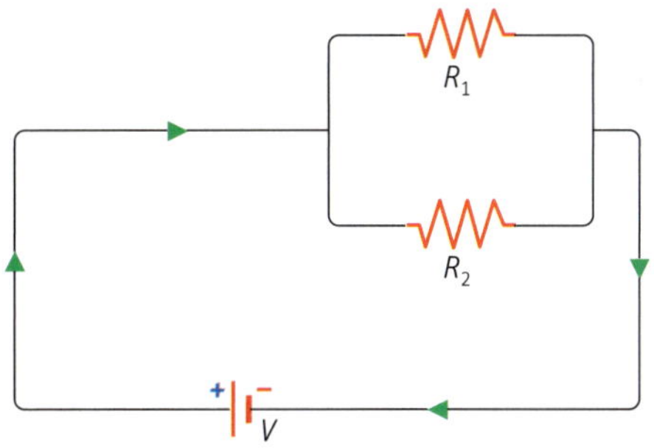

Comparando los valores de las resistencias se deduce que el circuito en paralelo tiene una mayor intensidad de corriente, por lo que en este circuito lucirán más las bombillas.

8 **Calcula la resistencia equivalente del siguiente conjunto de resistencias si todas son iguales y de valor 12 Ω.**

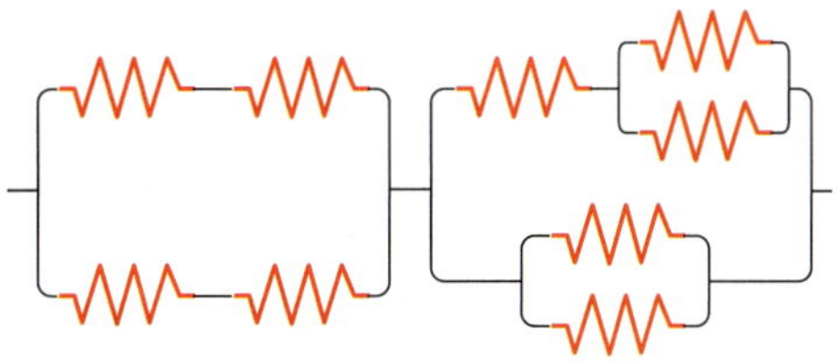

En el primer bloque, cada derivación consta de dos resistencias iguales en serie. La resistencia equivalente a cada derivación es:

$$R_{E1,1} = (12 + 12)\ \Omega = 24\ \Omega$$

La resistencia equivalente al primer bloque, formado por dos resistencias equivalentes en paralelo de 24 Ω cada una, es:

$$\frac{1}{R_{E1}} = \frac{1}{24} + \frac{1}{24} = \frac{2}{24} = \frac{1}{12} \Rightarrow R_{E1} = 12\ \Omega$$

La derivación inferior del segundo bloque tiene dos resistencias en paralelo; por tanto:

$$\frac{1}{R_{E2,2}} = \frac{1}{12} + \frac{1}{12} = \frac{2}{12} = \frac{1}{6} \Rightarrow R_{E2,2} = 6,0\ \Omega$$

La derivación superior del segundo bloque consta de dos resistencias en serie, una de ellas equivalente a dos en paralelo de 12 Ω que tiene un valor de 6,0 Ω. La derivación superior del segundo bloque consta, por tanto, de una resistencia de 12 Ω en serie con otra equivalente a 6,0 Ω. La resistencia equivalente es:

$$R_{E2,1} = (12 + 6,0)\ \Omega = 18\ \Omega$$

El segundo bloque equivale, pues, a dos resistencias equivalentes en paralelo, una de 6,0 Ω y otra de 18 Ω; por tanto, la resistencia equivalente al segundo bloque es:

$$\frac{1}{R_{E2}} = \frac{1}{18} + \frac{1}{6} = \frac{4}{18} \Rightarrow R_{E2} = 4,5\ \Omega$$

El conjunto de resistencias se ha reducido a dos resistencias equivalentes en serie, R_{E1} y R_{E2}. La resistencia equivalente a todo el conjunto es:

$$R_E = R_{E1} + R_{E2} = (12 + 4,5)\ \Omega = 16,5\ \Omega$$

ACTIVIDADES

7. **Un circuito alimentado por una pila de 6 V está formado por dos resistencias en paralelo, de 3 Ω y 6 Ω, respectivamente. Halla:**

a) **La diferencia de potencial en cada una de las resistencias.**

b) **La intensidad que circula por cada una de ellas.**

Solución: **a)** 6 V; **b)** 2 A, 1 A

8. **Un circuito alimentado por una pila de 6 V está formado por dos resistencias en serie, de 3 Ω y 6 Ω, respectivamente. Halla:**

a) **La diferencia de potencial en cada una de las resistencias.**

b) **La intensidad que circula por cada una de ellas.**

Solución: **a)** 2 V, 4 V; **b)** 2/3 A

6.2. Resolución de circuitos complejos

Muchos circuitos están formados por asociaciones mixtas en las que, además de resistencias, hay generadores y motores. En ellos, aunque se conozcan las características de generadores y motores (ε, ε') y de las resistencias (r_1, r_2...), la aplicación de la ley de Ohm es compleja.

Sin embargo, existen diversos métodos para averiguar los valores de las intensidades que circulan por cada tramo del circuito. Uno de los más utilizados es la aplicación de las llamadas **leyes de Kirchhoff** que se basan en el análisis de nudos y mallas de un circuito.

Ley de los nudos

La suma algebraica de las intensidades de corriente que coinciden en un nudo es cero:

$$\sum I_i = 0$$

Esta ley es una consecuencia de la conservación de la carga: las cargas que llegan a un punto no se pueden acumular en él y lo abandonan con la misma rapidez con la que llegan. Son positivas las corrientes que entran al nudo y negativas las que salen.

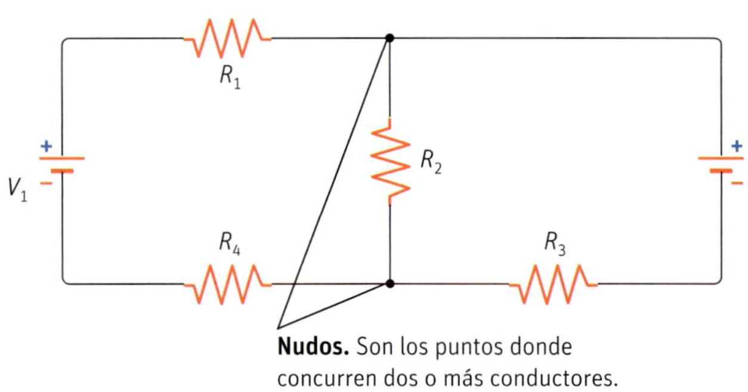

Ley de las mallas

La suma algebraica de las fuerzas electromotrices es igual a la suma de las caídas de tensión que se producen en las resistencias:

$$\sum \varepsilon_i = \sum I_j R_j$$

Esta ley es una consecuencia del principio de conservación de la energía: la energía suministrada por los generadores es igual a la suma de la energía transformada en los receptores y la disipada en las resistencias.

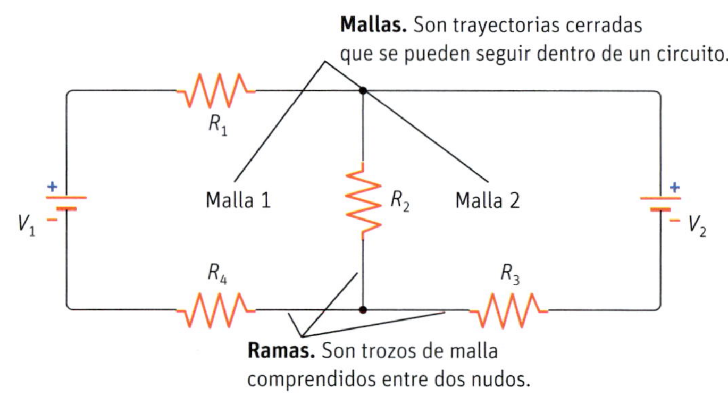

▸ Aplicación de las leyes de Kirchhoff

Para aplicar adecuadamente las leyes de Kirchhoff, deben adoptarse los siguientes criterios:

1. Se asigna un sentido arbitrario (Fig. 14.6) a las intensidades que recorren cada conductor del circuito (si al resolver el circuito la intensidad obtenida es negativa, quiere decir que el sentido real es el contrario al asignado).
2. Se elige el mismo sentido arbitrario de circulación (Fig. 14.7) para recorrer las mallas utilizadas (a favor o en contra de las agujas del reloj pero el mismo siempre):
   - Una *fem* se considera positiva si, al recorrer la malla a la que pertenece en el sentido elegido, se "atraviesa" desde el borne (−) al borne (+); en caso contrario, se considera negativa.
   - Una caída de tensión $I\,R$ se considera positiva si el sentido elegido para recorrer la malla coincide con el asignado inicialmente a la intensidad, y negativa en caso contrario.

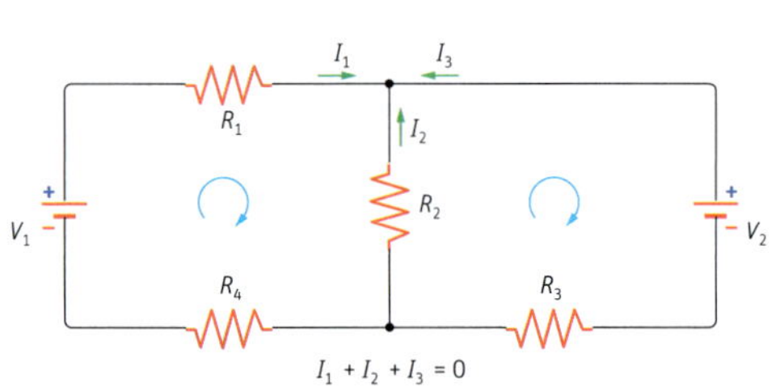

Figura 14.6. Sentido de circulación arbitrario de las intensidades en cada rama del circuito.

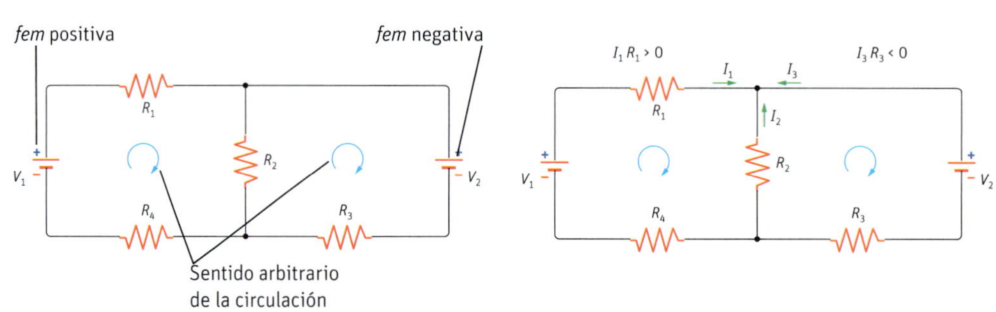

Figura 14.7. Mismo sentido de circulación arbitrario para recorrer las mallas del circuito.

EJERCICIOS RESUELTOS

9 **Halla los valores de las intensidades de corriente que circulan por los conductores en el circuito de la figura.**

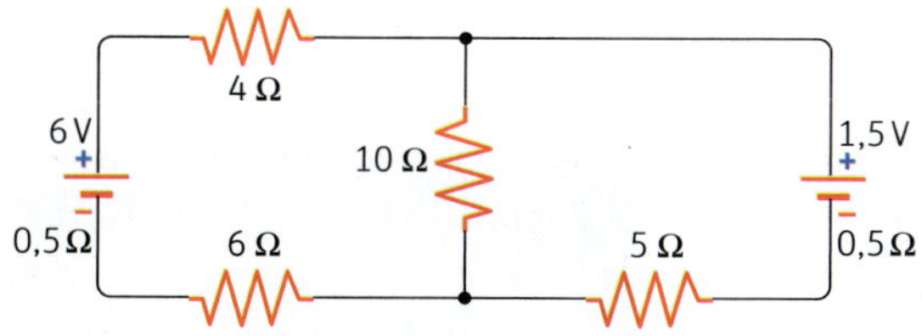

En primer lugar, hay que indicar las mallas y las intensidades:

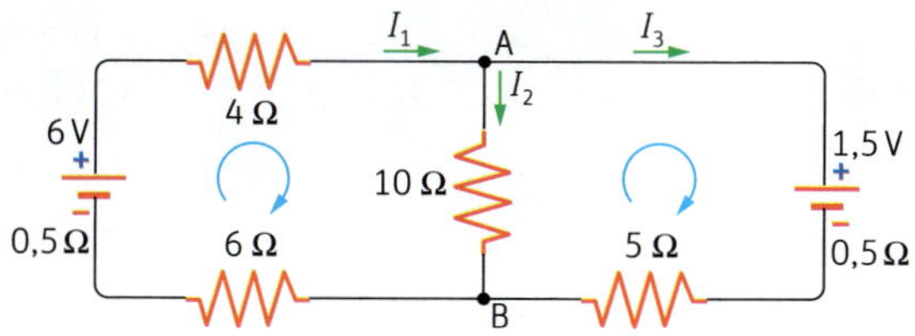

Se aplica la ley de los nudos en A: $I_1 = I_2 + I_3$

Se aplica la ley de las mallas en las dos mallas señaladas:

$$6 = 0{,}5I_1 + 4I_1 + 10I_2 + 6I_1$$

$$-1{,}5 = 5I_3 - 10I_2 + 0{,}5I_3$$

La resolución del sistema de tres ecuaciones obtenido da:

$$I_1 = 0{,}35\ \text{A};\quad I_2 = 0{,}22\ \text{A};\quad I_3 = 0{,}13\ \text{A}$$

Todas las corrientes tienen signo positivo, por lo que el sentido que se les había asignado es correcto.

10 **Halla la diferencia de potencial entre los puntos A y B del circuito de la figura.**

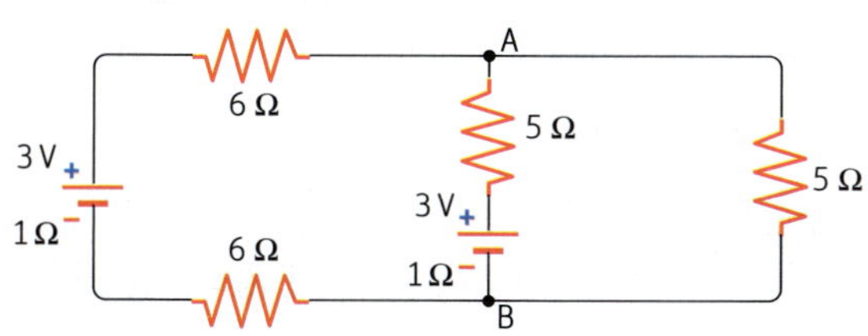

Indicamos en primer lugar las mallas y las intensidades:

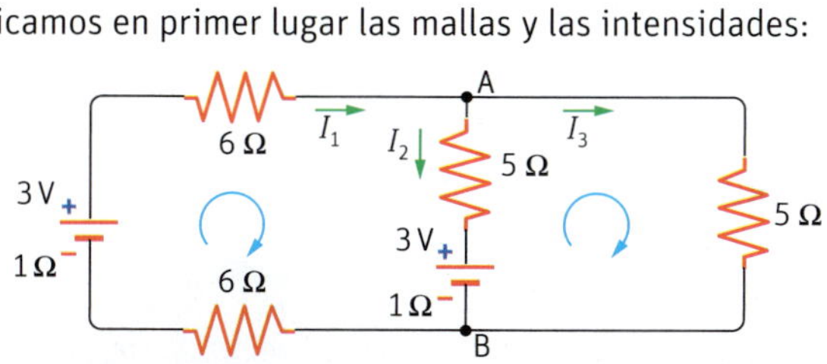

Se aplica la ley de los nudos en A:

$$I_1 = I_2 + I_3$$

Se aplica la ley de las mallas en las dos mallas señaladas:

$$3 - 3 = 6I_1 + I_1 + 6I_1 + 5I_2 + I_2$$

$$3 = -I_2 - 5I_2 + 5I_3$$

La resolución del sistema de tres ecuaciones obtenido da:

$$I_1 = 0{,}10\ \text{A};\quad I_2 = -0{,}23\ \text{A};\quad I_3 = 0{,}33\ \text{A}$$

El signo negativo de I_2 significa que el sentido de la corriente en el circuito es opuesto al asignado.

La *ddp* entre A y B se puede calcular considerando la rama de la derecha de la figura:

$$V_A - V_B = 5I_3 = (5{,}00\ \Omega)(0{,}33\ \text{A}) = 1{,}65\ \text{V}$$

11 **El amperímetro de la figura señala una intensidad de corriente de 3,0 A. Halla la diferencia de potencial en cada una de las resistencias y la intensidad que circula por ellas.**

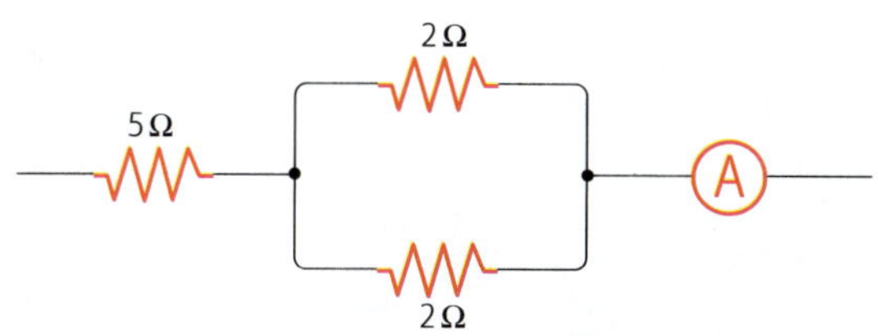

La diferencia de potencial en los extremos de la resistencia de 5,0 **Ω** es $V_5 = R_5 I = (5{,}0\ \Omega)(3{,}0\ \text{A}) = 15\ \text{V}$. Por esta resistencia pasa la corriente que marca el amperímetro, es decir, 3,0 A.

La resistencia equivalente a las dos resistencias que están en paralelo, $R_{E,p}$, es:

$$\frac{1}{R_{E,p}} = \frac{1}{2} + \frac{1}{2} = \frac{2}{2} = 1 \Rightarrow R_{E,p} = 1{,}0\ \Omega$$

Esta resistencia equivalente está en serie con la resistencia de 5,0 **Ω**; la resistencia equivalente del conjunto es $R_E = (1{,}0 + 5{,}0)\ \Omega = 6{,}0\ \Omega$.

La diferencia de potencial en los extremos de la asociación en paralelo es $V_2 = R_{E,p}\, I = (1{,}0\ \Omega)(3{,}0\ \text{A}) = 3{,}0\ \text{V}$. Esta es la diferencia de potencial en los extremos de las resistencias de 2,0 **Ω**.

Se aplica la ley de Ohm para determinar la intensidad que circula por cada una de ellas, que llamaremos I_2:

$$I_2 = \frac{V}{R} = \frac{3{,}0\ \text{V}}{2{,}0\ \Omega} = 1{,}5\ \text{A}$$

ACTIVIDADES

9. **Calcula cuál es la indicación del aparato de medida del circuito de la figura al aplicar una *ddp* de 12 V entre los puntos A y B.**

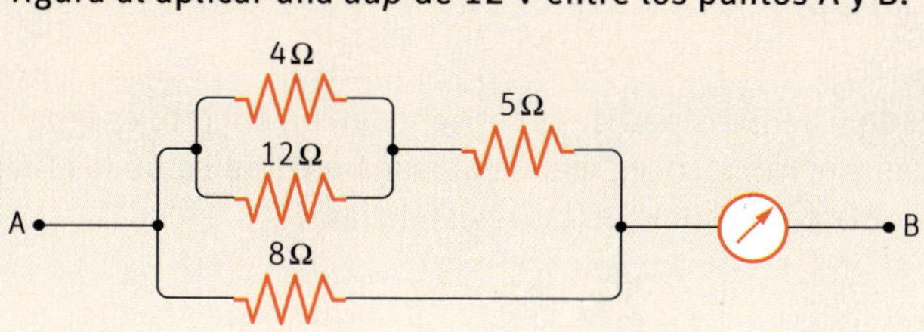

Solución: 3,0 A

10. **Calcula cuál es la indicación del aparato de medida del circuito de la figura.**

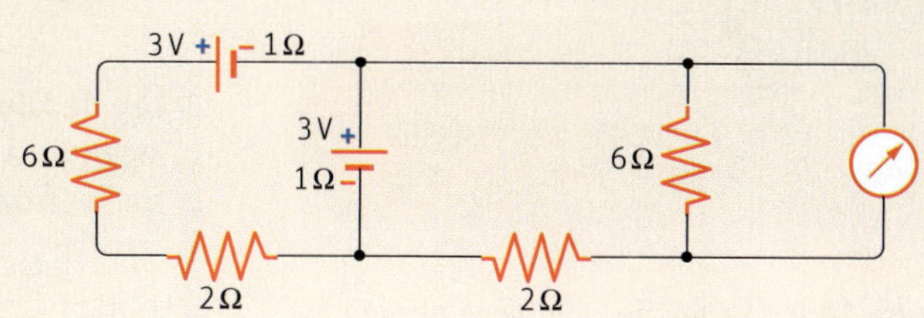

Solución: 1,6 V

7 Aspectos energéticos de los circuitos eléctricos

La experiencia diaria nos dice que los conductores de un circuito se calientan cuando pasa por ellos la corriente eléctrica. A veces puede ser útil, como el caso de los calentadores eléctricos, pero en general constituye un problema porque un sobrecalentamiento puede producir quemaduras o incluso un incendio.

OBSERVA

El ventilador produce energía mecánica y nos "refresca". Pero al cabo de un tiempo se calienta el motor.

Los ordenadores realizan infinidad de operaciones electrónicas y disipan energía calorífica mediante ventiladores.

Los hornos y calefactores eléctricos transforman casi toda la energía eléctrica en energía calorífica.

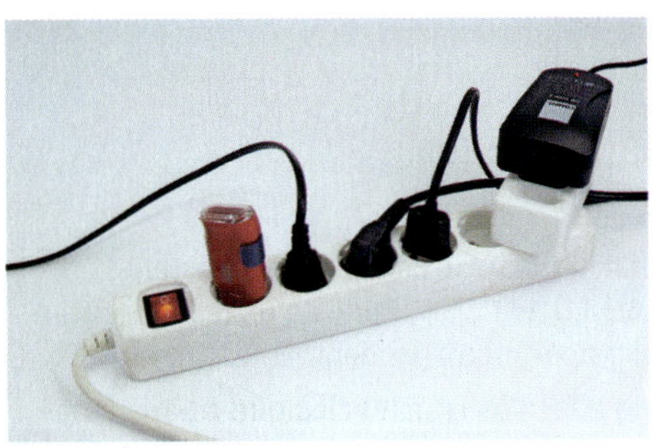

Figura 14.8. El calentamiento excesivo de los conductores de un circuito puede provocar cortocircuitos e incendios.

7.1. Ley de Joule

En todos los conductores y dispositivos eléctricos se produce una disipación calorífica de la energía eléctrica conocido como efecto térmico de la corriente eléctrica o **efecto Joule**.

En una resistencia eléctrica, la energía se disipa íntegramente mediante calor. La energía disipada por una carga q que se mueve por un conductor entre cuyos extremos hay una diferencia de potencial, $V - V'$, es igual al trabajo realizado por el campo eléctrico: $W = (V - V')\, q = (V - V')\, It$

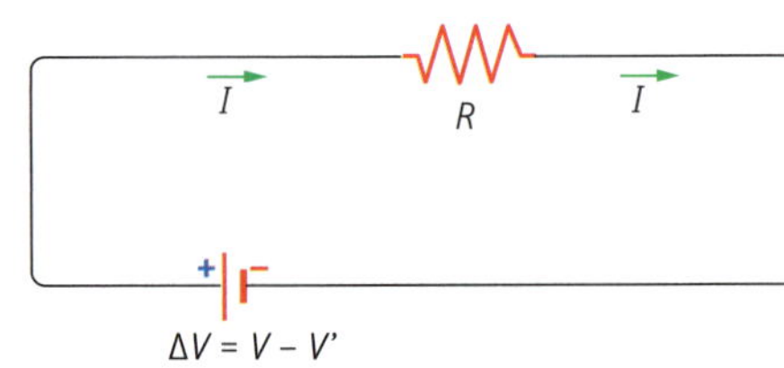

Si la resistencia del circuito es R, resulta por la ley de Ohm:

$$W = (RI)It = RI^2t$$

Ley de Joule. La energía W disipada caloríficamente en un conductor óhmico de resistencia R al circular por él una intensidad de corriente I durante el tiempo t es:

$$\boxed{W = RI^2\, t}$$

W: energía disipada (J)
R: resistencia (Ω)
I: intensidad (A)
t: tiempo transcurrido (s)

7.2. Ley de Ohm generalizada

En cualquier circuito se conserva la energía, es decir, la energía suministrada por el generador (εIt) debe ser igual a la energía transformada por los motores ($\varepsilon' It$) más la energía disipada caloríficamente por el efecto Joule en la resistencia interna del generador (rI^2t) y en todas las resistencias del circuito (RI^2t). Es decir:

$$\varepsilon It = \varepsilon' It + rI^2t + RI^2t$$

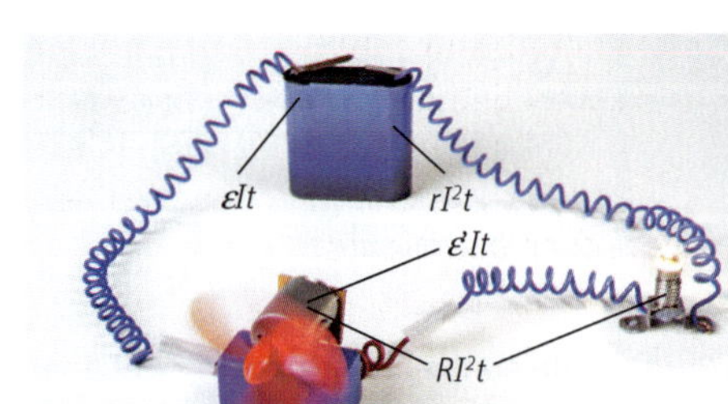

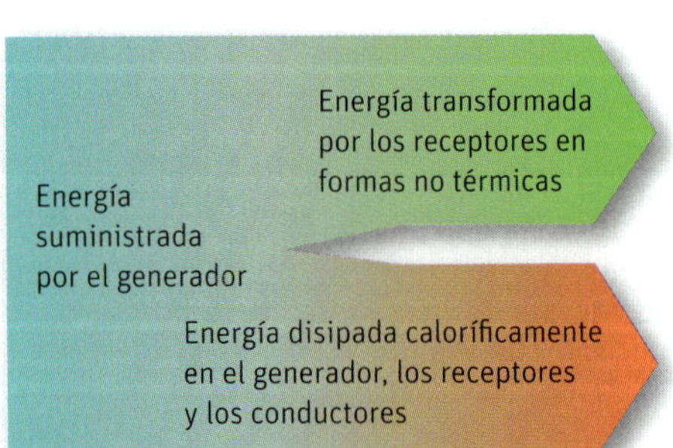

Figura 14.9. La ley de Ohm generalizada es una consecuencia del principio de conservación de la energía.

Ley de Ohm generalizada. La intensidad de la corriente en un circuito es igual a la suma algebraica de las fuerzas electromotrices menos la suma algebraica de las fuerzas contraelectromotrices, dividida por la suma de las resistencias.

$$\boxed{I = \frac{\sum \varepsilon_i - \sum \varepsilon_i'}{\sum R_j}}$$

7.3. Potencia eléctrica

Si un aparato eléctrico lleva la indicación "120 W, 220 V" (Fig. 14.10), está informando de que su consumo energético es 0,12 kWh por cada hora de funcionamiento cuando se conecta a 220 V, lo que permite calcular el coste de su uso.

> **La potencia eléctrica** es la energía eléctrica transformada por unidad de tiempo:
>
> $$\mathrm{P}=\frac{E}{t} \qquad 1\,\mathrm{W}=\frac{1\,\mathrm{J}}{1\,\mathrm{s}}$$
>
> La unidad de la potencia es el **vatio (W)**.

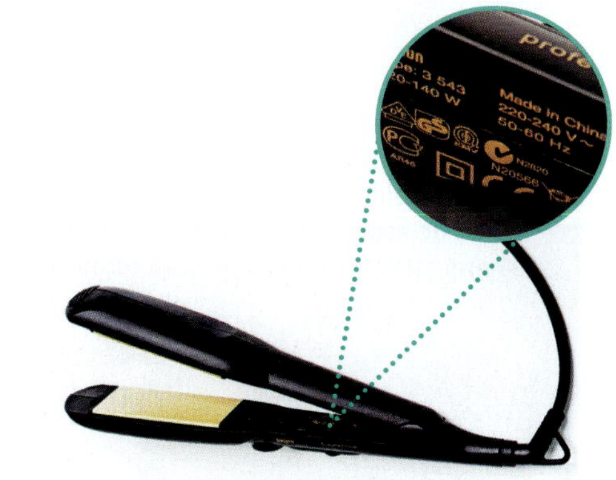

Figura 14.10. Los aparatos eléctricos llevan una indicación de la potencia que consumen a una *ddp*.

Esta magnitud es una medida de la rapidez con la que un dispositivo eléctrico transforma la energía eléctrica. Como $E=(V-V')q=(V-V')It$, entonces la potencia es: $\mathrm{P}=\frac{E}{t}=\frac{(V-V')It}{t}=(V-V')I$

En el caso de una resistencia óhmica, R, la expresión anterior equivale a:

$$\mathrm{P}=RI^2$$

EJERCICIOS RESUELTOS

12 **Un pequeño motor de 2,0 V de *fcem* y 0,30 Ω de resistencia interna se conecta a una batería de 12 V y 0,50 Ω de resistencia interna mediante una resistencia de 4,0 Ω acoplada en serie al motor. Calcula:**

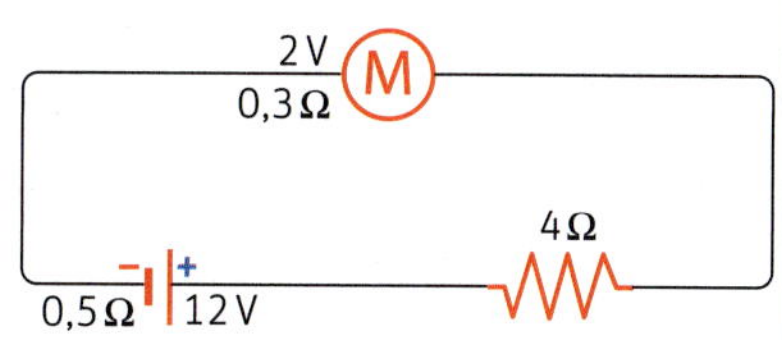

a) **La intensidad de corriente en el circuito.**

b) **La diferencia de potencial en los extremos de la resistencia.**

c) **La medida que indicaría un voltímetro conectado en los bornes de la batería.**

a) Se aplica la ley de Ohm generalizada:

$$I=\frac{\varepsilon-\varepsilon'}{R+r}=\frac{(12-2{,}0)\,\mathrm{V}}{(4{,}0+0{,}30+0{,}50)\,\Omega}=2{,}1\,\mathrm{A}$$

La resistencia externa del circuito es la resistencia de 4,0 Ω más la resistencia interna del motor (0,3 Ω); la resistencia r es la resistencia interna de la batería (0,50 Ω).

b) Se aplica la ley de Ohm: $V-V'=RI=(4{,}0\,\Omega)(2{,}1\,\mathrm{A})=8{,}4\,\mathrm{V}$

c) La tensión en los bornes de la batería es igual a su fuerza electromotriz menos la caída de tensión en su interior (rI): $V-V'=\varepsilon-rI=(12\,\mathrm{V})-(0{,}50\,\Omega)(2{,}1\,\mathrm{A})=11\,\mathrm{V}$

13 **El uso de las bombillas de bajo consumo se ha generalizado sobre las lámparas de incandescencia. Con las especificaciones que aparecen en las imágenes calcula la resistencia de cada lámpara y la energía consumida en cada hora de funcionamiento.**

La potencia consumida en un conductor se puede expresar en función de la resistencia:

$$\mathrm{P}=RI^2=R\left(\frac{V-V'}{R}\right)^2=\frac{(V-V')^2}{R}$$

Bombilla de bajo consumo

$$R=\frac{(V-V')^2}{\mathrm{P}}=\frac{(220\,\mathrm{V})^2}{(8{,}00\,\mathrm{W})}=6{,}1\cdot10^3\,\Omega$$

La energía consumida en 1 h (3600 s) es:

$E=\mathrm{P}t=(8{,}0\,\mathrm{W})(3{,}6\cdot10^3\,\mathrm{s})=2{,}9\cdot10^4\,\mathrm{J}$

Bombilla incandescente

$$R=\frac{(V-V')^2}{\mathrm{P}}=\frac{(220\,\mathrm{V})^2}{(60\,\mathrm{W})}=8{,}1\cdot10^2\,\Omega$$

La energía consumida en 1 h (3600 s) es:

$E=\mathrm{P}t=(60\,\mathrm{W})(3{,}6\cdot10^3\,\mathrm{s})=2{,}2\cdot10^5\,\mathrm{J}$

ACTIVIDADES

11. **Calcula la indicación del voltímetro en el circuito de la figura.**

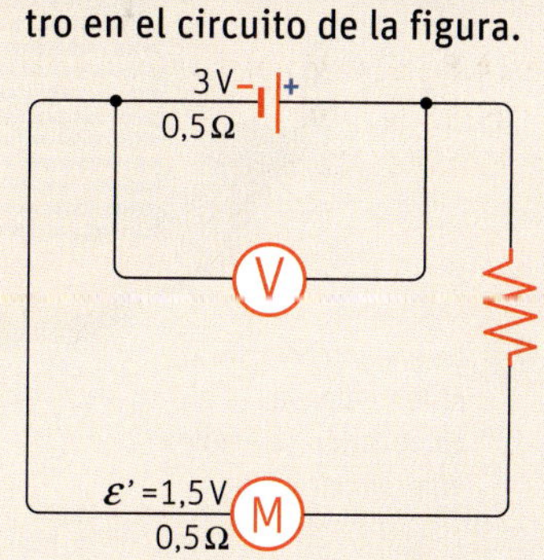

Solución: 2,9 V

12. **Una lámpara de incandescencia lleva la indicación "60 W, 220 V". Se conecta a una diferencia de potencial de 110 V. Calcula:**

a) **La intensidad de corriente que circula por ella.**

b) **La potencia que disipa conectada a 110 V.**

Solución: a) 0,14 A; b) 15 W

13. **Explica por qué los calentadores eléctricos de mayor potencia tienen una resistencia menor que los de potencia más baja.**

8 Producción y distribución de la energía eléctrica

Ten en cuenta

En una **central termoeléctrica** la energía cinética del vapor de agua que mueve los álabes de la turbina se transforma en energía de rotación de esta, que a su vez se transforma en energía eléctrica mediante el alternador.

La energía eléctrica es la energía más versátil y la más utilizada en la vida cotidiana. Se produce a gran escala en las **centrales eléctricas**, que convierten en electricidad la energía obtenida de una fuente de energía primaria.

El elemento básico de una central eléctrica es el **alternador**, que es un generador de corriente alterna cuyo eje se acopla al de una turbina, que gira cuando incide sobre ella agua líquida (central hidroeléctrica), vapor de agua (central termoeléctrica, nuclear, termosolar o geotérmica) o viento (central eólica).

Figura 14.11. Central térmica de Soto de Ribera (Asturias).

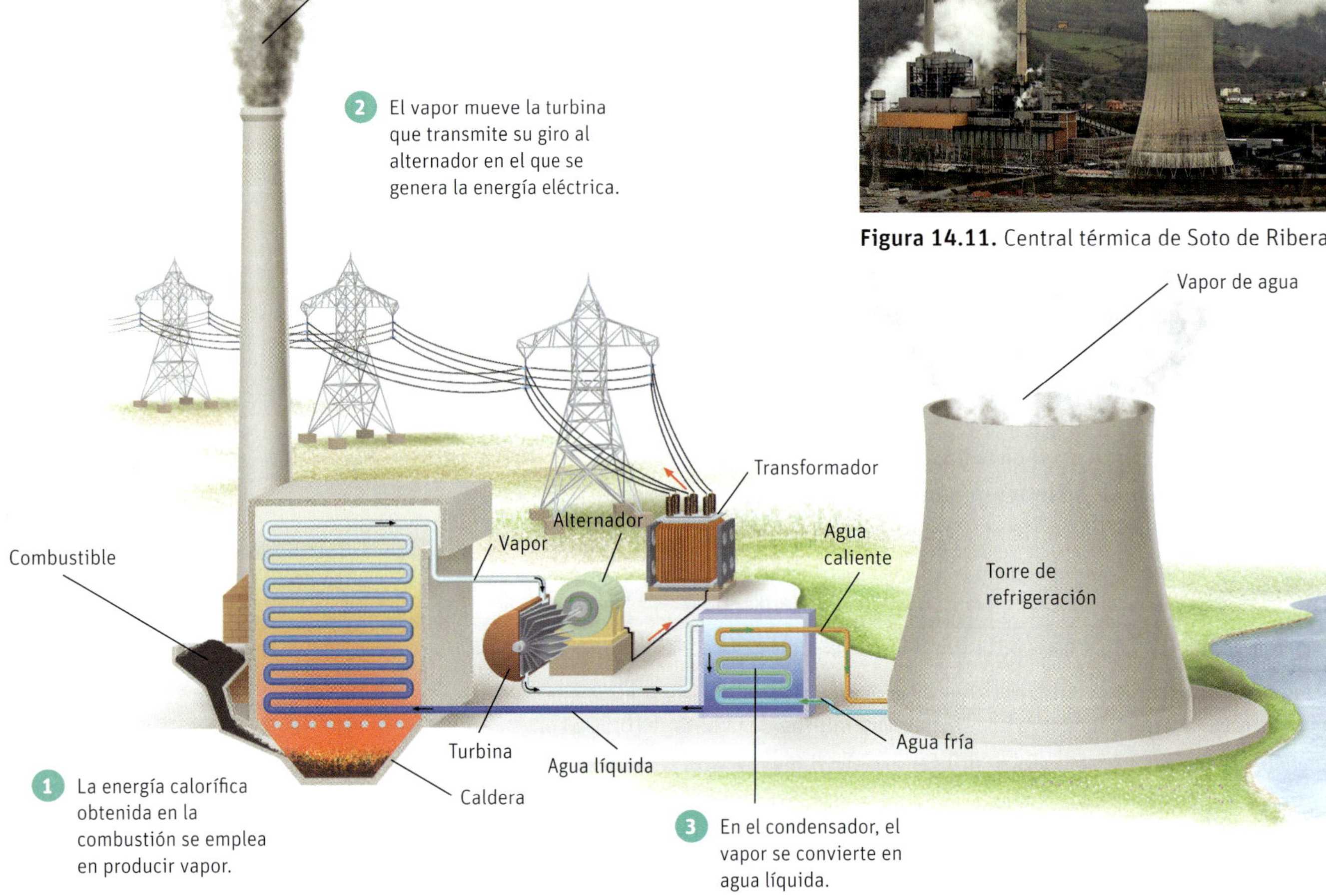

Con el fin de reducir las pérdidas por disipación calorífica, el **transporte de energía eléctrica** desde las centrales a los consumidores debe hacerse a voltajes muy altos e intensidades muy pequeñas. El proceso completo es el siguiente:

1. La fuerza electromotriz del alternador, del orden de 10000 V, se eleva en la estación transformadora de la central eléctrica hasta varios cientos de miles de voltios.
2. La electricidad se transporta mediante líneas de alta tensión de unos 400000 V.
3. El voltaje se reduce en estaciones transformadoras próximas a los lugares de consumo, hasta el voltaje que utiliza el usuario, normalmente 220 V.

ACTIVIDADES

14. Describe el funcionamiento de una central termoeléctrica clásica. ¿En qué se diferencian este tipo de centrales de las centrales termonucleares?

15. Explica el funcionamiento de una central hidroeléctrica.

8.1. Repercusiones medioambientales del uso y consumo de la energía eléctrica

La energía eléctrica es fácil de producir y transportar. Su consumo apenas tiene impacto para el medio ambiente. Sin embargo, su producción y su distribución sí tienen importantes repercusiones ambientales. Las principales son:

Centrales termoeléctricas clásicas

La mayor parte de la energía eléctrica se genera en **centrales termoeléctricas clásicas** que se basan en la quema de combustibles fósiles En este proceso se generan grandes cantidades de CO_2, el principal gas responsable del **efecto invernadero**. Las centrales térmicas también contaminan la atmósfera por la producción de residuos sólidos de la combustión y por la emisión de partículas y óxidos de azufre, nitrógeno y carbono, que dan lugar a la **lluvia ácida**. Para disminuir su impacto ambiental es preciso tomar medidas preventivas, como la instalación de chimeneas y la inyección de aditivos y precipitadores que neutralicen las emisiones contaminantes.

Centrales hidroeléctricas

Las **centrales hidroeléctricas** no generan residuos y aportan beneficios como la regulación de los regadíos, la conservación de un caudal mínimo en el río y la eliminación de avenidas. Sin embargo, la construcción de presas tiene consecuencias ambientales negativas: inundación de tierras cultivables y de núcleos de población, alteración de ecosistemas, etc.

Centrales nucleares

El accidente de la central nuclear de Fukushima (marzo de 2011) volvió a encender todas las alarmas sobre el uso de las centrales termonucleares, pues se emitió al exterior una cantidad no determinada de partículas radiactivas.

Las **centrales nucleares**, si bien no emiten sustancias contaminantes a la atmósfera ni gases de efecto invernadero, generan residuos nucleares sólidos radiactivos cuyo correctos tratamiento y almacenaje resultan complejos debido al largo período de actividad que suelen tener. Además, estas centrales plantean cierto riesgo de accidente nuclear por lo que su funcionamiento está sometido a normas muy estrictas de seguridad. Por último, ocasionan contaminación térmica por el vertido de agua caliente.

Centrales eólicas y solares

Las centrales que utilizan fuentes renovables, aunque en menor grado, también generan impacto ambiental: las centrales **eólicas** y **solares** precisan grandes extensiones de terreno, con alteración del medio; las eólicas inciden sobre las condiciones de vida de muchas especies de aves.

En cuanto a las repercusiones de la **distribución de energía eléctrica**, las más importantes son:

- Los casos de electrocución en líneas aéreas de alta tensión, un riesgo que sufren principalmente las aves (Fig. 14.12).
- Los campos eléctricos y magnéticos generados por las líneas de distribución de corriente eléctrica podrían ser perjudiciales para la salud, aunque las investigaciones sobre ello no han sido concluyentes hasta el momento. Por precaución, en muchas ciudades se proyecta el enterramiento de las líneas de alta tensión próximas a núcleos urbanos.

Figura 14.12. Tendidos eléctricos en la ciudad china de Beijing.

Resistencia eléctrica. Ley de Ohm

14 Se aplica una diferencia de potencial de 3,0 V a los extremos de una resistencia formada por un arrollamiento de hilo de cobre ($\rho = 1{,}7 \cdot 10^{-8}\ \Omega$m) de 1,6 mm de diámetro y $1{,}5 \cdot 10^2$ m de longitud.

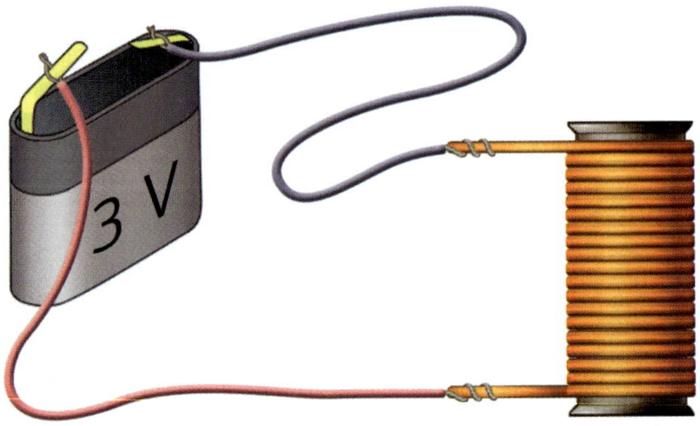

Calcula:

a) El valor de la resistencia.

b) La intensidad de la corriente que circula por ella.

c) Cuántos electrones atraviesan una sección recta del hilo cada minuto.

Consideraciones iniciales

- Para la aplicación de la ley de Ohm en circuitos sencillos requiere utilizar correctamente las unidades del Sistema Internacional.

Resolución

a) La sección del hilo es:

$$S = \pi R^2 = \pi(0{,}8 \cdot 10^{-3}\text{m})^2 = 2{,}0 \cdot 10^{-6}\ \text{m}^2$$

Por tanto, el valor de la resistencia del arrollamiento del hilo de cobre será:

$$R = \rho\frac{L}{S} = (1{,}7 \cdot 10^{-8}\Omega\text{m}) \cdot \frac{(1{,}5 \cdot 10^2\ \text{m})}{(2{,}0 \cdot 10^{-6}\ \text{m}^2)} = 1{,}3\ \Omega$$

b) Aplicando la ley de Ohm:

$$I = \frac{V - V'}{R} = \frac{(3{,}0\ \text{V})}{(1{,}3\ \Omega)} = 2{,}3\ \text{A}$$

c) El tiempo es t = 60 s. La carga que pasa por la sección del conductor en un minuto es:

$$q = It = (2{,}3\text{A})(60\text{s}) = 1{,}4 \cdot 10^2\ \text{C}$$

Por último, calculamos el número de electrones:

$$(1{,}4 \cdot 10^2\ \text{C}) \cdot \frac{(6{,}3 \cdot 10^{18}\ \text{electrones})}{(1{,}0\ \text{C})} = 8{,}8 \cdot 10^{20}\ \text{electrones}$$

> **CONCLUSIONES:** La intensidad de corriente que circula por un arrollamiento depende de las características del hilo de cobre: longitud (L), sección (S) y resistividad (ρ). Dependiendo de estos valores circularán mayor o menor cantidad de electrones.

Circuitos eléctricos

15 El siguiente circuito consta de una pila y una resistencia en serie con dos que se encuentran en paralelo:

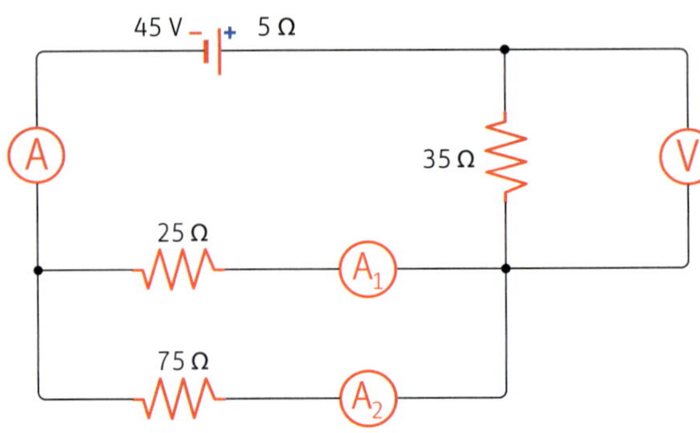

a) Determina la resistencia equivalente del circuito.

b) Calcula la indicación de los aparatos de medida.

c) ¿Valen lo mismo la *fem* de la pila y la *ddp* en sus bornes?

Consideraciones iniciales

- La resistencia equivalente de un circuito debe calcularse por partes, empezando por las asociaciones más sencillas.
- Las pilas poseen una resistencia interna, debida a la oposición que presentan al paso de la corriente los materiales de los que están formadas.

Resolución

a) La resistencia equivalente a las dos que están en serie es:

$$\frac{1}{R'_E} = \frac{1}{25\ \Omega} + \frac{1}{75\ \Omega} \Rightarrow R'_E = 19\ \Omega$$

La resistencia equivalente del circuito es:

$$R_E = 35\ \Omega + 19\ \Omega = 54\ \Omega$$

b) El amperímetro A mide la intensidad:

$$I = \frac{\varepsilon}{R_E + r} = \frac{45\ \text{V}}{(54+5)\ \Omega} = 0{,}76\ \text{A}$$

El voltímetro mide una caída de tensión en la resistencia:

$$V = RI = (35\ \Omega)(0{,}76\ \text{A}) = 27\ \text{V}$$

Las intensidades I_1 e I_2 medidas por A_1 y A_2 cumplen:

$$\left.\begin{array}{l} 25I_1 = 75I_2 \\ I_1 + I_2 = 0{,}76 \end{array}\right\} \Rightarrow \left\{\begin{array}{l} I_1 = 0{,}57\ \text{A} \\ I_2 = 0{,}19\ \text{A} \end{array}\right.$$

c) Con el circuito abierto sí valen lo mismo, pero con el circuito cerrado se produce una caída de tensión en la pila:

$$V_A - V_B = \varepsilon - rI = (45\ \text{V}) - (5{,}0\ \Omega)(0{,}76\ \text{A}) = 41\ \text{V}$$

$$V_A - V_B = 41\ \text{V}$$

> **CONCLUSIONES:** Por las resistencias en paralelo circulan corrientes derivadas que vuelven a unirse posteriormente. La *fem* de una pila solo coincide con la medida de la *ddp* en sus bornes cuando el circuito está abierto.

Circuitos eléctricos complejos

16 Dado el siguiente circuito:

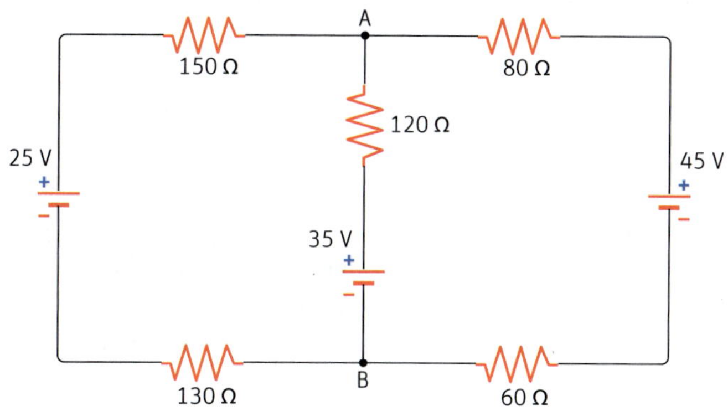

Calcula:

a) El valor de las intensidades que recorren cada rama.

b) La diferencia de potencial entre los puntos A y B del circuito.

Consideraciones iniciales

- Para aplicar correctamente las leyes de Kirchhoff, hay que asignar sentidos arbitrarios a las intensidades de las ramas y recorrer todas las mallas en el mismo sentido (también arbitrario).

Resolución

a) Considerando que todas las intensidades llegan a A, y recorriendo las mallas en el sentido de las agujas del reloj:

$$I_1+I_2+I_3=0$$

$$(150+130)I_1-120I_2=25-35$$

$$120I_2-(80+60)I_3=-45+35$$

Simplificando las ecuaciones, nos queda el siguiente sistema de tres ecuaciones con tres incógnitas:

$$I_1+I_2+I_3=0$$

$$280I_1-120I_2=-10$$

$$120I_2-140I_3=-10$$

Resolviendo el sistema se obtiene:

$I_1=-0{,}042\text{ A}$ (con sentido opuesto al indicado)

$I_2=-0{,}016\text{ A}$ (con sentido opuesto al indicado)

$I_3=0{,}058\text{ A}$

b) La *ddp* entre A y B es:

$$V_A-V_B=(35\text{ V})+(0{,}016\text{ A})(120\,\Omega)=37\text{ V}$$

CONCLUSIONES: Si el resultado de una intensidad es negativo, quiere decir que su sentido real es el contrario.

Para calcular la caída de tensión entre dos puntos de un circuito se suman algebraicamente las caídas de tensión en las pilas y en las resistencias.

Ley de Ohm generalizada

17 En el circuito de la figura, el motor tiene una fuerza contraelectromotriz, *fcem*, de 3,0 V y una resistencia interna, *r*, de 1,0 Ω.

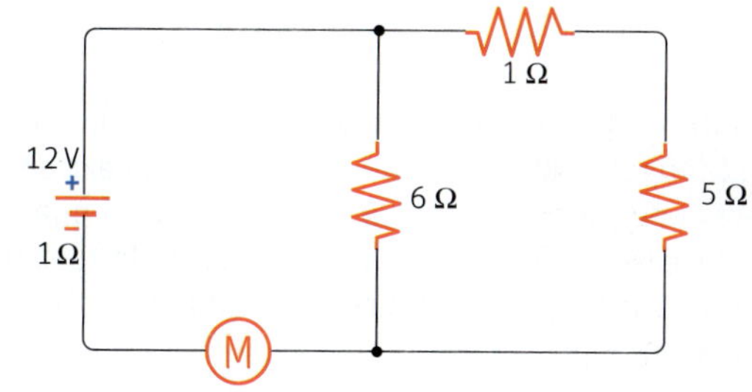

Calcula:

a) La intensidad de corriente que pasa por el motor.

b) La diferencia de potencial en los bornes de la pila y del motor.

Consideraciones iniciales

- En los circuitos en los que es fácil aplicar la ley de Ohm generalizada, es necesario reducir las resistencias del circuito a una resistencia equivalente.
- Las fuerzas contraelectromotrices tienen signo opuesto a las fuerzas electromotrices

Resolución

a) Las resistencias de 1,0 Ω y 5,0 Ω en serie equivalen a una resistencia:

$$R_{E1}=(1{,}0+5{,}0)\,\Omega=6{,}0\,\Omega$$

Esta resistencia equivalente está en paralelo con la resistencia de 6,0 Ω.

La resistencia equivalente a este conjunto es:

$$\frac{1}{R_{E2}}=\frac{1}{6{,}0}+\frac{1}{6{,}0}=\frac{2}{6{,}0}\Rightarrow R_{E2}=3{,}0\,\Omega$$

Esta resistencia está en serie con la resistencia r' = 1,0 Ω del motor.

La aplicación de la ley de Ohm generalizada da:

$$I=\frac{\sum\varepsilon_i}{\sum R_j}=\frac{(12{,}0-3{,}0)\text{ V}}{(3{,}0+1{,}0+1{,}0)\,\Omega}=1{,}8\text{ A}$$

b) Esta intensidad de 1,8 A circula también por la pila.

La *ddp* en los bornes de la pila es:

$$V-V'=\varepsilon-rI=(12\text{ V})-(1{,}0\,\Omega)\cdot(1{,}8\text{ A})=10{,}2\text{ V}$$

La *ddp* en los bornes del motor es:

$$V-V'=\varepsilon'+r'I=(3\text{ V})+(1\,\Omega)\cdot(1{,}8\text{ A})=4{,}8\text{ V}$$

CONCLUSIONES: Tanto en el generador como en el motor, la *fem* y la *fcem* solo coinciden con su correspondiente diferencia de potencial en bornes cuando están en circuito abierto.

Intensidad de corriente y resistencia eléctrica

16. Las especificaciones de un electrodoméstico indican que en régimen normal de funcionamiento circula por él una intensidad de corriente eléctrica de 1,8 mA. Calcula el número de electrones que lo atraviesan cada segundo.

Solución: $1{,}1 \cdot 10^{16}$ electrones

17. Un hilo conductor tiene una longitud de 40 m y una sección circular de 2,0 mm^2. Cuando se aplica a sus extremos una diferencia de potencial de 1,5 V, circula por él una intensidad de corriente de 4,4 A. Calcula el valor de la resistividad del material con el que está fabricado el hilo e identifícalo en una tabla de resistividades.

Solución: $1{,}7 \cdot 10^{-8}\ \Omega m$

18. Se quiere fabricar una resistencia de 0,5 Ω arrollando hilo de cobre de 1,2 mm de diámetro, cuya resistividad es $1{,}7 \cdot 10^{-8}$ Ωm, sobre un cilindro de porcelana de 4,0 cm de diámetro. Calcula cuántas vueltas debe tener el arrollamiento.

Solución: 265 vueltas

19. Calcula el valor de la resistencia eléctrica de una varilla cilíndrica de aluminio que tiene un diámetro de 6,0 mm y una masa de 12,4 g.

Datos: densidad del aluminio = $2{,}7 \cdot 10^3\ kg m^{-3}$; resistividad del aluminio = $2{,}7 \cdot 10^{-8}\ \Omega m$

Solución: $1{,}6 \cdot 10^{-4}\ \Omega$

20. La resistencia que la piel humana ofrece al paso de la corriente eléctrica es variable, pero puede considerarse un valor medio de unos 800 Ω. Sin embargo, cuando la piel está mojada, este valor disminuye unas diez veces.

Reflexiona sobre los riesgos de electrocución en cuartos de baño y piscinas.

21. Las intensidades de corriente eléctrica elevadas se emplean en producir campos magnéticos muy intensos, cuyas aplicaciones van desde la física atómica a la medicina.

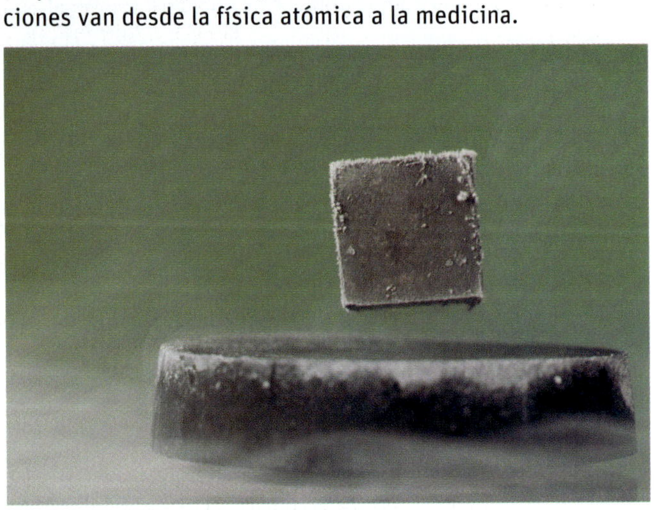

Para producir estas corrientes se utilizan materiales con resistencia nula bajo determinadas circunstancias (generalmente, a muy bajas temperaturas), denominados superconductores. Busca información y señala algunas aplicaciones concretas de la superconductividad.

Ley de Ohm y circuitos eléctricos

22. Se tiene la asociación de resistencias representada en la figura.

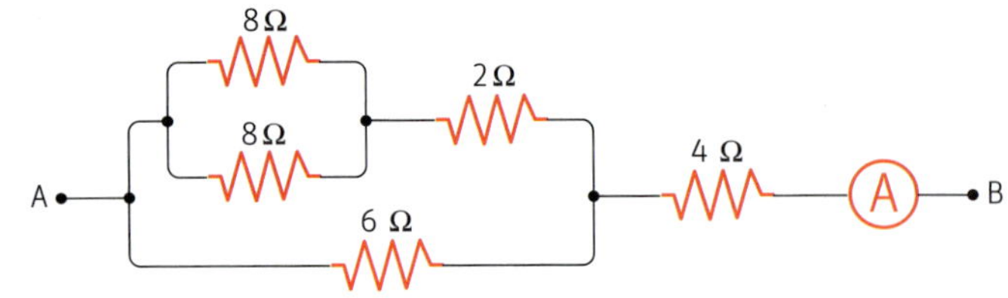

Calcula:

a) La resistencia equivalente a la asociación.

b) La intensidad de corriente que indica el amperímetro cuando se aplica una *ddp* de 2 V entre los puntos A y B.

Solución: a) 4 Ω; b) 0,3 A

23. Halla cuáles serán las indicaciones de los instrumentos de medida en el circuito de la figura.

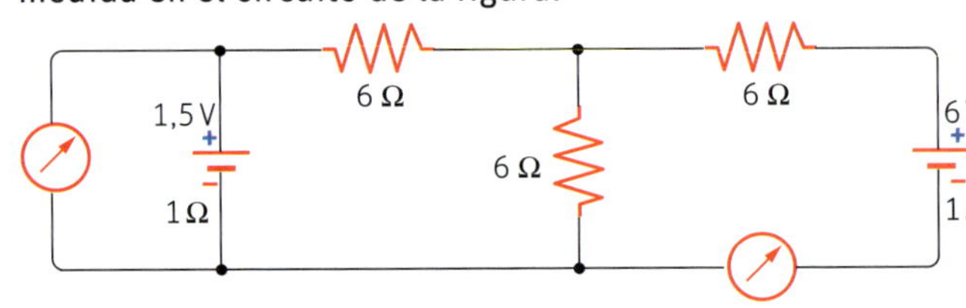

Solución: 1,62 V; 0,52 A

24. Se dispone de tres resistencias iguales de 12 Ω. Calcula las resistencias que pueden conseguirse asociándolas de distintas formas.

Solución: 36 Ω, 18 Ω, 8,0 Ω, 4,0 Ω

25. Un dispositivo se califica como óhmico cuando cumple la ley de Ohm, es decir, cuando la intensidad que lo recorre es directamente proporcional a la tensión aplicada a sus extremos. Dadas las siguientes gráficas, indica cuáles corresponden a un conductor óhmico.

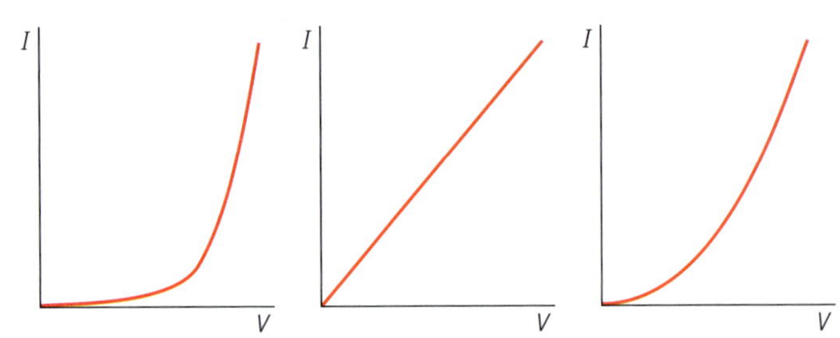

26. Las resistencias eléctricas (resistores) se fabrican con unos valores determinados, precisamente para limitar las corrientes que atraviesan diversos dispositivos. Estos valores se corresponden con un código de colores que figuran pintados en las resistencias.

Busca en la web una tabla que te proporcione el código de colores y calcula el valor de la resistencia que figura a continuación.

Instrumentos de medida

27. Indica por qué los amperímetros deben ser situados en serie dentro de un circuito y los voltímetros deben ser situados en derivación o paralelo, entre los puntos donde se quiere medir la *ddp* o caída de tensión.

¿Qué característica principal debe tener cada uno de estos aparatos de medida?

28. Razona sobre la veracidad o falsedad de las afirmaciones:

a) La resistencia equivalente a dos resistencias en paralelo es mayor que cualquiera de ellas.

b) Es conveniente que la resistencia interna de un voltímetro tenga un valor muy pequeño.

c) Un circuito puede tener un único nudo.

d) Un circuito puede tener una única malla.

e) En una asociación de resistencias en paralelo, circula más intensidad de corriente por las ramas de menor resistencia.

f) En una asociación de resistencias en paralelo, la caída de potencia es mayor en las ramas de menor resistencia.

29. Un voltímetro tiene una resistencia interna de $8{,}0 \cdot 10^4$ Ω y puede medir hasta $2{,}5 \cdot 10^2$ V. Halla:

a) La máxima intensidad de corriente que puede circular por el voltímetro sin dañarlo.

b) El valor de la resistencia que hay que conectarle en serie para transformarlo en un voltímetro capaz de medir 600 V.

Solución: a) 3,1 mA; b) $1{,}9 \cdot 10^5$ Ω

Circuitos complejos

30. Dado el circuito de la figura:

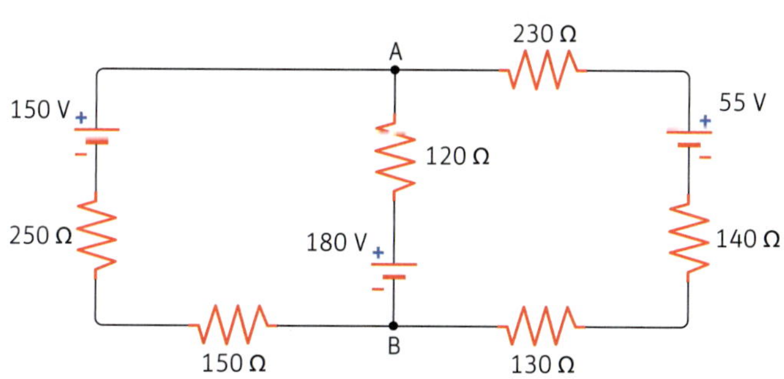

a) Aplica las leyes de Kirchhoff para resolver el circuito. ¿Cuántos nudos y mallas hay que considerar?

b) ¿Qué intensidad recorre cada rama?

c) Calcula la *ddp* $V_A - V_B$.

d) ¿Cuánto vale la suma de las intensidades que concurren en el nudo A? ¿Y la suma de las que concurren en el nudo B?

Solución: b) $I_1 = 0{,}012$ A; $I_2 = 0{,}20$ A; $I_3 = 0{,}21$ A; c) 155 V

31. El equivalente Thevenin de una parte de un circuito complejo consta de un generador y una resistencia en serie con él, que sustituyen a esa parte del circuito y permite una resolución más sencilla del conjunto. Busca información sobre su cálculo.

32. El puente de Wheatstone es un circuito como el de la figura que se emplea para calcular resistencias desconocidas.

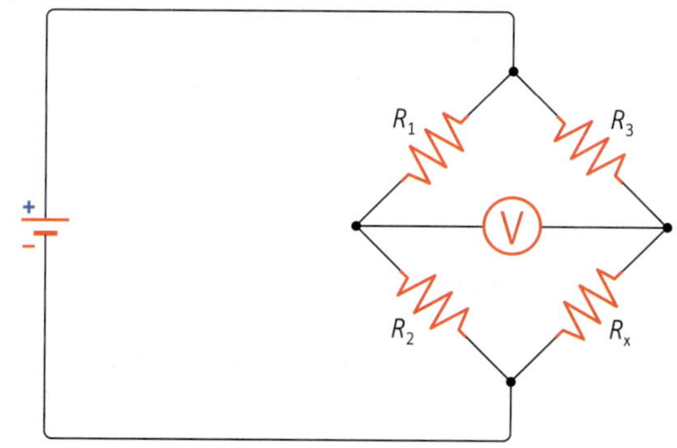

a) Busca información sobre su funcionamiento.

b) Aplica las leyes de Kirchhoff para encontrar las relaciones que existen entre las resistencias del circuito.

c) Si las resistencias empleadas para equilibrar el puente son $R_1 = 75$ Ω, $R_2 = 25$ Ω y $R_3 = 150$ Ω, indica el valor de la resistencia R_x.

Solución: 50 Ω

Aspectos energéticos de los circuitos eléctricos

33. Un pequeño motor eléctrico de 9,0 W funciona con un rendimiento del 70 % cuando lo recorre una corriente eléctrica de $7{,}5 \cdot 10^2$ mA. Calcula el valor de la *fcem* del motor.

Solución: 8,4 V

34. Aunque su fabricación ha cesado, las viejas bombillas de incandescencia se usan todavía.

Consisten en un filamento por el que circula la corriente eléctrica, que lo calienta hasta que se pone prácticamente incandescente y emite una parte importante de energía en el espectro visible.

Los filamentos se fabrican con wolframio, un metal que tiene una temperatura de fusión muy alta, lo que garantiza su durabilidad. Dentro de la bombilla de vidrio se hace prácticamente el vacío para evitar que se oxide el filamento.

Una bombilla de incandescencia lleva las siguientes indicaciones: "60 W, 230 V, 50 Hz, 261 mA".

a) Explica qué significa esta información.

b) Calcula la resistencia del filamento. ¿Es correcta la indicación 261 mA?

c) Si se conecta esta bombilla a una tensión de 110 V, ¿qué potencia consumirá? ¿Qué se observará de forma inmediata? ¿Y si se conecta a 330 V?

d) Otra indicación de la bombilla es "600 lúmenes". El lumen es una unidad de flujo luminoso, que referida a la luz visible por el ser humano equivale aproximadamente a $1{,}50 \cdot 10^{-3}$ W. Determina cuál es la eficacia luminosa de la bombilla. ¿Cómo se disipa el resto de la energía producida?

Solución: b) 882 Ω, 0,261 A; c) 13,7 W; 123 W; d) 1,50 %

ACTIVIDADES

35. Un circuito está formado por un generador de corriente de 12 V de *fem* y 1,0 Ω de resistencia interna, una resistencia externa de 80 Ω y un motor de 9,0 V de *fcem* y 1,0 Ω de resistencia interna, todos ellos conectados en serie. Calcula:

a) La intensidad de corriente.

b) La energía que transforma el motor cada hora.

c) La energía disipada caloríficamente en el circuito en 1 h.

Solución: a) $3{,}7 \cdot 10^{-2}$ A; b) $1{,}2 \cdot 10^{3}$ J; c) 404 J

36. Los árboles de Navidad se adornan con guirnaldas de pequeñas bombillas. Se dispone de una guirnalda de 10 bombillitas iguales que se conecta directamente a 220 V. Cada una de ellas disipa 5,0 W de potencia.

a) Halla la I que circula por cada bombilla conectada.

b) Si se conectan cuatro guirnaldas en paralelo, halla el valor que marca el amperímetro conectado en el circuito y la I que circulará por cada una de las bombillas.

c) En una caja se han encontrado unas cuantas guirnaldas antiguas con la indicación "110 V". ¿Cómo podrían usarse sin peligro?

d) ¿Por qué se suele acoplar a la iluminación un sistema que apaga y enciende periódicamente las bombillas?

e) Si una guirnalda se apaga, ¿se puede asegurar que se han fundido todas las bombillas? ¿Se puede asegurar que se ha fundido la primera? ¿Por qué?

Solución: a) 0,23 A; b) 0,91 A; 0,23 A

37. La bombilla del circuito de la derecha lleva la indicación "2 W, 3 V". Calcula la indicación del amperímetro y la potencia disipada por la bombilla si el interruptor está:

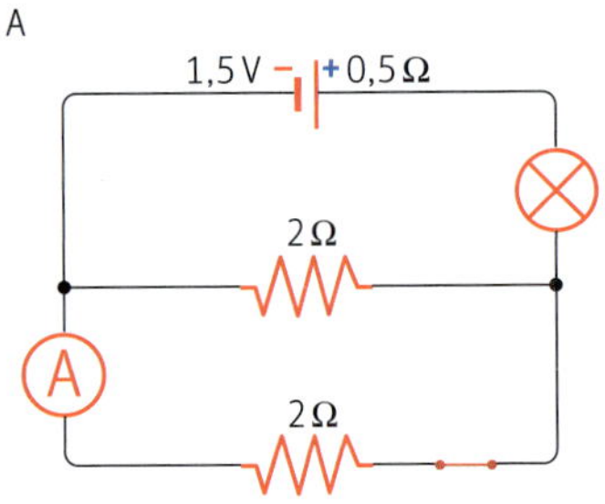

a) Abierto **b)** Cerrado

Solución: a) 0 A; 0,21 W; b) 0,13 A; 0,28 W

38. Una resistencia eléctrica lleva la indicación "10,0 Ω, 5,0 W", que significa que la máxima potencia que puede disipar sin deteriorarse es 5,0 W.

a) Halla la máxima intensidad de corriente que puede circular por la resistencia.

b) Calcula la máxima diferencia de potencial que puede aplicarse a sus extremos.

c) ¿En cuál de los siguientes circuitos puede ser utilizada?

I)

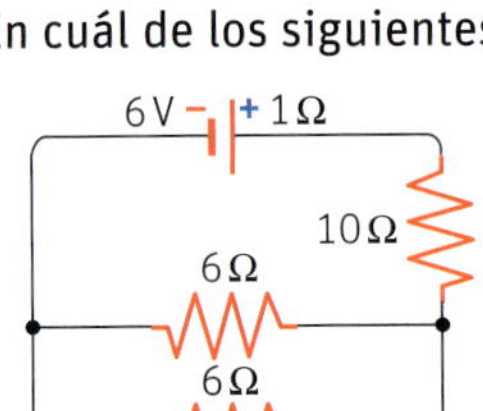

II)

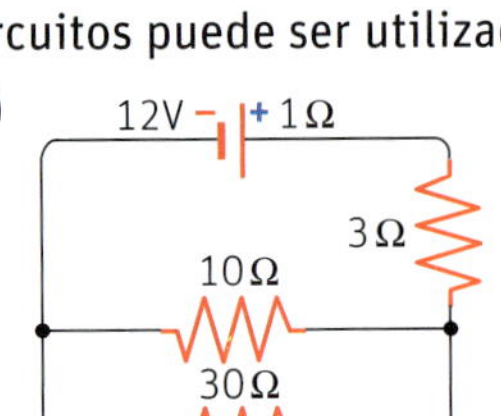

Solución: a) 0,71 A; b) 7,1 V

39. La resistividad de los metales no es constante, sino que aumenta con la temperatura. La resistividad ρ a la temperatura T se expresa así: $\rho = \rho_0\left[1+\alpha(T-T_0)\right]$. Donde ρ_0 es la resistividad a la temperatura T_0, normalmente 20,0 °C, y α es el coeficiente de temperatura. En el wolframio, $\rho_0 = 5{,}50 \cdot 10^{-8}$ Ωm y $\alpha = 4{,}50 \cdot 10^{-3}$ K^{-1}.

a) Representa gráficamente la variación de resistividad de este metal desde 0 °C a 500 °C (supón que α es cte.). ¿Qué representa la pendiente de la recta que has obtenido?

b) Una resistencia de wolframio de 110 Ω se conecta a una tensión de 220 V. Calcula cuánto vale la resistencia y qué potencia consume a 500 °C.

c) Representa gráficamente la intensidad que circula por la resistencia en función de la temperatura.

Solución: b) 348 Ω, 139 W

40. La batería de un coche tiene la indicación 12,0 V. En el momento del arranque, un voltímetro mide 10,8 V en los bornes de la batería y un amperímetro, 20,0 A como corriente de salida.

a) ¿Cuál es la resistencia interna de la batería?

b) ¿Qué potencia suministra?

c) ¿Qué cantidad de esta potencia se suministra al motor de arranque? ¿Se convierte toda en energía mecánica?

d) ¿Qué energía disipa caloríficamente la batería?

e) ¿En cuánto disminuye la energía química que almacena la batería cuando está suministrando 20,0 A al motor de arranque durante 2 minutos?

f) La capacidad de una batería se suele medir en Ah (amperios–hora). ¿Qué es lo que realmente se mide? ¿Qué significa que la etiqueta de una batería indique 80,0 Ah?

g) Si una batería tiene esa capacidad, ¿durante cuánto tiempo teórico podrá suministrar los 20,0 A?

Solución: a) $6{,}00 \cdot 10^{-2}$ Ω; b) 240 W; c) 216 W; d) 24,0 W; e) $2{,}90 \cdot 10^{4}$ J; g) 4 h

smSaviadigital.com

41. En esta dirección encontrás información sobre las cargas y la fuerza eléctrica.

a) ¿Cuáles son los conductores más utilizados?

b) ¿Por qué la electricidad puede circular fácilmente a través de nosotros?

42. Aquí encontrarás información sobre el trasporte y la distribución de la electricidad.

a) ¿Cuál es la tensión eléctrica en las líneas de alta tensión?

b) ¿Qué longitud tiene la red eléctrica española?

c) ¿Cómo funciona un transformador? ¿Para qué se utiliza?

RESUELVE

smSaviadigital.com VALORA LO APRENDIDO > Realiza estas actividades de autoevaluación para comprobar los conocimientos adquiridos.

LA FÍSICA Y... EL COCHE ELÉCTRICO

En la actualidad circulan en el mundo cientos de millones de automóviles impulsados por motores de explosión. Han llegado a formar parte indisoluble del panorama de las grandes ciudades, pero plantean dos problemas fundamentales. Por un lado, los gases producto de la combustión son muy contaminantes. Por otro, emplean generalmente productos derivados del petróleo, con lo que agravan la crisis energética al utilizar fuentes de energía no renovables y disminuir las reservas mundiales de ese combustible. Como alternativa a estos problemas, se está potenciando la fabricación y el uso de vehículos de tracción eléctrica.

Los primeros intentos de usar motores eléctricos para impulsar vehículos son anteriores a 1830. A principios del siglo XX se fabricaban coches eléctricos y coches de combustión interna, pero estos últimos experimentaron importantes avances tecnológicos en tanto que los coches eléctricos no evolucionaron. Hacia 1930 la fabricación de coches eléctricos cesó casi por completo.

A partir de finales del siglo XX, la crisis energética llevó a replantearse la viabilidad de los coches eléctricos. Actualmente se considera que el vehículo de tracción eléctrica es una alternativa viable y ventajosa respecto a los vehículos impulsados por motores de combustión interna.

Los coches eléctricos se propulsan mediante un motor eléctrico alimentado por baterías que se recargan en tomas de corriente preparadas para ello.

El coche eléctrico presenta importantes ventajas: contribuye a reducir la dependencia respecto del petróleo, produce menos gases contaminantes y dióxido de carbono que los vehículos de combustión, no ocasiona contaminación acústica porque es silencioso y, además, presenta unos gastos de mantenimiento inferiores a los coches con motores de explosión.

Entre sus inconvenientes hay que destacar que resulta más caro (al menos hasta ahora) que el vehículo de combustión y que tiene una autonomía limitada porque necesita recargas frecuentes. Por ello, se requiere una amplia red de puntos de recarga bien distribuidos.

Actualmente se están fabricando coches híbridos de propulsión mixta, que llevan un motor eléctrico y un motor de combustión interna para combinar las ventajas de ambos. En algunos modelos, parte de la energía del motor de combustión se utiliza para recargar las baterías.

1. Argumenta si la energía eléctrica que utilizan los coches eléctricos tiene o no repercusiones medioambientales.
2. Cita vehículos y medios de transporte, además del coche eléctrico, que utilicen la energía eléctrica para impulsarse.

smSaviadigital.com OBSERVA

Autoevaluación

1. Indica la afirmación verdadera:
   a) La intensidad por un conductor siempre es directamente proporcional a la *ddp* aplicada.
   b) La intensidad por un conductor siempre es inversamente proporcional a la *ddp* aplicada.
   c) La resistencia de un conductor óhmico es variable.
   d) En un conductor óhmico se cumple la ley de Ohm.

2. Por una sección de un conductor circulan 12,6 trillones de electrones cada segundo. La intensidad que lo recorre es:
   a) 1 A b) 2 A c) 12,6 A d) 6,3 A

3. Un motor posee una *fem* de 150 V y una resistencia interna de 5 Ω.
   a) Cuando está en circuito abierto, la *ddp* en sus bornes es 145 V.
   b) Cuando está en un circuito cerrado, la *ddp* en sus bornes es de 150 V.
   c) Si se conecta a una resistencia de 295 Ω, la *ddp* en sus bornes es 148 V.
   d) Si se conecta a una resistencia de 295 Ω, la *ddp* en sus bornes es 150 V.

4. Un motor transforma 4200 J de energía eléctrica cada segundo en cinética. Si la intensidad es de 2 A, su *fcem* es:
   a) $2,1 \cdot 10^3$ V b) $4,2 \cdot 10^2$ V c) $8,4 \cdot 10^2$ V d) 0 V

5. Se aplica una diferencia de potencial de 12 V a los extremos de una asociación de resistencias formada por dos resistencias en serie de 2,0 Ω y 4,0 Ω. ¿Qué potencia disipa la resistencia de 2,0 Ω?
   a) 72 W b) 24 W c) 16 W d) 8 W

6. Se aplica una diferencia de potencial de 12 V a los extremos de una asociación en paralelo de tres resistencias iguales de 45 Ω. ¿Qué energía disipan las resistencias cada minuto?
   a) 576 J b) 720 J c) 900 J d) $5,6 \cdot 10^4$ J

7. Un circuito está formado por una pila de 3 V y 0,2 Ω de resistencia interna, un pequeño motor de 1,0 V de *fcem* y 0,1 Ω, y una resistencia de 2,7 Ω acoplada en serie con el motor. ¿Cuál es la diferencia de potencial en los extremos de la resistencia?
   a) 2,0 V b) 1,8 V c) 0,9 V d) 0,27 V

8. Razona cuál de las siguientes afirmaciones es la verdadera:
   a) Las centrales termoeléctricas de gas natural contaminan muy poco el aire.
   b) Las centrales eléctricas transforman otras energías en energía eléctrica con un rendimiento de más del 50 %.
   c) El transporte de energía eléctrica se hace a altos voltajes para disminuir las pérdidas por disipación calorífica.

PRÁCTICA DE LABORATORIO

Estudio del péndulo simple y medida de la aceleración de la gravedad

Situación a resolver

Se va a determinar el valor de la aceleración de la gravedad en el lugar en que se realiza el experimento. Para ello se utilizará la fórmula del período de oscilación de un péndulo simple. Posteriormente se hará un estudio dinámico y energético del movimiento de un péndulo.

Análisis del problema

¿Qué es un péndulo simple?

Es un sistema constituido por una masa *m* suspendida de un punto O por un hilo inextensible de masa despreciable.

El movimiento de un péndulo simple es periódico. Cuando el péndulo vuelve a ocupar la misma posición se dice que ha realizado una oscilación completa, y se denomina período *T* al intervalo de tiempo que emplea en realizar cada oscilación.

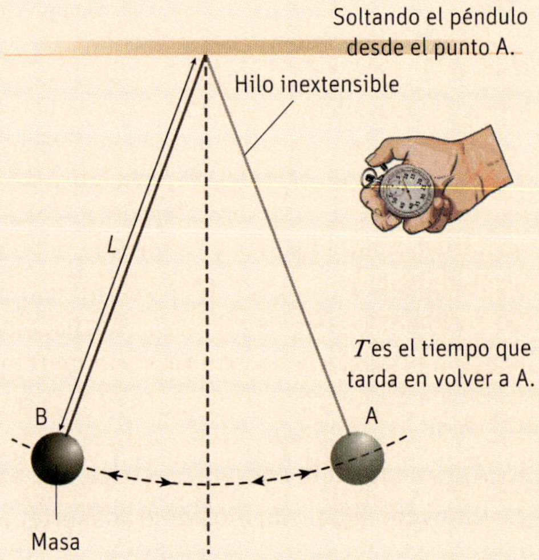

¿Cómo se determina el período de un péndulo?

- Se calcula el período con ayuda de la siguiente relación:

$$T = 2\pi\sqrt{\frac{L}{g}}$$

Siendo L la longitud medida desde el punto de suspensión hasta el centro de la masa y g, la aceleración de la gravedad en el lugar del experimento.

¿Cómo se determina el valor de la aceleración de la gravedad?

- Si se conoce el período de un péndulo y se mide su longitud, puede calcularse con ayuda de la expresión anterior.

¿Cómo determinar la máxima tensión del hilo y la máxima velocidad del péndulo?

- El péndulo describe un arco de una circunferencia de radio L. La energía potencial en el A se transforma en cinética en B, donde la velocidad y la tensión son máximas:

$$mgh_A = \frac{1}{2}mv_B^2 \Rightarrow v_B = \sqrt{2gh} = \sqrt{2gL(1-\cos\theta)}$$

- Las fuerzas que actúan sobre la masa en el punto B son el peso y la tensión del hilo. En la dirección radial se cumple:

$$F_c = T_B - mg \Rightarrow T_B = F_c + mg = m\frac{v_B^2}{L} + mg = m\frac{2gL(1-\cos\theta)}{L} + mg$$

$$T_B = mg(3-2\cos\theta)$$

Con el valor del ángulo θ puede determinarse la tensión máxima, T, del hilo en B.

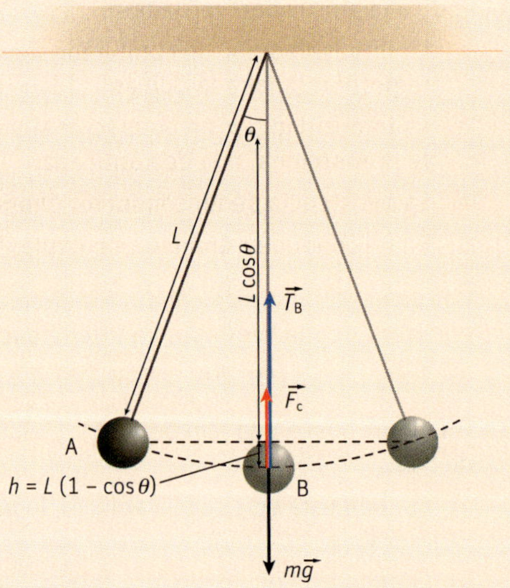

¿Qué materiales y datos se necesitan, y qué precauciones hay que tomar?

- Para construir un péndulo se necesita una bola de acero (en su defecto vale una tuerca gruesa) y un hilo de nailon. Para las medidas se necesitan, una regla milimetrada, un transportador y un cronómetro.
- Aunque el período no depende del ángulo de separación, la expresión matemática del período solo es válida para ángulos pequeños (menores de unos 11°). Por tanto, no hay que separar mucho el péndulo de la vertical.

Desarrollo experimental

¿Qué variables influyen?

PASO 1 **Calcula el período.** Mide con el cronómetro el tiempo que tarda en dar diez oscilaciones completas. Divide por diez dicho tiempo y así obtendrás el período de oscilación, T.

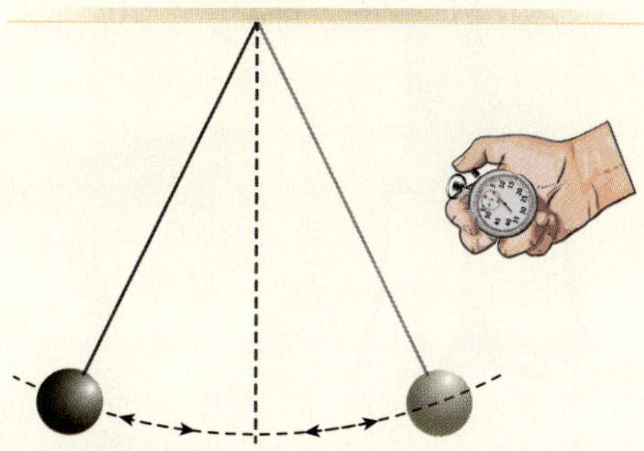

Resultado: T= .... s

PASO 2 **¿Influye la masa?** Cambia la bola por otra de menor masa y repite el mismo proceso sin modificar la longitud del hilo. Comprueba el nuevo período.

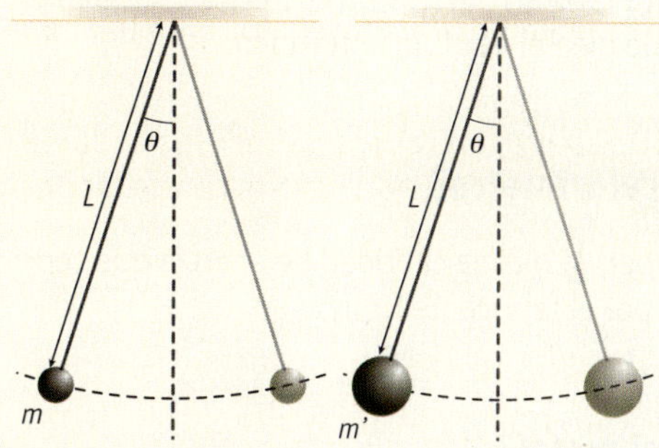

Conclusión: T= .... s

PASO 3 **¿Influye el ángulo θ?** Repite el mismo proceso fijando la masa y la longitud del péndulo, pero modificando el ángulo de separación.

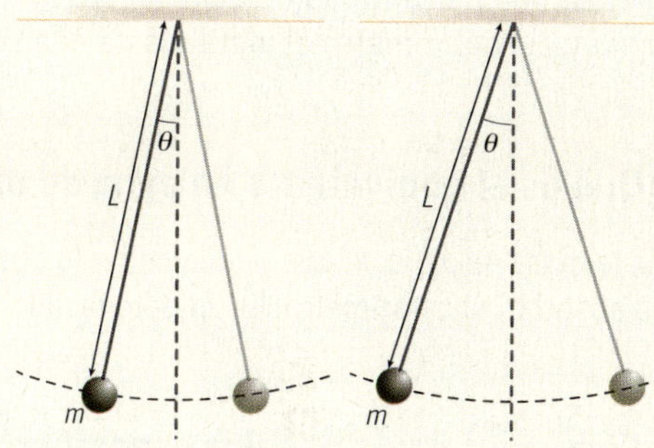

Conclusión: T= .... s

Cálculo de la gravedad

PASO 4 Modifica la longitud del hilo y repite el proceso del paso 1 para cuatro longitudes diferentes. Anota el período de oscilación para cada una de ellas y completa la tabla.

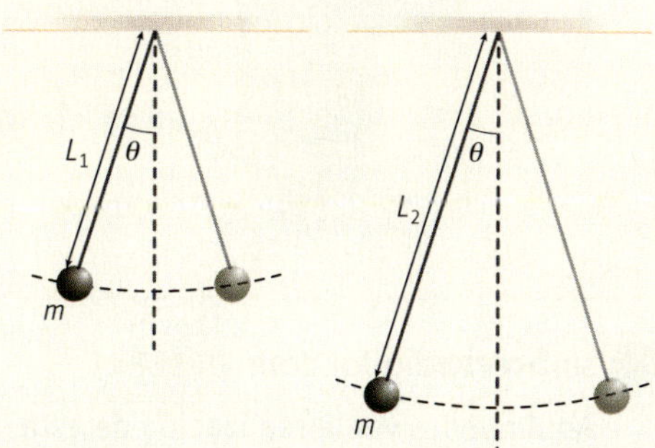

L	T_{10}	T	T^2

smSaviadigital.com OBSERVA

Aquí puedes ver la realización de esta práctica.

PASO 5 Representa gráficamente L (eje Y) frente a T^2 (eje X) y determina la pendiente de la recta obtenida.

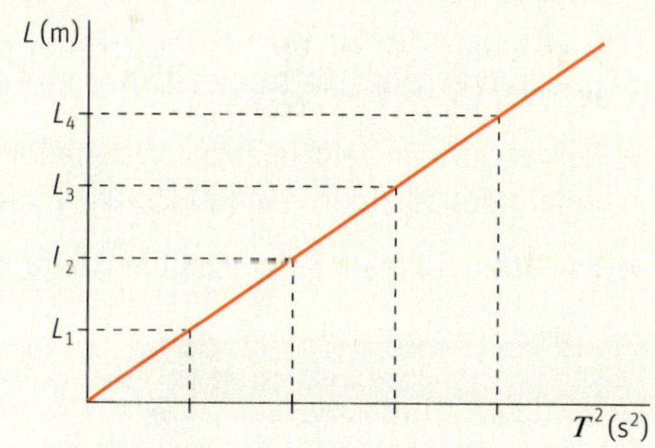

Como $L = \frac{g}{4\pi^2}T^2$, obtén el valor de g de la pendiente de la recta: g = ------------ m s^{-2}.

Estudio dinámico

PASO 6 **Mide la masa**, m, del péndulo y con ayuda del transportador, separa el péndulo de su posición de equilibrio un ángulo θ (procurando que $\theta < 11°$). Obtén la tensión y la velocidad para la posición B del péndulo:

$v_B = \sqrt{2gL(1-\cos\theta)}$ = ... m s^{-1} $\qquad$ $T_B = mg(3-2\cos\theta)$ = ... N

Evaluación del resultado

- Busca el valor de la aceleración de la gravedad para el sitio donde hayas realizado el experimento. Calcula el error relativo que hayas cometido y piensa cuáles pueden ser las causas de este error.
- ¿Depende el período de un péndulo de su masa? ¿Y de su separación de la posición de equilibrio?
- ¿Tiene aceleración normal el péndulo? ¿Y aceleración tangencial?

PRÁCTICA DE LABORATORIO

Determinación del calor específico de un metal

Situación a resolver

Para identificar el tipo de metal que forma una pieza, se va a determinar su calor específico.

Análisis del problema

▶ ¿Cómo se puede medir el calor específico de una pieza metálica?

Si se introduce una pieza metálica de masa m a la temperatura ambiente T_1 en un calorímetro con una cantidad de agua m_{agua} a la temperatura $T_2 > T_1$, se transferirá energía del agua y del calorímetro al metal hasta que se alcance el equilibrio térmico.

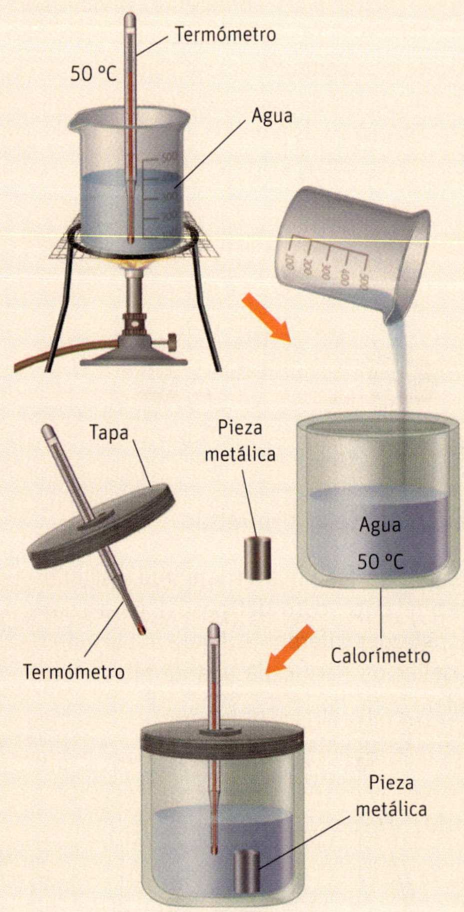

▶ ¿Qué es el equivalente en agua de un calorímetro?

Es la masa de agua, k, que puede ceder (o absorber) la misma cantidad de energía que cede (o absorbe) el calorímetro. Es un dato facilitado por el fabricante.

▶ ¿Cómo se calcula el calor específico del metal?

A partir de la ecuación calorimétrica: $Q_{absorbido} = Q_{cedido}$

$$mc(T - T_1) = -m_{agua}c_{agua}(T - T_2) - kc_{agua}(T - T_2)$$

$$c = 4180 \cdot \frac{(m_{agua} + k)(T_2 - T)}{m(T - T_1)}$$

▶ ¿Qué materiales se necesitan y qué precauciones hay que tomar?

- Se necesita un calorímetro con agitador y termómetro, una fuente de calor, una probeta graduada (para medir el agua) y una balanza (para medir la masa del metal).
- Es necesario manejar con cuidado la fuente de calor y el agua caliente.

Desarrollo experimental

PASO 1 Calienta el agua hasta unos 50 °C y viértela en el calorímetro. Deja un pasar un rato y mide la temperatura. A continuación se sitúa la pieza en el calorímetro.

PASO 2 Las temperaturas, inicial y final, del agua se miden con el termómetro del calorímetro. La temperatura inicial del metal es la temperatura ambiente. Anota los resultados en la tabla.

PASO 3 Conviene repetir el experimento al menos tres veces con distintas cantidades de agua para obtener el valor medio de los resultados obtenidos.

smSaviadigital.com OBSERVA

Aquí puedes ver la realización de esta práctica.

	m_{agua}	T_2	T	c
1.ª medida				
2.ª medida				
3.ª medida				

Evaluación del resultado

- Señala los errores experimentales que pueden haberse producido durante el proceso.
- Compara con una tabla de calores específicos el valor que has obtenido.
- ¿Por qué es necesario que el calorímetro sea un sistema aislado para que la experiencia sea válida?
- Razona cómo se podría calcular el equivalente en agua de un calorímetro conociendo el calor específico de un trozo de metal.

Determinación de la resistencia interna de una pila

Situación a resolver

Calcular la resistencia interna de una pila o de una batería (por ejemplo, la de un móvil).

Análisis del problema

¿Qué efecto tiene la resistencia interna de una pila?

Cuando se conecta una pila a una resistencia externa, la intensidad de corriente que circula por esta, circula también a través de la pila, donde se produce una caída de tensión debido a su propia resistencia interna. La diferencia de potencial en los bornes de la pila, ΔV_{pila}, es igual a su fuerza electromotriz, ε, menos la caída de tensión en el interior de la pila, rI:

$$\Delta V_{pila} = \varepsilon - rI \Rightarrow rI = \varepsilon - \Delta V_{pila}$$

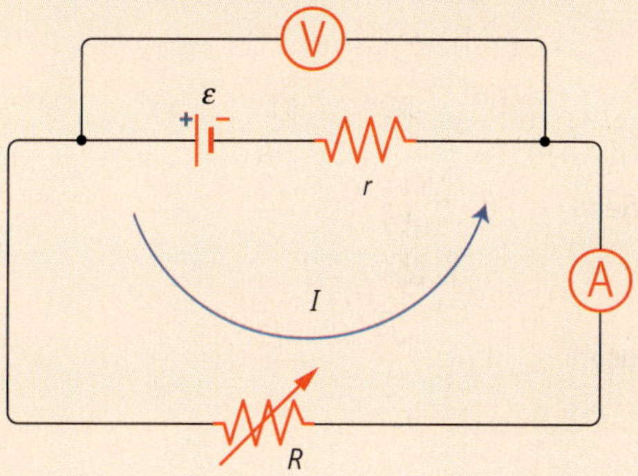

¿Cómo se puede medir la resistencia interna de una pila?

En un circuito con una resistencia externa R, conectada a los bornes de una pila de fuerza electromotriz ε y de resistencia interna r, circula una corriente eléctrica de intensidad:

$$I = \frac{\varepsilon}{R + r}$$

Según la ley de Ohm, la diferencia de potencial en los bornes de la pila es igual a la caída de tensión en la resistencia externa, $\Delta V_{pila} = \Delta V_R = RI$, y se cumple:

$$rI = \varepsilon - \Delta V_R \Rightarrow r = \frac{\varepsilon - \Delta V_R}{I}$$

¿Qué materiales se necesitan y qué precauciones hay que tomar?

Se necesita una pila o batería, una resistencia variable, un voltímetro, un amperímetro, cables y elementos de conexión. El voltímetro debe tener una escala adecuada a la pila usada.

smSaviadigital.com **OBSERVA**

Aquí puedes ver la realización de esta práctica.

Desarrollo experimental

PASO 1 Monta el circuito con una resistencia variable conectada a la pila. Conecta un voltímetro a los bornes de la pila e incluye un interruptor y un miliamperímetro en serie con la resistencia.

PASO 2 Con el interruptor abierto, el voltímetro mide la ε de la pila. Con el interruptor cerrado, el voltímetro mide la diferencia de potencial ΔV_R en los bornes de la pila y el miliamperímetro, la intensidad de corriente eléctrica I que circula por el circuito.

PASO 3 Conviene repetir las medidas al menos cinco veces en distintas posiciones del cursor de la resistencia variable (o con cinco resistencias distintas) para obtener el valor medio de los resultados obtenidos.

PASO 4 Si representas en una gráfica la diferencia de potencial ΔV_{pila} en función de la intensidad de corriente I, la pendiente de la recta resultante es igual a la resistencia interna de la pila.

	ε	ΔV_R	$\varepsilon - \Delta V_R$	I	r
1.ª medida					
2.ª medida					
3.ª medida					
4.ª medida					
5.ª medida					

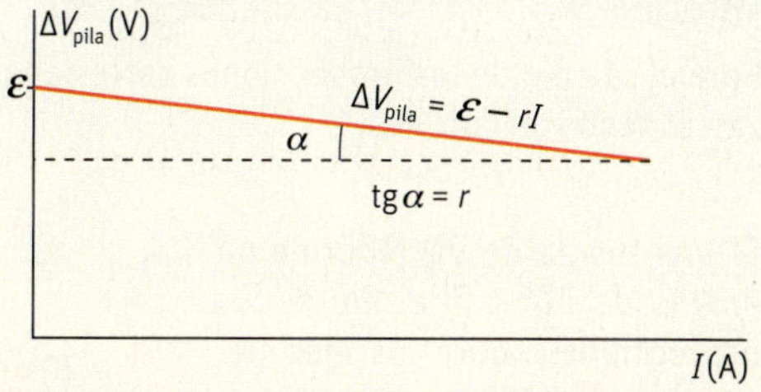

Evaluación del resultado

- Explica por qué no se puede medir directamente la resistencia interna de la pila con un ohmímetro.
- Justifica por qué la resistencia del voltímetro tiene que ser mucho mayor que la resistencia interna de la pila.

HERRAMIENTAS MATEMÁTICAS

1 Trigonometría

Razones trigonométricas

Las razones trigonométricas de un ángulo, α: seno, coseno y tangente (y sus razones inversas respectivas: cosecante, secante y cotangente), pueden representarse gráficamente usando una circunferencia de radio unidad, denominada **circunferencia goniométrica**, que tiene su centro en el origen de coordenadas O(0, 0). Estas razones están representadas mediante segmentos y su signo depende del cuadrante donde esté situado el ángulo.

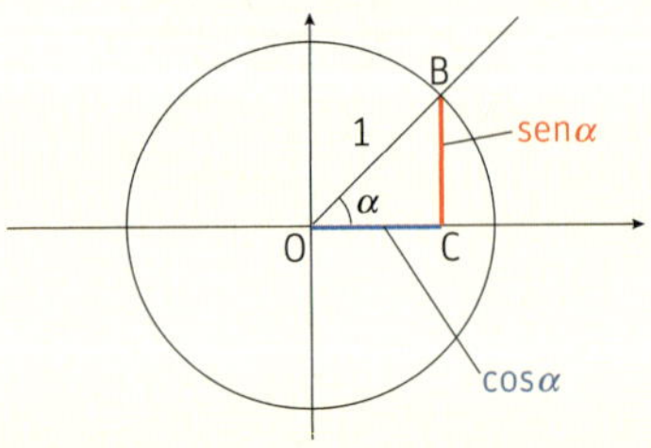

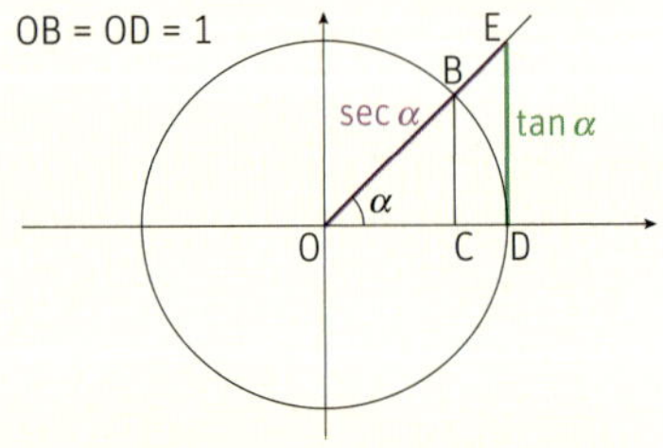

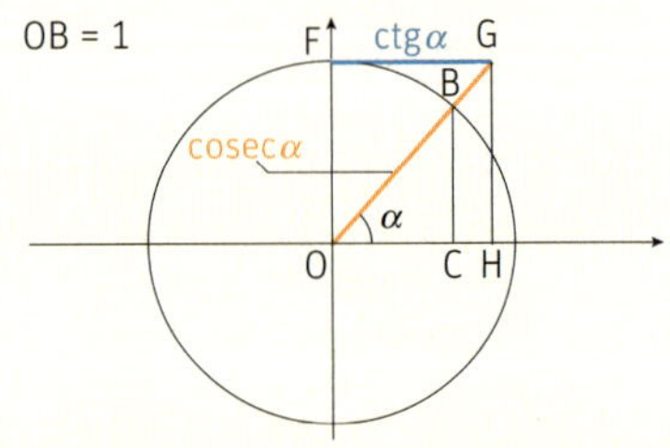

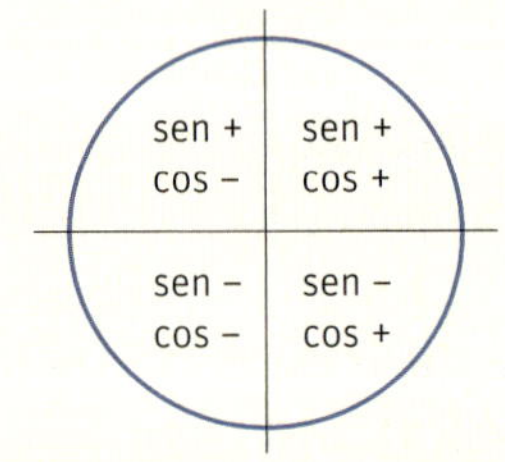

	0º	30º	45º	60º	90º	120º	135º	150º	180º	210º	225º	240º	270º	300º	315º	330º	3600
Seno	0	$\frac{1}{2}$	$\frac{\sqrt{2}}{2}$	$\frac{\sqrt{3}}{2}$	1	$\frac{\sqrt{3}}{2}$	$\frac{\sqrt{2}}{2}$	$\frac{1}{2}$	0	$-\frac{1}{2}$	$-\frac{\sqrt{2}}{2}$	$-\frac{\sqrt{3}}{2}$	-1	$-\frac{\sqrt{3}}{2}$	$-\frac{\sqrt{2}}{2}$	$-\frac{1}{2}$	0
Coseno	1	$\frac{\sqrt{3}}{2}$	$\frac{\sqrt{2}}{2}$	$\frac{1}{2}$	0	$-\frac{1}{2}$	$-\frac{\sqrt{2}}{2}$	$-\frac{\sqrt{3}}{2}$	-1	$-\frac{\sqrt{3}}{2}$	$-\frac{\sqrt{2}}{2}$	$-\frac{1}{2}$	0	$\frac{1}{2}$	$\frac{\sqrt{2}}{2}$	$\frac{\sqrt{3}}{2}$	1

Relaciones e identidades trigonométricas fundamentales

$$\mathrm{tg}\,\alpha = \frac{\mathrm{sen}\,\alpha}{\cos\alpha} \qquad \mathrm{sen}^2\alpha + \cos^2\alpha = 1 \qquad 1 + \mathrm{tg}^2\alpha = \frac{1}{\cos^2\alpha}$$

Seno y coseno del ángulo doble	Ángulos complementarios ($\alpha + \beta$ = 90º)	Ángulos suplementarios ($\alpha + \beta$ = 180º)
$\mathrm{sen}\,2\alpha = 2\,\mathrm{sen}\,\alpha\cos\alpha$ $\cos 2\alpha = \cos^2\alpha - \mathrm{sen}^2\alpha$	$\mathrm{sen}\,\alpha = \cos(90^\circ - \alpha) = \cos\beta$	$\mathrm{sen}\,\alpha = \mathrm{sen}(180^\circ - \alpha) = \mathrm{sen}\,\beta$ $\cos\alpha = -\cos(180^\circ - \alpha) = -\cos\beta$

Las relaciones trigonométricas se emplean en múltiples situaciones físicas, como el cálculo de las proyecciones de una magnitud vectorial, por ejemplo una fuerza, sobre los ejes de coordenadas cartesianas, en la composición de fuerzas, en el estudio del movimiento de proyectiles, etc.

Ejemplo 1

Para el cálculo de las proyecciones cartesianas de una fuerza se utilizan el seno y el coseno.

Si una fuerza de 20 N forma un ángulo de 30º con el eje X, sus proyecciones sobre los ejes tienen un valor de:

$$F_x = 20\cos 30^\circ = 17{,}3\ \mathrm{N}$$
$$F_y = 20\,\mathrm{sen}\,30^\circ = 10\ \mathrm{N}$$

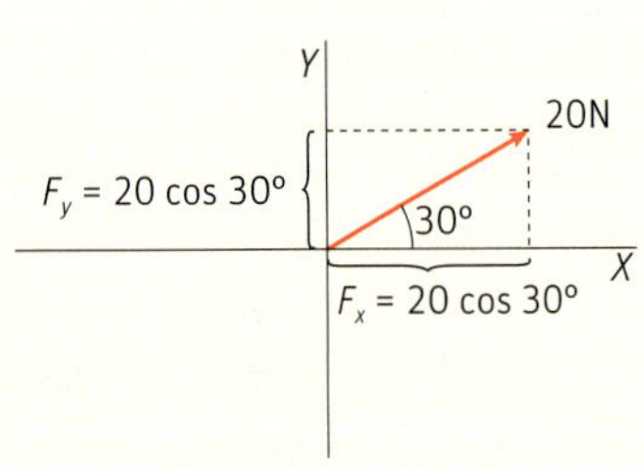

Ejemplo 2

En un lanzamiento de proyectiles se utilizan las expresiones de ángulo doble.

En un lanzamiento oblicuo con velocidad inicial v_0 y ángulo de lanzamiento α, la fórmula del alcance máximo es:

$$x_{\text{máx.}} = \frac{2v_0^2\,\mathrm{sen}\,\alpha\,\cos\alpha}{g} = \frac{v_0^2\,\mathrm{sen}\,2\alpha}{g}$$

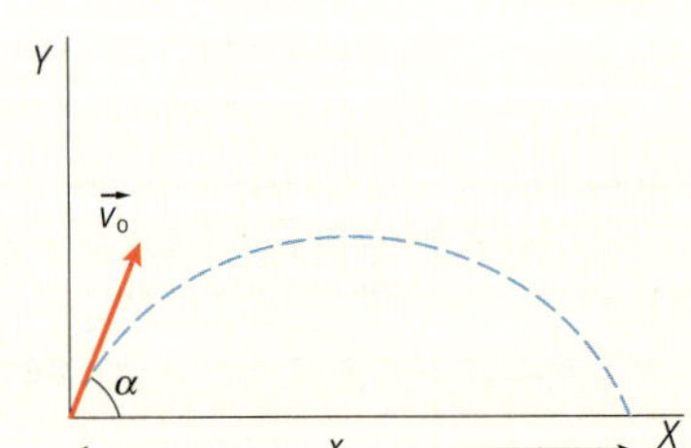

Resolución de triángulos

En un triángulo rectángulo, las **razones trigonométricas** del ángulo α son relaciones entre los lados del triángulo:

$$\operatorname{sen}\alpha = \frac{\text{cateto opuesto}}{\text{hipotenusa}} = \frac{c}{a} \qquad \cos\alpha = \frac{\text{cateto contiguo}}{\text{hipotenusa}} = \frac{b}{a} \qquad \operatorname{tg}\alpha = \frac{\text{cateto opuesto}}{\text{cateto contiguo}} = \frac{c}{b}$$

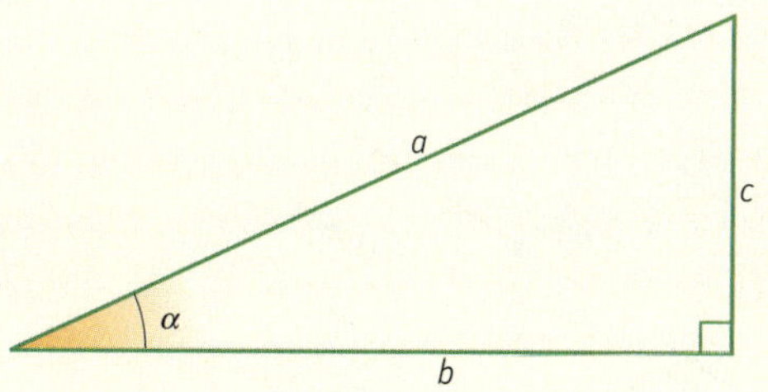

El **teorema del coseno** juega un papel muy importante en la resolución de cualquier tipo de triángulo:

$$a^2 = b^2 + c^2 - 2bc\cos\alpha$$

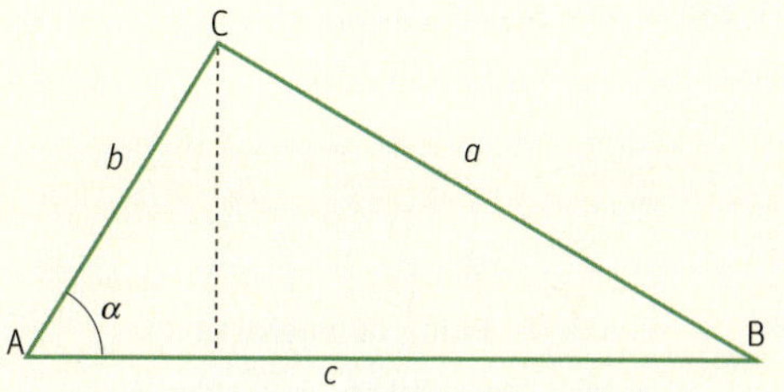

El **teorema de Pitágoras** es un caso particular del teorema del coseno, donde α = 90°. La expresión queda:

$$a^2 = b^2 + c^2$$

Medida de un ángulo en radianes

Para medir un ángulo en radianes se mide su arco correspondiente con el radio. Se observa que la medida es única para cualquier valor del radio tomado.

Así, a un ángulo de 360° le corresponde una medida en radianes que resulta de dividir su arco correspondiente, $2\pi r$, por el radio de la circunferencia:

$$360° \Leftrightarrow \frac{2\pi r}{r} = 2\pi \text{ rad}$$

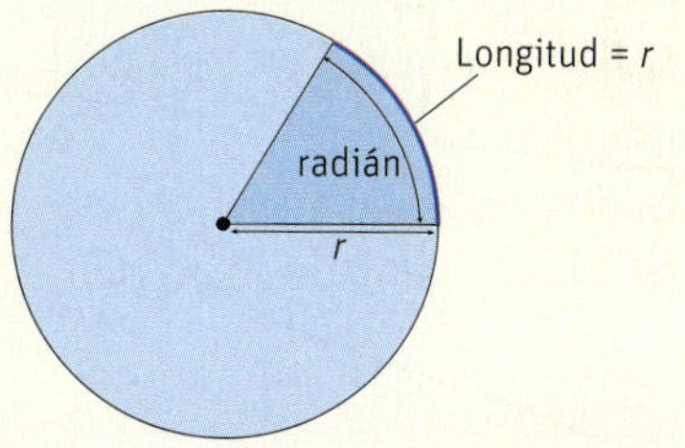

Existe una sencilla proporción que permite expresar en radianes cualquier valor en grados de un ángulo:

Grados	0°	30°	45°	60°	90°	120°	135°	150°	180°	210°	225°	240°	270°	300°	315°	330°	360°
Radianes	0	$\pi/6$	$\pi/4$	$\pi/3$	$\pi/2$	$2\pi/3$	$3\pi/4$	$5\pi/6$	π	$7\pi/6$	$5\pi/4$	$4\pi/3$	$3\pi/2$	$5\pi/3$	$7\pi/4$	$11\pi/6$	2π

La expresión de la medida de los ángulos en radianes es ampliamente utilizada en cinemática para expresar las magnitudes angulares: velocidad angular, ω, y aceleración angular, α:

$$\omega = \frac{\Delta\varphi}{\Delta t} \text{ rad s}^{-1} \qquad \alpha = \frac{\Delta\omega}{\Delta t} \text{ rad s}^{-2}$$

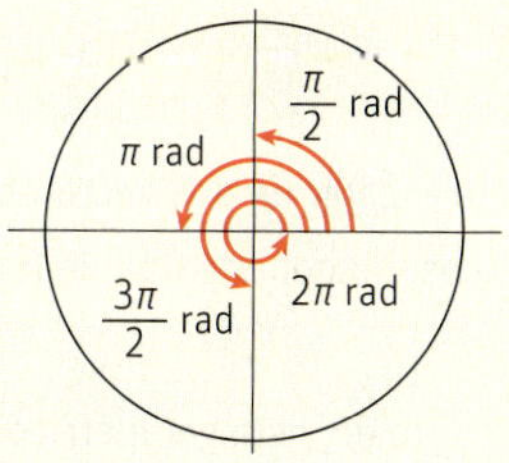

La expresión de la medida de un ángulo en radianes es adimensional, ya que se obtiene mediante el cociente de dos longitudes. Así, es corriente omitir la palabra *rad* y expresar ω y α en s^{-1} y s^{-2}, respectivamente.

Ejemplo 3

Para calcular la resultante de dos fuerzas que forman un ángulo se aplica el teorema del coseno.

Por ejemplo, si dos fuerzas de 20 N y 30 N forman un ángulo de 45°, el valor de la fuerza resultante es:

$$R^2 = 20^2 + 30^2 - 2 \cdot 20 \cdot 30\cos 135°$$
$$R = 46{,}4 \text{ N}$$

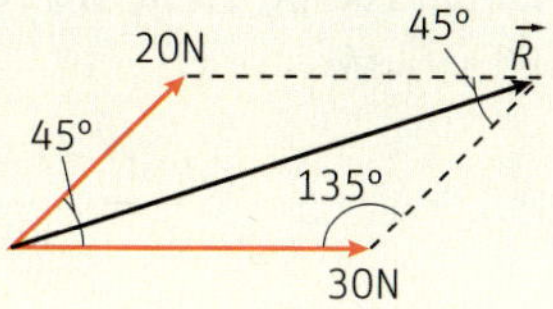

Ejemplo 4

En los movimientos circulares la conversión de magnitudes angulares a magnitudes lineales se realiza teniendo en cuenta el paso de grados a radianes.

Por ejemplo, si una rueda gira a razón de 30 vueltas en 1 min, su velocidad angular es 30 *rpm*, que expresada en rad s^{-1} es:

$$\frac{(30\,\text{vuelta})}{(1\,\text{min})} \cdot \frac{(2\pi\,\text{rad})}{(1\,\text{vuelta})} \cdot \frac{(1\,\text{min})}{(60\,s)} = \pi \text{ rads}^{-1}$$

2 Cálculo vectorial

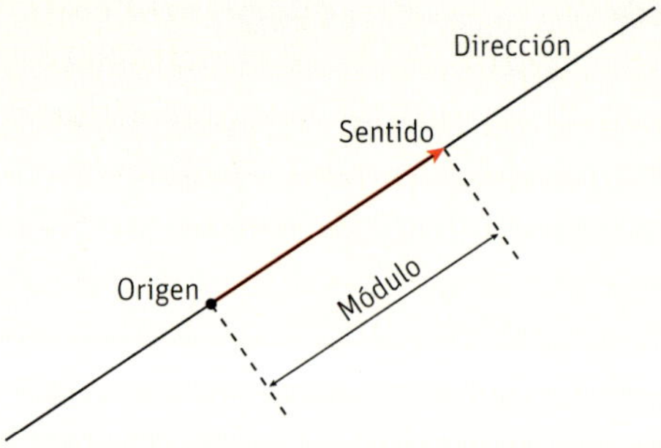

Vectores

Las magnitudes físicas pueden ser escalares o vectoriales. Las vectoriales se representan mediante vectores. Un vector $\vec{v}$ es un segmento orientado definido por su:

- **Módulo $|\vec{v}|$.** Representa la medida del vector y se expresa mediante un número con su correspondiente unidad.
- **Dirección.** Es la recta sobre la que se apoya el vector.
- **Sentido.** Viene indicado por la punta de la flecha.
- **Origen o punto de aplicación.** Es el punto donde comienza el vector.

Operaciones con vectores

Las operaciones con magnitudes vectoriales son muy comunes en cálculos físicos. Se deben conocer las operaciones con vectores desde un punto de vista gráfico.

Suma de vectores

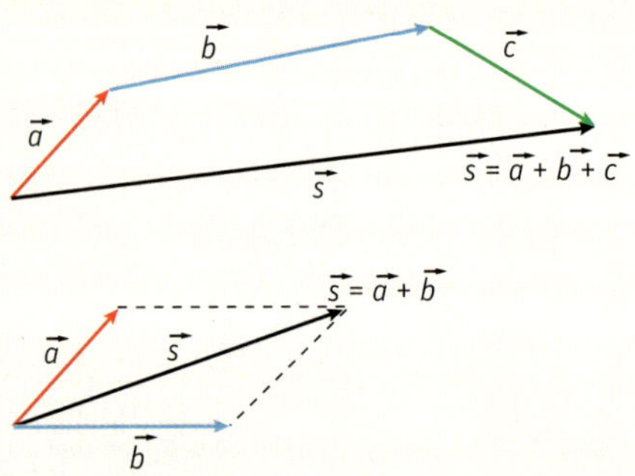

La suma de dos o más vectores es otro vector que resulta de unir el origen del primero con el extremo del último. La suma de dos vectores también se obtiene como la diagonal del paralelogramo.

Resta de vectores

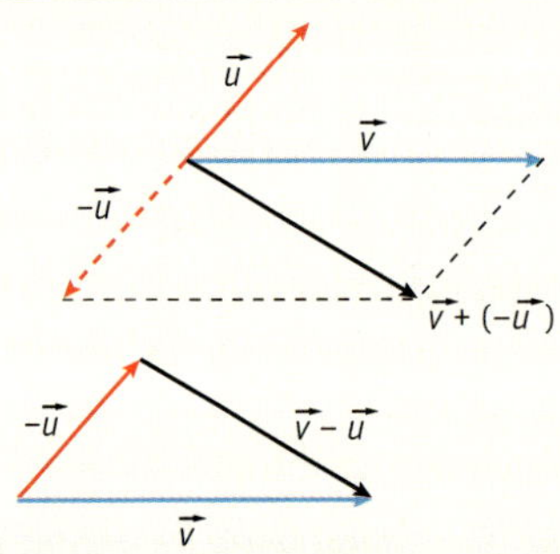

Para restar dos vectores, se disponen unidos por el origen y se suma al primero el opuesto del segundo. Restar vectores equivale a realizar la suma de uno de ellos con el opuesto del otro:

$$\vec{v} - \vec{u} = \vec{v} + (-\vec{u})$$

Producto de un vector por un escalar

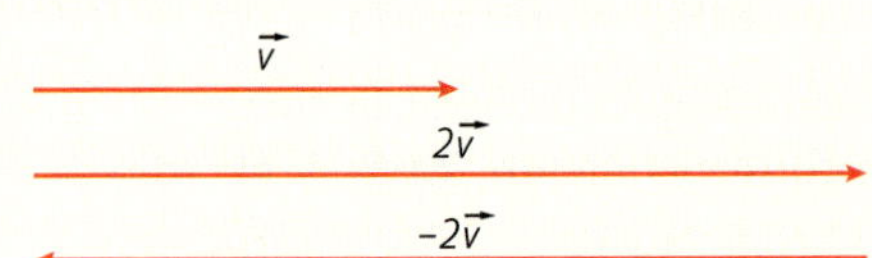

El producto de un vector $\vec{v}$ por un escalar n da el vector $n\vec{v}$ que es n veces el vector $\vec{v}$. Si el escalar es −1, se obtiene el vector opuesto, (−1) $\vec{v}$ = − $\vec{v}$, de iguales longitud y dirección, pero distinto sentido.

Producto escalar de dos vectores

El producto escalar de dos vectores $\vec{a}$ y $\vec{b}$ es un escalar que se obtiene como producto de los módulos por el coseno del ángulo que forman:

$$\vec{a} \cdot \vec{b} = |\vec{a}|\,|\vec{b}| \cos\alpha$$

Desde el punto de vista geométrico, el producto escalar es el módulo de uno de ellos por la proyección del otro sobre él.

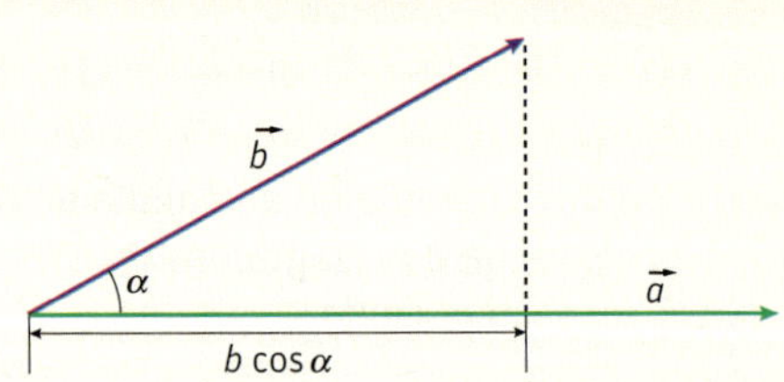

Ejemplo 5

El vector desplazamiento se calcula como una resta de vectores de posición.

Un móvil se traslada desde el punto P_1 al punto P_2. Si se considera que el vector de posición de P_1 es $\vec{r}_1$ y el de P_2 es $\vec{r}_2$, el vector desplazamiento se define como:

$$\Delta\vec{r} = \vec{r}_2 - \vec{r}_1 = \vec{r}_2 + (-\vec{r}_1)$$

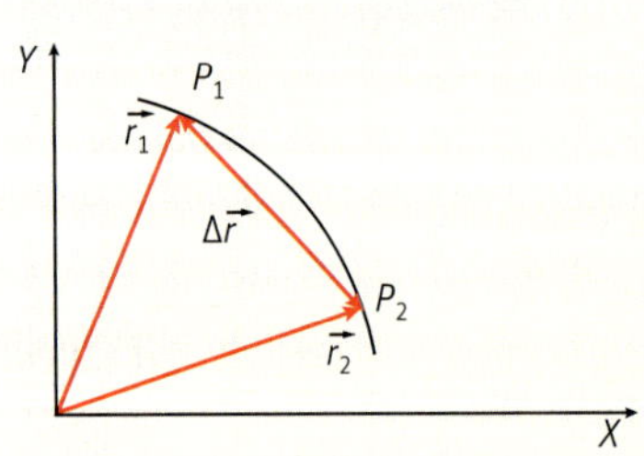

Ejemplo 6

El trabajo W se define como el producto escalar de una fuerza $\vec{F}$ y un desplazamiento $\Delta\vec{r}$.

Por ejemplo, el trabajo realizado por una fuerza de 25 N para desplazar un cuerpo 15 m, si el ángulo de la fuerza y el desplazamiento es de 20°, es:

$$W = F\,\Delta r \cos\alpha = 25 \cdot 15 \cdot \cos 20°$$
$$W = 352{,}4\ \text{J}$$

Producto vectorial de dos vectores

El producto vectorial de dos vectores, $\vec{a} \times \vec{b}$, es un vector con las siguientes características:

- Su módulo se obtiene como el producto de los módulos de los vectores por el seno del ángulo que forman.

$$|\vec{a} \times \vec{b}| = |\vec{a}||\vec{b}| \operatorname{sen}\alpha$$

- Su dirección es perpendicular al plano formado por los vectores $\vec{a}$ y $\vec{b}$.
- Su sentido es el de avance del "tornillo" o "sacacorchos" cuando se lleva el vector $\vec{a}$ (el primero) sobre el vector $\vec{b}$ (el segundo) por el ángulo más pequeño.
- Su origen suele dibujarse en el punto de intersección de los vectores.
- Desde un punto de vista geométrico, su módulo representa el valor del área del paralelogramo formado por ambos vectores.
- El producto vectorial no es conmutativo, ya que $\vec{a} \times \vec{b} = -\vec{b} \times \vec{a}$.
- Si los vectores $\vec{a}$ y $\vec{b}$ son paralelos (forman un ángulo de 0°), entonces $\vec{a} \times \vec{b} = 0$ porque $\operatorname{sen}0° = 0$.

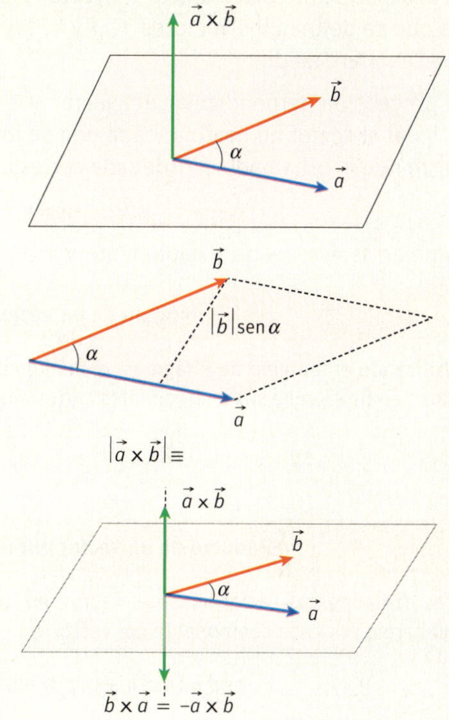

Ejemplo 7

El momento, $\vec{M}$, de una fuerza, $\vec{F}$, respecto a un punto O, mide la capacidad de la fuerza para producir un giro. Observa la figura, donde una persona, utilizando una llave, trata de producir el giro de un tornillo.

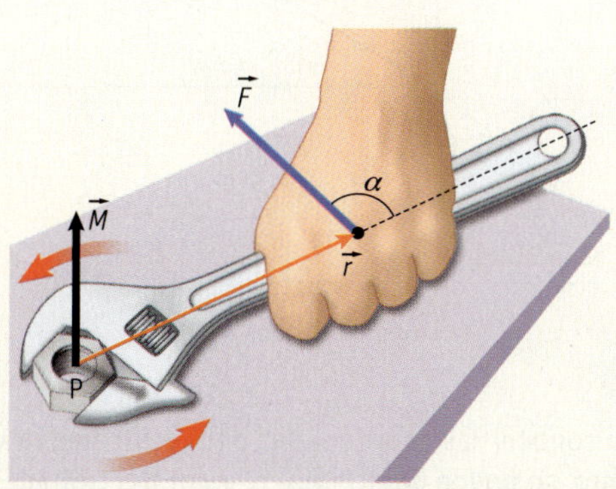

El momento de la fuerza se define como el producto vectorial del vector $\vec{r}$ (con origen en el punto P y extremo en el punto de aplicación de la fuerza) y la fuerza $\vec{F}$:

$$\vec{M} = \vec{r} \times \vec{F}$$

$$|\vec{M}| = |\vec{r}||\vec{F}| \operatorname{sen}\alpha$$

Ejemplo 8

El momento angular, $\vec{L}$, de una masa, m, que se mueve con una velocidad, $\vec{v}$, respecto a un punto O es una magnitud física cuyas características nos informan de diversos aspectos dinámicos de la partícula. En concreto, es muy útil cuando la partícula describe una trayectoria cerrada (circunferencia, elipse, etc.).

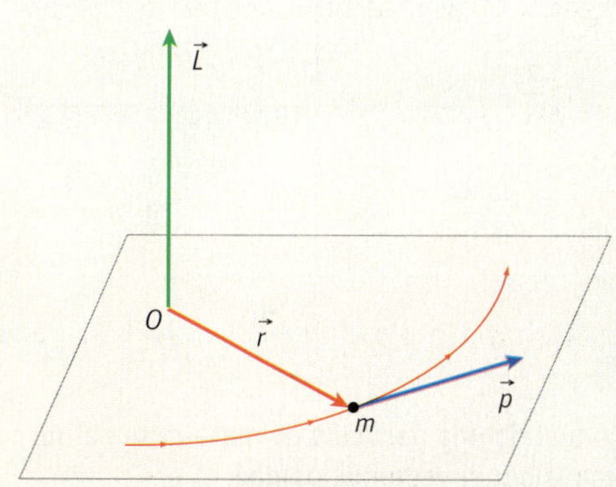

El momento angular de la partícula es el producto vectorial del vector de posición $\vec{r}$ y el momento lineal de la partícula, $\vec{p} = m\vec{v}$:

$$\vec{L} = \vec{r} \times m\vec{v}$$

$$|\vec{L}| = |\vec{r}||\vec{p}| \operatorname{sen}\alpha$$

HERRAMIENTAS MATEMÁTICAS

Coordenadas cartesianas

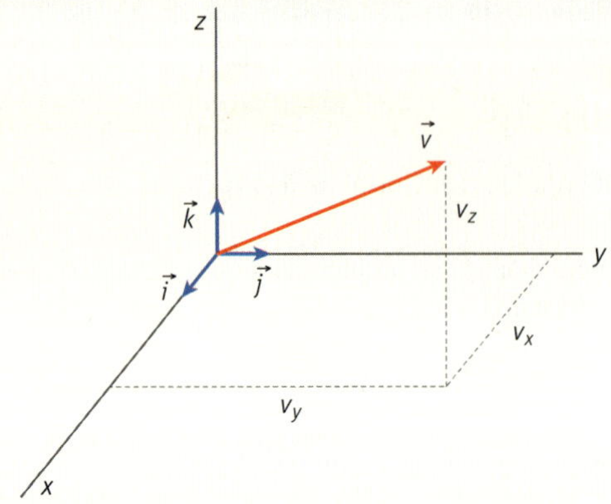

En la descripción cartesiana de un vector $\vec{v}$ se considera un sistema de ejes cartesianos sobre los que se definen los vectores $\vec{i}$, $\vec{j}$ y $\vec{k}$, cuyo módulo es igual a la unidad de la magnitud $\vec{v}$ que se quiere medir.

La proyección perpendicular del vector $\vec{v}$ sobre los ejes da lugar a dos vectores, cuya suma es igual al vector de partida. Cada uno de los vectores proyección es igual al producto de un cierto número, llamado coordenada cartesiana, por el vector unitario correspondiente:

$$\vec{v} = v_x\vec{i} + v_y\vec{j} + v_z\vec{k}$$

También se escribe abreviadamente $\vec{v} = (v_x, v_y, v_z)$.

Módulo de un vector	Suma de vectores
Utilizando el teorema de Pitágoras, el módulo de un vector $\vec{v}$ puede expresarse en función de sus componentes cartesianas, v_x, v_y y v_z como: $\lvert\vec{v}\rvert = +\sqrt{v_x^2 + v_y^2 + v_z^2}$	Las componentes cartesianas del vector suma $\vec{u} + \vec{v}$ se obtienen sumando las correspondientes componentes de los vectores. Si $\vec{u} = (u_x, u_y, u_z)$ y $\vec{v} = (v_x, v_y, v_z)$: $\vec{u} + \vec{v} = (u_x + v_x)\vec{i} + (u_y + v_y)\vec{j} + (u_z + v_z)\vec{k}$
Producto de un vector por un número	**Producto escalar de dos vectores**
Las componentes cartesianas del vector $n\vec{u}$ se obtienen multiplicando el número n por cada componente del vector $\vec{u}$: $n\vec{u} = (nu_x)\vec{i} + (nu_y)\vec{j} + (nu_z)\vec{k}$	El producto escalar de dos vectores a partir de las coordenadas cartesianas de los dos vectores es: $\vec{u} \cdot \vec{v} = (u_x\vec{i} + u_y\vec{j} + u_z\vec{k})(v_x\vec{i} + v_y\vec{j} + v_z\vec{k}) = u_xv_x + u_yv_y + u_zv_z$

Ejemplo 9

La fuerza es una magnitud vectorial. El módulo o intensidad de una fuerza se calcula mediante el teorema de Pitágoras.

Por ejemplo, el módulo de las siguientes fuerzas en el plano, $\vec{F}_1 = (3\vec{i} - 2\vec{j})$ N y $\vec{F}_2 = (-5\vec{i} + \vec{j})$ N, es:

$$\lvert\vec{F}_1\rvert = \sqrt{3^2 + (-2)^2} = \sqrt{13}\ \text{N} \qquad \lvert\vec{F}_2\rvert = \sqrt{(-5)^2 + 1^2} = \sqrt{26}\ \text{N}$$

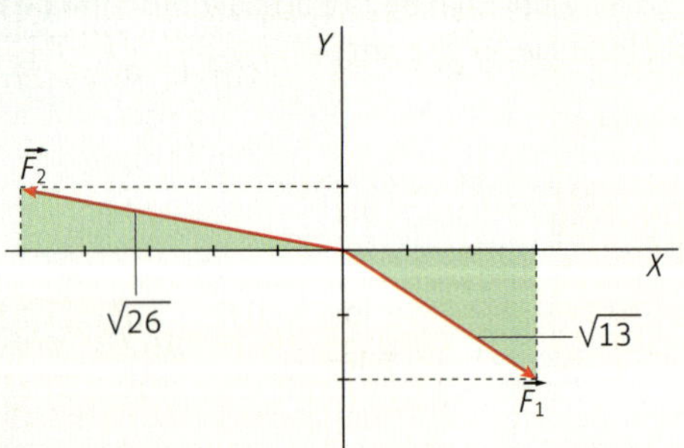

Ejemplo 10

Si las fuerzas están separadas en coordenadas cartesianas, su suma se hace componente a componente.

La resultante de dos fuerzas concurrentes $\vec{F}_1 = (60\vec{i} + 20\vec{j} + 10\vec{k})$ N y $\vec{F}_2 = (-40\vec{i} + 30\vec{j} + 20\vec{k})$ N es:

$$\vec{R} = \vec{F}_1 + \vec{F}_2 = (60 - 40)\vec{i} + (20 + 30)\vec{j} + (10 + 20)\vec{k} = 20\vec{i} + 50\vec{j} + 30\vec{k}$$

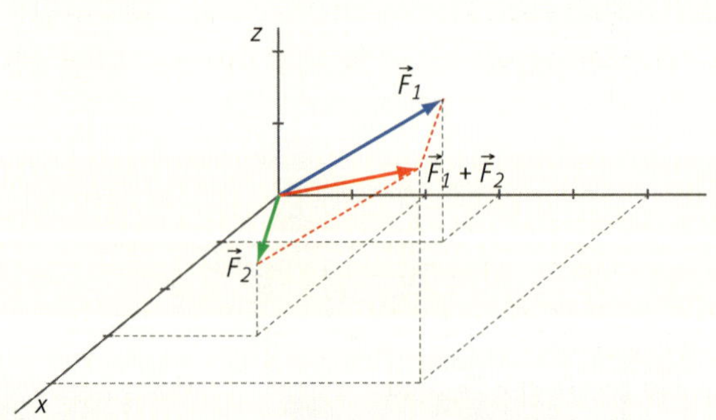

Ejemplo 11

El momento lineal de una partícula de masa m se define como el producto de su masa por el vector velocidad.

Si una masa de 5 kg se mueve con una velocidad $\vec{v} = (10\vec{i} - 5\vec{j})$ ms^{-1}, el vector momento lineal es:

$$\vec{p} = m\vec{v} = 5 \cdot (10\vec{i} - 5\vec{j}) = (50\vec{i} - 25\vec{j})\ \text{kgms}^{-1}$$

Ejemplo 12

En el caso de conocer las coordenadas del vector fuerza y del vector desplazamiento, se puede determinar el valor del trabajo realizado.

Si la fuerza aplicada sobre el móvil es $\vec{F} = (5\vec{i} - 2\vec{j})$ N y el vector desplazamiento es $\Delta\vec{r} = (-3\vec{i} + 4\vec{j})$ m, el trabajo realizado por la fuerza es:

$$W = \vec{F} \cdot \Delta\vec{r} = 5 \cdot (-3) + (-2) \cdot 4 = -23\ \text{J}$$

Producto vectorial

La expresión del producto vectorial de dos vectores a partir de sus coordenadas cartesianas es:

$$\vec{u}\times\vec{v}=\begin{vmatrix}\vec{i} & \vec{j} & \vec{k}\\ u_x & u_y & u_z\\ v_x & v_y & v_z\end{vmatrix}=\begin{vmatrix}u_y & u_z\\ v_y & v_z\end{vmatrix}\vec{i}-\begin{vmatrix}u_x & u_z\\ v_x & v_z\end{vmatrix}\vec{j}+\begin{vmatrix}u_x & u_y\\ v_x & v_y\end{vmatrix}\vec{k}$$

Desarrollando los determinantes de segundo orden queda la expresión:

$$\vec{u}\times\vec{v}=(u_yv_z-u_zv_y)\vec{i}-(u_xv_z-u_zv_z)\vec{j}+(u_xv_y-u_yv_x)\vec{k}$$

Ejemplo 13

Si los vectores están expresados en coordenadas cartesianas, el producto vectorial se calcula mediante la expresión anterior.

Por ejemplo, para calcular el producto vectorial de los vectores $\vec{v}_1=3\vec{i}-2\vec{j}+\vec{k}$ y $\vec{v}_2=\vec{i}+\vec{j}-2\vec{k}$:

$$\vec{u}\times\vec{v}=\begin{vmatrix}\vec{i} & \vec{j} & \vec{k}\\ 3 & -2 & 1\\ 1 & 1 & -2\end{vmatrix}$$

$$\vec{u}\times\vec{v}=\begin{vmatrix}-2 & 1\\ 1 & -2\end{vmatrix}\vec{i}-\begin{vmatrix}3 & 1\\ 1 & -2\end{vmatrix}\vec{j}+\begin{vmatrix}3 & -2\\ 1 & 1\end{vmatrix}\vec{k}$$

$$\vec{u}\times\vec{v}=[(-2)(-2)-1\cdot 1]\vec{i}-[3\cdot(-2)-1\cdot 1]\vec{j}+[3\cdot 1-(-2)\cdot 1]\vec{k}$$

$$\vec{u}\times\vec{v}=3\vec{i}+7\vec{j}+5\vec{k}$$

Ejemplo 14

El producto vectorial permite calcular el ángulo que forman dos vectores.

Para calcular el ángulo que forman los vectores del ejemplo anterior, $\vec{v}_1=3\vec{i}-2\vec{j}+\vec{k}$ y $\vec{v}_2=\vec{i}+\vec{j}-2\vec{k}$, se utilizan las expresiones del producto vectorial:

Calculamos los módulos de los vectores:

$$|\vec{v}_1|=\sqrt{3^2+(-2)^2+1^2}=\sqrt{14}\quad |\vec{v}_2|=\sqrt{1^2+1^2+(-2)^2}=\sqrt{6}$$

$$|\vec{v}_1\times\vec{v}_2|=\sqrt{3^2+7^2+5^2}=\sqrt{83}$$

Usando la expresión del producto vectorial y despejando:

$$|\vec{a}\times\vec{b}|=|\vec{a}||\vec{b}|\operatorname{sen}\alpha\Rightarrow\operatorname{sen}\alpha=\frac{|\vec{a}\times\vec{b}|}{|\vec{a}||\vec{b}|}=\frac{\sqrt{83}}{\sqrt{14}\sqrt{6}}=0{,}99$$

$$\alpha=\operatorname{sen}^{-1}0{,}99=81^\circ$$

Ejemplo 15

El momento de una fuerza se calcula mediante un producto vectorial. Si los vectores están dados en coordenadas cartesianas, se utiliza la expresión anterior.

Por ejemplo, la fuerza necesaria para abrir una puerta es $\vec{F}=(10\vec{i}-5\vec{j}+2\vec{k})\,\text{N}$ cuando se aplica en un punto P(3, 4, 1), y se sabe que la puerta gira alrededor de un eje que pasa por el origen O(0, 0, 0). El momento de la fuerza es $\vec{M}=\vec{r}\times\vec{F}=\vec{OP}\times\vec{F}$.

$$\vec{M}=\begin{vmatrix}\vec{i} & \vec{j} & \vec{k}\\ 3 & 4 & 1\\ 10 & -5 & 2\end{vmatrix}=(13\vec{i}+4\vec{j}-55\vec{k})\,\text{Nm}$$

El valor numérico es el módulo de este vector:

$$|\vec{M}|=\sqrt{13^2+4^2+(-55)^2}=57\,\text{Nm}$$

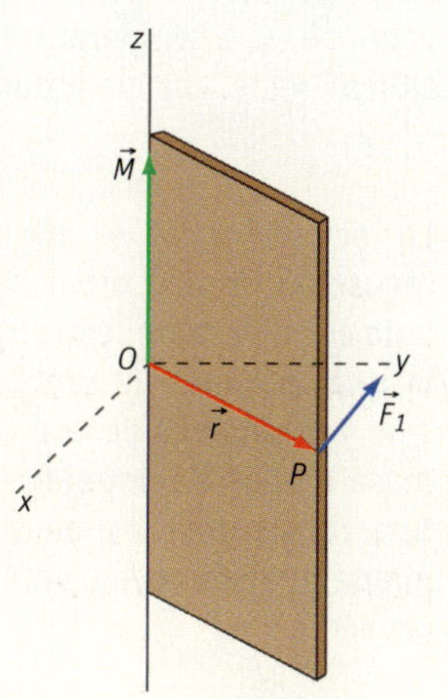

Ejemplo 16

El momento angular de una partícula de masa *m* y velocidad $\vec{v}$ que se mueve alrededor de un punto O, con vector de posición $\vec{r}$ está dada por la expresión:

$$\vec{L}=\vec{r}\times m\vec{v}$$

Por ejemplo, si un *m* = 2 kg y los vectores están dados en coordenadas cartesianas, $\vec{r}=(3\vec{i}-2\vec{j}+\vec{k})\,\text{m}$ y $\vec{v}=(-2\vec{i}+3\vec{j}+\vec{k})\,\text{ms}^{-1}$, el momento angular de la partícula es:

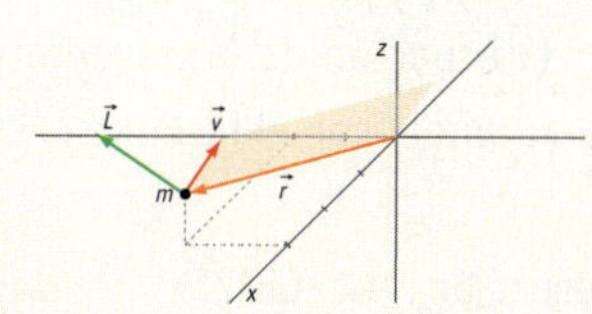

$$\vec{L}=\vec{r}\times m\vec{v}=2\cdot\begin{vmatrix}\vec{i} & \vec{j} & \vec{k}\\ 3 & -2 & 1\\ -2 & 3 & 1\end{vmatrix}=2\cdot(-5\vec{i}-5\vec{j}+5\vec{k})$$

$$\vec{L}=(-10\vec{i}-10\vec{j}+10\vec{k})\,\text{kgm}^2\,\text{s}^{-1}$$

3 Gráficas

Gráficas en el plano

Las gráficas muestran de forma clara y precisa la relación entre las magnitudes físicas. Las más comunes son la recta, la parábola y la hipérbola.

Recta	Parábola	Hipérbola
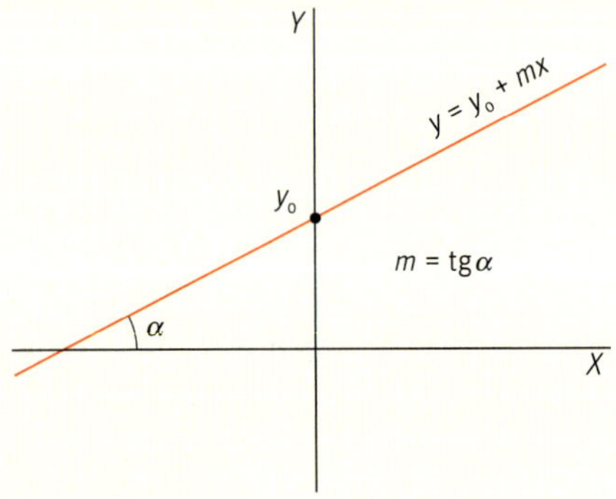	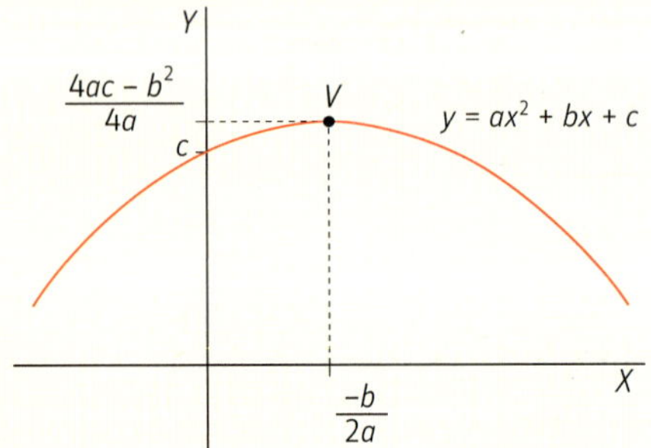	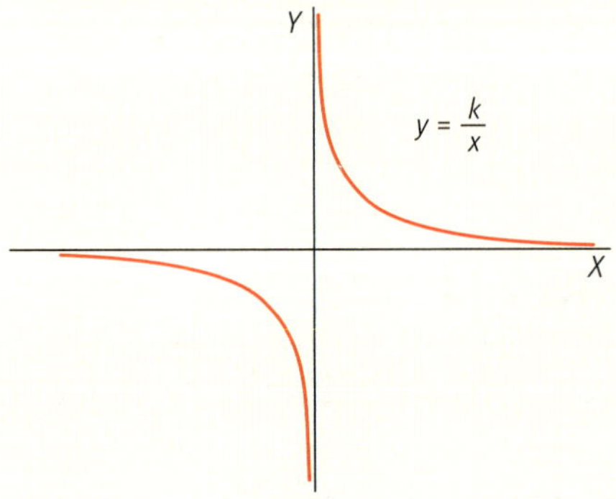
La ecuación de la recta es: $y = y_0 + mx$ Donde m es su pendiente e y_0 es su ordenada en el origen. Si $y_0 = 0$, la recta pasa por el origen y la ecuación $y = mx$ representa a dos magnitudes, x e y, directamente proporcionales.	La ecuación de la parábola es: $y = ax^2 + bx + c$ Si $a > 0$, la parábola es cóncava hacia abajo y si $a < 0$, la parábola es cóncava hacia arriba. El vértice está en el punto: $V\left(-\dfrac{b}{2a}, \dfrac{4ac - b^2}{4a}\right)$	La ecuación de la hipérbola equilátera es: $y = \dfrac{k}{x}$ También se puede expresar como $xy = k$, donde k es una constante. Las magnitudes x e y son inversamente proporcionales.

Ejemplo 17

La ecuación de un movimiento uniforme es una recta del tipo $s = s_0 + v_0 t$. Si se trata de un movimiento rectilíneo uniforme la ecuación será $x = x_0 + v_0 t$.

Un movimiento uniforme viene representado por la ecuación $s = 2 + 3t$, donde s representa la posición y t, el tiempo.

La gráfica s-t es la de la derecha. La pendiente de la recta es la velocidad (3 m s^{-1}) y la ordenada en el origen es la posición inicial del móvil (2 m).

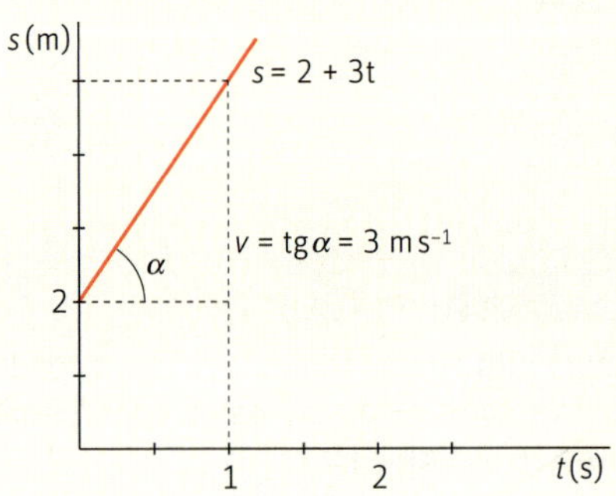

Ejemplo 18

En un lanzamiento oblicuo que comienza en el origen de coordenadas, la ecuación de la trayectoria es $y = \text{tg}\,\alpha\, x - \dfrac{g}{2v_0^2 \cos^2 \alpha} x^2$ que es una parábola con el término $c = 0$.

La ecuación $y = x - 0{,}025x^2$ representa una trayectoria parabólica que comienza en el origen de coordenadas.

El ángulo de lanzamiento cumple que $\text{tg}\,\alpha = 1 \Rightarrow \alpha = 45°$.

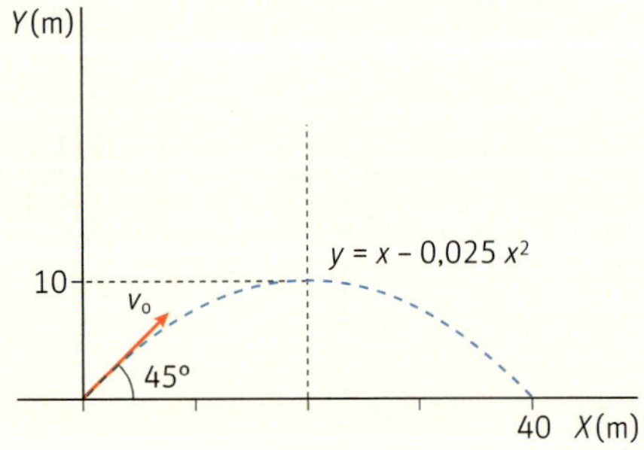

Ejemplo 19

La ley de Boyle describe la relación entre la presión, p, de un gas y su volumen, V, a temperatura constante y se expresa mediante la ecuación pV = cte. Las magnitudes p y V son inversamente proporcionales.

La ecuación $pV = 20$ (ecuación de una hipérbola equilátera) muestra la relación entre la presión y el volumen de una masa de gas a temperatura constante. Si p aumenta, V disminuye y viceversa.

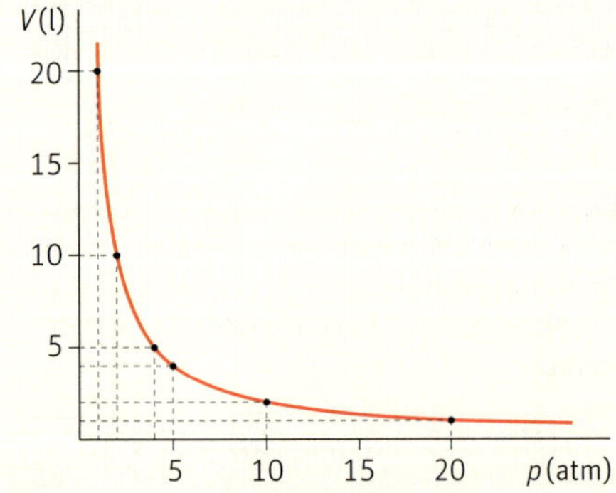

4 Cálculo diferencial

El cálculo diferencial fue desarrollado en el siglo XVII por Newton y Leibniz para describir adecuadamente la variación continua en el tiempo de muchas magnitudes físicas. Dos de sus operaciones fundamentales son el paso al límite y la derivada.

Definición de derivada

Sea la función $y = f(x)$ definida en un intervalo. Si se da a la variable x un incremento Δx, la función y experimentará otro incremento Δy, de modo que al valor de x le corresponde $y = f(x)$ y al valor de $x + \Delta x$ le corresponde $y + \Delta y = f(x + \Delta x)$; es decir, $\Delta y = f(x + \Delta x) - f(x)$. La relación entre el incremento de la función y el incremento de la variable es:

$$\frac{\Delta y}{\Delta x} = \frac{f(x+\Delta x) - f(x)}{\Delta x}$$

Se define la **derivada** de y respecto a x como el límite:

$$y' = \frac{dy}{dx} = \lim_{\Delta x \to 0} \frac{\Delta y}{\Delta x} = \lim_{\Delta x \to 0} \frac{f(x+\Delta x) - f(x)}{\Delta x}$$

Ten en cuenta

Dada la función $y = f(x)$, se dice que $\lim_{x \to a} f(x) = L$ si al acercarse la variable x al punto a todo lo que se quiera, el valor de $f(x)$ se acerca al límite L también lo que se quiera. Por ejemplo: $\lim_{x \to 2} x^3 = 8$.

Interpretación geométrica de la derivada

Se considera una función $y = f(x)$ y su gráfica correspondiente (en general, una curva). A un valor de x le corresponde un valor de la función $y = f(x)$ que se asocia al punto A(x, y). Al incrementar la variable en Δx, la función se ve igualmente incrementada:

$$y + \Delta y = f(x + \Delta x)$$

A estos nuevos valores les corresponde el punto B($x + \Delta x$, $y + \Delta y$) de la curva.

Si trazamos la secante AB vemos que forma un ángulo φ con el eje X de modo que $tg\varphi = \frac{\Delta y}{\Delta x}$.
Cuando $\Delta x \to 0$ entonces B se acerca al punto A y en el límite, **la secante se convierte en tangente** a la curva en A. En ese momento el ángulo φ pasa a valer α y se puede poner:

$$\text{tg}\,\alpha = \lim_{\Delta x \to 0} \frac{\Delta y}{\Delta x} = \frac{dy}{dx}$$

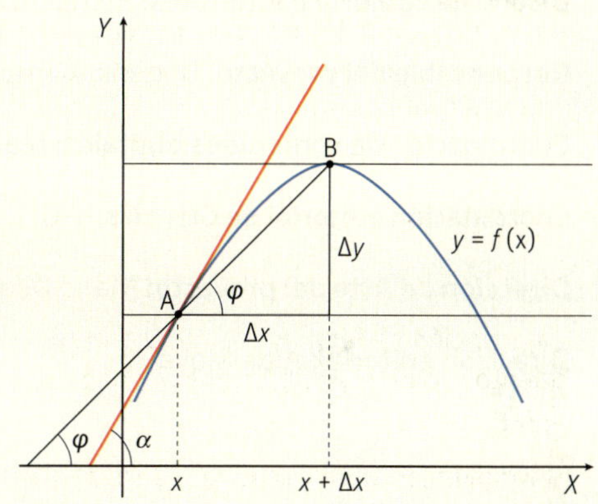

La derivada de la función en un punto de abscisa $x = a$ es la pendiente de la recta tangente a la curva en el punto A(a, $f(a)$).

Ejemplo 20

Los conceptos de velocidad y aceleración instantáneas se formalizan mediante una derivada cuyo significado físico es el valor de la magnitud en un intervalo de tiempo tan breve como se quiera ($\Delta t \to 0$): $\vec{v} = \lim_{\Delta t \to 0} \frac{\Delta \vec{r}}{\Delta t} = \frac{d\vec{r}}{dt}$; $\vec{a} = \lim_{\Delta t \to 0} \frac{\Delta \vec{v}}{\Delta t} = \frac{d\vec{v}}{dt}$.

Por ejemplo, si el vector posición de un móvil es $\vec{r} = (2t^2\,\vec{i} + 5t\,\vec{j})$ m, la velocidad y la aceleración en cualquier instante son:

$$\vec{v} = \frac{d\vec{r}}{dt} = \frac{d(2t^2\vec{i} + 5t\vec{j})}{dt} = (4t\vec{i} + 5\vec{j})\,\text{ms}^{-1}; \vec{a} = \frac{d\vec{v}}{dt} = \frac{d(4t\vec{i} + 5\vec{j})}{dt} = (4\vec{i})\,\text{ms}^{-2}$$

Ejemplo 21

La dirección del vector velocidad, $\vec{v}$, es la del vector desplazamiento $\Delta\vec{r}$.

En el caso de la velocidad media, el vector $\vec{v}_m$ es secante, y en el caso de la velocidad instantánea es tangente a la trayectoria en cada punto.

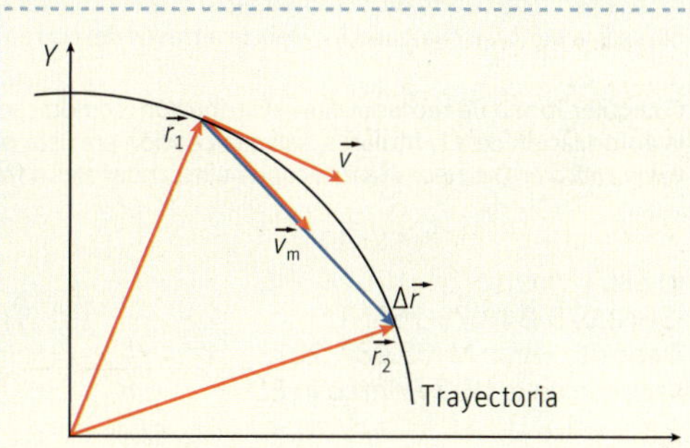

El libro **Física y Química para 1.º de Bachillerato** forma parte del Proyecto Editorial de Educación Secundaria de SM. En su realización ha participado el siguiente equipo:

Autoría
Pablo Nacenta, Fernando I. de Prada, Julio Puente, Nicolás Romo
Aureli Caamaño (prácticas de química)

Edición
Alicia Mas, Nicolás Romo, Ángel Rubio

Corrección
Alejandro Feijóo

Ilustración
Félix Moreno, Jacinto Rodríguez, Félix Moreno/ARCHIVO SM; Myriam Alicia García, Juan Francisco Cobos, Marie Nigot, José Manuel Pedrosa, Ariel Alejandro Gómez

Fotografía
Javier Calbet, Fidel Puerta, Juan Baraja, José Manuel Navia, Sergio Cuesta, María Pía Hidalgo/ARCHIVO SM; Schmidbauer, Fernando Favoretto, Luis Castelo, Pedro Carrion Juarez, Oskar Matxin Edesa, Ray Demski / Red Bull Content Poll; SIEDE PREIS / PHOTODISC; Jozsef Szasz - Fabian, Dmitriy Norov, Dave Massey, Stillfx / Dreamstime; Nancy Nehring / iStock; JUPITER IMAGES, Gary Whitton / GETTY IMAGES; UAM - UNIVERSIDAD AUTÓNOMA MADRID; CONTACTO; EFE; INDEX; ORONOZ; G TRES ON LINE; LATINSTOCK; CORBIS; PHOVOIR; INGIMAGE; THINKSTOCK; Brand x Pictures; CORDON PRESS; Ablestock; 123RF; SHUTTERSTOCK; Fundamental Photographs; AGE FOTOSTOCK; STOCKBYTE.

Edición gráfica: Juan Baraja

Diseño de cubierta e interiores: Estudio SM

Responsable del proyecto: Begoña Alonso

Coordinación de contenidos digitales: Mara Mañas

Coordinación editorial de Ciencias: J. G. L. de Guereñu, Laura Pérez

Dirección de Arte del proyecto: Mario Dequel

Dirección editorial: Aída Moya

Todas las actividades contenidas en este libro han de ser realizadas en un cuaderno aparte, nunca en el propio libro.
Los espacios incluidos son meramente indicativos y su finalidad es puramente didáctica.

Gestión de las direcciones electrónicas
Debido a la naturaleza dinámica de internet, Ediciones SM no puede responsabilizarse de los cambios o las modificaciones en las direcciones y los contenidos de los sitios web a los que remite en este libro.

Con el objeto de garantizar la adecuación de las direcciones electrónicas de esta publicación, SM emplea un sistema de gestión que redirecciona las URL que con fines educativos aparecen en la misma hacia diversas páginas web; entre otras de uso frecuente: http://es.wikipedia.org, www.youtube.es. SM declina cualquier responsabilidad por los contenidos o la información que pudieran albergar, sin perjuicio de adoptar de forma inmediata las medidas necesarias para evitar el acceso desde las URL de esta publicación a dichas páginas web en cuanto tenga constancia de que pudieran alojar contenidos ilícitos o inapropiados. Para garantizar este sistema de control es recomendable que el profesorado compruebe con antelación las direcciones relacionadas y que comunique a la editorial cualquier incidencia a través del correo electrónico ediciones@grupo-sm.com.

ISBN: 978-84-675-7651-1
Depósito legal: M-05.087-2015
Impreso en la UE / *Printed in EU*

Este libro está impreso en papeles procedentes de bosques gestionados de manera sostenible.